世界著名计算机教材精选

人 工 智 能
一种现代的方法
（第 3 版）

Stuart J. Russell
Peter Norvig　著

殷建平　祝恩　刘越　陈跃新　王挺　译

U0252667

清 华 大 学 出 版 社
北 京

图书在版编目（CIP）数据

人工智能：一种现代的方法（第 3 版）/（美）罗素（Russell, S.J.），（美）诺维格（Norvig, P.）著；殷建平等译. —北京：清华大学出版社，2013（2024.11重印）

书名原文：Artificial Intelligence: A Modern Approach, Third Edition

世界著名计算机教材精选

ISBN 978-7-302-33109-4

Ⅰ. ①人…　Ⅱ. ①罗…　②诺…　③殷…　Ⅲ. ①人工智能–教材　Ⅳ. ①TP18

中国版本图书馆 CIP 数据核字（2013）第 155713 号

责任编辑：龙启铭
封面设计：常雪影
责任校对：李建庄
责任印制：刘海龙

出版发行：清华大学出版社
　　　网　　　　址：https://www.tup.com.cn，https://www.wqxuetang.com
　　　地　　　　址：北京清华大学学研大厦 A 座　　邮　　编：100084
　　　社　总　　机：010-83470000　　　　邮　　购：010-62786544
　　　投稿与读者服务：010-62776969，c-service@tup.tsinghua.edu.cn
　　　质　量　反　馈：010-62772015，zhiliang@tup.tsinghua.edu.cn
印 装 者：三河市铭诚印务有限公司
经　　销：全国新华书店
开　　本：185mm×260mm　　　印　　张：58.5　　　字　　数：1462 千字
版　　次：2013 年 11 月第 1 版　　　印　　次：2024 年 11 月第 25 次印刷
定　　价：128.00 元

产品编号：035081-01

译　者　序

如何使各种计算系统（含软件、硬件、应用、网络、安全等系统）变得像人一样聪明，在计算技术日益普及且人们对其期望越来越高的今天显得格外重要。以理解和模拟人类智能、智能行为及其规律为目的的"人工智能"，从纵向来看，既有建立智能信息处理理论的任务，又有设计可以展现某些近似于人类智能行为的计算系统的使命；从横向来看，它包含知识工程、机器学习、模式识别、自然语言处理、智能机器人和神经计算等诸多内容。至今，基本的研究途径：一是通过为神经活动建立数学模型基于神经心理学来理解和模拟智能，二是不管智能行为的产生原因只追求在效果上实现人类的个体智能行为与群体智能行为。人工智能的目的、任务和使命决定了其研究必有跨学科的特点，必须以生理学、心理学、行为主义、社会学和哲学等学科的成就为基础，通过抽象建立形式体系，即确定知识表示方法和处理方法，最终基于恰当的数据结构和算法加以实现。

1993 年初，在我从南京大学博士后流动站回到国防科技大学后给研究生讲的第一门课就是"人工智能原理"。当时，作为一门必修的核心课程，采用的是一本不错的原版教材。但因该教材后来没有出更新版，故缺少与时俱进的教学内容，于是产生了换教材的想法。1997 年访美期间，在 Stanford 大学有幸拜访了人工智能之父 John McCarthy，在探讨了有关科研问题并班门弄斧地演示了我们自己研制的一个识别系统后，我询问了他们采用的教材。他说是 Stuart J. Russell 和 Peter Norvig 编著的"Artificial Intelligence: A Modern Approach"，于是从 Stanford 书店买了一本带回来，从第二年开始"人工智能原理"课程便改用该书作教材。至今，15 年过去了，我们一直追随其变迁，从第 2 版到第 3 版。教学实践证明它确实是一本好教材，难怪世界范围内 100 多个国家包括 MIT、CMU、Stanford、UCB、Cornell、UIUC 等国际国内名校在内的 1200 余所大学都一直用它作为教材或教学参考书，也难怪它印数巨大且在《高引用计算机科学文献》（《Most Cited Computer Science Citations》）一览表中名列前 25 内，若考虑其出版年代则名列前茅。总之，它确实是人工智能领域的一本最重要的教材（leading textbook）。

本书英文版有 1100 多页，教学内容非常丰富，不但涵盖了人工智能基础、问题求解、知识推理与规划等经典内容，而且还包括不确定知识与推理、机器学习、通讯感知与行动等专门知识的介绍。目前我们为本科生开设的学科基础必修课"人工智能导论"主要介绍其中的经典内容，而研究生必修的核心课程"人工智能原理"主要关注其中的专门知识。其实该书也适合希望提高自身计算系统设计水平的广大应用计算技术的社会公众，对参加信息学奥林匹克竞赛和 ACM 程序设计竞赛的选手及其教练员也有一定的参考作用。

教学过程中我们发现该书具有以下特点：既重历史又重前沿，既有基于统一框架的继承又有 20%左右的更新与发展，既有宽度又有深度，既阐明富于启发性和思想性的见解又强调通过采用伪码来描述算法以确保可操作性和实用性，既追求通俗易懂、由浅入深又强调基本概念的严谨和表述的适度形式化，既借助实例把复杂问题简单化又保持一定的理论概括，既设置了一定数量的课后练习题又提供了丰富的网络教学资源。

同时，我们也注意到：学生们总是反映看英文版教材速度太慢，所以他们总是想方设法再找一本中译版来阅读。正是这样的背景，在本书第 3 版英文影印版出版后，我们应清华大学出版社的邀请，启动了长久的翻译工程，先后参加翻译工作的老师有国防科技大学的殷建平教授、祝恩教授、刘越副教授、陈跃新副教授和王挺教授。由于水平有限且工作量巨大，译文中一定存在许多不足，在此敬请各位同行专家学者和广大读者批评指正，欢迎大家将发现的错误或提出的意见与建议发送到邮箱：longqm@tup.tsinghua.edu.cn。在整个工程即将完成之际，我们特别要感谢清华大学出版社的信任、耐心和支持。

殷建平

2013 年 10 月于长沙

前　言

人工智能（Artificial Intelligence，AI）是一个大领域，而本书也是一本"大"书。我们试图全方位探索这个领域，它涵盖逻辑、概率和连续数学，感知、推理、学习和行动以及从微电子设备到机器人行星探测器的所有内容。本书之所以"大"还因为它有一定深度。

本书的副标题是"一种现代的方法"。使用这个相当空洞的短语希望表达的含义是，我们试图将现在已知的内容综合到一个共同的框架中，而不是试图在各自的历史背景下解释人工智能的各个子领域。对于那些自己的研究领域因此没有得到足够重视的人，我们深表歉意。

本版新变化

本版的修订反映了自本书上一版 2003 年出版以来人工智能领域发生的变化。人工智能技术有了重要应用，如广泛部署的实用言语识别、机器翻译、自主车辆和家用机器人。算法有了显著突破，如西洋跳棋的解法。理论上也取得了很多进展，尤其是在概率推理、机器学习和计算机视觉等领域。我们认为最重要的是人们对这个领域认识的不断进化，我们以此为据来组织本书。本书的主要变化如下：

- 更多地强调了部分可观察和不确定的环境，特别是搜索和规划的非随机的环境。在这些环境中引入了信念状态（一个可能世界集）和状态评估（保持信念状态）的概念；本书后面加入了概率。
- 除了讨论环境的类型和 Agent 的分类，我们现在更深入地研究了 Agent 能够使用的表示类型。我们区分了原子表示（其中将世界的每个状态视作黑盒）、因子表示（其中状态是属性/值对的集合）和结构表示（其中世界由对象及对象间关系组成）。
- 在规划部分更深入地研究了部分可观察环境中的连续规划，还包括了一种层次规划的新方法。
- 在一阶概率模型中加入了新内容，包括了针对对象存在环境中的不确定性的开放-世界模型。
- 完全重写了机器学习导论章节，更宽泛地研究了更流行的学习算法，并使之具有更坚实的理论基础。
- 扩展了 Web 搜索和信息抽取以及从超大数据集学习的技术。
- 本版 20% 的引用是 2003 年以后发表的工作。
- 估计有 20% 的材料是相当新的。其余的 80% 反映了以往的工作，但也被大规模重写，以便提供一个关于本领域的更统一的视图。

本书概览

统一的主题思想是**智能 Agent**。我们将人工智能定义为对从环境中感知信息并执行行动的 Agent 的研究。每个这样的 Agent 实现一个把感知序列映射到行动的函数，我们讨论了表达这些函数的不同方法，如反应式 Agent、实时规划器和决策理论系统等。我们把学习的角色解释为把设计者的视角扩展到未知环境中，并且指出了这个角色如何约束 Agent 设计，有利于显式的知识表示和推理。我们没有把机器人学和视觉当作独立问题对待，而是出现于实现目标的服务中。我们强调在确定合适的 Agent 设计时任务环境的重要性。

我们的主要目的是要传达过去五十年间的人工智能研究和过去两千年的相关工作中所涌现出来的思想。在表达这些思想的过程中，我们在保持准确的同时尽力避免在表示上过分形式化。我们使用伪代码算法以使关键思想更具体；这些伪代码在附录 B 中有描述。

本书主要用作本科课程或者系列课程的教科书。本书共有 27 章，每一章大概相当于一周的课程量，因此，通学本书的全部内容需要两学期。一个学期的课程可以按教师和学生的兴趣选择书中的部分章节。本书也可以用于研究生教学（可能需要加入参考文献中建议的主要资料）。本书的网站 http://aima.cs.berkeley.edu 上有教学大纲样本。唯一的前提是对计算机科学中基本概念（算法、数据结构、复杂性）的熟悉程度达到大学二年级水平。大学一年级时学习的微积分和线性代数对一些主题也很有用；必要的数学背景列在附录 A 中。

每章最后都有习题。这些习题最好借助 http://aima.cs.berkeley.edu 的代码库加以解决。部分习题足够大，可以用作学期项目。一些习题要求对文献进行调研。

书中索引大约有 6000 个词条，以帮助读者查找信息。

使用网站

本书网站 http://aima.cs.berkeley.edu 上包含：

- 书中算法的多种程序设计语言的实现。
- 超过 1000 所使用本书的学校列表，多数包括对在线课程资源和教学大纲的链接。
- 800 多个含有有用 AI 内容的网站列表及相关注释。
- 逐章列出了补充材料及其链接。
- 如何加入本书讨论组的介绍。
- 如何联系作者，提出问题和建议的介绍。
- 错误在所难免，关于如何报告书中错误的介绍。
- 为教师准备的幻灯片及其他资源。

致谢

即使名字未能列在封面上，但离开了这些人的贡献是不可能有本书的。Jitendra Malik 和 David Forsyth 撰写了第 24 章（感知），Sebastian Thrun 撰写了第 25 章（机器人学）。Vibhu Mittal 撰写了第 22 章（自然语言处理）的一部分。Nick Hay, Mehran Sahami 和 Ernest

Davis 编写了书中的一些习题。Zoran Duric（George Mason），Thomas C. Henderson（Utah），Leon Reznik（RIT），Michael Gourley（Central Oklahoma）和 Ernest Davis（NYU）审阅了书稿并给出了有益的建议。我们要特别感谢 Ernie Davis，他不知疲倦地阅读了多个草稿，使本书提高了水准。Nick Hay 整理了参考文献，并在截止日到来之际彻夜未眠编写代码直到清晨五点半，使本书变得更好。Jon Barron 使本版的图表更加规范更具水准，而 Tim Huang、Mark Paskin 和 Cynthia Bruyns 在上一版的图表和算法上提供了帮助。Ravi Mohan 和 Ciaran O'Reilly 编写并维护了网站上的 Java 代码。John Canny 编写了第一版的机器人学，Douglas Edwards 考察了历史注释。Pearson 的 Tracy Dunkelberger、Allison Michael、Scott Disanno 和 Jane Bonnell 等人竭尽全力帮助我们保持进度并给出了很多有益的建议。最有帮助的是 Julie Sussman，P.P.A.，她阅读了每一章并提供了大量的改进。上一版的校稿人员会告诉我们掉了一个逗号，该是 that 的地方写成了 which；Julie 会指出我们掉了一个减号，在该写 x_j 的地方写成了 x_i。对于书中的拼写错误和容易产生困惑的描述，让人放心的是 Julie 至少修订了五处。她甚至在停电没有 LCD 时也坚持用灯笼工作。

　　Stuart 感谢他的父母不断的支持和鼓励，感谢他的妻子 Loy Sheflott 的无尽耐心和无穷智慧。他希望 Gordon、Lucy、George 和 Isaac 在原谅他花费很多时间在这本书上之后，能很快读到本书。RUGS（Russell's Unusual Group of Students，Russell 的非常学生小组）一如既往地提供了非同寻常的帮助。

　　Peter 感谢他的父母（Torsten 和 Gerda）帮助他迈出的第一步，感谢他的妻子（Kris），孩子（Bella 和 Juliet），以及所有在他长时间的写作与更长时间的改写过程中鼓励和宽容他的同事和朋友们。

　　感谢伯克利（Berkeley）、斯坦福（Stanford）和 NASA 图书馆的工作人员以及 CiteSeer、维基百科和 Google 的开发人员，是他们为我们带来了研究方式的彻底变革。我们无法感谢到所有使用过本书并为本书提出过建议的读者，不过我们在此还是要感谢来自下面这些读者的特别有益的意见：　Gagan Aggarwal, Eyal Amir, Ion Androutsopoulos, Krzysztof Apt, Warren Haley Armstrong, Ellery Aziel, Jeff Van Baalen, Darius Bacon, Brian Baker, Shumeet Baluja, Don Barker, Tony Barrett, James Newton Bass, Don Beal, Howard Beck, Wolfgang Bibel, John Binder, Larry Bookman, David R. Boxall, Ronen Brafman, John Bresina, Gerhard Brewka, Selmer Bringsjord, Carla Brodley, Chris Brown, Emma Brunskill, Wilhelm Burger, Lauren Burka, Carlos Bustamante, Joao Cachopo, Murray Campbell, Norman Carver, Emmanuel Castro, Anil Chakravarthy, Dan Chisarick, Berthe Choueiry, Roberto Cipolla, David Cohen, James Coleman, Julie Ann Comparini, Corinna Cortes, Gary Cottrell, Ernest Davis, Tom Dean, Rina Dechter, Tom Dietterich, Peter Drake, Chuck Dyer, Doug Edwards, Robert Egginton, Asma'a El-Budrawy, Barbara Engelhardt, Kutluhan Erol, Oren Etzioni, Hana Filip, Douglas Fisher, Jeffrey Forbes, Ken Ford, Eric Fosler-Lussier, John Fosler, Jeremy Frank, Alex Franz, Bob Futrelle, Marek Galecki, Stefan Gerberding, Stuart Gill, Sabine Glesner, Seth Golub, Gosta Grahne, Russ Greiner, Eric Grimson, Barbara Grosz, Larry Hall, Steve Hanks, Othar Hansson, Ernst Heinz, Jim Hendler, Christoph Herrmann, Paul Hilfinger, Robert Holte, Vasant Honavar, Tim Huang, Seth Hutchinson, Joost Jacob, Mark Jelasity, Magnus Johansson, Istvan Jonyer, Dan Jurafsky, Leslie Kaelbling, Keiji Kanazawa, Surekha Kasibhatla, Simon Kasif, Henry Kautz,

Gernot Kerschbaumer, Max Khesin, Richard Kirby, Dan Klein, Kevin Knight, Roland Koenig, Sven Koenig, Daphne Koller, Rich Korf, Benjamin Kuipers, James Kurien, John Lafferty, John Laird, Gus Larsson, John Lazzaro, Jon LeBlanc, Jason Leatherman, Frank Lee, Jon Lehto, Edward Lim, Phil Long, Pierre Louveaux, Don Loveland, Sridhar Mahadevan, Tony Mancill, Jim Martin, Andy Mayer, John McCarthy, David McGrane, Jay Mendelsohn, Risto Miikkulanien, Brian Milch, Steve Minton, Vibhu Mittal, Mehryar Mohri, Leora Morgenstern, Stephen Muggleton, Kevin Murphy, Ron Musick, Sung Myaeng, Eric Nadeau, Lee Naish, Pandu Nayak, Bernhard Nebel, Stuart Nelson, XuanLong Nguyen, Nils Nilsson, Illah Nourbakhsh, Ali Nouri, Arthur Nunes-Harwitt, Steve Omohundro, David Page, David Palmer, David Parkes, Ron Parr, Mark Paskin, Tony Passera, Amit Patel, Michael Pazzani, Fernando Pereira, Joseph Perla, Wim Pijls, Ira Pohl, Martha Pollack, David Poole, Bruce Porter, Malcolm Pradhan, Bill Pringle, Lorraine Prior, Greg Provan, William Rapaport, Deepak Ravichandran, Ioannis Refanidis, Philip Resnik, Francesca Rossi, Sam Roweis, Richard Russell, Jonathan Schaeffer, Richard Scherl, Hinrich Schuetze, Lars Schuster, Bart Selman, Soheil Shams, Stuart Shapiro, Jude Shavlik, Yoram Singer, Satinder Singh, Daniel Sleator, David Smith, Bryan So, Robert Sproull, Lynn Stein, Larry Stephens, Andreas Stolcke, Paul Stradling, Devika Subramanian, Marek Suchenek, Rich Sutton, Jonathan Tash, Austin Tate, Bas Terwijn, Olivier Teytaud, Michael Thielscher, William Thompson, Sebastian Thrun, Eric Tiedemann, Mark Torrance, Randall Upham, Paul Utgoff, Peter van Beek, Hal Varian, Paulina Varshavskaya, Sunil Vemuri, Vandi Verma, Ubbo Visser, Jim Waldo, Toby Walsh, Bonnie Webber, Dan Weld, Michael Wellman, Kamin Whitehouse, Michael Dean White, Brian Williams, David Wolfe, Jason Wolfe, Bill Woods, Alden Wright, Jay Yagnik, Mark Yasuda, Richard Yen, Eliezer Yudkowsky, Weixiong Zhang, Ming Zhao, Shlomo Zilberstein 以及我们尊敬的同事匿名审稿者。

关 于 作 者

Stuart Russell 1962 年生于英格兰的 Portsmouth。他于 1982 年以一等成绩在牛津大学获得物理学学士学位，并于 1986 年在斯坦福大学获得计算机科学的博士学位。之后他进入加州大学伯克利分校，任计算机科学教授，智能系统中心主任，拥有 Smith-Zadeh 工程学讲座教授头衔。1990 年他获得国家科学基金的"总统青年研究者奖"（Presidential Young Investigator Award），1995 年他是"计算机与思维奖"（Computer and Thought Award）的获得者之一。1996 年他是加州大学的 Miller 教授（Miller Professor），并于 2000 年被任命为首席讲座教授（Chancellor's Professorship）。1998 年他在斯坦福大学做过 Forsythe 纪念演讲（Forsythe Memorial Lecture）。他是美国人工智能学会的会士和前执行委员会委员。他已经发表 100 多篇论文，主题广泛涉及人工智能领域。他的其他著作包括《在类比与归纳中使用知识》（*The Use of Knowledge in Analogy and Induction*），以及（与 Eric Wefald 合著的）《做正确的事情：有限理性的研究》（*Do the Right Thing: Studies in Limited Rationality*）。

Peter Norvig 现为 Google 研究院主管（Director of Research），2002－2005 年为负责核心 Web 搜索算法的主管。他是美国人工智能学会的会士和 ACM 的会士。他曾经是 NASA Ames 研究中心计算科学部的主任，负责 NASA 在人工智能和机器人学领域的研究与开发，他作为 Junglee 的首席科学家帮助开发了一种最早的互联网信息抽取服务。他在布朗（Brown）大学获得应用数学学士学位，在加州大学伯克利分校获得计算机科学的博士学位。他获得了伯克利"卓越校友和工程创新奖"，从 NASA 获得了"非凡成就勋章"。他曾任南加州大学的教授，并是伯克利的研究员。他的其他著作包括《人工智能程序设计范型：通用 Lisp 语言的案例研究》（*Paradigms of AI Programming: Case Studies in Common Lisp*）和《Verbmobil：一个面对面对话的翻译系统》（*Verbmobil: A Translation System for Face-to-Face Dialog*），以及《UNIX 的智能帮助系统》（*Intelligent Help Systems for UNIX*）。

目　　录

第 I 部分　人 工 智 能

第 II 部分　问 题 求 解

第Ⅲ部分　知识、推理与规划

第 IV 部分　不确定知识与推理

第 V 部分　学　　习

第 VI 部分 通讯、感知与行动

第Ⅶ部分　结　　论

第 I 部分

人 工 智 能

第 1 章 绪 论

本章我们试图解释为什么我们认为人工智能是一个最值得研究的学科，并试图准确地界定什么是人工智能。在开始学习之前回答这样的问题是一件好事。

我们自称 Homo sapiens——智慧的人——因为我们的**智能**（intelligence）对我们非常重要。数千年来，我们一直试图理解我们是如何思考的；即，仅仅少量的物质怎能感知、理解、预测和操纵一个远大于自身且比自身复杂得多的世界。**人工智能**（artificial intelligence）领域，简称 AI，走得更远：它不但试图理解智能实体，而且还试图建造智能实体。

人工智能是最新兴的科学与工程领域之一。正式的研究工作在第二次世界大战结束后迅速展开，1956 年创造了"人工智能"这个名称本身。与分子生物学一起，AI 经常被其他学科的科学家誉为"我最想参与的研究领域"。一方面物理专业的学生有理由认为所有好的研究思想已经被伽利略、牛顿、爱因斯坦以及其他物理学家想尽了。另一方面，AI 对若干位专职的爱因斯坦们和爱迪生们仍有良机。

AI 目前包含大量各种各样的子领域，范围从通用领域，如学习和感知，到专门领域，如下棋、证明数学定理、写诗、在拥挤的街道上开车和诊断疾病。AI 与任何智力工作相关，它确实是一个普遍的研究领域。

1.1　什么是人工智能

我们已经声称人工智能是令人激动的，但是我们还没有说明它是什么。图 1.1 中我们看到沿着两个维度排列的 AI 的 8 种定义。顶部的定义关注思维过程与推理，而底部的定义却强调行为。左侧的定义根据与人类表现的逼真度来衡量成功与否，而右侧的定义依靠一

像人一样思考	合理地思考
"使计算机思考的令人激动的新成就，……按完整的字面意思就是：有头脑的机器"（Haugeland，1985）	"通过使用计算模型来研究智力"（Charniak 和 McDermott，1985）
"与人类思维相关的活动，诸如决策、问题求解、学习等活动[的自动化]"（Bellman，1978）	"使感知、推理和行动成为可能的计算的研究"（Winston，1992）
像人一样行动	**合理地行动**
"创造能执行一些功能的机器的技艺，当由人来执行这些功能时需要智能"（Kurzweil，1990）	"计算智能研究智能 Agent 的设计。"（Poole 等人，1998）
"研究如何使计算机能做那些目前人比计算机更擅长的事情"（Rich 和 Knight，1991）	"AI……关心人工制品中的智能行为。"（Nilsson，1998）

图 1.1　组织成四类的人工智能的若干定义

个称为**合理性**（rationality）的理想的表现量来衡量。一个系统若能基于已知条件"正确行事"则它是合理的。

历史上，对 AI 的所有 4 种途径都有人关注，不同的人用不同的方法来追寻不同的途径。以人为中心的途径在某种程度上必是一种经验科学，涉及到关于人类行为的观察与假设。理性论者[1]的途径涉及到数学与工程的结合。不同的研究小组既相互批评又相互帮助。让我们更详细地考察一下这四种途径。

1.1.1 像人一样行动：图灵测试的途径

由阿兰·图灵（Alan Turing）（1950）提出的**图灵测试**（Turing Test）的设计旨在为智能提供一个令人满意的可操作的定义。如果一位人类询问者在提出一些书面问题以后不能区分书面回答来自人还是来自计算机，那么这台计算机就通过测试。第 26 章将讨论图灵测试的细节以及一台通过测试的计算机是否真的具有智能。目前，我们要注意的是：为计算机编程使之通过严格采用的测试还有大量的工作要做。计算机尚需具有以下能力：

- **自然语言处理**（natural language processing）使之能成功地用英文交流；
- **知识表示**（knowledge representation）以存储它知道的或听到的信息；
- **自动推理**（automated reasoning）以运用存储的信息来回答问题并推出新结论；
- **机器学习**（machine learning）以适应新情况并检测和预测模式。

因为人的物理模拟对智能是不必要的，所以图灵测试有意避免询问者与计算机之间的直接物理交互。然而，所谓的**完全图灵测试**（total Turing Test）还包括视频信号以便讯问者既可测试对方的感知能力，又有机会"通过舱口"传递物理对象。要通过完全图灵测试，计算机还需具有：

- **计算机视觉**（computer vision）以感知物体；
- **机器人学**（robotics）以操纵和移动对象。

这 6 个领域构成了 AI 的大部分内容，并且图灵因设计了一个 60 年后仍合适的测试而值得称赞。然而 AI 研究者们并未致力于通过图灵测试，他们认为研究智能的基本原理比复制样本更重要。只有在莱特兄弟和其他人停止模仿鸟并开始使用风洞且开始了解空气动力学后，对"人工飞行"的追求才获得成功。航空工程的教材不会把其领域目标定义为制造"能完全像鸽子一样飞行的机器，以致它们可以骗过其他真鸽子"。

1.1.2 像人一样思考：认知建模的途径

如果我们说某个程序能像人一样思考，那么我们必须具有某种办法来确定人是如何思考的。我们需要领会人脑的实际运用。有三种办法来完成这项任务：通过内省——试图捕获我们自身的思维过程；通过心理实验——观察工作中的一个人；以及通过脑成像——观察工作中的头脑。只有具备人脑的足够精确的理论，我们才能把这样的理论表示成计算机

1　区分人类行为与理性行为，并未暗示在"情绪不稳定的"或者"精神失常的"意义上人类必是"非理性的"。你只需注意到我们并不完美：不是所有棋手都为特级大师；并且不幸的是：不是每个人在考试中都得优。Kahneman 等人（1982）对人类推理中的一些系统错误进行了分类。

程序。如果该程序的输入输出行为匹配相应的人类行为，这就是程序的某些机制可能也在人脑中运行的证据。例如，设计了 GPS，即"通用问题求解器"（General Problem Solver）的艾伦·纽厄尔（Allen Newell）和赫伯特·西蒙（Herbert Simon）（Newell 和 Simon，1961）并不满足于仅让其程序正确地解决问题。他们更关心比较程序推理步骤的轨迹与求解相同问题的人类个体的思维轨迹。**认知科学**（cognitive science）这个交叉学科领域把来自 AI 的计算机模型与来自心理学的实验技术相结合，试图构建一种精确且可测试的人类思维理论。

认知科学本身就是一个迷人的领域，值得写几本教材和至少一部百科全书（Wilson 和 Keil，1999）。我们将偶尔评论 AI 技术与人类认知之间的异同。然而，真正的认知科学必然基于真实人或动物的实验调查与研究。我们把那方面的内容留给其他书籍，因为我们假定读者只有一台用于实验的计算机。

在 AI 的早期，不同途径之间经常出现混淆：某位作者可能主张一个算法很好地完成一项任务，所以它是人类表现的一个好模型，或者反之亦然。现代作者区分这两种主张；这种区分使得 AI 和认知科学都能更快地发展。这两个领域继续相互丰富，通过将神经生理学证据吸收到计算模型中，这种相互作用在计算机视觉中体现得最明显。

1.1.3　合理地思考："思维法则"的途径

希腊哲学家亚里士多德是首先试图严格定义"正确思考"的人之一，他将其定义为不可反驳的推理过程。其**三段论**（syllogisms）为在给定正确前提时总产生正确结论的论证结构提供了模式——例如，"苏格拉底是人；所有人必有一死；所以，苏格拉底必有一死。"这些思维法则被认为应当支配着头脑的运行；他们的研究开创了称为**逻辑学**（logic）的领域。

19 世纪的逻辑学家为关于世上各种对象及对象之间关系的陈述制订了一种精确的表示法（将这种表示法与通常的算术表示法做对比，后者只为关于数的陈述提供表示法）。到了 1965 年，已有程序原则上可以求解用逻辑表示法描述的任何可解问题（虽然如果不存在解，那么程序可能无限循环）。人工智能中所谓的**逻辑主义**（logicist）流派希望依靠这样的程序来创建智能系统。

对这条途径存在两个主要的障碍。首先，获取非形式的知识并用逻辑表示法要求的形式术语来陈述之是不容易的，特别是在知识不是百分之百肯定时。其次，在"原则上"可解一个问题与实际上解决该问题之间存在巨大的差别。甚至求解只有几百条事实的问题就可耗尽任何计算机的计算资源，除非关于先试哪个推理步计算机具有某种指导。虽然这两个障碍对建造计算推理系统的任何尝试都适用，但是它们最先出现在逻辑主义流派中。

1.1.4　合理地行动：合理 Agent 的途径

Agent 就是能够行动的某种东西（英语的 agent 源于拉丁语的 agere，意为"去做"）。当然，所有计算机程序都做某些事情，但是期望计算机 Agent 做更多的事：自主的操作、感知环境、长期持续、适应变化并能创建与追求目标。**合理 Agent**（rational agent）是一个为了实现最佳结果，或者，当存在不确定性时，为了实现最佳期望结果而行动的 Agent。

在对 AI 的"思维法则"的途径中，重点在正确的推理。做出正确的推理有时也是合理 Agent 的部分作用，因为合理行动的一种方法是逻辑地推理出给定行动将实现其目标的结论，然后遵照那个结论行动。另一方面，正确的推理并不是合理性的全部；在某些环境中，不要做可证正确的事情，但是仍然必须做某些事情。还有一些合理行动的方法不能被说成涉及推理。例如，从热火炉上退缩是一种反射行为，通常这种行为比仔细考虑后采取的较慢的行为更成功。

图灵测试需要的所有技能也允许一个 Agent 合理地行动。知识表示与推理使 Agent 能够达成好的决定。我们必须能够生成可理解的自然语言句子以便在一个复杂的社会中勉强过得去。我们必须学习，不只是为了博学，而是因为学习可提高我们生成有效行为的能力。

合理 Agent 的途径与其他途径相比有两个优点。首先，它比"思维法则"的途径更一般因为正确的推理只是实现合理性的几种可能的机制之一。其次，它比其他基于人类行为或人类思维的途径更经得起科学发展的检验。合理性的标准在数学上定义明确且完全通用，并可被"解开并取出"来生成可证实现了合理性的 Agent 设计。另一方面，人类行为可以完全适应特定环境，并且可以很好地定义为人类做的所有事情的总和。所以本书将着重研究合理 Agent 的一般原则以及用于构造这样的 Agent 的部件。我们将看到尽管问题可被陈述得貌似简单，但是在试图求解问题时各种各样的难题就出现了。第 2 章将更详细地概述一些这样的难题。

要记住的一个重点是：不久以后我们将看到实现完美的合理性——即总做正确的事情——在复杂环境中不可行。其计算要求太高。然而，对本书的大部分内容，我们将采纳工作假设：完美的合理性对分析是一个好的出发点。这样既简化了问题又为该领域中的大多数基本素材提供了恰当的背景。第 5 章和第 17 章将明确论述**有限合理性**（limited rationality）的问题——即当没有足够的时间来完成所有你想要做的计算时仍能恰当地行动。

1.2   人工智能的基础

本节，我们将提供为 AI 贡献了思想、观点和技术的某些学科的一个简史。像任何历史一样，这段历史也集中于少数人物、事件和思想，而忽略了其他一些也很重要的东西。我们围绕一系列问题来组织这段历史。我们当然不希望造成以下印象：即这些问题是这些学科处理的所有问题或者这些学科一直都朝着作为其终极成果的 AI 前进。

1.2.1   哲学

- 形式规则可用于推出有效的结论吗？
- 思想如何从物理的大脑中产生？
- 知识来自何方？
- 知识如何导致行动？

亚里士多德（Aristotle，公元前 384—公元前 322）是第一位系统阐述支配头脑理性部分的一组精确规则的人。他为严密推理制订了一种非形式的三段论系统，给定初始前提后该系统原则上允许你机械地推导出结论。很久以后，Ramon Lull（卒于 1315）认为有用的推理确实可以用机械人造物来实现。Thomas Hobbes（1588—1679）提出推理就像数值计算，"我们在无声的思维中加加减减"。计算本身的自动化已经在顺利进行中。在 1500 年左右，里昂纳多·达·芬奇（Leonardo da Vinci，1452—1519）设计了一台机械计算器，但没有建造出来；最近的重建表明该设计是起作用的。虽然由布雷西·帕斯卡（Blaise Pascal，1623—1662）在 1642 年建造的 Pascaline 更著名，但是第一台已知的计算机器是由德国科学家 Wilhelm Schickard（1592—1635）在 1623 年左右建造的。帕斯卡写道："算术机器产生了明显比所有动物行为更接近思维的效果。"高特弗雷德·威尔海姆·莱布尼兹（Gottfried Wilhelm Leibniz，1646—1716）建造了一个试图对概念而不是数字执行操作的机械装置，但是其范围非常有限。莱布尼兹确实超过了帕斯卡，因为前者建造的计算器能加、减、乘与求根，而 Pascaline 只能加与减。有人推测机器不仅能做计算而且还能思考并独立行动。在其 1651 年的著作《大海兽》中，Thomas Hobbes 提出了"人工动物"的思想，并主张"心脏只为一跳；神经只为那么多连结；关节只为那么多转动"。

认为头脑至少部分地根据逻辑规则来运转并建造能模仿那些规则的一些物理系统是一件事情；而认为头脑本身就是这样的物理系统是另一件事情。雷内·笛卡尔（René Descartes，1596—1650）关于头脑与物质之间的区别以及由此引起的问题给出了第一个清晰的讨论。伴随着头脑的纯物理概念的一个问题是似乎为自由意志几乎没有留下空间：如果头脑完全由物理定律来支配，那么它比一块岩石"决定"朝地心落下没有更多的自由意志。笛卡尔强烈提倡在理解世界时推理的力量，这是一种现在称为理性主义（rationalism）的哲学，亚里士多德和莱布尼兹算作其成员。但是笛卡尔也是**二元论**（dualism）的支持者。他认为人类头脑存在一部分（称为灵魂或精神的）在自然之外的不受物理定律支配的东西。另一方面，动物没有这种二元性；它们可被当作机器来对待。对二元论的替换物是**唯物主义**（materialism），它认为脑髓根据物理定律的运转形成了头脑。自由意志只是对选择实体可用选择的感知出现的方式。

给定一个能处理知识的物理头脑，下一个问题是建立知识的来源。**经验主义**（empiricism）运动始于弗朗西斯·培根（Francis Bacon，1561—1626）的《新工具论》（*Novum Organum*）[1]，被 John Locke（1632—1704）的格言："无物非先感受而后理解"所刻画。大卫·休谟（David Hume，1711—1776）的《论人类天性》（*A Treatise of Human Nature*）（休谟，1739）提出了现在被称为**归纳**（induction）原理的东西：一般规则通过揭示规则中元素之间的重复关联来获得。以 Ludwig Wittgenstein（1889—1951）和伯特兰·罗素（Bertrand Russell，1872—1970）的工作为基础，由 Rudolf Carnap（1891—1970）领导的著名的维也纳学派发展了**逻辑实证主义**（logical positivism）学说。该学说认为所有知识都可用最终与对应于感知输入的**观察语句**（observation sentences）相联系的逻辑理论来刻画；因此逻辑

---

[1] 《新工具论》（*Novum Organum*）是对亚里士多德的《工具论》（*Organon*，或称思维方法）的一个更新。因此亚里士多德可看成既是一位经验主义者又是一位理性主义者。

实证主义结合了理性主义和经验主义[1]。Carnap 和 Carl Hempel（1905—1997）的**证实理论**（confirmation theory）试图分析来自经验的知识获取。Carnap 的著作《世界的逻辑结构》（*The Logical Structure of the World*）（1928）为从基本的经验中提取知识定义了一个明确的计算过程。它也许是首个把头脑看成一个计算过程的理论。

头脑的哲学描述中的最后元素是知识与行动之间的联系。这个问题对人工智能是极其重要的，因为智能既要求推理又要求行动。进而，只有懂得如何证明行动是正当的我们才能懂得如何构造一个其行动是无可非议的（或合理的）Agent。在《论动物行为》（*De Motu Animalium*）中，亚里士多德主张通过目标与行动结果的知识之间的逻辑关系来证明行动是正当的：

> 但是，思维有时伴随着行动有时却没有，有时伴随着运动有时却没有，这是如何发生的呢？看起来好像与对不变的对象进行推理并推断结果的情形一样几乎相同的事情总会发生。但是在那种情况下结果是推测的命题……然而这里根据两个前提导出的结论是一个行动。……我需要遮盖物；斗篷是遮盖物。故我需要斗篷。我必须制作我所需要的东西；我需要斗篷。故我必须制作斗篷。结论"我必须制作斗篷"是一个行动。

在《尼各马科伦理学》（*Nicomachean Ethics*）（第三卷. 3，1112b）中，亚里士多德进一步详细阐述了这个论题，并提出了一个算法：

> 我们要深思的不是结果，而是手段。因为医生不会深思病人是否会治愈，演说家也不会深思他是否会说服听众，……他们假设了结果并考虑如何以及通过什么手段来获得该结果，他们还要考虑手段是否容易实现，从而产生最好的手段；当只有一种手段来达到结果时，他们会考虑如何根据这种手段来达到结果，以及通过什么手段来实现这种手段，直到他们得到第一原因，……在分析序列中最后出现的手段在实现序列中似乎是第一个手段。如果我们碰到了不可能实现的事情，例如，如果我们需要金钱而又得不到，那么我们就放弃搜索；但是如果一件事情看似可能，我们就尝试着去做。

2300 年后亚里士多德的算法被纽厄尔和西蒙实现在他们的 GPS 程序中。我们现在称其为回归规划系统（参见第 10 章）。

基于目标的分析是有用的，但是没有说明当多个行动均可达到目标时或者当没有行动可完全达到目标时该做什么。Antoine Arnauld（1612—1694）正确地描述了用于决定在这种情况下该采取什么行动的一个定量公式（参见第 16 章）。John Stuart Mill（1806—1873）的著作《功利主义》（*Utilitarianism*）（Mill，1863）在人类活动的所有领域推广了理性决策准则的思想。更多的形式化决策理论将在后面的章节中讨论。

1　按这种设想，一切有意义的陈述都可通过实验或分析单词的含义来验证或证伪。因为这种设想排除了大多数形而上学的东西，正如意料之中的，逻辑实证主义在一些学派中不受欢迎。

1.2.2 数学

- 什么是能导出有效结论的形式化规则?
- 什么可以被计算?
- 我们如何用不确定的信息来推理?

哲学家们标出了人工智能的一些基本思想,但是到正式科学的跳跃要求在三个基础领域(逻辑、计算和概率)具有一定水准的数学形式体系。

形式逻辑的思想可以追溯到古希腊的哲学家,但是其数学发展实际上始于乔治•布尔(George Boole,1815—1864)的工作,他详细设计出命题逻辑,又称布尔逻辑(Boole,1847)。1879 年,高特洛布•弗雷格(Gottlob Frege,1848—1925)扩展了布尔逻辑,使其包含对象与关系,创建了现在使用的一阶逻辑[1]。阿尔弗雷德• 塔斯基(Alfred Tarski,1902—1983)引入了一种关联理论,它指出如何把逻辑对象与现实世界的对象联系起来。

下一步是确定逻辑和计算能做的事情的极限。一般认为第一个不平凡的**算法**(algorithm)是计算最大公约数的欧几里得(Euclid)算法。algorithm 这个单词(以及研究算法的思想)源于 9 世纪的波斯数学家 al-Khowarazmi,其著作还把阿拉伯数字和代数引入欧洲。布尔和其他人探讨了用于逻辑演绎的算法,而到了 19 世纪晚期,把一般的数学推理形式化为逻辑演绎的努力已在进行中。1930 年,库特•哥德尔(Kurt Gödel,1906—1978)证明了存在一个有效的过程来证明弗雷格和罗素的一阶逻辑中的任何真语句,但是那个一阶逻辑不能处理刻画自然数所需要的数学归纳法的原则。1931 年,哥德尔证明了确实存在演绎的局限。他的**不完备性定理**(incompleteness theorem)证明了在与佩亚诺(Peano)算术(自然数的基本理论)一样强的任何形式理论中都存在不可判定的真语句,即在该理论中这些真语句没有证明。

这个基本的结果也可解释为证明了整数上的某些函数无法用算法表示——即,它们是不可计算的。这促使阿兰• 图灵(Alan Turing,1912—1954)尝试着去精确刻画哪些函数是**可计算的**(computable)——能够被计算。实际上这个想法稍微有点问题,因为实际上不能给出计算或有效过程概念的形式化定义。然而,丘奇-图灵(Church-Turing)论题说明图灵机(Turing,1936)有能力计算任何可计算的函数,该论题被广泛认同为提供了一个充分的定义。图灵还证明了存在一些没有图灵机可以计算的函数。例如,没有图灵机可以一般地判断一个给定的程序对于给定的输入能否返回答案或者永远运行下去。

虽然可判定性和可计算性对于理解计算是重要的,但是**易处理性**(tractability)的概念具有更大的影响。粗略地说,如果解决一个问题的实例所需时间随实例的规模成指数级地增长,那么该问题称为不易处理的。复杂性的多项式级与指数级增长的区别最早在 20 世纪60 年代中期得到重视(Cobham,1964;Edmonds,1965)。这是重要的因为指数级增长意味着即使适度大的实例都不能在合理的时间内得到解决。所以,应该努力把产生智能行为的整体问题分成易处理的子问题,而不是不易处理的子问题。

可如何确认不易处理的问题呢?由斯蒂文• 库克(Steven Cook,1971)和理查德• 卡

---

1 弗雷格为一阶逻辑提出的表示法——文字与几何图形特征的一种神秘组合——从未流行过。

普（Richard Karp，1972）开创的 **NP-完全**（NP-completeness）理论提供了一种方法。库克和卡普证明了存在大量经典组合搜索与推理问题是 NP-完全的。NP-完全问题类可归约到的任何问题类可能就是不易处理的（虽然尚未证明 NP-完全问题必是不易处理的，但是大多数理论家相信这个结论）。这些结果与大众新闻迎接第一台计算机——"比爱因斯坦更快！"的"电子超级脑袋"——时的乐观形成对比。尽管计算机的速度在增加，资源的小心使用将成为智能系统的特征。粗糙地说，世界是一个非常大的问题实例！人工智能中的工作有助于解释为什么 NP-完全问题的某些实例是艰难的，而另一些是容易的（Cheeseman 等，1991）。

除逻辑和计算之外，数学对人工智能的第三大贡献是**概率**（probability）理论。意大利人 Gerolamo Cardano（1501—1576）首先制定了概率的思想，按照赌博事件的可能结果来描述它。1654 年，布雷西·帕斯卡（Blaise Pascal，1623—1662），在一封致彼埃尔·费尔马（Pierre Fermat，1601—1665）的信件中指出如何预测一场未完成的赌博游戏的未来并对赌徒指定平均的收益。概率很快成为所有定量科学的无价之宝，以帮助对付不确定的测量和不完备的理论。詹姆斯·贝努利（James Bernoulli，1654—1705）、彼埃尔·拉普拉斯（Pierre Laplace，1749—1827）和其他人推进了该理论并引入了新的统计方法。托马斯·贝叶斯（Thomas Bayes，1702—1761）提出了根据新证据更新概率的规则。贝叶斯的规则构成了人工智能系统中大多数用于不确定推理的现代方法的基础。

1.2.3　经济学

- 我们应该如何决策以便收益最大？
- 当其他人不合作时我们应该如何做到这样？
- 当收益遥遥无期时我们应该如何做到这样？

经济学作为科学始于 1776 年，那时苏格兰哲学家亚当·史密斯（Adam Smith，1723—1790）出版了《国民财富的性质和原因的研究》（*An Inquiry into the Nature and Causes of the Wealth of Nations*）。虽然古希腊人和其他人也对经济学思想做出了贡献，但是史密斯是第一个把它当作科学来对待的人，他认为经济组织由试图最大化他们自己的经济福利的若干个体 Agent 组成。虽然多数人以为经济是关于金钱的学问，但是经济学家会说他们实际上在研究人们如何做出能导致更喜欢的结果的选择。当麦当劳为一美元提供一个汉堡包时，它们在断言：它们更喜欢美元并希望顾客更喜欢汉堡包。对"更喜欢的结果"或**效用**（utility）的数学处理首先被 Léon Walras（发音为"Valrasse"）（1834—1910）形式化，并被弗兰克·拉姆齐（Frank Ramsey，1931）改进，再后来被约翰·冯·诺依曼（John von Neumann）和奥斯卡·摩根施特恩（Oskar Morgenstern）在他们的著作《博弈论与经济行为》（*The Theory of Games and Economic Behavior*）（1944）中进一步改进。

决策理论（Decision theory）把概率理论和效用理论结合起来，为在不确定情况下——即，在概率描述能适当捕获决策制定者的环境的情况下，做出（经济的或其他的）决策提供了一个形式化且完整的框架。这对"宏观"经济是合适的，其中每个 Agent 不必注意其他作为个体的 Agent 的行动。而对"微观"经济，情况更像**博弈游戏**：一位玩家的行动可能显著地（正面或负面）影响另一位玩家的效用。冯·诺依曼和 Morgenstern 对**博弈论**

（game theory）（参见 Luce 和 Raiffa，1957）的发展包括以下惊人的结果，即对某些博弈游戏，一个理性的 Agent 应该采用（至少看来好像是）随机化的政策。不像决策理论，博弈论并不为选择行动提供清晰的规定。

在很大程度上，经济学家不会处理上面列出的第三个问题，即，当行动的收益不是即刻的反而是由几个依次采取的行动来产生时如何做出理性的决策。该主题在**运筹学**（operations research）领域被研究，运筹学出现于第二次世界大战期间，源自英国为优化雷达设置所取得的成就，后来在复杂管理决策中又找到了非军事应用。理查德•贝尔曼（Richard Bellman，1957）的工作形式化了一类称为**马尔可夫决策过程**（Markov decision processes）的连续决策问题，在第 17 章和第 21 章我们将学习有关内容。

经济学和运筹学中的工作为我们的理性 Agent 概念贡献很多，然而多年来人工智能研究一直沿着完全分离的路线向前发展。一个原因是做出理性决策的显著复杂性。先驱的人工智能研究者赫伯特•西蒙（Herbert Simon，1916—2001）因其早期的工作在 1978 年获得经济学诺贝尔奖，其工作指出基于**满意度**（satisficing）的模型——做出"足够好"的决策，而不是费力地计算最优决策——给出了真实人类行为的一个更好的描述（Simon，1947）。自从 20 世纪 90 年代以来，一直存在对决策理论技术用于 Agent 系统的兴趣的复兴（Wellman，1995）。

1.2.4　神经科学

● 大脑如何处理信息？

神经科学（Neuroscience）研究的是神经系统，特别是大脑。虽然大脑使思考成为可能的精确方式仍是一个重大的科学之谜，但是它确实使思考成为可能的事实已被了解达数千年。因为有证据表明重击头部会导致精神缺陷。人类大脑以某种方式有所不同也已被知道很久了：大约公元前 335 年，亚里士多德写道："在所有动物中，相对其身材来说人类具有最大的大脑。"[1] 然而，直到 18 世纪中叶大脑仍未被广泛地确认为意识的场所。在此之前，候选的位置包括心脏和脾脏。

1861 年，保罗•布鲁卡（Paul Broca，1824—1880）对大脑损伤病人中失语症（言语缺陷）的研究说明存在负责特定认知功能的局部化大脑区域。特别地，他指出言语生成被局部化到现在称为布鲁卡区[2] 的大脑左半球的一部分。到那时，已经知道大脑由神经细胞或**神经元**（neurons）组成，然而直到 1873 年 Camillo Golgi（1843—1926）开发出一种染色技术使人们能够观察大脑中的单个神经元（参见图 1.2），人们才知道这个事实。该技术被 Santiago Ramon y Cajal（1852—1934）用在其对大脑神经元结构的开创性研究中。[3]Nicolas Rashevsky（1936，1938）率先用数学模型来研究神经系统。

我们现在有一些数据涉及大脑区域与身体器官之间的映射，这些大脑区域控制对应的器官或者从对应的器官接收感觉的输入。数周内这样的映射能被彻底改变，并且某些动物

1　从那以后，已经发现尖鼠具有更高的大脑与体重比。

2　许多人引用 Alexander Hood（1824）作为一个可能更早的出处。

3　Golgi 坚信大脑的功能主要在一种嵌入了神经元的连续环境中实现，而 Cajal 提出了"神经元学说"。他们两人分享了 1906 年的诺贝尔奖，却发表了互相对立的获奖演说。

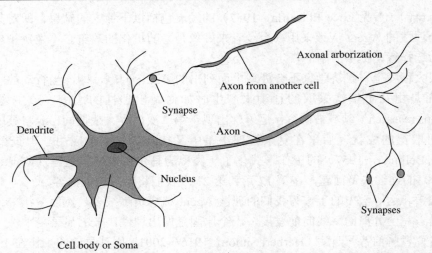

图 1.2　神经细胞或神经元的组成部分。每个神经元由包含一个细胞核的一个细胞体组成。从细胞体分支扩展出许多称为树突的神经纤维和一根长的称为轴突的神经纤维。轴突伸出很长距离，远长于本图示意的规模。典型的轴突有 1 厘米长（是细胞体直径的 100 倍），但是更长的能够扩展到 1米。一个神经元与 10 个到 10 万个其他神经元相连，其连接处称为突触。信号通过复杂的电化学反应从神经元传播到神经元。信号既能控制大脑的短期活动，又能使神经元的连接发生长期改变。这些机制被认为形成了大脑中学习的基础。大多数信息处理在大脑皮质即大脑的外层进行。基本的组织单元看来好像是一个直径约为 0.5 毫米的柱状组织，它包含大约 2 万个神经元并伸展到大脑皮质的全部深度，人类大脑皮质的深度约为 4 毫米

似乎具有多重映射。此外，我们尚未完全了解当一个区域受损时其他区域会如何接管其功能。几乎没有理论涉及如何存储单独的记忆。

1929 年，随着 Hans Berger 发明了脑波计（EEG），便开始测量无损伤的大脑活动。近来开发的功能性磁共振成像（fMRI）（Ogawa 等，1990；Cabeza 和 Nyberg，2001）正为神经科学家们提供大脑活动的空前细致的图像，这使按有趣的方式与正在进行的认知过程相对应的测量成为可能。这些测量由于在神经元活动的单细胞纪录方面的进步而得到加强。单独的神经元可用电学的、化学的、甚至光学的方式来刺激（Han 和 Boyden，2007），从而允许映射神经元的输入输出关系。尽管这些进步，我们仍然远离理解认知过程实际上是如何工作的。

真正惊奇的结论是简单细胞的聚集能够产生思想、行动和意识，或者按 John Searle（1992）简练的言语就是大脑产生精神。唯一实际存在的可供选择的理论是神秘主义：精神运转在某个神秘的领域，该领域超出了自然科学的范围。

人脑与数字计算机多少有些不同的性能。图 1.3 指出计算机具有比人脑快 100 万倍的周波时间。人脑用甚至比高端个人计算机更多的存储与相互连接弥补了这方面的不足。然而，最大的超级计算机具有类似于人脑的容量（可是，应该注意人脑似乎并不同时使用其所有神经元）。未来主义者充分利用这些数字，指出正接近一个**奇异点**（singularity），在该点计算机达到一个超人的性能级（Vinge，1993；Kurzweil，2005），但是原始比较并非特别有益的。即使使用一台具有几乎无限容量的计算机，我们仍然不知道如何实现人脑级的智能。

	超级计算机	个人计算机	人脑
计算单元数	10^4 个 CPU，10^{12} 个晶体管	4 个 CPU，10^9 个晶体管	10^{11} 个神经元
存储单元数	10^{14} 比特 RAM	10^{11} 比特 RAM	10^{11} 个神经元
	10^{15} 比特磁盘	10^{13} 比特磁盘	10^{14} 个突触
周波时间	10^{-9} 秒	10^{-9} 秒	10^{-3} 秒
操作数/秒	10^{15}	10^{10}	10^{17}
存储更新次数/秒	10^{14}	10^{10}	10^{14}

图 1.3 对 IBM 蓝色基因超级计算机、2008 年典型的个人计算机和人脑的可用原始计算资源的一个粗略比较。人脑的数字基本固定，而超级计算机的数字一直在以大约每 5 年乘 10 倍的速度增加，使之达到与人脑近似相等的程度。个人计算机在除周波时间以外的所有数字上都要落后

1.2.5 心理学

● 人类和动物如何思考与行动？

科学的心理学的起源通常追溯到德国物理学家 Hermann von Helmholtz（1821—1894）和他的学生 Wilhelm Wundt（1832—1920）的工作。Helmholtz 应用科学方法来研究人类的视觉，他的《生理光学手册》（*Handbook of Physiological Optics*）甚至现在都被描述为"关于人类视觉的物理和生理的唯一最重要的论著"（Nalwa，1993，第 15 页）。1879 年，Wundt 在莱比锡大学开放了第一个实验心理学实验室。Wundt 主张仔细控制的实验，其中他的研究者们在内省他们的思维过程时要执行知觉的或联想的任务。虽然仔细的控制使心理学朝成为一门科学走了一大段路，但是数据的主观性使实验者经常驳斥他或她自己的理论显得不大可能。另一方面，正如 H. S. Jennings（1906）在其有影响的著作《低等有机体的行为》（*Behavior of the Lower Organisms*）中所描述的，研究动物行为的生物学家们缺乏内省数据并培养出一种客观的方法学。对人类应用这种观点，John Watson（1878—1958）领导的**行为主义**（behaviorism）运动，以内省不能提供可靠证据为理由拒绝任何涉及精神过程的理论。行为主义者坚持只研究给予动物的感知（或刺激）及其导致的行动（或反应）的客观度量。行为主义发现了很多关于老鼠和鸽子的事实，但成功理解人类的情况较少。

认知心理学（Cognitive psychology）把大脑看作一个信息处理装置，至少可以追溯到威廉·詹姆斯（William James，1842—1910）的工作。Helmholtz 也坚持感知涉及一种无意识逻辑推理形式。虽然在美国认知观点基本上被行为主义遮掩了，但在由 Frederic Bartlett（1886—1969）领导的剑桥应用心理学小组，认知建模还能兴旺。由 Bartlett 的学生和后继者 Kenneth Craik（1943）发表的《解释的本质》（*The Nature of Explanation*），有力地恢复了像信念和目标那样的"心理"术语的合法性，认为它们正如使用压力和温度来谈论气体一样科学，尽管气体由没有压力和温度的分子组成。Craik 明确说明了基于知识的 Agent 的三个关键步骤：（1）刺激必须翻译成内部表示，（2）认知过程处理该表示以获得新的内部表示，并且（3）这些表示反过来重新翻译回行动。他清晰地解释了为什么这是 Agent 的一个好的设计：

　　　　如果生物体包含外部现实及其头脑中它自身可能行动的一个"小规模模型"，
　　那么它就能试验各种可采用的方法，推断出哪个是其中最好的方法，在未来状况

出现前作出反应，在对付现在和未来时利用过去事件的知识，并在各方面对它面临的紧急情况按更完整的、更安全的、更充分的方式作出反应（Craik，1943）。

1945 年 Craik 死于自行车事故后，他的工作由 Donald Broadbent 继续推进。后者的著作《知觉与传播》（*Perception and Communication*）（1958）是把心理现象建模成信息处理的最早著作之一。同时，在美国，计算机建模的发展导致**认知科学**（cognitive science）领域的创建。该领域可以说始于 1956 年 9 月麻省理工学院（MIT）的一个研讨会（我们将看到这正好是 AI 本身"诞生"的那次会议之后的两个月）。在这次研讨会上，乔治·米勒（George Miller）介绍了"魔术数字 7"（*The Magic Number Seven*），诺姆·乔姆斯基（Noam Chomsky）介绍了"语言的三种模型"（*Three Models of Language*），而阿兰·纽厄尔（Allen Newell）和赫伯特·西蒙（Herbert Simon）介绍了"逻辑理论机"（*The Logic Theory Machine*）。这三篇有影响的论文指出计算机模型可以如何分别用于处理记忆、语言和逻辑思维的心理学。

目前心理学家中常见的（虽然远离普遍的）观点是"认知理论应该像计算机程序"（Anderson，1980）；即，认知理论应该描述详细的信息处理机制，靠这个机制可以实现某种认知功能。

1.2.6　计算机工程

● 我们如何才能建造高效的计算机？

为了人工智能获得成功，我们需要两件东西：智能和人工制品。计算机已是精选的人工制品。现代数字电子计算机被第二次世界大战中参战的三个国家的科学家独立地和几乎同时地发明出来。第一台可运转的计算机是电动机械的 Heath Robinson[1]，它由阿兰·图灵的研究组建造于 1940 年，其唯一用途是解密德国人的消息。1943 年，同一个研究组开发了 Colossus，基于真空电子管的强大的通用机器[2]。第一台可运转的可编程计算机是 Z-3，它由 Konrad Zuse 于 1941 年在德国发明。Zuse 还发明了浮点数和第一种高级编程语言 Plankalkül。第一台电子计算机，ABC，在 1940 年到 1942 年之间由 John Atanasoff 和他的学生 Clifford Berry 在爱荷华州立大学装配成功。Atanasoff 的研究获得较少的支持或认可；正是在宾夕法尼亚大学作为一个秘密军事项目的一部分由一个包括 John Mauchly 和 John Eckert 的研究组开发的 ENIAC 被证实是现代计算机最有影响的先驱。

从那时起，每代计算机硬件都带来速度和容量的增加以及价格的减少。直到 2005 年左右，计算机的性能大约每 18 个月翻一番，那时候能量消散问题致使制造商们开始增加 CPU 核的数目而不是时钟速度。当前的预期是未来的能力增加将来自大规模并行——与人脑的性质不可思议的一致。

当然，在电子计算机之前还有一些计算装置。最早的自动机器追溯到 17 世纪，在 1.2.1 节讨论过。第一台可编程的机器是 1805 年 Joseph Marie Jacquard（1752—1834）设计的一

1　Heath Robinson 是一位漫画家，因描画滑稽且可笑的用于像涂黄油于烤面包上那样的日常任务的复杂装置而著名。

2　战后一段时间，图灵想用这些计算机来研究 AI——例如，最早的国际象棋程序之一（图灵等，1953）。他的努力被英国政府阻止了。

台织布机，它使用穿孔卡片来存储适合于要编织图案的指令。在 19 世纪中叶，查尔斯•巴贝奇（Charles Babbage，1792-1871）设计了两台机器，但都没有做完。想用差分机来为工程与科学项目计算数学用表。该机器最终于 1991 年建成，并在伦敦科学博物馆显示出能工作（Swade，2000）。Babbage 的分析机更加雄心勃勃：它包含可寻址的存储器，存储的程序以及条件跳转，并是第一台能够完成通用计算的人工制品。Babbage 的同事 Ada Lovelace，诗人拜伦（Byron）爵士的女儿，可能是世界上第一位程序员（编程语言 Ada 就是以她的名字命名的）。她为未做完的分析机编写了程序，甚至推测机器可以下国际象棋或创作乐曲。

　　人工智能还欠了计算机科学的软件方面一笔债，后者提供了操作系统、编程语言和为编写现代程序（以及关于程序的文档）所需的工具。但是这也是债务已归还的一个领域：人工智能中的工作开创的许多思想已想方设法反向进入主流计算机科学，包括分时、交互式解释器、使用窗口和鼠标的个人计算机、快速开发环境、链表数据类型、自动存储管理以及符号化、函数式、说明性和面向对象编程的关键概念。

1.2.7　控制论

● 人工制品可以如何在其自身的控制下运转？

　　亚历山大的凯西比奥（Ktesibios of Alexandria，大约公元前 250 年）建造了第一台自我控制的机器：具有一个维持恒定流速的调节器的水钟。这项发明改变了人工制品能做什么的定义。以前，只有活的东西能够作为对环境中变化的反应来修改其行为。自我调节反馈控制系统的其他实例包括詹姆斯•瓦特（James Watt，1736—1819）创造的蒸汽机调压器和 Cornelis Drebbel（1572—1633）发明的恒温器，后者还发明了潜水艇。稳定反馈系统的数学理论在 19 世纪得到了发展。

　　创造现在称为控制论（control theory）的中心人物是诺伯特•维纳（Norbert Wiener，1894—1964）。维纳是一位卓越的数学家，在他对生物和机械控制系统及其与认知的关系产生兴趣之前，曾与伯特兰•罗素（Bertrand Russell）等人一起工作过。

　　像 Craik（他还用控制系统作为心理学模型）一样，维纳和他的同事 Arturo Rosenblueth 以及 Julian Bigelow 挑战了行为主义者的正统学说（Rosenblueth 等，1943）。他们认为有目的的行为是由试图最小化"误差"——当前状态与目标状态之间的差距——的调节机制引起的。20 世纪 40 年代晚期，维纳和 Warren McCulloch、Walter Pitts 以及约翰•冯•诺依曼（John von Neumann）一起，组织了一系列有影响的会议，探索了新的关于认知的数学与计算模型。维纳的著作《控制论》（Cybernetics）（1948）变成了一本畅销书，并使公众认识到人工制造智能机器的可能性。同时，在英国，W. Ross Ashby（Ashby，1940）开创了类似的思想。Ashby、Alan Turing、Grey Walter 和其他人一起为"那些在维纳的书发表以前就具有维纳的思想的人"形成了比俱乐部（Ratio Club）。Ashby 的《大脑设计》（Design for a Brain）（1948，1952）详述了他的思想：智能可通过使用包含恰当反馈回路以实现稳定适应行为的自动平衡（homeostatic）装置来创建。

　　现代控制论，特别是被称为随机优化控制的分支，其目标是设计能随时最大化目标函数（objective function）的系统。这与我们关于人工智能的观点大致一致：设计能最佳表现的系统。它们的始祖之间具有密切联系，但为什么人工智能与控制论是两个不同的领域呢？

答案存在于参与者熟悉的数学技术与包含在每个专业范围中的对应问题集之间的紧密耦合中。微积分与矩阵代数是控制论的工具，它们鼓励可由固定的连续变量集来描述的系统，然而创立人工智能的部分原因是当作逃避这些意识到了的局限的一种方法。逻辑推理与计算的工具允许人工智能研究者们考虑一些诸如语言、视觉和规划那样的问题，这些问题完全落在控制理论家的范围之外。

1.2.8　语言学

- 语言与思维如何关联？

1957 年，B. F. Skinner 出版了《言语行为》（*Verbal Behavior*）。由领域内最早的专家撰写的这本书为语言学习的行为主义方法给出了一个综合的、详细的解释。然而奇妙的是该书的一篇评论变得与该书本身一样著名，并且用于几乎消除了对行为主义的兴趣。这篇评论的作者就是语言学家诺姆·乔姆斯基（Noam Chomsky），那时他正好出版了一本关于他自己的理论的书，《句法结构》（*Syntactic Structures*）。乔姆斯基指出行为主义的理论没有处理语言中的创造性的概念——它没有解释儿童怎么能理解和构造他或她以前从未听过的句子。乔姆斯基的理论——基于可追溯到印度语言学家帕尼尼（Panini，大约公元前 350 年）的句法模型——能够解释这个现象，并且不像以前的理论，其理论足够形式化以致原则上可被编程实现。

现代语言学与人工智能在大约相同的时间“诞生”，并且一起长大，交叉于一个称为**计算语言学**（computational linguistics）或**自然语言处理**（natural language processing）的混合领域。很快证实了理解语言的问题要比 1957 年感觉的复杂得多。理解语言需要了解主题和语境，而不仅仅是了解句子的结构。这似乎是显然的，但是直到 20 世纪 60 年代它并未被广泛接受。**知识表示**（knowledge representation）（如何把知识翻译成计算机可用来推理的形式的研究）中的大量早期工作与语言联系在一起并从语言学的研究中获得信息，反过来语言学的研究又与数十年关于语言的哲学分析的工作联系在一起。

1.3　人工智能的历史

以现有的背景材料为基础，我们已准备好涉及人工智能本身的发展。

1.3.1　人工智能的孕育期（1943—1955 年）

现在一般认定人工智能的最早工作是 Warren McCulloch 和 Walter Pitts（1943）完成的。他们利用了三种资源：基础生理学知识和脑神经元的功能；归功于罗素和怀特海德的对命题逻辑的形式分析；以及图灵的计算理论。他们提出了一种人工神经元模型，其中每个神经元被描述为是“开”或“关”状态，作为一个神经元对足够数量邻近神经元刺激的反应，其状态将出现到“开”的转变。神经元的状态被设想为“事实上等价于提出其足够刺激的一个命题”。例如，他们证明，任何可计算的函数都可以通过相连神经元的某个网络来计算，并且所有逻辑连接词（与、或、非等）都可用简单的网络结构来实现。McCulloch 和 Pitts

还建议适当定义的网络能够学习。唐纳德·赫布（Donald Hebb）（1949）展示了一条简单的用于修改神经元之间的连接强度的更新规则。他的规则现在称为**赫布型学习**（Hebbian learning），至今仍然是一种有影响的模型。

两名哈佛大学的本科生，马文·明斯基（Marvin Minsky）和 Dean Edmonds，在 1950 年建造了第一台神经网络计算机。称为 SNARC 的这台计算机，使用了 3000 个真空管和 B-24 轰炸机上一个多余的自动指示装置来模拟由 40 个神经元构成的一个网络。后来在普林斯顿大学，明斯基研究了神经网络中的一般计算。他的哲学博士委员会怀疑这种工作是否应该看作数学，不过据传冯·诺依曼说"如果它现在不是，那么总有一天会是"。明斯基晚年证明了若干有影响的定理，指出了神经网络研究的局限性。

虽然还有若干早期工作的实例可以被视为人工智能，但是阿兰·图灵的先见之明也许是最有影响的。早在 1947 年，他就在伦敦数学协会发表了该主题的演讲，并在其 1950 年的文章"计算机器与智能（Computing Machinery and Intelligence）"中清晰地表达了有说服力的应办之事。其中他提出了图灵测试、机器学习、遗传算法和强化学习。他提出了儿童程序（Child Programme）的思想，并解释为"代替试图制作程序来模拟成年人的头脑，为什么不愿尝试制作模拟儿童头脑的程序呢？"

1.3.2　人工智能的诞生（1956 年）

普林斯顿大学曾是人工智能的另一位有影响的人物约翰·麦卡锡（John McCarthy）的阵地。1951 年在那里获得哲学博士学位以后又作为教师工作了两年，接着麦卡锡搬到斯坦福大学，然后又到了达特茅斯大学，这里后来成为了公认的人工智能领域的诞生地。麦卡锡说服了明斯基、克劳德·香农（Claude Shannon）和内森尼尔·罗切斯特（Nathaniel Rochester）帮助他把美国对自动机理论、神经网络和智能研究感兴趣的研究者们召集在一起。1956 年夏天他们在达特茅斯组织了一个为期两个月的研讨会。会议的提案申明：[1]

> 我们提议 1956 年夏天在新罕布什尔州汉诺威市的达特茅斯大学开展一次由 10 个人为期两个月的人工智能研究。学习的每个方面或智能的任何其他特征原则上可被这样精确地描述以至于能够建造一台机器来模拟它。该研究将基于这个推断来进行，并尝试着发现如何使机器使用语言，形成抽象与概念，求解多种现在注定由人来求解的问题，进而改进机器。我们认为：如果仔细选择一组科学家对这些问题一起工作一个夏天，那么对其中的一个或多个问题就能够取得意义重大的进展。

总共有 10 位与会者，包括来自普林斯顿大学的 Trenchard More、来自 IBM 公司的阿瑟·萨缪尔（Arthur Samuel），以及来自 MIT 的 Ray Solomonoff 和 Oliver Selfridge。

两位来自卡耐基技术学院[2]的研究者，艾伦·纽厄尔和赫伯特·西蒙，相当引人注目。

1　这是麦卡锡的术语人工智能的第一次正式的使用。或许"计算合理性"更准确且威胁更少，但是"人工智能"已经留下了。在达特茅斯会议的 50 周年纪念日，麦卡锡说他遵从正在宣传模拟控制装置而不是数字计算机的 Norbert Weiner，抵制术语"计算机"或"计算的"。

2　现在是卡耐基梅隆大学（CMU）。

虽然其他人也有想法且在某些情况下还有诸如西洋跳棋那样的特定应用的程序，但是纽厄尔和西蒙却已有一个推理程序：逻辑理论家（Logic Theorist, LT）。对此西蒙声称："我们发明了一个能非数值地思考的计算机程序，因此解决了古老的心-身问题。"[1]在这次研讨会之后不久，他们的程序就能证明罗素和怀特海德的《数学原理》（*Principia Mathematica*）的第 2 章中的大部分定理。据说当西蒙演示程序能为定理提供比数学原理中更短的证明时，罗素非常高兴。《符号逻辑杂志》（*Journal of Symbolic Logic*）的编辑们却并未留下深刻的印象；他们拒绝了由纽厄尔、西蒙和逻辑理论家合著的一篇论文。

达特茅斯研讨会并未导致任何新突破，但它确实互相介绍了所有主要的人物。对随后的 20 年，人工智能领域就被这些人以及他们在 MIT、CMU、斯坦福和 IBM 的学生和同事们支配了。

考察一下达特茅斯研讨会的提案（McCarthy 等，1955），我们可以看出为什么人工智能变成一个独立的领域是必要的。为什么人工智能中完成的所有工作不能以控制论或运筹学或决策理论的名义进行，毕竟他们与人工智能具有类似的目标？或者为什么人工智能不是数学的一个分支？第一个答案是人工智能从诞生以来就采纳了复制人的才能，如创造性、自我改进和语言应用的思想。其他领域中没有一个会处理这些问题。第二个答案是方法学不同。人工智能是这些领域中唯一的显然属于计算机科学的一个分支（虽然运筹学确实共享了对计算机模拟的重视），并且人工智能是唯一试图建造能在复杂的、变化的环境中自主运行的机器的领域。

1.3.3　早期的热情，巨大的期望（1952—1969 年）

早年人工智能在有限的方面充满成功。考虑到当时简单的计算机与编程工具，以及就在几年前计算机被看成只能做算术运算这个事实，只要计算机做了任何稍微聪明的事都是令人惊讶的。总的来说，善于思考的当权人物宁愿认为"机器永远不能做 X"（为获得图灵收集的这类 X 的一张长表参见第 26 章）。人工智能研究者通过论证一个接一个的 X 自然地做出了反应。约翰·麦卡锡把这段时期称作"瞧，妈，连手都没有！"的时代。

通用问题求解器或 GPS 继承并发扬了纽厄尔和西蒙的早期成就。与逻辑理论家不同，该程序一开始就被设计来模仿人类问题求解协议。结果证明在它能处理的有限难题类中，该程序考虑子目标与可能行动的顺序类似于人类处理相同问题的顺序。因此，GPS 或许是第一个体现"像人一样思考"的程序。GPS 与随后的程序作为认知模型的成功致使纽厄尔和西蒙（1976）构想出著名的**物理符号系统**（physical symbol system）假设，它指出"一个物理符号系统具有必要且充分的表示一般智能行动的手段"。他们的意思是展现智能的任何（人类或机器）系统一定通过处理由符号组成的数据结构来起作用。后面我们将看到，该假设已受到来自多个方向的挑战。

在 IBM 公司，内森尼尔·罗切斯特和他的同事们制作了一些最初的人工智能程序。Herbert Gelernter（1959）建造了几何定理证明器，它能够证明连许多学数学的学生都感到

1　纽厄尔和西蒙还发明了一种表处理语言 IPL 来编写 LT。他们没有编译器，只好手工将 LT 翻译成机器代码。为了避免错误，他们并行工作，在编写每条指令时为了确认是否一致，他们就相互大声叫喊二进制数字。

相当棘手的定理。从 1952 年开始，阿瑟·萨缪尔编写了一系列西洋跳棋程序，该程序最终学到能以业余高手的水准来玩。在这个过程中，他驳斥了计算机只能做被告知的事的思想：他的程序迅速学到比其创造者玩得更好。1956 年 2 月这个程序在电视上进行了演示，给人留下很深的印象。像图灵一样，萨缪尔也难于找到机时。他只好在夜晚工作，使用的机器是仍在 IBM 制造厂的测试层上的计算机。第 5 章将涉及博弈，第 21 章将解释萨缪尔用过的学习技术。

约翰·麦卡锡从达特茅斯搬到了 MIT，并且在那里于历史性的 1958 年做出了三项至关重要的贡献。根据 MIT 人工智能实验室的 1 号备忘录，麦卡锡定义了高级语言 Lisp，该语言在后来的 30 年中成为占统治地位的人工智能编程语言。有了 Lisp，麦卡锡便具有他所需的工具，但访问稀少且昂贵的计算资源仍是一个严重的问题。作为回应，他和 MIT 的其他人一起发明了分时技术。在 1958 年，麦卡锡还发表了题为"有常识的程序"（*Programs with Common Sense*）的论文，文中他描述了意见接受者（Advice Taker），这个假想程序可被看成第一个完整的人工智能系统。像逻辑理论家和几何定理证明器一样，麦卡锡的程序也被设计成使用知识来搜索问题的解。但是与其他系统不同，它包含世界的一般知识。例如，他指出某些简单的公理如何使该程序能生成一个开车去机场的计划。该程序还被设计成能在正常的操作过程中接收新公理，从而允许它在未被重新编程的情况下获得新领域中的能力。因此意见接受者体现了知识表示与推理的核心原则：有益的是对世界及其运作具有某种形式的、明确的表示并且能够使用演绎过程来处理那种表示。引人注目的是 1958 年发表的那篇论文目前仍然非常重要。

1958 年也是马文·明斯基搬到 MIT 的年份。然而，他和麦卡锡最初的合作并未延续。麦卡锡强调形式逻辑的表示与推理，而明斯基对使程序有效工作更感兴趣并且最终产生了一种反逻辑的观点。1963 年，麦卡锡在斯坦福创办了人工智能实验室。1965 年，J. A. Robinson 归结方法（一个完整的一阶逻辑定理证明算法；参见第 9 章）的发现促进了麦卡锡使用逻辑来建造最终的意见接受者的计划。斯坦福的工作强调逻辑推理的通用方法。逻辑的应用包括 Cordell Green 的问题解答与规划系统（Green，1969b）和斯坦福研究院（SRI）的 Shakey 机器人项目。后者第一次展示了逻辑推理与物理行动的完整集成，将在第 25 章进一步讨论。

明斯基指导了一系列学生，他们选择研究求解时看来好像需要智能的有限问题。这些有限域称为**微观世界**（microworlds）。James Slagle 的 SAINT 程序（1963）能够求解一年级大学课程中典型的闭合式微积分问题。Tom Evans 的 ANALOGY 程序（1968）能够求解出现在智商测试中的几何类推问题。Daniel Bobrow 的 STUDENT 程序（1967）能够求解如下所述的代数故事问题：

> 如果汤姆招揽到的顾客数是他做的广告数的 20%的平方的两倍，并且他做的
> 广告数是 45，那么汤姆招揽到的顾客数是多少呢?

最著名的微观世界是积木世界，如图 1.4 所示，它由放置在桌面（或者更经常地，一个模拟桌面）上的一组实心积木组成。这个世界中的典型任务是使用一只每次能拿起一块积木的机器手按某种方式调整这些积木。对于戴维·哈夫曼（David Huffman）的视觉项目（1971）、David Waltz 的视觉与约束传播工作（1975）、Patrick Winston 的学习理论（1970）、

Terry Winograd 的自然语言理解程序（1972）和 Scott Fahlman 的规划器（1974）来说，积木世界是它们的发源地。

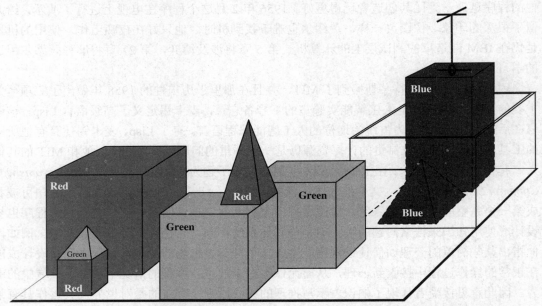

图 1.4　积木世界的一个场景。SHRDLU（Winograd，1972）刚完成命令"寻找
一块高于你正拿着的那块的积木并把它放在盒子里"

基于 McCulloch 和 Pitts 的神经网络的早期工作也十分兴旺。Winograd 和 Cowan 的工作（1963）表明大量元素可以如何共同表示一个单独的概念，同时相应增加鲁棒性和并行性。Bernie Widrow（Widrow 和 Hoff，1960；Widrow，1962）加强了赫布的学习方法，并称他的网络为**适应机**（adalines）。而且 Frank Rosenblatt（1962）也用他的**感知机**（perceptrons）加强了赫布的学习方法。**感知机收敛定理**（perceptron convergence theorem）（Block 等，1962）表明如果存在这样的匹配，那么该学习算法便可调整感知机的连接强度以匹配任何输入数据。这些话题将在第 20 章中讨论。

1.3.4　现实的困难（1966—1973 年）

自开始以来，人工智能研究者们并不羞于预言他们将来的成功。赫伯特·西蒙在 1957 年的以下说法经常被引用：

我的目的不是使你惊奇或者震惊——但是我能概括的最简单的方式是说现在世界上就有能思考、学习和创造的机器。而且，它们做这些事情的能力将快速增长直到——在可见的未来——它们能处理的问题范围将与人脑已经应用到的范围共同扩张。

虽然像"可见的未来"那样的措词可按不同的方式来解释，但是西蒙还做出了更具体的预言：10 年内计算机将成为国际象棋冠军，并且机器将证明一个重要的数学定理。这些预言在 40 年而不是 10 年内实现（或者近似实现）了。西蒙的过于自信是因为早期人工智能系统在简单实例上令人鼓舞的性能。然而，在几乎所有情况下，当这些早期系统试用于更宽的问题选择和更难的问题时，结果证明都非常失败。

第一种困难起源于大多数早期程序对其主题一无所知；它们依靠简单的句法处理获得成功。一个典型的故事发生在早期的机器翻译工作中。该工作由美国国家研究委员会慷慨资助，试图加速俄语科学论文的翻译，随着 1957 年人造地球卫星史普尼克（Sputnik）的发射而启动。最初认为，基于俄语和英语语法的简单句法变换以及根据一部电子词典的单词替换就足以保持句子的确切含义。事实是，准确的翻译需要背景知识来消除歧义并建立句子的内容。著名的从 "the spirit is willing but the flesh is weak（心有余而力不足）" 到 "the vodka is good but the meat is rotten（伏特加酒是好的而肉是烂的）" 的互相翻译（英译俄后再俄译英）说明了遇到的困难。1966 年，咨询委员会的一份报告认为 "尚不存在通用科学文本的机器翻译，近期也不会有"。随后取消了学术翻译项目的所有美国政府资助。现在，对技术、商业、政府和互联网文档，机器翻译仍是一个不完善但广泛使用的工具。

第二种困难是人工智能试图求解的许多问题的难解性。大多数早期的人工智能程序通过试验步骤的不同组合直到找到解来求解问题。这种策略最初是有效的，因为微观世界包含很少的对象，因此是很少的可能行动和很短的解序列。在产生计算复杂性理论之前，广泛认为 "放大" 到更大的问题只是更快的硬件和更大的存储器的事情。例如，乐观主义伴随着归结定理证明的发展，但是，当研究者们不能证明包含多于数十条事实的定理时，很快就受挫了。程序原则上能够找到解的事实并不意味着程序就包含实际上找到解所需的任何机制。

无限计算能力的错觉并不局限于问题求解程序。**机器进化**（machine evolution）（现在称为**遗传算法**（genetic algorithms）（Friedberg，1958；Friedberg 等，1959）中的早期实验就是基于无疑正确的信念：通过对一段机器代码程序恰当地制造一系列小变化，便可为任意特定任务生成一个性能良好的程序。当时的想法是尝试随机的变化并用一个选择过程来保持似乎有用的变化。尽管花了数千小时的 CPU 时间，但几乎没有展示出任何进展。现代遗传算法使用更好的表示且已展示出更多的成就。

未能对付 "组合爆炸" 是包含在莱特希尔（Lighthill）报告（Lighthill，1973）中的对人工智能的主要批评之一，基于该报告英国政府决定终止对除两所大学外所有大学中人工智能研究的支持（口头传说描绘了一幅稍微有点不同且更多彩的画面，具有政治野心和个人憎恶，这样的描述是离题的）。

第三种困难起源于用来产生智能行为的基本结构的某些根本局限。例如，明斯基和 **Papert** 的著作《感知机》（*Perceptrons*）（1969）证明了：虽然可以证明感知机（神经网络的一种简单形式）能学会它们能表示的任何东西，但是它们能表示的东西很少。特别地，两输入的感知机（限制为比 Rosenblatt 原来研究的形式更简单的形式）不能被训练来认定何时其两个输入是不同的。虽然他们的结果没有应用于更复杂的多层网络，但是对神经网络研究的研究资助很快减少到几乎没有。具讽刺性的是，用于多层网络的新反传学习算法在 20 世纪 80 年代后期曾引起神经网络研究的巨大复兴，但实际上该算法是在 1969 年首次发现的（Bryson 和 Ho，1969）。

1.3.5　基于知识的系统：力量的秘诀（1969—1979 年）

AI 研究的第一个十年呈现的问题求解的美景是一种通用的搜索机制，它试图串联基本的推理步骤来寻找完全解。这样的方法被称为**弱方法**（weak method），因为尽管通用，但它们不能扩展到大规模的或困难的问题实例。弱方法的替代方案是使用更强有力的、领域相关的知识，以允许更大量的推理步骤，且可以更容易地处理狭窄的专门领域里发生的典型情况。也许有人会说：要求解一个难题，你必须已经差不多知道答案。

DENDRAL 程序（Buchanan 等，1969）是这种方法的早期例子。它是在斯坦福开发的，在那里 Ed Feigenbaum（费根鲍姆）（曾是 Herbert Simon 的学生）、Bruce Buchanan（一个改行研究计算机科学的哲学家）以及 Joshua Lederberg（一个获得诺贝尔奖的基因学家）合作，以解决根据质谱仪提供的信息推断分子结构的问题。程序的输入由基本的分子式（例如，$C_6H_{13}NO_2$）和质谱组成，质谱给出了被电子束轰击产生的各种分子碎片的质量。例如，质谱可能在 $m = 15$ 的地方有一个尖峰，这对应于一个甲基（CH_3）碎片的质量。

一个简单版本的程序先生成与分子式一致的全部可能结构，然后预测每个结构能观察到的质谱，再与真实质谱比较。正如人们预期的一样，对于中等大小的分子而言，这是不切实际的。DENDRAL 研究者们咨询了分析化学家，发现他们是通过寻找质谱中已清楚了解的尖峰模式进行工作的，这些模式暗示了分子中的普通子结构。例如，下列规则是用来识别酮（C=O）结构（重量为 28）的：

如果在 x_1 和 x_2 处有两个尖峰，满足

（a）$x_1 + x_2 = M + 28$（M 是整个分子的质量）；

（b）x_1-28 是一个高的尖峰；

（c）x_2-28 是一个高的尖峰；

（d）x_1 和 x_2 至少有一个峰值比较高。

那么存在一个酮结构

认识到分子包含特定子结构，这大大减少可能的候选数量。DENDRAL 功能强大是因为

所有解决这些问题的相关理论知识都被从其在[质谱预测成分]（"基本原理"）中的一般形式映射到了效率高的特殊形式（"食谱配方"）。（Feigenbaum 等，1971）

DENDRAL 的意义在于它是第一个成功的知识密集系统：它的专业知识来自大量的专用规则。后来的系统还吸收了麦卡锡的意见接收者（Advice Taker）方法的主旨——把知识（规则）和推理部件清楚地分离开。

有了这个经验，Feigenbaum 和斯坦福的其他一些人启动了启发式程序设计项目（HPP），以研究新的**专家系统**（expert systems）方法论可用到其他人类专家知识领域的程度。接下来的一个主要奋斗领域是医疗诊断。Feigenbaum、Buchanan 和 Edward Shortliffe 医生开发了 MYCIN，用于诊断血液传染。MYCIN 具有 450 条规则，能够表现得与某些专家一样好，并且表现得比初级医生好很多。MYCIN 与 DENDRAL 有两点主要差异。首先，不像 DENDRAL 规则，不存在通用的理论模型可以从中演绎出 MYCIN 规则。他们不得不从专家会见大量病

人的过程中获取规则，而专家进而又从书本、其他专家以及案例的直接经验中获取规则。其次，规则必须反映与医疗知识关联的不确定性。MYCIN 吸收了称为**确定性因素**（certainty factors）（第 14 章）的不确定性演算，似乎（在当时）很符合医生如何评估诊断证据的作用的情况。

领域知识的重要性在自然语言理解领域也很明显。尽管 Winograd 的理解自然语言的 SHRDLU 系统让人们非常兴奋，它对句法分析的依赖引起了在早期机器翻译工作中出现的同样的问题。它能够克服歧义性并能理解代词指代，但这主要是因为它是为一个特定领域——积木世界——设计的。一些研究者，包括 Eugene Charniak——他是 Winograd 在 MIT 带的一名研究生，提出鲁棒的语言理解将需要关于世界的一般知识和使用知识的一般方法。

在耶鲁，语言学家出身的 AI 研究者 Roger Schank 强调了这一点，宣称"没有语法这样的东西"，这打击了很多语言学家，但又确实发动了一场有用的讨论。Schank 和他的学生们建立了一系列程序（Schank 和 Abelson，1977；Wilensky，1978；Schank 和 Riesbeck，1981；Dyer，1983），都有自然语言理解的任务。然而，重点不在语言本身上，而是更多地集中在利用语言理解所需的知识进行表示和推理的问题上。问题包括表示固定不变的环境（Cullingford，1981），描述人类记忆组织（Rieger，1976；Kolodner，1983），以及理解规划和目标（Wilensky，1983）。

对现实世界问题的应用的普遍增长同时引起了对可行知识表示方案的需求的增长。大量不同的表示和推理语言被开发出来。有些是基于逻辑的——例如，Prolog 语言开始在欧洲流行，PLANNER 家族在美国流行。其他人追随 Minsky 的**框架**（frame）（1975），采用了更加结构化的方法，集成了关于特定对象和事件类型的事实，并把这些类型安置在一个大的类似于生物分类学的分类层次中。

1.3.6 人工智能成为产业（1980 年—现在）

第一个成功的商用专家系统 R1 开始在数据设备公司（DEC）（McDermott，1982）运转。该程序帮助为新计算机系统配置订单；到 1986 年为止，它每年为公司节省了估计 4000 万美元。到 1988 年为止，DEC 公司的 AI 研究小组已经部署了 40 个专家系统，还有一些正在研制中。杜邦（DuPont）公司有 100 个专家系统在使用中，另有 500 个在开发中，每年估计为公司节省 1000 万美元。几乎每个主要的美国公司都有自己的 AI 研究小组，并且正在使用或者研发专家系统。

1981 年，日本宣布了"第五代计算机"计划。这是一项为期 10 年的计划，以研制运行 Prolog 语言的智能计算机。作为回应，美国组建了微电子和计算机技术公司（MCC）作为保证国家竞争力的研究集团。两个案例中，AI 是研究计划的一部分，这些研究计划包括芯片设计和人机接口研究。在英国，艾尔维报告（Alvey report）恢复了因赖特希尔报告（Lighthill report）而停止的投资 [1]。然而，在这三个国家中，这些项目从来都没有实现过它们野心勃勃的目标。

---

1 为了减少尴尬，称为 IKBS（Intelligent Knowledge-Based Systems，基于知识的智能系统）的新领域被发明出来，因为人工智能的研究已经被正式取消了。

　　总的来说，AI 产业从 1980 年的区区几百万美元暴涨到 1988 年的数十亿美元，包括几百家公司研发专家系统、视觉系统、机器人以及服务这些目标的专门软件和硬件。之后，一个被称为"人工智能的冬天"的时期很快来临，期间很多公司都因无法兑现它们所做出的过分承诺而垮掉。

1.3.7　神经网络的回归（1986 年—现在）

　　在 20 世纪 80 年代中期，至少 4 个不同的研究组重新发明了由 Bryson 和 Ho 于 1969 年首次建立的**反传**（back-propagation）学习算法。该算法被用于很多计算机科学和心理学中的学习问题，而文集《并行分布式处理》（*Parallel Distributed Processing*）（Rumelhart 和 McClelland，1986）中的结果的广泛流传引起了人们极大的兴奋。

　　智能系统的这些所谓**连接主义**（connectionist）模型被有些人视为是对 Newell（纽厄尔）和 Simon（西蒙）倡导的符号模型以及 McCarthy（麦卡锡）和其他人（Smolensky，1988）主张的逻辑方法的直接竞争者。也许看来很明显，人类在某些层次上处理的是符号——事实上，Terrence Deacon 的著作《符号的物种》（*The Symbolic Species*）（1997）指出这是人类的定义特性，但是大多数激进的连接主义者质疑符号处理在认知的精细模型中是否有任何真正的解释作用。这个问题还没有答案，不过当前的观点认为连接主义方法和符号主义方法是互补的，不是竞争的。就像 AI 与认知科学的分离一样，现代神经网络研究分离成了两个领域，一个关心的是建立有效的网络结构和算法并理解它们的数学属性，另一个关心的是对实际神经元的实验特性和神经元的集成的建模。

1.3.8　人工智能采用科学方法（1987 年—现在）

　　近些年来我们已经看到人工智能研究在内容和方法论方面发生的革命 [1]。现在更普遍的是在现有理论的基础上进行研究而不是提出全新理论，把主张建立在严格的定理或者确凿的实验证据的基础上而不是靠直觉，揭示对现实世界的应用的相关性而不是对玩具样例的相关性。

　　AI 的建立，部分是出于对类似控制论和统计学等已有领域的局限性的叛逆，但是它现在开始接纳那些领域。正如 David McAllester（1998）指出的：

　　　　在 AI 的早期，符号计算的新形式是值得称道的，例如框架和语义网络，它们使得很多经典理论失效。这导致形成一种孤立主义，AI 与计算机科学的其他领域之间出现巨大鸿沟。这种孤立主义目前正被逐渐抛弃。人们现在认识到，机器学习不应该和信息论分离，不确定推理不应该和随机模型分离，搜索不应该和经典的优化与控制分离，自动推理不应该和形式化方法与静态分析分离。

　　在方法论方面，AI 最终成为坚实的科学方法。为了被接受，假设必须遵从严格的经验

　　1　有人把这种变化刻画为优雅派——那些认为 AI 理论应该建立在数学严格的基础之上的人——对于杂乱派——那些更愿意尝试很多思想的人——的胜利，写些程序，然后评估什么看起来能奏效。两方面都是重要的。而向优雅的转变意味着领域达到了一个稳定和成熟的阶段。稳定性是否会被新的杂乱派思想打破则是另一个问题。

实验，结果的重要性必须经过统计分析（Cohen，1995）。通过利用共享测试数据库及代码，现在重复实验是可能的。

语音识别领域阐明了这种模式。在 20 世纪 70 年代，人们尝试了大量的不同体系结构与方法。其中许多都相当特殊和脆弱，仅仅在几个特定样本上进行了演示。近些年，基于**隐马尔可夫模型**（hidden Markov models）（HMMs）的方法开始主导这个领域。HMM 的两个方面是有关的。首先，它们是基于严格的数学理论基础的。这允许语音研究者们以其他领域中发展了数十年的数学成果为根据。其次，它们是通过在大量的真实语音数据上的训练过程生成的。这保证了性能是鲁棒的，而且在严格的盲测试中，HMM 不断地提高着它们的得分。语音技术和与之有关联的手写字符识别已经开始转向广泛用于工业和个人应用。注意，没有科学断言说人类识别语音是用了 HMM；HMM 只是为理解这个问题提供了一个数学框架，并支持了"它们在实际中工作得很好"的工程断言。

机器翻译步语音识别的后尘。在 20 世纪 50 年代人们开始热衷于基于单词序列的方法，它具有根据信息论原理学习到的模型。20 世纪 60 年代，这种方法开始被冷落，但到 20 世纪 90 年代末它又被重新捡起，目前主导着这个领域。

神经网络也符合这个趋势。很多神经网络方面的工作在 20 世纪 80 年代得以完成，人们试图弄清神经网络到底能做什么，并了解神经网络与"传统"技术之间到底有多大差别。通过改进的方法论和理论框架，这个领域达到一个新的理解程度——神经网络可以和统计学、模式识别、机器学习等领域的对应技术相提并论，并且其最有前途的技术可以用在每个应用上。作为这些发展的结果，所谓**数据挖掘**（data mining）技术促生了一个有活力的新工业。

随着研究兴趣的复苏——Peter Cheeseman（1985）在文章《保卫概率》（*In Defense of Probability*）中进行了概括，Judea Pearl（1988）的《智能系统中的概率推理》（*Probabilistic Reasoning in Intelligent Systems*）导致了 AI 对概率和决策理论的新一轮接纳。**贝叶斯网络**（Bayesian network）的形式化方法被发明出来，以对不确定知识进行有效表示和严格推理。这种方法极大地克服了 20 世纪 60 年代和 70 年代的概率推理系统的很多问题；它目前主导着不确定推理和专家系统中的 AI 研究。这种方法允许根据经验进行学习，并且结合了经典 AI 和神经网络的最好部分。Judea Pearl 和 Eric Horvitz 以及 David Heckerman 的工作（Judea Pearl，1982a；Horvitz 和 Heckerman，1986；Horvitz 等，1986）促进了规范专家系统的思想：它们根据决策理论的法则理性地行动，并不试图模仿人类专家的思考步骤。Windows 操作系统包含了几个用于纠正错误的规范诊断专家系统。第 13 章到第 16 章将论及这个领域。

类似的温和革命也发生在机器人、计算机视觉和知识表示领域。对问题和它们的复杂特性的更好理解，加上日益增加的数学成分，导致了一些可行的研究计划和鲁棒的方法。尽管日益增长的形式化和专门化导致视觉和机器人这样的领域在 20 世纪 90 年代一定程度上从"主流"AI 研究工作中分离出来，这种趋势在近些年已经逆转，特别是机器学习工具已经证明对于许多问题都是有效的。

1.3.9 智能 Agent 的出现（1995 年—现在）

也许受到解决人工智能中一些子问题的进展的鼓舞，研究者们开始再一次审视"完整 Agent"问题。Allen Newell（艾伦·纽厄尔）、John Laird 和 Paul Rosenbloom 在 SOAR 系统上的工作（Newell，1990；Laird 等，1987）是最有名的完整 Agent 结构的例子。智能 Agent 最重要的环境之一就是 Internet（互联网）。AI 系统在基于 Web（万维网）的应用中变得如此普遍，以致 "-bot（机器人）" 后缀已经进入日常用语。此外，AI 技术成为许多 Internet 工具的基础，例如搜索引擎、推荐系统以及网站构建系统。

　　试图建立完整 Agent 的一个结果是，人们认识到当需要把它们的结果综合起来时，以前被孤立的 AI 子领域需要被重新组织。特别是，人们普遍意识到传感器系统（视觉、声呐、语音识别等）不能完全可靠地传递环境信息。因此，推理和规划系统必须能够处理不确定性。Agent 观点的另一个主要结果是，AI 与其他领域已经被拉得更靠近了，例如控制论和经济学，这些领域也处理 Agent。机器人驾驶汽车的最新进展来源于许多方法的混合，包括更好的传感器，以及对传感、定位和绘制地图的控制理论的综合，还有一定程度的高层次规划。

　　尽管有这些成功，一些有影响的 AI 创建者，包括 John McCarthy（2007）、Marvin Minsky（2007）、Nils Nilsson（1995，2005）和 Patrick Winston（Beal 和 Winston，2009）都表达了对 AI 进展的不满。他们认为 AI 应该少把重点放在改进对特定任务表现很好的应用，例如驾驶汽车、下棋或者语言识别。转而，他们相信 AI 应该回到它的根：致力于用 Simon 的话就是"会思考、学习和创造的机器。"他们称这为**人类级 AI**（human-level AI，缩写为 HLAI）；他们在 2004 年举行了首次讨论会（Minsky 等，2004）。这需要非常大的知识库；Hendler 等（1995）讨论了这些知识库可能源于何方。

　　一种相关的思想是**人工通用智能**（AGI，Artificial General Intelligence）（Goertzel 和 Pennachin，2007）子领域，在 2008 年举办了首次会议，并组建了期刊《Journal of Artificial General Intelligence》。AGI 寻找通用的在任何环境中的学习和行动算法，它的根源可以追溯到 Ray Solomonoff（1964）的工作，他是 1956 年 Dartmouth 会议的参与者之一。"确保我们所建立的是真正**友好的 AI**（Friendly AI）"也是我们关心的问题（Yudkowsky，2008；Omohundro，2008），在第 26 章我们将讨论这个问题。

1.3.10　极大数据集的可用性（2001 年—现在）

　　纵观计算机科学的 60 年历史，作为学习的主要科目，AI 的重点一直放在算法上。但 AI 最近的一些工作认为多关心数据而不必太挑剔所用的算法会更有意义。确实如此，因为我们拥有与日俱增的大规模数据源：例如，Web 上有数万亿个单词和几十亿幅图像（Kilgarriff 和 Grefenstette，2006）；基因序列有几十亿个碱基对（Collins 等，2003）。

　　这方面有影响力的一篇论文是 Yarowsky（1995）在词语歧义消除方面的工作：在一个句子中给定单词 "plant"，它是指 flora（植物）还是指 factory（工厂）呢？以前对这个问题的解法依赖于人类标注的样例，并结合机器学习算法。Yarowsky 证明这个任务根本不需要标注样例就可以完成，正确率可达到 96% 以上。给定大量的无注解的文本和两种含义的字典定义——"works, industrial plant" 和 "flora, plant life"——我们可以在这些文本里标注样例，并由这些样例**自展**（bootstrap）学习能帮助标注新样例的新模式。Banko 和 Brill（2001）证明了当文本从 100 万个单词增加到十亿个单词时，这种技术会表现得甚至更好，而且采用更多数据带来的性能提升超过选用算法带来的性能提升。一个普通算法使用一亿个单词的未标注训练数据，会好过最有名的算法使用 100 万个单词。

作为另一个例子，Hays 和 Efros（2007）讨论了在照片中补洞的问题。假设你通过 Photoshop 从一组照片中将一位曾经的朋友用马赛克模糊掉，但现在你需要用与背景匹配的某些东西来填补马赛克区域。Hays 和 Efros 定义了一个算法，从一组照片里搜索，以找出可以匹配的东西。他们发现，如果他们只用一万张照片，那么他们的算法的性能会很差，但如果照片增加到两百万张时，算法会一跃而表现出极好的性能。

这些工作表明，AI 中的"知识瓶颈"——如何表达系统所需的所有知识的问题——在许多应用中都可以得到解决，可以使用学习方法，而不是通过手工编码的知识工程，只要学习方法有足够的数据可用（Halevy 等，2009）。新闻记者已经注意到新应用的涌现，他们写到"人工智能的冬天"也许正释放出一个新的春天（Havenstein，2005）。就像 Kurzweil（2005）写到的一样，"今天，数千个 AI 应用已经深深地嵌到了日常生产的基础设施中。"

1.4 最新发展水平

今日的人工智能能做什么？确切地回答是很困难的，因为在如此多的子领域有如此多的活动。这里我们举几个应用实例；其他方面将通过整本书来呈现。

机器人汽车（Robotic vehicles）：一辆名为 STANLEY 的无人驾驶机器人汽车以每小时 22 英里的速度通过 Mojave 沙漠的野外地形，首先完成了 132 英里的里程，赢得了 2005 年 DARPA 挑战大赛。STANLEY 是大众汽车途锐，外部装备有相机、雷达、激光测距仪来感应环境，并装有车载软件来指挥导航、制动和加速（Thrun，2006）。第二年 CMU 的 Boss 赢得了城市挑战赛，Boss 安全驾驶通过附近有空军基地的街道，遵守交通规则，并会避让行人和其他车辆。

语音识别（Speech recognition）：一名旅行者给美国联合航空公司（United Airlines）打电话预订机票时，一个自治语音识别和对话管理系统可以引导整个交谈过程。

自主规划与调度（Autonomous planning and scheduling）：在远离地球几百万公里的太空，NASA（美国航空航天局）的远程 Agent 程序成为第一个船载自主规划程序，用于控制航天器的操作调度（Jonsson 等，2000）。REMOTE AGENT 程序根据地面指定的高级目标生成规划，并监控规划的执行——检测、诊断、并在发生问题时进行恢复。后续的 MAPGEN 程序（A1-Chang 等，2004）为 NASA 的火星探索者进行日常规划，MEXAR2（Cesta 等，2007）为 ESA（European Space Agency）2008 年的火星快车任务进行任务规划——包括后勤和科学规划。

博弈（Game playing）：IBM 公司的 DEEP BLUE（深蓝）成为第一个在象棋比赛中击败世界冠军的计算机程序。它在一次公开比赛中以 3.5 比 2.5 的分数战胜了 Garry Kasparov（加里·卡斯帕罗夫）（Goodman 和 Keene，1997）。Kasparov 说他从棋盘对面感到了"一种新智能"。《每周新闻》（Newsweek）杂志把这次比赛描述为"人脑最后的抵抗"。IBM 的股票继而升值 180 亿美元。人类冠军研究了 Kasparov 的失败之后在后来的几年里可以和 DEEP BLUE 下成几次平局，但最近的人机比赛中计算机都令人心服口服地赢得了比赛。

垃圾信息过滤（Spam fighting）：每天，学习算法将上十亿条信息分类为垃圾信息，为接收者节省了删除时间，如果不用算法分类，对于许多人而言，垃圾信息将占所有信息的

80%或 90%。由于垃圾信息制造者不断地更新他们的策略，一个程序实现的静态的方法很难跟得上这种变化，而学习算法效果最好（Sahami 等，1998；Goodman 和 Heckerman，2004）。

后勤规划（Logistics planning）：在 1991 年的波斯湾危机中，美军配备了一个动态分析和重规划工具 DART（Cross 和 Walker，1994），用于自动的后勤规划和运输调度。这项工作同时涉及到的车辆、货物和人的总数达到 50000，而且必须考虑起点、目的地、路径，并解决所有参数之间的冲突。AI 规划技术使得一个规划可以在几小时内产生，而用旧方法将需要花费几个星期。DARPA（美国国防高级研究项目局）称此单项应用就足以回报 DARPA 在 AI 方面 30 年的投资。

机器人技术（Robotics）：iRobot 公司已经售出了超过 200 万个家庭使用的 Roomba 机器人真空吸尘器。该公司也部署了更多的适合崎岖地面的 PackBot 机器人到伊拉克和阿富汗，用于运送危险物资、清除炸弹、识别狙击手的位置。

机器翻译（Machine Translation）：一个计算机程序自动将阿拉伯文翻译成英语，让英语演讲者看到标题 "Ardogan Confirms That Turkey Would Not Accept Any Pressure, Urging Them to Recognize Cyprus."（Ardogan 证实土耳其不接收任何压力，强烈要求他们认可塞浦路斯。）这个程序使用了统计模型，这个模型来自阿拉伯语到英语的翻译实例和两万亿个单词的英语文本实例（Brants 等，2007）。这个研究团队的计算机科学家没有人说阿拉伯语，但他们理解统计学和机器学习算法。

这些只不过是今天存在的人工智能系统的几个实例。它们既不是魔幻也不是科幻——而是科学、工程和数学，该书将对这些科学、工程和数学进行介绍。

1.5　本 章 小 结

本章定义了 AI，并建立了 AI 得到发展的文化背景。下面是一些要点：

- 不同人会对 AI 有不同的思考。要问的两个重要问题是：你关心的是思考还是行为？你是想模拟人还是按照理想标准工作？
- 在本书中，我们采用的观点是智能主要与**理性行为**（rational action）相关。理想地，**智能 Agent**（intelligent agent）要采取一个环境中最好的可能行为。我们将研究如何建造在这个意义上具备智能的 Agent 的问题。
- 哲学家们（回溯到公元前 400 年）考虑的想法是思维在某些方面像机器一样，思维对用某种内部语言编码的知识进行操作，思想用于选择采取什么样的行动。
- 数学家们提供了处理确定的逻辑命题或者不确定的概率命题的工具。他们还建立了理解计算和对算法进行推理的基础。
- 经济学家们形式化了为决策制定者提供最大化期望结果的决策问题。
- 神经科学家发现了关于大脑如何进行工作的一些事实，以及它与计算机类似和不同的地方。
- 心理学家们采用了认为人与动物都是信息处理机的思想。语言学家们说明了语言的使用符合这个模型。
- 计算机工程师们提供了使得 AI 应用成为可能的强大机器。

- 控制论处理的是如何设计以环境的反馈为基础的执行最优行动的设备。初始的时候，控制论的数学工具与 AI 相当不同，但是两个领域正越来越靠近。
- AI 历史上有许多从成功到错误乐观、进而导致丧失热情和资金的循环。也有很多引入新的创新方法再系统地提炼出最佳思想的循环。
- AI 在过去十年间取得了更快速的进步，因为在实验和方法比较中使用了更多的科学方法。
- 理解智能的理论基础的最新进展与实际系统的能力改进已经携手共进。AI 的子领域开始变得更集成化，另外 AI 还与其他学科找到了共同基础。

参考文献与历史注释

Herb Simon 在他的著作《*The Sciences of the Artificial*》（1981）中调查了人工智能方法论的状态，书中讨论了有关复杂人工制品的研究领域。它解释了 AI 怎么可以既视为科学又视为数学。Cohen（1995）评述了 AI 中的实验方法论。

Shieber（1994）以及 Ford 和 Hayes（1995）讨论了图灵测试。Shieber 在 Loebner 奖竞赛中尖锐地批判了图灵测试的示例的用处。Ford 和 Hayes 认为图灵测试本身对 AI 是没有帮助的。Bringsjord（2008）对图灵测试的仲裁提出了建议。Shieber（2004）和 Epstein 等（2008）搜集了图灵测试的许多评论。John Haugeland（1985）的著作《人工智能：真实的思想》（*Artificial Intelligence: The Very Idea*）给出了一份关于 AI 的哲学和实践问题的易读的报告。Webber 和 Nilsson（1981）以及 Luger（1995）选编了 AI 早期的重要论文。《人工智能百科全书》（*Encyclopedia of AI*）（Shapiro，1992）包含 AI 几乎每个主题的综述文章，像维基百科一样。这些文章为每个主题的研究文献通常提供了一个好的切入点。Nillson（2009）见解深刻地描述了 AI 的全面历史，Nillson 是 AI 领域的早期先驱之一。

最新的工作出现在 AI 的主要会议中：两年一度的人工智能联合会议（International Joint Conference on AI，IJCAI）、欧洲人工智能年会（European Conference on AI，ECAI）、美国人工智能会议（National Conference on AI，因为其发起组织是 AAAI，所以这个会议更多地被人们称为 AAAI 会议）。通用 AI 的主要刊物有：《*Artificial Intelligence*》、《*Computational Intelligence*》、《*IEEE Transactions on Pattern Analysis and Machine Intelligence*》、《*IEEE Intelligent Systems*》、《*Journal of Artificial Intelligence Research*》。也有很多会议和刊物致力于 AI 特定的领域，我们在合适的章节中会提到。AI 主要的专业学术团体有：美国人工智能学会（AAAI）、ACM 人工智能特别兴趣组（SIGART）、人工智能与行为仿真学会（AISB）。AAAI 的《*AI Magazine*》包含了许多话题性的和指导性的文章，其网站 aaai.org 包含了新闻、指导手册和背景信息。

习 题

这些习题的目的是激发讨论，有些可能可以作为学期项目。另外，现在就可以进行基础的尝试，可以在学习全书后对这些尝试进行评论。

1.1 用**自己**的语言定义：（a）智能，（b）人工智能，（c）Agent，（d）理性，（e）逻辑推理。

1.2 阅读图灵关于 AI 的原始论文（Turing，1950）。在该论文中，他讨论了一些对于他提出的事业以及他的智能测试的潜在的异议。哪些异议现在仍有分量？图灵的反驳是否合理？你能想到在他撰写该论文以后的发展引起的新异议吗？在该论文中，他预测到 2000 年以前，计算机将有 30%的机会通过 5 分钟的图灵测试，测试由不熟练的询问者进行。你认为当今计算机能有多少可能性？再过 50 年呢？

1.3 反射**行动**（比如从热炉子上缩回你的手）是理性的吗？它们是智能的吗？

1.4 假设**我们**扩展 Evans 的 ANALOGY 程序，使它能够在普通的智商测验中得到 200 分。那么我们是否得到了一个比人更智能的程序？请解释你的观点。

1.5 海洋鼻涕虫 Aplysia 的神经结构已经被深入研究过（首次是诺贝尔奖获得者 Eric Kandel），因为它只有大约 20000 个神经元，多数神经元很大而且容易操作。假设一个 Aplysia 神经元的周期时间大致与人类神经元相同，就每秒的记忆更新来说，与图 1.3 描述的高端计算机相比，其计算能力如何？

1.6 内省——汇报自己的内心想法——怎么可能是不精确的？我会搞错我正想什么吗？请讨论。

1.7 以下的**计算机系统**在何种程度上是人工智能的实例：

- 超市条码扫描器。
- 网络搜索引擎。
- 语音激活的电话菜单。
- 对网络状态动态响应的网络路由算法。

1.8 人们提出的认知活动的许多计算模型涉及十分复杂的数学操作，例如图像进行高斯卷积或寻找熵函数的最小值。多数人类（以及所有动物）从未学习这种数学，几乎没人在进大学之前学过，也几乎没人能在脑海里计算函数的卷积。那么说"视觉系统"进行这种数学运算有什么意义呢，同时实际的人也不知道如何进行这种数学运算。

1.9 为什么进化会倾向于导致行为合理的系统？设计这样的系统想达到的目标是什么？

1.10 AI 是一门科学吗？是工程吗？两者都不是还是两者都是？请解释。

1.11 "计算机**肯定**不是智能的——它们只能做程序员告诉它们的。"后面的陈述正确吗？它蕴含着前面的陈述吗？

1.12 "动物肯定不是智能的——它们只能做基因告诉它们的。"后面的陈述正确吗？它蕴含着前面的陈述吗？

1.13 "动物、人类和计算机肯定不是智能的——它们只能做构成它们的原子被物理法则告知要做的事。"后面的陈述正确吗？它蕴含着前面的陈述吗？

1.14 检查 AI 的文献，去发现现在计算机是否能够解决下列任务：

a. 打正规的乒乓球比赛。

b. 在埃及开罗市中心开车。

c. 在加利福尼亚的 Victorville 开车。

d. 在市场购买可用一周的杂货。

e. 在 Web 上购买可用一周的杂货。

f. 参加正规的桥牌竞技比赛。

g. 发现并证明新的数学定理。

h. 写一则有内涵的有趣故事。

i. 在特定的法律领域提供合适的法律建议。

j. 从英语到瑞典语的口语实时翻译。

k. 完成复杂的外科手术。

对于现在不可实现的任务，试着找出困难所在，并预测如果可能的话这些困难什么时候能被克服。

1.15 AI 的不同子领域举行了比赛，这些比赛定义了一个标准任务并邀请研究者发挥最高水平。例如：DARPA 的机器人汽车陆地挑战赛、国际规划比赛、Robocup 机器人足球赛、TREC 信息检索比赛、机器翻译比赛、语音识别比赛。研究其中 5 个比赛，并描述过去 5 年取得的进展。这些比赛将 AI 的技术发展水平提高到了什么程度？由于比赛的注意力不在新思想上，这对 AI 领域有何种程度的危害？

第 2 章　智能 Agent

本章讨论 Agent 的本质，Agent 是否完美，环境的多样性，及由此带来的各种 Agent 分类。

第 1 章明确了**理性 Agent** 的概念是我们的人工智能方法的核心。本章我们将把这个概念更具体化。我们会看到，理性的概念可以应用在任何可以想象得出的环境中工作的各种 Agent 上。本书我们规划用这个概念开发出构建成功 Agent 的小规模设计原则集合——这样的 Agent 系统才能有理由被称为是**智能的**。

我们从分析 Agent、环境及其关系入手。观察那些比其他 Agent 表现更为出色的 Agent，可以自然地引出理性 Agent 的概念——追求尽可能好的行为表现。Agent 表现如何取决于环境的本质；有些环境比其他环境更困难。我们会对环境进行粗略分类，说明环境的性质是如何影响 Agent 设计的。我们给出一些基本的 Agent 的设计"骨架"，本书后面还将继续充实相关内容。

2.1　Agent 和环境

Agent 通过传感器感知环境并通过执行器对所处环境产生影响。图 2.1 简单地描述了这种思想。人类 Agent 有眼睛、耳朵和其他器官等传感器，也有手、腿、声道等作为执行器。机器人 Agent 则可能用摄像头、红外测距仪作为传感器，各种马达作为执行器。软件 Agent 接受键盘敲击、文件内容和网络数据包作为传感器输入，并以屏幕显示、写文件和发送网络数据包为执行器来作用于环境。

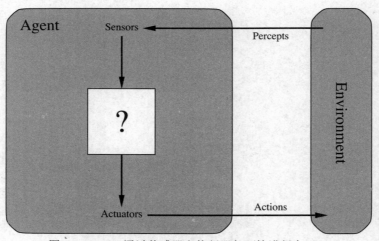

图 2.1　Agent 通过传感器和执行器与环境进行交互

　　我们用**感知**来表示任何给定时刻 Agent 的感知输入。Agent 的**感知序列**是该 Agent 所收到的所有输入数据的完整历史。一般地，Agent 在任何给定时刻的行动选择依赖于到那个时刻为止该 Agent 的整个感知序列，而不是那些它感知不到的东西。通过对每个可能的感知序列规范该 Agent 的行动选择，则多少可以说我们了解该 Agent 的一切。从数学角度看，我们可以说 **Agent 函数**描述了 Agent 的行为，它将任意给定感知序列映射为行动。

　　我们可以想象通过制表来描述任何给定的 Agent 及函数；对多数 Agent 而言，这将是个庞大的表格——事实上是无穷的，除非我们对要考虑的感知序列的长度设置界限。原则上我们可以通过实验找出给定 Agent 的所有可能的感知序列并记录下该 Agent 的相应行动，由此来构建这个表[1]。当然该表是从 Agent 的外部特性。从 Agent 内部来看，人造 Agent 的 Agent 函数通过 **Agent 程序**实现。区分这两个概念十分重要。Agent 函数是抽象的数学描述；Agent 程序则是具体实现，它在一些物理系统内部运行。

　　我们用一个很简单的实例来说明这些思想——如图 2.2 所示的真空吸尘器世界。这个世界如此简单，以致我们能够描述发生的每件事；同时它又是一个人造的世界，因此我们可以发展出很多变化。这个特殊的世界只有两个地点：方格 A 和 B。吸尘器 Agent 可以感知它处于哪个方格中，该方格是否有灰尘。它可以选择向左移动，向右移动，吸尘，或者什么也不做。由此可以写出非常简单的 Agent 函数：如果当前方格有灰尘，那么吸尘；否则移动到另一方格。图 2.3 给出了该 Agent 函数的部分列表，实现它的 Agent 程序将在图 2.8 中给出。

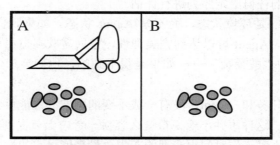

图 2.2　只有两个地点的真空吸尘器世界

Percept sequence	Action
[A, Clean]	Right
[A, Dirty]	Suck
[B, Clean]	Left
[B, Dirty]	Suck
[A, Clean], [A, Clean]	Right
[A, Clean], [A, Dirty]	Suck
⋮	⋮
[A, Clean], [A, Clean], [A, Clean]	Right
[A, Clean], [A, Clean], [A, Dirty]	Suck
⋮	⋮

图 2.3　图 2.2 所示真空吸尘器世界的简单 Agent 函数的部分列表

　　1　如果 Agent 使用某种随机机制来选择它的行动，那么我们不得不对每个序列进行多次尝试来确定每个行动的概率。可以想象随机地行动是愚蠢的，但是在本章后面我们会发现其实它可能是很有智能的。

从图 2.3 我们可以看出，填写表格右边一列的方法不同，就可以定义不同的真空吸尘器世界 Agent。显而易见的问题是：怎样填表才是最好的？换句话说，是什么决定了一个 Agent 是好的还是坏的，是智能的还是愚笨的？我们将在下一节回答这个问题。

在结束本节之前，我们应该强调 Agent 的概念是用来分析系统的一个工具，而不是用来把世界划分成 Agent 和非 Agent 的绝对属性。我们可以把袖珍计算器视为 Agent，当感知序列为"2＋2＝"时，计算器会执行显示"4"的动作，但这种分析很难帮助我们理解计算器。换个角度说，所有的工程领域都可以看成是设计与世界交互的人造物；AI 工作在（至少作者是这么考虑的）这个系列最有趣的一端，此人造物有重要的计算资源并且任务环境要求非凡的决策。

2.2 好的行为：理性的概念

理性 Agent 是做事正确的 Agent——从概念上讲，Agent 函数表格的每一项都填写正确。显然做正确的事要比做错事好，但是到底什么是"做正确的事"呢？

我们用老方法来回答这个老问题：考虑 Agent 行动的后果。当把 Agent 置于一个环境中后，它针对收到的感知信息生成一个行动序列。这个行动序列导致环境经历一系列的状态变化。如果该系列正是渴望的，那么这个 Agent 性能良好。这里的渴望，通过**性能度量**表述，它对环境状态的任何给定序列进行评估。

注意我们这里说的是环境状态，而不是 Agent 状态。如果我们从 Agent 的角度定义其性能是否成功达到，Agent 可以达到完美理性，它只需欺骗自己说环境是完美的。尤其人类 Agent 是典型的"酸葡萄"——如果是得不到的，他们会相信他们并不在意（如诺贝尔奖）。

显然，对所有的任务和 Agent，没有一成不变的固定的性能度量；典型地，设计人员会具体问题具体分析。这件事并不像说得这么容易。考虑上节提到的真空吸尘器 Agent。我们可以通过统计 8 小时工作时间内清理的灰尘总量来度量它的性能。对理性 Agent 而言，你所要求的即你所得。那么一个理性 Agent 可能一边吸尘，一边又把灰尘倒回地面，再吸尘，持续下去，从而使用作性能度量的灰尘量最大化。更合适的性能度量则是奖励保持干净地面的 Agent。例如，在每个时间步，每个清洁的方格奖励一分（也许要加上对电力消耗和产生噪音的惩罚）。作为一般原则，最好根据实际在环境中希望得到的结果来设计性能度量，而不是根据 Agent 表现出的行为。

即使避免了明显的陷阱，依然有些棘手问题难以处理。例如，前一段提到过"干净地面"，是指随时间变化的平均清洁度。然而两个不同的 Agent 可能得到同样的平均清洁度，一个一直在做普通的清洁工作，而另一个短时间内积极清洁然后休息很长时间。哪种工作方式更可取似乎是清洁科学的好课题，但实际上它是一个有着更深含义的哲学问题。哪个更好——起伏不定的不计后果的生活，还是安全但单调的存在？哪个更好——人人都生活在适中的贫困经济，还是有人生活富足而其他人非常贫穷的经济？这些问题我们将留给勤奋的读者作为练习。

2.2.1 理性

任何指定的时刻，什么是理性的判断依赖于以下 4 个方面：

- 定义成功标准的性能度量。
- Agent 对环境的先验知识。
- Agent 可以完成的行动。
- Agent 截止到此时的感知序列。

从这可以导出**理性 Agent** 的定义：

> 对每一个可能的感知序列，根据已知的感知序列提供的证据和 Agent 具有的先验知识，理性 Agent 应该选择能使其性能度量最大化的行动。

考虑简单的真空吸尘器 Agent，如果所在方格内有灰尘，它就吸尘，否则它就移动到另一个方格；这就是在图 2.3 列表给出的 Agent 函数。它是理性 Agent 吗？这很难说！首先，我们要确定性能度量，该 Agent 对环境的了解，以及它拥有什么样的传感器和执行器。我们假设：

- 性能度量在每个时间步对每块清洁的方格奖励 1 分，整个"生命"周期考虑 1000 个时间步。
- 环境的"地形"作为先验知识是已知的（图 2.2），但灰尘的分布和 Agent 的初始位置未知。干净的方格保持清洁，而吸尘的动作清洁当前的方格。Left（左）和 Right（右）的行动使 Agent 向左或向右移动，前提是这不会使 Agent 移出该环境，否则 Agent 会保持原位。
- 行动只有 Left（左），Right（右）和 Suck（吸尘）。
- Agent 能正确地感知位置及所在方格是否有灰尘。

我们可以断言在这些条件下该 Agent 的确是理性的；它的期望性能至少和其他 Agent 一样高。习题 2.2 要求你证明这个断言。

显而易见的是，同样的 Agent 在不同的环境下会变成非理性。例如，一旦所有的灰尘都被吸干净了，该吸尘器就会毫无必要地跑来跑去；如果性能度量包含对左右移动罚 1 分，该 Agent 的性能评价就会相当糟糕。这种情况下，一个更好的 Agent 应该在它确信所有的地方已经干净了以后不做任何事情。如果方格再次被弄脏了，该 Agent 应该不定期地检查并在必要的时候重新清洁。如果环境的地形未知的话，该 Agent 还需要去探查其他区域而不是固守方格 A 和 B。习题 2.2 要求你设计这些情况下的 Agent。

2.2.2 全知者、学习和自主性

我们需要小心地区别理性和**全知**的概念。一个全知的 Agent 明确地知道它的行动产生的实际结果并且做出相应的动作；但全知者在现实中是不可能的。考虑下面这个例子：有一天我沿着香榭丽舍大道散步，这时我看到了街对面的一位老朋友。当时附近没有车辆，我也没有别的事情，所以根据理性，我开始穿过马路。同时，在 33000 英尺的高空一扇货舱门从一架路过的飞机上掉了下来[1]，并且在我到达马路对面之前拍扁了我。我穿过马路的决定难道是不理性的么？我的讣告中不太可能写上"试图穿行马路的傻瓜"。

这个例子说明理性不等于完美。理性是使期望的性能最大化，而完美是使实际的性能最大化。完美对 Agent 而言是不太合理的要求。关键是如果我们期望 Agent 最终能采取事实上最好的行动，设计满足这样要求的 Agent 是不可能的——除非我们能改进水晶球或者时间机器的性能。

因此，对理性的定义并不要求全知，因为理性的选择只依赖于到当时为止的感知序列。我们还要确保没有因漫不经心而让 Agent 进行愚蠢的活动。例如，如果 Agent 穿行繁忙的马路前没有观察道路两边的情况，那么它的感知序列就不可能告诉它有大卡车在高速接近。我们对理性的定义会说现在可以穿过马路吗？绝对不会！首先，根据信息不全的感知序列穿行马路是不理性的：不观察的情况下穿行发生事故的风险太大了。其次，理性 Agent 应该在走上街道之前选择"观察"行动，因为观察有助于最大化期望性能。为了修改未来的感知信息而采取行动——有时称为**信息收集**——是理性的重要部分，将在第 16 章中深入讨论。真空吸尘器清洁 Agent 在初始未知的环境中必须**探查**，这为我们提供了信息收集的第二个实例。

我们的定义不仅要求理性 Agent 收集信息，而且要求 Agent 从它所感知的信息中尽可能多的**学习**。Agent 最初的设定可能反映的是环境的先验知识，但随着 Agent 经验的丰富这些知识会被改变或者增加。在一些极端的情况中环境被完全当成先验知识。在这样的情况下，Agent 不再需要感知和学习；它只要正确地行动就可以。当然，这样的 Agent 是脆弱的。考虑一下蜣螂。蜣螂做窝并产卵后，会从附近的粪堆取回一个粪球堵住窝的入口。如果粪球在路途中脱离了它的掌握，蜣螂还会继续赶路，并做动作用不存在的粪球塞住入口，而不会注意到粪球已经不见了。蜣螂进化时在它的行为里内建了假设，当该假设被破坏时，就会产生不成功的行为。黑足泥蜂要聪明一些。雌蜂先挖一个洞，出去叮一只毛虫并拖回洞，再次进洞查看，再把毛虫拖到洞里，然后产卵。毛虫在黑足泥蜂孵卵期间作为食物来源。到目前为止一切似乎顺利，但是假如有昆虫学家在雌蜂检查地洞的时候把毛虫挪开几英寸，雌蜂就会回到计划中"拖毛虫到地洞"的步骤，继续进行不做任何修改的计划，甚至在发生过很多次毛虫被移动的干扰后仍然如此。雌蜂无法知道它天生的计划是失败的，因而也不会改变计划。

Agent 依赖于设计人员的先验知识而不是它自身的感知信息，这种情况我们会说该 Agent 缺乏**自主性**。理性 Agent 应该是自主的——它应该学习，以弥补不完整的或者不正确的先验知识。例如，学会预见灰尘出现的地点和时间的吸尘器清洁 Agent，显然就能比不会预见的 Agent 要做得好。实践中，很少要求 Agent 从一开始就完全自主：当 Agent 没有或者只有很少的经验时，它的行为往往是随机的，除非设计人员提供一些帮助。因此就像进化为动物提供了足够的内建的反射，以使它们能生存足够长的时间进行学习一样，给人工智能的 Agent 提供一些初始知识以及学习能力是合理的。当得到关于环境的充足经验后，理性 Agent 的行为才能独立于它的先验知识有效地行动。从而，与学习相结合使得我们可以设计在很多不同环境下都能成功的理性 Agent。

1　参见 N. Henderson"波音 747 大型喷气式客机急需新的舱门栓销"，1989 年 8 月 24 日《华盛顿邮报》（*Washington Post*）。

2.3 环境的性质

现在我们有了理性的定义，差不多可以思考如何来构建理性 Agent。不过，首先必须**考虑任务环境**，这是理性 Agent 要"求解"的基本"问题"。我们从任务环境的规范描述入手，通过一些例子描述这个过程。然后我们展示任务环境的各种不同风格。任务环境的风格直接影响到 Agent 程序的适当设计。

2.3.1 任务环境的规范描述

前面我们讨论了简单的吸尘器 Agent 的理性，我们必须规定性能度量、环境以及 Agent 的执行器和传感器。把所有这些归在一起，都属于**任务环境**。根据首字母缩写，我们称之为 PEAS 描述（**P**erformance（性能），**E**nvironment（环境），**A**ctuators（执行器），**S**ensors（传感器））。设计 Agent 时，第一步就是尽可能完整地详细说明任务环境。

真空吸尘器世界的例子比较简单；下面我们考虑更复杂的问题：自动驾驶出租车。在读者意识到之前应该指出的是，全自动驾驶的出租车在一定程度上超越了现有技术的能力。（参见 1.4 节对已有的自动驾驶机器人的描述。）全自动驾驶任务是完全开放的。环境组合会不断地产生新的状况，是无限的——这也是我们选择它作为讨论焦点的另一个原因。图 2.4 总结了出租车任务环境的 PEAS 描述。下面我们详细讨论每个部分。

Agent Type	Performance Measure	Environment	Actuators	Sensors
Taxi driver	Safe, fast, legal, comfortable trip, maximize profits	Roads, other traffic, pedestrians, customers	Steering, accelerator, brake, signal, horn, display	Cameras, sonar, speedometer, GPS, odometer, accelerometer, engine sensors, keyboard

图 2.4 自动驾驶出租车系统的 PEAS 描述

首先，我们所期待的自动驾驶员的**性能度量**是什么？想要达到的目标包括：到达正确的目的地；油量消耗和磨损最小化；到达目的地的时间或费用最少化；对交通法规的触犯和对其他司机的干扰最少化；安全性和乘客舒适度最高化；利润最高化。显然，有些目标是相互矛盾的，所以有必要进行折中。

其次，出租车要面对的驾驶**环境**是什么？出租车司机都必须面对各种各样的道路，这既有乡间小路、城市街巷，也有 12 车道的高速公路。路上有其他的车辆、行人、游荡的动物、道路施工、警车、石头和坑洞等。出租车必须与潜在的和实际的乘客进行交流。还有其他一些选项。出租车可能是在南加州运行，积雪很少成为问题，也可能是在阿拉斯加，积雪则是必须要考虑的。它可以总是靠右行驶，或者我们想让它足够灵活，能在英国或日本靠左行驶。显然，对环境的约束越多，设计问题就越简单。

自动出租车的**执行器**和人类驾驶同样包括通过加速油门、刹车转向控制发动机。另外，它需要显示输出或者语音合成器来与它的乘客交谈，也许还需要其他途径同其他车辆进行交流，不管是否礼貌。

基本的**传感器**包括一个或多个可控制的视频摄像头，这样它可以看到道路；它可能装备红外或声呐来检测与其他车辆或障碍的距离。为了避免超速罚单，车辆必须有速度表，同时为了正确地控制车辆，尤其是在转弯时，还需要有加速计。为了确定车辆的机械状态，需要一组引擎、燃油与电子系统的传感器阵列。跟人类驾驶员一样，它可能需要全球卫星定位系统（GPS），这样就不会迷路。最后，它需要一个键盘或者麦克风供乘客说明目的地。

在图 2.5 中，我们刻画了另外一些 Agent 类型的基本 PEAS 成分。更多实例参见习题 2.4。有些读者可能会感到惊讶，我们的 Agent 类型清单中包括一些程序，它们运行在通过键盘输入和显示屏字符输出所定义的完全人工环境中。"当然，"有人可能会说，"这不是一个真实的环境，对不对？"事实上，区分"真实"环境和"人工"环境并不重要，重要的是 Agent 行为、环境产生的感知序列和性能度量之间关系的复杂性。有些"真实"环境实际上相当简单。例如，设计用来检测传送带上零件的机器人，可以做简单假设：照明一直保持不变，传送带上总是传来它了解的零件种类，而且只有两种可能的行动（接受或者拒绝）。

Agent Type	Performance Measure	Environment	Actuators	Sensors
Medical diagnosis system	Healthy patient, reduced costs	Patient, hospital, staff	Display of questions, tests, diagnoses, treatments, referrals	Keyboard entry of symptoms, findings, patient's answers
Satellite image analysis system	Correct image categorization	Downlink from orbiting satellite	Display of scene categorization	Color pixel arrays
Part-picking robot	Percentage of parts in correct bins	Conveyor belt with parts; bins	Jointed arm and hand	Camera, joint angle sensors
Refinery controller	Purity, yield, safety	Refinery, operators	Valves, pumps, heaters, displays	Temperature, pressure, chemical sensors
Interactive English tutor	Student's score on test	Set of students, testing agency	Display of exercises, suggestions, corrections	Keyboard entry

图 2.5   不同类型的 Agent 及 PEAS 描述

与之相反，一些软件 Agent（或称软件机器人，softbot）却存在于丰富的、无限制的环境中。想象一个软件机器人扫描互联网上的新闻来源并把有趣的条目发送给用户，同时也生成广告空间来换取收入。为达成目的，它需要有自然语言处理能力，需要了解用户可能感兴趣的广告，还需要动态地改变它的规划——例如，当某个新闻来源的连接中断或者新资源上线时。互联网的复杂性堪比物理世界匹敌，包含很多人工 Agent 和人类 Agent。

2.3.2　任务环境的性质

人工智能中研究的任务环境显然是范围很大的。但我们仍然可以定义数量相当少的维度，来对任务环境进行分类。这些维度在很大程度上不但决定了适当的 Agent 设计，也决定了实现 Agent 的主要技术群体的实用性。我们先把这些维度列出来，然后我们通过分析一些任务环境来说明这些概念。这里的定义是非正式的；后续章节会给出更精确的表述和实例。

完全可观察的与部分可观察的：如果 Agent 的传感器在每个时间点上都能获取环境的完整状态，那么我们就说任务环境是完全可观察的。如果传感器能够检测所有与行动决策相关的信息，那么该任务环境是有效完全可观察的；而相关的程序则取决于性能度量。完全可观察的环境很方便，因为 Agent 不需要维护任何内部状态来记录外部世界。噪音、不精确的传感器，或者传感器丢失了部分状态数据，都可能导致环境成为部分可观察的——例如，只有一个本地灰尘传感器的真空吸尘器 Agent 无法知道另一个方格是否有灰尘，自动驾驶出租车也无法了解到别的司机在想什么。如果 Agent 根本没有传感器，环境则是**无法观察的**。人们也许会认为 Agent 陷入了毫无希望的困境，但就像我们在第 4 章所讨论的，有时仍能确定地说，Agent 可能达到目标。

单 Agent 与多 Agent：单 Agent 与多 Agent 环境之间的区别看上去很简单。例如，独自玩字谜游戏的 Agent 显然处于单 Agent 环境中，下国际象棋的 Agent 处于双 Agent 环境中。然而这里有些微妙。首先，我们说明了实体怎样可以被视为 Agent，但我们并没有解释哪些 Agent 必须被视为 Agent。Agent A（例如出租车司机）是否要把对象 B（另外一辆车）当作 Agent 对待，还是仅仅把它当作一个随机行动的对象，就像是海滩上的波浪或者风中摇摆的树叶？关键的区别在于 B 的行为是否寻求让依赖于 Agent A 的行为的性能度量值最大化。例如，下国际象棋时，对手 B 试图最大化它的性能度量，而根据国际象棋的规则，也就是要最小化 Agent A 的性能度量。因此，国际象棋是**竞争性的**多 Agent 环境。另一方面，在出租车驾驶的环境中，避免发生冲撞使得所有 Agent 的性能度量都最大化，所以它是一个部分**合作的**多 Agent 环境。它同时也是部分竞争的，如一辆车只能占据一个停车位。多 Agent 环境中的 Agent 设计问题往往与单 Agent 环境的相差甚远；例如，**通讯**经常作为理性行为出现在多 Agent 环境中；在一些竞争环境中，**随机行为**是理性的，原因是这样可以避免预测中的缺陷。

确定的与随机的：如果环境的下一个状态完全取决于当前状态和 Agent 执行的动作，那么我们说该环境是确定的；否则，它是随机的。原则上说，Agent 在完全可观察的、确定的环境中无需考虑不确定性（在我们定义中，在多 Agent 环境中我们忽略了纯粹由其他 Agent 行动导致的不确定性；这样，尽管每个 Agent 都不能预测其他 Agent 的行动决策，游戏依然是确定的）。然而，如果环境是部分可观察的，那么它可能表现为随机的。大多数现实环境相当复杂，以至于难以跟踪到所有未观察到的信息；从实践角度考虑，它们必须处理成随机的。出租车驾驶的环境显然是随机的，因为无人能够精确预测交通状况；而且，车辆爆胎或者引擎失灵都是不可能事先预告的。我们前面描述的真空吸尘器世界是确定的，但是这个世界的变型可以包含一些随机元素，如随机出现的尘土和不可靠的吸尘机制（习题 2.13）。我们说环境**不确定**是指它不是完全可观察的或不确定的。最后谈一点：我们使用单词"随机"是为了暗示后果是不确定的并且可以用概率来量化；而**不确定的**环境中行动后果有多种可能，但与概率无关。不确定的环境的描述通常与要求 Agent 成功达成所有可能行动结果的性能度量相关。

片段式的与**延续式的**：在片段式的任务环境中，Agent 的经历被分成了一个个原子片段。在每个片段中 Agent 感知信息并完成单个行动。关键的是，下一个片段不依赖于以前的片段中采取的行动。很多分类任务属于片段式的。例如，装配线上检验次品零件的机器人每次决策只需考虑当前零件，不用考虑以前的行动决策；而且，当前决策也不会影响到下一个零件是否合格。与之相反，在延续式环境中，当前的决策会影响到所有未来的决策。[1]下棋和出租车驾驶都是延续式的：在这两种情况中，短期的行动会有长期的效果。片段式的环境要比延续式环境简单得多，因为 Agent 不需要前瞻。

静态的与**动态的**：如果环境在 Agent 计算的时候会变化，那么我们称该 Agent 的环境是动态的；否则环境则是静态的。静态环境相对容易处理，因为 Agent 在决策的时候不需要观察世界，也不需要顾虑时间的流逝。而动态的环境会持续地要求 Agent 做决策；如果 Agent 没有做出决策，Agent 则认为它决定不做任何事情。如果环境本身不随时间变化而变化，但是 Agent 的性能评价随时间变化，我们则称这样的环境是**半动态的**。出租车自动驾驶明显是动态的：即使驾驶算法对下一步行动犹豫不决，其他车辆和出租车自身仍然是不断运动的。国际象棋比赛的时候要计时，是半动态的。填字谜游戏是静态的。

离散的与**连续的**：环境的状态、时间的处理方式以及 Agent 的感知信息和行动，都有离散/连续之分。例如，国际象棋环境中的状态是有限的。国际象棋的感知信息和行动同时也是离散的。出租车驾驶是一个连续状态和连续时间问题：出租车和其他车辆的速度和位置都在连续空间变化，并且随时间的流逝而变化。出租车驾驶行动也是连续的（转弯角度等）。虽然严格来说，来自数字摄像头的输入信号是离散的，但处理时它表示的是连续变化的亮度和位置。

已知的与**未知的**：严格地说，这种区分指的不是环境本身，指的是 Agent（或设计人员）的知识状态，这里的知识则是指环境的"物理法则"。在已知环境中，所有行动的后果（如果环境是随机的，则是指后果的概率）是给定的。显然，如果环境是未知的，Agent 需要学习环境是如何工作的，以便做出好的决策。要注意的是已知环境和未知环境的区别，与完全可观察环境和部分可观察环境的区别有所不同。很可能已知的环境是部分可观察的——例如在翻牌游戏中，我知道所有的规则但仍然不知道未翻出的牌是什么。相反，未知的环境可能是完全可观察的——在玩新的视频游戏时，显示器上会给出所有的游戏状态，但我仍然不知道按钮的作用直到我真正试过。

人们会意识到，最难处理的情况就是部分可观察的、多 Agent 的、随机的、延续的、动态的、连续的和未知的环境。除了驾驶环境是已知的，自动驾驶几乎所有方面都很难。在新到陌生的地理环境、陌生的交通法规中驾驶租来的车，远远不是令人兴奋这么简单。

图 2.6 列出了一些常见环境的属性。要注意的是这些回答并非总是固定正确的。例如，挑拣零件的机器人是片段的，因为它通常分离考虑各部分零件。但如果有一天发现一大堆

1　单词"sequential"（延续的）在计算机科学中被用作单词"parallel"（并行）的反义词。这两种意思大不相关。

不合格零件，机器人就应该观察并学习到不合格零件的分布发生变化，并相应修正处理余下部件的行为。前面解释过，表中未列出"已知/未知"，这一项严格来说不是环境的性质。对于有些环境，如国际象棋和打牌，很容易让 Agent 具备游戏规则的所有知识，但是在没有这些知识的前提下学习如何玩这样的游戏总是有趣的。

Task Environment	Observable	Agents	Deterministic	Episodic	Static	Discrete
Crossword puzzle	Fully	Single	Deterministic	Sequential	Static	Discrete
Chess with a clock	Fully	Multi	Deterministic	Sequential	Semi	Discrete
Poker	Partially	Multi	Stochastic	Sequential	Static	Discrete
Backgammon	Fully	Multi	Stochastic	Sequential	Static	Discrete
Taxi driving	Partially	Multi	Stochastic	Sequential	Dynamic	Continuous
Medical diagnosis	Partially	Single	Stochastic	Sequential	Dynamic	Continuous
Image analysis	Fully	Single	Deterministic	Episodic	Semi	Continuous
Part-picking robot	Partially	Single	Stochastic	Episodic	Dynamic	Continuous
Refinery controller	Partially	Single	Stochastic	Sequential	Dynamic	Continuous
Interactive English tutor	Partially	Multi	Stochastic	Sequential	Dynamic	Discrete

图 2.6　任务环境实例及其性质

　　表中的一些答案取决于任务环境是如何定义的。我们把医疗诊断任务列为单 Agent 环境，是因为把病人的疾病过程当作 Agent 模型并不经济；但医学诊断系统还是要面对不听话的病人和疑心的职员，所以环境有多 Agent 的因素。更进一步，如果认为任务就是根据已知的一组症状挑选诊断结果，则医疗诊断是片段式的；然而，如果任务还包括提出一系列的检验、对治疗过程的进展进行评价等等，那么这个问题环境就变成延续式的了。还有许多环境在比 Agent 的个体行动更高的层次上是片段式的。例如，国际象棋巡回赛包含一系列比赛；每局比赛是片段的，因为（大体上）每局比赛中的走棋不会受到它以前对局的走棋的影响。另一方面，每一局比赛内的决策当然是延续式的。

　　本书配套网站（http://aima.cs.berkeley.edu）的程序代码库中包含了一些环境的实现，还有一个通用的环境仿真器，可以把一个或者多个 Agent 放置在仿真的环境中，随时观察它们的行为，并根据给定的性能度量对它们进行评价。这些实验的实施一般不只是针对单一情境，它可以处理**环境类**中的很多情境。例如，在仿真交通中评价出租车的自动驾驶，我们希望多次模拟不同的交通状况、照明情况和天气条件。如果我们只针对单一的场景设计 Agent，也许会利用特殊情况的特性，但是很难得到一个能在一般情况下驾驶的良好设计。为此，代码库还包括针对每个环境类的**环境生成器**，可以选择运行 Agent 的特殊环境（以一定的似然性）。例如，真空吸尘器环境生成器可以随机地初始化灰尘模式和 Agent 的位置。我们感兴趣的是 Agent 在环境类上的平均性能。给定环境类中的理性 Agent 能使这个平均性能达到最大化。习题 2.8～2.13 将使你体验环境类的开发并评价在其中运行的各种 Agent。

2.4　Agent 的结构

　　迄今为止我们对 Agent 的讨论是通过描述行为——在任何给定的感知序列下所采取的行动进行的。现在，我们得知难而进，来讨论 Agent 内部是如何工作的。AI 的任务是设计

Agent 程序，它实现的是把感知信息映射到行动的 Agent 函数。假设该程序要在某个具备物理传感器和执行器的计算装置上运行——我们称为**体系结构**。

$$\text{Agent} = \text{体系结构} + \text{程序}$$

显然，我们选择的程序必须适合体系结构。如果程序要能够进行诸如行走这样的行动，那么体系结构最好有腿。体系结构可能只是普通的个人计算机，或者一辆自动驾驶汽车，车上有车载计算机、摄像头和其他传感器。一般而言，体系架构为程序提供来自传感器的感知信息，运行程序，并把程序计算出的行动决策送达执行器。本书大多数章节讲述的是设计 Agent 程序，而在第 24 章和第 25 章讨论了传感器和执行器。

2.4.1　Agent 程序

本书中我们设计的 Agent 程序都具有同样的框架：输入为从传感器得到的当前感知信息，返回的是执行器的行动抉择[1]。要注意的是 Agent 程序以当前感知为输入，这与 Agent 函数不同，Agent 函数是以整个感知历史作为输入的。Agent 程序只把当前感知作为输入是因为从环境无法得到更多信息；如果 Agent 的行动要依赖于整个感知序列，那么该 Agent 必须要记住感知信息。

我们用在附录 B 中定义的简单伪代码语言来描述 Agent 程序（本书网站的代码库中包含了用真实程序设计语言实现的程序）。例如，图 2.7 给出了一段相当具体的 Agent 程序，它跟踪感知序列并以之为索引，到行动表里查询以做出决策。图 2.3 中真空吸尘器世界中的行动表清楚地给出了 Agent 程序实现的 Agent 函数。如果用这种方式来构建理性 Agent，作为设计者我们必须构建出包含针对每个可能感知序列的适当行动的函数表。

```
function TABLE-DRIVEN-AGENT(percept) returns an action
    persistent: percepts, a sequence, initially empty
                table, a table of actions, indexed by percept sequences, initially fully specified

    append percept to the end of percepts
    action ← LOOKUP(percepts, table)
    return action
```

图 2.7　出现新的感知信息时调用 TABLE-DRIVEN-AGENT 程序，每次返回一个
行动。内存中记录完整感知序列

使用表驱动方法构建 Agent 的注定失败带给我们一些启发。令为可能感知信息的集合，T 为 Agent 的生命周期（它收到的感知信息的总量）。该表包括个条目。考虑自动出租车：单个摄像头的视频以大约每秒 27M 字节的速度传入（每秒 30 帧，640×480 像素，24 位颜色信息）。这将导致 1 小时驾驶对应的查找表条目超过 $10^{250\,000\,000\,000}$ 个。即使是国际象棋——现实世界的一个微小的、良好表现的片断——它的查找表也包含至少 10^{150} 个条目。这些表庞大得令人生畏（在宇宙中可观测到的原子的数目小于 10^{80}），这意味着（a）宇宙中没有实际 Agent 能够保存该表，（b）设计人员没有时间来创建该表，（c）没有 Agent 能够从经验中学习所有正确的表条目，（d）即使环境足够简单，表的容量可以接受，设计人员仍然

1　Agent 程序框架还可以有其它的选择：例如，我们可以让 Agent 程序成为**协同程序**，运行与所处环境是异步的。每个这样的协同程序有一个输入和输出端口，由一个从输入端口读取感知信息再把行动写到输出端口的循环组成。

没有向导来填写表中条目。

如果不考虑这些，TABLE-DRIVEN-AGENT 确实能做到我们所需要的：它实现了所需的 Agent 函数。AI 的关键挑战是搞清如何编写程序，在可能的范围内，用少量代码而不是庞大的表来生成理性行为。有很多实例证明在很多领域这种做法是可行的：例如，1970 年以前工程师和学童使用过庞大的平方根表，现在已经被电子计算器中 5 行的牛顿算法程序所替代。问题是，AI 能像牛顿法计算平方根那样产生通用的智能行为吗？我们相信答案是肯定的。

本节余下部分我们将概述 4 种基本的 Agent 程序，它们几乎涵盖了全部智能系统的基础原则：

- 简单反射 Agent。
- 基于模型的反射 Agent。
- 基于目标的 Agent。
- 基于效用的 Agent。

每种 Agent 程序都以特定的方式结合了特定的成分来生成行动。2.4.6 节中概括地解释了如何把这些 Agent 转换为学习 Agent，这样能够提高性能以便生成更好的行动。最后在 2.4.7 节描述了多种 Agent 内部各成分的方法。这种多样性为领域和本书都提供了主要的组织原则。

2.4.2　简单反射 Agent

最简单的 Agent 种类是**简单反射 Agent**。这类 Agent 基于当前的感知选择行动，不关注感知历史。例如，图 2.3 中所列 Agent 函数的吸尘器 Agent 就是简单反射型 Agent，因为它的行动决策只建立在当前位置和是否包含灰尘的基础上。图 2.8 中给出该 Agent 的 Agent 程序。

```
function REFLEX-VACUUM-AGENT([location,status]) returns an action

    if status = Dirty then return Suck
    else if location = A then return Right
    else if location = B then return Left
```

图 2.8　两状态真空吸尘器环境中的简单反射 Agent 的 Agent 程序。该程序
是图 2.3 中的 Agent 函数的实现

读者应该已经注意到吸尘器的 Agent 程序与对应的表相比确实要小很多。最显著的是可以忽略感知历史，把可能情况的数量从 4^T 削减到 4。更进一步缩减，如果当前方格有灰尘，那么行动不依赖于所在位置。

简单反射行为也会发生在更加复杂的环境中。假设你是自动出租车的驾驶员。如果前方的车辆刹车，它的刹车灯亮了起来，那么你应该注意到并开始刹车。换句话说，如果视觉输入符合"前方车辆在刹车"的条件时，要执行某个过程。然后，这触发了 Agent 程序中某种建立好的到行动"开始刹车"的联接。我们称这种联接为**条件-行为规则**[1]，写作：

1　也称为情景-行动规则，产生式，或者如果-那么规则。

如果前方的车辆在刹车，**那么**开始刹车。

人类也有很多这样的联接，有些是学习得到的反应（如驾车），有些是先天反射（如当有东西接近眼睛时眨眼）。在本书中我们会看到，通过一些不同的方法，可以学习和实现这样的联接。

图 2.8 中的程序针对的是一个特殊的真空吸尘器环境。更普遍和灵活的方法是首先构建一个通用的条件-行动规则解释器，然后根据的特定任务环境创建相应的规则集合。图 2.9 给出了该通用程序的示意性结构，从中可以看到条件-行为规则是如何允许 Agent 建立从感知信息到行动的联接的（别担心这太简单了；很快它就会变得更有趣）。我们用矩形表示 Agent 决策过程的内部状态，椭圆形表示该过程中用到的背景信息。Agent 程序同样简单，如图 2.10 所示。INTERPRET-INPUT 函数根据感知信息产生当前状态的抽象描述，然后 RULE-MATCH 函数返回规则集合里与已知状态匹配的第一条规则。注意"规则"和"匹配"是纯概念上的；实际实现可以像用一组逻辑门实现布尔电路一样。

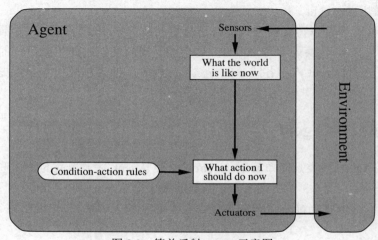

图 2.9　简单反射 Agent 示意图

```
function SIMPLE-REFLEX-AGENT( percept) returns an action
    persistent: rules, a set of condition–action rules

    state ← INTERPRET-INPUT(percept)
    rule ← RULE-MATCH(state, rules)
    action ← rule.ACTION
    return action
```

图 2.10　简单反射 Agent。它根据当前状态去匹配条件，按相应的规则行动

简单反射型 Agent 具有极好的简洁性，但是它们的智能也很有限。图 2.10 中的 Agent 只工作在可以仅根据当前感知信息来完成当前决策的情况下——也就是，环境要是完全可观察的。即使有少量不可观测的情况也会带来麻烦。例如，前面给出的刹车规则中，假设前方的车辆在刹车这个条件可以从当前的感知信息——一帧视频图像确定。前提是前方的车辆有安装在中部的刹车灯。不幸的是，老式车型有不同的尾灯、刹车灯和转向灯的安放方式，而且很难从单个图像上判断前车是否在刹车。跟在其后的简单反射 Agent 可能会经常毫无必要地刹车，或者更糟的是，它从不刹车。

真空吸尘器世界也有类似的问题。假设一个简单反射吸尘 Agent 拆除了位置传感器，只有一个灰尘传感器。这样 Agent 只有两种可能的感知信息：[*Dirty*]和[*Clean*]。它对[*Dirty*]的反应是吸尘；它对[*Clean*]的反应是什么呢？如果它碰巧从方格 *A* 开始，向左移动会失败（总是），而如果它碰巧从方格 *B* 开始，向右移动则会失败（总是）。在部分可观察环境中运转的简单反射 Agent 经常不可避免地陷入无限循环中。

如果 Agent 的行动能够**随机化**，则可能避免无限循环。例如，当吸尘器 Agent 感知到[*Clean*]时，它可能通过抛硬币选择向左还是向右。很容易证明 Agent 到达另一个方格的平均步数为两步。然后，如果该方格有灰尘，Agent 会进行吸尘，任务完成。因此，随机的简单反射 Agent 的表现会胜过确定的简单反射 Agent。

我们在 2.3 节中提到过，合适的随机行为在一些多 Agent 环境中是理性的。在单 Agent 环境中，随机化通常不是理性的。在有些情况下随机化是可以帮助简单反射 Agent 的技巧，但是在大多数情况下用更复杂的确定 Agent 可以做得更好。

2.4.3 基于模型的反射 Agent

处理部分可观测环境的最有效途径是让 Agent 跟踪记录现在看不到的那部分世界。即，Agent 应该根据感知历史维持**内部状态**，从而至少反映出当前状态看不到的信息。对于刹车问题，内部状态记录无需太大扩展——只需要记录视频的前一帧画面，这样 Agent 可以检测出车辆边缘的两盏红灯是否同时点亮或关闭。而对于其他驾驶任务如车辆变道，由于无法同时看到全部其他车辆，Agent 需要跟踪记录其他车辆的位置。

随时更新内部状态信息要求在 Agent 程序中加入两种类型的知识。首先，我们需要知道世界是如何独立于 Agent 而发展的信息——例如，正在超车的汽车一般在下一时刻会更靠近本车。其次，我们需要 Agent 自身的行动如何影响世界的信息——例如，当 Agent 顺时针转动方向盘的时候，汽车会右转，或者在沿着高速公路向北行驶 5 分钟后汽车通常应该离 5 分钟前北方大约 5 英里远。这种关于"世界如何运转"的知识——无论是用简单的布尔电路还是用完备的科学理论实现——都被称为世界**模型**。使用这种模型的 Agent 被称为**基于模型的 Agent**。

图 2.11 给出了使用内部状态的基于模型的反射 Agent 的结构，可以看到当前的感知信息与过去的内部状态结合起来更新了当前状态。图 2.12 给出了该 Agent 程序。UPDATE-STATE 函数很有趣，它负责创建描述新的内部状态。在 Agent 设计中，模型和状态的表示细节由于环境各不相同而有很大的区别。模型的具体实例和算法的改进版可参见第 4、12、11、15、17 和 25 章。

不论使用的哪种表示，部分可观察环境中的 Agent 要精准确定当前状态几乎是不可能的。从另一方面，标有"世界现在怎样了"（图 2.11）的盒子表示的是 Agent 的"最佳猜测"。例如，自动驾驶出租车可以没看到前面的大卡车的前面停着什么，它只能猜测有障碍阻挡了它。因此，当前状态的不确定性不可避免，但 Agent 依然要做出决策。

有一点不太明显，即基于模型的 Agent 维持的内部"状态"，它不需要描述"世界现在怎样了"。例如，自动驾驶出租车正在返家途中，它可能有条这样的规则：如果油箱里不够半箱油，那么开车回家时就要加满油。尽管"开车回家"看起来只是世界状态的一个方面，

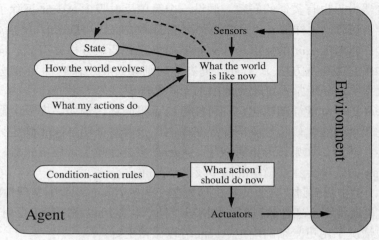

图 2.11　基于模型的反射 Agent

```
function MODEL-BASED-REFLEX-AGENT(percept) returns an action
    persistent: state, the agent's current conception of the world state
                model, a description of how the next state depends on current state and action
                rules, a set of condition–action rules
                action, the most recent action, initially none

    state ← UPDATE-STATE(state, action, percept, model)
    rule ← RULE-MATCH(state, rules)
    action ← rule.ACTION
    return action
```

图 2.12　基于模型的反射 Agent。它使用内部模型跟踪世界的当前状态。它按
照与反射 Agent 相同的方式选择行动

关于 Agent 目的地的事实才是真正的 Agent 内部状态的一个方面。如果你觉得这很困惑，考虑出租车处在同样的时间同样的地点，但却想去不同的目的地。

2.4.4　基于目标的 Agent

知道当前的环境状态对决策而言并不够。例如，在路口，出租车可以左转，右转，或者直行。正确的决定取决于出租车要去哪里。换句话说，除了当前状态的描述，Agent 还需要**目标**信息来描述想要达到的状况——例如，要到达乘客的目的地。Agent 程序可以把这种信息和模型相结合（和基于模型的反射 Agent 用来更新内部状态的信息相同），以选择能达到目标的行动。图 2.13 给出了基于目标的 Agent 的结构。

有时候基于目标的行动选择是一目了然的——例如，当单个行动马上能满足目标时。而有时候则会很复杂——例如，当 Agent 需要一条曲折而漫长的行动序列来找到达成其目标的途径时。**搜索**（第 3～5 章）和**规划**（第 11 章和第 12 章）是寻找达成 Agent 目标的行动序列的人工智能领域。

请注意此类决策与前面描述的条件-行动规则有根本的不同，原因是它考虑了未来——包括"如果我这样做会发生什么？"和"这样做会让我高兴吗？"这样的问题。在设计反

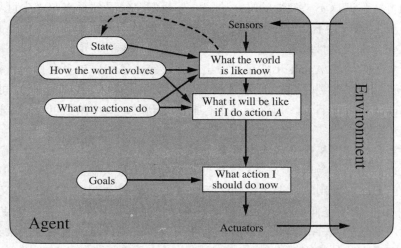

图 2.13　基于模型和目标的 Agent。它既跟踪记录世界的状态，也记录它要达
到的目标集合，并选择能（最终）导致目标达成的行动

射 Agent 时，这样的信息并没有被明确表示出来，因为内建的规则直接把感知映射到了行动。反射 Agent 看到刹车灯时就刹车。而基于目标的 Agent 原则上会推理，如果前面车辆的刹车灯亮起，则它将要减速。由于已知世界通常发展的方式，能够达到不撞上其他车辆的目标的唯一行动就是刹车。

尽管基于目标的 Agent 显得效率较低，但是它更灵活，因为支持它决策的知识被显式表示出来，并且可以修改。如果开始下雨，Agent 会更新关于它的刹车操作效率的知识；这将引起 Agent 对所有相关行为的修改以适应新的条件。另一方面，如果是反射 Agent，我们则需要重写很多条件-行动规则。基于目标的 Agent 的行为在要前往不同的地点时改变起来很容易。而反射 Agent 关于何时转弯和何时直行的规则仅对于单一目的地是可行的；要前往新的目的地，很多规则都要更换。

2.4.5　基于效用的 Agent

仅靠目标在很多环境中不足以生成高品质的行为。例如，有很多行动序列可以让出租车到达目的地（因而达成目标），但有些更快、更安全、更可靠，或者更便宜。目标只提供了"快乐"和"不快乐"之间粗略的二值区分。而更通用的性能度量应该允许不同的世界状态之间，根据它们能让 Agent 快乐的确切程度进行比较。因为"快乐"这个词听起来并不科学，所以经济学家和计算机科学家选用了术语**效用**（utility）[1]。

我们已经看到性能度量给环境状态的任何给定序列赋了一个值，所以很容易区分去往出租车目的地的路径是好还是不好。Agent 的**效用函数**是性能度量的内在化。如果内在的效用函数和外在的性能度量是和谐的，那么选择最大效用行动的 Agent 根据外在的性能度量也是理性的。

1　单词"utility"指的是"有用的性质"，而不是指水电。

　　让我们再次强调这不是理性的唯一途径——我们已经看到了真空吸尘世界的一个理性 Agent 程序（图 2.8）并不知道什么是效用函数——但是，就像基于目标的 Agent 一样，基于效用的 Agent 在灵活性和可学习性方面有许多优势。更进一步，在目标不适当的两类情况中，一个基于效用的 Agent 仍然可以做出理性决策。第一，当多个目标互相冲突时，只有其中一些目标可以达到时（例如，速度和安全性），效用函数可以在它们之间适当的折中。第二，当 Agent 有几个目标，但没有一个有把握达到时，效用函数可以根据目标的重要性对成功的似然率加权。

　　部分可观察性和随机性在现实世界是无处不在的，所以是不确定性下的决策过程。从技术上讲，理性的基于效用的 Agent 选择使其**期望效用**最大化的行动——即，Agent 在给定每个结果的概率和效用下，期望得到的平均效用（附录 A 中更精确地定义了期望）。在第 16 章中，我们指明任何理性 Agent 必须表现出它拥有效用函数，且尽量使数值最大化。拥有显式效用函数的 Agent 因此可以做出理性决策，它可以通过通用算法做到，且此算法并不依赖于要最大化的特定效用函数。在这种方法中，理性的"全局"定义——把那些达到最高性能的 Agent 函数标记为理性的——就转变为理性 Agent 设计的"局部"约束，它可以用一段简单的程序表达。

　　基于效用的 Agent 结构如图 2.14 所示。基于效用的 Agent 程序出现在第 4 部分，我们在该部分设计在随机或部分可观察环境中能处理不确定性的决策 Agent。

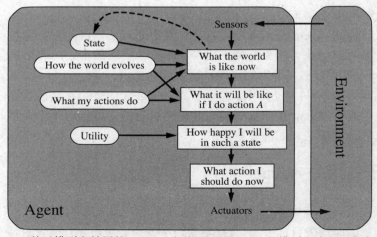

图 2.14　基于模型和效用的 Agent。它使用了关于世界的模型，连同一个度量对各个世界状态的偏好程度的效用函数。接着它选择导致最佳期望效用的行动，最佳期望效用是通过计算所有可能结果状态的加权平均值得到的，其权值由结果的概率确定

　　这时，读者可能会有些困惑，"就这么简单吗？我们只要构造最大化期望效用的 Agent，就可以了吗？"这样的 Agent 确实是智能的，但却并不简单。基于效用的 Agent 要对环境建模并跟踪，任务会涉及很多感知、表示、推理和学习方面的研究。这些研究结果出现在本书很多章节中。选取最大效用的行动同样是困难任务，需要的精巧算法在本书一些章节可以找到。即使有了这些算法，现实中的完美理性几乎无法达到，原因是计算复杂度，这一点在第 1 章中已经提及。

2.4.6 学习 Agent

我们已经给出了使用各种方法选择下一步行动的 Agent 程序。不过到目前为止我们还没有说明这些 Agent 程序是如何形成的。在图灵的一篇早期的著名论文中（1950），他考虑了人工编制程序实现他的智能机器的思想。他估计了这可能需要的工作量，结论是"看来需要某种更迅速的方法。"他提出的方法是建造会学习的机器，然后教育它们。在 AI 的许多领域，现在这是创造最新技术水平的系统的首选方法。学习还有另一个优点，我们在前面已经提到过，它使得 Agent 可以在初始未知的环境中运转，并逐渐变得比只具有初始知识的时候更有竞争力。本节我们简要介绍学习 Agent 的主要思想。贯穿全书，我们将评论特定种类 Agent 的学习的机会和方法。第 5 部分将深入分析各种学习算法自身。

学习 Agent 可以被划分为 4 个概念上的组件，如图 2.15 所示。最重要的区别体现在**学习元件**和**性能元件**之间，学习元件负责改进提高，而性能元件负责选择外部行动。性能元件是我们前面考虑的整个 Agent：它接受感知信息并决策。学习元件利用来自**评判元件**的反馈评价 Agent 做得如何，并确定应该如何修改性能元件以便将来做得更好。

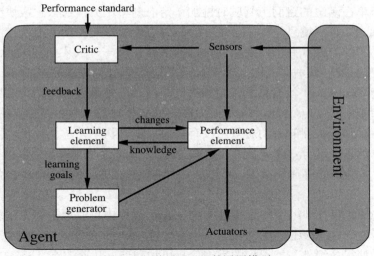

图 2.15 学习 Agent 的通用模型

学习元件的设计很大程度上依赖于性能元件的设计。当设计学习特定技能的 Agent 时，第一个问题不是"我怎样才能让 Agent 学到这个技能？"，而是"Agent 一旦学会了这个技能，需要何种性能元件来行使该能力？"对于给定的 Agent 设计，可以构造学习机制来改进 Agent 的各个部分。

评判元件根据固定的性能标准告诉学习元件 Agent 的运转情况。评判元件是必要的，原因是感知信息自身无法指出 Agent 的成功程度。例如，国际象棋程序可以接收已经将军的感知信号，但是它仍然需要一个性能标准来告知这是好棋；感知信息本身并不知道。性能标准是固定的，这点很重要。概念上说，应该把性能标准置于 Agent 之外加以考虑，理由是 Agent 不应该修改性能标准来适应它自己的行为。

学习 Agent 的最后一个组件是**问题产生器**。它负责可以得到新的和有信息的经验的行动提议。关键是如果性能元件自行其是，它会一直根据已知的知识采取最佳行动。但是，如果 Agent 希望进行少量探索，做一些短期内可能次优的行动，那么它也许会发现对长期而言更好的行动。问题发生器的任务就是建议探索性行动。科学家做实验时也是这么做的。伽利略不认为从比萨斜塔上扔下来的石头自身有价值。他并不是试图打破那些石头，也不是想修改那些不幸路过的人的头脑。他的目标是发现一种更好的物体运动的理论并改进自己的头脑。

为了使整体设计更具体，我们继续考虑自动出租车。它的性能元件包括用来选择驾驶行动的全部知识和过程集合。出租车使用性能元件在公路上行驶。评判元件观察世界并把信息传递给学习元件。例如，在汽车快速左转横穿三条车道之后，评判元件观察到其他司机的惊呼。有了这个经验，学习元件能制定出一条规则表示这是个不好的行动，安装该规则以修改性能元件。问题产生器可能会为了改进的需要而确定需要修改一定范围内的行为，并提议进行实验，如在不同的路面不同的条件下试验刹车。

学习元件可以更改 Agent 结构图（图 2.9、图 2.11、图 2.13 和图 2.14）中的任何“知识”组件。最简单的情况包括直接从感知序列学习。观察环境的后继状态可以让 Agent 学到“世界是如何发展的”，而观察行动的结果可以让 Agent 学到“我的行动做了什么”。例如，如果出租车在潮湿的路面上驾驶时施加一定的刹车压力，那么它很快会发现实际减速了多少。显然，如果环境只是部分可观察的，这两种学习任务会更困难。

前段所述的学习模式并不需要访问外部的性能标准——从某种意义上说，该标准能做出和实验相符的预测。这种情形对于希望知道效用信息的基于效用的 Agent 而言有些复杂。例如，出租车驾驶 Agent 没有得到来自乘客的小费，因为乘客在旅途中彻底被晃晕了。外在的性能标准必须告知 Agent，未得到小费的损失将对整体性能的影响是负面的；然后 Agent 也许能学到：猛烈的制动对效用没有任何贡献。从某种意义上说，性能标准分辨新来的感知信息的各个部分，区分**奖励**（或**惩罚**），对 Agent 行为的质量提供直接反馈。硬性的性能标准，如动物的疼痛和饥饿，可以从这种方式来理解。第 21 章中我们将进一步讨论这个问题。

总之，Agent 有各种组件，这些组件在 Agent 程序中可以用很多方法表示，因此学习方法也灵活多变。不过总还是有一个统一主题。智能 Agent 的学习可以被总结为改进 Agent 的每个组件，使得各组件与能得到的反馈信息更加和谐，从而改进 Agent 的总体性能。

2.4.7　Agent 程序的各组件是如何工作的

我们已经描述了 Agent 程序（用层次很高的术语），它包含各种组件来回答以下问题：“世界现在怎样了？”“我现在应该采取什么行动了？”“我的行动结果怎么样”学习 AI 的学生下一个问题则会问，“这些组件到底是如何工作的？”要清楚回答这个问题可能需要1000 多页，但在这里我们只给读者展示一些基础内容，讲解在 Agent 所处环境中用不同方法表示这些组件的优缺点。

大概来说，我们将表示放置在不断增长的复杂度和表达能力的轴线上——**原子、要素**和**结构**。为更清楚地表明观点，它有助于考虑一种特殊的 Agent 组件，如该组件处理“我的行动后果如何”。这个组件描述了发生在环境中的变化，将之视为行动的后果，图 2.16

中给出了表示这种转换的示意性描述。

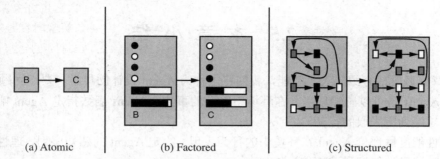

(a) Atomic   (b) Factored   (c) Structured

图 2.16 　表示状态及其转换的三种方法

(a) 原子表示：状态（如 B 或 C）用没有内部结构的方框表示；(b) 要素化表示：状态包含一个有特征值的向量；特征值可以是布尔值，实数值或者一组符号的固定集合；(c) 结构化表示：状态包含对象，每个对象可能有自身的特征值，以及与其他对象的关系

在**原子表示**中，世界的每个状态是不可见的——它没有内部结构。考虑从美国的一个边远的城市出来到达其他城市的路径问题（此问题可参见图 3.2）。为了求解这个问题，它可能将世界状态简化地表示为只有城市的名字——知道单个原子；"黑盒子"最明显的性质是与其他黑盒子相同或是不同。**搜索和博弈论**（第 3～5 章），**隐马尔可夫模型**（第 15 章），**马尔可夫决策过程**（第 17 章）中的算法都用的是原子表示——或者，至少把表示当作是原子的。

现在我们考虑同一个问题的高保真度描述，要比仅考虑城市的原子位置关注更多；我们可能需要注意油箱里的油还有多少，过收费站的零钱还有多少，广播里是哪个电台等等。**要素化表示**将上述状态表示为变量或特征的集合，每个变量或特征都可能有值。当两个不同的原子表示没有任何共同点时——它们只是不同的黑盒子——两个不同的要素化表示可以共享一些特征（如一些特定的 GPS 位置），而不是其他的（有很多油或是没有油），这使得状态之间的转换工作变得更加容易。有了原子表示，我们还可以表示不确定性——例如，忽视油箱中的油量可表示为将该特征值置空。AI 的一些重要领域是基于原子表示的，包括**约束满足算法**（第 6 章），**命题逻辑**（第 7 章），**规划**（第 10 章和第 11 章），Bayesian 网（第 13～16 章）和第 18、20、21 章的机器学习算法。

我们为须理解世界中有事物，事物间互相关联，它不仅仅是有值的变量。例如，我们可能注意到前面有一辆大卡车正在调头进入奶牛场，但一头奶牛挡住了卡车的路。要素化表示可能不会准备好属性 *TruckAheadBackingIntoDairyFarmDrivewayBlockedByLooseCow* 的值真或假。因此，我们需要**结构化表示**，这样才能显式描述像奶牛和卡车这样的对象之间的关系。（见图 2.16（c））结构表示是**关系数据库**和**一阶逻辑**（第 8、9 和 12 章），**一阶概率模型**（第 14 章），**基于知识的学习**（第 19 章）和**自然语言理解**（第 22 章和第 23 章）的基础。事实上，人类用自然语言表述的信息几乎都与对象及其关系相关。

前面我们提到过，原子、要素化和结构化表示的轴线是表达能力增长的轴线。大概来说，表达力强的表示可以获取表达力弱的表示的所有信息，至少会更简洁。更具表达力的语言通常更简洁；例如，国际象棋规则用结构化表示语言如一阶逻辑写一、两页就够了，但如果用要素化表示如命题逻辑写则可能需要上千页。另一方面，随着表达力的增强，推理和学习也越来越复杂。为了找到更具表达力的表示，避免它们的缺点，现实世界的智能系统可能需要同时在轴线上的所有点上操作。

2.5 本 章 小 结

本章旋风般地介绍了人工智能，我们将之称为 Agent 设计的科学。要点回顾如下：

- **Agent** 是可以感知环境并在环境中行动的事物。**Agent 函数**指定 Agent 响应任何感知序列所采取的行动。
- **性能度量**评价 Agent 在环境中的行为表现。给定 Agent 的感知序列，**理性 Agent** 行动追求性能度量预期值最大化。
- **任务环境**的规范包括性能度量、外部环境、执行器和传感器。设计 Agent 时，第一步总是把任务空间定义得尽可能完全。
- 任务环境从不同的维度看有很多变化。它们可能是完全或部分可观察的，单 Agent 或多 Agent 的，确定性的或随机的，片段式的或延续式的，静态的或动态的，离散的或连续的，已知的和未知的。
- **Agent 程序**是 Agent 函数的实现。有各种基本的 Agent 程序的设计，反映出显式表现的以及用于决策过程的信息种类。设计可能在效率、压缩性和灵活性方面有变化。适当的 Agent 程序的设计依赖于环境的本性。
- **简单反射 Agent** 直接对感知信息做出反应，**基于模型的反射 Agent** 保持内部状态，追踪记录当前感知信息中反映不出来的世界各方面。**基于目标的 Agent** 的行动是为了达到目标，而**基于效用的 Agent** 试图最大化它期望的"快乐"。
- 所有 Agent 都可以通过**学习**来改进它们性能。

参考文献与历史注释

作为中心角色的行动在智能中——实用推理的概念——可以追溯到 Aristotle 的《伦理学》Nicomachean。McCarthy（1958）有影响力的论文"常识的程序"也以实用推理为主题。机器人学和控制论领域，由于它们自身的本性，主要关注的是实体 Agent。控制论中的**控制器**概念和人工智能中 Agent 是相同的。也许令人惊奇的是，AI 在它的绝大部分历史中一直专注于 Agent 的孤立组件——问答系统，定理证明系统，视觉系统，等等——而不是完整的 Agent。Genesereth 和 Nilsson（1987）对 Agent 的讨论是个有影响的例外。Agent 是个整体的观点现在已被广泛接受，它是近来教材的主题（Poole 等人，1998；Nilsson，1998；Padgham 和 Winikoff，2004；Jones，2007）。

第 1 章追溯了哲学和经济学中的理性概念的根源。在 AI 中，这个概念在 20 世纪 80 年代中期以前是个外围概念，到了 80 年代中期关于理性的讨论开始充斥于 AI 领域技术基础的讨论。Jon Doyle（1983）发表论文预测理性 Agent 设计将被成为人工智能的核心任务，同时其它流行话题会分拆而形成新的学科。

为了设计理性 Agent 而认真对待环境属性和它们的结果，这种做法在控制论传统中很明显——例如，传统控制系统（Dorf 和 Bishop，2004；Kirk，2004）处理的是完全可观察的、确定的环境；随机优化控制（Kumar 和 Varaiya，1986；Bertsekas 和 Shreve, 2007）处理的是部分可观察的、随机的环境；混合控制（Henzinger 和 Sastry，1998；Cassandras 和 Lygeros, 2006）处理的环境同时包含离散元素和连续元素。完全和部分可观察环境的区别也是从运筹学领域发展出来的**动态规划**的中心内容（Puterman，1994），我们将在第 17 章讨论。

反射 Agent 是心理学行为主义学派的主要模型，如 Skinner（1953）尝试把生物的心理状态严格地简化为输入/输出映射或者刺激/反应映射。心理学领域从行为主义到功能主义的进步，一部分的原因是被 Agent 的计算机应用所驱使（Putnam，1960；Lewis，1966），这也导致人们开始研究 Agent 的内部状态。大部分 AI 的研究工作认为纯反射 Agent 由于状态太简单而无法提供更多力量，但是 Rosenschein（1985）和 Brooks（1986）对此提出了质疑（参见第 25 章）。近年来，大量工作围绕着寻找有效的处理复杂环境的算法而进行（Hamscher 等人，1992；Simon, 2006）。控制"深空一号"（Deep Space One）宇宙飞船的 Remote Agent 程序（原书第 28 页有过描述）是一个让人印象深刻的实例（Muscettola 等人，1998；Jonsson 等人，2000）。

基于目标的 Agent 由 Aristotle 的实用推理观点预示，麦卡锡早期关于逻辑人工智能的论文也有讨论。机器人 Shakey（Fikes 和 Nilsson，1971；Nilsson，1984）是第一个逻辑的、基于目标的 Agent 的机器人实体。基于目标的 Agent 的完整逻辑分析出现在 Genesereth 和 Nilsson（1987）的文章中，Shoham（1993）开发出基于目标的程序设计方法论，称为面向 Agent 的程序设计。基于 Agent 的途径在软件工程中绝对流行（Ciancarini 和 Wooldridge，2001）。它同样也渗透到操作系统领域，**自动计算**指的就是计算机系统和网络利用感知—行为循环和机器学习方法监视和控制自身（Kephart and Chess, 2003）。请注意一组被设计成要在多 Agent 环境中一起工作 Agent 程序表现出模块化——程序间不共享内部状态，只通过环境进行通信——这对**多 Agent 系统**中设计单个 Agent 程序而言是共同问题，这涉及到一组子 Agent。在一些情况中，甚至可以证明这样得到的结果系统与作为整体设计的系统有两样的最优解。

基于目标的 Agent 的观点在认知心理学传统中的问题求解领域也占统治地位，这从极有影响力的《人类问题求解》（*Human Problem Solving*）（Newell 和 Simon，1972）可以看出，它贯穿 Newell 后来的全部工作（Newell，1990）。目标，进一步被分析为期望（一般的）和意图（当前追求的），是 Bratman（1987）开发的 Agent 理论的中心。这种理论影响了自然语言理解和多 Agent 系统领域。

Horvitz 等人（1988）明确建议使用最大化期望效用的理性作为 AI 的基础。Pearl（1988）第一个深入讨论了概率和效用理论；它阐述了不确定条件下推理和决策的实用方法，这可能是促使在 20 世纪 90 年代研究转向基于效用的 Agent 的唯一原因（参见第 4 部分）。

图 2.15 中给出的学习 Agent 的通用设计是机器学习文献中的经典（Buchanan 等人，1978；Mitchell，1997）。用程序实现的设计实例，至少可以追溯到 Arthur Samuel（1959，1967）的下西洋跳棋的学习程序。学习 Agent 在第 5 部分深入讨论。

近年来对于 Agent 和 Agent 设计的研究迅速升温，部分原因是因为互联网的成长以及自动的和移动的 **Softbot**（Etzioni 和 Weld，1994）对感知的需要。相关的论文被收录在《Agent 读物》（*Readings in Agents*）（Huhns 和 Singh，1998）和《理性 Agent 基础》（*Foundations of*

Rational Agency）（Wooldridge 和 Rao，1999）。（Weiss，2000a；Wooldridge, 2002）很好地提供了关于 Agent 设计的很多方面的坚实基础。1990 年以来有很多关于 Agent 的会议，包括"Agent 理论、体系结构和语言国际学术研讨会"（International Workshop on Agent Theories, Architectures, and Languages, ATAL），"自主 Agent 国际会议"（International Conference on Autonomous Agents, AGENTS），"多智能系统国际会议"（International Conference on Multi-Agent Systems, ICMAS）等。期刊"自主 Agent 和多 Agent 系统"（*Autonomous Agents and Multi-Agent Systems*，AAMAS）在 1998 年创刊。最后，《蜣螂的生态》（*Dung Beetle Ecology*）（Hanski 和 Cambefort，1991）提供了关于蜣螂行为的大量丰富有趣的信息。YouTube 有关于它们活动的视频。

习　　题

2.1 假设性能度量只关注环境的前 T 个时间步，忽略其他所有。请说明理性 Agent 的行动可能不仅依赖于环境状态，还取决于它达到的时间点。

2.2 考察各种真空吸尘器 Agent 函数的理性：

　　a. 请说明，图 2.3 所述的简单吸尘器 Agent 函数在原书第 28 页列出的假设下确实是理性的。

　　b. 如果每次移动的代价是 1 分，请描述一个对应的理性 Agent 函数。对应的 Agent 程序需要内部状态吗？

　　c. 讨论在干净的方格可能变脏和环境地理不明的情况下可能的 Agent 设计。在这种情况下 Agent 从经验中学习有意义吗？如果有，该学习什么？如果没有意义，为什么？

2.3 对于下列断言，请判断真假并给出支持实例。

　　a. 一个 Agent 只能感知状态的部分信息，那么它不可能是完美理性的。

　　b. 存在这样的任务环境，处在该环境中的纯反射 Agent 不可能有理性行为。

　　c. 存在任务环境使得每个 Agent 都是理性的。

　　d. Agent 程序的输入与 Agent 函数的输入是相同的。

　　e. 每个 Agent 函数都可以用程序/机器组合实现。

　　f. 假设 Agent 从一组可能行动中随机选择行动。存在确定的任务环境使得此 Agent 是理性的。

　　g. 一个给定的 Agent 在两个不同的任务环境中可能都是完美理性的。

　　h. 在不可观察环境中每个 Agent 都是理性的。

　　i. 一个完美更改的打牌都是不可能输的。

2.4 对于下列活动，分别给出任务环境的 PEAS 描述，并按 2.3.2 节列出的性质进行分析：

　　● 足球运动。

　　● 探索 Titan 的地下海洋。

　　● 在互联网上购买 AI 旧书。

- 打一场网球比赛。
- 对着墙壁练网球。
- 完成一次跳高。
- 织一件毛衣。
- 在一次拍卖中对一个物品投标。

2.5 用你自己的话定义下列术语：Agent，Agent 函数，Agent 程序，理性，自主，反射 Agent，基于模型的 Agent，基于目标的 Agent，基于效用的 Agent，学习 Agent。

2.6 本道习题讨论的是 Agent 函数与 Agent 程序的区别：

　　a. 是否有不止一个 Agent 程序可以实现给定的 Agent 函数？请举例说明，或者说明为什么不可能。

　　b. 有没有无法用任何 Agent 程序实现的 Agent 函数？

　　c. 给定一个机器体系结构，能使每个 Agent 程序刚好实现一个 Agent 函数吗？

　　d. 给定存储量为 n 比特的体系结构，可以有多少种可能的不同 Agent 程序？

　　e. 假设我们让 Agent 程序固定不变，但机器速度提高，这会改变 Agent 函数吗？

2.7 请写出基于目标的 Agent 和基于效用的 Agent 的伪代码 Agent 程序。

下面的习题都是关于真空吸尘器世界的环境和 Agent 的实现。

2.8 为图 2.2 中描述的吸尘器世界实现一个可以进行性能度量的环境模拟器。你的实现是必须是模块化的，以使传感器、执行器和环境特征（大小、形状、灰尘放置等）便于修改。（注意：有一些程序设计语言和操作系统的选择，联机代码库中已经有实现好的模块。）

2.9 实现习题 2.8 真空吸尘器环境中的简单反射 Agent。用所有可能的初始灰尘分布和 Agent 位置，运行环境模拟器和 Agent。记录 Agent 在每种情况下的性能评分和总体平均评分。

2.10 考虑习题 2.8 真空吸尘器环境的一个修改版本，Agent 每次移动的代价为 1 分。

　　a. 简单反射 Agent 在此环境下可能是完美理性的吗？请解释。

　　b. 含有内部状态的简单反射 Agent 呢？请设计一个这样的 Agent。

　　c. 如果 Agent 的感知信息能告知环境中每个方格的干净/脏的状态，**a** 和 **b** 的解答会如何变化？

2.11 考虑习题 2.8 中真空吸尘器环境的一个修改版本，环境中的地理情况——其范围、边界和障碍物——是未知的，同样未知的还有初始的灰尘状况。（Agent 既可以上（*Up*），下（*Down*），左（*Left*），右（*Right*）移动。）

　　a. 简单反射 Agent 在此环境下可能是完美理性的吗？请解释原因。

　　b. 使用随机 Agent 函数的简单反射 Agent 可能优于简单反射 Agent 吗？设计一个这样的 Agent，并在多种环境下度量它的性能。

　　c. 你能设计一个环境使得你的随机型 Agent 在其中性能很差吗？说明你的结果。

　　d. 有内部状态的反射 Agent 是否会优于简单反射 Agent？设计一个这样的 Agent，并在多种环境下度量它的性能。你能设计一个这种类型的理性 Agent 吗？

2.12 重复习题 2.11，考虑用"碰撞"传感器替代位置传感器，碰撞传感器可以检测到 Agent 遇到障碍物或者穿越环境的边界。假设该碰撞传感器失灵了，Agent 会如何运转？

2.13 前面习题中的真空吸尘器环境都是确定的。讨论下列随机版本下的 Agent 程序：

　　a. Murphy 法则：在 25% 的时间里，*Suck*（吸尘）行动在地面干净的情况下不能清洁地面，在原来地面干净的情况下还会弄脏地面。如果灰尘传感器有 10% 的错误率，你的 Agent 程序会受到怎样的影响？

　　b. 小孩：在每个时间步，干净的方格有 10% 的机会被弄脏。在这种情况下能设计出理性 Agent 吗？

第 Ⅱ 部分

问 题 求 解

第 3 章　通过搜索进行问题求解

本章讨论当问题求解不能通过单个行动一步完成时，Agent 如何找到一组行动序列达到目标。搜索即是指从问题出发寻找解的过程。

在第 2 章中讨论的最简单的 Agent 是反射 Agent，这类 Agent 存有在何种状态下可采取何种行动的直接映射表，它们的行为就取决于这种映射。有些环境中 Agent 的这种映射表可能非常大，导致占用很多存储空间或者查表消耗的时间太长而无法学习，Agent 在这样的环境中难以运转。另一方面，基于目标的 Agent 会考虑将要采取的行动及行动的可能后果，即与目标还有多远。

本章讨论基于目标的 Agent 中的一种，称为**问题求解 Agent**（problem-solving Agent）。问题求解 Agent 使用**原子**（atomic）表示（参见 2.4.7 节）：世界的状态被视为一个整体，对问题求解算法而言没有可见的内部结构。使用更先进的**要素化**（factored）或**结构化**（structured）表示的基于目标的 Agent，通常被称为**规划 Agent**（planning Agent），将在第 7章和第 10 章讨论。

要进行问题求解，首先要讨论的是对问题及其解的精确定义，我们将通过一些实例来说明如何描述一个**问题**及其**解**。接着我们介绍一些求解此类问题的通用的搜索算法。首先讨论**无信息的**（uninformed）搜索算法——无信息是指算法除了问题定义本身没有任何其他信息。尽管这些算法有的可以用于求解任何问题，但此类算法效率都不好。另一方面，**有信息**（Informed）的搜索算法，利用给定的知识引导能够更有效地找到解。

这章中我们会把任务环境简化，限定问题的解是一组有固定顺序的行动。更一般的情况是 Agent 的行动决策将随着未来感知数据的改变而改变，这将在第 4 章讨论。

本章将使用渐进复杂度（即 $O()$ 表示法）和 NP 完全性的概念。不熟悉这些概念的请参看附录 A。

3.1　问题求解 Agent

我们假设智能 Agent 要最大化其性能度量。如同我们在第 2 章中提到的，如果 Agent能采纳一个**目标**（goal）并试图去满足它，最大化性能度量的问题就可能会简化。我们首先讨论 Agent 为何这样做及该如何做。

想象一个 Agent 正在罗马尼亚的 Arad 享受旅游假期。该 Agent 的性能度量包含很多方面：它想要晒黑些，想学习罗马尼亚语，欣赏风景，享受夜生活（诸如此类），还要避免宿醉，等等。这个 Agent 决策问题有些复杂，要权衡许多方面的因素，同时要阅读大量的旅游指南。现在假设该 Agent 有一张第二天飞离 Bucharest 的不能改签也不能退的机票。在这种情况下，Agent 建立合理目标：抵达 Bucharest。导致不能按时到达 Bucharest 的行动方案将不再予以考虑，因此该 Agent 的决策问题被大幅度简化。Agent 的行动能力可能帮它达到各种目的，但是此时的目标限制了这些行动，帮助 Agent 组织行动序列，以达到最终目标。基于当前的情形和 Agent 的性能度量进行目标形式化（goal formulation）是问题求解的第一个步骤。

我们将目标考虑成是世界的一个状态集合——目标被满足的那些状态的集合。Agent 的任务是找出现在和未来如何行动，以使它达到一个目标状态。在 Agent 能做这个之前，它（或是我们代表它）需要确定它能完成的行动种类和行动能带来的状态变化。如果 Agent 试图在诸如"左脚前移 1 英尺"或"将方向盘向左旋转 1 度"的层次上考虑行动，它将可能永远无法找到走出停车场的路，更别说去 Bucharest 了，因为在那样的细节水平上世界的不确定性因素太多，而问题的解也将包含过多的步骤。**问题形式化**（problem formulation）是在给定目标下确定需要考虑哪些行动和状态的过程。后面我们将详细地讨论这个过程。现在我们假设 Agent 将在开车从一个主要城镇到另一个城镇的层次上考虑行动。因此每个状态表示 Agent 在一个特定的城镇中。

Agent 现在的目标是开车去 Bucharest，正在考虑从 Arad 先开往哪里。从 Arad 开出有三条道路分别前往 Sibiu、Timisoara 和 Zerind。这三条路没有一条能直接到达最终目标，所以除非 Agent 对罗马尼亚非常熟悉，它无法知道应该走哪条路[1]。换句话说，Agent 不知道这三条路中哪条路或哪个可能的行动是最好的，因为它对由每个行动之后的状态知道得不够多。如果 Agent 没有额外的知识——如我们在 2.3 节中提到过**未知的**环境——那么它就只能随机选择一个行动。这种糟糕的情况我们在第 4 章中讨论。

但是假设 Agent 有罗马尼亚的地图。地图上的每个点都可以向 Agent 提供信息：Agent 可以到达哪些状态和它可以采取哪些行动。Agent 可以利用这些信息假想整个旅程，考虑途经上述 3 个城镇后的后继阶段，试图找出最终能到达 Bucharest 的路。一旦 Agent 在地图上发现从 Arad 到 Bucharest 的路，它就可以完成相应的驾驶行动来达到它的目标。一般来说，一个 Agent 在面临多种未知值的选择时，可以首先检查那些最终导出已知价值的状态的未来行动，然后做出决策。

下面我们解释何为"检查未来行动"，在此之前我们还应具体了解环境的性质，这点在 2.3 节中有定义。现在，我们假定环境是**可观察的**，所以 Agent 总是知道当前状态。Agent 在罗马尼亚开车，假设在司机到达地图上的每个城市时都会发现有标识标明该城市。我们假设该任务环境是**离散的**，所以在任一给定状态，可以选择的行动是有限的。这是正确的，因为在罗马尼亚游玩时，每个城市只与其他一小部分城市相邻。我们假设环境是**已知的**，所以 Agent 知道每个行动达到哪个状态。（拥有一份足够精确的地图以满足游玩问题的要求。）最后，我们假设环境是**确定的**，每个行动的结果只有一个。在理想条件下，这对罗马尼亚的 Agent 是正确的——这意味着如果 Agent 选择了从 Arad 开车前往 Sibiu，那么它一定会到达 Sibiu。当然，条件并不总是理想化的，我们会在第 4 章讨论这一点。

在这些假设下，任何问题的解是一个行动的固定序列。"当然！"，有人会说，"还能是什么？"也许，一般来说，它也可能是分支策略，在感知到抵达城市时会建议不同的行动

　　1　大多数的读者会和 agent 一样处于同样的场景，缺乏线索，不知走哪条路。我们对不能利用这个教学安排的罗马尼亚读者表示歉意，因为他们很清楚哪条路更易到达 Bucharest。

选择。例如，在不够理想化的条件下，Agent 可能计划从 Arad 开往 Sibiu 接着前往 Rimnicu Vilcea，但也可能要做好本来要去 Sibiu 结果却意外抵达 Zerind 的计划。幸运的是，如果 Agent 知道初始状态并且环境是已知的和确定的，它清楚地知道行动之后的状态。因为行动之后只有一个后果，问题求解才有可能继续选择后继的行动。

为达到目标，寻找这样的行动序列的过程被称为**搜索**。搜索算法的输入是问题，输出是问题的解，以行动序列的形式返回问题的**解**。解一旦找到，它所建议的行动将会付诸实施。这被称为**执行阶段**。那么，我们就完成了对 Agent 的简单设计，即"形式化、搜索、执行"，如图 3.1 所示。在完成对目标和对待求解问题的形式化之后，Agent 调用搜索过程进行问题求解。然后 Agent 用得到的解来导引行动，按照问题求解给出的解步骤逐一实施——通常是执行序列中的第一个行动——从序列中删除已完成的步骤。一旦解被执行，Agent 将形式化新的目标。

```
function SIMPLE-PROBLEM-SOLVING-AGENT(percept) returns an action
    persistent: seq, an action sequence, initially empty
                state, some description of the current world state
                goal, a goal, initially null
                problem, a problem formulation

    state ← UPDATE-STATE(state, percept)
    if seq is empty then
        goal ← FORMULATE-GOAL(state)
        problem ← FORMULATE-PROBLEM(state, goal)
        seq ← SEARCH(problem)
        if seq = failure then return a null action
    action ← FIRST(seq)
    seq ← REST(seq)
    return action
```

图 3.1　简单的问题求解 Agent。它首先对目标和问题进行形式化，然后搜索能够解决该问题的行动序列，最后依次执行这些行动。这个过程完成之后，它会形式化另一个目标并重复以上步骤

需要注意的是，Agent 在执行解的行动序列时，它无视它的感知信息，每当它选择了行动它都知道它将到达什么状态。Agent 在执行计划时是闭上了眼睛的，就是说，它十分确定行动后果是什么。控制理论把这称为开环系统，因为无视感知信息打破了 Agent 和环境之间的环路。

我们首先描述如何对待求解问题进行形式化，然后用本章的大部分篇幅专门介绍 SEARCH 函数的各种不同算法。在本章中我们不会讨论 UPDATE-STATE 和 FORMULATE-GOAL 这两个函数。

3.1.1　良定义的问题及解

一个问题可以用 5 个组成部分形式化地描述：
- Agent 的**初始状态**。例如，在罗马尼亚问题中 Agent 的初始状态可以描述为 *In(Arad)*。
- 描述 Agent 的可能**行动**。给定一个特殊状态 s，ACTIONS(s)返回在状态 s 下可以执行的动作集合。我们称这些行动对状态 s 是可应用的。例如，考虑状态 *In(Arad)*，可应用的行动为：

$$\{Go(Sibiu), Go(Timisoara), Go(Zerind)\}$$

- 对每个行动的描述；正式的名称是**转移模型**，用函数 RESULT(*s,a*)描述：在状态 *s* 下执行行动 *a* 后达到的状态。我们也会使用术语**后继状态**来表示从一给定状态出发通过单步行动可以到达的状态集合[1]。例如，

$$\text{RESULT}(In(Arad), Go(Zerind)) = In(Zerind)$$

总之，初始状态、行动和转移模型无疑就定义了问题的**状态空间**——即从初始状态可以达到的所有状态的集合。状态空间形成一个有向网络或**图**，其中结点表示状态，结点之间的弧表示行动（图 3.2 中的罗马尼亚地图就可以被解释为一个状态空间图，每条连线视为双向驾驶行动即双向边）。状态空间中的一条**路径**指的是通过行动连接起来的一个状态序列。

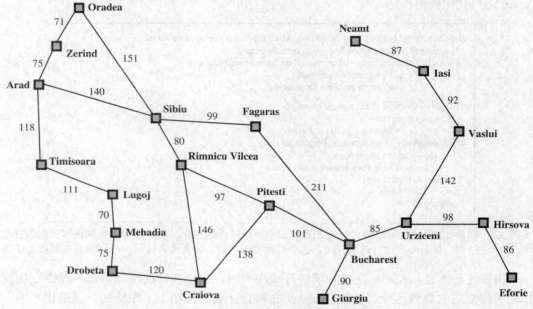

图 3.2　部分罗马尼亚地图的简化版

- **目标测试**，确定给定的状态是不是目标状态。有时候目标状态是一个显式集合，测试只需简单检查给定的状态是否在目标状态集合中。在罗马尼亚问题中，目标状态集是一个单元素集合{*In(Bucharest)*}。有些时候目标状态并不是一个显式可枚举的目标状态集合，而是具备某些特定抽象属性的状态。例如，在国际象棋中，目标状态是指被"将死"的状态，即对方的国王在己方的攻击下已经无路可逃必死无疑。

- **路径耗散**函数为每条路径赋一个耗散值，即边加权。问题求解 Agent 选择能反映它自己的性能度量的耗散函数。对于试图前往 Bucharest 的 Agent，时间是基本要素，

1　在对问题求解的处理中，包括这本书的上一版，使用的是后继函数，返回的是所有后继状态，而不是分离的 Action 和 Result 函数。后继函数使得描述 agent 变得困难，因为 agent 知道的是当前能采取的行动而不是行动的后果。另外要注意的是有些作者使用 Result(*a,s*)而不是 Result(*s,a*)，还有些作者使用 Do 来替代 Result。

所以它的路径耗散可以是用公里数表示的路径长度。在本章中，我们假设一条路径的耗散值为该路径上的每个行动（每条边）的耗散值总和[1]。采用行动 *a* 从状态 *s* 走到状态 *s′* 所需要的**单步耗散**用 *c*(*s*, *a*, *s′*) 表示。罗马尼亚问题中的单步耗散即单步路程距离，如图 3.2 所示，我们假设单步耗散值是非负的[2]。

由上述元素即可定义一个问题，通常把它们组织在一起成为一个数据结构，并以此作为问题求解算法的输入。问题的**解**就是从初始状态到目标状态的一组行动序列。解的质量由路径耗散函数度量，所有解里路径耗散值最小的解即为**最优解**。

3.1.2　问题的形式化

3.1.1 节我们给出了罗马尼亚问题的形式化，用初始状态、行动、转移模型、目标测试和路径耗散来描述。这种形式化看起来是合理的，不过它依然只是个模型——一种抽象的数学描述——不是真实的事情。比较我们选择的简单状态描述，*In*(*Arad*)，和实际的越野旅行，现实世界状态包括太多事情：同行的旅伴，收音机播放的节目，窗外的景色，附近是否有执法人员，到下一个休息点的距离、路况、天气情况等。我们选择的状态描述中不包括这些信息，因为它们与找到前往 Bucharest 的路径问题不相关。在表示中去除细节的过程被称为**抽象**。

不仅是状态描述要抽象，我们还需要对行动进行抽象。一个驾驶行动会造成很多影响。驾驶行为不仅改变了车辆和它的乘客的位置，它还花费了时间，消耗了汽油，产生了污染，以及改变了 Agent 自身（就像他们所说的，旅行拓展了视野）。我们的形式化则只考虑了位置的变化。我们同时也忽略了许多其他行动：打开收音机，欣赏窗外的景色，遇到执法人员而减速，等等。我们当然更不会将行动细节到"把方向盘向左转 1 度"这种层次上。

我们是否能够精确地定义合适的抽象层次？考虑对应于现实的世界状态和现实的行动序列，我们在前面选择了抽象化的状态和行动。现在考虑罗马尼亚问题抽象后的一个解：例如，从 Arad 到 Sibiu 到 Rimnicu Vilcea 到 Pitesti 到 Bucharest 的解路径。这个抽象解可以对应大量的更细节的解路径。例如，我们在从 Sibiu 开往 Rimnicu Vilcea 的途中听收音机，然后在剩下的旅途中关掉收音机。如果我们能够把任何抽象解扩展成为更细节的世界中的解，这种抽象就是有效的；一个充分条件是对于每个抽象为"在 Arad"的细节状态都有一条详细路径到达一些如"在 Sibiu"的状态，等等[3]。如果执行解中的每个行动比原始问题中的容易，那么这种抽象是有用的；在这种情况下，解路径中的每个行动要足够容易，以至于对于平均水平的驾驶 Agent 而言不用更进一步地搜索或者规划就能实施了。因此，选择一个好的问题抽象，包括在保持有效抽象的前提下去除尽可能多的细节和确保抽象后的行动容易完成。如果缺乏能力去构建有用的问题抽象，智能 Agent 将会被现实世界完全淹没。

1　这个假设是演算起来方便，从理论上来讲也是合理的，参见 17.11 节。

2　将在习题 3.8 中讨论负的耗散值。

3　参见 11.2 节，其中有更完整的定义和算法。

3.2　问 题 实 例

　　问题求解方法已经应用于各种不同的任务环境。我们列出一些大家熟知的问题，分别讨论玩具问题和现实世界问题。**玩具问题**试图描述或练习各种问题求解方法。可以对玩具问题给出简洁精确的描述，因此研究人员可以用它来比较各自算法的性能。人们真正关心的是**现实世界问题**的解。虽然现实世界问题通常没有意见一致的描述，我们会尽量给出一般意义下的问题形式化。

3.2.1　玩具问题

　　第 2 章中我们介绍过**真空吸尘器世界**（参见图 2.2）。这个问题可以形式化如下：

- **状态**：状态由 Agent 位置和灰尘位置确定。Agent 的位置有两个，每个位置都可能有灰尘。因此，可能的世界状态有 $2 \times 2^2 = 8$ 个。对于具有 n 个位置的大型环境而言，状态数为 $n \times 2^n$。
- **初始状态**：任何状态都可能被设计成初始状态。
- **行动**：这个任务环境相对简单，每个状态下可执行的行动只有 3 个：*Left*，*Right* 和 *Suck*。大型的任务环境中还可能包括 *Up* 和 *Down*。
- **转移模型**：行动会产生它们所期待的后果，除了在最左边位置不能 *Left* 再向左移动，在最右边位置不能再 *Right* 向右移动，在干净的位置进行 *Suck* 也没有效果。完整的状态空间如图 3.3 所示。

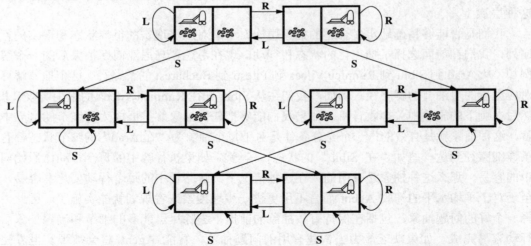

图 3.3　真空吸尘器世界的状态空间。连线表示行动：L = *Left*，R = *Right*，S = *Suck*

- **目标测试**：检测所有位置是否干净。
- **路径消耗**：每一步耗散值为 1，因此整个解路径的耗散值是路径中的步数。

　　与现实世界相比较，上述玩具问题中位置是离散的、灰尘是离散的、清洁过程是可靠的，而且在清洁过程中它从不会把环境搞得更脏。在第 4 章中，我们将不考虑这些假设。

八数码问题游戏，如图 3.4 所示，包括一个 3×3 的棋盘，棋盘上有 8 个数字棋子和一个空格。与空格相邻的棋子可以滑动到空格中。游戏目标是要达到一个特定的状态，如图中右侧所给出的状态。该问题可形式化如下：

- **状态**：状态描述指明 8 个棋子以及空格在棋盘 9 个方格上的分布。
- **初始状态**：任何状态都可能是初始状态。注意要到达任何一个给定的目标，可能的初始状态中恰好只有一半可以作为开始（习题 3.4）。
- **后继函数**：用来产生通过四个行动（把空位向 *Left*、*Right*、*Up* 或 *Down* 移动）能够达到的合法状态。
- **目标测试**：用来检测状态是否能匹配图 3.4 中所示的目标布局（其他目标布局也是可能的）。
- **路径耗散**：每一步的耗散值为 1，因此整个路径的耗散值是路径中的步数。

这个问题我们在哪些地方做了抽象呢？行动被抽象为它的起始和结果状态，忽略了当棋子滑动时所走过的中间过程。这个问题的抽象还包括不考虑如下行动：棋子粘住的时候晃动棋盘、或者用小刀把棋子抠出来再放回去。我们保留和游戏规则有关的描述，避免陷入所有物理操作的细节。

八数码问题属于**滑块问题**家族，这类问题经常被用作 AI 中新的搜索算法的测试用例。滑块问题为 NP 完全问题，因此不要期望能找到在最坏情况下明显好于本章和下一章所描述的搜索算法的方法。八数码问题共有 9!/2 = 181 440 个可达到的状态，并且很容易求解。15 数码问题（在 4×4 的棋盘上）有大约 1.3 万亿个状态，用最好的搜索算法求解一个随机的实例的最优解需要几毫秒。24 数码问题（在 5×5 的棋盘上）的状态数可达 10^{25} 个，求解随机实例的最优解可能需要几个小时。

八皇后问题的目标是在国际象棋棋盘中放置 8 个皇后，使得任何一个皇后都不会攻击到其他任一皇后。（皇后可以攻击和它在同一行、同一列或者同一对角线的任何棋子。）图 3.5 给出了失败的尝试：最右下角的皇后与最左上角的皇后可能互相攻击。

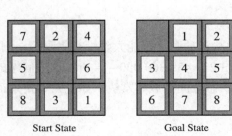

Start State　　　　Goal State

图 3.4　八数码问题

图 3.5　八皇后问题的一种近乎是解的局面
（真正的解留作练习）

尽管求解 *n* 皇后问题存在一些有效的专用算法，但对于搜索算法而言此类问题仍然是有用的测试用例。这类问题的形式化主要分为两类。**增量形式化**（incremental formulation）包括了算符来增加状态描述，从空状态开始；对于八皇后问题，即每次行动添加一个皇后到状态中去。另一类是**完整状态形式化**（complete-state formulation），8 个皇后都在棋盘上并且不断移动。无论哪种情况，都无需考虑路径消耗，只需考虑最终状态。增量形式化可以如下考虑：

- **状态**：棋盘上 0 到 8 个皇后的任一摆放都是一个状态。
- **初始状态**：棋盘上没有皇后。
- **行动**：在任一空格增加摆放 1 个皇后。
- **转移模型**：将增加了皇后的棋盘返回。
- **目标测试**：8 个皇后都在棋盘上，并且无法互相攻击。

这种形式化我们需要考查 $64 \times 63 \times \cdots \times 57 \approx 1.8 \times 10^{14}$ 个可能序列。如果禁止把一个皇后放到可能被攻击的格子里，这样的形式化可能更好：

- **状态**：n 皇后在棋盘上（$0 \leqslant n \leqslant 8$）的任意摆放，满足从最左边 n 列里每列一个皇后，保证没有皇后能攻击另一个。
- **行动**：在最左侧的空列中选择一格摆放 1 皇后，要求该格子未受到其他皇后攻击。

这样的形式化把八皇后问题的状态空间从 1.8×10^{14} 降到了 2057，解就容易找到了。另一方面，对于 100 个皇后，状态空间从约 10^{400} 个状态减少到约 10^{52} 个状态（习题 3.5），这是很大的改进，但还不足以使得问题容易求解。4.1 节给出了完整状态的形式化，第 6 章给出了一个简单的算法，可以轻易地解决甚至百万个皇后问题。

最后要讨论的玩具问题由 Donald Knuth（1964）提出，从中可以看出无限的状态空间的生长。Knuth 推测，只用数字 4，一个由阶乘、平方根和取整构成的操作序列可以得到任意正整数。例如，我们可以这样从 4 得到 5：

$$\left\lfloor \sqrt{\sqrt{\sqrt{\sqrt{\sqrt{\sqrt{(4!)!}}}}}} \right\rfloor = 5$$

这个问题的形式化简单：

- **状态**：正整数。
- **初始状态**：4。
- **行动**：应用阶乘、求平方根或取整操作（阶乘只能应用于整数）。
- **转移模型**：数学家们对这些操作给出了定义。
- **目标测试**：状态是要求的正整数。

据我们现在所知，为了求得某个给定整数需要构造的数字可能大到没有界限——例如，为了求得数字 5，我们生成了数字 620 448 401 733 239 439 360 000——所以这个问题的状态空间是无限的。诸如此类牵涉到数学表达式的状态空间扩展非常快，如电路、定理证明和其他递归定义的对象。

3.2.2　现实世界问题

我们前面已经定义了**寻径问题**，我们定义了位置和由边连接形成的位置之间的转移。

寻径算法已有很多应用。如，Web 站点和车载系统的导航，可以看作是罗马尼亚问题的相对扩展。其他情况如，计算机网络中的流媒体路由、军事行动规划以及飞机航线规划系统，涉及到更复杂的形式化。考虑旅行规划 Web 网站必须面临的飞机航行问题，形式化如下：

- **状态**：每个状态显然包括地点（如机场）和当前的时间。更进一步考虑，由于每个行动（单个飞行区间）的代价可能依赖于上一飞行区间、票价、状态如是国内航段还是国际航段，状态中应体现这些你航行的"历史"信息。
- **初始状态**：用户在咨询时确定。
- **行动**：在当前时刻之后，乘坐一航班任意舱位从现有地点起飞，如果需要的话还应留够抵达机场的时间。
- **转移模型**：执行行动的结果状态包括到达飞行目的地作为当前地点和以飞机抵达时间作为当前时间。
- **目标测试**：是否到达了用户描述的目的地？
- **路径耗散**：这取决于金钱、等待时间、飞行时间、海关和入境过程、舱位等级、时差、飞机类型、飞行常客的里程奖，等等。

商业的旅行建议系统使用此类问题形式化方法，还要考虑很多因素以应付航空公司复杂的收费结构。经常坐飞机的旅客都知道并不是所有的航行都能按计划顺利进行。一个好的系统应该包括后备计划——如选择其他航班预留座位——旅客会因为票价因素和未能搭承原定航班调整行程。

旅行问题类似于寻径问题，但也有区别。考虑如下实例，"访问图 3.2 中的每个城市至少一次，起点和终点都是 Bucharest"。和寻径问题一样，行动还是对应于邻接城市间的旅行。然而状态空间就不一样了。每个状态不仅必须包括当前所在地点，还必须包括 Agent 已经访问过的城市集合。因此初始状态应该是 *In*(*Bucharest*), *Visited*({*Bucharest*})，一个典型的中间状态可能是 *In*(*Vaslui*), *Visited*({*Bucharest, Urziceni, Vaslui*})，目标测试则应该是检测 Agent 是否在 Bucharest 且是否访问过所有的 20 个城市。

旅行商问题（TSP）是旅行问题，要求每个城市都仅能被访问一次。它的目标是找*最短*路程。这个问题已知是 NP 难题，很多人做了大量的努力来提高 TSP 算法的能力。除了为旅行商规划行程，旅行商算法还被用于规划电路板上的自动钻孔机的运动和商店库房里的货物摆放机器的运动。

VLSI 布线问题要求在一个芯片上放置几百万个元器件和连线，追求较小的芯片面积、较少的电路延迟、较小的杂散电容和较大的产量。逻辑设计阶段之后就是布线阶段，布线一般分为两部分：**单元布局**和**通道布线**。在单元布局中，原始的电路元器件分组成单元，每个单元完成某个特定功能。每个单元占用固定的区域（大小和形状），和其他单元之间通过一定数量的连线连接。该问题的目标是把这些单元不重叠地放置在芯片上，并且单元之间留有足够的空间布设连线。通道布线是寻找单元之间的空隙来安放每条连线。这些搜索问题极复杂，但无疑是值得解决的。在这章后面几节，我们介绍求解此问题的算法。

机器人导航问题是前面所述的寻径问题的一般化。与找寻离散状态的路径不同，机器人导航可以在连续空间上运动，（原则上）可能的行动和状态是无限集合。对于在平面上运动的圆形机器人来说，空间实质上是二维的。如果机器人有需要控制的机器臂、机器腿或者轮子，搜索空间就变成多维的了。要求先进的技术来使它的搜索空间变得有限。第 25

章中我们将讨论此问题。除了问题的复杂性之外，真实机器人还必须考虑如何处理传感器读入错误和发动机控制上的错误。

机器人完成复杂物体的**自动装配序列**问题最早是由 FREDDY（Michie，1972）展示的。这方面的研究进展缓慢，不过在装配诸如发动机这样的复杂对象已经在经济上可行。在装配问题中，目标是找到装配对象各个部件的次序。如果选择了错误的装配顺序，在后面就会遇到有些零件无法安装的情况，只能返工。检查装配序列中的某步骤的可行性是困难的几何搜索问题，与机器人导航问题类似。因此，自动装配序列中开销最大的部分是生成合法行动。任何实用算法都必须避免搜索全部状态空间，只能搜索状态空间中的很小一部分。**蛋白质设计**问题是另外一类装配问题，它的目标是寻找氨基酸序列，该序列叠放在三维的蛋白质结构里，具有能够治愈某些疾病的合适特性。

3.3　通过搜索求解

在对问题进行形式化之后，我们现在需要对问题求解。一个解是一个行动序列，所以搜索算法的工作就是考虑各种可能的行动序列。可能的行动序列从**搜索树**中根结点的初始状态出发；连线表示行动，**结点**对应问题的状态空间中的状态。图 3.6 给出了求解罗马尼亚问题画搜索树的最初几步。搜索树的根结点对应于初始状态 *In*(*Arad*)。第一步检测该结点是否为目标状态。（显然它不是目标状态，但是这步检测很重要，因为这样可以解决如"从 Arad 出发，到达 Arad"的问题。）下面我们就要考虑选择各种行动。这是通过**扩展**当前状态完成的；即，在当前状态下应用各种合法行动，由此**生成**了一个新的状态集。在这个问题中，从**父结点** *In*(*Arad*)出发得到三个新的**子结点**：*In*(*Sibiu*)，*In*(*Timisoara*)和 *In*(*Zerind*)。现在我们需要从这三种可能性中选择其一继续考虑。

这就是搜索——选择一条路往下走，把其他的选择暂且放在一边，等以后发现第一个选择不能求出问题的解时再考虑。假设我们首先选择 Sibiu。检查它是否为目标状态（不是），然后扩展它得到四个状态：*In*(*Arad*)，*In*(*Fagaras*)，*In*(*Oradea*)和 *In*(*RimnicuVilcea*)。现在我们的选择包括这四个状态，以及 Timisoara 和 Zerind。这六个结点都是**叶结点**，在当前的搜索树中没有子结点。在任一给定时间点，所有待扩展的叶结点的集合称为边缘。（很多作者称之为**开结点表**，这种说法不容易记忆也不精确，原因是其他的数据结构比表更合适。）在图 3.6 中，搜索树中的边缘包括那些粗实线的结点。

在边缘中选择结点并扩展的过程一直继续，直到找到了解或者已经没有状态可扩展。在图 3.7 中给出了一般的树搜索算法。搜索算法的基本结构大多如此；区别主要在如何选择将要扩展的状态——即**搜索策略**。

细心的读者可能已经发现图 3.6 中有些特别：它包括了从 Arad 到 Sibiu 然后又回到 Arad 的路径！这时 *In*(*Arad*)是搜索树中的重复状态，生成了一个有环路的路径。考虑这样的有环路径，这意味着罗马尼亚问题的完整搜索树是无限的，因为环路是没有限制的。另一方面，状态空间——如图 3.2 中所示——只有 20 个状态。我们在 3.4 节会讨论，循环会导致算法失败，会导致有解的问题无法求得解。幸运的是，我们无须考虑有环的路径。我们可以依赖直觉这样做：由于路径代价是递增的并且每一步的代价都是非负数，通向某一给定

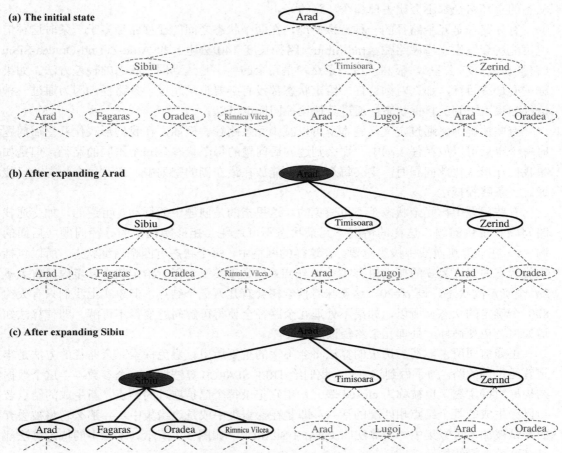

(a) The initial state

(b) After expanding Arad

(c) After expanding Sibiu

图 3.6 求解罗马尼亚问题的部分搜索树。要注意的是已被扩展过的结点用阴影表示；
已经生成但未被扩展的结点用粗实线表示；尚未生成的结点用浅虚线表示

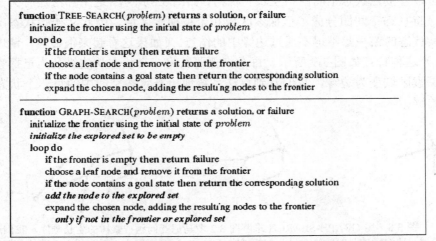

function TREE-SEARCH(*problem*) **returns** a solution, or failure
    initialize the frontier using the initial state of *problem*
    loop do
        if the frontier is empty **then return** failure
        choose a leaf node and remove it from the frontier
        if the node contains a goal state **then return** the corresponding solution
        expand the chosen node, adding the resulting nodes to the frontier

function GRAPH-SEARCH(*problem*) **returns** a solution, or failure
    initialize the frontier using the initial state of *problem*
    initialize the explored set to be empty
    loop do
        if the frontier is empty **then return** failure
        choose a leaf node and remove it from the frontier
        if the node contains a goal state **then return** the corresponding solution
        add the node to the explored set
        expand the chosen node, adding the resulting nodes to the frontier
          only if not in the frontier or explored set

图 3.7 一般的树搜索和图搜索算法的非形式化描述。用粗斜体标出的图搜索算法
的部分内容是指需要额外处理重复状态

状态的有环路径都不会比去掉那个环路的好。

有环路径是冗余路径的一种特殊情况，在两个状态之间的迁移路径多于一条时这种情况可能就会发生。考虑路径 Arad-Sibiu（路径长度 140 公里）和 Arad-Zerind-Oradea-Sibiu（路径长度 297 公里）。显然，后一条路径是冗余的——是达到同一状态的较差方法。如果你关心最终目标，那么对到达任一给定状态都没有必要记录超过一条路径，因为通过一种途径如果可以到达目标状态，通过其他途径同样也可以。

有些情况下，通过定义问题本身可以减少冗余路径。例如，在我们形式化八皇后问题时每个皇后可以放在任一列中，那么到达 n 后问题的每个状态有 n!个不同的路径；但是如果我们在形式化此问题时，定义每个皇后只能放在最左侧的空列中，那么每个状态就只能通过一条路径抵达。

有些问题中，冗余状态是不可避免的。这里指的是问题中的行动是可逆的，如交通找路问题和滑块问题，这样的情况下冗余状态不可避免。**矩形网格**中的寻径问题（后面的图 3.9）在计算机游戏中极为重要。在这样的网格中，每个状态有四个后继状态，所以包括重复状态的深度为 d 的搜索树有 4^d 个叶结点；但是事实上对任一给定状态 d 步内只有大概 $2d^2$ 个确定的状态。设 d=20，这意味着搜索树会有几万亿个结点，但事实上我们只有大约 800 个确定的状态。所以，如果不处理冗余路径会使得可解问题变得不可解。即使算法知道如何避免死循环，处理冗余路径依然重要。

正如前面所说，遗忘历史的算法将会不幸的重复历史。避免探索冗余路径的方法是牢记曾经走过的路。为了做到这一点，我们给 TREE-SEARCH 算法增加一个参数——这个数据结构称为**探索集**（也被称为 **closed 表**），用它记录每个已扩展过的结点。新生成的结点若与已经生成的某个结点相匹配的话——即是在探索集中或是边缘集中——那么它将被丢弃而不是被加入边缘集中。新算法叫 GRAPH-SEARCH，如图 3.7 所示。本章中的特定算法都具有这种一般结构。

清楚的是，GRAPH-SEARCH 算法构造的搜索树中每个状态至多只包含一个副本，所以我们可以直接在状态空间图中生长一棵树，如图 3.8 所示。这个算法还有另一个好的特点：边缘将状态空间图分成了已探索区域和未被探索区域，因此从初始状态出发至任一未被探索状态的路径都不得不通过边缘中的结点。（如果这看起来很显然，请现在就做练习 3.13。）这种特点如图 3.9 所示。每个步骤要么将一个状态从边缘变为已探索区域，要么将未探索区域变为边缘，我们看到算法系统地检查状态空间中的每一个状态，直到找到问题的解。

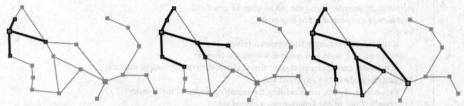

图 3.8　用 GRAPH-SEARCH 求解图 3.2 罗马尼亚问题搜索树的生长顺序，我们逐步扩展。要注意的是第三步，最北部的城市（Oradea）已到尽头：它的两个后继都已经经由其他路径成为已扩展的

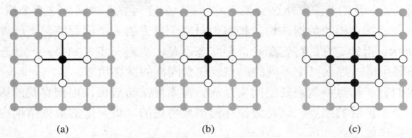

图 3.9 用矩形网格问题看 GRAPH-SEARCH 算法的分离特点。边缘（白色结点）总是隔开了状态空间的已探索区域（黑色结点）和未被探索区域（灰色结点）。在（a）图中，只有根结点被探索过。在（b）图中一个叶结点被扩展。在（c）图中，根桔点的后继以顺时针序被探索

3.3.1 搜索算法基础

搜索算法需要一个数据结构来记录搜索树的构造过程。对树中的每个结点，我们定义的数据结构包含四个元素：

- n.STATE：对应状态空间中的状态；
- n.PARENT：搜索树中产生该结点的结点（即父结点）；
- n.ACTION：父结点生成该结点时所采取的行动；
- n.PATH-COST：代价，一般用 $g(n)$ 表示，指从初始状态到达该结点的路径消耗；

给出了父结点的组成后，可以容易地看出如何计算子结点的必要组成。函数 CHILD-NODE 以父结点和一个行动作为输入，输出的是生成的子结点：

---

function CHILD-NODE(*problem, parent, action*) **returns** a node

    return a node with

        STATE = *problem*.RESULT(*parent*.STATE, *action*),

        PARENT = *parent*, ACTION = *action*,

        PATH-COST=*parent*. PATH-COST+*problem*.STEP-COST(*parent*.STATE, *action*)

结点的数据结构如图 3.10 所示。要注意的是 PARENT 指针。通过这些指针在求得问题的解时可以找出解路径；我们用 SOLUTION 函数通过最终指向根结点的父结点指针返回获得的解路径。

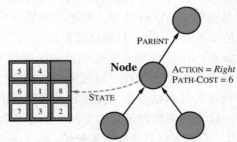

图 3.10 结点是数据结构，由搜索树构造。每个结点都有一个父结点、一个状态和其他域。箭头由子结点指向父结点

到目前为止，我们并未严格区分结点与状态，但在写算法时区分这两个概念十分重要。结点是用来表示搜索树的数据结构。状态则对应于世界的一个配置情况。所以说，结点是一种由 PARENT 指针定义的特定路径，但状态不是。更进一步，如果同一状态可以通过两种不同的路径生成，那么两个不同的结点就包含同样的世界状态。

现在我们有了结点，就需要空间来存放。搜索算法希望可以根据喜欢的策略很容易地选择出下一个要扩展的结点，这是边缘存储需要考虑的。最合适的数据结构应该是**队列**。队列的一些操作如下：

- EMPTY?(*queue*) 返回值为真当且仅当队列中没有元素。
- POP(*queue*) 返回队列中的第一个元素并将它从队列中删除。
- INSERT(*element, queue*) 在队列中插入一个元素并返回结果队列。

根据队列中新插入元素如何存放的不同，我们将队列分类。三种常见的队列包括先进先出队列或 **FIFO 队列**，总是最古老的元素出队；后进先出队列或 **LIFO 队列**（即**栈**），总是最新鲜的元素出队；**优先级队列**，队列中的元素具有根据函数计算出的优先级，总是具有最高优先级的队列出队。

已扩展结点表可以用哈希表实现，便于有效检查重复状态。实现得好的话，不论表中有多少状态，插入和查找操作的时间消耗是常数。实现中还需要考虑的是哈希表中状态的等价性。例如，在旅行商问题（见 3.2.2 节）中，哈希表需要知道{Bucharest, Urziceni, Vaslui}和{ Urziceni, Vaslui, Bucharest}是相同的。有时候这很容易处理，可以要求数据结构中的状态组织成规范形式；就是说，逻辑上等价的状态只映射到同一个数据结构。如，考虑由集合所描述的状态，位向量表示或无重复的有序表就是规范的，而无序表则不是规范的。

3.3.2 问题求解算法的性能

在设计搜索算法之前，我们需要一些标准。我们评价一个算法的性能要考虑四个方面：
- **完备性**：当问题有解时，这个算法是否能保证找到解？
- **最优性**：搜索策略是否能找到 3.1.1 节定义的最优解？
- **时间复杂度**：找到解需要花费多长时间？
- **空间复杂度**：在执行搜索的过程中需要多少内存？

时间和空间复杂度通常要与问题的难度规模一起考虑。在理论计算机科学中，一种典型的度量方式是状态空间图的大小，$|V| + |E|$，其中 V 是图中顶点（结点）的集合，E 是图中边（连接）的集合。状态空间图作为显式的数据结构是搜索算法的输入，上面的说法是合理的（罗马尼亚地图就是实例）。在 AI 领域，状态空间图大多由初始状态、行动和转移模型隐式表示，并且大多是无限的。因此，复杂度通常由下列三个量来表达：b，**分支因子**，或者说任何结点的最多后继数；d，目标结点所在的最浅的**深度**（如从根结点到目标状态的步数）；m，状态空间中任何路径的最大长度。时间常常由搜索过程中产生的结点数目来度量，而空间则由在内存中储存的最多结点数来度量。大多数情况下，我们描述搜索树的时间和空间复杂度；对于图，这个答案依赖于状态空间中的路径有多冗余。

评价搜索算法的有效性，我们可以只考虑**搜索代价**——它通常取决于时间复杂度，有时也包括内存的使用——或者我们可以使用**总代价**，它包括求解的搜索代价和解路径的路径代价。对于寻找从 Arad 到 Bucharest 的路径的问题，搜索代价是搜索花费的时间，而解代价是解路径总长度的公里数。因此，要计算总代价，我们不得不把公里数和毫秒数相加。这两者之间没有"官方兑换率"，在这种情况下利用对汽车平均速度的估计把公里数合理地转换为毫秒数（因为该 Agent 关心的是时间）。这使得 Agent 能够找到一个最优的折中点，寻找最短路径的进一步计算将适得其反。更一般的不同利益之间的折中问题将在第 16 章中讨论。

3.4　无信息搜索策略

这一节讨论几种**无信息搜索**（也称为盲目搜索）策略。无信息搜索指的是除了问题定义中提供的状态信息外没有任何附加信息。搜索算法要做的是生成后继并区分目标状态与非目标状态。这些搜索策略是以结点扩展的次序来分类的。知道一个非目标状态是否比其他状态"更有希望"接近目标的策略称为**有信息搜索**策略或者**启发式搜索**策略；它们将在3.5 节中讨论。

3.4.1　宽度优先搜索

宽度优先搜索（breadth-first search）是简单搜索策略，先扩展根结点，接着扩展根结点的所有后继，然后再扩展它们的后继，依此类推。一般地，在下一层的任何结点扩展之前，搜索树上本层深度的所有结点都应该已经扩展过。

宽度优先搜索是一般图搜索算法（图 3.7）的一个实例，每次总是扩展深度最浅的结点。这可以通过将边缘组织成 FIFO 队列来实现。就是说，新结点（结点比其父结点深）加入到队列尾，这意味着浅层的老结点会在深层结点之前被扩展。对一般图搜索算法做简单修改，目标的测试是在结点被生成的时候，而不是结点被选择扩展的时候。我们会在讨论时间复杂度的时候解释这一点。要注意的是，算法具有一般的图搜索框架，忽视所有到边缘结点或已扩展结点的新路径；可以容易地看出，这样的路径至少和已经找到的一样深。所以，宽度优先搜索总是有到每一个边缘结点的最浅路径。

图 3.11 给出了伪代码。图 3.12 显示了一个简单二叉树的搜索过程。

```
function BREADTH-FIRST-SEARCH(problem) returns a solution, or failure
    node ← a node with STATE = problem.INITIAL-STATE, PATH-COST = 0
    if problem.GOAL-TEST(node.STATE) then return SOLUTION(node)
    frontier ← a FIFO queue with node as the only element
    explored ← an empty set
    loop do
        if EMPTY?(frontier) then return failure
        node ← POP(frontier)   /* chooses the shallowest node in frontier */
        add node.STATE to explored
        for each action in problem.ACTIONS(node.STATE) do
            child ← CHILD-NODE(problem, node, action)
            if child.STATE is not in explored or frontier then
                if problem.GOAL-TEST(child.STATE) then return SOLUTION(child)
                frontier ← INSERT(child, frontier)
```

图 3.11　图的宽度优先搜索

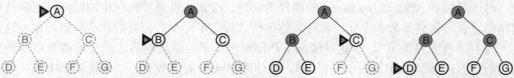

图 3.12　一棵简单二叉树上的宽度优先搜索。在每个阶段，用一个记号指出下一个将要扩展的结点

　　根据上节提到的 4 个标准，宽度优先搜索的性能怎样呢？很容易知道宽度优先搜索是完备的——如果最浅的目标结点处于一个有限深度 d，宽度优先搜索在扩展完比它浅的所有结点（假设分支因子 b 是有限的）之后最终一定能找到该目标结点。请注意目标结点一经生成，我们就知道它一定是最浅的目标结点，原因是所有比它的浅的结点在此之前已经生成并且肯定未能通过目标测试。最浅的目标结点不一定就是最优的目标结点；从技术上看，如果路径代价是基于结点深度的非递减函数，宽度优先搜索是最优的。最常见的情况就是当所有的行动要花费相同的代价。

　　到目前为止我们讨论的宽度优先搜索的性能都是好的方面。但是它在时间和空间耗费上却不好。假设搜索一致树（uniform tree）的状态空间中每个状态都有 b 个后继。搜索树的根结点生成第一层的 b 个子结点，每个子结点又生成 b 个子结点，第二层则有 b^2 个结点。这些结点的每一个再生成 b 个子结点，在第三层则得到 b^3 个结点，依此类推。现在假设解的深度为 d。在最坏的情况下，解是那一层最后生成的结点。这时的结点总数为：

$$b + b^2 + b^3 + \cdots + b^d = O(b^d)$$

（如果算法是在选择要扩展的结点时而不是在结点生成时进行目标检测，那么在目标被检测到之前深度 d 上的其他结点已经被扩展，这时时间复杂度应为 $O(b^{d+1})$。）

　　空间复杂度：对任何类型的图搜索，每个已扩展的结点都保存在探索集中，空间复杂度总是在时间复杂度的 b 分之一内。特别对于宽度优先图搜索，每个生成的结点都在内存中。那么将有 $O(b^{d-1})$ 个结点在探索集中，$O(b^d)$ 个结点在边缘结点集中。所以空间复杂度为 $O(b^d)$，即它由边缘结点集的大小所决定。即使转换为树的搜索问题也节省不了多大的存储空间，如果状态空间有重复路径的话，这种转换会耗费大量时间。

　　指数级的复杂度 $O(b^d)$ 令人担忧。图 3.13 说明了原因。它列出了，当解的深度为 d，分支因子 $b = 10$ 时，宽度优先搜索算法所需要的时间和空间开销。表中假设计算速度为每秒钟生成一百万个结点，存储一个结点需要 1000 字节。许多搜索问题在现代个人计算机上运行都粗略符合这样的假设（可乘以或者除以因子 100）。

Depth	Nodes	Time	Memory
2	110	.11 milliseconds	107 kilobytes
4	11,110	11 milliseconds	10.6 megabytes
6	10^6	1.1 seconds	1 gigabyte
8	10^8	2 minutes	103 gigabytes
10	10^{10}	3 hours	10 terabytes
12	10^{12}	13 days	1 petabyte
14	10^{14}	3.5 years	99 petabytes
16	10^{16}	350 years	10 exabytes

图 3.13　宽度优先搜索的时间和内存代价。假设：分支因子为 $b = 10$；1 000 000 个结点/秒；1000 字节/结点

从图 3.13 中我们学到了两点。首先，内存需求是宽度优先搜索算法中比它的执行时间更令人头疼的问题。要求解一个重要问题，人们可以忍受等待 13 天搜索到第 12 层，但是很少有计算机能具备上 P 字节的内存支持其存储要求。幸运的是，我们还有其他需要内存较少的搜索策略。

第二点是时间需求依然是主要因素。如果你的问题在第 16 层有一个解，那么（按照我们给定的假设）宽度优先搜索（或者事实上任一无信息搜索算法）需要花费 350 年的时间来求解。一般来讲，指数级别复杂度的搜索问题不能用无信息的搜索算法求解，除非是规模很小的实例。

3.4.2　一致代价搜索

当每一步的行动代价都相等时宽度优先搜索是最优的，因为它总是先扩展深度最浅的未扩展结点。更进一步，我们可以找到一个对任何单步代价函数都是最优的算法。不再扩展深度最浅的结点，**一致代价搜索**（uniform-cost search）扩展的是路径消耗 $g(n)$ 最小的结点 n。这可以通过将边缘结点集组织成按 g 值排序的队列来实现。算法如图 3.14 所示。

```
function UNIFORM-COST-SEARCH( problem) returns a solution, or failure
    node ← a node with STATE = problem.INITIAL-STATE, PATH-COST = 0
    frontier ← a priority queue ordered by PATH-COST, with node as the only element
    explored ← an empty set
    loop do
        if EMPTY?(frontier) then return failure
        node ← POP(frontier)  /* chooses the lowest-cost node in frontier */
        if problem.GOAL-TEST(node.STATE) then return SOLUTION(node)
        add node.STATE to explored
        for each action in problem.ACTIONS(node.STATE) do
            child ← CHILD-NODE(problem, node, action)
            if child.STATE is not in explored or frontier then
                frontier ← INSERT(child, frontier)
            else if child.STATE is in frontier with higher PATH-COST then
                replace that frontier node with child
```

图 3.14　图的一致代价搜索。算法与图 3.7 给出的一般图搜索算法有不同，它使用了优先级队列并在边缘中的状态发现更小代价的路径时引入了额外的检查。边缘的数据结构需要支持有效的成员检测，这样它就结合了优先级队列和哈希表的能力

除了按路径代价对队列进行排序外，一致代价搜索和宽度优先搜索有两个显著不同。第一点是目标检测应用于结点被选择扩展时（与图 3.7 给出的图搜索算法一样），而不是在结点生成的时候进行。理由是第一个生成的目标结点可能在次优路径上。第二个不同是如果边缘中的结点有更好的路径到达该结点那么会引入一个测试。

上述修改在图 3.15 的搜索中都起到了作用，图中的搜索是从 Sibiu 到 Bucharest。Sibiu 的后继包括 Rimnicu Vilcea 和 Fagaras，代价分别为 80 和 99。最小代价结点为 Rimnicu Vilcea 被选择扩展，此时加入了 Pitesti 代价为 80 + 97 = 177。所以这时的最小代价结点为 Fagaras，扩展它得到 Bucharest 代价为 99 + 211 = 310。目标结点已经生成，但是一致代价搜索算法还在继续，选择 Pitesti 扩展得到到达 Bucharest 的第二条路代价为 80 + 97 + 101 = 278。现在算法则需要检查新路径是不是要比老路径好；确实是新的好，于是老路径被丢弃。Bucharest,

g 代价为 278，被选择扩展算法返回。

显然一致代价搜索是最优的。首先，我
们观察到当一致代价搜索选择结点 n 去扩展
时，就已经找到到达结点 n 的最优路径（否
则，在从开始结点到结点 n 的最优路径上就
会存在另一边缘结点 n'，见图 3.9 的图分离
特点；根据定义，n' 的 g 代价就会比 n 小即
应被选择扩展）。接着，由于每一步的代价是
非负的，随着结点的增加路径绝不会变短。
这两点说明了一致代价搜索按结点的最优路
径顺序扩展结点。所以，第一个被选择扩展
的目标结点一定是最优解。

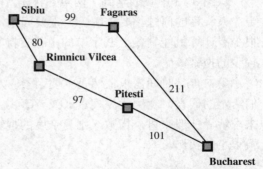

图 3.15   罗马尼亚问题的部分状态空间，
          用于描述一致代价搜索

一致代价搜索对解路径的步数并不关心，只关心路径总代价。所以，如果存在零代价
行动就可能陷入死循环——例如 *NoOp* 行动[1]。如果每一步的代价都大于等于某个小的正值
常数 ε，那么一致代价搜索是完备的。

一致代价搜索由路径代价而不是深度来引导，所以算法复杂度不能简单地用 b 和 d 来
表示。引入 C^* 表示最优解的代价[2]，假设每个行动的代价至少为 ε。那么最坏情况下，算法
的时间和空间复杂度为 $O(b^{1+\lfloor C^*/\varepsilon \rfloor})$，要比 b^d 大得多。这是因为一致代价搜索在探索包含代
价大的行动之前，经常会先探索代价小的行动步骤所在的很大的搜索树。当所有的单步耗
散都相等的时候，$b^{1+\lfloor C^*/\varepsilon \rfloor}$ 就是 b^{d+1}。此时，一致代价搜索与宽度优先搜索类似，除了算法
终止条件，宽度优先搜索在找到解时终止，而一致代价搜索则会检查目标深度的所有结点
看谁的代价最小；这样，在这种情况下一致代价搜索在深度 d 无意义地做了更多的工作。

3.4.3   深度优先搜索

深度优先搜索（depth-first search）总是扩展搜索树的当前边缘结点集中最深的结点。
搜索过程如图 3.16 所示。搜索很快推进到搜索树的最深层，那里的结点没有后继。当那些
结点扩展完之后，就从边缘结点集中去掉，然后搜索算法回溯到下一个还有未扩展后继的
深度稍浅的结点。

深度优先搜索算法是图 3.7 的图搜索算法的实例；宽度优先搜索使用 FIFO 队列，而深
度优先搜索使用 LIFO）队列。LIFO 队列指的是最新生成的结点最早被选择扩展。这一定
是最深的未被扩展结点，因为它比它的父结点深 1——上一次扩展的则是这个父结点因为
当时它最深。

作为一个可行的 TREE-SEARCH 实现，通常使用调用自己的递归函数来实现深度优先搜
索算法，可以依次对当前结点的子结点调用该算法（有深度界限的递归深度优先搜索算法
如图 3.17 所示）。

---

[1]   *NoOp*，或称"无行动"，是汇编语言指令，指的是不做任何操作。
[2]   这里，以及本书的任何地方，C^* 中的星号都指的是 C 的最优值。

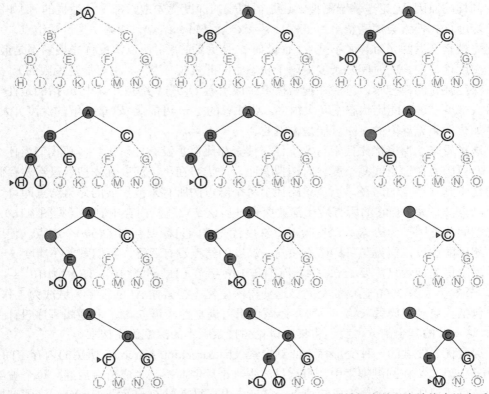

图 3.16 二叉树的深度优先搜索。未探索区域用浅灰色表示。已经被探索并且在边缘中没有后代的结点可以从内存中删除。第三层的结点没有后继并且 M 是唯一的目标结点

```
function DEPTH-LIMITED-SEARCH(problem, limit) returns a solution, or failure/cutoff
    return RECURSIVE-DLS(MAKE-NODE(problem.INITIAL-STATE), problem, limit)

function RECURSIVE-DLS(node, problem, limit) returns a solution, or failure/cutoff
    if problem.GOAL-TEST(node.STATE) then return SOLUTION(node)
    else if limit = 0 then return cutoff
    else
        cutoff_occurred? ← false
        for each action in problem.ACTIONS(node.STATE) do
            child ← CHILD-NODE(problem, node, action)
            result ← RECURSIVE-DLS(child, problem, limit − 1)
            if result = cutoff then cutoff_occurred? ← true
            else if result ≠ failure then return result
        if cutoff_occurred? then return cutoff else return failure
```

图 3.17 深度受限树搜索的递归实现

　　深度优先搜索算法的效率严重依赖于使用的是图搜索还是树搜索。避免重复状态和冗余路径的图搜索，在有限状态空间是完备的，因为它至多扩展所有结点。而树搜索，则不完备——如图 3.6 中，算法会陷入 Arad-Sibiu-Arad-Sibiu 的死循环。深度优先搜索可以改成无需额外内存耗费，它只检查从根结点到当前结点的新结点；这避免了有限状态空间的死循环，但无法避免冗余路径。在无限状态空间中，如果遭遇了无限的又无法到达目标结点的路径，无论是图搜索还是树搜索都会失败。例如，在 Knuth 提出的 4 问题中，深度优先搜索会一直申请阶乘操作。

同样的原因，无论是基于图搜索还是树搜索的深度优先搜索都不是最优的。例如图 3.16 中，深度优先搜索会探索整个左子树，尽管 C 就是目标结点。如果 J 是目标结点，那么深度优先搜索会返回 J 为解而不是 C，而此时 C 是更好的解；所以深度优先搜索不是最优的。

深度优先搜索的时间复杂度受限于状态空间的规模（当然，也可能是无限的）。另一方面，深度优先的树搜索，可能在搜索树上生成所有 $O(b^m)$ 个结点，其中 m 指的是任一结点的最大深度；这可能比状态空间大很多。要注意的是 m 可能比 d（最浅解的深度）大很多，并且如果树是无界限的，m 可能是无限的。

这样看来，深度优先搜索与宽度优先搜索相比似乎没有任何优势，那我们为什么要考虑它？原因就在于空间复杂度。对图搜索而言，优势在于，深度优先搜索只需要存储一条从根结点到叶结点的路径，以及该路径上每个结点的所有未被扩展的兄弟结点即可。一旦一个结点被扩展，当它的所有后代都被探索过后该结点就从内存中删除（见图 3.16）。考虑状态空间分支因子为 b 最大深度为 m，深度优先搜索只需要存储 $O(bm)$ 个结点。使用与图 3.13 相同的假设，假设与目标结点在同一深度的结点没有后继，我们发现在深度 $d = 16$ 的时候深度优先搜索只需要 156K 字节而不是 10E 字节（1K 约为 10^3，1E 约为 10^{18}——译者注），节省了大约 7000 亿倍的空间。这使得深度优先搜索在 AI 的很多领域成为工作主力，其中包括约束满足问题（第 6 章），命题逻辑可满足性（第 7 章）和逻辑程序设计（第 9 章）。这一节的其余部分，我们将集中讨论树搜索版本的深度优先搜索。

深度优先搜索的一种变形称为**回溯搜索**（backtracking search），所用的内存空间更少。（详见第 6 章。）在回溯搜索中，每次只产生一个后继而不是生成所有后继；每个被部分扩展的结点要记住下一个要生成的结点。这样，内存只需要 $O(m)$ 而不是 $O(bm)$。回溯搜索催化了另一个节省内存（和节省时间）的技巧：通过直接修改当前的状态描述而不是先对它进行复制来生成后继。这可以把内存需求减少到只有一个状态描述以及 $O(m)$ 个行动。为了达到这个目的，当我们回溯生成下一个后继时，必须能够撤销每次修改。对于状态描述相当复杂的问题，例如机器人组装问题，这些技术是成功的关键。

3.4.4 深度受限搜索

在无限状态空间深度优先搜索会令人尴尬地失败，而这个问题可以通过对深度优先搜索设置界限 l 来避免。就是说，深度为 l 的结点被当作没有后继对待。这种方法称为**深度受限搜索**（depth-limited search）。深度界限解决了无穷路径的问题。不幸的是，如果我们选择了 $l < d$，即是说，最浅的目标结点的深度超过了深度限制，那么这种搜索算法是不完备的。如果选择的 $l > d$，深度受限搜索同样也不是最优的。它的时间复杂度是 $O(b^l)$，空间复杂度是 $O(bl)$。深度优先搜索可以看作是特殊的深度受限搜索，其深度 $l = \infty$。

有时，深度界限的设定可以依据问题本身的知识。例如，罗马尼亚地图上有 20 个城市。所以，如果有解的话其路径长度至多为 19，$l = 19$ 是一个可能的选择。但是事实上，如果我们仔细研究地图，会发现从任何一个城市到达另外一个城市最多只需要 9 步。这个数值被称为状态空间的**直径**，是一个更好的深度界限，导致更有效的深度受限搜索。然而，对于大多数问题，不到问题找到解，我们是无法知道一个好的深度界限的。

深度受限搜索可以通过修改一般的树搜索算法或者图搜索算法来实现。或者，它可以作为简单递归算法来实现，如图 3.17。要注意的是深度受限搜索可能因为两种失败而终止：标准的 *failure* 返回值指示无解；*cutoff* 值指示在深度界限内无解。

3.4.5　迭代加深的深度优先搜索

迭代加深的深度优先搜索（iterative deepening search）是一种常用策略，它经常和深度优先搜索结合使用来确定最好的深度界限。做法是不断地增大深度限制——首先为 0，接着为 1，然后为 2，依此类推——直到找到目标。当深度界限达到 d，即最浅的目标结点所在深度时，就能找到目标结点。算法参见图 3.18。迭代加深的深度优先搜索算法结合了深度优先搜索和宽度优先搜索的优点，它的空间需求是合适的：$O(bd)$。和宽度优先搜索一样，当分支因子有限时是该搜索算法是完备的，当路径代价是结点深度的非递减函数时该算法是最优的。图 3.19 给出了二叉搜索树上 ITERATIVE-DEEPENING-SEARCH 函数的 4 次迭代情况，在第 4 次迭代时找到了解。

---

function ITERATIVE-DEEPENING-SEARCH(*problem*) **returns** a solution, or failure
　for *depth* = 0 **to** ∞ **do**
　　result ← DEPTH-LIMITED-SEARCH(*problem*, *depth*)
　　if *result* ≠ cutoff **then return** *result*

图 3.18　迭代深入搜索算法以逐渐增大的界限反复应用深度受限搜索。当找到一个解或深度
受限搜索返回失败（意味着不存在解）时，算法终止

也许迭代加深的深度优先搜索看起来比较浪费，因为状态被多次重复生成。但事实上代价并不是多大。原因是在分支因子相同（或者近似）的搜索树中，绝大多数的结点都在底层，所以上层的结点重复生成多次影响不大。在迭代加深的深度优先搜索中，底层（深度 d）结点只被生成一次，倒数第二层的结点被生成两次，依此类推，一直到根结点的子结点，它被生成 d 次。因此，生成结点的总数为

$$N(\text{IDS}) = (d)b + (d-1)b^2 + \cdots + (1)b^d,$$

时间复杂度为 $O(b^d)$——与宽度优先搜索相近。重复生成上层结点需要付出额外代价，但不是很大。如，当 $b = 10$，$d = 5$ 时，数目分别为：

$$N(\text{IDS}) = 50 + 400 + 3000 + 20000 + 100000 = 123450$$
$$N(\text{BFS}) = 10 + 100 + 1000 + 10000 + 100000 = 111110$$

如果你确实担忧状态的重复生成，可以混合使用两种搜索算法，先用宽度优先搜索直到有效内存耗尽，然后对边缘集中的所有结点应用迭代加深的深度优先搜索。一般来讲，当搜索空间较大并且不知道解所在深度时，迭代加深的深度优先搜索是首选的无信息搜索方法。

迭代加深的深度优先搜索和广度优先搜索相似，每次迭代要把当前层的新结点全都探索过。结合一致代价搜索的迭代搜索是有价值的，在一致代价搜索确保最优化的同时避免了大量的内存需求。它的主要思想是用不断增加的路径代价界限代替不断增加的深度界限。基于这种思想的算法被称为**迭代加长搜索**（iterative lengthening search），详见习题 3.17。不幸的是，与一致代价搜索相比，事实上迭代加长搜索将导致实在的额外开销。

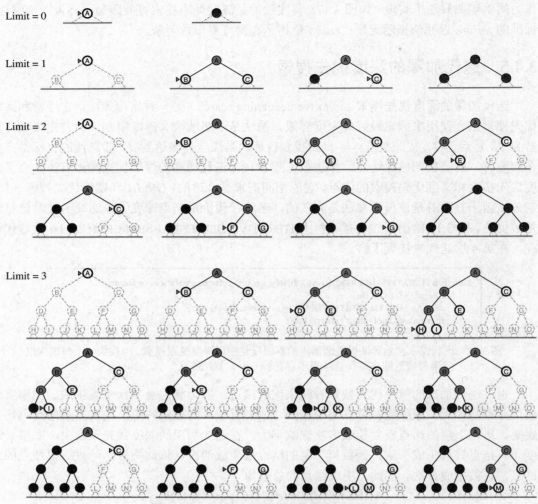

图 3.19　二叉树迭代深度搜索算法的四次迭代

3.4.6　双向搜索

双向搜索（bidirectional search）的思想是同时运行两个搜索——一个从初始状态向前搜索同时另一个从目标状态向后搜索——希望它们在中间某点相遇，此时搜索终止（图 3.20）。理由是 $b^{d/2} + b^{d/2}$ 要比 b^d 小很多，或者可以看图，两个小圆的面积相加比以起点为中心到达目标的大圆的面积要小很多。

双向搜索可以这样实现：目标测试替换为检查两个方向的搜索的边缘结点集是否相交；如果交集不为空就找到了一个解（重点要提到的是这样找到的解可能不是最优解，即使两个方向采用的都是宽度优先搜索；保证最短路径还需要额外搜索）。这种检查可以在结点生成或被选择扩展时进行，如果使用哈希表则需耗费常数时间。例如，如果问题在深度 $d = 6$ 时有解，双向都同时使用宽度优先搜索每次搜索一个结点，那么在最坏情况下，两个搜索会把所有深度为 3 的结点都扩展完才相遇。若 $b = 10$，则总共生成 2220 个结点，而单向

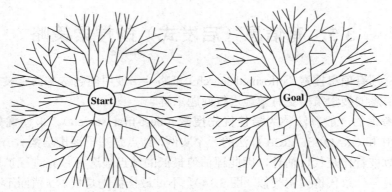

图 3.20　即将成功的双向搜索的示意图，从起始结点发出的一个分支与从目标
结点发出的一个分支即将相遇

宽度优先搜索则需要生成 1111110 个结点。那么，双向都使用宽度优先搜索的算法时间复杂度是 $O(b^{d/2})$。空间复杂度也是 $O(b^{d/2})$。如果一个方向的搜索改为迭代加深的深度优先搜索，复杂度大约可以减半，但至少一个边缘结点集一定要存放在内存中，这样才能检查是否有交集。

降低的时间复杂度使得双向搜索很诱人，但是如何向后搜索呢？这并不像听起来那么简单。定义结点 x 的**祖先**是所有以结点 x 为后继的结点集。双向搜索需要计算祖先的算法。如果状态空间中所有的行动都是可逆的，x 的祖先正是它的后继。其他情况则需要具体情况具体分析。

让我们考虑一下"从目标开始的向后搜索"中的"目标"是什么。在八数码问题和罗马尼亚问题中，都只有一个目标状态，因此向后搜索与向前搜索类似。如果某问题有几个明确列出的目标状态——例如，图 3.3 中的两个无尘目标状态——那么我们可以构造一个虚拟的目标状态，它的直接祖先结点是所有真实的目标状态。但如果目标状态是一种抽象描述的话，如 n 后问题的目标是"没有皇后攻击另一个皇后"，就很难应用双向搜索。

3.4.7　无信息搜索策略对比

图 3.21 根据 3.3.2 节中提出的 4 项评价标准比较了各搜索策略。考虑图搜索，最大的区别在于有限状态空间的深度优先搜索是完备的，时间和空间复杂度都受限于状态空间的规模。

Criterion	Breadth-First	Uniform-Cost	Depth-First	Depth-Limited	Iterative Deepening	Bidirectional (if applicable)
Complete?	Yes[a]	Yes[a,b]	No	No	Yes[a]	Yes[a,d]
Time	$O(b^d)$	$O(b^{1+\lfloor C^*/\epsilon \rfloor})$	$O(b^m)$	$O(b^{\ell})$	$O(b^d)$	$O(b^{d/2})$
Space	$O(b^d)$	$O(b^{1+\lfloor C^*/\epsilon \rfloor})$	$O(bm)$	$O(b\ell)$	$O(bd)$	$O(b^{d/2})$
Optimal?	Yes[c]	Yes	No	No	Yes[c]	Yes[c,d]

图 3.21　树搜索策略比较。b 指分支因子；d 指最浅解的深度；m 指搜索树的最大深度；l 是深度界限。右上角标的含义如下：[a] 当 b 有限时算法是完备的；[b] 若对正数 ε 有单步代价 $\geqslant \varepsilon$，则是完备的；[c] 当单步代价相同时算法最优；[d] 当双向都使用宽度优先搜索

3.5   有信息（启发式）的搜索策略

这一节介绍**有信息搜索**（informed search）策略——使用问题本身的定义之外的特定知识——比无信息的搜索策略更有效地进行问题求解。

我们要考虑的一般算法称为**最佳优先搜索**（best-first search）。最佳优先搜索是一般 TREE-SEARCH 和 GRAPH-SEARCH 算法的一个实例，结点是基于**评价函数** $f(n)$ 值被选择扩展的。评估函数被看作是代价估计，因此评估值最低的结点被选择首先进行扩展。最佳优先图搜索的实现与一致代价搜索类似（图 3.14），不过最佳优先是根据 f 值而不是 g 值对优先级队列排队。

对 f 的选择决定了搜索策略。（例如，如习题 3.21 所示，深度优先搜索是最佳优先树搜索的特殊情况。）大多数的最佳优先搜索算法的 f 由**启发函数**（heuristic function）构成：

$$h(n) = 结点\ n\ 到目标结点的最小代价路径的代价估计值$$

（要注意的是 $h(n)$ 以结点为输入，但它与 $g(n)$ 不同，它只依赖于结点状态。）例如，在罗马尼亚问题中，可以用从 Arad 到 Bucharest 的直线距离来估计从 Arad 到 Bucharest 的最小代价路径的代价值。

启发式函数是在搜索算法中利用问题额外信息的最常见的形式。在 3.6 节中将深入地讨论启发式信息。目前，我们假设启发式信息是任一非负的由问题而定的函数，有一个约束：若 n 是目标结点，则 $h(n) = 0$。本节余下部分讨论用启发式信息导引搜索的两种方式。

3.5.1   贪婪最佳优先搜索

贪婪最佳优先搜索[1]（greedy best-first search）试图扩展离目标最近的结点，理由是这样可能可以很快找到解。因此，它只用启发式信息，即 $f(n) = h(n)$。

将此算法应用在罗马尼亚问题中；使用**直线距离**启发式，记为 h_{SLD}。如果目的地是 Bucharest，我们需要知道到达 Bucharest 的直线距离，如图 3.22 所示。如 $h_{SLD}(In(Arad)) = 366$。要注意的是 h_{SLD} 不能由问题本身的描述计算得到。而且，由经验可知 h_{SLD} 和实际路程相关，因此这是一个有用的启发式。

Arad	366	Mehadia	241
Bucharest	0	Neamt	234
Craiova	160	Oradea	380
Drobeta	242	Pitesti	100
Eforie	161	Rimnicu Vilcea	193
Fagaras	176	Sibiu	253
Giurgiu	77	Timisoara	329
Hirsova	151	Urziceni	80
Iasi	226	Vaslui	199
Lugoj	244	Zerind	374

图 3.22 h_{SLD} 的值——到 Bucharest 的直线距离

图 3.23 给出了使用 h_{SLD} 的贪婪最佳优先搜索寻找从 Arad 到 Bucharest 的路的过程。从

---

1   我们的第一版中称之为**贪婪搜索**；其他一些作者称之为**最佳优先搜索**。我们之所以用后者是遵从 Pearl（1984）。

Arad 出发最先扩展的结点为 Sibiu，因为与 Zerind 和 Timisoara 相比，它距离 Bucharest 最近。下一个扩展的结点是 Fagaras，因为它是离目标最近的。Fagaras 接下来生成了 Bucharest，也就是目标结点。对于这个特殊问题，使用 h_{SLD} 的贪婪最佳优先搜索在没有扩展任何不在解路径上的结点前就找到了问题的解；所以，它的搜索代价是最小的。然而却不是最优的：经过 Sibiu 到 Fagaras 到 Bucharest 的路径比经过 Rimnicu Vilcea 到 Pitesti 到 Bucharest 的路径要长 32 公里。这说明了为什么这个算法被称为"贪婪的"——在每一步它都要试图找到离目标最近的结点。

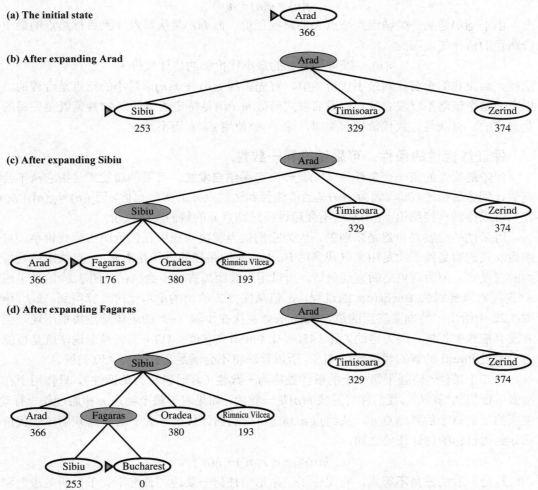

图 3.23　使用直线距离启发式 h_{SLD} 的贪婪最佳优先树搜索。结点上都标明了该结点的 h 值

　　贪婪最佳优先搜索与深度优先搜索类似，即使是有限状态空间，它也是不完备的。考虑从 Iasi 到 Fagaras。启发式建议先扩展 Neamt，因为它离 Fagaras 最近，但是这是个死胡同。解法是先到 Vaslui——根据启发式这是离目标较远的一步——然后继续前往 Urziceni，Bucharest 到 Fagaras。然而，算法始终找不到这个解，因为扩展 Neamt 则将 Iasi 重新放回到了边缘结点集中，Iasi 比 Vaslui 离 Fagaras 更近，所以又去扩展 Iasi，从而导致死循环。（有限状态空间的图搜索版本是完备的，但无限的则不是）最坏情况下，算法的时间复杂度

和空间复杂度都是 $O(b^m)$，其中 m 是搜索空间的最大深度。然而，如果有一个好的启发式函数，复杂度可以得到有效降低。下降的幅度取决于特定的问题和启发式函数的质量。

3.5.2　A*搜索：缩小总评估代价

最佳优先搜索的最广为人知的形式称为 **A*搜索**（可以读为 "A 星搜索"）。它对结点的评估结合了 $g(n)$，即到达此结点已经花费的代价，和 $h(n)$，从该结点到目标结点所花代价：

$$f(n) = g(n) + h(n)$$

由于 $g(n)$ 是从开始结点到结点 n 的路径代价，而 $h(n)$ 是从结点 n 到目标结点的最小代价路径的估计值，因此

$$f(n) = 经过结点 n 的最小代价解的估计代价$$

这样，如果我们想要找到最小代价的解，首先扩展 $g(n)$ + $h(n)$ 值最小的结点是合理的。可以发现这个策略不仅仅合理：假设启发式函数 $h(n)$ 满足特定的条件，A*搜索既是完备的也是最优的。算法与一致代价搜索类似，除了 A*使用 $g + h$ 而不是 g。

保证最优性的条件：可采纳性和一致性

保障最优性的第一个条件是 $h(n)$ 是一个**可采纳启发式**。可采纳启发式是指它从不会过高估计到达目标的代价。因为 $g(n)$ 是当前路径到达结点 n 的实际代价，而 $f(n) = g(n) + h(n)$，我们可以得到直接结论：$f(n)$ 永远不会超过经过结点 n 的解的实际代价。

可采纳的启发式自然是乐观的，因为它们认为解决问题所花代价比实际代价小。可采纳启发式的明显例子就是用来寻找到达 Bucharest 的路径的直线距离 h_{SLD}。直线距离是可采纳的启发式，因为两点之间直线最短，所以用直线距离肯定不会高估。图 3.24 给出了通过 A*树搜索求解到达 Bucharest 的过程。g 值从图 3.2 给出的单步代价计算得到，h_{SLD} 值在图 3.22 中给出。特别要注意的是，Bucharest 首次在步骤（e）的边缘结点集里出现，但是并没有被选中扩展，因为它的 f 值（450）比 Pitesti 的 f 值（417）高。换个说法就是可能有一个经过 Pitesti 的解的代价低至 417，所以算法将不会满足于代价为 450 的解。

第二个条件，略强于第一个的条件被称为**一致性**（有时也称为**单调性**），只作用于在图搜索中使用 A*算法[1]。我们称启发式 $h(n)$ 是一致的，如果对于每个结点 n 和通过任一行动 a 生成的 n 的每个后继结点 n'，从结点 n 到达目标的估计代价不大于从 n 到 n' 的单步代价与从 n' 到达目标的估计代价之和：

$$h(n) \leqslant c(n, a, n') + h(n')$$

这是一般的**三角不等式**，它保证了三角形中任何一条边的长度不大于另两条边之和。这里，三角形是由 n，n' 和离 n 最近的目标结点 G_n 构成的。对于可采纳的启发式，这种不等式有明确意义：如果从 n 经过 n' 到 G_n 比 $h(n)$ 代价小，就违反了 $h(n)$ 的性质：它是到达 G_n 的下界。

很容易证明（习题 3.29）一致的启发式都是可采纳的。虽然一致性的要求比可采纳性更严格，要找到满足可采纳性的但可能不一致的启发式仍然需要艰苦的工作。本章中我们讨论的可采纳的启发式都是一致的。例如，考虑 h_{SLD}。我们知道当每边都用直线距离来度

1　如果启发式函数是可采纳的但是不一致，A*会要求一些额外的 bookkeeping 来保证最优性。

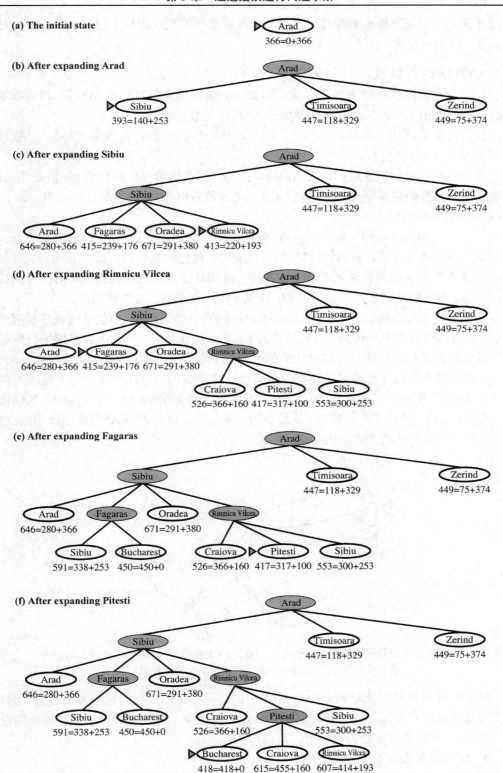

图 3.24　使用 A*搜索求解罗马尼亚问题。结点都用 $f = g + h$ 标明。h 值是图 3.22 给出的到 Bucharest 的直线距离

量时是满足一般的三角形不等式的，而且 n 和 n' 之间的直线距离不超过 $c(n, a, n')$。因此，h_{SLD} 是一致的启发式。

A*算法的最优性

我们前面提到过，A*有如下性质：如果 $h(n)$ 是可采纳的，那么 A*的树搜索版本是最优的；如果 $h(n)$ 是一致的，那么图搜索的 A*算法是最优的。

我们讨论上述声明中的后半部分，因为这更有用。一致代价搜索中参数 g 被替换成 f——就像是 A*算法自身。

第一步是证明如下性质：如果 $h(n)$ 是一致的，那么沿着任何路径的 $f(n)$ 值是非递减的。证明可从一致性的定义直接得到。假设 n' 是结点 n 的后继；那么对于某行动 a，有 $g(n') = g(n) + c(n, a, n')$，可得到

$$f(n') = g(n') + h(n') = g(n) + c(n, a, n') + h(n') \geqslant g(n) + h(n) = f(n)$$

下一步则需要证明：若 A*选择扩展结点 n 时，就已经找到到达结点 n 的最优路径。否则，在到达结点 n 的最优路径上就会存在另一边缘结点 n'，这可由图 3.9 的图分离性质得到；因为 f 在任何路径上都是非递减的，n' 的 f 代价比 n 小，会先被选择。

从上面两个观察可以看出，GRAPH-SEARCH 的 A*算法以 $f(n)$ 值的非递减序扩展结点。由于 f 是目标结点的实际代价（目标结点的 $h = 0$），因此，第一个被选择扩展的目标结点一定是最优解，之后扩展的目标结点代价都不会低于它。

f 代价沿着任何路径都是非递减的事实也意味着我们可以在状态空间上绘制等值线。图 3.25 给出了实例。在 400 的等值线内，所有结点的 $f(n)$ 值都小于等于 400，其他依此类推。那么，由于 A*算法扩展的是 f 值最小的边缘结点，可以看到 A*搜索由起始结点发散，以 f 值增长同心带状的方式添加结点。

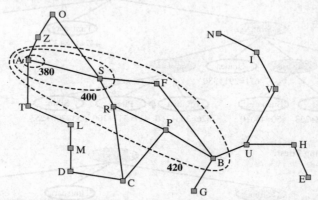

图 3.25　罗马尼亚地图的等值线 $f = 380$，$f = 400$ 和 $f = 420$，以 Arad 为初始状态。在给定的等值线内的结点的 f 值小于等于线值

对于一致代价搜索（A*搜索中令 $h(n) = 0$），同心带是以起始状态为圆心的"圆"。如果使用更精确的启发式，同心带将向目标结点方向拉伸，并且在最优解路径的周围收敛变窄。如果 $C*$ 是最优解路径的代价值，可以得到：

- A*算法扩展所有 $f(n) < C*$ 的结点。
- A*算法在扩展目标结点前可能会扩展一些正好处于"目标等值线"（$f(n) = C*$）上

的结点。

完备性要求代价小于等于 C^* 的结点是有穷的，前提条件是每步代价都超过 ε 并且 b 是有穷的。

要注意的是 A*算法不会扩展 $f(n) > C^*$ 的结点——如图 3.24 中，Timisoara 尽管是根结点的子结点，并没有被扩展。可以说 Timisoara 的子树被**剪枝**了；因为 h_{SLD} 是可采纳的，搜索算法可以在忽略这棵子树的同时确保最优性。剪枝——无需检验就直接把它们从考虑中排除——在 AI 的很多领域中都是很重要的。

最后一个观察到的事实是，在这类最优算法中——从根结点开始扩展搜索解路径的算法——A*算法对于任何给定的一致的启发式函数都是**效率最优**的。就是说，没有其他的最优算法能保证扩展的结点少于 A*算法（除了在 $f(n) = C^*$ 的结点上做文章）。这是因为如果算法不扩展所有 $f(n) < C^*$ 的结点，那么就很有可能会漏掉最优解。

令人满意的是，A*搜索在所有此类算法中是完备的、最优的也是效率最优的。然而，这并不意味着 A*算法是我们所需要的答案。难点在于，对于相当多的问题而言，在搜索空间中处于目标等值线内的结点数量仍然以解路径的长度呈指数级增长。对这个结论的分析超出了本书的范围，但仍有如下基本结论。对于那些每步骤代价为常量的问题，时间复杂度的增长是最优解所在深度 d 的函数，这可以通过启发式的绝对错误和相对错误来分析。绝对误差定义为 $\Delta \equiv h^* - h$，其中 h^* 是从根结点到目标结点的实际代价，相对误差定义为 $\varepsilon \equiv (h^* - h)/h^*$。

复杂度的结论严重依赖于对状态空间所做的假设。最简单的模型是只有一个目标状态的状态空间，本质上是树及行动是可逆的。（八数码问题满足第一、第三个假设。）在这种情况下，A*的时间复杂度在最大绝对误差下是指数级的，为 $O(b^\Delta)$。考虑每步骤代价均为常量，我们可以把这记为 $O(b^{\varepsilon d})$，其中 d 是解所在深度。考虑绝大多数实用的启发式，绝对误差至少是路径代价 h^* 的一部分，所以 ε 是常量或者递增的并且时间复杂度随 d 呈指数级增长。我们还可以看到更精确的启发式的作用：$O(b^{\varepsilon d}) = O((b^\varepsilon)^d)$，所以有效的分支因子（下节会给出形式化定义）为 b^ε。

如果状态空间中包含多个目标状态——特别是接近最佳目标状态时——搜索过程可能会误入歧途，带来的额外代价是目标状态的数目的一部分。最后，考虑图搜索，情况会更坏。即使绝对误差受限于常量，满足 $f(n)<C^*$ 的结点也是指数级的。例如，吸尘器世界中 **Agent** 可以以单位代价打扫任一方格却不用访问它：在这样的情况下，方格可以以任何顺序打扫。如果开始时有 N 个脏的方格，则会有 2^N 个状态，其中一些子集已被打扫并且这些都在最优解路径上——所以满足 $f(n)<C^*$——尽管启发式的误差是 1。

A*的复杂度使得坚持找到最优解的做法变得不实用。可以使用 A*算法的各种变型快速地找到局部最优解，或者有时可以设计更精确却不是严格满足可采纳性的启发式。无论任何情况下，与无信息搜索相比，使用好的启发式可以节省大量的时间和空间。我们将在第 3.6 节讨论如何设计好的启发式。

然而计算时间还不是 A*算法的主要缺点。因为它在内存中保留了所有已生成的结点（跟算法 GRAPH-SEARCH 一样），A*算法常常在计算完之前就耗尽了它的内存。因此，A*算法对于很多大规模问题，A*算法并不实用。确实有算法通过花费一些执行时间来克服内存问题，同时又不牺牲最优性和完备性。我们将在以后讨论。

3.5.3 存储受限的启发式搜索

A*算法减少内存需求的简单办法就是将迭代加深的思想用在启发式搜索上，即迭代加深 A*（IDA*）算法。IDA*和典型的迭代加深算法的主要区别是所用的截断值是 f 代价（$g+h$）而不是搜索深度；每次迭代，截断值取超过上一次迭代截断值的结点中最小的 f 代价值。IDA*算法对很多每步代价都是单位代价的问题是实用的，它可以避免结点队列排序的实际系统开销。不幸的是，对于每步代价都是某个实数的问题，它会遇到与习题 3.17 中描述的迭代的一致代价搜索相同的困难。本节简单介绍其他两种存储受限的算法，称为 RBFS 和 MA*。

递归最佳优先搜索（RBFS）是一个简单的递归算法，它试图模仿标准的最佳优先搜索的操作，但只使用线性的存储空间。算法如图 3.26 所示。它的结构和递归深度优先搜索类似，但是它不会不确定地沿着当前路径继续，它用变量 f_limit 跟踪记录从当前结点的祖先可得到的最佳可选路径的 f 值。如果当前结点超过了这个限制，递归将回到可选路径上。如果递归回溯，对当前路径上的每个结点，RBFS 用其子结点的最佳 f 值替换其 f 值。这样，RBFS 能记住被它遗忘的子树中最佳叶结点的 f 值，以决定以后是否值得重新扩展该子树。图 3.27 可以看出 RBFS 是怎样到达 Bucharest 的。

---

function RECURSIVE-BEST-FIRST-SEARCH(*problem*) **returns** a solution, or failure
  return RBFS(*problem*, MAKE-NODE(*problem*.INITIAL-STATE), ∞)

function RBFS(*problem*, *node*, *f_limit*) **returns** a solution, or failure and a new f·cost limit
  if *problem*.GOAL-TEST(*node*.STATE) **then return** SOLUTION(*node*)
  successors ← [ ]
  for each *action* **in** *problem*.ACTIONS(*node*.STATE) **do**
    add CHILD-NODE(*problem*, *node*, *action*) into *successors*
  if *successors* is empty **then return** *failure*, ∞
  for each *s* in *successors* **do** /* update f with value from previous search, if any */
    s.f ← max(*s.g* + *s.h*, *node.f*))
  loop do
    best ← the lowest *f*-value node in *successors*
    if *best.f* > *f_limit* **then return** *failure*, *best.f*
    alternative ← the second-lowest *f*-value among *successors*
    result, *best.f* ← RBFS(*problem*, *best*, min(*f_limit*, *alternative*))
    if *result* ≠ *failure* **then return** *result*

图 3.26 递归最佳优先搜索算法

RBFS 算法有时比 IDA*算法效率高，但是它同样需要重复生成大量结点。在图 3.27 中，RBFS 首先沿着经过 Rimnicu Vilcea 的路走，然后"改变主意"去尝试 Fagaras，最后又回心转意。求解思路的不断改变是因为每当扩展当前的最优路径时，它的 f 值很可能会增加——对于靠近目标的结点，h 通常不那么乐观。此时，次佳路径可能会成为最佳路径，所以搜索将会回溯。解路径的每次改变都对应于 IDA*中的一次迭代，并且可能需要重新扩展已经遗忘的结点来重建最佳路径。

与 A*算法一样，如果启发式函数 $h(n)$ 是可采纳的，那么 RBFS 算法是最优的。它的空间复杂度是最佳解路径所在深度的线性关系，时间复杂度相对比较难刻画：取决于它的启发式函数的精确性和当扩展结点时改变最佳路径的频度两项因素。

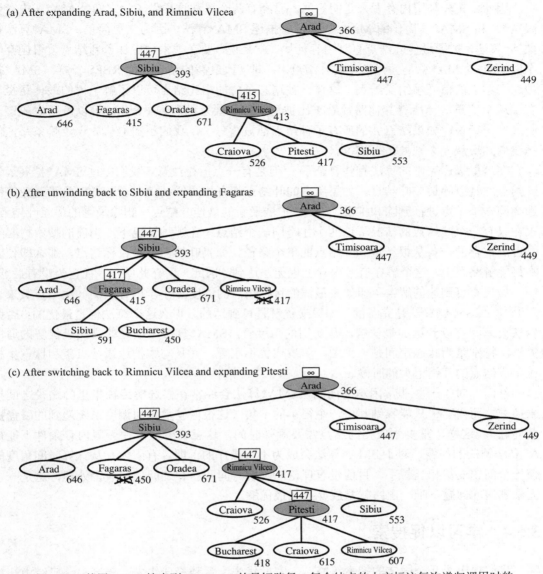

图 3.27 使用 RBFS 搜索到 Bucharest 的最短路径。每个结点的上方标注每次递归调用时的 *f-limit* 值，每个结点旁还标注了 *f* 代价值

(a) 沿着经过 Rimnicu Vilcea 的路径前进，直到当前最佳叶结点（Pitesti）的值比最佳可选路径（Fagaras）差。(b) 递归回溯，把被遗忘子树的最佳叶结点值（417）回填到 Rimnicu Vilcea；然后扩展结点 Fagaras，得到最佳叶结点值 450。(c) 递归回溯，把被遗忘子树的最佳叶结点值（450）回填到 Fagaras；再扩展 Rimnicu Vilcea。这样，因为最佳可选路径（经过 Timisoara）的代价至少是 447，继续扩展 Bucharest

IDA*和 RBFS 的问题在于它们使用的内存过于小了。在两次迭代之间，IDA*只保留一个数字：当前的 *f* 代价界限值。RBFS 在内存中保留的信息多一些，但也只用到线性空间；即便有更多可用的内存，RBFS 也没有办法利用。因为两个算法都忘记了它们做过什么，所以算法终止时有些状态可能重复扩展多次。更坏的是，图中的冗余路径会带来复杂度的潜在的指数级的增长（见 3.3 节）。

　　因此，充分利用内存看来是明智的。已经有两个算法这样做了，它们是 MA*（内存受限 A*）和 SMA*（简化的 MA*）。我们将描述 SMA*算法，因为它更简单。SMA*算法很像 A*算法，扩展最佳叶结点直到内存耗尽。就是说，要在搜索树中加入新结点就得抛弃一个旧结点。SMA*总是丢弃最差的叶结点——即 f 值最高的结点。像 RBFS 一样，SMA*把被遗忘结点的值回填给父结点。这样，被遗忘子树的祖先结点可以了解子树的最佳路径。有了这个信息，当所有其他路径看来比被遗忘路径要差的时候，SMA*可以重新生成该子树。换句话说，如果结点 n 的所有子孙结点都被遗忘了，我们不知道从 n 该走哪条路，但是我们知道从 n 去别处是否值得。

　　在这里描述完整的算法有些复杂了，[1]但是有一点值得注意。我们提过 SMA*扩展最佳叶结点并且删除最差叶结点。如果所有的叶结点都有相同的 f 值时会怎样？为了避免算法选择同一个结点进行删除和扩展，SMA*扩展最新的最佳叶结点，删除最老的最差叶结点。仅在只有一个叶结点的情况下这两个才是同一个结点；在那种情况下，当前的搜索树必然是占满内存的一条从根结点到叶结点的单个路径。如果叶结点不是目标结点，那么即使它在最优解路径上，这个解在有效内存上也无法达到。因此，丢弃此结点，视它为没有后继。

　　如果有可到达的解——即如果最浅的目标结点的深度 d 小于内存大小（由结点数来表示），那么 SMA*算法是完备的。如果最优解是可到达的，那么这个算法也是最优的；否则算法会返回可以到达的最佳解。从实用的角度看，SMA*算法是最好的寻找最优解的通用算法，特别是当状态空间是一个图，单步代价不相等，并且与维护边缘结点集和探索集相比生成结点的开销更大的时候。

　　然而，对于一些非常困难的问题，SMA*算法会经常在候选解路径集里的路径之间换来换去，而内存中只能容纳其中一个很小的子集（这很像硬盘页面调度系统遇到的**磁盘振荡**问题）。这样，重复生成相同结点需要额外时间，这意味着一个在无限内存条件下能被 A*算法解决的问题，对于 SMA*算法会成为不可操作的。即，有限内存从计算时间角度能使一个问题变得相当棘手。目前没有理论能阐明时间和内存之间如何取舍处理，这是一个无法逃避的问题。唯一出路就是放弃寻找最优解。

3.5.4　学习以促搜索

　　我们提出了几个固定的搜索策略——宽度优先，贪婪最佳优先，等等——已经由计算机科学家设计实现。Agent 能够学习如何更好地搜索吗？答案是肯定的，其方法依赖于被称为**元状态空间**的重要概念。元状态空间中的每个状态都要捕捉一个程序的内部（计算）状态，程序是在**目标层状态空间**中搜索，如罗马尼亚问题。例如，A*算法的内部状态由当前的搜索树组成。元状态空间中的每个行动都是改变内部状态的计算步骤；例如，A*算法中每个计算步骤都扩展一个叶结点并将它的后继加入到搜索树中。因此，图 3.24 中可以看到搜索树按序不断增大，可以视为描述了元状态空间中的一条路径，其中路径上的每个状态是一棵目标层的搜索树。

　　图 3.24 中的路径有五步，包括扩展 Fagaras 的那一步，这步并不是很有用。对于更难

1　本书第一版里描述了算法轮廓。

的问题，会有更多这样的错误步骤，**元学习**算法可以从这些经验中学到怎样避免探索没有希望的子树。这类学习技术将在第 21 章中描述。学习的目标是减小问题求解的**总代价**，在计算开销和路径代价之间取得最佳性价比。

3.6　启发式函数

本节我们将考察八数码问题的启发函数，以此为例探讨启发式的一般性质。

八数码问题是最早的启发式搜索问题之一。在 3.2 节我们提到过，这个游戏的目标是把棋子水平或者竖直地滑动到空格中，直到棋盘局面和目标状态一致（图 3.28）。

一个随机产生的八数码问题的平均解步数是 22 步。分支因子约为 3（当空格在棋盘正中间的时候，有四种可能的移动；而当它在四个角上的时候只有两种可能；当在四条边上的时候有三种可能）。这意味着到达深度为 22 的穷举搜索树将考虑大约 $3^{22} \approx 3.1 \times 10^{10}$ 个状态。图搜索可以

Start State　　　　　　　Goal State

图 3.28　典型的八数码问题实例。它的解路径为 26 步

把这个数目削减大约 170000 倍，因为只有 9!/2 = 181440 个可达到的不同状态。（参见习题 3.4。）这是一个容易管理的数目，但是考虑 15 数码问题，这个数目是大约 10^{13}，因此我们需要找到好的启发函数。如果想用 A*算法找到最短解路径，我们需要一个绝不会高估到达目标的步数的启发式函数。15 数码问题的启发式函数研究有很长的历史；这里有两个常用的：

- h_1 = 不在位的棋子数。图 3.28 中所有的 8 个棋子都不在正确的位置，因此起始状态的 $h_1 = 8$。h_1 是一个可采纳的启发式函数，因为要把不在位的棋子都移动到正确位置上，每个错位的棋子至少要移动一次。
- h_2 = 所有棋子到其目标位置的距离和。因为棋子不能斜着移动，计算距离指的是水平和竖直的距离和。这有时被称为**市街区距离**或**曼哈顿距离**。h_2 也是可采纳的，因为任何移动能做的最多是把棋子向目标移近一步。图 3.28 中起始状态的棋子 1～8 得到的曼哈顿距离为

$$h_2 = 3 + 1 + 2 + 2 + 2 + 3 + 3 + 2 = 18$$

可以看到正如我们所希望的，这两个启发式函数都没有超过实际的解代价 26。

3.6.1　启发式的精确度对性能的影响

一种刻画启发式的方法是**有效分支因子** b^*。对于某一问题，如果 A*算法生成的总结点数为 N，解的深度为 d，那么 b^* 就是深度为 d 的标准搜索树为了能够包括 $N + 1$ 个结点所必需的分支因子。即，

$$N + 1 = 1 + b^* + (b^*)^2 + \cdots + (b^*)^d$$

例如，如果 A*算法用 52 个结点在第 5 层找到了解，那么有效分支因子就是 1.92。有效分支因子可能会因问题实例发生变化，但是在难题中通常它是相当稳定的（前面我们提到过，随着解路径所在深度的增加，A*算法扩展的结点数呈指数级增长，这导致了有效分支因子的存在）。所以，在一小部分问题集合上做实验以测量出 $b*$ 的值，有益于探讨启发式的总体实用性。设计良好的启发式会使 $b*$ 的值接近于 1，以合理的计算代价对大规模的问题进行求解。

为了测试启发式函数 h_1 和 h_2，我们随机地产生了 1200 个八数码问题，解路径长度从 2 到 24 不等（每个偶数值有 100 个例子），分别用迭代加深搜索、使用 h_1 与 h_2 的 A*树搜索对这些问题求解。图 3.29 给出了每种搜索策略扩展的平均结点数和有效分支因子。结果说明 h_2 好于 h_1，并且远好于迭代加深搜索。在长度为 12 的解上，用 h_2 作为启发式函数的 A*算法的效率比无信息的迭代加深搜索高 50000 倍。

	Search Cost (nodes generated)			Effective Branching Factor		
d	IDS	A*(h_1)	A*(h_2)	IDS	A*(h_1)	A*(h_2)
2	10	6	6	2.45	1.79	1.79
4	112	13	12	2.87	1.48	1.45
6	680	20	18	2.73	1.34	1.30
8	6384	39	25	2.80	1.33	1.24
10	47127	93	39	2.79	1.38	1.22
12	3644035	227	73	2.78	1.42	1.24
14	–	539	113	–	1.44	1.23
16	–	1301	211	–	1.45	1.25
18	–	3056	363	–	1.46	1.26
20	–	7276	676	–	1.47	1.27
22	–	18094	1219	–	1.48	1.28
24	–	39135	1641	–	1.48	1.26

图 3.29 ITERATIVE-DEEPENING-SEARCH 以及使用 h_1 和 h_2 的 A*算法的搜索代价和有效分支因子的比较。图中的数据是通过八数码问题实例计算的平均值，对于解路径的不同深度 d，每种深度上都选取 100 个问题实例

有人可能会问 h_2 是否*总是*比 h_1 好？答案是肯定的。这从两个启发式的定义很容易看出来，对于任意结点 n，$h_2(n) \geqslant h_1(n)$。因此称 h_2 比 h_1 **占优势**。优势可以直接转化为效率：使用 h_2 的 A*算法永远不会比使用 h_1 的 A*算法扩展更多的结点（除了 $f(n) = C*$ 的某些结点）。证明很简单。回忆一下 3.5 节的讨论，每个 $f(n) < C*$ 的结点都必将被扩展。还可以这样说，每个 $h(n) < C* - g(n)$ 的结点一定会被扩展。但是因为对于所有的结点，它的 h_2 值都至少和 h_1 一样大，在使用 h_2 的 A*搜索中被扩展的结点必定也会被使用 h_1 的 A*所扩展，而 h_1 还可能引起其他结点的扩展。所以，一般来讲使用值更大的启发式函数是好的，前提是计算该启发式花费的时间不是太多的话。

3.6.2 从松弛问题出发设计可采纳的启发式

我们已经看到 h_1（错位棋子数）和 h_2（曼哈顿距离）对于八数码问题者是相当好的启发式，而且 h_2 更好。那么 h_2 是如何被提出来的？计算机是否有能力机械地设计出这样的启发式？

h_1 和 h_2 估算的是八数码问题中剩余路径的长度，对于该问题的简化版本它们也是相当

精确的路径长度。如果游戏的规则改变为每个棋子可以随便移动，而不是只能移动到与其相邻的空位上，那么 h_1 将给出最短解的确切步数。类似地，如果一个棋子可以向任意方向移动一步，甚至可以移到已经被其他棋子占据的位置上，那么 h_2 将给出最短解的确切步数。减少了行动限制的问题称为**松弛问题**。松弛问题的状态空间图是原有状态空间的超图，原因是减少限制导致图中边的增加。

由于松弛问题增加了状态空间的边，原有问题中的任一最优解同样是松弛问题的最优解；但是松弛问题可能存在更好的解，理由是增加的边可能导致捷径。所以，一个松弛问题的最优解代价是原问题的可采纳的启发式。更进一步，由于得出的启发式是松弛问题的确切代价，那么它一定遵守三角不等式，因而是一致的（参见 3.5 节）。

如果问题定义是用形式语言描述的，那么有可能来自动构造它的松弛问题[1]。例如，如果八数码问题的行动描述如下：

> 棋子可以从方格 A 移动到方格 B，如果
> A 与 B 水平或竖直相邻 **而且** B 是空的，

我们可以去掉其中一个或者两个条件，生成三个松弛问题：

（a）棋子可以从方格 A 移动到方格 B，如果 A 和 B 相邻。

（b）棋子可以从方格 A 移动到方格 B，如果 B 是空的。

（c）棋子可以从方格 A 移动到方格 B。

由（a），我们可以得出 h_2（曼哈顿距离）。原因是如果我们依次将每个棋子移入其目的位置，h_2 就是相应的步数。由（b）得到的启发式将在习题 3.31 中讨论。由（c）我们可以得出 h_1（不在位的棋子数），因为如果把不在位的棋子一步移到其目的地，h_1 就是相应的步数。要注意的是：用这种技术生成的松弛问题本质上要能够不用搜索就可以求解，因为松弛规则使原问题分解成 8 个独立的子问题。如果松弛问题本身很难求解，使用它的值作为对应的启发式就得不偿失了。[2]

一个名为 ABSOLVER 的程序可以从原始的问题定义出发，使用"松弛问题"技术和各种其他技术自动地生成启发式（Prieditis，1993）。ABSOLVER 为 8 数码游戏找到比以前已有的启发式都好的新启发式，并且为著名的魔方游戏找到了第一个有用的启发式。

生成新的启发式函数的难点在于经常不能找到"无疑最好的"启发式。如果可采纳启发式的集合 $h_1 \cdots h_m$ 对问题是有效的，并且其中没有哪个比其他的更有优势，我们应该怎样选择呢？其实我们不用选择。我们可以这样定义新的启发式从而得到其中最好的：

$$h(n) = \max\{h_1(n), \cdots, h_m(n)\}$$

这个合成的启发式使用的是对应于问题中结点的更精确的函数。因为它的每个成员启发式都是可采纳的，所以 h 也是可采纳的；也很容易证明 h 是一致的。此外，h 比所有成员启发式更有优势。

1　第 8 章和第 10 章中，我们将讨论适于此任务的形式语言；通过可操作的形式化描述，可以自动地构造放松问题。现在我们先使用自然语言。

2　注意一个完美的启发式可以简单地通过允许 h "秘密地"运行完全的宽度优先搜索得到。因此，在启发式函数的精确度和计算时间之间要有一个折中。

3.6.3　从子问题出发设计可采纳的启发式：模式数据库

可采纳的启发式也可以从考虑给定问题的**子问题**的解代价得到。例如，图 3.30 给出了图 3.28 所示的八数码问题的一个子问题。这个子问题涉及将棋子 1、2、3、4 移动到正确位置上。显然，这个子问题的最优解的代价是完整问题的解代价的下界。在某些情况下这实际上比曼哈顿距离更准确。

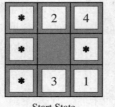 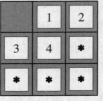

Start State　　　　　　Goal State

图 3.30　图 3.28 所示八数码问题的一个子问题。任务是将棋子 1、2、3 和 4 移到正确位置上，而不考虑其他棋子的情况

模式数据库（pattern databases）的思想就是对每个可能的子问题实例存储解代价——在我们的例子中，就是 4 个棋子和一个空位组成的可能状态。（其他 4 个棋子的位置与解决这个子问题是无关的，但是移动那四个棋子的代价也要算在总代价里。）接着，对搜索中遇到的每个完备状态计算其可采纳的启发式 h_{DB}，计算通过在数据库里查找出相应的子问题进行。数据库本身的构造是通过从目标状态向后[1]搜索并记录下每个遇到的新模式的代价完成的；搜索的开销分摊到许多子问题实例上。

1-2-3-4 的选择是随机的；同样可以构造 5-6-7-8 或者 2-4-6-8 等的数据库。每个数据库都能产生一个可采纳的启发式，这些启发式可以像前面所讲的那样取最大值的方式组合使用。这种组合的启发式比曼哈顿距离要精确；求解随机的 15 数码问题时所生成的结点数要少 1000 倍。

有人可能会想，1-2-3-4 数据库和 5-6-7-8 数据库的子问题看起来没有重叠，从它们得到的启发式是否可以相加？相加得到的启发式是否还是可采纳的？答案是否定的，因为对于一给定状态，1-2-3-4 子问题的解和 5-6-7-8 子问题的解可能有一些重复的移动——不移动 5-6-7-8，1-2-3-4 也不可能移入正确位置，反之亦然。不过如果我们不计入这些移动又会怎样？就是说，我们记录的不是求解 1-2-3-4 子问题的总代价值，而只是涉及 1-2-3-4 的移动次数。这样很容易得出，两个子问题的代价之和仍然是求解整个问题的代价的下界。这就是**不相交的模式数据库**的思想。用这样的数据库，我们可以在几毫秒内解决一个随机的 15 数码问题——与使用曼哈顿距离启发式相比生成的结点数减少了 10 000 倍。对于 24 数码问题减少的结点数以百万倍计。

无交集的模式数据库在滑动棋子问题上相当可行，因为在问题可以分隔，使得每次移动只影响其中的一个子问题——因为一次只移动一个棋子。对于魔方这样的问题，这种划分相当困难，因为每步移动都会影响到 26 个立方体中的 8 块或 9 块。目前已经提出了更一

1　从目标状态向后搜索，遇到的每个实例的精确代价立可计算。这就是**动态规划**，我们将在第 17 章讨论。

般的可相加的可采纳启发式应该用魔方问题中（Yang 等，2008），但是还没有证明这种启发式要好于最好的不相加的启发式。

3.6.4 从经验中学习启发式

启发函数 $h(n)$ 用来估计从结点 n 开始的解代价。Agent 怎样才能构造这样的函数？上节我们讨论了一个方案——即找出一些很容易找到最优解的松弛问题。另一个方案则是从经验里学习。"经验"在这里意味着求解大量的八数码问题。每个八数码问题的最优解都成为可供 $h(n)$ 学习的实例。每个实例都包括解路径上的一个状态和从这个状态到达解的代价。从这些例子中，一个学习算法可以用来构造 $h(n)$，（够幸运的话）它能预测搜索过程中所出现的其他状态的解代价。使用神经网络、决策树还有其他一些方法的学习技术，将在第 18 章中介绍（同样可以使用第 21 章中描述的强化学习方法）。

如果在状态描述外还能刻画给定状态的**特征**，归纳学习方法则是最可行的。例如，特征"不在位的棋子数"对于估算从一个状态到目标状态的真实距离可能是有用的。我们把这个特征记为 $x_1(n)$。选取 100 个随机产生的八数码问题，统计它们实际的解代价。我们会发现当 $x_1(n)$ 是 5 的时候，平均解代价约为 14，等等。有了这些数据，就可以用 x_1 的值来预测 $h(n)$。当然，我们还可以使用多个特征。第二个特征 $x_2(n)$ 可以是"现在相邻但在目标状态中不相邻的棋子对数"。如何将 $x_1(n)$ 和 $x_2(n)$ 结合起来预测 $h(n)$？通常的方法是使用线性 组合：

$$h(n) = c_1 x_1(n) + c_2 x_2(n)$$

常数 c_1 和 c_2 可以调整以符合解代价的实际数据。人们希望 c_1 和 c_2 都是正数，原因是错位棋子数和不正确的相邻对使问题求解变得更困难。要注意的是这个启发式确实满足目标状态 $h(n) = 0$ 的条件，但不能保证可采纳或是一致性。

3.7 本 章 小 结

本章介绍了在确定性的、可观察的、静态的和完全可知的环境下，Agent 可以用来选择行动的方法。在这种情况下，Agent 可以构造行动序列以达到目标；这个过程称为**搜索**。

- 在 Agent 可以开始搜索解之前，必须对**目标**和良定义的**问题**加以形式化。
- 一个问题由五个部分组成：**初始状态**，**行动**集合，**转移模型**描述这些行动的结果，**目标测试**函数和**路径代价**函数。问题的环境用**状态空间**表示。状态空间中从初始状态到达目标状态的路径是一个**解**。
- 搜索算法将状态和行动视为**原子**：不考虑它们可能包含的内部结构。
- 一般的 TREE-SEARCH 算法会考虑所有的可能来找寻一个解；GRAPH-SEARCH 算法则考虑避免冗余路径。
- 搜索算法的从**完备性**、**最优性**、时间复杂度和空间复杂度等方面来评价。复杂度依赖于状态空间中的分支因子 b，和最浅的解的深度 d。
- **无信息搜索**方法只能访问问题的定义。基本算法如下：

◆ **宽度优先搜索**总是扩展搜索树中深度最浅的结点。算法是完备的，在单位代价的情况下是最优的，但是具有指数级别的空间复杂度。

◆ **一致代价搜索**扩展的是当前路径代价 $g(n)$ 最小的结点，对于一般性的步骤代价而言算法是最优的。

◆ **深度优先搜索**扩展搜索树中深度最深的结点。它既不是完备的也不是最优的，但它具有线性的空间复杂度。**深度受限搜索**在深度优先搜索上加了深度限制。

◆ **迭代加深搜索**在不断增加的深度限制上调用深度受限搜索直到找到目标。它是完备的，在单位代价的情况下是最优的，它的时间复杂度可与宽度优先搜索比较，具备线性的空间复杂度。

◆ **双向搜索**可以在很大程度上降低时间复杂度，但是它并不是总是可行的并且可能需要太多的内存空间。

● 有信息搜索可能需要访问**启发式**函数 $h(n)$ 来估算从 n 到目标的解代价。

◆ 一般的**最佳优先搜索**算法根据评估函数选择扩展结点。

◆ **贪婪最佳优先搜索**扩展 $h(n)$ 最小的结点。它不是最优的，但效率较高。

◆ **A*搜索**扩展 $f(n)=g(n)+h(n)$ 最小的结点。如果 $h(n)$ 是可采纳的（对于 TREE-SEARCH）或是一致的（对于 GRAPH-SEARCH），A*算是完备的也是最优的。它的空间复杂度依然很高。

◆ **RBFS**（递归最佳优先）和 **SMA***（简单内存受限 A*）是鲁棒的、最优的搜索算法，它们使用有限的内存；只要时间充足，它们能求解 A*算法因为内存不足不能求解的问题。

● 启发式搜索算法的性能取决于启发式函数的质量。好的启发式有时可以通过松弛问题的定义来构造，将子问题的解代价记录在模式数据库中，或者通过对问题类的经验学习得到。

参考文献与历史注释

状态空间搜索的研究发源于 AI 诞生初期。Simon 和 Newell 在逻辑理论家（1957）和 GPS（1961）上的工作奠定了作为搜索算法的地位，并确立了将问题求解视为典型的 AI 任务。Richard Bellman（1957）的研究工作表明了附加路径代价对化简优化算法的重要性。Nils Nilsson（1971）的"自动问题求解"为之建立了扎实的理论基础。

本章讨论的许多状态空间搜索问题都有很长的研究历史，并不像它们看起来那样不重要。Amarel（1968）详细分析了习题 3.9 的传教士和野人问题。早前也有人考虑过此问题——如 Simon 和 Newell（1961）从 AI 的角度，Bellman 和 Dreyfus（1962）从运筹学的角度。

八数码问题是 15 数码问题的缩小版本，它的历史在 Slocum 和 Sonneveld（2006）中有详细叙述。普遍认为它是由美国著名的游戏设计家 Sam Loyd（1959）设计的，他声称受到 1891 年或者更以前的影响。实际上此游戏由 Noyes Chapman，纽约的一个邮递员，在 19 世纪 70 年代中期设计。（Chapman 无法为此申请专利，因为 1878 年 Ernest Kinsey 得到了字母数字以及图片滑块游戏的专利)15 数字游戏很快流行起来,吸引了许多数学家(Johnson 和 Story,1879;Tait,1880)的注意力。《美国数学期刊》(*American Journal of Mathematics*)的编辑写道"15 数码游戏在上几周里出现在美国公众面前,也许可以比较保守地说它吸引了 90%的人的注意,无论男女老少以及社会地位。"Ratner 和 Warmuth(1986)证明了由 15 数码问题推广得到的一般的 $n \times n$ 版本问题是 NP 完全问题。

八皇后问题首先匿名发表在 1848 年的德国国际象棋杂志《*Schach*》上;后来它被认为一个叫 Max Bezzel 的人写的。它在 1850 年重新发表并且吸引了当时的杰出数学家 Carl Friedrich Gauss 的注意,他尝试枚举所有可能的解;最初他找到了 72 个,后来他发现正确答案是 92 个,尽管 Nauck 在 1850 年先发表了全部 92 个解。Netto(1901)将该问题一般化到 n 皇后问题,Abramson 和 Yung(1989)找到了复杂度为 $O(n)$ 的算法。

本章列出的现实世界搜索问题都是经过了大量研究的课题。选择最优的飞机航班的方法有很多专有特性,但是 Carl de Marcken(在私人信件中)证明了由于航班票价和限制的复杂性,使得选择最佳航线在理论上是不可判定的。旅行商问题(TSP)是理论计算机科学中一个标准的组合问题(Lawler 等人,1992)。Karp(1972)证明了 TSP 是 NP 难题,但是(Lin 和 Kernighan,1973)提出了有效的启发式近似方法。Arora(1998)提出了欧几里得 TSP 的完全多项式近似求解方案。Shahookar 和 Mazumder(1991)调查了 VLSI 的布局方法,并且在 VLSI 杂志上有大量关于布局优化的论文。机器人导航和装配问题将在第 25 章中讨论。

问题求解的无信息搜索算法是经典计算机科学(Horowitz 和 Sahni,1978)和运筹学(Dreyfus,1969)的中心话题之一。Moore(1959)形式化了宽度优先搜索并用于解决迷宫问题。动态规划(Bellman,1957;Bellman 和 Dreyfus,1962),被视为一种图的宽度优先搜索,它系统地记录了长度不断增加的所有子问题的解。Dijkstra(1959)的两点最短路径算法是一致代价搜索的起源。正是这些工作激发了探索集和边缘结点表的概念(开结点表和闭结点表)。

迭代加深搜索的思想由 Slate 和 Atkin(1977)首先设计出来,算法用于在 CHESS4.5 游戏程序中有效地利用棋钟。Martelli 的算法 B(1977)包含了部分迭代加深搜索同时讨论了 A*在最坏情况下的性能,启发式是可采纳的但不是一致的。使迭代加深技术脱颖而出的是 Korf(1985a)。Pohl(1971)提出的双向搜索在一些情况下十分有效。

在问题求解中使用启发式信息最早出现在 Simon 和 Newell(1958)的一篇论文中,但是术语"启发式搜索"和使用估算目标距离的启发式函数却提出得比较晚(Newell 和 Ernst,1965;Lin,1965)。Doran 和 Michie(1966)对启发式搜索进行了广泛的实验研究。尽管他们分析了路径长度和"外显率"(路径长度和已经访问过的结点总数的比率),他们忽略了路径代价 $g(n)$。Hart,Nilsson 和 Raphael(1968)提出了 A*算法,在启发式搜索中考虑当前路径代价,后人又做了一些修正(Hart 等人,1972)。Dechter 和 Pearl(1985)证明了 A*算法的最佳效率。

描述 A*算法的早期论文都强调了启发式函数的一致性。Pohl(1977)介绍了一个更简单的代替一致性的单调性条件,但是 Pearl(1984)证明了两种条件是等价的。

Pohl(1977)率先对启发式函数的误差和 A*算法的时间复杂度之间的关系进行了研究。(Pohl,1977;Gaschnig,1979;Huyn 等人,1980;Pearl,1984)讨论了单位步骤代价和单个目标结点情况下的基本结论，多个目标结点的情况可参见（Dinh 等人，2007）。Nilsson（1971）提出用"有效分支因子"来度量启发式搜索的效率；这与假设时间开销为 $O((b^*)^d)$ 等价。将树搜索扩展到图搜索，Korf 等人（2001）认为时间代价最好建模为 $O(b^{d-k})$，其中 k 依赖于启发式的精确程度；不过他的分析引起了一些矛盾。对于图搜索，Helmert 和 Röger（2008）注意到了几个众所周知的问题的最优解路径上包含指数级别的结点，也就意味着指数级别的时间复杂度，即使是在 h 的绝对误差为常量的情况下。

A*算法由很多变形。Pohl（1973）提出了使用动态加权，它用当前的路径长度与启发函数的加权和 $f_w(n) = w_g g(n) + w_h h(n)$ 作为评估函数，而不是 A*中简单的使用 $f(n) = g(n) + h(n)$。权值 w_g 和 w_h 在搜索过程中动态调整。Pohl 的算法被证明是 ε 可采纳的——就是说保证找到的解是在最优解的 $1 + \varepsilon$ 倍以内—— ε 是提供给算法的一个参数。算法也有同样的性质（Pearl，1984），它可以从边缘结点集中选取最低 f 代价的 $1 + \varepsilon$ 倍之内的结点来扩展。这种选取可以减小搜索开销。

A*算法的双向搜索版本也被提出；双向搜索 A*和地标的组合被用了微软的在线地图驾车路线规划服务（Goldberg 等人，2006）。在地址之间抓取一些路径后，算法在拥有 2400 万个地标的美国地图上通过搜索不到 0.1%的地图就可以在两点之间找到最佳路径。其他双向搜索的方法包括宽度优待向后搜索至固定深度和向前 IDA*搜索（Dillenburg 和 Nelson，1994；Manzini，1995）。

A*算法和其他状态空间搜索算法与运筹学中的分支限界技术关系紧密（Lawler 和 Wood，1966）。（Kumar 和 Kanal，1983；Nau 等人，1984；Kumar 等人，1988）深入研究了状态空间搜索和分支限界两者之间的关系。Martelli 和 Montanari（1978）证实了动态规划（参见第 17 章）与特定类型的状态空间搜索之间的联系。Kumar 和 Kanal（1988）尝试把启发式搜索、动态规划和分支限界技术"一统"为 CDP——"复合决策过程"。

在 20 世纪 50 年代末到 60 年代初计算机只有不超过几千字节的主存，因此内存受限的启发式搜索是早期研究的一个主题。最早的搜索程序 Graph Traverser（Doran 和 Michie，1966）提交在内存限制内最好的搜索结果。IDA*算法（Korf，1985a，1985b）是第一个广泛应用的最优的内存受限的启发式搜索算法，该算法也发展出很多变形。Patrick 等人（1992）分析了 IDA*算法的效率和使用实值启发式的困难。

RBFS 算法（Korf，1993）实际上要比图 3.26 中给出的算法复杂得多，它更接近于一个独立发展出来的**迭代扩展**算法（Russell，1992）。RBF 同时使用上限和下限；这两个算法使用可采纳启发式时表现相同，但是 RBFS 甚至使用非可采纳的启发式的时候也按照最佳优先的顺序来扩展结点。记录最佳可选路径的思想最早出现在 Bratko（1986）的 A*算法的 Prolog 实现中和 DTA*算法中（Russell 和 Wefald，1991）。后者的工作还讨论了元状态空间和元级学习。

Chakrabarti 等人（1989）提出了 MA*算法。SMA*，即简化的 MA*试图把 MA*作为 IE 的比较（Russell，1992）。Kaindl 和 Khorsand（1994）用 SMA*产生双向搜索算法，该算法确实比以前的算法要快。Korf 和 Zhang（2000）提出了一种分治方法，Zhou 和 Hansen（2002）介绍了内存受限的 A*图搜索和一种转换成宽度优先搜索以提高内存使用效率的策略（Zhou 和 Hansen，2006）。Korf（1995）综述了内存受限的搜索技术。

Held 和 Karp（1970）提出了可采纳启发式可以通过问题的松弛而产生的思想，他们用最小生成树启发式来求解 TSP 问题（参见习题 3.30）。

Prieditis（1993）在他和 Mostow（Mostow 和 Prieditis，1989）早期工作的基础上成功地完成了问题松弛过程的自动实现。Holte 和 Hernadvolgyi（2001）描述了这个自动化过程的最近几步。用模式数据库来产生可采纳启发式由 Gasser(1995)以及 Culberson 和 Schaeffer（1996，1998）提出；Korf 和 Felner（2002）描述了不相交的模式数据库；Edelkamp（2009）提出了使用符号模式的类似方法。Felner 等人（2007）提出了压缩模式数据库以节省空间的方法。Pearl（1984）以及 Hansson 和 Mayer（1989）深入地分析了启发式的概率解释。

迄今为止关于启发式和启发式搜索算法的最全面的资料是 Pearl 的教材《启发式》（*Heuristics*）（1984）。这本书全面地涵盖了 A*算法的广泛分支和变形，包括其性质的严格证明。Kanal 和 Kumar(1988)选编了启发式搜索方面的重要文章，Rayward-Smith 等人（1996）讨论了运筹学方法。一些新的搜索算法的研究——持续被发现——通常发表在如《人工智能》（*Artificial Intelligence*）和 *Journal of the ACM* 期刊上。

本章没有讨论**并行搜索**算法，部分是因为这需要先介绍并行计算机体系结构。并行搜索在 20 世纪 90 年代开始流行，已经成为 AI 和理论计算机科学的一个重要课题（Mahanti 和 Daniels，1993；Grama 和 Kumar，1995；Crauser 等人，1998），特别是在新的多核和集群架构时代（Ralphs 等人，2004；Korf 和 Schultze，2005）。（Korf，2008）研究了在需要大量磁盘存储的大规模图搜索中搜索算法的重要性。

习　题

3.1 解释为什么问题的形式化必须在目标的形式化之后。

3.2 你的目标是让机器人走出迷宫。机器人面朝北，开始位置在迷宫中间。你可以让机器人转向面朝东、南、西或北。你可以让机器人向前走一段距离，在撞墙之前它会停步。

　　a. 将问题形式化。状态空间有多大？

　　b. 在迷宫中游走，在两条路或更多路交叉的路口可以转弯。重新形式化这个问题。现在状态空间有多大？

　　c. 从迷宫中的任一点出发，我们可以朝四个方向中的任一方向前进直到可以转弯的地方，而且我们只需要这样做。重新对这个问题进行形式化。我们需要记录机器人的方向吗？

　　d. 在我们对问题的最初描述中已经对现实世界进行了抽象，限制了机器人的行动并移除了细节。列出三个我们做的简化。

3.3 两个朋友住在地图（如图 3.2 给出的罗马尼亚地图）上的不同城市中。每一轮次，两个人都可以前进到地图上相邻的城市。从城市 i 到相邻城市 j 耗费的时间与城市间的距离 $d(i,j)$ 相等，但是每一轮次先到达相邻城市的人要等另一人抵达他的相邻城市（到达后打手机），方可进入下一轮次。我们希望这两个朋友能尽快相遇。

　　a. 请详细形式化此问题（你会发现在这定义一些形式符号很有帮助）。

　　b. 用 $D(i,j)$ 表示城市 i 和 j 之间的直线距离。下列启发式函数哪些是可采纳的？

　　　（i）$D(i,j)$；

（ii）$2D(i,j)$；

（iii）$D(i,j)/2$。

c. 是否存在完全联通图却没有解？

d. 是否存在这样的地图：所有解都需要一个朋友访问同一城市两次？

3.4 证明八数码问题的所有状态可以划分为两个不相交的子集，处在同一个子集中的状态之间可以相互到达，处在不同子集中的两个状态之间必不可达。（提示：参见 Berlekamp 等人（1982）。）设计一个算法判断一个给定的状态属于哪个子集，并解释为什么这对于生成随机状态是有用的。

3.5 用 3.2.1 节给出的"高效的"增量形式化方法处理 n 皇后问题。解释为什么状态空间至少有 $\sqrt[3]{n!}$ 个状态，估算穷举探索可行的 n 的最大值（**提示**：考虑一个皇后在每列中能够攻击到的最大方格数目，从而得出分支因子下界）。

3.6 对以下问题给出完整的形式化。选择的形式化方法要足够精确以便于实现。

a. 只用四种颜色对平面地图着色，要求每两个相邻的地区不能具有相同的颜色。

b. 屋子里有只 3 英尺高的猴子，离地 8 英尺的屋顶上挂着一串香蕉。猴子想吃香蕉。屋子里有两个可叠放、可移动、可攀爬的 3 英尺高的箱子。

c. 有这样一个程序，当输入一个包含很多记录的文件时会输出消息"不合法的输入记录"。每个记录的处理都是独立的。请找出报错的是哪个记录。

d. 有三个水壶，容量分别为 12 加仑、8 加仑和 3 加仑，还有一个放液嘴。可以把水壶装满或者倒空，从一个壶倒进另一个壶或者倒在地上。请量出刚好 1 加仑水。

3.7 考虑从飞机看两点之间的最短路径问题，如图 3.31 所示，图中有很多凸多边形障碍。这是复杂环境中机器人要解决的导航问题的理想化。

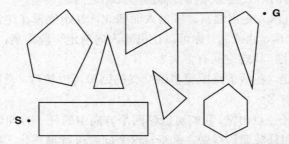

图 3.31　有多边形障碍的场景。S 和 G 为开始和终止状态

a. 假设状态空间包含所有坐标 (x, y)。状态空间有多大？有多少条路可以到达目标？

b. 简要回答为什么从一个多边形顶点到图中任何地方的最短路径一定会包含直线区段和多边形顶点。定义一个好的状态空间。分析状态空间的大小。

c. 定义实现该搜索问题所需要的函数，其中函数 ACTIONS 以一顶点为其输入，返回以该顶点为起点直线到达另一顶点的矢量集合（不要忘记同一多边形的邻居）。使用直线距离作为启发式函数。

d. 应用本章讨论的一个或多个算法求解此问题，并给出性能评价。

3.8 在 3.1.1 节，我们提到不会考虑代价为负数时的情况。本题我们更深入地讨论这种情况。

   a. 假设行动可以是任一负数代价；解释为什么这种可能性会导致每一个最优算法都要探索整个状态空间。

   b. 如果我们限定步骤代价一定要大于等于某一负数 c 是否会有帮助？考虑图搜索和树搜索两种情况。

   c. 假设一组行动在状态空间组成了循环，所以以某顺序执行此行动集不会带来状态的任何改变。如果这些行动都是负数代价，这对此环境中追求最优行为的 Agent 而言意味着什么？

   d. 假设某行动有很高的负数代价，不管是什么领域包含路径查找。例如，有些道路两边的风景太美了，完全不必理会时间和汽油的消耗。请在状态空间搜索的上下文中用术语精确解释，为什么人不会永远看下去？请解释在路径查找中如何定义状态空间和行动以使人工 Agent 避免循环。

   e. 你能想出步骤代价这样带来循环的真实领域吗？

3.9 **传教士和野人**问题。三个传教士和三个野人在河的一岸，有一条能载一个人或者两个人的船。请设法使所有人都渡到河的另一岸，要求在任何地方野人数都不能多于传教士的人数。这个问题在 AI 领域中很有名，是因为它是第一个从分析的观点探讨问题形式化的论文的主题（Amarel，1968）。

   a. 请对该问题进行详细形式化，只描述确保该问题求解所必需的特性。画出完整的状态空间图。

   b. 应用合适的搜索算法求出该问题的最优解。对于这个问题检查重复状态是个好主意吗？

   c. 这个问题的状态空间很简单，你认为是什么导致人们求解它很困难？

3.10 对以下术语给出你自己的定义：状态，状态空间，搜索树，搜索结点，目标，行动，转移模型和分支因子。

3.11 世界状态、状态描述和搜索结点有何不同？为什么要做这样的严格区分？

3.12 像 *Go(Sibiu)* 这样的行动都会包含一组动作：点火汽车，松开刹车，加速然后前进，等等。把这些动作组合起来可以减少解的步骤数，从而减少搜索时间。假设我们走向极端，组合一个超级行动 *Go*。这样每个问题实例都可通过单个超级组合行动求解，如 *Go(Sibiu) Go(Rimnicu Vilcea) Go(Pitesti) Go(Bucharest)*。请解释在这种形式化下搜索是如何工作的。这是加速问题求解过程的实用方法吗？

3.13 证明 GRAPH-SEARCH 满足图 3.9 描述的图分离特性。（提示：证明一开始性质是保持的，然后证明如果迭代前性质保持，迭代后也会保持。）找出违反这条性质的搜索算法。

3.14 判断对错并说明理由：

   a. 深度优先搜索至少要扩展与使用可采纳启发式的 A*一样多的结点。

   b. $h(n) = 0$ 对于八数码问题是可采纳的启发式。

   c. A*在机器人学中没有任何用处，原因是感知器、状态和行动都是连续的。

   d. 即使是通话零代价的情况下，宽度优先搜索依然是完备的。

   e. 假设车在棋盘上可以沿水平或垂直方向移动至任一方格中，但要注意不能跳过棋子。将车从方格 A 移到方格 B 的最小移动步数问题中，曼哈顿距离是可采纳的启发式。

3.15 考虑起始状态为 1、每个状态 k 都有两个后继 $2k$ 和 $2k+1$ 的状态空间。

　　a. 画出从 1～15 的状态空间。

　　b. 假设目标状态为 11。请列出访问结点的顺序：宽度优先搜索、深度界限为 3 的深度受限搜索、迭代加深搜索。

　　c. 双向搜索求解此问题的有优势吗？两种方向的分支因子分别是多少？

　　d. 求解问题 c 是否需要对问题重新进行形式化成允许求解从状态 1 到一给定目标状态的问题时几乎没有搜索？

　　e. 调用行动从 k 到左边的 $2k$，和到右边的 $2k+1$。你能找到完全不用搜索就能求得解的算法吗？

3.16 图 3.32 中所示是铁路积木组合。任务是要将这些积木块联在一起组成铁路，要求不能有重叠的轨道不能有松动否则火车会开出去。

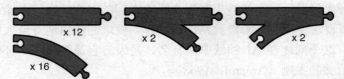

图 3.32　木制铁路积木集合的轨道块；标明的数字为积木块数。要注意的是弯曲块和开叉块可以双向调转。弯曲的角度都是 45 度

　　a. 假设积木块是精确无松动的。对此问题给出详细精确的形式化。

　　b. 选择一种无信息搜索方法完成这个任务并解释你选择的理由。

　　c. 解释为什么拿走任何一个开叉块会导致问题无解。

　　d. 对你形式化的状态空间给出上界（**提示**：考虑构造过程中的最大分支因子和最大深度，忽略重叠和松动。从每类只有一块开始）。

3.17 在 3.4.5 节，我们提到了**迭代加长搜索**，一致代价搜索的迭代法。它的思想是对路径代价使用不断增加的限制值。如果某个生成结点的路径代价值大于当前的限制，则马上丢弃此结点。每轮迭代的限制值被设为上轮迭代中丢弃的所有结点中最小的路径代价值。

　　a. 证明此算法对于一般的路径代价是最优的。

　　b. 考虑分支因子为 b、解深度为 d、单位代价的一致代价搜索树。迭代加长搜索需要经过多少次迭代才能找到解？

　　c. 考虑单步代价值为连续区间 $[\varepsilon, 1]$，其中 $0 < \varepsilon < 1$。在最坏情况下需要经过多少次迭代？

　　d. 实现该算法，将其应用于求解八数码问题和旅行商问题。比较该算法与一致代价搜索的性能，对结果给出评论。

3.18 找出一个状态空间，使用迭代加深搜索比深度优先搜索的性能要差很多（如，一个是 $O(n^2)$，另一个是 $O(n)$）。

3.19 编写程序，输入为两个网页的 URL，找出从一个网页到另一个网页的链接路径。用哪种搜索策略最适合？双向搜索适用吗？能用搜索引擎实现一个前任函数吗？

3.20 考虑图 2.2 定义的真空吸尘器世界问题。

　　a. 本章中哪种算法适合求解这个问题？这个算法是使用树搜索还是图搜索？

　　b. 使用你选择的算法来求解 3×3 世界的最优行动序列，初始状态是上面三个方格里有灰尘，Agent 则在中心方格。

　　c. 构造真空吸尘器世界的搜索 Agent 并评价其性能，环境是 3×3 方格，每个方格里有灰尘的概率是 0.2。在性能度量中不仅包括路径代价也要包括搜索开销，使用合理的转换比率。

　　d. 比较你最好的搜索 Agent 和简单的随机反射型 Agent 的性能，后者的策略是如果当前位置有垃圾就吸尘，否则就随机地移动。

　　e. 考虑如果世界扩大到 $n \times n$ 会发生什么。当 n 变化时，搜索 Agent 和反射型 Agent 的性能会受到什么影响？

3.21 证明以下论点或举出反例：

　　a. 宽度优先搜索是一致代价搜索的一种特殊情况。

　　b. 深度优先搜索是最佳优先搜索的一种特殊情况。

　　c. 一致代价搜索是 A* 搜索的一种特殊情况。

3.22 对随机产生的八数码问题（用曼哈顿距离）和 TSP（用 MST——参见习题 3.30）问题，比较 A* 算法和 RBFS 算法的性能。对结果进行讨论。八数码问题如果在启发式值上加上一个很小的随机数，会对 RBFS 的性能有何影响？

3.23 跟踪 A* 算法应用直线距离启发式求解从 Lugoj 到 Bucharest 问题的过程。给出结点扩展的顺序和每个结点的 f、g 和 h 值。

3.24 设计一个状态空间，对其使用 GRAPH-SEARCH 的 A* 得到次优解，其中 $h(n)$ 是可采纳的而不是一致的。

3.25 **启发式路径算法**（Pohl，1977）是一种最佳优先搜索，它的评估函数是 $f(n) = (2 - w) g(n) + w \, h(n)$，假设 h 是可采纳的。w 取什么值能保证算法是最优的？当 $w = 0$，$w = 1$，$w = 2$ 时，分别是什么搜索算法？

3.26 考虑图 3.9 给出 2D 方格图没有边界的版本。开始状态为 (0,0)，目标状态为 (x,y)。

　　a. 状态空间的分支因子是多少？

　　b. 深度 k（$k > 0$）有多少个状态？

　　c. 宽度优先树搜索扩展的最大结点数是多少？

　　d. 宽度优先图搜索扩展的最大结点数是多少？

　　e. $h = |u - x| + |v - y|$ 对状态 (u,v) 是可采纳的启发式吗？请解释。

　　f. 使用 h 的 A* 图搜索扩展的结点数是多少？

　　g. 如果删除一些连线，h 还会是可采纳的吗？

　　h. 如果在一些非邻近状态间增加一些连线，h 还会是可采纳的吗？

3.27 n 辆车放置在 $n \times n$ 网格的方格 (1, 1) 至方格 (n, 1) 中。这些车要以相反序移至另一端；从 (i, 1) 开始的第 i 辆车，目标位置是 (n-i+1, n)。每一轮，每辆车可以选择上、下、左、右各移动一格或静止不动；如果某辆车选择静止不动，跟它邻近的车（最多只能有一辆）可以跳过它。两辆车不能在同一格中。

　　a. 计算状态空间的大小，记为 n 的函数。

b. 计算分支因子的大小，记为 n 的函数。

c. 假设小车 i 坐标为 (x_i, y_i)，并且网格中没有其他车辆，它的目标为 $(n-i+1, n)$，请给出可采纳的启发式。

d. 对于整个问题而言，下列启发式函数哪个是可采纳的？请解释。

(i) $\sum_{i=1}^{n} h_i$

(ii) $\max(h_1, \cdots, h_n)$

(iii) $\min(h_1, \cdots, h_n)$

3.28 设计一个启发函数，它在八数码问题中有时会估计过高，对某一特定问题它会求出次优解（可以用计算机编程找出）。证明：如果 h 被高估的部分不超过 c，A*算法返回的解代价比最优解代价多出的部分也不超过 c。

3.29 证明如果启发式是一致的，它一定是可采纳的。构造一个非一致的可采纳启发式。

3.30 旅行商问题（TSP）可以通过最小生成树（MST）启发式来解决，如果已经旅行已在进行中，MST 用于估计完成旅行的代价。一组城市的 MST 代价是连接所有城市的树的最小连接代价和。

a. 这个启发式是如何通过松弛的 TSP 问题得到的。

b. 说明为何 MST 启发式比直线距离启发式有优势。

c. 编写 TSP 问题的实例生成器，城市的位置用在单位正方形内的随机点表示。

d. 在文献中找到构造 MST 的有效算法，并将之应用 A*图搜索来求解 TSP 问题实例。

3.31 在 3.6.2 节，我们定义了八数码问题的松弛：如果 B 是空的，一个棋子可以直接从方格 A 移到方格 B。求解该问题得出了 **Gaschnig 启发式**（Gaschnig, 1979）。解释 Gaschnig 启发式至少和 h_1（错位棋子数）一样精确的理由，举例说明它比 h_1 和 h_2（曼哈顿距离）更精确的特例。解释如何能有效计算 Gaschnig 启发式。

3.32 我们给出了八数码问题的两个简单启发式：曼哈顿距离和错位棋子数。文献中的几个启发式声称是有所提高的——例如，Nilsson（1971），Mostow 和 Prieditis（1989），Hansson 等人（1992）。编程实现这些启发式并比较算法的性能。

第 4 章　超越经典搜索

本章尽量不像上一章那样做一些简单假设，而是讨论更接近于现实世界。

在第 3 章中讨论的问题具有如下性质：环境是可观察的、确定的、已知的，问题解是一个行动序列。本章将讨论不受这些环境性质的约束。我们从简单情况开始：4.1 节和 4.2 节状态空间的**局部搜索**（local search）算法，考虑对一个或多个状态进行评价和修改，而不是系统地探索从初始状态开始的路径。这些算法适用于那些关注解状态而不是路径代价的问题。局部搜索算法家族包括由统计物理学带来的**模拟退火法**（simulated annealing）和进化生物学带来的**遗传算法**（genetic algorithms）。

在 4.3 节和 4.4 节，我们不再强求环境的确定性和可观察性。主要思想是如果 Agent 不能准确预测传感器的接收，那么它需要考虑当传感器接收到应急情况发生时该做什么。由于只具备部分可观察性，Agent 需要跟踪可能的状态。

最后在 4.5 节讨论在线搜索，Agent 面对的是完全未知的空间要从头开始探索。

4.1　局部搜索算法和最优化问题

我们前面介绍过的搜索算法都系统地探索空间。这种系统化通过在内存中保留一条或多条路径和记录路径中的每个结点的选择。当找到目标时，到达此目标的路径就是这个问题的一个解。然而在许多问题中，到达目标的路径是不相关的。例如，在八皇后问题中（参见 3.2.1 节），重要的是最终皇后在棋盘上的布局，而不是皇后加入的先后次序。许多重要的应用都具有这样的性质，例如集成电路设计、工厂场地布局、作业车间调度、自动程序设计，电信网络优化、车辆寻径和文件夹管理。

如果到目标的路径是无关紧要的，我们可能考虑不同的算法，这类算法不关心路径。**局部搜索**算法从单个**当前结点**（而不是多条路径）出发，通常只移动到它的邻近状态。一般情况下不保留搜索路径。虽然局部搜索算法不是系统化的，但是有两个关键的优点：(1) 它们只用很少的内存——通常是常数；(2) 它们经常能在系统化算法不适用的很大或无限的（连续的）状态空间中找到合理的解。

除了找到目标，局部搜索算法对于解决纯粹的**最优化问题**十分有用，其目标是根据**目标函数**找到最佳状态。第 3 章中介绍的"标准的"搜索模型并不适用于很多最优化问题。例如，自然界提供了一个目标函数——繁殖适应性——达尔文的进化论可以被视为最优化的尝试，但是这个问题本身没有"目标测试"和"路径代价"。

为了理解局部搜索，我们借助于**状态空间地形图**（如图 4.1 所示）。地形图既有"坐标"（用状态定义）又有"标高"（由启发式式代价函数或目标函数定义）。如果标高对应于代价，那么目标就是找到最低谷——即**全局最小值**；如果标高对应于目标函数，那么目标就是找到最高峰——即**全局最大值**（可以通过插入一个负号使两者相互转换）。局部搜索算法就是探索这个地形图。如果存在解，那么**完备的**局部搜索算法总能找到解；**最优的**局部搜索算法总能找到全局最小值/最大值。

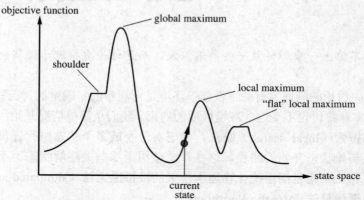

图 4.1　一维的状态空间地形图，高度对应于目标函数。目标是找到全局最大值。如箭头所示，
　　　　爬山法修正当前状态以改进它。各种地形特征在教材中有定义

4.1.1　爬山法

　　图 4.2 中给出了**爬山法**（**最陡上升版本**）搜索。它是简单的循环过程，不断向值增加的方向持续移动——即，登高。算法在到达一个"峰顶"时终止，邻接状态中没有比它值更高的。算法不维护搜索树，因此当前结点的数据结构只需要记录当前状态和目标函数值。爬山法不会考虑与当前状态不相邻的状态。这就像健忘的人在大雾中试图登顶珠穆朗玛峰一样。

```
function HILL-CLIMBING(problem) returns a state that is a local maximum

    current ← MAKE-NODE(problem.INITIAL-STATE)
    loop do
        neighbor ← a highest-valued successor of current
        if neighbor.VALUE ≤ current.VALUE then return current.STATE
        current ← neighbor
```

图 4.2　爬山法，最基本的局部搜索技术。在每一步，当前的结点都会被它的最佳邻接结
　　　　点所代替；这里，最佳邻接结点意味着 VALUE 最高的邻接结点，但是如果使用启发式代价评估
　　　　函数 h，我们要找的就是 h 最低的邻接结点

　　3.2.1 节介绍了**八皇后问题**，我们以此为例说明爬山法。局部搜索算法一般使用**完整状态形式化**（complete-state formulation），即每个状态都包括在棋盘上放置 8 个皇后，每列一个。后继函数指的是移动某个皇后到这列的另一个可能方格中（因此每个状态有 $8 \times 7 = 56$ 个后继）。启发式评估函数 h 是形成相互攻击的皇后对的数量；不管是直接还是间接。该函数的全局最小值是 0，仅在找到解时才会是这个值。图 4.3（a）中是 $h = 17$ 的状态。图中还给出了它的所有后继的值，最好的后继是 $h = 12$。如果有多个后继同是最小值，爬山法会在最佳后继集合中随机选择一个进行扩展。

爬山法有时被称为**贪婪局部搜索**，因为它只是选择邻居中状态最好的一个，而不考虑下一步该如何走。尽管贪婪是七宗罪之一，贪婪算法却很有效。爬山法很快朝着解的方向进展，因为它可以很容易地改善一个坏的状态。如，考虑图 4.3（a）中的状态，只需 5 步就能到达图 4.3（b）的状态，它的 $h = 1$ 已经很接近解了。不幸的是，爬山法经常会陷入困境：

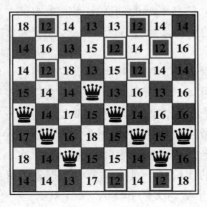

(a)　　　　　　　　　　　　　　　　(b)

图　4.3

（a）八皇后问题的一个状态，其中启发式代价评估 $h = 17$，方格中显示的数字表示将这一列中的皇后移到该方格而得到的后继的 h 值。最佳移动在图中做了标记。（b）八皇后问题状态空间中的一个局部极小值；该状态的 $h = 1$，但是它的每个后继的 h 值都会比它高

● **局部极大值**：局部极大值是一个比它的每个邻接结点都高的峰顶，但是比全局最大值要小。爬山法算法到达局部极大值附近就会被拉向峰顶，然后就卡在局部极大值处无处可走。图 4.1 示意性地描述了这种情况。更具体地，图 4.3（b）中的状态就是一个局部极大值（即评估代价 h 的局部最小值）；不管移动哪个皇后得到的情况都会比原来更差。

● **山脊**：图 4.4 显示了山脊的情况。山脊造成一系列的局部极大值，贪婪算法很难处理这种情况。

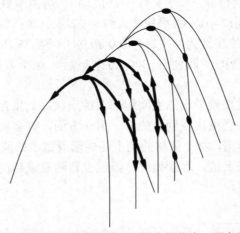

图 4.4　为什么山脊会使爬山法困难的图示。图中的状态（黑色圆点）叠加在从左到右上升的山脊上，创造了一个不直接相连的局部极大值序列。从每个局部极大点出发，可能的行动都是指向下山方向的

● **高原**：高原是在状态空间地形图上的一块平原区域。它可能是一块平的局部极大值，不存在上山的出口，或者是**山肩**，从山肩还有可能取得进展（参见图 4.1）。爬山法在高原可能会迷路。

在每种情况下，爬山法都会到达无法再取得进展的地点。从随机生成的八皇后问题开始，最陡上升的爬山法 86% 的情况下会被卡住，只有 14% 的问题实例能求得解。算法求解速度快，成功找到解的平均步数是 4 步，被卡住的平均步数是 3 步——这对于包含 $8^8 \approx 1700$ 万个状态的状态空间是不坏的结果。

图 4.2 中的算法如果到达高原会停止，此时最佳后继值和当前状态值相等。继续前进——即**侧向移动**是好主意吗？高原可能只是如图 4.1 中所示的山肩？答案通常是肯定的，但要特别小心。如果我们在不能向上的情况下总是允许侧向移动，那么当到达一个平坦的局部极大值而不是山肩的时候，算法会陷入死循环。一种常规的解决办法是设置允许连续侧向移动的次数限制。例如，八皇后问题中设定允许最多连续侧向移动 100 次。这使得问题实例的解决比例从 14% 提高到了 94%。成功的代价是：对于每个成功搜索的 8 数码实例的平均步数为大约 21 步，每个失败实例的平均步数为大约 64 步。

爬山法有许多变形。**随机爬山法**在上山移动中随机地选择下一步；被选中的概率可能随着上山移动的陡峭程度不同而不同。这种算法通常比最陡上升算法的收敛速度慢不少，但是在某些状态空间地形图上它能找到更好的解。**首选爬山法**实现了随机爬山法，随机地生成后继结点直到生成一个优于当前结点的后继。这个算法在后继结点很多的时候（例如上千个）是个好策略。

到现在为止我们描述的爬山法是不完备的——它们经常会在目标存在的情况下因为被局部极大值卡住而找不到目标。**随机重启爬山法**（random restart hill climbing）吸纳了这种思想："如果一开始没有成功，那么尝试，再尝试（重新开始搜索）。"它通过随机生成初始状态[1]来导引爬山法搜索，直到找到目标。这个算法完备的概率接近 1，理由是它最终会生成一个目标状态作为初始状态。如果每次爬山法搜索成功的概率为 p，那么需要重新开始搜索的期望次数为 $1/p$。对于不允许侧向移动的八皇后问题实例，$p \approx 0.14$，因此大概需要 7 次迭代找到目标（6 次失败 1 次成功）。所需步数为一次成功迭代的搜索步数加上失败的搜索步数与 $(1-p)/p$ 的乘积，大约是 22 步。允许侧向移动时，平均需要迭代约 $1/0.94 \approx 1.06$ 次，平均的步数为 $(1 \times 21)+(0.06/0.94) \times 64 \approx 25$ 步。对于八皇后问题，随机重启爬山法实际上是有效的。即使有 300 万个皇后，这个方法找到解的时间不超过 1 分钟。[2]

爬山法成功与否严重依赖于状态空间地形图的形状：如果在图中几乎没有局部极大值和高原，随机重启爬山法会很快找到好的解。另一方面，许多实际问题的地形图就像平坦的地板上的一群变秃的箭猪，每个箭猪的刺上还生活着微小的箭猪，乃至无限。NP 难题通常有指数级数目的局部极大值。尽管如此，经过少数随机重启的搜索之后还是能找到一个合理的较好的局部极大值。

---

1 从一个隐式的状态空间生成随机状态本身就是很难的。

2 Luby 等人（1993）证明了在某些情况下，在搜索一段固定时间之后重新开始一个随机搜索算法比让搜索无目的地继续进行效率要高。不允许侧向移动或限制侧向移动步数的方法就是一个例子。

4.1.2　模拟退火搜索

爬山法搜索从来不"下山"，即不会向值比当前结点低的（或代价高的）方向搜索，它肯定是不完备的，理由是可能卡在局部极大值上。与之相反，纯粹的随机行走——就是从后继集合中完全等概率的随机选取后继——是完备的，但是效率极低。因此，把爬山法和随机行走以某种方式结合，同时得到效率和完备性的想法是合理的。**模拟退火**就是这样的算法。在冶金中，**退火**是用于增强金属和玻璃的韧性或硬度而先把它们加热到高温再让它们逐渐冷却的过程，这样能使材料到达低能量的结晶态。为了更好地理解模拟退火，我们把注意力从爬山法转向**梯度下降**（即，减小代价），想象在高低不平的平面上有个乒乓球想掉到最深的裂缝中。如果只允许乒乓球滚动，那么它会停留在局部极小点。如果晃动平面，我们可以使乒乓球弹出局部极小点。窍门是晃动幅度要足够大让乒乓球能从局部极小点弹出来，但又不能太大把它从全局最小点弹出来。模拟退火的解决方法就是开始使劲摇晃（也就是先高温加热）然后慢慢降低摇晃的强度（也就是逐渐降温）。

模拟退火算法的内层循环（图 4.5）与爬山法类似。只是它没有选择最佳移动，选择的是随机移动。如果该移动使情况改善，该移动则被接受。否则，算法以某个小于 1 的概率接受该移动。如果移动导致状态"变坏"，概率则成指数级下降——评估值 ΔE 变坏。这个概率也随"温度" T 降低而下降：开始 T 高的时候可能允许"坏的"移动，T 越低则越不可能发生。如果调度让 T 下降得足够慢，算法找到全局最优解的概率逼近于 1。

```
function SIMULATED-ANNEALING(problem, schedule) returns a solution state
    inputs: problem, a problem
            schedule, a mapping from time to "temperature"

    current ← MAKE-NODE(problem.INITIAL-STATE)
    for t = 1 to ∞ do
        T ← schedule(t)
        if T = 0 then return current
        next ← a randomly selected successor of current
        ΔE ← next.VALUE − current.VALUE
        if ΔE > 0 then current ← next
        else current ← next only with probability e^{ΔE/T}
```

图 4.5　模拟退火算法，允许下山的随机爬山法。在退火初期下山移动容易被采纳，随时间推移下山的次数越来越少。输入的 *schedule* 决定了 T 的值，它是时间的函数

模拟退火在 20 世纪 80 年代早期广泛用于求解 VLSI 布局问题。现在它已经广泛地应用于工厂调度和其他大型最优化任务。习题 4.4 要求在八皇后问题中比较它和随机重启爬山法的性能。

4.1.3　局部束搜索

内存总是有限的，但在内存中只保存一个结点又有些极端。**局部束搜索**（local beam search）算法[1]记录 k 个状态而不是只记录一个。它从 k 个随机生成的状态开始。每一步全

1　局部束搜索改编了**束搜索**，束搜索是基于路径的算法。

部 k 个状态的所有后继状态全部被生成。如果其中有一个是目标状态，则算法停止。否则，它从整个后继列表中选择 k 个最佳的后继，重复这个过程。

k 个状态的局部束搜索给人的第一印象是，并行而不是串行地运行 k 个随机重启搜索。实际上，这两个算法有很大不同。在随机重启搜索中，每个搜索的运行过程是独立的。而在局部束搜索中，有用的信息在并行的搜索线程之间传递。实际上，产生最好后继的状态会通知其他状态说："过来，这儿的草更绿！"算法很快放弃没有成果的搜索而把资源都用在取得最大进展的路径上。

如果是最简单形式的局部束搜索，那么由于这 k 个状态缺乏多样性——它们很快会聚集到状态空间中的一小块区域内，使得搜索代价比高昂的爬山法版本还要多。**随机束搜索**（stochastic beam search）为解决此问题的一种变形，它与随机爬山法相类似。随机束搜索并不是从候选后继集合中选择最好的 k 个后继状态，而是随机选择 k 个后继状态，其中选择给定后继状态的概率是状态值的递增函数。随机束搜索类似于自然选择，"状态"（生物体）根据"值"（适应度）产生它的"后继"（后代子孙）。

4.1.4 遗传算法

遗传算法（genetic algorithm，或 GA）是随机束搜索的一个变形，它通过把两个父状态结合来生成后继，而不是通过修改单一状态进行。这和随机剪枝搜索一样，与自然选择类似，除了我们现在处理的是有性繁殖而不是无性繁殖。

像束搜索一样，遗传算法也是从 k 个随机生成的状态开始，我们称之为**种群**。每个状态，或称**个体**，用一个有限长度的字符串表示——通常是 0、1 串。例如，八皇后问题的状态必须指明 8 个皇后的位置，每列有 8 个方格，所以需要 $8 \times \log_2 8 = 24$ 比特来表示。换句话说，每个状态可以由 8 个数字表示，数字范围都是从 1 到 8（后面我们会看到这两种不同的编码形式表现是有差异的）。图 4.6（a）显示了 4 个表示 8 皇后状态的 8 位数字串组成的种群。

图 4.6（b）～4.6（e）显示了产生下一代状态的过程。在（b）中，每个状态都由它的目标函数或（用遗传算法术语）**适应度函数**给出评估值。对于好的状态，适应度函数应返回较高的值，所以在八皇后问题中，我们用不相互攻击的皇后对的数目来表示，最优解的适应度是 28。这四个状态的适应度分别是 24、23、20 和 11。在这个特定的遗传算法实现中，被选择进行繁殖的概率直接与个体的适应度成正比，其百分比标在旁边。

在图 4.6（c）中，按照（b）中的概率随机地选择两对进行繁殖。请注意其中一个个体被选中两次而有一个一次也没被选中[1]。对于要配对的每对个体，在字符串中随机选择一个位置作为**杂交点**。图 4.6 中的杂交点在第一对的第三位数字之后和第二对的第五位数字之后。[2]

---

[1] 选择规则有很多变形。**筛选**是将在一个给定阈值之下的所有个体都抛弃，此方法比随机选取的收敛速度要快（Baum 等人，1995）。

[2] 这是编码问题。如果是用 24 位的编码代替 8 位数字码，那么杂交点有 2/3 的可能落在一个数字的中间，造成该数字本质上随意的变异。

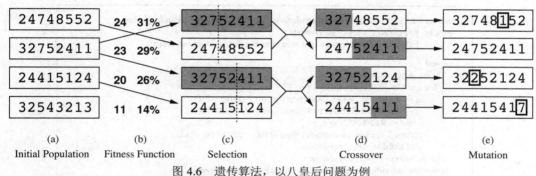

图 4.6　遗传算法，以八皇后问题为例

（a）是初始种群，（b）是适应度函数，（c）是配对结果。（d）是杂交产生的后代，（e）是变异的结果

在图 4.6（d）中，父串在杂交点上进行杂交而创造出后代。例如，第一对的第一个后代从第一个父串那里得到了前三位数字、从第二个父串那里得到了后五位数字，而第二个后代从第二个父串那里得到了前三位数字从第一个父串那里得到了后五位数字。这次繁殖过程中涉及的 8 皇后状态如图 4.7 所示。这个例子表明，如果两个父串差异很大，那么杂交产生的状态和每个父状态都相差很远。通常的情况是早期的种群是多样化的，因此杂交（类似于模拟退火）在搜索过程的早期阶段在状态空间中采用较大的步调，而在后来当大多数个体都很相似的时候采用较小的步调。

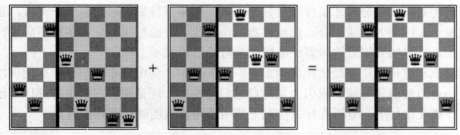

图 4.7　与图 4.6（c）中的前两个父串相对应的八皇后问题状态和与图 4.6（d）中的第一个后代相对应的状态。阴影部分的列在杂交过程中丢失，非阴影部分的列保留下来

最后，在图 4.6（e）中每个位置都会按照某个小的独立概率随机**变异**。在第 1、第 3和第 4 个后代中都有一个数字发生了变异。在八皇后问题中，这相当于随机地选取一个皇后并把它随机地放到该列的某一个方格里。图 4.8 描述了实现所有这些步骤的算法。

像随机束搜索一样，遗传算法结合了上山趋势、随机探索和在并行搜索线程之间交换信息。遗传算法最主要的优点，如果算是，来自杂交操作。然而可以在数学上证明，如果基因编码的位置在初始的时候就允许随机转换，杂交就没有优势了。直观上说，杂交的优势在它能够将独立发展出来的能执行有用功能的字符区域结合起来，因此提高了搜索的粒度。例如，将前三个皇后分别放在位置 2、4 和 6（互不攻击）就组成了一个有用的区域，它可以和其他有用的区域组合起来形成问题的解。

遗传算法理论用**模式**（schema）思想来解释运转过程，模式是指其中某些位未确定的子串。例如，模式 246*****描述了所有前三个皇后的位置分别是 2、4、6 的状态。能匹配这个模式的字符串（例如 24613578）称作该模式的**实例**。可以证明，如果某模式实例的平

```
function GENETIC-ALGORITHM(population, FITNESS-FN) returns an individual
   inputs: population, a set of individuals
            FITNESS-FN, a function that measures the fitness of an individual

   repeat
       new_population ← empty set
       for i = 1 to SIZE(population) do
           x ← RANDOM-SELECTION(population, FITNESS-FN)
           y ← RANDOM-SELECTION(population, FITNESS-FN)
           child ← REPRODUCE(x, y)
           if (small random probability) then child ← MUTATE(child)
           add child to new_population
       population ← new_population
   until some individual is fit enough, or enough time has elapsed
   return the best individual in population, according to FITNESS-FN

function REPRODUCE(x, y) returns an individual
   inputs: x, y, parent individuals

   n ← LENGTH(x); c ← random number from 1 to n
   return APPEND(SUBSTRING(x, 1, c), SUBSTRING(y, c + 1, n))
```

图 4.8　遗传算法。算法和图 4.6 中算法一样，除了一点不同：更流行的做法是，两个父串的每
　　　　次配对只产生一个后代而不是两个

均适应度超过均值，那么种群内这个模式的实例数量就会随时间增长。显然，如果邻近位
互不相关，效果就没有那么显著，因为只有很少的邻接区域能受益。遗传算法在模式具备
真正与解相对应的成分时才工作得最好。例如，如果字符串表示的是一个天线，那么模式
就应该表示天线的各组成部分，如反射器和偏转仪。好的组成部分在各种不同设计下可能
都是好的。这说明要用好遗传算法需要认真对待知识表示工程。

　　实际上，遗传算法在最优化问题上有广泛的影响，如电路布局和作业车间调度问题。
目前，还不清楚遗传算法的吸引力是源自它们的性能，还是源自它们出身进化理论。很多
研究工作正在进行中，分析在什么情况下使用遗传算法能够达到好的效果。

进化与搜索

　　进化论是由 Charles Darwin 在《物种起源》（*On the Origin of Species by Means of
Natural Selection*，1859）和 Alfred Russel Wallace（1858）分别独立提出的。它的中心思
想很简单：变化会出现在繁殖过程中，并且将在后代繁衍过程中以一定比例保存下来。

　　达尔文的进化论没有讨论生物体的特性是怎样遗传或改变的。掌控这个过程的统计
规律首先由 Gregor Mendel（1866）的修道士发现，他在香豌豆上进行了实验。很久一段
时间以且，Watson 和 Crick（1953）确定了 DNA 分子的结构和它的序列，AGTC（腺嘌
呤，鸟嘌呤，胸腺嘧啶，胞嘧啶）。在标准模型中，基因序列上的某点的突变或者"杂交"
（后代的 DNA 序列是通过双亲 DNA 序列长片断的合成产生的）都会导致发生变异。

　　与局部搜索算法的相似性我们已经介绍过了；随机剪枝搜索算法与进化算法之间最
主要的区别就是对有性繁殖的利用，在有性繁殖中后代是由多个而不是一个生物体产生
的。然而，实际的进化机制比多数遗传算法要丰富得多。例如，变异就包括 DNA 的反
转、复制和大段的移动；一些病毒借用一个生物体的 DNA，再插入到其他生物体的 DNA

里；在基因组里还有可换位基因，它除了把自己复制成千上万遍以外不做其他事情。甚至还有些基因破坏不携带该基因的细胞以避免可能的配对，从而提高它们自身的复制几率。最重要的是基因自身对基因控制进行编码，这些编码决定了基因组是如何繁殖和转变成为生物体的。在遗传算法中，这些机制是单独的程序，而不是体现在被处理的字符串中。

达尔文进化论表面看来效率较低，盲目产生了大约 10^{45} 种生物体，在此过程丝毫没有改进它的搜索启发式。然而，比达尔文早 50 年，另一位伟大的法国自然科学家 Jean Lamarck（1809）提出进化理论，指出在生物的生命周期中通过适应环境获得的特性将会传给其后代。这个过程很高效，但在自然界里较少发生。很多年之后，James Baldwin（1896）提出了类似理论：在生物体的生命周期里通过学习得到的行为能够加快进化速度。Baldwin 的理论与 Lamarck 的不同，但它与达尔文的进化论相容，因为它同样依靠个体上的选择压力，这些个体会在遗传允许的可能行为集合上找到局部最优。计算机仿真证实了"鲍德温效应"，"一般的"进化能够创造出内在性能度量和实际适应度相关的生物体。

4.2   连续空间中的局部搜索

第 2 章中我们区分了离散空间和连续空间，同时指出绝大多数现实世界环境都是连续的。然而我们讨论过的算法（除了首选爬山法和模拟退火）没有一个能够处理连续的状态和动作空间，因为连续空间里的分支因子是无限的。这一节将非常简要的介绍在连续状态空间上寻找最优解的一些局部搜索技术。关于这个主题的文献很多；许多基本技术起源于在牛顿和莱布尼兹发明微积分之后[1]的 17 世纪。本书的一些章节会有这些技术的应用，包括讨论学习、视觉和机器人学的章节。

考虑一个实例。假设我们想在罗马尼亚建三个新机场，使地图上（图 3.2）每个城市到离它最近的机场的距离平方和最小。那么问题的状态空间通过机场的坐标来定义：(x_1, y_1)、(x_2, y_2) 和 (x_3, y_3)。这是个六维空间；也可以说状态空间由六个**变量**定义（一般地，状态是由 n 维向量 **x** 来定义的）。在此状态空间中移动对应于在地图上改变一个或多个机场的位置。对于某特定状态一旦计算出最近城市，目标函数 $f(x_1, y_1, x_2, y_2, x_3, y_3)$ 就很容易计算出来了。假设用 C_i 表示（当前状态下）离机场 i 最近的城市集合。那么，当前状态的邻接状态中，各 C_i 保持常量，我们有：

$$f(x_1, y_1, x_2, y_2, x_3, y_3) = \sum_{i=1}^{3} \sum_{c \in C_i} (x_i - x_c)^2 + (y_i - y_c)^2 \tag{4.1}$$

这个表达式显然是局部的不是全局的，原因在于 C_i 集合是状态的非连续函数。

避免连续性问题的一种简单途径就是将每个状态的邻接状态离散化。例如，一次只能

---

1   多元积分和向量计算的基本知识可以帮助理解本节内容。

将一个飞机场按照 x 方向或 y 方向移动一个固定的量 $\pm\delta$。有 6 个变量，每个状态就有 12 个后继。这样就可以应用之前描述过的局部搜索算法。如果不对空间进行离散化，可以直接应用随机爬山法和模拟退火。这些算法随机选择后继，通过随机生成长度为 δ 的向量来完成。

很多方法都试图利用地形图的**梯度**来找到最大值。目标函数的梯度是向量 ∇f，它给出了最陡斜面的长度和方向。对于上述问题，则有

$$\nabla f = \left(\frac{\partial f}{\partial x_1}, \frac{\partial f}{\partial y_1}, \frac{\partial f}{\partial x_2}, \frac{\partial f}{\partial y_2}, \frac{\partial f}{\partial x_3}, \frac{\partial f}{\partial y_3} \right)$$

在某些情况下，可以通过解方程 $\nabla f = 0$ 找到最大值。（这是可以做到的，例如，如果我们只建一个飞机场；解就是所有城市坐标的算术平均。）然而，在很多情况下，该等式不存在闭合式解。例如，要建三个机场时，梯度表达式依赖于当前状态下哪些城市离各个机场最近。这意味着我们只能局部地计算梯度（而不是全局地计算）；例如，

$$\frac{\partial f}{\partial x_1} = 2 \sum_{c \in C_1} (x_i - x_c) \tag{4.2}$$

给定梯度的局部正确表达式，我们可以通过下述公式更新当前状态来完成最陡上升爬山法：

$$\mathbf{x} \leftarrow \mathbf{x} + \alpha \nabla f(\mathbf{x})$$

其中 α 是很小的常数，称为**步长**。在一些情况下，目标函数可能无法用微分形式表示——例如，机场位置的特定集合的值要由某个大型经济仿真程序包来决定。在这些情况下，可以通过评估每个坐标上小的增减带来的影响来决定所谓的**经验梯度**。在离散化的状态空间中，经验梯度搜索和最陡上升爬山法是一样的。

在"α 是一个很小的常数"背后，有很多调整 α 的不同方法。基本问题是，如果 α 太小，就需要太多的步骤；如果 α 太大，搜索则容易错过最大值。**线搜索**技术试图通过扩展当前的梯度方向——通常通过反复使 α 加倍——来解决这个问题，直到 f 开始再次下降。出现该现象的点成为新的当前状态。在这点上如何选择新方向，有很多不同的方法。

对于许多问题，最有效的算法是古老的 Newton-Raphson 方法。这是找到函数的根的一般方法——就是说，求解方程 $g(x) = 0$。它根据牛顿公式计算根 x 的一个新的估计值

$$x \leftarrow x - g(x)/g'(x)$$

为了找到 f 的最大或最小值，需要找到梯度为 0 的 $\mathbf{x}$（即，$\nabla f(\mathbf{x}) = 0$）。因此，牛顿公式中的 $g(x)$ 就变为 $\nabla f(\mathbf{x})$，更新公式可以写成矩阵向量形式

$$\mathbf{x} \leftarrow \mathbf{x} - \mathbf{H}_f^{-1}(\mathbf{x}) \, \nabla f(\mathbf{x})$$

其中 $\mathbf{H}_f(\mathbf{x})$ 是二阶导数的 **Hessian** 矩阵，矩阵中的元素 H_{ij} 的值由 $\partial^2 f/\partial x_i \partial x_j$ 给出。在上面的机场实例中，从公式（4.2）可以看出 $\mathbf{H}_f(\mathbf{x})$ 相当简单：非对角线元素均为 0，机场 i 的对角线元素的值为 C_i 中城市数目的两倍。某一时刻的计算表明，机场 i 的移动直接指向 C_i 的重心，即公式 4.1 中 f 表达式的局部最小值[1]。然而，由于 Hessian 矩阵有 n^2 个元素，求逆计算对于高维问题开销很大，很多研究给出了近似 Newton-Raphson 的方法。

1　一般来说，Newton-Raphson 更新可以看作是在 $\mathbf{x}$ 点对 f 填充二次曲面，然后向曲面的最小值移动——如果 f 是二次的则也是 f 的最小值。

局部搜索算法在连续状态空间和离散状态空间一样受到局部极大值、山脊和高原的影响。可以使用随机重启和模拟退火算法，会比较有效。然而，高维的状态空间太大了，很容易使算法迷路找不到解。

最后一个值得讨论的话题是**约束优化**。如果问题的解必须满足变量的某些严格约束，称此优化问题是受约束的。例如，在机场选址问题中，可以限定机场的位置在罗马尼亚境内并且是在陆地上（而不是在某个湖的中央）。约束最优化问题的难点取决于约束和目标函数的性质。最著名的一类问题是**线性规划**问题，其约束是线性不等式并且能够组成一个**凸多边形**[1]区域，目标函数也是线性的。线性规划问题的时间复杂度是关于变量数目的多项式时间函数。

线性规划被广泛研究，也是最有用的一类优化问题。它是凸优化问题的特殊情况，允许约束区域可以是任一凸区，目标可以是凸区的任何凸函数。在某些情况下，凸优化问题在多项式时间内是可解的，即使有上千个变量也是实际可行的。机器学习和控制论中的一些重要问题可以形式化成凸优化问题（详见第 20 章）。

4.3　使用不确定动作的搜索

在第 3 章中，我们假设环境是完全可观察的和确定的，并且 Agent 了解每个行动的结果。所以，Agent 可以准确地计算出经过任何行动序列之后能达到什么状态，Agent 总是知道自己处于什么状态。它的传感器在一开始告知 Agent 初始状态，而在行动之后无需提供新的信息。

如果环境是部分可观察的或是不确定的（也可能两者都有），感知信息就变得十分有用。在部分可观察环境中，每个感知信息都可能缩小 Agent 可能的状态范围，这样也就使得 Agent 更容易到达目标。如果环境是不确定的，感知信息告知 Agent 某一行动的结果到底是什么。在这两种情况中，无法预知未来感知信息，Agent 的未来行动依赖于未来感知信息。所以问题的解不是一个序列，而是一个**应急规划**（也称作**策略**），应急规划描述了根据接收到的感知信息来决定行动。本节中，我们将考虑不确定性的情况，4.4 节讨论部分可观察的环境。

4.3.1　不稳定的吸尘器世界

在第 2 章中我们引入了吸尘器世界并在 3.2.1 节将它定义成搜索问题，本章继续使用吸尘器世界作为实例。回想一下，它的状态空间有 8 个状态，如图 4.9 所示。它有三种行动——*Left*、*Right* 和 *Suck*——它的目标是清扫完所有的灰尘（状态 7 和 8）。如果它的环境是可观察的、确定的和完全已知的，那么此问题的解就是一个行动序列，用第 3 章的任一算法都能轻易地解决。例如，如果初始状态是 1，那么行动序列[*Suck, Right, Suck*] 就能到达目标状态 8。

　　1　如果点集 S 中任意两点间连线上的点都包含在点集 S 中，则称点集 S 是凸的。凸函数是指其上境图（函数"上方"的空间）形成凸点集的函数；由定义可以得出，凸函数没有局部（与全局相对）极小值。

现在假设我们引入某种不确定形式，吸尘器更强大但却是不稳定的。在不稳定的吸尘器世界中，*Suck* 如下进行：

- 在一块脏的区域中进行此动作可以使该区域变得干净，有时也会同时清洁邻近区域。
- 如果是在干净区域进行此动作有可能使脏东西掉在地毯上[1]。

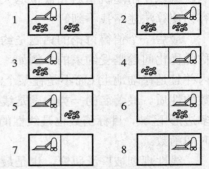

图4.9　真空吸尘器世界的八个可能状态

为了更准确地形式化这个问题，我们需要讨论推广第 3 章的**转移模型**概念。这里不用返回单个状态的 RESULT 函数定义转移模型，新的 RESULT 函数返回的是一组可能的状态。例如，在吸尘器世界中，状态 1 下实施 *Suck* 结果为状态集{5,7}——右边区域可能干净了也可能依旧是脏的。

我们同样需要推广**解**这个概念。例如，如果我们从状态 1 开始，没有一个序列可以求解问题。转而，我们需要一个如下所示的应急规划：

$$[Suck, \textbf{if } State = 5 \textbf{ then } [Right, Suck] \textbf{ else } []]　　　　　　（4.3）$$

此时，不确定性的问题的解是嵌套的 **if-then-else** 语句；这就意味着它们是树而不是序列。这就允许了在执行过程中根据发生的应急情况进行选择。真实、物理的世界中的许多问题都是应急问题，不可能做出精确预测。正是由于这个，人们在走路或是驾车的时候一直是睁大眼睛留着神的。

4.3.2　与或搜索树

下面我们讨论如何求得不确定性问题的可能的解。在第 3 章中，我们是从建立搜索树开始的，这里的树则有着不同的性质。在确定性环境中，分支是由 Agent 在每个状态下的选择形成的。我们称这些结点为**或结点**。如在吸尘器世界中，Agent 在或结点上选择 *Left* 或 *Right* 或 *Suck*。在不确定性环境中，分支的形成可能是由于环境选择每个行动的后果。这些结点则称为**与结点**。如状态 1 的 *Suck* 行动导致{5, 7}，所以 Agent 需要分别为状态 5 和状态 7 找到规划。由这两种结点就构成了**与或树**，如图 4.10 所示。

与或搜索问题的解是一棵子树：（1）每个叶子上都有目标结点，（2）在或结点上规范一个活动，（3）在与结点上包含所有可能后果。图中的粗线标出了解；它对应于公式 4.3 中的规划。（规划中使用 **if-then-else** 来表示来处理与分支，但当一个结点的分支数多于两个时，最好还是使用 **case** 结构。）可以直截了当地修改图 3.1 的问题求解 Agent 来求得可能的解。也可以考虑设计不同的 Agent，该 Agent 可以在找到肯定规划前开始行动，只是在执行过程中处理应急情况。这种搜索和执行的**交错**同样适用于探索问题（4.5 节）和博弈问题（第 5 章）。

图 4.11 给出了与或图搜索的深度优先递归算法。算法的一个关键是处理环的方法，环

1　我们假设大多数读者都会面临类似的问题，并能同情 Agent。对那些拥有现代化的、高效的家庭用品因而无法利用本教学安排的读者我们表示歉意。

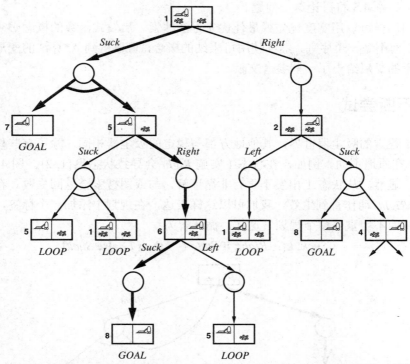

图 4.10　不稳定吸尘器世界的部分搜索树。在或结点必须选择行动。在用圆圈表示的与结点上必须处理所有可能后继，这些后继分支间以弧连接。解用粗黑线标出

```
function AND-OR-GRAPH-SEARCH(problem) returns a conditional plan, or failure
    OR-SEARCH(problem.INITIAL-STATE, problem, [ ])

function OR-SEARCH(state, problem, path) returns a conditional plan, or failure
    if problem.GOAL-TEST(state) then return the empty plan
    if state is on path then return failure
    for each action in problem.ACTIONS(state) do
        plan ← AND-SEARCH(RESULTS(state, action), problem, [state | path])
        if plan ≠ failure then return [action | plan]
    return failure

function AND-SEARCH(states, problem, path) returns a conditional plan, or failure
    for each sᵢ in states do
        planᵢ ← OR-SEARCH(sᵢ, problem, path)
        if planᵢ = failure then return failure
    return [if s₁ then plan₁ else if s₂ then plan₂ else ··· if sₙ₋₁ then planₙ₋₁ else planₙ]
```

图 4.11　不确定性环境生成的与或图的搜索算法。它会返回一个有条件的规划，在所有情况下都可以到达目标状态（[x|l] 表示将对象 x 加进表 l 的头）

经常出现在不确定性问题中（如，当一个行动有时可能没有效果或一个不经意的效果可以被纠正）。如果当前状态与从根出发的某条路径上的状态相同，那么返回失败。这并不意味着从当前状态出发就没有解，它只是表示如果存在非循环解，那么它从当前状态的早期镜像出发一定是可达的，所以新的镜像可以丢弃。通过这样的检查，可以保证算法在任何有限的状态空间终止，理由是每条路径都必定到达目标、死胡同或一个重复状态。要注意的是算法并不检查当前状态是否是从根出发的其他路径上的重复状态，而这一点对效率来说

非常重要。习题 4.5 将讨论这一问题。

与或图同样可以用宽度优先或最佳优先方法搜索。启发式函数的概念必须修改为评估可能的解，而不是一个序列，继续使用可采纳的概念，可以得到 A*算法的变形版本来找最优解。本章的最后给出了一些参考文献。

4.3.3　不断尝试

考虑不稳定的吸尘器世界，其他地方都与稳定的吸尘器相同，除了有些移动动作会失败，Agent 在原地不动。例如，在状态 1 实施 *Right* 会导致状态集{1, 2}。图 4.12 给出了部分搜索图；显然，从状态 1 出发不再有非循环解，与或图搜索会返回失败。存在循环解，一直尝试 *Right* 动作直到生效。我们可以这样表达，在规划中添加一个标签，之后就可以用这个标签而不用重复整个规划。这样，循环解为：

$$[Suck, L_1:\ Right,\ \textbf{if}\ State = 5\ \textbf{then}\ L_1\ \textbf{else}\ Suck]$$

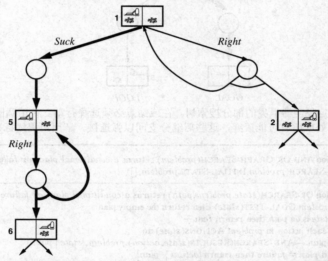

图 4.12　不稳定吸尘器世界的部分搜索图，图中有一些显式的循环。这个问题的所有解都是循环规划，因为行动是不稳定的

（这个规划还有一种更好的语法形式"**while** *State* = 5 **do** *Right*"）一般来说，如果每个叶子都是目标状态并且叶子从规划中的任一点都是可达的，会考虑循环解。习题 4.6 对与或树搜索进行了修改。关键是状态空间中回到状态 *L* 的循环翻译成规划中回到状态 *L* 的子规划执行点的循环。

给出循环解的定义，假设非确定的行动最终总会生效，执行这样的解的 Agent 最终就会到达目标。这个条件合理吗？这依赖于造成非确定性的原因。如果行动是随机的掷色子，那么假设最终会掷出 6 是合理的。如果行动是将房卡插入宾馆房间锁中，如果一开始打不开门，那么可能最终能打开门，也可能是拿错了钥匙（或进错了房间！）。试过七、八次后，大多数人会认为钥匙有问题会去前台换个钥匙。可以这样理解上面的决定，初始的问题形式化（可观察的，非确定性的）被丢弃，采用不同的形式化（部分可观察的，确定的），将失败处理成关键的不可观察的性质。我们会在第 13 章进一步讨论这个问题。

4.4　使用部分可观察信息的搜索

现在我们考虑部分可观察的问题，Agent 感知不足以精确描述状态。上一节我们提到过，如果 Agent 在可能的某个状态中，此时一个动作可能导致另一种可能结果——即使环境是确定性的。解决部分可观察问题的关键概念是**信念状态**，在给定行动序列和感知信息的情况下用来表达 Agent 对它当前所在的物理世界的信念。我们从最简单的场景学习信念状态，先考虑没有传感器的情况；然后分别加入部分可观察信息和不确定性行为。

4.4.1　无观察信息的搜索

如果 Agent 感知不到任何信息，我们称之为**无传感问题**，有时也称为**相容问题**。一开始，人们可能认为无传感 Agent 无法求解问题，因为它无法知道它处在何种状态；事实上无传感问题很多时候是可解的。更进一步，无传感 Agent 十分有用，因为它并不依赖于传感器的稳定工作。例如在制造系统中，开发出很多十分巧妙的技术用来处理无传感时从初始位置实施一个行动序列后要面临的问题。昂贵的传感器也是该技术发展的原因：例如，医生通常会使用广谱抗生素，而不会使用应急规划——即做个昂贵的血液检查然后等待检查结果，然后再开出特定的抗生素，估计还得住院因为感染可能更厉害了。

我们可以建立吸尘器世界的无传感版本。假设 Agent 知道世界的地理情况，但并不知道自己的位置和地上垃圾的分布。在这种情况下，初始状态可能是集合{1,2,3,4,5,6,7,8}中的一个。现在，考虑如果采取行动 *Right* 会发生什么。这会导致 Agent 是在{2,4,6,8}的某个状态中——此时的 Agent 有了更多的信息！更进一步，行动序列[*Right, Suck*]总会导致状态集{4,8}。最后，序列[*Right, Suck, Left, Suck*]不管初始状态是什么，将确保 Agent 到达目标状态 7。我们称 Agent 可以**迫使**世界到达状态 7。

要求解无感知信息的问题，我们在信念状态空间中搜索而不是在实际状态空间中搜索[1]。要注意的是在信念状态空间中，问题是完全可观察的因为 Agent 总是知道自己的信念状态。进而，解（如果有的话）总是一个行动序列。这是因为，在第 3 章的问题中，每个行动完成之后的感知信息是完全可预测的——它们总是空的！所以不需要应急规划。这是正确的，即使环境是不确定的。

如何构造信息状态搜索问题是很有启发的。假设下面的物理问题 *P* 由 ACTIONS$_P$、RESULT$_P$、GOAL-TEST$_P$ 和 STEP-COST$_P$ 定义。我们可以如下定义对应的无传感问题：

a. **信念状态**：整个信念状态空间包含物理状态的每个可能集合。如果 *P* 有 *N* 个状态，那么这个无传感问题有 2^N 个状态，尽管有很多状态是不可达的。

b. **初始状态**：显然是 *P* 中所有状态的集合，尽管有些状态中 Agent 具有更多的知识。

c. **行动**：这有些棘手。假设 Agent 的信念状态 *b* = {s_1,s_2}，但 ACTIONS$_P(s_1)\neq$ ACTIONS$_P(s_2)$；Agent 就不确定哪个行动是合法的。如果我们假定非法行动对环境没有影响，那么在当前信念状态 *b* 下的任一物理状态所有行动的并集是安全的：

1　在完全可观察环境中，每个信念状态包含一个物理状态。那么，我们可以把第 3 章的算法看作是在信念状态空间搜索。

$$\text{ACTIONS}(b) = \bigcup_{s \in b} \text{ACTIONS}_P(s)$$

另一方面，如果非法行动导致世界末日，只允许交集可能更安全，即，所在状态中都合法的行动集合。对吸尘器世界而言，每个状态有相同的合法行动，因此两种方法有相同的结果。

d. 转移模型： Agent 不知道信念状态中的哪一个是对的；它知道的是，在信念状态的某一物理状态采取某行动可能导致另一状态。对于确定性的行动，可能达到的状态集为：

$$b' = \text{RESULT}(b, a) = \{s':s' = \text{RESULT}_P(s,a) \text{且 } s \in b\} \qquad (4.4)$$

如果行动是确定性的，b' 决不会比 b 大。对于不确定性的行动，我们有：

$$b' = \text{RESULT}(b, a) = \{s':s' \in \text{RESULTS}_P(s,a) \text{且 } s \in b\}$$
$$= \bigcup_{s \in b} \text{RESULTS}_P(s,a)$$

可能会大于 b，如图 4.13 所示。行动后生成新的信念状态的过程称为**预测**；$b'=\text{PREDICT}_P(b,a)$ 将派上用场。

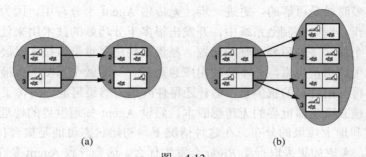

图　4.13
（a）在确定的无感知信息吸尘器世界中，观测 *Right* 行动后的下一个信念状态。（b）在滑得站不稳的无感知信息吸尘器世界中在同样状态下采取同一行动的预测

e. 目标测试： Agent 需要一个确保生效的规划，意味着一个信念状态满足目标仅当其中所有的物理状态都满足 GOAL-TEST$_P$。Agent 可能不经意间很早就到达了目标，但它并不知道它已经做到了。

f. 路径开销： 这个同样棘手。如果同一行动在不同状态下可能有不同的开销，那么在给定信念状态下采取这种行动会有几个值（这导致了新的一类问题，我们会在习题 4.9 中讨论）。目前我们假设在所有状态下一个行动的开销是相同的，因此可以从底层物理问题中直接转换。

图 4.14 给出了确定的无感知信息的吸尘器世界中可达的信念状态空间。在 $2^8=256$ 种可能的信念状态中只有 12 个信念状态是可达的。

前面的定义确保可以自动构建从底层物理问题到信念状态问题的形式化。一旦完成形式化，就可以应用第 3 章的搜索算法。事实上，我们还可以做得更多。在"通常的"图搜索中，要检测新生成的状态是否与已有状态相同。信念状态也需要这个；例如，在图 4.14 中，从初始状态出发的行动序列[*Suck, Left, Suck*]与[*Right, Left, Suck*]到达的信念状态相同，同为{5, 7}。现在，考虑经行动[*Left*]可以到达信念状态{1, 3, 5, 7}。显然，它与{5, 7}不同，但是它是{5, 7}的超集。很容易证明（习题 4.8）如果一个行动序列是信念状态 b 的解，那么它也是 b 的任何子集的解。所以，我们可以丢弃到达{1, 3, 5, 7}的路径，原因是已经生成

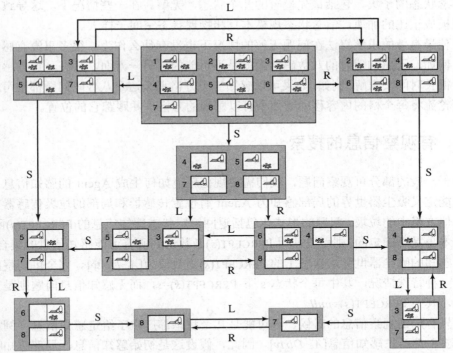

图 4.14 确定的无感知信息的吸尘器世界信念状态空间中的可达部分。每个阴影方格对应一个信念状态。在任一点，Agent 处于某一信念状态中但并不知道处于哪个物理状态。初始信念状态是最上面中间方格。行动标注在连线上。为清晰起见忽略了自循环

了{5, 7}。反过来，如果已经生成{1, 3, 5, 7}并发现它有解，那么对任一子集，如{5, 7}，可以确保一定是有解的。这种剪枝能大幅度提高无感知信息问题求解的效率。

然而，即使有这样的改进，我们给出的无感知信息的问题求解方法并不实用。困难并不是信念空间庞大造成的——尽管它比物理状态空间大指数倍；大多数情况下信念状态空间和物理状态空间的分支因子和解路径差别并不大。真正的困难在于每个信念状态的大小。例如，10×10 的吸尘器世界中初始信念状态包含 100×2^{100} 个物理状态，大约是 10^{32} 个物理状态。如果我们用原子表示的话就太多了，因为它是状态的显式列表。

一种解决方法是我们用更紧凑的方式来表示信念状态。我们可以说 Agent 在初始状态中什么都不知道；在完成行动 *Left* 后，我们可以说"Agent 不在最右列"。第 7 章将介绍一些形式表示模式。另一种途径则是避免使用标准的搜索算法，将信念状态处理成黑盒子，就像其他问题状态一样。另外，我们还可以观察信念状态内部，设计增量式的信念状态搜索算法，通过每次处理一个物理状态来求解。例如，在无感知信息的吸尘器世界中，初始信念状态为{1,2,3,4,5,6,7,8}，我们需要寻找一个适合所有 8 个状态的行动序列。我们可以首先找出适合状态 1 的解；然后看它是否适合状态 2；如果不适合的话，回溯找出状态 1 的另一解，然后继续。就像与或树搜索中需要为与结点的每个分支都要找到解一样，这个算法需要为信念状态中的每个状态找到解；不同之处在于与或搜索可以为每个分支找到不同的解，而增量信念状态搜索需要找到适合所有状态的解。

增量方法的主要优点在于它可以很快地发现失败——当一个信念状态无解时，它通常

是指信念状态的子集，包括最先检查的几个状态，无解。在一些情况下，这导致与信念状态的规模成正比的加速，信念状态规模本身和物理状态空间一样大。

即使最有效的求解算法在问题无解的情况下也没有什么作为。很多事没有感知是做不成的。例如，无感知信息的八数码问题就是不可能的。另一方面，只有一点点感知信息可能需要很长时间去求解。例如，如果可以感知一个方格那么这个八数码问题都是可解的——解包括轮流将每个格的内容移动到那个可以感知的方格，并跟踪它的位置。

4.4.2　有观察信息的搜索

对于一般的部分可观察问题，我们需要规范环境如何生成 Agent 的感知信息。例如，我们可能定义吸尘器世界的局部感知为 Agent 有位置传感器和局部的垃圾传感器，它不能感知其他方格中的垃圾。问题的形式化包括返回给定状态感知信息的 PERCEPT(s)函数。（如果感知本身是不确定的，则可以使用 PERCEPT(s)函数返回所有可能感知信息的集合。）例如，在局部感知的吸尘器世界，状态 1 的 PERCEPT(s)函数值为[$A, Dirty$]。完全可观察的问题可以作为一种特殊情况，其中每个状态 s 下 PERCEPT(s)=s，而无感知信息问题则是另一种特殊情况，其中 PERCEPT(s)=$null$。

当只有局部观察信息的时候，很可能是几个状态都产生了给定感知信息。例如，状态 1 和状态 3 都产生感知信息[$A, Dirty$]。因此，假设这是初始感知信息，局部感知吸尘器世界的初始信念状态就是{1, 3}。就像无感知信息的问题一样，从底层的物理问题可以构造出 ACTIONS、STEP-COST、GOAL-TEST，而转移模型相对要复杂些。我们可以将导致从一个信念状态转移到另一信念状态的一个特定行动看作是分为三个阶段发生的，如图 4.15 所示。

- **预测**阶段与无感知信息问题相同：给定信念状态 b 的活动 a，预测的信念状态为 $\hat{b}$ = PREDICT(b,a)[1]。
- **观察预测**阶段确定预测信念状态里可观察到的感知 o 的集合：
$$\text{POSSIBLE-PERCEPTS}(\hat{b}) = \{o: o = \text{PERCEPT}(s) \text{ 且 } s \in \hat{b}\}。$$
- **更新**阶段对于每个可能的感知信息确定可能得到的信念状态。新的信念状态 b_o 是 $\hat{b}$ 中可能产生该感知的状态的集合：
$$b_o = \text{UPDATE}(\hat{b}, o) = \{s: o = \text{PERCEPT}(s) \text{ 且 } s \in \hat{b}\}。$$

请注意每个更新的信念状态 b_o 都不会比预测信念状态 $\hat{b}$ 大；与无感知信息相比，观察只能帮助减少不确定性。而且，对于确定性感知的情况，不同感知的信念状态是不相交的，原始的观测信念状态形成了一种划分。

综合考虑这三个阶段，我们对给定行动和一系列可能感知得出可能的信念状态：
$$\text{RESULTS}(b, a) = \{b_o: b_o = \text{UPDATE}(\text{PREDICT}(b, a), o) \text{ 且}$$
$$o \in \text{POSSIBLE-PERCEPTS}(\text{PREDICT}(b, a))\}. \tag{4.5}$$
再次说明，部分可观察环境的不确定性来自于无法精确预测行动后收到的感知信息；物理环境底层的不确定性也会使得预测困难，它会扩大观测阶段的信念状态，导致观察阶段的感知信息增加。

---

[1]　这里以及本书后续内容中，都用 $\hat{b}$ 表示 b 的估计或预测值。

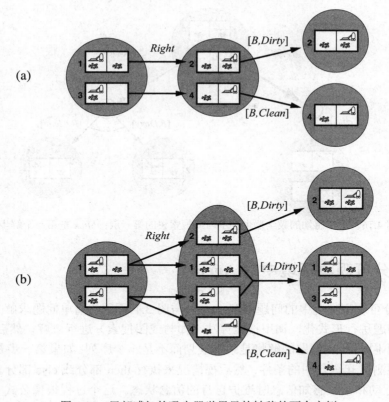

图 4.15　局部感知的吸尘器世界里的转移的两个实例

（a）在确定性的世界中，在初始信念状态实施行动 *Right*，得到的新信念状态有两个可能的物理状态；对于这些状态，可能的感知是[*B, Dirty*]和[*B, Clean*]，导致两个信念状态，每个都只包含一个物理状态。（b）在路相当滑的吸尘器世界中，在初始信念状态实施行动 *Right*，得到的新信念状态有四个可能的物理状态；对于这些状态，可能的感知是[*A, Dirty*]、[*B, Dirty*]和[*B, Clean*]，导致图中所示的三个信念状态

4.4.3　求解部分可观察环境中的问题

上节讨论了在物理问题本身不确定时信念状态问题中的 RESULTS 函数和 PERCEPT 函数如何设计。给出这样的形式化后，可以直接应用图 4.11 的与或图搜索算法来求得解。图 4.16 给出了局部感知吸尘器世界的搜索树，假设感知到的初始状态为[*A, Dirty*]。解是一个条件规划：

[Suck, Right, if Bstate = {6} then Suck else []]

请注意，由于我们是在信念状态问题中应用与或图搜索，它返回的条件规划测试的信念状态而不是实际状态。应该是这样的：在部分可观察环境中 Agent 无法执行要求测试实际状态的解步骤。

与标准的搜索算法可以应用于无感知问题的情况一样，与或搜索算法视信念状态为黑盒子，像其他状态一样。可以通过检查以前生成的信念状态来改进这一点，以前生成的信念状态是当前状态的子集或超集，正如无感知问题中的一样。同样可以使用增量式搜索算法，与那些无感知问题中描述的类似，可以比黑盒子方法更快。

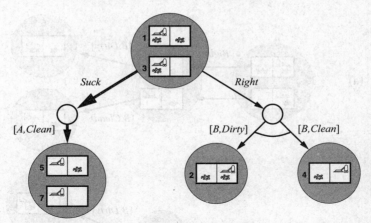

图 4.16　局部感知的吸尘器世界中与或搜索树的第一层；*Suck* 是第一个解步骤

4.4.4　部分可观察环境中的 Agent

设计部分可观察环境中的问题求解 Agent 与图 3.1 所示的简单问题求解 Agent 类似：Agent 先对问题进行形式化，调用搜索算法（如与或图搜索）进行求解，然后执行解步骤。这里有两点不同。首先，问题的解将是条件规划而不是一个序列；如果第一步是 if-then-else，Agent 则需要测试 if 语句中的条件，然后视情况来执行 then 部分或 else 部分。第二，Agent 需要在完成行动和接收感知信息时维护自身的信念状态。这个过程很像公式 4.5 中的观测－观察－更新过程，比它更简单因为感知信息由环境给出而不是要 Agent 自己计算。给定初始信念状态 b、活动 a、感知 o，则新的信念状态为：

$$b' = \text{UPDATE}(\text{PREDICT}(b,\ a),\ o) \qquad (4.6)$$

图 4.17 给出了局部感知的学前班吸尘器世界中信念状态的维护，任一方格在任一时刻都可能变脏除非 Agent 在那一刻启动吸尘。[1]

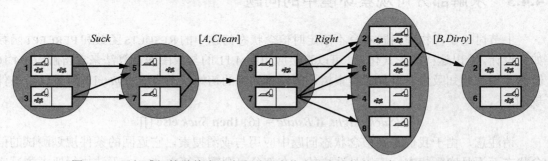

图 4.17　局部感知的学前班吸尘器世界中信念状态维护的两个预测－更新周期

在部分可观察环境中——涵盖了大多数的现实世界环境——维护自身的信念状态成为任何智能系统的核心函数。这个函数可能有多个不同名字，包括**监视器、过滤器和状态预估器**。公式 4.6 是个**递归**的状态预估器，原因是它根据前面的状态计算新的信念状态，而

1　小朋友对这个环境会有影响，对那些不熟悉这种影响的人说声抱歉。

不是检查整个感知序列。如果 Agent 不想"落后",计算应该在接收到新的感知信息时发生。由于环境越来越复杂,精确的更新计算变得不可行,并且 Agent 不得不计算近似的信念状态,可能关注环境感兴趣的感知信息。这方面的研究大多是将概率论工具应用在随机的连续状态的环境中,详见第 15 章。下面我们给出离散环境的实例,环境中的传感器是确定的,行动是不确定的。

该实例关注的是机器人定位问题:机器人在有世界地图、感知序列、行动序列的情况下找出自己的位置。我们把机器人放在如图 4.18 所示的迷宫环境中。机器人装备四个超声波传感器,可以检测出障碍——外围的边界墙或者是图中的黑格——机器人可以向四个方向行走。我们假设传感器给出完美数据,并且机器人有环境的正确地图。不幸的是,机器人的导航系统崩溃了,当它执行 *Move* 行动时,它随机走入邻近方格中。机器人希望确定它的当前位置。

想象机器人刚打开开关,所以它不知道自己在哪儿。初始信念状态 b 中包含了所有坐标。机器人接收到感知信息 *NSW* 后,意味着在北、西和南三个方向有障碍物,可以使用公式 b_o=UPDATE(b)更新信念状态,找出 4 个位置如图 4.18 (a) 所示。检查迷宫你会发现正是这 4 个位置上可以产生感知信息 *NWS*。

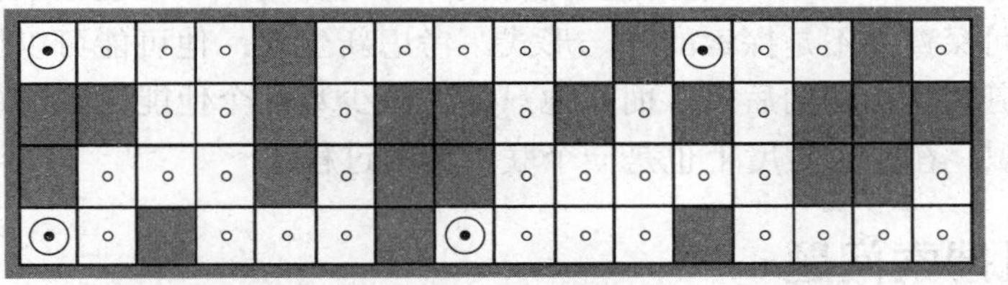

(a) Possible locations of robot after $E_1 = NSW$

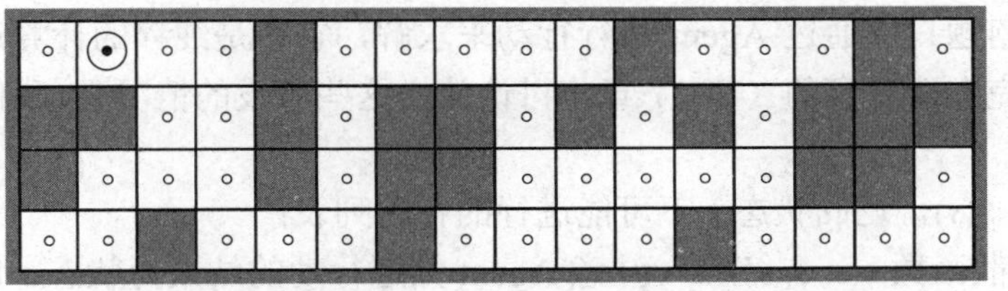

(b) Possible locations of robot After $E_1 = NSW, E_2 = NS$

图 4.18　机器人的可能位置用⊙标出,(a)第一个观察 E_1=*NSW* 后和(b)第二个观察 E_2=*NS* 后。如果传感器没有噪音并且转移模型是精确的,在这两步观察之后机器人就确定了自己的位置

机器人继续执行 *Move* 行动,但结果是不确定的。新的信念状态 b_a=PREDICT(b_o, *Move*)包括了所有从 b_o 一步可达的状态。当得到第二个感知信息 *NS* 后,机器人执行 UPDATE(b_a,*NS*)会发现机器人已经有了唯一的信念状态, 如图 4.18 (b) 所示。唯一的坐标是如下得到的:

$$\text{UPDATE}(\text{PREDICT}(\text{UPDATE}(b, NSW), Move), NS)$$

由于行动是不确定的, 在 PREDICT 阶段信念状态有所增长, 但是 UPDATE 阶段缩小了它——因为感知器提供了有用的识别信息。有时候传感器并不能为定位提供帮助:如果有一个或多个长长的东西方向的走廊,机器人就会接收到一个长长的 *NS* 感知序列,但却无法知道自己的位置。

4.5　联机搜索 Agent 和未知环境

　　迄今为止我们一直讨论的是 Agent 的**脱机搜索**算法。它们先对实际问题计算出完整的解决方案，然后再涉足现实世界执行解决方案。与之相反，**联机搜索**[1]Agent 通过交替地计算和行动来完成任务：它先采取某个行动，然后观察环境变化并且计算出下一行动。联机搜索适用于动态或半动态的问题领域——停留不动或者计算时间过长都会带来负面影响。联机搜索同样有助于在不确定性领域进行问题求解，因为联机搜索使得 Agent 可以将计算精力集中在实际发生的事件上，而不需要考虑那些也许会发生但很可能不会发生的事件。当然，这里需要折中考虑：Agent 越是准备充分，就越能未雨绸缪。

　　联机搜索对于未知环境来说很有必要，Agent 不清楚自身的状态和行动的结果。此时的 Agent 面临着**探索问题**，必须以自身行动为实验工具来探查出足够的信息来决定下一步做什么。

　　联机搜索的典型实例是将机器人放在新的大楼里，要求它探查大楼，绘制出从 A 到 B 的地图。逃离迷宫的方法——胸怀抱负的古代英雄需要知识——也是联机搜索算法的一个实例。然而空间探查并不是探索的唯一形式。考虑新生儿：他可能可以做很多动作，但是新生儿并不知道这些行动的后果，而且他只能体验少数几个他能达到的可能状态。婴儿对环境的逐步认识，在一定程度上也是一个联机搜索过程。

4.5.1　联机搜索问题

　　联机搜索问题只能通过 Agent 执行行动来求解，它不是纯粹的计算过程。我们假设环境是确定的和完全可观察的（第 17 章将讨论放松这些假设的情况），我们规定 Agent 只知道以下信息：

- ACTIONS(s)，返回状态 s 下可能进行的行动列表；
- 单步耗散函数 $c(s, a, s')$——注意 Agent 知道行动的结果为状态 s' 时才能用；
- GOAL-TEST(s)。

　　需要注意的是，Agent 并不知道 RESULT(s, a)的值，除非 Agent 确实是在状态 s 下执行了行动 a。例如，在图 4.19 所示的迷宫问题中，Agent 并不知道从状态(1, 1)采取行动 *Up* 能到达状态(1, 2)；或者，当完成这个行动后，再执行行动 *Down* 能回到状态(1, 1)。在某些应用中可以减少这种无知——例如，机器人探测器也许知道它是如何移动的，无知只是体现在对障碍物位置的认识上。

　　最后，Agent 可能有一个可采纳启发函数 $h(s)$ 来

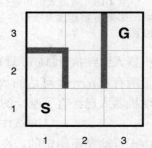

图 4.19　简单迷宫问题。Agent 从 S 出发
要到达 G，但对环境一无所知

预测当前状态到目标状态的距离。例如，在图 4.19 中，Agent 可能知道目标的坐标，这样就可以使用曼哈顿距离启发式。

典型地，Agent 的目标是用最小的代价来达成目标。（另一个可能的目标是探查整个环境。）代价是指 Agent 实际旅行经过的路径开销。经常会把这个开销与 Agent 应该走的路径开销相比较，如果它事先了解搜索空间——即实际的最短路径（或最短的完全探索）。在联机算法的术语中，这被称为**竞争比**；我们希望这个值尽可能小。

尽管这听起来是一个合理的要求，但是容易看到在某些情况下能够取得的最好的竞争比也是无穷大。例如，如果一些活动是**不可逆的**——即该活动到达的状态没有活动返回前一状态——那么联机搜索有可能很不巧地进入一个无法到达目标状态的**死胡同**状态。也许"不巧"这个词不够有说服力——毕竟也许有算法刚好不会走到死胡同。更精确地说，没有算法能够在所有的状态空间中避免死胡同。考虑图 4.20（a）所示的两个有死胡同的状态空间。对于已经访问了状态 S 和 A 的联机搜索算法而言，这两个状态空间看起来是相同的，所以它会在这两个状态空间中做出相同的决策。因此，它必然在其中的一个失败。这是一个**敌对论点**的实例——我们可以在 Agent 探索的时候凭想象构造状态空间，随意放置目标状态和死胡同状态。

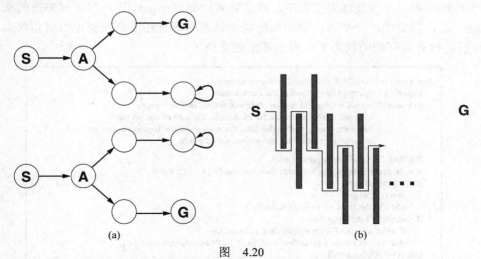

图　4.20

　　（a）两个能导致联机搜索 Agent 陷入死胡同的状态空间。任一给定 Agent 都会在至少其中一个状态空间中陷入死胡同。　（b）二维环境实例，联机搜索 Agent 在这样的环境中容易陷入低效路径。不管 Agent 选择哪条路，都有细长墙封锁道路，所以 Agent 求得的解路径比最佳可能路径要长很多

死胡同是机器人探索中的一个难点——楼梯，斜坡，悬崖和各种各样自然的地形都可能是不可逆行的。为了研究上的方便，我们简单地假设状态空间是**可安全探索的**——也就是说，从每个可到达的状态出发都有某些目标状态是可达的。具有可逆活动的状态空间，例如迷宫问题和八数码谜题，可以看作是无向图并且显然是可安全探索的。

即使是在可安全探索的环境里，如果有无界开销的路径就一定会有无界的竞争比。这在活动不可逆的环境中很容易显示出来，不过事实上它在活动可逆的情况下也是成立的，如图 4.20（b）所示。由于这个原因，联机搜索算法的性能通常会考虑整个状态空间的大小而不仅仅是最浅目标的深度。

4.5.2　联机搜索 Agent

在每个活动之后，联机 Agent 都能接收到感知信息，告诉它到达的当前状态；根据此信息，Agent 可以扩展自己的环境地图。可以用当前地图来决定下一步往哪里走。这种规划和活动的交替是联机搜索算法和前面讲的脱机搜索算法的不同点。例如，脱机算法如 A* 有能力在状态空间的一部分扩展一个结点后，马上在状态空间的另一部分扩展另一个结点，因为结点扩展考虑的是模拟的而不是实际的行动。另一方面，联机算法只会扩展它实际占据的结点。为了避免遍历整个搜索树去扩展下一个结点，按照局部顺序扩展结点看来更好一些。深度优先搜索就有这个性质，因为（除了回溯的时候）下一个要扩展的结点总是前一个被扩展结点的子结点。

图 4.21 给出了联机深度优先搜索 Agent。此 Agent 用表存储环境地图，RESULT[s, a] 记录了在状态 s 下执行行动 a 得到的结果状态。只要从当前状态出发的某个行动还没有被探索过，Agent 就要尝试这个行动。难题来自 Agent 尝试完一个状态的所有行动之后。在脱机深度优先搜索中，很简单地从队列中删除此状态即可；而在联机搜索中，Agent 则不得不实际地回溯。在深度优先搜索中，这意味着回溯到 Agent 进入当前状态前的状态。要做到这一点，需要维护一个表，表中列出每个状态的所有还没有回溯过的祖先状态。如果 Agent 已经没有可回溯的状态了，那么搜索就完成了。

```
function ONLINE-DFS-AGENT(s′) returns an action
  inputs: s′, a percept that identifies the current state
  persistent: result, a table indexed by state and action, initially empty
              untried, a table that lists, for each state, the actions not yet tried
              unbacktracked, a table that lists, for each state, the backtracks not yet tried
              s, a, the previous state and action, initially null

  if GOAL-TEST(s′) then return stop
  if s′ is a new state (not in untried) then untried[s′] ← ACTIONS(s′)
  if s is not null then
      result[s, a] ← s′
      add s to the front of unbacktracked[s′]
  if untried[s′] is empty then
      if unbacktracked[s′] is empty then return stop
      else a ← an action b such that result[s′, b] = POP(unbacktracked[s′])
  else a ← POP(untried[s′])
  s ← s′
  return a
```

图 4.21　联机深度优先探索 Agent。该 Agent 只应用于活动能够被"撤销"的搜索空间

读者可以多参照图 4.19 中所示的用于迷宫问题的 ONLINE-DFS-AGENT。很容易看出在最坏情况下，Agent 最终要通过状态空间的每个连接刚好两次。对于探查来说，这是最优的；另一方面，如果是寻找最终目标，如果目标状态就在初始状态旁边，但 Agent 却要通过很长的旅程才能找到目标，竞争率就太差了。联机的迭代加深算法可以解决这个问题；对于一致代价的搜索树环境，这样的 Agent 的竞争率是很小的常数。

ONLINE-DFS-AGENT 因为要用到回溯，要求状态空间中的行动必须可逆。一些复杂的算法可以在一般的状态空间中工作，但是没有算法具备有界的竞争率。

4.5.3 联机局部搜索

像深度优先搜索一样，**爬山法**在结点扩展上也有局部性。实际上，因为它在内存中只存放当前状态，爬山法就已经是联机搜索算法！不幸的是，这种形式的爬山法用处不大，因为 Agent 可以会陷在局部极大值上而无路可走。而且，还无法应用随机重启算法，因为 Agent 不能把自己传送到一个新状态。

可以考虑使用**随机行走**来取代随机重启，以探索环境。随机行走是指在当前状态下随机选择可能的行动之一；选择的时候可以偏向选择那些尚未尝试过的行动。容易证明，若状态空间有限[1]，随机行走*最终*会找到目标或完成完整探索。另一方面，这个过程会很慢。图 4.22 给出了某环境，随机行走算法将耗费指数级的步数来找到目标，因为每一步往回走的过程都是向前走的两倍。当然这个例子是特意设计出来的，但是许多现实世界的状态空间的拓扑结构都能形成此类随机行走的"陷阱"。

图 4.22　随机行走耗费指数级步数才能找到目标的环境

增加爬山法的内存而不是随机性是个更有效的方法。基本思想是存储从每个已经访问的状态 s 达到目标的代价的"当前最佳估计" $H(s)$。$H(s)$ 的初始值可以是启发式 $h(s)$，根据 Agent 从状态空间中获得的经验再对 $H(s)$ 进行更新。图 4.23 给出了一维状态空间中的简单实例。在（a）中，Agent 似乎卡在阴影状态的局部极小值上。Agent 不应在这儿停下来，而是应根据对其邻居状态的代价估计来选择到达目标的最佳可能路径。经过邻居 s' 到达目标的估计代价是到达 s' 的代价加上从 s' 到达目标的估计代价——即 $c(s, a, s') + H(s')$。在如图的例子中，有两个行动选择，估计代价分别为 1+9 和 1+2，看起来最好是向右移动。此

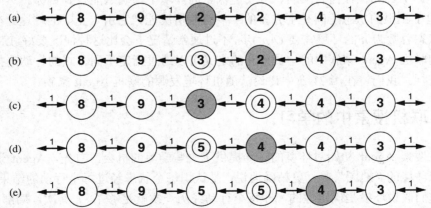

图 4.23　一维状态空间上 LRTA*的五次迭代。状态以到达目标的代价估计 $H(s)$ 为标识，每条弧标出其单步代价。阴影表示 Agent 所在状态，每次迭代的更新以圆圈标记

1　随机行走算法在无限的一维和二维网格上是完备的，但在三维网格上，随机行走返回起点的概率只有 0.3405（Hughes，1995）。

时可以看出对阴影状态的未来代价估计为 2 过于乐观了。因为最好的移动代价为 1 并且会到达离目标状态至少还需要 2 步的状态，阴影状态到目标状态则至少需要三步，因此 H 需要更新，如图 4.23（b）所示。重复这个过程，Agent 来回反复两次，每次都更新 H 并"平滑"局部极小值，直到它向右逃离。

这样的 Agent 被称为实时学习 A*(learning real-time A*，缩写为 **LRTA***)Agent，如图 4.24 所示。类似于 ONLINE- DFS-AGENT，它用 *result* 表构建了一个环境地图。它更新刚刚离开的状态的代价估计，然后根据当前的代价估计选择"显然最佳的"行动。一个重要的细节是：在状态 s 从未尝试过的行动被假设为能用最小可能耗散（即 $h(s)$）直接达到目标。这种**不确定条件下的乐观主义**鼓励 Agent 探索新的、可能更有希望的路径。

```
function LRTA*-AGENT(s′) returns an action
    inputs: s′, a percept that identifies the current state
    persistent: result, a table, indexed by state and action, initially empty
                H, a table of cost estimates indexed by state, initially empty
                s, a, the previous state and action, initially null

    if GOAL-TEST(s′) then return stop
    if s′ is a new state (not in H) then H[s′] ← h(s′)
    if s is not null
        result[s, a] ← s′
        H[s] ←    min    LRTA*-COST(s, b, result[s, b], H)
               b∈ACTIONS(s)
    a ← an action b in ACTIONS(s′) that minimizes LRTA*-COST(s′, b, result[s′, b], H)
    s ← s′
    return a

function LRTA*-COST(s, a, s′, H) returns a cost estimate
    if s′ is undefined then return h(s)
    else return c(s, a, s′) + H[s′]
```

图 4.24   LRTA*-AGENT 根据邻居状态的值选择某个行动，Agent 在状态空间移动时更新状态值

LRTA* Agent 在任何有限的、可安全探索的环境中都确保能找到目标。然而，不同于 A*，它对于无限的状态空间是不完备的——有些情况能把它引入无限的歧途。在最坏情况下搜索状态总数为 n 的环境需要 $O(n^2)$ 步，不过通常情况下会比这种情况要好。LRTA* Agent 是庞大的联机 Agent 家族中的一员，它的定义可以通过指定不同方式的行动选择规则和更新规则进行。我们将在第 21 章中讨论从随机环境发源的联机 Agent 家族。

4.5.4 联机搜索中的学习

联机搜索 Agent 初始对环境的无知提供了一些学习的机会。首先，Agent 通过记录经历来认识环境的"地图"——更精确地说，是认识每个状态经过每个行动的结果。（要注意的是，我们假设环境是确定性的，即每个行动经历一次就足够了。）其次，局部搜索 Agent 利用局部更新规则可以得到每个状态更精确的估计值，如 LRTA*。在第 21 章中，我们会看到如果 Agent 按照正确的方式搜索状态空间，这些更新最终会收敛到每个状态的精确值。一旦得到了状态的精确值，最优决策就可以简单地选择值最高的后继来完成——也就是说，纯粹的爬山法算法是一个最优策略。

观察 ONLINE-DFS-AGENT 在图 4.19 所示环境中的行为表现，你会注意到 Agent 并不十分聪明。例如，当它已经知道行动 *Up* 能从状态(1, 1)到状态(1, 2)时，它并不知道行动 *Down* 能回到状态(1, 1)，或者行动 *Up* 还能从状态(2, 1)到状态(2, 2)，从状态(2, 2)到状态(2, 3)，等等。一般来说，我们希望 Agent 学习到 *Up* 在不遇到墙的情况下能使 y 坐标值增加；*Down* 则使 y 坐标值降低，等等。要达到这些必须满足两件事情。首先，需要对这类一般规则做规范的、明确的可操作描述；到目前为止，我们把这些信息隐藏在称为 RESULT 函数的黑盒中。本书的第 3 部分会讨论这个问题。其次，我们需要有算法能够根据 Agent 得到的观察信息来构造合适的一般化规则。这些将在第 18 章中讨论。

4.6　本　章　小　结

本章介绍的搜索算法超越了在确定的、可观察的和离散环境下寻找目标路径的"经典"情况。

- 局部搜索方法如**爬山法**适用于完整状态形式化，它在内存中只保留少量结点信息。随机算法正在研究中，包括**模拟退火**，当给定合适的冷却调度安排时能够返回最优解。
- 局部搜索方法也可以应用于连续空间上的问题求解。**线性规划**和**凸优化**问题遵守状态空间的形状限制和目标函数的特性，并且存在高效实用的多项式时间算法。
- **遗传算法**是维护大量状态种群的随机爬山搜索。新的状态通过**变异**和**杂交**产生，杂交把来自种群的状态对结合在一起。
- 在**不确定**的环境中，Agent 可以应用 AND-OR 搜索来生成**应急**规划达成目标，无论执行过程中产生怎样的后果。
- 当环境是部分可观察时，用**信念状态**表示 Agent 可能在的状态集合。
- 标准的搜索算法可直接应用于信念状态空进行无感知问题求解，信息状态 AND-OR 搜索可以解决一般部分可观察问题。在信念状态空间中逐个状态构造解的增量算法通常效率更高。
- **探索问题**发生在 Agent 对环境的状态和行动一无所知时。对于可安全探索的环境，**联机搜索** Agent 能够建造地图并且在有解时能够找到目标。根据经验不断修正启发式估计，是一种避免局部极小值的有效方法。

参考文献与历史注释

局部搜索技术在数学和计算机科学的发展中历史悠久。实际上，可以将 Newton-Raphson 方法（Newton，1671；Raphson，1690）看作很有效的连续空间上的局部搜索方法，它能够获得梯度信息。Brent（1973）则给出了不需要此类信息的经典最优化算法。作为局部搜索算法介绍的束搜索，源自 HARPY（Lowerre, 1976）系统中用于语音识别的有限宽度动态规划的变形。Pearl（1984，第 5 章）深入分析了相关算法。

局部搜索在 20 世纪 90 年代初期再次复兴，原因是它在很多大型约束满足问题诸如 *n*

皇后问题（Minton 等人，1992）和逻辑推理问题（Selman 等人，1992）上取得的结果令人惊奇，并且它能与随机性、多种同步搜索策略和其他改进相结合。这被 Christos Papadimitriou 称为"新时代"的算法也引起了理论计算机科学家的兴趣（Koutsoupias 和 Papadimitriou，1992；Aldous 和 Vazirani，1994）。在运筹学领域，由爬山法变化而来的**禁忌搜索**得到广泛应用（Glover 和 Laguna，1997）。算法维护一个禁忌列表，记录 k 个已经访问过而且不能再访问的结点；这个列表不仅提高了搜索图的效率，还可以使算法避开某些局部极小值。另一个对爬山法的有用改进是 STAGE 算法（Boyan 和 Moore，1998）。它的思想是根据随机重启爬山法计算出的局部极大值来获取整个地形图的全貌。该算法给局部极大值集合找到一个平滑的表面，并且分析计算出表面上的全局最大值。这一点成为新的重启点。该算法已被证实对于某些难题是有效的。Gomes 等人（1998）证明了系统性回溯算法的运行时间经常是**重尾分布的**，这意味着很长的运行时间的概率要比运行时间是指数分布情况下做出的预测值大。当运行时间是重尾分布时，随机重启一般来说比单轮运行完成找到解的速度要快。

模拟退火由 Kirkpatrick 等人（1983）首先描述，他直接借鉴了 **Metropolis 算法**（用于模拟物理中的复杂系统（Metropolis 等人，1953），被认为是在 Los Alamos 的晚宴聚会上发明的）。模拟退火现在是独立的领域，每年有上百篇这方面的文章发表。

在连续空间中寻找最优解是涉及多个领域的课题，包括**最优化理论**、**最优控制理论**、以及**变分计算**。基本技术在 Bishop（1995）发表的文章中有论述；Press 等人（2007）讨论了更宽范围的算法并提供了工作软件。

正如 Andrew Moore 指出，研究人员从很多领域的研究中获取搜索和最优算法的灵感：冶金学（模拟退火），生物学（遗传算法），经济学（基于市场的算法），昆虫学（蚁群算法），神经学（神经网络），动物行为（强化学习），登山学（爬山法）等等。

第一个系统研究**线性规划**（LP）的是俄罗斯数学家 Leonid Kantorovich（1939）。LP 是计算机的早期应用之一；尽管**单纯形法**（Dantzig，1949）最坏情况下的复杂度是指数级的，它仍然在使用。Karmarkar（1984）提出了更有效的一组内点方法，用此方法求解更一般的凸优化问题被 Nesterov 和 Nemirovski（1994）证明是多项式时间复杂度。凸优化问题在 Ben-Tal 和 Nemirovski（2001）、Boyd 和 Vandenberghe（2004）中有精彩介绍。

Sewall Wright（1931）提出了**生态适应度**的概念，这是遗传算法发展的重要前奏。20 世纪 50 年代，一些统计学家，包括 Box（1957）和 Friedman（1959），试图用进化技术求解最优化问题，但是直到 Rechenberg（1965）引入了进化策略来解决翼型的最优化问题，这条路才开始流行。在 20 世纪 60 年代和 70 年代，John Holland（1975）指出遗传算法不仅是实用工具同时也是扩展我们对适应性、生物学或其他方面的理解（Holland，1995）的方法。**人工生命运动**（Langton，1995）做得更进一步，它将遗传算法得到的结果看作是生物体而不是问题的解。Hinton 和 Nowlan（1987）以及 Ackley 和 Littman（1991）在澄清 Baldwin 效应上做了很多工作。对于进化论的一般背景，我们推荐 Smith 和 Szathmáry（1999）、Ridley（2004）和 Carroll（2007）。

比较遗传算法与其他很多算法（尤其是随机爬山法）都发现遗传算法收敛得比较慢（O'Reilly 和 Oppacher，1994；Mitchell 等人，1996；Juels 和 Wattenberg，1996；Baluja，1997）。这些发现在 GA 领域并不普遍，但是最近该领域试图把基于种群的搜索理解为某种贝叶斯学习（见第 20 章）的变形，这也许能够帮助缩小该领域和对它的批判之间的鸿沟（Pelikan 等人，1999）。**二次动态系统**的理论也许能解释 GA 的性能（Rabani 等人，1998）。Lohn 等人（2001）给出了 GA 用于天线设计的实例，Renner 和 Ekart（2003）给出了将 GA 用于计算机辅助设计的应用。

遗传程序设计与遗传算法密切相关。主要区别在于变异和合并的表示是程序而不是字符串。程序用表达式树表示；表达式可以用标准语言诸如 Lisp 或者特别设计的表示电路、机器人控制器等等表示。杂交是合并子树而不是合并子串。这种形式的变异保证了后代是合式表达式，如果程序作为字符串来处理就不会是这种情况。

John Koza 的研究（Koza，1992，1994）引起了人们对遗传程序设计的兴趣，但是它至少能追溯到 Friedberg（1958）用机器代码进行的早期实验和 Fogel 等人（1966）用有限状态自动机进行的早期实验。关于遗传算法的效率有很多争论。Koza 等人（1999）描述了用遗传程序设计进行电路装置设计的实验。

期刊《进化计算》（*Evolutionary Computation*）和《IEEE 进化计算学报》（*IEEE Transactions on Evolutionary Computations*）收录遗传算法和遗传程序设计的论文；这一类论文也会在"复杂系统"（Complex Systems）、"自适应行为"（Adaptive Behavior）和"人工生命"（Artificial Life）中收录。主要会议有"遗传和进化计算国际会议"（GECCO：*International Conference on Genetic and Evolutionary Computation Algorithms*）。Mitchell（1996）、Fogel（2000）、Langdon 和 Poli（2002）的文献及 Poli 等人（2008）的网上免费书中有关于此领域的全面介绍。

通过使用规划技术的机器人项目，如 Shakey（Fikes 等人，1972）和 FREDDY（Michie，1974），人们早已意识到现实环境的部分可观察特点和不可预测性。这个问题在 McDermott（1978）的文章"规划与行动"（*Planning and Acting*）发表后引起了普遍关注。

第 1 章曾提过，第一个使用 AND-OR 树的是 Slagle 的 SAINT 项目，用于符号集成。Amarel（1967）应用这种思想进行命题定理证明，第 7 章中会讨论这个内容，他提出了与 AND-OR-GRAPH-SEARCH 类似的算法。Nilsson（1971）对该算法进行了进一步开发和形式化，称为 AO*——正如名字所示，在给定可采纳启发式的情况下寻找最优解。Martelli 和 Montanari（1973）对算法进行了分析和改进。AO*是自顶向下的算法；A*的自底向上的一般化算法为 A*LD（即 A* Lightest Derivation）（Felzenszwalb 和 McAllester，2007）。最近几年 AND-OR 搜索的研究再次成为热点，包括寻找循环解（Jimenez 和 Torras，2000；Hansen 和 Zilberstein，2001）和动态规划的新技术（Bonet 和 Geffner，2005）。

将部分可观察问题转换为信念状态问题的思想来自于 Astrom（1965）处理大规模不确定性的情况（见第 17 章）。Erdmann 和 Mason（1988）使用连续的信念状态搜索研究了机器人在没有传感器的情况下的操作问题。他们指出，通过精心设计的倾斜操作可能将机器人从任意初始位置出发导向到桌子的某个部分。更多的实用方法基于斜着横过传送带的一系列有精确导向的障碍物，使用了同样的算法思想（Wiegley 等，1996）。

Genesereth 和 Nourbakhsh（1993）重新在无传感信息和部分可观察搜索问题的上下文中提出了信息状态方法。基于逻辑的规划团体在无传感问题上做了很多工作（Goldman 和 Boddy，1996；Smith 和 Weld，1998）。这个工作强调信息状态要简洁表示，在第 11 章中有解释。Bonet 和 Geffner（2000）提出了信念状态搜索的第一个有效的启发式；Bryce 等人（2006）对此进行了求精。Kurien 等（2002）研究了信念状态搜索的增量途径，解由信念状态中的状态以子集的形式增量构建；Russell 和 Wolfe（2005）提出了不确定的部分可观察问题下的新的增量算法。随机部分可观察环境中的规划讨论详见第 17 章。

探索未知状态空间的算法研究已进行了多个世纪。在迷宫中把左手一直放在墙上可以完成深度优先搜索；在每个岔路口都做上标记可以避免陷入死循环。如果行动不可逆深度优先搜索会失败；更一般的**欧拉图**（即图中每个结点都有相同的入度和出度）的问题是 Hierholzer（1873）提出算法解决的。任意图的第一个探索算法是由 Deng 和 Papadimitriou（1990）完成的，他们提出了完全通用的算法，但是证明了探索一般图的竞争率有可能是无界的。Papadimitriou 和 Yannakakis（1991）分析了几何路径规划（所有行动都是可逆的）中的目标寻径问题。他们证明了在正方形障碍物情况下可以得到很小的竞争率，但如果是一般矩形障碍物则无法得到有界的竞争率（见图 4.20）。

Korf（1990）做**实时搜索**研究时提出了 LRTA*算法，Agent 在搜索一定时间（这在双人游戏中很常见）后必须采取行动。LRTA*算法实际上是随机环境下强化学习算法的特殊情况（Barto 等，1995）。它在不确定条件下的最优化原则——总是朝着最近的未访问过的结点——产生了一种探索模式，它在无信息的情况下的效率比简单的深度优先搜索要低（Koenig，2000）。Dasgupta 等（1994）证明了没有启发式信息的联机迭代深入搜索在一致搜索树上寻找目标具有最优的效率。一些有信息的 LRTA*的变形是通过在图的已知部分中进行搜索和更新而发展出来的（Pemberton 和 Korf，1992）。不过，人们对在使用启发式信息的情况下如何以最优的效率找到目标还没有更好的理解。

习　　题

4.1 根据下面的特殊情况给出算法：

    a. $k = 1$ 的局部柱搜索。

    b. 一个初始状态并且保留状态数目不限的局部柱搜索。

    c. 所有时刻 $T = 0$ 的模拟退火（终止测试忽略不计）。

    d. 所有时刻 $T = \infty$ 的模拟退火。

    e. 种群大小为 $N = 1$ 的遗传算法。

4.2 习题 3.16 中考虑了在无缝建造铁轨的问题。现在考虑现实问题，每段铁轨间允许不超过 10 度的对齐误差。请对此问题进行形式化以便用模拟退火求解。

4.3 本题将讨论使用局部搜索算法求解习题 3.30 中的 TSP 一类问题。

    a. 设计解决 TSP 问题的爬山法并测试。用该算法得到的结果与使用 MST 启发式（习题 3.30）的 A*算法得到的最优解比较。

    b. 将 a 中的爬山法换成遗传算法重做 a。可参考 Larrañaga 等人（1999）关于表示的建议。

4.4 生成大量的八数码问题和八皇后问题并用以下算法分别求解（如果可能的话）：爬山法（最陡上升和首选爬山法），随机重启爬山法，模拟退火算法。计算搜索耗散和问题的解决率，并用图对比它们和最优解代价的曲线。对结果进行评估。

4.5 图 4.11 的与或图搜索算法只检查从根结点到当前状态路径上的重复状态。假设，算法存储每个已访问结点并检查整个表。(例子可参见图 3.11 的宽度优先搜索。)请确定要存储的信息以及算法在找到重复状态时该如何使用这些信息。(提示:你需要区分出至少两种状态:以前构建过成功子规划的状态和从未有过子规划的状态。)请解释如何使用 4.3.3 节定义的标签来避免拥有某子规划的多个副本。

4.6 请修改与或图搜索算法,使它在不存在无环规划时能够生成有环规划。你需要处理三大问题:对规划步骤进行标注,使得有环规划可以指向规划的早期部分,修改 OR-SEARCH 使得在找到有环规划后继续寻找无环规划,增加规划的表示成分以指明是否为有环规划。说明你的算法在以下两种情况下是可以运行的:(a)很滑的吸尘器世界,(b)很滑并且不稳定的吸尘器世界。你可能需要在计算机上实现以验证结果。

4.7 在 4.4.1 节,我们引入了信念状态来求解无传感信息的搜索问题。如果一个行动序列能够将初始信念状态 b 的每一个物理状态都映射到目标状态,那么它就是此无传感信息的问题的解。假设 Agent 知道 b 中所有 s 的 $h^*(s)$,即知道完全可观察环境中物理状态 s 的最优代价。用 $h^*(s)$ 给出无传感信息问题的可采纳的 $h(b)$ 并证明它是可采纳的。以图 4.14 中的无传感信息的吸尘器问题为例,对该启发式的精确性进行评价。如果使用 A*呢?

4.8 此题考虑的是无传感信息或部分可观察环境中信念状态之间的子集和超集关系。

a. 证明如果一个行动序列是信念状态 b 的解,那么它也是 b 的任一子集的解。对于 b 的超集呢?

b. 请利用(a)重新详细设计无传感信息的问题的图搜索算法。

c. 根据(b),修改与或搜索以求解部分可观察问题。

4.9 在 4.4.1 节假设了在给定信念状态中的任一物理状态下执行同一行动的代价是相同的。(这使得信念状态搜索问题中的步骤代价是良定的。)现在考虑这种假设不成立的情况。最优性依然有效吗还是需要修改?考虑信念状态下执行一行动的"代价"的各种可能的定义;例如,我们可以用最小的物理代价;或者是最大的;或者用以最小代价为下界和最大代价为上界的区间;或者是该行动的可能代价的集合来表示。对于上述每种情况,讨论 A*(需要的话可以修改)是否能返回最优解。

4.10 考虑不稳定的吸尘器世界的无传感信息版本。请给出从初始信念状态{1,2,3,4,5,6,7,8}出发可达的信念状态空间,并说明为什么此题是无解的。

4.11 我们可以如下修改习题 3.7 中的导航问题:

- 感知信息是相对于 Agent 的可见顶点的坐标列表。感知信息中不包括机器人的坐标! 机器人必须学习它在地图中的位置;目前,你可以假设每个地点有不同的"视图"。

- 每个行动是一个描述直线路径的向量。如果路径上没有障碍,那么行动会成功;否则,机器人会停在第一个障碍点。如果 Agent 返回的是零向量并且是目标(固定的已知的),环境会瞬间将 Agent 移动到一个随机位置(不会在障碍里)。

- 性能度量是:Agent 每移动一单位距离消耗代价 1,到达目标奖励 1000。

a. 设计实现此环境中的问题求解 Agent。每次瞬间移动后,Agent 需要重新形式化新问题,会涉及到当前的新位置。

b. 写出该 Agent 的性能报告(Agent 在行动时给出适当评论),在超过 100 步时报告性能。

 c. 对环境进行修改，使得 Agent 在 30%的时间里会终止在目的地（从其他可见顶点中随机选择；否则，静止不动）。这是现实机器人行动错误的粗略模型。修改 Agent 设计以便在检查到此类错误时它能找出位置并构建规划回到正轨。请记住有时候回到原来所在也会失败的！给出实例，实例中 Agent 有两处行动错误但它仍然到达了目标。

 d. 现在尝试两种错误恢复手段：（1）在原有路径上移动到最近的顶点；（2）从新位置重新规划到目标的路径。比较这三种恢复策略。如果考虑搜索代价会影响到比较结果吗？

 e. 现在假设存在一些位置，从这些位置看的视图是相同的。（例如，世界是网格状的，有一些正方形的障碍。）现在的 Agent 要面临哪些问题？解会是怎样的？

4.12 假设 Agent 在如图 4.19 所示的 3×3 的迷宫环境里。Agent 知道它的初始位置是(1, 1)，目标位置是(3, 3)，行动为 *Up*、*Down*、*Left*、*Right* 通常可以达到效果，除非有墙阻碍。Agent 不知道迷宫内部的墙在哪里。在任何给定的状态，Agent 尝试合法行动集合；它知道某状态是否已经访问过。

 a. 如果初始的信念状态包括所有可能的环境布局，解释此联机搜索问题如何可以被视为在信念状态空间中的脱机搜索问题。初始信念状态有多大？信念状态空间有多大？

 b. 在初始状态可能有多少感知信息？

 c. 描述此问题的应急规划的头几个分支。完整规划（大约）有多大？

注意这个应急规划是符合给定描述的每个可能环境的解决方案。因此，即使在未知环境下搜索和行动的交替也不见得是严格必需的。

4.13 在本题中，我们将在机器人导航问题中考察爬山法，以图 3.31 中的环境为例。

 a. 用爬山法重做习题 4.11。Agent 会卡在局部最小值上吗？可能被凸障碍物卡住吗？

 b. 构造一个非凸多边形的环境，Agent 在其中会被卡住。

 c. 修改爬山法，在决定下一步的时候不用深度为 1 的搜索，用深度为 *k* 的搜索。它将找到最好的 *k* 步路径并且沿着该路径走一步，然后重复这个过程。

 d. 有没有某个 *k* 使得新算法保证能逃离局部极小值？

 e. 解释 LRTA*怎样使新算法能够在这种情况下逃离局部极小值的。

4.14 与 DFS 一样，有着无限路径的可逆状态空间下的联机 DFS 是不完备的。例如，假设状态是二维网格中的点，行动是单位向量（1,0），（0,1），（-1,0），（0,-1）并以此为序。证明联机 DFS 从（0,0）出发不会到达（1,-1）。假设 Agent 可以观察包括当前状态的所有后继状态和到达这些状态的所有活动。写出双向状态空间中的完备的算法。到达（1,-1）要访问哪些状态？

第5章 对抗搜索

本章讨论在有其他 Agent 计划与我们对抗时，该如何预先规划的问题。

5.1 博　弈

第 2 章介绍了**多 Agent 环境**，其中每个 Agent 需要考虑到其他 Agent 的行动及其对自身的影响。其他 Agent 的不可预测性可能导致该 Agent 问题求解过程中的**偶发性**，正像我们在第 4 章中所讨论的。本章讨论竞争环境，竞争环境中每个 Agent 的目标之间是有冲突的，这就引出了**对抗搜索**问题——通常被称为**博弈**。

数学中的**博弈论**，是经济学的一个分支，把多 Agent 环境看成是博弈，其中每个 Agent 都会受到其他 Agent 的"显著"影响，不论这些 Agent 间是合作的还是竞争的[1]。人工智能中"博弈"通常专指博弈论专家们称为**有完整信息的**、确定性的、轮流行动的、两个游戏者的**零和游戏**（如国际象棋）。术语中，这是指在确定的、完全可观察的环境中两个 Agent 必须轮流行动，在游戏结束时效用值总是相等并且符号相反。例如下国际象棋，一个棋手赢了，则对手一定是输了。正是 Agent 之间效用函数的对立导致了环境是对抗的。

从人类文明产生以来，博弈就和人类智慧如影随形——有时甚至到了令人担忧的程度。对于人工智能研究人员来说，博弈的抽象特性使得博弈成为感兴趣的研究对象。博弈游戏中的状态很容易表示，Agent 的行动数目通常受限，而行动的输出都有严谨的规则来定义。体育游戏如台球和冰球，则有复杂得多的描述，有更大范围的可能行动，也有不够严谨的规则来定义行动的合法性。所以除了足球机器人，体育游戏目前并没有吸引人工智能领域的很大兴趣。

与第 3 章中讨论的大多数玩具问题不同，博弈因为难于求解而更加令人感兴趣。例如国际象棋的平均分支因子大约是 35，一盘棋一般每个棋手走 50 步，所以搜索树大约有 35^{100} 或者 10^{154} 个结点（尽管搜索图"只可能"有大约 10^{40} 个不同的结点）。如同现实世界，博弈要求具备在无法计算出最优决策的情况下也要给出某种决策的能力。博弈对于低效率有严厉的惩罚。在其他条件相同的情况下，只有一半效率的 A*搜索意味着运行两倍长的时间，于是只能以一半效率利用可用时间的国际象棋程序就很可能被击败。所以，博弈在如何尽可能地利用好时间上产生了一些有趣的研究结果。

我们从最佳招数的定义和寻找它的搜索算法开始。接着讨论时间有限时如何选择好的招数。**剪枝**允许我们在搜索树中忽略那些不影响最后决定的部分，启发式的**评估函数**允许在不进行完全搜索的情况下估计某状态的真实效用值。5.5 节讨论诸如西洋双陆棋这类包含概率因素的游戏；我们也讨论桥牌，它包含不完整信息，桥牌中每个人都不能看到所有的

1　包含非常多 Agent 的环境通常被视为**经济系统**，而不是博弈。

牌。最后我们看看最高水平的博弈程序如何与人类对手抗衡以及未来的发展趋势。

首先考虑两人参与的游戏：MAX 和 MIN，马上就会讨论这样命名的原因。MAX 先行，两人轮流出招，直到游戏结束。游戏结束时给优胜者加分，给失败者罚分。游戏可以形式化成含有下列组成部分的一类搜索问题。

- S_0：**初始状态**，规范游戏开始时的情况。
- PLAYER(s)：定义此时该谁行动。
- ACTIONS(s)：返回此状态下的合法移动集合。
- RESULT(s,a)：**转移模型**，定义行动的结果。
- TERMINAL-TEST(s)：**终止测试**，游戏结束返回真，否则返回假。游戏结束的状态称为**终止状态**。
- UTILITY(s,p)：**效用函数**（也可称为目标函数或收益函数），定义游戏者 p 在终止状态 s 下的数值。在国际象棋中，结果是赢、输或平，分别赋予数值+1，0，或 1/2。有些游戏可能有更多的结果，例如双陆棋的结果是从 0 到+192。**零和博弈**是指在同样的棋局实例中所有棋手的总收益都一样的情况。国际象棋是零和博弈，棋局的收益是 0+1，1+0 或 1/2 + 1/2。"常量和"可能是更好的术语，但称为零和更传统，可以将这看成是下棋前每个棋手都被收了 1/2 的入场费。

初始状态、ACTIONS 函数和 RESULT 函数定义了游戏的**博弈树**——其中结点是状态，边是移动。图 5.1 给出了井字棋的部分博弈树。在初始状态 MAX 有九种可能的棋招。游戏轮流进行，MAX 下 X，MIN 下 O，直到到达了树的终止状态即一位棋手的标志占领一行、一列、一对角线或所有方格都被填满。叶结点上的数字是该终止状态对于 MAX 来说的效用值；值越高对 MAX 越有利，而对 MIN 则越不利（这也是棋手命名的原因）。

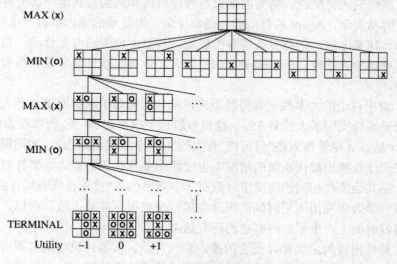

图 5.1　井字棋游戏的（部分）搜索树

最上面的结点是初始状态，MAX 先走棋，放置一个 X 在空位上。图显示了搜索树的一部分，给出 MIN 和 MAX 的轮流走棋过程，直到到达终止状态，所有终止状态都按照游戏规则被赋予了效用值

5.2　博弈中的优化决策

在一般搜索问题中，最优解是到达目标状态的一系列行动——终止状态即为取胜。在对抗搜索中，MIN 在博弈中也有发言权。因此 MAX 必须找到应急**策略**，制定出 MAX 初始状态下应该采取的行动，接着是 MIN 行棋，MAX 再行棋时要考虑到 MIN 的每种可能的回应，依此类推。这有些类似于 AND-OR 搜索算法（图 4.11），MAX 类似于 OR 结点，MIN 类似于于 AND 结点。粗略地说，当对手不犯错误时最优策略能够得到至少不比任何其他策略差的结果。我们将从寻找最优策略开始。

即使是井字棋这样简单的游戏，也很难在一页画出它的整个博弈树，所以讨论如图 5.2 所示的更简单游戏。在根结点 MAX 的可能行棋为 a_1，a_2 和 a_3。对于 a_1，MIN 可能的对策有 b_1，b_2 和 b_3，等等。这个特别的游戏在 MAX 和 MIN 各走一步后结束（按照博弈的说法，这棵博弈树的深度是一步，这包括两个单方招数，每个单方招数称为**一层**）。终止状态的效用值范围是从 2 到 14。

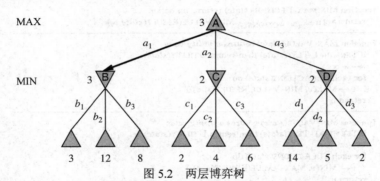

图 5.2　两层博弈树

△结点是 "MAX 结点"，代表轮到 MAX 走，▽结点是 "MIN 结点"。终止结点显示 MAX 的效用值；其他结点标的是它们的极小极大值。MAX 在根结点的最佳行棋是 a_1，因为它指向有最高的极小极大值的后继，而 MIN 此时的最佳行棋是 b_1，因为它指向有最低的极小极大值的后继

给定一棵博弈树，最优策略可以通过检查每个结点的**极小极大值**来决定，记为 MINIMAX(n)。假设两个游戏者始终按照最优策略行棋，那么结点的极小极大值就是对应状态的效用值（对于 MAX 而言）。显然地，终止状态的极小极大值就是它的效用值自身。更进一步，对于给定的选择，MAX 喜欢移动到有极大值的状态，而 MIN 喜欢移动到有极小值的状态。所以得到如下公式：

$$\text{MINIMAX}(s) = \begin{cases} \text{UTILITY}(s) & s \text{ 为终止状态} \\ \max_{a \in Actions(s)} \text{MINIMAX}(\text{RESULT}(s, a)) & s \text{ 为 MAX 结点} \\ \min_{a \in Actions(s)} \text{MINIMAX}(\text{RESULT}(s, a)) & s \text{ 为 MIN 结点} \end{cases}$$

我们将这些定义应用于图 5.2 中的博弈树。底层终止结点的效用值即为它们的效用函数值。第一个 MIN 结点为 B，其三个后继的值分别是 3、12 和 8，所以它的极小极大值是 3。类似地，可以得出其他两个 MIN 结点的极小极大值都是 2。根是 MAX 结点，其后继结点分的极小极大值分别为 3、2 和 2，所以它的极小极大值是 3。可以确定在根结点**极小**

极大决策：对于 MAX 来说 a_1 是最优选择，因为它指向有最高的极小极大值的终止状态。

对 MAX 的最挂行棋进行求解时做了 MIN 也按最佳行棋的假设——尽可能最大化 MAX 的最坏情况。如果 MIN 不按最佳行棋行动怎么办？这种情况下显然（习题 5.7）MAX 可以做得更好。可能有一些策略在对付非最优化对手方面做得比极小极大策略略好，但是用这些策略对付最优化对手则会得到更差的结果。

5.2.1　极小极大算法

极小极大算法（图 5.3）从当前状态计算极小极大决策。它使用了简单的递归算法计算每个后继的极小极大值，直接实现上面公式的定义。递归算法自上而下一直前进到树的叶结点，然后随着递归回溯通过搜索树把极小极大值回传。例如，在图 5.2 中，算法先递归到三个底层的叶结点，对它们调用 UTILITY 函数得到效用值分别是 3、12 和 8。然后它取最小值 3 作为回传值返回给结点 B。通过类似的过程可以分别得到 C 和 D 的回传值均为 2。最后在 3、2 和 2 中选取最大值 3 作为根结点的回传值。

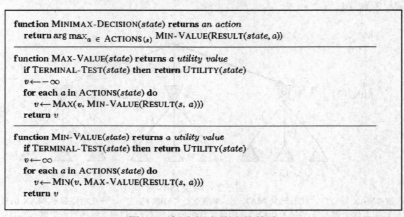

图 5.3　极小极大值决策算法

返回最佳可能行棋对应的行动，即在假设对手行棋是为了使效用值最小的前提下，能够导致最佳效用值的行动。函数 MAX-VALUE 和 MIN-VALUE 遍历整个博弈树一直到叶结点，以决定每个状态的回传值。$\mathrm{argmax}_{a \in S}\, f(a)$ 计算找出集合 S 中有最大 $f(a)$ 值的 a

极小极大算法对博弈树执行完整的深度优先探索。如果树的最大深度是 m，在每个结点合法的行棋有 b 个，那么极小极大算法的时间复杂度是 $O(b^m)$。一次性生成所有的后继的算法，空间复杂度是 $O(bm)$，而每次生成一个后继的算法（参见原书第 87 页），空间复杂度是 $O(m)$。当然对于真实的游戏，这样的时间开销完全不实用，不过此算法仍然可以作为对博弈进行数学分析和设计实用算法的基础。

5.2.2　多人博弈时的最优决策

许多流行的游戏都允许多个参加者。让我们来看一看如何把极小极大思想推广到多人博弈中。从技术观点上看这很自然，但由此也产生了一些有趣的新概念问题。

首先需要用向量值替换每个结点上的单一效用值。例如若博弈有三个人 A、B 和 C 参与，则每个结点都与一个向量 $\langle v_A, v_B, v_C \rangle$ 相关联。对于终止状态，这个向量代表着从每个人角度出发得到的状态效用值（在两人的零和博弈中，由于效用值总是正好相反所以二维向量可以简化为单一值）。最简单的实现方法就是让函数 UTILITY 返回一个效用值向量。

现在考虑非终止状态。考虑在图 5.4 中的博弈树上标为 X 的结点。此时，轮到游戏者 C 选择行棋。它有两种选择，导致的终止状态的效用值向量分别是：$\langle v_A=1, v_B=2, v_C=6 \rangle$ 和 $\langle v_A=4, v_B=2, v_C=3 \rangle$。6 比 3 大，所以 C 选择第一种走法。这意味着如果在状态 X，后继的招数会走到效用值向量为 $\langle v_A=1, v_B=2, v_C=6 \rangle$ 的终止状态。所以，X 的回传值就是这个向量。结点 n 的回传值就是该选手在结点 n 选择的后继者的效用值向量。任何玩过诸如强权外交游戏这样的多人博弈的人很快会意识到这比双人游戏要复杂得多。多人博弈通常会涉及在游戏选手之间出现正式或者非正式**联盟**的情况。随着游戏的进行，联盟不断建立或者解散。我们该如何理解这种行为？联盟是否是各选手选择最优策略的自然结果？结果可能确实是这样。例如，假设 A 和 B 相对比较弱，而 C 比较强。对于 A 和 B 而言，它们一起进攻 C 比等 C 逐个消灭它们要好，这通常是最优策略。这样，博弈从纯自私的行为变成合作。当然，一旦 C 在联合攻击下被削弱，联盟就会失去价值，于是 A 或者 B 就会破坏协议。某些情况下，明确的联盟仅仅是使本将要发生的事情具体化。另外一些情况下，毁约会损害社会声誉，也可能会有直接利益，选手要在这两方面之间寻求平衡。在 17.5 节会有更详细的讨论。

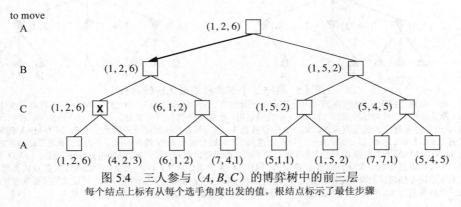

图 5.4 三人参与 (A, B, C) 的博弈树中的前三层
每个结点上标有从每个选手角度出发的值。根结点标示了最佳步骤

如果游戏是非零和的，合作也可能发生在两人游戏中。例如，假设终止状态的效用值向量是 $\langle v_A=1000, v_B=1000 \rangle$，并且 1000 对于两个选手都是最高的可能效用值。那么双方的最优策略就是尽一切可能来到达此状态，即双方会自动合作来达到共同渴望的目标。

5.3 α-β剪枝

极小极大值搜索的问题是必须检查的游戏状态的数目是随着博弈的进行呈指数级增长。不幸的是，指数增长无法消除，不过我们还是可以有效地将其减半。这里的技巧是可能不需要遍历博弈树中每一个结点就可以计算出正确的极小极大值。于是，借用第 3 章中的**剪枝**思想尽可能消除部分搜索树。这种特别技术称为**α-β剪枝**。将此技术应用到标准的极小极大搜索树上，会剪掉那些不可能影响决策的分支，仍然返回和极小极大算法同样的结果。

再来看图 5.2 中的两层博弈树。重新观察最优决策的计算过程，特别注意此过程中在每个结点的已知信息。图 5.5 解释了每一步骤。结果发现可以在不计算评价其中两个叶结点的情况下就确定极小极大决策。

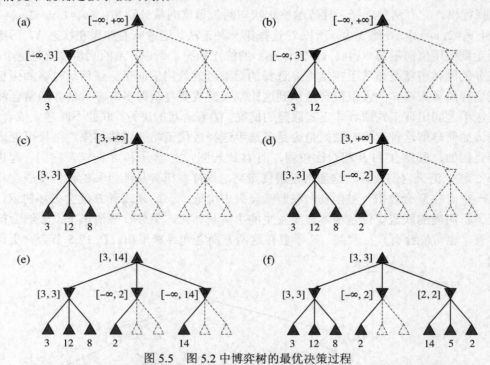

图 5.5　图 5.2 中博弈树的最优决策过程

每一结点上标出了可能的取值范围。（a）B 下面的第一个叶结点值为 3。因此作为 MIN 结点的 B 值至多为 3。（b）B 下面的第二个叶结点值为 12。MIN 不会用这招，所以 B 的值仍然至多为 3。（c）B 下面的第三个叶子值为 8；此时已经观察了 B 的所有后继，所以 B 的值就是 3。现在可以推断根结点的值至少为 3，因为 MAX 在根结点有值为 3 的后继。（d）C 下面的第一个叶结点值为 2。因此 C 这个 MIN 结点的值至多为 2。不过已经知道 B 的值是 3，所以 MAX 不会选择 C。这时再考察 C 的其他后继已经没有意义了。这就是 α-β 剪枝的实例。（e）D 下面的第一个叶结点值为 14，所以 D 的值至多为 14。这比 MAX 的最佳选择（即 3）要大，所以继续探索 D 的其他后继。还要注意现在知道根的取值范围，根结点的值至多为 14。（f）D 的第二个后继值为 5，所以我们又必须继续探索。第三个后继值为 2，所以 D 的值就是 2 了。最终 MAX 在根结点的决策是走到值为 3 的 B 结点

还可以把这个过程看作是对 MINIMAX 公式的简化。假设图 5.5 中的 C 结点的两个没有计算的子结点的值是 x 和 y。根结点的值计算如下：

$$
\begin{aligned}
\text{MINIMAX}(root) &= \max(\min(3, 12, 8), \min(2, x, y), \min(14, 5, 2)) \\
&= \max(3, \min(2, x, y), 2) \\
&= \max(3, z, 2) \qquad\qquad \text{其中 } z = \min(2, x, y) \leqslant 2 \\
&= 3
\end{aligned}
$$

即，根结点的值以及因此做出的极小极大决策与被剪枝的叶结点 x 和 y 无关。

α-β 剪枝可以应用于任何深度的树，很多情况下可以剪裁整个子树，而不仅仅是剪裁叶结点。一般原则是：考虑在树中某处的结点 n（见图 5.6），选手选择移动到该结点。如果选手在 n 的父结点或者更上层的任何选择点有更好的选择 m，那么在实际的博弈中就永远不会到达 n。所以一旦发现关于 n 的足够信息（通过检查它的某些后代），能够得到上述结

论，我们就可以剪裁它。

记住极小极大搜索是深度优先的，所以任何时候只需考虑树中某条单一路径上的结点。α-β 剪枝的名称取自描述这条路径上的回传值的两个参数：

$\alpha =$ 到目前为止路径上发现的 MAX 的最佳（即极大值）选择

$\beta =$ 到目前为止路径上发现的 MIN 的最佳（即极小值）选择

α-β 搜索中不断更新 α 和 β 的值，并且当某个结点的值分别比目前的 MAX 的 α 或者 MIN 的 β 值更差的时候剪裁此结点剩下的分支（即终止递归调用）。完整算法参见图 5.7。建议读者把此算法应用于图 5.5 中的树。

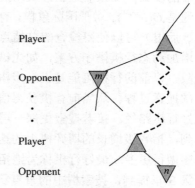

图 5.6　α-β剪枝的一般情况
如果对选手而言 m 比 n 好，那么行棋就不会走到 n

---

function ALPHA-BETA-SEARCH(*state*) **returns** an action
　　$v \leftarrow$ MAX-VALUE(*state*, $-\infty$, $+\infty$)
　　return the *action* in ACTIONS(*state*) with value *v*

---

function MAX-VALUE(*state*, α, β) **returns** *a utility value*
　　if TERMINAL-TEST(*state*) **then return** UTILITY(*state*)
　　$v \leftarrow -\infty$
　　for each *a* **in** ACTIONS(*state*) **do**
　　　　$v \leftarrow$ MAX(v, MIN-VALUE(RESULT(s,a), α, β))
　　　　if $v \geq \beta$ **then return** v
　　　　$\alpha \leftarrow$ MAX(α, v)
　　return v

---

function MIN-VALUE(*state*, α, β) **returns** *a utility value*
　　if TERMINAL-TEST(*state*) **then return** UTILITY(*state*)
　　$v \leftarrow +\infty$
　　for each *a* **in** ACTIONS(*state*) **do**
　　　　$v \leftarrow$ MIN(v, MAX-VALUE(RESULT(s,a), α, β))
　　　　if $v \leq \alpha$ **then return** v
　　　　$\beta \leftarrow$ MIN(β, v)
　　return v

图 5.7　α-β搜索算法
注意算法和图 5.3 中的极小极大算法相似，除了在 MIN-VALUE 和 MAX-VALUE 中修改 α 和 β 的值（还有用来传递这些参数的记录）

5.3.1　行棋排序

α-β剪枝的效率很大程度上依赖于检查后继状态的顺序。例如在图 5.5（e）和（f）中，根本不能剪掉 D 的任何后继（从 MIN 的角度），因为首先生成的是最差的后继。如果 D 的第三个后继先生成，就能够剪掉其他两个。这意味着应首先检查可能最好的后继。

如果能够这样做[1]，那么 α-β算法只需检查 $O(b^{m/2})$ 个结点来做出决策（m 是对的最大深度），而不是极小极大算法的 $O(b^m)$。这意味着有效分支因子不是 b 而是 $\sqrt{b}$ ——对于国际象棋而言不是 35 而是 6。换种说法，在同样的时间里 α-β算法比极小极大算法向前预测大

1　显然，这很难做到；否则，用排序函数就可以下一盘好棋了！

约两倍的步数。如果后继状态采用随机顺序而不是最佳优先的顺序，那么要检查的总结点数大约是 $O(b^{3m/4})$。对于国际象棋，有一些相当简单的排序函数（如吃子优先，然后是威胁、前进、后退）可以使得检查的总结点数为 $O(b^{m/2})$ 的两倍。

增加动态行棋排序方案，如先试图采用以前走过的最好行棋，可能让我们非常接近理论极限。以前的行棋可能是上一步棋——面临同样的棋局威胁——也可能来自当前行棋的上一次搜索过程。从当前行棋获得信息的一种方法是迭代深入搜索。首先，搜索一层并记录最好行棋路径。接着搜索更深一层，此时使用记录的路径来导引行棋排序。在第 3 章已经看到，指数级增长的博弈树上的迭代深入搜索只增加了常数级别的搜索时间，可能从行棋排序做得更多。最好行棋称为**绝招**，先走绝招称为绝招启发式。

第 3 章提到，搜索树中的重复状态会使搜索代价呈指数级增长。在博弈中，重复的状态频繁出现是因为**换位**——不同行棋序列导致同样棋局。例如，白棋走 a_1，黑棋用 b_1 应对，白棋在棋盘另一边的不相关的一招 a_2，黑棋走 b_2 来应对。于是序列 $[a_1, b_1, a_2, b_2]$ 和 $[a_2, b_2, a_1, b_1]$ 都到达同样棋局。第一次遇到某棋局时把该棋局的评估值存储在哈希表里很有价值，这样当它后来再出现时不需要重新计算。存储以前见过的棋局的哈希表一般被称为**换位表**；它本质上和图搜索中的 explored 表相同（参见 3.3 节）。使用换位表可以取得很好的动态效果，在国际象棋中有时可能把到达的搜索深度扩大一倍。另一方面，如果可以每秒钟评价上百万个结点，那么在换位表中就不太可能保存所有评价了。选择保留有价值的结点而摒弃其他结点，则有许多不同的策略。

5.4　不完美的实时决策

极小极大算法生成整个博弈的搜索空间，而 α-β 算法允许我们剪裁掉其中的一大部分。然而，α-β 算法仍然要搜索部分空间直到终止状态。这样的搜索深度也是不现实的，因为要在合理的时间内确定行棋——典型地最多只有几分钟的时间来决策。Claude Shannon 发表论文《设计计算机国际象棋程序》（1950），文中提出应该尽早截断搜索，应将启发式**评估函数**用于搜索中的状态，有效地把非终止结点转变为终止结点。换言之，建议按两种方式对极小极大算法或 α-β 算法进行修改：用估计棋局效用值的启发式评估函数 EVAL 取代效用函数，用决策什么时候运用 EVAL 的**截断测试**取代终止测试。因此得到如下的启发式极小极大值，s 为状态，d 为最大深度：

H-MINIMAX$(s, d) =$

$$\begin{cases} \text{EVAL}(s) & \text{如果 CUTOFF-TEST}(s,d) \text{为真} \\ \max_{a \in Actions(s)} \text{H-MINIMAX}(\text{RESULT}(s, a), d+1) & s \text{ 为 MAX 结点} \\ \min_{a \in Actions(s)} \text{H-MINIMAX}(\text{RESULT}(s, a), d+1) & s \text{ 为 MIN 结点} \end{cases}$$

5.4.1　评估函数

与第 3 章中启发式函数返回对目标距离的估计一样，对于给定的棋局，评估函数返回对游戏的期望效用值的估计。估计的思想早在 Shannon 之前就有。数百年来，人类与计算机程序相比搜索的力量更加受限，国际象棋棋手（其他游戏也一样）找到了一些判断棋局价值的方法。显而易见的是博弈程序的性能严重依赖于评估函数的质量。不准确的评估函数可能引导 Agent 走向失败。如何设计好的评估函数呢？

首先，评估函数对终止状态的排序应该和真正的效用函数的排序结果一样：赢状态的评估值一定要好于平局，而平局一定要好于输的状态。否则，使用它的 Agent 可能会出昏招，即使它可以向前一直看到游戏结束。第二，评估函数的计算本身不能花费太长时间（总观点是为了更快地搜索）。第三，对于非终止状态，评估函数应该和取胜几率密切相关。

先讨论"取胜几率"的含义。国际象棋不是几率博弈：我们确定知道当前状态，没有骰子。不过如果搜索必须在一些非终止状态截断，那么算法对这些状态的最后结果必然是不确定的。这种不确定性引入的原因是计算局限性，而不是信息受限。在计算能力有限的情况下，评估函数对给定状态进行评估，它能做的就是尽可能猜测最后的结果。

下面把上述思想具体化。大多数评估函数都要考虑状态的不同**特征**参数——例如在国际象棋中，包括白兵的数目、黑兵的数目、白后的数目、黑后的数目，等等。这些特征一起定义了状态的各种类别或者等价类：同一分类中的状态对所有特征具有相同的值。例如，某分类是包含两兵对一兵的残局。一般来说，任何给定的分类都会包含制胜的状态，导致平局的状态和会导致失败的状态。评估函数无法知道到底是在哪种状态，不过它可以为每个结果返回一个值，反映出这些状态的比例。例如，假设经验告诉我们某类中72%的状态是制胜的（效用值+1），20%是会输的（0），而其他 8%是平局（1/2）。那么该类中状态的合理评价是**期望值**: $(0.72 \times +1) + (0.20 \times 0)+(0.08 \times \frac{1}{2}) = 0.76$。总体上每个分类确定一个期望值，帮助产生任一状态的评估函数。对于终止状态，评估函数无须返回实际的期望值，因为状态的排序保持不变。

在实际应用中，这种分析往往有太多的分类，因此需要太多的经验去估计所有的取胜可能。所以，大多数评估函数会分别计算每个特征的影响，然后把它们组合起来找到总数值。例如，国际象棋的入门书中给出各个棋子的**子力价值**估计如下：兵值 1 分，马和象值 3 分，车值 5 分，后值 9 分。其他特征诸如"是否好兵阵"和"王是否安全"可能值半个兵。这些特征值简单地加在一起就得到了对棋局的评估。

如果评估比对方多大概一个兵的棋力时，实际上会有较大的胜面，如果评估比对方多三个兵的棋力时基本上是必胜的，如图 5.8（a）所示。评估函数可如下表示，这在数学上称为**加权线性函数**：

$$\text{EVAL}(s) = w_1 f_1(s) + w_2 f_2(s) + \cdots + w_n f_n(s) = \sum_{i=1}^{n} w_i f_i(s)$$

其中 w_i 是权值，f_i 是棋局的某个特征。对于国际象棋来说，f_i 可能是棋盘上每种棋子的数目，w_i 可能是每种棋子的价值（如兵为 1，象为 3，等等）。

把特征值这样加起来的方法看起来是合理的，不过实际上这是以很强的假设为基础：每个特征的贡献独立于其他特征的值。例如给象赋予 3 分忽略了象在残局中能够发挥更大作用的事实，象在残局中有更大的发挥空间。因此，当前国际象棋或其他博弈程序也使用非线性的特征组合。例如，两象的价值比单个象价值的两倍要略大一些，象在残局中棋力值更高（即当下棋步数很大并且剩余棋子数很少时）。

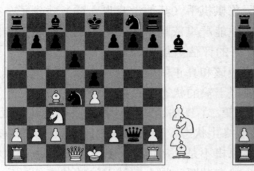 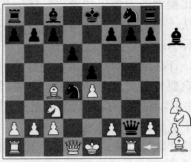

(a) White to move　　　　　　　　　　(b) White to move

图 5.8　两个几乎相同的棋局，只有右下角车的位置不同

在（a）中，黑方多一个马两个兵，应该取胜。在（b）中白方会吃掉黑方皇后，从而确立几乎必胜的优势

机敏的读者会发现特征和权值并不是属于国际象棋规则！它们来自于几个世纪以来人们下棋的经验。有些博弈很难总结经验规律，这时可以利用第 18 章的机器学习技术来确定评估函数的权值。要指出的是，机器学习也证实了国际象棋中的一个象确实值三个兵。

5.4.2　截断搜索

下一步则是修改 ALPHA-BETA-SEARCH，当适合截断搜索时调用启发式函数 EVAL。实现时用下面一行程序替换图 5.7 中提到 TERMINAL-TEST 的两行代码：

if CUTOFF-TEST(*state*, *depth*) **then return** EVAL(*state*)

内存中还必须安排记录一些信息，这样 *depth* 在每一次递归调用时可以逐渐增加。最直接的控制搜索次数的方法是设置固定的深度限制，这样 CUTOFF-TEST(*state*, *depth*) 当 *depth* 大于固定深度 *d* 时返回 true（同 TERMINAL-TEST 一样，对于所有终止结点它也返回 true）。根据游戏规则许可的时间来决定深度 *d*。更好的方法是使用迭代深入（参见第 3 章）。当时间用光时，程序返回目前最深的完整搜索所选择的招数。而且，迭代深入同样可以帮助行棋排序。

由于评估函数的近似本质，这种方法可能会导致错误。重新考虑国际象棋中基于子力优势的简单评估函数。假设程序在搜索图 5.8（b）的棋局时到达了深度限制，此时黑方有一马两兵的优势。程序会报告这个状态的启发式函数值，从而认为这个状态会导致黑方获胜。而其实下一步白方就可以毫无意外地吃掉黑方皇后。因此，这个棋局实际是白棋赢，需要向前多看一步才能预测。

显然我们需要更加复杂的截断测试。评估函数只适用于那些**静态棋局**——即，评估值不会很快出现大的摇摆变化的棋局。例如在国际象棋中，有很好吃招的棋局对于只统计棋力的评估函数来说就不是静态的。非静态棋局可以进一步扩展直到变为静态棋局。这种额外的搜索称为**静态搜索**；有时它只考虑某些类型的棋招，诸如吃子能够快速消解棋局的不确定性。

地平线效应更难消除。这是指对手招数导致我方严重损失并且从理论上基本无法避免时。考虑图 5.9 中的棋局，可以看出黑象无路可逃。例如，白车可以走 h1,a1,a2 从而吃掉它；黑象被吃掉在 6 步后发生。黑方没有行动序列能够将黑象"拉出地平线"。假设黑方搜索深度为 8 步。黑方的绝大多数选择都会导致黑象被吃掉，这样的选择都是"坏"招。不过黑方会考虑检查白方的王和 e4 的兵。王会吃掉兵。此时黑方可以重新考虑 f5 的兵可以吃掉另外一个兵。这需要 4 步，还有剩下 4 步不足以吃掉象。黑方会认为牺牲两个兵保住了象，实际上象被吃掉是不可避免的，只是超出了黑方能看到的地平线。

图 5.9　地平线效应

黑方行棋后，黑象命运已定。但是黑方可以通过检查白王和兵，迫使王吃兵。这样就将象拉出了地平线，被牺牲掉的兵被搜索算法视为好棋招

黑棋在子力上领先，然而如果白棋能够把第七行上的兵推进到第八行升格为皇后，那么白棋基本就可以赢了。黑棋可以通过用车将白棋国王的军来延迟这种结果大约 14 步，不过最后也无法避免兵升变为皇后。固定深度的搜索问题在于它相信这些延缓招数能阻止升变皇后的行棋——我们称延缓招数把不可避免的升变皇后的行棋推"出了搜索地平线"，将其推进了无法检测到的空间。

单步延伸是避免地平线效应的一种策略，单步延伸指的是在给定棋局中一种棋招要"明显好于"其他棋招。一旦在搜索某处发现单步延伸，牢记它。当搜索到达指定深度界限，算法会检查单步延伸是否合法；如果是，算法允许考虑此棋招。这样做可能超过深度限制，但由于单步延伸很少，不会增加太多开销。

5.4.3　向前剪枝

截至目前我们讨论了在特定层次上进行截断搜索，并可以证明α-β剪枝对决策结果没有影响（至少对启发式评估值没有影响）。另一种可能是使用**前向剪枝**，是指在某个结点上无需进一步考虑而直接剪枝一些子结点。显然，大多数人在下国际象棋的时候，对每个棋局只考虑部分行棋（可能是潜意识的）。向前剪枝的一种方法是**柱搜索**：在每一层，只考虑最好的 n 步行棋可能，这称为"柱"，并不是考虑所有行棋招数。不幸的是，这种方法很危险，因为无法保证最佳的行棋不被裁剪掉。

PROBCUT 算法，或概率截断算法（Buro，1995）是 $\alpha\text{-}\beta$ 搜索的向前剪枝版本，使用先验经验的统计信息在一定程度上保护最佳行棋不被剪枝掉。$\alpha\text{-}\beta$ 搜索会剪枝所有被证明在 (α, β) 窗口外的结点。PROBCUT 算法则剪枝可能在窗口外的结点。它首先通过浅层搜索计算得到结点的倒推值 v，然后根据以前的经验来估计深度 d 上的值 v 是否可能在 (α, β) 范围外。Buro 将此技术应用于他的 Othello 程序 LOGISTELLO，发现即使给原有版本两倍的

时间，使用 PROBCUT 算法的版本仍有 64%的获胜概率。

充分利用本章所描述的技术，程序就可以得体地下国际象棋（或其他游戏）。假设已经实现了国际象棋的评估函数，使用静态搜索的合理截断测试，同时拥有很大的换位表。再假设，经过数月的艰苦努力，可以在最新的个人计算机上每秒生成和评估大约一百万个结点，这差不多允许在标准的时间控制下（每步棋三分钟）对每步棋可以搜索大约 2 亿个结点。国际象棋的分支因子大约是 35，而 35^5 大约是 5000 万，所以如果使用极小极大搜索只能向前预测 5 层。这样的程序也很容易被平均水平的人类棋手打败，人类棋手偶尔可以向前计划 6 到 8 层。如果使用α-β搜索可以预测大约 10 层，接近于专业棋手水准了。5.8 节会讨论另外一些剪枝技术，可以把有效搜索深度扩展到 14 层。要达到大师级水准需要广泛地调整评估函数，并需要存有最优开局和残局招法的大型数据库。

5.4.4　搜索与查表

仅仅为了决定以兵走 e4 来开局就考虑上亿个游戏状态，看起来有些矫枉过正。一个世纪以来一些书描述了如何下好开局和残局（Tattersall，1911）。所以，很多博弈程序在开局和残局都使用查表而不是搜索就不奇怪了。

开局时，计算机大多依赖于人类的专门知识。人类专家给出的最好开局的建议都来自于书本并且编制成计算机内的表。然而，计算机还可以根据数据库中存储的各种棋局来统计什么样的开局更容易赢。开局的前几步行棋并没有太多选择，因而可以依赖于许多专家知识和过去的棋局。大概十步以后就会到达一个很少见到的棋局状态，此时就要从查表方式切换到搜索。

博弈接近尾声时棋局的可能性有限，又恢复到查表。此时是计算机具备了专门知识：计算机对残局的分析远胜人类。对于王车对王（KRK）残局人可以给出通用策略：将对手王挤至棋盘一边以减少它的活动范围，使用自己的王防守住以防对手王逃脱。其他残局，如王象马对王（KBNK）残局，很难把握也没有简明的策略。而计算机可以通过一些**政策**完全地解决残局问题，这些政策是指从每一种可能状态到该状态最佳棋招的映射。这样我们就只需查表而不用总是计算。KBNK 表有多大呢？有 462 种方法可以将两个王不邻接地放置在棋盘上。王放好以后，有 62 个空位放象，61 个空位放马，两个选手轮流下棋，所以可能棋局状态为 462×62×61×2＝3 494 568。这其中有些状态是死棋；直接在表中标出来。然后执行逆向极小极大搜索：将象棋规则颠倒，进行悔棋而不是行棋。白方走的任何棋招，不管黑方如何回应，如果终止在赢的棋局，就一定会赢。这种搜索一直进行到 3 494 568 种棋局都被消解成赢、输或平局，同时你会拥有所有 KBNK 残局的准确无误的表。

使用这种技术和杰出的优化技巧，Ken Thompson（1986，1996）和 Lewis Stiller（1992，1996）解决了所有 5 个棋子的残局和部分 6 个棋子的残局，并将结果上传至互联网。Stiller 发现了一种认输的情况但是需要 262 步行棋；这有些奇怪因为国际象棋规则规定 50 步之内必须吃子或移动兵。Marc Bourzutschky 和 Yakov Konoval（Bourzutschky，2006）在随后的工作中求解了所有无兵 6 子残局的情况和部分 7 子残局；有一种 KQNKRBN 残局的最好下法需要 517 步行棋才能吃子，会导致认输。

如果能将残局表从 6 子扩展到 32 子，那么白方在开局就会知道它会赢、平或输。到目前为止这尚未实现,但跳棋能做到这一点,历史注释中有这方面内容。

5.5 随 机 博 弈

在现实生活中,很多不可预知的外部事件会把我们推到无法预计的情景中。许多博弈用随机因素,如掷骰子,来反映这种不可预测性。我们把这叫做**随机博弈**。西洋双陆棋就是这样一种组合了运气和技巧的游戏。选手在行棋时通过掷骰子来决定合法移动。在图 5.10 中的西洋双陆棋棋局中,白方掷出了 "6-5" 有四种可能的选择。

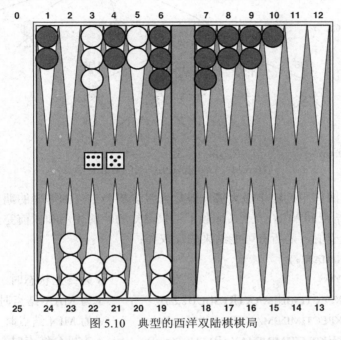

图 5.10 典型的西洋双陆棋棋局

游戏的目标是把自己的棋子全部移出棋盘。白方顺时针向 25 移动,黑方逆时针向 0 移动。每个棋子可以按照掷出的骰子数移动到任意位置除非那里有多个对方棋子;如果那里对方棋子只有一个,这个棋子就被吃掉,要从起点重新开始。在图中所示棋局里,白方掷了 6-5,有 4 种合法移动(5-10,5-11),(5-11,19-24),(5-10,10-16),(5-11,11-16),从中选一个。(5-11,11-16)指的是把棋子从 5 移到 11,接着再把棋子从 11 移到 16

尽管白方知道自己的合法行棋,但不知道黑棋会掷出多少,也不知道黑棋会有哪些合法行棋。这意味着白棋无法构造我们在国际象棋和井字棋中的标准博弈树。西洋双陆棋的博弈树中除了 MAX 和 MIN 结点之外还必须包括**机会结点**。在图 5.11 中机会结点用圆圈表示。每个机会结点的子结点代表可能的掷骰子结果;每个分支上标记着骰子数及其出现的概率。两个骰子可以有 36 种组合,每种概率是相等的;不过掷出 5-6 和 6-5 是一样的,所以总共只有 21 个不同的掷法。6 个有相同骰子数的组合(1-1 到 6-6)每个都以 1/36 的概率出现,即 $P(1\text{-}1)=1/36$,而其他 15 种不同掷法的概率是 1/18。

下一步讨论如何做出正确的决策。显然,我们仍然希望选择能够导致最佳棋局的行棋。但是,这样产生的棋局没有明确的极小极大值,只能计算棋局的**期望值**:机会结点所有可能结果的平均值。

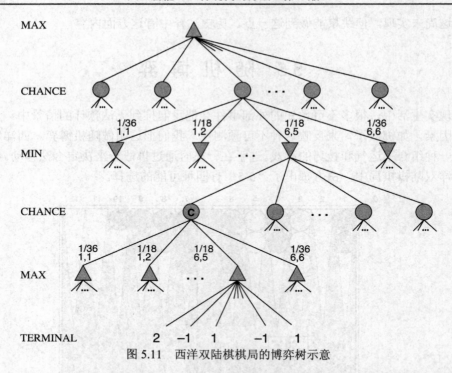

图 5.11　西洋双陆棋棋局的博弈树示意

可把确定性博弈中的**极小极大值**一般化为包含机会结点的博弈的**期望极小极大值**。终止结点，MAX 结点和 MIN 结点（掷骰子结果已知的）的使用和以前完全一样。对于机会结点我们计算期望值，是所有可能结果的加权和：

EXPECTIMINIMAX(s) =

$$
\begin{cases}
\text{UTILITY}(s) & s \text{ 为终止状态时} \\
\max_a \text{EXPECTIMINIMAX}(\text{RESULT}(s,a)) & s \text{ 为 MAX 结点时} \\
\min_a \text{EXPECTIMINIMAX}(\text{RESULT}(s,a)) & s \text{ 为 MIN 结点时} \\
\sum_r P(r)\,\text{EXPECTIMINIMAX}(\text{RESULT}(s,r)) & s \text{ 为机会结点时}
\end{cases}
$$

其中 r 表示可能的掷骰子结果（或其他偶然事件），RESULT(s,r)仍是状态 s，附加了掷骰子结果 r。

5.5.1　机会博弈中的评估函数

和极小极大值一样，期望极小极大值的近似估计可以通过在某结点截断搜索并对每个叶结点计算其评估函数来进行。你也许会认为像西洋双陆棋的评估函数应该和国际象棋的评估函数类似——对好棋局给予高分。但实际上，机会结点的存在意味着人们需要更加仔细地考虑评估值的含义。图 5.12 指出：叶结点的评估函数值为[1, 2, 3, 4]，a_1 是最佳棋招；但如果评估值为[1, 20, 30, 400]，a_2 是最佳棋招。可以看出，评估值取值范围不同，程序行棋会表现得完全不一样！为了避免这种敏感性，评估函数应该与棋局获胜概率（或者更一般的说，是棋局的期望效用值）成正线性变换。这在涉及不确定性的情况中是非常重要和普遍的特性，将在第 16 章中进行进一步讨论。

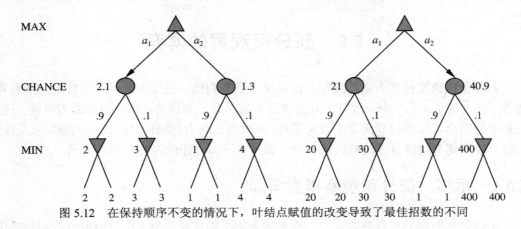

图 5.12　在保持顺序不变的情况下，叶结点赋值的改变导致了最佳招数的不同

　　如果程序能够提前知道游戏后面出现的所有掷骰子结果，那么求解这样的有骰子的游戏和没有骰子的游戏是一样的，用极小极大算法要花费的时间为 $O(b^m)$，b 是分支因子，m 是最大博弈树深度。因为期望极小极大值同样要考虑所有可能的掷骰子序列，它需要花费的时间为 $O(b^m n^m)$，其中 n 是不同掷骰子结果的数目。

　　尽管把搜索深度限制在某个比较小的值 d，和极小极大值搜索相比，在大多数机会博弈中由于额外代价的存在使得向前考虑得很远是不现实的。在西洋双陆棋中 n 是 21 而 b 通常是 20 左右，但是在有些情况下如果骰子数翻倍 b 可能高达 4000，实际可能考虑的只有 3 层。

　　可以换一种方式考虑这个问题：α-β 剪枝的优势在于采取最佳招数的情况下它允许忽略一些未来不会发生的情况。这样，它可以集中精力在可能发生的情况上。而在有骰子的游戏中，因为招数的生效必须以掷骰子的结果使之成为合法的招数作为前提，所以没有可能的行棋序列。这是不确定性引起的普遍问题：可能性急剧增多，制定详细的行动计划没有任何意义，因为世界很可能不朝着那个方向发展。

　　读者可能会想到对机会博弈树使用类似 α-β 剪枝技术。确实可以。对于 MAX 和 MIN 结点的分析不变，不过可以用一些灵活性剪掉部分机会结点。考虑图 5.11 中的机会结点 C，观察当检查和评价它的子结点时它的值会发生什么变化。是否有可能在考察它的全部子结点前就发现 C 的上界呢？（回想一下，这是在 α-β 剪枝中剪掉一个结点和它的子树所需要的）乍一看这好像不可能，因为 C 的值是它的所有子结点的平均值，而要计算平均值则确实需要检查所有子结点。但是如果限制效用函数的可能值的范围，就可能得到平均值而无需检查所有结点。例如，限制所有的效用值在 -2 到 $+2$ 之间；那么叶结点的值是有界的，也就是说不用检查机会结点的所有子结点就可以设置机会结点的上界。

　　还可以用蒙特卡罗仿真来评估棋局。从 α-β 搜索（或其他）算法开始。从初始棋局出发，算法通过掷骰子不断与自己下棋。在西洋双陆棋中，尽管算法的启发式并不完善而且搜索的深度也只有几层（Tesauro，1995），算法依然表现出对棋局的评估很有效。对于掷骰子的博弈，这种类型的仿真技术叫 rollout。

5.6　部分可观察的博弈

国际象棋通常被视为微型战争，但与现实战争相比，它至少缺乏一点特征，**部分可观察性**。在"战争风云"中，敌方的存在和部署通常是不知道的，除非面对面的时候。因此，战争中通常会有侦察兵和间谍来收集信息，同时会对敌人隐瞒信息或虚张声势以搞乱敌方。部分可观察博弈同样具备这些特征，所以会与上一节介绍的内容有很多不同。

5.6.1　军棋：部分可观察棋类博弈

在确定性的部分可观察博弈中，棋局状态的不确定性是由于不知道敌方的动作而引起的。这一类游戏包括儿童游戏 Battleships（选手的船都藏着而且不能动）和 Stratego（可以看见棋子位置但不知道棋子种类）。我们要讨论的游戏是**军棋**，是国际象棋的部分可观察变种，棋子可以移动但是对方看不见棋子是什么。

军棋的规则如下：白方和黑方都只能看见自己一方的棋局。有一个裁判可以看见双方棋局，对游戏进行判决并阶段性地宣布游戏进程。轮到白方走的时候，如果目标位没有黑棋，他会告诉裁判他的合法行棋。如果白方行棋不合法（有黑子占位），裁判会宣布"非法"。在这种情况下，白方可以继续选择合法的行棋——同时可以学到黑方的棋子布局。如果是合法行棋，裁判会宣布：如果有吃子则说"占领 X"，如果是黑王则宣布"D 方向检查"，检查的方向 D 可能是"马"，"行"，"列"，"大斜线"或"小斜线"（如果发现有检查，裁判会宣布检查两次）。如果黑方认输或逼和，裁判会宣布；否则，该由黑方行棋。

军棋看起来有些可怕，但人类可以很好的把握，并且计算机也试图赶上来。这里需要4.4 节和图 4.14 中描述的信念状态——在给出所有历史感知信息情况下的逻辑可能状态集合。首先，白方的信念状态是单独的，原因是黑方还没走棋。当白方走完棋并且黑方回应后，白方的信念状态包括 20 种棋局，理由是对白方的每种行棋黑方都有 20 种可能回应。跟踪博弈过程中的信念状态确实是问题的**状态评估**问题，公式 4.6 给出了更新步骤。如果我们将对手看作是不确定性的来源，就可以将军棋状态评估直接是第 4.4 节中的部分可观察、不确定性的框架；就是说，白方的 RESULTS 由白方自身行棋和黑方回应的种种可能组成。[1]

在给定某信念状态下，白方可能会问，"我能赢下这盘吗？"对部分可观察游戏，**策略**概念有些变化；我们需要的是规范所有可能感知信息下的行棋，而不是规范对手所做的行棋回应。对军棋而言，赢的策略，或**确保将死**，是指不管对手如何反应，当前信念状态的每一种感知信息序列情况都会赢。如果这样定义，就可以不考虑对手的信念状态——即使对手能看到所有棋子也要决策正确。这简化了计算。图 5.13 中给出了 KRK（王车对王）残局中的必赢策略。在这种情况中，黑方只有一个棋子（王），所以白方的信念状态可以通过在棋盘上标出黑王的所有可能位置来表示。

1　有时，信念状态会是相当大的状态列表，我们在这儿不讨论此问题；第 7 和 8 两章将介绍表示大型信念状态的方法。

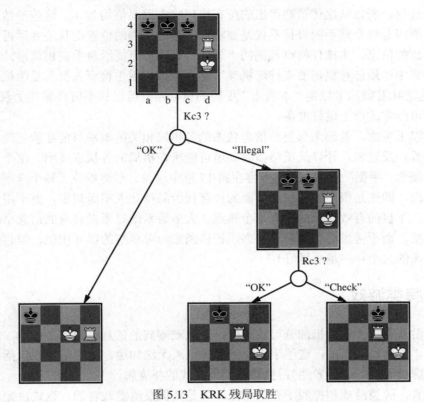

图 5.13   KRK 残局取胜

在初始信念状态中，黑王处在可能的三个位置之一。通过一组行棋后，最只剩下一种选择。取胜的完成留做习题

4.4 节提过，可以将与或搜索应用在信念状态空间以找出必赢策略。那一节提到的增量信念状态算法如果搜索深度到 9 通常能在中盘取胜——超过了大多数人类选手的能力。

军棋还允许一新概念：**概率将死**，这在完全可观察环境中没有任何意义。信念状态的每一种棋局里仍然要求这种将死能工作；因为取胜选手的行棋是随机选择的所以是概率的。要理解这种思想，可考虑用白王来找孤独的黑王。只是简单地随机移动，白王最终还是会碰上黑王尽管后者总是设法躲避着，理由是黑方无法总是猜对正确的逃跑路线。在概率论中，检测发生的概率是 1。KBNK 残局——王象马对王——会赢；白方给黑方提供无限的随机选择序列，黑方的猜测会出错并导致失败。另一方面，KBBK 残局，赢的概率是 $1-\varepsilon$。白方只通过移动象就可以赢。如果黑方正好在并且吃掉了象（如果象有保护则输掉了），此局会和棋。白方可以在长序列中随机选择点来走这险招，这样 ε 被减小到很小的常量，但不会是 0。

在合理深度内很少有确保将死或概率将死的情况，除非是在残局中。有时将死策略会在当前信念状态的某些棋局中很适用，但不是所有的。实施这样的策略有时候会成功，导致**意外将死**——意外是指白方并不知道他会有将死——如果黑方棋子不巧正在该位置（人类博弈中的将死大多具备意外的性质）。对这种想法人们自然会问给定策略有多大的比例能赢，当前信念状态的每种棋局有多大可能成为真实的棋局状态。

人们首先可能倾向于认为当前信念状态中的每个棋局是平等的——但这是错误的。例如，考虑黑方先走一步棋后白方的信念状态。由定义（假设黑方按最优策略行棋），黑方实施了最优选择，所以从次优策略得出的所有棋局状态概率值均为 0。这些参数并不是完全正确的，原因是每个选手的目标不仅是要将棋子移到正确的位置而且还要尽可能最小化对方能够得到的信息。实施任何可预测的"最优"策略都可能给对手提供信息。所以，部分可观察博弈中的最佳行棋需要支持随机性（这也是饭店卫生检查人员总是随机抽查酒店的原因）。这意味着偶尔可以走"本质上"很弱的棋——但可以从不可预测性上获取优势，因为对手不可能在这点上做好准备。

综合以上考虑，看起来与当前信念状态的各棋局相关的概率只能在给定随机策略的情况才能计算；反过来，计算此策略需要知道可能所在棋局的各状态概率。这个难题可以采纳博弈论概念"平衡"求解，这一点将在第 17 章中讨论。平衡规范了每个选手的最优随机策略。然而，即使是很小的游戏，平衡的计算代价高得让人望而却步，更不用说军棋了。目前来看，军棋的有效算法的研究是个热点。大多数系统只考虑自身的信念空间，设置向前看的深度，而不考虑对手的信念状态。评估函数与可观察的博弈相似，但包含了新元素即信念状态的大小——越小越好！

5.6.2　牌类游戏

牌类游戏有很多是随机部分可观察的，无法观察到的信息是随机生成的。例如，在很多游戏中，发牌是随机的，选手手上拿到的牌别人无法知道。这样的游戏包括桥牌，惠斯特（一种牌类游戏——译者注），拱猪和其他形式的扑克牌。

乍一看，牌类游戏和掷骰子有些相像：牌是随机发给游戏者的，也就决定了每个游戏者可能的招数，只是所有"掷骰子"都发生在游戏的开始！尽管这样类比后来发现是错误的，它至少提出了有效算法：考虑未知牌的所有可能应对策略；一个一个按照完全可观察博弈来处理；然后在其中选择具有最好平均结果的招数。假设应对策略 s 的发生概率是 $P(s)$；那么我们希望的招数是：

$$\arg\max_a \sum_s P(s)\,\text{MINIMAX}(\text{RESULT}(s,a)) \tag{5.1}$$

这里，如果计算可行就运行 MINIMAX；否则，运行 H-MINIMAX。

目前，在大多数的牌类游戏中，可能的应对策略数目相当大。例如，在桥牌中，每个选手可以看到四手牌中的两手；两手看不见的牌各包括 13 张，所以可能的组合有 $\binom{26}{13} =$ 10 400 600 种。解决一种情况都是困难的，更不用说求解 1 千万个了。此时，使用蒙特卡罗近似：不再考虑所有可能组合，随机采样 N 个样本，设组合 s 在样本中出现的概率与 $P(s)$ 成正比：

$$\arg\max_a \frac{1}{N} \sum_{i=1}^{N} \text{MINIMAX}(\text{RESULT}(s_i,a)) \tag{5.2}$$

（注意公式中并没有 $P(s)$，这是因为样本已经根据 $P(s)$换算过了）随着 N 不断变大，随机样本的总和越接近真实情况，但即使是很小的 N，如 100 到 1000 间，这种方法也能给出很好的近似。如果能给出 $P(s)$一些合理估计，这种方法同样适用于确定性博弈如军旗。

像惠斯特和拱猪这样的游戏，牌局开始时没有投标或打赌，每种情况概率是相等的，

所以 $P(s)$ 是一样的。桥牌则有叫牌过程，每组要给出想打的点数。选手就手上的牌首先达成协议，双方在叫牌过程中也可能获得了更多的信息。如何在出牌时利用这些信息不易处理，原因跟军旗中描述的一样：选手们不想让对手知道得更多。即使这样，这种方法对桥牌依然很有效，这一点将在 5.7 节中讨论。

公式（5.1）和（5.2）给出的策略有时被称为平均观察力，因为第一步走完之后游戏就变成可观察的。不考虑它的直觉吸引力，这种策略会导致迷路。考虑如下故事：

第一天：道路 A 通向一堆金子；道路 B 通往一个岔路。左拐你会发现更多的金子，右拐你会被一辆公共汽车撞到。

第二天：道路 A 通向一堆金子；道路 B 通往一个岔路。右拐你会发现更多的金子，左拐你会被一辆公共汽车撞到。

第三天：道路 A 通向一堆金子；道路 B 通往一个岔路。一分支上会有更多的金子，但走错了路你会被一辆公共汽车撞到。

平均观察力会有如下的推理：第一天 B 是正确的选择；第二天 B 是正确的选择；第三天情形与第一天和第二天类似，所以 B 一定是正确的选择。

现在我们来看为什么平均观察力会失败：它完全没有考虑走牌后 Agent 所在的信念状态。完全忽略信念状态是不可取的，尤其是有一种可能是会死的时候。因为它假设每一个未来状态都自动成为完美知识之一，这种方法从不选择收集信息的行动（像图 5.13 中的第一步）；它也不会选择向对手隐藏信息或向同伴提供信息的行动，因为它假设他们已经知道了；它从不虚张声势，[1]因为它假设对手知道它的牌。第 17 章将构建算法来求解真实的部分可观察决策问题。

5.7　博弈程序发展现状

1965 年，俄罗斯数学家 Alexander Kronrod 称国际象棋为"人工智能果蝇"。John McCarthy 不同意：正如遗传学家使用果蝇做实验以推广生物学应用一样，AI 用国际象棋来做同样的传播。可能更好的类比是国际象棋之于 AI 正如赛车大满贯之于汽车工业一样：博弈程序不可思议的快，但不适合开车购物或在非赛道上开。不管怎样，赛车和博弈都令人兴奋，都影响了一定的社会影响。本节介绍不同博弈类游戏的发展现状。

国际象棋：IBM 的深蓝国际象棋程序，虽然现在已经退休，因为在直播中打败世界冠军 Garry Kasparov 而闻名。深蓝在有 30 个 IBM RS/6000 处理器的并行计算机上运行 α-β 搜索。它的特别之处在于它有 480 个定制的 VLSI 国际象棋处理器，用来执行生成行棋的功能、树的最后几层行棋的排序以及叶结点的评价。每步棋它搜索多至 300 亿个棋局，常规搜索深度是 14 步。它成功的关键是它对于足够感兴趣的主动或被动的行棋有突破搜索深度进行扩展能力。在某些情况下搜索深度可达 40 层。它的评估函数考虑了超过 8000 个特征，许多特征用来描述特有的棋子模式。它的"开局手册"有 4000 个棋局，它有存有 70 万个

1　虚张声势——赌手气，即使它不好——牌技的核心部分。

大师级比赛棋谱的数据库，可以从中提取综合建议。系统用大型残局数据库保存已解决的残局，其中包含了全部的 5 子残局和很多的 6 子残局。这个残局数据库实际上扩展了有效搜索深度，允许深蓝在某些情况下表现完美，甚至当它距离将死对手还有很多步棋的时候。

深蓝的成功加强了人们广泛支持的信念：计算机的博弈水平的提高源自更强有力的硬件——这也是 IBM 的观点。算法上的进步允许标准个人计算机上运行的程序来赢得世界计算机国际象棋冠军杯。剪枝启发式有很多变形，有些可以把有效分支因子降低到 3 以下（实际分支因子大约是 35）。这其中最重要的是**空招**启发式，通过使用让对手在游戏开始时连走两步棋的浅层搜索，能对棋局值生成一个很好的下界。这个下界常常允许 α-β 剪枝，从而节省完全深度搜索的开销。同样重要的技术是**徒劳修剪**，它可以帮助提前决策哪些行棋会引起后继结点的 β 截断。

HYDRA 可以看成是深蓝的后继。HYDRA 是 64 位 1GB 处理器集群，硬件是 FPGA（现场可编程门阵列）芯片。HYDRA 每秒可评估 2 亿个棋局，大概和深蓝一样，但由于充分发挥了空招启发式和向前剪枝技术，它的搜索深度达到了 18 层而不是 14。

RYBKA 是 2008 年和 2009 年计算机国际象棋世界杯的冠军，目前被认为是最强的计算机棋手。它使用的是现成的 8 核 3.2GHz 的 Intel Xeon 处理器，但对程序部分所知甚少。RYBKA 的主要优势在于由国际象棋大师 Vasik Rajlich 主要开发的评估函数，参与开发的还至少有其他三位国际象棋大师。

最近的比赛证实顶级的计算机国际象棋程序领先于所有人类棋手。（详见历史注释。）

西洋跳棋：Jonathan Schaeffer 和他的同事开发出在个人电脑上运行的使用的 Chinook 程序。Chinook 在 1990 年的简化比赛中战胜了长久以来的人类世界冠军，自 2007 年以来 Chinook 使用 α-β 搜索和存有 390000 亿个残局的数据库表现趋于完美。

奥赛罗（**Othello**），也叫翻转棋（Reversi），计算机中的奥赛罗游戏比棋盘中的可能更流行。它的搜索空间比国际象棋的小，通常是 5 到 15 步合法行棋，不过棋局评估要从零做起。1997 年 Logistello 程序（Buro，2002）以 6 比 0 击败了人类世界冠军 Takeshi Murakami。目前一般都承认人类在奥赛罗上无法与计算机抗衡。

西洋双陆棋（**backgammon**）：第 5.5 节解释了为什么掷骰子的不确定性使得深度搜索代价昂贵。大多数双陆棋的研究工作集中在改进评估函数。Gerry Tesauro（1992）把强化学习方法与神经网络相结合，开发出了相当精确的评估函数，并将之应用于深度为 2 或 3 的搜索中。经过上百万次的自我训练，Tesauro 的程序 TD-GAMMON 稳定地排名在世界前列。此程序对游戏的开放招数的观点，在一定程度上根本改变了人类认识。

围棋是亚洲最流行的棋盘游戏。由于棋盘是 19×19 的，几乎所有空格都可以走棋，初始的分支因子为 361，这对于常规的 α-β 搜索算法来说太令人生畏了。另外，写出评估函数也十分困难，原因是达到残局之前的控制通常很难预测。所以顶级的程序，如 MOGO，使用的是蒙特卡罗香草算法，而不是 α-β 搜索。关键是在部署过程中如何行棋。没有积极剪枝；所有移动都是可能的。UCT（树的上限置信区间）方法是首先进行少量迭代确定随机走棋，对走法进行选择性采样，集中关注那些有希望赢得比赛的走法。采用的技巧包括基于知识的规则，用于给定模式下的特殊行棋建议，和受限局部搜索来确定战术问题。一些程序还使用了特殊的**组合博弈论**技术来分析残局。这些技术把围棋分解进行独立分析，然后再整合（Berlekamp 和 Wolfe，1994；Müller，2003）。这样得到的最优解法使很多职业围棋选手惊奇，人们一直以为人类更精于此道。当前的围棋程序可以在缩小的 9×9 棋盘达到大师级，在全棋盘上只是个好的业余选手而已。

桥牌是不完整信息的游戏：选手看不到其他选手的牌。桥牌也是多人游戏，有四个人参加而不是两人，牌手们两人一对组成对抗双方。在第 5.6 节中讨论过，部分可观察游戏如桥牌的最优打法要考虑多种因素，包括信息搜集、通信交流、和精细的概率权重等。赢得 1997 年计算机桥牌赛冠军的 Bridge Baron 程序（Smith 等人，1998）采用了上述技术。尽管它不是最优解法，Bridge Baron 是少数几个成功地运用复杂的分层规划（参见第 11 章）的博弈系统，它包含了诸如**飞牌**和**挤牌**这样的为桥牌选手所熟悉的先进理念。

GIB 程序（Ginsberg，1999）使用蒙特卡罗方法所向披靡地赢得了 2000 年计算机桥牌世界杯的冠军。从那时开始，其他的取胜程序都使用了 GIB 的方法。GIB 的主要贡献是使用了**基于解释的一般化**来分别计算和缓存各种情形标准中最优打法的通用规则。例如，如果一位牌手手中有一门花色的 A-K-Q-J-4-3-2，另一选手有 10-9-8-7-6-5，第一位选手有 7×6＝42 种方法在这门花色上领先。但是 GIB 把这处理成两种情形：首位选手在高牌和低牌中领先；不管具体是哪张牌。利用这种优化（还有其他的），这使得 GIB 可以很快地准确解决每副牌。GIB 的战术精确性弥补了它在信息推理方面的缺陷。它参加了 1998 年的人类标准桥牌世界杯（只涉及主打，无叫牌），在 35 名选手中取得了第 12 名，大大超出了很多专家的意料。

GIB 使用蒙特卡罗仿真可以达到专家水准，而军棋程序却不行有几个原因。首先，GIB 对完全可观察版本的游戏评估是精确的，它搜索了整个博弈树，而军棋程序依赖的是不精确的启发式。但更重要的事实是在桥牌中，部分可观察信息的不确定性大多来自发牌，而不是对手会如何打牌。蒙特卡罗适于处理随机性，但并不总是能处理好，特别是涉及信息价值的策略时。

拼字（Scrabble）：很多人认为拼字游戏困难的是想出好单词，但在给定官方字典条件下，写出程序找出最好的拼法并不难（Gordon，1994）。然而这并不意味着游戏已经求解：这样做得到的是好的解法但不是专家水平的解。问题是拼字游戏既是部分可观察的也是随机的：你并不知道对手有哪些字母或你会抓到哪张。所以要玩好拼字同时包括了西洋双陆棋和桥牌的难点。尽管这样，在 2006 年 QUACKLE 程序以 3∶2 打败了前世界冠军 David Boys。

5.8　其 他 途 径

因为大多数情况下无法计算博弈中的最优决策，所有算法都必须做一些假设或近似。基于极小极大搜索、评估函数和 α-β 剪枝的标准方法只是其中一条途径。也许由于这种方法使用的时间已经相当长，所以它压倒其他方法占据了主导地位。有些人认为正是由于这个原因致使博弈的研究脱离了主流人工智能：因为这种方法没有为决策的一般问题发展出新见解提供足够的发展空间。本节我们来看看其他方法。

首先，考虑启发式极小极大方法。给定一棵搜索树，假设其叶结点的评估值是正确的，极小极大方法能选择出最优招数。在现实中，评估通常是对棋局的粗糙估计，可能有很大的误差。图 5.14 给出了一棵极小极大搜索的两层博弈树，算法建议走右路因为 100>99。在所在评估值都正确时这是最优的选择。但是评估函数值只是近似值。假设叶结点间相互独立，并且评估值都有误差，误差随机分布于 0 和标准差 σ 之间。那么当 $\sigma=5$ 时，左路分支有 71% 的可能表现更好，$\sigma=2$ 时也有 58% 的可能表现更好。这是因为右路分支的四个结点值都很接近 99；如果其中一个由于误差而真实值低于 99，此时左路选择才是最优。

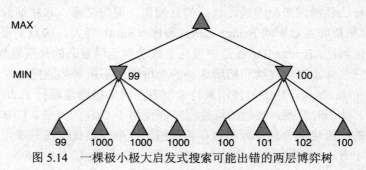

图 5.14   一棵极小极大启发式搜索可能出错的两层博弈树

现实中的情况更加复杂，因为结点的评估值通常不是独立的。如果一个结点评估错误，那么兄弟结点出错的可能性相当大。评估值为 99 的结点的兄弟结点的评估值为 1000，这意味着实际上可能有更高的值。我们可以让评估函数返回可能值上的可能分布概率，但也很难将这些分布正确结合，因为对结点和兄弟结点之间的关系我们没有好的模型。

下面讨论生成博弈树的搜索算法。算法设计者的目标是规范计算过程以运行快速和产生好招数为目标。α-β 剪枝算法不仅被设计用于选择一个好的招数，还要计算出所有合法招数的取值范围。而这些额外信息是不需要的，我们举例说明原因。考虑某棋局中只有一种合法招数。α-β 搜索仍然会生成搜索树并对其进行评估，告诉我们这个唯一的选择是最优招数。实际上此时无论如何我们都会走这步，知道它的值毫无意义。类似的，如果一些合理行棋中有一招是明显的好棋，或者是有一招是明显的坏棋时，我们也不想浪费时间去 α-β 搜索来确定精确取值空间。这是结点扩展的效用值的思想。一个好的搜索算法应该选择那些效用值高的结点扩展——即，那些可能发现好棋的结点。如果没有结点扩展的效用值高于它的开销（从时间上考虑），那么算法就停止搜索而走一步棋。注意这种技术不仅适合于明显喜好的情形，也适合于对称招数，这里对称招数指的是没有搜索可以说明某招数比其他的更好。

这种关于计算该做什么的推理称为**元推理**（关于推理的推理）。它不仅应用于博弈，还可以用在其他任何种类的推理中。所有计算的目标都是为了试图到达更好的决策，都有开销，也都有对决策质量的一定改进。α-β 算法结合了最简单类型的元推理，是树中的某些分支可以被忽略而不带来损失的影响的定理。它可能可以做得更好。在第 16 章中，会看到这些想法变得更精确更易于实现。

最后再次考察搜索自身的本质。启发式搜索和博弈的算法都是通过生成具体状态的序列实现的，从初始状态开始，然后应用评估函数。显然，这跟人类的博弈方式不同。在国际象棋中，人的头脑中有一个特定目标——例如，诱捕对方的皇后——然后可以用这个目标有选择性地生成一个达到目标的看似合理的计划。这种**目标制导的推理**或者**规划**有时完全消除了组合搜索。David Wilkins（1980）的 PARADISE 是唯一在国际象棋中成功运用目标制导推理的程序：它有能力解决某些需要 18 步组合的国际象棋问题。不过目前对如何把两种算法结合在同一鲁棒且高效的系统中我们所知不多，虽然 Bridge Baron 可能选择了一条正确的路。一个完整的集成系统会成为博弈研究和人工智能研究的重大成就，因为它会成为实现一般智能 Agent 的基础。

5.9 本 章 小 结

已经讨论过各种博弈游戏，以理解最优招数以及如何在实际中玩得好。本章的重要思想如下：

- 博弈游戏通过下列元素定义：**初始状态**（棋盘设置），每个状态下的合法**行动**，每个行动的**结果**，**终止测试**（说明什么时候游戏结束），和终止状态上的**效用函数**。
- 在有**完整信息**的两人零和游戏中，**极小极大算法**可以通过对博弈树的深度优先枚举选出最优招数。
- $\alpha\text{-}\beta$ 搜索算法可以计算出和极小极大算法一样的最优招数，由于消除了被证明无关的子树，效率得到提高。
- 通常，考虑整棵博弈树是不可行的（即使用 $\alpha\text{-}\beta$ 算法），所以在某个点截断搜索，并应用启发式**评估函数**对某个状态的效用值进行计算。
- 很多博弈程序在开局和残局使用提前计算好的表，通过查表而不是搜索来计算最佳招数。
- 机会博弈可以通过扩展极小极大算法来求解，扩展后的算法通过计算其全部子结点的平均效用值来评价**机会结点**，平均效用值是用每个子结点的概率加权平均。
- 对于像桥牌和军棋这样的**不完整信息**的游戏，需要对每个游戏者当前和未来的**信念状态**进行推理。对行动值的缺失信息，可以简单地处理成取可能配置上的平均值而得到。
- 计算机程序在西洋跳棋、奥赛罗和西洋跳棋上已经可以击败人类最好的棋手。对不完美信息博弈，如扑克游戏，桥牌和军棋上水平上也已经很接近了，而计算机在分支因子很大并且启发式知识很少的博弈中如围棋仍处于业余水平。

参考文献与历史注释

机器博弈的早期历史有无数骗局。其中最臭名昭著的是 Wolfgang von Kempelen 男爵（1734—1804）的号称会下国际象棋的机器 "The Turk"，它曾经击败过拿破仑，但后来被发现其实是把著名的棋手藏在魔术师变戏法用的柜子里（参见 Levitt，2000）。它从 1769 年一直用到 1854 年。在 1846 年，Charles Babbage（曾对"土耳其人"很着迷）似乎第一个严肃地讨论了计算机下国际象棋和西洋跳棋的可行性（Morrison 和 Morrison，1961）。他没有理解搜索树的指数复杂度，声称"分析机的组合能力大大走出了需求，这包括国际象棋"。Babbage 还设计了下井字棋的专用机器，但是没有建造出来。第一部真正的博弈机器大约是 1890 年由西班牙工程师 Leonardo Torres y Quevedo 建造的。它专门用来下 "KRK"（王车对王）残局的国际象棋机器，不论王和车在什么位置都保证赢。

极小极大算法可以追溯到现代集合论的创始者 Ernst Zermelo 于 1912 年发表的一篇论文。很遗憾论文中有一些错误，没有能给出极小极大的正确描述。另一方面，文章确实陈述了计算倒推值的基本思想并提出了（没有证明）众所周知的 Zermelo 定理：国际象棋是确定的——或者白方赢或者黑方赢或者是平局；我们只是不知道到底结果是什么。Zermelo 认为最终总会知道结果，"国际象棋将会推动博弈的所有特征。"开创性的著作《博弈与经济行为理论》（*Theory of Games and Economic Behavior*）（von Neumann 和 Morgenstern，1944）是博弈论的坚实基础，这本书给出了有些博弈需要随机（或者无法预测的）策略的分析。详见本书第 17 章。

1956 年 John McCarthy 构思了 α-β 搜索，尽管他并没有发表。国际象棋程序 NSS（Newell 等人，1958）使用了简化版本的 α-β 搜索；它是第一个使用 α-β 搜索的国际象棋程序。Hart 和 Edwards（1961）、Hart 等人（1972）的论文中描述了 α-β 剪枝。α-β 搜索应用于 John McCarthy 的学生写的"Kotok-McCarthy"国际象棋程序中（Kotok，1962）。Knuth 和 Moore（1975）证明了其正确性并给出了时间复杂度的分析。Pearl（1982b）证明了 α-β 搜索在所有固定深度的博弈树搜索算法中是渐近最优的。

研究人员做出了一些努力试图去克服第 5.8 节提到的"标准方法"弊端。第一个有理论基础的非空竭启发式搜索算法可能是 B*（Berliner，1979），试图为博弈树的每个结点保持可能的取值区间，而不仅是给它一个估计值。选择叶结点进行扩展以精化取值区间，直到有一步棋"脱颖而出"。Palay（1985）用值的概率分布替代区间扩展了 B* 算法。David McAllester（1988）的对策数搜索算法通过修改叶结点的值，扩展那些能造成根结点优先考虑新招数的叶结点。MGSS*（Russell 和 Wefald，1989）使用第 16 章的决策论技术来估计叶结点的期望值，以改进根结点的决策质量。在奥赛罗上这种算法比 α-β 算法要好，尽管它搜索的结点数量的量级要小。原理上，MGSS* 方法适用于控制任何形式的深思熟虑。

α-β 搜索在很多方面都像是深度优先分支界限法的两人模拟，在单个 Agent 情况下 A* 算法占统治地位。SSS* 算法（Stockman，1979）可以被看作是双人 A* 算法，要达到同样的决策不会扩展比 α-β 算法更多的结点。内存需求和队列的计算开销使得原始形式的 SSS* 算法并不实用，不过有从 RBFS 算法发展出来（Korf 和 Chickering，1996）的线性空间版本。Plaat 等人（1996）研究出 SSS* 算法的新观点，把 α-β 算法和调换表（transposition table）结合在一起，克服了原始算法的缺陷，开发出称为 MTD(f) 的新变种，并被很多顶级程序所采用。

D. F. Beal（1980）和 Dana Nau（1980，1983）研究了极小极大算法应用在近似评价中的缺陷。他们指出在树中叶结点的值分布的某种特定假设下，极小极大算法在根结点产生的值实际上不如直接用评估函数可靠。Pearl 的书《启发式》（1984）对这种明显的悖论给出了部分解释，同时分析了很多博弈算法。Baum 和 Smith（1997）提出基于概率的对极小极大值的替代方法，结果显示某些游戏中它表现更好。Donald Michie（1966）提出了期望极小极大算法。Bruce Ballard（1983）对 α-β 剪枝进行了扩充以求解有机会结点的问题，Hauk（2004）重新审视了这项工作并提供了经验结果。

Koller 和 Pfeffer（1997）描述了一个求解部分可观察问题的完整系统。此系统是通用的，处理最优策略中含有随机行棋的博弈，也关注那些用以往系统求解起来过于复杂的博弈问题。当然，它无法求解一些复杂博弈如扑克、桥牌和军棋。Frank 等人（1998）给出了蒙特卡罗搜索的一些变形，包括那些 MIN 有完整信息但 MAX 却没有的。在确定的部分可观察博弈中，军棋引起了广泛关注。Ferguson 演示了用象和马（1992）或两个象打败王的随机策略。第一个军棋程序关注残局的将死并在信念状态空间完成与或搜索（Sakuta 和 Iida，2002；Bolognesi 和 Ciancarini，2003）。增量的信念状态算法可以确保找到更多的中盘将死（Russell 和 Wolfe，2005；Wolfe 和 Russell，2007），但有效的状态评估依然是有效行棋的主要难点（Parker 等人，2005）。

国际象棋是 AI 最先考虑的任务，很多早期对计算机时代有影响力的人物几乎都对用计算机下国际象棋感兴趣，其中包括 Konrad Zuse（1945）、Norbert Wiener 的书《控制论》（1948）和 Alan Turing（参见 Turing 等人，1953）。但是给出了博弈的完整思想包括棋局表示、评估函数、静止搜索和一些选择性（非穷举）博弈树搜索的是 Claude Shannon 的文章"国际象棋程序设计"（1950）。Slater（1950）和他的论文审稿人也讨论了计算机下棋的可能性。

D. G. Prinz（1952）实现的程序能求解一些国际象棋的残局问题，但不能完整地下一盘棋。Los Alamos 美国国家实验室的 Stan Ulam 和他的小组写出在 6×6 棋盘上下棋的程序（没有象）（Kister 等人，1957）。在 12 分钟内它可以搜索 4 层深度。Alex Bernstein 写出了第一个可以下整盘标准国际象棋的程序（Bernstein 和 Roberts，1958）。[1]

第一次计算机国际象棋比赛是在 Kotok-McCarthy 程序和 20 世纪 60 年代中期由莫斯科理论和实验物理学研究所（Adelson-Velsky 等人，1970）编写的 ITEP 程序之间进行的。这场洲际比赛通过电报传输进行。1967 年 ITEP 以 3 比 1 获胜。第一个成功和人进行象棋比赛的程序是 MIT 的 MACHACK-6（Greenblatt 等人，1967）。它的 Elo 积分是 1400 分，大大超过了初学者的水平线 1000 分。

1980 年设立的 Fredkin 奖，给第一个达到大师等级分的程序提供奖励。第一个得到 5000 美元的奖励的程序是 BELLE（Condon 和 Thompson，1982），积分为 2250。第一个拿到 10 000 美元奖励的是 1989 年达到 USCF（美国国际象棋联盟）的 2500 等级分（接近特级大师等级）的是 DEEP THOUGHT（Hsu 等人，1990）。100 000 美元大奖颁给了在 1997 年里程碑式地战胜了世界冠军 Garry Kasparov 的 DEEP BLUE（Campbell 等人，2002；Hsu，2004）。Kasparov 写道：

> 决定性的比赛发生在第二局，它在我的记忆中留下了伤痕……我们看到了远远超出我们能疯狂想象的事情，计算机能够预见到它的决策的长远影响。那台机器拒绝走一步有短期优势的决策棋——这显示了类似于人类的对危险的感觉（卡斯帕罗夫，1997）。

Ernst Heinz（2000）提供了可能是现代国际象棋程序的最完整描述，他开发的 DARKTHOUGHT 程序在 1999 年世界杯上非商业 PC 程序中排名最高。

最近几年，计算机国际象棋程序领先于人类棋手。2004—2005 年 HYDRA 以 3.5 : 0.5 打败了世界冠军特级大师 Evgeny Vladimirov。2006 年，DEEP FRITZ 以 4 : 2 打败了世界冠

1　俄罗斯程序 BESM 可能比 Bernstein 的程序更早。

(a)　　　　　　　　　　　　　　　　　　　　(b)

图 5.15　计算机国际象棋程序先锋

（a）Herbert Simon 和 Allen Newell，开发出 NSS 程序（1958）；　（b）John McCarthy 和他在 IBM 7090
上的程序 Kotok-McCarthy 程序（1967）

军 Vladimir Kramnik，2007 年 RYBKA 在先让出一些优势（如让一卒）的情况下先后打败了
几位特级大师。2009 年，有史以来最高的 Elo 积分是 Kasparov 的 2851。HYDRA（Donninger
和 Lorenz，2004）的积分已经达到 2900 和 3100 之间，但是这个积分是基于一些小型比赛
并不可靠。Ross（2004）讨论了人类棋手如何利用计算机程序的弱点。

　　计算机第一个完整下完的经典博弈游戏是**西洋跳棋**。Christopher Strachey（1952）写出
了第一个可运行的西洋跳棋程序。从 1952 年开始，IBM 的 Arthur Samuel 利用业余时间开
发出能够通过自己大量下棋学习评估函数的西洋跳棋程序（Samuel，1959，1967）。我们将
在第 21 章详细讨论。Samuel 的程序开始是个新手，不过仅通过几天的自我下棋学习后它
就超过了 Samuel 本人的水平。1962 年它利用对方的错误击败了“蒙目西洋跳棋”冠军
Robert Nealy。许多人认为考虑到 Samuel 使用的计算设备（IBM704）的内存是 1 万字，长
期存储用的是磁带，处理器是 0.000001GHz，这次胜利仍然是一个伟大的成就。

　　这项由 Samuel 开始的挑战由 Alberta 大学的 Jonathan Schaeffer 继续着。他的 Chinook
在 1990 年美国公开赛取得第二名，从而获得了向世界冠军挑战的权利。接着它遇上了麻烦，
Marion Tinsley。Tinsley 博士是 40 多年的世界冠军，在所有比赛中总共只输过三盘。在第
一次与 Chinook 的对弈中，Tinsley 遭受了他职业生涯中的第四盘和第五盘失败，不过仍以
20.5 比 18.5 赢了整个比赛。1994 年 8 月的世界冠军赛中，Tinsley 因健康原因退出了比赛。
于是 Chinook 成为正式的世界冠军。Schaeffer 继续完善残局数据库，在 2007 年“彻底解决”
了西洋跳棋（Schaeffer 等人，2007；Schaeffer，2008）。这一点 Richard Bellman（1965）早
已预料到。他在介绍倒推分析的动态规划方法时指出，“对于西洋跳棋，由于给定棋局下可
能的行棋数很小，我们很自信地期待计算机能够完美求解此类问题。”然而 Bellman 并没有
提到整个西洋跳棋博弈树的大小。大概共有 500 千万亿个棋局。在有 50 台或更多机器的集
群上计算 18 年后，Jonathan Schaeffer 的小组完成了所有 10 个棋子以下的残局表：共有超
过 39 万亿个。从这出发，他们可以使用向前 α-β 搜索来得到西洋跳棋的最好行棋。请注意
这是双向搜索的应用（3.4.6 节）。构建所有选手的残局表是不实用的：这可能需要 10 亿
GB 的存储。而不用表的搜索也是不实用的：搜索树中有 8^{47} 个棋局，以当前的计算水平需
要上千年来求解。要求解西洋跳棋，需要把灵巧搜索、残局数据、处理器和内存价格下降
结合在一起。这样，西洋跳棋就可以加入到 Qubic（Patashnik，1980）、Connect Four（Allis，

1988）和 Nine-Men 的 Morris（Gasser，1998）等计算机已求解的博弈行列中。

西洋双陆棋是机会博弈，Gerolamo Cardano（1663）给出了数学分析，但直到 1970 年才有计算机的参与，即 BKG 程序（Berliner，1980b）；它使用了复杂的手动构造的评估函数，并且只搜索一步深度。它是在主要经典博弈游戏中击败人类世界冠军的第一个程序（Berliner，1980a）。Berliner 欣然承认那场比赛 BKG 运气很好。Gerry Tesauro（1995）的 TD-GAMMON 一直保持着世界冠军水准。BGBLITZ 程序是 2008 计算机奥林匹克赛的冠军。

围棋是确定性博弈，过大的分支因子使得它很有挑战性。Bouzy 和 Cazenave（2001）和 Müller（2002）总结了计算机围棋程序的关键问题和早期发展情况。1997 年之前没有出现有竞争力的围棋程序。现在最好的程序通常能给出大多是大师级的行棋；主要问题是在完成一盘棋的过程中它至少会出一个昏招从而导致对手取胜。很多博弈使用 α-β 搜索，但围棋程序使用的更多的是基于 UCT（树的上限置信区间）的蒙特卡罗方法（Kocsis 和 Szepesvari，2006）。2009 年最强的围棋程序是 Gelly 和 Silver 的 MOGO（Wang 和 Gelly，2007；Gelly 和 Silver，2008）。2008 年 8 月，MOGO 令人惊奇地战胜了专业选手金明完，尽管人类让了九子（这大致等价于国际象棋中让了一后）。金明完认为 MOGO 大概是二段或者三段水平，高级业余选手中水平较低的棋手。在这场比赛中，运行 MOGO 的机器是有 800 个处理理 15 teraflop 的超级计算机（计算能力大概是 Deep Blue 的 1000 倍）。几周之后，MOGO 在让 5 子的情况下，战胜了职业六段选手。在围棋的 9×9 简化版本中，MOGO 接近于职业选手 1 段的水平。蒙特卡罗搜索的新形式很有可能带动计算机围棋的飞速发展。计算机围棋协会出版的《计算机围棋通讯》描述了当前的发展状况。

桥牌：Smith 等人（1998）讲述了基于规划的程序如何赢得了 1998 年的计算机桥牌世界杯，Ginsberg（2001）的基于蒙特卡罗住址的 GIB 程序赢得了接下来的计算机冠军，并且令人惊奇地战胜了人类棋手和标准问题集。从 2001 至 2007 年，计算机桥牌冠军 5 次被 JACK、2 次被 WBRIDGE5 所夺得。尚没有学术文章描述这些程序的结构，传闻它们都使用了蒙特卡罗技术，该技术在桥牌中的使用由 Levy（1989）提出。

拼字（Scrabble）：MAVEN 是顶级程序之一，它的作者 Brian Sheppard（2002）描述了该程序。Gordon（1994）讨论了如何生成最高分的行棋，Richards 和 Amir（2007）讨论了对手建模问题。

足球（Kitano 等，1997b；Visser 等，2008）和**台球**（Lam 和 Greenspan，2008；Archibald 等人，2009）以及其他连续空间的随机游戏逐渐引起了 AI 研究人员的关注，不仅仅是在仿真界也包括真实的游戏机器人。

每年都会有计算机博弈比赛，论文也出现在多种会议中。名字容易引起误会的论文集《人工智能的启发式程序设计》报道了计算机奥运会，其中包括了范围广泛的各种博弈游戏。通用博弈比赛（Love 等，2006）中的程序要参加的博弈是未知的，博弈规则有逻辑描述，程序要自学这些规则来参加比赛。还有一些博弈研究方面的重要论文被编辑成文集（Levy，1988a，1988b；Marsland 和 Schaeffer，1990）。成立于 1977 年的计算机国际象棋协会（ICCA）出版《国际计算机博弈游戏（ICGA）协会会刊》（以前是 ICCA 会刊）。重要论文还发表在由 Clarke（1977）发起的系列论文集《计算机国际象棋进展》中。在《人工智能》杂志 2002 年第 134 卷中包括了对国际象棋、翻转棋、海克斯、日本将棋、围棋、双陆棋、扑克牌、拼字以及其他游戏的发展状况描述。自 1998 年起，"计算机与博弈"会议每两年举办一次。

习 题

5.1 假设你有先知，$OM(s)$，可以准确预测对手在任一状态下的行棋。利用这一点，给出博弈问题的形式化，并将之视为（单个 Agent）搜索问题。给出寻找最优解的算法。

5.2 考虑两个八数码难题的问题求解。

a. 参照第 3 章给出完整的问题形式化。

b. 可达的状态空间有多大？请给出精确的数字表达式。

c. 假设我们这样修改问题：两个选手轮流移动；用硬币来决定选手移动的是哪道题；第一个求解了某道题的就是赢家。在这样的假设下应该使用什么算法来确定移动？

d. 如果两位选手都是完美的，请说明最终总会有人获胜。

5.3 假设习题 3.3 中的朋友不想与其他朋友见面。这个问题就变成了两个选手的**追逐-逃避**博弈。现在假设两个人轮流移动。当两个处于同一结点时游戏结束；对于追逐者记录他所使用的时间（逃避者没输就是"赢"）。示例见图 5.16。

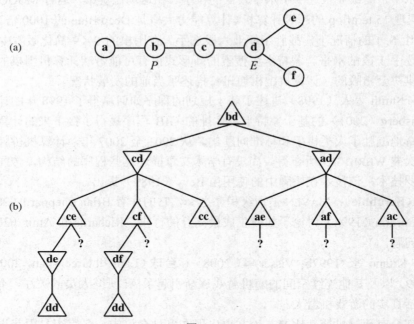

图 5.16

（a）图中边的代价均为 1。初始状态追逐者在 P 在 b 点、逃避者 E 在 d 点。（b）该图的部分博弈树。每个结点中标有 P、E 的坐标。P 先走。标有"？"的分支表示尚未探索

a. 复制博弈树并给出终止结点的值。

b. 在每个分支结点边上写出你对它的值的推理（数字，或不等式，如 ≥ 14 或"？"）。

c. 在每个问号下边，写出到达此分支的结点名称。

d. 解释（c）中如何通过考虑图中的最短路径得出结点的取值界限。记住到达叶结点的开销和求解的开销。

e. 假设给出了博弈树及（d）的叶结点界限，计算顺序从左到右。用圆圈画出"？"

结点中不再扩展的结点，并勾出那些完全不用考虑的结点。

   f. 你能根据树的信息证明谁将赢吗？

5.4 考虑一个或多个如下的随机博弈：大富翁，拼字，已知定约的桥牌，Texas 扑克。请给出状态描述、行棋生成器、效用函数、评估函数。

5.5 描述并实现一个实时的多人游戏环境，状态中包含时间，每个选手有固定的时间分配。

5.6 讨论如何将标准博弈技术应用于连续物理状态空间的游戏，如网球、台球、门球。

5.7 证明下面的断言：对于每棵博弈树，MAX 使用极小极大算法对抗次优招数的 MIN 得到的效用值不会比对抗最优招数的 MIN 得到的效用值低。你能否找出一棵博弈树，使得 MAX 用次优策略依然要好于次优 MIN 时的策略。

5.8 考虑图 5.17 中描述的两人游戏。

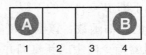

图 5.17   一个简单游戏的初始棋局

选手 A 先走。两个选手轮流走棋，每个人必须把自己的棋子移动到任一方向上的相邻空位中。如果对方的棋子占据着相邻的位置，你可以跳过对方的棋子到下一个空位。（例如，A 在位置 3，B 在位置 2，那么 A 可以移回 1。）当一方的棋子移动到对方的端点时游戏结束。如果 A 先到达位置 4，A 的值为+1；如果 B 先到位置 1，A 的值为–1。

   a. 根据如下约定画出完整博弈树：

     ● 每个状态用(s_A, s_B)表示，其中 s_A 和 s_B 表示棋子的位置。

     ● 每个终止状态用方框画出，用圆圈写出它的博弈值。

     ● 把循环状态（在到根结点的路径上已经出现过的状态）画上双层方框。由于不清楚他们的值，在圆圈里标记一个"？"。

   b. 给出每个结点倒推的极小极大值（也标记在圆圈里）。解释怎样处理"？"值和为什么这么处理。

   c. 解释标准的极小极大算法为什么在这棵博弈树中会失败，简要说明你将如何修正它，在（b）的图上画出你的答案。你修正后的算法对于所有包含循环的游戏都能给出最优决策吗？

   d. 这个 4-方格游戏可以推广到 n 个方格，其中 $n > 2$。证明如果 n 是偶数 A 一定能赢，而 n 是奇数则 A 一定会输。

5.9 本题以井字棋（圈与十字游戏）为例练习博弈中的基本概念。定义 X_n 为恰好有 n 个 X 而没有 O 的行、列或者对角线的数目。同样 O_n 为正好有 n 个 O 的行、列或者对角线的数目。效用函数给 $X_3 = 1$ 的棋局+1，给 $O_3 = 1$ 的棋局–1。所有其他终止状态效用值为 0。对于非终止状态，使用线性的评估函数定义为 $Eval(s) = 3X_2(s) + X_1(s) - (3O_2(s) + O_1(s))$。

   a. 估算可能的井字棋局数。

   b. 考虑对称性，给出从空棋盘开始的深度为 2 的完整博弈树（即，在棋盘上一个 X 一个 O 的棋局）。

   c. 标出深度为 2 的棋局的评估函数值。

   d. 使用极小极大算法标出深度为 1 和 0 的棋局的倒推值，并根据这些值选出最佳的起始行棋。

    e. 假设结点按对α-β剪枝的最优顺序生成，圈出使用α-β剪枝将被剪掉的深度为 2 的结点。

5.10 如下定义井字棋家族。S 表示方格棋盘，W 表示赢的棋局。每个赢局是 S 的子集。例如，在标准井字棋中，S 是 9 格集合而 W 是 8 个子集：三行、三列和两个对角线。在其他方面，这个游戏与标准井字棋相同。从空棋盘开始，选手轮流在空格处画上自己的标记。如果选手画出了赢局，则赢得了比赛。如果棋盘上没有空格但没有人赢，则是和棋。

    a. 设 $N = |S|$，即方格数。请给出井字棋博弈树中结点数上限，将之表示为关于 N 的函数。

    b. 给出博弈树在最坏情况下即 $W = \{\}$ 时的下限。

    c. 请给出通用井字棋棋局的评估函数。该函数可能依赖于 S 和 W。

    d. 假设可能在 $100N$ 条机器指令内生成新棋局并检查它是否是赢局，假设是 2GHz 处理器。不计内存限制。利用你在 a 中的估算，在 1 秒的计算机时间内使用α-β能够完全求解的博弈树是多大？1 分钟呢？1 小时呢？

5.11 设计通用博弈程序，有能力完成多种博弈游戏。

    a. 实现下面一种或多种游戏的行棋生成器和评估函数：Kalah 游戏（美国播棋），翻转棋，西洋跳棋和国际象棋。

    b. 构造一个通用的α-β博弈 Agent。

    c. 比较增加搜索深度、改进行棋排序和改进评估函数对程序的影响。你的有效分支因子有多接近于完美行棋排序的理想情况呢？

    d. 实现一个选择搜索算法，如 B*（Berliner，1979），对策数搜索（McAllester，1988），或 MGSS*（Russell 和 Wefald，1989），并与 A*的性能作出比较。

5.12 对于两人**非零和游戏**，每个人都有自己的效用函数并且相互知道，应如何修改极小极大算法和α-β剪枝算法进行求解？如果对终止效用值没有约束，α-β剪枝是否可能剪裁某一结点呢？如果每位选手任一状态的效用函数值至多相差常量 k 呢？博弈是否成为合作了呢？

5.13 请给出α-β剪枝正确性的形式化证明。要做到这一点需考虑图 5.18。问题为是否要剪掉结点 n_j，它是一个 MAX 结点，是 n_1 的一个后代。基本的思路是当且仅当 n_1 的极小极大值可以被证明独立于 n_j 的值时，会发生剪枝。

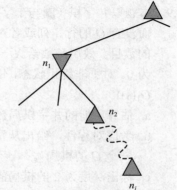

    a. n_1 的值是所有后代结点的最小值：$n_1 = \min(n_2, n_{21}, \cdots, n_{2\,b2})$。请为 n_2 找到类似的表达式，以得到用 n_j 表示的 n_1 的表达式。

    b. 深度为 i 的结点 n_i 的极小极大值已知，l_i 是在结点 n_i 左侧结点的极小值（或者极大值）。同样，r_i 是在 n_i 右侧的未探索过的结点的极小值（或者极大值）。用 l_i 和 r_i 的值重写 n_1 的表达式。

    c. 现在重新形式化表达式，来说明为了向 n_1 施加

图 5.18　是否剪掉结点 n_j 时的情形

影响，n_j 不能超出由 l_i 值得到的某特定界限。

    d. 假设 n_j 是 MIN 结点的情况，请重复上面的过程。

5.14 请证明在最佳行棋排序的情况下，α-β 剪枝的时间复杂度为 $O(2^{m/2})$，其中 m 为博弈树的最大深度。

5.15 假设你的国际象棋程序每秒可以评价一百万个结点。在保存于调换表中的游戏状态的压缩表示基础上进行决策。你在 2GB 的内存表里可以存储多少条目？对于每一步棋三分钟的搜索而言时间是否足够？计算一次评估函数的时间里你可以做多少次查表操作？现在假设调换表存储在磁盘上。标准磁盘硬件进行一次磁盘寻道的时间里能完成多少次评估？

5.16 本习题考虑机会博弈的剪枝。图 5.19 给出了一个简单游戏的完整博弈树。假设叶结点的计算顺序是从左到右，而且在一个叶结点被评估之前我们对它一无所知，可能的取值范围是 $-\infty$ 到 ∞。

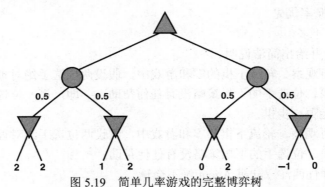

图 5.19　简单几率游戏的完整博弈树

    a. 复制这个图，在图中标出所有内部结点的值，用箭头指出根结点选择的行棋。

    b. 给定前六个叶结点的值，还需要计算第七个和第八个叶结点的值吗？如果是给定前七个叶结点的值，第八个还需要计算吗？请对你的结论给出解释。

    c. 假设叶结点的值都在-2 到 2 之间。计算完前两个叶结点值之后，左手机会结点的取值范围是多少？

    d. 用圆圈划出在 c 中假设下无需计算的叶结点。

5.17 考虑机会博弈，请给出期望极小极大算法的实现和 Ballard（1983）描述的*-α-β算法的实现。以西洋双陆棋为例测试这些算法，并度量*-α-β算法的剪枝有效性。

5.18 证明即使在有机会结点的情况下，对叶结点值的正线性变换（例如把值 x 变换成 $ax + b$，其中 $a > 0$）不会影响在博弈树中对行棋的选择。

5.19 考虑有机会结点的游戏中选择行棋的过程：

- 生成一些掷骰子的序列（比如 50 个）直到适当的深度（比如 8）。
- 已知的掷骰子结果使得博弈树变成确定性的。对于每个掷骰子序列，用 α-β 算法求解该确定性博弈树。
- 用这些结果来估计每步棋的值，从而选出最佳的。

这个过程是否运转良好？为什么？

5.20 下面的讨论中，max 树仅包含 MAX 结点，"期望极大值"树以根为 MAX 结点，之后是机会结点与 MAX 结点交替。对于机会结点，所有概率都非 0。目的是在受限的深度内搜索找出根结点的值。对以下 a～g，请要么给出实例要么给出不可能的理由。

a. 假设叶结点是有限的但不受限制，在 max 树上可能应用剪枝（如α-β）吗？

b. 同样条件下，在期望极大值树中有可能剪枝吗？

c. 如果叶结点值都是非负数，max 树可能剪枝吗？举例说明，或说明不可能的理由。

d. 如果叶结点值都是非负数，期望极大值树可能剪枝吗？举例说明，或说明不可能的理由。

e. 如果叶结点值都在[0，1]之间，max 树可能剪枝吗？举例说明，或说明不可能的理由。

f. 如果叶结点值都在[0，1]之间，期望极大值树可能剪枝吗？

g. 考虑期望极大值树中的机会结点。以下哪种计算顺序最有可能形成剪枝？

   i. 最低概率优先

   ii. 最高概率优先

   iii. 都差不多

5.21 判断真假，并给出简洁说明。

a. 在完全可观察、轮流下棋的零和游戏中，假设两位选手绝对理性，这对第一位选手猜测第二位选手的下棋策略没有任何帮助——即，第一位选手无法知道第二位选手将走哪一步棋。

b. 在部分可观察、轮流下棋的零和游戏中，假设两位选手绝对理性，这对第一位选手猜测第二位选手的下棋策略没有任何帮助。

c. 完美的理性西洋双陆棋 Agent 绝不会输。

5.22 仔细考虑习题 5.4 每种博弈中的偶然事件和不完全信息的相互影响。

a. 标准的期望极小极大值模型适合哪种博弈？给出算法实现，适当修改博弈环境，用博弈 Agent 上运行你的算法。

b. 习题 5.19 中描述的方案适合于哪种博弈？

c. 在某些游戏中游戏者对于当前状态的认识是不同的，你会如何处理这些情况？

第6章 约束满足问题

本章不把状态仅仅当作小黑盒子，它能引导设计出强有力的新搜索方法，以此加深对问题结构和复杂性的理解。

第3章和第4章讨论了搜索**状态**空间进行问题求解的思想。这些状态通过领域专有的启发式加以评价，通过测试确定它们是否为目标状态。然而，从搜索算法的角度来看，每个状态都是原子的或是不可见的——没有内部结构的黑盒子。

本章要讨论的是如何更有效地求解更多种类的问题。使用成分表示来描述状态：即一组变量，每个变量有自己的值。当每个变量都有自己的赋值同时满足所有关于变量的约束时，问题就得到了解决。这类问题称为**约束满足问题**，简称 CSP。

CSP 搜索算法利用了状态结构的优势，使用的是通用策略而不是问题专用启发式来求解复杂问题。主要思想是通过识别违反约束的变量/值的组合迅速消除大规模的搜索空间。

6.1 定义约束满足问题

约束满足问题包含三个成分 X、D 和 C：

X 是**变量**集合 $\{X_1, \cdots, X_n\}$。

D 是**值域**集合 $\{D_1, \cdots, D_n\}$，每个变量有自己的值域。

C 是描述变量取值的**约束**集合。

值域 D_i 是由变量 X_i 的可能取值 $\{v_1, \cdots, v_k\}$ 组成的集合。每个约束 C_i 是有序对 $< scope, rel >$，其中 $scope$ 是约束中的变量组，rel 则定义了这些变量取值应满足的关系。关系可以显式地列出所有关系元组，也可以是支持如下两个操作的抽象关系：测试一个元组是否为一个关系的成员和枚举所有关系成员。例如，如果 X_1、X_2 的值域均为 $\{A, B\}$，约束是二者不能取相同值，关系可如下描述：$<(X_1, X_2), [(A, B), (B, A)]>$ 或 $<(X_1, X_2), X_1 \neq X_2>$。

为求解 CSP，需要定义状态空间和解的概念。问题的状态由对部分或全部变量的一个**赋值**来定义，$\{X_i = v_i, X_j = v_j, \cdots\}$。一个不违反任何约束条件的赋值称作**相容的**或者**合法的**赋值。**完整赋值**是指每个变量都已赋值，而 CSP 的**解**是相容的、完整的赋值。**部分赋值**是指只有部分变量赋值。

6.1.1 实例：地图着色问题

也许你逛够了罗马尼亚，现在来看澳大利亚地图（见图 6.1 (a)），地图显示出每个州及边界。任务是对每个区域涂上红色、绿色或者蓝色，要求是相邻的区域颜色不能相同。将此任务形式化为 CSP，把图中的区域定义为变量：

$$X = \{WA，NT，Q，NSW，V，SA，T\}。$$

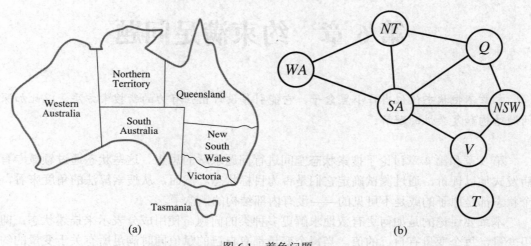

(a)　　　　　　　　　　　　　　　　　　　(b)

图 6.1　着色问题

（a）澳大利亚的州和行政区。视此地图着色问题为约束满足问题（CSP）。目标是对每个区域分配颜色，使得相邻的区域不同色。（b）将地图着色问题表示成约束图

每个变量的值域是集合 $D_i = \{red，green，blue\}$。约束是要求相邻的区域要染成不同的颜色。相邻的边界线有 9 段，所以约束关系有 9 个元组：

$$C = \{SA \neq WA，SA \neq NT，SA \neq Q，SA \neq NSW，SA \neq V，WA \neq NT，NT \neq Q，Q \neq NSW，NSW \neq V\}$$

这里使用了简化表示：$SA \neq WA$ 是 $<(SA，WA)，SA \neq WA>$ 的快捷表示，$SA \neq WA$ 可以枚举如下：

$$\{(red, green)，(red, blue)，(green, red)，(green, blue)，(blue, red)，(blue, green)\}$$

这个问题有很多可能的解，如：

$$\{WA = red，NT = green，Q = red，NSW = green，V = red，SA = blue，T = red\}$$

把 CSP 可视化地表示为图 6.1（b）所示的**约束图**很有用。图中结点对应于问题的变量，变量间的连线表示两者之间有约束。

为什么要把问题形式化成 CSP 呢？其中一个原因是用 CSP 表示各种问题很自然：如果你有 CSP 求解系统，使用它求解问题，比用其他搜索技术来求解要简单得多。另外，CSP 求解比状态空间搜索要快，因为 CSP 求解能快速消除庞大的搜索空间。例如，在澳大利亚问题中一旦选择 $\{SA = blue\}$，立刻得出它的 5 个邻居都不能取值 *blue*。不考虑约束传播，搜索过程需要考虑 5 个邻居变量的 $3^5 = 243$ 种赋值组合；有了约束传播就不用再考虑赋值为 *blue* 的情况，赋值组合为 $2^5 = 32$，减少了 87%。

在常规的状态空间搜索中我们只能问：这个状态是目标吗？不是？那这个是吗？有了 CSP，一旦发现某部分赋值不会是解，可立刻丢弃不会再做进一步求精。更进一步，可以看出为什么某赋值不是解——可以看出是哪个变量违反了约束——这样可以集中关注发生影响的变量。所以，许多不能用常规状态空间搜索求解的棘手问题可以很快地用 CSP 解决。

6.1.2　实例：作业调度问题

工厂有很多日常作业调度问题，要满足各种约束。现实中，很多这样的问题是用 CSP

技术解决的。考虑汽车组装中的调度问题。整个作业由许多任务组成，可以把每个任务处理成变量，变量的值是任务开始的时间，用整数分钟表示。约束是诸如一个任务必须在另一个任务之前的断言——例如，要装好车轮后才装轮毂罩——还有些任务可以立刻执行。还可以定义任务执行时间的约束。

只考虑一小部分汽车组装，包括 15 个任务：安装轮轴（前和后），安装四个车轮（前后左右），拧紧每个车轮的螺母，安装轮毂罩和检查完整安装。可用 15 个变量表示：

$$X = \{Axle_F, Axle_B, Wheel_{RF}, Wheel_{LF}, Wheel_{RB}, Wheel_{LB}, Nuts_{RF}, Nuts_{LF}, Nuts_{RB}, Nuts_{LB},$$
$$Cap_{RF}, Cap_{LF}, Cap_{RB}, Cap_{LB}, Inspect\}。$$

变量的值是任务的开始时间。下面引入任务间的**过程约束**。任务 T_1 必须在任务 T_2 前完成，T_1 的完成需要 d_1 时间，加入如下形式的算术约束：

$$T_1 + d_1 \leqslant T_2。$$

在这个例子中，轮轴要先于车轮安装，安装需要 10 分钟，则约束如下：

$Axle_F + 10 \leqslant Wheel_{RF}$；$Axle_F + 10 \leqslant Wheel_{LF}$；

$Axle_B + 10 \leqslant Wheel_{RB}$；$Axle_B + 10 \leqslant Wheel_{LB}$。

每个车轮的安装需要 1 分钟，拧紧螺母需要 2 分钟，安装轮毂罩 1 分钟（暂未表示）：

$Wheel_{RF} + 1 \leqslant Nuts_{RF}$；$Nuts_{RF} + 2 \leqslant Cap_{RF}$；

$Wheel_{LF} + 1 \leqslant Nuts_{LF}$；$Nuts_{LF} + 2 \leqslant Cap_{LF}$；

$Wheel_{RB} + 1 \leqslant Nuts_{RB}$；$Nuts_{RB} + 2 \leqslant Cap_{RB}$；

$Wheel_{LB} + 1 \leqslant Nuts_{LB}$；$Nuts_{LB} + 2 \leqslant Cap_{LB}$。

假设有四个工人安装车轮，但他们必须共享一个工具来帮助安放轮轴。需要**析取约束**来表示 $Axle_F$ 和 $Axle_B$ 在时间上不能有重合：

$$Axle_F + 10 \leqslant Axle_B \quad 或 \quad Axle_B + 10 \leqslant Axle_F。$$

约束看起来更加复杂，既有算术约束又有逻辑约束。它至少减少了 $Axle_F$ 和 $Axle_B$ 同时开始的赋值组合。

还需要定义断言：检查是最后一项任务，需要 3 分钟。对除 Inspect 之外的每个变量，加入形如 $X + d_X \leqslant Inspect$ 的约束。最后，假设整个过程只有 30 分钟。这样得到所有变量的值域为：

$$D_i = \{1, 2, 3, \cdots, 27\}$$

这个问题很琐碎，但 CSP 很适于解决此类问题，即使约束变量有几千个。在一些情况下，有的约束过于复杂，很难用 CSP 形式化，这时可以使用更先进的规划技术，详见第 11 章。

6.1.3 CSP 的形式化

最简单的 CSP 是指涉及的变量是**离散的有限值域**的。地图着色和有时间限制的调度问题就是此类。第 3 章提到的八皇后问题也可以看作是有限值域的 CSP，其中变量 Q_1，…，Q_8 是每个皇后在列 1，…，8 中的位置，变量值域是 $\{1, 2, 3, 4, 5, 6, 7, 8\}$。

离散值域可能是**无限的**，如整数集合或者字符串集合（在前面的作业调度问题中，如果没有限期，那么每个变量的取值都是无限的）。如果是无限值域，就不再可能用枚举所有可能取值的组合来描述约束条件了。就只能直接用**约束语言**替代，例如 $T_1 + d_1 \leqslant T_2$，不再可能通过枚举（T_1, T_2）所有可能的赋值来求解。对于整数变量的**线性约束**——如刚刚给出的约束，其中每个变量都只以线性形式出现——存在特殊的求解算法（在这里不讨论）。可以证明没有算法能够求解整数变量的**非线性约束**问题。

连续值域的约束满足问题在现实世界十分常见，在运筹学领域中有很广泛的研究。例如，哈勃太空望远镜的实验日程安排要求非常精确的观测时间；每次观测的开始、结束时间和机动时间都是连续值变量，必须遵守许多天文的、优先权的和电力约束。最著名的一类连续值域 CSP 是**线性规划**问题，约束必须是线性等式或线性不等式。线性规划问题可以在变量个数的多项式时间内求解。人们已经研究过有不同类型的约束和目标函数的问题——二次规划，二阶二次曲线规划，等等。

除了考察出现在 CSP 中的变量的种类，考察约束的类型也是有用的。最简单的类型是**一元约束**，它只限制单个变量的取值。例如，地图着色问题中可能出现这样的情况：南澳洲人不喜欢绿色；可以这样表示此一元约束<(SA), SA ≠ green>。

二元约束与两个变量有关。例如，SA ≠ NSW 就是一个二元约束。二元 CSP 只包含二元约束；它可以表示为约束图，如图 6.1（b）所示。

同样可以描述高阶约束，如断言 Y 的值处于 X 和 Z 之间，可以表示成三元约束 Between(X, Y, Z)。

变量个数任意的约束称为**全局约束**（名称很传统但容易引起混淆，因为它并不一定涉及问题中的所有变量）。最常见的全局约束是 Alldiff，指的是约束中的所有变量必须取不同的值。在数独游戏中（见第 6.2.6 节），一行或一列中的所有变量必须满足 Alldiff 约束。另一个例子是**密码算术**谜题（见图 6.2（a））。密码算术中每个字母都表示不同的数字。在图 6.2（a）所示的情况中，表示为六变量约束 Alldiff(F, T, U, W, R, O)。此谜题的四列算式可表示为如下涉及多个变量的 n 元约束：

$$O + O = R + 10 \cdot C_{10}$$
$$C_{10} + W + W = U + 10 \cdot C_{100}$$
$$C_{100} + T + T = O + 10 \cdot C_{1000}$$
$$C_{1000} = F$$

其中 C_{10}，C_{100}，C_{1000} 表示十位、百位、千位上的进位变量。这些约束可以用**约束超图**表示，如图 6.2（b）所示。超图中包含普通结点（图中的圆圈结点）和表示 n 元约束的超结点（用方块表示）。

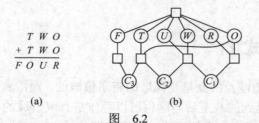

图　6.2

（a）密码算术问题。不同字母表示不同的数字；目标是找到能使加法算式成立的代替字母的数字，附加约束是最前面的数字不能是 0。（b）密码算术的约束超图，给出的是 Alldiff 约束（最上方的方框）和每列的相加约束（中间的四个方框）。变量 C_1、C_2、C_3 表示每列进位

习题 6.6 会请你证明，任意有限值域的约束都可以通过引入足够的约束变量而转化为二元约束，所以可以转换任何 CSP 成只含二元约束的；这使算法变得简单。另一种将 n 元 CSP 转换成二元 CSP 的方法是**对偶图**转换：创建一个新图，原图中的每个约束用一个变量表示，原图中每对有同样变量的约束用一个二元约束表示。例如，如果原图中有变量 $\{X, Y, Z\}$ 和约束 $<(X, Y, Z), C_1>$、$<(X, Y), C_2>$，对偶图中则有两个变量 $\{C_1, C_2\}$ 和二元约束 $<(X, Y), R_1>$，(X, Y) 是两个约束的共有变量，R_1 为定义共有变量约束的新关系。

我们可能更喜欢诸如 *Alldiff* 的全局约束而不是一组二元约束，原因有二。首先，使用 *Alldiff* 描述问题更简单更不易出错。第二，对全局约束可能设计专用的推理算法。我们将在 6.2.5 节讨论这些推理算法。

到目前为止我们描述过的约束都是**绝对**约束，任何违反规则的都排除在解之外。许多现实世界的 CSP 包含**偏好**约束，指出哪些解是更喜欢的。例如，在大学排课问题中有绝对约束如没有教授可以同一时间出现在不同教室。同时也有很多偏好约束：R 教授可能偏好在上午授课，而 N 教授偏好在下午授课。R 教授在下午 2 点授课的时间表仍是一个解（除非 R 教授正好是系主任），但它不是最优解。偏好约束通常被处理成个体变量赋值的开销——例如，R 教授下午时段在总体目标函数中的开销是 2 点，而上午时段的开销只有 1 点。有了这样的形式化，有偏好约束的 CSP 可以用基于路径的或局部的最优搜索方法求解。我们称这样的问题为**约束优化问题**，或简写为 COP。线性规划也有此类优化问题。

6.2 约束传播：CSP 中的推理

在常规的状态空间搜索中，算法只能做一件事：搜索。在 CSP 中则有了选择：算法可以搜索（从几种可能性中选择新的变量赋值），也可以做一种称为**约束传播**的特殊**推理**：使用约束来减小一个变量的合法取值范围，从而影响到跟此变量有约束关系的另一变量的取值，如此进行。约束传播与搜索可以交替进行，或者也可以把它作为搜索前的预处理步骤。有时这个预处理就可以解决整个问题，这时就完全不需要搜索了。

核心思想是**局部相容性**。如果把变量看作是图中结点（见图 6.1（b）），约束为图中的弧，增强图中各部分局部相容性会导致不相容的结点取值被删除。局部相容性有几种，将在下面逐一讨论。

6.2.1 结点相容

如果单个变量（对应于 CSP 网络中的结点）值域中的所有取值满足它的一元约束，就称此变量是**结点相容**的。例如，地图着色问题（图 6.1）中南澳洲人不喜欢绿色，变量 *SA* 原来值域为 $\{red, green, blue\}$，删除 *green* 此结点即为结点相容的，此时 *SA* 的值域空间为 $\{red, blue\}$。如果网络中每个变量都是结点相容的，则此网络是结点相容的。

通过运行结点相容总能消除 CSP 中的所有一元约束。可以将所有 n 元约束转换成二元的（见习题 6.6）。正是因为这一点，通常的做法是定义只含有二元约束的 CSP 求解器；除非特别指明，本章余下内容都基于这个假设。

6.2.2 弧相容

如果 CSP 中某变量值域中的所有取值满足该变量的所有二元约束，则称此变量是**弧相容**的。更形式地，对于变量 X_i、X_j，若对 D_i 中的每个数值在 D_j 中都存在一些数值满足弧（X_i, X_j）的二元约束，则称 X_i 相对 X_j 是弧相容的。如果每个变量相对其他变量都是弧相容的，则称该网络是弧相容的。例如，考虑约束 $Y = X^2$，X 和 Y 都是数字。可以显式地写出约束为：

$$\langle(X, Y), \{(0,0), (1, 1), (2, 4), (3, 9)\}\rangle$$

为了使 X 相对于 Y 是弧相容的，将 X 的值域缩小为 $\{0, 1, 2, 3\}$。如果要使 Y 相对于 X 也是弧相容的，则 Y 的值域应缩小为 $\{0, 1, 4, 9\}$，此时整个 CSP 就是弧相容的。

另一方面，弧相容可能对澳大利亚地图着色问题毫无帮助。考虑（SA, WA）之间的不同色约束：

$$\{(red, green), (red, blue), (green, red), (green, blue), (blue, red), (blue, green)\}$$

不管你如何为 SA（或 WA）选择取值，另一个都还有合法取值。此时应用弧相容对变量的值域没有任何影响。

最流行的弧相容算法是 AC-3（见图 6.3）。为使每个变量都是弧相容的，AC-3 算法维护一个弧相容队列（实际上，考虑的顺序并不重要，所以数据结构实际上是个集合，我们只是称之为队列）。首先，队列中包含 CSP 中的所有弧。AC-3 从队列中弹出弧（X_i, X_j），首先使 X_i 相对 X_j 弧相容。如果 D_i 没有变化，算法则处理下一条弧。但如果 D_i 发生变化（变小），那么每个指向 X_i 的弧（X_k, X_i）都必须重新插入队列中准备检验。之所以这么做是因为 D_i 的改变可能引起 D_k 的缩小，即使是在我们以前已经考虑过 D_k 的情况下。如果 D_i 变成了空集，我们就知道整个 CSP 没有相容解，AC-3 直接返回失败。否则，我们继续检查，试

```
function AC-3(csp) returns false if an inconsistency is found and true otherwise
    inputs: csp, a binary CSP with components (X, D, C)
    local variables: queue, a queue of arcs, initially all the arcs in csp

    while queue is not empty do
        (Xᵢ, Xⱼ) ← REMOVE-FIRST(queue)
        if REVISE(csp, Xᵢ, Xⱼ) then
            if size of Dᵢ = 0 then return false
            for each Xₖ in Xᵢ.NEIGHBORS - {Xⱼ} do
                add (Xₖ, Xᵢ) to queue
    return true

function REVISE(csp, Xᵢ, Xⱼ) returns true iff we revise the domain of Xᵢ
    revised ← false
    for each x in Dᵢ do
        if no value y in Dⱼ allows (x,y) to satisfy the constraint between Xᵢ and Xⱼ then
            delete x from Dᵢ
            revised ← true
    return revised
```

图 6.3 弧相容算法 AC-3

应用了 AC-3 后，要么每条弧都是弧相容的，要么有变量的值域为空，后者说明该 CSP 无解。该算法的发明者（Mackworth，1977）称之为 "AC-3"，原因是这是他论文中的第三个版本

图缩小变量值域直到队列中没有弧。此时的 CSP 与原有 CSP 等价——它们有相同的解——但是弧相容的 CSP 由于变量值域更小所以求解更快。

AC-3 的算法复杂度可以分析如下。假设 CSP 中有 n 个变量，变量值域最大为 d 个元素，c 个二元约束（弧）。每条弧 (X_k, X_i) 最多只能插入队列 d 次，因为 X_i 至多有 d 个值可删除。检验一条弧的相容性可以在 $O(d^2)$ 时间内完成，因此在最坏情况下算法的时间复杂度为 $O(cd^3)$。[1]

将弧相容概念扩展成处理 n 元约束而不仅仅是二元约束是可能的；通常称之为通用弧相容或超弧相容。变量 X_i 相对某 n 元约束是**通用弧相容**的，指的是对 X_i 值域中的每个值 v 都存在一组取值，其中 X_i 的值为 v，其他值都在对应变量的值域中。例如，所有变量的值域为 $\{0, 1, 2, 3\}$，需要使变量 X 对约束 $X<Y<Z$ 相容，就需要从 X 的值域中把 2 和 3 删除，因为 X 为 2 和 3 的时候无法满足约束。

6.2.3 路径相容

弧相容可能缩小变量的值域，有时甚至能直接找到解（每个变量的值域大小都为 1 时），或者有时发现 CSP 无解（一些变量值域大小为 0）。但有些网络，弧相容会失败，无法做出足够的推理。考虑澳大利亚地图着色问题，这次考虑只有两种颜色的情况，红和蓝。此时弧相容什么都不能做，因为每个变量都是弧相容的：弧的一端是蓝的，另一个变量可以选择红（反过来也是一样）。但很显然此题无解：因为西澳大利亚洲、北领地和南澳大利亚洲相邻，我们至少需要三种颜色。

弧相容通过弧（二元约束）缩紧值域（一元约束）。像上面提到的地图着色问题，需要更强的相容概念。**路径相容**通过观察变量得到隐式约束并以此来加强二元约束。

两个变量的集合 $\{X_i, X_j\}$ 对于第三个变量 X_m 是相容的，指的是对 $\{X_i, X_j\}$ 的每一个相容赋值 $\{X_i=a, X_j=b\}$，X_m 都有合适的取值同时使得 $\{X_i, X_m\}$ 和 $\{X_m, X_j\}$ 是相容的。被称为路径相容，是因为这很像是一条从 X_i 途经 X_m 到 X_j 的路径。

看路径相容是如何帮助求解两色的澳大利亚地图着色问题的。我们试图使集合 $\{WA, SA\}$ 对 NT 路径相容。首先枚举该集合的相容赋值。在这种情况下，相容赋值有两个：$\{WA=red, SA=blue\}$ 和 $\{WA=blue, SA=red\}$。可以看出对于这些赋值 NT 既不能是 red 也不能是 $blue$（不是跟 WA 冲突就是跟 SA 冲突）。由于 NT 没有选择，这两种赋值都要删除，以 $\{WA, SA\}$ 没有合法取值结束。这样，知道此题无解。PC-2 算法（Mackworth，1977）用类似于 AC-3 的弧相容技术完成了路径相容。因为很相似，在这不再赘述。

6.2.4 k-相容

用 k 相容的概念可以定义更强的传播形式。如果对于任何 $k-1$ 个变量的相容赋值，第 k 个变量总能被赋予一个和前 $k-1$ 个变量相容的值，那么这个 CSP 就是 k 相容的。1-相容是指给定空集的情况下每个单变量集合是相容的；这就是结点相容。2-相容即为弧相容。

1　AC-4 算法（Mohr 和 Henderson，1986）的最坏时间复杂度是 $O(cd^2)$ 但平均情况下要比 AC-3 慢。参见习题 6.13。

对二元约束网络，3-相容是路径相容。

如果一个图是 k-相容的，也是 $(k-1)$-相容的、$(k-2)$-相容的、…，直到 1-相容，那么此 CSP 是**强 k 相容的**。现在假设某 CSP 有 n 个结点并且它是强 n 相容的（即 $k=n$ 时的强 k 相容）。可以这样求如下解这个问题。首先，对变量 X_1 选择一个相容值。保证能够给 X_2 也选择一个相容值，因为它是 2-相容的，对 X_3 也如此，因为它是 3 相容的，如此一直下去。对每个变量 X_i，只需搜索值域的 d 个值找到与 X_1，…，X_{i-1} 相容的值。能确保在 $O(n^2d)$ 时间内找到解。当然，世上没有免费的午餐；建立 n-相容的算法在最坏情况下必须花费 n 的指数级时间。更糟的是，n-相容需要的空间也是 n 的指数级的。空间问题比时间更严重。实际上，确定相容的适当级别更多是经验科学。最多的是计算 2-相容也有少部分计算 3-相容的。

6.2.5 全局约束

前面曾经提到过全局约束，可能涉及任意个约束变量（不一定是所有变量）。实际问题中经常会出现全局约束，全局约束可以用专用算法处理，远比前面描述的通用算法有效。例如，*Alldiff* 约束表示所有相关变量必须取不同的值（如前面的密码算术问题和下面要讨论的数独游戏）。*Alldiff* 约束的不相容检测的一种简单形式如下：如果约束涉及 m 个变量，可能的不同取值有 n 个，且 $m>n$，那么约束不可能满足。

这直接导致了如下的简单算法：首先，移出一个单值变量，从其他变量的值域中删除该值。重复这个过程直到没有单值变量。如果出现了空的值域或变量多于值域大小，就检测到了不相容。

可以用这个方法来检测图 6.1 中赋值{$WA = red$，$NSW = red$}的不相容。注意变量 SA，NT 和 Q 是通过 *Alldiff* 约束有效连接起来的，因为它们之间任何两个都要着不同颜色。在这个部分赋值上应用 AC-3 算法，每个变量的值域就缩小为{$green$，$blue$}。即有三个变量却只有两种颜色，所以违反了 *Alldiff* 约束。因此一个高阶约束的简单相容过程有时比把弧相容用于二元约束的等价集合效率更高。关于 *Alldiff* 有更复杂的推理算法（van Hoeve 和 Katriel，2006），但运行所需的计算开销也更大。

另一个重要的高阶约束是**资源约束**，有时称为 *atmost* 约束。例如在调度问题中，用 P_1，…，P_4 表示执行四项任务的人数。总人数不超过 10 人的约束记为 *atmost*(10, P_1, P_2, P_3, P_4)。通过检验当前值域中的最小值之和就能检测出矛盾；如，如果每个变量的值域都是{3，4，5，6}，*atmost* 约束就无法满足。也可以通过删除变量值域中与其它变量的值域中的最小值不相容的最大值来保持相容性。在例子中如果变量值域都是{2，3，4，5，6}，那么 5 和 6 就可以从每个变量的值域中删去。

对于大型的整数值的资源限制问题——诸如用上百辆交通工具来运送上千人这样的问题——用整数集合来表示每个变量的值域，然后通过相容性检验方法逐步削减集合，通常是不可能的。取代地，用上界和下界来表示值域，并通过边界传播来处理。例如，在航班调度系统中假设有两次航班 F_1 和 F_2，分别有 165 和 385 个座位。每次航班可承载的乘客数的初始值域为

$D_1 = [0，165]$ 和 $D_2 = [0，385]$

现在假设添加一个约束，这两次航班所载的总乘客数必须是 420：$F_1 + F_2 = 420$。通过传播边界约束，两个值域可以削减到

$$D_1 = [35，165]　和　D_2 = [255，385]$$

如果对于每个变量 X 和它的取值上下界，每个变量 Y 都存在某个取值满足 X 和 Y 之间的约束，则称该 CSP 是**边界相容**的。这种边界传播广泛地应用于实际的约束问题中。

6.2.6　数独游戏实例

数独游戏向数百万人展示了约束满足问题，尽管人们可能并未意识到。数独的棋盘有 81 个方格，有些方格中预先填好了从 1 到 9 的数字。游戏要求所有方格都要填上数字，只允许一个数字在任一行、一列或 3×3 方框内出现一次（见图 6.4）。一行、一列或一方框称为一个**单元**。

图 6.4　数独
（a）一数独游戏；（b）它的解

报纸上和谜题书上给出的数独游戏有且只有一个解的性质。尽管有些数独很难求解，人来求解的话可能需要几十分钟，但用 CSP 求解器计算时间不会超过 0.1 秒。

数独可以看作是有 81 个变量的 CSP，每个方格一个变量。用 A_1 到 A_9 表示第一行的 9 个变量（从左到右），到最后一行用 I_1 到 I_9 表示。空格变量的值域为 {1，2，3，4，5，6，7，8，9}，已填好数字的方格值域就是自身。另外，有 27 个 *Alldiff* 约束，每行、每列、每方框各一个：

$Alldiff(A_1, A_2, A_3, A_4, A_5, A_6, A_7, A_8, A_9)$

$Alldiff(B_1, B_2, B_3, B_4, B_5, B_6, B_7, B_8, B_9)$

$\vdots$

$Alldiff(A_1, B_1, C_1, D_1, E_1, F_1, G_1, H_1, I_1)$

$Alldiff(A_2, B_2, C_2, D_2, E_2, F_2, G_2, H_2, I_2)$

$\vdots$

$Alldiff(A_1, A_2, A_3, B_1, B_2, B_3, C_1, C_2, C_3)$

$Alldiff(A_4, A_5, A_6, B_4, B_5, B_6, C_4, C_5, C_6)$

$\vdots$

来看看弧相容能带我们走多远。假设 *Alldiff* 约束已全部展开为二元约束（如 $A_1 \neq A_2$），因此可以直接使用 AC-3 算法。考虑图 6.4（a）中的变量 E_6——中间方框中 2 和 8 之间的空格

变量。根据方框的约束，E_6 的值域中不仅可以删除 2 和 8，还可以删除 1 和 7。考虑列的约束，可以删除 5、6、2、8、9 和 3。于是 E_6 的值域只有 {4} 了；换句话说，已经知道了 E_6 的解。现在考虑变量 I_6——最后一行中间方框被 1、3 和 3 包围的空格变量。将弧相容应用于该列，可以删除 5，6，2，4（因为已经知道 E_6 取值为 4）、8、9 和 3。因为 I_5 的弧相容还可以删除 1，这样 I_6 的值域就只有 7 了。现在第 6 列确定了 8 个变量的值，根据弧相容可以推理得到 A_6 的值必须为 1。继续在行之间进行推理，最终 AC-3 将解决整个谜题——所有变量都是单值变量（值域大小为 1），如图 6.4（b）所示。

当然，如果数独游戏都是如此容易用 AC-3 求解的话也就失去了它的魅力了，实际上 AC-3 只能求解最简单的数独谜题。稍困难一点的可以用 PC-2 求解，但计算代价昂贵：数独游戏中有 255 960 个不同的路径约束需要考虑。要想求解最难的谜题并取得有效进展，要做得还很多。

实际上，数独游戏的魅力在于人求解的时候需要多种复杂的推理策略。Aficionados 给此策略取了形形色色的名字，如"三链数删减法"。三链数删减法是这样做的：在任意单元（行、列或方框）中，找出值域中含有相同的三个数值或是含有这三个数值的子集的方格。例如，三个值域可以是 {1, 8}、{3, 8} 和 {1, 3, 8}。从这里出发我们并不知道哪个方格的值将会是 1、3 或 8，但我们知道这三个数值将要分配在这三个方格中。所以可以把 1、3 和 8 从同单元的其他方格的值域中删除。

有趣的是所有这些并不只是专用于数独。我们确实提到有 81 个变量值域是从 1 到 9，有 27 个 *Alldiff* 约束。除了这些，所有策略——弧相容、路径相容等——通用于所有 CSP，而不只是数独问题。即使是三链数删减法也只是加强了 *Alldiff* 约束的相容性，对数独本身没起任何作用。这就是 CSP 形式化的力量所在：对每个新问题领域，只需定义问题的约束；接着就可以直接使用通用的约束求解机制。

6.3　CSP 的回溯搜索

数独游戏被设计成通过约束间的推理来求解。但很多 CSP 只用推理是不能求解的；这时我们必须通过搜索来求解。本节讨论部分赋值的回溯搜索算法；下节将讨论完整赋值的局部搜索算法。

可以应用标准的深度优先搜索（见第 3 章）。状态可能是部分赋值，行动是将 *var* = *value* 加入到赋值中。考虑 CSP 中有 n 个值域大小为 d 的变量，我们很快就能注意到一些可怕的情况：顶层的分支因子是 nd，因为有 n 个变量，每个变量的取值可以是 d 个值中的任何一个。在下一层，分支因子是 $(n-1)d$，依此类推 n 层。生成了一棵有 $n! \cdot d^n$ 个叶子的搜索树，尽管可能的完整赋值只有 d^n 个！

看来合理但是弱智的问题形式化忽略了所有 CSP 的一个共同的至关紧要的性质：**可交换性**。如果行动的先后顺序对结果没有影响，那么问题就是可交换的。CSP 是可交换的，因为给变量赋值的时候不需考虑赋值的顺序。因此，只需考虑搜索树一个结点的单个变量。例如，在澳大利亚地图着色的搜索树的根结点，要在 *SA* = *red*，*SA* = *green* 和 *SA* = *blue* 之间选择，但永远不需要在 *SA* = *red* 和 *WA* = *blue* 之间选择。有了这个限制，叶结点的个数如我们所希望的减少到了 d^n 个。

术语**回溯搜索**用于深度优先搜索中，它每次为一变量选择一个赋值，当没有合法的值可以赋给某变量时就回溯。算法见图 6.5。它不断选择未赋值变量，轮流尝试变量值域中的每一个值，试图找到一个解。一旦检测到不相容，BACKTRACK 失败，返回上一次调用尝试另一个值。图 6.6 显示了澳大利亚问题的部分搜索树，其中按照 *WA*、*NT*、*Q*……的顺序来给变量赋值，因为 CSP 表示是标准化的，不需要给 BACKTRACKING-SEARCH 提供领域专用的初始状态、行动函数、转移模型或目标测试。

```
function BACKTRACKING-SEARCH(csp) returns a solution, or failure
    return BACKTRACK({ }, csp)

function BACKTRACK(assignment, csp) returns a solution, or failure
    if assignment is complete then return assignment
    var ← SELECT-UNASSIGNED-VARIABLE(csp)
    for each value in ORDER-DOMAIN-VALUES(var, assignment, csp) do
        if value is consistent with assignment then
            add {var = value} to assignment
            inferences ← INFERENCE(csp, var, value)
            if inferences ≠ failure then
                add inferences to assignment
                result ← BACKTRACK(assignment, csp)
                if result ≠ failure then
                    return result
        remove {var = value} and inferences from assignment
    return failure
```

图 6.5 约束满足问题的简单回溯算法

该算法以第三章的递归深度优先搜索为模型。通过修改函数 SELECT-UNASSIGNED-VARIABLE 和 ORDER-DOMAIN-VALUES，我们可以实现书中讨论的通用启发式。函数 INFERENCE 可以选择性地被设计成弧相容、路径相容或 *k*-相容。如果一个赋值导致失败（不管是在 INFERENCE 还是在 BACKTRACK 中），则从当前赋值中删除这个赋值（包括从 INFERENCE 得到的）并尝试新的赋值

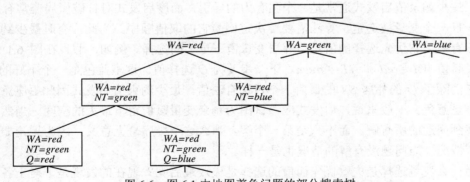

图 6.6 图 6.1 中地图着色问题的部分搜索树

要注意的是 BACKTRACKING-SEARCH 只维护状态的单个表示，修改该表示而不是生成一个新的表示，原书第 87 页中有讨论。

在第 3 章中，通过提供源自问题本身知识领域的特定启发式来提高无信息搜索算法的糟糕性能。现在发现无须领域特定知识也能有效地解决 CSP。替代地，只需将图 6.5 中的函数复杂化，就可以求解以下问题：

（1）下一步该给哪个变量赋值（SELECT-UNASSIGNED-VARIABLE），按什么顺序来尝试它的值（ORDER-DOMAIN-VALUES）？

（2）每步搜索应做怎样的推理（INFERENCE）？

（3）当搜索到达某赋值违反约束时，搜索本身能避免重复这样的失败吗？

后面三节将依次讨论这些问题。

6.3.1 变量和取值顺序

回溯算法包括这样一行：

var ← SELECT-UNASSIGNED-VARIABLE(csp)

SELECT-UNASSIGNED-VARIABLE 最简单的策略是按照列表顺序 $\{X_1, X_2, \cdots\}$ 选择未赋值变量。这种静态的变量排序很少能使得搜索高效。例如图 6.6 中，在赋值 $WA = red$ 和 $NT = green$ 之后，SA 只剩下一个可能的赋值，因此下一个赋值 $SA = blue$ 要比给 Q 赋值有意义。事实上，SA 赋完值之后，Q、NSW 和 V 的选择都是强制性的。这种直观的想法——选择"合法"取值最少的变量——称为**最少剩余值**（MRV）启发式。也称为"最受约束变量"或"失败优先"启发式，之所以被称为后者是因为它选择了最可能很快导致失败的变量，从而对搜索树剪枝。如果变量 X 没有可选的合法取值，那么 MRV 启发式将选择 X 并马上检测到失败——避免其他无意义的搜索继续进行。相比随机的或静态的排序，MRV 启发式通常性能更好，取决于问题不同，它的性能有时要好到 1000 倍以上。

MRV 启发式在澳大利亚问题中对选择第一个着色区域没有帮助，因为初始的时候每个区域都有三种合法的颜色。在这种情况下，提出了**度启发式**。通过选择与其他未赋值变量约束最多的变量来试图降低未来的分支因子。在图 6.1 中，SA 的度最高为 5；其他变量的度为 2 或者 3，除了 T 的度为 0。实际上，一旦选择了 SA 的赋值，应用度启发式来求解可以不走错任何一步——你可以在每个选择点上选择任何相容的颜色，仍然可以不回溯就找到解。最少剩余值启发式通常是一个强有力的导引，而度启发式对打破僵局非常有用。

一旦一个变量被选定，算法需要要决定检验它的取值顺序。为此，有时**最少约束值**启发式很有效。它优先选择的值是给邻居变量留下更多的选择。例如，假设在图 6.1 中，我们已经赋值 $WA = red$ 和 $NT = green$，下一步要为 Q 选择值。这里蓝色是一个不好的选择，因为它消除了 Q 的邻居 SA 的最后一个可选合法值。最少约束值启发式因此更愿意选择红色而不是蓝色。一般来说，启发式应该试图为剩余变量赋值留下最大的空间。当然，如果试图找到问题的所有解，而不只是第一个解，那么这个排序毫无意义，因为无论如何要考查所有情况。当问题没有解的情况也是一样。

为什么变量选择是失败优先而值的选择是失败最后呢？现在的发现是，对于各种各样的问题，选择具有最少剩余值的变量通过早期的有效剪枝而有助于最小化搜索树中的结点数。而对于值的排序，窍门是只需找到一个解；因此首先选择最有可能的值是有意义的。如果需要枚举所有的解而不是只找一个解，值的排序毫无意义。

6.3.2 搜索与推理交错进行

迄今为止，讨论了 AC-3 和其他算法的推理如何能在搜索前缩小变量的值域空间。但是搜索过程中的推理更加有力：每次我们决定给某变量某个值时，都有机会推理其邻接变量的值域空间。

最简单的推理形式是**前向检验**。只要变量 X 被赋值了，前向检验过程对它进行弧相容检查：对每个通过约束与 X 相关的未赋值变量 Y，从 Y 的值域中删去与 X 不相容的那些值。由于前向检验只做弧相容推理，如果在预处理步骤做过前向检验的则不必考虑。

图 6.7 给出了在地图着色搜索中使用前向检验的回溯过程。要注意的是这个例子中有两点很重要。首先，在赋值 $WA = red$ 和 $Q = green$ 之后，NT 和 SA 的值域都缩小到了只有单个值；我们通过 WA 和 Q 的约束传播信息删除了这些变量上的一些分支。第二点需要注意的是，当赋值 $V = blue$ 之后，SA 的值域为空。因此，前向检验检测到部分赋值$\{WA = red, Q = green, V = blue\}$与问题约束不相容，算法立刻回溯。

	WA	*NT*	*Q*	*NSW*	*V*	*SA*	*T*
Initial domains	R G B	R G B	R G B	R G B	R G B	R G B	R G B
After *WA=red*	Ⓡ	G B	R G B	R G B	R G B	G B	R G B
After *Q=green*	Ⓡ	B	Ⓖ	R B	R G B	B	R G B
After *V=blue*	Ⓡ	B	Ⓖ	R	Ⓑ		R G B

图 6.7　前向检验和地图着色搜索的过程

首先赋值 $WA = red$；然后前向检验在它的邻居变量 NT 和 SA 的值域中删除 red。赋值 $Q = green$ 之后，$green$ 从 NT，SA 和 NSW 的值域中删除。赋值 $V = blue$ 之后，$blue$ 从 NSW 和 SA 的值域中删除，这时 SA 没有合法的取值

如果联合使用 MRV 启发式和前向检验，很多问题的搜索将更有效。考虑图 6.7 中赋值$\{WA = red\}$之后。直觉上来说，它似乎约束的是它邻接的变量 NT 和 SA，所以应当紧接着处理，然后才是其他变量。MRV 正是这么做的：NT 和 SA 都有两个值，所以一个先选，接着是另一个，然后才依次是 Q、NSW 和 V。最后，T 还有三个值，这三个值都有效。可以把前向检验看成是计算 MRV 启发式需要的信息的有效途径。

尽管前向检验能够检测出很多不相容，它无法检测出所有不相容。问题是它使当前变量弧相容，但它并不向前看使其他变量弧相容。例如，考虑图 6.7 中的第三行。它指出当 WA 是 red、Q 是 $green$ 后，NT 和 SA 都只能是蓝色了。前向检验向前看得不够远，不足以观察出这里的不相容：NT 和 SA 邻接所以不能取相同的值。

算法 MAC（**维护弧相容**）能够检测这类不相容性。当变量 X_i 赋值后，INFERENCE 调用 AC-3，并不是考虑 CSP 中的所有弧，而是从与 X_i 邻接的弧$\{X_j, X_i\}$中所有未赋值变量 X_j 开始。从这出发，AC-3 进行正常的约束传播，一旦某变量的值域变为空，则 AC-3 调用失败并立即回溯。可以看出 MAC 比前向检验更强有力，原因是前向检验在检查第一步与 MAC 相同；与 MAC 不同的是，前向检验在变量值域发生变化时并不递归传播约束。

6.3.3　智能回溯：向后看

图 6.5 中的 BACKTRACKING-SEARCH 算法当一个分支上的搜索失败时采取简单的处理原则：退回前一个变量并且尝试另外一个值。这称为**时序回溯**，因为重新访问的是时间最近的决策点。这一节中讨论更好的可能。

考虑图 6.1 的问题，按照固定的变量顺序 Q、NSW、V、T、SA、WA、NT，应用简单回溯算法求解。假设已经进行了部分赋值$\{Q = red, NSW = green, V = blue, T = red\}$。在处理下一个变量 SA 时，发现任何值都违反约束条件。退回到 T，试着给 Tasmania 赋一种新

的颜色！显然这种做法是愚蠢的——对 T 重新着色不能解决南澳大利亚州的问题。

一种更智能的回溯方法是退回到可能解决这个问题的变量——导致 SA 赋值失败的变量集合中的变量。要做到这一点，需要跟踪与 SA 的某些赋值冲突的一组赋值。这个集合（这里的情况是 $\{Q = red，NSW = green，V = blue\}$）称为 SA 的**冲突集**。**回跳**方法回溯到冲突集中时间最近的赋值；在这种情况下，回跳将跳过 T 而尝试 V 的新值。回跳方法可以通过简单地修改 BACKTRACK 而实现，算法在检验合法值的时候保存冲突集。如果没有找到合法值，那么它按照失败标记返回冲突集中时间最近的元素。

目光敏锐的读者会注意到前向检验算法可以不需要额外工作量就能提供冲突集：当基于赋值 $X = x$ 的前向检验删除变量 Y 的值域中的值时，应该把 $X = x$ 加入到 Y 的冲突集里。当从 Y 的值域中删除最后一个值的时候，把 Y 的冲突集中的每个赋值都要加到 X 的冲突集中。这样，当到达 Y 的时候就知道需要回溯的时候应该回到哪个变量。

有眼力的读者还会注意到事情有些奇怪：回跳发生在值域中的每个值都和当前的赋值有冲突的情况下；但是前向检验能检测到这个事件并且能阻止搜索到达这样的结点！事实上，可以证明回跳剪掉的每个分支在前向检验算法中也被剪枝。因此，简单的回跳在前向检验搜索中是多余的，或者说在诸如 MAC 这样使用更强的相容性检验的搜索中是多余的。

除了上一段中的观察结果，回跳的思想仍然是好的：基于失败的根源回溯。回跳发现失败是在一个变量的值域为空的时候，但是在很多情况下，一个分支在很早的时候就已经注定要失败了。再次考虑部分赋值 $\{WA = red，NSW = red\}$（从前面的讨论中知道它是矛盾的）。假设尝试 $T = red$，然后给 NT、Q、V、SA 赋值。知道对这最后四个变量没有可能的赋值，因此最终用完了 NT 的所有可能取值。现在的问题是回溯到哪儿？回跳是行不通的，因为 NT 确实有和前面的赋值相容的值——NT 并没有导致失败的完全冲突集。然而我们知道，四个变量 NT、Q、V 和 SA 放在一起会失败是因为前面的变量集，那些变量一定与这四个变量有直接冲突。这引出了关于诸如 NT 的冲突集的更深入概念：是前面的变量集合致使 NT 连同任何后继变量一起没有相容解。在这种情况下，变量集是 WA 和 NSW，所以算法会越过 Tasmania 回溯到 NSW。使用这种方式定义的冲突集的回跳算法称为**冲突指导的回跳**。

下面解释这些新的冲突集是怎样计算的。实际上方法很简单。搜索分支的"终端"失败是当一个变量的值域变为空时；该变量有一个标准的冲突集。在例子中，SA 失败了，它的冲突集（说）是 $\{WA，NT，Q\}$。我们回跳到 Q，Q 将 SA 的冲突集（当然减去 Q 本身）吸收到自己的冲突集里，即 $\{NT，NSW\}$；新的冲突集是 $\{WA，NT，NSW\}$。即，在给定了 $\{WA，NT，NSW\}$ 的赋值之后，从 Q 向前是无解的。因此回溯到 NT，集合中最近的一个。NT 吸收 $\{WA，NT，NSW\} - \{NT\}$ 到自己的直接冲突集 $\{WA\}$ 里，得到 $\{WA，NSW\}$（如上一段提到的）。现在算法如期待的那样回跳到 NSW。总结一下：令 X_j 是当前变量，再令 $conf(X_j)$ 为其冲突集。如果 X_j 的每个可能取值都失败了，回跳到 $conf(X_j)$ 中最近的变量 X_i，并置

$$conf(X_i) \leftarrow conf(X_i) \cup conf(X_j) - \{X_i\}$$

当到达一矛盾时，回跳能够告诉要退回多远，所以无需浪费时间来修改不能根本解决问题的变量。但我们希望不要再遇到同样的问题。每当搜索遇到了矛盾，我们知道这是冲突集中的某个最小子集引起的。**约束学习**的思想就是从冲突集中找出导致问题的最小变量集合。这组变量及它的对应值，被称为**无用**。可以通过添加 CSP 中的新约束记录下这些无

用，也可以独立地用缓存来保留这些无用。

例如，考虑图 6.6 最下面一行的状态 {*WA* = *red*，*NT* = *green*，*Q* = *blue*}。前向检验告诉我们这个状态是个无用，因为 *SA* 没有合法赋值。在这种特殊情况下，记录这个无用没有任何帮助，因为一旦从搜索树中剪掉这个分支，就再也不可能遇到这样的组合。假设图 6.6 中的搜索树是个大搜索树的一部分，而这个大搜索树的赋值是从 *V* 和 *T* 开始的。这时就值得记录无用 {*WA* = *red*，*NT* = *green*，*Q* = *blue*}，因为将来会遇到 *V* 和 *T* 赋值的同样的问题。

前向检验和回跳都可以有效地使用无用。约束学习则是现代 CSP 求解器有效求解复杂问题的最重要技术之一。

6.4 CSP 局部搜索

局部搜索算法（见 4.1 节）对求解许多 CSP 都是很有效的。它们使用完整状态的形式化：初始状态是给每个变量都赋一个值，搜索过程是一次改变一个变量的取值。例如，在八皇后问题（见图 4.3）中，初始状态是 8 个皇后在 8 列上的一个随机布局，然后每步都是选择一个皇后并把它移动到该列的新位置上。典型地，初始布局会违反一些约束。局部搜索的目的就是要消除这些矛盾。[1]

在为变量选择新值的时候，最明显的启发式是选择与其他变量冲突最少的值——**最少冲突**启发式。图 6.8 给出了该算法，图 6.9 则将算法应用于八皇后问题。

```
function MIN-CONFLICTS(csp, max_steps) returns a solution or failure
    inputs: csp, a constraint satisfaction problem
            max_steps, the number of steps allowed before giving up

    current ← an initial complete assignment for csp
    for i = 1 to max_steps do
        if current is a solution for csp then return current
        var ← a randomly chosen conflicted variable from csp.VARIABLES
        value ← the value v for var that minimizes CONFLICTS(var, v, current, csp)
        set var = value in current
    return failure
```

图 6.8 用局部搜索解决 CSP 的 MIN-CONFLICTS 算法
初始状态可以随机选择或者通过贪婪赋值过程依次为每个变量选择最少冲突的值。函数 CONFLICTS 统计当前赋值情况下某值破坏约束的数量

令人惊讶的是最小冲突对许多 CSP 都有效。神奇的是在 *n* 后问题中，如果不依赖于皇后的初始放置情况，最少冲突算法的运行时间大体上独立于问题的规模。它甚至能在平均（初始赋值之后）50 步之内求解百万皇后问题。这个不同寻常的现象导致 20 世纪 90 年代大量研究关注局部搜索和难易问题之间的区别，第 7 章中会进一步讨论。大致来说，对局部搜索求解 *n* 后问题十分容易，因为解密集地分布于整个状态空间。最少冲突算法也适用于难题求解。例如，它用于安排哈勃太空望远镜的观察日程时间表，安排一周的观察日程所花费的时间从三周（！）减少到了大概 10 分钟。

1　很容易把局部搜索扩展为有约束优化问题（COPs）。在那种情况下，爬山法和模拟退火的所有技术都可以用来最优化目标函数。

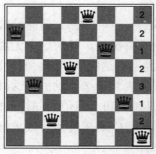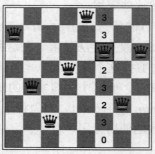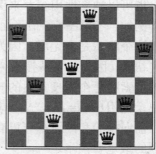

图 6.9　用最小冲突算法求解八皇后问题的两步解

每一步选择一个皇后，在它所在列重新分配位置。方格中的数字表示冲突的个数（在这个问题中是能攻击到的皇后的个数）。算法将皇后移到最小冲突的方格里，随机地打乱平衡。

4.1 节中的所有局部搜索技术都是 CSP 应用的候选，有些技术已经被证实非常有效。使用最少冲突启发式的 CSP 地形通常有一系列高原。可能有上百万个变量赋值却只有一个有冲突。高原搜索——通话走小路移动到另一个分数相同的状态——可以帮助局部搜索离开高原。这种高原上的流浪可以由**禁忌搜索**导引：将最近访问过的状态记录在表中，并禁止算法再回到那些状态。模拟退火也可以用于逃离高原。

另一项技术称为约束加权，可以帮助搜索把精力集中在重要约束上。每个约束都有一个数字权重 W_i，初始都为 1。搜索的每一步，算法都选择使得违反约束权重和最小的变量/值对来修改。接着增加当前赋值违反的约束的权重值。这有两个好处：给高原增加了地形，确保能够从当前状态改善，并且它随着时间的进行不断给难于解决的约束增加权重。

局部搜索的另一个优势是当问题改变时它可以用于联机设置。这在调度问题中特别重要。一周的航班日程表可能涉及上千次航班和上万次的赋值，但是一个恶劣天气可能就会打乱原来的机场日程安排。我们希望以在最小的改动来修正日程。从当前日程开始使用局部搜索算法，这项工作很容易地完成。使用新约束集的回溯搜索通常需要更多的时间，找到的解也有可能要对当前日程进行很多改动。

6.5　问题的结构

本节讨论如何以结构化方式表示问题，如约束图所表示的，能帮助快速地找到解。这里讨论的多数方法也同样适用于 CSP 以外的其他问题，例如概率推理。总之，在处理实际世界问题时我们通常希望将它分解为很多子问题。回头再来看看澳大利亚问题中的约束图（图 6.1（b），图 6.12（a）中重复），可以看到一个事实：Tasmania 和大陆不相连。[1]直观上来说，显然对 Tasmania 着色和对大陆着色是两个**独立的子问题**——任何对大陆区域着色的解和任何对 Tasmania 着色的解合并起来都得到整个问题的一个解。独立性可以简单地通过在约束图中寻找**连通子图**来确定。每个连通子图对应于一个子问题 CSP_i。如果赋值 S_i 是 CSP_i 的一个解，那么 $\cup_i S_i$ 是 $\cup_i CSP_i$ 的一个解。为什么这样很重要？考虑以下问题：假设

1　一个细心的绘图者或 Tasmanian 的热爱者可能会反对把 Tasmania 涂上和离它最近的大陆邻域相同的颜色，以避免给人留下 Tasmanian 可能是那个州的一部分的印象。

每个 CSP_i 包含所有 n 个变量中的 c 个变量，这里 c 是一个常数。那么就会有 n/c 个子问题，解决每个子问题最多花费 d^c 步工作，这里 d 为值域大小。因此总的工作量是 $O(d^c n/c)$，是 n 的线性函数；如果不进行分解，总的工作量是 $O(d^n)$，是 n 的指数函数。看一个更具体的例子：将 $n = 80$ 的布尔 CSP 分解成 4 个 $c = 20$ 的子问题，会使最坏情况下的时间复杂度从宇宙寿命那么长减少到不到一秒。

完全独立的子问题是很诱人的，但是很少见。幸运的是，有些图结构也很容易求解。例如当约束图形成一棵树时，指的是任何两个变量间最多通过一条路径连通。我们将证明任何一个树状结构的 CSP 可以在变量个数的线性时间内求解。[1]这里的关键是称为直接弧相容或 DAC 的新概念。假设 CSP 的变量顺序为 $X_1, X_2, \cdots, X_n$，该 CSP 是直接弧相容的当且仅当对所有 $j > i$ 每个 X_i 与 X_j 都是弧相容的。

求解树结构 CSP 时，首先任意选择一个变量为树的根，选择变量顺序，这样每个变量在树中出现在父结点之后。这样的排序称为**拓扑排序**。图 6.10（a）中为约束图，（b）为一种可能的排序。n 个结点的树有 $n-1$ 条弧，所以在 $O(n)$ 步内可以将此图改造成直接弧相容，每一步需要比较两个变量的 d 个可能取值，所以总时间是 $O(nd^2)$。一旦有了直接弧相容的图，就可以沿着变量列表并选择任意剩余值。由于父结点与其子结点的弧是相容的，我们知道无论父结点选择什么值，子结点都有值可选。这意味着无须回溯；可以沿着变量线性前进。完整算法参见图 6.11。

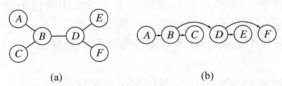

(a)　　　　　　　　　　　　　　　(b)

图　6.10

（a）树状结构 CSP 的约束图。（b）与以 A 为根结点的树相容的变量的线性排序。这是众所周知的变量的**拓扑排序**。

```
function TREE-CSP-SOLVER(csp) returns a solution, or failure
    inputs: csp, a CSP with components X, D, C

    n ← number of variables in X
    assignment ← an empty assignment
    root ← any variable in X
    X ← TOPOLOGICALSORT(X, root)
    for j = n down to 2 do
        MAKE-ARC-CONSISTENT(PARENT(X_j), X_j)
        if it cannot be made consistent then return failure
    for i = 1 to n do
        assignment[X_i] ← any consistent value from D_i
        if there is no consistent value then return failure
    return assignment
```

图 6.11　TREE-CSP-SOLVER 求解树结构 CSP。如果 CSP 有解，算法可以在线性时间内求解；如果无解，则会检测到矛盾

现在已经有了求解树结构的高效算法，下面讨论更一般的约束图是否能化简成树的形式。可以有两种基本方法：一种是基于删除结点的，一种是基于合并结点的。

1　遗憾的是世界上除了苏拉威西岛（Sulawesi）有些近似外，几乎没有地区的地图是树状结构。

　　第一种方法是先对部分变量赋值，使剩下的变量能够形成一棵树。考虑澳大利亚问题的约束图，如图 6.12（a）所示。如果能删除南澳大利亚州，这个图就会变成像（b）中的一棵树。幸运的是，可以这样做（只是在图中删除，而不是真的从大陆上删除），给变量 SA 一个固定的值并且从其他变量的值域中删除任何与 SA 的取值不相容的值。

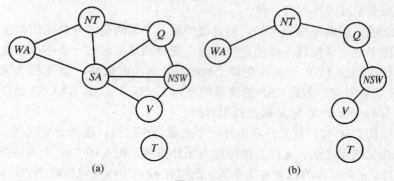

（a）　　　　　　　　　　　　　　　　（b）

图　6.12
（a）图 6.1 的原始约束图；　（b）删除 SA 之后的约束图

　　现在，在删除了 SA 和它的约束之后，CSP 的每个解都将与 SA 的值相容。（这对二元 CSP 是可行的；在高阶约束问题中情况会更复杂。）因此，用上面给出的算法求解剩余的树，并由此得到整个问题的解。当然，在一般情况下（与地图着色不同），为 SA 选择的值可能是错误的，因此将需要尝试所有的可能值。一般算法如下：

　　（1）从 CSP 的变量中选择子集 S，使得约束图在删除 S 之后成为一棵树。S 称为**环割集**（cycle cutset）。

　　（2）对于满足 S 所有约束的 S 中变量的每个可能赋值：

　　（a）从 CSP 剩余变量的值域中删除与 S 的赋值不相容的值，并且

　　（b）如果去掉 S 后的剩余 CSP 有解，把解和 S 的赋值一起返回。

　　如果环割集的大小为 c，那么总的运行时间为 $O(d^c \cdot (n-c) d^2)$：我们需要尝试 S 中变量的赋值组合共 d^c 种，对其中的每个组合需要求解规模为 $n-c$ 的树问题。如果约束图"近似于一棵树"，那么 c 将会很小，直接回溯将节省巨大开销。然而在最坏情况下，c 可能大到 $(n-2)$。虽然找出最小的环割集是 NP 难题，但是已经有一些高效的近似算法。算法的总体方法叫做**割集调整**；将在第 14 章再次讨论用它来进行概率推理。

　　第二种方法以约束图的**树分解**为基础，它把约束图分解为相关联的子问题。每个子问题独立求解，再把得到的结果合并起来。像大多数分治算法一样，如果没有一个子问题特别大，它的效果就会很好。图 6.13 给出了地图着色问题的树分解，形成 5 个子问题。树分解必须满足以下 3 个条件：

- 原始问题中的每个变量至少在一个子问题中出现。
- 如果两个变量在原问题中由约束相连，那么它们至少同时出现在一个子问题中（连同它们的约束）。
- 如果一个变量出现在树中的两个子问题中，那么它必须出现在连接这两个子问题的路径上的所有子问题里。

前两个条件保证了所有的变量和约束都在分解中都有表示。第三个条件看起来更有技

术，但是它只是反映了任何给定的变量在每个子问题中必须取值相同的约束；子问题之间的连接强化了这个约束。例如，在图 6.13 中 SA 出现在连接起来的所有四个子问题中。可以从图 6.12 验证这种分解是有意义的。

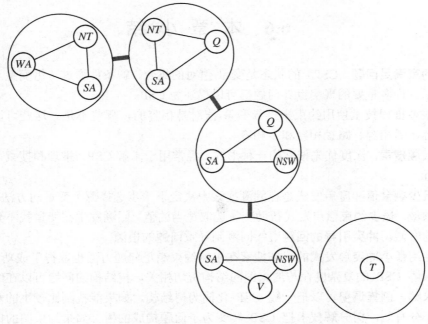

图 6.13　图 6.12（a）中约束图的树分解

下面来独立地求解每个子问题；如果其中任何一个无解，那么整个问题无解。如果能求解所有的子问题，接下来构造如下一个完整解。首先，把每个子问题视为一个"巨型变量"，它的值域是这个子问题的所有解的集合。例如，图 6.13 中最左边的子问题是有三个变量的地图着色问题，因此有六个解——其中一个是{*WA = red*，*SA = blue*，*NT = green*}。然后，可以用前面给出的树算法来求解连接这些子问题的约束。子问题之间的约束要求它们的共享变量要取相同的值。例如，第一个子问题的解{*WA = red*，*SA = blue*，*NT = green*}，下一个子问题的相容解只能是{*SA = blue*，*NT = green*，*Q = red*}。

一个给定的约束图允许有多种树分解；进行分解的时候，原则是分解出来的子问题越小越好。图的树分解的**树宽**是最大的子问题的大小减 1；图本身的树宽定义为它所有树分解的最小树宽。如果一个图的树宽为 w，并且给定对应的树分解，那么此问题的时间复杂度是 $O(nd^{w+1})$。因此，如果 CSP 的约束图树宽有界，则该 CSP 在多项式时间内可解。不幸的是，找到最小树宽的树分解是一个 NP 难题，不过实际中有一些可行的启发式方法。

到目前为止，讨论了约束图的结构。变量的取值的结构也同样重要。考虑 n 色地图着色问题。对每个相容的解，通过重新排列颜色名字实际上有 $n!$ 个解。例如，澳大利亚地图中我们知道 *WA*、*NT* 和 *SA* 必须着不同的颜色，但是有 3 ! = 6 种方法把颜色值赋给这三个变量。这被称为**值对称**。我们希望通过打破这种对称来使搜索空间减小 $n!$ 倍。这可以通过**打破对称约束**做到。例如，可以给变量一个特定的序，$NT < SA < WA$，要求变量的取值要满足字典序。这个约束确保了 $n!$ 个选择中只有一个是解：{*NT=blue, SA=green, WA=red*}。

对于地图着色问题，很容易可以找到约束来消除对称性，一般来说在多项式时间内找到约束来消除对称性并保留一个对称的解是可能的，但消除搜索过程中所有中间值集合的对称性是 NP 难题。实际上，对很多问题来说，打破值对称都被证明是重要并且有效的。

6.6 本 章 小 结

- **约束满足问题**（CSP）的状态是变量/值对的集合，解条件通过一组变量上的约束表示。许多重要的现实世界问题都可以描述为 CSP。
- 很多推理技术使用约束来推导变量/值对是相容的，哪些不是。这些可以是结点相容、弧相容、路径相容和 k-相容。
- **回溯搜索**，深度优先搜索的一种形式，经常用于求解 CSP。推理和搜索可以交织进行。
- **最少剩余值**和**度启发式**是在回溯搜索中决定下一步选择哪个变量的方法，都独立于领域。**最少约束值**启发式帮助变量选取适当的值。回溯发生在变量找不到合法取值的时候。**冲突引导的回跳**直接回溯到导致问题的根源。
- 使用**最小冲突**启发式的局部搜索在求解约束满足问题方面也取得了成功。
- 求解 CSP 的复杂度在与约束图的结构密切相关。树结构的问题可以在线性时间内求解。**割集调整**可以把一般 CSP 化简为树结构，如果能找到比较小的割集，算法十分有效。**树分解**技术把 CSP 转变为子问题构成的树，如果约束图的**树宽**不大，则算法很有效。

参考文献与历史注释

早期的约束满足问题大部分是处理数值约束。最早可追溯到 7 世纪，印度数学家 Brahmagupta 研究过整数域方程式的约束；在希腊数学家 Diophantus（约 200—284）在正有理数域内考虑了这个问题之后，这些被称为 **Diophantine 方程**。通过消元法解线性方程的系统方法由 Gauss（1829）研究给出；线性不等式约束的求解方法要追溯到 Fourier（1827）。

有限值域的约束满足问题有很长的历史。例如，**图着色**问题（地图着色是其特殊情况）是数学中的老问题。四色猜想（任何一个平面图都可以用最多四种颜色着色）首先是由 de Morgan 的学生 Francis Guthrie 在 1852 年提出来的。这个猜想一直未得证——除了少数人宣称其不成立——直到 Appel 和 Haken（1977）证明了该猜想的正确性（参见书籍《四色就够了》（Wilson，2004））。纯粹主义者有些失望，因为部分证明是由计算机完成的，所以 Georges Gonthier（2008）使用 COQ 定理证明器给出了形式证明，证实了 Appel 和 Haken 的证明是正确的。

特定类型的约束满足问题出现于计算机科学发展史中。最有影响力的早期实例之一是 SKETCHPAD 系统（Sutherland，1963），它求解图的几何约束问题，是现代绘图程序和 CAD 工具的先驱。把 CSP 当作一般问题要归功于 Ugo Montanari（1974）。将高阶 CSP 通过辅助变量转化为纯粹的二元 CSP（参见习题 6.6）最初源自 19 世纪的逻辑学家 Charles Sanders

Peirce。Dechter（1990b）把它引入 CSP 文献，由 Bacchus 和 van Beek（1998）进行了详细描述。有偏好的 CSP 在最优化的文献中有广泛的研究；参见 Bistarelli 等人（1997）给出了允许偏好的 CSP 框架的一般化。桶消除算法（Dechter，1999）也可以应用于优化问题。

由于 Waltz（1975）在计算机视觉方面的多面体线性标注问题上的成功，约束传播方法开始普及。Waltz 证明了在许多问题中，约束传播能完全消除回溯。Montanari（1974）引入了约束网络的概念和通过路径相容性进行的约束传播。Alan Mackworth（1977）提出了 AC-3 算法，实现了增强的弧相容以及把回溯与某种程度的相容结合起来的一般思想。更有效的弧相容算法是 AC-4，由 Mohr 和 Henderson（1986）开发出来。在 Mackworth 的论文发表后不久，研究者们开展了实验来研究强制相容的开销与由搜索减少带来的好处两者之间的折中。Haralick 和 Elliot（1980）证实了 McGregor（1979）描述的最小前向检验算法，而 Gaschnig（1979）提出了在每个变量赋值之后进行完全弧相容检验算法——后来被 Sabin 和 Freuder（1994）称为 MAC 的算法。后者的论文提供了令人信服的证据，说明在更难的 CSP 上完全弧相容算法是成功的。Freuder（1978，1982）研究了 k 相容的概念以及它与求解 CSP 的复杂度之间的关系。Apt（1999）给出了可以用来分析相容性传播算法的遗传算法框架，Bessière（2006）进行了讨论。

处理高阶约束问题的特殊方法首先是在**约束逻辑程序设计**中发展出来的。Marriott 和 Stuckey（1998）出色地综述了该领域的情况。Regin（1994）、Stergiou 和 Walsh（1999）、van Hoeve（2001）研究了 *Alldiff* 约束。Van Hentenryck 等人（1998）把边界约束问题与约束逻辑程序设计结合起来。van Hoeve 和 Katriel（2006）讨论了全局约束。

数独游戏成为广为人知的 CSP，Simonis（2005）给出了描述。Agerbeck 和 Hansen（2008）描述了一些策略并指出 $n^2 \times n^2$ 棋盘上的数独游戏是 NP 难题。Reeson 等人（2007）开发了基于 CSP 技术的互动求解器。

回溯搜索的思想要追溯到 Golomb 和 Baumert（1965），将之应用于约束满足要归功于 Bitner 和 Reingold（1975），即使他们使用的是 19 世纪提出的基本算法。Bitner 和 Reingold 还引入了 MRV 启发式，他们称之为最多约束变量启发式。Brelaz（1979）使用了度启发式来打破应用 MRV 启发式后的僵局。得到的算法尽管很简单，仍然是 k 色图着色问题的最好解法。Haralick 和 Elliot（1980）提出了最少约束值启发式。

基本回跳方法是由 John Gaschnig（1977，1979）提出来的。Kondrak 和 van Beek（1997）证明了这个算法本质上包含在前向检验算法中。冲突指导的回跳算法是由 Prosser（1993）设计的。最一般也是最有效的智能回跳算法其实很早就由 Stallman 和 Sussman（1977）提出来了。他们的**依赖制导的回溯**技术引发了**真值维护系统**的开发（Doyle，1979），将在 12.6.2 节中讨论。Kleer（1989）分析了这两个领域之间的联系。

Stallman 和 Sussman 还引入了**约束学习**的思想，通过搜索得到的部分结果可以被保存下来并在后面的搜索中再次使用。Dechter（1990a）形式化了该思想。**后向标记**（Gaschnig，1979）是一个特别简单的方法，其中相容和不相容的成对赋值被保存下来并且用来避免重复检验约束。后向标记可以和冲突指导的回跳算法结合使用；Kondrak 和 van Beek（1977）提出了吸收了这两种算法的混合算法。**动态回溯方法**（Ginsberg，1993）保留了后面变量子集的成功的部分赋值，当回溯略过早期选择时不会破坏后来的成功。

Gomes 等人（2000）、Gomes 和 Selman（2001）给出了一些随机回溯方法的经验研究。

Van Beek（2006）对回溯进行了综述。

局部搜索算法在约束满足问题中的流行是由于 Kirkpatrick 等人（1983）在**模拟退火**方面的工作（参见第4章），它在调度问题中得到了广泛应用。最小冲突启发式首先由 Gu（1989）和 Minton 等人（1992）分别独立提出。Sosic 和 Gu（1994）说明了如何用它在 1 分钟之内求解 300 万皇后问题。在 n 皇后问题上应用最小冲突启发式的局部搜索算法取得了令人震惊的成功，这使得人们重新考虑"容易"和"难"的问题的本质和通性。Peter Cheeseman 等人（1991）探索了随机生成的 CSP 的难度并发现几乎所有这样的问题要么很简单，要么无解。只有当问题生成器的参数在一个特定的狭窄区域里，生成的问题才有大约一半是可解的，我们能找到"难"题的实例。将在第 7 章进一步讨论这个现象。Konolige（1994）指出局部搜索在求解一些局部结构的问题上不如回溯搜索；这引发了将局部搜索和推理结合在一起的研究，如 Pinkas 和 Dechter（1995）。Hoos 和 Tsang（2006）对局部搜索技术进行了综述。

关于 CSP 的结构和复杂性的研究起源于 Freuder（1985），他表明在弧相容树上进行无回溯的搜索是可行的。扩展无环超图得到了类似的结果，这是由数据库社区开发的（Beeri 等人，1983）。Bayardo 和 Miranker（1994）提现了树结构的 CSP 算法，无需预处理只需要线性时间完成。

由于这些论文的发表，在 CSP 问题求解的复杂性和该问题约束图结构之间的联系上取得了更广泛的研究进展。图论科学家 Robertson 和 Seymour（1986）提出了树宽的概念。Dechter 和 Pearl（1987，1989）在 Freuder 的工作基础上，把同样的概念（他们称之为**归纳宽度**）应用于约束满足问题，并开发出 6.5 节中描述的树分解方法。利用这些知识和数据库理论的结果，Gottlob 等人（1999a，1999b）提出了**超树宽**的概念，它把 CSP 刻画为一个超图。除了给出了任何超树宽为 w 的 CSP 都可以在 $O(n^{w+1} \log n)$ 时间内求解的证明以外，他们还证明了在超树宽有界而其他度量无界的情况下，超树宽包容了所有先前定义的"宽度"度量。

Bayardo 和 Schrag（1997）在回溯的向后看技术上的工作引起了人们的兴趣，他们给出的 RELSAT 算法结合了约束学习和回跳技术，并且在时间上超越了其他很多算法。这使得 AND/OR 搜索算法既适用于 CSP 也适用于概率推理（Dechter 和 Mateescu，2007）。Brown 等人（1988）提出了在 CSP 中打破对称的思想，Gent 等人（2006）给出了最新综述。

分布约束满足关注的是当有一组 Agent 时如何求解 CSP，此时每个 Agent 控制约束变量的一个子集。从 2000 年起关于这个问题每年都有国际会议，其他会议也有涉及（Collin 等人，1999；Pearce 等人，2008；Shoham 和 Leyton-Brown，2009）。

CSP 算法的比较是经验科学：很少有理论支持一个算法会好于另一个算法；相反，我们需要做用问题的典型实例做实验看哪个算法运行更好。正如 Hooker（1995）指出，我们需要小心看待竞赛测试——算法间的竞争大多是在运行时间上——和科学测试，科学测试的目标是讨论算法在求解某些问题有效性方面的性质。

Apt（2003）、Dechter（2003）的最新教材和 Rossi 等人（2006）收集的材料都是约束处理的好资源。还有一些 CSP 技术的早期综述，包括 Kumar（1992）、Dechter 和 Frost（2002）、Bartak（2001）；还包括 Dechter（1992）和 Mackworth（1992）的百科全书式的文章。Pearson 和 Jeavons（1997）给出了 CSP 中可操作类问题的综述，涵盖了结构分解方法和依赖于值域或约束本身属性的方法。Kondrak 和 van Beek（1997）给出了回溯搜索算法的分析综述，而 Bacchus 和 van Run（1995）给出了更加经验化的概述。Apt（2003）、Fruhwirth 和 Abdennadher（2003）的书中讲述了约束程序设计。在 Freuder 和 Mackworth（1994）编辑的论文集中描述了 CSP 的几个有趣应用。关于约束满足问题的论文通常出现在杂志 *Artificial Intelligence* 和专业期刊 *Constraints* 上。这一领域主要的会议是 *International Conference on Principles and Practice of Constraint Programming*，通常简称为 CP。

习　题

6.1 图 6.1 所示的地图着色问题共有多少个解？如果是四色有多少个解？如果只有两色呢？

6.2 考虑将 k 匹马放置在 $n \times n$ 的国际象棋棋盘上，要求两匹马不能互相攻击，其中 $k \leqslant n^2$。
  a. 选择此 CSP 的形式化。在你的形式化中，变量是什么？
  b. 每个变量的可能值是什么？
  c. 哪些变量受到约束？是什么样的约束？
  d. 现在考虑在互不攻击的约束下如何放置尽可能多的马。解释如何用局部搜索求解该问题，请定义函数 ACTIONS、RESULT 和合理的目标函数。

6.3 考虑构造（不是求解）一个纵横字谜的问题[1]：将词填入矩形网格中。作为问题的组成部分，矩形网格中有些方格是空的，有些是有阴影的。假设给定了单词列表（即，一个词典），任务是用单词列表中的单词来填充空格。请用以下两种方法对问题进行精确形式化：
  a. 形式化为一般的搜索问题。选择合适的搜索算法和定义启发式函数。每次在空格中填入一个字母比较好还是每次填入一个单词比较好？
  b. 形式化为一个约束满足问题。问题的变量应该是字母还是单词？
  你认为这两种形式化哪种更好？为什么？

6.4 对以下约束满足问题给出精确形式化：
  a. 直线布局规划：在一个大的矩形里找到不重叠放置许多小矩形的方法。
  b. 排课：已知固定数量的教授和教室、开设课程的清单以及安排课程的时间段清单。每个教授有他（或她）能教的课程列表。
  c. Hamiltonian 旅游：给出通过道路连接的城市地图，选择顺序访问某国家的所有城市并且只能访问一次。

6.5 分别用带前向检验、MRV 和最少约束值启发式的回溯算法手动求解图 6.2 中的密码算术问题。

6.6 说明如何通过使用辅助变量把诸如 $A+B=C$ 这样的三元约束转变成三个二元约束。假设值域是有限的。（提示：考虑引进新变量表示变量对的值，引进约束如"X 是 Y 变量对中的第一个元素"。）然后说明如何把多于三个变量的约束类似地转换为二元约

1　Ginsberg 等人（1990）讨论过几种构造纵横字谜的方法。Littman 等人（1999）关注更困难的问题即如何求解纵横字谜问题。

束。最后，说明如何通过改变变量的值域来消除一元约束。这就完整演示了任何 CSP 都可以转变为只含二元约束的 CSP。

6.7 考虑下述的逻辑问题：有 5 所不同颜色的房子，住着 5 个来自不同国家的人，每个人都喜欢一种不同牌子的糖果、不同牌子的饮料和不同的宠物。给定下列已知事实，请回答问题"斑马住在哪儿？哪所房子里的人喜欢喝水？"：

英国人住在红色的房子里。

西班牙人养狗。

挪威人住在最左边的第一所房子里。

绿房子是象牙色房子的右边邻居。

喜欢抽 Hershey 牌巧克力的人住在养狐狸的人的旁边。

住在黄色房子里的人喜欢 Kit Kats 糖果。

挪威人住在蓝色房子旁边。

喜欢 Smarties 糖果的人养了一只蜗牛。

喜欢 Snickers 糖果的人喝橘汁。

乌克兰人喝茶。

日本人喜欢 Milky Ways 糖果。

喜欢 Kit Kats 糖果的人住在养马人的隔壁。

住在中间房子里的人喜欢喝牛奶。

讨论把这个问题表示成 CSP 的不同方法。你认为哪种比较好，为什么？

6.8 考虑有 8 个结点 A_1、A_2、A_3、A_4、H、T、F_1、F_2 的图。对所有 i 都有 A_i 与 A_{i+1} 相连，每个 A_i 与 H 相连，H 与 T 相连，T 与每个 F_i 相连。使用如下策略对图着三种颜色：带冲突制导回跳的回溯，变量顺序是 A_1、H、A_4、F_1、A_2、F_2、A_3、T，值顺序是 R、G、B。

6.9 解释为什么在 CSP 搜索中，一个好的启发式选择变量的时候应该选择约束最多的变量，而选择值的时候应该选择受到约束最少的。

6.10 如下随机产生地图着色问题的实例：在单元方格内随机分散选取 n 个点；随机选一点 X，用直线连接 X 与最近的点 Y，要求是 X 与 Y 没有连接并且连线不与其他线交叉；重复上一步直到找不到更多的连接。用点来表示地图上的区域而线连接了邻居。试图对地图进行 k 色着色，考虑 $k=3$ 和 $k=4$，策略分别使用最少冲突、回溯、带前向检验的回溯、带 MAC 的回溯。用表格列出每个算法的平均运行时间，n 取你能处理的最大值。对你的结果进行评论。

6.11 用 AC-3 算法说明弧相容对图 6.1 中问题能够检测出部分赋值 $\{WA = red, V = blue\}$ 的不相容。

6.12 用 AC-3 算法求解树结构 CSP 在最坏情况下的复杂度是多少？

6.13 AC-3 在从 X_i 的值域中删除*任何*值时，都把每条弧 (X_k, X_i) 放回到队列里，即使 X_k 中的每个值都和 X_i 的一些剩余值相容。假设对每条弧 (X_k, X_i)，记录 X_i 中与 X_k 的每个值都相容的剩余值的个数。解释如何有效地更新这些数字，因此使弧相容算法时间复杂度提高为 $O(n^2d^2)$。

6.14 TREE-CSP-SOLVER（图 6.10）完成弧相容的过程是从叶结点倒推到根。为什么这样做？如果反方向执行会有什么后果？

6.15 试将数独游戏当作 CSP 求解，在部分赋值基础上进行搜索，因为大多数人也是这么求解数独问题的。当然，也可能通过在完整赋值上进行局部搜索来求解这些问题。用最少冲突启发式的局部求解器解决数独游戏有哪些优势？

6.16 用你自己的语言定义术语：约束、回溯搜索、弧相容、回跳、最少冲突和环割集。

6.17 假设已知一个含有不超过 k 个结点的环割集的图。描述一个寻找最小环割集的简单算法，它的运行时间在 n 个变量的 CSP 中不超过 $O(n^k)$。在参考文献中查阅在割集大小的多项式时间内能完成寻找近似最小环割集的方法。现有的这些算法能使得环割集方法实用吗？

第Ⅲ部分

知识、推理与规划

第 7 章 逻辑 Agent

本章设计的 Agent 能够表示复杂世界，能够完成推理过程以得到关于世界的新表示，并且用这些新表示来推导下一步做什么。

人类似乎是认识世界的；而且他们对世界的认识能够帮助他们做事。这些不是空洞的陈述。人类一直强调人的智能是如何获得的——不是靠反射机制而是对知识的内部**表示**进行操作的**推理**过程。在人工智能界，这种智能方法体现在**基于知识的 Agent** 上。

第 3 章和第 4 章中的问题求解 Agent 是认知世界的，但这种认识很有局限性并且缺乏灵活性。例如，8 数码谜题的转移模型——关于行动做什么的知识——是隐藏在特定领域的 RESULT 函数的代码中的。可以用它来预测行动的结果，但无法推理得到如两个棋子不能放在同一位置或从偶校验状态不能达到奇校验状态。问题求解 Agent 所使用的原子表示也很有局限性。在部分可观察环境中，Agent 表示它对当前状态的认识的唯一选择是列出所有可能的具体状态——在大型环境中这毫无希望。

第 6 章介绍了用变量的赋值表示状态的思想；这是朝向正确方向的一步，使得 Agent 的部分工作可以独立于领域，并允许更有效的算法。本章及接下来的几章，我们从这一步出发得出它的逻辑结论，就是说——将**逻辑**作为支持基于知识的 Agent 的一类通用表示。这样的 Agent 通过对信息的组合和再组合以适应各种用途。通常，这一过程还远不能满足当前的需求——如同在数学家证明定理或者天文学家演算地球的生命周期的时候。基于知识的 Agent 能够以显式描述目标的形式接受新任务；通过被告知或者主动学习环境的新知识从而快速获得能力；通过更新相关知识他们可以适应环境的变化。

我们在 7.1 节讨论 Agent 的总体设计。7.2 节介绍了新的简单环境 Wumpus 世界，并在无须涉及任何技术细节的情况下，描述基于知识的 Agent 的操作。接着在 7.3 节解释**逻辑**的一般原理，7.4 节讨论的**命题逻辑**，虽然表达能力不如**一阶逻辑**（第 8 章），但给出了逻辑的基本概念；它同样有发达的推理技术，我们将在 7.5 节和 7.6 节中描述。最后，7.7 节把基于知识的 Agent 的概念和命题逻辑技术结合起来，建造用于求解 Wumpus 世界的简单 Agent。

7.1 基于知识的 Agent

基于知识的 Agent 的核心部件是其**知识库**，或称 KB。知识库是一个**语句**集合（此处"语句"作为技术术语使用，它与英语及其他自然语言中的语句相关，却不相同）。这些语句用**知识表示语言**表达，表示了关于世界的某些断言。有时，当某语句是直接给定而不是推导得到的时候，我们将其尊称为**公理**。

必须有将新语句添加到知识库以及查询目前所知内容的方法。完成这些任务的分别是

TELL（告诉）和 ASK（询问）。这两个任务都可能涉及**推理**——即从原有语句中推导出新语句。推理必须遵循基本要求，即当 ASK 知识库一个问题时，答案应该遵循事先告诉（或说已知）知识库的内容。本章后续部分，我们将精确描述这个至关重要的词"遵循"。现在可以把它理解成推理过程不应该虚构事实。

图 7.1 显示了基于知识的 Agent 的程序轮廓。与其他 Agent 一样，基于知识的 Agent 用感知信息作为输入，返回一个行动。Agent 维护一个知识库 *KB*，该知识库在初始化时就包括了一些**背景知识**。

```
function KB-AGENT(percept) returns an action
    persistent: KB, a knowledge base
                t, a counter, initially 0, indicating time

    TELL(KB, MAKE-PERCEPT-SENTENCE(percept, t))
    action ← ASK(KB, MAKE-ACTION-QUERY(t))
    TELL(KB, MAKE-ACTION-SENTENCE(action, t))
    t ← t + 1
    return action
```

图 7.1　通用的基于知识的 Agent。通过感知器，Agent 把感知信息加入知识库，向知识库询问最好该采取哪个行动，并告知知识库它会实施该行动

每次调用 Agent 程序，它做三件事。首先，Agent 告诉（TELL）知识库它感知到的内容。接着它询问（ASK）知识库应该执行什么行动。在回复该查询的过程中，可能要对关于世界的当前状态、可能行动序列的执行结果等进行大量推理。第三步，Agent 程序用 TELL 告诉知识库它所选择的行动，并执行该行动。

这种表示语言的详细信息隐藏于三个函数中，这三个函数一方面实现了 Agent 程序的传感器与执行器之间的接口，另一方面又实现了核心表示和推理系统。MAKE-PERCEPT-SENTENCE 构建语句断言 Agent 在给定时刻感知到给定的感知信息。MAKE-ACTION-QUERY 构建语句询问当前应该执行什么行动。最后，MAKE-ACTION-SENTENCE 构建语句断言选择的行动已执行。推理机制的有关细节隐藏于 TELL 和 ASK 中。后续内容将揭示这些细节。

图 7.1 中基于知识的 Agent 与第 2 章中描述的具有内部状态的 Agent 很相似。然而，由于 TELL 和 ASK 的定义，基于知识的 Agent 不是计算行动的任意程序。Agent 要服从**知识层**的描述，在知识层只需描述 Agent 知道的内容和它的目标，以便修正它的行为。例如，自动出租车的目标可能是要将乘客从旧金山送到 Marin 郡，它知道这两个地点是通过金门大桥连接的。那么可以期望它会穿过金门桥，因为它知道这可以完成它的目标。要注意这一分析独立于该出租车在**实现层**的工作方式。我们不关心它的地理知识是以连接列表还是像素地图的形式实现的，也不关心它的推理是通过处理储存在寄存器中的符号串还是通过在神经网络中传递有噪音的信号来进行的。

通过 TELL 告知 Agent 必须的知识便可以构建一个基于知识的 Agent。知识库刚开始是空的，Agent 设计者通过 TELL 告知一条条语句，直到 Agent 知道如何在环境中工作。这被称为构建系统的**陈述性**方法。相反，**过程性**方法把需要的行为直接码为程序代码。20 世纪 70 年代和 80 年代，这两种方法的争论十分激烈。我们现在清楚知道，成功的 Agent 在设计中必须将陈述性和过程性的成分相结合，而且陈述性知识通常被编译成更有效的过程代码。

我们还可以给基于知识的 Agent 提供学习机制。这些机制将在第 18 章中讨论，Agent

可以通过一系列感知建立对环境的一般认识。一个能够学习的 Agent 可以是完全自主的。

7.2 Wumpus 世界

本节通过一个环境实例来体会基于知识的 Agent 的魅力。**Wumpus 世界**是由多个房间组成并相连接起来的山洞。在洞穴的某处隐藏着一只 Wumpus（怪兽），它会吃掉进入它房间的任何人。Agent 可以射杀 Wumpus，但是 Agent 只有一枝箭。某些房间是无底洞，任何人漫游到这些房间都会被无底洞吞噬（Wumpus 除外，它由于太大而幸免）。生活在该环境下的唯一希望是存在发现一堆金子的可能性。尽管以现代计算机游戏的标准来衡量，Wumpus 游戏显得相当乏味，但它描述了智能的一些重要特征。

图 7.2 给出了简单的 Wumpus 世界实例。通过第 2 章给出的 PEAS 描述，将此任务环境精确定义如下：

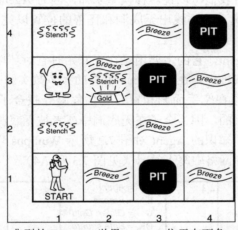

图 7.2 典型的 Wumpus 世界。Agent 位于左下角，面朝右

（1）**性能量度**：带着金子爬出洞口+1000，掉入无底洞或者被 Wumpus 吃掉得–1000，每采用一个行动得 –1，而用掉箭得 –10。游戏在 Agent 死亡或 Agent 出洞时结束。

（2）**环境**：4×4 的房间网格。**Agent** 每次都从标号为[1, 1]的方格出发，面向右方。金子和 Wumpus 的位置按均匀分布随机选择除了起始方格以外的方格。另外，除了起始方格以外的任一方格都可能是无底洞，概率为 0.2。

（3）**执行器**：Agent 可以向前移动、左转 90°或者右转 90°。如果它碰上无底洞或者活着的 Wumpus，它将悲惨地死去（进入死 Wumpus 的方格是安全的，尽管很臭）。如果 Agent 前方是一堵墙，那么不能向前移动。行动 *Grab* 可以用于捡起 Agent 所处方格内的物体。行动 *Shoot* 可以用于向 Agent 所正对的方向射箭。箭向前运动直到击中 Wumpus（此时 Wumpus 将被杀死）或者击中墙。Agent 只有一支箭，因此只有第一个 *Shoot* 行动有效。最后，行动 *Climb* 用于爬出洞口，只能从方格[1, 1]中爬出。

（4）**传感器**：Agent 具有五个传感器，每个都可以提供一些单一信息。

● 在 Wumpus 所在之处以及与之直接相邻（非对角的）的方格内，Agent 可以感知到臭气。

- 在与无底洞直接相邻的方格内，Agent 能感知到微风。
- 在金子所处的方格内，Agent 感知到闪闪金光。
- 当 Agent 撞到墙时，它感知到撞击。
- 当 Wumpus 被杀死时，它发出的悲惨嚎叫在洞穴内的任何地方都可以感知到。

这 5 种感知信息以符号列表形式提供给 Agent；例如，如果有臭气和微风，但是没有金光、撞击或者嚎叫，那么 Agent 接收到的感知信息为[*Stench, Breeze, None, None, None*]。

可以根据第 2 章给出的不同维度来定义 Wumpus 环境的特征。显然，此环境是离散的、静态的、单个 Agent 的（幸运的是，怪兽不移动）。它是序列的，因为可能需要采取很多个行动后才会有后果产生。它是部分可观察的，因为状态的如下方面不能直接感知：Agent的位置、Wumpus 的健康状态、箭是否还有效。考虑无底洞和怪兽的位置：我们可以把它们看作是状态的不可观察部分，它们正好也是一成不变的——在这种情况下，环境的转移模型是完全已知的；或者我们可以说转移模型未知，因为 Agent 不知道哪些 *Forward* 行动是致命的——在这种情况下，需找出无底洞和怪兽的位置以完善 Agent 关于转移模型的知识。

对于此环境中的 Agent，它的主要困难在于开始时它对环境配置一无所知；为了克服这种无知，看来需要逻辑推理。在 Wumpus 世界的大多数实例中，Agent 可以安全地拿到金子。有时，Agent 必须在空手而归和冒着死亡危险寻找金子二者之间进行决断。大约21%的环境是完全不公平的，因为金子在无底洞中或者被无底洞所包围。

我们来观察一个基于知识的 Agent 对图 7.2 所示 Wumpus 环境的探索过程，我们使用非形式的知识表示语言在网格中写下符号（见图 7.3 和 7.4）。

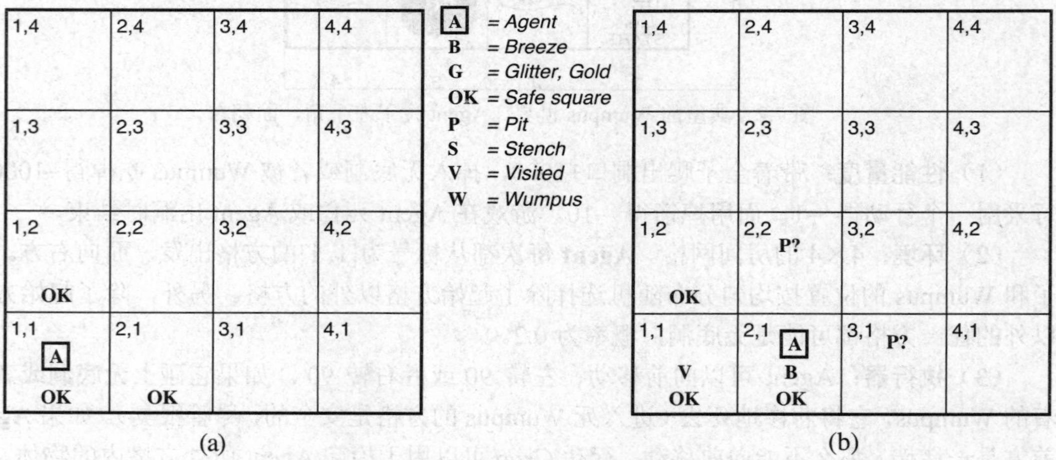

图 7.3　Wumpus 世界中 Agent 采取的第一步行动
（a）感知到[*None, None, None, None, None*]以后的初始状况。（b）移动一步以后，感知为[*None, Breeze, None, None, None*]

Agent 的最初知识库包含了前面所述的环境规则；特别地，它知道它位于[1, 1]，而且[1, 1]是安全的；我们在[1, 1]方格中分别记下 A 和 OK。

最初的感知是[*None, None, None, None, None*]，根据这一感知，Agent 可以断定其相邻的方格[1, 2]和[2, 1]是安全的——即为 OK。图 7.3（a）显示了此时 Agent 的知识状态。

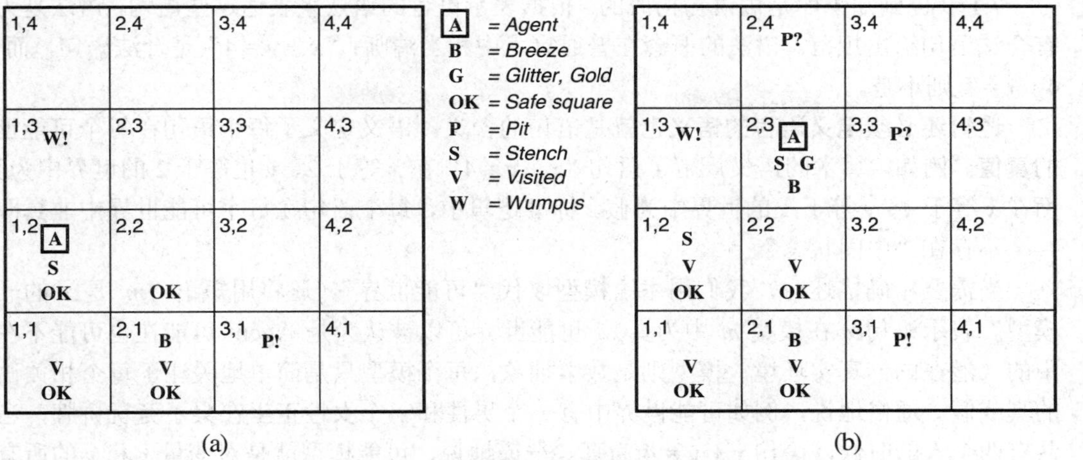

1,4	2,4	3,4	4,4
1,3 W!	2,3	3,3	4,3
1,2 A S OK	2,2 OK	3,2	4,2
1,1 V OK	2,1 B V OK	3,1 P!	4,1

A = Agent
B = Breeze
G = Glitter, Gold
OK = Safe square
P = Pit
S = Stench
V = Visited
W = Wumpus

1,4	2,4 P?	3,4	4,4
1,3 W!	2,3 A S G B	3,3 P?	4,3
1,2 S V OK	2,2 V OK	3,2	4,2
1,1 V OK	2,1 B V OK	3,1 P!	4,1

(a)   (b)

图 7.4　Agent 取得进展的两个后续阶段

（a）第三步移动之后，感知为[Stench, None, None, None, None]；（b）第五步移动之后，感知为[Stench, Breeze, Glitter, None, None]

Agent 会很小心地移动到标有 OK 的方格中。假设 Agent 决定向前移动到[2, 1]。Agent 在[2, 1]检测到微风（用 B 表示），因此在相邻的某个方格中至少有一个无底洞。根据游戏规则，无底洞不可能在[1, 1]，无底洞必然在[2, 2]、[3, 1]中或二者都有。图 7.3（b）的符号 P? 表示在这些方格中可能有无底洞。此时，标注为 OK 且未被访问的方格仅有一个。因此这个谨慎的 Agent 会转身返回[1, 1]然后前进到[1, 2]。

Agent 在[1, 2]中感知到臭气，达到如图 7.4（a）所示的知识状态。[1, 2]中的臭气意味着附近必定有一只 Wumpus。但是根据游戏规则，Wumpus 不可能在[1, 1]，而且它也不可能在[2, 2]（否则 Agent 在[2, 1]时就可以检测到臭气）。因而，Agent 能够推断出 Wumpus 位于[1, 3]。用符号 W! 表示这个推理。而且，[1, 2]中没有微风意味着[2, 2]不可能是无底洞。由于我们已经推断出[2, 2]或[3, 1]中至少有一个无底洞，因此该无底洞必然在[3, 1]。这是相当困难的推理，因为它需要结合不同时刻、不同地点获得的知识，并在缺少某个感知信息的情况下来决定至关重要的步骤。

现在 Agent 证明了[2, 2]中既没有无底洞也没有 Wumpus，因此它的标注为 OK，可以安全进入。我们不显示 Agent 在[2, 2]的知识状态；只是假定 Agent 转身并移动到[2, 3]，得到图 7.4（b）。Agent 在[2, 3]检测到闪闪金光，因此它将捡起金子回家。

在每种情况下，Agent 根据可用信息得出结论，如果可用信息正确，那么该结论能确保是正确的。这是逻辑推理的本质性质。本章的余下部分将描述如何建造可以表示必要信息并推理得出前面段落所述结论的逻辑 Agent。

7.3　逻　　辑

本节将综述逻辑表示和推理的所有基本概念。这些美丽的思想独立于任何特定形式的逻辑。所以我们将逻辑的任何特殊形式的技术细节放到下节介绍，使用的实例是大家熟悉的算术问题。

7.1 节提到知识库是由语句构成的。根据表示语言的**语法**来表达这些语句，语法是为所有合法语句给出规范。语法的概念在普通算术中相当清晰："$x + y = 4$"是合法语句，而"x $4y + =$"则不是。

逻辑还必须定义语言的**语义**也就是语句的含义。语义定义了每个语句在每个**可能世界**的**真值**。例如，算术的语义规范了语句"$x + y = 4$"在 x 等于 2、y 也等于 2 的世界中为真，而在 x 等于 1、y 等于 1 的世界中为假。标准逻辑中，每个语句在每个可能世界中非真即假——不存在"中间状态"。[1]

当需要精确描述时，我们用术语**模型**取代"可能世界"（还将用短语"m 是 α 的一个模型"表示语句 α 在模型 m 中为真）。可能世界可以被认为是 Agent 可能在也可能不在其中的（潜在的）真实环境，模型则是数学抽象，每个模型只是简单地关注于每个相关语句的真或假。通俗地说，例如可能世界中有 x 个男性和 y 个女性正坐在桌子旁玩桥牌，当总共有四个人的时候，语句 $x + y = 4$ 为真。严谨地说，可能模型就是对变量 x 和 y 的所有可能赋值。每个这样的赋值决定了任何含变量 x 和 y 的算术语句的真值。如果语句 α 在模型 m 中为真，称 m 满足 α，有时也称 m 是 α 的一个模型。我们使用表示 $M(\alpha)$ 来表示的所有模型。

有了真值概念，我们可以准备讨论逻辑推理了。这涉及语句间的逻辑**蕴涵**（entailment）关系——某语句逻辑上跟随另一个语句。用数学符号表示为：

$$\alpha \models \beta$$

意为语句 α 蕴涵语句 β。蕴涵的形式化定义是：$\alpha \models \beta$ 当且仅当在使 α 为真的每个模型中，β 也为真。利用刚刚引入的表示，可以记为：

$$\alpha \models \beta \text{ 当且仅当 } M(\alpha) \subseteq M(\beta)$$

（这里要注意 $\subseteq$ 的方向：如果 $\alpha \models \beta$，那么 α 是比 β 更强的断言：它排除了更多的可能世界）

蕴涵关系与算术类似；我们高兴地发现语句 $x = 0$ 蕴涵了语句 $xy = 0$。显然，在任何 $x = 0$ 的模型中，xy 的值都是 0（不管 y 的值是多少）。

可以将同样的分析应用于前一节给出的 Wumpus 世界。考虑图 7.3（b）中的情况：Agent 在[1, 1]中未检测到任何异常，而[2, 1]有微风。这些感知信息，与 Agent 所知的 Wumpus 世界的知识规则一起组成了知识库。Agent 感兴趣的是（在其他事情当中）相邻的方格[1, 2]、[2, 2]和[3, 1]是否有无底洞。这三个方格中的每一个都可能包含或者不包含无底洞，因此（考虑实例本身）存在 $2^3 = 8$ 个可能模型。8 个模型如图 7.5 所示。[2]

可以将 KB 看作是一组语句的集合，也可以看作是断言了所有单个语句的单个语句。在与 Agent 所知道的内容相矛盾的模型中，KB 为假——例如，在任意[1, 2]包含无底洞的模型中，KB 为假，因为[1, 1]没检测到微风。实际上只有三个模型使得 KB 为真，在图 7.5 中用实线标出。现在来看两个可能的结论：

$\alpha_1 =$ "[1, 2]中没有无底洞。"

$\alpha_2 =$ "[2, 2]中没有无底洞。"

---

1 **模糊逻辑**，在第 14 章中讨论，允许一定程序的真。

2 该图将模型表示为部分 wumpus 世界，它们实际上只不过是对"[1, 2]中有无底洞"等语句赋值 *true* 或 *false*。模型从数学意义上说本身不需要有"可怕的毛乎乎的"怪兽。

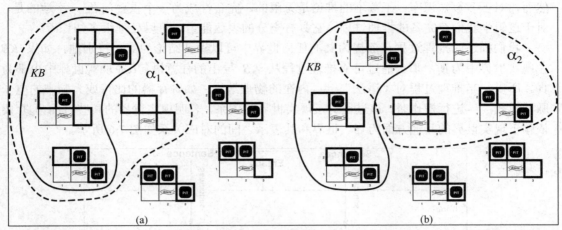

图 7.5 方格[1，2]、[2，2]和[3，1]中有无陷阱的部分模型。对应于[1，1]中什么也没有观察到及[2，1]有微风的 *KB* 用实线标出
（a）虚线表示 α_1 的模型（[1，2]无陷阱）；（b）虚线表示 α_2 的模型（[2，2]无陷阱）

在图 7.5（a）和 7.5（b）中用虚线分别标出了 α_1 和 α_2 的模型。通过检验，可得到以下结果：

在 *KB* 为真的每个模型中，α_1 也为真。

因而，$KB \models \alpha_1$：[1，2]中没有无底洞。同样还可以得到：

在 *KB* 为真的某些模型中，α_2 为假。

因而，$KB \not\models \alpha_2$：Agent 无法得出[2，2]中没有无底洞的结论（它同样也无法得出[2，2]中有无底洞的结论）。[1]

上面的例子不仅仅阐述了蕴涵，还说明了如何用蕴涵推导出结论——即，实现**逻辑推理**。图 7.5 所示的推理算法被称为**模型检验**，因为它通过枚举所有可能的模型来检验 *KB* 为真的情况下 α 都为真，即 $M(KB) \subseteq M(\alpha)$。

为理解蕴涵和推理，将 *KB* 的所有推论集合视为一个大干草堆，而把 α 视为一根针，可能是有帮助的。蕴涵就像是干草堆里的一根针；推理就像寻找它的过程。这一特性包含在一些形式表示中：如果推理算法 i 可以根据 *KB* 导出 α，记为

$$KB \vdash_i \alpha$$

读为"α 通过 i 从 *KB* 导出"或者"i 从 *KB* 导出 α"。

只导出蕴涵句的推理算法被称为**可靠的**或**真值保持的**。可靠性是非常必要的属性。不可靠的推理过程可能会虚构事实——它会宣布发现事实上并不存在的针。显而易见模型检验在可行的情况下[2]是可靠的。

完备性属性也是必要的：如果推理算法可以生成任一蕴涵句，则它是完备的。真正的干草堆在某种程度上是有限空间，显然，系统化的检查总可以判断出针是否在干草堆中。

---

1 Agent 可以推断出[2，2]中有无底洞的概率；这将在第 13 章中说明。

2 如果模型空间是有限的，那么模型检验是有效的——例如，大小固定的 wumpus 世界。另一方面，考虑算术，它的模型空间是无限的：即使我们限制在整数范畴，对于句子 $x + y = 4$ 仍然存在无数对的 x 和 y 值。

然而，对于多数知识库，干草堆的推论是无限的，完备性成为一个重要问题[1]。幸运的是，对于逻辑学我们有完备的推理过程，它具有充分的表达能力，可以处理很多知识库。

我们描述的推理过程在前提为真的任何世界中可以保证结论为真；特别地，如果 *KB* 在现实世界中为真，那么通过可靠推理过程从 *KB* 导出的任意语句α在现实世界中也都为真。所以，当推理过程对"语法"——内在的物理结构，如寄存器的比特或大脑中的电子脉冲模式——进行操作时，该过程对应现实世界的关系，表明现实世界的某些方面为真[2]要依赖于现实世界的其他方面为真。世界和其表示之间的对应关系如图 7.6 所示。

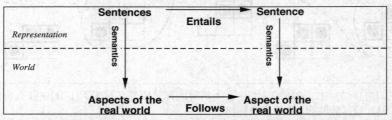

图 7.6　语句是 Agent 的物理结构，推理是从旧结构构建新的物理结构的过程。逻辑推理应该确
　　　　保新结构所代表的世界的确是旧结构所表示的必然结论

最后考虑**落地**（grounding）问题——逻辑推理过程和 Agent 所在的真实环境之间的联系。特别是，我们如何知道 *KB* 在现实世界中为真？（毕竟 *KB* 只是存在于 Agent 头脑中的"语法"）这个哲学问题在很多书籍中有讨论。（参见第 26 章。）一个简单的回答是，Agent 的传感器创建了这一联接。例如，Wumpus 世界的 Agent 有嗅觉传感器。只要闻到气味，Agent 程序就创建一个适合的语句。那么，只要该语句存在于知识库中，它在现实世界中就为真。于是，感知语句的含义和真值是通过产生它们的感知和语句构建的过程来定义的。那么其余的 Agent 知识呢？如与 Wumpus 相邻的方格能闻到臭气的信念呢？这不是某个感知信息的直接表示，而是一般规则——可能是根据感知经验得到的，但不等同于经验陈述。这类一般规则由**学习**的语句构造过程产生，学习是第五部分的主题。学习容易出现错误。可能会出现这样的情况，Wumpus 发出臭味，但是有例外，闰年的 2 月 29 日那天 Wumpus 去洗澡。因而，*KB* 在现实世界中可能不为真，但是由于有很好的学习过程，我们有理由抱着积极乐观的态度。

7.4　命题逻辑：一种简单逻辑

下面介绍一种虽然简单但很强大的被称为**命题逻辑**的逻辑。我们将讨论命题逻辑的语法和语义——确定语句真值的方式。接着将讨论蕴涵（entail）——语句与由它推导出的其他语句之间的关系——讨论如何引出逻辑推理的简单算法。当然，所有事情都发生在 Wumpus 世界中。

1　比较第 3 章中无限搜索空间的情况，深度优先搜索就是不完备的。
2　Wittgenstein（1922）在其著名论著《逻辑哲学论》（*Tractatus*）中写道："世界就是为真的一切。"

7.4.1　语法

命题逻辑的**语法**定义合法语句。**原子语句**由单个**命题词**组成。每个命题词代表一个或为真或为假的命题。我们将采用大写字母表示命题词，可能包括其他符号或下标：P、Q、R、$W_{1,3}$ 和 *North* 等等。名字可以任意取，但是通常选择有实际意义的名称——例如，可以用 $W_{1,3}$ 表示"Wumpus 位于[1, 3]"这一命题（请记住，$W_{1,3}$ 这样的符号是一个原子，即，W、1 和 3 分开看没有意义的）。有两个命题词有固定的含义：*True* 是永真命题，*False* 为永假命题。**复合句**由简单语句用括号和**逻辑连接词**构造而成。以下是常用的五种逻辑连接词：

$\neg$（非）：如$\neg W_{1,3}$ 这样的语句被称为 $W_{1,3}$ 的**否定式**。**文字**指的是原子语句（**正文字**）或原子语句的否定式（**负文字**）。

$\wedge$（与）：主要连接词为$\wedge$的语句，如 $W_{1,3} \wedge P_{3,1}$，被称为**合取式**；它的各个部分称为**合取子句**。（连接词$\wedge$看起来像"And"的首字母"A"。）

$\vee$（或）：采用连接词$\vee$的语句，如$(W_{1,3} \wedge P_{3,1}) \vee W_{2,2}$，是析取子句 $W_{1,3} \wedge P_{3,1}$ 和 $W_{2,2}$ 的**析取式**（由于历史原因，$\vee$ 来源于意思为"或"的拉丁文"vel"。对大多数人而言，将$\vee$看作一个倒置的$\wedge$更容易记忆）。

$\Rightarrow$（蕴含）：$(W_{1,3} \wedge P_{3,1}) \Rightarrow \neg W_{2,2}$ 的语句称为**蕴含式（implication）**（或条件式）。它的**前提**或称前项是 $W_{1,3} \wedge P_{3,1}$，**结论**或称后项为$\neg W_{2,2}$。蕴含式同时也称为**规则**或 if-then 语句。蕴含词在有些书中记为 $\supset$ 或$\rightarrow$。

$\Leftrightarrow$（当且仅当）：语句 $W_{1,3} \Leftrightarrow \neg W_{2,2}$ 是双向蕴含式。有些书记为$\equiv$。

图 7.7 给出了命题逻辑的形式语法；如果对 BNF 符号不熟悉，可参见原书第 1060 页。BNF 语法本身有些模糊；有多个运算符的语句可能被语法解析成多种方式。为消除这种模糊性，我们定义了运算符的优先级。"否定"运算符$\neg$具有最高优先级，这意味着在语句$\neg A \wedge B$ 中否定操作绑得最紧，此语句等价于$(\neg A) \wedge B$ 而不是$\neg(A \wedge B)$（算术表示也是这样的：$-2+4$ 的结果是 2，而不是-6）。如果存在歧义，使用括号使得表示精确。方括号跟括号作用一样；使用方括号或者括号都是为了使语句更清晰。

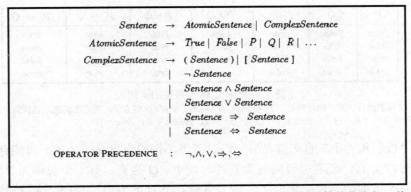

$$
\begin{aligned}
Sentence &\rightarrow AtomicSentence \mid ComplexSentence \\
AtomicSentence &\rightarrow True \mid False \mid P \mid Q \mid R \mid \ldots \\
ComplexSentence &\rightarrow (\,Sentence\,) \mid [\,Sentence\,] \\
&\mid \neg\,Sentence \\
&\mid Sentence \wedge Sentence \\
&\mid Sentence \vee Sentence \\
&\mid Sentence \Rightarrow Sentence \\
&\mid Sentence \Leftrightarrow Sentence
\end{aligned}
$$

OPERATOR PRECEDENCE ： $\neg, \wedge, \vee, \Rightarrow, \Leftrightarrow$

图 7.7　命题逻辑语句的 BNF（巴克斯-瑙鲁范式）语法，及逻辑运算的优先级，从高到低

7.4.2 语义

讨论了命题逻辑的语法之后，现在规范它的语义。语义定义了用于判定特定模型中的语句真值的规则。命题逻辑固定了每个命题词的真值——*true* 或 *false*。例如，知识库中的语句采用命题词 $P_{1,2}$、$P_{2,2}$ 和 $P_{3,1}$，那么一个模型可能是：

$$m_1 = \{ P_{1,2} = false，P_{2,2} = false，P_{3,1} = true \}$$

三个命题词意味着有 $2^3 = 8$ 个可能的模型——如图 7.5 所示。然而需要注意的是，模型是纯粹的数学对象，和 Wumpus 世界没有任何联系。$P_{1,2}$ 只是个符号；它可以表示"[1, 2] 存在一个无底洞"也可以表示"我今天和明天在巴黎"。

命题逻辑的语义需要规范在已知模型下如何计算任一语句的真值。这通过递归来实现。所有语句都是由原子语句和 5 种连接词构成；因而，需要规范如何计算原子语句的真值和如何计算由 5 种连接词形成的语句的真值。计算原子语句的真值是容易的：

- 每个模型中 *True* 都为真，*False* 都为假。
- 每个命题词的真值必须在模型中直接指定。如，在早先给出的模型 m_1 中 $P_{1,2}$ 为假。

复合句则有 5 条规则，这里 P 和 Q 为任意子句，m 为任一模型（用"iff"表示当且仅当）：

- 在模型 m 中 $\neg P$ 为真 iff P 在 m 中为假。
- 在模型 m 中 $P \wedge Q$ 为真 iff P 和 Q 在 m 中都为真。
- 在模型 m 中 $P \vee Q$ 为真 iff P 或 Q 在 m 中为真。
- 在模型 m 中 $P \Rightarrow Q$ 为真 除非 P 在 m 中为真且 Q 在 m 中为假。
- 在模型 m 中 $P \Leftrightarrow Q$ 为真 iff P 和 Q 在 m 中都为真或者都为假。

连接词的运算规则可以用**真值表**总结，真值表指定了复合句在其组成部分的真值赋值后如何计算真值。5 种逻辑连接词的真值表如图 7.8 所示。通过这些真值表，每个语句 s 关于任何模型 m 的真值都可以通过简单的递归求值过程计算出来。例如，计算语句 $\neg P_{1,2} \wedge (P_{2,2} \vee P_{3,1})$ 在 m_1 中的真值，得到 $true \wedge (false \vee true) = true \wedge true = true$。习题 7.3 要求写出算法 PL-TRUE?$(s, m)$，用于计算命题逻辑语句 s 在模型 m 中的真值。

P	Q	$\neg P$	$P \wedge Q$	$P \vee Q$	$P \Rightarrow Q$	$P \Leftrightarrow Q$
false	*false*	*true*	*false*	*false*	*true*	*true*
false	*true*	*true*	*false*	*true*	*true*	*false*
true	*false*	*false*	*false*	*true*	*false*	*false*
true	*true*	*false*	*true*	*true*	*true*	*true*

图 7.8　5 种逻辑连接词的真值表
为了用该表进行计算，例如判定当 P 为 *true*、Q 为 *false* 时 $P \vee Q$ 的真值，首先在表的左边找到 P 为 *true*、Q 为 *false* 对应的行（第三行）。接着找 $P \vee Q$ 列中的该行，看到结果为：*True*

"与"、"或"和"非"的真值表与我们对英语单词的直觉是一致的。可能存在的混淆是当 P 为真或 Q 为真，或者二者同时为真的时候 $P \vee Q$ 为真。有一个被称为"异或"（简称 xor）的不同连接词，当两个析取子式皆为真时，其真值为假[1]。关于异或符号的使用没有

1　拉丁文对于异或有一个单独的词，*aut*。

统一标准；也有人用 $\vee$、$\neq$ 或 $\oplus$ 。

$\Rightarrow$ 的真值表可能让人感到困惑，因为它不太符合人们对于 "P 蕴含 Q" 或 "如果 P 那么 Q" 的直觉理解。一方面，命题逻辑不要求 P 和 Q 之间存在相关性或因果关系。语句 "5 是奇数蕴含东京是日本的首都" 是命题逻辑的真语句（常规解释下），尽管语句很古怪。让人困惑的另一点是：前提为假的任意蕴含都为真。例如，"5 是偶数蕴含 Sam 很聪明" 为真，而跟 Sam 是否聪明无关。这看起来很怪异，但是如果你把 "$P \Rightarrow Q$" 看作 "如果 P 为真，则我主张 Q 为真；否则无可奉告"，这样就相对好理解。使得该语句为假的唯一条件是，如果 P 为真而 Q 为假。

双向蕴含式 $P \Leftrightarrow Q$ 为真，只要 $P \Rightarrow Q$ 和 $Q \Rightarrow P$ 同时为真。在英语中，它通常表述为 "P 当且仅当 Q" 或 "P iff Q"。Wumpus 世界的规则最好用 $\Leftrightarrow$ 表示。例如，如果一个方格的某个相邻方格中有无底洞，则该方格有微风，而且，只有当一个方格的某个相邻方格中有无底洞，该方格才会有微风。因而需要如下的双向蕴含式：

$$B_{1,1} \Leftrightarrow (P_{1,2} \vee P_{2,1})$$

其中 $B_{1,1}$ 表示[1, 1]有微风。

7.4.3　一个简单的知识库

定义了命题逻辑的语义之后，可以为 Wumpus 世界构建一个知识库。首先考虑知识库一成不变的部分，而把变化的部分留给下一节。到目前为止，对于每个位置[x, y]需要如下命题词：

- 如果[x, y]中有无底洞，则 $P_{x,y}$ 为真；
- 如果[x, y]中有怪兽，则 $W_{x,y}$ 为真，不管是死是活。
- 如果在[x, y]中感知到微风，则 $B_{x,y}$ 为真；
- 如果在[x, y]中感知到臭气，则 $S_{x,y}$ 为真。

这些语句足够推导出 $\neg P_{1,2}$（[1, 2]中没有无底洞），正如在第 7.3 节说明的。为方便推导，用 R_i 对每个语句进行标注：

- [1, 1]中没有无底洞：

  R_1:　　　 $\neg P_{1,1}$

- 一个方格里有微风，当且仅当在某个相邻方格中有无底洞。对于每个方格都应该说明这一情况；目前，只考虑相关方格：

  R_2:　　　 $B_{1,1} \Leftrightarrow (P_{1,2} \vee P_{2,1})$
  R_3:　　　 $B_{2,1} \Leftrightarrow (P_{1,1} \vee P_{2,2} \vee P_{3,1})$

- 前面的这些语句在所有的 Wumpus 世界中都为真。现在将 Agent 所处的特定世界中最初访问的两个方格的微风感知信息包括进来，得到图 7.3（b）中的情景。

  R_4:　　　 $\neg B_{1,1}$

  R_5:　　　 $B_{2,1}$

于是，知识库由 R_1 到 R_5 这些语句组成。它也可以当作单一语句——也就是，合取式 $R_1 \wedge R_2 \wedge R_3 \wedge R_4 \wedge R_5$——因为它断言所有的单独语句都为真。

7.4.4　简单推理过程

现在的目标是判断对于某些语句 α，$KB \models \alpha$ 是否成立。例如，$\neg P_{1,2}$ 是否可从现有 KB 得出？第一个推理算法模型检验是对蕴涵定义的直接实现：枚举出所有模型，验证 α 在 KB 为真的每个模型中为真。模型对每个命题词赋值为 $true$ 或 $false$。回想 Wumpus 世界，相关的命题词为 $B_{1,1}$、$B_{2,1}$、$P_{1,1}$、$P_{1,2}$、$P_{2,1}$、$P_{2,2}$ 和 $P_{3,1}$。这 7 个符号一共有 $2^7 = 128$ 种可能模型；在其中的三个模型中，KB 为真（图 7.9）。在这三个模型中，$\neg P_{1,2}$ 为真，因此[1, 2]中没有无底洞。另一方面，$P_{2,2}$ 在这三个模型里的两个中为真，在另一个中为假，所以无法判断[2, 2]中是否有无底洞。

$B_{1,1}$	$B_{2,1}$	$P_{1,1}$	$P_{1,2}$	$P_{2,1}$	$P_{2,2}$	$P_{3,1}$	R_1	R_2	R_3	R_4	R_5	KB
false	false	false	false	false	false	false	true	true	true	true	false	false
false	false	false	false	false	false	true	true	true	false	true	false	false
⋮	⋮	⋮	⋮	⋮	⋮	⋮	⋮	⋮	⋮	⋮	⋮	⋮
false	true	false	false	false	false	false	true	true	false	true	true	false
false	true	false	false	false	false	false	true	true	true	true	true	_true_
false	true	false	false	false	true	false	true	true	true	true	true	_true_
false	true	false	false	false	true	true	true	true	true	true	true	_true_
false	true	false	false	true	false	false	true	false	false	true	true	false
⋮	⋮	⋮	⋮	⋮	⋮	⋮	⋮	⋮	⋮	⋮	⋮	⋮
true	true	true	true	true	false	true	false	true	true	false	true	false

图 7.9　根据教材中给出的知识库构建的真值表。如果 R_1 到 R_5 都为真，则 KB 为真，这种情况只在 128 行中三行内出现（最右列用下划线标出）。在所有这三行中，$P_{1,2}$ 为假，因此[1, 2]中没有无底洞。另一方面，[2, 2]中可能有（或者说可能没有）无底洞

图 7.9 以更精确的形式重现了图 7.5 中所示的推理。图 7.10 给出了判定命题逻辑的蕴涵的一个通用算法。如同 6.3 节的 BACKTRACKING-SEARCH 算法，TT-ENTAILS?完成对变量赋值有限空间的递归枚举。该算法是**可靠的**，因为它直接实现了蕴涵的定义，而且是**完备的**，因为它可以用于任意 KB 和 α，而且总能够终止——因为只存在有限多个需要检验的模型。

```
function TT-ENTAILS?(KB, α) returns true or false
    inputs: KB, the knowledge base, a sentence in propositional logic
            α, the query, a sentence in propositional logic

    symbols ← a list of the proposition symbols in KB and α
    return TT-CHECK-ALL(KB, α, symbols, { })

function TT-CHECK-ALL(KB, α, symbols, model) returns true or false
    if EMPTY?(symbols) then
        if PL-TRUE?(KB, model) then return PL-TRUE?(α, model)
        else return true // when KB is false, always return true
    else do
        P ← FIRST(symbols)
        rest ← REST(symbols)
        return (TT-CHECK-ALL(KB, α, rest, model ∪ {P = true})
                and
                TT-CHECK-ALL(KB, α, rest, model ∪ {P = false }))
```

图 7.10　用于判定命题蕴涵的真值表枚举算法

（TT 表示真值表）。如果语句在模型中为真，PL-TRUE?返回真。变量 $model$ 表示部分模型——只是对某些变量的赋值。关键字 "**and**" 用于两个参数的逻辑操作，返回 $true$ 或 $false$

当然，"有限多个"并不总等同于"很少"。如果 KB 和 α 总共包含 n 个符号，那么就存在 2^n 个模型。因此算法的时间复杂度为 $O(2^n)$。（空间复杂度仅为 $O(n)$，因为枚举是深度优先的。）在本章的后面，将讨论实际应用中更有效的算法。不幸的是，命题蕴涵是余 NP 完全的（即，可能不会比 NP 完全容易——参见附录 A），所以每个已知的命题逻辑推理算法在最坏情况下的复杂度都是问题规模的指数级。

7.5　命题逻辑定理证明

迄今为止，讨论了如何通过**模型检验**来判断蕴涵：枚举所有模型，并验证语句在所有模型中为真。本节讨论如何通过**定理证明**来判断蕴涵——在知识库的语句上直接应用推理规则以构建目标语句的证明，而无须关注模型。如果模型数目庞大而证明很短，那么定理证明就比模型检验更有效。

在进入定理证明算法的细节之前，需要先给出一些与蕴涵相关的附加概念。第一个概念是**逻辑等价**：如果两语句 α 和 β 在同样的模型集合中为真，则它们是逻辑等价的。写为 $\alpha \equiv \beta$。例如，我们很容易证明（用真值表）$P \wedge Q$ 和 $Q \wedge P$ 是逻辑等价的；其他等价可参见图 7.11。它们在逻辑中扮演与普通数学中的算术恒等式几乎相同的角色。等价还可以如下定义：任意两个语句 α 和 β 是等价的仅当它们互相蕴涵时，

$$\alpha \equiv \beta \quad \text{当且仅当} \quad \alpha \models \beta \ \text{且} \ \beta \models \alpha$$

$$
\begin{aligned}
(\alpha \wedge \beta) &\equiv (\beta \wedge \alpha) \quad \text{commutativity of } \wedge \\
(\alpha \vee \beta) &\equiv (\beta \vee \alpha) \quad \text{commutativity of } \vee \\
((\alpha \wedge \beta) \wedge \gamma) &\equiv (\alpha \wedge (\beta \wedge \gamma)) \quad \text{associativity of } \wedge \\
((\alpha \vee \beta) \vee \gamma) &\equiv (\alpha \vee (\beta \vee \gamma)) \quad \text{associativity of } \vee \\
\neg(\neg\alpha) &\equiv \alpha \quad \text{double-negation elimination} \\
(\alpha \Rightarrow \beta) &\equiv (\neg\beta \Rightarrow \neg\alpha) \quad \text{contraposition} \\
(\alpha \Rightarrow \beta) &\equiv (\neg\alpha \vee \beta) \quad \text{implication elimination} \\
(\alpha \Leftrightarrow \beta) &\equiv ((\alpha \Rightarrow \beta) \wedge (\beta \Rightarrow \alpha)) \quad \text{biconditional elimination} \\
\neg(\alpha \wedge \beta) &\equiv (\neg\alpha \vee \neg\beta) \quad \text{De Morgan} \\
\neg(\alpha \vee \beta) &\equiv (\neg\alpha \wedge \neg\beta) \quad \text{De Morgan} \\
(\alpha \wedge (\beta \vee \gamma)) &\equiv ((\alpha \wedge \beta) \vee (\alpha \wedge \gamma)) \quad \text{distributivity of } \wedge \text{ over } \vee \\
(\alpha \vee (\beta \wedge \gamma)) &\equiv ((\alpha \vee \beta) \wedge (\alpha \vee \gamma)) \quad \text{distributivity of } \vee \text{ over } \wedge
\end{aligned}
$$

图 7.11　标准的逻辑等价。符号 α、β 和 γ 代表命题逻辑的任意语句

第二个概念是**有效性**。一个语句是有效的，如果在所有的模型中它都为真。例如，语句 $P \vee \neg P$ 为有效的。有效语句也被称为**重言式**——它们必定为真。因为语句 $True$ 在所有的模型中为真，每个有效语句都逻辑等价于 $True$。有效语句有什么好处呢？从蕴涵的定义，可以得到古希腊人早已了解的**演绎定理**：

对于任意语句 α 和 β，$\alpha \models \beta$ 当且仅当语句 $(\alpha \Rightarrow \beta)$ 是有效的。

（习题 7.5 要求对此证明）因此，可以通过检查每个模型中 $(\alpha \Rightarrow \beta)$ 来判断 $\alpha \models \beta$——使用图 7.10 的推理算法，或者证明 $(\alpha \Rightarrow \beta)$ 等价于 $True$。反过来，演绎定理说明每个有效的蕴含语句都描述了一个合法的推理。

最后一个概念是**可满足性**。如果一个语句在某些模型中为真，那么这个句子是可满足的。例如在先前给出的知识库中，$(R_1 \wedge R_2 \wedge R_3 \wedge R_4 \wedge R_5)$ 是可满足的，因为存在三个使它为

真的模型，如图 7.9 所示。验证一个语句是否是可满足的也可以通过枚举所有模型来进行，如果找到一个模型使它为真则说明它是可满足的。命题逻辑语句的可满足性判定——**SAT** 问题——是第一个被证明为 NP 完全的问题。计算机科学的很多问题实际上都是可满足性问题。例如，第 6 章中的所有约束满足问题中询问在某个赋值下约束是否为可满足的。

有效性和可满足性当然是有关联的：α 是有效的当且仅当 $\neg\alpha$ 不可满足；对换过来看，α 是可满足的当且仅当 $\neg\alpha$ 不是有效的。我们还可得到以下的有用结果：

$\alpha \models \beta$ 当且仅当 语句$(\alpha \land \neg\beta)$是不可满足的。

通过验证$(\alpha \land \neg\beta)$的不可满足性，可以从 α 证明 β，刚好符合归谬（字面意思为"归约到荒谬的结论"）的标准数学证明技术。它也被称为**反证法**或**矛盾法**证明。假定语句β 为假，并证明这将推导出和已知公理α 的矛盾。该矛盾正好说明语句$(\alpha \land \neg\beta)$是不可满足的。

7.5.1 推导和证明

本节讨论应用**推理规则**得到一个证明——一系列结论直到目标语句。最著名的规则是**假言推理规则**（Modus Ponens，拉丁文），记为：

$$\frac{\alpha \Rightarrow \beta, \quad \alpha}{\beta}$$

这种表示的含义是，只要给定任何形式为$\alpha \Rightarrow \beta$ 和α的语句，就可以推导出语句β。例如，如果已知（$WumpusAhead \land WumpsAlive$）$\Rightarrow Shoot$ 和（$WumpusAhead \land WumpsAlive$），那么就可以推导出 $Shoot$。

另一个有用的推理规则是**消去合取词**，即可以从合取式推导出任何合取子句：

$$\frac{\alpha \land \beta}{\alpha}$$

例如，从（$WumpusAhead \land WumpusAlive$）可以推导出 WumpusAlive。

通过考虑 α 和 β 的可能真值，很容易得出假言推理规则和消去合取词都是可靠的。于是这些规则可以用于任意实例，无须枚举所有模型就可以得到新的推理结论。

图 7.11 中的所有逻辑等价都可以作为推理规则。例如，用于双向蕴含消去的等价给出两条推理规则：

$$\frac{\alpha \Leftrightarrow \beta}{(\alpha \Rightarrow \beta) \land (\beta \Rightarrow \alpha)} \qquad 以及 \qquad \frac{(\alpha \Rightarrow \beta) \land (\beta \Rightarrow \alpha)}{\alpha \Leftrightarrow \beta}$$

不是所有的推理规则可以像这个规则一样两个方向都生效。例如，无法按相反方向运用假言推理规则，无法从β 得到$\alpha \Rightarrow \beta$和α。

让我们看看这些推理规则和等价如何应用于 Wumpus 世界。从包含 R_1 到 R_5 的知识库开始，来看如何证明$\neg P_{1,2}$，即证明[1, 2]中没有无底洞。首先，将双向蕴含消去应用于R_2，得到

R_6: $\quad (B_{1,1} \Rightarrow (P_{1,2} \lor P_{2,1})) \land ((P_{1,2} \lor P_{2,1}) \Rightarrow B_{1,1})$

接着对 R_6 消去合取词得到

R_7: $\quad ((P_{1,2} \lor P_{2,1}) \Rightarrow B_{1,1})$

其逆否命题的逻辑等价给出

R_8:　　　$(\neg B_{1,1} \Rightarrow \neg(P_{1,2} \lor P_{2,1}))$

现在可以对 R_8 和感知信息 R_4（也就是 $\neg B_{1,1}$）运用假言推理规则，得到

R_9:　　　$\neg(P_{1,2} \lor P_{2,1})$

最后，应用 De Morgan 定律，给出结论

R_{10}:　　　$\neg P_{1,2} \land \neg P_{2,1}$

即[1, 2]和[2, 1]都不包含无底洞。

上面的证明是手工给出的，我们试图应用第 3 章给出的任意搜索算法来找出证明序列。只需如下定义证明问题：

- 初始状态：初始知识库。
- 行动：行动集合由应用于语句的所有推理规则组成，要匹配推理规则的上半部分。
- 结果：行动的结果是将推理规则的下半部分的语句实例加入知识库。
- 目标：目标是指包含要证明语句的状态。

于是，搜索证明是模型枚举的一个替换方法。在很多实际情况中，寻找某个证明的过程更加高效简单，因为无论存在多少命题，它都可以忽略不相干命题。例如，先前给出的可以推导出 $\neg P_{1,2} \land \neg P_{2,1}$ 的证明中就没有提及命题 $B_{2,1}$、$P_{1,1}$、$P_{2,2}$ 或 $P_{3,1}$。它们可以被忽略的原因在于目标命题 $P_{1,2}$ 只在语句 R_2 中出现；R_2 中的其他命题只在 R_2 和 R_4 中出现；因此，R_1、R_3 和 R_5 与证明过程无关。即便把上百万个更多语句添加到知识库，最后结果还是相同的；另一方面，简单的真值表算法则会由于模型的指数爆炸而失效。

逻辑系统的最后一个概念是**单调性**，单调性意味着逻辑蕴涵语句集会随着添加到知识库的信息增长而增长[1]。对于任意语句 α 和 β，

如果 $KB \models \alpha$，那么 $KB \land \beta \models \alpha$

例如，假设知识库包含附加断言 β，β 宣称世界中正好有 8 个无底洞。这条知识可能有助于 Agent 推导出附加结论，但是它无法推翻任意已经推导出的结论 α——如[1, 2]中没有无底洞的结论。单调性意味着只要在知识库中发现了合适的前提，就可以应用推理规则——规则的结论"与知识库中的其余内容无关"。

7.5.2　归结证明

我们已经论证了迄今为止所涉及的推理规则都是可靠的，但是仍未对使用它们的推理算法的完备性问题进行讨论。搜索算法，如迭代加深搜索（参见 3.4.5 节），是完备的因为只要有解它们一定能够找到解，但是如果可用的推理规则不够充分，那么目标将不可达——即只用那些推理规则找不到证明。例如，如果删去双向蕴含词消去规则，前一节中的证明就无法继续。本节只介绍一个推理规则即**归结**，当它和任何一个完备的搜索算法相结合时，可以得到完备的推理算法。

下面以 Wumpus 世界为例，讲解归结规则的一个简单版本。考虑可以导出图 7.4(a)的步骤：Agent 从[2, 1]返回[1, 1]，接着走到[1, 2]，它在此地感知到臭气，但没有微风。把以下事实添加到知识库中：

1　**非单调**逻辑则破坏了单调特性，它捕捉到人类推理的常见特征：人是善变的。这将第 12.6 节讨论。

R_{11}:　　　$\neg B_{1,2}$

R_{12}:　　　$B_{1,2} \Leftrightarrow (P_{1,1} \vee P_{2,2} \vee P_{1,3})$

根据先前导出 R_{10} 的同一过程，现在可以推导出[2, 2]和[1, 3]中没有无底洞（记住已经知道[1, 1]是没有无底洞的）：

R_{13}:　　　$\neg P_{2,2}$

R_{14}:　　　$\neg P_{1,3}$

还可以对 R_3 应用双向蕴含词消去，接着对 R_5 使用假言推理规则，得到[1, 1]、[2, 2]或[3, 1]中有无底洞的事实：

R_{15}:　　　$P_{1,1} \vee P_{2,2} \vee P_{3,1}$

现在第一次运用归结规则：R_{13} 中的文字 $\neg P_{2,2}$ 与 R_{15} 中的文字 $P_{2,2}$ 进行归结，得到

R_{16}:　　　$P_{1,1} \vee P_{3,1}$

用自然语言描述：如果[1, 1]、[2, 2]或[3, 1]中必有无底洞，而且它不在[2, 2]中，那么它在[1, 1]或[3, 1]中。类似地，R_1 中的文字 $\neg P_{1,1}$ 与 R_{16} 中的文字 $P_{1,1}$ 进行归结，得到

R_{17}:　　　$P_{3,1}$

用自然语言描述：如果[1, 1]或[3, 1]中必有无底洞，而且它不在[1, 1]中，那么它在[3, 1]中。最后这两个推理步骤是**单元归结**（unit resolution）推理规则的例子，

$$\frac{l_1 \vee \cdots \vee l_k, \quad m}{l_1 \vee \cdots \vee l_{i-1} \vee l_{i+1} \vee, \cdots \vee l_k}$$

其中，每个 l 都是一个文字，而且 l_i 和 m 是**互补文字**（即，一个文字是另一个文字的否定式）。那么，单元归结规则选取一个**子句**——文字的析取式——和一个文字，生成一个新的子句。注意单个文字可以被视为只有一个文字的析取式，也被称为**单元子句**。

单元归结规则可推广为**全归结**（full resolution）规则，

$$\frac{l_1 \vee \cdots \vee l_k, \quad m_1 \vee \cdots \vee m_n}{l_1 \vee \cdots \vee l_{i-1} \vee l_{i+1} \vee \cdots \vee l_k \vee m_1 \vee \cdots \vee m_{j-1} \vee m_{j+1} \vee \cdots \vee vm_n}$$

其中，l_i 和 m_j 是互补文字。这说明归结选取两个子句并生成一个新的子句，该新子句包含除了两个互补文字以外的原始子句中的所有文字。示例如下：

$$\frac{P_{1,1} \vee P_{3,1}, \quad \neg P_{1,1} \vee \neg P_{2,2}}{P_{3,1} \vee \neg P_{2,2}}$$

归结规则中还有一点需要注意：结果子句中每个文字只能出现一次[1]。去除文字的多余副本被称为**归并**（factoring）。例如，如果我们用 $(A \vee \neg B)$ 与 $(A \vee B)$ 归结，得到 $(A \vee A)$，简化为 A。

归结规则的可靠性很容易通过对文字 l_i 和另一子句中的互补文字 m_j 的讨论而得以体现。如果 l_i 为真，那么 m_j 为假，因此 $m_1 \vee \cdots \vee m_{j-1} \vee m_{j+1} \vee \cdots \vee m_n$ 必为真，因为已知 $m_1 \vee \cdots \vee m_n$。如果 l_i 为假，那么 $l_1 \vee \cdots \vee l_{i-1} \vee l_{i+1} \vee \cdots \vee l_k$ 必为真，因为已知 $l_1 \vee \cdots \vee l_k$。现无论 l_i 为真还是为假，结论必定成立——与归结规则所得出的结果完全一致。

令人惊奇的是归结规则形成了完备推理过程的基础。对命题逻辑的任意语句 α 和 β，基

---

[1]　如果子句被视为文字的集合，那么这一约束就自动得以遵守。子句的集合表示使归结规则更整洁，代价是需要引入附加的符号。

于归结的定理证明器，能够确定 $\alpha \models \beta$ 是否成立。下面两小节将讨论归结是如何做到这一点。

合取范式

归结规则只应用于子句（即文字的析取式），它看起来似乎只和知识库及由子句组成的查询有关。那么对于所有的命题逻辑，它如何实现完备的推理过程？答案是命题逻辑的每个语句逻辑上都等价于某子句的合取式。以子句的合取式表达的语句被称为**合取范式**或者 **CNF**（见图 7.14）。现在描述把语句转换成 CNF 的过程。以 $B_{1,1} \Leftrightarrow (P_{1,2} \vee P_{2,1})$ 为例来阐述转换成 CNF 的过程。各步骤如下所示：

1. 消去等价词 $\Leftrightarrow$，用 $(\alpha \Rightarrow \beta) \wedge (\beta \Rightarrow \alpha)$ 取代 $(\alpha \Leftrightarrow \beta)$：

$(B_{1,1} \Rightarrow (P_{1,2} \vee P_{2,1})) \wedge ((P_{1,2} \vee P_{2,1}) \Rightarrow B_{1,1})$

2. 消去蕴含词 $\Rightarrow$，用 $\neg\alpha \vee \beta$ 取代 $\alpha \Rightarrow \beta$：

$(\neg B_{1,1} \vee P_{1,2} \vee P_{2,1}) \wedge (\neg(P_{1,2} \vee P_{2,1}) \vee B_{1,1})$

3. CNF 要求 $\neg$ 否定词只出现在文字前边，因此我们通过反复应用图 7.11 所示的等价式"将 $\neg$ 否定词内移"：

$\neg(\neg\alpha) \equiv \alpha$ （双重否定消去）

$\neg(\alpha \wedge \beta) \equiv (\neg\alpha \vee \neg\beta)$ （De Morgan 律）

$\neg(\alpha \vee \beta) \equiv (\neg\alpha \wedge \neg\beta)$ （De Morgan 律）

本例中，我们只需要使用最后一条规则一次：

$(\neg B_{1,1} \vee P_{1,2} \vee P_{2,1}) \wedge ((\neg P_{1,2} \wedge \neg P_{2,1}) \vee B_{1,1})$

4. 现在得到的语句包含了作用于文字的嵌套的 $\wedge$ 和 $\vee$ 算符。使用图 7.11 的分配律，在可能的位置上将 $\vee$ 对 $\wedge$ 进行分配：

$(\neg B_{1,1} \vee P_{1,2} \vee P_{2,1}) \wedge (\neg P_{1,2} \vee B_{1,1}) \wedge (\neg P_{2,1} \vee B_{1,1})$

最初的语句现在就转换为 CNF，是三个子句的合取式。它更不容易阅读，但是它将成为归结过程的输入。

归结算法

基于归结的推理过程使用的是原书第 250 页末讨论的反证法证明原理。即，为了证明 $KB \models \alpha$，需要证明 $(KB \wedge \neg\alpha)$ 是不可满足的。可以通过推导矛盾来完成证明。

图 7.12 中给出了归结算法。首先，把 $(KB \wedge \neg\alpha)$ 转换为 CNF。接着，对结果子句运用归结规则。对含有互补文字的子句进行归结产生新子句，如果该新子句尚未出现过，则将

```
function PL-RESOLUTION(KB,α) returns true or false
    inputs: KB, the knowledge base, a sentence in propositional logic
            α, the query, a sentence in propositional logic

    clauses ← the set of clauses in the CNF representation of KB ∧ ¬α
    new ← {}
    loop do
        for each pair of clauses Cᵢ, Cⱼ in clauses do
            resolvents ← PL-RESOLVE(Cᵢ, Cⱼ)
            if resolvents contains the empty clause then return true
            new ← new ∪ resolvents
        if new ⊆ clauses then return false
        clauses ← clauses ∪ new
```

图 7.12 命题逻辑的简单归结算法。函数 PL-RESOLVE 返回对两个输入子句进行归结得到的所有结果子句的集合

它加入子句集中。此过程将一直持续，直到以下两件事情之一发生：

- 没有可以添加的新语句，这种情况下，α 不蕴涵 β，或者
- 两个子句归结出空子句，这种情况下，α 蕴涵 β。

空子句——没有析取子句的析取式——等价于 *False*，因为只有当析取式至少有一个为真的析取子句，它才会为真。换个角度来看空子句表示矛盾的原因，观察两个互补单元子句如 P 和 $\neg P$ 进行归结的结果。

以 Wumpus 世界为例讲解应用归结的推理过程。当 Agent 位于[1, 1]时，那里没有微风，因此在相邻的方格中没有无底洞。相关的知识库为：

$$KB = R_2 \wedge R_4 = (B_{1,1} \Leftrightarrow (P_{1,2} \vee P_{2,1})) \wedge \neg B_{1,1}$$

希望证明 α，即 $\neg P_{1,2}$。将 $(KB \wedge \neg \alpha)$ 转换为 CNF，得到的子句如图 7.13 顶部所示。图中第二行给出了对第一行进行归结得到的所有子句。接着，当 $P_{1,2}$ 与 $\neg P_{1,2}$ 进行归结时得到了空子句，用小方框表示。审视图 7.13，会发现很多归结步骤都是无意义的。例如，子句 $B_{1,1} \vee \neg B_{1,1} \vee P_{1,2}$ 等价于 $True \vee P_{1,2}$，即等价于 $True$。演绎出 $True$ 为真没有用处。所以，可以删除同时出现两个互补文字的任何子句。

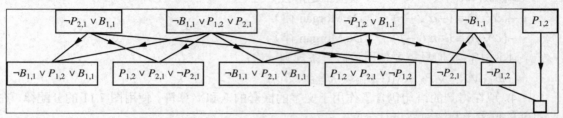

图 7.13　将 PL-RESOLUTION 应用于 Wumpus 世界的部分推理。$\neg P_{1,2}$ 是顶行最初四个子句的必然结果

归结的完备性

为了总结归结，现在说明为什么 PL-RESOLUTION 是完备的。为了做到这一点，引进子句集 S 的**归结闭包** $RC(S)$，它是通过对 S 中的子句或其派生子句反复应用归结规则而生成的所有子句的集合。PL-RESOLUTION 计算的归结闭包是变量 *clauses* 的值。容易看出，$RC(S)$ 一定是有限的，因为用 S 中出现的符号 P_1，…，P_k 只能构成有限多个不同的子句。（注意，如果没有将重复文字剔除的归并步骤，这可能不成立。）所以，PL-RESOLUTION 可终止。

命题逻辑中归结的完备性定理被称为**基本归结定理**：

> 如果子句集是不可满足的，那么这些子句的归结闭包包含空子句。

通过它的逆否命题来得到证明：如果闭包 $RC(S)$ 不包含空子句，那么 S 是可满足的。事实上，可以用 P_1，…，P_k 的适当真值构造 S 的模型。构造过程如下：

i 从 1 到 k 重复执行以下操作：

- 如果 $RC(S)$ 中有包含文字 $\neg P_i$ 的子句，该子句所有的其他文字在 P_1，…，P_{i-1} 选择的赋值下都为假，那么对 P_i 赋值 *false*。
- 否则，对 P_i 赋值 *true*。

这种对 P_1，…，P_k 的赋值就是 S 的模型。为了看清这一点，我们做相反的假设——在

某步骤 i，给符号 P_i 赋值使得一些子句 C 为假。此时，C 中的其他文字肯定已被 P_1、$\cdots$、P_{i-1} 赋值为假，因此，C 现在看起来要么是($false \vee false \vee \cdots false \vee P_i$)要么是($false \vee false \vee \cdots false \vee \neg P_i$)。如果只有其中一个在 $RC(S)$ 中，算法会给 P_i 赋合适的值以使 C 为真，所以 C 只有在两个子句都在 $RC(S)$ 中才会为假。现在，由于 $RC(S)$ 在归结中是封闭的，它会包含这两个子句的归结结果，而归结结果中会有所有文字的 P_1、$\cdots$、P_{i-1} 赋值。这与假设矛盾，第一个为假的赋值应出现在步骤 i。因此，得证了这种构造不会不满足 $RC(S)$ 中的子句；即它产生了 $RC(S)$ 的模型也是 S 本身的模型（因为 S 包含在 $RC(S)$ 中）。

7.5.3 Horn 子句和限定子句

归结的完备性使其成为非常重要的推理方法。然而，在很多实际情况中并不需要用到归结的全部能力。一些现实世界的知识库满足它们所包含的语句形式的特定限制，这使得它们可以使用更受限也更有效的推理算法。

限定子句就是受限形式的一种，它是指恰好只含一个正文字的析取式。例如，子句($\neg L_{1,1} \vee \neg Breeze \vee B_{1,1}$)是限定子句，而($\neg B_{1,1} \vee P_{1,2} \vee P_{2,1}$)不是。

更一般的形式有 **Horn 子句**，是指至多只有一个正文字的析取式。因此所有限定子句都是 Horn 子句，没有正文字的析取式也是 Horn 子句；这些称为**目标子句**。Horn 子句在归结下是封闭的：如果对两个 Horn 子句进行归结，结果依然是 Horn 子句。

只包含限定子句的知识库很有意义，理由有三：

1. 每个限定子句都可以写成蕴含式，它的前提为正文字的合取式，结论为单个正文字。（参见习题 7.13。）例如，限定子句($\neg L_{1,1} \vee \neg Breeze \vee B_{1,1}$)可以写为蕴含式($L_{1,1} \wedge Breeze$) $\Rightarrow$ $B_{1,1}$。蕴含式更易于理解：它说明如果 Agent 在[1, 1]，并且有微风，那么[1, 1]是有微风的。在 Horn 子句型中，前提称为**体**而结论称为**头**。只包含一个正文字的语句，如 $L_{1,1}$，称为**事实**。它一样可以写成蕴含式 $True \Rightarrow L_{1,1}$，写成 $L_{1,1}$ 更简单。

2. 使用 Horn 子句的推理可以使用**前向链接**和**反向链接**算法，将在下节讨论。这两种算法都很自然，推理步骤显而易见，而且易于人们理解，见图 7.14。这种类型的推理构成了**逻辑程序设计**的基础，这些内容将在第 9 章讨论。

$$
\begin{aligned}
CNFSentence &\rightarrow Clause_1 \wedge \cdots \wedge Clause_n \\
Clause &\rightarrow Literal_1 \vee \cdots \vee Literal_m \\
Literal &\rightarrow Symbol \mid \neg Symbol \\
Symbol &\rightarrow P \mid Q \mid R \mid \cdots \\
HornClauseForm &\rightarrow DefiniteClauseForm \mid GoalClauseForm \\
DefiniteClauseForm &\rightarrow (Symbol_1 \wedge \cdots \wedge Symbol_l) \Rightarrow Symbol \\
GoalClauseForm &\rightarrow (Symbol_1 \wedge \cdots \wedge Symbol_l) \Rightarrow False
\end{aligned}
$$

图 7.14　合取范式、Horn 子句和限定子句的语法。子句如 $A \wedge B \Rightarrow C$ 可以写成 $\neg A \vee \neg B \vee C$，仍是限定子句，但只把前者看作是限定子句的标准形式。还有一类称为 k-CNF 语句，指的是至多有 k 个文字的 CNF 语句

3. 用 Horn 子句判定蕴涵需要的时间与知识库大小呈线性关系——这令人惊喜。

7.5.4　前向和反向链接

前向链接算法 PL-FC-ENTAILS?(*KB*, *q*)判定单个命题词 *q* ——查询——是否被限定子句的知识库所蕴涵。它从知识库中的已知事实（正文字）出发。如果蕴含式的所有前提已知，那么就把它的结论添加到已知事实集。例如，若 $L_{1,1}$ 和 *Breeze* 已知，而且$(L_{1,1} \wedge Breeze)$ $\Rightarrow B_{1,1}$ 在知识库中，那么 $B_{1,1}$ 被添加到知识库中。这个过程持续进行，直到查询 *q* 被添加或者无法进行更进一步的推理。详细的算法见图 7.15；需要记住的重点是它以的运行时间是线性的。

```
function PL-FC-ENTAILS?(KB, q) returns true or false
    inputs: KB, the knowledge base, a set of propositional definite clauses
            q, the query, a proposition symbol
    count ← a table, where count[c] is the number of symbols in c's premise
    inferred ← a table, where inferred[s] is initially false for all symbols
    agenda ← a queue of symbols, initially symbols known to be true in KB

    while agenda is not empty do
        p ← POP(agenda)
        if p = q then return true
        if inferred[p] = false then
            inferred[p] ← true
            for each clause c in KB where p is in c.PREMISE do
                decrement count[c]
                if count[c] = 0 then add c.CONCLUSION to agenda
    return false
```

图 7.15　命题逻辑的前向链接算法

Agenda 记录了已知为真但未被"处理"的符号。*count* 表记录着每个蕴含式还有多少前提未知。当待办事项表 *Agenda* 中的一个新符号 *p* 被处理，对于每个前提中出现 *p* 的蕴含式而言，它相应的计数值减去 1（如果有适当的索引，这可以在常量时间内完成）。如果计数变为 0，蕴含式的所有前提都已知，将它的结论添加到 *Agenda* 中。最后，需要记录哪些符号已经被处理过：如果一个符号已经在推出的符号集合中，则无须再次添加到 *Agenda* 中。这避免了冗余操作并且阻止了可能由 $P \Rightarrow Q$ 和 $Q \Rightarrow P$ 这样的蕴含式引起的无限循环

理解该算法的最好方式是通过示例和图。图 7.16（a）给出了 Horn 子句形式的简单知识库，其中 *A* 和 *B* 为已知事实。图 7.16（b）给出了该知识库的**与或图**（见第 4 章）。在与或图中，由弧线联系起来的多条连接代表合取——每条连接都必须被证明，而没有弧线的多条连接表示析取——任一连接都可以证明。很容易看出与或图中的前向链接是如何工作的。已知的叶结点（在此是 *A* 和 *B*）是固定的，推理沿着图尽可能远地传播。无论什么情况下，当合取式出现时，传播暂停直到所有的合取子句在处理前都已知。我们建议读者自己动手完成这个实例。

很容易看出前向链接是**可靠**的：每个推理本质上都是假言推理规则的应用。前向链接也是**完备**的：每个被蕴涵的原子语句都可以推导得出。验证这一点的最简单方法是考察 *inferred* 表的最终状态（在算法到达**不动点**以后，不会再出现新的推理）。该表把推导出的每个符号设为 *true*，而其他符号为 *false*。可以把此表看作一个逻辑模型；而且，原始 *KB* 中的每个限定子句在该模型中都为真。为了看清这一点，假定相反情况成立，即某个子句 $a_1 \wedge \cdots \wedge a_k \Rightarrow b$ 在此模型下为假。那么 $a_1 \wedge \cdots \wedge a_k$ 在模型中必须为真，*b* 必须为假。但这和我们的假设即算法已经到达一个不动点相矛盾！因而可以得出结论，在不动点推导出的原子语句集定义了原始 *KB* 的一个模型。更进一步，被 *KB* 蕴涵的任一原子语句 *q* 在它的所

有模型中为真，尤其是这个模型。因此，每个被蕴涵的语句 *q* 必定会被算法推导出来。

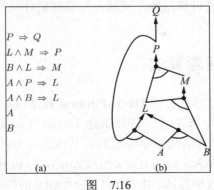

图 7.16
(a) Horn 子句集合。 (b) 对应的与或图

前向链接是**数据驱动**推理的实例——即推理是从已知数据开始的。它可以在 Agent 内部使用，以便从输入感知信息中推导出结论，通常头脑中无须设定特殊查询。例如，Wumpus 世界 Agent 可能用渐增前向链接算法把它的感知 TELL 知识库，新事实被添加到待办事项表 (*agenda*) 中以便初始化新的推理。对于人类，在新信息到达的时候，会发生一定数量的数据驱动推理。例如，如果我在房子里听到开始下雨，我可能会想到野餐将被取消。但是，我大概不会想到邻居花园里最大的玫瑰的第 17 瓣花瓣将被淋湿；人们把前向链接置于谨慎的控制之下，以免产生大量的无关结果。

反向链接算法正如它的名字，从查询开始进行推理。如果查询 *q* 已知为真，那么无须进行任何操作。否则，算法寻找知识库中那些能以 *q* 为结论的蕴含式。如果其中某个蕴含式的所有前提都能证明为真（通过反向链接），则 *q* 为真。当把反向链接算法应用于图 7.16 中的查询 *Q* 时，它将沿着图后退，直到构成证明基础的已知事实 *A*、*B* 组成的集合停止。这个算法与图 4.11 的 AND-OR-GRAPH-SEARCH 算法本质上是相同的。与前向链接一样，有效实现的时间复杂度是线性的。

反向链接是一种**目标制导的推理**形式。它适用于回答特定的问题，如"我现在该做什么？"和"我的钥匙在哪里？"通常，反向链接的开销远小于知识库规模的线性值，因为该过程只接触相关事实。一般而言，Agent 应该共享前向和反向推理的工作，将前向推理限制在生成与要用反向链接求解的查询相关的事实上。

7.6 有效的命题逻辑模型检验

本节讨论基于模型检验的命题推理的两类有效算法：一类方法是基于回溯搜索的，另一类是基于爬山法的。这些算法属于命题逻辑的"技术"部分。第一次阅读本章的作者可以跳过这一节。

以检验可满足性的 SAT 问题为例讲解算法（前面曾经提过，检验蕴涵 $\alpha \models \beta$ 可以通过检验 $\alpha \land \neg \beta$ 的不可满足性来进行）。已经注意到找出逻辑语句可满足的模型和寻找约束满足问题的解之间是有联系的，因此这两类算法与第 6.3 节的回溯搜索和第 6.4 节的局部搜索有些想象可能不足为奇。然而，它们自身还是很有意义的，因为计算机科学中有很多组合问题可以简化为检验命题语句的可满足性。可满足性算法的任何改进对于提高处理复杂性有巨大作用。

7.6.1　一个完备的回溯算法

我们考虑的第一个算法常被称为 **Davis-Putnam 算法**，以 Martin Davis 和 Hilary Putnam （1960）的开创性论文命名。实际上，该算法是 Davis、Logemann 和 Loveland（1962）描述的版本，因此按所有四个作者的首字母缩写将其命名为 DPLL。DPLL 把合取范式形式的语句——子句集——作为输入。如同 BACKTRACKING-SEARCH 和 TT-ENTAILS，它本质上是可能模型的递归深度优先枚举算法。相对于 TT-ENTAILS 的简单方法，它有以下三个方面的改进。

- 及早终止：算法甚至可以用部分完成的模型来判断该语句是否一定为真或为假。如果一个子句的任一文字为真，那么该子句也为真，即使其他文字还没有设定真值；因此，作为一个完整语句可能在模型完成之前就可以判定真值。例如，如果 A 为真，那么语句 $(A \lor B) \land (A \lor C)$ 为真，无论 B 和 C 取何值。类似地，如果任一子句为假，那么该语句为假，这指的是子句中文字都为假的情况。再次，这种情况可能在比模型完成之前早很多的时候发生。及早终止避免了搜索空间的全部子树。

- 纯符号启发式：**纯符号**是指在所有子句中以相同"符号位"出现的符号。例如，在这三个子句 $(A \lor \neg B)$、$(\neg B \lor \neg C)$ 和 $(C \lor A)$ 中，A 为纯符号，因为只有正文字出现，B 为纯符号因为它只有负文字，而 C 是非纯的。很容易看出，如果某个语句具有一个模型，那么它一定有纯符号构成的模型以便使得它们的文字为 *true*，因为这样做永远不会使得子句的值变为假。要注意的是，在检验符号是否为纯时，算法可以忽略自模型开始构造以来已知为真的子句。例如，如果模型包括 $B = false$，那么子句 $(\neg B \lor \neg C)$ 已经为真，而 C 只在 $(C \lor A)$ 中以正文字出现；因此 C 变成纯符号。

- 单元子句启发式：**单元子句**前面已经定义过，指的是只有一个文字的子句。在 DPLL 的背景下，它还表示这样的子句，即除某个文字以外的所有其他文字都被模型赋值为 *false*。例如，如果模型包括 $B = true$，那么 $(\neg B \lor \neg C)$ 则成为 $\neg C$，即单元子句。显然，要使这个子句为真，那么 C 的赋值必须为 *false*。单元子句启发式在余下的部分出现分支前对所有这样的符号完成赋值。单元子句启发式的一个重要结果是，已经存在于知识库中的文字的证明（通过反证）可以立即得证（习题 7.23）。还需要注意的是对某个单元子句的赋值可能产生另一个单元子句——例如，C 被置为 *false*，$(C \lor A)$ 成为一个单元子句，致使 A 赋值为 *true*。这种强制赋值的"串联"称为**单元传播**。它与 Horn 子句的前向链接过程类似，而且，实际上如果 CNF 表达式中只包括限定子句，那么 DPLL 本质上复制了前向链接（参见习题 7.24）。

DPLL 算法如图 7.17 所示，它给出了算法的基本框架。

图 7.17 并没有给出把 SAT 求解器扩展到大型问题的技巧。有趣的是大多数技巧都很通用，之前可能以其他形式出现过：

```
function DPLL-SATISFIABLE?(s) returns true or false
    inputs: s, a sentence in propositional logic

    clauses ← the set of clauses in the CNF representation of s
    symbols ← a list of the proposition symbols in s
    return DPLL(clauses, symbols, { })

function DPLL(clauses, symbols, model) returns true or false
    if every clause in clauses is true in model then return true
    if some clause in clauses is false in model then return false
    P, value ← FIND-PURE-SYMBOL(symbols, clauses, model)
    if P is non-null then return DPLL(clauses, symbols – P, model ∪ {P=value})
    P, value ← FIND-UNIT-CLAUSE(clauses, model)
    if P is non-null then return DPLL(clauses, symbols – P, model ∪ {P=value})
    P ← FIRST(symbols); rest ← REST(symbols)
    return DPLL(clauses, rest, model ∪ {P=true}) or
           DPLL(clauses, rest, model ∪ {P=false}))
```

图 7.17   检验命题逻辑语句可满足性的 DPLL 算法

FIND-PURE-SYMBOL 和 FIND-UNIT-CLAUSE 的思想在教材中进行了描述；每个函数都返回一个符号（或空值 null）和赋予该符号的真值。和 TT-ENTAILS?一样，它可以对不完全模型进行操作

- **成分分析**（如同 CSP 中的 Tasmania）：DPLL 为变量赋真值，子句集可能变成不相交的子集，称为**成分**，共享未赋值变量。如果能有效地检测此情况的发生，求解器就可以对各成分独立求解来加快速度。

- **变量和值排序**（如同 CSP 的第 6.3.1 节）：对 DPLL 的简单实现使用的是变量的任意排序并且总是先赋值为 *true* 然后是 *false*。**度启发式**（原书第 216 页）建议选择在剩余子句中出现最频繁的变量。

- **智能回溯**（如同 CSP 的第 6.3 节）：有许多用时序回溯无法在几小时运行时间内求解的问题，如果改用智能回溯直接回溯到导致冲突的相关点上，那么问题可以在几秒内得到解决。所有使用智能回溯的 SAT 求解器都使用**冲突子句学习**的某些形式来记录冲突以避免在以后的搜索中重复。通常会使用一定大小的冲突集，很少只记录一个。

- **随机重新开始**（如同 4.1.1 节的爬山法）：有时一轮运行看起来没有取得任何进展。在这种情况下，选择从搜索树顶端重新开始，要好过从原路继续。重新开始后，会做出不同的随机选择（指变量和值的选择）。第一轮学习得到的子句依然保留，并且可以帮助对搜索空间进行剪枝。重新开始并不保证能更快地找到解，但的确减少了求解的时间差异。

- **智能索引**（很多算法中都能见到）：DPLL 中用到的加速技术和很多现代求解器中用到的一样，都要求能快速索引到如"变量 X_i 以正文字出现的所有子句集"。这项任务挺复杂的，原因是算法只对还没有被前面变量的赋值所满足的子句感兴趣，所以索引结构也应该随着计算的进行动态地更新。

有了这些改进，现代求解器可以处理几百上千万个变量的问题。有些领域有了革命性的成就如硬件校验和安全协议校验，这些领域以前都要求费力的手工的证明。

7.6.2 局部搜索算法

本书已经讨论过多种局部搜索算法，包括 HILL-CLIMBING（4.1.1 节）和 SIMULATED-

ANNEALING（4.1.2 节）。如果能找到正确的评价函数，这些算法可以直接应用于可满足性问题。由于目标是找出满足每个子句的变量赋值，评价函数可以选择未满足子句的数量。实际上，这正是 CSP 中（图 6.8）MIN-CONFLICT 算法采用的评估函数。这些算法涉及的是完全赋值空间，每次翻转一个符号的真值。该空间通常包括很多局部极小值点，为了避免这个问题，需要采用不同形式的随机方法。近年来，人们做了大量实验试图找出贪婪性和随机性之间的平衡点。

WALKSAT（图 7.18）是所有这类工作中最简洁有效的算法之一。算法在每次迭代中选择一个未得到满足的子句，并从该子句中选择一个命题符号进行翻转操作。它在两种方法中随机选择一个来挑选要翻转的符号：（1）"最小冲突"，最小化新状态下未得到满足语句的数量，和（2）"随机行走"来随机挑选符号。

```
function WALKSAT(clauses, p, max_flips) returns a satisfying model or failure
  inputs: clauses, a set of clauses in propositional logic
          p, the probability of choosing to do a "random walk" move, typically around 0.5
          max_flips, number of flips allowed before giving up

  model ← a random assignment of true/false to the symbols in clauses
  for i = 1 to max_flips do
      if model satisfies clauses then return model
      clause ← a randomly selected clause from clauses that is false in model
      with probability p flip the value in model of a randomly selected symbol from clause
      else flip whichever symbol in clause maximizes the number of satisfied clauses
  return failure
```

图 7.18　通过随机翻转变量的值检验可满足性的 WALKSAT 算法。算法存在多种版本

每当 WALKSAT 返回一个模型，那么输入语句确实是可满足的。如果它返回 failure，则有两种可能原因：语句是不可满足的，或者需要给算法更多的时间。如果设 max_flips 设 =∞ 且 $p > 0$，WALKSAT 最终将返回一个模型（如果存在的话），因为最终随机行走步骤将找到解法。如果 max_flips 无穷大，而且语句是不可满足的，那么算法永远不会终止！

这表明，如果问题有解，WALKSAT 是很有用的——例如，第 3 章和第 6 章中讨论的问题通常是有解的。另一方面，WALKSAT 无法每次都检验出蕴涵判定所需的不可满足性。例如，Agent 无法用局部搜索来可靠地证明 Wumpus 世界中的某个方格是安全的。相反，它可以说："我对此考虑了一个小时，无法给出该方格不安全的可能模型。"这可能是一个好的经验实证指示方格是安全的，但它当然不是一个证明。

7.6.3　随机 SAT 问题现状

有些 SAT 问题十分困难。容易的问题可以用任何旧算法来求解，但是由于 SAT 是 NP 完全的，至少一些问题实例需要指数级的运行时间。在第 6 章中，对于有些问题有一些令人惊讶的发现。例如，n 皇后问题——通常认为用回溯搜索算法相当棘手——却发现用局部搜索方法，比如最小冲突法，求解非常容易。这是因为解是密集分布在赋值空间上，任意初始赋值都可以保证在其附近存在某个解。因此 n 皇后问题的容易，是因为它是**低约束的**。

考虑合取范式形式的可满足性问题时，低约束的问题是具有相对较少的子句来约束变

量的问题。例如，以下是随机生成的具有 5 个符号和 5 个子句的 3-CNF 语句：

$(\neg D \vee \neg B \vee C) \wedge (B \vee \neg A \vee \neg C) \wedge (\neg C \vee \neg B \vee E)$

$\wedge (E \vee \neg D \vee B) \wedge (B \vee E \vee \neg C)$

32 个可能的赋值中有 16 个是此语句的模型，因此，平均起来它只需进行两次随机猜测就可以找到一个模型。这是个简单的满足问题，也是低约束的问题。另一方面，过约束的问题中则有许多子句与变量相关且很可能无解。

除了基本的直觉外，需要精确定义随机语句如何生成。用 $CNF_k(m,n)$ 表示有 m 个子句 n 个符号的 k-CNF 语句，均匀独立地选择子句，每个子句中的 k 个不同文字随机选择正文字或负文字（一个符号不能在一个子句中出现两次，一个子句也不能在语句中出现两次）。

给出一个随机语句源，可以测量可满足性的概率。图 7.19（a）显示了 $CNF_3(m,50)$ 的概率，即语句有 50 个变量，每个子句 3 个文字，概率则是子句/符号比 m/n 的函数。正如我们所期望的，对于数值比较小的 m/n，可满足性的概率接近于 1，而对于大数值的 m/n，概率接近于 0。在 $m/n = 4.3$ 附近，概率急剧下降。经验上来说，可以发现"悬崖"大概在相同的位置（$k=3$ 时），随着 n 的增大而越来越陡峻。理论上来说，**可满足性阈值猜想**指出对于每个 $k \geqslant 3$，都存在临界比 r_k，使得 n 变为无穷大时，如果 r 的取值在临界点以下，$CNF_k(n,rn)$ 是可满足的概率将变为 1，否则则为 0。这种推测尚未得到证明。

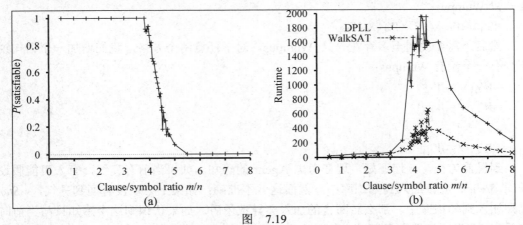

图　7.19

（a）图中显示 $n = 50$ 个符号的随机 3-CNF 语句的可满足概率，它是子句/符号比 m/n 的函数。（b）图中给出随机 3-CNF 语句的平均运行时间（通过 DPLL 的递归调用次数计算，一个好的代理）。最困难的问题的子句/符号比大概是 4.3

现在大概了解了可满足和不可满足的问题在哪儿，下一个问题则是，难题在哪儿？我们发现可能是临界点值。图 7.19（b）显示出临界点为 4.3 的 50 个符号问题大概比临界点为 3.3 的问题要困难 20 倍。低约束的问题很容易求解（因为很容易猜到解）；过约束的问题则不像低约束的问题那么简单，但仍比正好在临界点的问题要简单得多。

7.7　基于命题逻辑的 Agent

本节将用迄今为止所学的内容来构造基于命题逻辑的 **Wumpus** 世界 Agent。首先保证 Agent 在给定感知历史信息的情况下尽可能对世界状态进行推理。这要求写出行动后果的完整逻辑模型。接着会讨论 Agent 如何在不回头检查每个推理的感知历史的情况下有效跟踪世界的变化。最后讨论 Agent 如何使用逻辑推理来构造确保完成目标的规划。

7.7.1　世界的当前状态

本章一开始就指出，逻辑 Agent 的工作是通过由描述世界的语句构成的知识库上的推理来进行的。知识库的组成包括公理——世界运转的一般知识——和 Agent 对特定世界体验获得的感知语句。本节重点关注 Wumpus 世界中当前状态的推理问题——我在哪儿、方格是否安全等。

从第 7.4.3 节收集公理开始。Agent 知道开始方格不包含无底洞（$\neg P_{1,1}$）和 Wumpus（$\neg W_{1,1}$）。更进一步，对于每个方格，它知道方格有微风当且仅当邻居方格中有无底洞；方格中有臭气当且仅当邻居方格中有怪兽。于是，可以得到一组下列形式的语句：

$B_{1,1} \Leftrightarrow (P_{1,2} \vee P_{2,1})$

$S_{1,1} \Leftrightarrow (W_{1,2} \vee W_{2,1})$

…

Agent 还知道恰恰只有一只 Wumpus。这要用两个部分来表示。首先，需要假定至少存在一只 Wumpus：

$W_{1,1} \vee W_{1,2} \vee \cdots \vee W_{4,3} \vee W_{4,4}$

然后，需要说明至多存在一只 Wumpus。对于任意两个方格，我们增加一个语句说明至少有一个没有 Wumpus：

$\neg W_{1,1} \vee \neg W_{1,2}$

$\neg W_{1,1} \vee \neg W_{1,3}$

…

$\neg W_{4,3} \vee \neg W_{4,4}$

到目前为止，一切还好。现在考虑 Agent 的感知。如果当前有臭气，有人可能假设命题词 Stench 应该加入到知识库中。然而这并不准确：如果上一步没有闻到臭气，$\neg Stench$ 已知加入到知识库中，那么新断言的加入会导致矛盾。如果认识到这个感知只与当前时间相关，这个问题就很容易解决。那么，如果时间步骤（如图 7.1 中 MAKE-PERCEPT-SENTENCE 中提出的）是第 4 步，我们把 $Stench^4$ 加入到知识库中，而不是只加 Stench——这样就避免了与 $\neg Stench^3$ 的矛盾。对其他感知如微风、撞墙、闪金光和尖叫同样处理。

把时间步和命题词关联在一起的思想可以扩展到随时间变化的世界中。例如，初始知识库包含 $L_{1,1}^0$——Agent 在时间 0 位于[1，1]——还有 $FacingEast^0$、$HaveArrow^0$ 和 $WumpusAlive^0$。用单词流（fluent，取自拉丁语 fluens，意思是 flowing）来表示世界变化的一面。"流"是"状态变量"的同义词，直觉上与第 2.4.7 节中的表示类似。世界中永远不变的符号不需要时间上标，有时被称为**非时序变量**。

我们可以将臭气和微风的感知信息直接与方格联系在一起，也就是与位置流的体验结合在一起。[1]对于任意时间步 t 和任意方格$[x, y]$，插入断言：

1　7.4.3 节隐藏了这项需求。

$L_{x,y}^t \Rightarrow (Breeze^t \Leftrightarrow B_{x,y})$

$L_{x,y}^t \Rightarrow (Stench^t \Leftrightarrow S_{x,y})$

当然，现在需要公理来允许 Agent 来跟踪流如 $L_{x,y}^t$。这些流会随着 Agent 采取行动的后果而改变，所以，正如第 3 章的术语，需要将 Wumpus 世界的**转移模型**写成一组逻辑语句。

首先，需要命题符号来描述行动的发生。和感知一样，这些符号有时间标记；$Forward^0$ 表示 Agent 在时刻 0 执行行动 Forward。按照惯例，给定时间步的感知先发生，接着是该时间步的行动，然后是向下一时间步的转移。

为了描述世界的变化，试图给出**效应公理**来规范下一时间步行动的结果。例如，如果位置[1，1]的 Agent 在时间 0 面向东方并且向前走，结果是到达[2，1]而不是留在[1，1]：

$$L_{1,1}^0 \wedge FacingEast^0 \wedge Forward^0 \Rightarrow (L_{2,1}^1 \wedge \neg L_{1,1}^1) \qquad (7.1)$$

对于每个可能的时间步、16 个方格中的每一个方格、四个方向中的每一个方向，都需要一个这样的语句。对其他行动如：*Grab*、*Shoot*、*Climb*、*TurnLeft* 和 *TurnRight*，也同样需要类似的语句。

假设 Agent 在时间 0 决定向前走并将此事实加进它的知识库中。给定公式 7.1 中的效应公理，结合时刻 0 的初始状态，Agent 可以推理出它现在在[2，1]中。即，ASK(KB，$L_{2,1}^1$) =*true*。到目前为止，一切还好。不幸的是，其他地方的消息并不好；如果我们 ASK(KB, $HaveArrow^1$)，答案是 *false*，即 Agent 无法证明它还有支箭；也无法证明它没有箭！无法证实这个信息的原因是效应公理并没有陈述行动的后果未改变哪些状态。这样的需求引出了**画面问题**（**Frame Problem**）。[1] 一种可能的解法是为参照问题增加画面公理，显式地将不发生变化的命题加入知识库。例如，在时刻 t 有：

$Forward^t \Rightarrow (HaveArrow^t \Leftrightarrow HaveArrow^{t+1})$

$Forward^t \Rightarrow (WumpusAlive^t \Leftrightarrow WumpusAlive^{t+1})$

⋮

这里显式地表示了当时间从 t 到 t+1 时行动 Forward 未改变的状态命题。尽管现在 Agent 现在知道它在向前走以后仍然拥有那支箭，怪兽不会死过去或活过来，画面公理的收益看起来并不是很有效。如果世界中有 m 个不同的行动和 n 个流，画面公理的规模为 $O(mn)$。这种问题有时被称为**表示画面问题**。历史上来说，这一直是 AI 研究人员感兴趣的课题；我们将在历史注释和本章末尾进行进一步讨论。

说得委婉点，表示画面问题的意义在于现实世界中有很多的流。幸运的是，对于我们人类，每个行动典型地只改变流中的一小部分（k 个）——世界表现出**局部性**。求解表示画面问题要求定义转移模型和一组公理，公理的规模为 $O(mk)$ 而不是 $O(mn)$。还有推理画面问题：向前实施 t 步行动规划的问题的时间为 $O(kt)$ 而不是 $O(nt)$。

问题的解从关注写出有关行动的公理改变到关注写出有关流的公理。这样，对每个流 F，有公理以流 F 在 t 的值和时刻 t 可能的行动来定义 F^{t+1} 的真值。现在可以用以下两种方法计算 F^{t+1}：要么是 t 时刻的行动使得 F 在 t+1 时刻为真，要么是 F 在 t 时刻已经是真并且 t 时刻的行动并未使它变成假。这种形式的公理称为后继状态公理，用以下模式描述：

1　参照问题来自于物理学的"参照系"——物理的移动度量要假设静止的背景。这也类似于电影胶片中的帧，帧中大部分背景不变，只有部分前景发生变化。

$$F^{t+1} \Leftrightarrow ActionCausesF^t \lor (F^t \land \neg ActionCausesNotF^t)$$

最简单的后继状态公理是描述 *HaveArrow* 的。因为没有重新装箭的行动，*ActionCausesF^t* 部分消失并余下：

$$HaveArrow^{t+1} \Leftrightarrow (HaveArrow^t \land \neg Shoot^t) \tag{7.2}$$

对于 Agent 的位置，用后继状态公理更容易阐述。例如，$L_{1,1}^{t+1}$ 的值为真如果（a）Agent 面朝南从[1, 2]向前走；或面朝西从[2, 1]向前走；或者（b）$L_{1,1}^t$ 已经为真并且行动没有带来移动（行动不是 Forward 或撞上了墙）。用命题逻辑表示，则为：

$$
\begin{aligned}
L_{1,1}^{t+1} \Leftrightarrow \ & (L_{1,1}^t \land (\neg Forward^t \lor Bump^{t+1})) \\
& \lor (L_{1,2}^t \land (South^t \land Forward^t)) \\
& \lor (L_{2,1}^t \land (West^t \land Forward^t))
\end{aligned} \tag{7.3}
$$

习题 7.26 请你写出剩余的 Wumpus 世界的流的公理。

给定了完整的后继状态公理集合和本节前面列出的其他公理，Agent 可以 ASK 和回答当前世界状态的任何可答问题。例如，7.2 节中的初始感知序列和行动如下所示：

$\neg Stench^0 \land \neg Breeze^0 \land \neg Glitter^0 \land \neg Bump^0 \land \neg Scream^0$；$Forward^0$

$\neg Stench^1 \land Breeze^1 \land \neg Glitter^1 \land \neg Bump^1 \land \neg Scream^1$；$TurnRight^1$

$\neg Stench^2 \land Breeze^2 \land \neg Glitter^2 \land \neg Bump^2 \land \neg Scream^2$；$TurnRight^2$

$\neg Stench^3 \land Breeze^3 \land \neg Glitter^3 \land \neg Bump^3 \land \neg Scream^3$；$Forward^3$

$\neg Stench^4 \land \neg Breeze^4 \land \neg Glitter^4 \land \neg Bump^4 \land \neg Scream^4$；$TurnRight^4$

$\neg Stench^5 \land \neg Breeze^5 \land \neg Glitter^5 \land \neg Bump^5 \land \neg Scream^5$；$Forward^5$

$Stench^6 \land \neg Breeze^6 \land \neg Glitter^6 \land \neg Bump^6 \land \neg Scream^6$

此时，我们有 ASK(KB, $L_{1,2}^6$)=*true*，所以 Agent 知道自己的位置。而且，ASK(KB, $W_{1,3}$)=*true* 且 ASK(KB, $P_{3,1}$)=*true*，所以 Agent 找到了怪兽和一个无底洞。对于 Agent 来说最重要的问题是方格是否安全，即方格中既没有无底洞也没有怪兽。很方便地可以增加如下形式的公理：

$$OK_{x,y}^t \Leftrightarrow (\neg P_{x,y} \land \neg (W_{x,y} \land WumpusAlive^t)$$

最后，ASK(KB, $OK_{2,2}^6$)=*true*，所以方格[2，2]可以安全进入。事实上，给定一个可靠并且完备的推理算法如 DPLL，Agent 可以回答方格是否安全等问题——对于中小型 Wumpus 世界这可以在几毫秒内完成。

求解表示和推理画面问题向前进了一大步，但仍有副作用：需要证实所有的行动前提成立才能保证结果效应。我们提到 *Forward* 使 Agent 向前移动，除非前面是墙，但实际上存在着许多意外能够使行动失败：Agent 可能摔倒，可能心脏病发作，可能被巨大的蝙蝠带走，等等。规范这些意外称为**限制问题**（qualification problem）。在逻辑中没有完备的解法；系统设计者要做出决断来确定模型的细节。第 13 章的概率理论允许以非显式的方式对所有这些意外进行概况。

7.7.2　混合 Agent

对世界的推理可以通过将条件－行动规划与第 3 章和第 4 章中的问题求解算法结合

在一起进行，这样可以产生 Wumpus 世界的混合 Agent。图 7.20 给出了一种可能途径。Agent 算法维护和更新知识库和当前规划。初始知识库包含非时序的公理——不依赖于时间 t 的公理，如无底洞周边会有微风等。在每个时间步，新的感知信息语句和跟时间相关的公理加入知识库，如后继状态公理（下节中将讨论为何 Agent 不需要关于未来时间步的公理）。接着，Agent 使用逻辑推理，对知识库进行提问，来推断哪些方格安全且未被访问过。

```
function HYBRID-WUMPUS-AGENT(percept) returns an action
  inputs: percept, a list, [stench,breeze,glitter,bump,scream]
  persistent: KB, a knowledge base, initially the atemporal "wumpus physics"
              t, a counter, initially 0, indicating time
              plan, an action sequence, initially empty

  TELL(KB, MAKE-PERCEPT-SENTENCE(percept, t))
  TELL the KB the temporal "physics" sentences for time t
  safe ← {[x,y] : ASK(KB, OK^t_{x,y}) = true}
  if ASK(KB, Glitter^t) = true then
    plan ← [Grab] + PLAN-ROUTE(current, {[1,1]}, safe) + [Climb]
  if plan is empty then
    unvisited ← {[x,y] : ASK(KB, L^{t'}_{x,y}) = false for all t' ≤ t}
    plan ← PLAN-ROUTE(current, unvisited ∩ safe, safe)
  if plan is empty and ASK(KB, HaveArrow^t) = true then
    possible_wumpus ← {[x,y] : ASK(KB, ¬ W_{x,y}) = false}
    plan ← PLAN-SHOT(current, possible_wumpus, safe)
  if plan is empty then    // no choice but to take a risk
    not_unsafe ← {[x,y] : ASK(KB, ¬ OK^t_{x,y}) = false}
    plan ← PLAN-ROUTE(current, unvisited ∩ not_unsafe, safe)
  if plan is empty then
    plan ← PLAN-ROUTE(current, {[1,1]}, safe) + [Climb]
  action ← POP(plan)
  TELL(KB, MAKE-ACTION-SENTENCE(action, t))
  t ← t + 1
  return action
─────────────────────────────────────────────────────────────
function PLAN-ROUTE(current,goals,allowed) returns an action sequence
  inputs: current, the agent's current position
          goals, a set of squares; try to plan a route to one of them
          allowed, a set of squares that can form part of the route

  problem ← ROUTE-PROBLEM(current, goals,allowed)
  return A*-GRAPH-SEARCH(problem)
```

图 7.20　Wumpus 世界的混合 Agent 程序
它使用命题知识库来表示世界，结合了问题求解搜索和领域专用代码来确定采取哪个行动

　　Agent 程序的主体是按照目标的优先级来构造规划。首先，如果有闪光，程序构造一个规划去捡起金子、回到起始点并且爬出洞口。否则，如果没有当前规划，程序会规划前进到最近的未被访问过的安全的方格中，同时确保只经过安全方格。路径规划用 A*搜索，而不是 ASK。如果没有安全方格可以走，下一步——如果 Agent 还有那支箭——试图通过射杀某位置上的怪兽来制造一个安全的方格。这些可以通过询问哪里是 ASK(KB, ¬W_{x,y})为假——即不知道该处没有怪兽。函数 PLAN-SHOT（未列出）使用 PLAN-ROUTE 来规划一系列行动来完成射杀。如果失败了，程序试图找出一个未被证明不安全的方格——即 ASK(KB, ¬ OK^t_{x,y})为假。如果没有这样的方格，则任务不可能完成，Agent 返回[1, 1]并爬出洞口。

7.7.3 逻辑状态评估

图 7.20 给出的 Agent 程序运转良好，但有一个主要的弱点：随着时间的流逝，调用 ASK 带来的计算开销随之增长。这主要是由于必须的推理需要不断的回退，而且涉及的命题符号也越来越多。显然，这是不能支持的——不能让 Agent 处理感知信息的时间随着人生增长！需要的是常量更新时间——即，独立于时间 t。明显的答案是保存或**缓存**推理的结果，这样下一时间的推理步骤可以建立在前一步推理结果的基础上，而不必重新开始。

正如 4.4 节所述，感知的历史和所有结果可以被信念状态所替代——即，世界中所有可能当前状态集合的部分表示。[1]有新的感知信息时信念状态的更新过程被称作**状态评估**。第 4.4 节中信念状态是状态的显式列表，这里可以使用与当前时间步骤相关的命题符号组成的逻辑语句，也可以用时态符号。例如，逻辑语句：

$$WumpusAlive^1 \wedge L^1_{2,1} \wedge B_{2,1} \wedge (P_{3,1} \vee P_{2,2}) \qquad (7.4)$$

表示的是时间 1 时的所有状态集合，此时怪兽活着，Agent 的坐标为[2, 1]，方格中有微风，在[3, 1]或[2, 2]中有陷阱，也可能这两个方格中都有陷阱。

用逻辑公式来描述精确的信念状态并不简单。如果时间 t 有 n 个符号，就有 2^n 个可能的状态。即使使用最紧凑的逻辑公式语言，用二进制数来表示信念状态，仍需要 $\log_2(2^{2^n}) = 2^n$ 个二进制位来表示当前的信念状态。即，准确的状态评估需要的逻辑公式的规模可能是符号数的指数级别。

有一种常见的自然的状态评估模式是将信念状态表示成文字的合取，即，1-CNF 公式。为了做到这一点，Agent 程序在给定了 $t-1$ 时刻的信念状态后，只需对每个符号 X^t 简单地证明 X^t 和 $\neg X^t$（和未知真假值的非时态符号一样）。已证明的文字的合取成为新的信念状态，同时丢弃老的信念状态。

使用这种模式，随着时间的进行可能丢失一些信息，理解这一点非常重要。例如，如果公式（7.4）中的语句是真实的信念状态，那么 $P_{3,1}$ 和 $P_{2,2}$ 都不能独立证实，那么它们都不会出现在 1-CNF 信念状态中（习题 7.27 讨论了解决此问题的一种可能途径）。另一方面，因为 1-CNF 信念状态的每一个文字都从前面的信念状态中证明得出的，同时最初的信念状态是一个真实断言，可得出所有的 1-CNF 都为真。那么，1-CNF 信念状态所表示的可能状态集合包含了在给定完全感知历史时事实上可能的全部状态。正如图 7.21 中所描述的，1-CNF 信念状态的作用像是简单的精确信念状态的外壳信封，或**保守估计**。复杂集的保守估计的思想在 AI 的很多领域重复出现。

7.7.4 通过命题推理制订计划

图 7.20 中的 Agent 使用逻辑推理来确定哪个方格是安全的，但制订计划用的是 A*搜索。本节介绍如何用逻辑推理来做计划。它的基本思想很简单：

1　可以把感知历史本身看作是信念状态的表示，但是历史一长会使得推理益发昂贵。

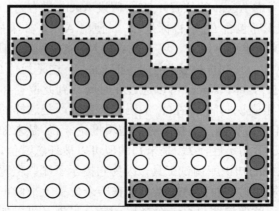

图 7.21　Wumpus 世界的混合 Agent 程序

它使用命题知识库来表示世界，结合了问题求解搜索和领域专用代码来确定采取哪个行动

1. 构建语句包含如下内容：

a) $Init^0$，描述初始状态的断言集合；

b) $Transition^1$，$\cdots$，$Transition^t$，每一时刻至多到时刻 t 的所有可能行动的后继状态公理；

c) 时刻 t 应该达到的目标断言：$HaveGold^t \wedge ClimbedOut^t$。

2. 将整个语句提供给 SAT 求解器。如果求解器找到了可满足的模型，那么目标就是可达的；如果语句是不可满足的，那么规划问题就是不可能的。

3. 假设找到了一个模型，在模型中可以找到表示活动的赋值为 $true$ 的变量。它们一起就表示了达到目标的计划。

图 7.22 给出了命题规划过程 SATPLAN。它实现了上述思想，只在一点上有变化。由于 Agent 并不知道完成目标需要多少步骤，算法尝试了每个可能的步骤数 t，设置了想象中的规划步骤上限 T_{max}。用这种方法，在有解的时候可以确保找到最短的计划。因为 SATPLAN 方法是搜索一个解，它不能用在部分可观察环境中；SATPLAN 会给观察不到的变量赋一个它求解所需要的值。

```
function SATPLAN(init, transition, goal, T max) returns solution or failure
    inputs: init, transition, goal, constitute a description of the problem
            T max, an upper limit for plan length

    for t = 0 to T max do
        cnf ← TRANSLATE-TO-SAT(init, transition, goal, t)
        model ← SAT-SOLVER(cnf)
        if model is not null then
            return EXTRACT-SOLUTION(model)
    return failure
```

图 7.22　SATPLAN 算法

将规划问题转换成 CNF 语句，其中包括目标以确定一个固定时间步骤 t，也包含了每个时间步骤直到 t 的公理。如果可满足性算法找到了一个模型，就可以展开规划找到代表行动的赋值为 $true$ 的命题符号。如果找不到这样的模型，则目标向前看一步重复这个过程

使用 SATPLAN 的关键是知识库的构建。乍一看，7.7.1 节给出的怪兽世界公理对上面的步骤 1（a）和 1（b）是足够的。然而，逻辑推论（由 ASK 测试）和可满足性的需求有

明显的不同。例如，考虑 Agent 的位置[1, 1]，假设 Agent 没有野心，它的目标是想在时间 1 到达[2, 1]。初始知识库包含 $L_{1,1}^0$，目标是 $L_{2,1}^1$。使用 ASK，如果插入了可以得证 $L_{2,1}^1$，但是如果插入的 $Shoot^0$ 就不能证明 $L_{2,1}^1$。现在 SATPLAN 能找到规划[$Forward^0$]；直到目前一切还好。不幸的是 SATPLAN 同样也找到了规划[$Shoot^0$]。这是为什么呢？检查 SATPLAN 构建的模型：它包含了 $L_{2,1}^0$，即，Agent 可以通过在时间 0 到此位置并射击而在时间 1 到达[2, 1]。有人可能会问："不是说时间 0 在[1, 1]吗？"是的，是这样的，但是我们并没有告诉 Agent 在一个时刻它不能占据两个方格！对于逻辑推论，$L_{2,1}^0$ 是未知的并且因此不能用在证明中；另一方面，对于可满足性，$L_{2,1}^0$ 是未知的但可以被任意赋值，只要对达到目标有利。因此，SATPLAN 是很好的知识库调试工具，因为它提示了哪些位置缺乏知识。在这种特殊情况下，可以通过在每个时刻断言 Agent 只能在一个位置上来修正知识库，这可以通过一组相似的语句来说明，就像说明只有一个怪兽一样。另外，可以加入 $\neg L_{x,y}^0$，除了[1, 1]；坐标的后继状态公理负责后续的时间步骤。同样可以修正 Agent 只能面朝一个方向。

SATPLAN 还有很多奇怪之处。首先它找到的模型会有不可能的行动，比方说射箭的时候没有箭。为了理解原因，需要我们认真审视后继状态公理（如公式 7.3）中那么前提未被满足的行动。公理中确实指明这样的行动如果执行（见习题 10.14）将不会发生任何事，但它并没说这个行动不能被执行！为了避免生成含有不合法行动的规划，我们必须加入**前提公理**指明行动的发生需要满足前提。[1] 例如，对每个时刻 t，需要说明如下：

$$Shoot^t \Rightarrow HaveArrow^t$$

这就保证了如果规划在某时刻选择了 $Shoot$ 行动，那么在那一时刻 Agent 一定是有箭的。

SATPLAN 的第二个奇怪之处在于它构建的规划中含有多个同时进行的行动。例如，它可能得到的模型中 $Forward^0$ 和 $Shoot^0$ 都为真，而这是不允许的。为解决这个问题，我们引入行动排除公理：对每对行动 A_i^t 和 A_j^t，加入公理：

$$\neg A_i^t \vee \neg A_j^t$$

有人可能会指出同时做向前先进和射击并不困难，但如果是同时做射击和抓取就不现实了。通过对可能互相干扰的行动对实施行动排除公理，就可以允许规划包含多个同时进行的行动——而且由于 SATPLAN 找到的是最短的合法规划，我们确实相信它可以从中受益。

综上所述，SATPLAN 根据初始状态语句、目标语句、后继状态公理、前提公理和行动排除公理来找到模型。可以看出这组公理是充分的，不再存在欺骗"解"。任何满足命题语句的解都将是原始问题的合理规划。现代 SAT 求解技术使得这种方法很实用。例如，DPLL 类的求解器在生成图 7.2 中的怪兽问题实例的 11 步的解规划时毫无困难。

这一节描述了构建 Agent 的声明式方法：Agent 的行为取决于知识库中的逻辑语句组和完成的逻辑推理过程。这种方法有一些弱点隐藏在诸如"对每一时刻 t"和"对每个方格 $[x, y]$"之类的词组中。对任一实用的 Agent，这些词组只能通过生成一般语句模式的所有实例进行编码实现，然后逐一自动地加入到知识库中。对于合理规模的怪兽世界——可与短小的计算机游戏进行对比——可能需要 100×100 的棋盘和 1000 个时间步骤，这会导致知识库中有成百上千万个语句。不仅仅是这一点很不现实，它还引入了更深层次的问题：

---

1 请注意前提公理的添加意味着不必在后继状态公理中包含行动的前提。

我们了解怪兽世界——就是说，对于所有方格和所有时间步骤，"物理"运行模式是一样的——不能用命题逻辑语言直接表达。为求解这个问题，需要更具表达力的语言，一种可以以自然方式描述"对每一时间步骤 t"和"对每一方格$[x, y]$"的方法。第 8 章将讲述的一阶逻辑就是这样的语言；用一阶逻辑来表达任意规模和时间间隔的怪兽世界只需要大概十多个语句，而不是几千万个。

7.8 本 章 小 结

本章讨论了基于知识的 Agent，指明了如何定义一种逻辑，使得 Agent 可以使用这种逻辑对世界进行推理。本章主要知识点如下：

- 智能 Agent 需要关于世界的知识以制订好的决策。
- Agent 的知识以**知识表示语言**的语句形式存储在 Agent 的**知识库**中。
- 基于知识的 Agent 由知识库和推理机制组成。它的工作方式是把描述世界的语句存储到它的知识库中，使用推理机制推导出新的语句，并根据这些语句来决策采取什么行动。
- 一种表示语言是通过**语法**和**语义**来定义的，其中语法指明语句的结构，而语义定义了每个语句在每个**可能世界**或**模型**中的真值。
- 语句之间的**蕴涵**关系对于理解推理至关紧要。如果 β 语句在所有 α 语句为真的世界中都为真，则 α 蕴涵 β。等价定义包括语句 $\alpha \Rightarrow \beta$ 是**有效的**和语句 $\alpha \wedge \neg \beta$ 是**不可满足的**。
- 推理是从旧语句生成新语句的过程。**可靠的**推理算法只生成被蕴涵的语句；**完备的**算法生成所有被蕴涵的语句。
- **命题逻辑**是由**命题词**和**逻辑连接词**组成的简单语言。它可以处理已知为真、已知为假或完全未知的命题。
- 给定一个固定的命题词汇表，它的可能模型集是有限的，因此蕴涵可以通过枚举模型来进行检验。用于命题逻辑的有效**模型检验**推理算法包括回溯和局部搜索方法，通常可以快速求解大规模的问题。
- **推理规则**是用来寻找证明的可靠推理模式。**消解**规则是用在表示为**合取范式**的知识库上的完备推理算法。**前向链接**和**反向链接**都是用在以 **Horn 子句**表示的知识库上的自然的推理算法。
- **局部搜索**算法如 WALKSAT 可以用于问题求解。这样的算法是可靠的但是不完备。
- 逻辑**状态评估**涉及的是维护与观察历史一致的描述可能状态集的逻辑语句。每一更新步骤要求使用环境的转移模型，转移模型可以从**后继状态公理**构建。
- 逻辑 Agent 的决策可以通过 SAT 求解进行：找出模型规范到达目标的未来可能的行动序列。这种方法只适用于完全可观察或无传感信息的环境。
- 命题逻辑无法扩展到无限的环境，原因是它缺乏足够的表达能力来准确地处理时间、空间以及对象间关系的模式。

参考文献与历史注释

John McCarthy 在文章"Programs with Common Sense"（McCarthy，1958，1968）中公布了 Agent 的概念，用逻辑推理作为感知信息和行动间的媒介。它还树起了陈述主义的旗帜，指出通过告知 Agent 所需要的知识来构建软件是优雅的。Allen Newell（1982）的文章"知识层次"（The Knowledge Level）提出，理性 Agent 可以在它们处理的知识所定义的抽象层次上进行描述和分析，而不是通过它们运行的程序。Boden（1977）的文章深入对比了人工智能的陈述性和过程性方法。Brooks（1991）、Nilsson（1991）使这两种方法的争论持续至今（Shaparau 等，2008）。同时，陈述性方法也扩展到计算机科学的其他领域，如网络（Loo 等，2006）。

逻辑本身诞生于古希腊哲学和数学中。多个逻辑法则——求解合法语句结构的真值和假值的规则、语义、或有效性——散布在 Plato 的著作中。已知最早的关于逻辑的系统研究是 Aristotle 完成的，他的著作由他的学生在他于公元前 322 年死后汇总成论文集 *Organon*。亚里士多德的**三段论**（**syllogism**）被我们现在称为推理规则。虽然三段论同时包括命题逻辑和一阶逻辑的要素，但整个系统作为整体缺乏处理任意复杂度的语句的组合特性。

关系密切的麦加拉学派（Megarian school）和斯多葛学派（Stoic school）（起源于公元前 5 世纪，此后延续了好几个世纪）开始了对逻辑连接词的系统研究。用真值表定义逻辑连接词归功于麦加拉学派的 Philo。斯多葛学派用 5 条基本推理规则作为无需证明的正确规则，其中包括了假言推理规则（Modus Ponens）。他们采用其他原理、演绎定理（第 249 页）等从这 5 条规则出发得到了许多其他规则，并且比亚里士多德的证明概念更清晰。Benson Mates（1953）很好地写明了麦加拉学派和斯多葛学派的历史。

在形式语言中将逻辑推理简化为纯机械化过程的思想是由 Wilhelm Leibniz（1646-1716）提出的，尽管在实现这些思想时的成功很有限。George Boole（1847）在《逻辑的数学分析》（*The Mathematical Analysis of Logic*）书中提出了第一个全面而且切实可行的形式逻辑系统。布尔逻辑严密地模仿实数代数，并采用逻辑等价表达式的置换作为它的主要推理方法。尽管布尔系统还无法处理整个命题逻辑系统，它已经足够接近从而使得其他数学家能够迅速解决。Schröder（1877）描述了合取范式，而 Horn（1951）提出了霍恩范式。现代命题逻辑（以及一阶逻辑）的第一次全面阐述是在 Gottlob Frege（1879）的《*Begriffschrift*》（"概念书写"或"概念符号"）中。

Stanhope 伯爵三世（1753—1816）第一个构造了执行逻辑推理的机械装置。Stanhope 证明机可以处理某些特定的三段论和概率推理。William Stanley Jevons 是对布尔的工作加以改进和扩充的学者之一，在 1869 年构造了"逻辑钢琴"以完成布尔逻辑中的推理。Martin Gardner（1968）总结了关于早期用于推理的机械装置的历史，有趣而且有教育意义。第一个公布的逻辑推理的计算机程序是 Newell，Shaw 和 Simon（1957）的逻辑理论家（Logic Theorist）。该程序试图对人类的思维过程建模。Martin Davis（1957）在 1954 年设计出可以完成证明的程序，但是逻辑理论家的公布时间比他稍微早一点。

用真值表来检验命题逻辑语句的合法性或不可满足性，该方法由 Emil Post（1921）和

Ludwig Wittgenstein（1922）分别独立地提出。20 世纪 30 年代一阶逻辑的推理方法研究取得了大量进展。特别是 Gödel（1930）证明了完备的一阶逻辑推理过程可以采用 Herbrand 定理（1930）使之退化为命题逻辑而得到。在第 9 章中会再次回顾这段历史；重要的是数学家们对有效的一阶逻辑定理证明机的兴趣推动了 20 世纪 60 年代的对有效的命题演算算法的研究。Davis-Putnam 算法（1960）是第一个有效的命题归结（resolution，也称为消解）算法，但是在多数情况下，它比两年后（1962）提出的 DPLL 回溯算法效率低。完整的归结规则和它的完备性证明出现于 J. A. Robinson（1965）的一篇研究论文中，论文中还说明了如何在不凭借命题技术的情况下完成一阶逻辑推理。

Stephen Cook（1971）证明了判定命题逻辑语句的可满足性是 NP 完全问题。由于判定蕴涵等价于判定不可满足性，它是余 NP 完全问题。命题逻辑的很多子集已知其可满足性问题为多项式可解的；Horn 子句即为这样的子集。Dowling 和 Gallier（1984）提出了 Horn 子句的线性时间前向链接算法，他们把该算法描述成与电路中信号传播类似的数据流过程。

早期理论分析表明 DPLL 求解某些自然分布的平均情况的问题为多项式复杂度。这本是个潜在的令人兴奋的事实，Franco 和 Paull（1983）通过猜测随机赋值证明了同样的问题可以在常数时间求解，这使得这个事实不再令人那么兴奋。本章描述的随机生成方法产生了更难的问题。受到局部搜索在这些问题上实验成功的启发，Koutsoupias 和 Papadimitriou（1992）证明简单的爬山算法能够快速求解几乎所有可满足性问题实例，指出难题非常稀有。更进一步，Schöning（1999）展示了用随机爬山算法求解 3-SAT 问题（即 3-CNF 语句的可满足性问题）的最坏情况的期望运行时间复杂度为 $O(1.333^n)$——仍然是指数级的，但是比以前的最坏情况要快很多。当前的记录是 $O(1.324^n)$（Iwama 和 Tamaki，2004）。Achlioptas 等人（2004）和 Alekhnovich 等人（2005）给出了用类 DPLL 算法求解时需要指数运行时间的 3-SAT 实例集。

实践方面，命题求解器的效率被人铭记。如果给定 10 分钟的计算时间，1962 年给出的原始的 DPLL 算法通过求解的问题中不能超过 10 或 15 个变元。1995 年 SATZ 求解器（Li 和 Anbulagan，1997）可以处理 1000 个变元，这要感谢数据结构为变元建了索引。两项关键技术是 Zhang 和 Stickel（1996）的**被观察文字**（watched literal）索引技术，这项技术使得单元传播十分有效，另一项关键技术为 CSP 研究人员 Bayardo 和 Schrag（1997）提出的子句（即约束）学习技术。利用上述思想，并且受到求解工业领域电路验证问题前景的刺激，Moskewicz 等（2001）开发出 CHAFF 求解器，可以求解含上百万个变元的问题。2002 年初，SAT 竞赛如常举行；绝大多数的胜利者要么是 CHAFF 的后代，要么是使用了相同的通用方法。RSAT（Pipatsrisawat 和 Darwiche，2007）是 2007 年的冠军，采用的是后一种方法。另一个值得关注的是 MINISAT（Een 和 Sörensson，2003），它是一种开源实现，网址为 http://minisat.se，你可以很容易地修改和提高。Gomes 等（2008）综述了目前的求解器。

20 世纪 80 年代有很多作者对可满足性的局部搜索算法进行研究；所有的算法都基于最小化不可满足语句的数量的思想（Hansen 和 Jaumard，1990）。Gu（1989）和 Selman 等（1992）分别独立地开发出一种特别有效的算法，称为 GSAT 并证明了它有能力快速求解很多非常难的问题。本章描述的 WALKSAT 算法由 Selman 等人提出（1996）。

Simon 和 Dubois（1989）首次观察到随机 k-SAT 问题可满足性的"相变"，提升了理论和经验研究——至少在某些部分，相变现象与统计物理学显然有联系。Cheeseman 等人（1991）观察到一些 CSP 问题中的相变，并猜想所有 NP 难题都有相变。Crawford 和 Auton（1993）发现随机 3-SAT 问题中子句/变元比为 4.24 左右有相变；这同时伴随着 SAT 求解器运行时间上的峰值出现。Cook 和 Mitchell（1997）很好地综述了相变。

Achlioptas（2009）总结了当前的理论研究。可满足性阈值猜想（satisfiability threshold conjecture）指的是，对每个 k，都存在着一个 r_k，使得当变元数目 $n \to \infty$ 时，该阈值以下的实例可满足的概率为 1，而该阈值以上的实例不可满足的概率为 1。Friedgut（1999）尝试去证明这个猜想：阈值确实存在，但它的位置取决于 n，即使是在 $n \to \infty$ 的时候。尽管对大 k 的阈值的渐近分析取得重大进展（Achlioptas 和 Peres，2004；Achlioptas 等人，2007），但能够得到证明的只有 $k=3$ 时阈值范围在[3.52, 4.51]。现有的研究说明 SAT 求解器运行时间的峰值并不一定与可满足性阈值相关，它与 SAT 实例的结构和解分布的阶段演变相关。Coarfa 等（2003）的经验结果证实了这一点。事实上，一些算法如 survey propagation（Parisi 和 Zecchina，2002；Maneva 等，2007）利用了随机 SAT 实例在可满足性阈值附近的特性，使得通用 SAT 求解器在这样的实例上取得更好结果。

关于可满足性的最好的信息来源，包括理论和实践，是可满足性手册（*Handbook of Satisfiability*）（Biere 等，2009）和可满足性理论及应用国际会议，一般称为 SAT。

用命题逻辑构建 Agent 的思想可以追溯到 McCulloch 和 Pitts（1943）的研讨会论文，它开创了神经网络领域。与主流的观点相反，这篇论文关注基于布尔电路的 Agent 设计的实现。然而，基于电路的 Agent 通过在硬件电路中传输信号，而不是通过运行通用计算机的算法来完成计算，这很少引起 AI 的重视。最令人瞩目的例外是 Stan Rosenschein（Rosenschein，1985；Kaelbling 和 Rosenschein，1990）的工作，他设计出根据任务环境的说明性描述对基于电路的 Agent 进行编译的方法（Rosenschein 的方法在本书的第二版中有一定具体的介绍）。Rod Brooks 的研究工作（1986，1989）证实基于电路的设计在控制机器人方面的有效应用——我们将在第 25 章中讨论。Brooks（1991）辩说基于电路的设计是 AI 所需要的全部——而表示、推理都是麻烦、昂贵和多余的。我们的观点是，单独的两种方法都是不充分的。Williams 等（2003）给出了可以用于控制 NASA 的航天器的混合 Agent 设计，它与我们的 Wumpus Agent 没有根本不同，它可以对行动进行规划，并可以诊断错误和从错误中恢复。

第 4 章引入的基于状态的表示能持续地跟踪部分可观察的环境。Amir 和 Russell（2003）研究了命题表示的实例化，根据状态评估算法对环境进行了分类，并指出有些环境分类处理十分棘手。有些**时序映射**问题涉及到确定活动序列执行后命题的真值，可以看成是空感知输入的状态评估的特殊情况。许多研究人员关注此问题是因为它在规划的重要性；Liberatore（1997）给出了硬度值。用命题表示信念状态的思想可以追溯到 Wittgenstein（1922）。

当然，逻辑状态评估需要行动的效果的逻辑表示——自 20 世纪 50 年代末这就是 AI 中的关键问题。占主导地位的是**情景演算**形式化（McCarthy，1963），它是一阶逻辑的变形。我们将在第 10 章和第 12 章讨论情景演算及其各种扩展和变化。本章中考虑的途径——在命题变元中使用时态索引——很有局限性，但它十分简洁。Kautz 和 Selman（1992）提出了通用的 SATPLAN 算法。SATPLAN 算法的后期版本利用了我们先前描述的 SAT 求解器的先进之处，并以最有效的方式求解困难问题（Kautz，2006）。

McCarthy 和 Hayes（1969）第一次提出了**画面问题**。许多研究人员认为此问题在一阶逻辑内是无解的，它促进了许多非单调逻辑的研究。从 Dreyfus（1972）到 Crockett（1994）的哲学家指出画面问题为整个 AI 产业不可避免失败的症状之一。画面问题的解法和后继状态公理要归功于 Ray Reiter（1991）。Thielscher（1999）将推理画面问题处理成独立的思想并找到了解。回顾历史，我们可以看到 Rosenschein（1985）的 Agent 使用实现了后继状态公理的电路，但 Rosenschein 并没有意识到画面问题因此基本得到解决。Foo（2001）解释了工程师的离散事件控制论模型无需显式处理画面问题的原因：这是因为它们处理的是预测和控制，而不是反事实（指在不同条件下有可能发生但违反现存事实的）情景的解释和推理。

现代命题求解器在工业中有广泛应用。命题推理在计算机硬件合成中应用现在已成为许多大规模部署中的标准技术（Nowick 等人，1993）。SATMC 可满足性检查器应用在 Web 浏览器用户登录协议中，用于检测未知的漏洞（Armando 等人，2008）。

Gregory Yob（1975）给出了 Wumpus 世界。具有讽刺意味的是，Yob 之所以提出是他很厌烦网格游戏：最早 Wumpus 世界的拓扑结构是十二面体，我们最后还是把它还原到乏味的网格上。Michael Genesereth 第一个提出把 Wumpus 世界用作 Agent 测试平台。

习　题

7.1　假设 Agent 前进到图 7.4（a）所示的位置，感知信息为：[1, 1]什么也没有，[2, 1]有微风，[1, 2]有臭气，它现在想知道[1, 3]、[2, 2]和[3, 1]的情况。这三个位置中的每一个都可能包含陷阱，而最多只有一个可能有 Wumpus。按照图 7.5 的例子，构造出可能世界集合。（应该找到 32 个）把 KB 为真的世界标出来，再把下列每个语句都为真的世界标出来：

α_2 = "[2, 2]中没有陷阱。"

α_3 = "[1, 3]中有 Wumpus。"

据此证明 $KB \models \alpha_2$ 和 $KB \models \alpha_3$。

7.2　（改编自 Barwise 和 Etchemendy（1993））已知如下信息，能否证明麒麟是神？是否有魔力？有角？

如果麒麟是神，那么它是长生不老的，但如果它不是神，那么它是一种必然会死的哺乳动物。如果麒麟要么是长生不老的，要么是哺乳动物，那么它有角。如果麒麟有角，那么它有魔力。

7.3　考虑判断命题逻辑语句在给定模型中是否为真的问题。

a. 写一个递归算法 PL-TRUE?(s, m)，它返回 *true* 当且仅当语句 s 在模型 m 中为真（其中 m 给 s 中的每个符号都赋了真值）。该算法的运行时间必须随着语句的规模线性增长（另一种选择是采用联机代码库中本函数的某个版本）。

b. 给出三个语句实例，它们可以在部分模型中判断真假，部分模型指的是某些符号没有被赋予真值。

c. 证明部分模型中通常无法有效地判断语句的真值（如果真值存在）。

d. 修改 PL-TRUE?算法，以便它有时可以根据部分模型判断真值，同时保持它的递归结构和线性运行时间。给出三个语句实例，它们在部分模型中的真值用你的算法无法检测出来。

e. 讨论该改进算法是否使 TT-ENTAILS?更有效。

7.4 以下式子哪些是正确的？

a. $False \models True$。

b. $True \models False$。

c. $(A \wedge B) \models (A \Leftrightarrow B)$。

d. $A \Leftrightarrow B \models A \vee B$。

e. $A \Leftrightarrow B \models \neg A \vee B$。

f. $(A \wedge B) \Rightarrow C \models (A \Rightarrow C) \vee (B \Rightarrow C)$。

g. $(C \vee (\neg A \wedge \neg B)) \equiv ((A \Rightarrow C) \wedge (B \Rightarrow C))$。

h. $(A \vee B) \wedge (\neg C \vee \neg D \vee E) \models (A \vee B)$。

i. $(A \vee B) \wedge (\neg C \vee \neg D \vee E) \models (A \vee B) \wedge (\neg D \vee E)$。

j. $(A \vee B) \wedge \neg (A \Rightarrow B)$ 是可满足的。

k. $(A \Leftrightarrow B) \wedge (\neg A \vee B)$ 是可满足的。

l. $(A \Leftrightarrow B) \Leftrightarrow C$ 与包含固定集合命题符号 A, B, C 的$(A \Leftrightarrow B)$的模型数相等。

7.5 证明以下每个断言。

a. α 是有效的当且仅当 $True \models \alpha$。

b. 对于任意α，$False \models \alpha$。

c. $\alpha \models \beta$ 当且仅当语句$(\alpha \Rightarrow \beta)$是有效的。

d. $\alpha \equiv \beta$ 当且仅当语句$(\alpha \Leftrightarrow \beta)$是有效的。

e. $\alpha \models \beta$ 当且仅当语句$(\alpha \wedge \neg \beta)$是不可满足的。

7.6 证明以下断言或举出反例。

a. 若 $\alpha \models \gamma$ 或 $\beta \models \gamma$（或两者都有）则$(\alpha \wedge \beta) \models \gamma$。

b. 若 $\alpha \models (\beta \wedge \gamma)$ 则$\alpha \models \beta$ 且 $\alpha \models \gamma$。

c. 若 $\alpha \models (\beta \vee \gamma)$ 则$\alpha \models \beta$ 或 $\alpha \models \gamma$（或两者都成立）。

7.7 考虑一个具有四个命题 A、B、C 和 D 的词表。对于下列语句分别有多少个模型？

a. $B \vee C$。

b. $\neg A \vee \neg B \vee \neg C \vee \neg D$。

c. $(A \Rightarrow B) \wedge A \wedge \neg B \wedge C \wedge D$。

7.8 我们定义了四种不同的二元逻辑连接词。

a. 是否存在其他有用的连接词？

b. 有多少种二元连接词？

c. 为什么有的连接词不是很有用？

7.9 选用一种方法来验证图 7.11 的每个等价关系。

7.10 判定下列的每个语句是否有效、不可满足或二者都不是。用真值表或图 7.11 的等价规则验证你的结论。

　　　a. $Smoke \Rightarrow Smoke$。

　　　b. $Smoke \Rightarrow Fire$。

　　　c. $(Smoke \Rightarrow Fire) \Rightarrow (\neg Smoke \Rightarrow \neg Fire)$。

　　　d. $Smoke \lor Fire \lor \neg Fire$。

　　　e. $((Smoke \land Heat) \Rightarrow Fire) \quad \Leftrightarrow \quad ((Smoke \Rightarrow Fire) \lor (Heat \Rightarrow Fire))$。

　　　f. $(Smoke \Rightarrow Fire) \Rightarrow ((Smoke \land Heat) \Rightarrow Fire)$。

　　　g. $Big \lor Dumb \lor (Big \Rightarrow Dumb)$。

7.11 任意命题逻辑语句逻辑等价于一个断言：使它为假的每个可能世界不为真。据此证明任意语句都可以写成 CNF。

7.12 使用归结从习题 7.20 证明 $\neg A \land \neg B$。

7.13 本题考察子句和蕴含语句之间的关系。

　　　a. 证明子句 $(\neg P_1 \lor \cdots \lor \neg P_m \lor Q)$ 逻辑等价于蕴含语句 $(P_1 \land \cdots \land P_m) \Rightarrow Q$。

　　　b. 证明每个子句（不管正文字的数量）都可以写成 $(P_1 \land \cdots \land P_m) \Rightarrow (Q_1 \lor \cdots \lor Q_n)$ 的形式，其中 P_i 和 Q_i 都是命题词。由这类语句构成的知识库是表示为**蕴含范式**或称 **Kowalski）范式**（Kowalski，1979）。

　　　c. 写出蕴含范式语句的完整归结规则。

7.14 根据政坛一些权威人士的说法，一个激进（R）的人如果他/她是保守（C）的会当选总统（E），否则就不会当选。

　　　a. 下面哪个表示是正确的？

　　　（i）$(R \land E) \Leftrightarrow C$

　　　（ii）$R \Rightarrow (E \Leftrightarrow C)$

　　　（iii）$R \Rightarrow ((C \Rightarrow E) \lor \neg E)$

　　　b.（a）中的哪个表示是 Horn 子句形？

7.15 本题试图将可满足性（SAT）问题描述为 CSP。

　　　a. 请画出对应如下 SAT 问题的约束图：

$$(\neg X_1 \lor X_2) \land (\neg X_2 \lor X_3) \land \cdots \land (\neg X_{n-1} \lor X_n)$$

　　　请考虑 $n=5$ 时的情况。

　　　b. 这个通用 SAT 问题有多少种解？请表示为 n 的函数。

　　　c. 假设应用 BACKTRACKING-SEARCH 找出（a）的 SAT CSP 问题的所有解（要找出 CSP 的所有解，我们简单修改基本算法使得搜索在找到解后继续运行）。假设变元排序为 $X_1, \cdots, X_n$，并且 $false$ 赋值在 $true$ 之前。算法终止的运行时间会是多少？（用大 O 表示法）

　　　d. 已知 Horn 子句形的 SAT 问题可以在线性时间内用前向链接（单元传播）求解，我们还知道离散有限值域的树结构的二元 CSP（6.5）可以在变元个数的线性时间内求解。这两点有关联吗？请讨论。

7.16 解释每个非空命题子句可满足的理由。请严格证明每个 5 个 3-SAT 子句集是可满足的，假定每个子句都正好有三个变元。这样的子句集不可满足的最小集合是什么？构造这样一个集合。

7.17 命题 2-CNF 表达式是指子句的合取式，每个子句正好包含两个文字，如

$(A \lor B) \ \land \ (\neg A \lor C) \ \land \ (\neg B \lor D) \ \land \ (\neg C \lor G) \ \land \ (\neg D \lor G)$

a. 使用归结证明从上述语句可以推导出 G。

b. 两个子句如果不是逻辑等价的，则称它们是语义不同的。从 n 个命题词可以构造出多少个语义不同的 2-CNF 语句？

c. 利用（b）中你的解答，证明命题归结总可以在 n 的多项式时间内终止，假设至多只有 n 个不同的命题词。

d. 解释（c）不适用于 3-CNF 的原因。

7.18 考虑下述语句：

$[(Food \Rightarrow Party) \ \lor \ (Drinks \Rightarrow Party)] \Rightarrow [(Food \ \land \ Drinks) \Rightarrow Party]$

a. 通过枚举判定这个语句是有效的、可满足的（不是有效的）或不可满足的。

b. 将蕴含句的左边和右边都转换为 CNF，写出步骤，并解释转换的结果如何证实你在（a）中的答案。

c. 利用归结证明（a）。

7.19 如果一个语句是合取文字的析取，则称之为析取范式（DNF）。例如，语句$(A \land B \land \neg C) \ \lor \ (\neg A \land C) \ \lor \ (B \land \neg C)$是 DNF。

a. 任意命题逻辑语句逻辑等价于一个断言：使它为真的每个可能世界确实如此。据此证明任意语句都可以写成 DNF。

b. 构建一算法将任一命题语句转换为 DNF。（提示：可参考 7.5.2 节中将语句转换成 CNF 的算法）

c. 构建简单算法，输入为语句的 DNF，如果是可满足的则返回真值赋值，否则报告不存在可满足性赋值。

d. 将（b）和（c）应用于下列语句：

$A \Rightarrow B$

$B \Rightarrow C$

$C \Rightarrow \neg A$

e. 由于（b）中算法类似于 CNF 转换算法，并且（c）中算法比求解 CNF 集合的算法要简单很多，为什么在自动推理中没有使用这项技术？

7.20 将下列语句转换为子句形：

S1: $A \Leftrightarrow (B \lor E)$

S2: $E \Rightarrow D$

S3: $C \land F \Rightarrow \neg B$

S4: $E \Rightarrow B$

S5: $B \Rightarrow F$

S6: $B \Rightarrow C$

给出 DPLL 在这组语句合取上的执行步骤。

7.21 对于有 n 个变元和 m 个子句的语句，随机生成的 4-CNF 是否比随机生成的 3-CNF 更易于求解？请解释。

7.22 扫雷是著名的计算机游戏，和 Wumpus 世界有着紧密的联系。扫雷世界是一个 N 个方格的矩形网格，M 个不可见的地雷散布其中。任何方格可以用 Agent 进行试探；

如果试探到地雷则立刻死亡。扫雷游戏通过在每个已经试探过的方格内显示直接以及对角相邻的地雷数量来指示地雷的存在。目标是试探每个没有地雷的方格。

a. $X_{i,j}$ 为真当且仅当方格 $[i, j]$ 中包含一个地雷。写出 $[1, 1]$ 周围恰好存在两颗地雷的断言，用一个包括 $X_{i,j}$ 命题的逻辑语句表示。

b. 从（a）生成断言并解释如何构造一个 CNF 语句：n 个相邻方格中有 k 个方格包含地雷。

c. 详细解释 Agent 如何用 DPLL 证明给定方格的确（或没有）包含一个地雷，忽略实际上总共有 M 个地雷的全局约束。

d. 假定全局约束是通过（b）中你的方法构造的。子句的数量如何依赖于 M 和 N？提出一种修改 DPLL 的方法，使得无需显式表示全局约束。

e. 考虑全局约束时，是否存在某个由（c）的方法得出的结论是错误的？

f. 给出导致长距离依赖的试探值的布局实例，以至给定的未被试探方格的内容将提供关于远距离方格的内容的信息。（提示：考虑 $N \times 1$ 的棋盘）

7.23 当 α 是一个已经包含在 KB 中的文字时，用 DPLL 证明 $KB \models \alpha$ 需要多长时间？请解释。

7.24 在试图证明 Q 的时候，跟踪图 7.16 中 DPLL 在知识库上的行为表现，并将这一表现与前向链接算法进行比较。

7.25 写出应用于门的 *Locked* 谓词的后继状态公理，假设只有 *Lock* 和 *Unlock* 两个动作。

7.26 7.7.1 节给出了 Wumpus 世界的一些后继状态公理。请写出所有余下符号的公理。

7.27 修改 HYBRID-WUMPUS-AGENT，以使用前面讲述的 1-CNF 逻辑状态评估方法。我们注意到这样的 Agent 无法获取、维护和使用更多复杂的信念如析取式 $P_{3,1} \lor P_{2,2}$。通过定义附加的命题词找出方法解决这个问题，并以 Wumpus 世界为例求解。这是否提高了 Agent 的性能？

第8章 一阶逻辑

我们注意到世界幸福地拥有着许许多多的对象，对象之间可能存在联系，我们尽力对它们进行推理。

第 7 章讨论了用基于知识的 agent 表示它所处的世界并推理将要采取的行动。我们把命题逻辑作为表示语言，因为它足以阐述逻辑和基于知识的 agent 的基本概念。不幸的是，命题逻辑是一种表达能力很弱的语言，无法以简洁的方式表示复杂环境的知识。本章考察**一阶逻辑**[1]，它具有丰富的表达能力，可以表示大量常识知识。它还包含或形成了很多其他表示语言的基础，已经被深入研究了几十年。8.1 节讨论一般的表示语言；8.2 节涵盖了一阶逻辑的语法和语义；8.3 节和 8.4 节说明了一阶逻辑在简单表示中的运用。

8.1 重温表示

本节讨论表示语言的本质。我们的讨论将引出一阶逻辑的发展，它是一个比第 7 章所介绍的命题逻辑表达能力更强的语言。我们将着眼于命题逻辑和其他类型的语言以便了解这些语言能做什么不能做什么。我们的讨论有些粗略，把几个世纪的思想、试验和错误浓缩为几段文字。

程序设计语言（如 C++、Java 或 Lisp）是到目前为止常用的形式语言中最大的一类。程序本身在直接的意义下表示的是计算过程。程序中的数据结构可以表示事实；例如，程序可以用 4×4 数组表示 Wumpus 世界。那么，程序设计语言的语句 *World*[2,2]←*Pit* 是加入断言[2, 2]有陷阱的很自然的方式（这样的表示可能被认为是专门的；数据库系统的精确开发提供了一种更通用的、独立于领域的方法来存储和检索事实）。程序设计语言缺乏的是从其他事实推导出其他事实的通用机制；数据结构的每次更新都是通过领域特定的过程来完成，该过程的细节是由程序员根据他或她自己拥有的关于该领域的知识得出的。这种**过程性**方法可以和命题逻辑的**描述性**本质相对，知识和推理是分开的，而且推理完全独立于领域。

程序（以及数据库）中的数据结构的第二个缺点是缺乏任何简便的表述方式，例如，"[2, 2]或[3, 1]中有一个陷阱"或者"如果 Wumpus 在[1, 1]，那么它不在[2, 2]中"。程序可以为每个变量保存一个单独的值，而且某些系统中允许该值是"未知的"，但是它们缺乏处理不完全信息所需的表达能力。

命题逻辑是一种描述性语言，因为它的语义是基于语句和可能世界之间的真值关系。它有充分的表达能力，可以采用析取式和否定式来处理不完全信息。命题逻辑所拥有的第

---

1 也称为**一阶谓词演算**，有时缩写为 **FOL** 或 **FOPC**。

三种特性在表示语言中很受欢迎,即**合成性**。在合成性语言中,语句的含义是它的各部分含义的一个函数。例如,"$S_{1,4} \wedge S_{1,2}$" 与 "$S_{1,4}$" 和 "$S_{1,2}$" 的含义有关。如果 $S_{1,4}$ 表示[1, 4]有臭气,$S_{1,2}$ 表示[1, 2]有臭气,而 $S_{1,4} \wedge S_{1,2}$ 却表示法国和波兰在上周的冰球资格赛中战成 1 比 1,这将是一件非常怪异的事情。显然,非合成性使得推理系统更加困难。

正如第 7 章所述,命题逻辑缺乏足够的表达能力,因而无法简洁地描述有很多个对象的环境。例如,我们不得不单独为每个方格写一个关于微风和陷阱的规则,如:

$$B_{1,1} \Leftrightarrow (P_{1,2} \wedge P_{2,1})$$

另一方面,用自然语言一劳永逸地表述看来是很容易的,"与陷阱相邻的方格有微风。"自然语言的语法和语义使得其能够简洁地对环境进行描述。

8.1.1 思维语言

自然语言(如英语或西班牙语)确实具有非常强大的表达能力。我们几乎全部用自然语言来写作这整本书,间或使用其他语言(包括逻辑、数学和图表语言)。语言学和语言哲学中的传统是把自然语言本质上视为一种描述性知识表示语言。如果我们能够总结自然语言的法则,就能够应用在表示和推理系统中,从无数的自然语言描述的内容中获益。

自然语言的现代观点认为它是**交流**的媒介而不是单纯的表示。当某人指点着说:"看!"听众便明白,比如说,超人最终在屋顶上现身了。我们其实并不认为语句"看!"表示了该事实。所以,语句的含义取决于语句本身以及说出该语句时的**上下文**。显然,人们无法在知识库中存储诸如"看!"这样的语句,同时期望在没有同时保存上下文的情况下复原它的含义——这就带来了上下文本身如何表示的问题。自然语言存在**歧义性**的困扰,歧义性是表示语言的一类典型问题。正如 Pinker(1995)指出,"当人们考虑 *Spring* 时,他们显然没有感到困扰,他们到底是在考虑一个季节还是某个发出啵嘤(弹簧突然弹开或振动时发出的声音)响声的事物——如果一个词语对应于两种含义,那么,这些含义就不能是词语"。

著名的 **Sapir-Whorf 假说**声称我们所说的语言深刻地影响着人们对世界的理解。Whorf(1956)写道:"我们切开本质,将它组织成概念,归因于意义,这很大程度上是因为我们是协议的一方——在我们的言语通信中贯穿始终的协议,并以我们的语言编制成法典。"显然不同的语言社会以不同的方式分离世界。法语中有两个词"chaise"和"fauteuil",在英语中只用一个词对应:"chair"。但讲英语的人很容易识别出"fauteuil"并给它一个名字——大概是"open-arm chair"——所以语言当真是不同的吗?Whorf 主要依赖于本能和推断,但是近期我们确实得到了人类学、心理学和神经学研究的真实数据。

例如,你是否记住了 8.1 节是以下面哪个句子开始的吗?

"本节讨论表示语言的本质……"

"本节将涵盖知识表示语言的主题"

Wanner(1974)做了类似实验发现,受试对象在这种测试中做出正确选择的概率处于随机水平——大约为 50%——而记住他们所读内容,准确率可达到 90%。这暗示着人们对词语进行处理进而形成某种非言语表示。

更有意思的是语言中完成缺少某个概念。讲澳大利亚土著语言 Guugu Yimithirr 的人没有词语可以表达相对方向,如前、后、左或右。他们使用绝对方向,例如,"我的北胳膊有点痛"。语言上的不同也导致了行为上的不同：Guugu Yimithirr 人更精于在开放地势中导航，而讲英语的人则擅长将叉子放在盘子的右边。

语言通过一些语法特征，如名词的性，影响到思维。例如，"bridge"是西班牙语中是男性，在德语则是女性。Boroditsky（2003）要求选择英语形容词来描述一幅特定的桥的照片。讲西班牙语的人选择了大的、危险的、强建的和参天的，而讲德语的人则选择了美丽的、优雅的、脆弱的和苗条的。词语像锚点一样影响着我们对世界的感知。Loftus 和 Palmer（1974）给出了汽车事故的视频实验。问题"车相碰时的车速有多快"的回答平均值是每小时 32 英里，把"相碰"换成相撞，同样的视频同样的车，回答的平均车速则为每小时 41 英里。

在使用 CNF 的一阶逻辑推理系统中，可以看出语言形"$\neg(A \lor B)$"和"$\neg A \land \neg B$"是相同的，因为两个语句具有相同的 CNF 范式。对人脑能这样做吗？不久之前答案还是"不"，但现在的回答是"可能"。Mitchell 等人（2008）将测试者放入 fMRI（功能磁共振成像）机器，向他们展示一些词语如"celery"，记录下他们的大脑成像。研究人员因而可以训练计算机程序从大脑成像来猜测测试者看到了什么词语。给出两个选择（如"celery"和"airplane"），系统猜测的准确率为 77%。即使是它从未见过的 fMRI 成像，它猜测的准确率也高于随机水平。这类研究工作还刚刚起步，但 fMRI（和其他成像技术）如颅内电（Sahin 等人，2009）将为我们理解人类知识表示提供更具体的思路。

从形式逻辑的角度看，用两种方法来表示同样的知识应该没有不同；不论从哪种表示出发应该都推导出相同的结论。然而在实践中，一种表示可能要求得出结论的步骤数要少，这意味着资源有限的推理器用一种表示能够导出结论，而另一种不能。对于非推理性任务，如从经验中学习，结论严重依赖于所使用的表示形式。第 18 章中我们将看到学习算法考虑两种可能的世界理论，两者都与数据相容，打破这种僵局的最常见的方法是选择最简洁的理论——这依赖于表示理论的语言。所以，语言对思维的影响对试图学习的任何 agent 来言都不可避免。

8.1.2　结合形式语言和自然语言的优势

我们采用命题逻辑的基础——即一种描述式的、上下文无关且无歧义性的合成语义——并在这一基础上，借用自然语言的表达思想，同时避开它的缺点，构造出一种更具表达能力的逻辑。我们观察自然语言的语法，最明显的元素是指代**对象**的名词和名词短语（方格、陷阱、Wumpus）以及表示对象之间**关系**的动词和动词短语（是有微风的、相邻、射击）。有些关系是**函数**——在该关系中，对于给定"输入"，只输出一个"值"。很容易罗列出对象、关系和函数的实例：

- 对象：人们、房子、数字、理论、Ronald McDonald、颜色、棒球比赛、战争、世纪……
- 关系：可以是一元关系或称**属性**，诸如：红色的、圆的、伪造的、质数、多楼层的……也可以是更常见的 n 元关系，诸如：是…的哥哥、比…大、在…里面、是…的一部分、有…颜色、在…之后发生、拥有、在…之间、……。
- 函数：…的父亲、最好的朋友、…的第三局、比…多一个、…的开始、……

实际上，可以认为几乎每条断言都涉及对象和属性或者关系。一些例子如下：

- "1 加 2 等于 3。"

  对象：1、2、3、1 加 2；关系：等于；函数：加（"1 加 2"是通过将"加"函数应用于对象"1"和"2"而得到的对象的名称。"3"是这一对象的另一个名称）。

- "与 Wumpus 相邻的方格是有臭味的。"

  对象：Wumpus、方格；属性：有臭味的；关系：相邻。

- "邪恶的 King John 于 1200 年统治英格兰。"

  对象：John、英格兰、1200；关系：统治；属性：邪恶的、王。

一阶逻辑语言是围绕对象和关系建立起来的，将在下一节讨论它的语法和语义。它在数学、哲学和人工智能中的地位十分重要，确切原因是这些领域——实际上，人类生活的每一天的大部分——对处理对象以及对象之间的关系是很有用的。一阶逻辑还可以表达关于全域中某些或全部对象的事实。这使得人们可以表示通用规律或者规则，如语句"与 Wumpus 相邻的方格有臭味"。

命题逻辑和一阶逻辑之间最根本的区别在于每种语言所给出的**本体论约定**——即关于现实本质的假设不同。从数学上说，这种约定用形式**模型**的本质来表达，模型中定义的是语句的真值。例如，命题逻辑假定世界中的事实要么成立要么不成立。每个事实只能处于真或假两种状态之一，每个模型对每个命题符号赋值 *true* 或 *false*（见 7.4.2 节）[1]。一阶逻辑的假设更多；即，世界由对象构成，对象之间的某种关系或者成立或者不成立。相应的形式模型也比命题逻辑的要更加复杂。专用的逻辑需要更进一步的本体论约定；例如，**时态逻辑**假定，事实在特定时间成立而且时间（可能是时间点或者时间区间）是有序的。因此，专用逻辑给予特定对象（以及关于它们的公理）逻辑中的"头等"状态，而不是在知识库中对它们进行简单定义。**高阶逻辑**把一阶逻辑中的关系和函数本身也视为对象。这允许人们对所有的关系做出断言——例如，人们可以定义什么样的关系是传递的。与多数专用逻辑不同，高阶逻辑比一阶逻辑表达能力更强，这一点表现在一些高阶逻辑语句无法用有限数目的一阶逻辑语句来表达。

逻辑还具备**认识论本质**特点——根据事实所允许的知识的可能状态。在命题逻辑和一阶逻辑中，一条语句代表一个事实，agent 或是相信语句为真、或是相信其为假，也可以没有任何意见。因此这些逻辑对于任何语句具有三个可能的知识状态。另一方面，采用**概率论**的系统可以有从 0（完全不相信）到 1（完全相信）的可信度[2]。例如，概率的 Wumpus 世界 agent 相信 Wumpus 位于[1, 3]的概率是 0.75。图 8.1 总结了 5 种不同逻辑的本体论和认识论的约定：

下一节将深入讨论一阶逻辑。正如一个物理系的学生要熟知数学，研究人工智能的学生要能够处理逻辑表示。另一方面，同样重要的是不要太关注于特定逻辑表示的细节——形式语言的版本太多。要始终关注的是如何使用语言得到简明的表示以及如何利用语义得到可靠的推理过程。

1　相反，模糊逻辑中的事实具有 0 到 1 之间的可信度。例如，语句"维也纳是一个大城市"在我们的世界中的可信度可能是 0.6。

2　重要的是不要混淆概率理论中的可信度和模糊逻辑中的真实度。实际上，有些模糊系统允许真实度的不确定性（可信度）的存在。

语言	本体论约定 （现实世界）	认识论约定 （agent 所相信的事实）
命题逻辑	事实	真 / 假 / 未知
一阶逻辑	事实、对象、关系	真 / 假 / 未知
时态逻辑	事实、对象、关系、时间	真 / 假 / 未知
概率论	事实	可信度 $\in [0, 1]$
模糊逻辑	事实，真实度 $\in [0, 1]$	已知区间值

图 8.1   形式语言及其本体论约定以及认识论约定

8.2   一阶逻辑的语法和语义

在本节开始详细讨论一阶逻辑表示以反应其在对象和关系上的本体论约定。接着介绍一阶逻辑语言的多种元素及其语义。

8.2.1   一阶逻辑的模型

回顾第 7 章，逻辑语言的模型是组成可能世界的形式结构。每个模型连接的是逻辑语句的词汇和可能世界中的元素，由此可以确定任一语句的真值。那么，命题逻辑连接的是命题符号和预定义的相应真值。一阶逻辑的模型更有趣。首先，它们包含对象！模型的**域**是它所包含的对象或**域元素**的集合。要求域不为空——每个可能世界必须包含至少一个对象。（习题 8.7 对空世界进行了讨论。）数学上说，这些对象是什么无关紧要——紧要的是在每个特定模型中有多少对象——但出于教学目的我们将举一个具体例子。图 8.2 显示了一个含有 5 个对象的模型：1189 年到 1199 年间在位的英格兰国王 Richard the Lionheart；他的弟弟，the evil King John 从 1199 年到 1215 年统治英格兰；Richard 和 John 的左腿；一个王冠（crown）。

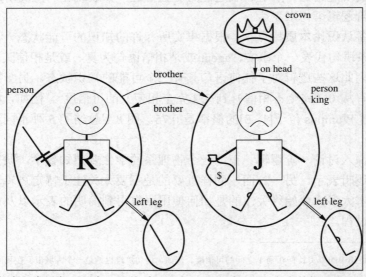

图 8.2   包含五个对象、两个二元关系、三个一元关系（用对象上的标注表示）以及一个一元函数 left-leg 的模型

模型中的对象可能以多种方式相互关联。图中 Richard 和 John 是兄弟。形式化地说，关系只是相互关联的对象的**元组**集合（元组是以固定顺序排列并用尖括号括起来的一组对象）。因此模型中的兄弟关系是集合：

$$\{\langle\text{Richard the Lionheart，King John}\rangle, \langle\text{King John，Richard the Lionheart}\rangle\} \qquad (8.1)$$

（这里直接用英文名字来命名对象，如果愿意可以随意替换名称）王冠在 King John 的头上，因此关系"在…的头上"只包含一个元组⟨the crown，King John⟩。"兄弟"（brother）和"在…头上"（on head）关系都是二元关系——即，这些关系关联一组对象。该模型还包括一元关系，或称属性：Richard 和 John 二者的"人"（person）属性都为真；只有 John 的"国王"（king）属性为真（大概是因为在这个时候 Richard 已经死亡）；而且只有王冠的"王冠"（crown）属性为真。

有些类型的关系最好处理成函数，即，对给定的对象与正好一个对象以这种方式相关联。例如，每个人都有一条左腿，因此模型中的一元"左腿"函数包含如下映射：

$$\langle\text{Richard the Lionheart}\rangle \rightarrow \text{Richard 的左腿}$$
$$\langle\text{King John}\rangle \rightarrow \text{John 的左腿} \qquad (8.2)$$

严格地说，一阶逻辑中的模型要求**全函数**，即每个输入元组必须有一个结果值。因此，王冠必须有一条左腿，每条左腿也不例外。一种解决这一棘手问题的技术方法是：附加一个"不可见"对象，该对象是每个没有左腿的事物的左腿，包括左腿本身。幸运的是，只要人们不对没有左腿的事物提出任何关于左腿的断言，这种技术性处理就无关紧要了。

至此，我们介绍了一阶逻辑主流模型中的元素。下面讨论模型中的必要部分，即逻辑语句中的词汇和这些元素的链接。

8.2.2 符号和解释

现在考虑语言的语法。心急的读者可以从图 8.3 中得到一阶逻辑形式语法的完整描述。

一阶逻辑的基本句法元素是表示对象、关系和函数的符号。因此，这些符号分为三类：表示对象的**常量符号**；表示关系的**谓词符号**；表示函数的**函词**。按照惯例将这些符号的起始字母都大写。例如，我们可以采用常量符号 *Richard* 和 *John*；谓词符号 *Brother*、*OnHead*、*Person*、*King* 和 *Crown*；函词 *LeftLeg*。而对于命题符号，名称的选择完全取决于用户自己。每个谓词和函词还伴随着确定参数个数的**元数**。

命题逻辑中，每个模型必须给出足够信息来确定语句的真值为真还是为假。因此，除了对象、关系和函数，每个模型还包括规范这些常量、谓词和函词的**解释**。上述实例的一个可能解释——我们将称之为**预期解释**——如下所示：

- *Richard* 指代 Richard the Lionheart，*John* 指代邪恶 King John。
- *Brother* 指代兄弟关系，即公式（8.1）中给出的对象元组集合；*OnHead* 指代在王冠和 King John 之间成立的"在…头上"关系；*Person*、*King* 和 *Crown* 分别指代人、国王和王冠的对象集。
- *LeftLeg* 指代"左腿"函数，即公式（8.2）给出的映射。

当然，可能的解释有很多。例如，某个解释可以将 *Richard* 映射到王冠，而 *John* 映射到 King John 的左腿。模型有 5 个对象，因此仅对常数符号 *Richard* 和 *John* 就存在 25 种可

$$Sentence \rightarrow AtomicSentence \mid ComplexSentence$$
$$AtomicSentence \rightarrow Predicate \mid Predicate(Term, \cdots) \mid Term = Term$$
$$ComplexSentence \rightarrow (\ Sentence\ ) \mid [\ Sentence\ ]$$
$$\mid \neg\ Sentence$$
$$\mid Sentence \wedge Sentence$$
$$\mid Sentence \vee Sentence$$
$$\mid Sentence \Rightarrow Sentence$$
$$\mid Sentence \Leftrightarrow Sentence$$
$$\mid Quantifier\ Variable, \cdots\ Sentence$$

$$Term \rightarrow Function(Term, \cdots)$$
$$\mid Constant$$
$$\mid Variable$$

$$Quantifier \rightarrow \forall \mid \exists$$
$$Constant \rightarrow A \mid X_1 \mid John \mid \cdots$$
$$Variable \rightarrow a \mid x \mid s \mid \cdots$$
$$Predicate \rightarrow True \mid False \mid After \mid Loves \mid Raining \mid \cdots$$
$$Function \rightarrow Mother \mid LeftLeg \mid \cdots$$

OPERATOR PRECEDENCE : $\neg, =, \wedge, \vee, \Rightarrow, \Leftrightarrow$

图 8.3 含等词的一阶逻辑语法，用 Backus-Naur 范式描述（如果对这一表示不熟悉，请参见附录 B.1 节）运算符优先级从高到低规范。量词的优先级是指它的辖域是它的右侧

能的解释。请注意并不是所有的对象都必须有名称——如预期解释并没有对王冠和左腿命名。一个对象可能有多个名字；存在一种解释，*Richard* 和 *John* 都指代王冠[1]。如果你觉得这点有些困惑，回顾命题逻辑，它可能有这样的模型，在该模型中 *Cloudy*（多云）和 *Sunny*（阳光灿烂）同时为真；消除跟我们的知识不相容的模型则是知识库的任务。

总而言之，一阶逻辑的模型包括对象集及其解释，解释将常量符号映射到对象、谓词符号映射到对象之间的关系、函词映射到对象上的函数。正如命题逻辑一样，蕴涵、有效性等都根据所有可能模型来定义。图 8.4 可以帮助你理解所有可能模型的含义。它说明，模型与它所包含的对象个数——从一个到无穷——以及常量到对象的映射方式相关。如果有两个常量，只有一个对象，那么两个常量都只能映射到此对象；当然，多个对象时同样可以做这样的映射。如果对象数多于常量数，有些对象会没有名字。由于可能模型的数量是无限的，通过枚举所有可能模型以检验蕴涵在一阶逻辑中是不可行的（这不同于命题逻辑）。即使对象数量有限，各种组合的数量仍然可能非常大（参见习题 8.5）。图 8.4 如果有 6 个或更少的对象，会有 137 506 194 466 个模型。

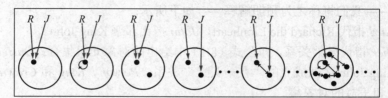

图 8.4 一语言包含两个常量符号 *R* 和 *J*，一个二元关系符号。常量的解释由图中灰色箭头线标出。在每个模型内，相关联的对象也由箭头线标出

---

1 之后在 8.2.8 节我们将讨论一种语义，每个对象只有一个名字。

8.2.3 项

项是指代对象的逻辑表达式。因此常量符号是项，但是用不同的符号来命名每一个对象有时并不方便。例如，在英语中，我们可能会用"King John's left leg"而不是给他的腿取名字。这就是使用函词的原因：采用 *LeftLeg(John)* 而不是常量符号。通常情况下，复合项由函词以及紧随其后的参数、被括号括起来的列表项组成。这一点很重要：复合项只是名称复杂。它不是"返回一个值"的"子程序调用"。没有将某个人作为输入并返回一条腿的 *LeftLeg* 子程序。甚至可以在没有提供 *LeftLeg* 定义的情况下对左腿进行推理（例如，说明规则"每人都有一条左腿"，那么推导出 John 必然有一条）。这是无法用程序设计语言中的子程序实现的。[1]

项的形式语义很直接。考虑项 $f(t_1, \cdots, t_n)$。函词 f 指代模型中的某个函数（称为 F）；参数项指代论域中的对象（称为 $d_1, \cdots, d_n$）；作为整体的项指代函数 F 应用于 $d_1, \cdots, d_n$ 得到的值所对应的对象。例如，假定 *LeftLeg* 函词指代公式(8.2)所示的函数，而 *John* 指代 King John，那么 *LeftLeg(John)* 指代 King John 的左腿。这样，解释确定了每个项的指代。

8.2.4 原子语句

现在有了指代对象的项以及指代关系的谓词，把它们放在一起可形成陈述事实的**原子语句**。原子语句由谓词符号以及随后被括号括起来的列表项组成。例如，

Brother(Richard, John)

根据前面给出的解释，它表述的意思是 Richard the Lionheart 是 King John 的兄弟[2]。原子语句可以使用复合项作为参数。所以，

Married(Father(Richard), Mother(John))

陈述的是 Richard the Lionheart 的父亲与 King John 的母亲结了婚（再次强调：在合适的解释下）。

如果谓词所指代的关系在参数所指代的对象中成立，那么原子语句在给定模型、给定的解释下为**真**。

8.2.5 复合语句

和命题演算的语法和语义一样，我们可以用**逻辑连接词**构造更复杂的语句。由逻辑连接词构成的语句。以下是在前面的解释中，图 8.2 给出的模型中为真的四个语句：

¬*Brother(LeftLeg(Richard), John)*

---

1 λ-表达式提供了一种有用的符号表示，新函词可以快速构建。例如，计算其平方根函数可以写为$(\lambda x\ x \times x)$，而且可以像任何其他函词一样应用到参数上。λ-表达式还可以定义为谓词和当作谓词使用（参见第 22 章）。Lisp 语言的 *lambda* 算子扮演着完全相同的角色。请注意，用λ并不能提高一阶逻辑的形式表达能力，因为任何包括λ-表达式的语句通过"插入"参数的方式重写，就可以得到一个等价语句。

2 我们有遵循参数顺序的习惯，把 $P(x, y)$ 解释为"x 是 y 的 P"。

Brother(*Richard, John*) $\wedge$ *Brother*(*John, Richard*)

King(*Richard*) $\vee$ *King*(*John*)

$\neg$*King*(*Richard*) $\Rightarrow$ *King*(*John*)

8.2.6　量词

有了允许对象存在的逻辑，那么很自然地想要表达全部对象集合的属性，而不是根据名称列举对象。**量词**可以让我们达到这一目的。一阶逻辑有两个标准量词，称为全称量词和存在量词。

全称量词（$\forall$）

回顾在第 7 章中用命题逻辑表示一般规则时遇到的困难。像"与 Wumpus 相邻的方格都有臭气"和"所有的国王都是人"这样的规则是一阶逻辑的基础。我们将在 8.3 节中讨论第一条规则。第二条规则"所有的国王都是人"写成一阶逻辑是：

$$\forall x \ King(x) \Rightarrow Person(x)$$

$\forall$ 通常读为"对于所有的…"。（请记住，倒置的 A 代表"所有"。）因此，该语句表示"对于所有的 x，如果 x 是国王，那么 x 是人。"符号 x 被称为**变量**。按照惯例，变量用小写字母表示。变量本身是一个项，同时也可作为函数的参数——例如 *LeftLeg*(x)。没有变量的项被称为**基项**（ground term）。

直观地看，语句 $\forall x \ P$，其中 P 为任意逻辑表达式，表示对每个对象 x，P 为真。更精确地说，如果 P 在根据给定解释构成的所有可能**扩展解释**下为真，则 $\forall x \ P$ 在给定解释下的给定模型中为真，其中每个扩展解释给出了 x 所指代的域元素。

这听起来很复杂，但是它严谨地陈述了全称量词的直观含义。考虑图 8.2 所示的模型及相应的预期解释。我们可以有 5 种扩展该解释的方式：

$x \rightarrow$ Richard the Lionheart

$x \rightarrow$ King John

$x \rightarrow$ Richard 的左腿

$x \rightarrow$ John 的左腿

$x \rightarrow$ 王冠

如果 *King*(x) $\Rightarrow$ *Person*(x)在 5 种扩展解释下都为真，那么在原有模型中全称量化语句 $\forall x \ King(x) \Rightarrow Person(x)$为真。即，全称量化语句等价于下列 5 个断言：

Richard the Lionheart 是国王 $\Rightarrow$ Richard the Lionheart 是人

King John 是国王 $\Rightarrow$ King John 是人

Richard 的左腿是国王 $\Rightarrow$ Richard 的左腿是人

John 的左腿是国王 $\Rightarrow$ John 的左腿是人

王冠是国王 $\Rightarrow$ 王冠是人

仔细研究这个断言集，由于在模型中 King John 是唯一的国王，那么第二个语句可以断言他是人，正如所期望的。但是另外四个语句呢？它们看来对腿和王冠进行了断言。这是否是"所有国王都是人"的含义的一部分？实际上，其余四条断言在模型中都为真，但是没有腿、王冠或者甚至 Richard 作为人的资格的断言。这是因为这些对象中都不是国王。查阅⇒的真值表（图 7.8）可以看到，只要前提为假，表达式就为真——与结论的真值无关。因此，断言全称量化语句等价于断言各蕴含句组成的整个列表，归根结底就是只需对于前提为真的对象，断言规则的结论，而对于那些前提为假的对象，无需任何断言。因此，用全称量词书写一般规则，⇒的真值表定义是完美的选择。

即使是多次阅读这一段落的读者也可能会犯的常见错误是，用合取词代替蕴含词。语句

$$\forall x\ King(x) \wedge Person(x)$$

等价于断言

Richard the Lionheart 是国王 $\wedge$ Richard the Lionheart 是人

King John 是国王 $\wedge$ King John 是人

Richard 的左腿是国王 $\wedge$ Richard 的左腿是人

等等。显然，这并不是我们要表达的。

存在量词（∃）

全称量词对每一个对象进行陈述。类似地，我们可以通过使用存在量词对论域中的某些对象进行陈述而无须对它们命名。例如，表示有王冠在 King John 的头上，可以写为：

$$\exists x\ Crown(x) \wedge OnHead(x, John)$$

∃x 读为"存在 x，使得…"或"对于某个 x…"。

直观地，语句∃x P 表示至少存在一个对象 x，使得 P 为真。更精确地说，如果至少一个 x 赋给某个论域元素的扩展解释时 P 为真，那么∃x P 在该解释下的给定模型中为真。这就是说下列语句至少有一个为真：

Richard the Lionheart 是王冠 $\wedge$ Richard the Lionheart 在 John 的头上

King John 是王冠 $\wedge$ King John 在 John 的头上

Richard 的左腿是王冠 $\wedge$ Richard 的左腿在 John 的头上

John 的左腿是王冠 $\wedge$ John 的左腿在 John 的头上

王冠是王冠 $\wedge$ 王冠在 John 的头上

第 5 条断言在模型中为真，因此原先的存在量化语句在模型中为真。需要注意的是，根据定义，在 King John 戴着两个王冠的模型中该语句也为真。这和原始语句"King John 的头上有一个王冠"是相容的。[1]

正如⇒看来是在使用∀时的自然连接词，∧是使用∃时的自然连接词。在前一节的实例中，将∧作为∀的主连接词使得陈述过强；而在∃句中使用⇒通常会使陈述过弱。考虑下述语句：

$$\exists x\ Crown(x) \Rightarrow OnHead(x, John)$$

表面上，这看起来很像是语句的一个合理翻译。对其赋予语义，在下列断言中至少有一个为真：

Richard the Lionheart 是王冠 $\Rightarrow$ Richard the Lionheart 在 John 的头上

---

1 存在量词有变型，通常写为∃[1] 或∃!，它的意思是"正好存在一个…"。相同的意思也可以用等价式来陈述。

King John 是王冠 ⇒ King John 在 John 的头上

Richard 的左腿是王冠 ⇒ Richard 的左腿在 John 的头上

等等。现在如果前提和结论都为真，或者如果它的前提为假，那么整个蕴含式为真。因此，由于 Richard 不是王冠，所以第一条断言为真，从而该存在量化语句得到了满足。所以，如果某个对象不能满足前提，存在量化蕴含语句就为真；因此这样的句子并没有真正表述信息。

嵌套量词

采用多个量词可以表示更复杂的语句。最简单的情况是同一种量词。例如，"兄弟是同胞"可表示为：

$$\forall x\ \forall y\ Brother(x, y) \Rightarrow Sibling(x, y)$$

同一种多个连续量词可以写成有几个变量的单个量词。例如，为了说明同胞关系是对称关系，我们可以写出：

$$\forall x, y\ Sibling(x, y) \Leftrightarrow Sibling(y, x)$$

其他情况中可能会有混合量词。"每个人都会爱上某人"的意思是，对于每个人，都会存在此人爱的人：

$$\forall x\ \exists y\ Loves(x, y)$$

另一方面，要说"存在某人被每个人爱"，我们写为：

$$\exists y\ \forall x\ Loves(x, y)$$

由此看出量词的顺序很重要。使用括号将更加明确。$\forall x\ (\exists y\ Loves(x, y))$ 表示每个人有一个特殊属性，即爱某人的属性。另一方面，$\exists y\ (\forall x\ Loves(x, y))$ 表示世界上某人有一个特殊属性，即他被每个人喜爱的属性。

有时两个量词会采用相同的变量名称，这会产生某些混淆。考虑如下语句：

$$\forall x\ [Crown(x)\ \lor\ (\exists x\ Brother(Richard, x))]$$

在此，$Brother(Richard, x)$ 中的 x 是被存在量化的。规则是变量属于引用该变量的最内层的量词；且不再属于其他任何量词。另一种考虑方式是：$\exists x\ Brother(Richard, x)$ 是关于 Richard（他有一个兄弟）而不是关于 x 的语句；因而将 $\forall x$ 置于该语句外层没有作用。该语句的一个完全等价的写法是 $\exists z\ Brother(Richard, z)$。由于这是造成混淆的源头，因此在嵌套量词中总是采用不同的变量。

∀和∃之间的关联

∀和∃两个量词通过否定词紧密相关。断言每个人都不喜欢欧洲防风草等同于断言不存在某个喜欢欧洲防风草的人；反之亦然：

$\forall x\ \neg Likes(x, Parsnips)$ 等价于 $\neg \exists x\ Likes(x, Parsnips)$

我们可以更进一步，"每个人都喜欢冰淇淋"意味着没有人不喜欢冰淇淋：

$\forall x\ Likes(x, IceCream)$ 等价于 $\neg \exists x\ \neg Likes(x, IceCream)$

因为∀实际是论域上所有对象的合取式，而∃是析取式，所以它们遵循 De Morgan 定律就不奇怪了。用于量化语句和非量化语句的 De Morgan 定律如下所示：

$$\forall x\ \neg P \quad \equiv \quad \neg \exists x\ P \qquad\qquad \neg(P \lor Q) \quad \equiv \quad \neg P \land \neg Q$$

$$\neg \forall x\ P \quad \equiv \quad \exists x\ \neg P \qquad\qquad \neg(P \land Q) \quad \equiv \quad \neg P \lor \neg Q$$

$$\forall x\, P \quad \equiv \quad \neg \exists x\, \neg P \qquad\qquad P \wedge Q \quad \equiv \quad \neg(\neg P \vee \neg Q)$$
$$\exists x\, P \quad \equiv \quad \neg \forall x\, \neg P \qquad\qquad P \vee Q \quad \equiv \quad \neg(\neg P \wedge \neg Q)$$

因此，并不是真的同时需要∀和∃，正如我们并不是同时需要∨和∧。尽管如此，语句的可读性比精简更重要，所以我们保留这两个量词。

8.2.7   等词

除了前面描述的使用谓词和项产生原子语句之外，一阶逻辑还有另一种构造原子语句的方式。可以使用**等词**来声明两个项指代同一个对象。例如：

$$Father(John) = Henry$$

说明 *Father*(*John*) 指代的对象和 *Henry* 所指代的对象是相同的。因为解释固定了项的指代，判定等词语句的真值是个简单问题，通过检验两个项的指代是否是同一对象即可实现。

等词可以用来表述关于给定函数的事实，如同上面例子中的 *Father* 符号。它还可以和否定词同时使用以强调两个项不是同一对象。为了说明 Richard 至少有两个兄弟，可写为：

$$\exists x, y\ Brother(x, Richard) \wedge Brother(y, Richard) \wedge \neg(x = y)$$

语句

$$\exists x, y\ Brother(x, Richard) \wedge Brother(y, Richard)$$

则没有上述含义。特别是在图 8.2 的模型中它为真，图中 Richard 只有一个兄弟。为了理解这一点，考虑 x 和 y 都被指派为 King John 的解释。附加的 $\neg(x = y)$ 排除了这样的模型。有时候用 $x \neq y$ 作为 $\neg(x = y)$ 的缩写。

8.2.8   另一种语义

继续讨论上一节的例子，假设我们相信 Richard 有两个兄弟 John 和 Geoffrey。[1] 加入以下断言能得到这个状态吗：

$$Brother(John,\ Richard) \wedge Brother(Geoffrey,\ Richard)? \qquad\qquad (8.3)$$

不一定。首先，这个断言在 Richard 只有一个兄弟的模型中为真——还需加入 John≠Geoffrey。其次，该语句没有排除 Richard 除了 John 和 Geoffrey 还有更多兄弟的模型。那么，"Richard 有两个兄弟 John 和 Geoffrey"的正确翻译如下：

$$Brother(John, Richard) \wedge Brother(Geoffrey, Richard) \wedge John \neq Geoffrey$$
$$\wedge \forall x\ Brother(x, Richard) \Rightarrow (x = John \vee x = Geoffrey)$$

这跟相应的自然语言表述相比要累赘很多。在将知识翻译成一阶逻辑的时候直观上也很容易出错。我们能否设计一种语义使得逻辑表达更直接呢？

一种做法是数据库系统中的常见方法。首先，坚持每个常量符号指代一个确定对象——称为**关键字假设**。其次，假设我们不知道的所有原子语句事实上都为假——**封闭世界假设**。最后，使用**论域闭包**，指的是每个模型只包括常量符号指代的对象。在上述**数据库语义**下，区分于标准的一阶逻辑语义，公式 8.3 确实表达了 Richard 有两个兄弟是 John 和 Geoffrey。

---

1   实际上他有四个兄弟，另两个是 William 和 Henry。

数据库语义也用于逻辑程序设计系统中，这点将在 9.4.5 节讨论。

对图 8.4 的同样情况考虑其数据库语义下的所有可能模型具有指导性。图 8.5 给出了一些模型，从模型中没有元组满足关系到模型中的所有元组都满足关系。两个对象有四种可能的二元组，所以满足关系的可能元组子集有 $2^4 = 16$ 个。因此，共有 16 种可能模型——远比标准一阶逻辑语义的无穷模型要少很多。另一方面，数据库语义要求世界中包含的知识是有限的。

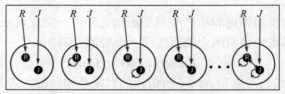

图 8.5　图中是数据库语义的一些模型，语言包含两个常量符号 R 和 J，一个二元关系符号。常量符号的解释是不变的，每个常量符号指代确定的对象

这个例子带来很重要的信息：对逻辑而言不存在"正确的"语义。上面讨论的各种语义的用处依赖于它们对我们知识的表达是否具体和直观，相应的规则推理是否简洁和自然。当明确知识库中的所有对象和事实时数据库语义很有用；而在其他情况中，这很怪异。本章中余下的部分，假设选择这种标准语义会使得表达理复杂。

8.3　运用一阶逻辑

前面已经定义了这种富于表达力的逻辑语言，现在学习如何使用它。最好是通过实例来学习。我们已经通过一些简单实例展示了逻辑语法的各个方面；本节将提供某些简单**论域**的更多系统化表示。在知识表示中，一个论域只是我们希望表达知识的部分世界。

从简单描述一阶知识库的 TELL/ASK 接口开始。接着讨论家庭关系、数字、集合、列表和 Wumpus 世界的论域。下节包括了一个更真实的实例（电路），第 12 章将讨论所有内容。

8.3.1　一阶逻辑的断言和查询

与命题逻辑一样，TELL 将语句添加到知识库中。这样的语句被称为**断言**。例如，可以断言 John 是国王，而且国王都是人：

TELL(*KB, King(John)*)

TELL(*KB, Person(Richard)*)

TELL(*KB, ∀x King(x) ⇒ Person(x)*)

用 ASK 向知识库询问问题。例如

ASK(*KB, King(John)*)

返回 *true*。用 ASK 提出的问题称为**查询**或**目标**。一般而言，被知识库逻辑蕴涵的任何查询都肯定可以得到回答。例如，已知上一段的两条断言，查询

ASK(*KB, Person(John)*)

也应该返回 *true*。可以提出量化查询，如

ASK(*KB*, ∃*x Person*(*x*))

此查询的答案是 *true*，但是这不像我们喜欢的那样有用。这就像有人问"你是否可以告诉我现在的时间？"而你只回答"是"。如果想知道什么样的 *x* 使得语句为真，则需要一个不同的函数 ASKVARS，这样可以询问

ASKVARS(*KB*, *Person*(*x*))

可能得到一个答案流。在这个例子中有两个答案：{*x/John*}和{*x/Richard*}。这样的答案被称为**置换**或**绑定表**。ASKVARS 通常在只含有 Horn 子句的知识库中保留，因为在这样的知识库中查询会使变量绑定到特定的值。这不是一阶逻辑；如果知识库被告知 *King*(*John*)∨ *King*(*Richard*)，对查询∃*x King*(*x*)则不存在 *x* 的绑定，尽管查询返回的是 *true*。

8.3.2　亲属关系论域

第一个实例是家庭关系论域。论域中包括诸如"Elizabeth 是 Charles 的母亲"和"Charles 是 William 的父亲"的事实，还包括诸如"祖母是其家长的母亲"的规则。

显然，在我们的论域对象是人。有两个一元谓词：*Male* 和 *Female*。亲属关系——家长关系、兄弟关系、婚姻关系等——用二元谓词表示：*Parent*、*Sibling*、*Brother*、*Sister*、*Child*、*Daughter*、*Son*、*Spouse*、*Wife*、*Husband*、*Grandparent*、*Grandchild*、*Cousin*、*Aunt*、*Uncle*。用函数来表示 *Mother* 和 *Father*，因为每个人只能有一个父亲/母亲（至少大自然是这样设计的）。

考察每个函数和谓词，按照符号定义写出我们所知道的知识。例如，母亲是指女性家长：

$$\forall m, c\ Mother(c) = m \Leftrightarrow Female(m) \wedge Parent(m, c)$$

丈夫则是指某人的男性配偶：

$$\forall w, h\ Husband(h, w) \Leftrightarrow Male(h) \wedge Spouse(h, w)$$

女性和男性是两个不相交的集合：

$$\forall x\ Male(x) \Leftrightarrow \neg Female(x)$$

家长和孩子是反关系：

$$\forall p, c\ Parent(p, c) \Leftrightarrow Child(c, p)$$

祖父母是家长的家长：

$$\forall g, c\ Grandparent(g, c) \Leftrightarrow \exists p\ Parent(g, p) \wedge Parent(p, c)$$

同胞是某人家长的另一个孩子：

$$\forall x, y\ Sibling(x, y) \Leftrightarrow x \neq y \wedge \exists p\ Parent(p, x) \wedge Parent(p, y)$$

这样可以列出好几页，习题 8.14 要求你来做这项工作。

正如 7.1 节指出，每个语句都可以看作是亲属关系论域上的**公理**。公理通常和纯数学域联系在一起——我们很快将了解数域的一些公理——但是所有论域都需要它们。它们提供基本的事实信息，由这些信息推导出有用的结论。我们的亲属关系公理也是**定义**；它们形如∀*x, y P*(*x, y*)⇔……公理根据其他谓词，可以定义 *Mother* 函数以及 *Husband*、*Male*、*Parent*、*Grandparent* 和 *Sibling* 谓词。定义从基本谓词集合（*Child, Spouse, Female*）发展而

来，其他谓词根据这个基本集合进行定义。这是构造表示的一种非常自然的方法，这与通过库函数设计子程序构造软件模块的过程类似。需要注意的是，基本谓词集合不是唯一的；用 *Parent*、*Spouse* 和 *Male* 同样可以实现。以后会看到，在某些论域中，不存在可明确区别的基本谓词集合。

不是所有关于论域的逻辑语句都是公理。有些是**定理**——即，它们通过公理推导而来。例如，考虑对称的同胞关系的断言：

$$\forall x, y \; Sibling(x, y) \Leftrightarrow Sibling(y, x)$$

它是公理还是定理？实际上，它是根据定义同胞关系的公理得出的定理。如果 ASK 知识库这个语句，它应该返回 *true*。

从纯逻辑的观点来看，知识库只需包括公理，无需包括定理，因为定理并不增加根据知识库得出的结论集。从实用观点来看，定理可以降低生成新语句的计算成本。如果没有它们，推理系统每次都要从基本原理开始，这就像物理学家对每个新问题都要重新推导微积分规则。

不是所有的公理都是定义。有些公理提供关于谓词的更一般信息，并没有构成定义。确实，有些谓词没有完整定义，是因为我们具备的知识还不足以完全刻划它们。例如，没有显而易见的方法来完成以下语句：

$$\forall x \; Person(x) \Leftrightarrow \cdots$$

幸运的是，一阶逻辑允许利用 *Person* 谓词而无需完整定义它。反而支持我们写出每个人都具有的属性或哪些属性使其成为一个人：

$$\forall x \; Person(x) \Rightarrow \cdots$$
$$\forall x \; \cdots \Rightarrow Person(x)$$

公理还可以是"普通事实"，如 *Male(Jim)* 和 *Spouse(Jim, Laura)*。这样的事实构成了特定问题实例的描述，使得特定问题能够得到求解。这些问题的回答就成为由公理推导出的定理。通常，人们发现期望的答案并不是现成的——例如，从 *Male(George)* 和 *Spouse(George, Laura)*，希望能够推导出 *Female(Laura)*；但是这无法由先前已知的公理推导得到。这表明公理不充分。习题 8.8 要求你提出这一公理。

8.3.3　数、集合和表

数字可能是从很小的公理内核构建出大型理论的最生动实例。这里描述自然数或非负整数的理论。用谓词 *NatNum* 表示是否为自然数；需要常数符号 0；还需要函词 *S*（后继）。**Peano** 公理定义了自然数和加法。[1]自然数的递归定义：

$$NatNum(0)$$
$$\forall n \; NatNum(n) \Rightarrow NatNum(S(n))$$

即，0 是自然数，而且对于每个对象 *n*，如果 *n* 是自然数，那么 *S*(*n*) 是自然数。因此，自然数包括 0、*S*(0)、*S*(*S*(0))等（读完 8.2.8 节后，你会发现这些公理还允许其他自然数；见练习 8.12），还需要一些公理来约束后继函数：

1　皮亚诺公理还包括归纳原理，它是二阶逻辑语句而不是一阶逻辑语句。第 9 章中对它们之间区别的重要性进行了讨论。

$$\forall n \; 0 \neq S(n)$$
$$\forall m, n \; m \neq n \Rightarrow S(m) \neq S(n)$$

现在用后继函数来定义加法：

$$\forall m \; NatNum(m) \Rightarrow +(0, m) = m$$
$$\forall m, n \; NatNum(m) \wedge NatNum(n) \Rightarrow +(S(m), n) = S(+(m, n))$$

以上第一条公理表明，0 加上任何自然数 m 得到 m 本身。注意二元函词+在项+$(m, 0)$中的用法；在普通数学中，该项应该用**中辍**表示法写成 $m + 0$（在一阶逻辑中采用的表示法称为**前缀**）。为了使这些与数字有关的语句更易于阅读，允许使用中辍表示法。也可以把 $S(n)$ 写成 $n + 1$，因此第二条公理变成：

$$\forall m, n \; NatNum(m) \wedge NatNum(n) \Rightarrow (m + 1) + n = (m + n) + 1$$

此公理把加法简化为反复应用后继函数。

中缀表示法的使用是**含糖语法**的实例。含糖语法是标准语法的扩展或缩写，它不改变语句的语义。任何使用含糖语法的语句可以"脱糖"，生成一个普通一阶逻辑的等价语句。

一旦有了加法，就可以直接定义乘法为重复做加法、定义求幂为重复做乘法、定义整数除法和余数、质数等等。因此，整个数论（包括密码学）可以从一个常数、一个函数、一个谓词和四条公理开始建立。

集合论对于数学以及常识推理也是基础（事实上，通过集合论建立数论是可能的）。我们希望能够表示单个集合，包括空集。我们需要一种方法，它可以通过把元素添加到集合中或者对集合进行合并或求交集等操作得到新集合。我们希望知道一个元素是否属于某个集合，而且能够将集合中与不在集合中的对象区分开。

使用集合论的常用词汇形成含糖语法。空集是常量，用{}表示。一元谓词 *Set* 判断对象是否为集合。二元谓词为 $x \in s$（x 是集合 s 中的一个元素）和 $s_1 \subseteq s_2$（集合 s_1 是集合 s_2 的子集，不一定是真子集）。二元函词为 $s_1 \cap s_2$（两个集合的交）、$s_1 \cup s_2$（两个集合的并）和 $\{x \mid s\}$（把元素 x 添加到集合 s 而产生的集合）。可能的公理集如下：

（1）集合是空集或通过将一些元素添加到集合中而构成。

$$\forall s \; Set(s) \Leftrightarrow (s = \{ \}) \vee (\exists x, s_2 \; Set(s_2) \wedge s = \{x \mid s_2\})$$

（2）空集中没有任何元素，即，空集无法再分解为更小的集合和元素。

$$\neg \exists x, s \; \{x \mid s\} = \{ \}$$

（3）将已经存在于集合中的元素添加到该集合中，该集合无任何变化。

$$\forall x, s \; x \in s \Leftrightarrow s = \{x \mid s\}$$

（4）集合的元素是那些被添加到集合中的元素。采用递归的方式来表示：x 是集合 s 的元素，当且仅当 s 等价于包含元素 y 的集合 s_2，其中 y 与 x 相同或者 x 是 s_2 的元素。

$$\forall x, s \; x \in s \Leftrightarrow \exists y, s_2 \; (s = \{y \mid s_2\} \wedge (x = y \vee x \in s_2))$$

（5）一个集合是另一个集合的子集，当且仅当第一个集合的所有元素都是第二个集合的元素。

$$\forall s_1, s_2 \; s_1 \subseteq s_2 \Leftrightarrow (\forall x \; x \in s_1 \Rightarrow x \in s_2)$$

（6）两个集合相等当且仅当它们互为子集。

$$\forall s_1, s_2 \; (s_1 = s_2) \Leftrightarrow (s_1 \subseteq s_2 \wedge s_2 \subseteq s_1)$$

（7）一个对象属于两个集合的交集，当且仅当它同时是这两个集合中的元素。

$$\forall x, s_1, s_2 \quad x \in (s_1 \cap s_2) \quad \Leftrightarrow \quad (x \in s_1 \wedge x \in s_2)$$

（8）一个对象属于两个集合的并集，当且仅当它是其中任一集合的元素。

$$\forall x, s_1, s_2 \quad x \in (s_1 \cup s_2) \quad \Leftrightarrow \quad (x \in s_1 \vee x \in s_2)$$

表与集合相似，它们的差别在于表中元素是有序的，同一个元素在表中出现不止一次。可以采用 Lisp 语言的词汇：*Nil* 是没有元素的表常量；*Cons*、*Append*、*First* 和 *Rest* 都是函词；*Find* 是谓词，在表中的功能与 *Member* 在集合中的类似。*List?* 为谓词，判断对象是否为表。和集合一样，在涉及表的逻辑语句中也经常使用含糖语法。空表用[ ]表示。项 *Cons*(*x*, *y*)写成[*x* | *y*]，其中，*y* 为非空表。项 *Cons*(*x*, *Nil*)（即只包含元素 *x* 的表）用[*x*]表示。有多个元素的列表，诸如[*A*, *B*, *C*]相当于嵌套项 *Cons*(*A*, *Cons*(*B*, *Cons*(*C*, *Nil*)))。习题 8.16 要求你列出表公理。

8.3.4　Wumpus 世界

第 7 章中给出了 Wumpus 世界的一些命题逻辑公理。本节介绍的一阶逻辑公理相对而言更加简洁，以更自然的方式来表达知识。

回顾 Wumpus agent 可以接收到有 5 个感知向量的情况。存储在知识库中的相应的一阶逻辑语句应同时包括感知信息以及感知时间；否则 agent 将分不清它在何时感知到了什么。我们将用整数表示时间步。一条典型的感知语句如下所示：

$$Percept([Stench, Breeze, Glitter, None, None], 5)$$

其中，*Percept* 是二元谓词，*Stench* 等是放在表中的常量。Wumpus 世界中的行动可以用逻辑项表示：

$$Turn(Right), Turn(Left), Forward, Shoot, Grab, Climb$$

为了决策采取哪个行动，agent 程序执行如下查询：

$$\text{ASKVARS}(\exists a \, BestAction(a, 5))$$

返回一个置换，如 {*a*/*Grab*}。agent 程序把 *Grab* 作为将要采取的行动。原始感知数据暗示着当前状态的某些事实。例如：

$$\forall t,s,g,m,c \, Percept([s, Breeze, g, m, c], t) \Rightarrow Breeze(t)$$

$$\forall t,s,b,m,c \, Percept([s, b, Glitter, m, c], t) \Rightarrow Glitter(t)$$

等等。上述规则展示了推理过程的琐碎形式，这就是**感知**，将在第 24 章中深入讨论。注意对时间 *t* 的量化。在命题逻辑中，必须在每个时间步上都保留语句的副本。

简单的"反射"行为也可以由量化蕴含式来实现。例如，有

$$\forall t \, Glitter(t) \Rightarrow BestAction(Grab, t)$$

根据前面给出的感知信息和规则，将得到结论 *BestAction*(*Grab*, 5)——即，需要做的行动是 *Grab*。

我们表示了感知和行动；现在要做的是表示环境自身。首先从对象开始。显然对象候选有方格、陷阱和 Wumpus。可以给每个方格命名——像 $Square_{1,2}$ 等——但如果这样，$Square_{1,2}$ 和 $Square_{1,3}$ 相邻则成为一个要"额外"表达的事实，而每组相邻方格都需要表达事实。更好的方法是采用复合项，方格的行标和列标都用整数值表示；例如，可以用[1, 2]表示 $Square_{1,2}$。任何两个方格的相邻可以定义为：

$$\forall x, y, a, b \quad Adjacent([x, y], [a, b]) \quad \Leftrightarrow$$
$$(x = a \ \land \ (y = b - 1 \lor y = b + 1)) \ \lor \ (y = b \ \land \ (x = a - 1 \ \lor \ x = a + 1)) \ .$$

可以给每个陷阱命名，但是它跟方格不尽相同，这样做并不合适：没有必要去区分陷阱的不同[1]。简单的方法是定义一元谓词 *Pit*，如果方格包含陷阱，则它为真。最后，由于仅有一只 Wumpus，常量 *Wumpus* 和一元谓词一样好（从 Wumpus 世界的观点而言，后者可能更有价值）。

agent 的位置不断变化，我们用 *At*(*Agent*, *s*, *t*) 表示 agent 在时间 *t* 位于方格 *s*。Wumpus 的位置可以用 $\forall t \ At(Wumpus, [2, 2], t)$ 表示。我们还可以声明一个对象在一个时间只能处于一个位置：

$$\forall x, s_1, s_2, t \ At(x, s_1, t) \land At(x, s_2, t) \Rightarrow s_1 = s_2$$

已知 agent 的当前位置，agent 可以根据当前的感知信息推导出方格的一些属性。例如，如果 agent 处于某个方格并感觉到微风，那么该方格有微风：

$$\forall s, t \ At(Agent, s, t) \ \land \ Breeze(t) \ \Rightarrow \ Breezy(s)$$

知道某个方格有微风非常有用，因为我们知道陷阱无法四处移动。请注意 *Breezy* 没有时间参数。

在发现哪些位置有微风（或者臭气），很重要的是发现哪些位置没有微风（或没有臭气）之后，agent 就可能推导出陷阱的位置（和 Wumpus 的位置）。在命题逻辑中每个方格都需要公理来说明这点，同样还需要公理来表明世界中的方格位置，而一阶逻辑只需一条公理：

$$\forall s \ Breezy(s) \ \Leftrightarrow \ \exists r \ Adjacent(r, s) \land Pit(r) \tag{8.4}$$

相似地，一阶逻辑可以对时间进行量化，因此对每个谓词只需要一个后继状态公理，无需在每个时间步都保留副本。例如，关于射箭的公理（公式 7.2）变为

$$\forall t \ HaveArrow(t+1) \Leftrightarrow (HaveArrow(t) \land \neg Action(Shoot, t))$$

从这两个例子可以看出，一阶逻辑公式的简洁性不亚于第 7 章给出的自然语言描述。读者可以为 agent 的位置和朝向构建与此类似的公理；在这些情况中，公理的量化包括空间和时间。类似命题状态的评估，agent 可以使用公理的逻辑推理跟踪那些不能直接观察到的世界轨迹。第 10 章将深入讨论一阶逻辑后继状态公理及其在构建规划中的应用。

8.4　一阶逻辑的知识工程

上一节举例说明了一阶逻辑在知识表示方面的应用。本节介绍知识库构造的一般过程——这被称为**知识工程**。知识工程师对特定领域进行调研，总结出在该领域的重要概念，构建该领域的对象和关系的形式化表示。我们以相当熟悉的电路领域为例阐述知识工程的过程，这使我们可以专注于相关的表示问题。我们所采用的方法适合于开发专用数据库，预先仔细限定了它的域，查询范围也已事先知道。而通用知识库涵盖了整个人类知识范围，它支持诸如自然语言理解等的任务，将在第 10 章中讨论。

1　相似地，多数人都不会对在冬天从我们头上飞过迁徙到温暖地区的候鸟进行命名。希望研究迁徙模式、存活率等方面内容的鸟类学家确实依靠鸟腿上的环对每只鸟命名，这是因为需要跟踪候鸟个体。

8.4.1 知识工程的过程

知识工程项目在内容、范围和难度方面变化比较大，但是这些项目都包括以下步骤：

（1）**确定任务**。知识工程师必须刻画出知识库支持哪些问题查询，以及对于每个特定的问题可以采用哪些种类的事实。例如，Wumpus 知识库是否需要选择行动，或者它是否只需回答跟环境相关的问题？传感器事实是否需要包括当前位置？任务将决定必须表示哪些知识，从而可以将问题和解答联系起来。这一步与第 2 章中设计 agent 的 PEAS 过程类似。

（2）**搜集相关知识**。知识工程师可能是该领域的专家，或者还需要和真正的专家沟通合作以便提取专家的知识——这一过程称为**知识获取**。在这一阶段，还未对知识进行形式化。这一步的思路是由任务确定知识库范围，并了解该领域的工作模式。

对于由人造规则集定义的 Wumpus 世界，确定它的相关知识相对容易（然而要注意的是，Wumpus 世界的规则并没有显式给出相邻关系的定义）。对于现实领域，相关性问题可能非常难——例如，仿真 VLSI 设计的系统可能需要，也可能不需要考虑寄生电容和集肤效应。

（3）**确定词汇表，包括谓词、函词和常量**。也就是把重要的领域概念转换为逻辑名称。这涉及知识工程风格的很多问题。与程序设计风格一样，知识工程的风格对项目最终的成败有重大影响。例如，陷阱是表示为对象还是一元谓词？agent 的朝向应该是函数或谓词吗？Wumpus 的位置是否与时间相关？一旦做出了选择，它的结果就是被称为域的**本体论**的领域词汇表。本体论是关于存在或实体的本质的理论。本体论决定哪种事物是存在的，但并不确定它们的特定属性和相互关系。

（4）**对领域通用知识编码**。知识工程师对所有词汇项写出公理。（尽可能）明确给出项的含义，使得专家可以对内容进行检查。此步骤通常可以检查词汇表中的误解或者缺陷，这需要返回步骤 3 并迭代执行整个过程来进行修正。

（5）**对特定问题实例描述编码**。如果本体设计良好，那么这一步骤将容易实现。它涉及写出已经是本体的一部分的概念实例的简单原子语句。逻辑 agent 的问题实例由传感器提供，而在"不具形体的"知识库中，问题实例是由附加语句按照传统程序中输入数据的同样方式来得到。

（6）**把查询提交给推理过程并获取答案**。这是回报：通过推理过程对公理和与问题相关的事实进行操作，从而得出我们感兴趣的结论。

（7）**知识库调试**。遗憾的是查询的结果很少在第一次尝试的时候就正确。更准确地说，假定推理过程是可靠的，那么结论对于知识库的内容来说是正确的，但它可能不是用户所期望的结果。例如，如果缺少一条公理，那么有些查询可能是得不到回答的。所以需要合理的调试过程。通过调试过程关注推理链意外中止的地方，可以确定那些缺失或者描述过弱的公理。例如，如果知识库包括寻找 Wumpus 的诊断规则（见习题 8.13）：

$$\forall s\ Smelly(s) \Rightarrow Adjacent(Home(Wumpus), s)$$

这里用的不是等价词，agent 永远也无法证明 Wumpus 的不存在。很容易识别错误的公理，因为它对世界做出了错误的陈述。例如，语句

$$\forall x\ NumOfLegs\ (x, 4) \Rightarrow Mammal(x)$$

上述语句对于爬行动物、两栖动物以及更重要的，如桌子，均不成立。可以独立于知识库中的其余内容来判断这个语句是错误的。相反，程序中的一个典型错误如下所示：

```
offset = position + 1
```

不查看余下程序而判断这条语句的正确性是不可能的，如 offset 被用于指代当前位置或当前位置之后的位置，或者 position 的值被另一个语句改变从而导致 offset 也应该被改变。

为了更好地理解这七步过程，我们以电路领域为例详细讨论实现。

8.4.2 电路领域

我们将开发本体和知识库，以便对图 8.6 所示的数字电路进行推理。我们将遵循知识工程的七步过程。

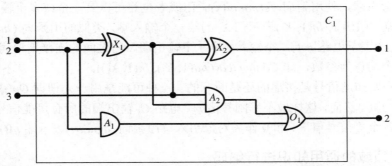

图 8.6 数字电路 C_1，实现一位全加器。最初的两个输入是加法的两个操作数，第三个输入是进位。第一个输出是和，第二个输出是下一个加法的进位。电路包括两个**异或门**，两个**与门**和一个**或门**

确定任务

有很多与数字电路相关的推理任务。最高层次是分析电路的功能。例如，图 8.4 的电路是否能正确地完成加法？如果所有的输入都是高位，那么门 A_2 的输出是什么？同样是感兴趣的是电路结构问题。例如，所有的门都和第一个输入端相连，得到的是什么？电路是否包含反馈回路？这些都是在这一步骤中的任务。还存在更详细的分析层次，包括定时延迟、电路面积、功耗、生产开销等相关的内容。每一层次都需要补充额外的知识。

组织相关知识

我们知道的数字电路到底是什么？就我们的目标而言，它由导线和门构成。信号从导线流到门的输入端，流经另一段导线在输出端生成一个信号。为了判断这些信号，我们需要知道门电路如何变换它的输入信号。有四种类型的门：与门、或门和异或门有两个输入端，非门则只有一个输入端。所有的门都有一个输出端。电路，跟门一样，都有输入和输出端。

对电路功能和连通性进行推理，无需讨论导线本身、布设导线的路径或者两条导线相遇的交叉点。要考虑的是端之间的连接——可以说输出端和另一个输入端直接连接，不关注两者间实际是如何连接的。这个领域中的很多其他因素和我们的分析无关，诸如大小、形状、颜色或不同部件的成本。

如果目的不是对门级的设计进行校验，那么本体就会不同。例如，如果是调试有问题的电路，那么本体中最好把导线包括进来，因为有问题的导线会破坏流经它的信号。如果感兴趣的是解决定时错误，我们需要把门延迟加进本体。如果我们对设计出一种有利可图的产品感兴趣，那么电路的成本以及它相对于市场上其他产品的速度都将是重点要考虑的。

确定词汇表

现在要讨论的是电路、端、信号和门。下一步则是选择函词、谓词和常量来表示它们。首先，需要能够把某个门和其他门、对象区分开。每个门表示成有名字的常量对象，如用 $Gate(X_1)$ 表示。门的行为跟它的类型有关：与门、或门、异或门和非门常量。由于每个门都只能有一种类型，可以使用函词来表示：$Type(X_1) = XOR$。而电路由用谓词来表示：$Circuit(C_1)$。

下一步考虑端，使用谓词 $Terminal(x)$。门或者电路可以有一个或多个输入端以及一个或多个输出端。用函词 $In(1, X_1)$ 表示门 X_1 的第一个输入端。类似的用函词 Out 表示输出端。函词 $Arity(c,i,j)$ 表示电路 c 有 i 个输入端和 j 个输出端。门之间的连接用谓词 $Connected$ 表示，它以两个端作为参数，如 $Connected(Out(1, X_1), In(1, X_2))$。

最后，需要知道信号是接通的还是断开的。一种可能是用一元谓词 $On(t)$，当某个端的信号接通时为真。然而，这样做不好回答诸如"电路 C_1 输出端的所有可能信号值是什么？"因此我们把两个"信号值"1 和 0 作为对象引入，用函词 $Signal(t)$ 表示端 t 的信号值。

对电路领域的通用知识进行编码

我们拥有好的本体的标志是：只需说明少量的通用规则，就能得到清晰简洁的知识表示。需要的所有公理如下所示：

（1）如果两个端是连通的，那么它们信号相同：

$$\forall t_1, t_2 \ Terminal(t_1) \wedge Terminal(t_2) \wedge Connected(t_1, t_2) \Rightarrow Signal(t_1) = Signal(t_2)$$

（2）每个端的信号不是 1 就是 0：

$$\forall t \ Terminal(t) \Rightarrow Signal(t) = 1 \ \vee \ Signal(t) = 0$$

（3）Connected 是对称的：

$$\forall t_1, t_2 \quad Connected(t_1, t_2) \Leftrightarrow Connected(t_2, t_1)$$

（4）存在有四种类型的门：

$$\forall g \ Gate(g) \wedge k = Type(g) \Rightarrow k = AND \ \vee \ k = OR \ \vee \ k = XOR \ \vee \ k = NOT$$

（5）与门的输出为 0，当且仅当它的任一输入为 0：

$$\forall g \quad Gate(g) \wedge Type(g) = AND \Rightarrow$$
$$Signal(Out(1, g)) = 0 \Leftrightarrow \exists n \ Signal(In(n, g)) = 0$$

（6）或门的输出为 1，当且仅当它的任一输入为 1：

$$\forall g \quad Gate(g) \wedge Type(g) = OR \quad \Rightarrow$$
$$Signal(Out(1, g)) = 1 \Leftrightarrow \exists n \ Signal(In(n, g)) = 1$$

（7）异或门的输出为 1，当且仅当它的输入不相等：

$$\forall g \quad Gate(g) \land Type(g) = XOR \Rightarrow$$
$$Signal(Out(1, g)) = 1 \Leftrightarrow Signal(In(1, g)) \neq Signal(In(2, g))$$

（8）非门的输出与它的输入相反：

$$\forall g \quad Gate(g) \land (Type(g) = NOT) \Rightarrow Signal(Out(1, g)) \neq Signal(In(1, g))$$

（9）门（除了非门）有两个输入和一个输出：

$$\forall g \ Gate(g) \land Type(g) = NOT \Rightarrow Arity(g, 1, 1)$$
$$\forall g \ Gate(g) \land k = Type(g) \land (k = AND \ \lor \ k = OR \ \lor \ k = XOR) \Rightarrow Arity(g, 2, 1)$$

（10）门电路有多个端，输入端和输出端都不能超出它的维数：

$$\forall c, i, j \ Circuit(c) \land Arity(c, i, j) \Rightarrow$$
$$\forall n \ (n \leq i \Rightarrow Terminal(In(c, n))) \land (n > i \Rightarrow In(c, n) = Nothing) \ \land$$
$$\forall n \ (n \leq j \Rightarrow Terminal(Out(c, n))) \land (n > j \Rightarrow Out(c, n) = Nothing)$$

（11）门、端、信号、门的类型和空是互不相同的。

$$\forall g, t \ Gate(g) \land Terminal(t) \Rightarrow$$
$$g \neq t \neq 1 \neq 0 \neq OR \neq AND \neq XOR \neq NOT \neq Nothing$$

（12）门是电路。

$$\forall g \ Gate(g) \Rightarrow Circuit(g)$$

问题实例编码

对图 8.6 的电路 C_1 进行编码。首先，我们对电路和组成它的门加以分类：

$$Circuit(C_1) \ \land \ Arity(C_1, 3, 2)$$
$$Gate(X_1) \ \land \ Type(X_1) = XOR$$
$$Gate(X_2) \ \land \ Type(X_2) = XOR$$
$$Gate(A_1) \ \land \ Type(A_1) = AND$$
$$Gate(A_2) \ \land \ Type(A_2) = AND$$
$$Gate(O_1) \ \land \ Type(O_1) = OR$$

接着说明它们之间的连接：

$Connected(Out(1, X_1), In(1, X_2))$ $Connected(In(1, C_1), In(1, X_1))$

$Connected(Out(1, X_1), In(2, A_2))$ $Connected(In(1, C_1), In(1, A_1))$

$Connected(Out(1, A_2), In(1, O_1))$ $Connected(In(2, C_1), In(2, X_1))$

$Connected(Out(1, A_1), In(2, O_1))$ $Connected(In(2, C_1), In(2, A_1))$

$Connected(Out(1, X_2), Out(1, C_1))$ $Connected(In(3, C_1), In(2, X_2))$

$Connected(Out(1, O_1), Out(2, C_1))$ $Connected(In(3, C_1), In(1, A_2))$

向推理过程提交查询

哪种输入组合可以使得 C_1 的第一个输出（和位）为 0，而 C_1 的第二个输出（进位）为 1？

$$\exists i_1, i_2, i_3 \quad Signal(In(1, C_1)) = i_1 \ \land \ Signal(In(2, C_1)) = i_2 \ \land \ Signal(In(3, C_1)) = i_3$$
$$\land \ Signal(Out(1, C_1)) = 0 \ \land \ Signal(Out(2, C_1)) = 1$$

回答则是变量 i_1、i_2 和 i_3 的置换，其结果语句被知识库蕴涵。这样的置换有三个：

$$\{i_1/1, i_2/1, i_3/0\} \qquad \{i_1/1, i_2/0, i_3/1\} \qquad \{i_1/0, i_2/1, i_3/1\}$$

加法器电路所有端的可能值的集合是什么？

$$\exists i_1, i_2, i_3, o_1, o_2 \quad Signal(In(1, C_1)) = i_1 \quad \wedge \quad Signal(In(2, C_1)) = i_2$$
$$\wedge \quad Signal(In(3, C_1)) = i_3 \quad \wedge \quad Signal(Out(1, C_1)) = o_1 \quad \wedge \quad Signal(Out(2, C_1)) = o_2$$

最后的这个查询将返回一个完整的输入输出对应表，可以用于检验该加法器是否正确地对其输入进行了加法运算。这是**电路验证**的一个简单实例。可以根据电路的定义来建立更大的数字系统，对它们采用相同的验证过程（见习题 8.26）。很多领域都接受同样的结构化知识库的开发过程，从简单概念出发定义更复杂的概念。

调试知识库

可以用很多方法来干扰知识库以便了解知识库可能的错误行为。例如，假设我们没有阅读第 8.2.8 节，从而漏掉了断言 $1 \neq 0$。除了输入 000 和 110 的情况，系统无法证明电路的任一输出。可以通过检查每个门的输出来查明问题。例如，可以提问：

$$\exists i_1, i_2, o \quad Signal(In(1, C_1)) = i_1 \quad \wedge \quad Signal(In(2, C_1)) = i_2 \quad \wedge \quad Signal(Out(1, X_1))$$

它表明除了输入 10 和 01 的情况，X_1 的输出都是未知的。接着我们观察异或门的公理，把它应用于 X_1：

$$Signal(Out(1, X_1)) = 1 \Leftrightarrow Signal(In(1, X_1)) \neq Signal(In(2, X_1))$$

如果输入已知，假设为 1 和 0，那么上式变化为：

$$Signal(Out(1, X_1)) = 1 \Leftrightarrow 1 \neq 0$$

这时问题已经很明显：系统无法推断出 $Signal(Out(1, X_1)) = 1$，所以我们需要告诉它 $1 \neq 0$。

8.5　本　章　小　结

本章介绍了**一阶逻辑**表示语言，它比命题逻辑表达能力更强。本章的要点如下：

- 知识表示语言应该是陈述性的、可合成的、有表达力的、上下文无关的以及无歧义的。

- 逻辑学在**本体论约定**和**知识论约定**上存在着不同。命题逻辑只是对事实的存在进行限定，而一阶逻辑对于对象和关系的存在进行限定，因此有更强的表达力。

- 一阶逻辑的语法建立在命题逻辑的基础上。它增加了项来表示对象，并且使用全称量词和存在量词对变元进行量化来构建断言。

- 一阶逻辑的**可能世界**或模型包括通过对象集和**解释**，解释把常量符号映射到对象，谓词符号映射成对象之间的关系，函词映射成对象上的函数。

- **原子语句**仅在谓词所表示的关系在项所指代的对象上成立时为真。**扩展解释**将量化的变元映射到对象上，定义了量化语句的真值表。

- 用一阶逻辑开发知识库是一个细致的过程，包括对领域进行分析、选定词汇表、对推理结论必不可少的公理进行编码。

参考文献与历史注释

尽管 Aristotle 的逻辑处理对象的形式化，它和一阶逻辑的表达力还差得很远。主要的障碍在于它关注一元谓词，而排斥二元关系谓词。第一个系统对待关系的是 Augustus De Morgan（1864），他给出了 Aristotle 的逻辑无法处理的实例："所有马都是动物；所以，一匹马的头是一个动物的头。" Aristotle 无法推理，因为这个语句分析必须使用二元谓词 "x 是 y 的头"。Charles Sanders Peirce（1870，2004）深入讨论了关系逻辑。

真正一阶逻辑的诞生应该从 Gottlob Frege（1879）的 "Begriffschrift"（"概念书写" 或 "概念表示"）中引入量词开始。Peirce（1883）也独立开发了一阶逻辑系统，尽管在时间上落后于 Frege。Frege 的逻辑系统使用了嵌套量词，向前迈进了一大步，但他采用的表示很笨拙。一阶逻辑现有的符号表示实际应归功于 Giuseppe Peano（1889），但是其语义实质上与 Frege 提出的语义相同。奇怪的是，Peano 公理在很大程度上归功于 Grassmann（1861）和 Dedekind（1888）。

Leopold Löwenheim（1915）系统地给出了一阶逻辑模型论，对等词给出了合适的处理。Thoralf Skolem（1920）进一步扩展了 Löwenheim 的结果。Alfred Tarski（1935，1956）用集合论给出了一阶逻辑中的真值和模型论的显式定义。

McCarthy（1958）的贡献在于把一阶逻辑作为构建 AI 系统的工具。Robinson（1965）对归结的发现极大地推进了逻辑主义 AI 的发展，我们在第 9 章描述了用于一阶逻辑推理的完整过程。AI 的逻辑主义学派发源于斯坦福大学。Cordell Green（1969a，1969b）开发出一阶逻辑推理系统 QA3，这引发了 SRI 首次尝试建造有逻辑能力的机器人（Fikes 和 Nilsson，1971）。Zohar Manna 和 Richard Waldinger（1971）把一阶逻辑应用于对程序的推理，Michael Genesereth（1984）把它应用于电路的推理。在欧洲，逻辑程序设计（一阶逻辑推理的一种受限形式）应用于语言学分析（Colmerauer 等，1973）和通用断言系统（Kowalski，1974）。计算逻辑通过 LCF（Logic for Computable Functions，可计算函数逻辑）计划（Gordon 等人，1979）在 Edinburgh 扎根。这些在第 9 章和第 10 章中会进一步讨论。

一阶逻辑的实际应用包括电子产品生产需求评价系统（Mannion，2002），它可以对政策文件进行推理和数字版权管理（Halpern and Weissman，2008）。一阶逻辑的实际应用还有 Web 服务自动集成系统（McIlraith 和 Zeng，2001）。

Whorf 假设（Whorf，1956）以及语言和思维的一般问题在最近的一些书中有讨论（Gumperz 和 Levinson，1996；Bowerman 和 Levinson，2001；Pinker，2003；Gentner 和 Goldin-Meadow，2003）。"theory" 理论（Gopnik 和 Glymour，2002；Tenenbaum 等人，2007）认为儿童认识世界与构建科学理论是一回事。正好机器学习算法的预测强烈依赖于提供给它的词汇表一样，儿童的理论学习依赖于学习发生时的语言学环境。

一阶逻辑的入门教材有很多，其中有些是由逻辑学大师编写的：Alfred Tarski（1941）、Alonzo Church（1956）和 Quine（1982）（此教材是最具可读性的教材之一）。Enderton（1972）的书数学倾向性更强。Bell 和 Machover（1977）给出了一阶逻辑的高度形式化的处理，同时讨论了逻辑中的很多高级论题。Manna 和 Waldinger（1985）从计算机科学的角度通俗地介绍了逻辑，Huth 和 Ryan（2004）也做了这项工作，同时关注了程序验证。Barwise 和 Etchemendy（2002）也同样使用了这里介绍的方法。Smullyan（1995）使用表格格式使结果更简洁。Gallier（1986）为一阶逻辑提供了极端严格的数学说明，给出了大量关于它在自动推理中应用的材料。《人工智能的逻辑基础》（*Logical Foundations of Artificial Intelligence*）（Genesereth 和 Nilsson，1987）既系统地介绍了逻辑基础，同时首次系统地对具有感知和动作的逻辑 agent 进行了讨论，还有两个很好的手册：van Bentham 和 ter Meulen（1997），Robinson 和 Voronkov（2001）。纯粹的数学逻辑期刊为"符号逻辑杂志"（*Journal of Symbolic Logic*），而"应用逻辑杂志"（*Journal of Applied Logic*）则更接近人工智能。

习　　题

8.1 逻辑知识库使用没有显式结构的语句集来表示世界。而**类推**表示具有直接与被表示的事物的结构相对应的物理结构。把你所在国家的道路交通图看作该国家事实的一种类推表示——它用地图语言表示。地图的二维结构对应于该地区的二维地表。

　　a. 给出 5 个地图语言符号的例子。

　　b. 显式语句是指由表示的创建者明确写出的语句。隐含语句是由于类推表示的属性而从显式语句得出的语句。用地图语言分别给出三个隐含语句和显式语句的例子。

　　c. 给出三个关于你所在国家的物理结构的事实，这些例子无法用地图语言表示。

　　d. 给出两个事实，它们用地图语言来表示比用一阶逻辑更容易。

　　e. 举出两个例子说明类推表示的另外两个例子。这些语言的优缺点各是什么？

8.2 考虑某知识库只包括两条语句 $P(a)$ 和 $P(b)$。此知识库是否蕴涵 $\forall x\, P(x)$？请用模型解释你的答案。

8.3 语句 $\exists x, y\ \ x = y$ 是否有效？请解释。

8.4 写出一个逻辑语句，使它为真的所有世界刚好只包括一个对象。

8.5 考虑一个符号词汇表，它包括 c 个常量符号，对满足 $1 \leq k \leq A$ 的每个 k，有 p_k 个谓词和 f_k 个函词。设域的大小恒为 D。对于每个给定模型，每个谓词或函词分别映射为相同元数的关系或函数。你可以假设模型中的函数允许某些输入元组在该函数中无值（也就是，它的值为不可见的对象）。推导一个公式用于计算具有 D 个元素的论域上的可能的解释-模型组合的个数。无需考虑消除冗余组合。

8.6 下列语句中哪些是有效的？

　　a. $(\exists x\ x = x) \Rightarrow (\forall y \exists z\ y = z)$

　　b. $\forall x\ P(x) \vee \neg P(x)$

　　c. $\forall x\ Smart(x) \vee (x = x)$

8.7 考虑一阶逻辑语义的一个版本，其中的模型允许空的论域。请给出至少两个语句，它们在标准逻辑下是有效的，但在这种新语义下不是的。请讨论对你的例子哪种语义更合理。

8.8 能否从事实 *Jim* ≠ *George* 和 *Spouse*(*Jim, Laura*)得出事实 ¬*Spouse*(*George, Laura*)？如果能，请给出证明；否则，请提供需要的附加公理。如果把 *Spouse* 作为一元函词而不

是二元谓词处理呢？

8.9 本题使用函词 *MapColor* 和谓词 *In(x,y)*、*Borders(x,y)*、*Country(x)*，参数都是用常量表示的地理区域。下列每个英语句子都给出了多个逻辑表示。对每一逻辑表示，说明（1）它是否真实表达了英语语句的含义；（2）是否不合语法并因此无任何意义；（3）是否符合语法但并未表达出英语语句的含义。

a. Paris and Marseilles are both in France

（i）*In(Paris $\wedge$ Marseilles, France)*

（ii）*In(Paris, France) $\wedge$ In(Marseilles, France)*

（iii）*In(Paris, France) $\vee$ In(Marseilles, France)*

b. There is a country that borders both Iraq and Pakistan

（i）$\exists c$ *Country(c)* $\wedge$ *Border(c, Iraq)* $\wedge$ *Border(c, Pakistan)*

（ii）$\exists c$ *Country(c)* $\Rightarrow$ [*Border(c, Iraq)* $\wedge$ *Border(c, Pakistan)*]

（iii）[$\exists c$ *Country(c)*] $\Rightarrow$ [*Border(c, Iraq)* $\wedge$ *Border(c, Pakistan)*]

（iv）$\exists c$ *Border(Country(c), Iraq* $\wedge$ *Pakistan)*

c. All countries that border Ecuador are in South America

（i）$\forall c$ *Country(c)* $\wedge$ *Border(c,Ecuador)* $\Rightarrow$ *In(c, SouthAmerica)*

（ii）$\forall c$ *Country(c)* $\Rightarrow$ [*Border(c,Ecuador)* $\Rightarrow$ *In(c, SouthAmerica)*]

（iii）$\forall c$ [*Country(c)* $\Rightarrow$ *Border(c,Ecuador)*] $\Rightarrow$ *In(c, SouthAmerica)*

（iv）$\forall c$ *Country(c)* $\wedge$ *Border(c,Ecuador)* $\wedge$ *In(c, SouthAmerica)*

d. No region in South America borders any region in Europe

（i）$\neg$[$\exists c,d$ *In(c, SouthAmerica)* $\wedge$ *In(d, Europe)* $\wedge$ *Borders(c, d)*]

（ii）$\forall c,d$ [*In(c, SouthAmerica)* $\wedge$ *In(d, Europe)*] $\Rightarrow$ $\neg$*Borders(c, d)*)

（iii）$\neg\forall c$ *In(c, SouthAmerica)* $\Rightarrow$ $\exists d$ *In(d, Europe)* $\wedge$ $\neg$*Borders(c, d)*

（iv）$\forall c$ *In(c, SouthAmerica)* $\Rightarrow$ $\forall d$ *In(d, Europe)* $\Rightarrow$ $\neg$*Borders(c, d)*

e. No two adjacent countries have the same map color

（i）$\forall x,y$ $\neg$*Country(x)* $\vee$ $\neg$*Country(y)* $\vee$ $\neg$*Borders(x,y)* $\vee$ $\neg$(*MapColor(x)=MapColor(y)*)

（ii）$\forall x,y$ (*Country(x)* $\wedge$ *Country(y)* $\wedge$ *Borders(x,y)* $\wedge$ $\neg$(*x=y*)) $\Rightarrow$ $\neg$(*MapColor(x)= MapColor(y)*)

（iii）$\forall x,y$ *Country(x)* $\wedge$ *Country(y)* $\wedge$ *Borders(x,y)* $\wedge$ $\neg$(*MapColor(x)=MapColor(y)*)

（iv）$\forall x,y$ (*Country(x)* $\wedge$ *Country(y)* $\wedge$ *Borders(x,y)*) $\Rightarrow$ *MapColor(x$\neq$y)*

8.10 词汇表中有如下符号：

Occupation(p, o)：谓词，*p* 的职业为 *o*

Customer(p1, p2)：谓词，*p1* 是 *p2* 的客户

Boss(p1, p2)：谓词，*p1* 是 *p2* 的老板

Doctor, Surgeon, Lawyer, Actor：表示职业的常量

Emily, Joe：表示人的常量

请使用上述符号写出下列语句的一阶逻辑表示：

a. *Emily* 要么是外科医生，要么是律师。

b. *Joe* 是个演员，但他还有另外一个工作。

c. 所有外科医生都是医生。

d. *Joe* 没有律师（即，他不是任何律师的客户）。

e. *Emily* 的老板是个律师。

f. 有个律师的客户全都是医生。

g. 每个外科医生都有律师。

8.11 完成下列逻辑语句练习：

a. 将下述逻辑语句翻译成自然的好的英语表示：

$\forall x,y,l \ SpeaksLanguage(x, l) \wedge SpeaksLanguage(y, l)$
$\Rightarrow Understands(x, y) \wedge Understands(y, x)$

b. 解释为何由 a 可推导出下述语句：

$\forall x,y,l \ SpeaksLanguage(x, l) \wedge SpeaksLanguage(y, l) \Rightarrow Understands(x, y)$

c. 用一阶逻辑翻译下列语句：

（i） Understanding leads to friendship

（ii） Friendship is transitive

请定义你用的所有谓词、函词和常量。

8.12 重写 8.3.3 节的前两个 Peano 公理为定义 *NatNum*(x)的一条公理。

8.13 公式 8.4 定义了方格中有微风的条件。这里可以考虑另外两种方法来描述 Wumpus 世界的这一特点。

a. 可以定义**诊断规则**，从观察到的事实来推导背后可能的原因。为了找出陷阱，显然诊断规则表明如果方格中有微风，那么邻近的某些方格中一定有陷阱；如果方格中没有微风，那么邻近的方格中没有一个有陷阱。用一阶逻辑写出这两条规则，并说明这两条语句的合取在逻辑上等价于公式 8.4。

b. 我们可以定义**因果规则**，从原因导出结果。一个显然的因果规则就是陷阱会导致邻近的方格有微风。用一阶逻辑写出这条语句，解释与公式 8.4 相比为什么这条语句不完全，并提供缺失的公理。

8.14 写出描述谓词 *GrandChild*、*GreatGrandparent*、*Ancestor*、*Brother*、*Sister*、*Daughter*、*Son*、*FirstCousin*、*BrotherInLaw*、*SisterInLaw*、*Aunt* 和 *Uncle* 的公理。找出隔了 *n* 代的第 *m* 代姑表亲的合适定义，并用一阶逻辑写出该定义。现在写出图 8.7 中所示的家族树的基本事实。采用适当的逻辑推理系统，把你已经写出的所有语句 TELL 系统，并 ASK 系统：谁是 Elizabeth 的孙辈，Diana 的姐夫/妹夫，Zara 的曾祖父母和 Eugenie 的祖先？

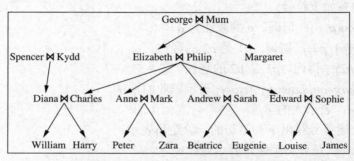

图 8.7 典型家族树。符号 "▷◁连接配偶，箭头指向孩子

8.15 请解释下面给出的集合隶属谓词∈的定义存在什么问题：

$\forall x, s \quad x \in \{x \mid s\}$

$\forall x, s \quad x \in s \implies \quad \forall y \quad x \in \{y \mid s\}$

8.16 以集合公理为例，写出表的公理，包括本章所提及的所有常量、函数和谓词。

8.17 解释下面给出的 Wumpus 世界中相邻方格的定义存在什么问题：

$\forall x, y \quad Adjacent([x, y], [x + 1, y]) \quad \wedge \quad Adjacent([x, y], [x, y + 1])$

8.18 用常量符号 *Wumpus* 和二元谓词 *At(Wumpus, Location)*，写出推理 Wumpus 的位置所需的公理。记住 Wumpus 只有一个。

8.19 假设谓词 *Parent(p, q)* 和 *Female(p)* 以及常量 *Joan* 和 *Kevin*，字面的意思是显然的，用一阶逻辑表示下列语句。（可以用∃^{1}表示恰有一个）

a. *Joan* 有女儿（可能有多个，也可能还有儿子）。

b. *Joan* 只有一个女儿（可能还有多个儿子）。

c. *Joan* 只有一个孩子，是女儿。

d. *Joan* 和 *Kevin* 只有一个孩子。

e. *Joan* 和 *Kevin* 只有一个孩子，但和其他人还有孩子。

8.20 用一阶逻辑书写算术断言，使用谓词符号<、函词+和×、常量 0 和 1。

a. 表示属性 "x 是个偶数"。

b. 表示属性 "x 是素数"。

c. Goldbach 猜想是个猜想（尚未得到证实）：每个偶数都可以表示成两个素数之和。写出它对应的逻辑语句。

8.21 第 6 章中，使用了等号来表示变量和值的关系。例如，写 *WA=red* 表示西澳是红色。把它用一阶逻辑表示出来就得写冗长的 *ColorOf(WA)=red*。直接将 *WA=red* 作为逻辑断言会带来什么样的推理错误？

8.22 用一阶逻辑写出断言：每把钥匙和每双袜子中的至少一只会最终永远丢失，使用的词汇表如：*Key(x)*，x 是钥匙；*Sock(x)*，x 是袜子；*Pair(x, y)*，x 和 y 是一对；*Now*，当前时间；*Before(t₁, t₂)*，时间 t_1 在 t_2 之前；*Lost(x, t)*，对象 x 在时刻 t 丢失。

8.23 对如下英语语句，判断它的一阶逻辑翻译是否是好的翻译。如果不是，请解释原因并改正。（有些语句有多个错误！）

a. No two people have the same social security number.

$\neg \exists x, y, n \; Person(x) \quad \wedge \quad Person(y) \implies [HasSS\#(x, n) \quad \wedge \quad HasSS\#(y, n)]$

b. John's social security number is the same as Mary's

$\exists n \; HasSS\#(John, n) \quad \wedge \quad HasSS\#(Mary, n)$

c. Everyone's social security number has nine digits

$\forall x, n \; Person(x) \implies [HasSS\#(x, n) \quad \wedge \quad Digits(n, 9)]$

d. 使用函词 *SS#* 而不是谓词 *HasSS#* 重写上述（不正确）语句。

8.24 用一个相容的词汇表（需要你自己定义）在一阶逻辑中表示下列语句：

a. 某些学生在 2001 年春季学期上法语课。

b. 上法语课的每个学生都通过了考试。

c. 只有一个学生在 2001 年春季学期上希腊语课。

d. 希腊语课的最好成绩总是比法语课的最好成绩高。

e. 每个买保险的人都是聪明的。

f. 没有人会买昂贵的保险。

g. 有一个代理，他只卖保险给那些没有投保的人。

h. 镇上有一个理发师，他给所有不自己刮胡子的人刮胡子。

i. 在英国出生的人，如果其双亲都是英国公民或永久居住者，那么此人生来就是一个英国公民。

j. 在英国以外的地方出生的人，如果其双亲生来就是英国公民，那么此人血统上是一个英国公民。

k. 政治家可以一直愚弄某些人，也可以在某个时候愚弄所有人，但是他们无法一直愚弄所有的人。

l. 所有希腊人讲同样的语言。（使用 $Speaks(x, l)$ 表示 x 讲语言 l）

8.25 写出一个事实和公理的通用集合，用它来表示断言"Wellington 听说了 Napoleon 死亡的消息"，并正确地回答问题"Napoleon 听说了 Wellington 死亡的消息吗？"

8.26 扩展第 8.4 节的词汇表以定义 n 位二进制数的加法。然后对图 8.8 的四位加法器的描述进行编码，提出验证其正确性所需的查询。

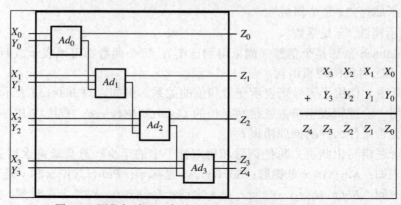

图 8.8　四位加法器。每个 Ad_i 都是一位加法器，见图 8.6

8.27 获取一份你所在国家的护照申请书，确认获取护照的规则，并按照第 8.4 节的步骤将它们转换为一阶逻辑表示。

8.28 考虑一阶逻辑的知识库，知识库中包括人、歌曲、专辑和 CD。词汇表包括符号：

$CopyOf(d, a)$：谓词。盘 d 是专辑 a 的拷贝。

$Owns(p, d)$：谓词。p 拥有盘 d。

$Sings(p, s, a)$：专辑 a 中收录了 p 唱的 s。

$Wrote(p, s)$：p 创作了歌曲 s。

McCartney, Gershwin, BHoliday, Joe, EleanorRigby, TheManILove, Revolver：常量，按字面意思。

用一阶逻辑表示下列语句：

a. Gershwin 创作了歌曲"The Man I Love"。

b. Gershwin 没有创作 "Eleanor Rigby"。

c. 是 Gershwin 或者 McCartney 创作了 "The Man I Love"。

d. Joe 至少创作了一首歌曲。

e. Joe 有 Revolver 的拷贝。

f. 专辑 Revolver 中 McCartney 唱的每首歌都是 McCartney 自己创作的。

g. Gershwin 没为 Revolver 写过歌。

h. Gershwin 创作的每一首歌都被一些专辑收录（可能不同的歌收录在不同的专辑中）。

i. 有一个专辑中收录了 Joe 写的每一首歌。

j. Joe 拥有一个专辑拷贝，里面有 Billie Holiday 唱的 "The Man I Love"。

k. 只要某专辑中有 McCartney 唱的歌，Joe 就有这个专辑的拷贝（当然，不同的专辑有不同的物理 CD 盘）。

l. 只要某专辑中的所有歌都是 Billie Holiday 唱的，Joe 就拥有该专辑的拷贝。

第 9 章　一阶逻辑的推理

本章用有效过程来回答一阶逻辑中提出的问题。

第 7 章讨论了用命题逻辑如何完成可靠的和完备的推理。本章中，拓展这些结论，获得解答一阶逻辑陈述的任何可解答问题的算法。9.1 节介绍量词的推理规则，讨论如何把一阶逻辑推理退化为命题逻辑推理，尽管这种退化转换代价很大。9.2 节给出了**合一**的思想，说明了如何利用它来构造直接用于一阶逻辑语句的推理规则。然后将讨论一阶推理算法的三个主要家族。9.3 节讨论前向链接及其在**演绎数据库**和**产生式系统**中的应用；9.4 节介绍**反向链接**和**逻辑程序设计**系统。前向链接和反向链接是很有效的，但是只能应用在能表示成 Horn 子句形式的知识库上。9.5 节介绍一阶逻辑基于归结的**定理证明**。

9.1　命题推理与一阶推理

本节和下一节将介绍现代逻辑推理系统的基础。将从一些简单的可以应用于带量词的语句的推理规则开始，这样可以推导出不含量词的语句。这些规则让人很自然地想到，可以通过将知识库转化成命题逻辑从而使用已知的命题推理来完成一阶推理。下一节将给出捷径，讨论直接对一阶语句进行操作的推理方法。

9.1.1　量词的推理规则

首先讨论全称量词。假定数据库包含了标准的民间传说公理，认为所有贪婪的国王都是邪恶的：

$\forall x \quad King(x) \wedge Greedy(x) \Rightarrow Evil(x)$

这样看来允许推断出下列任何一个语句：

$King(John) \wedge Greedy(John) \Rightarrow Evil(John)$

$King(Richard) \wedge Greedy(Richard) \Rightarrow Evil(Richard)$

$King(Father(John)) \wedge Greedy(Father(John)) \Rightarrow Evil(Father(John))$

$\vdots$

全称量词实例化（简写为 UI）的规则表明，可以得出任何用基项（没有变量的项）置换变量得到的语句[1]。为了形式化地书写推理规则，我们使用 8.3 节介绍的置换概念。设 $\text{SUBST}(\theta, \alpha)$ 表示把置换 θ 应用于 α。那么规则可以写为：

1　不要将置换和定义量词语义的扩展解释混淆。置换是一个项（一语法成分）替代某个变量，产生新语句，而解释则将变量映射到论域中的某个对象。

$$\frac{\forall v \quad \alpha}{\text{SUBST}(\{v \ / \ g\}, \alpha)}$$

其中，v 为变元，g 为基项。例如，先前给出的三个语句的置换分别为 $\{x \ / \ John\}$、$\{x \ / \ Richard\}$ 和 $\{x \ / \ Father(John)\}$。

存在量词实例化规则用一个新的常量符号替代变元。形式化描述如下：对任何语句 α、变元 v 和从未在知识库中出现过的常量符号 k

$$\frac{\exists v \quad \alpha}{\text{SUBST}(\{v \ / \ k\}, \alpha)}$$

例如，从语句

$$\exists x \quad Crown(x) \ \wedge \ OnHead(x, John)$$

可以得出语句

$$Crown(C_1) \ \wedge \ OnHead(C_1, John)$$

只要 C_1 没在知识库的其他地方出现过。基本上，含存在量词的语句表明存在某些满足条件的对象，而实例化过程则是给该对象进行了命名。当然，这个名字不能已经属于另一个对象。有个很好的数学实例：假设存在一个略大于 2.718 28 的数，设为 x，它满足方程 $d(x^y) / dy = x^y$。可以赋予该数一个名称，比如 e，但是如果赋予的是一个已经存在的对象名，比如 π，则是错误的。在逻辑中，这个新的名称被称为 **Skolem 常数**。存在量词实例化是一种更一般过程的特例，这种一般过程称为 **Skolem 化**，将在 9.5 节讨论。

全称量词实例化可以多次应用从而获得不同的结果，而存在量词实例化只能应用一次，然后存在量化的语句就可以被抛弃。例如，一旦添加了语句 $Kill(Murderer, Victim)$，就不再需要语句 $\exists x \ Kill(x, Victim)$。严格地说，新知识库逻辑上并不等价于旧知识库，但只有在原始知识库可满足时新的知识库才是可满足的，可以证明它们是**推理等价的**。

9.1.2　退化到命题推理

一旦有了从带量词的语句推导出不含量词语句的规则，就可能将一阶推理简化为命题推理。本节介绍主要思想；更多细节内容将在 9.5 节中介绍。

第一个思想是，正如存在量化语句能够实例化一样，全称量化语句也可以被所有可能的实例化集代替。例如，假设知识库正好包括如下语句：

$$\forall x \quad King(x) \ \wedge \ Greedy(x) \Rightarrow Evil(x)$$
$$King(John)$$
$$Greedy(John) \tag{9.1}$$
$$Brother(Richard, John)$$

然后用知识库词汇表中所有可能的基项，把 UI 规则应用于第一个语句——即 $\{x \ / \ John\}$ 和 $\{x \ / \ Richard\}$。由此得到

$$King(John) \ \wedge \ Greedy(John) \Rightarrow Evil(John)$$
$$King(Richard) \ \wedge \ Greedy(Richard) \Rightarrow Evil(Richard)$$

然后可以丢弃全称量化语句。此时，如果把基本原子语句——$King(John)$，$Greedy(John)$，等等——看作命题符号，知识库本质上就是命题逻辑了。所以，可以使用第 7 章给出的任

意一完备命题算法，从而获得诸如 *Evil*(*John*)之类的结论。

正如在 9.5 节中将讨论的，这种**命题化**技术完全可以一般化；即，通过保持蕴涵，每个一阶知识库和查询都可以命题化。这样，得到一个有关蕴涵的完备决策过程……也可能得不到。这里有个问题：当知识库中包含函词时，可能的基项置换集是无限的！例如，如果知识库包括符号 *Father*，那么可以构造无限多个嵌套项，如 *Father*(*Father* (*Father* (*John*)))。我们的命题算法处理无限的语句集合时有困难。

幸运的是，Jacques Herbrand（1930）针对这种情况提出了一个著名的定理，这就是如果某个语句被原始的一阶知识库蕴涵，则存在一个只涉及命题化知识库的有限子集的证明。因为这样的子集在其基项中都有一个最大嵌套深度，可以找出这些子集，生成所有常量符号（*Richard* 和 *John*）的实例化，再生成所有嵌套深度为 1 的项（*Father*(*Richard*)和 *Father*(*John*)），然后是嵌套深度为 2 的项，依此类推，直到构造出蕴涵语句的命题证明。

我们已经给出了通过命题化进行一阶推理的**完备**方法的轮廓，即任何蕴涵语句都能得到证明。在已知可能模型空间是无穷的情况下，这是个重要的成就。另一方面，在证明完成前并不知道一个语句是被蕴涵的！如果语句不被蕴涵的话，将会发生什么？我们能否做出判断？对于一阶逻辑，答案是否定的。我们的证明程序可以不断进行下去，生成越来越深的嵌套项，但不知道它是否陷在无望的循环中，或者就快要证明出结果了。这很像图灵机的停机问题。Alan Turing（1936）和 Alonzo Church（1936）用不同的方法证明了这种事件状态的必然性。一阶逻辑的蕴涵问题是**半可判定的**——也就是，存在算法能够证明蕴涵成立的语句，不存在算法否定蕴涵不成立的语句。

9.2　合一和提升

上节描述的是直到 20 世纪 60 年代早期人们对一阶推理的理解。敏锐的读者（和 20 世纪 60 年代早期的计算逻辑学家）会发现命题化方法效率不高。例如，已知查询 *Evil*(*x*)和公式 9.1 中的知识库，生成诸如 *King*(*Richard*)∧*Greedy*(*Richard*) ⇒ *Evil*(*Richard*)的语句似乎有悖常理。而实际上，*Evil*(*John*)的推理过程如下：

$$\forall x \quad King(x) \ \wedge \ Greedy(x) \Rightarrow Evil(x)$$
$$King(John)$$
$$Greedy(John)$$

这样的推理是显然的。现在要说明如何让这种推理对计算机也是显然的。

9.2.1　一阶推理规则

John 是邪恶的——即，{*x*/*John*}解答出 *Evil*(*x*)——推理工作如下：要使用规则贪婪的国王是邪恶的，寻找某个 *x*，这个 *x* 是国王并且 *x* 是贪婪的，由此推理出 *x* 是邪恶的。更一般地，如果有某个置换 θ 使蕴含式的每个合取前提条件和知识库中已有的语句完全相同，那么应用 θ 后，就可以断言蕴含式的结论。这个例子中，置换{*x* / *John*}就完成了这个目标。

实际上可以让推理步骤完成更多的工作。假设我们不只知道 *Greedy*(*John*)，还知道每个人都是贪婪的：

$$\forall y\ Greedy(y) \tag{9.2}$$

依然能够得出结论 $Evil(John)$，因为我们知道约翰是国王（已知），而且约翰是贪婪的（因为每个人都是贪婪的）。要让这个推理过程可行，需要做的是为蕴含语句中的变量和知识库中待匹配语句中的变量找到置换。本例中，把置换 $\{x / John, y / John\}$ 应用于蕴含式的前提 $King(x)$、$Greedy(x)$ 和知识库语句 $King(John)$、$Greedy(y)$，这会使得它们完全相同。因此，可以推导出蕴含式的结论。

可以把此推理过程表述为一条单独的推理规则，我们称之为 **一般化假言推理规则**（**Generalized Modus Ponens**）：[1]对于原子语句 p_i、p_i' 和 q，存在置换 θ 使得对所有的 i 都有 $\text{SUBST}(\theta,\ p_i') = \text{SUBST}(\theta, p_i)$ 成立，

$$\frac{p_1', p_2', \cdots, p_n',\ (p_1 \wedge p_2 \wedge \cdots \wedge p_n \Rightarrow q)}{\text{SUBST}(\theta, q)}$$

该规则有 $n + 1$ 个前提：n 个原子语句 p_i' 和一个蕴含式。结论就是将置换应用于后项 q 得到的语句。对于我们的例子：

p_1' 是 $King(John)$	p_1 是 $King(x)$
p_2' 是 $Greedy(y)$	p_2 是 $Greedy(x)$
θ 是 $\{x / John, y / John\}$	q 是 $Evil(x)$
$\text{SUBST}(\theta, q)$ 是 $Evil(John)$	

很容易证实一般化假言推理规则是可靠的推理规则。首先，我们观察到，对任何语句 p（变量是全称量化的）和任何置换 θ，

$$p \models \text{SUBST}(\theta, p)$$

推论成立。尤其是对于满足一般化假言推理规则的条件的 θ，此推论成立。因此，从 p_1'，$\cdots$，p_n' 中，可以推断

$$\text{SUBST}(\theta,\ p_1') \wedge \cdots \wedge \text{SUBST}(\theta,\ p_n')$$

从蕴含式 $p_1 \wedge \cdots \wedge p_n \Rightarrow q$，我们可以推断出

$$\text{SUBST}(\theta, p_1) \wedge \cdots \wedge \text{SUBST}(\theta, p_n)\ \Rightarrow\ \text{SUBST}(\theta, q)$$

现在对所有的 i，一般化假言推理规则中的 θ 定义为 $\text{SUBST}(\theta,\ p_i') = \text{SUBST}(\theta, p_i)$；因此，两条语句中的第一句正好匹配上第二句的前提。所以，$\text{SUBST}(\theta, q)$ 可使用假言推理规则。

一般化假言推理规则是假言推理规则（Modus Ponens）的**升级版本**——它将假言推理规则从（没有变量）的命题逻辑提高到一阶逻辑。在本章的其余部分中还将看到，对第 7 章中的前向链接、反向链接和归结算法，我们都能开发出升级版本。升级的推理规则相对于命题化的最大优势在于只需完成那些使得特定推理能够进行下去的置换。

9.2.2　合一

升级的推理规则要求找到使不同的逻辑表示变得相同的置换。这个过程称为合一，是

1　一般化假言推理规则比假言推理规则更通用，假言推理规则要求蕴含式的前提与事实完成匹配，而一般化假言推理规则是要找到事实和蕴含式前提匹配的置换。另一方面，假言推理规则允许前提是任何语句，而不仅仅是合取的原子语句。

所有一阶推理算法的关键。合一算法 UNIFY 以两条语句为输入，如果合一置换存在则返回它们的合一置换：

UNIFY(p, q) = θ，这里 SUBST(θ, p) = SUBST(θ, q)

下面举例说明 UNIFY 的工作过程。假设有查询 *AskVars*(*Knows*(*John, x*))：*John* 认识谁？答案可以通过知识库中所有能与 *Knows*(*John, x*)合一的语句而找到。下面给出了与知识库中的不同语句进行合一的四种可能结果：

UNIFY(*Knows*(*John, x*), *Knows*(*John, Jane*)) = {x / *Jane*}

UNIFY(*Knows*(*John, x*), *Knows*(*y, Bill*)) = {x / *Bill*, y/*John*}

UNIFY(*Knows*(*John, x*), *Knows*(*y, Mother*(*y*))) = { y/*John* , x / *Mother*(*John*)}

UNIFY(*Knows*(*John, x*), *Knows*(*x, Elizabeth*)) = *fail*

最后一个合一失败，因为 x 不能同时取 *John* 和 *Elizabeth*。记住 *Knows*(*x, Elizabeth*)的意思是"每个人都认识 *Elizabeth*"，因此我们应该能够推导出 *John* 认识 *Elizabeth*。之所以出现问题是因为两个语句使用了相同的变量 x。对合一的这两个语句中的一个进行**标准化分离**，即对这些变量重新命名以避免名称冲突，就可以解决这个问题。例如，可以将 *Knows*(*x, Elizabeth*)中的变量 x 重新命名为 x_{17}（新的变量名），而这并不改变它的含义。现在合一将是可行的：

UNIFY(*Knows*(*John, x*), *Knows*(*x$_{17}$, Elizabeth*)) = {x / *Elizabeth*, x_{17}/*John*}

习题 9.12 能帮助你深入分析标准化分离的需求。

还有一点很复杂：我们提过 UNIFY 应该返回一个置换，以使得两个参数变成一样。但是，可能存在不只一个合一置换。例如，UNIFY(*Knows*(*John, x*), *Knows*(*y, z*))可能返回{y/*John*, x/z}或者{y/*John*, x/*John*, z/*John*}。第一个合一置换得到的合一结果为 *Knows*(*John, z*)，而第二个得到的合一结果是 *Knows*(*John, John*)。如果增加置换{z/*John*}，第二个合一置换结果就可以从第一个合一置换得出。我们会说，第一个合一置换要比第二个更一般，因为它对变量的取值限制更少。结果表明，对每对可合一的表达式，存在唯一的**最一般合一置换**（或称 MGU），不考虑变量的取名情况它是唯一的（如，{x/*John*}和{y/*John*}是等价的，{x/*John*, y/*John*}和{x/*John*, y/x}也是等价的）。本例的最一般合一置换是{y/*John*, x/z}。

求解最一般合一置换的算法如图 9.1 所示。过程很简单：边同时"并排"地递归遍历两个表达式，边建立合一置换；如果该结构中的两个对应点不匹配，则遍历失败。该过程有一步骤代价很高：当将某变量和一个复合项进行匹配的时候，须检查该变量本身是否在复合项中出现；如果是，则匹配失败，无法构造的合一置换。例如，$S(x)$ 与 $S(S(x))$无法合一。我们称这种现象为**发生检验**，使整个算法的复杂性是待合一表达式规模的二次方。有些系统，包括所有的逻辑程序设计系统，简单地省略了发生检验，有时会得到不合理的结论；其他的一些系统使用具有线性时间复杂度的更复杂一些的算法。

9.2.3　存储和检索

用来告知和询问知识库的 TELL 和 ASK 函数的下层是更原始的 STORE 和 FETCH 函数。STORE(s)将语句 s 存储到知识库中，FETCH(q)返回所有合一置换，这些合一置换能使查询 q 与知识库中的语句合一。用于说明合一的例题——找出所有与 *Knows*(*John, x*)合一的事

```
function UNIFY(x, y, θ) returns a substitution to make x and y identical
    inputs: x, a variable, constant, list, or compound expression
            y, a variable, constant, list, or compound expression
            θ, the substitution built up so far (optional, defaults to empty)

    if θ = failure then return failure
    else if x = y then return θ
    else if VARIABLE?(x) then return UNIFY-VAR(x, y, θ)
    else if VARIABLE?(y) then return UNIFY-VAR(y, x, θ)
    else if COMPOUND?(x) and COMPOUND?(y) then
        return UNIFY(x.ARGS, y.ARGS, UNIFY(x.OP, y.OP, θ))
    else if LIST?(x) and LIST?(y) then
        return UNIFY(x.REST, y.REST, UNIFY(x.FIRST, y.FIRST, θ))
    else return failure

─────────────────────────────────────────────────────────────

function UNIFY-VAR(var, x, θ) returns a substitution

    if {var/val} ∈ θ then return UNIFY(val, x, θ)
    else if {x/val} ∈ θ then return UNIFY(var, val, θ)
    else if OCCUR-CHECK?(var, x) then return failure
    else return add {var/x} to θ
```

图 9.1　合一算法

该算法以元素为单位对输入的结构进行比较。置换 θ 作为 UNIFY 的参数是在运算的过程中逐渐建立起来的，用于确保此后的比较与先前建立的约束一致。在复合表达式如 F(A, B) 中，函数 OP 提取函词 F，函数 ARGS 提取参数表 (A, B)

实——就是 FETCH 的一个实例。

实现 STORE 和 FETCH 最简单的方法就是将知识库中的所有事实都保存在一个长列表中，然后把查询和表中每个元素进行合一。该过程虽然效率低，却是可行的，知道这一点就可以理解本章其余部分了。本节的剩余内容将讨论使检索效率更高的方法，读者在首次阅读时可以跳过这些内容。

可以通过保证只对那些有机会合一成功的语句进行尝试合一，从而提高 FETCH 的效率。例如，试图让 *Knows(John, x)* 和 *Brother(Richard, John)* 合一是没有任何意义的。通过知识库中的事实建立**索引**，可以避免进行这样的合一。一种简单的方案是**谓词索引**，它将所有 *Knows* 事实放到一个存储桶中，所有 *Brother* 事实放到另一个存储桶中。为了提高访问效率，这些存储桶可以存放到一个哈希表中。

当有很多谓词符号，且每个符号的子句并不多时，谓词索引很有用处。例如，假设税务部门希望利用谓词 *Employs(x, y)* 记录谁聘用了谁。这将是一个非常巨大的存储桶，可能包括数百万个雇主和数千万的雇员。利用谓词索引回答诸如 *Employs(x, Richard)* 的查询可能需要扫描整个存储桶。

对这类特殊的查询，根据谓词同时还根据次要参数使用组合哈希表关键字对事实建立索引可能会有帮助。接着我们简单地从查询构造关键字，准确地检索那些与查询合一的事实。对其他查询，诸如 *Employs(IBM, y)*，可能需要结合谓词和第一个参数，对事实建立索引。所以，可以在多个索引关键字下存储事实，根据查询的不同快速访问可能的合一。

给定要存储的语句，为所有可能与该语句合一的查询构造索引是可能的。对于事实 *Employs(IBM, Richard)*，查询为：

Employs(IBM, Richard)　　　　　　　　IBM 雇佣 Richard 了吗？

Employs(x, Richard)　　　　　　　　　谁雇佣了 Richard？

Employs(*IBM*, *y*)	IBM 雇佣了谁？
Employs(*x*, *y*)	谁雇佣了谁？

这些查询构成了一个**包容格**，如图 9.2（a）所示。包容格有一些有趣的属性。例如，格中任何结点的子结点都可以通过单一置换从它的父结点获得；任意两个结点的"最高"公共后代是应用最一般合一置换的结果。任何建立在基础事实之上的格的部分都可以被系统化地构建（习题 9.5）。包含重复常量的语句具有稍微不同的格，如图 9.2（b）所示。待存储的语句中的函词和变量还引入了更多有趣的格结构。

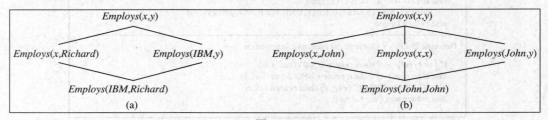

图 9.2

（a）包容格，最低一层结点为语句 *Employs*(*IBM*, *Richard*)的。（b）语句 *Employs*(*John*, *John*)的包容格

如果格中包含的结点不多，我们描述的方案就能很好地工作。对于 *n* 元谓词，格中包括 $O(2^n)$ 个结点。如果允许有函词，那么结点的数量也是待存储语句所包含的项数量的指数级。这将导致大量的索引。在一些点上，索引所带来的优势将被存储和维护所有这些索引的开销所拖累。可以采用一些固定的策略来应对，比如只维护由谓词加上每个参数组成的索引键值，或者采用自适应策略，创建满足所需各类查询的索引。对大多数 AI 系统来说，存储的事实数量足够少，通常认为有效的索引是已经解决的问题。而商用数据库，事实的数量有亿万个，这个问题是研究和技术开发的热点之一。

9.3 前 向 链 接

7.5 节中给出了命题逻辑确定子句（definite clauses）的前向链接算法。它的思想很简单：从知识库中的原子语句出发，在前向推理中应用假言推理规则，增加新的原子语句，直到不能进行任何推理。这里，将解释该算法如何应用于一阶确定子句，以及如何得以高效地实现。诸如 *Situation* $\Rightarrow$ *Response* 的确定子句对那些用推理作为对新信息的响应的系统来说尤其有用。许多系统可以这样定义，而且前向链接推理的实现更有效率。

9.3.1 一阶确定子句

一阶确定子句与命题确定子句非常相似：它们是文字的析取，其中正好只有一个正文字。确定子句可以是原子语句，或者是蕴含语句，它的前提为正文字的合取式，结论是一个单独的正文字。下面列出一些一阶确定子句：

$$King(x) \ \wedge \ Greedy(x) \Rightarrow Evil(x)$$
$$King(John)$$
$$Greedy(y)$$

　　和命题文字不同，一阶文字可以包含变量，这种情况下，这些变量假设是全称量化的（典型地，我们在书写确定子句的时候省略全称量词）。不是每个知识库都可以转换成确定子句的集合，因为单一正文字的限制是严格的，但确实有些知识库可以转换。确定子句是适用于一般化假言推理规则的范式。考虑以下问题：

　　法律规定美国人贩卖武器给敌对国家是犯法的。美国的敌对国家 Nono 有一些导弹，所有这些导弹都是美国人 West 上校卖给他们的。

　　我们将证明韦斯特是罪犯（criminal）。首先，用一阶确定子句表示这些事实。下一节将用前向链接算法求解该问题。

　　"……美国人贩卖武器给敌对国家是犯法的"：

$$American(x) \land Weapon(y) \land Sells(x, y, z) \land Hostile(z) \Rightarrow Criminal(x) \qquad (9.3)$$

　　"Nono……有导弹。"语句 $\exists x\ Owns(Nono, x) \land Missile(x)$ 消去存在量词被转换成两个确定子句，并引入新的常量 M_1：

$$Owns(Nono, M_1) \qquad (9.4)$$

$$Missile(M_1) \qquad (9.5)$$

　　"所有该国的导弹都购自 West 上校"

$$Missile(x) \land Owns(Nono, x) \Rightarrow Sells(West, x, Nono) \qquad (9.6)$$

　　还需要知道导弹是武器：

$$Missile(x) \Rightarrow Weapon(x) \qquad (9.7)$$

　　我们必须知道美国的敌人被称为"hostile（敌对的）"：

$$Enemy(x, America) \Rightarrow Hostile(x) \qquad (9.8)$$

　　"West，一个美国人……"

$$American(West) \qquad (9.9)$$

　　"Nono 国，美国的敌人……"

$$Enemy(Nono, America) \qquad (9.10)$$

　　此知识库不包含函词，因此是**数据日志类**知识库的一个实例。数据日志是一种受限于一阶确定语句的没有函词的语言。之所以取名为数据日志是因为它可以表示由关系数据库生成的语句类型。我们将看到没有函词的推理更容易。

9.3.2　简单的前向链接算法

　　第一个前向链接算法十分简单，如图 9.3 所示。它从已知事实出发，触发所有前提得到满足的规则，然后把这些规则的结论加入到已知事实中。重复该过程直到得到查询的结果（假设只要找到一个解）或者没有新的事实加入。注意**重命名**的已知事实不是"新"事实。如果两个语句除了变量名称以外其他部分都相同，那么这两个语句互为对方的重命名语句。例如，$Likes(x, IceCream)$ 和 $Likes(y, IceCream)$ 互为重命名，因为仅仅是 x 或 y 的选择上有所不同；它们的含义是一样的：每个人都喜欢冰淇淋。

　　仍用上面的犯罪问题来解释 FOL-FC-ASK 的工作过程。规则式（9.3）、式（9.6）、式（9.7）和式（9.8）为蕴含语句。这里需要两次迭代：

```
function FOL-FC-ASK(KB, α) returns a substitution or false
    inputs: KB, the knowledge base, a set of first-order definite clauses
            α, the query, an atomic sentence
    local variables: new, the new sentences inferred on each iteration

    repeat until new is empty
        new ← {}
        for each rule in KB do
            (p₁ ∧ ··· ∧ pₙ ⇒ q) ← STANDARDIZE-VARIABLES(rule)
            for each θ such that SUBST(θ, p₁ ∧ ··· ∧ pₙ) = SUBST(θ, p'₁ ∧ ··· ∧ p'ₙ)
                        for some p'₁, ···, p'ₙ in KB
                q' ← SUBST(θ, q)
                if q' does not unify with some sentence already in KB or new then
                    add q' to new
                    φ ← UNIFY(q', α)
                    if φ is not fail then return φ
        add new to KB
    return false
```

图 9.3　一个概念简明直接，但效率低下的前向链接算法
在每次迭代过程中，算法把只用一步就可以从 KB 中已有的蕴含语句和原子语句推导出来的所有原子语句都添加到 KB 中。函数 STANDARDIZE-VARIABLES 将所有的变元参数替换成从未使用过的

- 在第一次迭代中，规则（9.3）有未满足的前提。

  规则（9.6）得到满足，置换为 $\{x/M_1\}$，添加 $Sells(West, M_1, Nono)$。

  规则（9.7）得到满足，置换为 $\{x/M_1\}$，添加 $Weapon(M_1)$。

  规则（9.8）得到满足，置换为 $\{x/Nono\}$，添加 $Hostile(Nono)$。

- 在二次迭代时，规则（9.3）得到满足，置换为 $\{x/West,\ y/M_1,\ z/Nono\}$，添加 $Criminal(West)$。

图 9.4 给出了所生成的证明树。注意目前不可能有新的推理生成，因为前向链接推导出的每个语句都已经显式地包含在 KB 中。这样的知识库被称为推理过程的**不动点**。一阶确定子句前向链接达到的不动点类似于命题前向链接中的不动点；主要区别在于一阶不动点可以包含全称量化的原子语句。

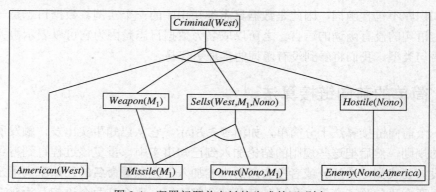

图 9.4　犯罪问题前向链接生成的证明树
初始事实放在底层，第一次迭代推理出来的事实位于中间层，第二次迭代推理出来的事实处于顶层

FOL-FC-ASK 很容易分析。首先，它是**可靠的**，因为每一步推理都是应用一般化假言推理规则，而一般化假言推理规则是可靠的。其次，对于确定子句知识库，它是**完备的**；即，它可以解答每个查询，只要查询的答案被任何确定子句知识库所蕴涵。对于不包括函词的数据日志知识库而言，很容易证明它的完备性。从统计可能添加的事实数量开始，该

数值决定了迭代的最大次数。令 k 表示谓词的最大**元数**（参数的个数），p 表示谓词的数量，n 表示常量符号的数量。显然，不重复的基本事实不会多于 pn^k 个，所以经过多次迭代后，算法一定能到达某个不动点。它的完备性证明与命题逻辑前身链接很相似。第 9.5 节给出了如何把命题完备性到一阶完备性的转换过程用于归结算法中。

对含有函词的一般确定子句，FOL-FC-ASK 可以生成无限多的新事实，因此必须更加小心对待。在查询语句 q 的答案被蕴涵的情况下，需用 Herbrand 定理来确定算法能找到一个证明。（参见第 9.5 节中的归结情况。）如果查询没有回答，有时算法无法终止。例如，若知识库包含 Peano 公理

$$NatNum(0)$$
$$\forall n \quad NatNum(n) \Rightarrow NatNum(S(n))$$

前向链接将添加 $NatNum(S(0))$、$NatNum(S(S(0)))$、$NatNum(S(S(S(0))))$ 等。一般情况下这种问题无法避免。与一般的一阶逻辑一样，具有确定子句的蕴涵是半可判定的。

9.3.3　高效的前向链接

设计图 9.3 中的前向链接算法的目的是为了提高可理解性而不是操作的效率。效率低下有三种可能原因。第一，算法的"内循环"涉及寻找所有可能的合一置换，把规则的前提与知识库中合适事实集进行合一。这一过程通常被称为**模式匹配**，代价昂贵。第二，算法每次迭代都要对所有规则重新进行检查，以确定其前提是否已经得到满足，即使每次迭代添加到知识库的内容非常少，也要全部检查。最后，算法可能生成很多与目标无关的事实。下面依次讨论这些问题。

对于已知事实的规则匹配

把规则前提与知识库中的事实进行匹配的问题可能看起来很简单。例如，假设打算使用规则

$$Missile(x) \Rightarrow Weapon(x)$$

那么需要找出所有能与 $Missile(x)$ 合一的事实；对于已经建立了适当索引的知识库，这一过程对于每个事实都可以在常数时间内完成。现在考虑如下规则

$$Missile(x) \land Owns(Nono, x) \Rightarrow Sells(West, x, Nono)$$

同样可以花费常数时间找出 Nono 拥有的全部对象；然后对于每个对象，能够检查它是不是导弹。如果知识库中 Nono 拥有很多的对象，导弹却不多，那么最好是先找出所有的导弹然后检查它们是否为 Nono 所有。这就是**合取排序**问题：对规则前提的合取项进行排序，使总成本最小。寻求最优排序是 NP 难题，但是有优秀的启发式可使用。例如，第 6 章中用于 CSP 的最少剩余值（MRV）启发式会建议，如果 Nono 拥有的导弹数目少于对象的数目，那么应对合取项进行排序以便首先搜索导弹。

实际上模式匹配和约束满足联系紧密。可以将每个合取项看作它所包含的变量上的一个约束，例如 $Missile(x)$ 是 x 的一元约束。扩展该思想，可以把有限论域的 CSP 表示为单个确定子句以及一些相关的基本事实。考虑图 6.1 的地图着色问题，如图 9.5（a）所示。图 9.5（b）给出了单个确定子句的等价形式化。显然，只有 CSP 有解时，才能推导出结论

Colorable()。由于一般来讲，3-SAT 问题是 CSP 的特殊情况，会得出结论：确定子句与事实集的匹配问题是 NP 难题。

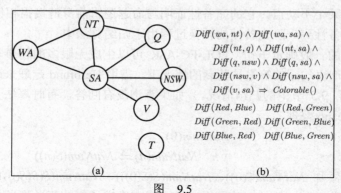

$$Diff(wa, nt) \land Diff(wa, sa) \land$$
$$Diff(nt, q) \land Diff(nt, sa) \land$$
$$Diff(q, nsw) \land Diff(q, sa) \land$$
$$Diff(nsw, v) \land Diff(nsw, sa) \land$$
$$Diff(v, sa) \Rightarrow Colorable()$$

$$Diff(Red, Blue) \quad Diff(Red, Green)$$
$$Diff(Green, Red) \quad Diff(Green, Blue)$$
$$Diff(Blue, Red) \quad Diff(Blue, Green)$$

(a)　　　　　　　　　　　　　　(b)

图　9.5

（a）对澳大利亚地图进行着色的约束图。（b）把地图着色 CSP 表示为单个确定子句。每个地图区域用变量表示，值可以是常量 *Red, Green* 或 *Blue*

　　在前向链接的内循环中存在匹配的 NP 难题看起来可能让人沮丧。有三种途径可以改善这一点：

- 可以提醒自己，现实世界中知识库的绝大多数规则小而且简单（如犯罪问题中的规则），而不是大而且复杂（如图 9.5 的 CSP 形式化）。在数据库世界中，常见的是规则的规模和谓词的参数个数都限于某个常数，要担心的只是**数据复杂度**即复杂度为数据库内基本事实数量的函数。容易证明前向链接的数据复杂度是多项式级别的。

- 可以考虑高效匹配的规则的子类。每个数据日志子句都可以看作在定义一个 CSP，所以当相应的 CSP 易处理时，匹配才是易处理的。第 6 章描述了几个易处理的 CSP 家族。例如，如果约束图（图中的结点对应于变量，连接边对应于约束）形成一棵树，那么 CSP 可以在线性时间内求解。规则匹配也有同样的结果成立。例如，如果从图 9.5 的地图中将 SA 移走，得到的结果是：

$$Diff(wa, nt) \land Diff(nt, q) \land Diff(q, nsw) \land Diff(nsw, v) \Rightarrow Colorable( )$$

  它对应于如图 6.12 所示的简化 CSP。用于解决树结构 CSP 的算法可以直接用于求解规则匹配问题。

- 下节讨论消除前向链接算法中冗余的规则匹配问题。

增量前向链接

　　我们在讲解前向链接在求解犯罪问题如何工作时，使了诈；特别是，省略了由图 9.3 所示的算法完成的一些规则匹配。例如，在第二次迭代时，规则

$$Missile(x) \Rightarrow Weapon(x)$$

与 $Missile(M_1)$ 匹配（再次），由于结论 $Weapon(M_1)$ 已知，所以什么都不会发生。如果观察到以下事实：每个第 t 次迭代推理出来的新事实应该由至少一个第 $t-1$ 次迭代中推理出来的新事实导出，由此可以避免大量多余的规则匹配。这是正确的，如果任何推理不需要来自第 $t-1$ 次迭代的新事实，那么该推理应该在第 $t-1$ 次迭代中就已经完成。

　　这个观察结果自然地引出了增量前向链接算法，第 t 次迭代时，只检查那些规则前提包含了能与第 $t-1$ 次迭代新推理出的事实 p_i' 进行合一的合取子句 p_i。规则匹配步骤固定

p_i 与 p_i' 进行匹配，但是允许规则的其他合取项与任何先前迭代得到的事实进行匹配。该算法在每次迭代中生成的事实与图 9.3 中的算法相同，但是效率更高。

如果有合适的索引，那么很容易辨别能被已知事实触发激活的规则，而且实际上许多现实系统在"升级"模式中运转，当有新事实被 TELL 给系统时会发生相应的前向链接推理。对规则集合逐级进行推理直到不动点，重复该过程处理下一个新的事实。

典型地，知识库中只有一小部分规则可以由新添加的已知事实触发激活。这意味着，大量的冗余工作存在于不断重复构造某些不满足前提的不完全匹配中。我们的例子规模太小而无法有效地表现出此类情况，但是应该注意到不完全匹配是第一次迭代时在规则

$$American(x) \ \wedge \ Weapon(y) \ \wedge \ Sells(x, y, z) \ \wedge \ Hostile(z) \ \Rightarrow \ Criminal(x)$$

和事实 $American(West)$ 之间构造的。该不完全匹配被舍弃并在第二次迭代时重建（规则得以成功匹配时）。比较好的做法是，当新事实出现前保留并逐步完成不完全匹配，而不是舍弃它们。

Rete[1]算法是第一个认真对待该问题的算法。rete 算法对知识库中的规则集进行预处理，构造一种数据流网络，网络中每个结点是规则前提中的文字。变量绑定流经网络，如果它们与文字的匹配失败则会被过滤掉。如果一条规则中的两个文字共享一个变量——例如，犯罪例子中的 $Sells(x, y, z) \wedge Hostile(z)$——那么每个文字的绑定通过一个等式结点进行过滤。当变量绑定到达有 n 个文字的结点诸如 $Sells(x, y, z)$ 时，在处理过程可以继续运行之前，可能需要等待其他变量的绑定。在任何给定结点，rete 网络状态捕获所有规则的不完全匹配，以避免大量的重复计算。

因此，rete 网络以及改进理论成为**产生式系统**的关键组成部分，它是最早被广泛使用的前向链接系统之一[2]。XCON 系统（最初称为 R1；McDermott，1982）采用的是产生式系统结构。XCON 包含几千条规则，它帮助 DEC 公司的客户配置计算机部件。在专家系统这个新兴领域中，它是最早取得显著的商业成功的系统之一。许多其他类似的系统也采用相同的基本技术建造，用通用语言 OPS-5 实现。

产生式系统在**认知体系结构**中也很流行——即人类推理模型——比如 ACT（Anderson，1983）和 SOAR（Laird 等人，1987）。在这类系统里，系统的"工作内存"模拟人类的短期记忆，而产生式是长期记忆的一部分。在每个操作周期中，产生式与工作内存中的事实进行匹配。条件得到满足的产生式可以增加或者删除工作内存中的事实。与数据库的典型情况相反，产生式系统通常规则多而事实少。通过使用合适的优化匹配技术，一些现代系统可以实时处理上百万条规则。

无关的事实

影响前向链接效率的最后一个元素似乎是这一方法所固有的，在命题的上下文中也有。前向链接允许产生所有基于已知事实的推理，即使它们与需要达到的目标毫无关系。在犯罪实例中，不存在推理出无关结论的规则，所以缺乏方向性不是一个问题。而在其他情况中（例如，假设我们有好多规则描述美国人的饮食习惯和导弹价格），FOL-FC-ASK 就会生成许多无关结论。

1　Rete 是拉丁语中的网络。按照英文发音规律发音。

2　**产生式系统**中的**产生式**指的是条件-行动规则。

避免推导出无关结论的一个方法是采用反向链接，9.4 节中将进行讨论。另一个解决方法是把前向链接限制在一个选定的规则子集内，如在 PL-FC-ENTAILS?中所示。第三种方法出现在**演绎数据库**领域，它们像关系数据库一样是大型数据库，使用前向链接而不是 SQL 查询作为标准推理工具。思想是利用目标信息重写规则集，从而在前向前推理过程中只考虑相关的变量绑定——这些都属于一个所谓的**魔法集**。例如，如果目标是 $Criminal(West)$，结论为 $Criminal(x)$ 的规则将被重写以便包含附加的、对 x 的取值进行约束的合取子句：

$$Magic(x) \wedge American(x) \wedge Weapon(y) \wedge Sells(x, y, z) \wedge Hostile(z) \Rightarrow Criminal(x)$$

事实 $Magic(West)$ 被加入到 KB（知识库）中。这样，即使知识库中包括上百万美国人的事实，在前向推理过程中也只会考虑 West 上校。定义魔法集和重写知识库的完整过程太复杂，不在这里详细讨论，但其基本思想是执行来自目标的一种"通用"反向推理以找出哪些变量绑定需要得到约束。因此可以认为魔法集方法是前向推理和反向预处理的混合方法。

9.4　反　向　链　接

第二类主要的逻辑推理算法是**反向链接**，曾在 7.5 节讨论。这类算法从目标开始反向推导链接规则，以找到支持证明的已知事实。我们将描述基本算法，然后说明它在**逻辑程序设计**中的应用，它在自动推理领域被广泛应用。与前向链接相比较，反向链接有一些缺点，我们将寻找方法克服这些缺点。最后考察逻辑程序设计和约束满足问题之间的密切联系。

9.4.1　反向链接算法

图 9.6 给出了确定子句的反向链接算法。如果知识库中包含形如 $lhs \Rightarrow goal$ 的子句，其中 lhs（左边）是合取项列表，FOL-BC-ASK($KB, goal$)会得到证实。原子事实如 $American(West)$ 被看成是 lhs 为空的子句。现在包含变量的查询可以有多种方法证明。例如，查询 $Person(x)$ 可以被置换 $\{x/John\}$ 和 $\{x/Richard\}$ 证实。所以将 FOL-BC-ASK 实现成生成器——可多次返回的函词，每次返回都给出一个可能结果。

```
function FOL-BC-ASK(KB, query) returns a generator of substitutions
    return FOL-BC-OR(KB, query, { })

generator FOL-BC-OR(KB, goal, θ) yields a substitution
    for each rule (lhs ⇒ rhs) in FETCH-RULES-FOR-GOAL(KB, goal) do
        (lhs, rhs) ← STANDARDIZE-VARIABLES((lhs, rhs))
        for each θ′ in FOL-BC-AND(KB, lhs, UNIFY(rhs, goal, θ)) do
            yield θ′

generator FOL-BC-AND(KB, goals, θ) yields a substitution
    if θ = failure then return
    else if LENGTH(goals) = 0 then yield θ
    else do
        first, rest ← FIRST(goals), REST(goals)
        for each θ′ in FOL-BC-OR(KB, SUBST(θ, first), θ) do
            for each θ″ in FOL-BC-AND(KB, rest, θ′) do
                yield θ″
```

图 9.6　一阶知识库的反向链接算法

它用只包含单个元素即原始查询的目标列表来调用，并返回满足查询的所有置换的集合。目标列表可以认为是一个等待处理的"栈"；如果所有的栈内目标都可以得到满足，则当前的证明分支是成功的。算法选取列表中的第一个目标，在知识库中寻找正文字（或称为**头**）能与该目标合一的每个子句。每个这样的子句创建一个新的递归调用，在该递归过程中，子句的前提（或称为**体**）都被加入到目标栈内。记住事实就是只有头没有体的子句，因此当目标和某个已知事实合一时，不会有新的子目标添加到栈里，目标也就得到了解决。图 9.7 是从语句（9.3）到（9.10）得到 *Criminal(West)* 的证明树。

反向链接是一类与或搜索——或部分是因为目标查询可以被知识库中的规则证明，与部分是因为子句的 *lhs* 中的合取项必须被证实。FOL-BC-OR 的工作过程如下，获取所有可能与目标合一的子句，对子句进行变量标准化成新变量，然后如果子句的 *rhs* 确实能与目标合一，则调用 FOL-BC-AND 证明。此函数逐一证实合取项，同时置换逐渐累积。图 9.7 给出了从语句（9.3）通过（9.10）证实 *Criminal(West)* 的证明树。

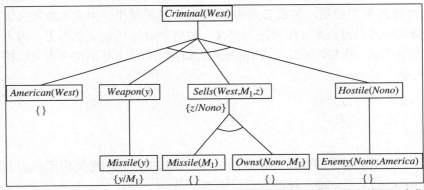

图 9.7　反向链接构造的证明树，以证明 West 是罪犯。阅读这棵树的方法是深度优先，从左到右。要证明 *Criminal(West)*，必须证明它下面的四个合取项。其中一些已经在知识库中，另一些则需要进一步的反向链接。子目标旁边标的是成功合一的变量绑定。注意，一旦合取式中的某个子目标得以成功实现，它的置换要用于后续子目标。因此，当 FOL-BC-ASK 到达最后一个合取项即 *Hostile(z)* 时，*z* 已经被限制为 Nono

反向链接，正像我们所写的，显然是一种深度优先搜索算法。这意味它的空间需求与证明规模呈线性关系（目前忽略存储答案所需的空间）。这还意味着反向链接（与前向链接不同）要忍受重复状态和不完备性问题的困扰。我们会讨论这些问题和一些潜在的解决方案，但首先讨论将反向链接应用于逻辑程序设计系统。

9.4.2　逻辑程序设计

逻辑程序设计技术与第 7 章中描述的陈述性思想很接近：系统通过使用形式语言表达知识而构建，并且问题求解通过在这些知识上运行推理过程来进行。该思想用 Robert Kowalski 的等式总结如下，

$$算法=逻辑+控制$$

Prolog 是应用最广泛的逻辑程序设计语言。它最初是作为快速原型语言和完成符号操作任务，诸如写编译器（Van Roy，1990）和对自然语言进行语法分析（Pereira 和 Warren，

1980）。法律、医疗、商业和其他领域的许多专家系统都是用 Prolog 语言编写的。

　　Prolog 程序是一组确定子句集，它与标准一阶逻辑的表示有些不同。Prolog 用大写字母表示变量，小写字母表示常量——这正好与我们的逻辑传统相反。子句中的合取项用逗号区分，子句书写的习惯也与我们习惯的相反；对 $A \land B \Rightarrow C$ 在 Prolog 中写为 $C :- A, B$。典型例子如下：

```
criminal(X) :- american(X),weapon(Y),sells(X,Y,Z),hostile(Z).
```

表示[E|L]表示列表，表头元素为 E，余下的部分为 L。下面是关于 append(X,Y,Z)的 Prolog 程序，表 Z 是表 X 和表 Y 的拼接结果：

```
append([],Y,Y)
append([A|X],Y,[A|Z]) :- append(X,Y,Z)
```

　　这些子句的自然语言描述是：（1）将表 Y 与空表拼接，得到的是同一个表 Y；（2）[A|Z]是将[A|X]拼接到 Y 的结果，如果 Z 是将 X 拼接到 Y 的结果。用大多数的高级语言，同样可以写出类似的递归函数来实现两表的拼接。然而 Prolog 的定义更有力，因为它描述出了三个参数间的关系。例如，可以查询 append(X,Y,[1,2])：什么样的两个表可以拼接成[1,2]？得到如下的解

```
X=[]          Y=[1,2];
X=[1]         Y=[2];
X=[1,2]       Y=[]
```

　　Prolog 程序的执行是深度优先的反向链接，子句按照它们在知识库中的书写顺序逐一被尝试。Prolog 的某些方面与标准的逻辑推理不同：

- Prolog 采用了 8.2.8 节的数据库语义，而不是一阶语义，这在等词和否定词的处理上很显然（参见 9.4.5 节）。
- 它有内建的算术函数集。使用这些函数的文字是通过执行代码而不是做更进一步的推理来"证明"的。例如，在 X 绑定 7 时目标"X 为 4+3"是成功的。另一方面，目标"5 等于 X+Y"失败，原因是内建函数不能完成任意等式求解[1]。
- 它有内建谓词，执行时有副作用。这包括修改知识库的输入-输出谓词和 assert/retract 谓词。这类谓词无逻辑变体，同时会产生令人困惑的影响——例如，如果事实是在证明树的一个最终会失败的分支内断言的。
- Prolog 的合一算法中省略了**发生检测**（occur check）。这意味着可能产生一些不可靠的推理；这在实践中很少是一个问题。
- Prolog 使用深度优先反向链接搜索，不检查无限递归。如果给出了正确的公理，这会使得证明十分快速，但如果给出了错误的公理，证明将是不完备的。

　　Prolog 的设计表现出陈述性和执行效率之间的折中——因为效率问题在设计 Prolog 时就已经很了解了。

1　注意，如果有 Peano 公理，这样的目标就可以在 Prolog 程序内通过推理来求解。

9.4.3　逻辑程序的高效实现

Prolog 程序的执行有两种模式：解释和编译。解释执行本质上相当于将程序当作知识库来运行图 9.6 的 FOL-BC-ASK 算法。之所以说是"本质上"，是因为 Prolog 解释器包含各种为提高速度而设计的改进方法。这里考虑其中的两种。

首先，我们的实现必须显式地管理抚今迭代，保留每个子函数生成的可能结果。Prolog 有一个全局数据结构，**选择点堆栈**，用它来跟踪 FOL-BC-OR 的多种可能性。这个全局堆栈很有效，同时使得调试过程更简单，因为调试器可以在堆栈中上下移动。

其次，FOL-BC-ASK 的简单实现在生成置换上花费了大量的时间。Prolog 则不是构建置换，它使用可以记住其当前绑定的逻辑变量来实现。在任何一个时间点，程序中的每个变量要么是绑定了某个值，要么是没有绑定。这些变量和值一起隐含地定义了当前证明分支中的置换。扩展路径只会增加新的变量绑定，因为对已经绑定值的变量增加不同的绑定会导致合一的失败。当一条搜索路径失败时，Prolog 将返回前一个选择点，然后可能会解除部分变量的绑定值。这可以通过在一个被称为**踪迹**的栈记录已经被绑定的变量来完成。每当 UNIFY-VAR 完成了新变量的绑定，这个变量就会被压入栈中。当目标失败并回到前一选择点后，每个被解绑的变量从踪迹中移除。

由于索引查找、合一和建立递归调用栈的开销，即使效率最高的 Prolog 解释器在执行每步推理时也需要几千条机器指令。实际上，解释器总是表现得如同以前从来就没见到过该程序；例如，它需要查找能和目标匹配的子句。另一方面，编译的 Prolog 程序是针对特定子句集的推理过程，因此，它知道哪些子句匹配目标。Prolog 基本上为不同的谓词生成小型定理证明机，从而减少了大部分的解释开销。它同时还可能对不同调用的合一进行**开放编码**，从而避免了对项结构的显式分析（关于开放编码合一，详见 Warren 等人（1977））。

今天的计算机指令集与 Prolog 语义的匹配非常差，因此大部分 Prolog 编译器把 Prolog 程序先编译成中间语言，而不是直接编译成机器语言。最流行的中间语言是 Warren 抽象机或称 WAM，为纪念 David H. D. Warren 而命名，他是第一代 Prolog 编译器的实现者之一。WAM 是适合于 Prolog 的抽象指令集，可以被解释或者翻译成机器语言。其他的编译器将 Prolog 翻译成高级语言如 Lisp 或者 C，然后就可以利用这些语言的编译器再将之翻译成机器语言。例如，谓词 Append 的定义可以编译成如图 9.8 所示的代码。这里有几点值得一提：

---

procedure APPEND($ax, y, az, continuation$)

　$trail \leftarrow$ GLOBAL-TRAIL-POINTER()
　if $ax = []$ **and** UNIFY(y, az) **then** CALL($continuation$)
　RESET-TRAIL($trail$)
　$a, x, z \leftarrow$ NEW-VARIABLE(), NEW-VARIABLE(), NEW-VARIABLE()
　if UNIFY($ax, [a \mid x]$) **and** UNIFY($az, [a \mid z]$) **then** APPEND($x, y, z, continuation$)

图 9.8　谓词 Append 的编译结果的伪代码。函数 NEW-VARIABLE 返回一个目前为止从未出现过的新变量。过程 CALL($continuation$)根据指定继续执行

- 编译器把子句转换成一个过程，而不是必须在知识库中搜索 Append 子句，推理通

过调用该过程进行。

- 正如前面所描述的，踪迹栈中保存了当前的变量绑定。过程的第一步就是保存踪迹栈的当前状态，所以当第一个子句失败时就可以利用 RESET-TRAIL 还原踪迹栈。这将取消由第一次调用 UNIFY 生成的任何绑定。

- 最有技巧性的是利用**延续**来实现选择点。你可以将延续视为打包过程和参数列表，它们共同定义了当前目标成功后下一步将做什么。由于有多种方法使它成功，而且每条方法都需要尝试，因此它在目标成功时不只是从类似 APPEND 的过程返回。延续参数解决了这个问题，因为它可以在每次目标成功时被调用。在 APPEND 代码中，如果第一个参数为空，且第二个和第三个参数合一，则谓词 APPEND 就已经达到。接着，根据踪迹栈中适当的绑定来 CALL 延续，以完成下一步。例如，如果对 APPEND 的调用在顶层，延续将会打印出变量的绑定。

在 Warren 对 Prolog 中推理的编译工作进行之前，逻辑程序设计由于太慢而不通用。Warren 和其他人设计的编译器提高了 Prolog 程序的速度，使得它在多种标准测试程序上可以与 C 语言相匹敌（Van Roy，1990）。当然，几十行 Prolog 程序就可以编写一个规划器或者自然语言语法分析器，这个事实也令它比 C 语言更适用于大多数小规模 AI 研究项目的原型开发。

并行化也能切实地提高速度。有两个主要的并行性来源。第一个称为**或-并行**，源于某个目标可以与知识库中许多不同子句进行合一的可能性。每个合一都会引出搜索空间的独立分支，从而指向某个潜在的解，所有这些分支可以并行求解。第二个称为**与-并行**，源于并行求解蕴含式的每个合取子句的可能性。与-并行更加困难，因为整个合取式的解要求对所有变量的一致绑定。每个合取分支必须和其他的分支通信以确保获得全局解。

9.4.4　冗余推理和无限循环

现在，考虑 Prolog 的致命弱点：深度优先搜索与包含了重复状态和无限路径的搜索树之间的不匹配。考虑如下逻辑程序，它试图判定有向图中的两点之间是否存在路径：

```
path(X,Z) :- link(X,Z)
path(X,Z) :- path(X,Y), link(Y,Z)
```

图 9.9（a）给出了一个简单的三结点图，由事实 link(a,b)和 link(b,c)组成。利用该程序，查询 path(a,c)生成如图 9.10（a）所示的证明树。另一方面，如果把两个子句按下列次序排列

```
path(X,Z) :- path(X,Y), link(Y,Z)
path(X,Z) :- link(X,Z)
```

那么 Prolog 会得到如图 9.10（b）所示的无限路径。因此作为确定子句的定理证明机——甚至对数据日志程序而言，如同本例所示——Prolog 是**不完备的**，原因是对有些知识库，它无法证明被蕴涵的语句。请注意前向链接不会有这个问题：一旦推理出 path(a,b)、path(b,c)，就可以推理出 path(a,c)，前向链接中止。

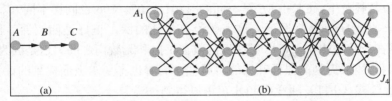

图　9.9

（a）寻找从 A 到 C 的路径会导致 Prolog 进入无限循环。（b）图中每个结点都随机连接到下一层的两个后继结点。寻找从 A_1 到 J_4 的一条路径需要 877 步推理

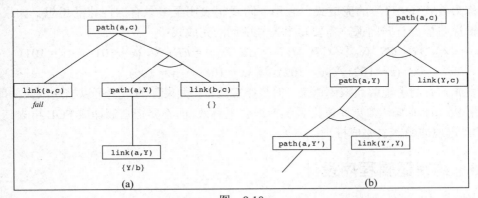

图　9.10

（a）证明存在从 A 到 C 的路径。（b）当子句处于"错误"次序时生成的无限证明树

　　深度优先反向链接也存在冗余计算的问题。例如，在图 9.9（b）中寻找从 A_1 到 J_4 的路径，Prolog 需要执行 877 步推理，大部分推理是在无法到达目标的结点上寻找可能路径。这和第 3 章讨论的重复状态问题有些相似。推理的总量可能是生成的基本事实数的指数级别。如果替代地使用前向链接，至多会生成连接 n 个结点的 n^2 path(X,Y) 个事实。对于图 9.9（b）中的问题，只需 62 步推理。

　　图搜索问题的前向链接是**动态规划**的实例，其中子问题的解是由更小的子问题的解递增构造的，并建立其缓存以避免重复计算。可以使用**备忘法**在反向链接系统中获得等同的效果——即，当发现子目标的解时为其建立缓存，当子目标再次出现时查找缓存，而不重复以前的计算。这是**表格逻辑程序设计**系统采用的方法，使用有效的存储和检索机制实现备忘法。表格逻辑程序设计将反向链接的目标制导和前向链接动态规划的效率结合起来。对数据日志知识库而言也是完备的，这意味着程序员不必过多担心无限循环（还是有可能得到无限循环，如当对象数目无限时谓词 father(X,Y)可能陷入无限循环）。

9.4.5　Prolog 的数据库语义

　　在 8.2.8 节讨论过 Prolog 使用数据库语义。单一命名假设要求每个 Prolog 常量和基项都指向特定的对象，而封闭世界假设要求被只有被知识库蕴涵的语句的真值才是真。Prolog 中不可能断言真值为假的语句。这使得 Prolog 的表达能力不如一阶逻辑，但也正是这点使得 Prolog 更有效更简洁。考虑如下的 Prolog 关于开课的断言：

　　　　Course(*CS*, 101), *Course*(*CS*, 102), *Course*(*CS*, 106), *Course*(*EE*, 101)　　（9.11）

在单一命名假设下，*CS* 和 *EE* 是不同的（101，102，106 也同样不同），这意味着有四门不同的课。在封闭世界假设下，这表明没有其他的课，正好是四门课。然而如果不是 Prolog，而是在一阶逻辑中，可以说课程门数在 1 门和无数门之间。这是因为（FOL 中的）断言并不否定其他未提到的课程开课的可能性，同时也不要求上面提到的课程一定要互不相同。如果把公式（9.11）翻译成 FOL，可以得到：

$$Course(d, n) \iff (d=CS \wedge n = 101) \vee (d=CS \wedge n = 102)$$
$$\vee (d=CS \wedge n = 106) \vee (d=EE \wedge n = 101) \qquad (9.12)$$

这被称为公式（9.11）的**完成式**。它用一阶逻辑表明至多只有四门课的思想。如果要用一阶逻辑说明至少有四门课，需要写出等号谓词的完成式：

$$x = y \iff (x = CS \wedge y = CS) \vee (x = EE \wedge y = EE) \vee (x = 101 \wedge y = 101)$$
$$\vee (x = 102 \wedge y = 102) \vee (x = 106 \wedge y = 106)$$

完成式有利于理解数据库语义，但是在实践中，如果你的问题可以描述成数据库语义，那么用 Prolog 或其他数据库语义系统推理会更有效，而不要把它翻译成 FOL 再去使用完全的 FOL 定理证明器去完成推理。

9.4.6　约束逻辑程序设计

在对前向链接的讨论中（9.3 节），谈到了如何把约束满足问题（CSP）编码成确定子句。标准 Prolog 用和图 5.3 给出的回溯算法完全一样的方法求解此类问题。

因为回溯要求枚举论域中的变量，所以它只能求解**有限论域** CSP。在 Prolog 术语中，如果目标中有未绑定变量，那么它的解的数量一定是有限的（例如，目标 diff(Q,SA)，意思是昆士兰和南澳大利亚的地图着色应该不一样，使用三种颜色时有六组解）。无限论域的 CSP——例如整数或实数的变量——需要完全不同的算法，比如界限传播或线性规划。

考虑如下的实例。定义谓词 triangle(X,Y,Z)，如果三个参数满足三角不等式：

```
triangle(X,Y,Z)  :-
    X>0, Y>0, Z>0, X+Y>=Z, Y+Z>=X, X+Z>=Y
```

如果向 Prolog 查询 triangle(3,4,5)，则回答成功。另一方面，如果查询 triangle(3,4,Z)，将无解，因为 Prolog 无法处理子目标 Z>=0；无法比较未绑定变量和 0。

约束逻辑程序设计（Constraint Logic Programming，CLP）允许变量被约束而不是被绑定。CLP 的解是查询变量特定的约束集合，该集合根据知识库推导而来。例如，查询 triangle(3,4,Z)的解是约束 7 >= Z >= 1。标准逻辑程序设计只是 CLP 的一个特例，其中解约束必须是等式约束——即绑定。

CLP 系统为语言中允许的约束给出多种不同的约束求解算法。例如，允许实数变量的线性不等式的系统在求解这些约束时可能包含线性规划算法。CLP 系统还采用相当灵活的方法来求解标准逻辑程序设计的查询。例如，不使用深度优先、从左到右的回溯，而采用第 6 章中讨论的一些更有效的算法，包括启发式合取排序、回跳、割集调整等等。CLP 系统因此将约束满足算法、逻辑程序设计和演绎数据库的成分组合起来。

出现了一些系统允许程序员对推理的搜索次序有更多的控制。MRS 语言（Genesereth 和 Smith，1981；Russell，1985）允许程序员编写**元规则**以确定首先处理哪个合取项。用户可以编写这样的规则，规定必须首先搜索具有最少变量的目标，或者对特殊谓词写出领域特有的规则。

9.5 归 结

三个逻辑系统家族的最后一个是基于**归结**的逻辑系统。在前面的章节中我们看到，命题反演归结是用于命题逻辑的完备推理过程。本节讨论如何将归结扩展到一阶逻辑。

9.5.1 一阶逻辑的合取范式

与命题逻辑一样，一阶逻辑的归结也要求语句必须是**合取范式**（CNF）——即子句的合取式，其中每个子句是文字的**析取式**。[1]文字可以包含变量，假定这些变量是全称量化的。例如，语句

$$\forall x\; American(x) \wedge Weapon(y) \wedge Sells(x, y, z) \wedge Hostile(z) \Rightarrow Criminal(x)$$

化为 CNF 表示，

$$\neg American(x) \vee \neg Weapon(y) \vee \neg Sells(x, y, z) \vee \neg Hostile(z) \vee Criminal(x)$$

一阶逻辑的每个语句都可以转换成推理等价的 CNF 语句。特别是，CNF 语句只有当原始语句不可满足时才不可满足，这是应用 CNF 语句上的反证法证明的基础。

转换成 CNF 的过程和命题逻辑类似。主要的不同在于一阶逻辑要消除存在量词。以"Everyone who loves all animals is loved by someone"为例来说明这个转换过程，该语句即为

$$\forall x\; [\forall y\; Animal(y) \Rightarrow Loves(x, y)] \Rightarrow [\exists y\; Loves(y, x)]$$

步骤如下：

- **消除蕴含词：**

$$\forall x\; [\neg \forall y\; \neg Animal(y) \vee Loves(x, y)] \quad \vee \quad [\exists y\; Loves(y, x)]$$

- **将¬内移：** 除了用于否定词的通用规则，还需要否定量词的规则。因此有

$$\neg \forall x\; p \text{ 变成} \qquad \exists x\; \neg p$$
$$\neg \exists x\; p \text{ 变成} \qquad \forall x\; \neg p$$

上述语句经过以下变形：

$$\forall x\; [\exists y\; \neg (\neg Animal(y) \vee Loves(x, y))] \quad \vee \quad [\exists y\; Loves(y, x)]$$
$$\forall x\; [\exists y\; \neg\neg Animal(y) \wedge \neg Loves(x, y)] \quad \vee \quad [\exists y\; Loves(y, x)]$$
$$\forall x\; [\exists y\; Animal(y) \wedge \neg Loves(x, y)] \quad \vee \quad [\exists y\; Loves(y, x)]$$

注意蕴含式前提中的全称量词（$\forall y$）是怎样转变成存在量词的。现在语句被解读为"或者存在 x 不喜爱的某种动物，（如果这不是事实）或者有人喜爱 x"。显然，这保

---

1 子句还可以表示成左边为原子的合取式、右边为原子的析取式的蕴涵（习题 7.13）。这被称为**蕴含范式**或 **Kowalski 范式**（特别是当从右至左书写蕴含符号时（Kowalski, 1979）），通常更容易阅读。

留了原始语句的含义。

- **变量标准化**：对于诸如$(\exists x\, P(x)) \vee (\exists x\, Q(x))$ 使用相同变量名的语句，改变其中一个变量的名字即可。这避免了后续步骤在去除量词之后的混淆。因此，得到

$$\forall x\, [\exists y\, Animal(y) \wedge \neg Loves(x, y)] \ \vee\ [\exists z\, Loves(z, x)]$$

- **Skolem 化**：Skolem 化是指消除存在量词的过程。在简单情况下，它类似于 9.1 节中的存在量词实例化规则：将$\exists x\, P(x)$转换成$P(A)$，其中 A 是一个新常量。然而不能将存在量词实例化应用于上述语句，因为它和$\exists v\,\alpha$ 不匹配；语句只有部分内容匹配。如果盲目地将这条规则应用于上述例句，得到的是

$$\forall x\, [Animal(A) \wedge \neg Loves(x, A)] \ \vee\ Loves(B, x)$$

  它的意思完全错了：它声明每个人或者不爱某个特定动物 A 或者被某个特定实体 B 爱上。事实上，初始语句允许每个人可以不喜爱某个不同的动物或者被不同的人爱上。因此，我们希望 Skolem 实体依赖于 x 和 z：

$$\forall x\, [Animal(F(x)) \wedge \neg Loves(x, F(x))] \ \vee\ Loves(G(z), x)$$

  这里 F 和 G 为 **Skolem 函数**。通用规则是 Skolem 函数的参数都是全称量化变量，要消去的存在量词在这些变量的辖域中。和存在量词实例化一样，原始语句可满足时 Skolem 化语句也恰好可满足。

- **删除全称量词**：此时，保留下来的所有变量都一定是全称量化的。而且，语句等价于将所有全称量词都移到左侧的语句。因此，我们可以删除全称量词：

$$[Animal(F(x)) \wedge \neg Loves(x, F(x))] \ \vee\ Loves(G(z), x)$$

- **将 $\wedge$ 分配到 $\vee$ 中**：

$$[Animal(F(x)) \vee Loves(G(z), x)] \ \wedge\ [\neg Loves(x, F(x)) \vee Loves(G(z), x)]$$

  这一步可能还需要展开嵌套的合取式和析取式。

现在语句是 CNF，它包括两个子句。它可读性很差。（这样表述可能有助于解释：Skolem 函数 $F(x)$ 指 x 可能不喜欢的动物，而 $G(z)$ 指那些可能爱上 z 的人。）幸运的是，人们很少需要去看 CNF 语句——翻译过程简单地自动进行着。

9.5.2　归结推理规则

一阶逻辑子句的归结规则简单而言是前面给出的命题归结规则的升级版本。对于已经完成变量标准化没有共享变量的两个子句，如果包含互补文字则可对它们进行归结。如果一个命题文字是另一个命题文字的否定式，则这两个命题文字是互补的；如果一个一阶逻辑文字能和另一个一阶逻辑文字的否定式合一，则这两个一阶逻辑文字是互补的。那么，我们可以得到

$$\frac{l_1 \vee \cdots \vee l_k \qquad m_1 \vee \cdots \vee m_n}{\text{SUBST}(\theta, l_1 \vee \cdots \vee l_{i-1} \vee l_{i+1} \vee \cdots \vee l_k \vee m_1 \vee \cdots \vee m_{j-1} \vee m_{j+1} \cdots \vee m_n)}$$

其中 $\text{UNIFY}(l_i, \neg m_j) = \theta$。例如，通过合一置换 $\theta = \{u/G(x),\ v/x\}$消除互补文字 $Loves(G(x), x)$ 和$\neg Loves(u, v)$，可以对两个子句进行归结

$$[Animal(F(x)) \vee Loves(G(x), x)] \ 和\ [\neg Loves(u, v) \vee \neg Kills(u, v)]$$

产生归结式子句

$$[Animal(F(x)) \vee \neg Kills(G(x), x)]$$

这就是**二元归结规则**，它正好对两个文字进行归结。二元归结规则本身不能产生完备的推理过程。全归结规则对每个可合一的子句中的文字子集进行归结。另外的一种方法是把**归并**——去除冗余文字——扩展到一阶逻辑。命题逻辑的归并是指如果两个文字相同，则将这两个文字减少到一个；一阶逻辑的归并是指如果两个文字可合一，则将这两个文字减少到一个。合一置换必须应用于整个子句。二元归结和归并的结合是完备的。

9.5.3 证明举例

归结通过证明 $KB \wedge \neg\alpha$ 不可满足，即通过导出空语句，来证明 $KB \models \alpha$。这个算法和图 7.12 所描述的命题逻辑的情况一样，这里不再赘述。下面举例证明。首先考虑 9.3 节中的犯罪例子。CNF 语句为

$\neg American(x) \vee \neg Weapon(y) \vee \neg Sells(x, y, z) \vee \neg Hostile(z) \vee Criminal(x)$

$\neg Missile(x) \vee \neg Owns(Nono, x) \vee Sells(West, x, Nono)$

$\neg Enemy(x, America) \vee Hostile(x)$

$\neg Missile(x) \vee Weapon(x)$

$Owns(Nono, M_1)$ $Missile(M_1)$

$American(West)$ $Enemy(Nono, America)$

将目标否定$\neg Criminal(West)$加入其中，归结证明如图 9.11 所示。注意这个结构：证明沿着从目标子句开始的单一"脉络"，与知识库中的子句相归结，直到产生空子句。这是 Horn 子句知识库的归结特征。事实上，主要脉络上的子句恰好和图 9.6 中反向链接算法的目标变量的相继值对应。这是因为我们总是选择能和脉络上"当前"子句最左边的文字合一的正文字的子句进行归结；这正是反向链接的情况。因此，反向链接实际上是在归结方法的特例，它使用特殊控制策略决定下一步执行的归结。

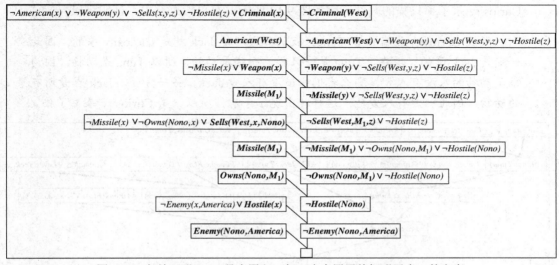

图 9.11 归结证明 West 是个罪犯。每一步中用黑体标明了合一的文字

第二个例子将利用 Skolem 化，还将涉及非确定子句。这导致了更复杂的证明结构。用英语来描述该问题如下：

Everyone who loves all animals is loved by someone.

Anyone who kills an animal is loved by no one.

Jack loves all animals.

Either Jack or Curiosity killed the cat, who is named Tuna.

Did Curiosity kill the cat?

首先，将这些原始语句、一些背景知识和目标 G 的否定用一阶逻辑表示：

A. $\forall x\,[\forall y\,Animal(y) \Rightarrow Loves(x, y)] \Rightarrow [\exists y\,Loves(y, x)]$

B. $\forall x\,[\exists z\,Animal(z) \wedge Kills(x, z)] \Rightarrow [\forall y\,\neg Loves(y, x)]$

C. $\forall x\,Animal(x) \Rightarrow Loves(Jack, x)$

D. $Kills(Jack, Tuna) \vee Kills(Curiosity, Tuna)$

E. $Cat(Tuna)$

F. $\forall x\,Cat(x) \Rightarrow Animal(x)$

¬G. $\neg Kills(Curiosity, Tuna)$

现在将这些语句转换成 CNF：

A1. $Animal(F(x)) \vee Loves(G(x), x)$

A2. $\neg Loves(x, F(x)) \vee Loves(G(x), x)$

B. $\neg Loves(y, x) \vee \neg Animal(z) \vee \neg Kills(x, z)$

C. $\neg Animal(x) \vee Loves(Jack, x)$

D. $Kills(Jack, Tuna) \vee Kills(Curiosity, Tuna)$

E. $Cat(Tuna)$

F. $\neg Cat(x) \vee Animal(x)$

¬G. $\neg Kills(Curiosity, Tuna)$

Curiosity 杀了那只猫的归结证明如图 9.12 所示。在自然语言中，证明可以释义成：

> 假设 Curiosity 没有杀害 Tuna。我们知道不是 Jack 就是 Curiosity 杀的；因此一定是 Jack 干的。现在，Tuna 是一只猫，而猫是动物，所以 Tuna 是动物。因为杀了动物的人没有人爱，那么我们知道没有人爱 Jack。另一方面，Jack 喜爱所有的动物，因此一定有人爱他；这样就出现了矛盾。所以，是 Curiosity 杀害了猫。

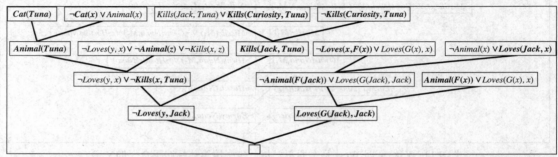

图 9.12　Curiosity 杀害了猫的归结证明。注意在子句 $Loves(G(Jack), Jack)$ 的推导中对归并的使用。请注意右侧上方，$Loves(x, F(x))$ 和 $Loves(Jack, x)$ 只有在变量标准化分离化这后才能成功合一

证明回答了问题"Curiosity 杀害了猫吗？"但是我们经常想提出更一般的问题，如"谁杀害了那只猫？"归结可以做到这一点，多做一些工作可能得到答案。目标为∃w *Kills*(*w*, *Tuna*)，否定后得到的 CNF 为¬*Kills*(*w*, *Tuna*)。对这个新的否定目标重复图 9.12 的证明，我们得到一棵相似的证明树，其中在一步中有置换{*w* / *Curiosity*}。所以，在这种情况下，只需要记录证明过程中查询变量的绑定情况，就可以找出是谁杀害了那只猫。

不幸的是，归结对于存在目标可能生成**非构造性证明**。例如，¬*Kills*(*w*, *Tuna*)与 *Kills*(*Jack*, *Tuna*)∨*Kills*(*Curiosity*, *Tuna*)归结得到 *Kills*(*Jack*, *Tuna*)，而 *Kills*(*Jack*, *Tuna*)再次和¬*Kills*(*w*, *Tuna*)归结将得到空子句。注意，在该证明中，*w* 具有两种不同的绑定；归结告诉我们：是的，有人杀害了 Tuna——可能是 Jack 或者是 Curiosity。这没什么可大惊小怪的！一个解决方案就是限制证明允许的归结步骤，在证明中查询变量只能绑定一次；那么我们需要有能力回溯可能的绑定。另一个解决方案是给否定目标增加特殊的**解文字**，使其变成 ¬*Kills*(*w*, *Tuna*)∨*Answer*(*w*)。现在，每生成一个只包含单个解文字的子句，归结过程就生成一个答案。对图 9.12 中的证明，解就是 *Answer*(*Curiosity*)。非构造性证明会生成子句 *Answer*(*Curiosity*)∨*Answer*(*Jack*)，这无法构成一个解。

9.5.4 归结的完备性

本节将给出归结的完备性证明。对那些愿意直接接受这一点的人而言，这部分内容可以安全跳过。

我们将说明归结是**反演完备的**，这意味着如果一个语句集不可满足，那么归结总会推出矛盾。归结不能用于生成一个语句集的所有逻辑结果，但是它可以用于确定某个已知的语句是被该语句集蕴涵的。所以，可以通过证明 $KB \land \neg Q(x)$ 是不可满足的，寻找给定问题 $Q(x)$ 的所有答案。

我们认定一阶逻辑中的任何语句（无等词）可以重写成 CNF 子句集。采用原子语句作为基本实例（Davis 和 Putnam，1960），可以在语句基础上进行归纳证明（Davis 和 Putnam，1960）。所以我们的目标是证明以下内容：如果 *S* 是一个不可满足的子句集，那么对 *S* 进行有限步骤的归结会产生矛盾。

我们的证明采用了 Robinson 的原始证明框架，同时用 Genesereth 和 Nilsson（1987）的技术进行了简化。证明的基本结构（参见图 9.13）如下：

（1）首先，观察到，如果 *S* 是不可满足的，则存在 *S* 的子句的特殊基本实例集，这个集合也是不可满足的（Herbrand 定理）。

（2）接着可以应用第 7 章给出的**基本归结原理**，该原理表明对基本语句而言命题归结是完备的。

（3）然后，采用**升级引理**证明：对任何使用基本语句集的命题归结证明而言，存在相应的使用一阶语句的一阶归结证明，从这些一阶语句中可以获得基本语句。

为完成第一步，需要三个新概念。

（1）**Herbrand 全域**：如果 *S* 是一个子句集，那么 H_S，即 *S* 的 Herbrand 全域，是所有从以下规则构建起来的基项的集合：

a. 如果有函词，则包含 *S* 中的函词。

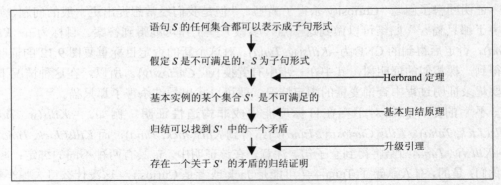

图 9.13　归结的完备性证明的结构

b. 如果 S 中有常量符号，则包含 S 中的常量符号；如果没有，则常量符号为 A。

例如，如果 S 只包含子句 $\neg P(x, F(x, A)) \vee \neg Q(x, A) \vee R(x, B)$，则 H_S 为以下基项的无限集合：

$$\{A, B, F(A, A), F(A, B), F(B, A), F(B, B), F(A, F(A, A)), \cdots\}$$

（2）**饱和**：如果 S 是子句集，P 是基项集，那么 $P(S)$，即 S 关于 P 的饱和，是通过应用 P 中的基项与 S 中的变量所有可能的相容置换而得到的全部基本子句的集合。

（3）**Herbrand 基**：子句集 S 关于自身的 Herbrand 全域的饱和被称为 S 的 Herbrand 基，记为 $H_S(S)$。例如，如果 S 仅仅包含给出的子句，那么 $H_S(S)$ 是子句的无限集合：

$\{\neg P(A, F(A, A)) \quad \vee \quad \neg Q(A, A) \quad \vee \quad R(A, B),$

$\neg P(B, F(B, B)) \quad \vee \quad \neg Q(B, A) \quad \vee \quad R(B, B),$

$\neg P(F(A, A), F(F(A, A), A)) \quad \vee \quad \neg Q(F(A, A), A) \quad \vee \quad R(F(A, A), B),$

$\neg P(F(A, B), F(F(A, B), A)) \quad \vee \quad \neg Q(F(A, B), A) \quad \vee \quad R(F(A, B), B), \cdots\}$

使用这些定义陈述 **Herbrand 定理**（Herbrand，1930）的一种形式：

如果子句集 S 是不可满足的，则存在 $H_S(S)$ 的有限集合，它同样是不可满足的。

令 S' 代表该基本语句的有限子集。现在，可以利用基本归结定理来证明**归结闭包** $RC(S')$ 包含空子句。即，在 S' 的完全式上运行命题归结将导出矛盾。

现在已经确定，总存在涉及 S 的 Herbrand 基的某个有限子集的归结证明，下一步需要说明的是存在一个采用 S 本身的子句的归结证明，这些子句不必是基本子句，可从考虑归结规则的单个应用开始。Robinson 给出了如下的基本引理：

设 C_1 和 C_2 为两个没有共享变量的子句，C_1' 和 C_2' 分别代表 C_1 和 C_2 的基本实例。如果 C' 是 C_1' 和 C_2' 的归结式，则存在子句 C 使得（1）C 是 C_1 和 C_2 的归结式及（2）C' 是 C 的基本实例。

这被称为**提升引理**，因为它将证明步骤从基本子句提升到了一般的一阶子句。为了证明基本提升引理，Robinson 必须找到合一并推导出最一般合一置换的所有性质。在此不做重复证明，只是简单地说明引理：

$$C_1 = \neg P(x, F(x,A)) \vee \neg Q(x,A) \vee R(x,B)$$
$$C_2 = \neg N(G(y), z) \vee P(H(y), z)$$
$$C_1' = \neg P(H(B), F(H(B),A)) \vee \neg Q(H(B),A) \vee R(H(B),B)$$
$$C_2' = \neg N(G(B), F(H(B),A)) \vee P(H(B), F(H(B),A))$$

$$C' = \neg N(G(B), F(H(B),A)) \vee \neg Q(H(B),A) \vee R(H(B),B)$$
$$C = \neg N(G(y), F(H(y),A)) \vee \neg Q(H(y),A) \vee R(H(y),B).$$

我们看到 C' 确实是 C 的一个基本实例。一般而言，若 C_1' 和 C_2' 具有任何归结式，构建它们必须首先把 C_1 和 C_2 中互补文字对的最一般合一置换应用于 C_1 和 C_2。根据提升引理，很容易得出关于归结规则应用序列的类似说明：

对 S' 的归结闭包中的任意子句 C'，存在子句 C 属于 S 的归结闭包，使得 C' 是 C 的基本实例，而且 C 的派生和 C' 的派生长度相同。

根据这个事实可以得出：如果空子句在 S' 的归结闭包中出现，则空子句也会在 S 的归结闭包中出现。原因是空子句不可能是任何其他子句的基本实例。再次概括：我们已经说明了如果 S 是不可满足的，那么使用归结规则有限派生可以得到空子句。

定理证明从基本子句到一阶子句的提升十分有力。这种提高来自于一阶逻辑的证明只需要对证明过程中所需的变量进行实例化的事实，而基本子句方法却需要检查大量的实例化。

GÖDEL 不完备性定理

通过把一阶逻辑语言稍加扩展以允许算术上的**数学归纳法**，Kurt Gödel 用其**不完备性定理**证明：存在不能被证明的真值算术语句。

不完备性定理的证明多少有些超出了本书的内容，要证明它需要至少 30 页，这里只是给出一些思路。从逻辑数论开始。在该理论中有常数 0 和函数 S（后继函数）。在预期模型中，$S(0)$ 表示 1，$S(S(0))$ 表示 2，依此类推；因此，该语言具备了所有自然数的名称。它的词汇表还包含了函词 +、× 和 $Expt$（幂），以及常用的逻辑连接符和量词。第一步需要注意的是用该语言书写的语句集是可枚举的（设想在符号上定义字母序，然后按字母顺序依次排列长度分别为 1、2、……的语句集）。然后可以为每个语句 α 编号为唯一的自然数 $\#\alpha$（**Gödel 数**）。这很关键：数论给它的每个语句都包含名称。同样地，可以给每个可能的证明 P 编号成一个 Gödel 数 $G(P)$，因为简单地说每个证明都是一个有限的语句序列。

现在假设有一个递归可枚举的语句集 A，这些语句是关于自然数的真命题。回想 A 可以由给定的整数集命名，可以想象用我们的语言写出下述类型语句 $\alpha(j, A)$：

$\forall i$　i 不是 Gödel 数为 j 的语句的证明的 Gödel 数，该证明只使用 A 中的前提。

然后，令 σ 表示语句 $\alpha(\#\sigma, A)$，即，宣称它不可根据 A 证明的语句（该语句存在，这一点并不明显）。

现在我们得到巧妙的证明如下：假设根据 A 可以证明 σ；则 σ 为假（因为 σ 说它不可能被证明）。但是，这样得到了一个可以根据 A 证明的真值为假的语句，因此 A 不可能只包括真语句——这与我们的前提矛盾。因此，σ 不能由 A 证明。而这正是 σ 本身所声明的；因此 σ 的真值为真。

所以，我们已经说明（不包括另外 $29\frac{1}{2}$ 页）对数论的任何真语句集，特别是任何基本公理集，存在其他无法用这些公理证明的真语句。这证实了永远无法在给定的公理系统内证明所有的数学定理。显然，这对数学而言是个重要的发现。它对 AI 的重要性从 Gödel 自身的思考开始已经被广泛争论。在第 26 章将讨论这点。

9.5.5　等词

本章到目前为止都没有讨论处理形如 $x=y$ 的断言的推理方法。可以有三种不同的途径。第一种方法是为等词设计公理——写出和知识库中等式关系有关的语句。要指明等词是自反的、对称的和传递的，还需要指明等量可以被任何谓词或者函数置换。因此，需要三类基本公理，然后考虑的是针对每个谓词和函数：

$$\forall x \; x=x$$
$$\forall x,y \; x=y \Rightarrow y=x$$
$$\forall x,y,z \; x=y \; \wedge \; y=z \Rightarrow x=z$$

$$\forall x,y \; x=y \Rightarrow (P_1(x) \Leftrightarrow P_1(y))$$
$$\forall x,y \; x=y \Rightarrow (P_2(x) \Leftrightarrow P_2(y))$$
$$\vdots$$
$$\forall w,x,y,z \; w=y \wedge x=z \Rightarrow (F_1(w,x)=F_1(y,z))$$
$$\forall w,x,y,z \; w=y \wedge x=z \Rightarrow (F_2(w,x)=F_2(y,z))$$
$$\vdots$$

有了这些语句，像归结此类的标准推理程序就可以执行需要等词推理的各项任务，比如求解数学方程组。然而，这些公理会产生很多结论，而这些结论中的大多数对证明没有帮助。所以必须搜索一种处理等词的更有效途径。另一种处理等词的方法是不添加公理而采用推理规则。最简单的规则，**解调**（**demodulation**），如果有单元子句 $x=y$ 和一些子句 α，用 y 置换 α 中的 x 可生成新的子句。只需能与 α 中的 x 合一即可，不必完全等于 x。请注意这种解调是有向的；给定 $x=y$，x 总是被 y 替换，反过来则不行。这意味着解调可以用于简化表达式，如 $x+0=x$ 或者 $x^1=x$。再看另外一个例子，给定

$$Father(Father(x)) = PaternalGrandfather(x)$$
$$Birthdate(Father(Father(Bella)),1926)$$

通过解调可以得出

$$Birthdate(PaternalGrandfather(Bella),1926).$$

更形式化地，我们有

- **解调**：对任何项 x、y 和 z，其中 z 在文字 m_i 中出现并且 $\text{UNIFY}(x,z)=\theta$：

$$\frac{x = y \quad m_1 \vee \cdots \vee m_n}{\text{SUB}(\text{SUBST}(\theta,x),\text{SUBST}(\theta,y),m_1 \vee \cdots \vee m_n)}$$

其中 SUBST 为通常意义上的绑定表置换，而 $\text{SUB}(x, y, m)$ 表示用 y 置换 x 在 m 中的所有出现。

规则还可以进行扩展以处理有等词的非单元子句：

- **调解**（paramodulation）：对任意项 x、y 和 z，其中 z 在文字 m_i 中出现并且 $\text{UNIFY}(x,z)=\theta$，

$$\frac{l_1 \vee \cdots \vee l_k \vee x = y, \quad m_1 \vee \cdots \vee m_n}{\text{SUB}(\text{SUBST}(\theta,x),\text{SUBST}(\theta,y),\text{SUBST}(\theta,l_1 \vee \cdots \vee l_k \vee m_1 \vee \cdots \vee m_n))}$$

例如，从

$$P(F(x,B), x) \vee Q(x)\text{和 } F(A,y)=y \vee R(y)$$

我们有 $\theta=\text{UNIFY}(F(A,y), F(x,B))=\{x/A, y/B\}$，通过调解得语句

$$P(B,A) \vee Q(A) \vee R(B)$$

调解生成一个含等词的一阶逻辑的完备推理过程。

第三种方法是完全在扩展的合一算法里处理等词。即，如果项经过置换后可以证明是相等的，那么它们是可以合一的，在这里"可以证明"允许等词推理。例如，项 $1 + 2$ 和 $2 + 1$ 在正常情况下是不能合一的，但是 $x + y = y + x$ 的合一算法可以利用空置换将它们合一。这类的**等词合一**可以通过特殊公理设计的有效算法完成（可交换性、结合性等等），而不是通过这些公理完成显式推理。采用该技术的定理证明器和第 9.4 节描述的 CLP 系统的关系非常密切。

9.5.6 归结策略

我们知道，如果有解，那么反复应用归结推理规则最终找到一个证明。这节我们将分析那些有助于高效地寻找证明的策略。

单元优先：该策略优先对那些包含一个单文字（也称为**单元子句**）的语句进行归结。该策略背后的思想是：我们试图产生空子句，那么首先完成那些能够产生较短子句的推理可能是一个好思路。将一个单元语句（如 P）和任何其他语句（如 $\neg P \vee \neg Q \vee R$）归结时，总是生成一个比其他子句短的子句（在本例中，$\neg Q \vee R$）。当单元推理策略在 1964 年首次在命题推理中出现时，它戏剧化地提高了速度，它可以证明那些不采用这种策略无法处理的定理。**单元归结**将归结限制为每次归结都必须包含单元子句。单元归结一般来说是不完备的，如果是 Horn 子句则是完备的。Horn 子句的单元归结证明类似于前向链接。

OTTER 定理证明器（Organized Techniques for Theorem-proving and Effective Research, McCune，1992）使用了最佳优先搜索。它的启发式函数度量了每个子句的"权重"，权重小的优先执行。启发式的最终选择权在用户，但一般来讲，子句的权重应当于与它的规模和难度相关联。单元子句权重轻；所以这种方法可以看作是单元优先策略的一般化。

支撑集：首先尝试某些特定的优先策略对于归结很有帮助，但是一般来说减少一些潜在的归结会更有效。例如，可以坚持归结的每一步都必须涉及至少一个特殊子句集的元素，这个集合被称为支撑集。它首先确定一个称为**支撑集**的语句子集。归结式放到支撑集中。如果相对于整个知识库而言支撑集很小，搜索空间将会大幅度缩小。

使用这种策略时必须小心，因为对支撑集的错误选择将会使得算法不完备。但是，如果选择的支撑集 S 使得剩余的语句是联合可满足的，那么支撑集的归结是完备的。例如，可以否定查询作为支撑集，假设原始知识库是一致的（毕竟，如果它不是一致的，则查询事实将是虚无的）。支撑集策略具有生成目标制导的证明树的附加优点，通常易于理解。

输入归结：在这种策略中，每次归结都是一个输入语句（来自 KB 或者查询）和某个其他语句的结合。图 9.11 中的证明只采用了输入归结，具有单一"骨干"的特征形状，单个语句都与该骨干结合。很明显，此类证明树的空间要比整个证明图的空间小。在 Horn 知识库中，假言推理规则就是一种输入归结策略，因为它将原始知识库中的一个蕴含式和其他语句结合。所以，不会令人感到意外的是，输入归结对于以 Horn 知识库是完备的，但

是在一般的情况下它是不完备的。**线性归结**策略是有些一般化的输入归结，如果 P 来自原始 KB 或者在证明树中 P 是 Q 的祖先，那么 P 和 Q 可以一起归结。线性归结是完备的。

包容：包容法清除所有被知识库中的已有语句包容（即，比该语句更特例）的语句。例如，如果 $P(x)$ 在 KB 中，则增加 $P(A)$ 毫无意义，增加 $P(A) \lor Q(B)$ 则更没有意义。包容帮助保持 KB 的小规模，这样才能帮助保持较小的搜索空间。

定理证明器的实际应用

定理证明机可以应用在硬件和软件的**验证和合成**问题中。因此，定理证明器的研究在硬件设计、程序设计语言和软件工程同样展开——不只是在 AI 中。

在硬件的情况中，公理描述了信号和电路元件之间的相互作用。（参见第 8.4.2 节的例子）。为验证而特别设计的逻辑推理机已经可以完成整个 CPU 的验证，包括它们的计时特性（Srivas 和 Bickford，1990）。AURA 定理证明器被应用于设计以先前的设计更复杂的电路（Wojciechowski 和 Wojcik，1983）。

在软件领域，关于程序的推理与活动推理很相似，正如第 7 章所示：公理描述每个命题的前提和结论。算法的形式化分析是定理证明器最初的用途之一，Cordell Green（1969a）根据先前 Herbert Simon（1963）的想法勾勒出了算法。它的思路是证明定理："存在一个程序 p，它满足特定的规范。"尽管全自动的**演绎合成**，正如它的名字，还不能适用于一般的程序设计，人工指导的演绎合成已经成功应用于撰写小说和最新的复杂算法的设计。专用程序的合成也成为活跃的研究领域，如编写科学计算代码。

同样的技术也出现在软件验证领域，如 SPIN 模型检验器（Holzmann，1997）。例如，远程 Agent 宇宙飞船控制程序在飞行之前和之后都需要进行验证（Havelund 等，2000）。RSA 公钥加密算法和 Boyer–Moore 串匹配算法也是这样验证的（Boyer 和 Moore，1984）。

9.6 本 章 小 结

我们分析了一阶逻辑中的逻辑推理以及实现推理的许多算法。

- 第一种方法是用推理规则（全称量词和存在量词实例化），从而将推理问题命题化。典型地，这种方法速度慢，除非是领域狭小。

- **合一**用于确定适当的变量置换，消除一阶逻辑证明的实例化步骤，使得整个过程效率更高。

- **假言推理规则**（Modus Ponens）的升级版本**一般化假言推理规则**利用合一提供了自然而且强有力的推理规则。**前向链接**和**反向链接**算法将这条规则应用于确定子句集。

- 尽管蕴涵问题是**半可判定的**，一般化假言推理规则对于确定子句仍然是完备的。对于由不包含函词的确定子句组成的**数据日志**知识库，蕴涵是可判定的。

- 前向链接用**于演绎数据库**中，它可以和关系数据库的操作相结合。它还用于**产生式系统**，对非常庞大的规则集进行高效的更新。前向链接对于数据日志程序而言是完备的，其运行时间是多项式的。

- 反向链接应用于**逻辑程序设计系统**，使用复杂的编译技术来保证快速推理。反向链接受到冗余推理和无限循环的困扰；这些问题可以在一定程度上通过**备忘法**缓解。

- Prolog 不同于一阶逻辑，使用封闭世界和唯一名字假设，否定即为失败。这使得 Prolog 成为更实用的程序设计语言，却也使得它离纯粹的逻辑更远。
- 一般化**归结**推理规则为一阶逻辑提供了一个完备的证明系统，知识库以合取范式表示。
- 存在一些策略可以用于减少归结的搜索空间而不影响其完备性。一个很重要的问题是处理等词；我们讨论了如何应用**解调**和**调解**。
- 有效的基于归结的定理证明器已经被用于证明有趣的数学定理以及用来对软件和硬件进行验证和合成。

参考文献与历史注释

Gottlob Frege 在 1879 年研究出完整的一阶逻辑，在有效模式和单个推理规则——假言推理规则（Modus Ponens）的基础上建立起推理系统。Whitehead 和 Russell（1910）阐述了过道规则（这个术语来自 Herbrand（1930）），过道原则用于将量词移至公式前端。Thoralf Skolem（1920）很适当地提出了 Skolem 常量和 Skolem 函数是。说也奇怪，Skolem（1928）引入了 Herbrand 全域的重要概念。

Herbrand 定理（Herbrand，1930）在自动推理研究进程中扮演着重要的角色。Herbrand 是合一的发明者。GÖDEL（1930）以 Skolem 和 Herbrand 的思路为基础证明了一阶逻辑存在完备的证明过程。Alan Turing（1936）和 Alonzo Church（1936）用相当不同的证明证实了一阶逻辑的有效性是不可判定的。Enderton（1972）所著的优秀教材中以严谨且易于理解的方式解释了所有结果。

Abraham Robinson 提出了在证明中使用命题化和 Herbrand 定理，Gilmore（1960）写出了第一个程序。Davis 和 Putnam（1960）提出了 9.1 节的命题化方法。Prawitz（1960）提出了以对命题矛盾的寻求来驱动搜索过程，只有在需要根据 Herbrand 全域生成项以便确定命题矛盾的时候才会生成项。经过其他研究人员的继续开发，这一思想导致 J. A. Robinson（与 Abraham Robinson 没有亲缘关系）发展出了归结原理（Robinson，1965）。

在 AI 领域，Cordell Green 和 Bertram Raphael（1968）把归结用于答题系统。早期的 AI 研究致力于能有效检索事实的数据结构；AI 程序设计的多本教科书中都有这方面的介绍（Charniak 等人，1987；Norvig，1992；Forbus 和 de Kleer，1993）。20 世纪 70 年代早期，作为归结法的一种更易于理解的替代方法，**前向链接**在 AI 领域完善地建立起来。典型的 AI 应用涉及大量规则，所以开发高效的规则匹配技术很重要，特别是增量更新的技术。**产生式系统**的技术就是为了支持这些应用而开发出来的。产生式系统语言 OPS-5（Forgy，1981；Brownston 等，1985）结合了 rete 匹配过程（Forgy，1982），被用在微机组装 R1 专家系统中（McDermott，1982）。

SOAR 认知体系结构（Laird 等，1987；Laird，2008）的设计是为处理大规模规则集——一百万条规则（Doorenbos，1994）。SOAR 的应用实例包括控制仿真宇宙飞船（Jones 等，1998），空域管理（Taylor 等，2007），计算机游戏中的角色（Wintermute 等，2007），以及士兵训练工具（Wray 和 Jones，2005）。

演绎数据库的研究始于 1977 年在 Toulouse 举行的专题讨论会，该会议聚集了逻辑推理和数据库系统的专家（Gallaire 和 Minker，1978）。Chandra 和 Harel（1980）以及 Ullman（1985）的有影响力的工作使得数据日志被采纳为演绎数据库的一种标准语言。Bancilhon 等人（1986）提出用于进行规则重写的**魔法集**技术，允许前向链接利用反向链接的目标指导的优点。现在的研究工作包括将多种数据库集成为一个相容的数据空间的思想（Halevy，2007）。

用于逻辑推理的**反向链接**首先出现于 Hewitt 的 PLANNER 语言中（1969）。同时，在 1972 年 Alain Colmerauer 开发并实现了用于自然语言分析的 Prolog——Prolog 的语句最初是上下文无关的语法规则（Roussel，1975；Colmerauer 等，1973）。逻辑程序设计的大多数理论背景都是由 Robert Kowalski 与 Colmerauer 合作而形成，详见 Kowalski（1988）和 Colmerauer 及 Roussel（1993）的历史综述。有效的 Prolog 编译程序通常基于 Warren 抽象机（WAM）计算模型，该模型由 David H. D. Warren（1983）开发。Van Roy（1990）显示了 Prolog 程序在速度上可以与 C 程序相媲美。

Smith 等人（1986）、Tamaki 和 Sato（1986）分别独立地提出了在递归逻辑程序中避免不必要循环的方法。后一篇文章还包括了逻辑程序的备忘法，David S. Warren 扩展**制表逻辑程序设计**形成的备忘法。Swift 和 Warren（1994）讨论了如何扩展 WAM 处理制表，以确保数据日志程序的执行速度比前向链接演绎数据库系统快一个数量级。

早期关于约束逻辑程序设计的工作由 Jaffar 和 Lassez（1987）完成。Jaffar 等人（1992）开发了 CLP(R)系统来处理实值约束。现在已经出现了用约束程序设计求解大规模配置和优化问题的商业产品；最流行的一个是 ILOG（Junker, 2003）。答案集程序设计（Gelfond, 2008）扩展了 Prolog，加入了析取和否定。

有很多关于逻辑程序设计和 Prolog 的教材，包括 Shoham（1994），Bratko（2001），Clocksin（2003），Clocksin 和 Mellish（2003）。直到于 2000 年停刊，《逻辑程序设计期刊》（*Journal of Logic Programming*）一直是领域内的权威期刊；它现在已经改为《逻辑程序设计的理论与实践》（*Theory and Practice of Logic Programming*）。逻辑程序设计的会议包括逻辑程序设计国际会议（International Conference on Logic Programming，ICLP）和逻辑程序设计国际专题研讨会（International Logic Programming Symposium，ILPS）。

数学定理证明的研究甚至早于第一个完备的一阶逻辑系统被开发出来。Herbert Gelernter 的几何定理证明机（Gelernter，1959）结合启发式搜索方法和用于对错误子目标进行剪枝的图表，证明了欧氏几何中一些相当复杂的结论。用于等词推理的解调和调解规则分别由 Wos 等人（1967）和 Wos、Robinson（1968）引入。这些规则也在项重写系统被独立开发出来（Knuth 和 Bendix，1970）。把等词推理结合到合一算法由 Gordon Plotkin（1972）提出。Jouannaud 和 Kirchner（1991）从项重写的角度综述了等词合一。Baader 和 Snyder（2001）对合一进行了综述。

《计算逻辑》（*Computational Logic*）（Boyer 和 Moore，1979）是 Boyer-Moore 定理证明器的基本参考书目。Stickel（1992）讲述了 Prolog 技术定理证明器（PTTP），它结合了 Prolog 的编译优点和模型消除的完备性。SETHEO（Letz 等，1992）是另外一个被广泛应用的基于这种技术的定理证明器。LEANTAP（Beckert 和 Posegga，1995）只用 25 行 Prolog 语言

就实现了高效的定理证明器。Weidenbach（2001）讨论了 SPASS，当前最强大的定理证明器。最近的年度竞赛中最成功的定理证明器是 VAMPIRE（Riazanov 和 Voronkov，2002）。COQ 系统（Bertot 等人，2004）和等式求解器（Schulz，2004）也是证明正确性的有用工具。定理证明器应用在软件和宇宙飞船的自动集成与验证中（Denney 等人，2006），包括 NASA 新的猎户宇航员舱（Lowry，2008）。32 位微处理器 FM9001 的设计经由 NQTHM 系统（Hunt and Brock，1992）验证。自动推理会议（CADE）每年都举行自动推理证明器的竞赛。从 2002 年至 2008 年，最成功的系统是 VAMPIRE（Riazanov 和 Voronkov，2002）。Wiedijk（2003）比较了 15 个数学证明器的强弱。TPTP（Thousands of Problems for Theorem Provers）是定理证明的问题库，用于比较系统性能（Sutcliffe 和 Suttner，1998；Sutcliffe 等人，2006）。

定理证明器得出了困扰数学家许多年的新的数学结论，详见《*Automated Reasoning and the Discovery of Missing Elegant Proofs*》（Wos 和 Pieper，2003）。SAM（Semi-Automated Mathematics，半自动数学）程序是第一个，它证明了格理论中的一个引理（Guard 等人，1969）。AURA 程序也回答了多个数学领域尚未解决的问题（Wos 和 Winker，1983）。Natarajan Shankar 利用 Boyer-Moore 定理证明机（Boyer 和 Moore，1979）给出了 GÖDEL 不完备性定理（Shankar，1986）的第一个完整严格的形式证明。NUPRL 系统证明了 Girard 悖论（Howe，1987）和 Higman 引理（Murthy 和 Russell，1990）。1933 年，Herbert Robbins 提出了——**Robbins 代数**——一个似乎可以定义布尔代数的简单公理集，但是无法找到证明（尽管包括 Alfred Tarski 在内的几个数学家对此进行了认真的研究）。1996 年 10 月 10 日，在经过 8 天的计算之后，EQP（OTTER 的一个版本）找到了一个证明（McCune，1997）。

很多关于数理逻辑的早期文章可以在《从 Frege 到 GÖDEL：一本数理逻辑的原始资料》（*From Frege to Gödel: A Source Book in Mathematical Logic*）中找到（van Heijenoort，1967）。自动演绎的教材包括经典的《符号逻辑与机器定理证明》（*Symbolic Logic and Mechanical Theorem Proving*）（Chang 和 Lee，1973），最近的工作有 Duffy（1991）、Wos 等人（1992）、Bibel（1993）和 Kaufmann 等人（2000）。定理证明领域的主要期刊是《自动推理期刊》（*Journal of Automated Reasoning*）；重要会议是一年一次的"自动演绎会议"（Conference on Automated Deduction，CADE）和"自动推理国际联合会议"（International Joint Conference on Automated Reasoning，IJCAR）。《自动推理手册》（Robinson 和 Voronkov，2001）收集了这个领域的文章。MacKenzie 的《机器证明》（2004）通俗地涵盖了定理证明的历史与技术。

习　题

9.1 证明全称量词实例化是可靠的，而存在量词的实例化产生的是推理等价的知识库。

9.2 从 *Likes*(*Jerry, IceCream*)推导出 ∃*x Likes*(*x, IceCream*)看来是合理的。写出一个支持这个推理的通用推理规则，即**存在引入**。仔细给出所涉及的变量和项需要满足的条件。

9.3 假定知识库中只包括一条语句：∃*x AsHighAs*(*x, Everest*)。下列那个语句是应用存在量词实例化以后的合法结果？

a. *AsHighAs*(*Everest, Everest*)

b. *AsHighAs*(*Kilimanjaro, Everest*)

c. *AsHighAs(Kilimanjaro, Everest)* ∧ *AsHighAs(BenNevis, Everest)* （在两次应用之后）

9.4 对于下列每对原子语句，如果存在，请给出最一般合一置换：

a. *P(A, B, B)*, *P(x, y, z)*

b. *Q(y, G(A, B))*, *Q(G(x, x), y)*

c. *Older(Father(y), y)*, *Older(Father(x), John)*

d. *Knows(Father(y), y)*, *Knows(x, x)*

9.5 考虑图 9.2 所示的包容格：

a. 构造语句 *Employs(Mother(John)，Father(Richard))*的格。

b. 构造语句 *Employs(IBM, y)*（"每个人都在为 IBM 工作"）的格。记住要包含所有与语句合一的查询。

c. 假定 STORE 利用包容格为每个结点下的每条语句建立索引。如果某些语句包含变量时，请解释 FETCH 应该如何工作；以（a）和（b）中的语句以及查询 *Employs(x, Father(x))*为例。

9.6 写出下列语句的逻辑表示，使得它们适用一般化假言推理规则：

a. 马、奶牛和猪都是哺乳动物。

b. 一匹马的后代是马。

c. Bluebeard 是一匹马。

d. Bluebeard 是 Charlie 的家长。

e. 后代和家长是逆关系。

f. 每个哺乳动物都有一个家长。

9.7 本习题与置换和 Skolem 化相关。

a. 假设有前提∀x∃y *P(x, y)*，不能有效得出∃q *P(q, q)*。请对谓词 *P* 举例，使得第一个语句为真，第二个语句为假。

b. 假设有一个不正确的推理机，忽略了发生检测，因此它会允许诸如 *P(x, F(x))*与 *P(q, q)*此类的合一。（正像前面提过的，大多数的 Prolog 标准实现允许这样做。）请说明这样的推理机会从前提∀x∃y *P(x, y)*得出结论∃y *P(q, q)*。

c. 假设有这样一个过程，将一阶逻辑转换成子句形时不能正确 Skolem 化，如∀x∃y *P(x, y)*变为 *P(x, Sk0)*——即，替换 *y* 的是 Skolem 常量而不是关于 *x* 的 Skolem 函词。请指明使用这样的过程的推理机会从前提∀x∃y *P(x, y)*推导出∃q *P(q, q)*。

d. 学生常犯的一个错误是会假设在合一中，用 Skolem 常量去置换一个项而不是一个变量。例如，他们会认为公式 *P(Sk1)*和 *P(A)*可以用置换{*Sk1/A*}合一。请举例说明这会导致非法的推理。

9.8 请解释用单个的一阶逻辑确定子句以及不多于 30 条基本事实如何写出任何规模的 3-SAT 问题。

9.9 假设有如下公理：

1. $0 \leqslant 3$

2. $7 \leqslant 9$

3. $\forall x\ x \leqslant x$

4. $\forall x\ x \leqslant x + 0$

5. $\forall x\ x+0 \leqslant x$

6. $\forall x,y\ x+y \leqslant y+x$

7. $\forall w,x,y,z\ w \leqslant y\ \wedge\ x \leqslant z \Rightarrow w+x\ \leqslant\ y+z$

8. $\forall x,y,z\ x \leqslant y\ \wedge\ y \leqslant z \Rightarrow x \leqslant z$

a. 使用反向链接证明语句 $7 \leqslant 3+9$。（请保证只使用这里给出的公理，不要用其它的你熟知的数学知识。）只给出相关步骤，不要无关步。

b. 使用前向链接证明 $7 \leqslant 3+9$。同样，只需给出证明成功的相关步骤。

9.10 一个流行的儿童谜语是"我没有兄弟和姐妹，但是那个男人的父亲是我父亲的儿子。"采用家族域的规则（见 8.3.2 节）求解那个男人是谁。你可以应用本章描述的任何推理方法。你为什么认为这个谜语很难？

9.11 假定我们把美国人口普查数据中记录年龄、居住城市、生日、每个人的母亲的那一部分置入逻辑知识库中，用社会安全号作为每个人的标识常量。这样，George 的年龄由 $Age(443\text{-}65\text{-}1282, 56)$ 给出。下列 S1 到 S5 中，哪种索引方案能够给 Q1 到 Q4 中的哪个查询提供一个有效的解（假设采用常规的反向链接）？

S1： 对于每个位置上的原子项建立索引。

S2： 对于首要参数建立索引。

S3： 对于谓词原子建立索引。

S4： 对于谓词和首要参数的组合建立索引。

S5： 对于谓词和次要参数的组合建立索引，并对首要参数建立索引（不标准的）。

Q1： $Age(443\text{-}44\text{-}4321, x)$

Q2： $ResidesIn(x, Houston)$

Q3： $Mother(x, y)$

Q4： $Age(x, 34) \wedge ResidesIn(x, TinyTownUSA)$

9.12 人们可能会认为通过对知识库中的语句进行标准化分离，我们可以在反向链接过程中避开合一时变量冲突的问题。请证明：对于某些语句，这个方法行不通。（提示：考虑这样的语句，它的一部分与另一部分可合一。）

9.13 本题中需要用到你在习题 9.6 中写出的语句，运用反向链接算法来回答问题。

a. 画出用穷举反向链接算法为查询 $\exists h\ horse(h)$ 生成的证明树，其中子句按照给定的顺序进行匹配。

b. 对于本领域，你注意到了什么？

c. 实际上从你的语句中得出了多少个 h 的解？

d. 你是否可以想出一种方法找出所有的解？（提示：参见 Smith 等人（1986）。）

9.14 跟踪图 9.6 中的反向链接算法用来求解该犯罪问题时的执行过程。显示 *goals* 变量所采取的值序列，并把它们排列为一棵树。

9.15 下列 Prolog 代码定义了一个谓词 P（请记住在 Prolog 中大写的项为变量，不是常量。）

```
P(X,[X|Y])
P(X,[Y|Z]) :- P(X,Z)
```

a. 给出查询 P(A,[2,1,3]) 和 P(2,[1,A,3]) 的证明树和解。

b. P 表示了什么标准表操作？

9.16 本题考虑 Prolog 中的排序。

a. 写出 Prolog 子句定义谓词 sorted(L)，该谓词为真当且仅当 L 按照升序排序。

b. 写出谓词 perm(L,M) 的 Prolog 定义，该谓词为真当且仅当 L 是 M 的置换。

c. 用 perm 和 sorted 定义 sort(L,M)（M 是排好序的 L）。

d. 用 sort 对越来越长的列表排序直到你没有耐心为止。你的程序的时间复杂度是多少？

e. 用 Prolog 写出一个更快的排序算法，诸如插入排序或快速排序。

9.17 本题中，我们通过逻辑程序设计来考虑重写规则的递归应用。一条重写规则（或 OTTER 所称的**解调器**）是具有指定方向的等式。例如，重写规则 $x+0 \to x$ 表示用表达式 x 替换任何与 $x+0$ 匹配的表达式。重写规则的应用是等式推理系统的关键。用谓词 rewrite(X,Y) 来表示重写规则。例如，前面的重写规则可以写为 rewrite (X+0,X)。某些项是原始的，无法进一步简化；因此，我们将用 primitive(0) 表示 0 是原始项。

a. 写出谓词 simplify(X,Y) 的定义，当 Y 是 X 的简化版本时它为真——即，已经不存在任何可以应用到 Y 的任何子表达式上的重写规则。

b. 写出规则集简化包含算术运算符的表达式，并将之应用到一些表达式实例中。

c. 写出区分符号的重写规则集，并把它们以及简化规则一起用来区分和化简包括算术表达式在内的表达式，包括求幂运算。

9.18 本题中，我们将考虑 Prolog 中搜索算法的实现。假定当状态 Y 是状态 X 的后继时，successor(X,Y) 为真；而且当 X 是目标状态时，goal(X) 为真。写出 solve(X,P) 的一个定义，其中 P 是一条路径（状态列表），它从 X 开始、结束于某目标状态、并由 successor 定义的一系列合法步骤所构成。你会发现深度优先搜索是完成它的最容易的方法。如果加入启发式搜索控制，会变得容易些吗？

9.19 假设知识库中包含下列一阶逻辑 Horn 子句：

Ancestor(*Mother*(*x*), *x*)

Ancestor(*x*, *y*) $\wedge$ *Ancestor*(*y*, *z*) $\Rightarrow$ *Ancestor*(*x*, *z*)

考虑前向链接算法，在第 *j* 次迭代中，如果 KB 中包含能与查询合一的语句则终止，否则将 *j*–1 次迭代后从 KB 已有语句推导出来的每个原子语句加入到 KB 中。

a. 对如下查询，回答算法是否能够（1）给出解（如果有解，则写出解）；（2）在无解时终止；（3）从不终止。

（i）*Ancestor*(*Mother*(*y*), *John*)

（ii）*Ancestor*(*Mother*(*Mother*(*y*)), *John*)

（iii）*Ancestor*(*Mother*(*Mother*(*Mother*(*y*))),*Mother*(*y*))

（iv）*Ancestor*(*Mother*(*John*),*Mother*(*Mother*(*John*)))

b. 从原始知识库能否归结证明出¬*Ancestor*(*John*,*John*)？请解释如何证明或者为什么不能？

c. 假设我们加入断言¬(*Mother*(*x*)=*x*)，归结算法使用带等词的推理规则。现在（b）的答案是什么？

9.20 设 ∠ 为有一个谓词的 $S(p, q)$ 的一阶逻辑语言，意思是 "p 为 q 刮胡子"。假设论域为人。

a. 考虑语句 "有一个人 P 只为每个不给自己刮胡子的人刮胡子"，请用 ∠ 表述。

b 将（a）中语句转换为子句形。

c. 用归结构建证明（b）本身不一致。（注意：你无需加入附加公理。）

9.21 如何用归结法证明一个语句是有效的？不可满足呢？

9.22 请举例说明两个子句可以用两种不同的方法归结中两种不同的结论。

9.23 根据 "马是动物"，可以得到 "一匹马的头是一只动物的头。" 通过采用下列步骤，论证这一推理是有效的：

a. 把前提和结论翻译为一阶逻辑语言。使用三个谓词：$HeadOf(h, x)$（表示 "h 是 x 的头"）、$Horse(x)$ 和 $Animal(x)$。

b. 否定结论，把前提和结论的否定转换成合取范式。

c. 根据前提归结证明推导出结论。

9.24 以下是两条用一阶逻辑语言表示的语句：

（A）$\forall x \exists y \quad (x \geq y)$

（B）$\exists y \forall x \quad (x \geq y)$

a. 假设变量的值域是自然数 0，1，2，$\cdots$，∞，而且谓词≥ 表示 "大于等于"。在这一解释下，把（A）和（B）翻译为自然语言。

b. 在这一解释下，（A）是否为真？

c. 在这一解释下，（B）是否为真？

d.（A）是否逻辑蕴涵（B）？

e.（B）是否逻辑蕴涵（A）？

f. 使用归结，证明由（B）可以推导出（A）。即使你认为（B）并不逻辑蕴涵（A）也试着做；继续做下去直到证明中断或者你不能进行下去（如果它确实中断了）。写出每一个归结步骤的合一置换。如果证明失败了，请解释在哪里、如何和为什么中断的。

g. 现在试着去证明（A）可推导出（B）。

9.25 归结对于有变量的查询可以产生非构造性的证明，所以我们不得不引入特殊的机制来提取确定的答案。解释为什么只包含确定子句的知识库中不出现这样的问题。

9.26 我们在这一章中说归结不能被用于产生一个语句集合的所有逻辑结果。是否有算法能做到这一点？

第 10 章　经典规划

本章介绍 Agent 如何利用问题的结构来构造行动的复杂规划。

我们已经把 AI 定义为对理性行为的研究，这意味着规划（planning）——设计一个动作规划以达到目标——是 AI 的一个关键部分。目前为止我们已经见过了规划 Agent 的两个例子：第 3 章中基于搜索的问题求解 Agent 和第 7 章中的混合逻辑 Agent。在本章，我们将引进经过扩展后由以前的方法无法处理的规划问题的一种表示。

10.1 节提出了一种富于表达力而又被精细地约束的用于表示规划问题的语言。10.2 节显示了前向和后向搜索算法是如何能够利用这种表示的，主要通过可以自动从表示结构得到的精确启发式。（这与第 6 章中为约束满足问题构造有效的域独立启发式的方法类似。）10.3 节描述了一个称为规划图的数据结构是如何更高效地搜索规划的。接下来，我们会描述其他一些规划方法，比较各种方法并做出结论。

在这一章中，我们只考虑那些完全可观察的、确定性的、静态的、具有单个 Agent 的环境。第 11～17 章将涉及部分可观察的、随机的、动态的、具有多个 Agent 的环境。

10.1　经典规划的定义

第 3 章的问题求解 Agent 能够找到导致目标状态的动作序列。但处理的是状态的原子表示，因而需要很好的领域相关启发知识以较好地执行。第 7 章的混合命题逻辑 Agent 没有领域相关启发知识就能找到规划，因为它使用了基于问题的逻辑结构的领域无关启发知识。但它依赖于**基元**（ground，或称 variable-free，无变量的）命题推理，这意味着当有许多动作和状态时会忙得不可开交。例如，在 wumpus 世界中，向前移动一步的简单动作不得不在四个 Agent 方向、T 个时间步以及 n^2 个当前位置上重复。

因此，规划研究者选择了**要素化表示**（factored representation）——用一组变量表示世界的一个状态的表示方法。可使用一种称为 PDDL（planning domain definition language）的语言，这种语言允许用一个动作模式表达所有 $4Tn^2$ 个动作。PDDL 有若干版本；选择一个简单版本，修改其语法，使其与本书余下部分相容[1]。我们现在展示 PDDL 如何描述我们用来定义一个搜索问题的四样东西：初始状态、在一个状态可用的动作、应用一个动作后的结果以及目标测试。

每个**状态**表示为流（fluent）（状态变量的同义词）的合取，这些流是基元的（无变量的）、无函数的原子。例如，*Poor*∧*Unknown* 可能代表倒霉的 Agent 的状态，在一个包裹传

1　PDDL 从原始的 Strips 规划语言（Fikes 和 Nilsson，1971）而来，Strips 比 PDDL 语言限制更多：Strips 的前件和目标不能含有负文字。

递问题中的状态可以是 $At(Truck_1, Melbourne) \wedge At(Truck_2, Sydney)$。使用数据库语义：封闭世界假设意味着任何没有提到的流都是假的。在一个状态中，以下的流是不允许的：$At(x,y)$（因为有变量）、$\neg Poor$（因为它是否定式）以及 $At(Father(Fred), Sydney)$（因为使用了函数符号）。精心设计状态的表示，以使状态作为流的合取对待，可用逻辑推理来操作；或作为流的集合对待，可用集合运算来操作。有时，集合语义更容易处理。

动作可用隐式定义了问题求解搜索所需的 ACTIONS(s)和 RESULT(s, a)的一组动作模式来描述。我们在第 7 章看到任何动作描述的系统需要解决画面问题——也就是说，作为动作的结果，什么发生变化，什么保持不变。经典规划集中于那些多数动作使多数事物保持不变的问题。想象一个世界由在平面上的一组对象组成。轻推一个对象的动作使得对象的位置发生改变，改变幅度为一个向量Δ。动作的精确描述应该只提及Δ，而不应该提及所有其他保持位置不变的对象。PDDL 根据什么发生了变化来描述一个动作的结果；不提及所有保持不变的东西。

一组基元（无变量的）动作能够表示为单个动作模式（action schema）。这个动作模式是一种提升表示——它将推理层次从命题逻辑提升到一阶逻辑的受限子集。例如，下面是直升机从一个地点飞行到另一个地点的动作模式：

> $Action(Fly(p, from, to),$
>   PRECOND: $At(p, from) \wedge Plane(p) \wedge Airport(from) \wedge Airport(to)$
>   EFFECT: $\neg At(p,from) \wedge At(p,to))$

这个模式有动作名、模式中用到的所有变量的列表、前提（precondition）、以及效果（effect）。尽管我们还没有说怎样将动作模式转换为逻辑语句，先将变量视为是全称量化的。我们可以自由地为我们想初始化的变量选择初始值。例如，通过为所有的变量代入值而得到以下的基元动作：

> $Action(Fly(P_1, SFO, JFK),$
>   PRECOND: $At(P_1, SFO) \wedge Plane(P_1) \wedge Airport(SFO) \wedge Airport(JFK)$
>   EFFECT: $\neg At(P_1, SFO) \wedge At(P_1, JFK))$

一个动作的前提和效果都是文字（正的或负的原子语句）的合取。前提定义了动作能被执行的状态，效果定义了执行这个动作的结果。一个动作 a 能在状态 s 被执行，如果 s 蕴涵了 a 的前提。蕴涵也可用集合语义来表达：$s \models q$ 当且仅当 q 中的正文字都在 s 中，且 q 中的负文字都不在 s 中。用形式符号，我们可以说

$$(a \in ACTIONS(s)) \Leftrightarrow s \models PRECOND(a)$$

其中 a 中的任何变量都是全称量化的。例如，

$$\forall p, from, to \; (Fly(p, from, to) \in ACTIONS(s)) \Leftrightarrow$$
$$s \models (At(p,from) \wedge Plane(p) \wedge Airport(from) \wedge Airport(to))$$

我们称在状态 s 动作 a 是**适用的**（applicable），如果状态 s 满足前提。当一个动作模式 a 含有变量时，它可有多个适用的实例。例如，在图 10.1 中定义的初始状态下，动作 Fly 可被实例化为 $Fly(P_1,SFO,JFK)$ 或 $Fly(P_2,JFK,SFO)$，在初始状态下它们都是适用的。如果一个动作 a 有 v 个变量，那么在具有 k 个不同对象名的问题域中，最坏情况下需要 $O(v^k)$ 的时间来找到适用的基元动作。

有时我们想将一个 PDDL 问题命题化——将每个动作模式替换为一组基元动作，然后

使用命题求解器（例如 SATPLAN）来求解。然而，当 v 和 k 很大时，这是不可行的。

$$Init(At(C_1, SFO) \wedge At(C_2, JFK) \wedge At(P_1, SFO) \wedge At(P_2, JFK)$$
$$\wedge\ Cargo(C_1) \wedge Cargo(C_2) \wedge Plane(P_1) \wedge Plane(P_2)$$
$$\wedge\ Airport(JFK) \wedge Airport(SFO))$$
$$Goal(At(C_1, JFK) \wedge At(C_2, SFO))$$
$$Action(Load(c, p, a),$$
$$\quad PRECOND: At(c, a) \wedge At(p, a) \wedge Cargo(c) \wedge Plane(p) \wedge Airport(a)$$
$$\quad EFFECT: \neg At(c, a) \wedge In(c, p))$$
$$Action(Unload(c, p, a),$$
$$\quad PRECOND: In(c, p) \wedge At(p, a) \wedge Cargo(c) \wedge Plane(p) \wedge Airport(a)$$
$$\quad EFFECT: At(c, a) \wedge \neg In(c, p))$$
$$Action(Fly(p, from, to),$$
$$\quad PRECOND: At(p, from) \wedge Plane(p) \wedge Airport(from) \wedge Airport(to)$$
$$\quad EFFECT: \neg At(p, from) \wedge At(p, to))$$

图 10.1 航空货物运输规划问题的一个 PDDL 描述

在状态 s 执行动作 a 的结果定义为状态 s'，它由一组流（fluent）表示，这组流由 s 开始，去掉在动作效果中以负文字出现的流（我们称之为删除列表 delete list 或 $DEL(a)$），并增加在动作效果中以正文字出现的流（我们称之为增加列表 add list 或 $ADD(a)$）：

$$RESULT(s, a) = (s - DEL(a)) \cup ADD(a) \tag{10.1}$$

例如，在动作 $Fly(P_1, SFO, JFK)$ 下，我们将去掉 $At(P_1, SFO)$ 而增加 $At(P_1, JFK)$。效果中的任何变量必须出现在前提中，这是动作模式的要求。这样，当前提与状态 s 匹配时，所有变量将被绑定，因而 $RESULT(s, a)$ 将只有基元原子。换句话说，在 $RESULT$ 操作下基元状态是封闭的。

还要注意到流没有显式地指出时间，像第 7 章一样。我们需要针对时间的上标，以及这种形式的后继状态公理：

$$F^{t+1} \Leftrightarrow ActionCausesF^t \vee (F^t \wedge \neg ActionCausesNotF^t)$$

在 PDDL 中，动作模式里的时间和状态是隐式的：前提总是指时间 t，而效果总是指时间 $t+1$。

一组动作模式可以定义规划域。该域中的一个特定问题用一个初始状态加一个目标来定义。初始状态是基元原子的合取。（对于所有状态，使用封闭世界假设，这意味着任何没有提到的原子都是假的。）目标就像前件：是可以含有变量的文字（正文字或负文字）的合取，像 $At(p, SFO) \wedge Plane(p)$。任何变量都是存在量词量化的，因此这个目标是让某一飞机在 SFO。当我们能找到一个动作序列，使得在蕴涵了目标的状态 s 结束，问题就得到了解决。例如，状态 $Rich \wedge Famous \wedge Miserable$ 蕴涵了目标 $Rich \wedge Famous$，状态 $Plane(Plane_1) \wedge At(Plane_1, SFO)$ 蕴涵了目标 $At(p, SFO) \wedge Plane(p)$。

现在，我们将规划定义成了一个搜索问题：有一个初始状态、一个 ACTIONS 函数、一个 RESULT 函数以及一个目标测试。在考查有效的搜索算法之前，我们将看一些实例问题。

10.1.1 例：航空货物运输

图 10.1 展示了一个航空货物运输问题，涉及装载和卸载货物，以及从一个地点飞到另一个地点。这个问题能够用三个动作定义：Load、Unload 以及 Fly。这些动作影响两个谓

词：$In(c, p)$表示货物 c 在飞机 p 里，$At(x,a)$表示对象 x（飞机或货物）在机场 a。注意，必须细心确保谓词 At 得到适当的维护。当一架飞机从一个机场飞到另一个机场时，飞机里的所有货物也跟着飞过去了。但是基本的 PDDL 没有全称量词，因此我们需要不同的解决方法。我们使用的方法是，当一件货物在一架飞机里（In）时，它就不再在（At）任何地方；当它被卸载后，它才会变为在（At）新的机场。因此 At 意味着"在给定的地点才能使用 At。"下面的规划是该问题的一个解：

[$Load(C_1, P_1, SFO)$, $Fly(P_1, SFO, JFK)$, $Unload(C_1, P_1, JFK)$,
$Load(C_2, P_2, JFK)$, $Fly(P_2, JFK, SFO)$, $Unload(C_2, P_2, SFO)$]

最后，还有假行动的问题，如 $Fly(P_1, JFK, JFK)$，这应该是一个空操作，但它具有自相矛盾的效果（根据定义，效果将包括 $At(P_1, JFK)$ $\land$ $\neg At(P_1, JFK)$）。这样的问题一般是被忽略的，因为它们很少导致产生不正确的规划。正确的方法是增加不等式前提，说明 *from* 和 *to* 机场是不同的；图 10.3 给出了另一个例子。

10.1.2 例：备用轮胎问题

考虑更换漏气轮胎的问题（图 10.2）。目标是把一个好的备用轮胎合适地装配到汽车轮轴上，初始状态是有一个漏气的轮胎在轮轴上和一个好的备用轮胎在后备箱内。为了保持简单，我们这个问题是个抽象的版本，没有难卸的固定螺母或其他复杂因素。只有四种动作：从后备箱（trunk）取出备用轮胎（spare），从轮轴（axle）卸下漏气的轮胎（flat），将备用轮胎装在轮轴上（putting on），彻夜将汽车留下（leave it overnight）无人照看。我们假设汽车停放的环境特别差，这样将它彻夜留下的效果是轮胎消失。该问题的一个解是 [$Remove(Flat,Axle)$, $Remove(Spare,Trunk)$, $PutOn(Spare,Axle)$]。

$Init(Tire(Flat) \land Tire(Spare) \land At(Flat, Axle) \land At(Spare, Trunk))$
$Goal(At(Spare, Axle))$
$Action(Remove(obj, loc),$
　　PRECOND: $At(obj, loc)$
　　EFFECT: $\neg At(obj, loc) \land At(obj, Ground))$
$Action(PutOn(t, Axle),$
　　PRECOND: $Tire(t) \land At(t, Ground) \land \neg At(Flat, Axle)$
　　EFFECT: $\neg At(t, Ground) \land At(t, Axle))$
$Action(LeaveOvernight,$
　　PRECOND:
　　EFFECT: $\neg At(Spare, Ground) \land \neg At(Spare, Axle) \land \neg At(Spare, Trunk)$
　　　　$\land \neg At(Flat, Ground) \land \neg At(Flat, Axle) \land \neg At(Flat, Trunk))$

图 10.2　简单的备用轮胎问题

10.1.3 例：积木世界

一个最著名的规划问题域称为**积木世界**（**blocks world**）。这个问题域由一组放在桌子上的立方体形状的积木组成[1]。积木能够被叠放，但是只有一块积木能够直接放在另一块的上面。一个机器臂能够拿起一块积木并把它移到别的位置，在桌子上或在另一块积木上。

---

[1] 规划搜索中使用的积木世界比 SHRDLU 的版本简单得多，如 1.3.3 节所示。

机械臂每次只能拿起一块积木，所以它不能拿起一块上面有其他积木的积木。目标总是建造一堆或多堆积木，根据哪些积木在其他积木的上面进行指定。例如，目标可以是把积木 A 放到积木 B 上，并且把积木 B 在积木 C 上。

$Init(On(A, Table) \wedge On(B, Table) \wedge On(C, A)$
　$\wedge\ Block(A) \wedge Block(B) \wedge Block(C) \wedge Clear(B) \wedge Clear(C))$
$Goal(On(A, B) \wedge On(B, C))$
$Action(Move(b, x, y),$
　PRECOND: $On(b, x) \wedge Clear(b) \wedge Clear(y) \wedge Block(b) \wedge Block(y) \wedge$
　　　$(b \neq x) \wedge (b \neq y) \wedge (x \neq y),$
　EFFECT: $On(b, y) \wedge Clear(x) \wedge \neg On(b, x) \wedge \neg Clear(y))$
$Action(MoveToTable(b, x),$
　PRECOND: $On(b, x) \wedge Clear(b) \wedge Block(b) \wedge (b \neq x),$
　EFFECT: $On(b, Table) \wedge Clear(x) \wedge \neg On(b, x))$

图 10.3　积木世界中的规划问题：构造一个三积木塔。一个解是序列[*MoveToTable*(*C,A*), *Move*(*B, Table, C*), *Move*(*A, Table, B*)]

我们用 $On(b, x)$ 表示积木 b 在 x 上，其中 x 可以是另一块积木或是桌子。用 $Move(b, x, y)$ 来表示将积木 b 从 x 的上面移到 y 的上面。现在，移动 b 的一个前提是没有其它积木在它的上面。在一阶逻辑中，这可以是 $\neg \exists x\, On(x, b)$，或者用 $\forall x\, \neg On(x, b)$ 来表示。基本的 PDDL 不允许量词，因此我们引入谓词 $Clear(x)$，当 x 上没有东西时该谓词为真。（图 10.3 给出了完整的问题描述。）

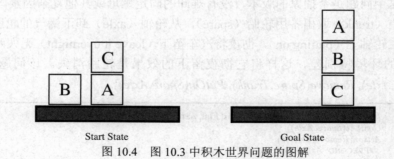

Start State　　　　　　　　　　　　　Goal State
图 10.4　图 10.3 中积木世界问题的图解

动作 *Move* 将积木 b 从 x 移动到 y，如果 b 和 y 上都是空的。当移动完成后，x 上是空的而 y 上不再是空的。*Move* 规划第一种尝试是：

$Action(Move(b, x, y),$
　　PRECOND: $On(b, x) \wedge Clear(b) \wedge Clear(y),$
　　EFFECT: $On(b, y) \wedge Clear(x) \wedge \neg On(b, x) \wedge \neg Clear(y))$

不幸的是，当 x 或 y 是桌子（table）时，*Clear* 得不到恰当的维护。当 x 是 *Table* 时，这个动作的效果是 *Clear*(*Table*)，但是桌子不应该变为上面没有任何东西；当 y 是 *Table* 时，这个动作的前提是 *Clear*(*Table*)，但是当移动一块积木到桌子上时并不需要桌子上没有任何东西。为了修正这个问题，我们做两件事。首先，我们引入另一个将积木 b 从 x 移到桌子上的动作：

$Action(MoveToTable(b, x)),$
　　PRECOND: $On(b, x) \wedge Clear(b),$
　　EFFECT: $On(b, Table) \wedge Clear(x) \wedge \neg On(b, x))$

其次，我们将 $Clear(x)$ 解释为"b 上存在无物的空间可放一块积木"。在这种解释下，

Clear(*Table*)将永远为真。唯一的问题是没有什么可以阻止规划器使用 *Move*(*b*, *x*, *Table*)而不使用 *MoveToTable*(*b*, *x*)。我们可以忍受这个问题——它将导致比实际需要大的搜索空间，但是不会导致错误答案——或者我们可以引入谓词 *Block*，并给动作 *Move* 的前提增加 *Block*(*b*)∧*Block*(*y*)。

10.1.4　经典规划的复杂性

在这节中，我们考虑规划的理论上的复杂性，并区分两个决策问题。**PlanSAT** 询问是否存在解决一个规划问题的某个规划。**限界**（bounded）**PlanSAT** 询问是否存在用于找到最优规划的、长度小于等于 *k* 的一个解。

第一个结果是，两个规划问题对于经典规划来说都是可决定的。证明依据状态数是有限的这个事实。但如果我们向语言中增加函数符号，那么状态数会变为无限的，且 PlanSAT 会变为半可决定的：对于任何可解问题，算法会带着正确答案停机，但对于不可解问题，算法可能不会停机。即使有函数符号，限界 PlanSAT 仍然是可决定的。至于本节中的断言的证明，参见 Ghallab 等（2004）。

PlanSAT 和限界 PlanSAT 都属于 PSPACE 复杂性类，一个大于（因而更困难）NP 的类，指可用具有多项式空间的确定性图灵机求解的问题。即使我们做一些相当严格的限制，这些问题仍然是十分困难的。例如，如果我们不允许负效果，两种问题都是 NP-难的。而如果我们不允许负前提，PlanSAT 就简化为 P 类问题。

最坏的结果也许令人沮丧。通常不会要求 Agent 为任意最坏情况的问题实例找到规划，而是要求 Agent 在特定问题域（例如具有 *n* 个积木的积木世界问题）中找到规划——这比理论上的最坏情况容易得多，这个事实对于我们来说算是一种安慰。对于许多问题域（包括积木世界和航空货物世界），限界 PlanSAT 是属于 NP-完全的，而 PlanSAT 属于 P；换句话说，最优规划通常是困难的，但次优规划有时是容易的。为了处理好比最坏情况容易的那些问题，我们将需要好的搜索启发知识。这是经典规划形式的真正优势，而一阶逻辑中基于后继状态公理的系统在提出好的启发式方面没有这么成功。

10.2　状态空间搜索规划算法

现在我们把注意力转到规划算法上。我们看到，规划问题的描述定义了一个搜索问题：我们可以从初始状态开始搜索状态空间，寻找一个目标。动作模式的宣言式的表示的优点之一就是，我们也可以从目标开始后向搜索初始状态。图 10.5 比较了前向和后向两种搜索。

10.2.1　前向（前进）状态空间搜索

我们已经看到一个规划问题如何映射到一个搜索问题，我们可以使用第 3 章任一启发式搜索算法或第 4 章的一个局部搜索算法来求解规划问题（只需要我们沿着到达目标的动作轨迹）。从规划搜索的初期（约 1961 年）直到约 1998 年，人们认为前向状态空间搜索太低效而不能实际应用。这也不难找到原因。

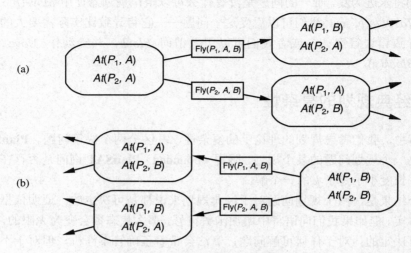

图 10.5　搜索一个规划的两种方法

（a）前向（前进）搜索状态空间，从初始状态出发，使用问题的动作，向前搜索目标状态。（b）后向（后退）搜索相关动作：从表示目标的状态集出发，使用动作的逆，向后搜索初始状态

首先，前向搜索容易探索到无关动作。考虑从在线书店购买《AI: A Modern Approach》这本书。有一个动作模式 *Buy(isbn)*，效果是 *Own(isbn)*。ISBN 是 10 位数，因此这个动作模式表示 100 亿个基元动作。一个无启发的前向搜索将需要枚举这 100 亿个动作，以找到通向目标的动作。

其次，规划问题经常有大的状态空间。考虑有 10 个机场的航空货物问题，每个机场有 5 架飞机和 20 件货物。目标是将机场 A 的所有货物运送到机场 B。这个问题有一个简单的解：将 20 件货物装载到机场 A 的一架飞机上，飞机飞到机场 B，然后卸载货物。但是找到解可能是困难的，因为平均分支因子是巨大的：50 架飞机中的任何一架可以飞到 9 个其他的机场，200 件包裹中的每一件也能一样被卸载（如果已经装载了）或者装载到机场的任何一架飞机上（如果还没装载）。因此在任何状态，至少有 450 个动作（当所有包裹在一个没有飞机的机场），至多有 10450 个（当所有包裹和飞机在同一个机场）。平均而言，我们说每个状态存在大约 2000 个可能的动作，所以达到明显解的深度的搜索树大约有 2000^{41} 个结点。

显然，没有精确的启发式，即使这个相对小的问题实例也是无望的。尽管规划的许多现实世界应用依赖于特定领域的启发知识，还是能自动导出非常强的独立于领域的启发知识；这使得前向搜索具有可行性。

10.2.2　后向（后退）相关状态搜索

在后向搜索中，我们从目标开始，向后应用动作，直到找到达到初始状态的步骤序列。它被称为相关状态搜索，因为我们只考虑与目标（或当前状态）相关的动作。就像在信念-状态搜索中（4.4 节），在每一步考虑一组相关状态，而不是单个状态。

我们从目标开始，它是对一组状态进行描述的文字的合取——例如，目标¬*Poor* ∧ *Famous* 描述了那些 *Poor* 为假、*Famous* 为真、其他流（fluent）可有任何值的状态。如果

一个问题域中有 n 个基元流，那么就有 2^n 个基元状态（每个流可以为真或假），但目标状态集合有 3^n 种描述（每个流可以为正、负、或者并不提及）。

通常只有当我们知道如何从一个状态描述后退到前驱状态描述时，后向搜索才能工作。例如，后向搜索出 n 皇后问题的解是很难得，因为没有容易的方法可以描述哪些状态离目标只有一步之遥。可喜的是，PDDL 表示的设计使得后退动作很容易——如果问题域可以用 PDDL 表达，那么我们就可以对其进行后退搜索。给定一个基元目标描述 g 和一个基元动作 a，从 g 经 a 回退得到状态描述 g'，定义为

$$g' = (g - \text{ADD}(a)) \cup Precond(a)$$

也就是说，该动作增加的效果不必在之前为真，而前提在之前必须成立，否则该动作不可能被执行。注意，公式中没有出现 $\text{DEL}(a)$；这是因为，尽管我们知道 $\text{DEL}(a)$ 中的流在动作后不再为真，但我们并不知道它们在动作之前是否真，因此不需要针对它们说什么。

为了充分利用后向搜索，我们需要处理部分没有实例化的动作和状态，而不是只处理基元动作和状态。例如，假设目标是运一件特定货物到 SFO：$At(C_2, SFO)$。这建议动作 $Unload(C_2,p',SFO)$：

$Action(Unload(C_2,p',SFO),$

  PRECOND: $In(C_2,p') \wedge At(p',SFO) \wedge Cargo(C_2) \wedge Plane(p') \wedge Airport(SFO)$

  EFFECT: $At(C_2,SFO) \wedge \neg In(C_2,p')$

（注意，我们已经标准化变量名（这个例子中将 p 改为了 p'），这样，如果在一个规划中碰巧使用同一个动作模式两次，就不会出现变量名混淆。第 9 章为一阶逻辑推理使用了同样的方法。）这表示从一架在 SFO 的没有具体指定的飞机卸载包裹；任何飞机都可以做这个动作，但我们现在不必说是哪一架飞机。我们可以利用一阶逻辑表示的优势：通过隐式地量化 p'，单个描述就可概述使用任一飞机的可能性。后退到的状态的描述是

$$g'=In(C_2,p')\wedge At(p',SFO) \wedge Cargo(C_2) \wedge Plane(p') \wedge Airport(SFO)$$

最后一个问题是决定哪些动作是后退的候选动作。在前向中我们选择**适用的**（applicable）动作——在规划中可能是下一个步骤的那些动作。在后向搜索中，我们需要**相关的**（relevant）动作——导致当前目标状态的规划中可以作为最后一个步骤的那些动作。

一个动作要与一个目标相关，它必须明显对目标有所贡献：至少，动作的效果（或者为正，或者为负）之一必须与目标的一个元素一致。不那么明显的是，动作必须不能具有任何否定目标的某个元素的效果（正或负）。现在，如果目标是 $A \wedge B \wedge C$，一个动作的效果是 $A \wedge B \wedge \neg C$，那么口头上这个动作与该目标很相关——它实现了三分之二的目标。但从这里定义的技术意义上，它不是相关的，因为这个动作不可能是解的最后步骤——我们总是还需要至少一个步骤以获得 C。

给定目标 $At(C_2,SFO)$，$Unload$ 的几个实例是相关的：我们可以选择任何特定的飞机来卸载，或者我们通过使用动作 $Unload(C_2,p',SFO)$ 而可以不指定飞机。通过总是使用将最一般合一置换到（标准化的）动作模式中得到的动作，我们可以减小分支因子而不会删除（漏掉）任何解。

作为另一个例子，考虑目标 $Own(0136042597)$，给定一个有 100 亿个 ISBN 的初始状态，以及单个的动作模式

   $A = Action(Buy(i),$ PRECOND: $ISBN(i),$ EFFECT: $Own(i))$

我们在前面提到过，没有启发知识的前向搜索将不得不枚举 100 亿个基元动作 *Buy*。但采用后向搜索，我们可以将目标 *Own*(0136042597)与（标准化的）效果 *Own*(*i'*)合一，得到置换 $\theta = \{i'/0136042597\}$。然后，我们可以采用动作 *Subst*($\theta$,*A'*)而后退，得到前驱状态描述 *ISBN*(0136042597)。这是初始状态的一部分，因而被初始状态蕴涵，任务就这样完成了。

我们可以更形式化。假设一个含有目标文字 g_i 的目标描述 g，一个被标准化产生 *A'* 的动作模式 *A*。如果 *A'* 有一个效果文字 e'_j，其中 *Unify*(g_i, e'_j)= θ，并且定义 *a'*=SUBST(θ, *A'*)，同时如果 *a'* 中没有效果是 g 中文字的负，那么 *a'* 是朝向 g 的相关动作。

对于多数问题域，后向搜索使分支因子低于前向搜索。然而，后向搜索使用状态集而不是单个状态的事实使得它更加难以想出好的启发知识。这就是当前的主流系统偏爱前向搜索的主要原因。

10.2.3　规划的启发式

没有一个好的启发式函数，无论前向还是后向搜索都不是高效的。回顾一下第 3 章，一个启发式函数 $h(s)$ 估计从状态到目标的距离，如果我们能为这个距离导出一个**可采纳的**（admissible）启发式——没有高估值——那么我们可以使用 A*搜索找到最优解。一个可采纳的启发式可以通过定义更容易求解的**松弛问题**（relaxed problem）而导出。这个更容易的问题的解的精确代价可成为原始问题的启发式。

基于定义，没有办法分析一个原子状态，因此需要机灵的人类分析家来对具有原子状态的搜索问题定义好的领域相关启发式。规划（planning）为状态和动作模式（action schema）使用了要素化表示（factored representation）。这使得定义好的独立于领域的启发式并让程序针对给定问题自动应用独立于领域的启发式成为可能。

将一个搜索问题想象为一个图，结点代表状态，边代表动作。问题是要找一条连接初始状态到目标状态的路径。有两种方法来松弛这个问题，使它变得更容易：在图中加入更多的边，使其更容易找到一条路径，或者将多个结点组合到一起，将状态空间抽象为具有更少状态的形式，从而更容易搜索。

我们首先看看在图中增加边的这类启发式。例如，**忽略前提启发式**（ignore preconditions heuristic）丢弃动作中的所有前提。在每一个状态，每一个动作都变得适用，而且能够一步（如果存在一个适用动作——否则，问题是不可能解的）获得任何单个目标流。这几乎蕴含了：求解这个松弛问题所需的步数等于未被满足的目标数——几乎，而不是完全，因为（1）一些动作可能实现多个目标，（2）一些动作可能抵消另外一些动作的效果。对于许多问题，一个准确的启发式是通过考虑（1）而忽略（2）而获得的。首先，我们如此对动作进行松弛：去掉所有前提和效果，目标中的文字除外。然后，我们统计需要的最小动作数，使这些动作的效果的并集满足目标。这是一个**集合覆盖问题**（set-cover problem）的实例。让人稍微恼火的是，集合覆盖问题是 NP 难的。幸运的是，一个简单的贪婪算法能保证返回一个集合覆盖，其大小不超出真实最小覆盖的 $\log n$ 的一个因子，其中 n 是目标中的文字数。不幸的是，贪婪算法不能保证可采纳性（admissibility）。

选择性地忽略动作的前提也是可能的。考虑 3.2 节中的滑动方块谜题（8 码问题或 15 码问题）。我们可以将它编制为一个使用单个动作模式 *Slide* 的规划问题：

Action(Slide(t,s_1,s_2),

　　PRECOND: On(t,s_1) ∧ Tile(t) ∧ Blank(s_2) ∧ Adjacent(s_1,s_2)

　　EFFECT: On(t,s_2) ∧ Blank(s_1) ∧ ¬ On(t,s_1) ∧ ¬ Blank(s_2))

像在 3.6 节看到的那样，如果我们去掉前提 Blank(s_2) ∧ Adjacent(s_1,s_2)，那么一个动作中任何数字块能够移到任何空格，从而得到位置错误的数字块数作为启发式。如果我们去掉 Blank(s_2)，那么我们得到曼哈顿距离作为启发式。不难看出这些启发式是如何从动作模式描述中自动导出的。与搜索问题的原子表示比较起来，处理动作模式很容易是因为规划问题的要素化表示的优势。

另一种可能性是忽略删除列表（ignore delete list）启发式。暂且假设所有目标和前提只含有正文字[1]。我们想创建原始问题的更容易求解的松弛版本，其解的长度可以作为一个好的启发式。通过从所有动作中去掉删除列表（例如从效果中去掉负文字），我们可以得到松弛版本。这使得朝着目标单调地前进成为可能——没有动作会抵消另一个动作的效果。事实表明，这个松弛问题最优解问题仍是 NP 难的，但用爬山法在多项式时间内可以找到一个近似解。图 10.6 展示了使用忽略删除列表启发式的两个规划问题的状态空间的一部分。其中点代表状态，边代表动作，每个点高于底平面的高度代表启发值。底平面上的状态代表解。在两个问题中，有一条通往目标的宽路径。因为没有死结点，所有不需要回溯；一个简单的爬山搜索会容易找到这些问题的一个解（尽管可能不是最优解）。

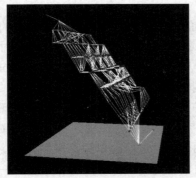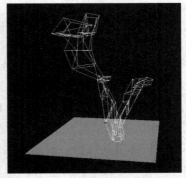

图 10.6　具有忽略删除列表启发式的规划问题的两个状态空间。高于底平面的高度是状态的启
　　　　发式分数；底平面的状态是目标。没有局部极小值，所以对目标的搜索一直是向前的

松弛问题带给我们的是一个简化的、但代价仍昂贵的规划问题来计算启发函数值。许多规划问题有 10^{100} 个或更多状态，对动作进行松弛无助于减少状态数。因此，我们现在看看通过形成**状态抽象**（state abstraction）而减少状态数的松弛方法——一种从问题的基元表示到抽象表示的状态的多对一的映射。

状态抽象的最简单方式是忽略一些流（fluent）。例如，考虑一个航空货物问题，有 10 个机场、50 架飞机、200 件货物。每一架飞机可以在 10 个机场中的某个机场，每件包裹可以要么在一架飞机里，要么卸载在某个机场。因此有 $50^{10}×200^{50+10}≈10^{155}$ 个状态。现在考虑其中的一个特殊问题，碰巧所有包裹在 5 个机场，在一个给定机场的所有包裹具有相同的目的地。那么该问题的一个特殊的抽象是丢弃所有 At 流，除了在每个机场（5 个机场中）

涉及一架飞机和一件包裹的 *At* 流。这个抽象状态空间中的一个解将短于原始空间中的一个解（因而将是一个可采纳的启发式），而且抽象解易于扩展为原始问题的解（通过增加额外的 *Load* 和 *Unload* 动作）。

定义启发式的关键思想是**分解**（decomposition）：将一个问题分成多个部分，独立地解决每个部分，再组合各部分。**子目标独立性**（subgoal independence）假设是，求解子目标之合取的代价由独立求解每个子目标的代价之和而近似。子目标独立性假设可能是乐观的，也可能是悲观的。当各子目标的子规划之间存在负交互时，是乐观的——例如，当一个子规划的一个动作删除另一个子规划获得的一个目标时。当子规划含有冗余动作时，是悲观的，从而不是可采纳的——例如，有两个动作可被合并规划中一个动作替换。

假设目标是一组流 G，我们将其划分为不相交的子集 $G_1, \cdots, G_n$。然后我们找到各子目标的解规划 $P_1, \cdots, P_n$。达到所有目标 G 的规划的代价估计是多少？我们可以将每个 $Cost(P_i)$ 视为启发式估计，而且我们知道如果我们用它们的最大值进行组合，我们总是能得到一个可采纳的启发式。因此 $\max_i \text{COST}(P_i)$ 是可采纳的，而且有时是精确正确的：P_1 可能偶然实现所有 G_i。但大多数情况下，实际估计值过低。我们可以将这些代价相加吗？对于多数问题，这是一个合理估计值，但不是可采纳的。最好的情况是当我们确定 G_i 和 G_j 相互独立的时候。如果 P_i 的效果不改变 P_j 的所有前提和目标，那么估计值 $\text{COST}(P_i)+\text{COST}(P_j)$ 是可采纳的，而且比最大估计值更准确。在 10.3.1 节中，我们论述了规划图可有助于提供更好的启发式估计。

很明显，通过形成抽象，裁剪状态空间的潜力很大。技巧是选择正确的抽象，并用形成整体代价的方式使用它们——定义一个抽象，进行抽象搜索，将抽象映射回原始问题——整体代价小于求解原始问题的代价。3.6.3 节的**模式数据库**（pattern database）技术能派上用场，因为创建模式数据库的代价能够分摊到多个问题实例。

一个使用有效的启发式的实例系统是 FF，或称为 FASTFORWARD（Hoffmann，2005），是一个使用忽略删除列表启发式的前向状态空间搜索器，在规划图（参见 10.3 节）的帮助下估计启发式。FF 使用具有该启发式的爬山法（经过修改以跟踪规划）来找到解。当它遇到高原或局部极值——当没有动作可以通向具有更好的启发分数的状态——FF 就使用迭代加深搜索直到找到一个更好的状态，或者放弃然后重新爬山搜索。

10.3　规　划　图

我们前面所推荐的启发式都可能不准确。这一节展示一个特殊的、称为**规划图**（planning graph）的数据结构，可用于给出更好的启发式估计。这些启发式可用到我们目前所见到的任何搜索技术中。或者，我们可以在规划图形成的空间中使用一个称为 GRAPHPLAN 的算法搜索解。

一个规划问题询问我们是否可以从初始状态出发达到目标。假设给定我们从初始状态到后继状态（进而到后继状态的后继状态，依此类推）的所有行动的一棵树。如果我们合理地检索这棵树，我们就可以立刻回答这个规划问题"我们可以从状态 S_0 达到状态 G 吗"，只需要查看这棵树。当然，这棵树的大小是指数级的，因此这种方法是不实际的。一个规划图是对这棵树的多项式大小的近似，可以很快被构造出来。规划图不能定义性地回答是否可以从 S_0 达到 G 的问题，但可以估计出达到 G 需要多少步。当它报告目标不可达时估计总是正确的，而且从不高估步骤数，因此它是一个可采纳的启发式。

一个规划图组织成有层次的有向图：首先是初始状态层 S_0，由在 S_0 成立的每个流结点组成；然后是层次 A_0，由在 S_0 适用的每个基元动作结点组成；然后是交叠的层次 S_i，后面紧跟层次 A_i；直到我们达到终止条件（后面讨论）。

大体上说，S_i 含有在时间 i 有可能成立所有文字，依赖于在前一个时间步骤执行的动作。如果 P 或者 $\neg P$ 可能成立，那么两者在 S_i 中都要得到表示。也可以大体上说，A_i 含有在时间 i 前提有可能得到满足的所有动作。我们说"大体上"是因为规划图只记录动作间的可能的负交互的受限子集。因此，一个文字可能在 S_i 出现，而实际上它直到后面的某个层次为止都可能不为真。（一个文字从不会太晚出现。）尽管可能有错误，一个文字首次出现的层次是从初始状态开始获得该文字的困难程度的较好估计。

规划图只能用于命题规划问题——没有变量的规划问题。就像我们在 10.1 节提到的，命题化一组动作模式是简单的。尽管结果增加了问题描述的规模，规划图已被证明是求解困难规划问题的有效手段。

图 10.7 给出了一个简单的规划问题，图 10.8 给出了它的规划图。在层次 A_i 的每个动作连到它在 S_i 的前提和在 S_{i+1} 的效果。因此一个文字出现是因为一个动作造就了它，但我们也想说的是，一个文字可以持续，如果没有动作否定它。这用持续动作（有时称为空操作）表示。对于每个文字 C，我们在问题中增加具有前提 C 和效果 C 的持续动作。图 10.8 的 A_0 层显示了一个"实际"动作，$Eat(Cake)$，还有两个用小方格画出来的持续动作。

$Init(Have(Cake))$
$Goal(Have(Cake) \wedge Eaten(Cake))$
$Action(Eat(Cake)$
　PRECOND: $Have(Cake)$
　EFFECT: $\neg Have(Cake) \wedge Eaten(Cake))$
$Action(Bake(Cake)$
　PRECOND: $\neg Have(Cake)$
　EFFECT: $Have(Cake))$

图 10.7 "有蛋糕而且吃蛋糕"的问题

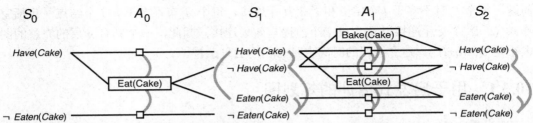

图 10.8 "有蛋糕而且吃蛋糕"问题的到 S_2 层的规划图。矩形代表动作（小方格代表持续动作），直线代表前提和效果。灰色曲线表示互斥连接。并不是所有互斥连接都画出来了，因为那样会显得太零乱。一般，如果在 S_i 两个文字是互斥的，那么在 A_i 这些文字的持续动作将是互斥的，我们不需要画出互斥连接

A_0 层含有可能在状态 S_0 发生的所有动作，但动作间的冲突将阻止它们同时发生，记录这种冲突是重要的。图 10.8 中的灰色连线代表互斥连接。例如，$Eat(Cake)$ 与 $Have(Cake)$

或¬$Eaten(Cake)$的持续动作是互斥的。我们将简单看看互斥连接是如何计算的。

层次 S_1 包含选择 A_0 中的动作的任一子集所产生的所有文字，以及不管如何选择动作，标识不能一起出现的文字的互斥连接（灰色线）。例如，$Have(Cake)$ 和 $Eaten(Cake)$ 是互斥的：根据在 A_0 对动作的选择，两者中的某一个可能是结果，但两者不可能同时出现。换句话说，S_1 表示信念状态：一个可能状态的集合。这个集合的成员是文字的所有子集，子集的成员之间没有互斥连接。

这种方式继续下去，在状态层 S_i 和动作层 A_i 之间交叠，直到连续两层是一模一样的为止。这个时候，我们说规划图达到了**稳定**（level off）。图 10.8 中的状态图在 S_2 达到稳定。

我们最后得到的是一个结构，其中每个 A_i 层含有 S_i 中适用的所有动作，以及两个动作不能在同一层都被执行的约束。每个 S_i 层包含 A_{i-1} 中动作的可能选择可能导致的所有文字，以及哪些文字对不能成对出现的约束。注意，构建规划图的过程不要求在动作中进行选择——这蕴涵着组合搜索。相反，只是用互斥连接记录某些选择是不可能的。

我们现在为动作和文字定义互斥连接。在给定层次的两个动作间的互斥关系成立，如果下列三个条件之一成立：

- **不一致效果**：一个动作否定另一个动作的效果。例如，$Eat(Cake)$ 和 $Have(Cake)$ 的持续动作具有不一致效果，因为它们对效果 $Have(Cake)$ 没达成一致。
- **冲突**：一个动作的效果之一是另一个动作的前提的否定。例如，$Eat(Cake)$ 与 $Have(Cake)$ 的持续动作冲突，因为 $Eat(Cake)$ 否定了它的前提。
- **竞争需要**：一个动作的前提之一与其他动作的一个前提互斥。例如，$Bake(Cake)$ 和 $Eat(Cake)$ 是互斥的，因为它们对前提 $Have(Cake)$ 的值是竞争的。

同一层的两个文字之间的互斥关系成立，如果一个文字是另一个文字的负，或者如果得到这两个文字的每对可能的动作是互斥的。这个条件称为非一致性支持（inconsistent support）。例如，$Have(Cake)$ 和 $Eaten(Cake)$ 在 S_1 处是互斥的，因为获得 $Have(Cake)$ 的唯一途径——持续动作——与获得 $Eaten(Cake)$ 的唯一途径——$Eat(Cake)$——是互斥的。在 S_2 层，这两个文字不是互斥的，因为有获得它们的新途径不是互斥的，像 $Bake(Cake)$ 和 $Eaten(Cake)$ 的持续动作。

一个规划图在规划问题的大小上是多项式的。对于一个有 l 个文字和 a 个动作的规划问题，每个 S_i 有不多于 l 个结点和 l^2 个互斥连接，每个 A_i 有不多于 $a+l$ 个结点（包括空操作）、$(a+l)^2$ 个互斥连接以及 $2(al+l)$ 个前提与效果连接。因此，一个具有 n 层的完整的图的大小是 $O(n(a+l)^2)$。建立该图的时间也具有相同的复杂性。

10.3.1　用于启发式估计的规划图

一个规划图一旦建立，它就富含关于问题的信息。首先，如果有目标文字没有在图的最后一层出现，那么问题是不可解的。其次，我们可以估计出从状态 s 获得任何目标文字 g_i 的代价为 g_i 在从初始状态 s 开始构建出的规划图中首次出现的层。我们称这为 g_i 的**层次代价**（level cost）。在图 10.8 中，$Have(Cake)$ 的层次代价为 0，$Eaten(Cake)$ 的层次代价为 1。不难证明（习题 10.10），对于各个目标这些估计值是可采纳的。然而，估计值不总是准确的，因为规划图允许在每一层有多个动作，而启发式只是统计层次而不是动作数。因为这个原因，通常使用**序列化规划图**（serial planning graph）计算启发式。一个序列化图认为，在任何时间步实际上只有一个动作会发生；通过在每对非持续动作间增加互斥连接可以实现这一点。从序列化图中提取的层次代价经常是实际代价的十分合理的估计。

为了估计目标的合取的代价，有三种简单方法。**最大层**（max-level）启发式简单取任何目标的最大层次代价；这个启发式是可采纳的，但不一定是准确的。

层次和（level sum）启发式遵守子目标独立性假设，返回目标的层次代价之和；这个启发式可能不是可采纳的，但在实际中对于可大规模分解的问题效果很好。它比 10.2 节中的 "不被满足的目标数" 启发式准确得多。对于我们的问题，合取目标 *Have*(*Cake*) ∧ *Eaten*(*Cake*) 的层次和启发式估计值是 0+1=1，而正确的答案是 2，由规划[*Eat*(*Cake*)，*Bake*(*Cake*)]获得。看似并不坏。更严重的错误是，如果 *Bake*(*Cake*)不在动作集合中，那么估计值仍然会是 1，这个时候合取目标实际上将是不可能的。

最后，**集合层次**（set-level）启发式找到合取目标中的所有文字出现在规划图中的层次，这一层没有任何一对文字是互斥的。对于我们的原始问题，这个启发式会给出正确的值 2，对于无 *Bake*(*Cake*)的问题，给出的值是无穷大。它是可采纳的，它比最大层启发式占优势（dominate），对于在子规划间的交互处理得很好的任务效果非常好。当然，它不是完美的；例如，它忽略三个或更多文字间的交互。

作为产生准确启发式的一种手段，我们可以将规划图视为一个高效可解的松弛问题。为了理解松弛问题的特性，我们需要确切理解一个文字 *g* 出现在规划图的 S_i 层是什么含义。理想上，我们希望确保存在获得 *g* 的、具有 *i* 个动作层的规划，并且确保如果 *g* 不出现，就没有这样的规划。不幸的是，做出这种担保与解决原始规划问题一样难。因此，规划图确保后半部分（如果 *g* 不出现，就没有这样的规划），但如果 *g* 出现，那么规划图的所有承诺是，存在可能获得 *g* 的、没有明显缺陷的一个规划。一个明显缺陷定义为一次考虑两个动作或两个文字而检测到的缺陷——换句话说，考虑互斥关系而检测到的缺陷。可能还有一些更细微的缺陷，涉及三个、四个、或更多动作，但经验表明不值得花费计算代价来跟踪这些可能错误。这与从约束满足问题获得的教训相似——在搜索一个解之前计算 2-一致性是值得的，但计算 3-一致性或更高一致性一般是不值得的。

一个不可解、但又不能被规划图识别出不可解的问题实例是积木世界问题：目标是积木 *A* 在 *B* 上，*B* 在 *C* 上，*C* 在 *A* 上。这是个不可能的目标；一个让底在顶之上的塔。但一个规划图不能检测这种不可能，因为三个子目标中的任何两个都是可获得的。任何一对文字之间也没有互斥，只有将三个文字作为整体时才有互斥。为了检测出这是一个不可能的问题，我们需要搜索规划图。

10.3.2 GRAPHPLAN 算法

这一节说明如何直接从规划图中抽取一个规划，而不只是使用规划图来提供启发式。GRAPHPLAN 算法（图 10.9）反复地用 EXPAND-GRAPH 向规划图增加一层。一旦所有目标在图中出现，没有互斥，GRAPHPLAN 就调用 EXTRACT-SOLUTION 搜索解决问题的规划。如果失败了，就扩展出另一层再试，当没有理由再继续的时候就以失败而终止。

```
function GRAPHPLAN(problem) returns solution or failure
    graph ← INITIAL-PLANNING-GRAPH(problem)
    goals ← CONJUNCTS(problem.GOAL)
    nogoods ← an empty hash table
    for tl = 0 to ∞ do
        if goals all non-mutex in St of graph then
            solution ← EXTRACT-SOLUTION(graph, goals, NUMLEVELS(graph), nogoods)
            if solution ≠ failure then return solution
        if graph and nogoods have both leveled off then return failure
        graph ← EXPAND-GRAPH(graph, problem)
```

图 10.9　GRAPHPLAN 算法。GRAPHPLAN 调用 EXPAND-GRAPH 来增加一层直到 EXTRACT-SOLUTION
　　　　找到一个解，或者发现无解

现在我们来跟踪 GRAPHPLAN 算法在 10.1.2 节中的备用轮胎问题上的操作。图 10.10 显示了规划图。GRAPHPLAN 的第一行将规划图初始化为具有一层（S_0）的图表示初始状态。问题描述的初始状态中的正流（positive fluent）以及相关负流都已画出。没有画出的是不变的正文字（例如 Tire(Spare)）以及无关的负文字。S_0 中没有目标 At(Spare, Axle)，因此我们不需要调用 EXTRACT-SOLUTION——我们能够肯定还有没有解。相反，EXPAND-GRAPH 向 A_0 层增加了前提在 S_0 层中的三个动作（也就是除了 PutOn(Spare, Axle) 之外的所有动作），以及 S_0 层中的所有文字的持续动作。动作的效果添加到了 S_1 层中。然后 EXPAND-GRAPH 找到互斥关系并将它们添加到图中。

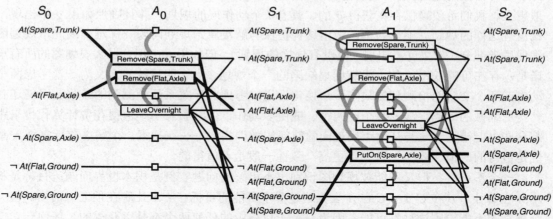

图 10.10　扩展到 S_2 层的备用轮胎问题规划图。互斥连接用灰线表示。并没有画出所有的互斥
　　　　连接，因为如果我们把它们都显示出来，会显得很混乱。解用粗线和粗轮廓线表示

At(Spare, Axle) 仍不在 S_1 中，所以再一次我们不需要调用 EXTRACT-SOLUTION。我们再次调用 EXPAND-GRAPH，增加 A_1 和 S_1，得到如图 10.10 所示的规划图。现在我们有了动作的全部补充，看一看互斥关系以及它们的成因的一些实例是值得的：

- 不一致效果：Remove(Spare, Trunk) 与 LeaveOvernight 是互斥的，因为一个有效果 At(Spare, Ground)，而另一个以这个效果的否定为效果。
- 冲突：Remove(Flat, Axle) 与 LeaveOvernight 是互斥的，因为一个有前提 At(Flat, Axle)，而另一个以这个前提的否定为一个效果。

- 竞争需要：*PutOn(Spare, Axle)* 与 *Remove(Flat, Axle)* 是互斥的，因为一个有前提 *At(Flat, Axle)*，而另一个以这个前提的否定为一个前提。

- 不一致支持：S_2 中 *At(Spare, Axle)* 与 *At(Flat, Axle)* 是互斥的，因为获得 *At(Spare, Axle)* 的唯一途径是通过 *PutOn(Spare, Axle)*，这与获得 *At(Flat, Axle)* 的唯一途径的持续动作是互斥的。因此，这个互斥关系立刻检测到把两个对象同时放到同一地方产生的冲突。

这个时候，我们回到循环的起点，所有来自目标的文字都在 S_2 中，它们都不互斥。这意味着一个解可能出现了，EXTRACT-SOLUTION 将试图找到这个解。我们可以将 EXTRACT-SOLUTION 构想为一个布尔约束满足问题（CSP），其中变量是在每一层的动作，每个变量的值在规划之内或规划之外，约束是互斥以及需要满足每个目标和前提。

或者，我们可以将 EXTRACT-SOLUTION 定义为一个后向搜索问题，搜索中的每个状态含有指向规划图某一层的指针以及未被满足的目标集合。我们定义这个搜索问题如下：

- 初始状态是规划图的最后一层 S_n，以及来自规划问题的目标集合。

- 在 S_i 层的状态中可用动作要选择 A_{i-1} 中的某个无冲突的、效果覆盖该状态的动作子集。结果状态的层为 S_{i-1}，并将选择的动作集合的前提作为目标集合。"无冲突"是指一组动作任意两个都不是互斥的，它们的任意两个前提也不是互斥的。

- 目标是达到一个在 S_0 的状态，使所有目标得到满足。

- 每个动作的代价是 1。

对于这个特殊的问题，我们从含有目标 *At(Spare, Axle)* 的 S_2 开始。我们拥有的达到这个目标集的唯一选项是 *PutOn(Spare, Axle)*。这把我们带到含有目标 *At(Spare, Ground)* 和 ¬*At(Flat, Axle)* 的 S_1 的搜索状态。*At(Spare, Ground)* 只能通过 *Remove(Spare, Trunk)* 获得，而 ¬*At(Flat, Axle)* 能通过 *Remove(Flat, Axle)* 或 *LeaveOvernight* 获得。但 *LeaveOvernight* 与 *Remove(Spare, Trunk)* 是互斥的，因此唯一的解是选择 *Remove(Spare, Trunk)* 和 *Remove(Flat, Axle)*。这把我们带到含有目标 *At(Spare, Trunk)* 和 *At(Flat, Axle)* 的 S_0 的搜索状态。这两个都在状态中，所以我们有一个解：在 A_0 层的动作 *Remove(Spare, Trunk)* 和 *Remove(Flat, Axle)*，然后紧跟着的是 A_1 层的 *PutOn(Spare, Axle)*。

EXTRACT-SOLUTION 对一个给定层的目标集求解失败的情况下，我们将 (*level, goals*) 对记录为 **no-good**，就像我们对 CSP 的约束学习所做的一样。无论什么时候 EXTRACT-SOLUTION 被再次带着相同的层和目标调用，我们找到记录在案的 no-good，并立即返回失败，而不是再次搜索。我们稍后会看到 no-good 也能用于停机测试中。

我们知道规划是 PSPACE-完全的，构建规划图需要多项式时间，因此，最坏情况下解的提取一定是不可操作的。因而，我们需要一些启发式指南来在后向搜索过程中的动作间进行选择。在实际中效果较好的一个方法是一个基于文字层次代价的贪婪算法。对于任何目标集，我们按照以下顺序前进：

（1）首先选取具有最高层次代价的文字。

（2）为了获得那个文字，偏爱前提更容易的动作。也就是说，选择一个动作，使得它的前提的层次代价的和（或最大值）是最小的。

10.3.3　GRAPHPLAN 的终止

目前为止，我们略过了终止问题。现在我们来看看，如果问题无解，GRAPHPLAN 实际上将会终止并返回失败。

要理解的第一件事是，为什么我们不能在规划图一达到稳定就停止扩展。考虑一个航空货物问题，在机场 A 有 1 架飞机和 n 件货物，目的地都是机场 B。对于任一单件货物，我们可以装载它、飞行运输到目的地、卸载它，一共 3 步，所以规划图将在层次 4 达到稳定。但这并不意味着在层次 4 能从规划图提取出解；实际上，一个解需要 $4n-1$ 步：对于每件货物，我们装载、飞行、卸载，但对于所有货物，除了最后一件，我们需要飞回到机场 A 获取下一件货物。

规划图达到稳定后，我们还要继续扩展多远呢？如果函数 EXTRACT-SOLUTION 没能找到解，那么至少有一组目标没有实现并被标注为 no-good。如果下一层里 no-good 的数量可能更少，那么我们应该继续。一旦图和 no-good 都达到稳定，而又没有找到解，我们就可以失败而终止，因为后面不可能有变化来增加解。

现在，我们需要做的所有事情是，证明图和 no-good 将一直是稳定的。证明的关键是规划图的某些特性是单调递增或递减的。"X 单调递增"的意思是 $i+1$ 层的 X 集是 i 层集合的一个超集（并不需要严格意义上的）。特性如下：

- 文字单调递增：一旦一个文字在一个给定的层中出现，它将在所有后继层中出现。这是持续动作造成的；一旦一个文字出现，持续动作让它永远存在。
- 动作单调递增：一旦一个动作在一个给定的层中出现，它将在所有后继层中出现。这是文字递增的一个推论；如果一个动作的前提在一个层中出现，它们将出现在后继层中，因而动作也一样。
- 互斥单调递减：如果在给定层 A_i 的两个行动是互斥的，那么它们在所有早先它们共同出现的层中也是互斥的。这对于文字之间的互斥同样成立。在示意图（figure）中可能不会总是以这样的方式出现，因为示意图是简化过的：它们既不显示在 S_i 层中不成立的文字，也不显示在 A_i 层中无法执行的动作。我们可以看到"互斥单调递减"是正确的，如果你认为这些不可见的文字和动作与任何事物都互斥的话。

    证明可以分情况处理：如果动作 A 和 B 在 A_i 层是互斥的，它一定是由三种互斥类型中的一种造成的。前两种，不一致效果和冲突，是动作自身的特性，所以如果动作在 A_i 层互斥，那么它们将在每个层都互斥。第三种情况，竞争需要，依赖于在 S_i 层的条件：这一层必须包含 A 的一个前提，它与 B 的一个前提互斥。现在，这两个前提可以是互斥的，如果它们是彼此的否定（这种情况下它们将在每一个层都互斥）或者如果获得其中一个的所有动作与获得另一个的所有动作互斥。但是我们已经知道可用的动作是单调递增的，所以通过归纳，互斥肯定是递减的。

- No-good 单调递减：如果在一个给定层，一组目标是不可获得的，那么它们在任何前面的层也是不可获得的。可用反证法证明：如果它们在前面的某个层是可获得的，那么我们可以增加持续动作来使它们在后续层是可获得的。

因为动作和文字是单调递增的，并且因为只有有限数目的行动和文字，所以一定会达到某一层，它与前面的一层具有相同数量的动作和文字。因为互斥和 no-good 是递减的，而且它们的数量不可能小于 0，因此一定会达到某一层，它与前面的一层具有相同数量的互斥和 no-good。一旦图达到这种状态，那么如果目标之一失败了或与另一目标互斥，那么我们就可以终止 GRAPHPLAN 算法并返回失败。这是一个大概的证明；详细过程可参见 Ghallab 等（2004）。

10.4 其他经典规划方法

当前最流行和有效的全自动的规划方法包括：

- 转换为一个布尔满足性（SAT）问题。
- 具有精心设计的启发式的前向状态空间搜索（10.2 节）。
- 使用规划图搜索（10.3 节）。

自动规划的 40 年历史中并不只有这三种方法。图 10.11 给出了国际规划竞赛中的一些优异系统，竞赛从 1998 年起每两年举行一次。这一节我们首先描述到满足性问题的转换，然后描述另外三个有影响的规划方法：一阶逻辑推理；约束满足；规划提炼。

Year	Track	Winning Systems (approaches)
2008	Optimal	GAMER (model checking, bidirectional search)
2008	Satisficing	LAMA (fast downward search with FF heuristic)
2006	Optimal	SATPLAN, MAXPLAN (Boolean satisfiability)
2006	Satisficing	SGPLAN (forward search; partitions into independent subproblems)
2004	Optimal	SATPLAN (Boolean satisfiability)
2004	Satisficing	FAST DIAGONALLY DOWNWARD (forward search with causal graph)
2002	Automated	LPG (local search, planning graphs converted to CSPs)
2002	Hand-coded	TLPLAN (temporal action logic with control rules for forward search)
2000	Automated	FF (forward search)
2000	Hand-coded	TALPLANNER (temporal action logic with control rules for forward search)
1998	Automated	IPP (planning graphs); HSP (forward search)

图 10.11 国际规划竞赛中的一些优异系统。每年有不同的跟踪点："Optimal"意味规划者必须生成最短的可能规划，"Satisficing"表示可以接受非最优解。"Hand-coded"允许领域相关启发式；"Automated"表示不允许

10.4.1 转换为布尔满足性问题的经典规划

在 7.7.4 节中我们看到了 SATPLAN 如何求解用命题逻辑表达的规划问题。现在我们阐述如何将一个 PDDL 描述转换为可以被 SATPLAN 处理的形式。转换过程是一系列的简单步骤：

- 将动作命题化：每个动作模式用一组将变量代入为常量的基元动作替换。这些基元动作不是转换的一部分，但会在后续步骤中用到。
- 定义初始状态：为问题初始状态中每个流 F 断言 F^0，为初始状态中没有提及的流断言 $\neg F$。
- 将目标命题化：对于目标中的每个变量，将含有该变量的文字替换为在常量上的析取。例如，在一个具有积木 A、B、C 的世界中将积木 A 放在另一积木上的目标 $On(A,x)$

$\wedge Block(x)$将会被下列目标替换

$$(On(A,A) \wedge Block(A)) \vee (On(A,B) \wedge Block(B)) \vee (On(A,C) \wedge Block(C))$$

- 增加后继状态公理：对于每个流 F，增加如下形式的公理

$$F^{t+1} \Leftrightarrow ActionCausesF^t \vee (F^t \wedge \neg ActionCausesNotF^t)$$

  其中 $ActionCausesF$ 是 F 在其增加列表中的所有基元动作的一个析取，$ActionCausesNotF$ 是 F 在其删除列表中的所有基元动作的一个析取。

- 增加前提公理：对于每个基元动作 A，增加公理 $A^t \Rightarrow PRE(A)^t$，也就是说，如果在时刻 t 采取动作 A，那么前提必须为真。

转换的结果是可以被 SATPLAN 处理的形式，以找到一个解。

10.4.2 转换为一阶逻辑推理的规划：情景演算

PDDL 是一种仔细平衡了表达力与算法复杂度的语言。但一些问题用 PDDL 表达仍然很困难。例如，我们不能用 PDDL 表达目标"将所有货物从 A 移到 B，不管有多少货物"，但我们可以在一阶逻辑中用全称量词表达。同样地，一阶逻辑可以精确地表达全局约束，例如"不超过四个机器人可以同时在同一机场。"PDDL 只有在每个可能涉及移动的动作中用重复的前提才能表达这一点。

规划问题的命题逻辑表示也有缺陷，例如时间的概念直接与流（fluent）捆绑在一起这个事实。例如，$south^2$ 表示"在时刻 2，Agent 面朝南"。这种表示下，无法说"如果在时刻 1 右转，Agent 将在时刻 2 面朝南；否则将面朝东。"一阶逻辑让我们绕开这个缺陷，将线性时间的概念用分支情景的概念替换，使用一种称为**情景演算**（situation calculus）的表达方法，工作机理如下：

- 初始状态被称为一个**情景**。如果 s 是一个情景，a 是一个动作，那么 RESULT(s,a) 也是一个情景。没有其他的情景。因此，情景对应动作的一个序列或历史。你也可以将一个情景想象为应用动作的结果，但请注意，只有当开始情景和动作相同，得到的情景才会相同：$(RESULT(s,a)=RESULT(s', a')) \Leftrightarrow (s=s' \wedge a=a')$。图 10.12 给出了一些动作和情景的例子。

- 能够从一个情景变化到下一个情景的一个函数或关系是一个**流**（fluent）。习惯上，情景 s 总是流的最后一个参数；例如，$At(x, l, s)$ 是关系流，在情景 s 对象 x 在位置 l 时，该关系流为真；$Location$ 是函数流，在相同情景 $At(x,l,s)$ 下，$Location(x, s)=l$ 成立。

- 每个动作的前提用**可能性公理**（possibility axiom）描述，说明什么时候可以采取该动作。描述形式为 $\Phi(s) \Rightarrow Poss(a, s)$，其中 $\Phi(s)$ 是涉及 s 的某个公式，描述了前提。Wumpus 世界的一个例子是：如果 Agent 活着而且有箭，就有可能射箭：

$$Alive(Agent, s) \wedge Have(Agent, Arrow, s) \Rightarrow Poss(Shoot,s)$$

- 每个流用**后继状态公理**（successor-state axiom）描述，说明依赖所执行的动作，该流发生了什么。这与在命题逻辑中采用的方法类似。公理形式为：

$$Action\ is\ possible \Rightarrow$$
$$(Fluent\ is\ true\ in\ result\ state \Leftrightarrow Action's\ effect\ made\ it\ true$$
$$\vee It\ was\ true\ before\ and\ action\ left\ it\ alone)$$

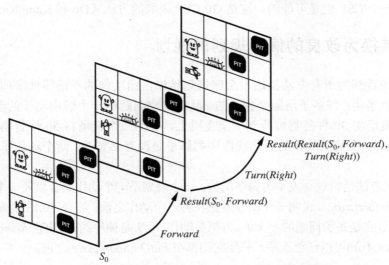

图 10.12   wumpus 世界中作为动作结果的情景

例如，关系流 *Holding* 的公理说，Agent 在执行一个可能动作后拿着某金块 *g*，当且仅当动作是对 *g* 的 *Grab*，或 Agent 已经拿着 *g* 而且动作不是放开 *g*：

$$Poss(a,s) \Rightarrow$$
$$(Holding(Agent,\ g,\ Result(a,\ s)) \Leftrightarrow$$
$$a = Grab(g) \lor (Holding(Agent,\ g,\ s) \land a \neq Release(g)))$$

- 我们需要**唯一动作公理**（unique action axiom），这样，Agent 能够推理出（例如）$a \neq Release(g)$。对于每对不同的动作名 A_i 和 A_j，我们有公理说明这些动作是不同的：
$$A_i(x,\cdots) \neq A_j(y,\cdots)$$

- 对于每个动作名 A_i，有公理说明这个动作的两次使用是相等的，当且仅当它们的所有参数是相等的：
$$A_i(x_1,\ \cdots,\ x_n) = A_i(y_1,\ \cdots,\ y_n) \Leftrightarrow x_1 = y_1 \land \cdots \land x_n = y_n$$

- 一个解是满足目标的一个情景（从而是一个动作序列）。

情景演算的大量工作是定义规划的形式语义和开辟新研究领域。但目前为止没有基于情景演算上的逻辑推理的大规模的实际规划程序。部分是由于在 FOL（一阶逻辑）中进行高效推理是困难的，主要是由于这个领域还没有为使用情景演算进行规划发展出有效的启发式。

10.4.3 转换为约束满足的规划

我们已经看到约束满足与布尔满足性有很多共性的地方，而且我们发现 CSP（约束满足问题）技术对于调度问题很有效，因此有可能将一个限界规划问题（即找一个长度为 *k* 的规划的问题）编制为一个约束满足问题，这并不稀奇。这与编制为一个 SAT 问题（第 10.4.1 节）相似，但做了重要的简化：在每个时间步我们只需要单个变量 $Action^t$，其定义域是可能动作的集合。我们不再需要为每个动作准备一个变量，而且我们不需要动作排除公理。将规划图编制成一个 CSP 也是可能的。这是 GP-CSP 采取的方法（Do 和 Kambhampati，2003）。

10.4.4 转换为改良的偏序规划的规划

我们已经看到的所有方法构造出全序规划结果，由动作的严格线性序列组成。这种表示忽视了一个事实：许多子问题是独立的。航空货物问题的一个解由动作的全序序列组成，如果在一个机场将 30 件货物装载到一架飞机上，在另一个机场将 50 件货物装载到另一架飞机上，找出 80 个装载动作的严格线性序列似乎是没有必要的；两个动作子集应该视为是相互独立的。

一种替代方法是将规划表示为偏序结构：一个规划是一个动作集合以及一个约束集合，约束的形式为 *Before*(a_i,a_j)，说明一个动作发生在另一个动作之前。在图 10.13 的底部，我们看到一个偏序规划，它是备胎问题的一个解。方框是动作，箭头是偏序约束。注意 *Remove*(*Spare,Trunk*) 和 *Remove*(*Flat,Axle*) 可以任意次序，只要它们都在 *PutOn*(*Spare,Axle*) 之前。

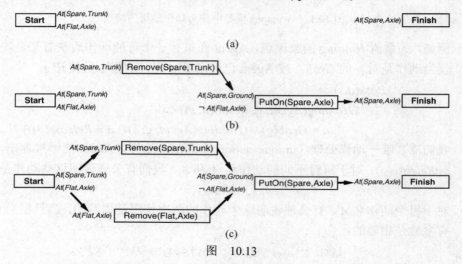

图 10.13

（a）用空规划表示的备胎问题。（b）备胎问题的未完成的偏序规划。方框表示动作，箭头表示一个动作必须发生在另一个动作之前。（c）一个完整的偏序解。

偏序规划由对规划空间而不是状态空间的搜索建立。我们从仅包含初始状态和目标的空规划开始，之间没有动作，像图 10.13 顶部画出的一样。然后搜索过程寻找规划中的缺陷，并且对规划进行添加以纠正缺陷（如果不能进行纠正，则回溯，然后再进行其他尝试）。缺陷是使部分规划不能成为一个解的任何东西。例如，空规划中的一个缺陷是没有动作达到 *At*(*Spare,Axle*)。纠正这个缺陷的一种方法是向规划中插入动作 *PutOn*(*Spare,Axle*)。当然，这引入了新的缺陷：新动作的前提还没有实现。搜索不断地向规划中增加（必要时回溯），直到所有缺陷都解决，像图 10.13 底部所画出的一样。在每一步，我们做出可能修复缺陷的**最小承诺**（least commitment）。例如，当增加动作 *Remove*(*Spare,Trunk*) 时，我们需要承诺让它发生在 *PutOn*(*Spare, Axle*) 之前，但不承诺它在其他动作之前或之后。如果在动作模式中有一个变量是无界的，我们也如此对待。

在 20 世纪 80 年代或 90 年代，偏序规划被认为是处理具有独立子问题的规划问题的最佳方法——毕竟，它是显式表示一个规划的独立分支的唯一方法。另一方面，它的一个缺点是它没有状态转移模型中的状态的显式表示。这使得一些计算有点笨。到 2000 年，前向搜索规划器发展出了很好的启发式，可以高效地发现偏序规划所针对的独立子问题。这样，偏序规划器在全自动经典规划问题上就没有竞争力。

然而，偏序规划仍是该领域的一个重要部分。对于某些特定任务，例如操作规划，选择的技术是具有专门领域启发式的偏序规划。许多这种系统使用高层规划库，像 11.2 节描述的那样。在一些问题中，人类对规划的理解很重要，偏序规划也经常用于这些问题。航天器和火星漫游者的操作规划是用偏序规划器生成的，然后由人类操作员进行核对，再上载到航天器执行。规划改良方法使人类容易理解规划算法在做什么，并验证它们是否是正确的。

10.5　规划方法分析

规划结合了我们目前为止已经讨论过的 AI 的两个主要领域：搜索和逻辑。规划器既能被视为搜索解的程序，也能被视为（构造性地）证明解存在的程序。这两个领域的思想杂交使过去十年中性能提高了好几个数量级，并且增加了规划器在工业应用中的使用。不幸的是，我们还没有了解清楚，哪些技术在哪类问题上能够最好地工作。很有可能，新的技术将会出现，并且超越已有的方法。

规划是最先经历控制组合爆炸的。如果问题域内有 p 个命题，那么就有 2^p 个状态。我们已经看到，规划是 PSPACE 难的。针对这种悲观，独立子问题的识别可能是一个有力武器。最佳情况下——问题的完全可分性——速度可得到指数级的提高。然而，动作间的反相互作用可破坏可分性。GRAPHPLAN 记录互斥来指出困难的相互作用在哪里。SATPLAN 表示了互斥关系的类似范围，但使用通用的 CNF 范式而非专门的数据结构来实现这一点。前向搜索通过试图找到覆盖独立子问题的模式（命题的子集）来启发式地处理这个问题。因为该方法是启发式的，即使子问题不是完全独立的，它也能够工作。

有时，通过认可反相互作用能够被排除，高效求解该问题也是可能的。我们说一个问题有可序列化的子目标，如果存在一个子目标顺序使得规划器可按照这个顺序来达到这些子目标而不需要撤销任何前面达到的子目标。例如，在积木世界中，如果目标是要建立一个塔（例如，A 在 B 上，B 在 C 上，C 在桌子上，如果 10.4 所示），那么子目标从下到上是可序列化的：如果我们首先实现 C 在桌子上，那么我在去实现其他子目标时这个子目标从来不会被撤销。一个规划器使用自底而上的技巧能够求解积木世界中的任何问题，不需要回溯（尽管不是总能找到最短规划）。

作为一个更复杂的例子，对于一个指挥 NASA 的深度空间一号宇宙飞船的远程 Agent 规划器来说，指挥宇宙飞船所涉及的命题是可序列化的。也许这并不稀奇，因为宇宙飞船利用了目标的序列化顺序，远程 Agent 规划器能够消减大部分搜索。这意味着它可足够快地实时控制宇宙飞船，以前这被认为是不可能的。

规划器，例如 GRAPHPLAN、SATPLAN 和 FF，向前推进了规划领域，通过提高规划系统的性能层次，通过明晰所涉及的表示和组合问题，通过发展有用的启发式。然而，这些技术将延伸多远是个问题。似乎，更大问题的进一步进展不能只依赖于要素化和命题表示，而且将要求一阶逻辑与具有高效启发式（目前在使用中）的层次化表示的某种综合。

10.6　本 章 小 结

在这一章中，我们在确定性的、完全可观察的、静态的环境中定义了规划问题。我们描述了用于规划问题的 PDDL 表示方法和一些用来求解它们的算法方法。需要记住几点：

- 规划系统是问题求解算法，它在关于状态和行动的显式命题表示或关系表示上运转。这些表示方法使获得高效启发式和强有力且灵活的问题求解算法成为可能。
- PDDL（planning domain definition language）将初始和目标状态描述为文字的合取，并根据前提和效果描述了动作。
- 状态空间搜索能够在前向方向（前进）和后向方向（后退）上操作。有效的启发式可由子目标独立性假设和规划问题的各种松弛而获得。
- 一个规划图可从初始状态开始增量式地构造出来。每一层包含一个所有在那个时间步出现的文字和行动的超集，并且对文字之间或行动之间**互斥**（或简称 **mutex**）关系进行编码。规划图为状态空间和偏序规划器产生有用的启发式，并能直接用于 GRAPHPLAN 算法中。
- 其他方法包括情景演算公理上的一阶逻辑推理；将规划问题编制为布尔满足性问题或约束满足问题；在偏序规划空间进行显式地搜索。
- 进行规划的每一种主流方法都有其拥护者，而哪种方法最好还没有达成一致。方法之间的竞争和杂交导致了规划系统的效率上的重要收获。

参考文献与历史注释

人工智能规划起源于状态空间搜索、定理证明和控制理论的研究，以及机器人技术、调度和其他领域的实际需要。STRIPS（Fikes 和 Nilsson，1971），第一个主流规划系统，说明了这些领域的相互作用。STRIPS 是作为 SRI 的 Shakey 机器人项目的软件的规划部分而设计的。它的整体控制结构以 GPS 为模型，GPS 是通用问题求解器（General Problem Solver，Newell 和 Simon，1961），一个使用手段目标分析（means-ends analysis）的状态空间搜索系统。Bylander（1992）证明了简单 STRIPS 规划是 PSPACE 完全的。Fikes 和 Nilsson（1993）对 STRIPS 项目进行了历史性的回顾，并对它与新近的规划成就的联系进行了综述。

STRIPS 使用的表示语言比它的算法方法更有影响力；我们所说的"经典"语言与 STRIPS 使用的语言接近。行动描述语言或称 ADL（Pednault，1986）放松了 STRIPS 语言中的一些限制，使得对更多实际问题的编码成为可能。Nebel（2000）探索了将 ADL 编译成 STRIPS 的方案。问题域描述语言或称 PDDL（Ghallab 等，1998）被作为一种计算机可分析的标准化语法引入来表示规划问题，从 1998 年起被用于国际规划竞赛的标准语言。它有一些扩展版本；最近的版本 PDDL 3.0 包含规划约束和优先（Gerevini 和 Long，2005）。

20 世纪 70 年代早期的规划器通常考虑全序行动序列。问题分解通过计算每个子目标的子规划并按照某种顺序对子规划进行串联来实现。这种被 Sacerdoti（1975）称为**线性规划**的方法很快就被发现是不完备的。它不能求解一些非常简单的问题，例如 Sussman 不规则问题（参见习题 10.7），这是 Allen Brown 在 HACKER 系统的实验中发现的（Sussman，1975）。一个完备的规划器必须允许来自不同子规划的行动在单个序列中**交叉**（**interleaving**）。可串行化子目标（Korf，1987）的概念恰好对应于无交叉规划器在其中是完备的问题集。

交叉问题的一个解决方案是目标回归规划，一种记录全序规划中哪些步骤需要重排以避免子目标之间冲突的技术。这被 Waldinger（1975）引入，并被 Warren（1974）的 WARPLAN 使用。WARPLAN 也是值得注意的，它是首个用逻辑程序设计语言（Prolog）编写的规划器，也是使用逻辑程序设计有时能获得明显节省的最佳例子之一：WARPLAN 只有 100 行代码，是当时可比较的规划器的规模的一小部分。

支撑偏序规划的思想包括检测冲突（Tate，1975a）和保护已获得的条件不受干扰（Sussman，1975）。NOAH 规划器（Sacerdoti，1975，1977）和 Tate（1975b，1977）的 NONLIN 系统引领了偏序规划（后来称为任务网络）的构造。

偏序规划主导了接下来 20 年的研究，而首个清楚的阐述是 TWEAK（Chapman，1987），它是一个足够简单的规划器，允许证明各种规划问题的完备性和不可操作性（NP 难题和不可判定性）。Chapman 的工作导致了对完备偏序规划器（McAllester 和 Rosenblitt，1991）的简单易懂的描述，然后导致了广为流传的分布式实现 SNLP（Soderland 和 Weld，1991）和 UCPOP（Penberthy 和 Weld，1992）。在 20 世纪 90 年代晚期随着更快方法的出现，偏序规划开始失去呼声。Nguyen 和 Kambhampati（2001）提议重新考虑偏序规划是值得的：利用从规划图中得到的精确启发式，他们的 REPOP 规划器在可并行的问题域中扩展性比 GRAPHPLAN 好很多，并可与最快的状态空间规划器相抗衡。

Drew McDermott 的 UNPOP 程序（1996）成为状态空间规划兴趣再度兴起的先锋，第一次提出了忽略删除表启发式。UNPOP 的名称是对那时研究过分集中在偏序规划上的一个反应；McDermott 怀疑其他方法没有得到应有的关注。Bonet 和 Geffner 的启发式搜索规划器（HSP）及其后来的衍生体（Bonet 和 Geffner，1999；Haslum 等，2005；Haslum，2006）第一次将状态空间搜索应用于大规模规划问题。HSP 使用的是前向搜索，而 HSPR（Bonet 和 Geffner，1999）使用的后向搜索。目前为止，最成功的状态空间搜索器是 FF（Hoffmann，2001；Hoffmann 和 Nebel，2001；Hoffmann，2005），2000 年 AIPS 规划竞赛的获胜者。FASTDOWNWARD（Helmert，2006）是一个前向状态空间搜索器，对动作模式进行了预处理：用替代的表示使一些约束更加显式化。FASTDOWNWARD（Helmert 和 Richter，2004；Helmert，2006）赢得了 2004 年的规划竞赛，LAMA（Richter 和 Westphal，2008）赢得了 2008 年的竞赛，LAMA 是一个基于 FASTDOWNWARD 的、具有改进启发式的规划器。

Bylander（1994）和 Ghallab 等（2004）讨论的规划问题的一些变种的计算复杂性。Helmert（2003）证明了许多基准问题的复杂度界，Hoffmann（2005）分析了忽略删除表启发式的搜索空间。Caprara 等（1995）讨论了意大利铁路调度操作中覆盖集问题的启发式。Edelkamp（2009）和 Haslum 等（2007）描述了怎样为规划启发式构造模式数据库。我们在第 3 章中提到过，Felner 等（2004）使用模式数据库为滑动方块谜题（如 8 码问题）——可以被看作是一个规划问题——给出了令人鼓舞的结果，但 Hoffmann 等（2006）证明了对经典规划问题进行抽象的一些缺陷。

Avrim Blum 和 Merrick Furst（1995，1997）的 GRAPHPLAN 系统使规划领域得到了复兴，比当时的偏序规划器快了几个数量级。其他规划系统，例如 IPP（Koehler 等，1997）、STAN（Fox 和 Long，1998）和 SGP（Weld 等，1998）很快紧随其后。Ghallab 和 Laruelle（1994）略早些时候提出了与规划图很相似的一种数据结构，他们的 IXTET 偏序规划器使用它获得准确的启发式来知道搜索。Nguyen 等（2001）彻底分析了从规划图获得的启发式。我们对规划图的讨论部分地基于该工作以及讲义和 Subbarao Kambhampati（Bryce 和 Kambhampati，2007）的论文。像本章所提到的，有许多不同方式使用一个规划图来指导对解的搜索。2002 年 AIPS 规划竞赛的获胜者 LPG（Gerevini 和 Serina，2002，2003）使用由 WALKSAT 启发的局部搜索技术来搜索规划图。

进行规划的情景演算方法是由 John McCarthy（1963）引入的。本章我们介绍的版本是由 Ray Reiter（1991，2001）提出的。

Kautz（1996）研究了命题化动作模式的不同方法，发现多数紧致形式不一定导致最快的求解时间。Ernst 等（1997）进行系统的分析，也提出了从 PDDL 问题生成命题表示的自动编译器。BLACKBOX 编译器结合了来自 GRAPHPLAN 和 SATPLAN 的思想，是由 Kautz 和 Selman（1998）提出的。CPLAN 是一个基于约束满足的规划器，是由 van Beek 和 Chen（1999）提出的。

最近出现的研究兴趣将规划表示为**二元决策图**（binary decision diagrams），是一种用于布尔表达的紧凑的数据结构，在硬件验证中被广泛研究（Clarke 和 Grumberg，1987；McMillan，1993）。有一些证明二元决策图特性的一些技术，包括"是规划问题的一个解"的特性。Cimatti 等（1998）提出了基于这种方法的一个规划器。其他表示方法也得到了应用；例如，Vossen 等（2001）综述了对规划的整数编程的使用方法。

虽然没有统一的评判，但现在对各种规划方法有一些有趣的比较。Helmert（2001）分析了几类规划问题，并且论述了基于约束的方法，像 GRAPHPLAN 和 SATPLAN，对 NP 难问题域是最好的，而基于搜索的方法在无需回溯就能找到可行解的领域中做得更好。GRAPHPLAN 和 SATPLAN 在具有很多对象的领域遇到了麻烦，因为这意味着它们必须创建许多动作。在某些情况下，问题可以通过动态产生命题化动作而被延迟或避免，只有当需要的时候才动态产生，而不是在搜索开始前将它们全部初始化。

《规划读物》（*Readings in Planning*，Allen 等，1990）是这个领域早期工作的一个综合文选。Weld（1994，1999）给出了 20 世纪 90 年代的规划算法的很好的两个综述。在这两个综述之间可以看到五年内发生的有趣变化：第一个综述集中于偏序规划，第二个介绍 GRAPHPLAN 和 SATPLAN。《自动规划》（Ghallab 等，2004）规划的各个方面的极好教材。LaValle 的教材《规划算法》（2006）覆盖了经典规划与随机规划，大量涉及了机器人动作模式。

自从规划搜索出现以来，它已经成为 AI 的中心问题之一，关于规划的论文是主流人工智能期刊和会议的重要内容。也有专门的会议，如"人工智能规划系统国际会议"（International Conference on AI Planning Systems，AIPS），"空间规划和调度国际专题研讨会"（International Workshop on Planning and Scheduling for Space）以及"欧洲规划会议"（European Conference on Planning）。

习　　题

10.1 描述问题求解与规划之间的不同和相似之处。

10.2 给定图 10.1 的动作模式和初始状态，被

$$At(P_1, JFK) \ \wedge \ At(P_2, SFO) \ \wedge Plane(P_1) \ \wedge \ Plane(P_2)$$
$$\wedge \ Airport(JFK) \ \wedge \ Airport(SFO)$$

描述的状态中，$Fly(p, from, to)$ 的所有可用具体实例是什么？

10.3 猴子与香蕉问题是关于实验室的一只猴子面对挂在天花板上的一些够不到的香蕉的问题。可用一个箱子，如果猴子爬上箱子，它就可以够到香蕉。起初，猴子位于 A，香蕉位于 B，箱子位于 C。猴子和箱子的高度都是 Low，但是如果猴子爬到箱子上面，它的高度就跟香蕉一样是 $High$。猴子可用的动作包括从一个位置走到另一个位置的 Go，将对象从一个地方推到另一个地方的 $Push$，爬上一个对象的 $ClimbUp$ 和爬下一个对象的 $ClimbDown$，抓住一个对象的 $Grasp$ 和放开一个对象的 $Ungrasp$。如果猴子和对象在同一地方的同一高度，动作 $Grasp$ 导致持有该对象。

a. 写出初始状态描述。

b. 写出六个动作模式。

c. 假设猴子想通过摘取香蕉却把箱子留在最初的位置来愚弄溜去喝茶的科学家。在情景演算语言中把这个作为普通目标写下来（即没有假设箱子必须位于 C）。这个目标能被经典规划系统解决吗？

d. 对推（push）的规则可能是不正确的，因为如果对象太重的话，当应用 $Push$ 的时候对象的位置将保持不变。修改你的动作模式来解决重物问题。

10.4 最初的 STRIPS 程序是设计用来控制机器人 Shakey 的。图 10.14 显示了一个版本的由四个沿走廊排列的房间组成的 Shakey 世界，其中每个房间有一扇门和一个电灯开关。Shakey 世界中的动作包括从一个地方移动到另一个地方，推可移动物体（比如箱子），爬上或爬下刚性物体（比如箱子）及打开和关上电灯开关。机器人自身不够充分灵巧而不能爬上箱子或切换开关，但是 STRIPS 规划器能够找到并打印出超过机器人能力的规划。Shakey 的 6 种动作如下：

- $Go(x, y, r)$，这要求 Shakey 位于 x 且 x 和 y 是同一房间 r 内的位置。按照惯例，两个房间之间的门是在它们内部的。
- 在同一房间内将箱子 b 从位置 x 推到位置 y：$Push(b, x, y, r)$。我们需要谓词 Box 和箱子的常量。
- 从位置 x 爬上一个箱子：$ClimbUp(x, b)$；从一个箱子上爬下：$ClimbDown(b, x)$。我们需要谓词 On 和常量 $Floor$。
- 开电灯开关：$TurnOn(s, b)$；关电灯开关：$TurnOff(s, b)$。要打开或关闭电灯开关，Shakey 必须在电灯开关位置的一个箱子上。

写出 Shakey 的六种动作的 PDDL 语句及图 10.14 的初始状态。构建一个让 Shakey 把 Box_2 带到 $Room_2$ 里的规划。

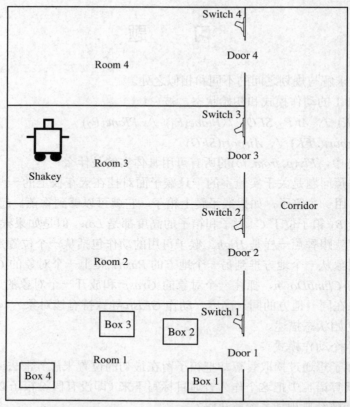

图 10.14 Shakey 世界。Shakey 能够在一个房间内的地标间移动，能够穿过房间之间的门，能够爬可爬的对象，也能够推可推的对象，并且能按电灯开关

10.5 一个有限图灵机有一条有限长的、划分为格子的一维纸带，每个格子含有有限个符号中的一个符号。格子上方有一个读写头。机器所处的状态数是有限的，其中一个状态是接受状态。在每个时间步，取决于在读写头下方格子里的符号以及机器当前的状态，有一组可从中选择的动作。每个动作涉及写一个符号到读写头下方的格子里、将机器迁移到一个状态、可选择地将读写头向左或向右移动。决定"允许哪一个动作"的映射就是图灵机程序。你的目标就是控制图灵机达到接受状态。

将图灵机接受问题表示一个规划问题。如果能够表示，这说明确定一个规划问题是否有解至少与图灵机接受问题（是 PSPACE 难的）一样难。

10.6 解释为什么在规划问题中去掉每个动作模式的负效果会得到一个松弛问题。

10.7 图 10.4 显示了一个称为 **Sussman 不规则**的积木世界问题。这个问题之所以被认为不规则是因为 20 世纪 70 年代早期的非交叉规划器不能解决它。写出该问题的定义并对它进行求解，可以用手工方式也可以用一个规划程序。一个非交叉规划器是这样一个规划器：当给定两个子目标 G_1 和 G_2 时，对 G_1 产生一个和 G_2 的规划连接在一起的规划，或者反过来。解释为什么一个非交叉规划器不能解决这个问题。

10.8 证明 PDDL 问题的后向搜索是完备的。

10.9 为图 10.1 中的问题构建出规划图的 0 层、1 层和 2 层。

10.10 证明下列关于规划图的断言：

- 在图的最后一层没有出现的文字是无法获得的。
- 串行图中的一个文字的层代价不会比获得它的最优规划的实际代价更大。

10.11 集合层次启发式（10.3.1 节）使用一个规划图来估计从当前状态达到合取目标的代价。集合层次启发式是什么松弛问题的解。

10.12 考察第 3 章中**双向搜索**的定义。

a. 双向状态空间搜索对于规划问题是一个好思想吗？

b. 偏序规划空间的双向搜索如何？

c. 设计一个偏序规划的版本，其中如果动作前提能被规划中已经存在的动作效果获得，那么动作可以添加到规划中。解释如何处理冲突和顺序约束。这个算法本质上与前向状态空间搜索一样吗？

10.13 我们将前向和后向状态空间搜索规划器与偏序规划器进行对比，假定后者是一个规划空间搜索器。解释前向和后向状态空间搜索也可以被视为规划空间搜索器，并说明规划器的改进算子是什么。

10.14 到目前为止，我们假设我们建立的规划总能确保动作前提能被满足。现在让我们来看诸如 $HaveArrow^{t+1} \Leftrightarrow (HaveArrow^t \wedge \neg Shoot^t)$ 的命题后继状态公理（successor-state axiom）对那些前提不满足的行动必须考虑什么。

a. 说明公理预测当一个行动在一个前提不满足的状态中执行时，没有事情会发生。

b. 考虑一个包含获得目标所需的行动，但同时也包括非法行动的规划 p。它是不是这样的情况：

$$initial\ state \quad \wedge \quad successor\text{-}state\ axioms \quad \wedge \quad p \quad \models goal?$$

c. 用情景演算中的一阶后继状态公理，是否有可能证明一个包含非法行动的规划将获得目标？

10.15 让我们考虑如何将一组动作模式转换成情景演算中的后继状态公理。

- 考虑 $Fly(p, from, to)$ 的模式。为谓词 $Poss(Fly((p, from, to), s)$ 写一个逻辑定义，如果 $Fly(p, from, to)$ 的前提在情景 s 中是满足的，那么该谓词为真。

- 接下来，假设 $Fly(p, from, to)$ 是 Agent 能得到的唯一动作模式，写出 $At(p, x, s)$ 的后继状态公理，捕捉与动作模式同样的信息。

- 现在假设有旅行的附加方法：$Teleport(p, from, to)$。它有附加前提 $\neg Warped(p)$ 和附加效果 $Warped(p)$。解释情景演算知识库必须怎样修改。

- 最后，开发一个通用而又准确的用来执行从一组动作模式转换到一组后继状态公理的特定过程。

10.16 在图 7.22 所示的 SATPLAN 算法中，对可满足性算法的每次调用断言一个目标 g^T，其中 T 的范围是从 0 到 T_{max}。假设改为可满足性算法只调用一次，而目标是 $g^0 \vee g^1 \vee \cdots \vee g^{Tmax}$。

a. 这个算法是否总能返回一个长度小于等于 T_{max} 的规划，如果这样的规划存在的话？

b. 这个方法是否会引进任何新的虚假"解"？

c. 讨论可能如何修改诸如 WALKSAT 的可满足性算法，从而当给定一个这种形式的目标析取式时，它能找到较短的解（如果存在的话）。

第 11 章　现实世界的规划与行动

本章中我们将看到更有表达能力的表示和更具交互性的 Agent 结构是如何通向在现实世界中有用的规划器的。

前一章介绍了规划中的最基本概念、表示和算法。在诸如为宇宙飞船、工厂、军事行动的制订调度安排的现实世界任务中使用的规划器更加复杂；它们扩展了表示语言和规划器与环境的交互方式。本章将说明这是如何实现的。11.1 节扩展了经典规划语言来讨论有时间和资源约束的动作。11.2 节描述了分层次构建规划的方法。这允许人类专家告诉规划器他们知道如何求解问题。有效的规划构建也需要借用层次，因为规划器能在深入细节之前在抽象层次求解问题。11.3 节提出了能够处理不确定环境的、思考与执行能够交叠的 Agent 体系结构。11.4 节展示了当环境包含其他 Agent 时如何规划。

11.1　时间、调度和资源

经典规划表示讨论了做什么、按什么顺序，但它不能讨论时间：动作持续多久或者甚至动作何时发生。例如，第 10 章的规划器能为航班制定调度，哪架飞机分配到哪次航班，但我们实际上需要同时知道出发时间和达到时间。这是**调度**（scheduling）的主要问题。真实世界也有许多**资源约束**（resource constraints）；例如一个航班有有限数量的乘务员——同时一个航班的乘务员不能同时在另一个航班上。这一节讨论表示和求解问题的方法，包括时间和资源约束。

本节我们采用的方法是"先规划，后调度"：也就是说，我们把整个问题分解为一个规划阶段和一个接下来的调度阶段，在规划阶段选择动作，考虑次序约束，满足问题的目标，在调度阶段时间信息加入到规划中以满足资源和期限约束。

在真实世界的加工和逻辑设置中规划阶段经常是由人类专家来做的，这种方法很常见。第 10 章的自动方法能够用于规划阶段，只要它们生成正确性要求的具有最小次序约束的规划。GRAPHPLAN（10.3 节）、SATPLAN（10.4.1 节）以及偏序规划器（10.4.4 节）能够胜任该任务；基于搜索的方法（10.2 节）生成全序规划，但这些规划容易转换为具有最小次序约束的规划。

11.1.1　表示时间和资源约束

如 6.1.2 节所述，一个典型的车间调度问题（job-shop scheduling problem）由一组工作（jobs）组成，每个工作由一组具有次序约束的动作（actions）组成。每个动作有一个持续时间（duration）和一组动作所要求的资源约束。每个约束规定了一种资源（例如螺栓、扳手、或导航仪）以及该资源的数量以及该资源是否是消耗品（例如螺栓不能再次使用）或可重用（例如一个航班使用一个导航仪，该航班使用结束后导航仪以后还能用）。具有负消耗的动作也能产生资源，包括加工、生长、再补给等动作。车间调度问题的解必须规定每个动作的开始时间，而且必须满足时间次序约束和资源约束。至于搜索和规划问题，可以根据一个代价函数来评估解；在具有非线性资源代价、时间相关延迟代价等时，这可能很复杂。为了简化，我们假设代价函数就是规划的全部时间，称为**完工时间**（makespan）。

图 11.1 给出了一个简单例子：一个组装两辆汽车的问题。该问题由两个工作组成，每一个形式为[*AddEngine, AddWheels, Inspect*]，语句 *Resources* 声明有四种资源，给出开始时每种资源的数量：1 个引擎起重机、1 个车轮静电干扰、2 名检查员、500 个螺母。动作模式给出每个动作的时间和资源需求。当车轮加到汽车上时会消耗螺母，而其他资源在一个动作开始时被借用，动作结束后被释放。

$$Jobs(\{AddEngine1 \prec AddWheels1 \prec Inspect1\},$$
$$\{AddEngine2 \prec AddWheels2 \prec Inspect2\})$$
$$Resources(EngineHoists(1), WheelStations(1), Inspectors(2), LugNuts(500))$$

$$Action(AddEngine1, \text{DURATION:}30,$$
$$\text{USE:}EngineHoists(1))$$
$$Action(AddEngine2, \text{DURATION:}60,$$
$$\text{USE:}EngineHoists(1))$$
$$Action(AddWheels1, \text{DURATION:}30,$$
$$\text{CONSUME:}LugNuts(20), \text{USE:}WheelStations(1))$$
$$Action(AddWheels2, \text{DURATION:}15,$$
$$\text{CONSUME:}LugNuts(20), \text{USE:}WheelStations(1))$$
$$Action(Inspect_i, \text{DURATION:}10,$$
$$\text{USE:}Inspectors(1))$$

图 11.1 装配两辆汽车的、具有资源约束的加工车间调度问题。符号 $A \prec B$ 表示动作 A 必须在动作 B 之前

用数量表示资源——例如 *Inspectors*(2)，而不是用命名实体，如 *Inspector*(I_1) 和 *Inspector*(I_2)——是非常通用的、称为集成（aggregation）的技术的一个实例。集成的中心思想是：相对于手头的任务目标，当各单个对象无法区分时将它们组合成数量。在我们的组装问题中，哪位检查员检查汽车并不重要，因此不需要区分。（同样的思想在习题 3.9 的传教士与食人者问题中也是有效的。）集成对于降低复杂性是很关键的。当一个调度有 10 个并发的 *Inspect* 动作但只有 9 个检查员时，会发生什么。检查员表示为数量，马上会检测到失败，算法会回溯以尝试其他调度。如果检查员表示为个体，算法会回溯以尝试将检查员分配到动作的 10 种方法。

11.1.2 求解调度问题

我们从只考虑时间调度问题开始，忽略资源约束。为了最小化完工时间，我们必须找到所有动作与问题的次序约束一致的最早开始时间。将这些次序约束视为与动作相关的有向图是有帮助的，如图 11.2。我们可以使用**关键路径方法**（critical path method）来确定每个动作可能的开始和结束时间。穿过表示偏序规划的图的一条路径是动作的线性次序，以

Start 开始，以 *Finish* 结束。（例如，图 11.2 中的偏序规划有两条路径。）

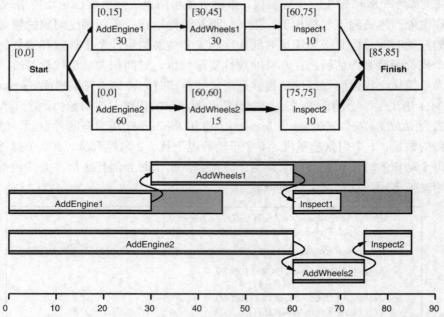

图 11.2　顶部：图 11.1 加工车间调度问题的时间约束的表示。每个动作的持续时间在每个矩形的底部给出。在求解问题时，我们将最早和最晚开始时间计算为时间对[*ES, LS*]，在左上角显示。这两个数字间的差是动作的松弛：具有零松弛的动作处于关键路径上，用粗箭头表示。图的底部：用时间线的方式显示了同样的解。灰色矩形表示时间区间，一个动作可以在这期间内执行，倘若遵守秩序约束的话。灰色矩形中没有被占用的部分表示松弛

　　关键路径是时间跨度最长的路径；它是关键的是因为它决定了整个规划的时间长度——缩短其他路径并不会缩短整体规划，但延误关键路径上的任一动作的开始时间就会延长整个规划的时间。不在关键路径上的动作有个时间窗口，可在这个窗口里执行动作。用最早可能开始时间 *ES* 和最晚可能开始时间 *LS* 来指定这个窗口。*LS–ES* 被称为动作的松弛。在图 11.2 中我们可以看到整个规划需要 85 分钟，最顶上的工作中的每个动作有 15 分钟松弛，关键路径中的每个动作没有松弛（由定义）。所有动作的 *ES* 和 *LS* 时间一起构成问题的调度。

　　下面的公式可以作为 *ES* 和 *LS* 的定义以及计算它们的动态规划算法的轮廓。*A* 和 *B* 是动作，$A \prec B$ 表示 *A* 在 *B* 之前：

$$ES(Start) = 0$$
$$ES(B) = \max{}_{A \prec B} ES(A) + Duration(A)$$
$$LS(Finish) = ES(Finish)$$
$$LS(A) = \min{}_{B \succ A} LS(B) - Duration(A)$$

　　思路是我们从把 *ES(Start)* 赋值为 0 开始。然后一旦我们得到一个动作 *B*，所有直接出现在 *B* 之前的动作的 *ES* 都已经赋过值，我们就可以设 *ES(B)* 为那些直接前驱动作的最早完成时间的最大值，其中一个动作的最早完成时间定义为最早开始时间加上持续时间。这个过程重复进行直到每个动作被赋予一个 *ES* 值。*LS* 值用类似的方式计算，从 *Finish* 动作反向进行。

关键路径算法的复杂度仅仅是 $O(Nb)$，其中 N 是动作的个数，b 是进入或离开动作的最大分支因子。（为了了解这点，注意对每个动作的 LS 和 ES 只计算一次，每次计算最多在 b 个其他动作上迭代）。因此，给定一个动作的偏序，寻找最小持续时间调度的问题是很容易的。

数学上，关键路径问题容易求解是因为它们被定义为在开始和结束时间的线性不等式的合取。当引入资源约束，开始和结束时间上的约束将变得更复杂。例如，$AddEngine$ 动作——在图 11.2 的相同时间开始——需要相同的 $EngineHoist$，因此不能重叠。"不能重叠"约束是两个线性不等式的析取，每个可能的次序一个。引入析取使有资源约束的调度是 NP 难的。

图 11.3 给出具有最快完成时间的解，115 分钟。这比没有资源约束情况下的规划所需的 85 分钟长 30 分钟。注意，没有同时需要两个检查员的情况，因此我们可以马上将其中一个检查员放到更有益的位置。

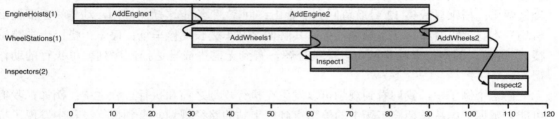

图 11.3　图 11.1 中的考虑资源的加工车间调度问题的一个解。左首页边列出了三种可重用资源，行动与它使用的资源对齐地显示。取决于哪个装配先使用发动机装配起重机，有两个可能的调度；我们显示了最短时间长度的解，需要花费 115 分钟

具有资源约束的调度的复杂性在实践与理论中经常遇到。1963 年提出的一个挑战性的问题——为有 10 台机器、10 件工作每个工作 100 个动作的问题找出最优调度——23 年里都没得到解决（Lawler 等，1993）。尝试了很多方法，包括分支限界法、模拟退火法、tabu 搜索、约束满足、以及第 3 第 4 章中的其他方法。一个简单但很流行的启发式是最小松弛算法：在每次迭代，它考虑那些前辈都已经被调度安排而自身尚未调度的动作，并调度具有最小松弛的那个行动作为最早可能开始。然后它更新每个受到影响的动作的 ES 和 LS 时间，并重复进行。启发式是基于与约束满足中的最大约束变量启发式一样的原理的。在实际应用中它通常工作得很好，但是对于我们的装配问题它产生了一个 130 分钟的解，而不是图 11.3 中的 115 分钟的解。

目前为止，我们假设了动作集合和次序约束是固定的。这些假设下，每个调度问题有一个避免所有资源冲突的、无重叠次序的解，只要每个动作本身是切实可行的。然而，如果一个调度问题是非常难的，这样求解可能是不错的想法——重新考虑动作和约束，只要能够导致更容易的调度问题。因此，在构建偏序规划中通过考虑时间和重叠来结合规划与调度是合理的。第 10 章中的一些规划方法可以扩展后处理这些信息。例如，偏序规划器使用通过因果链检测冲突相同的方法可以检测到违反资源约束。这是目前一个活跃的研究领域。

11.2　分　层　规　划

前面章节的问题求解与规划方法都有一组固定的原子动作，动作可以串成一个序列或分支网络；最新的算法可以生成含有几千个动作的解。

对于人脑执行的规划，原子动作是肌肉活动。我们大约有 10^3 块肌肉需要触发（数下来有 639 块，但其中许多有多个子单元）；我们每秒可控制它们的活动 10 次；我们活着并苏醒的时间大约 10^9 秒。因此人的一生有 10^{13} 个动作。即使我们限制自身在更短的时间水平上规划——例如在夏威夷两个星期的假期——详细的发动机规划包含大约 10^{10} 个动作。这比 1000 多很多。

为了建立这个间隙的桥梁，AI 系统可能不得不做人类似乎在做的事情：在更高抽象层次上规划。夏威夷假期的合理规划可能是"去旧金山机场；搭乘夏威夷 11 号航班去檀香山；度假两周；搭乘夏威夷 12 号航班回到旧金山；回家。"给定这样的规划，动作"去旧金山机场"本身就可看作是一个规划任务，其解像"开车去长期停车场；停车；搭巴士去航站楼。"进而，其中每个动作又可以继续分解，直到无需生成马达控制序列就可执行的动作层次。

在这个例子中，我们看到规划可以发生在执行规划之前和执行过程之中；例如，我们可能会延迟考虑从长期停车场中的停车点到巴士站的路径规划，直到执行过程中发现了特定的停车点。因此，这个特定的动作在执行阶段之前都保持在抽象层次。11.3 节我们再讨论这个问题。这里，我们集中于层次化分解，这是处理复杂性的普及性的思想。例如，复杂软件是从子过程或对象类的层次开始创建的；部队是以单元的层次来操纵的；政府和公司有部门和子部门以及分部办公室。层次结构的好处是，在每一层，一个计算任务（军事任务，或行政职能）分解为下一层少量的活动，因而，对于当前问题找到安排这些活动的正确方式的计算代价较小。另一方面，非层次化的方法将一个任务分解为大量的单个行动；对于大规模问题，这完全是不切实际的。

11.2.1　高层动作

我们理解层次化分解所采用的形式来自**层次任务网络**（hierarchical task networks）或 HTN 规划领域。像在经典规划（第 10 章）中一样，我们假设完全可观察性、确定性以及一组可用的动作，现在称为**基元动作**（primitive actions），基元动作具有标准的前提-效果模式。关键的额外概念是**高层动作**（high-level action）或 HLA——例如，前面例子中的动作"去旧金山机场"。每个 HLA 有一个或多个可能的细化[1]（refinement）动作序列，其中每个动作可以是一个 HLA 或一个基元动作（无细化）。例如动作"去旧金山机场"表示形式为 *Go(Home,SFO)*，可以有两种可能的细化，如图 11.4 所示。同一图中给出了吸尘器世界的导航的递归细化：为了去目的地，先走一步，然后去目的地。

　　1　HTN 规划器经常允许细化为偏序规划，允许两个不同的 HLA 的细化共享动作。为了理解层次规划的基本概念，我们忽略这些重要的难题。

```
Refinement(Go(Home, SFO),
    STEPS: [Drive(Home, SFOLongTermParking),
            Shuttle(SFOLongTermParking, SFO)] )
Refinement(Go(Home, SFO),
    STEPS: [Taxi(Home, SFO)] )

Refinement(Navigate([a,b], [x,y]),
    PRECOND: a = x ∧ b = y
    STEPS: [] )
Refinement(Navigate([a,b], [x,y]),
    PRECOND: Connected([a,b], [a − 1, b])
    STEPS: [Left, Navigate([a − 1, b], [x,y])] )
Refinement(Navigate([a,b], [x,y]),
    PRECOND: Connected([a,b], [a + 1, b])
    STEPS: [Right, Navigate([a + 1, b], [x,y])] )
...
```

图 11.4　两个高层动作——去旧金山机场和吸尘器世界的导航——的可能细化的定义。注意后者中的细化的递归性以及对前提的使用

这些例子表明高层动作和它们的细化体现了如何做事的知识。例如，$Go(Home, SFO)$ 的细化说，为了到达机场，你可以开车，或者乘的士；不要考虑买牛奶、坐下、移动座位到 e4 等。

一个只包含基元动作的 HLA 的细化被称为 HLA 的实现（implementation）。例如，吸尘器世界中，序列 [*Right, Right, Down*] 和 [*Down, Right, Right*] 都实现了高层动作 $Navigate([1,3], [3,2])$。高层规划（HLA 序列）的实现是每个 HLA 的实现的拼接。给定每个基元动作的前提-效果定义，很容易确定高层规划的给定实现是否能达到目标。那么，可以说，一个高层规划能从给定状态达到目标，如果它的至少一个实现能从那个状态达到目标。定义中的"至少一个"是关键的——不是所有的实现都需要达到目标，因为 Agent 会决定执行哪个实现。因此，HTN 规划中的可能实现集合——每一个可能有不同的输出——与非确定规划中的可能输出结果集合是不同的。那里，我们为所有输出结果需要一个规划工作，因为 Agent 不会选择输出结果；大自然会选择。

最简单的情况是一个 HLA 恰好有一个实现。这种情况下，我们能够从该实现的前提和效果中计算出这个 HLA 的前提和效果（参见习题 11.3），然后这个 HLA 本身就可看作是一个基元动作。可以证明合适的 HLA 集合能够导致盲目搜索的复杂度从搜索深度的指数量级降到搜索深度的线性量级，尽管设计这样的 HLA 集合本身可能是一个琐碎的工作。当 HLA 有多种可能的实现时，有两种选项：一种是在这些实现中搜索一个可以有效工作的实现，像 11.2.2 节一样；另一种是直接对 HLA 推理——不管实现的多样性——像 11.2.3 节解释的一样。后一种方法可以派生出可证明正确的抽象规划，无需考虑它们的实现。

11.2.2　搜索基元解

经常用单个的称为 *Act* 的顶层动作来表示 HTN 规划，目的是要找到达到目标的 *Act* 的实现。这完全是一般性的方法。例如，经典规划问题能够如此定义：对于每个基元动作 a_i，提供 *Act* 的一个细化 $[a_i, Act]$。这建立了 *Act* 的递归定义，允许我们增加动作。但我们需要一些停止递归的方法；我们的方法是通过为 *Act* 提供另一个细化，步骤列表为空，前提等

于问题的目标。这就是说，如果目标已经达到，那么实现就不需要做任何事。

这种方法导致一个简单算法：反复在当前规划中选择一个 HLA，用它的细化替换它，直到规划达到目标。图 11.5 给出了基于宽度优先树搜索的一种可能实现。将规划视为其细化按深度次序进行嵌套，而不是一些基元步骤。不难设计出该算法的图搜索版本以及深度优先和迭代加深版本。

---

function HIERARCHICAL-SEARCH(*problem*, *hierarchy*) **returns** a solution, or failure

　　frontier ← a FIFO queue with [*Act*] as the only element
　　loop do
　　　　if EMPTY?(*frontier*) **then return** failure
　　　　plan ← POP(*frontier*)　/* chooses the shallowest plan in *frontier* */
　　　　hla ← the first HLA in *plan*, or *null* if none
　　　　prefix,*suffix* ← the action subsequences before and after *hla* in *plan*
　　　　outcome ← RESULT(*problem*.INITIAL-STATE, *prefix*)
　　　　if *hla* is null **then**　/* so plan is primitive and *outcome* is its result */
　　　　　　if *outcome* satisfies *problem*.GOAL　**then return** *plan*
　　　　else for each *sequence* **in** REFINEMENTS(*hla*, *outcome*, *hierarchy*) **do**
　　　　　　frontier ← INSERT(APPEND(*prefix*, *sequence*, *suffix*), *frontier*)

图 11.5　分层前向规划搜索的宽度优先实现。提供给算法的初始规划是[*Act*]。REFINEMENTS 函数返回一组动作序列。每个序列是 HLA 的一个细化，HLA 的前提被规定的状态 *outcome* 满足

本质上，分层搜索的这种形式探索序列空间，这些序列遵守包含在 HLA 库中的如何做事的知识。许多知识是可以编码的，不仅在每个细化规定的动作序列中，而且在细化的前提中。在某些领域中，HTN 规划器能够生成大型规划，只要很少的搜索。例如，O-PLAN（Bell 和 Tate，1985）结合 HTN 规划与调度，已经用于日立的生产规划。有 350 个不同的产品、35 台组装机器以及 2000 多个不同操作的生产线是一个典型问题。规划器生成 30 天的调度，每天 8 小时轮换，涉及数千万个步骤。根据定义，HTN 规划的另一个重要方面是层次化的结构；这通常使人类容易理解它们。

通过考查一个理想情况可以看到分层搜索的计算方面的好处。假设一个规划问题有一个解具有 d 个基元动作。对于一个非层次化的、每个状态有 b 个可用动作的前向状态空间规划器，代价是 $O(b^d)$，像第 3 章解释的一样。对于一个 HTN 规划器，让我们假设一个非常一般的细化结构：每个非基元动作有 r 个可能的细化，每个细化有 k 个动作。我们想知道这个结构有多少不同的细化树。现在，如果在基元层有 d 个动作，那么在根下方的层数是 $\log_k d$，因此内部细化结点数是 $1+k+k^2+\cdots+k^{\log_k d-1}=(d-1)/(k-1)$。每个内部结点有 r 个可能的细化，因此可构建出 $r^{(d-1)/(k-1)}$ 可能的分解树。考查这个公式，我们发现小 r 和大 k 可以导致大量的节省：特别是，当 b 和 r 可比较时，代价是非层次化的代价的 k 方根。小 r 和大 k 意味 HLA 的细化数量少，每个细化有一个长的动作序列（虽然长，但允许我求解任何问题）。这并不总是可能的：可用于大量问题的长动作序列是很宝贵的。

那么 HTN 规划的关键是构建含有实现复杂高层动作的已知方法的规划库。构建这个库的一个方法是从问题求解经验中*学习*。在从无到有构建一个规划的惨痛经验之后，Agent 可以将这个规划保存在库中，作为实现任务所定义的高层动作一种方法。这种方式下，随着时间推移，在老方法之上建立新方法，Agent 可以变得越来越有能力。这个学习过程的一个重要方面是*泛化*所构建的方法的能力，消除与问题实例相关的细节（例如，建筑者的姓名或一块陆地的地址），而只保留规划的关键元素。第 19 章描述了实现这种泛化的方法。

似乎难以想象，人类没有这样的机制也能如此有能力。

11.2.3　搜索抽象解

前一节的分层搜索算法将 HLA 一路细化为基元动作序列以确定一个规划是否可行。这违背通常的感觉：我们应该能够确信有两个 HLA 的高层规划

[*Drive*(*Home, SFOLongTermParking*), *Shuttle*(*SFOLongTermParking, SFO*)]

无需确定精确路径、停车点等等就能让我们到达机场。解似乎是明显的：写出 HLA 的前提-效果描述，就像基元动作那样。从描述，不难证明高层规划能达到目标。因此说，这是分层规划的圣杯，因为如果得到的高层规划可证明能达到目标，在高层动作的小搜索空间中工作，那么我们可以致力于这个规划，对这个规划的每一步进行细化。我们的搜索得到指数量级的缩减。这能够有效工作必须是这种情况：每个声明能达到目标的高层规划在早些定义的意义上实际也能达到目标：它至少有一个实现能达到目标。这个特性被称为是 HLA 描述的**向下细化特性**（downward refinement property）。

写出满足向下细化特性的 HLA 描述原理上是容易的：只要描述是真的，那么任何声明能达到目标的高层动作实际上能达到目标——否则，描述会为 HLA 所做的事情做出错误的声明。我们已经看到如何为只有恰好一个实现的 HLA 写出真描述（习题 11.3）；当 HLA 有多个实现时就会出现问题。我们如何描述可以用许多不同方法实现的一个动作的效果？

一个保守答案（至少对于所有前提和目标为正的问题）是只包含 HLA 的每个实现都会获得的正效果以及任意一实现的负效果。那么，向下细化特性将会得到满足。不幸的是，HLA 的这种语义太保守。再次考虑高层动作（HLA）*Go*(*Home,SFO*)，它有两个细化，为了论证，假设一个总可以开车到机场并在机场泊车而乘的士需要现金（*Cash*）作为前提的简单世界。这种情况下，*Go*(*Home,SFO*)并不总是能让你到达机场。特别是，如果 *Cash* 为假，这个 HLA 动作会失败，因此不能将 *At*(*Agent,SFO*)插入到这个 HLA 的效果中。然而，这毫无意义；如果 Agent 没有现金（*Cash*），它将会自己驾车。要求一个效果对每个实现都成立等价于假设另一个人——一个对手——将会选择这个实现。它处理 HLA 的多个结果的方式就好像 HLA 是非确定性的行动，像 4.3 节一样。对于我们的情况，Agent 自己会选择这个实现。

程序语言领域已经创造了术语**魔鬼非确定主义**（demonic nondeterminism）——为对手做选择的情况，与术语**纯洁非确定主义**（angelic nondeterminism）相对——其中 Agent 自己做选择。我们借用这个术语来为 HLA 描述定义**纯洁语义**（angelic semantics）。理解纯洁语义需要的基本概念是一个 HLA 的**可到达集**（reachable set）：给定一个状态 s，一个 HLA 的到达集 h，记为 REACH(s,h)，是这个 HLA 的任一实现可到达的状态集合。核心思想是当 Agent 执行这个 HLA 时它可以选择停在可到达集的哪个元素；因此，有多种细化的一个 HLA 比细化数少一些的同一个 HLA 更强大。我们也可以定义一个 HLA 序列的可到达集。例如，一个序列[h_1,h_2]的可达到集是 h_1 的可到达集中的每个状态下应用 h_2 得到的可到达集的并集：

$$\text{REACH}(s,[h_1,h_2])=\bigcup_{s'\in\text{REACH}(s,h_1)}\text{REACH}(s',h_2)$$

　　给定这些定义，一个高层规划——HLA 的一个序列——达到目标，如果它的可到达集与目标状态集有交集。（将这与魔鬼语义的更强的条件对比，魔鬼语义中可到达集的每个成员必须是一个目标状态。）相反，如果可到达集与目标不相交，那么规划一定不会工作。图 11.6 阐述了这些思想。

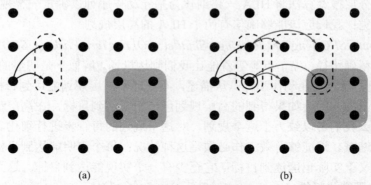

(a)　　　　　　　　　　　　　　　　(b)

图 11.6　可到达集的语义实例。目标状态集在阴影区域。黑色和灰色箭头分别表示 h_1 和 h_2 的可能实现
（a）在一个状态 s 中的一个 HLA 动作 h_1 的可到达集。（b）序列[h_1,h_2]的可到达集。因为这与目标集相交，该序列到达了目标

　　可达到集的概念形成了一个简单算法：在高层规划中搜索，找出一个高层规划其可到达集与目标相交；一旦找到，算法就致力于那个抽象规划，因为知道这个规划管用，并致力于将这个规划进一步细化。我们后面将回到这个算法的事项；首先，我们考虑一个 HLA 的效果——每个可能初始状态的可到达集——是如何表示的问题。这与第 10 章的经典动作模式一样，我们表示每个流（fluent）的变化。将一个流视为一个状态变量。一个基元动作可以增加或删除一个变量或保持变量不变。（有了条件效果（参见第 11.3.1 节）），就有第四种可能性：将一个变量翻转到其对立面。）

　　在纯洁语义下的一个 HLA 可做更多：可以控制一个变量的值，根据选择的实现将变量设置为真或假。实际上，一个 HLA 对一个变量可以有九种不同的效果：如果变量开始为真，可以保持它一直为真、或把它一直变为假、或进行选择；如果变量开始为假，可以保持它一直为假、或把它一直变为真、或进行选择；每种情况下的三种选项可以任意组合，得到九种结果。概念上，这有一些挑战。我们将使用符号~表示"可能，如果 Agent 这样选择。"因此，效果 $\tilde{+}A$ 表示"可能增加 A"，也就是说，或者保持 A 不变，或者使其为真。类似地，$\tilde{-}A$ 表示"可能删除 A"，$\tilde{\pm}A$ 表示"可能增加或删除 A。"例如，具有如图 11.4 所示两种细化的 HLA 动作 $Go(Home,SFO)$ 可能删除 Cash，因此它应该具有效果 $\tilde{-}Cash$。因此，我们看到 HLA 的描述原理上是可以从它们的细化描述中推导的——事实上，如果我们想要为真的 HLA 描述以使向下的细化特性保持，就要求如此。现在，假设 HLA 动作 h_1 和 h_2 具有如下模式：

$$Action(h_1, \text{PRECOND: } \neg A, \text{ EFFECT: } A \wedge \tilde{-}B)$$
$$Action(h_2, \text{PRECOND: } \neg B, \text{ EFFECT: } \tilde{+}A \wedge \tilde{\pm}C)$$

也就是说，h_1 增加 A 而且可能删除 B，而 h_2 可能增加 A 而且完全控制 C。现在，如果初始状态只有 B 为真，而且目标是 $A \wedge C$，那么序列[h_1,h_2]达到目标：我们选择一个使 B 为假的 h_1 的实现，然后选择一个保持 A 为真使 C 为真的和 h_2 的实现。

　　前面的讨论假设了一个 HLA 的效果——任何给定的初始状态的可到达集——可以通过描述对每个变量的效果来精确描述。如果这总是对的就好，但在很多情况下我们只能对

效果进行近似，因为一个 HLA 可能有无限多的实现，从而可能产生任意摇摆不定的可到达集——很像图 7.21 描述的摇摆信念状态问题。例如，我们说 *Go(Home,SFO)* 可能删除 *Cash*；也可能增加 *At(Car,SFOLongTermParking)*；但不能同时发生——实际上它只能取一个。与信念状态一样，我们可能需要写出近似描述。我们将使用两种近似：一个 HLA 动作 *h* 的**乐观描述**（optimistic description）REACH⁺(*s,h*) 可能夸大可到达集，**悲观描述**（pessimistic description）REACH⁻(*s,h*) 可能低估可到达集。因此，我们有

$$\text{REACH}^-(s,h) \subseteq \text{REACH}(s,h) \subseteq \text{REACH}^+(s,h)$$

例如，*Go(Home,SFO)* 的乐观描述认为它可能删除 *Cash*，且可能增加 *At(Car, SFOLongTermParking)*。另一个好的例子是八码问题，有一半状态从任何给定状态是无法到达的（参见习题 3.4）：*Act* 的乐观描述可能包含整个状态空间，因为确切的可到达集是十分摇摆的。

使用近似描述，对一个规划是否达到目标的测试需要稍微修改。如果规划的乐观可到达集与目标不相交，那么这个规划是不能工作的；如果悲观可到达集与目标相交，那么这个规划是能够工作的（图 11.7（a））。在精确描述下，一个规划或者工作或者不工作，但在近似描述下，就有中间状态：如果乐观集与目标相交，但悲观集与目标不相交，那么我们不能确定规划是否工作（图 11.7（b））。当出现这种情况，通过细化规划可以消除这种不确定性。在人类推理中，这是常见的情形。例如，在前面提到的两星期夏威夷度假规划中，有人可能提出在七个岛上每个岛呆上两天。远见告诉我们这个雄心的规划需要细化，增加岛与岛之间交通的细节。

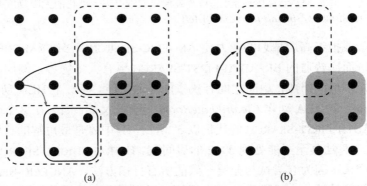

图 11.7 具有近似描述的高层规划的目标获取。目标状态集加上了阴影。对于每个规划，
给出了悲观（实线）与乐观（虚线）可到达集
（a）黑色箭头指示的规划肯定达到目标，而灰色箭头指示的规划肯定不会达到目标。（b）一个需要进一步细化以确定是否确实达到目标的规划

图 11.8 给出了具有近似纯洁描述的分层规划的一个算法。为了简化，我们遵守前面图 11.5 中使用整个规划，即在细化空间里的一个宽度优先算法。就像刚才解释的，该算法能够通过检测乐观与悲观可到达集与目标的交集来检测能够工作的规划和不能工作的规划。（给定每个步骤的近似描述，习题 11.5 覆盖了如何计算一个规划的可到达集。）当找到一个可工作的抽象规划，算法将原始问题分解为子问题，规划的每个步骤一个。通过复原一个经过规划的每个步骤的动作模式的保证可达到的目标状态，可以获得每个子问题的初始状态和目标。（参加 10.2.2 节讨论如何复原。）图 11.6（b）描述了基本思想：右边圆圈状态是保

证可达到的目标状态，左边圆圈状态是中间目标，通过复原经过最后动作的目标而获得。

```
function ANGELIC-SEARCH(problem, hierarchy, initialPlan) returns solution or fail
    frontier ← a FIFO queue with initialPlan as the only element
    loop do
        if EMPTY?(frontier) then return fail
        plan ← POP(frontier)  /* chooses the shallowest node in frontier */
        if REACH⁺(problem.INITIAL-STATE, plan) intersects problem.GOAL then
            if plan is primitive then return plan   /* REACH⁺ is exact for primitive plans */
            guaranteed ← REACH⁻(problem.INITIAL-STATE, plan) ∩ problem.GOAL
            if guaranteed≠{ } and MAKING-PROGRESS(plan, initialPlan) then
                finalState ← any element of guaranteed
                return DECOMPOSE(hierarchy, problem.INITIAL-STATE, plan, finalState)
            hla ← some HLA in plan
            prefix,suffix ←the action subsequences before and after hla in plan
            for each sequence in REFINEMENTS(hla, outcome, hierarchy) do
                frontier ← INSERT(APPEND(prefix, sequence, suffix), frontier)

function DECOMPOSE(hierarchy, s0, plan, sf) returns a solution
    solution ← an empty plan
    while plan is not empty do
        action ← REMOVE-LAST(plan)
        sᵢ ← a state in REACH⁻(s0, plan) such that sf∈REACH⁻(sᵢ, action)
        problem ← a problem with INITIAL-STATE = sᵢ and GOAL = sf
        solution ← APPEND(ANGELIC-SEARCH(problem, hierarchy, action), solution)
        sf ← sᵢ
    return solution
```

图 11.8　一个分层规划算法，使用纯洁语义识别和致力于可工作的高层规划，避免不能工作的高层规划。谓词 MAKING-PROGRESS 检查确保我们没有陷入细化的无限复原中。在顶层，调用 ANGELIC-SEARCH，initialPlan 设置为[Act]

　　能够致力于或拒绝高层规划的能力使 ANGELIC-SEARCH 比 HIERARCHICAL-SEARCH 具有计算优势，进而比普通的 BREADTH-FIRST-SEARCH 更有大量优势。例如，考虑一个大的吸尘器世界由矩形房间组成，房间之间有狭窄的通道相连。有一个 HLA 动作 Navigate（如图 11.4 所示）和一个 HLA 动作 CleanWholeRoom 是有意义的。因为在这个问题中有 5 个动作，因此 BREADTH-FIRST-SEARCH 的代价以 5^d 增长，其中 d 是最短解的长度（大约是房间数的两倍）；这个算法甚至不能处理 2×2 的房间数。HIERARCHICAL-SEARCH 高效一些，但仍然是指数级增长，因为它尝试与分层一致的所有打扫方法。ANGELIC-SEARCH 增长与房间数之间是近似线性的——它致力于一个好的高层序列，而剪掉其他选项。依次打扫每个房间不是什么难事：因为任务的层次结构这对人类来说是容易的。当我们想到人类求解八码问题这样的小型谜题是多难时，似乎人类解决复杂问题的能力很大程度上源于抽象和分解问题以消除组合的能力。

　　可以通过泛化可到达集的概念扩展纯洁方法找到最小代价解。不说一个状态可到达或不可到达，它有一个到达它的最高效方法的代价。（不可到达的状态的代价是∞。）乐观和悲观描述限定了这些代价的界。使用这种方法，纯洁搜索能够找到可证明最优的抽象规划，无需考虑它们的实现。同样的方法能够用于获得有效的在线搜索的分层前瞻（hierarchical lookahead）算法，以 LRTA*的风格（图 4.24）。某种程度上，这种算法映射了在诸如夏威夷度假规划这样的任务中的人类的深思熟虑——对取舍的考虑最初是在长时间尺度上的抽象层完成的；规划的某些部分直到执行之前都是十分抽象的，例如怎样在 Molokai 度过两天闲暇时光，另外一些部分规划得很细，例如要乘的航班和预订的旅馆——没有这些细化，就不能保证规划是可行的。

11.3 非确定性领域中的规划与行动

在本节，我们扩展规划以处理部分可观察的、非确定性的、未知的环境。第 4 章类似地扩展了搜索，这里的方法也是相似的：用于无观察的环境中的无传感器规划（sensorless planning）；用于部分可观察的、非确定性环境中的应急规划（contingency planning）；用于未知环境中的在线规划（online planning）和重新规划（replanning）。

虽然基本与第 4 章一样，还是有些明显差异。这是因为规划器处理因子表示而不是原子表示。对于不可观察的和部分可观察的环境，这影响了我们表示 Agent 的动作和观察的能力的方法以及表示信念状态（Agent 可在的可能物理状态的集合）的方法。我们也可以利用第 10 章给出的计算搜索启发式的领域无关的方法的优点。

考虑这个问题：给定一把椅子和一张桌子，目标是对其进行匹配——有相同颜色。初始状态我们有两罐颜料，但颜料和家具的颜色未知。只有桌子开始时在 Agent 的视线内：

$$Init(Object(Table) \wedge Object(Chair) \wedge Can(C_1) \wedge Can(C_2) \wedge InView(Table))$$
$$Goal(Color(Chair,c) \wedge Color(Table,c))$$

有两个动作：从颜料罐去掉盖子，使用打开的罐子中的颜料涂抹对象。动作模式很简单，有一个例外：我们允许前提和效果包含不属于动作变量列表中的变量。也就是说，$Paint(x,can)$ 不提到表示这个颜料罐中颜料的颜色 c。在完全可观察的情形下，这是不允许的——我们需要将动作命名为 $Paint(x,can,c)$。但在部分可观察的情形下，我们可能知道或不知道罐中的颜料颜色。（变量 c 是全称量化的，就像一个动作模式中的所有其他变量。）

$$Action(RemoveLid(can),$$
$$\quad \text{PRECOND: } Can(can)$$
$$\quad \text{EFFECT: } Open(can))$$
$$Action(Paint(x,can),$$
$$\quad \text{PRECOND: } Object(x) \wedge Can(can) \wedge Color(can,c) \wedge Open(can)$$
$$\quad \text{EFFECT: } Color(x,c))$$

为了求解部分可观察问题，当 Agent 执行规划时，它将需要对它将获得的感知进行推理。当 Agent 实际行动时，它的传感器将提供感知信息，但当它进行规划时，它将需要它的传感器模型。第 4 章中，这个模型是由一个函数给定的，PERCEPT(s)。对于规划，我们用一个新型的模式——感知模式（percept schema）——来扩展 PDDL：

$$Percept(Color(x,c),$$
$$\quad \text{PRECOND: } Object(x) \wedge InView(x)$$
$$Percept(Color(can,c),$$
$$\quad \text{PRECOND: } Can(can) \wedge InView(can) \wedge Open(can)$$

第一个模式说，只要对象在视线内，Agent 将感知到这个对象的颜色（即，对于对象 x，Agent 将学习对于所有 c 的 $Color(x,c)$ 的真值。）第二个模式说，如果打开的罐子在视线内，

Agent 将感知到罐子里颜料的颜色。因为这个世界里没有外在事件，对象的颜色将保持不变，即使它没有被感知到，直到 Agent 执行一个动作来改变对象的颜色。当然，Agent 将需要一个使对象（每次一个）进入到视线里的动作：

$$Action(LookAt(x),$$
$$\text{PRECOND: } InView(y) \wedge (x \neq y)$$
$$\text{EFFECT: } InView(x) \wedge \neg InView(y))$$

对于一个完全可观察的环境，对于每个流（fluent）我们将有一个没有前提的感知公理。另一方面，一个无传感器的 Agent 根本没有感知公理。注意，即使一个无传感器的 Agent 也能求解涂色问题。一个解是，打开任意一罐颜料，将其都用到椅子和桌子，这样就迫使它们变为同一颜色（即使 Agent 不知道颜色是什么）。

一个可能的具有传感器的规划 Agent 能够生成一个更好的规划。首先，观看桌子和椅子以获取它们的颜色；如果它们已经是同一颜色就结束。如果不是，看看颜料罐；如果罐子里的颜料与家具之一同色，就将该颜料用到另一件家具商。否则，使用任一颜色对两件家具涂色。

最后，一个在线规划 Agent 首先可生成一个可能的具有更少分支的规划——也许忽略任何颜料罐不与任何家具匹配的可能性——然后处理重新规划中出现的问题。它也处理它的动作模式的不正确性。一个可能的规划器简单假设一个动作的效果总是会达到——假设给椅子涂色是如此——一个重新规划的 Agent 将检查结果并制定额外的规划来修复任何不期望的失败，例如未涂色的区域或还能看到原始颜色。

现实世界中，Agent 使用方法的组合。汽车加工商销售备胎和气囊，这是设计来处理轮胎被刺穿或碰撞的可能规划分支的物理体现。另一方面，多数汽车司机从不考虑这些可能性；当问题发生时，他们的反应是重新规划。通常，Agent 只对有重要后果的、其发生几率不可忽略的意外情况进行规划。因此，一个考虑横穿撒哈拉沙漠的汽车司机应该为破胎制定显式地意外规划，而去超市行程需要更少的事先规划。我们接下来更详细地看看这三种方法。

11.3.1　无传感器规划

4.4.1 节介绍了搜索信念状态空间以找到无传感器问题之解的基本思想。无传感器问题到信念状态规划问题的转换与 4.4.1 节中的方法一样；主要差异是，潜在的物理转移模型由一组动作模式表示，信念状态可以用一个逻辑公式而不是一组显式枚举的状态表示。为了简化，我们假设潜在的规划问题是确定性的。

无传感器的涂色问题的初始信念状态可以忽略 InView 流，因为 Agent 没有传感器。另外，我们将 $Object(Table) \wedge Object(Chair) \wedge Can(C_1) \wedge Can(C_2)$ 作为给定的不发生变化的事实，因为在这个信念状态这些事实都成立。Agent 不知道罐子里颜料或对象的颜色，也不知道罐子是开着的还是盖上的，但知道对象和罐子有颜色：$\forall x \exists c\ Color(x,c)$。在 Skolem 化以后，（参见第 9.5 节），我们获得初始信念状态：

$$b_0 = Color(x, C(x))$$

在有封闭世界假设（closed-world assumption）的经典规划中，我们假设一个状态中没有提到的任何流（fluent）为假，但在无传感器的规划中我们需要切换到开放世界假设（open-world assumption），其中状态包含正流和负流，而且如果一个流不出现，它的值就是未知的。这样，信念状态恰好对应于满足公式的可能世界集合。给定这个初始信念状态，下面的动作序列是一个解：

$$[RemoveLid(Can_1), Paint(Chair,Can_1), Paint(Table,Can_1)]$$

我们现在描述如何通过动作序列推进信念状态来证明最后的信念状态满足目标。

首先，注意到在一个给定的信念状态 b，Agent 能够考虑前提被 b 满足的任何动作（不能使用其他动作，因为转移模型不能定义前提可能不能满足的动作的效果）。根据公式（4.4），在确定性世界里给定一个可用动作更新信念状态 b 的通用公式如下：

$$b'=\text{RESULT}(b,a) = \{s': s'=\text{RESULT}_P(s,a) \text{ and } s\in b\}$$

其中 RESULT_P 定义了物理转移模型。我们暂且假设，初始信念状态总是文字的合取，即 1-CNF 公式。为了构建新信念状态 b'，我们必须考虑当应用动作 a 时，b 中每个物理状态 s 中的每个文字 l 会发生什么。对于在 b 中真值已知的文字，在 b' 中的真值是由当前值、动作的增加列表和删除列表计算的。（例如，如果 l 是在动作的删除列表中，那么加入到 b' 中。）在 b 中真值未知的文字又如何呢？有三种情况：

（1）如果动作增加 l，那么不管其初始值，在 b' 中 l 将为真。

（2）如果动作删除 l，那么不管其初始值，在 b' 中 l 将为假。

（3）如果动作不影响 l，那么 l 将保持它的初始值（是未知的），且不会出现在 b' 中。

因此，我看到 b' 的计算几乎与公式（10.1）描述的可观察的情况是相同的：

$$b'=\text{RESULT}(b,a)=(b-\text{DEL}(a))\cup \text{ADD}(a)$$

我们不能使用语义集，因为（1）我们必须确保 b' 不包含 l 和 $\neg l$，（2）原子可以包含无界的变量。但 $\text{RESULT}(b,a)$ 的计算仍是从 b 开始的，将 $\text{DEL}(a)$ 中出现的任何原子设置为假，将 $\text{ADD}(a)$ 中出现的任何原子设置为真。例如，如果我们将 $RemoveLid(Can_1)$ 应用初始信念状态 b_0，得到

$$b_1 = Color(x,C(x))\wedge Open(Can_1)$$

当我们应用动作 $Paint(Chair,Can_1)$ 时，前提 $Color(Can_1,c)$ 被已知文字 $Color(x,C(x))$ 用绑定 $\{x/Can_1, c/C(Can_1)\}$ 满足，而新信念状态是

$$b_2=Color(x,C(x))\wedge Open(Can_1)\wedge Color(Chair, C(Can_1))$$

最后，我们应用动作 $Paint(Table,Can_1)$ 得到

$$b_3=Color(x,C(x))\wedge Open(Can_1)\wedge Color(Chair, C(Can_1))\wedge Color(Table,C(Can_1))$$

最后的信念状态将变量 c 绑定为 $C(Can_1)$ 可满足目标 $Color(Table,c)\wedge Color(Chair,c)$。

前面的更新规则的分析已经揭示一个非常重要的事实：定义为文字合取的信念状态家族在 PDDL 动作模式定义的更新下是封闭的。也就是说，如果信念状态开始是文字的合取，那么任何更新将得到文字的合取。这意味着在具有 n 个流的世界里，任何信念状态能够用规模为 $O(n)$ 的合取表示。想到在这个世界里有 2^n 个状态，这是结果还是让人舒适的。而且，信念状态（前面访问过的信念状态的子集或超集）的检验过程也是容易的，至少在命题逻辑的情况下是这样。

美中不足的是它只对这样的动作模式有效：前提得到满足的所有状态下具有相同的效果。这种特性能够保持 1-CNF 信念状态表示。一旦效果可以依赖于状态，流之间就引入了

依赖关系，1-CNF 特性也会丢失。例如，考虑第 3.2.1 节的简单吸尘器世界。令机器人位置流为 *AtL* 和 *AtR*，方格状态流为 *CleanL* 和 *CleanR*。根据问题的定义，动作 *Suck* 没有前提——总是可以做这个动作。困难的是它的效果依赖于机器人的位置。当机器人在 *AtL*，结果就是 *CleanL*。但当它在 *AtR*，结果就是 *CleanR*。对于这种动作，我们的动作模式将需要一些新东西：一个条件效果（conditional effect）。语法是"when *condition*: *effect*，"其中条件（condition）是一个要与当前状态比较的逻辑公式，而效果（effect）是一个描述结果状态的公式。对于吸尘器世界，我们有

　　　Action(*Suck*, EFFECT: **when** *AtL*: *CleanL* ∧ **when** *AtR*: *CleanR*)

当初始信念状态为真，结果信念状态就是(*AtL* ∧ *CleanL*) ∨ (*AtR* ∧ *CleanR*)，不再在 1-CNF 中（图 4.14 中能看到这样转移）。一般，条件效果可以导致信念状态里流之间的任意依赖，最坏情况下导致指数级规模大小的信念状态。

理解前提和条件效果之间的差异是很重要的。所有那些条件得到满足的条件效果应用它们的效果生成结果状态：如果没有条件得到满足，那么结果状态不发生变化。另一方面，如果一个前提没有得到满足，就不能应用这个动作，而结果状态是无定义的。从无传感器规划的角度来说，条件效果比不能应用的动作更好。例如，我们可以将 *Suck* 分裂为两个具有非条件效果的动作：

　　　Action(*SuckL*, PRECOND: *AtL*; EFFECT: *CleanL*)

　　　Action(*SuckR*, PRECOND: *AtR*; EFFECT: *CleanR*)

现在我们只有非条件模式，因此信念状态都保持在 1-CNF 里；不幸的是，我们不能在初始信念状态里确定 *SuckL* 和 *SuckR* 的可应用性。

似乎不可避免，不平凡的问题将导致信念状态的摆动，就像当我们考虑 wumpus 世界状态估计问题时遇到的情况一样（参见图 7.21）。

将保守近似用于精确信念状态：例如，信念状态可以保持在 1-CNF，如果它包含所有真值能确定的文字，且将其他文字视为未知。虽然这种方法是有道理的，它从不生成不正确的规划，但它是不完备的，因为对于在文字之间需要必要交互的问题它可能不能找到解。给个实例，如果目标是要机器人在一个干净的方格里，那么[Suck]就是一个解，但一个坚持 1-CNF 信念状态的无传感器 Agent 将不能找到这个解。

也许一个更好的解是找到一个动作序列使信念状态尽可能简单。例如，在无传感器的吸尘器世界，动作序列[*Right,Suck,Left,Suck*]生成如下的信念状态序列：

$$b_0 = True$$
$$b_1 = AtR$$
$$b_2 = AtR \land CleanR$$
$$b_3 = AtL \land CleanR$$
$$b_4 = AtL \land CleanR \land CleanL$$

也就是说，Agent 能够求解这个问题，而 1-CNF 信念状态是保持的，即使一些序列（例如那些以 Suck 开始的序列）走到 1-CNF 之外。人类没有失去一般的教训：我们总是执行一些小动作（核实时间，摸摸口袋以确定车钥匙在，穿过一个城市时看马路标识）来消除不确定性并使我们的信念状态可操控。

对于不可操控的信念状态摇摆问题，有另一个十分不同的方法：不要为计算它们而烦

恼。假设初始信念状态是 b_0，我想知道动作序列$[a_1,\cdots,a_m]$导致的信念状态。我们不显式地计算它，而是将它表示为 " b_0 then $[a_1,\cdots,a_m]$。" 这是一种偷懒但没有歧义的信念状态表示方法，而且十分简明——$O(n+m)$，其中 n 是初始信念状态的规模（假设在 1-CNF 中），m 是动作序列的最大长度。然而，作为一种信念状态表示，它有一个缺点：确定目标是否满足或一个动作是否可用可能需要很多计算量：

计算可以实现为一个蕴涵测试：如果 A_m 表示定义动作 $a_1,\cdots,a_m$ 发生所需要的后继状态公理集——像在 10.4.1 节中为 SATPLAN 解释的一样——而且 G_m 断言目标在 m 个步骤后得到满足，那么如果 $b_0 \wedge A_m \models G_m$ 规划就达到了目标，也就说，如果 $b_0 \wedge A_m \wedge \neg G_m$ 不可满足。给定一个现代的 SAT 求解器，这可能会比计算完全信念状态快得多。例如，如果序列中没有动作在它的增加列表中有特定的目标流，求解器将会马上检测到这一点。如果缓冲信念状态的部分结果——例如已知为真或为假的流——来简化后面的计算，这也是有帮助的。

无传感器规划谜题的最后事项是指导搜索的启发式函数。启发式函数的含义与经典规划中是一样：从给定信念状态达到目标的代价的一个估计（可能是可接纳的）。使用信念状态，我们得到一个另外的事实：求解一个信念状态的任何子集必定比求解这个信念状态更容易：

$$\text{if } b_1 \subseteq b_2 \text{ then } h^*(b_1) \leqslant h^*(b_2)$$

因此，为一个子集计算的任何可接纳的启发式对于信念状态本身也是可接纳的。最明显的候选是 singleton 子集，即单个的物理状态。我们可以取在信念状态 b 中的状态 $s_1,\ldots,s_N$ 的任意随机组合，应用第 10 章的任意可接纳的启发式 h，返回

$$H(b)=\max\{h(s_1), \cdots, h(s_N)\}$$

作为求解 b 的启发式估计。我们也可以将一个规划图用在 b 上：如果它是文字（1-CNF）的合取，简单地将这些文字设置为图的初始状态层。如果 b 不在 1-CNF 中，找到一起蕴涵 b 的文字集合也是可能的。例如，如果 b 是析取范式（DNF）的形式，DNF 公式的每个项是蕴涵 b 而且可以形成规划图初始层的文字的合取。像以前一样，我们可以取从每组文字获得的启发式的最大值。我们也能够使用不可接纳的启发式，例如忽略-删除-列表启发式，这在实践中好像工作得很好。

11.3.2　应急规划

在第 4 章中我们看到了应急规划（contingent planning）——带有基于感知的条件分支的规划生成——对于部分可观察或非确定性环境或同时是部分可观察和非确定性的环境是合适的。对于部分可观察的具有前面给出的感知公理的涂色问题，一个可能的应急规划如下：

$[LookAt(Table), LookAt(Chair),$
　　$\textbf{if } Color(Table, c) \wedge Color(Chair,c) \textbf{ then } NoOp$
　　　　$\textbf{else } [RemoveLid(Can_1), LookAt(Can_1), RemoveLid(Can_2), LookAt(Can_2),$
　　　　　　$\textbf{if } Color(Table,c) \wedge Color(can,c) \textbf{ then } Paint(Chair, can)$
　　　　　　$\textbf{else if } Color(Chair,c) \wedge Color(can,c) \textbf{ then } Paint(Table,can)$
　　　　　　$\textbf{else } [Paint(Chair,Can_1), Paint(Table,Can_1)]]]]$

这个规划中的变量应该考虑用存在量词量化；第二行是，如果存在某个颜色 c 是桌子的颜色和椅子的颜色，那么 Agent 不需要做什么就达到了目标。执行这个规划的时候，一个应急规划 Agent 可以保持其信念状态为一个逻辑公式，并且通过确定这个信念状态是否蕴涵这个条件公式或它的否定来评估每个分支条件。（确保 Agent 从不以条件公式真值未知的信念状态结束，这取决于应急规划算法）注意，使用一阶条件，公式可能不止以一种方式得到满足；例如，条件 $Color(Table,c) \land Color(can,c)$ 可被 $\{can/Can_1\}$ 和被 $\{can/Can_2\}$ 满足，如果两个罐子里的颜色与桌子的颜色都相同。这种情况下，Agent 可以选择任何满足的代换来用于其余的规划。

像 4.4.2 节给出的一样，计算一个动作和接下的感知之后的新信念状态分两个阶段完成。第一个阶段在动作之后计算信念状态，就像无传感器 Agent 一样：

$$\hat{b} = (b - \text{DEL}(a)) \cup \text{ADD}(a)$$

其中，像以前一样，我们假设了一个用文字合取表示的信念状态。第二个阶段有一点技巧。假设接收到了感知文字 $p_1, \cdots, p_k$。有人可能觉得我们只是需要将它们加入到信念状态；实际上，我们也可以推断，用于感知的前提得到了满足。现在，如果一个感知 p 恰好有一个感知公理 $Percept(p, \text{PRECOND}:c)$，其中 c 是文字的合取，那么这些文字可以和 p 一起丢进信念状态。另一方面，如果 p 有不止一个感知公理，其前提根据预测的信念状态 $\hat{b}$ 可能成立，那么我们不得不加进前提的析取。明显，这使信念状态在 1-CNF 之外，而且带来了与条件效果相同的复杂性，解的级别也是相同的。

给定计算精确或近似信念状态的一个机制，我们可以扩展信念状态上的 AND-OR 前向搜索（4.4 节）来生成应急规划。具有非确定性效果的动作——用动作模式的效果的析取来定义——稍作修改可以适应信念状态更新计算，而无须改变搜索算法[1]。对于启发式函数，无传感器规划建议的许多算法在部分可观察的、非确定性的情况下也是可用的。

11.3.3 在线重规划

想象在一个汽车厂观看一个点焊机器人。每辆汽车在流水线下经过时，机器人快速而准确的动作重复了一遍又一遍。尽管技术令人印象深刻，机器人可能似乎并不智能，因为动作是固定不变的、预先编程的序列；从任何有含义的角度，机器人显然不"知道它在做什么。"现在假设机器人正要进行点焊时松垮的车门脱落下来。机器人快速地将点焊器替换为一个钳子，拿起车门，检查擦痕，重新将门装到车上，向地面的检查员发送一封电子邮件，切换回点焊器，然后继续工作。突如其来，机器人的行为似乎是有意识的而不是机械的；我们假设这不是有一个巨大的、预先计算的应急规划引起的，而是产生于一个在线重新规划过程——这意味着机器人确实需要知道它正要做什么。

重新规划预先假设有某种形式的**执行监控**（execution monitoring）来确定是否需要一个新规划。当一个应急规划 Agent 对每个小的应急事件（例如天是否会塌到头顶上[2]）进行规

---

1 如果非确定性的问题需要循环解，AND-OR 搜索必须泛化为一个循环版本，像 LAO*（Hansen 和 Zilberstein，2001）。

2 1954 年，Alabama 的一位名叫 Hodges 的先生被陨石穿过她的屋顶击中。1992 年，Mbale 陨石击中一个小男孩的头部；幸运的是，它的下落速度被香蕉叶减缓了（Jenniskens 等，1994）。2009 年，一名德国男孩声称被一颗豆子大小的陨石击中他的手部。这些偶然事件中没有导致严重伤害，说明针对这样的偶然事件的预先规划的需要有时是小题大做。

划感到厌烦的时候，这种需要就来了。

一个部分已构建出的应急规划的一些分支可以简单地就是重新规划（replan）；如果执行过程中达到这样的分支，Agent 转换到规划模式。像我们早些提到的一样，决定多少问题事先解决和多少问题留待重新规划，是具有不同代价和发生概率的可能事件之间的一个折中。没有人想让他们的汽车在撒哈拉沙漠中抛锚，只有那个时候才会想着要更多的水。

如果 Agent 的世界模型不正确，也需要重新规划。一个动作的模型可能**缺失前提**——例如，Agent 可能并不知道打开颜料罐盖子经常需要螺丝刀；模型可能**缺失效果**——例如，给对象涂色可能也会使地面涂上颜色；或者模型可能**缺失状态变量**——例如，前面给出的模型没有概念指出罐里有多少颜料，没有概念指出动作又是如何影响颜料多少的，没有概念要求颜料的容量不能为零。模型也可能没提供外来事件，例如某人敲击颜料罐。外来事件包括改变目标，例如增加要求，要求桌子和椅子不能涂成黑色。没有监控和重新规划的能力，如果 Agent 依赖于它的模型的绝对正确，那么它的行为很可能是脆弱的。

对环境监控到什么样的仔细程度，在线 Agent 可以有所选择。我们区分三个层次：

- 动作监控：在执行动作之前，Agent 验证所有前提是否仍成立。
- 规划监控：在执行动作之前，Agent 验证剩下的规划是否仍然会成功。
- 目标监控：在执行动作之前，Agent 检查是否有它可以尝试达到的更好的目标集。

在图 11.9 中，我们看到一个动作监控示意图。Agent 跟踪其原始规划 *wholeplan*，以及规划中还没有执行的部分，这部分用 *plan* 标示。在执行了规划的开始几步后，Agent 期望到状态 E 里去。但 Agent 观察到它实际上在状态 O 里。此时它需要修改规划，找到它可以回去的原始规划的某个点 P（P 可以是目标状态 G）。Agent 试图最小化规划的总体代价：修改的部分（从 O 到 P）假设后续部分（从 P 到 G）。

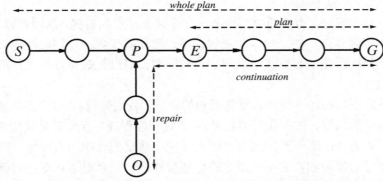

图 11.9　执行前，规划器得到一个为了从 S 达到 G 的规划，这里称为整体规划（whole plan）。Agent 执行规划步骤，直到它期望到状态 E 中，但观察到它实际上在 O 中。这时，Agent 重新规划，最小改动而且要继续达到 G

现在，我们回到实现椅子和桌子颜色匹配的问题实例。假设 Agent 得到这个规划：
[*LookAt*(*Table*), *LookAt*(*Chair*),
　　　if *Color*(*Table*,*c*)∧*Color*(*Chair*,*c*) **then** *NoOp*
　　　　　else [*RemoveLid*(*Can*₁), *LookAt*(*Can*₁),
　　　　　　　if *Color*(*Table*,*c*)∧*Color*(*Can*₁,*c*) **then** *Paint*(*Chair*,*Can*₁)
　　　　　　　else REPLAN]]

现在，Agent 准备执行这个规划。假设 Agent 观察到桌子和颜料罐都为白色，而椅子为黑色。Agent 于是执行 *Paint*(*Chair*,*Can*$_1$)。这个时候，经典规划器将认为胜利完工了；规划已经被执行了。但一个在线执行检测 Agent 需要检查余下空规划的前提——桌子和椅子是相同的颜色。假设 Agent 察觉到它们的颜色不同——实际上，椅子现在是杂灰色，因为底层的黑色透过了刚涂的白色。Agent 需要在整体规划（whole plan）中计算出一个立志要达到的状态，另需要一个修复动作序列来达到这个状态。Agent 注意到当前状态与 *Paint*(*Chair*,*Can*$_1$)动作之前的前提是一样的，因此 Agent 选择空序列进行修复，使其规划为刚执行过的[*Paint*]序列。这个新规划执行，执行检测继续，*Paint* 动作重来一片。这个过程将循环，直到椅子完全涂为白色。但注意到这个循环是规划-执行-重规划的过程，而不是规划里的显式循环。也要注意到，原始规划不需要覆盖每个应急因素。如果 Agent 到达 REPLAN 步骤，它就可以产生一个新规划（也许涉及 *Can*$_2$）。

动作监控是执行检测的一种简单方法，但它有时可以得到不那么智能的行为。例如，假设没有黑色和白色颜料，Agent 于是构建一个规划解决涂色问题，将椅子和桌子都涂为红色。假设颜料只够为椅子涂色。在动作检测下，Agent 将着手将椅子涂成红色，然后发现颜料用完了，这样无法给桌子涂色，这时 Agent 将重新规划出一个修复——也许是将椅子和桌子都涂成绿色。只要当前状态属于剩余的规划不会再有效地工作的情况，一个规划监控 Agent 就可以检测到失败。这样就不会浪费时间将椅子涂成红色。通过检查整个剩余规划成功所需的前提，规划监控可以实现这一点——也就是规划中每个步骤的前提，剩余规划中另一个规划获得的前提除外。规划监控尽早结束注定失败的执行，而不是继续执行到失败真正发生[1]。规划监控也允许意外收获——偶然的成功。在 Agent 将椅子涂成红色的时候，如果有人一起来将桌子涂成红色，那么最后的规划前提得到满足（目标已经实现），Agent 于是可以早早地收工。

不难修改规划算法，为规划中的每个动作注释上动作的前提，从而可以进行动作检测。进行规划检测稍微复杂一些。偏序和规划图规划器具有优势，它们已经建立起包含规划检测所需关系的结构。随着目标流经过规划得到回归，通过记账可以扩大扩展状态空间规划器带有必要的注释。

现在，我们已经描述了监控和重新规划的方法，我们要问，"这个方法能工作吗？"这是一个十分棘手的问题。如果我们的意思是，"我们能保证 Agent 总是能实现目标吗？"那么答案是否，因为 Agent 不经意地会达到一个无法修复的死胡同。例如，吸尘器 Agent 的自身模型可能是有缺陷的，它不知道它的电池会耗尽。一旦电池耗尽，它就无法修复任何规划。如果我们排除掉死胡同——假设从环境中的任何状态都有到达目标的规划——并且假设环境全然是非确定性的（给定执行尝试，这样的规划总是有某个成功的几率），那么 Agent 最终将到达目标。

当一个动作实际上不是非确定性的，而是依赖于 Agent 并不知道的某个前提的时候，麻烦就来了。例如，颜料罐有时是空的，因此用那个颜料罐涂色将没有效果。无论重试多

---

[1] 规划监控意味着我们最终（从第 1 章到现在）得到一个比粪肥甲虫聪明的智能体。一个规划检测智能体将注意到粪球从它的钳子丢失，然后将重新规划以得到另一个球并塞住它的洞口。

少次都改变不了[1]。一种解决方法是从一组可能的修复规划中随机选择一个规划，而不是每次都尝试同一个。这种情况下，打开另一个颜料罐的修复规划可能工作。一种更好的方法是**学习**一个更好的模型。每次预测失败就是一次学习机会；一个 Agent 应能修改它的世界模型以与它的感知相适应。从这时起，重规划器将能够获得接近根问题的修复，而不是碰运气选择一个好修复。第 18 和 19 章描述了这种学习。

11.4　多 Agent 规划

目前为止，我们假设只有一个 Agent 在感知、规划、行动。当环境中有多个 Agent 时，每个 Agent 面对一个**多 Agent 规划问题**（multiagent planning problem），每个 Agent 在其他 Agent 的帮助或阻碍下试图达到自身的目标。

在纯粹单 Agent 与真正多 Agent 情况之间是大范围的问题系列，呈现出对庞大 Agent 不同程度的分解。有多个可以并发操作的效应器的 Agent——例如人可以同时打字和说话——在处理效应器之间的正交互与负交互时需要进行**多效应器规划**（multieffector planning）来处理每个效应器。当效应器物理上分离（decouple）为独立的（detached）单元时——就像工厂里的一队装配机器人——多效应器规划就变为**多体规划**（multibody planning）。只要每个体收集的相关感知信息可以共用——无论是集中式的还是在各个体内——以形成对世界状态的公共估计，然后通知整个规划执行，多体问题就仍然是一个标准的单 Agent 问题；这种情况下，多体就像单体一样行动。当通讯约束使这不可能时，我们遇到有时称为**分散规划**（decentralized planning）的问题；也许这是一个不当的名称，因为规划阶段是集中式的，但执行阶段至少是部分分离的。这种情况下，每个体构建的子规划可能需要包含显式的与其他体的通讯动作。例如，覆盖一个大区域的多个巡逻机器人可能经常彼此失去无线电联络，当它们可以通讯的时候它们应该共享它们的发现。

当单个实体在执行规划的时候，实际上只有一个目标，所有体都必须共享这个目标。当多体是在执行它们各自规划的多个不同 Agent 时，它们可能仍然共享同样的目标；例如，两个人类网球手组成双打，他们共享的目标是赢得比赛。然而即使有共享目标，多体和多 Agent 的情况是十分不同的。在多体机器人双打队中，一个单个规划指示哪个体去球场的哪个位置，以及指示哪个体将击球。另一方面，在多 Agent 双打队中，每个 Agent 决定自己做什么；没有协调方法，两个 Agent 都可能决定守住球场的同一区域，每个 Agent 也可能决定让给另一个 Agent 击球。

当然，多 Agent 问题的最清楚的情况是当各 Agent 具有不同目标的时候。网球比赛中，相对的两个队的目标是直接冲突的，导致第 5 章的零和情形。观众可以被视为 Agent，如果他们的支持或鄙视是个重要因素，而且可以被网球手的行为影响；否则，他们可以被当做大自然的一方面来对待——就像天气——假设网球手的意图对此并不关心[2]。

最后，一些系统混合了集中式与多 Agent 规划。例如，一个配货公司可以每天为其卡车和飞机的路线做集中式的离线规划，但某些方面留给可以对交通和天气做出响应的司机

1　无意义地重复规划修复正好是 sphex wasp（2.2.2 节）呈现的行为。

2　我们向英国居民道歉，那里仅仅是考虑网球游戏的行动就可能保证下雨。

和飞行员进行自治决策。某个程度上，公司和雇员的目标通过支付奖金（工资和奖励）也对齐了——这是一个真正多 Agent 系统的肯定标志。

多 Agent 规划中的事项可以粗略地分为两组。首先（11.4.1 节）涉及多个同步动作的表示和规划。其次（11.4.2 节）涉及真正多 Agent 环境中合作、协同和竞争。

11.4.1　多同步动作的规划

现在，我们将用相同的方法处理多效应器、多体以及多 Agent 环境，将它们一般性地标示为多行动者（multiactor）环境，使用通用术语**行动者**（actor）来覆盖效应器（effector）、体（body）以及 Agent。本节的目的是要想出如何定义转移模型、正确的规划以及多行动者环境的高效规划算法。一个正确的规划是一个如果被行动者执行就能达到目标的规划。（当然，在真正多 Agent 环境中，Agent 可能不同意执行任何特殊规划，但至少它们知道如果它们同意执行，什么规划将会工作。）为了简化，我们假设理想同步：每个动作需要的时间相同，而且联合规划中每个点的动作是同步的。

我们从转移模型开始；对于确定性的情况，就是函数 RESULT(s,a)。在单 Agent 环境中，对于一个动作也许有 b 个不同的选项；b 可以非常大，特别是对有许多对象起作用的一阶表示，但动作模式提供一个精确表示。在有 n 个行动者的多行动者环境中，单个动作 a 被联合动作$(a_1, \cdots, a_n)$替换，其中 a_i 是第 i 个行动者的动作。我们马上看到两个问题：首先，我们需要为 b^n 个不同的联合动作描述转移模型；其次，我们遇到分支因子为 b^n 的联合规划问题。

将各行动者一起放入一个具有巨大分支因子的多行动者系统中后，研究多行动者规划的主要焦点已经变成将各行动者分离（decouple）到可能的程度，这样，问题的复杂性以 n 线性地增长，而不是指数量级地增长。如果行动者不与另一个行动者交互——例如，n 个行动者每个行动者玩单人跳棋——那么我们可以简单地求解 n 个独立问题。如果行动者是**松耦合的**（loosely coupled），我们可以得到接近指数量级的改进吗？当然，这是许多 AI 领域的一个中心问题。在 CSP 的上下文中，我们已经明显看到了这一点，在 CSP 中树一样的约束图生成高效的求解方法（第 6.5 节），以及在不相交模式库（disjoint pattern databases）（3.6.3 节）和规划的加法启发式（10.2.3 节）的上下文中。

松耦合问题的标准方法是假装问题是完全分离的，然后安排一些交互。对于转移模型，这意味着就像行动者独立行动一样写动作模式。我们现在看看网球双打问题中这是如何工作的。我们假设在游戏的某一点，两人的目的是将过来的球击回去，并确保至少有一人覆盖球网。多行动者定义的首轮传球像图 11.10 那样。在这个定义下，不难看出下面的联合规划（joint plan）可以工作：

PLAN 1：

　　　　A：[*Go*(*A, RightBaseline*), *Hit*(*A,Ball*)]

　　　　B：[*NoOp*(*B*), *NoOp*(*B*)]

然而，当一个规划让两个 Agent 在同一时间都击球的时候问题就来了。在真实世界中，这是不能工作的，但 *Hit* 的动作模式说球会被成功的击回。技术上，困难在于前提约束了动作可以被成功执行的状态，但没有约束其他可能搅局的动作。我们用一个新特征扩展动作

```
Actors(A, B)
Init(At(A, LeftBaseline) ∧ At(B, RightNet) ∧
      Approaching(Ball, RightBaseline)) ∧ Partner(A, B) ∧ Partner(B, A)
Goal(Returned(Ball) ∧ (At(a, RightNet) ∨ At(a, LeftNet))
Action(Hit(actor, Ball),
      PRECOND:Approaching(Ball, loc) ∧ At(actor, loc)
      EFFECT:Returned(Ball))
Action(Go(actor, to),
      PRECOND:At(actor, loc) ∧ to ≠ loc,
      EFFECT:At(actor, to) ∧ ¬ At(actor,loc))
```

图 11.10　网球双打问题。两个行动者 *A* 和 *B* 在一起打球，他们可以在四个位置中的一个位置：*LeftBaseline*、*RightBaseline*、*LeftNet* 和 *RightNet*。只有球手在正确的位置球才能返回。注意，每个动作必须包含行动者作为参数

模式来解决这一点：一个**并发动作**（concurrent action）列表，说明哪些动作必须并发地执行或不能并发地执行。例如 *Hit* 动作可以描述为如下形式：

Action(*Hit*(*a*,*Ball*),

　　　　CONCURRENT: $b \neq a \Rightarrow \neg Hit(b,Ball)$

　　　　PRECOND: *Approaching*(*Ball*,*loc*)∧*At*(*a*,*loc*)

　　　　EFFECT: *Returned*(*Ball*))

换句话说，*Hit* 动作只有在同一时间其他 Agent 没有发出 *Hit* 动作时，才会有它所说的效果。（在 SATPLAN 方法中，部分**动作排斥公理**将处理这一点。）对于某些动作，只有当另一个动作并发地发生时，才会获得期望的效果。例如，两个 Agent 要抬一个装满饮料的冰箱到球场：

Action(*Carry*(*a*,*cooler*,*here*,*there*),

　　　　CONCURRENT: $b \neq a \wedge Carry(b,cooler,here,there)$

　　　　PRECOND: *At*(*a*,*here*)∧*At*(*cooler*,*here*)∧*Cooler*(*cooler*)

　　　　EFFECT: *At*(*a*,*there*)∧*At*(*cooler*,*there*)∧¬*At*(*a*,*there*)∧¬*At*(*cooler*,*here*))

有了这些动作模式，第 10 章中描述的任何规划算法可以稍加修改就可以生成多行动者规划。子规划之间的耦合是松散的——意味着在规划搜索中并发约束很少起作用——有人可能期望单 Agent 规划中得到的各种启发式在多行动者上下文中也是有效的。我们可以使用最近两章的细化——HTN、部分可观察、条件式、执行检测、重新规划——来扩展这种方法，但这超出了本书的范围。

11.4.2　多 Agent 规划：合作与协调

现在，我们考虑真正的多 Agent 环境，每个 Agent 制定自己的规划。开始，我们假设目标和知识库是共享的。有人可能认为这退化到了多体的情况——每个 Agent 简单地计算那个联合解并执行那个解的自己的部分。"那个联合解"中的"那个"有点误导。对于我们的双打问题，存在不止一个联合解：

PLAN 2：

　　　　A：[*Go*(*A*,*LeftNet*), *NoOp*(*A*)]

　　　　B：[*Go*(*B*,*RightBaseline*), *Hit*(*B*, *Ball*)]

如果两个 Agent 都同意规划 1 或规划 2，目标就可以实现。但如果 A 选择规划 2 而 B 选择规划 1，那么就没人去击球。相反，如果 A 选择 1 而 B 选择 2，那么两人都会去击球。Agent 可能意识到这一点，但它们如何协调以确保它们达成一致意见。

一种方法是联合行动之前进行**协定**（convention），一个协定是对联合规划进行选择的任何约束。例如，协定"守住你那边的球场"将排除规划 1，使得两人都选择规划 2。马路上驾驶员面临不要相互碰撞的问题；这部分通过采用协定解决：在多数国家是"走马路的右边。"；或者如果环境中的所有 Agent 都达成一致，"走左边"也会工作得同样好。类似的考虑应用到人类语言的发展，重要的事情不是每个个体应该说哪种语言，而是一个社区都说同一种语言。当协定广泛普及的时候，它们就称为**社会法则**（social laws）。

没有协定，Agent 可以用通讯来获得可行的联合规划的公共知识。例如，一个网球手可以大喊"我的！"或"你的！"来指示一个首选的联合规划。我们在第 22 章会更深地覆盖通讯机制，在那里我们观察到通讯不一定会涉及口头上的交换。例如，一个网球手可以将一个首选的联合规划传递给另一人，只需要执行这个规划的第一部分就可以传递。如果 Agent A 奔向球网，那么 Agent B 被迫回到底线击球，因为规划 2 是唯一的从 A 奔向球网开始的联合规划。这种协调方法有时称为**规划识别**（plan recognition），当单个动作（或短的动作序列）足够无歧义地确定一个联合规划时，这种协调方法是有效的。注意，与竞争 Agent 通讯可以工作得与合作 Agent 一样好。

通过进化过程也可以形成协定。例如，吃种子的收割期蚂蚁是社交生物，是从不太社交的黄蜂进化而来的。蚁群执行精心设计的联合规划，没有任何集中控制——蚁王的工作是复制，不是做集中规划——每个蚂蚁有非常有限的计算、通讯和存储能力（Gordon，2000，2007）。蚁群有许多角色，包括内部工人、巡逻者以及食物搜寻者。每只蚂蚁根据它观察到的局部条件选择执行一个角色。例如，搜寻者离开巢穴，搜寻种子，一旦找到种子就立马带回。这样，搜寻者返回巢穴的速率就是今天食物的可得性的估计。如果速率高，其他蚂蚁会放弃它们现在的角色，变为觅食者的角色。蚂蚁们看似对角色的重要性有一个协定——搜寻者是最重要的——而且蚂蚁将容易切换到更重要的角色，而不容易切换到不重要的角色。有一些学习机制：蚁群在其数十年的生命中学习制定更成功的、深谋远虑的行动，即使各个蚂蚁只活一年时间。

合作多 Agent 行为的最后一个例子出现在鸟群的结队行为中。我们可以得到一个鸟群的合理模拟，如果每个鸟 Agent（有时称为 boid）观察到离它最近的鸟的位置然后选择飞行方向和加速度来最大化下面这三个量的加权和：

（1）凝聚（cohesion）：向邻居的平均位置更靠近的正分数。

（2）分离（separation）：与任何邻居都靠得太近的负分数。

（3）对齐（alignment）：向邻居的平均飞行方向更靠近的正分数。

如果所有的鸟 Agent（boid）都执行这个策略，鸟群呈现出**涌现行为**（emergent behavior），像一个假刚性体一样飞行，具有大约为常量的密度，不会随着时间而散开，偶尔做出俯冲动作。你可以在图 11.11（a）中看到一个静态图像，将其与图 11.11（b）中的实际鸟群对比。对于蚂蚁而言，没有必要每个 Agent 都具有一个模拟其他 Agent 动作的联合规划。

最困难的多 Agent 问题涉及与自己的团队合作以及与对手团队竞争，都没有集中式的控制。我们在机器人足球或图 11.11（c）的 NERO 这样的游戏中看到这一点，在其中，两个软件 Agent 团队竞争占据对高楼的控制。到现在为止，这些环境中的高效规划方法——例如，利用松耦合——还在初始阶段。

图　11.11

（a）使用 Reynold 的 boid 模型的一个模拟鸟群。图像由 novastructura.net 的 Giuseppe Randazzo 提供。（b）真实的八哥鸟群。图像由 Eduardo（pastaboy sleeps on flickr）提供。（c）在 NERO 游戏中试图占领高楼的两组竞争 Agent

11.5　本章小结

本章处理了真实世界的规划和行动的一些复杂因素。要点是：

- 许多行动消耗**资源**，诸如钱、汽油或原材料。把这些资源看作池中的数值度量是方便的，胜过试着去推理（比如说）世界上每个单个的硬币和钞票。行动能够产生和消耗资源，通常在尝试进一步细化之前检验偏序规划对资源约束的满足性是便宜和有效的。
- 时间是一种最重要的资源。它能被专门的调度算法处理，或者调度可与规划结合。
- **分层任务网络**（HTN）规划允许 Agent 以高层动作（high-level action, HLA）的形式从领域设计者处获得建议，**高层动作**可以由底层动作序列以不同方式实现。HLA 的效果可以用**纯洁语义**定义，允许不考虑低层实现就可导出可证明正确的高层规划。HTN 方法可以构建许多真实应用所需要的非常大的规划。
- 标准规划算法假设有完备的和正确的信息以及确定性的和完全可观察的环境。许多领域违反这个假设。
- **应急规划**允许 Agent 在执行过程中感知世界，以决定沿着规划的哪个分支。某些情况下，**无传感器**的或**一致性**的规划可以用来构建一个不需要感知就可以工作的规划。一致性和应急规划都可以在信念状态空间中搜索而构建。信念状态的高效表示或计算是关键问题。
- **在线规划 Agent** 使用执行监控和从不期望的情形中恢复所需要的修复中的粘接，不期望的情形可能是由于非确定性的动作、外在的事件、或不正确的环境模型。
- 当环境中有其他 Agent 合作或竞争时，**多 Agent** 规划是必要的。如果两个 Agent 要对执行哪个联合规划达成共识，可以构建联合规划，但必须有某种形式的协调。
- 本章扩展了经典规划来覆盖非确定性环境（在这个环境里，动作的结果是非确定性的），但不是规划的最终内容。第 17 章描述随机环境中（在这个环境里，动作的结果具有概率）的技术：马尔科夫决策过程、部分可观察的马尔科夫决策过程以及博弈理论。第 21 章中，我们证明强化学习允许 Agent 学习如何根据过去的成功与失败而行动。

参考文献与历史注释

DEVISER（Vere，1983）第一个处理了具有时间约束的规划。Allen（1984）和 Dean 等（1990）在 FORBIN 系统中讨论了在规划中的时间的表示。NONLIN+（Tate 和 Whiter，1984）和 SIPE（Wilkins，1988,1990）能够对有限资源分配给不同规划步骤进行推理。O-PLAN（Bell 和 Tate，1985）———一个 HTN 规划器———对时间与资源约束具有统一的一般表示。除了课本中提到的在日立（Hitachi）的应用，O-PLAN 还被用于在 Price Waterhouse 的软件采购规划，以及在 Jaguar Cars 的汽车后桥的装配规划。

SAPA（Do 和 Kambhampati，2001）和 T4（Haslum 和 Geffner，2001）两个规划器都用于具有精密启发式的前向状态空间搜索，以处理具有延迟和资源的动作。或者使用表达能力强的动作语言，但用人类所写的专门领域的启发式来引导它们，ASPEN（Fukunaga 等，1997）、HSTS（Jonsson 等，2000）和 IxTeT（Ghallab 和 Laruelle，1994）就是这样做的。

一些混合规划与调度的系统已经部署到了实际场合：ISIS（Fox 等，1982；Fox，1990）已经用于在 Westinghouse 的加工车间的调度，GARI（Descotte 和 Latombe，1985）对机械构件的加工与构建进行规划，FORBIN 用于工厂控制，NONLIN+用于海军后勤规划。我们决定将规划和调度作为两个不同的问题提出；（Cushing 等，2007）证明了这会导致某些问题的不完备性。航空领域的调度有很长的历史。T-SCHED（Drabble，1990）用于 UOSAT-II 卫星的任务命令序列的调度。OPTIMUM-AIV（Aarup 等，1994）和 PLAN-ERSI（Fuchs 等，1990）都基于 O-PLAN，在欧洲宇航局分别被用于航天器组装和观测规划。SPIKE（Johnston 和 Adorf，1992）在 NASA 用于哈勃太空望远镜的观测规划，而航天飞机地面处理调度系统（Deale 等，1994）对加工车间的多达 16000 个换班进行调度。远程 Agent（Muscettola 等，1998）变为第一个自治规划器-调度器来控制航天器，当它 1999 年随外层空间探测器飞行时。太空应用推动了资源分配算法的发展；参见 Laborie（2003）和 Muscettola（2002）。调度方面的文献在一篇经典综述论文（Lawler 等，1993）、最近的一本书（Pinedo，2008）和一本编辑的手册（Blazewicz 等，2007）中有所阐述。

STRIPS 程序中学习 macrops（宏算子，macro-operators）的能力由一系列基元步骤组成———可以认为是层次化规划的第一个机制（Fikes 等，1972）。层次化也用于 LAWALY 系统（Siklossy 和 Dreussi，1973）。ABSTRIPS 系统（Sacerdoti，1974）引入了抽象层次（abstract hierarchy）的思想，允许高层规划忽略低层动作的前提，以导出工作规划的通用结构。Austin Tate 的博士学位论文（1975b）以及 Earl Sacerdoti（1977）的工作发展了现代形式的 HTN 规划的基本思想。Yang（1990）讨论使 HTN 规划更高效的动作的特性。Erol、Hendler 和 Nau（1994,1996）提出了一个完整的层次分解规划器，给出了纯 HTN 规划器的一些复杂结果。我们对 HLA 和纯洁语义的论述归功于 Marthi 等（2007,2008）。Kambhampati 等（1998）提出了一种方法，其中分解就规划细化的另一种形式，类似于非层次偏序规划的细化。

从 STRIPS 中的宏算子开始，层次规划的目标之一是以泛化规划的形式重用前面的规划经验。第 19 章将详细描述的基于解释的学习（explanation-based learning）技术，已经在一些系统中用作对以前计算出的规划进行泛化的手段，包括 SOAR（Laird 等，1986）和 PRODIGY（Carbonell 等，1989）。另一个可选方法是用原始形式存储以前计算出的规划，然后通过对原始问题进行类推，复用它们以求解新的、类似的问题。这是被称为**基于案例的规划**（**case-based planning**）领域采用的方法（Carbonell，1983；Alterman，1988；Hammond，1989）。Kambhampati（1994）认为基于案例的规划应该作为一种细化规划的形式来分析，并为基于案例的偏序规划提供了一个形式化的基础。

早期规划器缺乏条件和循环，但有的能够强制性地形成一致性规划。Sacerdoti 的 NOAH 在"钥匙和箱子"问题的求解中使用强制，这是规划器对初始状态知之甚少的挑战性规划问题。Mason（1993）主张在机器人规划中感知经常能够也应该能够被省略，并描述了一个无传感器的规划，它能根据一个倾斜行动序列把一件工具移到一个指定的位置，而不管初始位置在哪里。

Goldman 和 Boddy（1996）为无传感规划器引入了术语**一致性规划**（**conformant plan**），注意到无传感规划通常是有效的，即使 Agent 有传感器。第一个相当高效的一致性规划器是 Smith 和 Weld（1998）的一致性图规划器（CGP）。Ferraris 和 Giunchiglia（2000）以及 Rintanen（1999）独立开发了基于 SATPLAN 的一致性规划器。Bonet 和 Geffner（2000）描述了一个基于信念状态空间启发式搜索的一致性规划器，利用了 20 世纪 60 年代首先为部分可观察马尔可夫决策过程或称 POMDP（参见第 17 章）发展出来的思想。

当前有三种一致性规划的主流方法。前两个使用信念状态空间中的启发式搜索：HSCP（Bertoli 等人，2001a）使用二元决策表（BDD）表示信念状态，而 Hoffmann 和 Brafman（2006）用 SAT 求解器采用了计算前提和目标测试的懒惰方法。第三种方法主要由 Jussi Rintanen（2007）拥护，将整个无传感器的规划问题形式化为一个量化的布尔公式（QBF，quantified Boolean formula），并使用通用目标 QBF 求解器求解。当前的一致性规划器比 CGP 快 5 个数量级。2006 年国际规划比赛中一致性规划跟踪的获胜者是 T_0（Palacios 和 Geffner，2007），它使用信念状态空间的启发式搜索，通过定义覆盖条件效果的导出文字，使得信念状态表示很简单。Bryce 和 Kambhampati（2007）讨论了如何泛化一个规划图来为一致性规划和应急规划生成好的启发式。

文献中对术语"条件（conditional）"和"应急（contingent）"规划有些混淆。我们遵循 Majercik 和 Littman（2003），使用"条件（conditional）"表示根据世界的实际状态而具有不同效果的一个规划（或动作），使用"应急（contingent）"表示智能体可以根据感知结果选择不同动作的一个规划。在 Drew McDermott（1978a）发表的有影响力的论著《规划与行动》后，应急规划的问题得到了更多关注。

本章描述的应急规划方法是基于 Hoffmann 和 Brafman（2005）的，并受 Jimenez 和 Torras（2000）以及 Hansen 和 Zilberstein（2001）开发的有环与或（AND-OR）图高效搜索算法影响。Bertoli 等（2001b）描述了 MBP（Model-Based Planner），它使用二元决策图来进行一致性和应急规划。

回顾一下，现在有可能考察主要经典规划算法是如何通向涉及不确定性领域的扩展版本的。信念状态空间的快速前向启发式搜索导致对信念空间的前向搜索（Bonet 和 Geffner，

2000；Hoffmann 和 Brafman，2005）；SATPLAN 导致随机 SATPLAN（Majercik 和 Littman，2003）以及使用量化布尔逻辑的规划（Rintanen，2007）；偏序规划导致 UWL（Etzioni 等，1992）和 CNLP（Peot 和 Smith，1992）；GRAPHPLAN 导致了传感器 GRAPHPLAN（SGP）（Weld 等，1998）。

具有执行监控的第一个在线规划器是 PLANEX（Fikes 等，1972），它与 STRIPS 规划器一起工作来控制机器人 Shakey。NASL 规划器（McDermott，1978a）将规划问题简单处理为一个对复杂动作的规范与执行问题，因此执行与规划是完全统一的。SIPE（交互规划和执行监控的系统）（Wilkins，1988,1990）是系统地处理重新规划问题的第一个规划器。它已经应用于几个领域的演示项目中，包括对航空母舰飞行甲板操作的规划和一个澳大利亚啤酒厂的加工车间调度，以及规划多层建筑的建造（Kartam 和 Levitt，1990）。

在 20 世纪 80 年代中期，对规划系统运行时间缓慢的悲观导致了反射式 Agent 的提出，称为**反应式规划**（reactive planning）系统（Brooks，1986；Agre 和 Chapman，1987）。PENGI（Agre 和 Chapman，1987）能够用结合了对当前目标及 Agent 内部状态的"可视化"表示的布尔电路玩一个（完全可观察的）视频游戏。"通用规划"（Schoppers，1987，1989）是作为反应式规划的一种查找表方法发展出来的，但是结果却变成了对马尔可夫决策过程（第 17 章）中已长期使用的**策略**的思想的再发现。一个通用规则（或策略）包含从任何状态到在该状态中应该采用的行动的映射。Koenig（2001）综述了在线规划技术，他所用的名称是以 Agent 为中心的搜索（Agent-Centered Search）。

近年来多 Agent 规划迅速进入大众化，虽然它的确有很长的历史。Konolige（1982）在一阶逻辑内提供了多 Agent 规划的形式化方法，而 Pednault（1986）给出了一个 STRIPS 风格的描述。联合意图的概念来自对通讯活动的研究工作（Cohen 和 Levesque，1990；Cohen 等人，1990），如果 Agent 准备执行一个联合规划则此概念是关键的。Boutilier 和 Brafman（2001）论述了如何修改偏序规划来适应多行动者（multiactor）环境。Brafman 和 Domshlak（2008）设计了一个多行动者规划算法，如果耦合度（可以由 Agent 间交互图的树宽部分测量）是有界的，其复杂度就随行动者数量而线性变化。Petrik 和 Zilberstein（2009）提出了一种基于双线性规划的方法，好于我们在本章所说的覆盖集方法。

我们几乎略过了多 Agent 规划协商的研究工作的表面。Durfee 和 Lesser（1989）讨论了如何通过协商在 Agent 中分摊任务。Kraus 等（1991）描述了玩 Diplomacy（外交）游戏的系统，这是一个需要协商、联盟形成以及欺诈的棋盘游戏。Stone（2000）显示了 Agent 如何在机器人足球赛的竞争的、动态的和部分可观察的环境中作为队友进行合作。在后来的论文中，Stone（2003）分析了两个竞争的多 Agent 环境——RoboCup（机器人足球比赛）以及 TAC（基于拍卖的贸易 Agent 比赛）——发现我们当前理论上非常好的方法计算上的不可操作性导致许多多 Agent 系统是用专门方法设计的。

Marvin Minsky（1986,2007）在他的有高度影响的理论 Society of Mind 中，提出人类思维是有 Agent 集成而来的。Livnat 和 Pippenger（2006）证明了，对于最优路径发现问题，限定总的计算资源，一个 Agent 的最佳体系结构是子 Agent 的集成，每一个都试图优化自己的目标，每个目标都与另一个目标冲突。

11.4.2 节的 boid 模型（机器鸟模型）归功于 Reynolds（1987），他因为在影片《蝙蝠侠归来》（*Batman Returns*）中把此模型应用到企鹅群而赢得了奥斯卡奖。Bryant 和 Miikkulainen

（2007）描述了 NERO 游戏以及学习策略的方法。

多 Agent 系统的最新书籍包括 Weiss（2000a）、Young（2004）、Vlassis（2008）以及 Shoham 和 Leyton-Brown（2009）写的书。每年还会有一个自治 Agent 与多 Agent 系统年会（AAMAS）。

习　题

11.1 我们目前为止所考虑的目标都要求规划器在一个时间步让世界满足目标。不是所有的目标可以如此表示：你通过将一个枝形吊灯抛向空中不会达到将它悬挂在地面上方的目的。更严重的是，你不想你的航天器生命支持系统只供一两天氧气。当 Agent 的规划使一个状况从一个给定状态开始得以连续维持，就能实现维护目标（maintenance goal）。描述如何扩展本章的形式体系来支持维护目标。

11.2 你有一些卡车来运输一些包裹。每个包裹开始在网格地图的某个位置，要运到某个目的地。每辆卡车通过向前和转弯动作直接控制。为这个问题构造出一层高层动作。你的构造编码了关于解的什么知识？

11.3 假设一个高层动作刚好可用一个基元动作序列实现。给定完整的细化层次和基元动作模式，给出一个计算它的前提和效果的算法。

11.4 假设一个高层规划的乐观可到达集是目标集的超集；这个规划是否达到了目标，是否能做出任何结论？如果悲观可到达集与目标集不相交呢？请解释。

11.5 写一个算法，利用初始状态（由一组命题文字描述）和 HLA 序列（每个 HLA 由前提以及乐观和悲观可到达集的纯洁规范定义），计算序列的可到达集的乐观和悲观描述。

11.6 在图 11.2 中，我们显式了如何通过为 DURATION、USE、CONSUME 使用不同的域来描述调度问题中的动作。现在假设我们想结合调度与非确定性规划（要求非确定性的条件效果）。考虑每个域，解释它们是否应该维持不同的域，或是它们是否应该变为动作的效果。这三个域每个给出一个实例。

11.7 标准程序设计语言中的某些操作可以作为改变世界状态的行动而建立模型。例如，赋值操作改变一个内存位置的内容，而打印操作改变输出流的状态。一个由这些操作组成的程序也可以被认为是一个规划，它的目标由程序的规格说明给出。因此，规划算法可以被用来构造一个实现给定规格的程序。

　　a. 写出赋值算符（将一个变量的值赋给另一个变量）的动作模式。记住初始值将被覆盖！

　　b. 说明对象创建如何被用于产生通过使用一个临时变量交换两个变量值的规划的规划器所使用。

11.8 假设动作 *Flip* 总是改变变量 *L* 的真值。通过使用带有条件效果的动作模式，说明如何定义这个动作的效果。证明，尽管使用条件效果，一个 1-CNF 信念状态表示在一次 *Flip* 后仍然是 1-CNF 的。

11.9 在积木世界中，为了适当地保持 *Clear* 谓词，我们被迫引入了两个动作模式 *Move* 和

MoveToTable。说明使用单个行动如何用条件效果表示这两种情况。

11.10 真空吸尘器世界中 *Suck* 动作例示了条件效果——哪个方格变得干净取决于机器人在哪个方格。你能想出一个新的命题变量集，定义真空吸尘器世界的状态以使 *Suck* 有一个非条件描述吗？用你的命题写出 *Suck*，*Left* 和 *Right* 的描述，并证明它们足以描述世界的所有可能状态。

11.11 找到一块合适的脏地毯，没有障碍物，用真空吸尘器打扫它。尽可能正确地画出真空吸尘器采取的路径。参考本章讨论的规划形式来解释它。

11.12 对于上一道习题中的药物治疗问题，增加一个 *Test* 动作，当 *Disease* 为真以及任何情况下都有感知效果 *Known(CultureGrowth)* 时它有条件效果 *CultureGrowth*。图示一个解决问题并最小化使用 *Medicate* 动作的条件规划。

【译注：11.12 题提到"上一道习题"，这里的"上一道习题"应该是：

考虑下列问题：一个病人到达诊所，其症状可能是脱水（dehydration）或者疾病 *D* 引起的（但并非两者都是病因）。有两种可能的行动：*Drink*（喝水），无条件治愈脱水，以及 *Medicate*（药物治疗），可以治愈疾病 *D*，但是如果当病人脱水时服用会产生不希望的副作用。用 PDDL 写出问题描述，并图示解决问题的无传感规划，通过枚举所有相关的可能世界。

在本书第 2 版中有这一道题，而在第 3 版中没有这道题，可能是作者遗漏了。】

第12章 知识表示

本章中我们将说明如何用一阶逻辑来表示现实世界中的最重要的方面，诸如行动、空间、时间、思想和购物等。

前面的章节讲述了用于基于知识的 Agent 的技术：语法、语义、命题逻辑和一阶逻辑的证明理论以及运用这些逻辑的 Agent 的实现。在本章中我们来讨论这个问题：将什么内容放入这种 Agent 的知识库——如何表示关于世界的事实。

12.1 节介绍了通用本体论的思想，将世界上所有的事物用层次类别组织起来。12.2 节涵盖了对象、物质和量度的基本类别，12.3 节涵盖了事件，12.4 节讨论了关于信念的知识。然后，我们回头考虑用这些内容进行推理的知识：12.5 节讨论了设计用于高效类别推理的推理系统，12.6 节讨论具有缺省信息的推理。12.7 节则在一个互联网购物环境的背景中汇总了所有这些知识。

12.1 本体论工程

在"玩具"领域（3.2 节），表示的选择不是那么重要；有很多表示可供选择。在复杂领域内，诸如互联网购物或驾驶交通中的汽车，就需要更为通用和灵活的表示。这一章将说明如何创建这些表示，主要着重于一些在许多不同领域都会出现的通用概念——例如事件、时间、物理对象以及信念。表示这些抽象概念有时被称为**本体论工程**（ontological engineering）。

表示世界上的**一切事物**的前景是令人生畏的。当然，我们并不会真的对所有事物都写出完整描述——那样的话就算 1000 页的教科书也不够——但是我们将会留下一些占位符，以使任何领域的知识都能填入。例如，我们会定义物理对象意味着什么，以及以后能够填入的各种类型对象的细节——诸如机器人、电视机、书本、或者无论什么。这类似于面向对象编程框架的设计者定义像 *Window*（窗口）这样的通用概念的方式，期望用户使用这些概念定义像 *SpreadsheetWindow* 这样的更具体的概念。概念的通用框架被称为**上位本体论**（**upper ontology**），因为按照画图惯例，一般概念在上面而更具体的概念在它们的下面，如图 12.1 所示。

在进一步考虑本体论之前，我们要给出一个重要告诫。我们选择了用一阶逻辑（FOL）来讨论知识的内容和组织，尽管现实世界的某些方面是很难用 FOL 来捕捉的。主要的困难在于几乎所有的泛化都会有例外，或者说只能是一定程度的泛化。例如，尽管"西红柿是红色的"是一条有用的法则，然而有些西红柿是绿色的、黄色的或者橙色的。这章中的所有法则几乎都有类似的例外。处理这些例外和不确定性的能力是极其重要的，但是对于理解通用本体论的任务而言却是无关的。由于这个原因，我们将对于例外的讨论推迟到 12.5 节，关于不确定推理的更为一般的话题则推迟到了第 13 章。

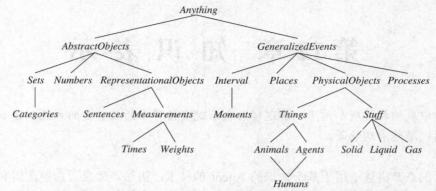

图 12.1　世界的上位本体论，这里显示了以后在本章将会论及的主题。每一条弧表示下面的概念是上面概念的一个特殊化。特殊化不一定是析取；例如，一个人既是一个动物也是一个 Agent。在 12.3.3 节我们将看到为什么物理对象在泛化事件的下面

上位本体论有什么作用？考虑 8.4.2 节中电路的本体论。它做了大量简化的假设：时间完全被忽略；信号是固定的，并且不传播；电路结构保持不变。一个更一般化一些的本体论要考虑特定时刻的信号，还要包含导线长度和传播延迟。这将使我们能够模拟电路的时间特性，实际上，电路设计师经常进行这样的模拟。通过描述技术（TTL、CMOS 等）以及输入输出规范，我们还可以引入更多有趣种类的门。如果我们想要讨论可靠性或者诊断，我们要考虑到电路结构或门属性自发改变的可能性。为了顾及杂散电容，我们需要表示电线在电路板上的位置。

如果我们观察 wumpus 世界，也需要类似的考虑。虽然我们的确把时间包含在内，但是它的结构非常简单：除了 Agent 行动时，什么也不会发生，并且所有的变化都是瞬间的。更适合现实世界的、更一般化的本体论会考虑在时间上延续的同步变化。我们还用了 *Pit* 谓词来说明哪些方格里有陷阱。通过设置属于陷阱类的拥有不同属性的个体，我们可能考虑到不同种类的陷阱。类似地，我们可能也会考虑到除了 wumpus 以外的其他动物。或许不可能从可感知信息确定对象的确切物种，所以我们需要建立一个 wumpus 世界的生物分类学，根据稀缺的线索帮助 Agent 预测穴居者的行为。

对于任何专用的本体论，像这样做些变化使其更一般化是可能的。那么一个很明显的问题出现了：所有这些本体论能收敛到一种通用的本体论吗？经过数个世纪哲学和计算的研究，答案是"有可能"。在这一节里，我们将给出一个通用本体论，综合了这些世纪来的各种思想。有两个主要特征可以使通用本体论和各种专用本体论区分开来：

- 通用本体论应该能或多或少地应用于任何专用领域（附加必要的领域专用公理）。这就意味着表示问题无法被掩盖。
- 在任何足够苛刻的问题中，不同领域的知识必须统一起来，因为推理和问题求解可能会同时涉及数个领域。例如，一个机器人电路修复系统需要从电路连通、物理布局以及时间的概念来对电路进行电路时序分析和工作开销估算方面的推理。因此，描述时间的语句必须能够和描述空间布局的语句相结合，而且对纳秒和分钟、埃和米都能同样有效。

我们应该预先说，通用本体论工程的计划目前为止只取得了有限的成功。没有一个顶

级 AI 应用（第 1 章所列出的）使用了公用的本体论——它们都使用了专用的知识工程。社会/政治考虑使得竞争党对一个本体论达成共识很难。就像 Gruber（2004）所说，"每个本体论是共享某些公共动机的人之间的一个契约——一个社会共识。"当竞争忧虑超过公共动机时，可能就没有公用本体论。那些确实存在的本体论是沿着四条路线创建的：

（1）由一个受训练的本体论者/逻辑学家团队创建，他们创建本体论，写出公理。CYC 系统主要是通过这种途径创建的（Lenat 和 Guha，1990）。

（2）从已有的一个或多个数据库导入类别、属性和值。DBPEDIA 是通过从 Wikipedia 从导入结构事实而创建的（Bizer 等，2007）。

（3）通过从语法上分析文档，并从中提取信息。TEXTRUNNER 是通过读取大量网页而创建的（Banko 和 Etzioni，2008）。

（4）通过恐愚未经训练的业余爱好者输入常识知识。OPENMIND 系统是由志愿者用英语提出事实而创建的（Singh 等，2002，Chklovski 和 Gil，2005）。

12.2　类别和对象

把对象组织成**类别**是知识表示中很重要的一个部分。虽然与这个世界之间的交互发生在个体对象层次上，但是许多推理是发生在类别层次上的。例如，一位顾客可能会有买个篮球的打算，而不是买个像 BB_9 那样*特定*的篮球。一旦确定了对象的分类，类别也可以用来对对象进行预测。我们从感知输入推断某种对象的存在，从感知到的对象属性推断其类别归属，然后用这些类别信息对这些对象做出预测。例如，从绿色和黄色的斑驳外皮、一脚长的直径、卵形、红色肉汁、黑色种子、存放在水果长廊，我们可以判断出一个对象是西瓜；由此，我们推断它可以用来做水果沙拉。

用一阶逻辑表示类别有两种选择：谓词和对象。就是说，我们可以使用谓词 *Basketball*(*b*)，或者可以将类别**物化**（reify）[1]为一个对象，*Basketballs*。然后，我们可以用 *Member*(*b*, *Basketballs*)（我们将它缩写为 $b \in Basketballs$）来说明 *b* 是篮球类别的一个成员。我们用 *Subset*(*Basketballs*, *Balls*)（缩写为 $Basketballs \subset Balls$）来说明 *Basketballs* 是 *Balls* 的一个**子类**（subcategory）。我们将交替使用术语子类（subcategory）和子集（subclass, subset）。

类别用来通过**继承**（inheritance）组织和简化知识库。如果我们说类别 *Food*（食物）中的所有实例都是可以食用的，并且如果我们声明 *Fruit*（水果）是 *Food* 的一个子类，而 *Apples*（苹果）是 *Fruit* 的一个子类，那么我们就能推断每个苹果都是可以食用的。在这个例子中我们说每个苹果从它们在 *Food* 类别中的成员关系**继承**了可以食用的属性。

子类关系将类别组织成**分类系统**（taxonomy）或**分类层次**（taxonomic hierarchy）。分类系统已经在技术领域明确地使用了数个世纪。最大的这种分类系统将大约 1000 万个现存和已灭绝的物种——许多是甲虫[2]——组织成单个层次系统；图书馆管理学发展出了所有知识领域的一个分类系统，用杜威十进制系统（Dewey Decimal system）进行编码；税务局和

1　将一个命题转变为一个对象称为**物化**（reification），来源于拉丁词 res，或单词 thing。John McCarthy 提出了术语 "thingification"，但从来没有流行起来。

2　著名生物学家 J.B.S. Haldane 在"造物者"这部分中推演说"（造物者）过分偏爱甲虫"。

其他政府部门发展出了职业与商业产品的大规模分类系统。分类系统也是通用常识知识的一个重要方面。

一阶逻辑通过在对象和类别之间建立联系或者在类别的成员上量化，使得易于陈述关于类别的事实。这里给出一些事实类型，每种附带实例：

- 一个对象是一个类别的成员。

$$BB_9 \in Basketballs$$

- 一个类别是另一个类别的子类。

$$Basketballs \subset Balls$$

- 一个类别中的所有成员拥有某些属性。

$$(x \in Basketballs) \implies Spherical(x)$$

- 一个类别的成员可以通过某些属性来识别。

$$Orange(x) \wedge Round(x) \wedge Diameter(x) = 9.5" \wedge x \in Balls \implies x \in Basketballs$$

- 一个类别作为整体拥有某些属性。

$$Dogs \in DomesticatedSpecies$$

注意因为 $Dogs$（狗）是一个类别且是 $DomesticatedSpecies$（驯化物种）的一个成员，那么后者一定是一个由类别组成的类别。当然，上面这些规则很多都有例外（被刺穿的篮球不是球形的）；我们后面处理这些例外。

尽管子类和成员关系是类别最重要的关系，我们还是需要能够表述并非子类关系的类别之间的关系。例如，如果我们只说 $Males$（雄性）和 $Females$（雌性）是 $Animals$（动物）的子类，那么我们并没说一个雄性不能是雌性。我们说两个或者以上类别是**不相交的**（disjoint），如果它们没有公共的成员。即使我们知道雄性类和雌性类是不相交的，我们还是不知道一个并非雄性的动物一定是雌性，除非我们说明雄性类和雌性类构成了一个动物类的**完全分解**（exhaustive decomposition）。一个不相交的完全分解被称为**划分**（partition）。下面用例子说明这三个概念：

$Disjoint(\{Animals, Vegetables\})$

$ExhaustiveDecomposition(\{Americans, Canadians, Mexicans\}, NorthAmericans)$

$Partition(\{Males, Females\}, Animals)$

（注意 $NorthAmerican$（北美人）的 $ExhaustiveDecomposition$（完全分解）并不是一个 $Partition$（划分），因为有些人具有双重国籍。）这三个谓词是按如下定义的：

$Disjoint(s) \iff (\forall c_1, c_2 \quad c_1 \in s \wedge c_2 \in s \wedge c_1 \neq c_2 \implies Intersection(c_1, c_2) = \{\})$

$ExhaustiveDecomposition(s, c) \iff (\forall i \quad i \in c \iff \exists c_2 \quad c_2 \in s \wedge i \in c_2)$

$Partition(s, c) \iff Disjoint(s) \wedge ExhaustiveDecomposition(s, c)$

类别也可以通过提供成员的充分必要条件来定义。例如，单身汉是未婚成年男性：

$x \in Bachelors \iff Unmarried(x) \wedge x \in Adults \wedge x \in Males$

正如我们在后面关于"天然种类"的讨论那样，类别的严格的逻辑定义既非总是可能，也非总是必需的。

12.2.1 物理构成

某个对象可以是另一个对象的一部分，这种想法很熟悉。鼻子是头的一个部分，罗马尼亚是欧洲的一个部分，这一章是本书的一个部分。我们使用一般的 *PartOf* 关系表述一个物体是另一个物体的部分。对象可以组织成 *PartOf*（部分）层次结构，这让我们想起 *Subset*（子集）组织的层次结构：

$$PartOf(Bucharest, Romania)$$
$$PartOf(Romania, EasternEurope)$$
$$PartOf(EasternEurope, Europe)$$
$$PartOf(Europe, Earth)$$

PartOf 关系是传递的和自反的；即

$$PartOf(x, y) \ \wedge \ PartOf(y, z) \ \Rightarrow \ PartOf(x, z)$$
$$PartOf(x, x)$$

因此，我们可以得出结论 *PartOf*(*Bucharest*, *Earth*)。

复合对象（composite objects）的类别经常是通过各部分之间的结构关系刻画的。例如，一个两足动物身体上有两条腿：

$$Biped(a) \ \Rightarrow \ \exists l_1, l_2, b \ \ Leg(l_1) \wedge Leg(l_2) \wedge Body(b)$$
$$\wedge part Of(l_1, a) \wedge part Of(l_2, a) \wedge part Of(b, a)$$
$$\wedge Attached(l_1, b) \wedge Attached(l_2, b)$$
$$\wedge l_1 \neq l_2 \wedge [\forall l_3 \ \ Leg(l_3) \wedge part Of(l_3, a) \ \Rightarrow \ (l_3 = l_1 \vee l_3 = l_2)]$$

"恰好两条"的概念有点别扭；我们被迫说有两条腿，它们并非同一条，假如有人提到第三条腿，它肯定是这两条腿中的一条。在 12.5.2 节，我们会看到一种称为描述逻辑的形式化方法能够更容易地表示"恰好两条"之类的约束。

我们可以定义类似于类别 *Partition* 关系的 *PartPartition* 关系（参见习题 12.8）。一个对象由它的 *PartPartition* 中的各个部分组成，可以看作从这些部分得到了某些属性。例如，一个复合对象的质量是各个部分的质量的总和。注意，对类别来说不是这种情况，因为它没有质量，尽管它的元素可能有。

定义具有确定部分但没有特定结构的复合对象也是有用的。例如说，我们可能想说："袋子里的苹果重两磅。"我们会倾向于认为这个重量归于袋子中苹果组成的集合，这会产生错误，因为集合是一个抽象的数学概念，它只有元素却没有重量。相反，我们需要一个新的概念，我们称之为**束**（bunch）。例如，如果有苹果 $Apple_1$, $Apple_2$, $Apple_3$，那么

$$BunchOf(\{Apple_1, Apple_2, Apple_3\})$$

表示了由三个苹果作为部分（不是元素）组成的复合对象。然后我们就可以把束当作一个平常的（尽管没有结构的）对象来使用。注意 $BunchOf(\{x\}) = x$。此外，$BunchOf(Apples)$ 是由所有苹果组成的复合对象——不要和 *Apples* 相混，后者是所有苹果组成的类别或者集合。

我们可以按照 *PartOf* 关系来定义 *BunchOf*。显然，s 的每个元素都是 $BunchOf(s)$ 的部分：

$$\forall x \quad x \in s \quad \Rightarrow \quad PartOf(x, BunchOf(s))$$

此外，*BunchOf*(*s*)是满足这个条件的最小对象。换句话说，*BunchOf*(*s*)必定是任何包含 *s* 所有元素作为部分的对象的组成部分：

$$\forall y\,[\forall x \quad x \in s \Rightarrow PartOf(x, y)] \quad \Rightarrow \quad PartOf(BunchOf(s), y)$$

这些公理是被称为**逻辑最小化**（logical minimization）的通用技术的一个例子，它意味着将一个对象定义为满足某种条件的最小对象。

天然种类

有些类别有严格的定义：一个对象是三角形当且仅当它是个有三条边的多边形。另一方面，现实世界中的多数类别没有非常清晰的定义；这些被称为**天然种类**(natural kind) 类别。例如，西红柿一般是暗猩红色；接近球形；顶上连接茎的位置凹陷；直径大约 2 到 4 英寸；表皮薄而韧；内部有果肉、种子和汁。然而，却有一些变种：某些西红柿是黄色或橙色，未熟的西红柿是绿的，某些西红柿比平常的大些或小些，樱桃西红柿通常都比较小。我们没有一套对西红柿的完全定义，而只是有一套能帮助确认典型的西红柿对象，但是对其他对象却无法判别的特征集合。（有没有毛茸茸的、像桃子一样的西红柿？）

这给逻辑 Agent 带来了一个问题。Agent 不能确信它感知到的对象是一个西红柿；即便它能确信，它也不能确定这个西红柿有典型西红柿的哪些属性。这个问题是在部分可观察环境中运转时不可避免的结果。

一个有用的方法是将对类别中所有实例都成立的，与仅对典型实例成立的区分开。所以除了类别 *Tomatoes* 之外，我们还需要类别 *Typical*(*Tomatoes*)。这里，函数 *Typical*（典型）将一个类别映射到只包含它的典型实例的一个子集：

$$Typical(c) \subseteq c$$

大多数关于天然种类的知识实际上都只是关于它们的典型实例的：

$$x \in Typical(Tomatoes) \quad \Rightarrow \quad Red(x) \wedge Round(x)$$

这样，我们就能没有确切定义而写出有关类别的有用事实。Wittgenstein（1953）深入解释了为大多数天然类别提供确切定义的困难。他使用了游戏作为例子来展示类别中的成员共享的是"家族类似之处"而不是充分必要的特征：什么严格定义包含了国际象棋、标签、单人跳棋以及躲避球？

严格定义的观念的效用也受到了 Quine（1953）的质疑。他指出即便是将"未婚成年男子"作为"单身汉"的定义也是可疑的；例如，有人可能会对类似"教皇是个单身汉"之类的陈述有疑问。尽管严格说来这个用法没错，但它肯定是不合适的，因为它诱导听者产生不经意的推论。通过区分适合用于内部知识表示的逻辑定义和语言学用法中恰当措辞的细小差别标准，这种压力或许能够消除。后者也许可以通过对从前者推导出的断言进行过滤而得到。也有可能语言学用法的失败可以作为反馈以修改内部定义，这样过滤就变得不必要了。

12.2.2 量度

关于世界的科学理论和常识理论中，对象有高度、质量、成本等等。我们赋予这些属性的值称为**量度**（measures）。平常的量化量度很容易表示。我们来想象一下宇宙包含抽象的"量度对象"，比如 *length* 是这条线段 ├──────────────┤ 的长度。我们可以称这个长度为 1.5 英寸或者 3.81 厘米。这样，同样的长度在我们的语言里有了不同的名字。我们用**单位函数**（units function）和一个数字作为参数来表示长度。（习题 12.9 中探讨了另一种方案。）如果这个线段叫做 L_1，那么我们可以这样写

$$Length(L_1) = Inches(1.5) = Centimeters(3.81)$$

单位之间的转换用某个单位的倍数等于另一个单位来完成：

$$Centimeters(2.54 \times d) = Inches(d)$$

可以为磅和千克、秒和天、元和分写出类似的公理。量度可以像下面那样用来描述对象：

$$Diameter(Basketball_{12}) = Inches(9.5)$$
$$ListPrice(Basketball_{12}) = \$(19)$$
$$d \in Days \quad \Rightarrow \quad Duration(d) = Hours(24)$$

注意(1)不是一元的纸币！可以有两张一元纸币，但是只有一个被称为(1)的对象。同样要注意，尽管 *Inches*(0) 和 *Centimeters*(0) 指的是同样的零长度，它们和其他的零量度不同，比如 *Seconds*(0)。

简单的数量量度是容易表示的。其他量度的表示就比较麻烦，因为它们的值没有统一的尺度。习题有困难程度，甜食有可口程度，诗有美的程度，但是却不能给这些品质赋以数值。直接从纯会计学角度考虑，有人或许会认为这类属性对于逻辑推理没有用处而不加理会；或许更糟糕的是，试图给美强加一个数值范围。这是个鲁莽的错误，因为那是不必要的。量度最重要的方面不是特定的数字值，而是量度可以排序这一事实。

尽管量度不是数字，我们仍然可以用诸如 > 这样的排序符号来比较它们。例如，我们相信诺维格（Norvig）的习题比罗素（Russell）的要难，而难的习题得分少：

$$e_1 \in Exercises \ \wedge \ e_2 \in Exercises \ \wedge \ Wrote(Norvig, e_1) \ \wedge \ Wrote(Russell, e_2) \ \Rightarrow$$
$$Difficulty(e_1) > Difficulty(e_2)$$
$$e_1 \in Exercises \ \wedge \ e_2 \in Exercises \ \wedge \ Difficulty(e_1) > Difficulty(e_2) \ \Rightarrow$$
$$ExpectedScore(e_1) < ExpectedScore(e_2)$$

这足以使人决定应该做哪些习题，即使根本没有用到表示困难程度的数字值。（当然，必须知道谁写了哪道习题。）量度之间的这类单调关系构成了**定性物理**（qualitative physics）领域的基础，它是 AI 的一个子领域，研究如何不陷入等式或数字模拟的细节而对物理系统进行推理。定性物理将在"历史的注释"一节中讨论。

12.2.3 对象：物体和物质

现实世界可以视为由基元对象（primitive objects）（例如原子粒子）和由其构成的复合对象（composite objects）组成的。通过在诸如苹果和汽车这类大对象的层次上进行推理，

我们可以克服处理大量基元对象所涉及的复杂度。然而，现实中有相当一部分对象似乎不服从明显的**个体化**（individuation）——它们不能划分成截然分开的对象。我们给这部分对象一个通用的名称：**物质**（stuff）。例如，假设我面前有一些黄油和一只土豚。我可以说有一只土豚，但是说不出"黄油对象"的明确数量，因为一个黄油对象的任何一部分仍是一个黄油对象，除非我们确实分到了非常小的程度。这是物质（stuff）和物体（thing）的最大区别。如果我们将一只土豚切成两半，我们不会得到两只土豚（很不幸）。

英语清楚地区分了物质和物体（stuff 和 thing）。我们说"一只土豚"，但是，我们不能说"一个黄油（a butter）"，除非是在自命不凡的加州饭店。语言学家能区分**可数名词**和**物质名词**，可数名词如土豚、洞、定理；物质名词如黄油、水和能源。不少有竞争力的本体论都宣称能处理这个区分。我们只描述一种，其他的会在"历史的注释"一节中涵盖。

为了恰当地表示物质，我们先从明显的开始。在我们的本体论中，我们至少要把我们处理的总的物质"块"当作对象。例如，我们会认定一块黄油就是昨晚留在桌上的同一块黄油；我们可能会拿起它，称一称，卖掉，或者如何如何。在这些意义上，它就是像土豚那样的一个对象。让我们称它为 $Butter_3$。我们还定义类别 $Butter$。非形式地，它的元素将是所有那些我们可以说"它是黄油"的东西，包括 $Butter_3$。在我们目前忽略非常小的部分的前提下，任何一个黄油对象的部分也是一个黄油对象：

$$x \in Butter \ \wedge \ part Of(y, x) \ \Rightarrow \ y \in Butter$$

我们现在可以说黄油在 30 摄氏度时熔化：

$$x \in Butter \ \Rightarrow \ MeltingPoint(x, Centigrade(30))$$

我们还可以继续说黄油是黄色的，密度比水低，室温下是软的，有很高的脂肪含量等等。另一方面，黄油没有特定的大小、形状或者重量。我们可以定义更为特殊的黄油类别，如 $UnsaltedButter$，它同样是一种物质。注意，包含所有重一磅的黄油对象作为成员的类别 $PoundOfButter$ 不是一种物质。因为如果我们将一磅黄油切成两半，很可惜，我们不会得到两磅黄油。

这里体现出来的是：有一些属性是**固有的**（intrinsic），它们属于对象的每个实体，而不属于对象整体。当你将物质切成两半的时候，那两半保留了同样的固有属性集——如密度、沸点、口味、颜色、所有权等等。另一方面，**非固有**（extrinsic）属性则不是这样：诸如重量、长度、形状、功能之类的属性在划分时不能保持不变。在定义中只包括了固有属性的对象类就是物质或者说物质名词；在定义中包含了任何非固有属性的类就是可数名词。类别 $Stuff$ 是最一般的物质类别，不指定固有属性。类别 $Thing$ 是最一般的离散对象类别，不指定非固有属性。

12.3　事　件

在 10.4.2 节，我们展示了情景演算如何表示动作以及它们的效果。情景演算的适用性是有限的：它被设计来描述一个世界，其中的动作是离散的、瞬间的、一次发生一个动作。考虑一个连续动作，例如给浴盆装水。情景演算能够说出，在这个动作之前浴盆是空的，动作完成之后浴盆是满的，但它不能说出在动作期间发生了什么。它也不能描述在同一时间发生两个动作——例如，等浴盆装水的同时刷牙。为了处理这种情况，我们引入称为**事件演算**（event calculus）的另一种形式体系，它是基于时间点而不基于情景的[1]。

事件演算物化流（fluents）和事件（events）。流 *At(Shankar, Berkeley)*是一个对象，指 *Shankar* 在 *Berkeley* 这个事实，但这个事实是否成立它本身并没有说出任何信息。为了声称一个流实际上在某些时间点成立，我们使用像在 *T(At(Shankar, Berkeley),t)*中一样的谓词 *T*。

事件描述为事件类别的实例[2]。Shankar 从 San Francisco 飞到 Washington D.C.的事件 E_1 描述为

$$E_1 \in Flyings \ \land \ Flyer(E_1,Shankar) \ \land Origin(E_1,SF) \ \land Destination(E_1,DC)$$

如果这个描述太啰嗦，我们可以定义飞行事件类别的带三个参数的版本

$$E_1 \in Flyings \ (Shankar, SF, DC)$$

然后，我们使用 *Happens(E_1,i)*来表示事件 E_1 发生在时间区间 *i*，我们用 *Extent(E_1)=i* 的函数形式也表示同样的意思。我们用时间的(start,end)对表示时间区间；也就是说，$i=(t_1,t_2)$ 是开始于 t_1 结束于 t_2 的时间区间。一个事件演算版本的的完整的谓词集为

T(f,t)	流 *f* 在时间 *t* 为真
Happens(e,i)	事件 *e* 发生在时间区间 *i*
Initiates(e,f,t)	事件 *e* 使流 *f* 从时间 *t* 开始成立（启动）
Terminates(e,f,t)	事件 *e* 使流 *f* 从时间 *t* 开始不再成立（终结）
Clipped(f,i)	流 *f* 在时间区间 *i* 的某个时间点开始不再为真（剪切）
Restored(f,i)	流 *f* 在时间区间 *i* 的某个时间点开始变为真（恢复）

我们假设一个特别事件 *Start*，它描述初始状态，指出在开始时刻哪些流启动（initiate）哪些流终结（terminate）。我们定义 *T*：如果一个流被过去某个时间的一个事件启动而且没有被干扰事件剪切，这个流在现在这个时间点就为真。如果一个流被一个事件终结而且没有被另一个事件恢复，这个流就不成立。形式上的公理为：

$$Happens(e,(t_1,t_2)) \ \land Initiates(e,f,t_1) \ \land \neg Clipped(f,(t_1,t)) \ \land \ t_1<t \ \Rightarrow$$
$$T(f,t)$$
$$Happens(e,(t_1,t_2)) \ \land Terminates(e,f,t_1) \ \land \neg Restored(f,(t_1,t)) \ \land \ t_1<t \ \Rightarrow$$
$$\neg T(f,t)$$

其中 *Clipped* 和 *Restored* 定义为

$$Clipped(f,(t_1,t_2)) \Leftrightarrow$$
$$\exists e,t,t_3 \ Happens(e,(t,t_3)) \ \land t_1 \leq t<t_2 \land Terminates(e,f,t)$$
$$Restored(f,(t_1,t_2)) \Leftrightarrow$$
$$\exists e,t,t_3 \ Happens(e,(t,t_3)) \ \land t_1 \leq t<t_2 \land Initiates(e,f,t)$$

将 *T* 扩展到时间区间也很方便；一个流在一个时间区间上成立，如果它在这个区间里的每个点都成立：

$$T(f,(t_1,t_2)) \ \Leftrightarrow \ [\forall t \ (t_1 \leq t<t_2) \Rightarrow T(f,t)]$$

流和动作是用专门领域公理（类似于后继状态公理）定义的。例如，我们可以说一个

1　术语"事件"和"动作"可能交替使用。非正式地，"动作"指智能体的行动，而"事件"指可能的非智能体的行动。

2　一些版本的事件演算不区分事件类别与它的实例。

wumpus 世界 Agent 得到一支箭的唯一途径是在开始，使用它的唯一途径是射箭：

$$Initiates(e, HaveArrow(a),t) \iff e = Start$$

$$Terminates(e,HaveArrow(a),t) \iff e \in Shootings(a)$$

通过物化事件，给它们增加任何数量的任意信息是可能的。例如，我们可以用 $Bumpy(E_1)$ 说 Shankar 的飞行是颠簸不平的。在事件是 n 元谓词的本体论中，将没有方法增加这样的信息；改为 $n+1$ 元谓词也不是可扩展的方法。

我们可以扩展事件演算来表示同时发生的事件（例如骑跷跷板中必要的两个人）、外因事件（例如吹动和改变对象位置的风）、连续事件（例如浴盆中不断升高的水位）、以及其他复杂事件。

12.3.1　过程

到目前为止我们所见到的事件都是被称为离散事件的——它们有确定的结构。Shankar 的旅程有开始、中间和结束。如果被中途打断了，事件就会不同——那就不是从 San Francisco 到 Washington 的旅程，而是从 San Francisco 到 Kansas（堪萨斯州）某个地方的旅程了。另一方面，由 $Flying$ 表示的事件类别有着不同的属性。如果我们取 Shankar 航程的一个小区间，例如第 3 个 20 分钟那段时间（当他焦急地等待一袋花生的那段时间），这个事件仍然是 $Flying$ 的一个成员。实际上，这对任何子区间都成立。

具有这种属性的事件类别被称为**过程**（process）类别或者**流事件**（liquid event）类别。发生在一个时间区间的任何过程 e 也在任何子区间里发生。我们可以用与离散事件相同的符号来说明，例如，Shankar 昨天某段时刻在飞行：

$$(e \in Processes) \wedge Happens(e,(t_1,t_4)) \wedge (t_1 < t_2 < t_3 < t_4) \Rightarrow Happens(e,(t_2,t_3))$$

流体事件与非流体事件的区别刚好类似于物质（substance 或 stuff）与物体（individual objects 或 things）之间的区别。实际上，有人称流体事件为**时间物质**（temporal substances），而像黄油这样的物质为**空间物质**（spatial substances）。

12.3.2　时间区间

时间演算向我们开启了可能谈论时间和时间区间的大门。我们考虑两种时间区间：时刻和延伸的区间。区别在于时刻只具有零跨度：

$$Partition(\{Moments, ExtendedIntervals\}, Intervals)$$

$$i \in Moments \iff Duration(i) = Seconds(0)$$

接下来我们要发明一个时间标尺并将这个尺度上的点与时刻关联起来，这可以给我们提供绝对时间。时间标尺是任意的；我们将用秒来度量它并且将格林尼治时间（GMT）的 1900 年 1 月 1 日午夜定义为 0 时刻。函数 $Begin$ 和 End 取一个区间的最早时刻和最晚时刻，函数 $Time$ 可以为某个时刻在时间标尺上找出刻度点。函数 $Duration$ 给出开始时间和结束时间之间的差值。

$$Interval(i) \Rightarrow Duration(i) = (Time(End(i)) - Time(Begin(i)))$$

$$Time(Begin\,(AD1900)) = Seconds(0)$$
$$Time(Begin\,(AD2001)) = Seconds(3187324800)$$
$$Time(End(AD2001)) = Seconds(3218860800)$$
$$Duration(AD2001) = Seconds(31536000)$$

为了使这些数字更容易读，我们还引入了一个函数 *Date*，它读入六个参数（小时、分钟、秒、日、月以及年）并返回一个时间点：

$$Time(Begin\,(AD2001)) = Date(0, 0, 0, 1, Jan, 2001)$$
$$Date(0, 20, 21, 24, 1, 1995) = Seconds(3000000000)$$

两个区间 *Meet*（相接），如果第一个的结束时间和第二个的开始时间相等。Allen（1983）提出的区间关系的完整集合用图形展示在图 12.2 中，逻辑上如下：

$$
\begin{aligned}
Meet(i, j) &\Leftrightarrow End(i) = Begin(j) \\
Before(i, j) &\Leftrightarrow End(i) < Begin\,(j) \\
After(j, i) &\Leftrightarrow Before(i, j) \\
During(i, j) &\Leftrightarrow Begin\,(j) < Begin\,(i) < End(i) < End(j) \\
Overlap(i, j) &\Leftrightarrow Begin\,(i) < Begin\,(j) < End(i) < End(j) \\
Begins(i, j) &\Leftrightarrow Begin\,(i) = Begin\,(j) \\
Finishes(i, j) &\Leftrightarrow End\,(i) = End\,(j) \\
Equals(i, j) &\Leftrightarrow Begin\,(i) = Begin\,(j)\ \wedge\ End(i) = End(j)
\end{aligned}
$$

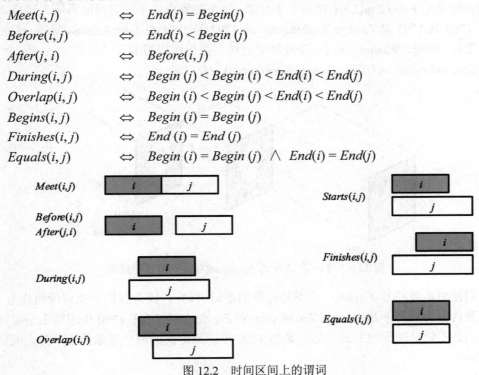

图 12.2　时间区间上的谓词

这些都具有直观含义，*Overlap* 例外：我们倾向于认为重叠是对称的（如果 *i* 重叠 *j*，那么 *j* 重叠 *i*），但在这个定义中，只有当 *i* 在 *j* 之前开始时，*Overlap*(*i*, *j*) 才成立。为了说明伊丽莎白二世（Elizabeth II）的统治在乔治六世（George VI）之后，艾尔维斯（Elvis）的统治与 20 世纪 50 年代重叠，我们可以写成：

$$Meets(ReignOf(GeorgeVI), ReignOf(ElizabethII))$$
$$Overlap(Fifties, ReignOf(Elvis))$$
$$Begin(Fifties) = Begin(AD1950)$$
$$End(Fifties) = End(AD1959)$$

12.3.3　流和对象

从物理对象是一块空间-时间片断的意义上来讲，物理对象可以被看作泛化事件。例如，*USA* 可以看作是一个事件，它先作为 13 个州的联合体开始于 1776 年，今天它还在前进中，作为 50 个州的联合体。我们可以用状态流（fluents）来描述 *USA* 的变化的属性，例如 *Population*(*USA*)。USA 每 4 年或 8 年发生一次改变（除非发生小意外）的一个属性是它的总统。可能有人认为 *President*(*USA*)是在不同时间指示不同对象的一个逻辑术语。不幸的是，这是不可能的，因为在一个给定的模型结构里一个术语准确地指示一个对象。（依赖 *t* 的值，术语 *President*(*USA*)可以指示不同的对象，但我们的本体论保持时间标识从流中分离出来。）唯一的可能就是 *President*(*USA*)指示单个对象，这个对象由在不同时间的不同人组成。这个对象从 1789 到 1797 是 George Washington，从 1797 到 1801 是 John Adams，等等，像图 12.3 一样。要说 George Washington 在 1790 年是总统，我们可以写成

$$T(Equals(President(USA)\,,\,GeorgeWashington),\,AD1790)$$

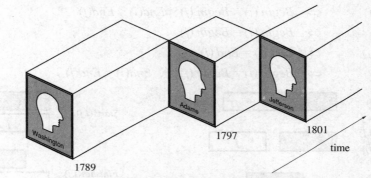

图 12.3　存在了 15 年的 *President*(*USA*)对象的示意图

我们使用函数符号 *Equals*，而不是标准的逻辑谓词=，因为我们不能将谓词作为 *T* 的参数，而且因为解释不是 *George Washington* 和 *President*(*USA*)在 1790 年逻辑上是等同的；逻辑等同是不随时间而改变的。等同是由 1790 年期间定义的两个对象的子事件之间的。

12.4　精神事件和精神对象

迄今为止我们已经构建的 Agent 具有信念并且可以演绎出新的信念。然而它们没有一个具有关于信念或者关于演绎的知识。关于自身知识和推理过程的知识对于控制推断是有用的。例如，假设 Alice 问道 "1764 的平方根是多少"，而 Bob 回答道 "我不知道。" 如果 Alice 坚持要 Bob "努力思考，" Bob 应该意识到如果更多一些思考，实际上就能回答这个问题。另一方面，如果问题是 "你妈妈现在坐下来了吗？" 那么 Bob 应该意识到努力思考也不可能有帮助。关于其他 Agent 的知识的知识也是重要的；Bob 应该意识到他妈妈知道她是否坐下来了，去问问她可能是一条途径。

我们所需要的是在某人头脑里的（或在某事的知识库里的）精神对象的以及操控这些

精神对象的精神过程的一个模型。这个模型不需要很细。我们不需要能够预测一个特定的 Agent 将花多少毫秒来进行推演。只要能够得出结论——妈妈知道她是否是坐着的，我们就高兴了。

我们从**命题态度**（propositional attitudes）开始，一个 Agent 对精神对象可以有态度：例如相信（*Believes*）、知道（*Knows*）、想要（*Wants*）、打算（*Intends*）和通知（*Informs*）。困难是，这些态度表现得不像"平常的"谓词一样。例如，我们试图断言 Lois 知道 Superman 能飞：

$$Knows(Lois, CanFly(Superman))$$

这里面的一个小问题是，我们通常将 *CanFly*(*Superman*)看成是一个语句（sentence），但这里它是作为一个项（term）出现的。通过物化 *CanFly*(*Superman*)就可以弥补这个问题；把它变为一个流（fluent）。一个更严重的问题是，如果 "Superman 是 Clark Kent" 成立，那么我们一定得出结论——Lois 知道 Clark 能飞。

$$(Superman = Clark) \land Knows(Lois, CanFly(Superman))$$
$$\models Knows(Lois, CanFly(Clark))$$

这是逻辑中加入了等式推理这个事实的结果。通常，这是好事；如果 Agent 知道 2+2=4 以及 4<5，那么我想要我们的 Agent 知道 2+2<5。这个特性称为**指代透明性**（referential transparency）——一个逻辑使用什么项来指代一个对象并不重要，重要的是这个项所命名的对象。但对命题态度而言，像 *Believes* 和 *Knows*，我们想要的是指代不透明性——使用的项是重要的，因为不是所有的 Agent 知道哪些项是相互指代的。

模态逻辑（Modal logic）是用来处理这个问题的。常规的逻辑关心单模态，真值模态，让我们可以表达 "*P* 为真。" 模态逻辑包含专用模态算子，它使用语句（而非项）作为参数。例如，"*A Knows P*" 用 $\mathbf{K}_A P$ 表示，其中 $\mathbf{K}$ 是用于知识的**模态算子**（modal operator）。它带有两个参数，一个 Agent（写为下标）和一个语句。模态逻辑的语法与一阶逻辑相同，只是语句也可用模态算子形成。

模态逻辑的语义更复杂。在一阶逻辑中，一个模型（model）包含一组对象以及将每个名称映射到合适对象、关系或函数的一个解释。在模态逻辑中，我们想要能够考虑超人（superman）的秘密身份是 Clark 和不是 Clark 两种可能性。因此，我们将需要一个更复杂的模型，这个模型由一组**可能世界**（possible worlds）组成，而非仅仅一个真实世界。这些世界在一个图中用**可达性关系**（accessibility relations）连接起来，每个模态算子一个关系。如果 w_1 的一切与 *A* 在 w_0 中所知道的是一致的，我们就说世界 w_1 是从 w_0 关于模态算子 $\mathbf{K}_A$ 可达的，我们把这记为 $Acc(\mathbf{K}_A, w_0, w_1)$。在像图 12.4 的示意图中，我们将可达性展示为可能世界之间的箭头。例如，真实世界里，Bucharest 是 Romania（罗马尼亚）的首都，但对于一个并不知道这一点的 Agent 来说，其他可能世界是可达的，包括 Romania 的首都是 Sibiu 或 Sofia 的世界。一个 2+2=5 的世界可能对于任何 Agent 都是不可达的。

通常，在世界 *w* 里一个知识原子 $\mathbf{K}_A P$ 为真，当且仅当在从 *w* 可达的每个世界里 *P* 都为真。更复杂语句的真值可以通过递归使用这条规则以及一阶逻辑的常规规则而导出。这意味着模态逻辑可以用于对嵌套知识语句进行推理：一个 Agent 知道另一个 Agent 的哪些知识。例如，我们可以说，即使 Lois 不知道 Superman 的秘密身份是否是 Clark Kent，但她确实知道 Clark 知道：

$$\mathbf{K}_{Lois}[\mathbf{K}_{Clark}Identity(Superman, Clark) \lor \mathbf{K}_{Clark}\lnot Identity(Superman, Clark)]$$

图 12.4 展示了这个问题领域的一些可能世界，带有对于 Lois 和 Superman 的可达性关系。

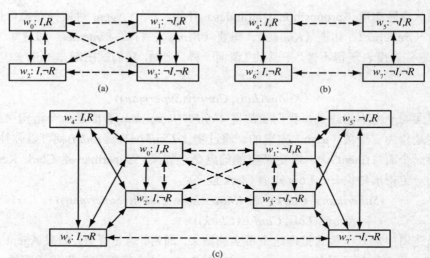

图 12.4　具有可达性关系 $\mathbf{K}_{Superman}$（实线箭头）和 $\mathbf{K}_{Lois}$（虚线箭头）的可能世界。命题 R 表示"天气预报说明天下雨"，I 表示"Superman 的秘密身份是 Clark Kent。"所有世界对于它们自己是可达的；所以没有画出从一个世界到它自己的箭头

在左上方的示意图中，"Superman 知道他自己的身份（Identity）"是常识知识，他和 Lois 都没看过天气报告。因此在 w_0 中世界 w_0 和 w_2 对 Superman 来说是可达的；也许预测了下雨（Rain），也许没有预测。对于 Lois 来说，四个世界相互是可达的；她并不知道任何天气报告，也不知道 Clark 是否是 Superman。但她知道"Superman 知道他是否是 Clark，"因为在对于 Lois 来说可达的每个世界，Superman 要么知道 I，要么知道 ¬I。Lois 确实不知道是哪种情况，但无论哪种情况她知道 Superman 知道。

在右上方的示意图中，"Lois 看过天气报告"是常识知识。因此在 w_4 中，她知道预测了要下雨，而在 w_6 中，她知道预测了不下雨。Superman 并不知道天气报告，但他知道 Lois 知道天气报告，因为在他可达的每个世界里，她要么知道 R，要么知道 ¬R。

在下方的示意图中，我们表示的场景是，"Superman 知道他的身份"是常识知识，而 Lois 可能看过或者没看过天气报告。我们通过结合顶上的两个场景来表示这个场景，增加一些箭头来说明 Superman 并不知道哪个场景是实际上成立的场景。但 Lois 确实知道，因此我们不需要为她增加任何箭头。在 w_0 中，Superman 仍然知道 I 但不知道 R，而且现在他不知道 Lois 是否知道 R。根据 Superman 所知道的，他可能在 w_0 或 w_2，这种情况下 Lois 不知道 R 是否为真，或者他可能在 w_4，这种情况下她知道 R，或者他在 w_6，这种情况下她知道 ¬R。

可能世界有无限多个，因此技巧是只引入你所需要的可能世界来表示你试图建模的东西。要谈论不同的可能事实（例如，预报了下雨或不下雨），或谈论不同的知识状态（例如，Lois 是否知道下雨预报），就需要一个新的可能世界。这意味着两个可能世界，例如图 12.4 中的 w_4 和 w_0，可能有相同的关于世界的基础事实，但有不同的可达性关系，从而关于知

识的事实也是不同的。

模态逻辑用量词和知识的相互作用解决一些棘手问题。英语句子"Bond knows that someone is a spy"是有歧义的。第一种解读是，有一个特定的某人，Bond 知道他是间谍（spy）；我们将这写为

$$\exists x\ \mathbf{K}_{Bond}Spy(x)$$

在模态逻辑中这表示，存在一个 x，在所有可达的世界里，Bond 知道他是一个间谍。第二种解读是，Bond 只是知道至少存在一个间谍：

$$\mathbf{K}_{Bond}\ \exists x\ Spy(x)$$

模态逻辑的解释是，在每个可达的世界里，存在一个是间谍的 x，但不需要每个世界是同一个 x。

现在我们有了一个针对知识的模态算子，我们可以为它写出公理。首先，我们可以说 Agent 能够进行推演；如果一个 Agent 知道 P，还知道 P 隐含 Q，那么 Agent 就知道 Q：

$$(\mathbf{K}_a P \wedge \mathbf{K}_a(P \Rightarrow Q)) \Rightarrow \mathbf{K}_a Q$$

从这条规则（以及关于逻辑等式的其他一些规则），我们可以建立起 $\mathbf{K}_A(P \vee \neg P)$ 是同义反复；每个 Agent 都知道每个命题 P 要么为真要么为假。另一方面，$(\mathbf{K}_A P) \vee (\mathbf{K}_A \neg P)$ 不是同义反复；一般，将会有很多命题，Agent 并不知道它们为真，也不知道它们为假。

有人说（回到柏拉图），知识是合理的真信念。就是说，如果它为真，如果你相信它，如果你有一个攻不破的好理由，那么你知道它。这意味着，如果你知道某事，它就必定是真的，我们得到公理：

$$\mathbf{K}_a P \quad \Rightarrow \quad P$$

此外，逻辑 Agent 应该能够内观它们自己的知识。如果它们知道某事，那么它们就知道"它们知道这事"：

$$\mathbf{K}_a P \quad \Rightarrow \quad \mathbf{K}_a\,(\mathbf{K}_a P)$$

我们可以为信念（经常用 **B** 表示）和其他模态定义类似的公理。然而，模态逻辑方法的一个问题是，它假设 Agent 是**逻辑全知者**（logical omniscience）。也就是说，如果 Agent 知道一组公理，那么它知道这些公理的所有结果。即使对于知识的有点抽象的概念，这有点站不住脚，但对于信念来说，情况似乎更糟，因为信念有更多的隐含含义暗指 Agent 里物理上描绘的东西，不只是潜在可推导的东西。有人尝试定义 Agent 的有限的理性形式；说 Agent 相信用不多于 k 个推理步骤或不多于 s 秒的计算量推导出的这些断言。这些尝试通常是让人不满意的。

12.5 类别的推理系统

我们已经看到类别是任何大规模知识表示方案的基本积木。本节描述为类别的组织和推理特别设计的系统。有两个关系密切的系统家族：**语义网络**（semantic networks）为知识库可视化提供图形的帮助，并为在类别隶属关系基础上推断对象的属性提供有效算法；**描述逻辑**（description logics）为构建和组合类别定义提供形式语言，并为判定类别之间的子集（subset）和超集（superset）关系提供有效算法。

12.5.1   语义网络

1909 年，Charles S. Peirce 提出了称为**存在图**（existential graphs）的结点和弧的图形化符号表示，他自己称它为"未来的逻辑"。这引发了"逻辑"拥护者和"语义网络"拥护者之间的长期争论。不幸的是，这个争论遮掩了一个事实：语义网络——至少那些明确定义了语义的语义网络——是逻辑的一种形式。语义网络为特定类型语句提供的符号表示通常更方便，但是如果我们剥掉"人性化界面"，底下的基本概念——对象、关系、量化等等——是一样的。

语义网络有很多变种，但是都具有表示个体对象、对象类别以及对象间关系的能力。一个典型的图形符号表示在椭圆或方框内显示对象或类别的名称，并用有标记的弧连接它们。例如，图 12.5 中在 *Mary* 和 *FemalePersons* 之间有一条 *MemberShip* 连接，对应于逻辑断言 *Mary* ∈ *FemalePersons*；类似地，在 *Mary* 和 *John* 之间的连接 *SisterOf* 对应于断言 *SisterOf*(*Mary*, *John*)。我们可以用连接 *SubsetOf* 把类别联系起来，并依此类推。画泡泡和箭头是如此的有趣以至于可能令人迷失方向。例如，我们知道人（persons）拥有女性（female persons）作为母亲，我们能因此画一个从 *Persons* 到 *FemalePersons* 的连接 *HasMother* 吗？答案是不能，因为 *HasMother* 是一个人和他/她母亲之间的关系，而类别是没有母亲的 [1]。

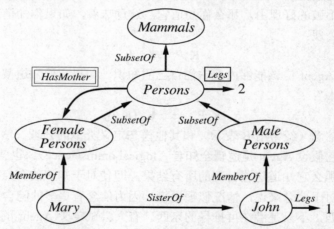

图 12.5   一个具有四个对象（John，Mary，1 和 2）和四个类别的语义网络。关系用带标记的连接表示

由于这个原因，我们在图 12.5 中使用了一个特殊符号——双线框连接。这个连接断言

$$\forall x \quad x \in Persons \quad \Rightarrow \quad [\forall y \quad HasMother(x, y) \Rightarrow \quad y \in FemalePersons]$$

我们可能也想断言人有两条腿——即，

$$\forall x \quad x \in Persons \quad \Rightarrow \quad Legs(x, 2)$$

像以前一样，我们需要小心地不去断言一个类别有腿；图 12.5 中的单线框连接用于断言类别的每个成员的属性。

---

1   一些早期的系统未能分辨类别成员的属性和类别整体属性的差别。这会直接导致矛盾，如 Drew McDermott (1976)在他的文章"人工智能遇到天生的愚蠢"（Artificial Intelligence Meets Natural Stupidity）中所指出的。另一个常见的问题是对子集和成员关系都使用 *IsA* 连接，和英语用法一致："a cat is a mammal"和"Fifi is a cat"。这些问题的更多内容参见习题 12.22。

　　语义网络符号表示使得执行第 12.2 节介绍的那种类型的**继承**（inheritance）推理十分方便。例如，由于作为人的优点，Mary 继承了拥有两条腿的性质。因此，要找出 Mary 有多少条腿，继承算法跟踪从 Mary 到她所属类别的连接 *MemberOf*，接着跟踪通向上一层的连接 *SubsetOf*，直到找到一个带有线框连接 *Legs* 的类别——这个例子中，就是 *Persons* 类别。与逻辑定理证明相比，这种推理机制的简单性和高效性已经成为语义网络的主要吸引力之一。

　　当一个对象能够属于不止一个类别或一个类别能够是不止一个其他类别的子类时，继承变得复杂了；这称为**多重继承**（multiple inheritance）。在这些情况下，继承算法可能找到两个和更多个相互冲突的值来回答查询。由于这个原因，多重继承在一些**面向对象程序设计**（OOP）语言中被禁止，比如 Java，这些语言在类层次中使用继承。这在语义网络中通常是允许的，但是我们把关于这个的讨论推迟到 12.6 节。

　　与一阶逻辑相比，读者可能注意到语义网络标记的一个明显缺点：泡泡之间的连接只能表示二元关系。例如，不能在语义网络中直接断言语句 *Fly(Shankar, NewYork, NewDelhi, Yesterday)*。虽然如此，我们将命题本身物化为属于合适事件类别的一个事件，就可以达到 n 元断言的效果。图 12.6 展示了这个特定事件的语义网络结构。注意二元关系的限制强制创建了物化概念的一个丰富的本体论。

图 12.6　展示逻辑断言 *Fly(Shankar, NewYork, NewDelhi, Yesterday)* 的语义网络的一个片段

　　命题物化使得用语义网络符号表示一阶逻辑的每个基础的、函数无关的原子语句成为可能。特定种类的全称量化语句可以通过使用逆向链接和用于类别的单线框以及双线框箭头来断言，但是要达到完全一阶逻辑，仍有很长的路留给我们走。所有的否定式、析取式、嵌套函数符号以及存在量词都不见了。扩展标记使它跟一阶逻辑等价是可能的——如 Peirce 的存在图——但是这么做否定了语义网络的主要优点之一，即推理过程的简单性和透明性。设计者可以建立一个大规模网络，并对什么样的查询是高效的仍然有很好的了解，因为（a）使得要推理过程经过的步骤可视化是容易的，（b）在某些情况下查询语言是如此的简单以至于不可能提出困难的查询。在表达能力被证明过于有限的情况下，许多语义网络系统提供**过程性附件**（procedural attachment）来弥补鸿沟。过程性附件是一种技术，由此关于特定关系的查询（有时是断言）导致调用一个为该关系设计的特殊过程，而不是一个通用推理过程。

　　语义网络的一个最重要的方面是表示类别**缺省值**（default values）的能力。仔细检查图 12.5，会发现 John 只有一条腿，尽管事实上 John 是一个人而且所有的人都有两条腿。

在一个严格的逻辑知识库中，这会是一个矛盾，但是在语义网络中，每个人都有两条腿的断言只有缺省状态；即，一个人被假定拥有两条腿，除非这与更特定的信息矛盾。缺省语义自然地被继承算法强制执行，因为它沿着对象自身（在这个例子中是 John）的连接向上，一旦找到一个值就停止。我们说缺省值被更特定的值所**重载**（overridden）。注意通过创建 *Persons* 的一个子集 *OneLeggedPersons* 类别（*John* 是它的成员），我们也能重载腿的缺省个数。

我们可以对网络保持一个严格的逻辑语义，如果我们说对 *Persons* 的 *Legs* 断言包含对 *John* 的例外：

$$\forall x \quad x \in Persons \quad \wedge \quad x \neq John \quad \Rightarrow \quad Legs(x, 2)$$

对于一个固定的网络，这在语义上是足够的，但是如果有很多例外的话，这会远远没有网络符号自身简明。然而，对于一个将用更多断言更新的网络，这样的方法是失败的——我们确实想说只有一条腿的未知的任何人也是例外。12.6 节在这个问题和一般的缺省推理上探讨得更深入。

12.5.2　描述逻辑

一阶逻辑的语法被设计成易于描述关于对象的事情。**描述逻辑**（description logics）是被设计成更容易描述类别的定义和属性的符号表示。语义网络在形式化其网络含义的同时，还要保持强调分类结构作为组织原则，描述逻辑系统是作为对这种压力的反应而从语义网络演化而来的。

描述逻辑的主要推理任务是**包含**（subsumption）（通过比较定义检查一个类别是否是另一个类别的子集）和**分类**（classification）（检查一个对象是否属于一个类）。某些系统也包括类别定义的**一致性**（consistency）——隶属标准在逻辑上是否可满足。

CLASSIC 语言（Borgida 等人，1989）是一种典型的描述逻辑。图 12.7 显示了 CLASSIC 描述的语法[1]。例如，要说单身汉是未结婚的成年男性，我们写为：

$$Bachelor = And(Unmarried, Adult, Male)$$

$$
\begin{aligned}
Concept \quad &\rightarrow \quad \textbf{Thing} \mid ConceptName \\
&\mid \quad \textbf{And}(Concept, \cdots) \\
&\mid \quad \textbf{All}(RoleName, Concept) \\
&\mid \quad \textbf{AtLeast}(Integer, RoleName) \\
&\mid \quad \textbf{AtMost}(Integer, RoleName) \\
&\mid \quad \textbf{Fills}(RoleName, IndividualName, \cdots) \\
&\mid \quad \textbf{SameAs}(Path, Path) \\
&\mid \quad \textbf{OneOf}(IndividualName, \cdots) \\
Path \quad &\rightarrow \quad [RoleName, \cdots]
\end{aligned}
$$

图 12.7　CLASSIC 语言一个子集的描述语法

---

[1]　注意语言不允许只是简单说明一个概念或类别是另一个的子类。这是一个深思熟虑的策略：类别间的包含必须能够根据类别描述的一些方面推论出来。如果不能的话，那么描述中缺少一些东西。

一阶逻辑中的等价语句是

$$Bachelor(x) \quad \Leftrightarrow \quad Unmarried(x) \ \wedge \ Adult(x) \ \wedge \ Male(x)$$

注意描述逻辑拥有谓词上的代数操作，这是我们在一阶逻辑中不能做到的。CLASSIC 中的任何描述都能等价地转换为一个一阶逻辑语句，但在 CLASSIC 中一些描述更直接。例如，用来描述一个男人的集合，这样的男人至少有三个儿子且至多有两个女儿，儿子都失业了并与医生结了婚，女儿都是物理系或数学系的教授，我们用下述语句表示

$And(Man, AtLeast(3, Son), AtMost(2, Daughter),$

$\quad All(Son, And(Unemployed, Married, All(Spouse, Doctor))),$

$\quad All(Daughter, And(Professor, Fills(Department, Physics, Math)))).$

可以把这个语句翻译成一阶逻辑语句，留作练习。

描述逻辑最重要的方面可能是它们强调推理的可操作性。一个问题实例的求解，是通过描述它，然后询问它是否被几个可能的解类别之一所包含，而完成的。在标准的一阶逻辑系统中，预测求解时间通常是不可能的。设计好的表示，以绕开那些看起来导致系统消耗几个星期来求解一个问题的语句集，这个任务经常留给了用户。在另一方面，描述逻辑的重点是确保包含测试能在描述规模的多项式时间内求解。[1]

这原则上听起来是美妙的，直到意识到它只能有两个结果中的一个：或者难的问题根本不能被陈述，或者它们需要指数级的大规模描述！然而，可操作性的结果的确把哪一类结构引起问题清楚明白地显示出来，从而帮助用户理解不同的表示是如何运转的。例如，描述逻辑通常缺乏否定式和析取式。为了确保完备性，每个否定式或析取式都要强制一阶逻辑系统经过一个潜在指数级的情况分析。CLASSIC 只允许 *Fills* 和 *OneOf* 结构中出现受限形式的析取式，它允许在明确的枚举个体上的析取式，但不能是描述上的。通过析取描述，嵌套定义可以容易地导致指数量级的可选择路径，通过这样的路径一个类别能够包含另一个类别。

12.6 缺省信息推理

在前一节中，我们看到了一个用缺省情形——人有两条腿——进行断言的简单例子。这个缺省可以被更特定的信息重载，比如 Long John Silver 只有一条腿。我们看到语义网络中的继承机制用简单而又自然的方法实现了对缺省的重载。在这一节中，我们更一般地研究缺省，通过面向理解缺省语义的观点，而不是只提供一种过程性机制。

12.6.1 限定和缺省逻辑

我们已经看了推理过程的两个例子，它们违反了第 7 章中证明的逻辑**单调性**（monotonicity）特性[2]。在本章，我们看到语义网中被一个类别的所有成员继承的属性可

---

1 实践中，CLASSIC 提供高效的包含测试，但是最坏情况下的运行时间是指数级的。

2 回想一下，单调性要求所有被蕴涵的语句在新的语句添加到知识库（KB）后仍然保持被蕴涵。即，如果 $KB \models \alpha$，那么 $KB \wedge \beta \models \alpha$。

以被子类别更特定的信息重载。在第 9.4 节解，我们看到在封闭世界假设下，如果一个命题 α 在 KB 中没有提及，那么 $KB \models \neg\alpha$，但 $KB \wedge \alpha \models \alpha$。

简单的反省表明，这些单调性的失败在常识推理中是普遍的。人类似乎经常"跳向结论。"例如，当有人看见一辆汽车泊在街道上，他一般会愿意相信它有 4 个轮子，即使只有 3 个轮子是可见的。现在，概率理论当然可以提供一个结论——存在 4 个轮子的概率很高，然而，对于大多数人，汽车没有 4 个轮子的可能性不会上升，除非有新证据出现。因此，似乎缺省地得到 4 个轮子的结论，如果没有任何理由怀疑它。如果新证据来了——例如，如果有人看见车主搬着一个轮子而且注意到车子用千斤顶顶起——那么结论可以被撤销。这种推理被称为呈现**非单调性**（nonmonotonicity），因为信念集没有随着新证据的到来而在时间上单调递增。**非单调逻辑**（nonmonotonic logics）是通过修改真值和蕴涵符号而设计的，用来捕获这种行为。我们将看看两个这样的已经被深入研究的逻辑：限定和缺省逻辑。

限定（circumscription）可以被看作封闭世界假设的一个更加强大和准确的版本。该思想是指定被假设为"尽可能错"的特殊谓词——即，除了那些已知为真的对象之外的每个对象都为假。例如，假设我们想断言鸟能飞翔的缺省规则。我们引入一个谓词，叫做 $Abnormal_1(x)$，并写作

$$Bird(x) \wedge \neg Abnormal_1(x) \Rightarrow Flies(x)$$

如果我们说 $Abnormal_1(x)$ 是**被限定的**（circumscribed），一个限定推理器被授权来假设 $\neg Abnormal_1(x)$，除非 $Abnormal_1(x)$ 已知为真。这允许从前提 $Bird(Tweety)$ 得出结论 $Flies(Tweety)$，但如果 $Abnormal_1(Tweety)$ 被断言，则该结论不再成立。

限定可以被视为**模型偏好**（model preference）逻辑的一个例子。在这种逻辑中，如果一个语句在知识库的所有偏好模型中都为真，那么它是被蕴涵的（缺省情形），与经典逻辑中要求在所有模型中都为真相对。对于限定，如果一个模型有更少的反常（abnormal）对象，那么它相对于另一个而言是被偏好的 [1]。让我们来看一下这个思想在语义网络的多重继承上下文中是如何工作的。显示多重继承性有问题的一个标准例子被称为"尼克松钻石"。这产生于如下观察事实：理查德·尼克松（Richard Nixon）既是一个教友派信徒（Quaker）（因此缺省为和平主义者）又是一个共和党人（Republican）（因此缺省不是和平主义者）。这些我们写为：

$$Republican(Nixon) \wedge Quaker(Nixon)$$
$$Republican(x) \wedge \neg Abnormal_2(x) \Rightarrow \neg Pacifist(x)$$
$$Quaker(x) \wedge \neg Abnormal_3(x) \Rightarrow Pacifist(x)$$

如果我们限制 $Abnormal_2$ 和 $Abnormal_3$，有两个偏好模型：一个模型中 $Abnormal_2(Nixon)$ 和 $Pacifist(Nixon)$ 成立，另一个模型中 $Abnormal_3(Nixon)$ 和 $\neg Pacifist(Nixon)$ 成立。这样，限定推理器对于 Nixon 是否是一个和平主义者保持完全的不可知。另外，如果我们希望断言宗教信仰优先级高于政治信仰，我们可以用一个称为**优先化限定**（prioritized circumscription）的形式化方法给出对 $Abnormal_3$ 最小化的模型的优先选择。

1　对于封闭世界假设，如果一个模型有更少的真值原子，那么它相对于另一个是偏好的——即，偏好的模型是**最小模型**。在 CWA 和确定子句 KB 之间有一个自然的连接，因为在这样的 KB 中使用前向链接到达的不动点是唯一一最小模型。（参见第 7.5.5 节。）

　　缺省逻辑（default logic）是一种形式化方法，其中可以写出**缺省规则**（default rules），用于生成偶发的、非单调的结论。一条缺省规则看起来像这：

$$Bird(x) : Flies(x) / Flies(x)$$

这条规则的意思是如果 $Bird(x)$ 为真，而且如果 $Flies(x)$ 同知识库一致，那么 $Flies(x)$ 可能被缺省推断。通常，缺省规则有这样的形式

$$P : J_1, \cdots, J_n / C$$

其中 P 被称为先决条件，C 是结论，J_i 是准则——如果它们中的任何一个能被证明是假的，那么就不能得出结论。在 J_i 或 C 中出现的任何变量必须也在 P 中出现。尼克松钻石例子能够用一条事实和两条缺省规则的缺省逻辑表示：

$$Republican(Nixon) \ \wedge \ Quaker(Nixon)$$

$$Republican(x) : \ \neg Pacifist(x) / \neg Pacifist(x)$$

$$Quaker(x) : \ Pacifist(x) / Pacifist(x)$$

　　为了解释这条缺省规则的含义，我们定义缺省理论的**扩展**（extension）符号，是缺省理论的一个最大的结果集。也就是说，扩展 S 由原始已知事实和从缺省规则得到的一个结论集合组成，这样没有额外的结论能从 S 获得，S 中每个缺省结论的准则都与 S 一致。在限定的偏好模型情况下，对尼克松钻石问题我们有两种可能的扩展：一种在其中他是一个和平主义者，一种在其中他不是一个和平主义者。优先化方案存在于一些缺省规则可以被赋予比其他规则更高优先级的情况中，允许解决一些多义性。

　　自从 1980 年非单调性逻辑首次被提出以来，在理解它们的数学特性上取得了很大的进展。然而，仍然有尚未解决的问题。例如，如果"汽车有四个轮子"为假，那么某个知识库包含这条规则意味着什么呢？好的缺省规则集合必须具备什么？如果我们不能分别地确定每条规则是否应属于我们的知识库，那么我们就要面临非模块化的严重问题。最后，有缺省情况的信念如何能用于决策中？这可能是缺省推理中最困难的问题。决策通常涉及折中，所以需要在不同动作的结果中比较信度的强度。在重复进行同类决策的情况下，将缺省规则解释为"阈值概率"语句是可能的。例如，缺省规则"我的刹车总是好的"实际上意思是"没有其他信息，我的刹车是好的概率是足够高的，对我而言最优决策是驾驶它而不用进行检查"。当决策上下文发生变化时——例如，当一个人正在驾驶一辆很重的装满货物的卡车在陡峭的山路上向山下行驶时——缺省规则突然变得不适宜，即使没有新证据暗示刹车有问题。这些需要考虑的事项已经引导一些研究者考虑如何将缺省推理嵌入到概率论或效用理论中。

12.6.2　真值维护系统

　　我们已经看到知识表示系统得到的推论只有缺省情况，而不是绝对的确定。不可避免地，这里面某些推论而来的事实最后发现是错误的，将不得不在新的信息面前撤销。这个过程称为**信念修正**（belief revision）[1]。假设一个知识库 KB 包含一条语句 P——可能是被

---

　　[1]　信念修正经常与**信念更新**（belief update）形成对照，当知识库被修改来反映世界的变化时修正就会发生，而不是反映关于固定世界的新信息时。信度更新将信度修正和关于时间与变化的推理结合起来；这与第 15 章中描述的**滤波**（filtering）过程也有联系。

前向链接算法记录的一个缺省结论，或可能只是一个不正确的断言——我们想要执行 TELL(KB, ¬P)。为了避免产生矛盾，我们必须首先执行 RETRACT(KB, P)。这听起来足够容易。然而问题来了，如果有任何附加语句从 P 中推断出来并在 KB 中得到断言。例如，蕴含式 $P \Rightarrow Q$ 可能被用来添加 Q。明显的"解决方案"——撤销从 P 推断出的所有语句——会失败，因为这样的语句可能有除了 P 以外的其他准则（justification）。例如，如果 R 和 $R \Rightarrow Q$ 也在 KB 中，那么 Q 毕竟不是不得不消除的。**真值维护系统**（truth maintenance system）或称 TMS 正是被设计来处理这类复杂情况的。

真值维护的一个非常简单的方法是通过对语句进行从 P_1 到 P_n 的编号，记录语句被告诉给知识库的顺序。当调用了 RETRACT(KB, P_i)时，系统恢复到 P_i 被添加前的状态，由此删除 P_i 以及任何从 P_i 得到的推论。然后语句 P_{i+1} 到 P_n 可以被再次添加。这是简单的，而且它保证知识库是一致的，但是撤销 P_i 需要撤销和重新断言 $n-i$ 个语句，以及取消和重新完成从这些语句得到的推论。对已经添加了许多事实的系统而言——比如大型商业数据库——这是不切实际的。

一种更加有效的方法是基于准则的真值维护系统，或 **JTMS**。在一个 JTMS 中，知识库的每条语句用一个由推理出它的语句集组成的**准则**（justification）来注释。例如，如果知识库已经包含了 $P \Rightarrow Q$，那么 TELL(P)将引起用准则{$P, P \Rightarrow Q$}把 Q 添加到知识库。通常，一个语句可以有任何数目的准则。准则使得撤销保持高效率。给定 RETRACT(P)调用，JTMS 会准确地删除那些满足条件的语句，条件就是 P 是该语句的每条准则的成员。所以，如果一个语句 Q 有单一准则{$P, P \Rightarrow Q$}，那么它会被删除；如果它有附加准则{$P, P \lor R \Rightarrow Q$}，它仍然会被删除；但是如果它还有准则{$R, P \lor R \Rightarrow Q$}，那么它会被留下。这样，撤销 P 需要的时间只依赖于从 P 推导出的语句数，而不是从 P 进入知识库以后添加的其他语句数。

JTMS 假定那些被考虑过一次的语句将可能被再次考虑，所以当一个语句失去所有准则时，我们不是从知识库中完全删除它，而是把它标记为 *out*（在知识库外）。如果随后的断言恢复准则之一，那么我们把语句标记为 *in*（返回知识库中）。这样，JTMS 保留它使用的全部推理链，并当一条准则再次变得有效时，不需要重新推导语句。

除了处理对不正确信息的撤销，TMS 能被用来加速对多重假设情形的分析。例如，假想罗马尼亚奥林匹克委员会正在选择将在罗马尼亚举行的 2048 年奥运会的游泳（swimming），田径（athletics）、骑马（equestrian）项目的场地。例如，设第一个假设为 *Site*(*Swimming, Pitesti*)、*Site*（*Athletics, Bucharest*）和 *Site*（*Equestrian, Arad*）。然后必须进行大量的推理来计算出逻辑结果和因此对这个选择产生的满意程度。如果我们想考虑用 *Site*(*Athletics, Sibiu*)替代，那么 TMS 避免了再次从头开始的需要。作为替代，我们只是简单地撤销 *Site*(*Athletics, Bucharest*)，并断言 *Site*(*Athletics, Sibiu*)，而且 TMS 将处理必要的修正。从选择 *Bucharest* 产生的推理链可以对 *Sibiu* 再次使用，倘若结论相同的话。

一个基于假设的真理维护系统，或称 **ATMS**，被设计来使假设世界之间的这类上下文切换特别高效。在 JTMS 中，准则的维护允许你通过少量的撤销和断言从一个状态迅速地移动到另一个状态，但是在任何时刻只表示一个状态。ATMS 在同一时刻表示已经被考虑的所有状态。然而 JTMS 只需要简单地用 *in* 或 *out* 标记每个语句，ATMS 则需要对每个语句记录哪个假设会使该语句为真。换句话说，每个语句有一个用一组假设集组成的标记。语句只有在一个假设集中的全部假设都成立时才成立。

　　真值维护系统同时也提供一种生成**解释**（explanations）的机制。技术上，语句 P 的一个解释是一个语句集合 E，这样的 E 蕴涵 P。如果 E 中的语句已知为真，那么 E 提供了足够的基础来证明 P 也一定是成立的。但是解释也可以包括**假设**（assumptions）——并不已知为真的语句，但是如果它们正确的话，仍然足够来证明 P。例如，一个人可能没有足够的信息证明他的汽车不能启动，但是一个合理的解释可能包括电池失效的假设。这与汽车如何运转的知识相结合，解释了观察到的（汽车）无反应。在大部分情况下，我们倾向于一个最小的解释 E，意味着 E 中没有合适的子集也是一个解释。ATMS 能够通过我们希望的任何顺序的假设（诸如"车内的汽油"或者"电池失效"），甚至一些互相矛盾的假设来生成对"汽车不能启动"问题的解释。然后我们通过看语句"汽车不能启动"的标记来很快地读出证明该语句的假设集。

　　用来实现真值维护系统的准确算法有一点复杂，这里我们不再谈论。真值维护问题的计算复杂度至少跟命题推理一样大——也就是，NP 难题。因此，你不应该期待真值维护是万能药。不过，当小心使用时，TMS 能够在逻辑系统的能力上提供一个实质的增强以处理复杂环境和假设。

12.7　互联网购物世界

　　在本节中我们综合所学来对互联网上帮助顾客寻找产品供应的购物研究 Agent 的知识进行编码。顾客提供给购物 Agent 一个产品描述，购物 Agent 的任务是产生一个提供出售这种产品的网页列表，并对哪个最好进行排序。在某些情况下，顾客的产品描述是精确的，如 *Canon Rebel XTi* 数码相机，接下来的任务是查找最佳供应的商店。在其他情况下，描述可能只是部分指定的，如价格低于 300 美元的数码相机，Agent 将不得不比较不同的产品。

　　购物 Agent 的环境是整个万维网，一个十分复杂的环境——不是一个玩具般的模拟环境。Agent 的感知信息是网页，但是尽管人类网站用户看到的是屏幕上作为像素点阵显示的 Web 页面，购物 Agent 则将页面感知为一个由普通文字及散布其间的 HTML 标记语言格式命令而组成的字符串。图 12.8 显示了一个 Web 网页和对应的 HTML 字符串。购物 Agent 的感知问题涉及从这类感知信息中抽取有用信息。

　　显然，在 Web 网页上的感知比在开罗驾一辆出租车的感知容易得多。尽管如此，互联网感知任务仍然有复杂性。图 12.8 的 Web 网页与实际购物网站相比较是十分简单的，后者包括 CCS、Cookies、Java、Javascript、Flash、软件机器人排除协议、残缺的 HTML、声音文件、电影、只作为 JPEG 图像一部分出现的文本等。一个 Agent 要能够处理互联网上的所有东西，几乎就像现实世界中能够移动的机器人一样复杂。我们将专心于一个忽略了大部分复杂因素的简单 Agent 上。

　　Agent 的第一个任务是找到与查询相关的产品供应。如果查询是"laptops"（笔记本电脑），那么如果一个页面有最新高端笔记本电脑的评论，该页面就是相关的，但如果它没有提供购买方式，它就不是一个供应商。眼下，我们可以说，如果一个页面在 HTML 连接或网页表格里含有"buy"、"price"、"add to cart"，这个页面就是一个供应。例如，如果页面包含字符串"<a⋯add to cart⋯</a>"，它就是一个供应。这可以用一阶逻辑表示，但编码到

```
Example Online Store
Select from our fine line of products:
  • Computers
  • Cameras
  • Books
  • Videos
  • Music

<h1>Example Online Store</h1>
<i>Select</i> from our fine line of products:
<ul>
<li> <a href="http://example.com/compu">Computers</a>
<li> <a href="http://example.com/camer">Cameras</a>
<li> <a href="http://example.com/books">Books</a>
<li> <a href="http://example.com/video">Videos</a>
<li> <a href="http://example.com/music">Music</a>
</ul>
```

图 12.8 人类用户通过浏览器感知到的一般在线商店（Generic Online Store）的一个 Web 网页形式（顶部），以及浏览器或者购物 Agent 感知到的对应的 HTML 字符串（底部）。在 HTML 中，在 "<" 和 ">" 之间的字符是标记指示，指定页面如何被显示。例如，字符串<i>Select</i>的意思是转换成斜体，显示词 Select，然后结束斜体的使用。诸如 http://example.com/books 这样的网页标识符称为**一致资源定位器**（uniform resource locator, **URL**）。标记<a href="url">Books</a>意味着用**链接文本** Books 创建一个指向 url 的超链接

程序代码中更直接。我们在第 22.4 节中展示如何提取更复杂的信息。

12.7.1　跟踪链接

策略是从一个在线商店的主页出发，考虑所有可以通过跟踪相关链接到达的页面[1]。Agent 将拥有关于很多商店的知识，例如：

$Amazon \in OnlineStores \land Homepage(Amazon, "amazon.com")$

$Ebay \in OnlineStores \land Homepage(Ebay, "ebay.com")$

$ExampleStore \in OnlineStores \land Homepage(ExampleStore, "example.com")$

这些商店将它们的货物分成产品类别，并从它们的主页给主要类别提供链接。次要类别可以通过跟踪相关链接的一个链表来达到，最后我们就能到达供应。换句话说，如果页面能够通过商店主页的相关类别链接的一个链表到达，那么它与查询是相关的，接着再跟踪一个链接就可以达到产品供应：

$Relevant(page, query) \Leftrightarrow$

$\exists store, home \quad store \in OnlineStores \land Homepage(store, home)$

$\land \exists url, url_2 \quad RelevantChain(home, url_2, query) \land Link(url_2, url)$

$\land page = Contents(url)$

这里谓词 $Link(from, to)$表示有一个从 URL "$from$" 到 URL "to" 的超链接。为了定义什么可以当作一个 $RelevantChain$，我们需要跟踪的不是任何旧的超链接，而只是那些与指向产品查询相关链接的链接文本相关联的链接。为此，我们使用 $LinkText(from, to, text)$ 来表示有

1　链接跟踪策略的一个替代方法是利用互联网搜索引擎；互联网搜索背后的技术——信息检索将在第 22.3 节中涵盖。

一个在 *from* 和 *to* 之间的有链接文本 *text* 的链接。如果每个链接的链接文本是描述 *d* 的一个相关类别名，那么两个 URL，*start* 和 *end* 之间的链接链表与该描述 *d* 是相关的。链表自身的存在是通过递归定义来确定的，用空链表(*start* = *end*)作为基础情况：

$RelevantChain(start, end, query) \Leftrightarrow (start = end)$

$\lor (\exists u, text \quad LinkText(start, u, text) \land RelevantCategoryName(query, text)$

$\land RelevantChain(u, end, query))$

现在我们必须定义 *text* 成为 *query* 的一个 *RelevantCategoryName* 的含义是什么。首先，我们需要将字符串和以它命名的类别联系起来。这通过使用一个谓词 *Name*(*s*, *c*) 来完成，它表示字符串 *s* 是类别 *c* 的一个名称——例如，我们可能声称 *Name*("*laptops*", *LaptopComputers*)。更多的关于谓词 *Name* 的例子如图 12.9（b）所示。接下来，我们定义相关性。假设 *query* 是 "laptops"。那么当下面的陈述中有一个成立时，*RelevantCategoryName*(*query*, *text*) 就为真：

- *text* 和 *query* 命名同一个类别——例如，"notebooks" 和 "laptops"。
- *text* 命名一个像 "computers" 这样的超类。
- *text* 命名一个像 "ultralight notebooks（超轻笔记本电脑）" 这样的子类。

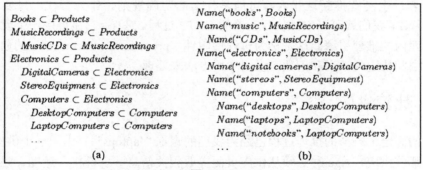

图　12.9
(a) 产品类别分类法。　(b) 这些类别的名称

RelevantCategoryName 的逻辑定义如下：

$RelevantCategoryName(query, text) \Leftrightarrow$

$\exists c_1, c_2 \quad Name(query, c_1) \land Name(text, c_2) \land (c_1 \subseteq c_2 \lor c_2 \subseteq c_1)$　　　　（12.1）

否则，链接文本是不相关的，因为它在此界线以外命名了一个类，例如 "clothes" 或 "lawn & garden（草坪和花园）"。

那么，跟踪相关链接就有了产品类别的丰富层次，这是实质的。这个层次的顶层部分可能看起来像图 12.9（a）。要罗列出所有可能的购物类别是不可行的，因为一个顾客总可能提出一些新的需要，且制造商总是会提供新的商品来满足他们（比如，电动护膝取暖器？）。尽管如此，包含大约 1000 个类别的本体论对大部分顾客而言将是一个十分有用的工具。

除了产品层次本身之外，我们还需要有一个丰富的类别名称词汇。如果类别和命名它们的字符串之间一一对应，那么生活将会容易得多。我们已经看到了**同义词**（synonymy）问题——同一个类别的两个名称，比如 "laptop computers" 和 "laptops"。还有**多义性**

（ambiguity）问题——两个或更多类别用一个名称。例如，如果我们添加语句

$$Name(\text{``CDs''}, CertificatesOfDeposit)$$

到图 12.9（b）所示的知识库中，那么 "CDs" 将命名两个不同的类别。

　　同义词和多义性将导致 Agent 必须跟踪的路径条数显著增长，并且有时会使判断一个给定页面是否真正相关变得困难。更严重的问题是，用户可以输入的描述或商店可以使用的类别名有一个十分广阔的范围。例如，当知识库只有 "laptops" 时，链接可能是 "laptop"；或用户可能寻找 "能够放在航班经济舱座位折叠小桌子上的计算机"。预先枚举一个类别能被命名的所有方法是不可能的，所以在某些情况下为了判断 Name 关系是否成立，Agent 将必须能够进行额外推理。在最坏情况下，这需要完全的自然语言理解，一个我们推迟到第 22 章讨论的话题。实际上，少数几条简单的规则——比如允许 "laptop" 匹配一个名为 "laptops" 的类别——非常有效。习题 12.10 要求你在对联机商店进行一些研究之后，发展出一套这样的规则。

　　给定前面段落的逻辑定义，以及产品类别及命名惯例的适当的知识库，我们是否准备好运用推理算法来得到与我们的查询相关的供应集合了呢？还没有！遗漏的要素是 Contents(url) 函数，它指代给定 URL 的 HTML 页面。Agent 的知识库里面并没有每个 URL 的页面内容；也没有推断这些内容可能是什么的明确规则。作为替代，只要子目标包含 Contents 函数，我们就可以安排执行正确的 HTTP 过程。这样，它显得是一个就像整个 Web 都在知识库内的推理引擎。这是称为**过程性附件**（procedural attachment）的通用技术的一个例子，由此特定的谓词和函数可以用专用方法来处理。

12.7.2　比较供应

　　让我们假定上一节的推理过程已经为我们的查询 "laptops" 产生了一个供应页面集合。为了比较那些供应，Agent 必须从供应页面提取相关信息——价格、速度、磁盘容量、重量等等。这对实际网页是一个很难的任务，因为之前提到的所有原因。一个处理这个问题的通常办法是用称为**封装器**（wrappers）的程序来从一个页面提取信息。信息提取技术在第 22.4 节中讨论。眼下，我们假定封装器存在，且当给定一个页面和一个知识库时，它们给知识库添加断言。典型地，封装器层次将被应用到一个页面：一个很普通的封装器来提取日期和价格，一个特定一些的封装器来提取计算机相关产品的属性，如果需要的话，还可以有一个知道特殊商店格式的特定站点的封装器。已知一个 example.com 的页面上具有文本

```
IBM ThinkBook 970.  Our Price:  $399.00
```

后面跟着各种技术规格说明，我们希望一个封装器提取类似下列信息：

$$\exists c, offer \quad c{\in}LaptopComputers \wedge offer{\in}ProductOffers \wedge$$
$$Manufacturer(c, IBM) \wedge Model(c, ThinkBook970) \wedge$$
$$ScreenSize(c, Inches(14)) \wedge ScreenType(c, ColorLCD) \wedge$$
$$MemorySize(c, Gigabytes(2)) \wedge CPUSpeed(c, GHz(1.2)) \wedge$$
$$Offered\ Product\ (offer, c) \wedge Store\ (offer, GenStore) \wedge$$

URL(*offer*, "example.com/computers/34356.html") ∧

Price(*offer*, $(399)) ∧ Date(*offer*, Today)

这个例子显示出当我们认真地对待商业交易的知识工程任务时出现的几个问题。例如，注意价格是 *offer* 的一个属性，并不是产品自身的。这是重要的，因为一个给定商店的供应可能会天天改变，甚至对于同一台便携式电脑也如此；对某些类别——如房子和油画——同一个个体对象同时被不同中间商以不同的价格提供。还有更复杂的情况我们没有处理，诸如价格可能依赖于付款方式，也可能根据顾客资格确定的某种程度折扣。最后的任务是比较我们已经提取的供应。例如，考虑这三个供应：

A：1.4GHz CPU，2GB RAM，250GB disk，$299。

B：1.2GHz CPU，4GB RAM，350GB disk，$500。

C：1.2GHz CPU，2GB RAM，250GB disk，$399。

A 比 *C* 有优势；也就是，*A* 更便宜更快，而其它方面都一样。通常，如果 *X* 至少一个属性有更好的值而且任何属性都不差，那么 *X* 比 *Y* 有优势。但是 *A* 或 *B* 都不比另一个有优势。为了判定哪一个更好，我们需要知道顾客在 CPU 速度和价格与内存和磁盘空间之间如何权衡。关于多属性间的偏好的一般主题将在第 16.4 节中考虑；到现在为止，我们的购物 Agent 只是简单地返回满足顾客描述的所有不占劣势的供应清单。在这个例子中，*A* 和 *B* 都是不占劣势的。注意这个结果依赖于每个人都倾向于更便宜的价格、更快速的处理器和更大容量存储的假设。一些属性，诸如笔记本的屏幕大小，依赖于用户的特殊偏好（便携性对比可视性）；对于这些，购物 Agent 将不得不询问用户。

我们这里已经描述的购物 Agent 是一个简单的例子；许多改进是可能的。尽管如此，它具有足够的能力，结合恰当的领域特定知识，它能够被购物者实际使用。由于它的陈述性结构，它能够很容易地扩展到更复杂的应用。本节的要点是说明某些知识表示——特别是产品层次——对于这样的 Agent 是必要的，而且一旦我们有了这种形式的某些知识，其余部分就自然而然了。

12.8 本 章 小 结

通过深入细节研究如何表示各种知识，我们希望读者已经对如何构造真实知识库有了一定认识，并且对其中有趣的哲学问题有了一种感觉。要点如下：

● 大规模知识表示需要通用本体论来组织和结合各种特定领域的知识。

● 通用本体论需要涵盖各种广泛的知识，并且原则上应该有能力处理任何问题域。

● 建立大规模的、通用的本体论颇具挑战性，目前还没有完全实现，尽管当前的框架看似十分强壮。

● 我们提出了基于类别和事件演算的**上位本体论**。我们论及了类别、子类别、部分、结构化对象、测度、物质、事件、时间和空间、变化以及信度。

● 自然种类不能完全用逻辑定义，但可以表示自然种类的属性。

● 行动、事件和时间能在情景演算或更有表达力的表示方法（例如事件演算）中表示。这些表示方法使 Agent 能够根据逻辑推理构建规划。

- 我们对互联网购物域进行了详细分析，练习了通用本体论，显示了领域知识是如何被购物 Agent 使用的。
- 专用表示系统，诸如**语义网络**和**描述逻辑**，被设计用来帮助组织类别层次。**继承**是推理的一个重要形式，允许对象属性从它们在类别中的隶属关系演绎出来。
- 在逻辑程序中实现的**封闭世界假设**，提供了一个避免必须说明大量否定信息的简单方法。它最好被解释为能够被附加信息重载的**缺省**。
- **非单调逻辑**，诸如限定和缺省逻辑，通常想要捕捉到缺省推理。
- **真值维护系统**高效地处理知识更新和修正。

参考文献与历史注释

Briggs（1985）宣称形式化知识表示研究开始于古印度对梵语语法的理论化，这可以追溯到公元前的第一个千年。在西方，古希腊数学中术语定义的使用可以被看作最早的例子。Aristotle（亚里士多德）的形而上学（literally, what comes after the book on physics）是本体论的近义词。事实上，任何领域的技术术语的发展都可以被视为一种形式的知识表示。

人工智能中关于表示方法的早期讨论倾向于集中在"问题表示"而不是"知识表示"上。（例如，参见 Amarel（1968）关于传教士和野人问题的讨论。）在 20 世纪 70 年代，人工智能着重在"专家系统"（也称为"基于知识的系统"）的开发上，如果给定合适的领域知识，在狭窄定义的问题上，它足以匹敌或超过人类专家的表现。例如，第一个专家系统，DENDRAL（Feigenbaum（费根鲍姆）等，1971；Lindsay 等，1980）像化学专家一样精确地解释质谱仪（一种用来分析有机化学化合物结构的仪器）的输出。虽然 DENDRAL 的成功有助于使人工智能研究团体相信知识表示的重要性，但是在 DENDRAL 中使用的表示形式是高度特定于化学领域的。随着时间的推移，研究者开始对标准化的知识表示形式化方法和本体论感兴趣，它们能够使创建新的专家系统的过程简化而更有效率。通过这样做，它们闯入了先前由科学和语言的哲学家们探索的领域。为了某人的学说能够"工作"的需要而强加在 AI 中的学科，已经导致比当这些问题曾经属于孤傲的哲学领域（虽然有时它也能导致车轮的重复再发明）时的情况有了更迅速和更深入的进步。

详细分类学或称分类法的创立可以追溯到古代。亚里士多德（公元前 384—322）强烈强调分类和类别方案。他的《工具论》（*Organon*），他死后由他的学生收集的逻辑方面的研究工作文集，包含一篇称为"类别"（*Categories*）的论文，在其中他尝试构造我们现在称为上位本体论的东西。他还引入了低层分类中的**属**（genus）和**种**（species）的符号。我们现在的生物学分类系统，包括"二项式命名法"（在技术意义上，通过属和种进行分类）的使用，是瑞典生物学家 Carolus Linnaeus 或称 Carl von Linne（1707—1778）发明的。与自然种类和不精确的类别边界相关的问题已经被 Wittgenstein（1953）、Quine（1953）、Lakoff（1987）和 Schwartz（1977）研究过。

对大规模本位论的兴趣正在增长，就像《本体论手册》（handbook on Ontologies）（Staab，2004）记载的一样。OPENCYC 项目（Lenat 和 Guha，1990；Matuszek 等，2006）已经发布了一个含有 150 000 条概念的本体论，他们使用了一个类似于图 12.1 的上位本体论，以及特殊概念，像"OLED Display"和"iPhone"，它是一种"cellular phone（蜂窝电话）"，进而是一种"consumer electronics"、"phone"、"wireless communication device"，以及其他概念。DBPEDIA 项目从 Wikipedia（维基百科）提取结构数据；特别是从 Infobox：伴随许多维基百科文章的属性/值对盒子（Wu 和 Weld，2008；Bizer 等，2007）。在 2009 年中期的时候，DBPEDIA 包含了 2600 万条概念，每个概念 100 个事实。IEEE 工作组 P1600.1 建立了 SUMO（Suggested Upper Merged Ontology）（Niles 和 Pease，2001；Pease 和 Niles，2002），它在上位本体论中包含了 1000 个项，以及到 20000 个专门领域的项的链接。Stoffel 等（1997）描述了高效管理大型本体论的算法。从网页中提取的知识的技术在 Etzioni 等（2008）中得到了综述。

在 Web 领域，涌现出许多表示语言。RDF（Brickley 和 Guha，2004）允许三元关系的形式的断言，提供一些名称随时间而进化的方法。OWL（Smith 等，2004）是一种描述逻辑，支持这些三元关系上的推断。目前为止，表示语言的使用似乎与表示的复杂性成反比：传统的 HTML 和 CSS 格式占据了 99%的 Web 内容，接下来是最简单的表示方案，例如 microformats（Khare，2006）和 RDFa（Adida 和 Birbeck，2008），它们使用 HTML 和 XHTML 标记来给文字文本增加属性。复杂的 RDF 和 OWL 本体还没有被广泛使用，语义网络（Berners-Lee 等，2001）的完整版本也还没有实现。"信息系统的形式化本体论"（*Formal Ontology in Information Systems*，缩写为 FOIS）会议包含许多关于通用和专用领域本体论的有趣论文。

本章中用到的分类法是由本书作者开发的，部分基于他们参与 CYC 项目的经验，部分基于 Hwang 和 Schubert（1993）及 Davis（1990，2005）的工作。关于常识知识表示的通用方案的一个激发灵感的讨论出现在 Hayes（1978，1985b）的"朴素的物理学宣言（The Naive Physics Manifesto）"中。

专门领域里的成功的深入的本体论包括基因本体论工程（Consortium,2008）和 CML（Chemical Markup Language）（Murray-Rust 等，2003）。

Doctorow（2001）、Gruber（2004）、Halevy 等（2009）以及 Smith（2004）表达了对一个单个本体论用于所有知识的可行性的怀疑，"最初的建立一个单个本体论的项目……已经很大程度上被放弃了。"

Kowalski 和 Sergot（1986）引入了事件演算来处理连续事件，并且有了一些变种（Sadri 和 Kowalski，1995；Shanahan，1997），也有了综述（Shanahan，1999；Mueller，2006）。van Lambalgen 和 Hamm（2005）展示了事件逻辑如何映射到我们用来谈论事件的语言。事件和情景演算的一种替代方法是流演算（fluent calculus）（Thielscher，1999）。James Allen 由于同样地原因引入了时间区间（Allen，1984），认为对于延伸和并发时间推理，时间区间比情景自然得多。Peter Ladkin（1986a，1986b）引入了"凹"时间区间（具有间隙的区间；本质上是普通的"凸"时间区间的并集）并将数学抽象代数用于时间表示。Allen（1991）系统地研究能用于时间表示的各种技术；van Beek 和 Manchak（1996）分析了时序推理的算法。在本章的基于事件的本体论与哲学家 Donald Davidson（1980）对事件的分析之间有一些明显的共同之处。Pat Hayes（1985a）的流体本体论的历史以及 McDermott（1985）的规划理论的编年史对这个领域和本章也有重要的影响。

对物质的本体论状态的质疑已有很长的历史。Plato 提出物质是与物理对象不同的抽象实体；他会说 *Madeof*(*Butter*$_3$,*Butter*)而不是 *Butter*$_3$∈*Butter*。这导致了物质（substance）层次，例如其中 *UnsaltedButter* 是比 *Butter* 更特殊的物质。本章采用的命题，其中物质是对象类别，是有 Richard Montague（1973）拥护的。它在 CYC 项目中也被采用。Copeland（1993）遇到了严格的但并非不可战胜的攻击。本章提到的替代方法，其中黄油是宇宙中所有像黄油一样的对象组成的一个对象，最初是有波兰逻辑学家 Leśniewski（1916）提出的。他的部分论（mereology）使用部分-整体关系作为数学集合论的替代，目的是消除抽象实体，例如集合。Leonard 和 Goodman（1940）给出了这些思想的一个可读性更强的讲解，Goodman 的《The Structure of Appearance》（1977）将这些思想用到知识表示的不同问题。部分论方法的某些方面是尴尬的——例如，需要独立的基于部分-整体关系的继承机制——这种方法得到了 Quine（1960）的支持。Harry Bunt（1985）对它在知识表示中使用进行了深入分析。Casati 和 Varzi（1999）涵盖了部分、整体以及空间位置。

　　精神对象已经是哲学和人工智能中深入研究的主题。主要由三种方法。本章采用的一种，基于模态逻辑和可能世界，是来自哲学的经典方法（Hintikka，1962；Kripke，1963；Hughes 和 Cresswell，1996）。《reasoning about knowledge》这本书（Fagin 等，1995）进行了全面介绍。第二种方法是一个一阶理论，其中的精神对象是流（fluent）。Davis（2005）以及 Davis 和 Morgenstern（2005）描述了这种方法。它依赖于可能世界形势系统，建立在 Robert Moore（1980，1985）的工作之上。第三种方法是一种句法理论（syntactic theory），其中精神对象表示为字符串。一个字符串是代表一个符号列表的复杂项，因此 *CanFly*(*Clark*) 可以用一个符号列表表示为[*C,a,n,F,l,y*,(,*C,l,a,r,k*,)]。Kaplan 和 Montague（1960）首次深入研究了精神对象的句法理论，他们展示了如果不小心处理就会导致悖论。Ernie Davis（1990）对知识的句法和模态理论进行了很好的比较。

　　希腊哲学家 Porphyry（约 234—305），对于亚里士多德的类别（*Categories*）进行诠释，描绘了可能是第一个有资格的语义网络。Charles S. Peirce（1909）发展出了存在图，作为第一个使用现代逻辑的语义网络形式化方法。Ross Quillian（1961），受对人类记忆和语言处理的兴趣所驱使，开创了 AI 领域内的语义网络工作。马文•明斯基（Marvin Minsky，1975）的一篇有影响力的论文提出了一种称为**框架**的语义网络形式；框架是用属性和与其他对象或类别的关系来表示对象或者类别。关于 Quillian 的语义网络（以及那些其他追随他的方法的研究者提出的语义网络）的语义问题相当尖锐地出现了，由于它们的无处不在而又非常含糊不清的"IS-A 连接"。Woods（1975）的著名文章"连接里有什么？（What's In a Link?）"，把 AI 研究者们的注意力拉向对知识表示形式化方法中准确语义的需要。Brachman（1979）详细阐述了这个观点并提出了解决方案。Patrick Hayes（1979）的"框架逻辑（The Logic of Frames）"讲的更深入，声称"大部分'框架'只是部分一阶逻辑的一种新语法"。Drew McDermott（1978b）的"塔尔斯基语义，或者说，无表示则无符号！（Tarskian Semantics, or, No Notation without Denotation!）"认为，用在一阶逻辑语义中的模型理论方法应该可以用于所有的知识表示形式化方法。这仍然是一个有争议的想法；特别地，McDermott 在"关于纯粹推理的批判（A Critique of Pure Reason）"（McDermott，1987）中逆转了他自己的立场。Selman 和 Levesque（1993）讨论了包含例外的继承的复杂度，表明在大部分形式化方法中它都是 NP 完全的。

　　描述逻辑的发展是瞄准寻找使得推理计算可操作的有用一阶逻辑子集的长期研究中的

最近阶段。Hector Levesque 和 Ron Brachman（1987）揭示了某些逻辑结构——特别地，对析取式和否定式的某些使用——是造成逻辑推理的不可操作性的主要原因。在 KL-ONE 系统（Schmolze 和 Lipkis，1983）的基础上，许多系统已经被开发出来，它们的设计吸收了复杂度的理论分析结果，最著名的是 KRYPTON（Brachman 等，1983）和 Classic（Borgida等，1989）。已经获得的结果是推理速度的显著提高，以及对推理系统中复杂度和表达能力相互关系的更好理解。Calvanese 等人（1999）总结了最前沿的发展状况，而 Baader 等（2007）给出了描述逻辑的详细手册。与这个趋势相反，Doyle 和 Patil（1991）主张限制一种语言的表达能力将使求解特定问题成为不可能的，或者鼓励用户通过非逻辑方法避开语言限制。

处理非单调推理的三个主要形式化方法——限定（麦卡锡，1980），缺省逻辑（Reiter，1980）和模态非单调逻辑（McDermott 和 Doyle，1980）——都在 AI 期刊的一期特辑中进行了介绍。解集程序设计可以视为失败否定式的一个扩展或限定的一个改进；Gelfond 和Lifschitz（1988）介绍了稳定模型语义的基础理论，处于领导地位的解集程序设计系统是DLV（Eiter 等，1998）和 SMODELS（Niemelä 等，2000）。磁盘驱动器的例子来自 SMODELS的用户手册（Syrjänen，2000）。Lifschitz（2001）讨论了用于规划的解集程序设计。Brewka等人（1997）对各种非单调逻辑方法给出了一个很好的综述。Clark（1978）探讨了把失败否定式方法用于逻辑程序设计和克拉克（Clark）完备化中。Van Emden 和 Kowalski（1976）证明每个没有否定式的 Prolog 程序都有一个唯一最小模型。近年来，对于把非单调逻辑应用于大规模知识表示系统，可以看到恢复的兴趣。处理保险收益调查的 BENINQ 系统可能是非单调继承系统的第一个成功的商业应用（Morgenstern，1998）。Lifschitz（2001）讨论了把解集程序设计应用于规划。基于逻辑程序设计的各种非单调推理系统在“逻辑程序设计与非单调推理”（*Logic Programming and Nonmonotonic Reasoning*，缩写为 LPNMR）会议的论文集中有文献记录。

对真值维护系统的研究开始于 TMS（Doyle，1979）和 RUP（McAllester，1980）系统，它们本质上都是 JTMS。Forbus 和 de Kleer（1993）详细描述 TMS 如何用在 AI 应用中。Nayak 和 Williams（1997）展示了一个高效的增量式 TMS（称为 ITMS）如何使得实时规划 NASA 宇航飞船的操作成为可能。

本章未能深入地覆盖知识表示的每个领域。被省略的三个主要课题如下：

- **定性物理**（Qualitative physics）：定性物理是知识表示的一个子领域，特别关心为物理对象和过程构建一个逻辑的、非数值的理论。Johan de Kleer（1975）创造了这个术语，尽管这个事业可以说是从 Fahlman（1974）的 BUILD 开始的，BUILD 是一个用于构造复杂积木塔的复杂精密的规划器。Fahlman 发现在设计它的过程中，大部分努力（他的估计是 80%）都变为对积木世界进行物理建模，以计算积木块各种组件的稳定性，而不是进行规划本身。他勾画了一个假设的朴素仿物理过程（naive-physics-like）来解释为什么小孩不需要访问 BUILD 物理建模中使用的高速浮点运算器算法就能解决那些类似 BUILD 的问题。Hayes（1985）用“历史（histories）”——四维时空片，类似于 Davidson 的“事件”——来构建一个相当复杂的朴素流体物理。Hayes 第一个证明了如果水龙头一直开着那么塞上塞子的浴缸里的水最终将溢出，以及一个掉进湖里的人将浑身湿透。Davis（2008）对流体本体论进行了更新，描述了流体倒进容器。

De Kleer 和 Brown（1985）、Ken Forbus（1985）以及 Benjamin Kuipers（1985）独立而且几乎同时发展了基于基础等式的定性抽象对物理系统进行推理的系统。定性物理很快已经发展到了可能分析令人印象深刻的各种复杂物理系统的程度（Yip，1991）。定性技术已经用来构造设计新颖的时钟、挡风玻璃刮水器、六条腿的行走机器人（Subramanian 和 Wang，1994）。文集《物理系统的定性推理读物》（*Readings in Qualitative Reasoning about Physical Systems*）（Weld 和 de Kleer，1990）、Kuipers（2001）的专科全书以及 Davis（2007）的手册都介绍了这个领域。

- **空间推理**（Spatial reasoning）：在 wumpus 世界和购物世界中导航所必要的推理与现实世界的丰富空间结构相比是微不足道的。最早捕捉关于空间的常识推理的认真尝试出现在 Ernest Davis（1986，1990）的工作中。Cohn 等人的区域连通演算（1997）支持一种形式的定性空间推理，并已经导致新的地理信息系统；参见（Davis，2006）。采用定性物理，可以说 Agent 能走很长的路都不用求助于完全的坐标表示。当这种表示必要时，可以利用在机器人技术（第 25 章）中发展出来的技术。

- **心理推理**（Psychological reasoning）：心理推理涉及一种可行的心理学的发展，人造 Agent 可以用这种心理学来进行关于自身及其他 Agent 的推理。这通常基于所谓的民间心理学，一种据信被人类通常用于进行关于自身和其他人的推理的理论。当 AI 研究者提供具有对其他 Agent 进行推理的心理学理论的人造 Agent 时，这个理论经常基于研究者对逻辑 Agent 自身设计的描述。心理推理是当前在自然语言理解的上下文中最有用的，其中推测说话者的目的具有最高的重要性。

Minker（2001）领导知识表示的研究人员收集大量论文，对这个领域 40 年的工作进行了总结。国际会议"知识表示与推理的原理"（*Principles of Knowledge Representation and Reasoning*）的会议论文集提供了这个领域内研究工作的最新资源。《知识表示读物》（*Readings in Knowledge Representation*）（Brachman 和 Levesque，1985）和《常识世界的形式化理论》（*Formal Theories of the Commonsense World*）（Hobbs 和 Moore，1985）是知识表示方面的优秀文选；前者更多地集中在表示语言和形式化方法方面的历史性重要论文之上，而后者集中在知识自身的积累方面。Davis（1990）、Stefik（1995）和 Sowa（1999）提供了介绍知识表示的教材，van Harmelen 等（2007）推出了一部手册，AI 刊物的一期特刊覆盖了最新进展（Davis 和 Morgenstern，2004）。两年一度的会议 TARK（Theoretical Aspects of Reasoning About Knowledge）涵盖了 AI、经济以及分布式系统中知识理论的应用。

习　题

12.1 用一阶逻辑为一字棋（tic-tac-toe）定义一个本体论。本体论应该包含情景（situations）、动作（actions）、方格（squares）、玩家（players）、标记（marks）（标记为 X、O 或 blank）、以及赢、输或平局的概念。也要定义强制赢（或平局）的概念：玩家使用正确的动作序列可以强制赢（或平局）的棋局。写出这个问题的公理。（注意：枚举不同方格以及描述获胜棋局的公理是相当长的。你无需全部写出，但要清楚地指出它们的看起来像什么。）

12.2 图 12.1 展示了所有事物的顶层结构。扩展它以包含尽可能多的真实类别。一种好的途径就是涵盖你日常生活的所有东西。这包括对象和事件。从起床开始,像平常一样注意你所看到的、摸到的、做的、想的所有东西。例如一个随机采样生成音乐、新闻、牛奶、步行、驾驶、**汽油**、Soda Hall、地毯、谈话、Fateman 教授、咖喱鸡、舌头、7 美元、太阳、日报等等。

你应该制作一个层次示意图,以及对象和类别(带有每个类别的成员满足的关系)的列表,每个对象应该在一个类别中,每个类别应该在层次结构中。

12.3 在**基于**窗口的计算机界面中开发一个对窗口进行推理的表示系统。特别是,你的表示应该能够描述:

- 窗口的状态:最小化、显示、不存在。
- 哪个窗口(如果有窗口)是活动窗口。
- 在一给定的时间窗口的位置。
- 窗口重叠的顺序(从前往后)。
- 创建、销毁、调整大小和移动窗口动作;改变窗口的状态;将一个窗口托到前面。将这些动作视为原子;也就说不要处理将它们关联到鼠标动作的问题。给出描述动作对流的效果的公理。你可以使用事件或情景演算。

假设一个本体论包含情景 *situations*、动作 *actions*、整数 *integers*(x 和 y 坐标)以及窗口。定义这个本体论上的一种语言;也就是一个常量、函数符号和谓词(每个都有英语描述)的列表。如果你需要增加更多类别到本体论中(例如像素 pixels),你可以这么做,但需要在你的评论中指定这些。你可以(而且应该)使用教材里定义的符号,但请显式地列出来。

12.4 用前一道习题开发的语言描述:

a. 在情景 S_0,窗口 W_1 在 W_2 后面,但左边和右边都伸出来了。不要描述精确的坐标;描述一般情景。

b. 如果一个窗口是显示的,那么它的顶边比底边高。

c. 你创建一个窗口后,它就是显示的。

d. 如果一个窗口是显示的,它可以被最小化。

12.5(**改编**自 Doug Lenat 的一道例题。)你的任务是捕捉到足够多的知识,按照逻辑形式,来回答关于下列简单场景的一系列问题:

Yesterday John went to the North Berkeley Safeway supermarket and bought two pounds of tomatoes and a pound of ground beef.

(昨天约翰去了北伯克利平安路超市并购买了 2 磅西红柿和 1 磅绞细牛肉。)

开始先用一系列断言试着表示语句的内容。你应该写出具有直接逻辑结构的语句(例如,关于对象有某种属性、对象以某种方式相关、所有满足一个特性的所有对象也满足另一个特性等的陈述句)。下面这些问题可能有助于你开始:

- 你需要哪些分类、对象和关系?它们的父结点、兄弟结点等等是什么?(除了别的事情以外,你还需要事件和时序。)
- 在一个更一般的层次中,它们适合的位置是哪里?
- 它们中的约束和相互关系是什么?

- 对于每个不同的概念你必须描述到何种详细程度？

为了回答我们下面的问题，你的知识库必须包含背景知识。你不得不处理超市中有哪类东西，购买选中的东西涉及什么，购买的东西将用来做什么，等等。设法使你的表示尽可能一般化。给一个琐碎的例子：不要说 "People buy food from Safeway"（人们从平安路买食品），因为那些在其他超市购物的人对你没有帮助。也不要把问题变成答案；例如，问题（c）问的是 "Did John buy any meat?"（约翰买了任何肉吗？）——而不是 "Did John buy a pound of ground beef?"（约翰买了 1 磅绞细牛肉吗？）。勾画出回答问题的推理链。如果可能，用一个逻辑推理系统来证明你的知识库的充分性。你写的许多事情在现实中可能只是近似正确的，但是不用太担心；思想是抽取让你能回答这些问题的常识。对这个问题的一个真正完备的解是极其困难的，或许超过了当前知识表示技术发展的最高水平。但是对这里提出的有限问题，你应该能组成一个一致的公理集。

a. Is John a child or an adult?　[Adult]

b. Does John now have at least two tomatoes? [Yes]

c. Did John buy any meat? [Yes]

d. If Mary was buying tomatoes at the same time as John, did he see her? [Yes]

e. Are the tomatoes made in the supermarket? [No]

f. What is John going to do with the tomatoes? [Eat them]

g. Does Safeway sell deodorant? [Yes]

h. Did John bring any money to the supermarket? [Yes]

i. Does John have less money after going to the supermarket? [Yes]

12.6 对上面的习题中你的知识库进行必要的添加或修改，以使下面的问题能够被回答。说明它们确实能够被知识库回答，并在你的报告中要包括关于你的调整的讨论，解释为什么它们是需要的，它们是次要的还是主要的，以及哪些问题需要进一步修改。

a. Are there other people in Safeway while John is there? [Yes－staff!]

b. Is John a vegetarian? [No]

c. Who owns the deodorant in Safeway? [Safeway Corporation]

d. Did John have an ounce of ground beef? [Yes]

e. Does the Shell station next door have any gas? [Yes]

f. Do the tomatoes fit in John's car trunk? [Yes]

12.7 使用和扩展本章中提出的表示方法来表示下列七条语句：

a. Water is a liquid between 0 and 100 degrees（在 0 到 100 度之间水是液体）

b. Water boils at 100 degrees（水在 100 度沸腾）

c. The water in John's water bottle is frozen（约翰（John）的水壶里的水是冰冷的）

d. Perrier is a kind of water（毕雷矿泉水（Perrier）是一种水）

e. John has Perrier in his water bottle（约翰的水壶里有毕雷矿泉水）

f. All liquids have a freezing point（所有的液体都有一个冰点）

g. A liter of water weighs more than a liter of alcohol（1 公升水比 1 公升酒精重）

12.8 对下面这些写下定义：

  a. *ExhaustivePartDecomposition*

  b. *PartPartition*

  c. *PartwiseDisjoint*

这应该类似于 *ExhaustiveDecomposition*，*Partition*，*Disjoint* 的定义。*PartPartition*(*s*, *BunchOf* (*s*)) 是成立的吗？如果是，证明它；如果不是，请给出一个反例并定义能够让它成立的足够条件。

12.9 表示量度的一个替换方案涉及对一个抽象的长度对象使用单位函数。在这种方案中，一个人会写 *Inches*(*Length*(L_1)) = 1.5。这种方案跟本章中的那种比起来如何？问题包括转换公理，命名抽象数量（比如 "50 dollars"），并比较不同单位下的抽象量度（如 50 英寸比 50 厘米多）。

12.10 添加规则来扩展谓词 *Name*(*s*, *c*) 的定义，以便使像 "laptop computer" 这样的一个字符串与来自多个不同商店的合适类别名称相匹配。设法使你的定义一般化。通过查找十家在线商店和它们给的三个不同类别的名称来测试它。例如，对于便携式电脑（laptop）类别，我们找到了名称 "Notebooks"，"Laptops"，"Notebook Computers"，"Notebook"，"Laptops 和 Notebooks" 以及 "Notebook PCs"。它们中的一些能够用一个清晰的 *Name*（名称）事实涵盖，而其余的则通过能够处理复数、连接词等等的规则来涵盖。

12.11 写出描述 wumpus 世界的动作的事件演算公理。

12.12 描述在下面每一对真实世界事件之间成立的区间-代数关系：

  LK: The life of President Kennedy

  IK: The infancy of President Kennedy

  PK: The presidency of President Kennedy

  LJ: The life of President Johnson

  PJ: The presidency of President Johnson

  LO: The life of President Obama

12.13 研究扩展事件演算，以处理同步事件。可以避免公理的组合爆炸问题吗？

12.14 构造一个允许每日起伏的货币之间兑换率的表示。

12.15 定义谓词 *Fixed*，其中 *Fixed*(*Location*(*x*)) 意味着对象 *x* 的位置随时间是固定的。

12.16 描述用某物交换其他某物的事件。描述作为一种交换的购买，其中交换的对象之一是一笔钱。

12.17 前面的两道习题假设了相当简单的所有权符号。例如，顾客开始的时候拥有（*owning*）美元钞票。这个画面开始垮掉，例如某人的钱在银行里，因为这个人不再拥有任何美元钞票的特定收藏。通过借钱、出租、租赁和托管，这个画面进一步地变得复杂化。研究各种常识的和合法的所有权概念，提出一个能够形式化表示它们的方案。

12.18 （改编自 Fagin 等（1995））考虑一个玩扑克的游戏，扑克只有 8 张牌，4 张 A 和 4 张 K。三个玩家，Alice、Bob 和 Carlos 每人发了两张牌。他们不看牌，他们将牌放在额头上以便让其他玩家能看到。然后玩家轮流说出自己额头上有什么牌，或者说 "不知道"，从而赢得游戏。每个人都知道玩家是说实话的，而且善于信念推理。

    a. 游戏 1：Alice 和 Bob 都说"不知道。"Carlos 看见 Alice 有两张 A，Bob 有两张 K。Carlos 应该说什么？（提示：考虑 Carlos 的所有三种可能情况：A-A，K-K，A-K。）

    b. 使用模态逻辑的记号描述游戏 1 的每一步。

    c. 游戏 2：Carlos、Alice 和 Bob 轮到自己时都说"不知道"。Alice 持有 K-K，Bob 持有 A-K。Carlos 在第二轮中应该说什么？

    d. 游戏 3：Alice、Carlos 和 Bob 轮到自己时都说"不知道"，第二轮时 Alice 仍然说"不知道"。Alice 和 Bob 都是 A-K。Carlos 应该说什么？

    e. 证明这个游戏中总会有一个赢家。

12.19 逻辑全知者（第 12.4 节）的假设对任何实际推理器是不成立的。然而，它是推理过程的一个理想化，它依赖于应用多少是可接受的。针对下面的知识推理的每个应用，讨论这个假设的合理性：

    a. 部分知识博弈游戏，例如纸牌游戏。一个玩家想推理他的对手关于游戏的状态知道些什么。

    b. 计时的象棋。玩家想推理他的对手的极限，或推理自己在可用时间内能够找到最佳走法的能力。例如，如果玩家 A 剩下的时间比玩家 B 多得多，那么 A 有时将选择使棋局复杂化的走步，希望获得优势，因为他有更多时间想出正确的策略。

    c. 收集信息需要代价的环境中的购物 Agent。

    d. 公钥密码的推理，它依赖于某种计算问题的不可操作性。

12.20 将下面的描述逻辑表达式转换为一阶逻辑，并对结果进行注释：

And(*Man*, *AtLeast*(3,*Son*), *AtMost*(2,*Daughter*),

    All(*Son*, *And*(*Unemployed*, *Married*, *All*(*Spouse*, *Doctor*))),

    All(*Daughter*, *And*(*Professor*, *Fills*(*Department*, *Physics*, *Math*)))).

12.21 回想一下，语义网络中的继承信息能够通过合适的蕴含语句逻辑地捕获。在这道习题中，我们将研究把这种语句用于继承的效率。

    a. 考虑像 Kelly 蓝皮书一样的旧车价目表中的信息内容——例如，1973 年的 Dodge vans 值$575。假设所有这些信息（对 11 000 个模型）被编码为逻辑语句，如本章中所建议的那样。写出三条这样的语句，包括对 1973 年的 Dodge vans 的语句。给定一个诸如 Prolog 的反向链接理论证明机，你如何使用这些语句来找到特定汽车的价格？

    b. 比较求解这个问题的反向链接方法和语义网络中使用的继承方法的时间效率。

    c. 解释为什么前向链接允许一个基于逻辑的系统高效地求解同样的问题，假定知识库 KB 只包含 11 000 条关于价格的语句。

    d. 描述一个情景，在其中无论前向还是反向链接在语句上都不能高效地处理对单独一辆汽车的价格查询。

    e. 你能提议一个使这类查询在逻辑系统的所有情况下都能高效求解的解决方案吗？[提示：记住同一个类别的两辆车有相同的价格]

12.22 有人可能假设语义网络中无框连接和单框连接间的句法差别是没有必要的，因为单框连接总是附带在类别上；一个继承算法能够简单地假定附加到一个类别上的无框连接要用于该类的所有成员。说明这个论点是错误的，给出会引起错误的例子。

12.23 本章中没有涉及的购物过程的一个部分是检查条目之间的兼容性。例如，如果一个消费者定购了一台数码相机，那么它是否有兼容的记忆卡、电池、相机套？写出一个知识库，它能断定一组条目是否兼容，而如果不兼容的话，可以被用来提议替代的或额外的条目。确保知识库能够至少对一个产品系列起作用，并能很容易地扩展到其产品系列。

12.24 购物中顾客描述的不精确匹配问题的一个完全解是很难得到的，需要自然语言处理和信息检索技术的全部力量（参见第 22 章和第 23 章）。一个小步骤是允许用户指定不同属性的最小值和最大值。我们坚持让顾客用下面的语法进行产品描述：

Description → *Category*[*Connector Modifier*]*

Connector → "*with*" | "*and*" | ","

Modifier → *Attribute* | *Attribute Op Value*

Op → "=" | ">" | "<"

这里，*Category* 命名一个产品类别，*Attribute* 是诸如"CPU"或"price"这样的某个特征，*Value* 是属性的目标值。所以检索"computer with at least a 2.5GHz CPU for under $1000"（CPU 至少为 2.5GHz，低于 1000 美元的计算机）必须重新表示为"computer with CPU > 2.5GHz and price < $1000"（CPU > 2.5GHz 和价格 < $1000 的计算机）。实现接受用这种语言描述的购物 Agent。

12.25 我们对互联网上购物的描述忽略了实际购买（*buying*）商品这个非常重要的步骤。用事件演算提供购买的一个形式化逻辑描述。也就是，定义事件序列，这个序列发生在当顾客提交一次信用卡购买时，然后最终收到账单并收到商品。

第IV部分

不确定知识与推理

第 13 章　不确定性的量化

本章中我们将看到 Agent 如何运用信念度来驯服不确定性。

13.1　不确定环境下的行动

Agent 的环境可能是部分可观察的或不确定的，也可能是部分可观察而且不确定的环境，这时，Agent 需要处理不确定性。在一系列动作之后，Agent 可能无法肯定他所处的状态或位置。

我们已经学习了通过了解信念状态（对所有可能世界状态组成的集合的表示）和生成应急措施（处理所有可能在执行过程中 Agent 的传感器报告的意外事件）而处理不确定性的问题求解 Agent（第 4 章）与逻辑 Agent（第 7 章和第 11 章）。这些方法尽管有许多优点，但真正用于创建 Agent 程序时仍有许多明显的缺陷：

- 当解释观察到的部分信息时，逻辑 Agent 必须考虑每一种逻辑上可能的解释。这导致信念状态的表示无法忍受地庞大而复杂。
- 一个处理所有可能意外情况的正确的应急规划必须考虑每一种可能情况（即使是可能性很小的情况），可能会变得非常庞大。
- 有时，没有可以保证达到 Agent 的目标的规划，然而 Agent 仍需要有所行动。Agent 必须能够对这些不能确保达到目标的行动规划的好坏做出对比。

以自动驾驶的出租车 Agent 为例。出租车 Agent 的目标是将乘客按时送到机场。Agent 做了一个规划 A_{90}：在飞机起飞 90 分钟前出发，并以合理的速度驶向机场。即使机场仅仅只有 5 英里远，一个逻辑 Agent 也无法确定地得到这样的结论："规划 A_{90} 将让我们及时到达机场"，然而可以做出这样的弱一些的结论："规划 A_{90} 将让我们及时到达机场，只要车不抛锚，汽油不耗尽，不遇到任何交通事故，桥上也没有交通事故，飞机不会提前起飞，而且没有陨星砸到我的车，……"。这些条件没有一个是能够演绎的，所以也无法推断这个规划能否成功。这就是**限制问题**（qualification problem，见第 7 章）。对于限制问题，目前为止我们还没发现真正的解。

虽然如此，A_{90} 却是某种意义上正确的行动。这句话是指的是什么？正如第 2 章所讨论的那样，我们是指：在所有可被执行的规划中，我们期望 A_{90} 能够最大化 Agent 的性能度量（这种期望是相对于 Agent 关于环境的知识而言的）。性能度量包括：及时到达机场赶上飞机，避免在机场长时间、徒劳地等待，也要避免在路上得到超速罚单。对于 A_{90}，Agent 拥有的知识不能保证实现其中任何一个目标，但可以提供它们将被实现的某种程度的**信念度**（degree of belief）。其他规划，比如 A_{180}，也许会增加 Agent 对准时到达机场的信念度，但是也增加了长时间等待的可能性。因此，正确的行动——**理性决策**（rational decision）——既依赖于各种目标的相对重要性，也依赖于这些目标将被实现的可能性和程度。这一节的余下部分将磨合这些思想，为我们在本章及后续章节阐述的不确定推理与理性决策的一般理论做准备。

13.1.1　不确定性概述

我们考虑一个不确定推理的例子：诊断牙病患者的牙痛。诊断——无论是医疗、汽车修理、或者其他——几乎总是包含不确定性。我们试着使用命题逻辑写出牙病诊断的规则，以便让我们看看逻辑方法是如何失败的。考虑下面的简单规则：

$$Toothache \Rightarrow Cavity$$

问题是，上面这条规则是错误的。不是所有的牙痛（toothache）都是因为牙齿有洞（cavity），有时牙痛是因为牙龈疾病（gum disease）、牙龈脓肿（abscess）、或其他几种问题中的一种：

$$Toothache \Rightarrow Cavity \lor GumProblem \lor Abscess\cdots$$

不幸的是，为了使得规则正确，我们不得不增加一个几乎无限长的可能原因的列表。我们可以尝试把上面的规则改成一条因果规则：

$$Cavity \Rightarrow Toothache$$

但这条规则也不正确，因为不是所有的牙洞都会引起牙痛。修正该规则的唯一途径是从逻辑上穷举各种可能的情形：用一个牙洞引起牙痛所需的所有**限制**（qualifications）扩充规则的左边。试图使用逻辑处理像医疗诊断这样的问题域之所以会失败，有以下三个主要原因：

- **惰性**：为了确保得到一个没有任何意外的规则，需要列出前提和结论的完整集合，这个工作量太大，这样的规则也难以使用。
- **理论的无知**：对于该领域，医学科学还没有完整的理论。
- **实践的无知**：即使我们知道所有的规则，对于一个特定的病人我们也可能无法确定，因为并不是所有必要的测试都已经完成，有的测试根本无法进行。

牙痛和牙洞之间的联系并不是一方对另一方的逻辑结果。这是医学领域的典型情况，大多数其他判断性的领域也是如此：包括法律、商业、设计、汽车修理、园艺、年代测定，等等。Agent 的知识顶多能提供对相关语句的**信念度**（degree of belief）。我们处理信念度的主要工具是**概率理论**（probability theory）。在 8.1 节的术语中，逻辑和概率理论的**本体约束**（ontological commitments）是相同的——世界是由在某种特定情形下成立或不成立的事实组成的——但**认识约束**（epistemological commitments）是不同的：逻辑 Agent 相信每个语句是正确的或错误的，或不做评价，而概率 Agent 为每条语句赋予一个 0 到 1 之间的数值作为其信念度。

概率提供了一种方法以**概括**由我们的惰性和无知产生的不确定性，由此解决**限制问题**。也许我们不能确定是什么病在折磨一个特定的病人，但我们相信牙痛病人有牙洞的可能性，比如 80%的可能性——即 0.8 的概率。也就是说，我们期望在所有与当前情形无法区别的情形中，根据 Agent 的知识，有 80%的病人有牙洞。这种信念可由统计数据获得——目前为止所见过的牙痛患者中 80%有牙洞——或由一般性的牙科知识获得，或结合多种证据获得。

令人困惑的是，在诊断的时候，真实世界没有不确定性：患者要么有牙洞，要么没有牙洞。这样一来，"有牙洞的概率是 0.8"是什么意思呢？不应该是 0 或 1 吗？回答是：这个概率声明是根据知识状态而做出的，而不是根据真实世界做出的。我们说"患者牙痛的前提下，她有牙洞的概率是 0.8。"如果我们后来又了解到这个患者有牙龈疾病史，我们可以做出不同的判断："患者牙痛而且有牙龈疾病史的前提下，她有牙洞的概率是 0.4。"如果我们进一步获得了结论性的排除牙痛的证据，我们可以说"据我们所知，这个患者有牙洞的概率几乎是 0。"这些声明并不相互矛盾，每个声明是关于不同知识状态的单独的声明。

13.1.2　不确定性与理性决策

再次考虑去机场的规划 A_{90}。假设规划 A_{90} 让我们有 97% 的机会赶上航班，这意味着这个规划是一个理性的选择吗？不一定：可能其他规划有更高的概率，比如 A_{180}。如果绝对不允许错过航班，那么在机场的长时间等待是值得的。A_{1440} 是一个提前 24 小时出门的规划，这个规划怎么样呢？在大多数情况下，这个规划不是一个好的选择；尽管这个规划几乎能确保按时到达机场，但也造成难以忍受的等待——更不用说难以下咽的机场饮食。

为了做出这些选择，Agent 首先必须在各种规划的不同**结果**（outcomes）之间有所**偏好**（preferences）。一个结果是一个完全特定的状态，包括 Agent 是否按时到达机场、在机场等待多长时间等诸如此类的要素。我们使用**效用理论**（utility theory）来对偏好进行表示和推理（这里的 **utility** 一词是"功用、效用"的意思，而不是"电力和水等公共事业"的意思）。效用理论认为，每个状态对一个 Agent 而言都有一定程度的有用性，即效用，而 Agent 会偏好那些效用更高的状态。

状态的效用是相对于 Agent 的。例如，国际象棋游戏中，白棋可以将死黑棋的棋局状态对于白方的效用是高的，但对于黑方的效用是低的。但我们不能严格按照国际象棋比赛规则规定的 1 分、1/2 分、0 分来处理效用——有些棋手（包括本书作者）可能因为与世界冠军打成平手而激动，而其他棋手（包括前世界冠军）不一定。这里没有对口味或偏好的解释：你或许认为一个喜欢墨西哥胡椒泡泡糖冰激凌而不喜欢夹心巧克力的 Agent 是古怪的或者是误入歧途的，但你不能说它是不理性的。一个效用函数可以导致一些偏好——怪异的或典型的，高雅的或低俗的。效用还可以导致利他行为，只需要把别人的幸福包含到能对 Agent 自身效用有贡献的因素里即可。

在被称为**决策理论**的理性决策通用理论中，由效用表示的偏好是与概率理论相结合的：

$$决策理论 = 概率理论 + 效用理论$$

决策理论的基本思想是：一个 Agent 是理性的，当且仅当它选择能产生最高期望效用的行动，这里的期望效用是行动的所有可能结果的平均。这称为**期望效用最大化**（Maximum Expected Utility，MEU）原则。也许"期望"看似是一个含糊的、不确定的术语，但此处它有精确的含义：它是指"平均"或结果的"统计平均"（结果的概率加权平均）。在第 5 章中当我们简短地接触西洋双陆棋的优化决策时，我们见识了这条原则所发挥的作用。它事实上完全是一条通用原则。

图 13.1 勾勒了使用决策理论选择行动的 Agent 的结构。在某个抽象层面上，这个 Agent 与第 4 和第 7 章描述的维护反映目前为止感知历史的信念状态的 Agent 是相同的。主要不

同的地方是，使用决策理论的 Agent 其信念状态不但表示了世界状态的可能性，还表示了它们的概率。给定信念状态，Agent 可以对行动结果进行概率预测，进而选择有最高期望效用的行动。这一章和下一章（第 14 章）将集中于一般性的概率信息的表示和计算。第 15 章探讨随着时间推移的信念状态表示与更新以及预测环境的方法。第 16 章更深入地探讨效用理论。第 17 章阐述在不确定环境中规划动作序列的算法。

```
function DT-AGENT(percept) returns an action
    persistent: belief_state, probabilistic beliefs about the current state of the world
            action, the agent's action

    update belief_state based on action and percept
    calculate outcome probabilities for actions,
        given action descriptions and current belief_state
    select action with highest expected utility
        given probabilities of outcomes and utility information
    return action
```

图 13.1　选择理性行动的决策理论 Agent

13.2　基本概率符号

为了使 Agent 表示并使用概率信息，我们需要一种形式语言。传统上，概率理论的语言是非形式的，因为是一些人类数学家写给另一些人类数学家看的。附录 A 给出了基本概率理论的规范性的介绍；我们现在将采用更适合 AI 需要的、与形式逻辑的概念更一致的方法。

13.2.1　概率是关于什么的

像逻辑断言一样，概率断言是关于可能世界的断言。逻辑断言考虑的是要严格排除哪些可能世界（排除所有那些断言不成立的世界），而概率断言考虑的是各种可能世界的可能性有多大。在概率理论中，所有可能世界组成的集合称为**样本空间**（sample space），这些可能世界是互斥的（*mutually exclusive*）、完备的（*exhaustive*）。例如，如果我们掷两个色子，就要考虑 36 个可能世界：(1,1)、(1,2)、…、(6,6)。用希腊字母 Ω（omega 的大写）表示样本空间，用 ω（omega 的小写）表示样本空间中的一个样本，即 ω 是一个特定的可能世界。

一个完全说明的**概率模型**（probability model）应为每一个可能世界附一个数值概率 $P(\omega)$[1]。概率理论的基本公理规定，每个可能世界具有一个 0 到 1 之间的概率，且样本空间中的可能世界的**总概率**（total probability）是 1：

$$0 \leqslant P(\omega) \leqslant 1 \quad 对于每一个 \ \omega \ 且 \sum_{\omega \in \Omega} P(\omega) = 1 \qquad (13.1)$$

例如，假设两个色子是一样的，而且它们在桌面上翻滚是互不干扰，那么这 36 个可能

1　现在，我们假设一个离散的、可数的世界集合。对连续情况的合理处理对于 AI 领域的多数应用而言会带来某种没有意义的复杂性。

世界中每一个的概率 1/36。如果这两个色子"密谋"产生相同的数，那么(1,1)、(2,2)、(3,3)等可能世界的概率会比其他可能世界的概率高。

概率断言和质询通常不是关于某个特定的可能世界的，而是关于可能世界集合的。例如，我们可能对两个色子相加等于 11 的情况集合感兴趣，也可能对两个数相同的情况集合感兴趣。在概率理论中，这些集合称为**事件**（events）——此处的"事件"与第 12 章中到处使用的"事件"在概念内含上是不同的。在 AI 中，总是用形式语言的**命题**（propositions）来表示这些集合（13.2.2 节描述了一种这样的语言）。对于每个命题，对应集合的成员就是使命题的成立的可能世界。与某个命题相关联的概率是使该命题成立的可能世界的概率之和：对于任意命题 ϕ，

$$P(\phi) = \sum_{\omega \in \phi} P(\omega) \tag{13.2}$$

例如，掷两个一样的色子时，$P(Total=11)=P((5,6))+P((6,5))=1/36+1/36=1/18$。注意，概率理论并不要求知道每个可能世界的概率。例如，如果我们相信两个色子"密谋"产生相同的数，我们可以说 $P(doubles)=1/4$，而不需知道两个色子偏向于产生两个 6 还是偏向于产生两个 2。就像逻辑断言，这个概率断言在没有完全确定概率模型的情况下给出了基本的概率模型的限制。

称 $P(Total=11)$ 和 $P(doubles)$ 这样的概率为**无条件概率**（unconditional probabilities）或**先验概率**（prior probabilities, 有时简写为 priors）；它们是指不知道其他信息的情况下对命题的信念度。然而，在大多数情况下，我们会有一些已经为我们所知的信息——通常称为**证据**（evidence）。例如，我们已经看到第一个色子结果是 5，此时我们还在等待第二个色子停止翻滚。在这种情况下，我们不再关心得到相同数的先验概率，而是关心在第一色子是 5 的前提下两个色子结果相同的概率。这个概率写作 $P(doubles|Die_1=5)$，其中"|"读作"给定（given）"。这样的概率称为**条件概率**（conditional probabilities）或**后验概率**（posterior probabilities,有时简写为 posteriors）。类似地，如果我要去牙医那里做日常检查，那么概率 $P(cavity)=0.2$ 可能我感兴趣的；但如果我是因为有牙痛而到牙医那里检查，那么 $P(cavity | toothache)=0.6$ 是我感兴趣的。注意，符号"|"的优先级是：任何 P(…|…)形式的表达式是指 P((...)|(...))。

我们得理解：在发现牙痛之后，$P(cavity)=0.2$ 仍然是有效的；只是这个概率此时的用处不大，因为 Agent 决策时需要把观察到的所有证据作为条件。我们还要理解条件蕴含（conditioning implication）与逻辑蕴含（logical implication）的区别。断言 $P(cavity | toothache)=0.6$ 的意思并不是"只要 *toothache* 为真，那么 *cavity* 为真的概率是 0.6"，而是"只要 *toothache* 为真，同时我们又没有进一步的信息，那么 *cavity* 为真的概率是 0.6。"额外条件是重要的；例如，如果我们获得进一步的信息——牙医没有发现牙洞（cavity），我们肯定不会做出"cavity 为真的概率是 0.6"的结论，我们反而需要 $P(cavity|toothache \wedge \neg cavity)=0$。

数学上，条件概率是由无条件概率定义的：对于任何命题 a 和 b

$$P(a|b) = \frac{P(a \wedge b)}{P(b)} \tag{13.3}$$

只要 $P(b)>0$，这个公式是成立的。例如

$$P(doubles|Die_1 = 5) = \frac{P(doubles \land Die_1 = 5)}{P(Die_1 = 5)}$$

如果你记住"观察到 b 就排除掉了所有那些使 b 不成立的可能世界，留下一个总概率是 $P(b)$ 的集合"，那么这个定义是容易理解的。这个集合中满足 a 的可能世界也满足 $a \land b$，占这个集合的比例是 $P(a \land b) / P(b)$。

条件概率的定义（见等式（13.3））可以写成**乘法规则**（product rule）：

$$P(a \land b) = P(a|b)P(b)$$

乘法规则也许更容易理解：为了使 a 和 b 都成立，就需要 b 成立，且需要在给定 b 的前提下 a 也成立。

13.2.2 概率断言中的命题语言

在本章和下一章中，我们结合命题逻辑中的元素和约束满足中的记号来表示描述可能世界集合的命题。在 2.4.7 节的术语中，这被称为**要素化表示**（factored representation），其中可能世界表示为"变量/值"对的集合。

概率理论中变量被称为**随机变量**（random variables），变量的名字以大写字母开头。这样，在掷色子的例子中，$Total$ 和 Die_1 就是随机变量。每个随机变量有一个**定义域**（domain）——这个变量能取的所有可能值组成的集合。两个色子的问题中，$Total$ 的定义域是 $\{2, \cdots, 12\}$，Die_1 的定义域是 $\{1, \cdots, 6\}$。一个布尔变量的定义域是 $\{true, false\}$（注意，变量的值总是小写）；例如，"两个色子产生相同数"的命题可以写作 $Doubles = true$。按照约定，具有 A=$true$ 形式的命题可以简写为 a，而 A=$false$ 简写为 $\neg a$。（前面一节中的 $doubles$、$cavity$ 和 $toothache$ 是这种形式的简写。）像在 CSP（约束满足问题）中一样，定义域可以是一些记号组成的集合；我们可以将 Age 的定义域定义为 $\{juvenile, teen, adult\}$，将天气的定义域定义为 $\{sunny, rain, cloudy, snow\}$。在不引起歧义的情况下，通常可以用一个值本身表示"一个特定的变量取这个值"的命题；这样，$sunny$ 就可以代表 $Weather = sunny$。

前面这些例子的变量都有有限定义域。变量也可以有无限定义域——离散的（如整数）或连续的（如实数）。对于任何具有有序定义域（ordered domain）的变量，可以允许类似 $NumberOfAtomsInUniverse \geq 10^{70}$ 这样的不等式。

最后，我们可以用命题逻辑中的连接符号来组合这些基本的命题（包括布尔变量的简写形式）。例如，我们可以将"如果患者是一个没有牙痛的青少年，那么她有牙洞的概率是 0.1"表示为：

$$P(cavity|\neg toothache \land teen) = 0.1$$

有时，我们要讨论一个随机变量每个可能取值的概率。我们可以写：

$$P(Weather = sunny) = 0.6$$
$$P(Weather = rain) = 0.1$$
$$P(Weather = cloudy) = 0.29$$
$$P(Weather = snow) = 0.01$$

这可以简写为：

$$\mathbf{P}(Weather) = \langle 0.6, 0.1, 0.29, 0.01 \rangle$$

其中黑体的 **P** 表示结果是由一些数组成的向量，同时我们也假设 *Weather* 的定义域中的值有一个预定义的顺序<*sunny, rain, cloudy, snow*>。我们说 **P** 定义了随机变量 *Weather* 的一个**概率分布**（probability distribution）。符号 **P** 也被用于条件分布（conditional distributions）：**P**(*X*|*Y*)给出每个可能的 *i*、*j* 组合下的值 *P*(*X*=*x*ᵢ|*Y*=*y*ⱼ)。

对于连续变量，我们不可能用一个向量写出整个分布，因为有无限多的值。然而，我们可以把一个随机变量取某个值 *x* 的概率定义为一个以 *x* 为参数的函数。例如，语句

$$P(NoonTemp = x) = Uniform_{[18C,26C]}(x)$$

表示"中午的温度均匀分布在 18～26 摄氏度之间"的信念。我们称此为**概率密度函数**（probability density function，有时简写为 pdf）。

概率密度函数与离散概率分布的含义不同。说"概率密度在 18～26C 之间均匀分布"是指温度 100% 地落在这个 8*C* 宽的区间范围内的某个位置，而落在其中任何一个 4*C* 宽的区间范围内的可能性是 50%，诸如此类。我们将一个连续随机变量 *X* 在值 *x* 处的概率密度写作 *P*(*X* = *x*)或简写为 *P*(*x*)；*P*(*x*)的直观定义是 *X* 落在以 *x* 开始的一个相当小的区域内的概率除以这个区间的宽度：

$$P(x) = \lim_{dx \to 0} P(x \leq X \leq x + dx) / dx$$

对于 *NoonTemp*，有

$$P(NoonTemp = x) = Uniform_{[18C,26C]}(x) = \begin{cases} \dfrac{1}{8C} & \text{当 } 18C \leq x \leq 26C \\ 0 & \text{其他} \end{cases}$$

其中 *C* 代表摄氏度，不是常量。注意 $P(NoonTemp = 20.18C) = \dfrac{1}{8C}$ 中，$\dfrac{1}{8C}$ 不是概率，而是概率密度。*NoonTemp* 恰好等于 20.18*C* 的概率是 0，因为 20.18*C* 是一个宽度为 0 的区间。有的作者用不同的符号来区分离散分布与密度函数；我们对于两种情况都用 *P* 表示，因为很少会引起混淆，且公式都是一样的。注意，概率是无单位的数值，而密度函数是用单位来度量的，上面的这个例子中单位是 $\dfrac{1}{C}$。

除了单个变量的分布外，还需要符号表示多个变量的分布，我们使用逗号分割多个变量。例如，**P**(*Weather, Cavity*)表示 *Weather* 和 *Cavity* 的取值的所有组合的概率。这是一个 4×2 的概率表，称为 *Weather* 和 *Cavity* 的**联合概率分布**（joint probability distribution）。我也可以将变量与值搭配；**P**(*sunny, Cavity*)是一个二元向量，给出晴天且有牙洞的概率和晴天且无牙洞的概率。符号 **P** 使得某些表示比起不使用 **P** 时的表示更精练。例如，*Weather* 和 *Cavity* 所有可能取值的乘法规则可以写成一个单一的等式：

$$\mathbf{P}(Weather, Cavity) = \mathbf{P}(Weather|Cavity)\,\mathbf{P}(Cavity),$$

而不必写成如下的 4×2=8 个等式（此处使用缩写 *W* 和 *C*）：

$$P(W=sunny \wedge C=true) = P(W=sunny|C=true)\,P(C=true)$$
$$P(W=rain \wedge C=true) = P(W=rain|C=true)\,P(C=true)$$
$$P(W=cloudy \wedge C=true) = P(W=cloudy|C=true)\,P(C=true)$$
$$P(W=snow \wedge C=true) = P(W=snow|C=true)\,P(C=true)$$
$$P(W=sunny \wedge C=false) = P(W=sunny|C=false)\,P(C=false)$$

$P(W=rain \land C= false)= P(W= rain \,|C= false)\, P(C= false)$

$P(W=cloudy \land C= false)= P(W= cloudy \,|C= false)\, P(C= false)$

$P(W=snow \land C= false)= P(W= snow \,|C= false)\, P(C= false)$

作为一种退化情况，**P**(*sunny, cavity*)中没有变量，是一个只有一个条目的向量，是晴天且有牙洞的概率，这种情况也可以写作 P(*sunny, cavity*)或 P(*sunny* ∧ *cavity*)。我们有时也用符号 **P** 来推导关于单个 *P* 值的某些结果，当我们说"**P**(*sunny*)=0.6"，实际上是指"**P**(*sunny*)=<0.6>（意思是 *P*(*sunny*)=0.6）"。

现在我们已经定义了命题和概率断言的语法，我们也定义了部分语义：公式（13.2）定义了命题的概率是使命题成立的各世界的概率之和。为了使语义完整，我们需要知道世界是什么，如何确定一个命题在某个世界里是否成立。从现在开始，我们直接借用命题逻辑的语义。一个可能世界被定义为对涉及的所有随机变量的一种赋值。不难理解，这个定义满足"可能世界应当互斥（mutually exclusive）和完备（exhaustive）"（习题 13.5）的基本要求。例如，如果随机变量是 *Cavity*、*Toothache* 和 *Weather*，则有 2×2×4 个可能世界。而且，任何给定的（无论多复杂的）命题的真值，都能够在这样的世界里使用与命题逻辑公式真值相同的递归定义来进行计算。

上述对可能世界的定义并不违背"一个概率模型完全是由所有随机变量的联合分布决定的——即**完全联合概率分布**（full joint probability distribution）。"例如，如果变量是 *Cavity*、*Toothache* 和 *Weather*，则完全联合分布由 **P**(*Cavity, Toothache, Weather*)给出。这个联合分布可用一个 2×2×4 的具有 16 个条目的表来表示。因为每个命题的概率是其中可能世界的概率之和，一个完全联合分布基本满足计算任何命题的概率的需求。

13.2.3 概率公理及其合理性

概率的基本公理（公式（13.1）和公式（13.2））蕴含了逻辑上相关的命题的信念度之间的某种关系。例如，我们可以导出一个命题的概率和其否命题的概率之间的常见关系：

$$P(\neg a) = \sum_{\omega \in \neg a} P(\omega) \qquad \text{根据公式（13.2）}$$

$$= \sum_{\omega \in \neg a} P(\omega) + \sum_{\omega \in a} P(\omega) - \sum_{\omega \in a} P(\omega)$$

$$= \sum_{\omega \in \Omega} P(\omega) - \sum_{\omega \in a} P(\omega) \qquad \text{将前两项合并}$$

$$= 1 - P(a) \qquad \text{公式（13.1）和公式（13.2）}$$

我们也可以导出析取式的概率公式，这个公式有时也成为**包含-排除原理**（inclusion-exclusion principle）：

$$P(a \lor b)=P(a)+P(b)-P(a \land b) \qquad (13.4)$$

这个公式不难理解：*a* 成立的情况加上 *b* 成立的情况，无疑包含了 *a* ∨ *b* 成立的情况，但这两个集合相加将它们的交集计算了两次，所以需要减去 *P*(*a* ∧ *b*)。该公式的证明留给习题 13.6。

公式（13.1）和公式（13.4）经常被称为**柯尔莫哥洛夫公理**（**Kolmogorov's axiom**），以纪念俄罗斯数学家 Andrei Kolmogorov，他阐明了如何从这个简单基础出发建立其余的概率理论，以及如何处理由连续变量引起的困难[1]。公式（13.2）有定义的意思；公式（13.4）表达的是 Agent 对逻辑相关的命题的信念度之间的约束关系。这与"一个逻辑 Agent 不能同时相信 A、B 和¬(A∧B)"的事实相似，因为不可能有一个世界使得三者都为真。然而，使用概率的一些陈述并非直接指世界，而是指 Agent 自身的知识状态。那么，为什么一个 Agent 不能持有如下的信念集合呢（即使它们违反公式(13.4)的公理）？

$$P(a) = 0.4 \quad P(a \wedge b) = 0.0$$
$$P(b) = 0.3 \quad P(a \vee b) = 0.8 \tag{13.5}$$

在那些提倡以概率作为唯一合法形式的信念度的人与那些倡导其他替代方法的人之间，这种问题已经被激烈争论了数十年。

最早由 Bruno de Finetti 在 1931 年提出的一个关于概率公理的论点是：如果一个 Agent 对某个命题 a 有某种信念度，那么这个 Agent 应该能够在支持或反对 a 的赌局中说出他可以退让到什么程度[2]。为了理解这点，我们可以看一个由两个 Agent 参与的游戏。Agent1 说"我对事件 a 的信念度是 0.4。" Agent2 可以选择打赌支持或者反对 a，赌注与已声明的信念度一致。Agent2 赌 a 不会发生（Agent1 赌 a 会发生），赌注是 Agent2 的 6 美元对 Agent1 的 4 美元。或者 Agent2 赌 a 会发生（Agent1 赌 a 不会发生），赌注是 Agent2 的 4 美元对 Agent1 的 6 美元。然后观察 a 是否发生，正确的一方赢得对方的赌注。如果一个 Agent 的信念度没有准确地反映世界，那么他遇到一个信念度更准确地反映世界的对手 Agent 时，你可以想象在长期的赌局中他有输钱给这个对手的倾向。

但是，de Finetti 证明了更有力的论点：如果 Agent1 表达了一组违反概率理论的公理的信念度，那么 Agent2 有一个赌局的组合**保证每次**都能赢 Agent1 的钱。例如，假设 Agent1 有一个公式（13.5）所示的一组信念度。图 13.2 给出了如果 Agent2 为 a、b 和¬$(a \vee b)$分别下注 4 美元、3 美元和 2 美元，那么无论 a 和 b 的结果是什么，Agent1 总是会输钱。De Finetti 的定理蕴含了"没有 Agent 会拥有违反概率公理的信念"。

Agent1		Agent2		命题的结果以及相应的付给 Agent1 的钱			
命题	信念度	打赌	赌注	a, b	$a, \neg b$	$\neg a, b$	$\neg a, \neg b$
a	0.4	a	输 4 赢 6	-6	-6	4	4
b	0.3	b	输 3 赢 7	-7	3	-7	3
$a \vee b$	0.8	¬$(a \vee b)$	输 2 赢 8	2	2	2	-8
				-11	-1	-1	-1

图 13.2　因为 Agent1 的信念度不一致，Agent2 能够设计一组下注方案使得无论 a 和 b 的结果如何，都保证 Agent1 输钱

对 de Finetti 定理的一个主要异议是，这个赌博游戏完全是编造的。例如，如果没有人愿意与你赌怎么办？这样会终结这个论点吗？答案是这个赌博游戏只是某些决策情景的一个抽象模型，在这些决策情景中，每个 Agent 无时无刻都要卷入决策之中。每一次行动（不采取行动也是一种行动）都是一种赌博，每一个结果都可看作是赌博的结局。拒绝赌博就像是拒绝时间的流逝。

1　包括 Vitali 集合，一个[0,1]区间内没有明确大小的有明确定义的子集。

2　有人可能会争辩说，Agent 可以参考不同的银行结算，损失 1 美元的概率不能与赢得 1 美元的相等概率相平衡。一个可能的应对是让赌注足够小以避免这个问题。Savage 的分析（1954）完全绕开了这个问题。

其他有力的哲学性的论点是针对使用概率提出的，最著名的是 Cox（1946）、Carnap（1950）和 Jaynes（2003）的论点。他们每个人为使用信念度进行推理构建了一组公理：与一般逻辑一致、没有矛盾（例如，如果对 A 的信念是递增的，那么对 $\neg A$ 的信念是递减的）等等。唯一有争议的公理是：信念度必须是数量的；或者至少有数量一样的功能——像数量一样是可传递的（如果对 A 的信念度大于对 B 的信念度，对 B 的信念度又大于对 C 的信念度，则对 A 的信念度大于对 C 的信念度）和可比较的（对 A 的信念度要么大于、要么等于、要么小于对 B 的信念度）。这样就可以证明概率是满足这些公理的唯一途径。

然而，这个世界以它自己的方式存在，实际的示范比理论的证明更有说服力。基于概率理论的推理系统在实践上的成功更加有效地说服了人们。我们现在看看这些公理是如何被利用来进行推理的。

13.3　使用完全联合分布进行推理

本节中我们描述**概率推理**的一种简单方法——也就是，根据已观察到的证据计算查询命题的后验概率。我们使用完全联合概率分布作为"知识库"，从中可以导出所有问题的答案。同时，我们也会介绍对涉及概率的公式进行处理的非常有用的几种技术。

概率来源于哪里？

关于概率数值的起源和情形一直有着无休止的争论。**频率主义者**（frequentist）认为，数值只能来自实验：如果我们对 100 个人进行测试，发现其中 10 个人有牙洞，那么我们可以说牙洞的概率约为 0.1。在这种观点下，断言"牙洞的概率为 0.1"意味着 0.1 是极限情况下在无穷多样本中能够观察到牙洞的比例。对于任何有限的样本，我们可以估计出真实的比例，也可以计算出我们的估计可能达到的精确程度。

客观主义者（objectivist）认为概率是宇宙的真实的方面——是物体的某种行为倾向——而不仅仅是对观察者的信念度的描述。例如，掷硬币中正面朝上的概率为 50%，这是硬币自身的倾向。在这种观点之下，频率主义者的测量是试图去观察这些倾向。大部分物理学家赞同量子现象客观上是概率现象，但宏观尺度上的不确定性——比如，掷硬币的不确定性——通常来自对初始条件的无知，而且似乎不符合倾向论。

主观主义者（subjectivist）将概率视为刻画 Agent 信念的一种方式，认为概率不具备任何外在的物理意义。主观贝叶斯主义者允许命题的自我一致的（不矛盾的）先验概率，但又坚持在获取证据之后按贝叶斯理论对概率进行更新。

最后，即使是严格的频率主义者的见解也涉及到了主观分析，这是因为**参考类**（reference class）问题：为了确定一个特定实验的实验结果的概率，频率主义者不得不将其放入一个具有已知结果频率的相似实验的参考类中。I. J. Good (1983) 写到，"生活中的每个事件都是唯一的，我们实际上估计的每个真实生活的概率是以前从未发生过的事件的概率。"例如，一个频率主义牙医想估算一个特定病人有牙洞的概率，他将考虑把与这个病人有相似特征（年龄、症状、饮食等）的其他病人作为参考类，看看这个类中有多大比例的人有牙洞。如果这个牙医考虑这个病人的所有已知的信息——精确到克的体重、头发的颜色、母亲的娘家姓什么等——那么参考类将变为空。在科学哲学领域，这一直是一个令人困惑的问题。

拉普拉斯的无差别原则（principle of indifference，1816）认为，在句法上关于证据"对称"的命题应该被赋予相同的概率。人们提出了各种改进，Carnap 和其他人尝试发展一种严格的**归纳逻辑**，计算任何观测集中任何命题的正确概率，这使改进达到巅峰。当前，人们相信不存在唯一的归纳逻辑；而是，任何这样的逻辑依赖于一个主观的先验概率分布，这种分布的影响随着收集到更多的观测结果而减小。

我们从一个简单例子开始：一个由三个布尔变量 *Toothache*，*Cavity* 以及 *Catch*（由于牙医的钢探针不洁而导致的牙龈感染）组成的问题域。其完全联合分布是一个 $2 \times 2 \times 2$ 的表格，如图 13.3 所示。

	toothache		¬*toothache*	
	catch	¬*catch*	*catch*	¬*catch*
cavity	0.108	0.012	0.072	0.008
¬*cavity*	0.016	0.064	0.144	0.576

图 13.3　关于 *Toothache*，*Cavity*，*Catch* 世界的完全联合分布

注意，概率公理要求联合分布中的所有概率之和为 1。公式（13.2）为我们提供了计算任何命题（无论是简单命题还是复合命题）概率的一种直接方法：只需识别使命题为真的那些可能世界，然后把它们的概率加起来。例如，使命题 *cavity* ∨ *toothache* 成立的可能世界有 6 个：

$$P(cavity \lor toothache) = 0.108 + 0.012 + 0.072 + 0.008 + 0.016 + 0.064 = 0.28$$

一个特别常见的任务是提取关于随机变量的某个子集或者某单个变量的概率分布。例如，将图 13.3 中第一行的条目加起来就得到 *cavity* 的无条件概率，或者称为**边缘概率**[1]：

$$P(cavity) = 0.108 + 0.012 + 0.072 + 0.008 = 0.2$$

这个过程称为**边缘化**（marginalization），或者称**求和消元**（summing out）——因为是将除了 *Cavity* 以外的其他变量取每个可能值的概率相加，所以它们都被从公式中消除了。对于任何两个变量集合 **Y** 和 **Z**，我们可以写出如下的通用边缘化规则：

$$\mathbf{P(Y)} = \sum_{\mathbf{z} \in \mathbf{Z}} \mathbf{P(Y, z)} \tag{13.6}$$

其中，$\sum_{\mathbf{z} \in \mathbf{Z}}$ 是针对变量集合 **Z** 的所有可能取值组合进行求和，$\sum_{\mathbf{z} \in \mathbf{Z}}$ 有时简写为 $\sum_{\mathbf{z}}$。我们可以按如下方式使用这条规则：

$$\mathbf{P}(Cavity) = \sum_{\mathbf{z} \in \{Catch, Toothache\}} \mathbf{P}(Cavity, \mathbf{z}) \tag{13.7}$$

根据乘法规则，使用条件概率——而不用联合概率——可将这条规则变形如下：

$$\mathbf{P(Y)} = \sum_{\mathbf{z}} \mathbf{P(Y \mid z) P(z)} \tag{13.8}$$

1　这么称呼是因为，保险精算师内部的一个常见习惯是把已知的频率加起来写在保险表格的边上。

这条规则称为**条件化**（conditioning）。对于涉及概率表达式的所有类型的推导过程，我们后面会发现边缘化和条件化是非常有用的规则。

在多数情况下，我们会对已知一些变量的证据而计算另一些变量的条件概率感兴趣。条件概率可以如此计算：首先使用公式（13.3）得到一个基于无条件概率的表达式，然后再由完全联合分布对表达式求值。例如，已知有牙痛的证据，我们可以计算有牙洞的概率：

$$P(cavity \mid toothache) = \frac{P(cavity \land toothache)}{P(toothache)} = \frac{0.108 + 0.012}{0.108 + 0.012 + 0.016 + 0.064} = 0.6$$

为了验算，我们还可以计算已知牙痛的证据时没有牙洞的概率：

$$P(\neg cavity \mid toothache) = \frac{P(\neg cavity \land toothache)}{P(toothache)} = \frac{0.016 + 0.064}{0.108 + 0.012 + 0.016 + 0.064} = 0.4$$

这两个计算出来的值相加等于 1，应该如此。注意，这两次计算中的项 $1 / P(toothache)$ 是不变的，与我们计算的 $Cavity$ 的值无关。事实上我们可以把它视为 $\mathbf{P}(Cavity \mid toothache)$ 的一个**归一化**（normalization）常数，保证其中的概率加起来等于 1。贯穿于处理概率的章节，我们将用 α 来表示这样的常数。有了这个符号，我们可以把前面的两个公式合并为一个：

$$\mathbf{P}(Cavity \mid toothache) = \alpha \, \mathbf{P}(Cavity, toothache)$$
$$= \alpha \, [\, \mathbf{P}(Cavity, toothache, catch) + \mathbf{P}(Cavity, toothache, \neg catch) \,]$$
$$= \alpha \, [\langle 0.108, 0.016 \rangle + \langle 0.012, 0.064 \rangle] = \alpha \, \langle 0.12, 0.08 \rangle = \langle 0.6, 0.4 \rangle$$

换句话说，即使我们并不知道 $P(toothache)$ 的值，我们仍可以计算出 $\mathbf{P}(Cavity \mid toothache)$！我们暂时不管 $P(toothache)$，而对 $Cavity$ 分别取 $cavity$ 和 $\neg cavity$ 时进行求和得到 0.12 和 0.08。这两个数代表了有关比例，但它们相加不等于 1，所以将这两个数都除以 0.12+0.08 而进行归一化。在许多概率演算中，归一化被证明是有用的捷径，不但使得计算更简单，而且在某些概率（如 $P(toothache)$）无法估算时可以使概率演算照样进行下去。

从这个例子，我们可以提取出一个通用推理过程。我们只考虑查询仅涉及一个变量的情况，假设这个变量为 X（这个例子中是 $Cavity$）。假设 $\mathbf{E}$ 为证据变量集合（这个例子中只有 $Toothache$），$\mathbf{e}$ 表示其观察值；并假设 $\mathbf{Y}$ 为其余的未观测变量（这个例子中是 $Catch$）。查询为 $\mathbf{P}(X \mid \mathbf{e})$，它的值计算为：

$$\mathbf{P}(X \mid \mathbf{e}) = \alpha \, \mathbf{P}(X, \mathbf{e}) = \alpha \sum_{\mathbf{y}} \mathbf{P}(X, \mathbf{e}, \mathbf{y}) \qquad (13.9)$$

其中的求和针对所有可能的 $\mathbf{y}$（也就是对未观测变量 $\mathbf{Y}$ 的值的所有可能组合）。注意变量 X，$\mathbf{E}$ 以及 $\mathbf{Y}$ 一起构成了问题域中所有变量的完整集合，因此 $\mathbf{P}(X, \mathbf{e}, \mathbf{y})$ 只不过是完全联合分布概率中的一个子集。

给定要使用的完全联合分布，公式（13.9）可以回答离散随机变量的概率查询。然而，它的规模扩展性不好：对于一个由 n 个布尔变量所描述的问题域，它需要一个大小为 $O(2^n)$ 的表作为输入，同时还要花费 $O(2^n)$ 的时间来处理这个表。在实际问题中，很容易出现 $n > 100$，这使得 $O(2^n)$ 不切实际。表格形式的完全联合分布对于建造推理系统而言不是一个实用的工具。然而，它应该被视为可能构建更有效方法的理论基础，就像真值表作为构建 DPLL 这样的实用算法的理论基础一样。本章的其余部分介绍一些基本思想，为在第 14 章中阐明几个实际系统做准备。

13.4　独　立　性

我们现在通过加入第4个变量——*Weather*——来扩展图13.3的完全联合分布。扩展后，完全联合分布变为 **P**(*Toothache, Catch, Cavity, Weather*)，它有 2×2×2×4=32 个条目，其中含有图 13.3 所给出的表的 4 个"版本"，每种天气一个版本。这些版本相互之间以及与原始的三变量的表之间有何关系？例如 P(*toothache, catch, cavity, cloudy*)与 P(*toothache, catch, cavity*)有什么关系呢？我们可以使用乘法规则：

　　　P(*toothache, catch, cavity, cloudy*)

= P(*cloudy*| *toothache, catch, cavity*) P(*toothache, catch, cavity*)

现在，除非有人相信神，否则他不会想到他的牙病会影响天气。至少对于室内牙科学而言，我们可以说天气并不影响牙病变量。所以，下面的断言似乎是合理的：

$$P(cloudy| toothache, catch, cavity) = P(cloudy) \tag{13.10}$$

据此，我们可以推断：

P(*toothache, catch, cavity, cloudy*) = P(*cloudy*) P(*toothache, catch, cavity*)

P(*Toothache, Catch, Cavity, Weather*)中的每个条目都有类似的公式。实际上，我们可以写出通用公式：

P(*Toothache, Catch, Cavity, Weather*) = **P**(*Toothache, Catch, Cavity*) **P**(*Weather*)

这样，4 个变量的含有 32 个条目的表可从 8 条目表与 4 条目表构建出来。图 13.4 示意性地描述了这种分解。

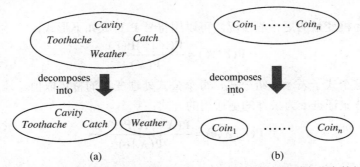

图 13.4　两个使用绝对独立性把大的联合分布分解成小的联合分布的例子
（a）天气和牙病问题是独立的；（b）掷硬币是独立的

公式（13.10）使用的特性被称为**独立性**（independence），也称为**边缘独立性**（marginal independence）或**绝对独立性**（absolute independence）。具体而言，天气是独立于牙病问题的。两个命题 *a* 和 *b* 之间独立可以写作：

$$P(a|b) = P(a) \quad \text{or} \quad P(b|a) = P(b) \quad \text{or} \quad P(a \land b) = P(a)P(b) \tag{13.11}$$

这个三种形式是等价的（习题 13.12）。变量 *X* 和 *Y* 之间独立可以写作（三种形式也是等价的）：

P(*X*|*Y*) = **P**(*X*)　或　**P**(*Y*|*X*) = **P**(*Y*)　或　**P**(*X, Y*) = **P**(*X*)**P**(*Y*)

独立性断言通常是基于问题的领域知识的。就像牙痛-天气例子一样，它们可以显著地减少描述完全联合分布所需的信息量。如果变量全集可以被划分为若干独立子集，那么完全联合分布就能够分解成这些子集的单独的联合分布。例如，n 次独立掷硬币的结果的联合分布 $\mathbf{P}(C_1, \cdots, C_n)$ 有 2^n 个条目，但可以表示为 n 个单变量概率分布 $\mathbf{P}(C_i)$ 的乘积。从一个更加实际的角度看，牙医学和气象学之间的独立性是件好事，因为否则牙科医生可能需要熟悉气象学知识，反之亦然。

于是当独立性断言可用时，它们有助于减小问题域表示的规模并降低推理问题的复杂度。不幸的是，变量全集被独立性划分的情况是相当少见的。只要两个变量之间存在无论多么间接的联系，独立性就不再成立。而且，即使独立子集也可能非常庞大——例如，牙病可能涉及到相关的数十种疾病和几百种症状。要处理这样的问题，我们需要比简单易懂的独立性概念更精细的方法。

13.5 贝叶斯规则及其应用

在 13.2.1 节我们定义了乘法规则。实际上，它可以写成两种形式：
$$P(a \wedge b) = P(a \mid b) P(b) \quad \text{和} \quad P(a \wedge b) = P(b \mid a) P(a)$$
这两个式子的右边相等，然后同时除以 $P(a)$，可得到

$$P(b \mid a) = \frac{P(a \mid b) P(b)}{P(a)} \tag{13.12}$$

这个公式是著名的**贝叶斯规则**（Bayes' Rule；也称为贝叶斯定律，Bayes' Law；或者贝叶斯定理，Bayes' Theorem）。这个简单的公式是大多数进行概率推理的现代人工智能系统的基础。

对于多值随机变量的更一般情况，可以用符号 $\mathbf{P}$ 写成如下形式：
$$\mathbf{P}(Y \mid X) = \frac{\mathbf{P}(X \mid Y)\mathbf{P}(Y)}{\mathbf{P}(X)}$$

像前面一样，这个式子表示一组公式，每个公式处理变量的特定取值。还有某些场合，我们需要以某个背景证据 $\mathbf{e}$ 为条件的更通用的公式：

$$\mathbf{P}(Y \mid X, \mathbf{e}) = \frac{\mathbf{P}(X \mid Y, \mathbf{e})\mathbf{P}(Y \mid \mathbf{e})}{\mathbf{P}(X \mid \mathbf{e})} \tag{13.13}$$

13.5.1 应用贝叶斯规则：简单实例

表面上，贝叶斯规则似乎不是很有用。它允许我们基于 3 个项——$P(a|b)$、$P(b)$ 和 $P(a)$——计算另一个项 $P(b|a)$。这似乎向后倒退了两步，但实践中贝叶斯规则很有用，因为很多情况下我们确实对前 3 个项有很好的估计而需要计算第 4 个项。经常，我们将未知因素 *cause* 造成的结果 *effect* 看作是证据，而确定那个未知因素 *cause*。这种情况下，贝叶斯规则变成：

$$P(cause \mid effect) = \frac{P(effect \mid cause)P(cause)}{P(effect)}$$

条件概率 $P(effect \mid cause)$ 量化了因果方向上的关系，而 $P(cause \mid effect)$ 描述诊断方向上

的关系。在类似这样的医疗诊断中，我们经常有因果关系的条件概率（也就是说，医生知道 $P(symptoms \mid disease)$）而想得出诊断 $P(disease \mid symptoms)$。例如，医生知道脑膜炎会引起病人脖子僵硬，比如说有 70%的机会。医生还了解一些无条件事实：病人患脑膜炎的先验概率是 1/50 000，而任何一个病人脖子僵硬的先验概率为 1%。令 s 表示"病人脖子僵硬"的命题，m 表示"病人患有脑膜炎"的命题，则有

$$P(s \mid m) = 0.7$$
$$P(m) = 1 / 50000$$
$$P(s) = 0.01$$
$$P(m \mid s) = \frac{P(s \mid m)P(m)}{P(s)} = \frac{0.7 \times 1 / 50000}{0.01} = 0.0014 \tag{13.14}$$

也就是说，我们期望 700 个有脖子僵硬症状的病人中只有不到 1 个人患有脑膜炎。注意，尽管脑膜炎相当强烈地预示着会有脖子僵硬的症状（概率为 0.7），但脖子僵硬的病人患脑膜炎的概率却依然很低。这是因为脖子僵硬的先验概率大大高于患脑膜炎的先验概率。

13.3 节阐述了一个可以避免对证据的概率（此处是 $P(s)$）进行估算的过程，而只需要计算查询变量的每个值的后验概率（此处是 m 和 $\neg m$），然后对结果进行归一化。当使用贝叶斯规则时，同样可以应用这个过程。我们有：

$$\mathbf{P}(M \mid s) = \alpha \langle P(s \mid m)P(m), P(s \mid \neg m)P(\neg m) \rangle$$

这样，为了使用这种方法我们需要估计 $P(s \mid \neg m)$ 而不是 $P(s)$。天下没有免费的午餐——有时这很容易，但有时却很困难。使用归一化的贝叶斯规则的一般形式为

$$\mathbf{P}(Y \mid X) = \alpha \, \mathbf{P}(X \mid Y) \, \mathbf{P}(Y) \tag{13.15}$$

其中 α 是使 $\mathbf{P}(Y \mid X)$ 中所有条目总和为 1 所需的归一化常数。

关于贝叶斯规则的一个明显问题是，为什么我们可以在一个方向上有可用的条件概率，在反方向上却没有。在脑膜炎问题域中，医生也许知道 5000 个病例里有 1 个是脖子僵硬暗示着患有脑膜炎的（这是医生对病人进行统计观察而得到诊断概率 $P(m \mid s)$）；也就是说，在从症状到病因的**诊断**方向上，医生有定量信息。这样的医生不需要使用贝叶斯规则。不幸的是，诊断知识往往比因果知识脆弱得多。如果突然流行脑膜炎，那么关于脑膜炎的无条件概率 $P(m)$ 会增长。直接根据在脑膜炎流行之前关于病人的统计观察得到诊断概率 $P(m \mid s)$ 的医生，就会不知道如何更新这个概率值。但是根据另外 3 个值计算 $P(m \mid s)$ 的医生，就会发现 $P(m \mid s)$ 应该与 $P(m)$ 成比例增长。最重要的是，突然流行脑膜炎是*不影响*因果信息 $P(s \mid m)$ 的，因为它只是反映了脑膜炎的特点。使用这种直接的因果知识或者基于模型的知识，为实现在现实世界中可行的概率系统提供了所需的至关重要的鲁棒性。

13.5.2 使用贝叶斯规则：合并证据

我们已经看到，贝叶斯规则对于回答以某一证据——例如脖子僵硬——为条件的概率查询问题是非常有用的。我们特别阐明了概率信息经常是以 $P(effect \mid cause)$ 的形式出现的。当我们有两条或者更多证据时会怎么样？例如，如果牙医的不清洁的钢探针引起病人疼痛的牙齿感染，她能得出什么结论？如果我们知道完全联合分布（图 13.3），则可以读出答案：

$$\mathbf{P}(Cavity \mid toothache \wedge catch) = \alpha \langle 0.108, 0.016 \rangle \approx \langle 0.871, 0.129 \rangle$$

然而我们知道，这种方法不能扩展到有大量的变量的情况。我们也可以试着使用贝叶斯规则重新对问题形式化：

$$\mathbf{P}(Cavity \mid toothache \wedge catch) = \alpha\,\mathbf{P}(toothache \wedge catch \mid Cavity)\,\mathbf{P}(Cavity) \qquad （13.16）$$

为了使用这个式子，我们需要知道在 *Cavity* 每个取值下合取式 *toothache*∧*catch* 的条件概率。这对于只包含两个证据变量的情形可能是可行的，但同样不允许变量太多。如果有 n 个可能的证据变量（X 射线透视、日常饮食、卫生保健、等等），观察到的值就有 2^n 个可能组合，我们需要知道每个可能组合下的条件概率。我们也许还不如回到使用完全联合分布的方法。这是最初导致研究人员远离概率理论而寻求对证据进行组合的近似方法的原因，虽然近似方法可能给出不正确的答案，但为了得到任何答案需要的数据量更少。

如果我们不采用这条路线，那么就需要找到关于问题域的、使我们能够简化表达式的附加断言。13.4 节介绍的**独立性**的概念提供了一条线索，但需要完善。要是 *Toothache* 和 *Catch* 彼此独立就好了，但是它们并非如此：如果探针引起牙齿感染，那么牙齿可能有洞，而这个牙洞引起牙痛。不过，如果已知病人是否有牙洞，这两个变量就是相互独立的。每个变量取值都是由牙洞导致的，但是它们彼此之间没有直接影响：牙痛依赖于牙神经的状态，而使用探针的精确度取决于牙医的技术，牙痛与此无关 [1]。数学上，这个性质可以写作：

$$\mathbf{P}(toothache \wedge catch \mid Cavity) = \mathbf{P}(toothache \mid Cavity)\,\mathbf{P}(catch \mid Cavity) \qquad （13.17）$$

这个公式表达了当给定 *Cavity* 时 *toothache* 和 *catch* 的**条件独立性**（conditional independence）。我们可以把它代入到公式（13.16）中得到有牙洞的概率：

$$\mathbf{P}(Cavity \mid toothache \wedge catch)$$
$$= \alpha\,\mathbf{P}(toothache \mid Cavity)\,\mathbf{P}(catch \mid Cavity)\,\mathbf{P}(Cavity) \qquad （13.18）$$

这时所需的信息就和单独使用每条证据进行推理是一样的了：查询变量的先验概率 $\mathbf{P}(Cavity)$，以及给定原因下各种结果的条件概率。

给定第三个随机变量 Z 后，两个随机变量 X 和 Y 的条件独立性的一般定义是：

$$\mathbf{P}(X, Y \mid Z) = \mathbf{P}(X \mid Z)\,\mathbf{P}(Y \mid Z)$$

例如在牙科问题域中，给定 *Cavity*，断言变量 *Toothache* 和 *Catch* 的条件独立性看来是合理的：

$$\mathbf{P}(Toothache,\ Catch \mid Cavity) = \mathbf{P}(Toothache \mid Cavity)\,\mathbf{P}(Catch \mid Cavity) \qquad （13.19）$$

注意这个断言比公式（13.17）要强一些，公式（13.17）只断言了 *Toothache* 和 *Catch* 在特定取值下的条件独立性。与公式（13.11）所表达的绝对独立性相类似，也可以使用以下条件独立性的等价形式（习题 13.17）：

$$\mathbf{P}(X \mid Y, Z) = \mathbf{P}(X \mid Z) \quad 和 \quad \mathbf{P}(Y \mid X, Z) = \mathbf{P}(Y \mid Z)$$

13.4 节说明，绝对独立性断言允许将完全联合分布分解成很多更小的分布。这对于条件独立性断言同样也是成立的。例如，给定公式（13.19）中的断言，我们得到如下分解形式：

$$\mathbf{P}(Toothache, Catch, Cavity)$$
$$= \mathbf{P}(Toothache, Catch \mid Cavity)\,\mathbf{P}(Cavity) \qquad\qquad （乘法原则）$$
$$= \mathbf{P}(Toothache \mid Cavity)\,\mathbf{P}(Catch \mid Cavity)\,\mathbf{P}(Cavity) \qquad （使用公式（13.19））$$

---

1 我们假设病人和牙医不是同一人。

（读者可以验证这个公式实际上在图 13.3 中是成立的。）按照这种方式，原来较大的概率表被分解成为三个较小的概率表。原来的概率表有 7 个彼此独立的数值（表中 $2^3=8$ 个数，但它们的和必须等于 1，所以 7 个数值是独立的）。这些较小的表包含 5 个彼此独立的数值（形如 $\mathbf{P}(T|C)$ 的条件概率分布有两行，每行两个数，每行相加等于 1，因此有两个独立数值；形如 $\mathbf{P}(C)$ 的先验概率分布只有一个独立数值）。从 7 个到 5 个似乎不是重大的胜利，但关键是，对于给定 Cavity 下彼此条件独立的 n 种症状而言，表示的规模按照 $O(n)$ 增长而不是按照 $O(2^n)$ 增长。因此，条件独立性断言能够允许概率系统进行规模扩展；而且，条件独立性也比绝对独立性断言更加普遍容易获得。概念上，Cavity 分开了 Toothache 和 Catch，因为它是二者的直接原因。通过条件独立性将一个大的概率问题分解成一些联系非常弱的子集，是人工智能领域最近历史中最重大的进展之一。

这个牙科的例子说明了一类普遍存在的模式，其中单一原因直接影响许多结果，这些结果在给定这个原因时都是彼此条件独立的。这时，完全联合分布可以写为：

$$\mathbf{P}(Cause, Effect_1, \cdots, Effect_n) = \mathbf{P}(Cause)\prod_i \mathbf{P}(Effect_i \mid Cause)$$

这样的一个概率分布被称为一个**朴素贝叶斯**（naive Bayes）模型——"朴素"是因为这个模型经常用于（作为模型的简化假设）"结果"变量在给定原因变量下实际上不是条件独立的情况。（朴素贝叶斯模型有时被称为**贝叶斯分类器**（Bayesian classifier），一个多少有些欠考虑的用法，因此一些真正的贝叶斯支持者们将其称为**傻瓜贝叶斯**（idiot Bayes）模型。）在实际中，基于朴素贝叶斯模型的系统工作得出奇地好——即使条件独立性假设不成立时。第 20 章描述了通过观察数据学习朴素贝叶斯分布的方法。

13.6　重游 wumpus 世界

我们可以结合本章所介绍的许多思想来解决 wumpus 世界的概率推理问题（关于 wumpus 世界的完整描述参见第 7 章）。由于 wumpus 世界中 Agent 的传感器只提供关于世界的不完整的信息，因此会产生不确定性。例如，图 13.5 显示了一种情景：在所有三个可达的方格中——[1, 3]、[2, 2]和[3, 1]——每一个都有可能包含一个陷阱。纯逻辑推理无法推断哪个方格可能最安全，因此逻辑 Agent 也许不得不随机地选择。我们将发现概率 Agent 可以比逻辑 Agent 做得好得多。

我们的目标是计算这三个方格中每一个包含陷阱的概率（这个例子中我们忽略 wumpus 和金子）。这个 wumpus 世界的相关性质包括：（1）陷阱使所有相邻方格有微风；（2）除了方格[1, 1]以外的所有方格包含陷阱的概率都是 0.2。第一步是确定我们需要的随机变量集合：

- 与在命题逻辑中的情况一样，对于每个方格我们需要一个布尔变量 $P_{i,j}$；当且仅当方格[i, j]中确实包含陷阱，$P_{i,j}$ 为真。
- 我们也需要布尔变量 $B_{i,j}$；当且仅当方格[i, j]中有微风，$B_{i,j}$ 为真；我们只为观察过的方格——此处是[1, 1]、[1, 2]和[2, 1]——设置这些变量。

下一步是指定完全联合分布 $\mathbf{P}(P_{1,1}, \cdots, P_{4,4}, B_{1,1}, B_{1,2}, B_{2,1})$。应用乘法原则，我们得到
$$\mathbf{P}(P_{1,1}, \cdots, P_{4,4}, B_{1,1}, B_{1,2}, B_{2,1}) = \mathbf{P}(B_{1,1}, B_{1,2}, B_{2,1} \mid P_{1,1}, \cdots, P_{4,4})\, \mathbf{P}(P_{1,1}, \cdots, P_{4,4})$$

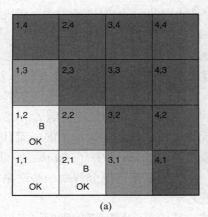
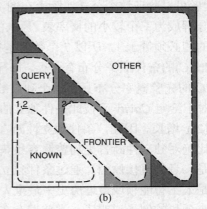

图 13.5

（a）在方格[1, 2]和[2, 1]内都发现微风后，Agent 无处可去——没有安全的方格可以探索；（b）对于方格[1, 3]的查询，可以将所有的方格划分为：*known*（已知）、*frontier*（边缘）和 *others*（其他）

这个分解使得容易看出联合概率的值应该是什么。右边第一项是给定陷阱布局后，微风布局的条件概率；微风与包含陷阱的方格相邻时它的值等于 1，否则等于 0。第二项是陷阱布局的先验概率。对于每个方格，其包含陷阱的概率是 0.2，并且与其他方格是否包含陷阱是相互独立的；因此

$$\mathbf{P}(P_{1,1},\cdots,P_{4,4}) = \prod_{i,j=1,1}^{4,4} \mathbf{P}(P_{i,j}) \qquad (13.20)$$

对于包含 n 个陷阱的一个布局，概率就等于 $0.2^n \times 0.8^{16-n}$。

在图 13.5（a）所示的情景下，证据由访问过的方格中观察到有（或没有）微风并结合这些方格中不包含陷阱的事实组成。我们将这些事实简写成 $b = \neg b_{1,1} \wedge b_{1,2} \wedge b_{2,1}$ 和 $known = \neg p_{1,1} \wedge \neg p_{1,2} \wedge \neg p_{2,1}$。我们对回答诸如 $\mathbf{P}(P_{1,3} \mid known, b)$ 这样的查询感兴趣：在目前为止得到的观察数据下，方格[1, 3]有陷阱的可能性有多大？

为了回答这个查询，我们可以采用公式（13.9）所给出的标准方法，即对完全联合分布中的条目进行求和。令 *Unknown*（未知）表示由除 *Known*（已知）方格以及查询方格[1,3]以外的所有 $P_{i,j}$ 所组成的随机变量集合。这样，根据公式(13.9)，我们有：

$$\mathbf{P}(P_{1,3} \mid known, b) = \alpha \sum_{unknown} \mathbf{P}(P_{1,3}, unknown, known, b)$$

完全联合分布已经确定，因此我们的任务完成了——除非我们还关心计算过程。总共有 12 个未知方格；因此求和包含 $2^{12} = 4096$ 项。总的来说，这个求和的计算量是随着方格的数量呈指数级增长的。

肯定有人会问：难道其他的方格不是无关的吗？方格[4,4]怎么会影响到方格[1,3]是否有陷阱？这个直觉确实是正确的。令 *Frontier*（边缘）表示与已访问过的方格相邻的、除查询变量以外的陷阱（*pit*）变量，这里就是[2, 2]和[3, 1]。令 *other*（其他）表示其他未知方格的陷阱变量；这里有 10 个其他方格，如图 13.5（b）所示。我们洞悉到，给定了已知（*known*）、边缘（*frontier*）和查询（*query*）变量后，观察到的微风相对于其他（*other*）变量是条件独立的（conditionally independent）。为了使用这个见解，我们将查询公式处理成一种微风依赖于所有其他（*other*）变量的条件概率形式，然后我们应用条件独立性：

$$\mathbf{P}(P_{1,3} \mid known, b)$$

$$= \alpha \sum_{unknown} \mathbf{P}(P_{1,3}, known, b, unknown) \qquad （根据公式（13.9））$$

$$= \alpha \sum_{unknown} \mathbf{P}(b \mid P_{1,3}, known, unknown)\mathbf{P}(P_{1,3}, known, unknown)$$

$$\text{(by the product rule)}$$

$$= \alpha \sum_{frontier} \sum_{other} \mathbf{P}(b \mid known, P_{1,3}, frontier, other)\mathbf{P}(P_{1,3}, known, frontier, other)$$

$$= \alpha \sum_{frontier} \sum_{other} \mathbf{P}(b \mid known, P_{1,3}, frontier)\mathbf{P}(P_{1,3}, known, frontier, other),$$

其中最后一步使用了条件独立性：给定 $known$、$P_{1,3}$ 和 $frontier$，b 独立于 $other$。现在，表达式中的第一项不依赖于 $Other$ 中的变量，因此我们可以将求和符号向里移：

$$\mathbf{P}(P_{1,3} \mid known, b)$$

$$= \alpha \sum_{frontier} \mathbf{P}(b \mid known, P_{1,3}, frontier) \sum_{other} \mathbf{P}(P_{1,3}, known, frontier, other)$$

根据如公式（13.20）所示的独立性，先验项可以分解，然后这些项可以重新排序：

$$\mathbf{P}(P_{1,3} \mid known, b)$$

$$= \alpha \sum_{frontier} \mathbf{P}(b \mid known, P_{1,3}, frontier) \sum_{other} \mathbf{P}(P_{1,3})P(known)P(frontier)P(other)$$

$$= \alpha P(known)\mathbf{P}(P_{1,3}) \sum_{frontier} \mathbf{P}(b \mid known, P_{1,3}, frontier)P(frontier) \sum_{other} P(other)$$

$$= \alpha' \mathbf{P}(P_{1,3}) \sum_{frontier} \mathbf{P}(b \mid known, P_{1,3}, frontier)P(frontier)$$

其中最后一步将 $P(known)$ 合并到归一化常数中去，并利用了 $\sum_{other} P(other) = 1$ 这一事实。

现在，在边缘变量 $P_{2,2}$ 和 $P_{3,1}$ 上求和仅包含 4 项。独立性和条件独立性的使用完全消除了对其他方格的考虑。

注意，当边缘与对微风的观察一致时表达式 $\mathbf{P}(b \mid known, P_{1,3}, frontier)$ 等于 1，否则等于 0。因此，对于 $P_{1,3}$ 的每个取值，我们在与已知事实一致的边缘变量的*逻辑模型*上求和。（与图 7.5 中对模型的枚举做比较。）这些模型以及它们所关联的先验概率——$P(frontier)$——如图 13.6 所示。我们有

$$\mathbf{P}(P_{1,3} \mid known, b) = \alpha' \langle 0.2\,(0.04 + 0.16 + 0.16),\ 0.8\,(0.04 + 0.16) \rangle \approx \langle 0.31,\ 0.69 \rangle$$

也就是说，[1,3]（以及对称的[3,1]）包含陷阱的概率大约是 31%。一个类似计算告诉我们方格[2,2]包含陷阱的概率大约是 86%——读者也许愿意执行这个计算。Agent 应该肯定地避免去方格[2, 2]！注意，第 7 章的逻辑 Agent 并不知道[2,2]比其他方格更危险。逻辑只能告诉我们"[2,2]是否有陷阱"是未知的，但我们需要概率来告诉我们[2,2]有陷阱的可能性有多大。

本节阐明的是，即使看似非常复杂的问题，也可以用概率理论精确地形式化，并通过简单的算法进行求解。为了获得有效的解，独立性和条件独立性关系可以用于简化所需的求和。这些关系通常与我们对问题应该如何进行分解的自然理解是对应的。下一章我们将提出对这种关系的形式化表示方法，以及基于这些表示的、高效地完成概率推理的算法。

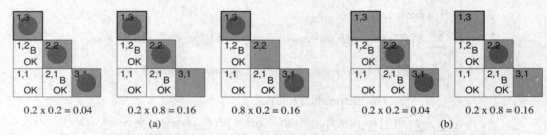

$$0.2 \times 0.2 = 0.04 \qquad 0.2 \times 0.8 = 0.16 \qquad 0.8 \times 0.2 = 0.16 \qquad 0.2 \times 0.2 = 0.04 \qquad 0.2 \times 0.8 = 0.16$$

(a)   (b)

图 13.6　对于边缘变量 $P_{2,2}$ 和 $P_{3,1}$ 的一致性模型，显示了每个模型的概率 $P(frontier)$
(a) 当 $P_{1,3} = true$ 时的三个模型，说明可能包含两个或者三个陷阱；(b) 当 $P_{1,3} = false$ 时的两个模型，说明可能包含一个或者两个陷阱

13.7　本 章 小 结

本章论证了概率理论是进行不确定性推理的合适基础，并仔细介绍了概率理论的使用。

- 不确定性是因为惰性和无知而出现的。在复杂的、非确定性的或部分可观察的环境中，不确定性是不可避免的。
- 概率表达了 Agent 无法得到关于语句真值的明确决策的无能。概率概括了 Agent 与证据有关的信念。
- 决策理论结合了 Agent 的信念和期望，定义最佳行动是最大化期望效用的行动。
- 基本概率语句包括简单命题与复合命题上的**先验概率**和**条件概率**。
- 概率公理约束了对命题概率的可能赋值。违反这些公理的 Agent 一定会在某些情况下采取不理性的行为。
- **完全联合概率分布**指定了对随机变量的每种完整赋值的概率。不过完全联合概率分布通常过于庞大，难以对其进行显式地创建和使用。当完全联合分布可用时，它可以用于回答查询，只需简单地将其中对应于查询命题的可能世界的条目相加。
- 随机变量的子集之间的**绝对独立性**允许将完全联合分布分解成多个更小的联合分布。这样做能够大大降低问题的复杂度，但在实际中绝对独立性很少出现。
- **贝叶斯规则**允许通过已知的条件概率——通常是因果方向的——计算未知的概率。应用有多条证据的贝叶斯规则时，会遇到与完全联合分布同样的规模扩展问题。
- 问题域中直接因果关系带来的**条件独立性**允许将完全联合分布分解成较小的条件概率分布。**朴素贝叶斯**模型假设在给定单一原因变量后，所有的结果变量都是条件独立的，模型规模随结果个数呈线性增长。
- 一个 wumpus 世界的 Agent 能够计算世界中未观察到的方面的概率，从而做出比纯逻辑 Agent 更好的决策。条件独立性简化了这种计算。

参考文献与历史注释

概率理论是作为分析几率游戏的方法而被创造的。大约在公元 850 年，印度数学家 Mahaviracarya 描述了如何设置一组保证不输的赌局（我们现在称之为 Dutch 之书）。在欧洲，第一个有成效的系统分析是由 Girolamo Cardano 于 1565 年左右提出的，但他的工作在他去世后一直到 1663 年才发表。此前，Blaise Pascal 与 Pierre de Fermat 在 1654 年的通信中建立了一系列结果，基于这些结果概率被确立为一门数学学科。像概率本身一样，这些结果最初是由赌博问题激发的（见习题 13.9）。第一本出版的概率教材是 *De Ratiociniis in Ludo Aleae*（Huygens，1657 年）（几率游戏中的推理）。John Arbuthnot 在他翻译 Huygens 的这本书时（1692 年）在前言描述了不确定性的"惰性"与"无知"观点："一个色子如果有确定的强制力和方向，要它不落在一个确定的面上也是不可能，只是我不知道这种使色子落在一个确定的面上的强制力和方向，因此我称之为几率，这只是技术的需要…"。

　　Laplace（1816）给出了对概率的异常准确而现代的评述；他是第一个使用"有个缸 A 和 B，第一有 4 个白球和 2 个黑球…"作为例子的人。Rev. Thomas Bayes（1702—1761）引入了后来以他姓氏 Bayes 命名（1763）的关于条件概率的推理规则。Bayes 只考虑了具有相同先验概率（uniform priors）的情况；是 Laplace 独立地发展了先验概率的一般情况。Kolmogorov（1950，最初于 1933 年在德国发表）首次在一个严格的公理框架中提出了概率理论。后来 Rényi（1970）给出了采用条件概率而不是绝对概率为基础的公理化表示。

　　帕斯卡以既要求客观解释又要求主观解释的方式使用概率，客观解释是一种基于对称性或相对频率的世界属性，主观解释是基于信度的——前者出现于他对几率游戏的概率分析中，后者则出现在他著名的关于上帝可能存在的"帕斯卡赌注"论点中。然而，帕斯卡并没有清楚地认识到这两种解释之间的区别。James Bernoulli（1654—1705）最早提出了他们之间的区别。

　　Leibniz 引入了概率这一"经典"概念，把概率描述为可枚举的、等可能的情况的一个比例，这个概念 Bernoulli 也使用过，然而使它引起公众注意的是 Laplace（1749—1827）。这个概念在频率解释与主观解释之间有些含混不清。可以认为等可能的情况要么是因为它们之间的自然的和物理的对称性，要么是因为我们没有任何知识能引导我们认为某个比另一个更可能发生。后者的使用，公平地赋予等概率的主观考虑被称为"无差别原则（principle of indifference）"（Keynes，1921）。George Boole 和 John Venn 都把它称为理由不充分原则（principle of insufficient reason）；现在的命名归功于 Keynes（1921）。

　　到了 20 世纪，客观主义者们与主观主义者们之间的争论愈发尖锐了。Kolmogorov（1963），R. A. Fisher（1922）和 Richard von Mises（1928）等人都倡导相对频率解释。Karl Popper（1959，最初于 1934 年在德国发表）的"倾向"解释认为相对频率来自于潜在的物理对称性。Frank Ramsey（1931）、Bruno de Finetti（1937）、R. T. Cox（1946）、Leonard Savage（1954）以及 Richard Jeffrey（1983）则将概率解释为特定个体的信念度。他们对信念度的分析是和效用及行为是紧密联系的——特别是下赌注的意愿。追随 Leibniz 和 Laplace，Rudolf Carnap 提供了一种不同的关于概率的主观解释：概率不是任何实际个体的信念度，而是理想化个体已知一些特定的证据 e 时对特定命题 a 应有的信念度。Carnap 通过使这种作为 a 和 e 之间的逻辑关系的**确信度**（degree of confirmation）的概念达到数学上的精确，试图比 Leibniz 或 Laplace 走得更远。关于这种关系的研究试图构建一门称为**归纳逻辑**（inductive logic）的数学学科，类似于普通的演绎逻辑（Carnap，1948，1950）。Carnap 没有能够将他的归纳逻辑拓展到命题逻辑之外，而 Putnam（1963）通过博弈论指出，某些基础困难会阻止对有能力表达算术的语言进行严格的扩展。

Cox 定理（1946）指出满足他的假设的不确定推理的任何系统等价于概率理论。这增强了那些已经支持概率的人的信息，但其他人并不服气，将矛头指向他的假设（主要是信念必须由单一的数值表示，若果这样，对 $\neg p$ 的信念必定是对 p 的信念的函数）。Halpern（1999）描述了这些假设并指出 Cox 的原始公式中的裂口。Horn（2003）指出了如何填补这些裂口。Jaynes（2003）也有类似的论点。

参考类的问题是与寻找归纳逻辑的尝试紧密相连的。选择具有足够容量的"最特定"参考类的方法是由 Reichenbach（1949）正式提出的。人们进行了各种尝试，特别是 Henry Kyburg（1977，1983），形式化表示了更精细复杂的策略，以避免 Reichenbach 规则带来的一些非常明显的谬误，不过这样的方法多少还保留有特别之处。Bacchus、Grove、Halpern 以及 Koller（1992）的更近一些的工作将 Carnap 的方法扩展到一阶理论，因此避免了很多与直接参考类相关的困难。Kyburg 和 Teng（2006）将概率推理与非单调逻辑进行了对比。

贝叶斯概率推理从 20 世纪 60 年代开始已经被应用于人工智能，特别是医疗诊断领域。不仅用于根据可用证据进行诊断，还用于在可用证据不确定时根据信息价值理论（第 16.6 节）选择进一步的问题和测试（Gorry，1968；Gorry 等，1973）。在诊断急性胃炎方面，有一个系统超过了人类专家（de Dombal 等，1974）。相关综述见 Lucas 等（2004）的论文。然而，这些早期的贝叶斯系统遇到了很多问题。因为它们缺少任何关于其诊断条件的理论模型，在只能获得小样本的情形中只有一些没有代表性的数据，这些系统对这样的数据很脆弱（de Dombal 等，1981）。甚至更基本地，因为它们缺少一种简洁的形式化方法（诸如将在第 14 章中所描述的方法）来表示和使用条件独立性信息，它们依赖于对庞大概率数据表的获取、存储和处理。因为这些困难，从 20 世纪 70 年代到 80 年代中期，人们对处理不确定性的概率方法失去了兴趣。从 20 世纪 80 年代后期开始的进展将在下一章中描述。

20 世纪 50 以后，联合分布的朴素贝叶斯模型在模式识别领域的文献中得到了广泛的研究（Duda 和 Hart，1973）。从 Maron（1961）的工作开始，在信息检索领域也经常无意间用到这种方法。Robertson 和 Sparck Jones（1976）阐明了该技术的概率基础，习题 13.22 中进一步描述了该技术。Domingos 和 Pazzani（1997）解释了在明显违反独立性假设的问题域中，朴素贝叶斯推理仍然取得不可思议的成功的原因。

有很多很好的概率理论的介绍性教材，包括 Bertsekas 和 Tsitsiklis（2008）以及 Grinstead 和 Snell（1997）的教材。DeGroot 和 Schervish（2001）以贝叶斯主义为出发点，将概率理论与统计相结合进行介绍。Richard Hamming（1991）的教材则从基于物理对称性的倾向性解释出发，给出了对概率理论的一个数学上非常深奥的介绍。Hacking（1975）和 Hald（1990）介绍了概率概念的早期历史。Bernstein（1996）通俗而有趣地讲述了风险。

习　题

13.1 根据基本原理证明：$P(a \mid b \wedge a) = 1$。

13.2 使用概率公理证明：一个离散随机变量的任何概率分布，总和等于 1。

13.3 对与下面的每个断言，或者证明其为真，或者给出一个反例。

a. If $P(a|b,c) = P(b|a,c)$, then $P(a|c)=P(b|c)$

b. If $P(a|b,c) = P(a)$, then $P(b|c) = P(b)$

c. If $P(a|b) = P(a)$, then $P(a|b,c) = P(a|c)$

13.4 如果一个 Agent 有 3 个信念度 $P(a) = 0.4$、$P(b) = 0.3$ 和 $P(a \lor b) = 0.5$，这个 Agent 是理性的吗？如果是，Agent 支持 $a \land b$ 的概率在什么范围内是理性的？制作一个类似于图 13.2 的表，并说明它如何支持你对理性的论点。然后画出另一个版本的表，其中 $P(a \lor b) = 0.7$。解释一下为什么这个概率仍然是合理的，虽然表中显示有一种情况失利而 3 种情况是平局。（提示：Agent1 对 4 种情况下的概率分别会采取什么样的措施，特别是失利的那种情况？）

13.5 这个问题涉及可能世界的性质，如 13.2.2 节所定义的，可能世界被定义为对所有随机变量的一种赋值。我们将讨论恰好只有一个可能世界的命题（这些命题为每个变量都赋了一个值）。在概率理论中，这样的命题称为**原子事件**（atomic events）。例如，对于布尔变量 X_1、X_2 和 X_3，命题 $x_1 \land \neg x_2 \land \neg x_3$ 选定了变量的值；在命题逻辑语言中，我们会说它恰好有一个模型。

a. 证明，对于 n 个布尔变量的情况，任意两个不同的原子事件是互斥的，即它们的合取等价于 *false*。

b. 证明，所有可能原子事件的析取逻辑上等价于 *true*。

c. 证明，任何命题逻辑上等价于蕴涵其为真的原子事件的析取。

13.6 从公式（13.1）和（13.2）证明公式（13.4）。

13.7 从一副标准的 52 张纸牌（不含大小王——译者注）中分发每手 5 张牌。假设发牌人是公平的。

a. 在联合概率分布中共有多少个原子事件（即，共有多少种 5 手牌的组合）？

b. 每个原子事件的概率是多少？

c. 拿到大同花顺（即同花的 A、K、Q、J、10——译者注）的概率是多少？ 4 张相同牌的概率是多少？

13.8 给定如图 13.3 所示的完全联合分布，计算：

a. $\mathbf{P}(toothache)$

b. $\mathbf{P}(Cavity)$

c. $\mathbf{P}(Toothache \mid cavity)$

d. $\mathbf{P}(Cavity \mid toothache \lor catch)$

13.9 Pascal 在 1654 年 8 月 24 日的信中试图解释如果必须在时机未成熟时结束赌博游戏，应该如何分配一罐钱。设想一个游戏，每轮都是摇色子，如果色子是偶数则玩家 E 得 1 分，如果是奇数则玩家 O 得 1 分。第一个得到 7 分的玩家得到这罐钱。假设游戏在 E 得 4 分 O 得 2 分是中断，那么应该如何公平地分钱？通用的公式是什么？（Fermat 和 Pascal 都犯了几次错误才解决这个问题，但你应该第一次就能够正确地解答。）

13.10 我们现在将概率理论付诸实践。我们遇到一个有 3 个独立轮子的自动贩卖机，每个轮子可以等概率地产生 4 个符号 BAR、BELL、LEMON 和 CHERRY 中的一个符号。对于 1 个硬币的赌注，贩卖机有如下的返钱方案（"？"表示不关心该轮子的产生的符号）：

BAR/BAR/BAR 返 20 个硬币

BELL/BELL/BELL 返 15 个硬币

LEMON/LEMON/LEMON 返 5 个硬币

CHERRY/CHERRY/CHERRY 返 3 个硬币

CHERRY/CHERRY/? 返 2 个硬币

CHERRY/?/? 返 1 个硬币

a. 计算贩卖机期望的返钱比例。即每玩一个硬币，返回硬币的期望值是多少？

b. 计算玩一次就能获胜的概率。

c. 如果从有 10 硬币开始，你能够期望平均可玩多少次。你可以通过仿真来估算，而不一定计算出确切的答案。

13.11 我们想传送 n 位长的信息到一个接收 Agent。传输中每个位独立地以 ε 的概率翻转。和原始信息一起发送一个奇偶校验位，如果整个信息（包括奇偶校验位）顶多只有一个位翻转了，接收方就能够纠正信息。假设我们想保证收到正确信息的概率至少为 $1-\delta$。允许 n 最大为多少？设 $\varepsilon=0.001$，$\delta=0.01$。

13.12 证明公式（13.11）中的独立性的 3 种形式是等价的。

13.13 考虑两个对病毒的医学测试 A 和 B。测试 A 在病毒存在的前提下能有效识别出病毒的概率是 95%，但有 10% 的错误识别率（没有病毒，但识别出有病毒）。测试 B 有 90% 的识别率，但有 5% 的错误识别率。两个测试分别使用识别病毒的相互独立的方法。1% 的人有这种病毒。只使用其中一种测试来识别一个人是否携带这种病毒而且识别结果呈阳性（测试结果认为这个人携带这种病毒）。如果一个人确实携带了这种病毒，那么哪一种结果呈阳性的测试方法更有预示性。从数学上证明你的结论。

13.14 假设你有一个硬币，这个硬币掷出落下后证明朝上的概率是 x，反正朝上的概率是 $1-x$。如果你知道 x 的值，那么连续地掷这个硬币得到的结果彼此独立吗？如果不知道 x 的值呢？请提供你回答的正当理由。

13.15 在一年一度的体检之后，医生告诉你一些坏消息和一些好消息。坏消息是你在一种严重疾病的测试中结果呈阳性，而这个测试的准确度为 99%（即当你确实患这种病时，测试结果为阳性的概率为 0.99；而当你未患这种疾病时测试结果为阴性的概率也是 0.99）。好消息是，这是一种罕见的病，在你这个年龄段大约 10 000 人中才有 1 例。为什么"这种病很罕见"对于你而言是一个好消息？你确实患有这种病的概率是多少？

13.16 在一些一般背景证据固定不变的上下文中，而不是完全没有任何信息的上下文中，考虑一些特定命题的结果经常是相当有益的。下列问题要求你证明关于某个背景证据 **e** 的乘法规则和贝叶斯规则的更通用版本，：

a. 证明乘法规则的条件化版本：

$$\mathbf{P}(X, Y \mid \mathbf{e})= \mathbf{P}(X \mid Y, \mathbf{e})\, \mathbf{P}(Y \mid \mathbf{e})$$

b. 证明公式（13.13）中的贝叶斯规则的条件化版本。

13.17 证明条件独立性语句 $\mathbf{P}(X, Y|Z) = \mathbf{P}(X \mid Z)\, \mathbf{P}(Y|Z)$ 与语句 $\mathbf{P}(X \mid Y, Z) = \mathbf{P}(X \mid Z)$，以及 $\mathbf{P}(B \mid X, Z) = \mathbf{P}(Y \mid Z)$ 都是等价的。

13.18 假设给你一只袋子，装有 n 个无偏差的硬币，并且告诉你其中 $n-1$ 个硬币是正常的，一面是正面而另一面是反面。不过剩余 1 枚硬币是伪造的，它的两面都是正面。

a. 假设你把手伸进口袋均匀随机地取出一枚硬币，把它抛出去，硬币落地后正面朝上。那么你取出伪币的（条件）概率是多少？

b. 假设你不停地抛这枚硬币，一共抛了 k 次，而且看到 k 次正面向上。那么你取出伪币的条件概率是多少？

c. 假设你希望通过把取出的硬币抛 k 次的方法来确定它是不是伪造的。如果抛 k 次后都是正面朝上，那么决策过程返回 *fake*（伪造），否则返回 *normal*（正常）。这个过程发生错误的（无条件）概率是多少？

13.19 这道习题中你将完善脑膜炎例子中的归一化计算。首先，为 $P(s\,|\,\neg m)$ 指定一个合适的值，并用它来计算 $P(m\,|\,s)$ 和 $P(\neg m\,|\,s)$ 非归一化的值（即，忽略贝叶斯规则表达式(13.14)中的 $P(s)$ 项）。然后再对这些值进行归一化，使得它们的和等于 1。

13.20 假设 X、Y、Z 是布尔随机变量。将联合概率分布 $\mathbf{P}(X,Y,Z)$ 中的 8 个条目依次编号为 a 到 h。把语句"X 与 Y 关于给定的 Z 是条件独立的"表达为与 a 到 h 相关的一组公式。其中有多少个不冗余的公式？

13.21 （改编自 Pearl (1988) 的著述。）假设你是雅典一次夜间出租车肇事逃逸的交通事故的目击者。雅典所有的出租车都是蓝色或者绿色的。而你发誓所看见的肇事出租车是蓝色的。大量测试表明，在昏暗的灯光条件下，区分蓝色和绿色的可靠度为 75%。

a. 有可能据此计算出肇事出租车最可能是什么颜色吗？（提示：请仔细区分命题"肇事车是蓝色的"和命题"肇事车看起来是蓝色的"。）

b. 如果你知道雅典的出租车 10 辆中有 9 辆是绿色的呢？

13.22 文本分类是基于文本内容将给定的一个文档分类成固定的几个类中的一类。朴素贝叶斯模型经常常用于这个问题。在朴素贝叶斯模型中，查询（query）变量是这个文档的类别，而结果（effect）变量是语言中每个单词的存在与否；假设文档中单词的出现是独立的，单词的出现频率由文档类别决定。

a. 给定一组已经被分类的文档，准确解释如何构造这样的模型。

b. 准确解释如何分类一个新文档。

c. 题目中的条件独立性假设合理吗？请讨论。

13.23 在我们对 wumpus 世界的分析中，我们使用了每个方格包含陷阱的概率为 0.2 这一事实，每个方格独立于其他方格的内容。现在假设正好有 $N/5$ 个陷阱均匀地随机散布在除了[1, 1]以外的其他 $N-1$ 个方格中。变量 $P_{i,j}$ 和 $P_{k,l}$ 仍然是独立的吗？联合分布 $\mathbf{P}(P_{1,1},\cdots,P_{4,4})$ 现在是什么？重新计算方格[1, 3]和[2, 2]中各自有陷阱的概率。

13.24 假设每个方格有陷进的概率是 0.01，且彼此独立，重新计算方格[1, 3]和[2, 2]中各自有陷阱的概率。这种情况下逻辑 Agent 与概率 Agent 之间的相对性能怎么样？

13.25 基于图 7.20 中的混合（hybrid）Agent 以及本章讲述的概率推理过程，请为 wumpus 世界实现一个混合概率 Agent。

第 14 章 概 率 推 理

本章中我们阐述如何根据概率理论的法则构建在不确定性下进行推理的网络模型。

第 13 章介绍了基本的概率理论，强调了独立性和条件独立关系对于简化世界的概率表示的重要性。本章介绍一种以**贝叶斯网络**（Bayesian networks）的形式明确表示这些关系的系统化方法。我们定义这些网络的语法和语义，并说明如何使用它们通过一种自然而有效的方式来捕捉不确定性知识。然后说明如何在很多实际情形下高效地进行概率推理（inference），尽管概率推理在最坏情形下是计算上不可操作的。我们也会描述各种近似推理算法，它们在精确推理不可行时往往是行之有效的。我们还将探索概率理论可以通过什么样的方式应用于具有对象与关系的世界——也即与命题逻辑相对的一阶逻辑。最后，我们概述不确定性推理的其他方法。

14.1　不确定性问题域中的知识表示

在第 13 章中我们了解到，完全联合概率分布能够回答关于问题域的任何问题，但随着变量数目的增多会增大到不可操作的程度。此外，为每个可能世界逐个指定概率是很不自然的、单调乏味的。

我们也知道，变量之间的独立性和条件独立关系可以大大减少为定义完全联合概率分布所需指定的概率数目。本节将介绍一种称为**贝叶斯网络**（Bayesian network）[1] 的数据结构，用于表示变量之间的依赖关系。贝叶斯网络可以本质上表示任何完全联合概率分布，在许多情况下这种表示是简明扼要的。

贝叶斯网络是一个有向图，其中每个结点都标注了定量的概率信息。其完整的说明如下：

1. 每个结点对应一个随机变量，这个变量可以是离散的或者连续的。

2. 一组有向边或箭头连接结点对。如果有从结点 X 指向结点 Y 的箭头，则称 X 是 Y 的一个父结点。图中没有有向回路（因此被称为有向无环图，或简写为 DAG）。

3. 每个结点 X_i 有一个条件概率分布 $\mathbf{P}(X_i \mid Parents(X_i))$，量化其父结点对该结点的影响。

网络的拓扑结构——结点和边的集合——用一种精确简洁的方式描述了在问题域中成立的条件独立关系。箭头的直观含义通常表示 X 对 Y 有直接的影响，这意味着原因应是结果的父结点。对于领域专家来说，确定领域中存在什么样的直接影响通常是容易的——事

1　贝叶斯网络是最常见的名称，不过还有许多其它名称，包括**信度网**（belief network），**概率网络**（probability network），**因果网络**（causal network），**知识图**（knowledge map）等。在统计学中，**图模型**这个术语是指包括贝叶斯网络在内的更宽泛的一类数据结构。贝叶斯网络的一种扩展，被称为**决策网络**（decision network）或者**影响图**（influence diagram），将在第十六章中讨论。

实上，这确实比指定概率本身要容易得多。一旦设计好贝叶斯网络的拓扑结构，我们只需要为每个变量指定其相对于其父结点的条件概率就可以了。我们将看到拓扑结构和条件概率分布的结合足以确定（隐式地）所有变量的完全联合概率分布。

回顾第 13 章中描述的由 *Toothache*、*Cavity*、*Catch* 以及 *Weather* 构成的简单世界。我们认为 *Weather* 独立于其他变量；而且给定 *Cavity* 后 *Toothache* 和 *Catch* 是条件独立的。图 14.1 给出了表示这些关系的贝叶斯网络结构。形式上，*Toothache* 和 *Catch* 在给定 *Cavity* 时的条件独立性是通过在 *Toothache* 和 *Catch* 之间*没有*相连接的边指明的。直观地看，这个网络表示了 *Cavity* 是 *Toothache* 以及 *Catch* 的直接原因的事实，而在 *Toothache* 和 *Catch* 之间并不存在直接的因果关系。

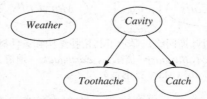

图 14.1 一个简单的贝叶斯网络，其中 *Weather* 和其他三个变量是相互独立的，而给定 *Cavity* 后 *Toothache* 和 *Cavity* 是条件独立的

现在考虑下面这个稍微复杂一些的例子。你在家里安装了一个新防盗报警器。这个报警器对于探测盗贼的闯入是很可靠的，但是偶尔也会对轻微的地震有反应（这个例子来自 Judea Pearl，他住在洛杉矶，因此对地震有浓厚的兴趣）（洛杉矶曾于 1994 年 1 月 17 日凌晨发生里氏 6.6 级地震——译者注）。你还有两个邻居 John 和 Mary，他们承诺在你工作时如果听到警报声就给你打电话。John 听到警报声时总是会给你打电话，但是他有时候会把电话铃声当成警报声，然后也会给你打电话。另一方面，Mary 特别喜欢大声听音乐，因此有时根本听不见警报声。给定了他们是否给你打电话的证据，我们希望估计有人入室行窃的概率。

这个问题域的贝叶斯网络显示在图 14.2 中。网络结构显示盗贼和地震直接影响到警报的概率，但是 John 或者 Mary 是否打电话只取决于警报声。这样，网络表示了我们的一些假设：他们不直接感知盗贼，也不会注意到轻微的地震，并且他们不会在打电话之前交换意见。

图 14.2 中的条件概率分布是用**条件概率表**（conditional probability table，CPT）给出的。（这种形式的表格可用于离散随机变量；其他表示方法，包括适合于连续随机变量的那些方法，将在 14.2 节中描述。）CPT 中的每一行包含了结点的每个取值对于一个**条件事件**（conditioning case）的条件概率。条件事件就是所有父结点的一个可能的取值组合——可以把它视为一个微型的可能世界（如果你喜欢的话）。每一行的概率加起来的和必须为 1，因为每一行中的条目代表了对应变量的所有取值情况组成的集合。对于布尔变量，一旦你知道了它为真的概率为 p，那么它为假的概率就是 $1-p$。因此，我们经常省略第二个数值，如图 14.2 中所示。一般而言，一个具有 k 个布尔父结点的布尔变量的条件概率表中有 2^k 个可独立指定的概率。而对于没有父结点的结点而言，它的概率分布表只有一行，表示该变量可能取值的先验概率。

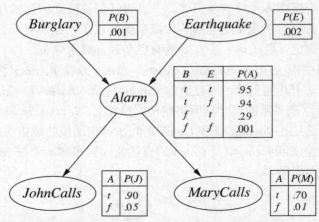

图 14.2 一个典型的贝叶斯网络，显示了其拓扑结构和条件概率表（CPT）。在 CPT 中，字母 *B*、*E*、*A*、*J*、*M* 分别表示 *Burglary*（盗贼）、*Earthquake*（地震）、*Alarm*（警报）、*JohnCalls*（John 打电话）以及 *MaryCalls*（Mary 打电话）

注意网络中没有对应于"Mary 当前正在大声听音乐"或者"电话铃声响起来使得 John 误以为是警报"的结点。从 *Alarm* 到 *JohnCalls* 和 *MaryCalls* 的这两条边所关联的不确定性实际上已经概括了这些因素。这体现了操作中的惰性与无知：要搞清为什么那些因素会以或多或少的可能性出现在任何特定情况下，还需要大量的工作，而且无论如何我们没有合理的途径获得相关信息。概率实际上概括了报警器可能会失效（诸如环境湿度过高，电力故障，电池没电了，电线被切断了，警铃里卡了一只死耗子，等等）或者 John 和 Mary 没有打电话报告（诸如出去吃午饭，外出度假，暂时性耳聋，直升机路过，等等）的各种情况的可能无限的集合。这样，一个小小的 Agent 可以处理非常庞大的世界，至少可以近似地处理。如果我们引入额外的相关信息，近似的程度还可以提高。

14.2 贝叶斯网络的语义

上一节描述了贝叶斯网络是什么，但没有说明它的含义是什么。有两种方式可以理解贝叶斯网络的语义。第一种是将贝叶斯网络视为对联合概率分布的表示。第二种则将其视为是对一组条件依赖性语句的编码。这两种观点是等价的，但是前者可以帮助我们理解如何构造网络，而后者则可以帮助我们设计推理过程。

14.2.1 表示完全联合概率分布

从"语法"上看，贝叶斯网络是一个每个结点都附有数值参数的有向无环图。定义贝叶斯网语义的一种方法是定义它对所有变量的具体的联合分布的表示方式。为此，我们首先需要暂时收回对每个结点所关联的参数的一些说法：我们说过这些参数对应于条件概率 $\mathbf{P}(X_i|Parents(X_i))$；这种说法是正确的，但在我们从整体上对网络赋予语义之前，我们应该仅仅把它们看作是数值 $\theta(X_i|Parents(X_i))$。

联合分布中的一个一般条目是对每个变量赋一个特定值的合取概率，比如 $P(X_1 = x_1$

$\wedge\cdots\wedge X_n = x_n$)。我们用符号 $P(x_1, \cdots, x_n)$ 作为这个概率的简化表示。这个条目的值可以由下面的公式给出:

$$P(x_1, \cdots, x_n) = \prod_{i=1}^{n} \theta(x_i \mid parents(X_i)) \qquad (14.1)$$

其中 $parents(X_i)$ 表示 $Parents(X_i)$ 的变量的出现在 $x_1, \cdots, x_n$ 中的取值。于是联合概率分布中的每个条目都可表示为贝叶斯网络的条件概率表（CPT）中适当元素的乘积。

从这个定义，不难证明参数 $\theta(X_i|Parents(X_i))$ 就是联合分布蕴含的条件概率 $\mathbf{P}(X_i|Parents(X_i))$（见习题 14.2）。因此，公式（14.1）可以写为

$$P(x_1, \cdots, x_n) = \prod_{i=1}^{n} P(x_i \mid parents(X_i)) \qquad (14.2)$$

换句话说，根据公式（14.1）定义的语义，这些我们一直称之为条件概率表的表格的确是条件概率表。

为了说明这一点，我们可以计算报警器响了，但既没有盗贼闯入，也没有发生地震，同时 John 和 Mary 都给你打电话的概率。我们将联合分布中的一些条目相乘（下面我们使用单个字母表示变量）:

$$P(j, m, a, \neg b, \neg e)$$
$$= P(j \mid a)\, P(m \mid a)\, P(a \mid \neg b \wedge \neg e)\, P(\neg b)\, P(\neg e)$$
$$= 0.90 \times 0.70 \times 0.001 \times 0.999 \times 0.998 = 0.000628$$

在第 13.3 节中阐述了可以利用完全联合概率分布回答关于问题域的任何查询。如果贝叶斯网络是联合概率分布的一种表示，那么它也可以用于回答任何查询——对相关的所有联合条目进行求和。第 14.4 节将解释如何做到这一点，同时也将描述一些更有效的方法。

一种构造贝叶斯网络的方法

公式（14.2）定义了一个给定的贝叶斯网络是什么含义。下一步将解释如何构造一个贝叶斯网络，以使所产生的联合分布是对给定问题域的好的表示。现在我们将说明公式（14.2）蕴含了一定的条件独立关系，这些条件独立关系可以用于指导知识工程师们构造网络的拓扑结构。首先，我们利用乘法规则（13.2.1 节）基于条件概率重写联合概率分布:

$$P(x_1, x_2, \cdots, x_n) = P(x_n \mid x_{n-1}, \cdots, x_1)\, P(x_{n-1}, \cdots, x_1)$$

然后我们重复这个过程，把每个合取概率归约为更小的条件概率和更小的合取概率。最后我们得到一个大的乘法式:

$$P(x_1, \cdots, x_n) = P(x_n \mid x_{n-1}, \cdots, x_1)\, P(x_{n-1} \mid x_{n-2}, \cdots, x_1) \cdots P(x_2 \mid x_1)\, P(x_1)$$
$$= \prod_{i=1}^{n} P(x_i \mid x_{i-1}, \cdots, x_1)$$

这个等式称为**链式规则**（chain rule），它对于任何一个随机变量集合都是成立的。将它与公式（14.2）进行比较就会看到联合分布的详细描述等价于一般断言:对于网络中的每个变量 X_i，倘若 $Parents(X_i) \subseteq \{X_{i-1}, \cdots, X_1\}$，则

$$\mathbf{P}(X_i \mid X_{i-1}, \cdots, X_1) = \mathbf{P}(X_i \mid Parents(X_i)) \qquad (14.3)$$

只要按照与蕴含在图结构中的偏序一致的顺序对结点进行编号，这个断言中的条件 $Parents(X_i) \subseteq \{X_{i-1}, \cdots, X_1\}$ 就能得到满足。

　　公式（14.3）告诉我们，只有当给定了父结点之后，每个结点条件独立于结点排列顺序中的其他祖先结点时，贝叶斯网络才是问题域的正确表示。 我们可以用下面的贝叶斯网络构造方法来满足这个条件：

　　1. 结点（*Nodes*）：首先确定为了对问题域建模所需要的变量集合。对变量进行排序得到 $\{X_1, \cdots, X_n\}$，任何排列顺序都是可以的，但如果变量的排序使得原因排列在结果之前，则得到的网络会更紧致。

　　2. 边（*Links*）：　i 从 1 到 n，执行：

- 从 $X_1, \cdots, X_{i-1}$ 中选择 X_i 的父结点的最小集合，使得公式（14.3）得到满足。
- 在每个父结点与 X_i 之间插入一条边。
- 条件概率表（CPTs）：写出条件概率表 $\mathbf{P}(X_i|Parents(X_i))$。

　　直观上，结点 X_i 的父结点应该包含 $X_1, \cdots, X_{i-1}$ 中所有直接影响 X_i 的结点。例如，假设我们已经构造出了图 14.2 中的网络，除了对 *MaryCalls* 的父结点的选择。*MaryCalls* 肯定受到是否有 *Burglary* 或者 *Earthquake* 的影响，但这种影响不是直接的。直观上，问题域的知识告诉我们，这些事件只通过对报警器产生影响而影响 Mary 打电话的行为。而且，已知报警器的状态，John 是否打电话对 Mary 打电话的行为没有任何影响。形式上，我们相信下面的条件独立性语句成立：

$$\mathbf{P}(MaryCalls \mid JohnCalls, Alarm, Earthquake, Burglary) = \mathbf{P}(MaryCalls \mid Alarm)$$

这样，*Alarm* 是 *MaryCalls* 的唯一父结点。

　　因为每个结点只与排在它前面的结点相连，这种构造方法保证构造出的网络是无环的。贝叶斯网络的另一个重要属性是，网络中没有冗余的概率值。如果没有冗余，就不会出现不一致：（这样，）对于知识工程师或领域专家来说，创建一个违反概率公理的贝叶斯网络是不可能的。

紧致性与结点排序

　　贝叶斯网络除了是问题域的一种完备而且无冗余的表示之外，还比完全联合概率分布**紧致**得多。正是这个特性使得贝叶斯网络能够处理包含许多变量的问题域。贝叶斯网络的紧致性是**局部结构化**（locally structured，也称为**稀疏**，sparse）系统的一般特性的一个实例。在一个局部结构化系统中，每个子部件只与有限数量的其他部件之间有直接的相互作用，而不是与所有部件都有直接相互作用。在复杂度上，局部结构通常与线性增长（而不是指数增长）是有关的。在贝叶斯网络的情况下，假设大多数问题域中每个随机变量受到至多 k 个其他随机变量的影响是合理的，其中 k 是某个常数。简单起见，如果我们假设有 n 个布尔变量，那么指定每个条件概率表所需的信息量至多是 2^k 个数值，整个网络可以用至多 $n2^k$ 个数值描述。相反，联合概率分布中将包含 2^n 个数值。为了使其更具体，可以假设有 $n = 30$ 个结点，每个结点有 5 个父结点（$k = 5$）。那么贝叶斯网络需要 960 个数值，而完全联合概率分布需要的数值将超过 10 亿个。

　　也有一些域，其中每个变量受到所有其他变量的直接影响，因此这样的网络是全连通的。那么指定贝叶斯网络的条件概率表所需的数据量就和指定联合概率分布所需的数据量是同样多的。在某些问题域中，存在一些微弱的依赖关系，严格地说应该增添新的边把这些关系包含到网络中。但是，如果这种依赖关系很微弱，也许不值得为了一点点精度的提高而增加网络的复杂度。例如，有人也许会反对我们的防盗网络，理由是当地震发生的时候，John 和 Mary 即使听到了警报声也不会打电话，因为他们认为警报声是地震引起的而不是盗贼闯入引起的。是否需要增加从 *Earthquake* 到 *JohnCalls* 以及 *MaryCalls* 的边（条件概率表也会扩大）取决于更高精度概率的重要性与指定额外信息的代价之间的对比。

即使在一个局部结构化的问题域中，也要排列好结点顺序，我们才能得到紧致的贝叶斯网络。如果结点顺序排列不当会怎么样呢？再看看防盗问题，假设我们按照 *MaryCalls*，*JohnCalls*，*Alarm*，*Burglary*，*Earthquake* 的顺序添加结点，我们会得到一个如图 14.3（a）所示的稍微复杂一些的网络。这个过程如下：

- 添加结点 *MaryCalls*：没有父结点。
- 添加结点 *JohnCalls*：如果 Mary 打电话，很可能意味着报警器的警铃已响，这当然增大了 John 打电话的几率。因此 *JohnCalls* 需要 *MaryCalls* 作为父结点。
- 添加结点 *Alarm*：显然，如果两人都打电话，报警器确实已经发出警报的可能性比只有一个人打电话或根本没有人打电话时的可能性要高得多。因此，我们需要把 *MaryCalls* 和 *JohnCalls* 都作为 *Alarm* 的父结点。
- 添加结点 *Burglary*：如果我们知道了报警器的状态，那么来自 John 或者 Mary 的电话或许能为我们提供关于我们的电话是否响了或者 Mary 是否在听音乐的信息，但是没有提供关于盗贼的信息：

  P(*Burglary* | *Alarm*，*JohnCalls*，*MaryCalls*) = **P**(*Burglary* | *Alarm*)

  因此，我们只需要 *Alarm* 作为 *Burglary* 的父结点。
- 添加结点 *Earthquake*：如果报警器发出警报，那么发生地震的可能性增加了。（因为我们的报警器其实也是一种地震探测器）。但是如果我们知道确实有盗贼闯入，那么这解释了报警器报警的原因，而这种情况下发生地震的概率只略微高于正常情况。因此，我们需要 *Alarm* 和 *Burglary* 作为 *Earthquake* 的父结点。

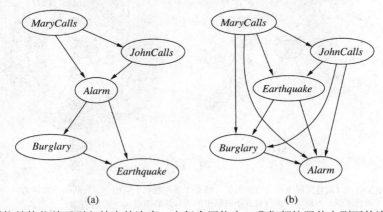

(a)　　　　　　　　　　　(b)

图 14.3　网络结构依赖于引入结点的次序。在每个网络中，我们都按照从上到下的次序引入结点

得到的网络比图 14.2 中的原始网络多了两条边，并需要多指定三个概率值。更糟糕的是，某些边表达的关系非常微弱（对这些关系的判断不但困难而且不自然），比如给定 *Burglary* 和 *Alarm*，为 *Earthquake* 赋概率值。这种现象非常普遍，它和 13.5.1 节介绍的**因果模型**与**诊断模型**之间的区别有关（参见习题 8.13）。如果我们试图建立具有从症状到原因

的边（就像从 *MaryCalls* 到 *Alarm* 的边或从 *Alarm* 到 *Burglary* 的边）的诊断模型，我们最终将不得不描述如果不使用诊断模型则会相互独立的原因之间的额外关系（也经常不得不描述独立发生的症状之间的关系）。如果我们坚持因果模型，最终我们只需要指定更少的数据，而且这些数据也更容易得到。例如，在医学领域，Tversky 和 Kahneman（1982）发现，老练的医生更喜欢给出因果规则而不是诊断规则中的概率判断。

图 14.3（b）显示了一种非常糟糕的结点顺序：*MaryCalls*，*JohnCalls*，*Earthquake*，*Burglary*，*Alarm*。这个网络需要指定 31 个不同的概率——其数目与完全联合概率分布完全相同。然而重要的是，要认识到上述三个网络的任何一个都能够表示完全相同的联合概率分布。但后两个版本的网络并没有表示出所有的条件独立性关系，因此最终要指定很多不必要的数值。

14.2.2 贝叶斯网络中的条件独立关系

我们已经从完全联合分布表示的角度为贝叶斯网络提供了"数值"语义，如公式（14.2）所示。使用这样的语义得到构造贝叶斯网络的方法，我们被带到这样的结论：给定父结点，一个结点条件独立于它的其他祖先结点。我们也可以走另一个方向。我们可以从确定图结构所编码的条件独立关系的"拓扑"语义出发，由此推导出"数值"语义。拓扑语义[1]规定了，给定父结点后，每个变量条件独立于它的非后代结点。例如图 14.2 中，给定结点 *Alarm* 的取值后，结点 *JohnCalls* 条件独立于结点 *Burglary*、*Earthquake* 及 *MaryCalls*。图 14.4（a）说明了这种定义。从这些条件独立断言，以及将网络参数 $\theta(X_i|Parents(X_i))$ 解释为条件概率 $\mathbf{P}(X_i|Parents(X_i))$，公式（14.2）给出的完全联合分布能够被重构出来。这个意义上，"数值"语义和"拓扑"语义是等价的。

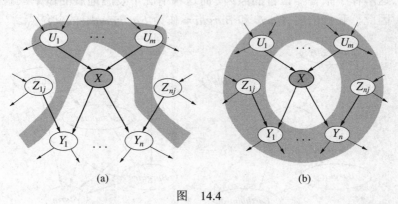

图 14.4

（a）给定父结点（灰色区域中所示的各 U_i），结点 X 条件独立于它的非后代结点（即各 $Z_{i,j}$）。（b）给定马尔可夫覆盖（灰色区域），结点 X 条件独立于网络中的所有其他结点

拓扑语义蕴含了另一个重要的独立性特性：给定一个结点的父结点、子结点以及子结

---

1 还有一个普遍的拓扑规范被称为 **d-分离**（d-separation），用于在给定第三个节点集 **Z** 的情况下，判定一个节点集 **X** 是否条件独立于另一个节点集 **Y**。不过这个规范相当复杂，而且对于得到本章所需的算法不是必要的，所以我们将其省略。详细内容可以参考 Pearl（1988）或 Darwiche（2009）。Shachter（1998）给出了一个确定 d-分离的更直观的方法。

点的父结点——也就是说，给定它的**马尔可夫覆盖**（Markov blanket）——这个结点条件独立于网络中的所有其他结点。（习题 14.7 会要你证明。）例如，给定 *Alarm* 和 *Earthquake* 后，*Burglary* 独立于 *JohnCalls* 及 *MaryCalls*。图 14.4（b）说明了这个特性。

14.3 条件分布的有效表示

即使最大父结点个数 k 很小，要填满条件概率表仍然需要 $O(2^k)$ 个数据，而确定所有可能的条件事件可能还需要大量的经验。事实上，最糟糕的情形是完全武断地确定父结点与子结点之间的关系。通常，这种关系可以用一个符合某种标准模式的**规范分布**（canonical distribution）来描述。这样的情况下，完整的概率分布表能够通过确定所使用的模式的名称，并提供少量的几个参数来指定——比起提供数目呈指数增长的参数，这要容易得多。

确定性结点（deterministic nodes）可以提供最简单的例子。一个确定性结点的取值完全能够由其父结点的取值确定，没有任何不确定性。这种关系可以是一种逻辑关系：例如父结点 *Canadian*（加拿大人）、*US*（美国人）、*Mexican*（墨西哥人）与子结点 *NorthAmerican*（北美人）之间的关系就是，子结点是其全部父结点的析取。这种关系也可以是数值的：例如，父结点是几个经销商销售一种特定型号汽车的价格，子结点是一个喜欢还价的人最后买这种型号汽车所出的价钱，那么子结点就应该是其全部父结点值的最小值；又如，父结点分别是一个湖泊的流入量（河流、径流、降雨等）和流出量（河流、蒸发、渗漏等），子结点是湖水水位高度的变化，那么子结点的值就是流入父结点之和减去流出父结点之和。

不确定的关系经常可以用所谓的**噪声**（noisy）逻辑关系来刻画。标准的例子是**噪声或**（noisy-OR）关系，它是逻辑或的推广。在命题逻辑中，我们可以说：*Fever*（发烧）为真，当且仅当 *Cold*（感冒）、*Flu*（流感）、或者 *Malaria*（疟疾）为真。噪声或模型允许每个父结点引起子结点为真的能力的不确定性——父结点与子结点之间的因果关系有可能被抑制，因此病人可能得了感冒却没有发烧的症状。这个模型做了两个假设。首先，假设所有可能的原因都已列出。（如果漏掉了一些原因，我们总可以增加一个所谓的**遗漏结点**（leak node），来涵盖"各种各样的原因"）。其次，假设每个父结点的抑制独立于其他父结点的抑制：例如，无论是什么原因抑制了 *Malaria* 使其不引起发烧，都与抑制 *Flu* 使其不引起发烧的原因是相互独立的。给定这些假设，*Fever* 为假当且仅当其所有为**真**的父结点都被抑制，这种情况的概率等于每个父结点的抑制概率的乘积。假设各抑制概率如下：

$$q_{cold} = P(\neg fever \mid cold, \neg flu, \neg malaria) = 0.6$$

$$q_{flu} = P(\neg fever \mid \neg cold, flu, \neg malaria) = 0.2$$

$$q_{malaria} = P(\neg fever \mid \neg cold, \neg flu, malaria) = 0.1$$

那么，根据这个信息以及噪声或的假设，我们可以建立完整的条件概率表。通用规则是：

$$P(x_i \mid parents(X_i)) = 1 - \prod_{\{j:X_j=true\}} q_j$$

其中的乘积是 CPT 表中这一行的设置为真的父结点之上的乘积。下表给出这种计算结果：

Cold	Flu	Malaria	P(Fever)	P(¬Fever)
F	F	F	0.0	1.0
F	F	T	0.9	**0.1**
F	T	F	0.8	**0.2**
F	T	T	0.98	0.02 = 0.2 × 0.1
T	F	F	0.4	**0.6**
T	F	T	0.94	0.06 = 0.6 × 0.1
T	T	F	0.88	0.12 = 0.6 × 0.2
T	T	T	0.988	0.012 = 0.6 × 0.2 × 0.1

总的来说，对于其中一个变量依赖于 k 个父结点的噪声逻辑关系，可以用 $O(k)$ 而不是 $O(2^k)$ 个参数来描述其完全条件概率表。这使得评价和学习都容易多了。例如，在 CPCS 网络（Pradhan 等，1994）中使用了噪声或和噪声最大（noisy-MAX）分布为内科疾病与症状之间的关系建模。这个网络包含 448 个结点和 906 条边，它只需要 8254 个数值，而不是具有完全 CPT 表的网络所需的 133 931 430 个数值！

包含连续变量的贝叶斯网络

很多真实世界的问题都包含连续量，如高度、重量、温度以及钱数等；事实上，很多统计学方法处理的是有连续定义域的随机变量。根据定义，连续的变量具有无限多个可能取值，所以不可能显式地为每个取值指定条件概率。一种处理连续随机变量的可能方式是通过**离散化**（discretization）来回避连续变量——也就是，将所有可能的取值划分到固定的区间集合中。例如，温度可以被划分为（<0℃）、（0℃～100℃）以及（>100℃）。离散化有时足够解决问题，但是经常会导致相当大的精度损失以及非常庞大的条件概率表。最常用的处理连续随机变量的方式是定义一族标准的概率密度函数（参见附录 A），用有限个**参数**进行指定。例如，高斯（或称正态）分布函数 $N(\mu, \sigma^2)(x)$ 以均值 μ 和方差 σ^2 为参数。而另一种方式——有时被称为**非参数化**（nonparametric）表示——是用一组实例隐式地定义条件分布，每个实例包含父结点与子结点变量的特定取值。我们将在第 18 章中探讨这种方式。

同时包含离散随机变量和连续随机变量的网络称为**混合贝叶斯网络**（hybrid Bayesian network）。为了描述混合贝叶斯网络我们必须描述两种新型的分布：在给定离散或者连续的父结点下，连续随机变量的条件分布；以及在给定连续的父结点下，离散随机变量的条件分布。考虑图 14.5 中的简单例子，一个顾客根据价格购买某种水果，而价格又取决于水果的收成以及政府是否执行政策性补助（subsidy）方案。变量 Cost（价格）是连续的，其父结点既有连续结点也有离散结点；变量 Buys（购买）是离散的，其父结点是连续的。

对于变量 Cost，我们需要确定 **P**(Cost | Harvest, Subsidy)。离散父结点可以通过枚举来处理——也就

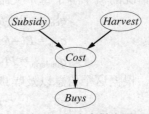

图 14.5　一个同时包含离散变量（Subsidy 和 Buys）和连续变量（Harvest 和 Cost）的简单网络

是说，分别确定 $P(Cost \mid Harvest, subsidy)$以及 $P(Cost \mid Harvest, \neg subsidy)$。要处理变量 *Harvest*（收成），我们确定价格 c 的分布是如何依赖于 *Harvest* 的连续取值 h 的。换句话说，我们将价格分布的参数指定为 h 的一个函数。最常见的选择是**线性高斯分布**（linear Gaussian distribution），其中子结点服从高斯分布，其均值 μ 随父结点的值线性变化、而其标准差 σ 保持不变。对于 *subsidy* 和 $\neg subsidy$，我们分别需要两个参数不同的分布：

$$P(c \mid h, subsidy) = N(a_t h + b_t, \sigma_t^2)(c) = \frac{1}{\sigma_t \sqrt{2\pi}} e^{-\frac{1}{2}\left(\frac{c-(a_t h + b_t)}{\sigma_t}\right)^2}$$

$$P(c \mid h, \neg subsidy) = N(a_f h + b_f, \sigma_f^2)(c) = \frac{1}{\sigma_f \sqrt{2\pi}} e^{-\frac{1}{2}\left(\frac{c-(a_f h + b_f)}{\sigma_f}\right)^2}$$

这样，这个例子中，变量 *Cost* 的条件分布是通过指定线性高斯分布并提供参数 a_t, b_t, σ_t, a_f, b_f, σ_f 来确定的。图 14.6（a）和（b）显示了这两种关系。注意在每种情况中斜率都是负的，因为价格随着供应量的增加而下降。（当然，线性假设意味着价格会在某个点变为负值；线性模型只有当收成被限制在一个狭窄的范围内时才是合理的）。图 14.6（c）显示了分布 $P(c\mid h)$，它对 *Subsidy* 的两种可能取值情况取平均，并假设每种情况的先验概率都是 0.5。这表明即使用非常简单的模型，也能够表示一些相当有意思的分布。

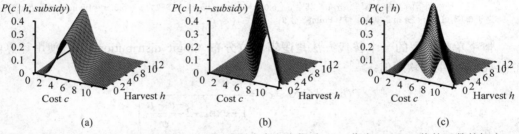

图 14.6 （a）和（b）显示了当 *Subsidy* 分别为真和为假时 *Cost* 作为 *Harvest* 值的函数的概率分布。（c）显示了通过将 *Subsidy* 的两种情况相加得到的分布 $P(Cost \mid Harvest)$

线性高斯条件分布有一些特殊的性质。一个只包含服从线性高斯分布的连续变量的网络，其联合概率分布是一个定义在所有变量上的多元高斯分布（习题 14.9）。而且给定任何证据的后验分布也具有这个性质[1]。当离散变量作为连续变量的父结点（不是子结点）加入时，网络就定义一个**条件高斯**（conditional Gaussian，CG）分布：给定全部离散变量的任意赋值，所有连续变量的概率分布是一个多元高斯分布。

现在我们转向具有连续父结点的离散变量的分布。例如，考虑图 14.5 中的 *Buys* 结点。假设价格较低时顾客会购买，而价格较高时就不购买，并且购买的概率在价格的某个中间区域平滑变化，这看来是合理的。换句话说，其条件分布像一个"软"阈值函数。一种构造软阈值函数的方法是使用标准正态分布的积分：

$$\Phi(x) = \int_{-\infty}^{x} N(0,1)(x)\mathrm{d}x$$

1　由此，线性高斯网络中的推理在最坏情形下只需要 $O(n^3)$ 时间，与网络的拓扑结构无关。在第 14.4 节中我们将看到由离散变量构成的网络中的推理是 NP-难的。

于是 *Buys* 在给定 *Cost* 下的条件概率可能是：

$$P(buys \mid Cost = c) = \Phi((-c + \mu) / \sigma)$$

这意味着价格阈值出现在 μ 附近，阈值区域的宽度则与 σ 成比例，而顾客购买的概率随价格的增加而减少。图 14.7（a）描绘了这个**概率单位分布**（probit distribution）。其形式可以被证明是合理的：基本的决策过程具有一个硬阈值，但阈值的精确位置受到随机高斯噪声的影响。

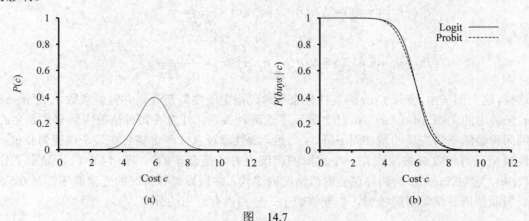

图　14.7

（a）价格阈值的正态（高斯）分布，其中 $\mu = 6.0, \sigma = 1.0$。（b）给定参数为 $\mu = 6.0, \sigma = 1.0$ 的 *cost* 下 *buys* 的逻辑单位（Logit）分布和概率单位（Probit）分布

概率单位模型的一个替代方法是**逻辑单位分布**（logit distribution），它使用计算函数 $1/(1 + e^{-x})$ 来生成软阈值：

$$P(buys \mid Cost = c) = \cfrac{1}{1 + \exp\left(-2\cfrac{-c + \mu}{\sigma}\right)}$$

这可以通过图 14.7（b）来说明。这两个分布看起来很相似，但逻辑单位实际上有一条更长的"尾巴"。概率单位通常更符合实际情况，但逻辑单位有时数学上更容易处理。它在神经网络中得到了广泛的应用（第 20 章）。通过对父结点值进行线性组合，可以将概率单位和逻辑单位泛化，以处理多个连续父结点。在习题 14.6 中探索了针对多值离散子结点的扩展方法。

14.4　贝叶斯网络中的精确推理

任何概率推理系统的基本任务都是要在给定某个已观察到的**事件**后——也就是一组**证据变量**（evidence variables）的赋值后，计算一组**查询变量**（query variables）的后验概率分布。为了使阐述简单，我们每次只考虑一个查询变量；算法可以容易地扩展到有多个查询变量的情况。我们将使用第 13 章中的符号：X 表示查询变量；$\mathbf{E}$ 表示证据变量集 $E_1, E_2, \cdots,$ E_m，$\mathbf{e}$ 则表示一个观察到的特定事件；$\mathbf{Y}$ 表示非证据非查询变量集 $Y_1, Y_2, \cdots, Y_l$（有时候称为隐藏变量，hidden variable）。这样，全部变量的集合是 $\mathbf{X} = \{X\} \cup \mathbf{E} \cup \mathbf{Y}$。典型的查询是询问后验概率 $\mathbf{P}(X \mid \mathbf{e})$。

在前面的防盗贝叶斯网络中，我们可能观察到事件：*JohnCalls* = *true* 且 *MaryCalls* = *true*。然后我们可以问，出现盗贼的概率是多少：

$$\mathbf{P}(Burglary \mid JohnCalls = true, MaryCalls = true) = \langle 0.284, 0.716 \rangle$$

在本节中我们将讨论计算后验概率的精确算法，并考虑此任务的复杂度。最后的结论是，一般情况下的精确推理是不可操作的，因此 14.5 节将讨论近似推理方法。

14.4.1 通过枚举进行推理

第 13 章解释了任何条件概率都可以通过将完全联合概率分布中的某些项相加而计算得到。更确切地说，查询 $\mathbf{P}(X \mid \mathbf{e})$ 可以用公式（13.9）来回答。为了方便，我们重复一下这个公式：

$$\mathbf{P}(X \mid \mathbf{e}) = \alpha \mathbf{P}(X \mid \mathbf{e}) = \alpha \sum_{\mathbf{y}} \mathbf{P}(X, \mathbf{e}, \mathbf{y})$$

现在，贝叶斯网络给出了完全联合概率分布的完整表示。更具体地，公式（14.2）表明联合概率分布中的项 $P(x, \mathbf{e}, \mathbf{y})$ 可以写成网络中的条件概率的乘积形式。因此，可以在贝叶斯网络中通过计算条件概率的乘积再求和来回答查询。

考虑查询 $\mathbf{P}(Burglary \mid JohnCalls = true, MaryCalls = true)$。该查询的隐藏变量是 *Earthquake* 和 *Alarm*。根据公式（13.9），并使用变量的首字母简化表达式，我们得到：[1]

$$\mathbf{P}(B \mid j, m) = \alpha \mathbf{P}(B, j, m) = \alpha \sum_{e} \sum_{a} \mathbf{P}(B, j, m, e, a)$$

于是贝叶斯网络的语义（公式（14.2））给了我们一个由条件概率表描述的表达式。为了简化，我们仅给出 *Burglary* = *true* 的情况的计算过程：

$$P(b \mid j, m) = \alpha \sum_{e} \sum_{a} P(b) P(e) P(a \mid b, e) P(j \mid a) P(m \mid a)$$

为了计算这个表达式，我们需要对 4 个项求和，而每一项都是通过 5 个数相乘计算得到。在最坏情况下我们需要对所有的变量进行求和，因此对于有 n 个布尔变量的网络而言算法的复杂度是 $O(n \, 2^n)$。

不过根据下面这个简单的观察可以得到对算法的改进：$P(b)$ 项是常数，因此可以移到对 a 和 e 的求和符号的外面，而 $P(e)$ 项也可以移到对 a 的求和符号的外面。因此我们得到：

$$P(b \mid j, m) = \alpha P(b) \sum_{e} P(e) \sum_{a} P(a \mid b, e) P(j \mid a) P(m \mid a) \tag{14.4}$$

这个表达式可以如此计算：按顺序循环遍历所有变量，循环中将条件概率表中的条目相乘。对于每次求和运算，我们还需要对变量的可能取值进行循环。该计算过程的结构如图 14.8 所示。利用图 14.2 中的数据，我们得到 $P(b \mid j, m) = \alpha \times 0.00059224$，$\neg b$ 的相应计算结果为 $\alpha \times 0.0014919$。因此

$$\mathbf{P}(B \mid j, m) = \alpha \langle 0.00059224, 0.0014919 \rangle \approx \langle 0.284, 0.716 \rangle$$

也就是说，在两个邻居都给你打电话的条件下，出现盗贼的概率大约是 28%。

---

1 诸如 $\sum_e P(a, e)$ 这样的表达式意味着对于 e 的所有可能取值，对 $P(A = a, E = e)$ 进行求和。当 E 是布尔变量时会有歧义，即 $P(e)$ 既可能表示 $P(E = true)$ 也可能表示 $P(E = e)$，不过根据上下文应该能够清楚是哪种解释；特别地，在这个求和的上下文中是后一个解释。

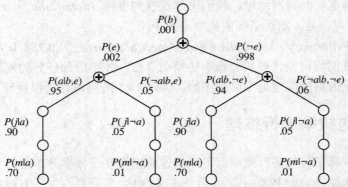

图 14.8　公式（14.4）所示表达式的结构。求值运算过程自顶向下进行，将每条路径上的值相乘，并在"+"结点求和。注意到 j 和 m 的重复路径

公式（14.4）中表达式的计算过程在图 14.8 中显示为一棵表达式树。图 14.9 中的 ENUMERATION-ASK 算法通过深度优先递归对这棵树进行求值。结构上，这个算法与约束满足问题中的回溯算法（图 6.5）以及可满足性的 DPLL 算法（图 7.17）非常相似。

```
function ENUMERATION-ASK(X, e, bn) returns a distribution over X
    inputs: X, the query variable
            e, observed values for variables E
            bn, a Bayes net with variables {X} ∪ E ∪ Y   /* Y = hidden variables */

    Q(X) ← a distribution over X, initially empty
    for each value x_i of X do
        Q(x_i) ← ENUMERATE-ALL(bn.VARS, e_{x_i})
            where e_{x_i} is e extended with X = x_i
    return NORMALIZE(Q(X))

function ENUMERATE-ALL(vars, e) returns a real number
    if EMPTY?(vars) then return 1.0
    Y ← FIRST(vars)
    if Y has value y in e
        then return P(y | parents(Y)) × ENUMERATE-ALL(REST(vars), e)
        else return ∑_y P(y | parents(Y)) × ENUMERATE-ALL(REST(vars), e_y)
            where e_y is e extended with Y = y
```

图 14.9　在贝叶斯网络上回答查询的枚举算法

算法 ENUMERATION-ASK 的空间复杂度对于变量个数是线性的：算法对完全联合分布求和而不用显式地构造它。不幸的是，对于一个有 n 个布尔变量的网络，该算法的时间复杂度总是 $O(2^n)$——好于前面描述的简单算法的 $O(n2^n)$，但仍然非常可怕。

注意，图 14.8 的树中有需要算法计算的重复子表达式。对于 e 的每个不同取值，乘积 $P(j\,|\,a)P(m\,|\,a)$ 和 $P(j\,|\,\neg a)P(m\,|\,\neg a)$ 都分别计算了两次。下一节描述能够避免这种计算浪费的一般方法。

14.4.2　变量消元算法

通过消除图 14.8 中所示的那种重复计算能够大大提高枚举算法的效率。其思想非常简单：只进行一次计算，并保存计算结果以备后面使用。这是一种动态规划的形式。这种方

法有几种不同的版本；我们将给出其中最简单的**变量消元算法**（variable elimination algorithm）。变量消元算法的工作方式是按照从右到左的次序（也就是按照图 14.8 中自底向上的次序）计算诸如公式（14.4）的表达式。中间结果被保存下来，而对每个变量的求和只需要对依赖于这些变量的表达式部分进行就可以了。

我们以防盗贝叶斯网络为例描述这个过程。我们计算表达式

$$\mathbf{P}(B \mid j, m) = \alpha \underbrace{\mathbf{P}(B)}_{\mathbf{f}_1(B)} \sum_e \underbrace{P(e)}_{\mathbf{f}_2(E)} \sum_a \underbrace{\mathbf{P}(a \mid B, e)}_{\mathbf{f}_3(A,B,E)} \underbrace{P(j \mid a)}_{\mathbf{f}_4(A)} \underbrace{P(m \mid a)}_{\mathbf{f}_5(A)}$$

注意我们已经用对应的**因子**（factor）名标出了表达式的每个部分；每个因子是用参变量值为索引下标的矩阵。例如，对应 $P(j \mid a)$ 和 $P(m \mid a)$ 的因子 $\mathbf{f}_4(A)$ 和 $\mathbf{f}_5(A)$ 只依赖于 A，因为查询已经固定了 J 和 M。因此它们是二元向量：

$$\mathbf{f}_4(A) = \begin{pmatrix} P(j \mid a) \\ P(j \mid \neg a) \end{pmatrix} = \begin{pmatrix} 0.90 \\ 0.05 \end{pmatrix} \qquad \mathbf{f}_5(A) = \begin{pmatrix} P(m \mid a) \\ P(m \mid \neg a) \end{pmatrix} = \begin{pmatrix} 0.70 \\ 0.01 \end{pmatrix}$$

$\mathbf{f}_3(A,B,E)$ 将是一个 2×2×2 的矩阵，我们难以在纸面上展示这个矩阵。（"第一个"元素是 $P(a \mid b, e)=0.95$ 而"最后一个"是 $P(\neg a \mid \neg b, \neg e)=0.99$。）根据因子，查询表达式可以写成

$$\mathbf{P}(B \mid j, m) = \alpha \mathbf{f}_1(B) \times \sum_e \mathbf{f}_2(E) \times \sum_a \mathbf{f}_3(A, B, E) \times \mathbf{f}_4(A) \times \mathbf{f}_5(A)$$

其中的运算符"×"不是普通的矩阵相乘，而是**逐点相乘**（pointwise product），后面会简要地介绍它。

表达式的计算过程是一个从右到左针对因子逐点相乘中的变量进行求和消元而产生新因子的过程，计算过程最终得到单个因子即为解，也就是查询变量的后验概率。计算步骤如下：

- 首先，针对 $\mathbf{f}_3$、$\mathbf{f}_4$ 和 $\mathbf{f}_5$ 逐点相乘中的 A 求和消元，得到一个新的 2×2 的因子 $\mathbf{f}_6(B,E)$，其索引范围是 B 和 E：

$$\begin{aligned} \mathbf{f}_6(B,E) &= \sum_a \mathbf{f}_3(A, B, E) \times \mathbf{f}_4(A) \times \mathbf{f}_5(A) \\ &= (\mathbf{f}_3(a, B, E) \times \mathbf{f}_4(a) \times \mathbf{f}_5(a)) + (\mathbf{f}_3(\neg a, B, E) \times \mathbf{f}_4(\neg a) \times \mathbf{f}_5(\neg a)) \end{aligned}$$

  现在（A 被求和消元消去了）剩下表达式

$$\mathbf{P}(B \mid j, m) = \alpha \mathbf{f}_1(B) \times \sum_e \mathbf{f}_2(E) \times \mathbf{f}_6(B, E)$$

- 然后，我们针对 $\mathbf{f}_2$ 和 $\mathbf{f}_6$ 逐点相乘中的 E 求和消元：

$$\begin{aligned} \mathbf{f}_7(B) &= \sum_e \mathbf{f}_2(E) \times \mathbf{f}_6(B, E) \\ &= \mathbf{f}_2(e) \times \mathbf{f}_6(B, e) + \mathbf{f}_2(\neg e) \times \mathbf{f}_6(B, \neg e) \end{aligned}$$

  现在（E 被消去了）表达式变成了

$$\mathbf{P}(B \mid j, m) = \alpha \mathbf{f}_1(B) \times \mathbf{f}_7(B)$$

这个表达式可以通过采用逐点相乘和规范化而得到计算结果。

检查这个计算步骤，我们发现需要两种基本的计算操作：对两个因子逐点相乘，以及针对因子逐点相乘中的变量进行求和消元。下一节将介绍这些操作。

因子上的操作

两个因子 $\mathbf{f}_1$ 和 $\mathbf{f}_2$ 逐点相乘得到一个新因子 $\mathbf{f}$，新因子的变量集是 $\mathbf{f}_1$ 和 $\mathbf{f}_2$ 的变量的并集，

新因子的元素由两个因子的对应元素相乘而得到。假设这两个因子有公共变量 $Y_1, \ldots, Y_k$，那么我们有

$$\mathbf{f}(X_1,\cdots, X_j, Y_1, \cdots, Y_k, Z_1, \cdots, Z_l) = \mathbf{f}_1(X_1, \cdots, X_j, Y_1, \cdots, Y_k)\, \mathbf{f}_2(Y_1, \cdots, Y_k, Z_1, \cdots, Z_l)$$

如果所有的变量都是二值的，那么 $\mathbf{f}_1$ 和 $\mathbf{f}_2$ 各有 2^{j+k} 和 2^{k+l} 个元素，它们逐点相乘就有 2^{j+k+l} 个元素。例如，给定两个因子 $\mathbf{f}_1(A, B)$ 和 $\mathbf{f}_2(B, C)$，则逐点相乘 $\mathbf{f}_1 \times \mathbf{f}_2 = \mathbf{f}_3(A, B, C)$ 有 $2^{1+1+1}=8$ 个元素，如图 14.10 所示。注意逐点相乘得到的因子可以含有比参与相乘的任何一个因子更多的变量，因子的规模大小是关于变量个数的指数量级的。变量消元算法中的空间和时间复杂度起因于此。

A	B	$\mathbf{f}_1(A, B)$	B	C	$\mathbf{f}_2(B,C)$	A	B	C	$\mathbf{f}_3(A, B, C)$
T	T	0.3	T	T	0.2	T	T	T	$0.3 \times 0.2 = 0.06$
T	F	0.7	T	F	0.8	T	T	F	$0.3 \times 0.8 = 0.24$
F	T	0.9	F	T	0.6	T	F	T	$0.7 \times 0.6 = 0.42$
F	F	0.1	F	F	0.4	T	F	F	$0.7 \times 0.4 = 0.28$
						F	T	T	$0.9 \times 0.2 = 0.18$
						F	T	F	$0.9 \times 0.8 = 0.72$
						F	F	T	$0.1 \times 0.6 = 0.06$
						F	F	F	$0.1 \times 0.4 = 0.04$

图 14.10　逐点相乘示例：$\mathbf{f}_1(A, B) \times \mathbf{f}_2(B, C)=\mathbf{f}_3(A, B, C)$

针对因子相乘中的一个变量进行求和消元可以这样进行：将该变量依次固定为它的一个取值得到一个子矩阵，然后将这些子矩阵相加。例如，针对 $\mathbf{f}_3(A, B, C)$ 中的 A 求和消元：

$$\mathbf{f}(B,C) = \sum_a \mathbf{f}_3(A,B,C) = \mathbf{f}_3(a,B,C) + \mathbf{f}_3(\neg a,B,C)$$

$$= \begin{pmatrix} 0.06 & 0.24 \\ 0.42 & 0.28 \end{pmatrix} + \begin{pmatrix} 0.18 & 0.72 \\ 0.06 & 0.04 \end{pmatrix} = \begin{pmatrix} 0.24 & 0.96 \\ 0.48 & 0.32 \end{pmatrix}$$

唯一值得注意的技巧是任何不依赖于求和变量的因子可以移到求和符号的外面。例如防盗贝叶斯网络中，开始时如果我们要针对 E 求和消元，表达式的相关部分将是

$$\sum_e \mathbf{f}_2(E) \times \mathbf{f}_3(A,B,E) \times \mathbf{f}_4(A) \times \mathbf{f}_5(A) = \mathbf{f}_4(A) \times \mathbf{f}_5(A) \times \sum_e \mathbf{f}_2(E) \times \mathbf{f}_3(A,B,E)$$

现在只需计算求和符号里面的逐点相乘，求和变量被从求和结果矩阵中消去。

注意，直到我们需要将变量从累加乘积中消去之前不会进行矩阵相乘（逐点相乘）。因此，我们只对含有需要消元的变量的矩阵进行相乘运算。给定了逐点相乘以及求和消元的例行程序后，变量消元算法本身可以非常容易地写出来，如图 14.11 所示。

```
function ELIMINATION-ASK(X, e, bn) returns a distribution over X
    inputs: X, the query variable
            e, observed values for variables E
            bn, a Bayesian network specifying joint distribution P(X_1, ···, X_n)

    factors ← []
    for each var in ORDER(bn.VARS) do
        factors ← [MAKE-FACTOR(var, e)|factors]
        if var is a hidden variable then factors ← SUM-OUT(var, factors)
    return NORMALIZE(POINTWISE-PRODUCT(factors))
```

图 14.11　用于贝叶斯网络推理的变量消元算法

变量顺序和变量相关性

图 14.11 的算法包含了一个不明确的 ORDER 函数来选择变量的顺序。变量顺序的每一种选择都会得到一个有效算法，但不同的变量顺序会在计算过程中产生不同的中间因子。例如，在前面的计算过程中，我们是先消去 A 再消去 E；如果我们把顺序反过来，计算会变成

$$\mathbf{P}(B \mid j,m) = \alpha \mathbf{f}_1(B) \times \sum_a \mathbf{f}_4(A) \times \mathbf{f}_5(A) \times \sum_e \mathbf{f}_2(E) \times \mathbf{f}_3(A,B,E)$$

计算过程会产生一个新的因子 $\mathbf{f}_6(A, B)$。

一般，变量消元的时间和空间要求由算法操作过程构造的最大因子的规模主宰。这又由变量被消去的顺序以及网络的结构决定。获得最优的消元顺序被证明是不切实际的，但可以使用几个好的启发知识。有效方法之一是贪心法：消去那些使下一个将被构造的因子规模最小化的变量。

让我们再考虑另一个查询：$\mathbf{P}(JohnCalls \mid Burglary = true)$。照样，第一步是写出嵌套的求和式：

$$\mathbf{P}(J \mid b) = \alpha P(b) \sum_e P(e) \sum_a P(a \mid b,e) \mathbf{P}(J \mid a) \sum_m P(m \mid a)$$

从右向左对这个表达式进行求值运算，我们会发现一些有趣的事情：根据定义有 $\sum_m P(m \mid a)$ 等于 1！因此，一开始就没必要包含它；变量 M 和这个查询无关。换一种说法，即使我们把结点 $MaryCalls$ 从网络中删除，查询 $\mathbf{P}(JohnCalls \mid Burglary = true)$ 的结果也不会发生变化。一般，我们可以删除任何既非查询变量、也非证据变量的叶结点。在这样的删除之后，可能会生成一些新的叶结点，它们也可能与查询无关。继续这个过程，我们最终发现，所有既非查询变量的祖先亦非证据变量的祖先的变量都和查询无关。因此变量消元算法可以在对查询求值之前删除所有这些变量。

14.4.3 精确推理的复杂度

贝叶斯网络中精确推理的复杂度高度依赖于网络的结构。图 14.2 的防盗贝叶斯网络属于网络中任意两个结点之间顶多只有一条无向路径的网络家族。这种网络称为**单连通**（singly connected）网络或**多形树**（polytree），它们有一个特别好的特性：多形树中精确推理的时间和空间复杂度与网络规模呈线性关系，此处的网络规模是指其 CPT 表的条目数；如果每个结点的父结点数不超过某个常数，则复杂度与网络结点数呈线性关系。

对于**多连通**（multiply connected）网络，例如图 14.12（a）那样的网络，变量消元算法在最坏情况下具有指数量级的时间和空间复杂度，即使每个结点的父结点数不超过某个常数。当想到"因为命题逻辑推理是贝叶斯网络推理的一种特殊情况，所以贝叶斯网络推理是 NP 难的"，这个复杂度就不足为奇。事实上，可以证明（习题 14.16）这个问题与计算命题逻辑公式的可满足的赋值个数的问题是一样难的。这意味着它是一个#P 难题（"个数 P 难题"，"number-P hard"）——也就是说，严格地难于 NP 完全问题。

贝叶斯网络推理的复杂度和约束满足问题（CSP）的复杂度之间有密切的关系。如我们在第 6 章中讨论的，求解离散约束满足问题的难度与其约束图"像一棵树"的程度有关。

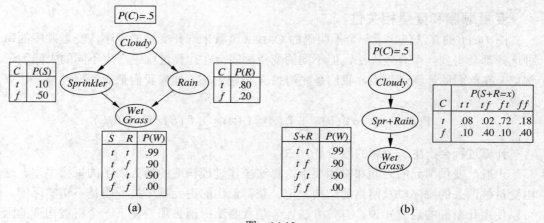

图 14.12

（a）一个多连通网络及其条件概率表。（b）该多连通网络的一个聚类等价体

像**树宽**（tree width）这样的能够限制求解约束满足问题复杂度的度量，也能够直接应用于贝叶斯网络。而且，变量消元算法还可以推广后用于求解约束满足问题，如同求解贝叶斯网络上的查询。

14.4.4　聚类算法

对于回答单个查询，变量消元算法是简单有效（efficient）的。然而，如果我们想计算网络中所有结点的后验概率，它就不那么有效率了。例如，在一个多形树网络中可能需要处理 $O(n)$ 个查询，每个查询都需要 $O(n)$ 的开销，因此总的时间复杂度是 $O(n^2)$。通过**聚类算法**（clustering algorithm，也称为**联合树**算法，join tree algorithm），时间可以减少到 $O(n)$。由于这个原因，这些算法在商用贝叶斯网络工具中得到了广泛应用。

聚类算法的基本想法是将网络中的某些单个结点合并为一个簇（cluster）结点，使得最终得到的网络结构是一棵多形树。例如，对于图 14.12（a）所示的多连通网络，我们可以通过将结点 *Sprinkler* 和 *Rain* 合并成为一个名为 *Sprinkler* + *Rain* 的簇结点，把原来的网络转换成一颗多形树，如图 14.12（b）所示。这两个布尔结点被一个"大结点"替换。这个大结点有四种可能取值：*tt*、*tf*、*ft* 以及 *ff*。它只有一个父结点，即布尔变量 *Cloudy*，因此网络中有两个条件事件。聚类过程可能会产生相互之间共享一些变量的大结点，当然这个例子没有体现这种情况。

一旦网络转换成多形树的形式，就需要使用一种专用推理算法，因为通用推理算法不能处理相互之间共享变量的大结点。本质上，该算法是某种形式的约束传播（参见第 6 章），其中的约束确保相邻大结点所包含的任何公共变量有一致的后验概率。通过仔细的记录，这种算法能够在聚类后的网络规模的线性时间内计算网络中所有非证据结点的后验概率。然而，问题仍然是 NP 难的：如果一个网络在变量消元算法中需要指数级的时间和空间复杂度，那么对聚类后的网络的条件概率表的规模也是指数级的。

14.5 贝叶斯网络中的近似推理

既然大规模多连通网络中的精确推理是不实际的，就有必要考虑近似推理方法。本节将描述随机采样算法，也称为**蒙特卡洛算法**（Monte Carlo algorithm），它能够给出一个问题的近似解，其精度依赖于所生成的采样点的多少。蒙特卡洛算法（4.1.2 节中所描述的模拟退火算法是蒙特卡洛算法一个例子）在许多科学领域中用于估计难以精确计算的量。本节中，我们的兴趣是用于后验概率计算的采样方法。我们将描述两个算法家族：直接采样和马尔可夫链采样。另外两种方法——变分法（variational method）和环传播（loopy propagation）方法——会在本章末尾的注释中提及。

14.5.1 直接采样方法

任何采样算法中的基本要素是根据已知概率分布生成样本。例如，一个无偏差硬币可以被认为是一个随机变量 *Coin*，其可能取值为⟨*heads, tails*⟩，先验概率是 **P**(*Coin*) = ⟨0.5, 0.5⟩。根据这个分布进行采样的过程其实和抛硬币一模一样：它以 0.5 的概率返回 *heads*，以 0.5 的概率返回 *tails*。给定一个[0, 1]区间上均匀分布的随机数发生器，对单个变量的任何分布进行采样都是一件非常简单的事情（参见习题 14.17）。

贝叶斯网络的最简单种类的随机采样过程是从网络中生成无关联证据的事件。其思想是按照拓扑顺序依次对每个变量进行采样。变量值被采样的概率分布依赖于父结点已得到的赋值。算法如图 14.13 所示。我们可以说明其在图 14.12（a）中的网络上的操作过程，假设顺序为[*Cloudy, Sprinkler, Rain, WetGrass*]：

（1）从 **P**(*Cloudy*) = ⟨0.5, 0.5⟩ 中采样 *Cloudy*，假设返回 *true*。

（2）从 **P**(*Sprinkler* | *Cloudy* = *true*) = ⟨0.8, 0.2⟩中采样 *Sprinkler*，假设返回 *false*。

（3）从 **P**(*Rain* | *Cloudy* = *true*) = ⟨0.1, 0.9⟩中采样 *Rain*，假设返回 *true*。

（4）从 **P**(*WetGrass* | *Sprinkler* = *false, Rain* = *true*) = ⟨0.9, 0.1⟩中采样 *WetGrass*，假设返回 *true*。

这样，PRIOR-SAMPLE 返回事件[*true, false, true, true*]。

```
function PRIOR-SAMPLE(bn) returns an event sampled from the prior specified by bn
    inputs: bn, a Bayesian network specifying joint distribution P(X_1, ···, X_n)

    x ← an event with n elements
    foreach variable X_i in X_1, ···, X_n do
        x[i] ← a random sample from P(X_i | parents(X_i))
    return x
```

图 14.13 根据贝叶斯网络生成事件的一个采样算法。给定已经采样的父结点的值，每个变量根据条件分布进行采样

这样，PRIOR-SAMPLE 返回事件[*true, false, true, true*]。

不难发现，PRIOR-SAMPLE 生成的样本服从网络所指定的先验联合概率分布。首先，令 $S_{PS}(x_1, ···, x_n)$ 为 PRIOR-SAMPLE 算法生成一个特定事件的概率。观察采样过程，我们就会得到

$$S_{PS}(x_1,\cdots,x_n) = \prod_{i=1}^{n} P(x_i \mid parents(X_i))$$

因为每个采样步骤只依赖于父结点的取值。这个表达式看起来眼熟，因为根据贝叶斯网络的表示，它也是联合分布事件的概率，如公式（14.2）所述。因此

$$S_{PS}(x_1, \cdots, x_n) = P(x_1, \cdots, x_n)$$

这个简单事实使我们可以利用采样非常容易地回答问题。

在任何采样方法中，都是通过对实际生成的样本进行计数来计算答案的。假设总共有 N 个样本，令 $N_{PS}(x_1, \cdots, x_n)$ 为特定事件 $x_1, \cdots, x_n$ 在样本集合中出现的次数。我们期望它和总样本数 N 的比在大样本极限下收敛到的它的期望值，与采样概率一致：

$$\lim_{N\to\infty}\frac{N_{PS}(x_1,\cdots,x_n)}{N} = S_{PS}(x_1,\cdots,x_n) = P(x_1,\cdots,x_n) \qquad （14.5）$$

例如，考虑前面生成的事件[*true, false, true, true*]，这个事件的采样概率应该是：

$$S_{PS}(true, false, true, true) = 0.5 \times 0.9 \times 0.8 \times 0.9 = 0.324$$

因此，在 N 的大量样本极限下（N 趋近于无穷大），我们期望有 32.4%的样本是这个事件。

在后文中，只要我们使用约等于符号（"≈"），我们要表达的就是这个含义——也就是说，估计概率在大量样本极限下成为精确值。这样的估计被称为**一致的**（consistent）。例如，可以为部分事件（partially specified event）$x_1, \cdots, x_m$ 的概率产生一个如下的一致估计，其中 $m \leqslant n$：

$$P(x_1, \cdots, x_m) \approx N_{PS}(x_1, \cdots, x_m) / N \qquad （14.6）$$

也就是说，采样过程中生成的、与部分事件匹配的完整事件所占的比例可用来作为该部分事件的概率的估计值。例如，假设我们从草坪喷灌（sprinkler）网络生成了 1000 个样本，其中 511 个样本满足 $Rain = true$，那么下雨的估计概率，记作 $\hat{P}(Rain = true)$，就等于 0.511。

贝叶斯网络中的拒绝采样

拒绝采样算法（rejection sampling）是一种给定一个易于采样的分布，为一个难于采样的分布生成采样样本的通用方法。在其最简单的形式中，它可以被用于计算条件概率——也就是，确定 $P(X \mid e)$。拒绝采样算法 REJECTION-SAMPLING 如图 14.14 所示。首先，它根据网络指定的先验分布生成采样样本。然后，它拒绝所有与证据不匹配的样本。最后，在剩余样本中通过统计 $X = x$ 的出现的频次而计算出估计概率 $\hat{P}(X = x \mid e)$。

```
function REJECTION-SAMPLING(X, e, bn, N) returns an estimate of P(X|e)
   inputs: X, the query variable
           e, observed values for variables E
           bn, a Bayesian network
           N, the total number of samples to be generated
   local variables: N, a vector of counts for each value of X, initially zero

   for j = 1 to N do
       x ← PRIOR-SAMPLE(bn)
       if x is consistent with e then
           N[x] ← N[x]+1 where x is the value of X in x
   return NORMALIZE(N)
```

图 14.14　贝叶斯网络中回答给定证据下的查询的拒绝采样算法

令 $\hat{\mathbf{P}}(X\,|\,\mathbf{e})$ 为算法返回的估计概率分布。根据算法的定义，我们得到

$$\hat{\mathbf{P}}(X\,|\,\mathbf{e}) = \alpha\mathbf{N}_{PS}(X,\mathbf{e}) = \frac{\mathbf{N}_{PS}(X,\mathbf{e})}{N_{PS}(\mathbf{e})}$$

根据公式（14.6），它相当于

$$\hat{\mathbf{P}}(X\,|\,\mathbf{e}) \approx \frac{\mathbf{P}(X,\mathbf{e})}{P(\mathbf{e})} = \mathbf{P}(X\,|\,\mathbf{e})$$

也就是说，拒绝采样得到了真实概率的一致估计。

继续图 14.12（a）中的例子，假设我们希望采样 100 个样本来估计 $\mathbf{P}(Rain\,|\,Sprinkler = true)$。在我们所生成的这 100 个样本中，假设有 73 个满足 $Sprinkler = false$，因此被拒绝，同时有 27 个满足 $Sprinkler = true$；这 27 个中 8 个满足 $Rain = true$，19 个满足 $Rain = false$。因此，

$$\mathbf{P}(Rain\,|\,Sprinkler = true) \approx \text{NORMALIZE}(\langle 8, 19\rangle) = \langle 0.296, 0.704\rangle$$

真实的答案是 $\langle 0.3,\ 0.7\rangle$。随着收集的样本的增多，估计值将收敛到真实值。在每个概率的估计中，估计误差的标准差正比于 $1/\sqrt{n}$，其中 n 是在估计中所用到的样本数。

拒绝采样算法的最大问题是，它拒绝了太多的样本！随着证据变量个数的增多，与证据 $\mathbf{e}$ 相一致的样本在所有样本中所占的比例呈指数级下降，所以对于复杂问题不能使用这种方法。

注意拒绝采样方法与直接根据真实世界对条件概率进行估计是非常相似的。例如，要估计 $\mathbf{P}(Rain\,|\,RedSkyAtNight = true)$，我们可以简单地对前一天晚上观察到红色天空后下雨的频次进行统计——忽略天空不红的那些夜晚。（这里，真实世界本身扮演了采样生成算法的角色）。显然，如果天空很少发红，这个过程可能要花很长时间，而这就是拒绝采样方法的弱点。

似然加权

似然加权（likelihood weighting）只生成与证据 $\mathbf{e}$ 一致的事件，从而避免拒绝采样算法的低效率。它是**重要性采样**（importance sampling）的一般统计技术的特殊情况，是为贝叶斯网络推理量身订制的。我们从描述算法的工作机理开始，然后说明其工作的正确性——即产生一致的估计概率。

LIKELIHOOD-WEIGHTING（参见图 14.15）算法固定证据变量 $\mathbf{E}$ 的值，然后只对非证据变量采样。这保证了生成的每个事件都与证据一致。然而，并非所有的事件有相同的地位。在对查询变量的分布进行计数之前，每个事件以它与证据吻合的似然（相似性）为权值，用每个证据变量给定其父结点之后的条件概率的乘积度量这个权值。直观地，实际证据不太可能出现的事件应该给予较低的权值。

现在我们将算法应用于图 14.12（a）中所示的网络，求解查询 $\mathbf{P}(Rain\,|\,Cloudy = true, WetGrass = true)$，假设变量的拓扑顺序是 $Cloudy$、$Sprinkler$、$Rain$、$WetGrass$。过程是这样的：首先，将权值 w 设为 1.0。然后生成一个事件：

1. $Cloudy$ 是一个证据变量，其值为 $true$。因此我们设置

$$w \leftarrow w \times P(Cloudy = true) = 0.5$$

```
function LIKELIHOOD-WEIGHTING(X, e, bn, N) returns an estimate of P(X|e)
    inputs: X, the query variable
            e, observed values for variables E
            bn, a Bayesian network specifying joint distribution P(X_1, ..., X_n)
            N, the total number of samples to be generated
    local variables: W, a vector of weighted counts for each value of X, initially zero

    for j = I to N do
        x, w ← WEIGHTED-SAMPLE(bn, e)
        W[x] ← W[x] + w where x is the value of X in x
    return NORMALIZE(W)

function WEIGHTED-SAMPLE(bn, e) returns an event and a weight

    w ← 1; x ← an event with n elements initialized from e
    foreach variable X_i in X_1, ..., X_n do
        if X_i is an evidence variable with value x_i in e
            then w ← w × P(X_i = x_i | parents(X_i))
            else x[i] ← a random sample from P(X_i | parents(X_i))
    return x, w
```

图 14.15　用于贝叶斯网络推理的似然加权算法。Weighted-Sample 中，对每个非证据变量，根据给定其已采样的父结点值的条件分布进行采样，同时为每个证据变量根据似然（likelihood）累积一个权值

2. *Sprinkler* 不是一个证据变量，因此从 $\mathbf{P}(Sprinkler|Cloudy=true) = \langle 0.1, 0.9\rangle$ 中采样；假设返回 *false*。

3. 类似地，从 $\mathbf{P}(Rain \mid Cloudy = true) = \langle 0.8, 0.2 \rangle$ 中采样；假设返回 *true*。

4. *WetGrass* 是一个证据变量，其值为 *true*。因此我们设置

$$w \leftarrow w \times P(WetGrass = true \mid Sprinkler = false, Rain=true) = 0.45$$

这里 WEIGHTED-SAMPLE 返回权值为 0.45 的事件[*true*, *false*, *true*, *true*]，它将被计入 *Rain = true* 中去。

为了理解似然加权为什么可行，我们从检查 WEIGHTED-SAMPLE 的采样概率 S_{WS} 开始。记住证据变量 **E** 的值固定为 **e**。我们将非证据变量（包含查询变量）记作 **Z**。给定其父结点的值后，算法对 **Z** 中的每一个变量进行采样：

$$S_{WS}(\mathbf{z}, \mathbf{e}) = \prod_{i=1}^{l} P(z_i \mid parents(Z_i)) \qquad (14.7)$$

注意到 $Parents(Z_i)$ 可能同时包含非证据变量和证据变量。和先验分布 $P(\mathbf{z})$ 不同的是，分布 S_{WS} 关心证据：每个 Z_i 的采样值会受到 Z_i 祖先结点中的证据的影响。例如，采样 *Sprinkler* 时，算法关心父变量中的证据 *Cloudy=true*。另一方面，S_{WS} 对证据的关心要少于对真正的后验概率 $P(\mathbf{z}|\mathbf{e})$ 对证据的关心，因为每个 Z_i 的采样值都忽略了不是 Z_i 祖先的结点中的证据变量。[1]例如，当采样 *Sprinkler* 和 *Rain* 时，算法忽略了子结点变量中的证据 *WetGrass=true*；这意味着算法会产生许多满足 *Sprinkler = false* 和 *Rain=false* 的样本，尽管证据 *WetGrass=true* 实际上排除了这种情况。

似然权值 w 补偿了真实分布与期望采样分布之间的差距。对一个由 **z** 和 **e** 组成的给定

1　在理想的情况下，我们希望使用一个与真实后验概率 $P(\mathbf{z}|\mathbf{e})$ 相等的采样分布，把所有的证据变量都考虑进来。然而，这不可能高效地完成。否则我们可以通过多项式数量的采样样本以任意精度逼近希望得到的概率。可以证明不可能存在这样的多项式时间近似方案。

样本 **x** 而言，它的权值等于每个证据变量在给定其父结点（部分或者全部包含在 Z_i 中）条件下的似然的乘积：

$$w(\mathbf{z}, \mathbf{e}) = \prod_{i=1}^{m} P(e_i \mid parents(E_i)) \qquad (14.8)$$

将公式（14.7）和公式（14.8）相乘，我们发现一个样本的*加权*概率具有特别方便的形式：

$$S_{WS}(\mathbf{z}, \mathbf{e})w(\mathbf{z}, \mathbf{e}) = \prod_{i=1}^{l} P(z_i \mid parents(Z_i)) \prod_{i=1}^{m} P(e_i \mid parents(E_i)) = P(\mathbf{z}, \mathbf{e}) \qquad (14.9)$$

因为这两个乘积覆盖了网络中的所有变量，允许我们使用公式（14.2）计算联合概率分布。

现在不难证明似然加权估计是一致的。对于 X 的任一特定的取值 x，其估计后验概率可以计算如下：

$$\hat{P}(x \mid \mathbf{e}) = \alpha \sum_{\mathbf{y}} N_{WS}(x, \mathbf{y}, \mathbf{e})w(x, \mathbf{y}, \mathbf{e}) \quad \text{根据 LIKELIHOOD-WEIGHTING}$$

$$\approx \alpha' \sum_{\mathbf{y}} S_{WS}(x, \mathbf{y}, \mathbf{e})w(x, \mathbf{y}, \mathbf{e}) \quad \text{当 } N \text{ 很大时}$$

$$= \alpha' \sum_{\mathbf{y}} P(x, \mathbf{y}, \mathbf{e}) \quad \text{根据公式（14.9）}$$

$$= \alpha' P(x, \mathbf{e}) = P(x \mid \mathbf{e})$$

因此，似然加权返回一致估计。

由于似然加权中使用了生成的所有样本，它比拒绝采样算法要高效得多。然而，当证据变量的个数增加时它的性能仍然会大幅度下降。因为大多数样本的权值都非常小，从而加权估计中起主导作用的是那些所占比例很小的、与证据相符合的似然程度不是非常小的样本。如果在变量顺序中证据变量出现比较靠后的位置，这个问题尤其严重，因为这时非证据变量将没有父结点证据和祖先证据来指导生成样本。这意味着采样样本将是相似度很小的对证据所暗示的现实的仿真。

14.5.2 通过模拟马尔可夫链进行推理

马尔可夫链蒙特卡洛（Markov chain Monte Carlo，MCMC）算法与拒绝采样和似然加权的工作方式有很大差异。马尔可夫链蒙特卡洛算法不是白手起家生成样本，而是通过对前一个样本进行随机改变而生成样本。因此我们可以把 MCMC 算法想象成：在特定的当前状态每个变量的取值都已确定然后随机修改当前状态而生成下一个状态。（如果这使你想起第 4 章的模拟退火算法或第 7 章的 WALKSAT，是因为它们都是 MCMC 算法家族的成员。）这里我们将描述一种特殊形式的 MCMC 算法，称为 Gibbs 采样，它特别适合贝叶斯网络。（其他形式的算法，有的更强大，将在本章末尾的注释中讨论。）我们首先描述该算法做什么，然后解释它为什么有效。

贝叶斯网络中的 Gibbs 采样

贝叶斯网络的 Gibbs 采样算法从任意的状态（将证据变量固定为观察值）出发，通过对一个非证据变量 X_i 随机采样而生成下一个状态。对 X_i 的采样条件依赖于 X_i 的马尔可夫覆盖中的变量的当前值。（一个变量的马尔可夫覆盖由其父结点、子结点以及子结点的父结点组成。见 14.2.2 节。）因此算法是在状态空间中——所有可能的完整赋值的空间——随机行走，每次修改一个变量的值，但保持证据变量的值固定不变。

考虑应用于图 14.12（a）所示网络的查询 **P**(*Rain* | *Sprinkler* = *true*, *WetGrass* = *true*)。证据变量 *Sprinkler* 和 *WetGrass* 固定为它们的观察值，而非证据变量 *Cloudy* 和 *Rain* 则随机地初始化——比如，分别初始化为 *true* 和 *false*。因此，初始状态为[*true*, *true*, *false*, *true*]。现在，以任意顺序对非证据变量采样。例如：

1. 对 *Cloudy* 采样，给定它的马尔可夫覆盖变量的当前值：在这里，我们是从 **P**(*Cloudy* | *Sprinkler* = *true*, *Rain* = *false*)中采样。（我们马上会说明如何计算这个分布。）假设采样结果为 *Cloudy* = *false*。那么新的当前状态是[*false*, *true*, *false*, *true*]。

2. 对 *Rain* 采样，给定它的马尔可夫覆盖变量的当前值：在这里，我们是从 **P**(*Rain* | *Cloudy* = *false*, *Sprinkler* = *true*, *WetGrass* = *true*)中采样。假设采样结果为 *Rain* = *true*。新的当前状态是[*false*, *true*, *true*, *true*]。

这个过程中所访问的每一个状态都是一个样本，能对查询变量 *Rain* 的估计做贡献。如果该过程访问了 20 个 *Rain* 为真的状态和 60 个 *Rain* 为假的状态，则所求查询的解为 NORMALIZE(⟨20, 60⟩) = ⟨0.25, 0.75⟩。完整的算法如图 14.16 所示。

```
function GIBBS-ASK(X, e, bn, N) returns an estimate of P(X|e)
    local variables: N, a vector of counts for each value of X, initially zero
                     Z, the nonevidence variables in bn
                     x, the current state of the network, initially copied from e

    initialize x with random values for the variables in Z
    for j = 1 to N do
        for each Zi in Z do
            set the value of Zi in x by sampling from P(Zi|mb(Zi))
            N[x] ← N[x] + 1 where x is the value of X in x
    return NORMALIZE(N)
```

图 14.16　用于贝叶斯网络近似推理的 Gibbs 采样算法。这个版本通过变量进行循环，但随机选择变量也是可以的

为什么 Gibbs 采样可行

现在我们要阐明 Gibbs 采样能够为后验概率返回一致估计。本节的材料技术性很强，但基本观点非常直接：采样过程最终会进入一种"动态平衡"，处于这样的平衡下，长期来看在每个状态上消耗的时间都与其后验概率成正比。这个显著的特性来自于特定的**转移概率**（transition probability），也就是采样过程从一种状态转移到另一种状态的概率，这个概率由当前被采样变量在给定其马尔可夫覆盖下的条件分布而定义。

令 $q(\mathbf{x} \to \mathbf{x}')$ 为过程从状态 $\mathbf{x}$ 转移到状态 $\mathbf{x}'$ 的概率。这个转移概率定义了状态空间上的所谓**马尔可夫链**（Markov chain）。（在第 15 章和第 17 章中还将着重描述马尔可夫链）。现在假设马尔可夫链已经运行了 t 步（时刻 t），并令 $\pi_t(\mathbf{x})$ 为系统在时刻 t 处于状态 $\mathbf{x}$ 的概率。类似地，令 $\pi_{t+1}(\mathbf{x}')$ 表示在时刻 $t + 1$ 处于状态 $\mathbf{x}'$的概率。给定 $\pi_t(\mathbf{x})$，我们可以使用求和来计算 $\pi_{t+1}(\mathbf{x}')$：对于所有在时刻 t 能到达的可能状态，处于该状态的概率乘以该状态转移到状态 $\mathbf{x}'$的概率：

$$\pi_{t+1}(\mathbf{x}') = \sum_{\mathbf{x}} \pi_t(\mathbf{x}) q(\mathbf{x} \to \mathbf{x}')$$

当 $\pi_t = \pi_{t+1}$ 时，我们说马尔可夫链到达了其**稳态分布**（stationary distribution）。让我们称之为稳态分布 π；因此其定义公式可以写成：

$$\pi(\mathbf{x}') = \sum_{\mathbf{x}} \pi(\mathbf{x})q(\mathbf{x} \to \mathbf{x}') \quad \text{对于所有的 } \mathbf{x}' \qquad (14.10)$$

只要转移概率分布 q 是**可遍历的**（ergodic）——也就是说，从每个状态出发都一定可到达其他每个状态，并且其中没有严格周期性的环（strictly periodic cycle）。——那么对于任何给定的 q，恰好存在一个分布 π 满足这个公式。

公式（14.10）可以这样解读：每个状态（也就是当前的"总体"）的期望"流出"等于来自于所有状态的期望"流入"。一个明显满足这个关系的方式是任何两个状态之间沿两个方向的期望流相等。即

$$\pi(\mathbf{x})q(\mathbf{x} \to \mathbf{x}') = \pi(\mathbf{x}')\,q(\mathbf{x}' \to \mathbf{x}) \quad \text{对于所有 } \mathbf{x},\, \mathbf{x}' \qquad (14.11)$$

当所有的这些等式都成立时，我们称 $q(\mathbf{x} \to \mathbf{x}')$ 是具有分布 $\pi(\mathbf{x})$ 的**全面平衡**（detailed balance）。

简单地通过对公式（14.11）中的 $\mathbf{x}$ 求和，我们就可以发现全面平衡中蕴含着稳态分布：

$$\sum_{\mathbf{x}} \pi(\mathbf{x})q(\mathbf{x} \to \mathbf{x}') = \sum_{\mathbf{x}} \pi(\mathbf{x}')q(\mathbf{x}' \to \mathbf{x}) = \pi(\mathbf{x}')\sum_{\mathbf{x}} q(\mathbf{x}' \to \mathbf{x}) = \pi(\mathbf{x}')$$

其中得到最后一步是因为由 $\mathbf{x}'$ 出发的转移是保证会发生的。

GIBBS-ASK 中的采样步骤定义的转移概率 $q(\mathbf{x} \to \mathbf{x}')$ 实际上是 Gibbs 采样的更一般定义的一种特殊情况，根据这个采样步骤，每个变量是在给定所有其他变量的当前值的条件下被采样。我们从证明 Gibbs 采样的一般定义满足全面平衡等式且稳态分布等于 $P(\mathbf{x} \mid \mathbf{e})$（非证据变量的真正的后验概率）开始。然后，我们将容易地观察到，对于贝叶斯网络，以所有变量为条件的采样等价于以变量的马尔可夫覆盖（14.2.2 节）为条件的采样。

为了分析一般的 Gibbs 采样器——采样器逐次以转移概率 q_i 采样每个变量 X_i，转移概率 q_i 以所有其他变量为条件——定义 $\overline{\mathbf{X}}_i$ 为除证据变量以外的所有其他变量；当前状态下它们的值是 $\overline{\mathbf{x}}_i$。如果以包括证据变量在内所有其他变量为条件采样 X_i 的一个新值 x_i'，则有

$$q_i(\mathbf{x} \to \mathbf{x}') = q_i((x_i, \overline{\mathbf{x}}_i) \to (x_i', \overline{\mathbf{x}}_i)) = P(x_i' \mid \overline{\mathbf{x}}_i, \mathbf{e})$$

现在我们证明 Gibbs 采样器每一步的转移概率达到具有真实后验概率的全面平衡：

$$
\begin{aligned}
\pi(\mathbf{x})q_i(\mathbf{x} \to \mathbf{x}') &= P(\mathbf{x} \mid \mathbf{e})P(x_i' \mid \overline{\mathbf{x}}_i, \mathbf{e}) = P(x_i, \overline{\mathbf{x}}_i \mid \mathbf{e})P(x_i' \mid \overline{\mathbf{x}}_i, \mathbf{e}) \\
&= P(x_i \mid \overline{\mathbf{x}}_i, \mathbf{e})P(\overline{\mathbf{x}}_i \mid \mathbf{e})P(x_i' \mid \overline{\mathbf{x}}_i, \mathbf{e}) \quad （\text{对第一项使用链式规则}） \\
&= P(x_i \mid \overline{\mathbf{x}}_i, \mathbf{e})P(x_i', \overline{\mathbf{x}}_i \mid \mathbf{e}) \quad （\text{反向使用链式规则}） \\
&= \pi(\mathbf{x}')\,q_i(\mathbf{x}' \to \mathbf{x})
\end{aligned}
$$

我们可以把图 14.16 中的循环"for each Z_i in $\mathbf{Z}$ do"看作是定义一个大的转移概率，即各变量的转移概率的顺序组合 $q_1 \circ q_2 \circ \cdots \circ q_n$。不难证明（习题 14.19）每一个 q_i 和 q_j 具有稳态分布 π，顺序组合 $q_i \circ q_j$ 也如此；因此整个循环的转移概率 q 具有具有稳态分布 $P(\mathbf{x}|\mathbf{e})$。最后，除非 CPT 表含有概率 0 或 1——这将使状态空间断连——不难发现 q 是可遍历的。因此，Gibbs 采样生成的样本最终将是从真实后验分布中提取的。

最后，我们说明在贝叶斯网络中如何执行一般的 Gibbs 采样步骤——从 $\mathbf{P}(X_i \mid \overline{\mathbf{x}}_i, \mathbf{e})$ 中采样 X_i。回顾 14.2.2 节，给定一个变量的马尔可夫覆盖，这个变量独立于所有其他变量；因此

$$P(x_i' \mid \overline{\mathbf{x}}_i, \mathbf{e}) = P(x_i' \mid mb(X_i))$$

其中，$mb(X_i)$ 表示 X_i 的马尔可夫覆盖 $MB(X_i)$ 中各变量的取值。如习题 14.17 所示，给定马尔可夫覆盖后，一个变量的概率正比于它给定其父结点的概率乘以每个子结点给定各自父结点的概率：

$$P(x_i' \mid mb(X_i)) = \alpha P(x_i' \mid parents(X_i)) \times \prod_{Y_j \in Children(X_i)} P(y_j \mid parents(Y_j)) \qquad (14.12)$$

因此，为了以马尔可夫覆盖为条件改变变量 X_i 的取值，所需的乘法次数等于 X_i 的子结点个数。

14.6　关系和一阶概率模型

在第 8 章中，我们阐述了一阶逻辑相对于命题逻辑在表示上的优势。一阶逻辑约定对象的存在性，以及它们之间的关系，并且能够表达关于问题域中一些或者全部对象的事实。

这经常能导致比等价的命题描述简洁得多的表示。现在来看，贝叶斯网络本质上是命题的：随机变量集是固定的而且是有限的，并且每个变量的值有固定的定义域。这个事实限制了贝叶斯网络的应用。如果我们能够找到一种途径把概率理论与一阶表示的表达能力结合起来，我们期望能够明显地扩大可以处理的问题范围。

例如，假设一个在线图书零售商想基于来自客户的推荐提供对商品的全面评价。评价在形式上是图书质量的给定可用证据的后验概率。最简单的方法是基于客户的平均推荐，也许随客户推荐数不同而不同，但这没有考虑一个事实：一些客户比另一些客户更友好，一些客户没有另一些客户诚实。友好的客户一般会高度推荐，即使普通图书；而不诚实的客户一般会由于质量以外的原因——例如他们可能为出版社工作[1]——给出非常高或非常低的推荐。

对于单个客户 C_1 推荐单本书 B_1，贝叶斯网络看起来会像图 14.17（a）的网络一样。（正如 9.1 节中一样，像 $Honest(C_1)$ 这样带有括号的表达式只是假设的符号——这里，它们也只是随机变量的假设的名称。）对于两个客户两本图书的情况，贝叶斯网络看起来会像图 14.17（b）

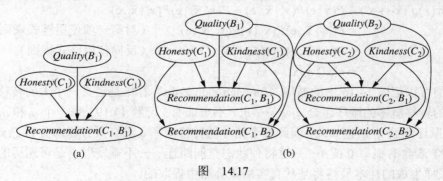

图　14.17

（a）单个客户 C_1 推荐单本书 B_1 的贝叶斯网络，$Honest(C_1)$ 是布尔的，其他变量具有 1-5 的整数值。（b）两个客户两本图书的贝叶斯网络

1　一个游戏理论家会建议不诚实的客户偶尔也要推荐一下竞争对手的好书，以免被发现。参见第 17 章。

的网络一样。对于更多数量的客户和图书的情况，手工描绘网络是不现实的。

幸运的是，网络有许多重复结构。每个 *Recommendation(c,b)* 变量的父结点变量是 *Honest(c)*、*Kindness(c)* 和 *Quality(b)*。而且所有 *Recommendation(c,b)* 变量的 CPT 表是相同的，所有 *Honest(c)* 变量也是如此，依此类推。这似乎是为一阶语言量身订制的。我们愿意说

Recommendation(c,b) ~ RecCPT(Honest(c),Kindness(c),Quality(b))

这样的东西，以表达这样的意思：一个客户对某本图书的推荐依赖于固定的 CPT 表所给定的该客户的诚实、友好和图书质量。这一节将提出一种语言以使我们能够确切地表达这种意思，并阐述一些派生的问题。

14.6.1 可能世界

回顾第 13 章，一个概率模型定义了一个可能世界集合 Ω，对于其中的每个可能世界 ω，概率是 $P(\omega)$。对于贝叶斯网络，可能世界是对变量的赋值；特别是对布尔变量的情况，其可能世界与命题逻辑中的情况是相同的。对于一个一阶概率模型，似乎我们希望其可能世界像一阶逻辑一样——需要一个对象集合，对象之间具有关系，还需要一个解释将常量符号映射到对象，将谓词符号映射到关系，函数符号映射到对象上的函数。（见 8.2 节。）这个模型还需要每个可能世界定义一个概率，就像贝叶斯网络为变量的每种赋值定义一个概率一样。

假设我们已经知道如何为每个可能世界确定概率。那么，我们可以获得一阶逻辑语句 ϕ 的概率，只需针对使它为真的可能世界求和：

$$P(\phi) = \sum_{\omega: \ \phi \text{ is true in } \omega} P(\omega) \qquad (14.13)$$

可以类似地获得条件概率 $P(\phi|\mathbf{e})$，因此我们基本上可以询问关于这个模型的任何问题——例如，"哪本书最有可能被不诚实的客户高度推荐？"——然后得到一个答案。目前为止，一切顺利。

然而，有个问题：一阶的模型集合可能是无限的。我们在图 8.4 中明确地看到了这一点，图 14.18（顶部）再次给出这个图。这意味着（1）公式（14.13）的求和可能是不可行的，（2）在世界的无限集合上定义一个完整的一致的分布可能是非常困难的。

14.6.2 节会探讨解决这个问题的方法。思想是，不要借用一阶逻辑的标准语义，而要借用 8.2.8 节定义的**数据库语义**（database semantics）。数据库语义做了**唯一命名假设**（unique names assumption）——这里，我们将其用于常量符号。也假设**闭合问题域**（domain closure）——除了被命名的对象，没有其他对象。这样，我们可以使每个世界的对象集合恰好是所使用的常量符号，从而确保可能世界的一个有限集合；如图 14.18（底部）所示，从符号到对象的映射没有不确定性，存在的对象也是确定的。我们称这种方式定义的模型为**关系概率模型**（relational probability model，RPM）[1]。RPM 语义和 8.2.8 节定义的数据库语义之间最主要的差别是：RPM 不假设闭合问题域——明显地，概率推理系统中假设未知事实不成立是不合理的。

---

[1] 关系概率模型（relational probability model）是由 Pfeffer（2000）给出的，表示上有些差异，但基本思想是一致的。

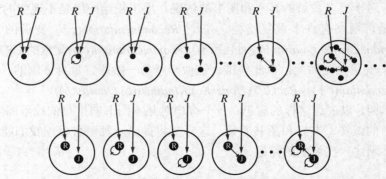

图 14.18　顶部：在一阶逻辑的标准语义下，具有两个常量符号 R 和 J 的语言其所有可能世界组成的集合的一些成员。底部：数据库语义下的可能世界。常量符号的解释式固定的，每个常量符号都对应一个不同的对象

当数据库语义的基本假设不成立时，RPM 无法工作得很好。例如，图书零售商可能使用 ISBN（International Standard Book Number）为常量符号来命名每本书，即使给定一本"逻辑上的"书（比如"Gone With the Wind"）也可能有多个 ISBN 号。在这多个 ISBN 号上进行统计将是合理的，但零售商无法肯定哪些 ISBN 号是同一本书。（注意，我们并没有具体指该书的个体，在二手书销售、汽车销售等问题中个体化可能是必要的。）还有更坏的事情，每个客户是用登录的 ID 号标识的，一个不诚实的客户可能拥有上千个 ID 号！在计算机安全领域，多 ID 号被称为 **sibyls**，使用多 ID 号搅乱系统的名声称为 **sibyl 攻击**。因此，即使在定义得相对较好的在线问题的简单应用中也有**存在不确定性**（existence uncertainty）（基于观察到的数据，真实的图书和客户是什么样子）和**标识不确定性**（identity uncertainty）（哪些符号实际上是指同一个对象）。出于无奈，我们不得不基于一阶逻辑的标准语义定义概率模型，其中可能世界所包含的对象以及从符号到对象的映射是变化的。14.6.3 节会阐述如何做。

14.6.2　关系概率模型

像一阶逻辑一样，RPM 具有常量、函数和谓词符号。（把谓词看作是返回 *true* 或 *false* 的函数更容易理解一些。）我们还将为每个函数假设其**类型特征**（type signature），即规定每个参量及函数返回值的类型。如果每个对象的类型是已知的，可以排除许多干扰的可能世界。对于图书推荐问题域，其中的类型是 *Customer* 和 *Book*，而函数和谓词的类型特征是

　　　　　　Honest: *Customer* → {*true, false*}
　　　　　　Kindness: *Customer* → {1, 2, 3, 4, 5}
　　　　　　Quality: *Book* → {1, 2, 3, 4, 5}
　　　　　　Recommendation: *Customer* × *Book* → {1, 2, 3, 4, 5}

常量符号将是销售商数据库中的任何客户名和图书名。前面（图 14.17（b））给出的例子中，常量符号是 C_1、C_2 和 B_1、B_2。

给定常量符号和它们的类型以及函数和它们的类型特征后，用对象的每种可能组合实

例化每个函数可以得到 RPM 的随机变量：$Honest(C_1)$、$Quality(B_2)$、$Recommendation(C_1, B_2)$ 等。这些变量就是出现在图 14.17（b）中的变量。因为每个类型只有有限多个实例，因此基本的随机变量数也是有限的。

为了完整地描述 RPM，我们必须写出驾驭这些随机变量的依赖关系。每个函数有一个依赖声明，其中函数的每个参量是一个逻辑变量（像一阶逻辑一样，是一个涵盖各对象的变量）：

$$Honest(c) \sim \langle 0.99, 0.01 \rangle$$
$$Kindness(c) \sim \langle 0.1, 0.1, 0.2, 0.3, 0.3 \rangle$$
$$Quality(b) \sim \langle 0.05, 0.2, 0.4, 0.2, 0.15 \rangle$$
$$Recommendation(c, b) \sim RecCPT(Honest(c), Kindness(c), Quality(b))$$

其中 $RecCPT$ 是一个单独定义的有 $2 \times 5 \times 5 = 50$ 行每行 5 个条目的条件分布。对于所有常量实例化这些依赖关系，可以得到这个 RPM 的语义，获得一个定义该 RPM 随机变量联合分布的贝叶斯网络。[1]

我们可以通过引入**特定上下文独立性**（context-specific independence）来反映"不诚实的客户进行推荐时无视质量"的事实继续打磨这个模型；而且友好客户的决策也对模型无益。特定上下文独立性允许一个变量在给定其他变量的某些值时独立于它的某些父结点；因此，当 $Honest(c)=false$ 时，$Recommendation(c,b)$ 独立于 $Kindness(c)$ 和 $Quality(b)$：

$$Recommendation(c,b) \sim \textbf{if } Honest(c) \textbf{ then}$$
$$HonestRecCPT(Kindness(c), Quality(b))$$
$$\textbf{else } \langle 0.4, 0.1, 0.0, 0.1, 0.4 \rangle$$

这种依赖关系可能看起来像程序设计语言中一条普通的 if-then-else 语句，但它们是不同的：推理引擎不必知道条件测试 $Honest(c)$ 的值。

我们可以无穷无尽地打磨这个模型，使它更符合现实。例如，假设一个诚实的客户，他是某本图书作者的书迷（fan），不管这本书质量如何，总是会给这本书最高推荐分数 5：

$$Recommendation(c,b) \sim \textbf{if } Honest(c) \textbf{ then}$$
$$\textbf{if } Fan(c, Author(b)) \textbf{ then } Exactly(5)$$
$$\textbf{else } HonestRecCPT(Kindness(c), Quality(b))$$
$$\textbf{else } \langle 0.4, 0.1, 0.0, 0.1, 0.4 \rangle$$

其中的条件测试 $Fan(c, Author(b))$ 的值也是未知的，但如果一个客户对一个特定的作者总是给他的书 5 分，而对其他作者不是特别友好，那么这个客户是这个作者的书迷的后验概率将比较高。而且，在评估这个作者的书的质量时，这个后验概率将会给这个客户的 5 分打折扣。

在前面的例子中，我们暗中假设了 $Author(b)$ 的值对于每个 b 是未知的，但实际上可能并非如此。系统如何能够推理"当 $Author(B_2)$ 未知时，C_1 是 $Author(B_2)$ 的书迷"？答案是系统可能不得不对于所有可能的作者都推理一次。假设（为使问题简单）总共只有两个作者

---

1 必须有一些技术手段的观察来确保 RPM 定义了一个正确的分布。首先，依赖关系必须是无环的，否则得到的贝叶斯网络是有环的，从而不能定义一个正确的分布。其次，依赖关系必须是合理的，即不能有无限长的祖先链，递归依赖可能导致这种情况。在某些情况下（习题 14.6），定点运算可以为递归 RPM 产生精确的概率模型。

A_1 和 A_2。那么 $Author(B_2)$ 是一个有两个可能取值 A_1 和 A_2 的随机变量，它是 $Recommendation(C_1, B_2)$ 的父结点。变量 $Fan(C_1, A_1)$ 和 $Fan(C_1, A_2)$ 也是父结点。 $Recommendation(C_1, B_2)$ 的条件分布本质上是一个**转换开关**（multiplexer），在其中父结点 $Author(B_2)$ 就像一个选择器选择 $Fan(C_1, A_1)$ 和 $Fan(C_1, A_2)$ 哪一个实际上影响推荐。图 14.19 给出了等价贝叶斯网络的一个片段。$Author(B_2)$ 取值的不确定性影响了网络的依赖结构，这种不确定性是**关系不确定性**（relational uncertainty）的一个实例。

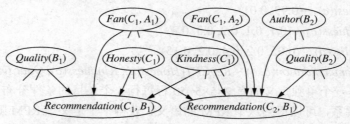

图 14.19　当 $Author(B_2)$ 未知时，等价的贝叶斯网络片段

如果你疑惑系统如何可能确定 B_2 的作者是谁，考虑这种可能性：另有 3 个客户是 A_1 的书迷（没有其他共同喜欢的作者），3 个人给 B_2 的推荐分数都是 5 分，即使大多数其他客户都觉得这是一本让人消沉的书。这种情况下，极有可能 A_1 是 B_2 的作者。

对于概率的影响如何通过相互连通的网络在模型中的对象之间扩散，区区几行的 RPM 模型中的像这种复杂推理的过程是一个吸引人的例子。随着更多依赖关系和更多对象的增加，后验概率分布图一般会越来越清晰。

下一个问题是如何在 RPM 中进行推理。一种方法是首先收集其中的证据变量、查询变量和常量符号，然后构建等价的贝叶斯网络，再应用本章讨论的任何推理方法。这种技术称为**摊开**（unrolling）。这种方法的明显缺点是生成的贝叶斯网络可能很大。而且，如果一个未知关系或函数有许多候选对象——例如，B_2 的未知作者——那么网络中的一些变量可能会有许多父结点。

幸运的是，有许多方法可以改进一般的推理算法。首先，摊开贝叶斯网络中的重复结构意味着变量消元中所构造的许多因子（以及聚类算法中构造的类似表格）是相同的；对于大型网络，有效的缓冲技术可以将速度提高 1000 倍。其次，利用贝叶斯网络中特定上下文独立性的推理方法在 RPM 中有许多应用。再次，MCMC 推理算法应用到具有关系不确定性的 RPM 中时有一些有趣的特性。MCMC 通过采样完整的可能世界而工作，因此在每个状态关系结构是完全已知的。在早些给出的例子中，每个 MCMC 状态将确定 $Author(B_2)$ 的值，因此其他潜在的作者将不再是 B_2 的推荐结点的父结点。这样，对于 MCMC，关系不确定性不会增加网络复杂性；反而，MCMC 过程包含了改变摊开网络的关系结构进而改变依赖结构的转移。

刚刚描述的所有方法都假设 RPM 部分或全部摊开到一个贝叶斯网络。这恰恰与一阶逻辑推理的**命题化**（propositionalization）方法类似。归结定理证明器和逻辑编程系统通过只实例化那些为使推理进行而需要的逻辑变量而避免命题化；也就是说，它们将推理过程提升到高于基本命题语句的层次，使提升步骤做许多基本步骤的事情。概率推理中应用同样的思想。例如，在变量消元算法中，一个提升因子可以代表整个一组给 RPM 中的随机变量赋值概率的基本因子，这些随机变量只有用于构造它们的常量符号不同。这种方法的细节不在本书讨论范围之内，但本章的末尾给出了参考文献。

14.6.3 开宇宙概率模型

我们前面指出，数据库语义适合于这样的情形：我们确切地知道存在一组相关的对象，并且可以无歧义地识别它们。（具体地，一个对象的所有观测正确地与命名这个对象的常量符号相关联。）然而在许多真实世界的设置中，这些假设不堪一击。在图书推荐问题中我们给出多 ISBN 号和 sibyl 攻击的例子，但这种现象非常广泛：

- 一个视觉系统不知道下一角落会有什么，可能也不知道当前看到的对象是否是几分钟前看到的对象。
- 一个文本理解系统不可能提前知道一段文本的合适标题，而且必须推理像 "Mary"、"Dr. Smith"、"she"、"his cardiologist"、"his mother" 等这样的词是否指同一个对象。
- 一个猎取间谍的智能分析器永远不知道真正有多少间谍，只能猜测不同笔名、电话号码和每次露脸是否属于同一对象。

实际上，人类认知的主要部分似乎是要求学习存在什么对象，并能够将观察对象——几乎从来不会只有一个唯一的 ID——与世界中的假设对象联系起来。

因为这些原因，我们需要能够基于一阶逻辑的标准语义，写出所谓的**开宇宙概率模型 OUPM**（open-universe probability model），像图 14.18 顶部所描述的那样。OUPM 的语言提供一种方法轻易写出这种模型且确保独特的、一致的、可能世界无限空间之上的概率分布。

基本思想是理解普通贝叶斯网络和 RPM 如何定义一个独特的概率模型并把那些见解转换成一阶逻辑设置。本质上，一个贝叶斯网络根据网络结构定义的拓扑次序一个事件一个事件地产生每个可能世界，其中每个事件是对一个变量的一个赋值。一个 RPM 将此扩展到一组完整的事件，由给定谓词或函数下的逻辑变量的可能实例定义一组事件。OUPM 更进一步允许再生性（generative）步骤，这些步骤在构造中的可能世界中加入对象，而对象的数量和类型可能依赖于已经存在于那个世界中的对象。也就是说，正在产生的事件不是对一个变量的一个赋值，而是对象的每种*存在*（existence）。

在 OUPM 中这样做的一种方法是增加语句定义不同类型对象的数量的条件分布。例如，在图书推荐问题域中，我们可能想区分 *customer*（真实的人）与他们的 *login ID*。假设我们期望有 100 到 10 000 个客户（我们不能直接观察到）。我们可用先验 log-normal 分布[1]来表示

$$\#Customer \sim LogNormal[6.9, 2.3^2]()$$

我们期望诚实客户只有一个 ID，而不诚实的客户可能有 10 到 1000 个 ID：

$$\#LoginID(Owner{=}c) \sim \textbf{if } Honest(c) \textbf{ then } Exactly(1)$$
$$\textbf{else } LogNormal[6.9, 2.3^2]()$$

这条语句定义了给定 owner——他是一个客户——他所具有的 *LoginID* 的数量。*owner* 函数

---

[1] 分布 *LogNormal*$[\mu, \sigma^2](x)$等价于 $\log_e(x)$ 上的分布 $N[\mu, \sigma^2](x)$。

被称为源函数（origin function），因为它说出每个产生的对象来自哪里。在 BLOG（与一阶逻辑不同）的形式语义中，每个可能世界的领域元素实际上是家族史（比如，第 7 个客户的第 4 个登录 ID），而不是简单的记号。

取决于类似 RPM 中的无环性和有根据性的技术条件，这种类型的开宇宙模型定义了一个可能世界的独特分布。而且，存在推理算法使得：对于每个定义规范的模型和每个一阶查询，返回的答案极限上任意趋近于后验概率。设计这些算法有些技巧。例如，一个 MCMC 算法当可能世界极大时不能在可能世界的空间中直接采样；而是根据仅仅有限多个对象以不同方式与查询相关这个事实只采样有限的、部分的世界。而且转移必须允许合并两个对象或者将一个对象分解成两个对象。（本章末尾的参考文献给出了细节。）尽管如此复杂，公式（14.13）建立的基本原理仍然是成立的：任何语句的概率其定义是清楚的，而且是可以计算的。

这个领域中的研究仍然处于早期阶段，但已经逐渐明确的是，一阶概率推理极大地提高了处理不确定性信息的人工智能系统的效率。其潜在的应用包括前面提到的——计算机视觉、文本理解和智能分析——以及其他类型的传感数据解释。

14.7 不确定推理的其他方法

其他学科（例如物理学、遗传学、经济学等）很早以前就提倡把概率作为处理不确定性的模型。Pierre Laplace 于 1819 年说："概率理论不过是被简化而用于计算的常识。" James Maxwell 于 1850 年说："这个世界真正的逻辑是概率演算，它考虑存在于或者应该存在于任何一个理性的人头脑之中的概率的重要性。"

当了解到这么长期的传统后，人们可能会感到奇怪：人工智能领域竟然考虑过很多替代概率的方法。20 世纪 70 年代最早的专家系统忽略不确定性，而使用严格的逻辑推理，但是很快就发现这种方法对于大部分的现实世界问题是不切实际的。下一代的专家系统（特别是在医学领域）开始使用概率技术。最初的结果充满希望，但是它们的规模无法扩展，因为在完全联合概率分布中所需要的概率数是呈指数级的。（那时有效的贝叶斯网络方法还不为人所知。）结果，大约从 1975 年到 1988 年，人们对概率方法完全失去了兴趣——出于各种原因，人们尝试过各种各样的替代方法：

- 一种常见的观点认为，概率理论本质上是数值的，而人类的判断推理则偏向于是"定性的"。当然，我们不会有意地认识到对信念度进行数值计算。（也没有认识到合一，可是我们似乎有能力进行某种逻辑推理。）可能在我们神经元连接和活动的强度中直接编码了某种数值的信念度。在这种情况中，有意识地了解这些强度的难度并不令人惊讶。也应该注意，定性推理机制可以直接构建在概率理论之上，因此这些"非数值"论据是没有说服力的。不过，一些定性的方案凭它们自身的优势还是非常有吸引力的。研究得最充分的方法之一是**缺省推理**（default reasoning），它不是把结论当作"在某种程度上相信"，而是将其当作"相信，除非找到相信其他事物的更好理由"。缺省推理在第 12 章中讨论过。
- **基于规则**（rule-based）的方法也被尝试用来处理不确定性。这种方法希望建立在基于规则的逻辑系统的成功上，不过每条规则增加某种"伪因子"以容纳不确定性。这些方法是在 20 世纪 70 年代中期发展起来的，并成为医学及其他领域里大量专家系统的基础。

- 我们目前为止一直没有提到的一个领域是与不确定性相对的**无知**（ignorance）问题。考虑抛掷硬币的问题。如果我们知道硬币是公平的，那么正面朝上的概率等于 0.5 是合理的。如果我们知道硬币本身有偏差，但不知道是什么样的偏差，那么正面朝上的概率等于 0.5 还是合理的。显然，这两种情况是不同的，而结果概率似乎不能区分它们。Dempster-Shafer 理论使用**区间值**（interval-valued）信度来表示 Agent 对命题概率的知识。

- 概率采用与逻辑相同的本体论约定：世界中的命题或为真或为假，即使 Agent 不能肯定究竟属于哪种情况。而**模糊逻辑**（fuzzy logic）的研究者们则提出了一种允许模糊性的本体论：命题可以在某种程度上为真。模糊性与不确定性其实是正交的问题。

下面三小节稍微深入地讨论上面提到的某些方法。我们不打算提供详细的技术材料，但是我们会为进一步的学习引用一些参考文献。

14.7.1 基于规则的不确定推理方法

基于规则的系统出现于早期围绕实用和直观的逻辑推理系统所做的研究工作。总的来说，逻辑系统，特别是基于规则的逻辑系统，具有三个令人满意的特性：

- **局部性**（locality）：在逻辑系统中，一旦我们有了形如 $A \Rightarrow B$ 的规则，那么只要已知证据 A，我们就能够得出结论 B，而不用担心其他任何规则。在概率系统中，我们需要考虑所有证据。

- **分离性**（detachment）：一旦找到了关于命题 B 的一个逻辑证明，那么在使用中不需要考虑这个命题到底如何得到的。也就是说，我们可以将该命题与其理由**分离**。相反，在处理概率问题时，信念的证据来源对于后续推理过程是非常重要的。

- **真值函数性**（truth-functionality）：在逻辑中，复合语句的真值可以通过其各组成部分的真值来计算。而除非存在非常强的全局独立性假设，这种方式组合概率是行不通的。

已经有过一些尝试试图设计能够保持这三个优点的不确定推理的方案。其思想是将信念度附加给命题和规则，从而设计出一种能够组合和传播信念度的纯局部方案。这个方案也应该具有真值函数性；比如 $A \lor B$ 的信念度就是 A 的信念度和 B 的信念度的一个函数。

对于基于规则的系统，一个坏消息是，局部性、分离性和真值函数性实在不适合不确定推理。首先让我们看看真值函数性。令 H_1 为在一次公平的硬币抛掷中硬币最后正面朝上这一事件，而令 T_1 为在同一次抛掷中硬币最后背面朝上这一事件，并令 H_2 表示在第二次抛掷中正面朝上的事件。显然，三个事件的概率相同，均为 0.5，所以真值函数系统一定会给其中任何两个事件的析取式赋予相同的信念度。但是，我们可以看出，析取式的概率是取决于事件本身的，而不仅仅是事件的概率：

$P(A)$	$P(B)$	$P(A \lor B)$
$P(H_1)=0.5$	$P(H_1)=0.5$	$P(H_1 \lor H_1)=0.50$
	$P(T_1)=0.5$	$P(H_1 \lor T_1)=1.00$
	$P(H_2)=0.5$	$P(H_1 \lor H_2)=0.75$

　　当我们把证据链接在一起时情况变得更糟糕。真值函数系统具有形如 $A \mapsto B$ 的规则，使得我们可以将对 B 的信念度的计算视为规则的信念度和 A 的信念度的一个函数。前向链接和后向链接的系统都可以设计出来。规则的信念度被假设为常数，且通常由知识工程师来指定——譬如 $A \mapsto_{0.9} B$。

　　考虑图 14.12（a）中的湿草坪的情形。如果我们希望因果推理与诊断推理都能够进行，我们就需要两条规则：

$$Rain \mapsto WetGrass \quad 以及 \quad WetGrass \mapsto Rain$$

这两条规则形成了一个反馈环：$Rain$（下雨）作为证据增加了 $WetGrass$（草湿）的信念度，这反过来又增加了 $Rain$ 的信度。显然，不确定推理系统必须记录证据传播的路径。

　　互因果推理（或者称为解释推理）也是棘手的。考虑我们有如下两条规则会导致什么：

$$Sprinkler \mapsto WetGrass \quad 以及 \quad WetGrass \mapsto Rain$$

现在假设喷灌器（$Sprinkler$）是开着的。沿着我们的规则链往前，这增加了草坪湿了的信念度，进而增加了正在下雨的信念度。但这是荒谬的：喷灌器开着的事实解释了湿草坪，并且应该降低下雨的信念度。一个真值函数系统的行动表现如同它也相信 $Sprinkler \mapsto Rain$。

　　既然存在这么多问题，真值函数系统怎么可能在实践中非常有用呢？答案在于其对任务的限制，以及对规则库的认真设计以避免不希望出现的相互作用。用于不确定性推理的真值函数系统最著名的例子是**确定性因素模型**（certainty factors model）。它是为 MYCIN 医学诊断程序而开发的，并在 20 世纪 70 年代末和 80 年代广泛应用于专家系统。几乎所有对确定性因素的使用都涉及到纯诊断（比如 MYCIN）或者纯因果的规则集。另外，证据也仅仅只是从规则集的"根结点"输入，而大部分的规则集都是单连通的。Heckerman（1986）证明了，在这些条件下，只要对确定性因素推理进行一些微小的变化，它就能够精确等价于多形树结构上的贝叶斯推理。而在其他一些条件下，通过对证据的过计数（over-counting），确定性因素会产生严重不正确的信念度。规则集的规模越大，规则间不希望出现的相互作用变得越普遍，并且实践者们发现当新的规则加入时，很多其他规则的确定性因素必须"调整"。由于这些原因，进行不确定推理时贝叶斯网络已经广泛取代了基于规则的方法。

14.7.2　表示无知性：Dempster-Shafer 理论

　　设计 **Dempster-Shafer** 理论是为了处理**不确定性**（uncertainty）和**无知性**（ignorance）之间的区别。它不是计算命题的概率，而是计算证据可能支持命题的概率。这种信念度量称为**信念函数**（belief function），写作 $Bel(X)$。

　　作为信念函数的例子，我们回到刚才抛掷硬币的例子。假设你从魔术师的口袋里取了一枚硬币。这枚硬币可能公平也可能不公平，你该用什么样的信念度来描述硬币正面朝上这个事件呢？Dempster-Shafer 理论认为，因为你没有任何证据支持任何一种情况，所以你不得不认为 $Bel(Heads) = 0$ 以及 $Bel(\neg Heads) = 0$。这使得 Dempster-Shafer 推理系统具有某种天生诱人的怀疑能力。现在假设在你的安排下有一个专家证实有 90%把握这枚硬币是公平的（也就是说，他 90%地确信 $P(Heads) = 0.5$）。然后 Dempster-Shafer 理论得到 $Bel(Heads)$ $= 0.9 \times 0.5 = 0.45$ 以及 $Bel(\neg Heads) = 0.9 \times 0.5 = 0.45$。但是根据证据，还有 10 个百分点的"缺口"没有考虑到。

Dempster-Shafer 理论的数学基础与概率理论有类似之处；主要不同在于，不是将概率赋值给可能世界，而是将质量赋值给一组可能世界，即一组事件。所有可能事件上的质量和必须为 1。定义 $Bel(A)$ 为 A 的所有子集（包括 A 自己）事件的质量之和。有了这个定义，$Bel(A)$ 和 $Bel(\neg A)$ 之和顶多为 1，而且"缺口"——$Bel(A)$ 和 $1 - Bel(\neg A)$ 之间的间距——常被解释为对 A 的概率的限制。

和缺省推理一样，这里有一个将信念度关联到行动的问题。只要信念度有缺口，那么一个决策问题如此定义以至于 Dempster-Shafer 系统不能进行决策。实际上，Dempster-Shafer 模型中的效应这个概念还没有被理解透，因为质量和信念本身的含义也还没理解透。Pearl（1988）认为 $Bel(A)$ 不应该解释为信念度应该解释为赋值给所有在其中 A 是可证明的可能世界（现在解释为逻辑理论）的概率。在某些情况下我们对这个量感兴趣，它与 A 为真的概率是不同的。

抛掷硬币的例子中的贝叶斯分析揭示，不需要新的形式体系处理这些情况。这个模型将有两个变量：硬币的偏差（一个 0 到 1 之间的书，其中 0 表示硬币总是反面朝上，1 表示硬币总是正面朝上）和下一次抛掷的结果。对于偏差的先验概率分布将反映我们对硬币来源（魔术师的口袋）的信念度：硬币公平的概率较小而偏向于正面或反面的概率较大。条件分布 $\mathbf{P}(Flip|Bias)$ 只定义了偏差如何起作用。如果 $\mathbf{P}(Bias)$ 关于 0.5 是对称的，那么硬币抛掷的先验概率是

$$P(Flip = heads) = \int_0^1 P(Bias = x)P(Flip = heads \mid Bias = x)\mathrm{d}x = 0.5$$

这似乎和我们相信硬币是公平的情况下的预测是相同的，但这不意味着概率理论对两种情况的处理是相同的。在获得抛掷结果之后计算 $Bias$ 的后验概率时就不同了。如果硬币来自银行，那么看见硬币三次正面朝上几乎不会影响我们对硬币公平性的坚定的先验信念；但如果硬币来自魔术师的口袋，同样的证据则会导致另一个坚定的后验信念——硬币偏向于正面朝上。这样，贝叶斯方法根据收集到未来信息时我们信念的变化来表达我们的"无知"。

14.7.3 表示模糊性：模糊集与模糊逻辑

模糊集理论（fuzzy set theory）是一种说明一个对象在多大程度上符合一个模糊描述的方法。例如，考虑命题："Nate 个子高"。如果 Nate 高 5 英尺 10 英寸（约 1.78 米），这个命题还为真吗？大部分人都不愿意回答"真"或"假"，而宁愿说"差不多"。注意这不是关于外部世界的不确定性的问题——因为我们能够确定 Nate 的身高。问题在于语言词汇"高"并不是指将所有对象分成两类的一条清晰界线——高度是具有程度的。由于这个原因，

模糊集理论根本不是一种进行不确定性推理的方法。更正确地说，模糊集理论将 *Tall*（高）作为一个模糊谓词，规定 *Tall*(*Nate*) 的真值是介于 0 和 1 之间的一个数值，而不只是 *true* 或者 *false*。"模糊集"这个名词来自于将谓词解释为隐式地定义其元素集合——一个没有清晰边界的集合。

　　模糊逻辑（fuzzy logic）是一种使用描述模糊集合中隶属关系的逻辑表达式的推理方法。例如复合语句 *Tall*(*Nate*) $\land$ *Heavy*(*Nate*) 的模糊真值是其各组成部分真值的函数。计算复合语句的模糊真值 T 的标准规则有：

$$T(A \land B) = \min(T(A), T(B))$$
$$T(A \lor B) = \max(T(A), T(B))$$
$$T(\neg A) = 1 - T(A)$$

因此，模糊逻辑也是一个真值函数系统——这是会造成严重困难的一个事实。例如，假设 $T(Tall(Nate)) = 0.6$ 以及 $T(Heavy(Nate)) = 0.4$。那么我们有 $T(Tall(Nate) \land Heavy(Nate)) = 0.4$，这看来是合理的；但我们也得到结果 $T(Tall(Nate) \land \neg Tall(Nate)) = 0.4$，这是不合理的。显然，问题来自于真值函数方法没有考虑成分命题之间的相互关系或者反关系的能力。

　　模糊控制（fuzzy control）是一种通过模糊规则表示实值输入与输出参数之间映射关系以构造控制系统的方法论。模糊控制在诸如自动传送、摄像机、电动剃须刀等商业产品中非常成功。一些批评家（例如，参见 Elkan，1993）认为这些应用之所以能够成功，是因为它们有较小的规则库，没有链式推理，以及有很多可调节的参数，通过调整这些参数能提高系统的性能。它们是用模糊算子实现的这一事实与它们的成功之间可能并没有必然联系；关键是要提供一种简单并且直观的方式来指定一个经平滑插值的实值函数。

　　曾有人试图基于概率理论提供对模糊逻辑的解释。一种思想是将诸如"Nate 个子高"这样的断言视为关于一个连续隐藏变量——Nate 的实际身高——的离散观察结果。也许使用 14.3 节描述的**概率单位分布**，这个概率模型指定了 P（观察者认为 Nate 个子高 | *Height*）。可以用通常的方式计算 Nate 身高的后验分布，例如，当这个模型是一个混合贝叶斯网络的一部分时。当然，这种方法不是真值函数性的。例如条件分布

P（观察者认为 Nate 高而且重 | *Height*, *Weight*）

考虑了造成观察结果的身高与体重之间的相互作用。因此，8 英尺高、190 磅重的人不太可能被称为"又高又重"，即使"8 英尺高"可算作是"高"而"190 磅重"也可算作是"重"。

　　模糊谓词也可以从**随机集**（random set）——也就是，可能取值为对象集合的随机变量——的角度给出概率解释。例如，*Tall* 表示一个随机集，其可能取值是由人构成的集合。概率 $P(Tall = S_1)$，其中 S_1 是由人组成的某个特定集合，这个概率正是该集合被一个观察者确认为"高"的概率。于是，"Nate 个子高"的概率是所有包含 Nate 的集合的概率总和。

　　混合贝叶斯网络方法和随机集方法看来都能够在不引入真实度（degree of truth，为真的程度）的情况下捕捉到模糊性的方面。然而，还有许多关于语言方面的观察和连续量的适当表示的开放问题——对于模糊领域以外的人而言，这些问题一直是被忽略的。

14.8 本 章 小 结

本章阐述了**贝叶斯网络**，一种发展成熟的不确定知识表示方法。贝叶斯网络的角色类似于命题逻辑在确定知识中角色。

- 贝叶斯网络是一个有向无环图，其结点对应于随机变量；每个结点都有一个给定其父结点下的条件概率分布。
- 贝叶斯网络提供了一种表示问题域中的**条件独立性**关系的简洁方式。
- 贝叶斯网络指定了全联合概率分布；其中每个联合条目定义为局部条件分布中的对应条目的乘积。贝叶斯网络的规模往往指数级地小于全联合概率分布。
- 很多条件分布都可用规范分布族紧凑地表示出来。同时包含离散随机变量和连续随机变量的**混合贝叶斯网络**使用各种规范分布。
- 贝叶斯网络中的推理意味着给定一个证据变量集合后，计算一个查询变量集合的概率分布。精确推理算法，比如**变量消元算法**，尽可能高效地计算条件概率的乘积之和。
- 在**多形树**（单连通网络）中，精确推理需要花费的时间与网络规模呈线性关系。而在其他一般情况下，精确推理是不可操作的。
- 像**似然加权**、马尔可夫链蒙特卡洛方法这样的随机近似技术能够提供对网络的真实后验概率的合理估计，并能够比精确算法处理规模大得多的网络。
- 概率理论能够与来自一阶逻辑的表示思想相结合，产生不确定性下进行推理的非常强大的系统。**关系概率模型**（RPM）中包含了表示限制，这些限制能够保证定义良好的可以表示为等价贝叶斯网络的概率分布。**开宇宙开率模型**定义一阶可能世界无限空间之上的概率分布，处理存在性和身份不确定性。
- 我们还介绍了在不确定性条件下进行推理的各种替代系统。总的说来，**真值函数**系统不太适合处理这样的推理。

参考文献与历史注释

用网络表示概率信息开始于 20 世纪早期 Sewall Wright 对基因遗传和动物生长因素的概率分析方面的工作（Wright，1921，1934）。I. J. Good（1961）与 Alan Turing 合作，发展了概率的表示方法以及贝叶斯推理方法，可以被认为是现代贝叶斯网络的先驱——尽管上下文中没有经常引用这篇论文[1]。这篇论文还是"噪声或"模型的最早来源。

表示决策问题的**影响图**（influence diagram）结合随机变量的 DAG（有向无环图）表示，在 20 世纪 70 年代末用于决策分析中（参见第 16 章），但是在求值运算中其实只用到了枚举方法。Judea Pearl 发展了在树形网络或多形树网络上实现推理的消息传递方法

1　I. J. Good 是第二次世界大战期间图灵的编码破解（code-breaking）团队的首席统计学家。《2001：A Space Odyssey》（Clarke，1968a）称赞 Good 和 Minsky 取得的突破导致了 HAL9000 计算机的研发。

（Pearl，1982a；Kim 和 Pearl，1983），并阐述了与当时流行的确定因素系统相对的、因果概率模型而不是诊断概率模型的重要性。

第一个使用贝叶斯网络的专家系统是 CONVINCE（Kim，1983）。早期在医疗领域的应用包括用于诊断神经肌肉紊乱的 MUNIN 系统（Andersen 等，1989）以及用于病理学的 PATHFINDER 系统（Heckerman，1991）。CPCS 系统（Pradhan 等，1994）是用于内科医学的贝叶斯网络，它有 448 个结点、906 条边、8254 个条件概率值。

在工程上的应用包括电力研究所在发电机监测方面的工作（Morjaria 等，1995）、NASA 的 displaying time-critical information at Mission Control in Houston 的工作以及网络 X 线断层摄影术（network tomography）的一般领域（从端到端通讯功能的观察，来推理网络中未观察到的结点和连线的局部特性。）迄今为止应用最广泛的贝叶斯网络系统也许是 Microsoft Windows 中的诊断-修理模块（例如打印机向导）（Breese 和 Heckerman，1996）和 Microsoft Office 中的办公助手（Horvitz 等，1998）。另一个重要的应用领域是生物学：贝叶斯网络被用于参考老鼠的基因来识别人类的基因（Zhang 等，2003）、细胞网络推理（Friedman，2004）以及生物信息学中的许多其他任务。我们可以继续罗列，但我们建议你去阅读 Pourret 等（2008）的一本 400 页的贝叶斯网络应用指南。

Ross Shachter 从事影响图领域的工作，提出了一般贝叶斯网络的首个完整的算法。他的方法基于网络的使用后验保持转换的有意图的简化。Pearl（1986）为通用贝叶斯网络的精确推理发展出了一种聚类算法，该算法利用了一个到具有簇结点的有向多形树的转换，在多形树中用消息传递实现簇结点之间共享变量的一致性。统计学家 David Spiegelhalter 和 Steffen Lauritzen（Lauritzen 和 Spiegelhalter，1988）则基于到称为**马尔可夫网络**（Markov network）的无向形式的图模型的转换，提出了一种类似的方法。这种方法在 HUGIN 系统中得到实现，该系统已经成为不确定推理中非常有效并得到广泛使用的工具（Andersen 等，1989）。Boutilier 等（1996）说明了如何在聚类算法中利用上特定上下文独立性。

变量消元算法的基本思想——全面的乘积之和表达式中的重复计算可以用缓冲技术避免——出现在符号概率推理（symbolic probabilistic inference, SPI）算法中（Shachter 等，1990）。我们描述的变量消元算法最接近 Zhang 和 Poole（1994）提出的算法。无关变量的裁剪标准由 Geiger 等（1990）和 Lauritzen 等（1990）提出；我们给出的标准是这些标准的简单特殊情况。Dechter（1999）证明了变量消元算法的思想如何与**非串行的动态规划**（nonserial dynamic programming）（Bertele 和 Brioschi，1972）在本质上是相同的，后者是一种算法的方法，可应用于求解贝叶斯网络中的一定范围内的推理问题——比如，寻找一组观察结果的**最可能解释**（most likely explanation）。这把贝叶斯网络算法与求解约束满足问题的相关方法联系起来，并根据网络的**树宽**（tree width）给出了精确推理的复杂度的直接度量。Wexler 和 Meek（2009）描述了一种在变量消元中防止所计算的因子规模的指数增长；他们的算法将大因子分解成小因子的乘积，同时计算近似结果的误差范围。

Pearl（1988）以及 Shachter 和 Kenley（1989）考虑在贝叶斯网络中包含连续随机变量；这些论文讨论了只包含满足线性高斯分布的连续随机变量的网络。Lauritzen 和 Wermuth（1989）研究了引入离散随机变量，并在 cHUGIN 系统中得到实现（Olesen，1993）。线性高斯分布——与统计学中的许多其他模型有联系——的进一步分析出现在 Roweis 和 Ghahramani（1999）中。概率单位分布通常归功于 Gaddum（1933）和 Bliss（1934）中，尽管在 19 世纪好几次发现了它。Finney（1947）对 Bliss 的工作进行了大量扩展。概率单位分布广泛应用于对离散选择现象（discrete choice phenomena）进行建模，并可以扩展以处理超过两种选项的情况（Daganzo，1979）。Berkson（1944）引入了逻辑单位模型；起初被人嘲笑，但最终比概率单位模型的应用更广泛。Bishop（1995）给出了使用逻辑单位模型的简单准则。

Cooper（1990）证明了无约束贝叶斯网络中的一般推理问题是 NP 难题，Paul Dagum 和 Mike Luby（1993）则证明了相应的近似问题同样是 NP 难题。变量消元算法和聚类算法中的空间复杂度也是一个严重的问题。第 6 章为解决约束满足问题而提出的**割集调整**（cutset conditioning）方法能够避免构造规模呈指数增长的概率表。在贝叶斯网络中的一个割集是这样的一个结点集合：当实例化后，剩余的结点将被简化为多形树，从而使推理能够在线性时间与空间内完成。通过对割集的所有实例化的概率求和可以解答查询，因此算法总的空间复杂度仍然是线性的（Pearl，1988）。Darwiche（2001）描述了一种递归调整算法，该算法允许进行全面的时间/空间折中。

贝叶斯网络推理的快速近似算法的研究是一个非常活跃的领域，包括来自统计学、计算机科学和物理学的贡献。

拒绝采样方法是一种很早就为统计学家所熟知的通用技术； Max Henrion（1988）最早将这种方法应用于贝叶斯网络，他称这种方法为**逻辑采样**（logic sampling）。Fung 和 Chang（1989）以及 Shachter 和 Peot（1989）提出的似然加权方法是众所周知的统计学方法**重要性采样**（importance sampling）的一个实例。Cheng 和 Druzdzel（2000）描述了似然加权算法的一种自适应版本，即使在证据的先验似然概率非常低的情况下这种算法仍然能工作得很好。

马尔可夫链蒙特卡洛算法（MCMC）始于 Metropolis 等（1953）所提出的 Metropolis 算法，第 4 章中描述的模拟退火算法也来源于 Metropolis 算法。Gibbs 采样器是 Geman 和 Geman（1984）针对无向马尔可夫网络中的推理而设计的。而将 MCMC 应用于贝叶斯网络则归功于 Pearl（1987）。在 Gilks 等（1996）收集的论文中覆盖了范围很广的各种对 MCMC 的应用，其中一些是使用著名的 BUGS 软件包开发的。

有两个非常重要的近似算法家族在本章中我们没有提及。第一个家族是**变分近似**（variational approximation）方法，它可以用于简化所有种类的复杂计算。其基本思想是提出原问题的一个易于处理的简化版本，并保证这个简化版本尽可能与原问题接近。简化后的问题通过**变分参数**（variational parameters）λ 来表示，并调整 λ 使简化后的问题与原问题之间的距离函数 D 最小化，通常通过求解方程组 $\partial D / \partial \lambda = 0$ 来完成。在许多情况下，能够得到严格的上界和下界。变分法在统计学中已经应用了很长时间（Rustagi，1976）。在统计物理学中，**均值域**（mean field）方法是一种特殊的变分近似方法，其中假设组成模型的各个变量彼此是完全独立的。该思想曾用于求解大规模无向马尔可夫网络（Peterson 和 Anderson，1987；Parisi，1988）。Saul 等（1996）发展了将变分法应用于贝叶斯网络的数学基础，并利用均值域方法得到了 sigmoid 网络的精确下界变分近似算法。Jaakkola 和 Jordan（1996）对这种方法进行了扩展，同时得到下界与上界。自从这些早期的论文以来，变分法已经应用于许多专门的模型家族。Wainwright 和 Jordan（2008）的著名论文提供了对变分法相关文献的统一的理论分析。

近似算法的第二个重要家族是基于 Pearl（1982a）的多形树消息传递算法的。如 Pearl（1988）所建议的，这种算法可以应用于一般网络。结果也许会不正确，或者算法可能无法终止，但在多数情况下，得到的值与真实结果是接近的。这种所谓的**信念度传播**（belief propagation，BP）方法一直没有引起人们太多关注，直到 McEliece 等（1998）发现多连通贝叶斯网络中的消息传递正是**快速解码**（turbo decoding）算法（Berrou 等，1993）所执行的计算，快速解码在高效纠错编码设计中提供了一个重大突破。这蕴含着在用于解码的超大规模和高度连通的贝叶斯网络中，信念度播算法既快速又精确，因此在更一般的应用中可能也是有用的。Murphy 等人（1999）对信念度传播算法的性能进行了经验分析，Weiss 和 Freeman（2001）在线性高斯网络上为信念度传播得到了高度收敛的结果。Weiss（2000b）阐述了一个称为环形信念度传播的近似算法是如何工作的，并证明了这个算法什么时候是正确的。Yedidia 等（2005）进一步研究了环形传播与来自统计物理学的某些思想之间的联系。

最早研究概率和一阶语言之间联系的是 Carnap（1950）。Gaifman（1964）以及 Scott 和 Krauss（1966）定义了一种语言，其中概率可以与一阶语句相关联，语言的模型是对可能世界的概率度量。在人工智能领域中，Nilsson（1986）为命题逻辑发展了这种思想，Halpern（1990）则为一阶逻辑发展了这种思想。Bacchus（1990）首先对这种语言的知识表示问题进行了深入研究。基本思想是，知识库中的每条语句表达了对可能世界之上的分布的一个约束；一条语句蕴涵另一条语句，如果它表达了一个更强的约束。例如，语句 $\forall x\, P(Hungry(x)) > 0.2$ 排除了任何对象饥饿概率小于 0.2 的分布；因此它蕴涵了语句 $\forall x\, P(Hungry(x)) > 0.1$。事实表明，在这些语言中写出一组一致的语句是十分困难的，构造一个独特的概率模型几乎是不可能的，除非你通过写出合适的条件概率语句而采用贝叶斯网络表示方法。

20 世纪 90 年代早期，复杂应用方面的研究者们注意到贝叶斯网络的表达缺陷并研究了各种使用逻辑变量写出模板的语言，为每个问题实例可以从模板自动构建出大型网络（Breese，1992；Wellman 等，1992）。最重要的语言是 BUGS（Bayesian inference Using Gibbs Sampling）（Gilks 等，1994），它将贝叶斯网络与统计学中普通的索引随机变量符号相结合。（在 BUGS 中，一个索引随机变量外观上像 $X[i]$，其中 i 有一个定义的整数范围。）这些语言继承了贝叶斯网络的关键特性：每一个规范的知识库定义了一个唯一的、一致的概率模型。基于唯一命名和域闭包的、语义定义明确的语言吸收了逻辑编程（Poole，1993；Sato 和 Kameya，1997；Kersting 等 2000）和语义网络（Koller 和 Pfeffer，1998；Pfeffer，2000）的表示能力。Pfeffer（2007）继续开发了 IBAL，它将一阶概率模型表示为用随机化原语扩展的概率语言编写的概率程序。另一个重要的思路是用（无向）马尔可夫网络结合关系符号和一阶符号（Taskar 等 2002；Domingos 和 Richardson，2004），其重点不在知识表示，而在从大型数据集中学习。

最初，这些模型中的推理是通过生成一个等价贝叶斯网络而进行的。Pfeffer 等（1999）引入变量消元算法缓冲每个计算过的因子以在后面的计算中遇到不同对象但具有相同关系时重复使用，这样可以实现计算收益的提升。第一个真正得到提升的推理算法是 Poole（2003）描述的变量消元算法的提升形式，后来被 de Salvo Braz 等（2007）改进。Milch 等（2008）以及 Kisynski 和 Poole（2009）描述了更进一步的研究进展，包括某个总概率可以在封闭形式中计算的情况。Pasula 和 Russell（2001）研究了 MCMC 的应用以避免在关系和身份不确定性的情况下构建整个等价的贝叶斯网络。Getoor 和 Taskar（2007）收集了一阶概率模型及其在机器学习中应用的重要论文。

关于身份不确定性的概率推理有两个不同的血统。在统计学中，当数据记录不包含标准的唯一标识符时会引起记录链接（record linkage）问题——例如，本书的不同引用可能使用第一作者的姓名"Stuart Russell"或"S.J. Russell"或甚至"Stewart Russle"，其他作者可能可能有相同的姓名。相继出现了数百个公司都是为了解决金融、医疗、人口普查和其他数据中的记录链接问题。概率分析回到 Dunn（1946）的工作；Fellegi-Sunter（1969）模型——本质上是用于匹配的朴素贝叶斯——仍然主导了当前的实践应用。关于身份不确定性的研究工作的第二个血统是多目标跟踪（Sittler，1964），我们会在第 15 章介绍。在大多数历史中，符号 AI 的工作假设传感器能够提供具有唯一对象标识符的语句。Charniak 和 Goldman（1992）在语言理解的上下文中，以及 Huang 和 Russell（1998）还有 Pasula 等（1999）在视频监控的上下文中，都研究了相关问题。Pasula 等（2003）针对作者、论文和引用串提出了复合再生性模型，同时考虑关系和身份不确定性，得到了高正确率的引用信息提取结果。开宇宙概率模型的第一种形式定义语言是 BLOG（Milch 等，2005），这种语言是伴随一个为所有定义明确的模型的完备（虽然有点慢）MCMC 推理算法而提出的。（封面隐约可见的代码是一个 BLOG 模型的一部分，该模型用来从地震信号中检测原子弹爆炸。）Laskey（2008）描述了另一个被称为多实体贝叶斯网络（multi-entity Bayesian networks）的开宇宙模型。

如第 13 章所述，在 20 世纪 70 年代初，人们对一些早期的概率系统失去了兴趣，留下了部分真空需要由替代方法来填补。确定性因素方法被发明出来用于医学专家系统 MYCIN（Shortliffe，1976），既期望成为一个工程解决方案，又期望成为一个人类在不确定条件下进行判断的模型。文集《基于规则的专家系统》（Rule-Based Expert Systems）（Buchanan 和 Shortliffe，1984）提供了关于 MYCIN 和其后续系统的完整概述（Stefik，1995）。David Heckerman（1986）证明了对确定因素计算稍加修改所得到的版本虽然在某些情况下能够得到正确的概率结果，但是在另外一些情况下却会导致严重的证据过计数问题。专家系统 PROSPECTOR（Duda 等，1979）使用了一种基于规则的方法，系统中通过一个（几乎不可能的）全局独立性假设对规则进行维护。

Dempster-Shafer 理论来源于 Arthur Dempster（1968），他提出将概率的取值推广到区间值，并提出一种组合规则来使用它们。后来 Glenn Shafer（1976）的工作使得 Dempster-Shafer 的理论被认为是能够和概率理论一争高下的方法。Pearl（1988）和 Ruspini 等（1992）分析了 Dempster-Shafer 理论与标准概率理论之间的关系。

模糊集是 Lotfi Zadeh（1965）提出的，为了解决给智能系统提供精确输入时所遇到的困难。Zimmermann（2001）的教科书中提供了模糊集理论的全面介绍；Zimmermann（1999）还收集了关于模糊集应用的论文。如我们在正文中提到的，模糊逻辑经常被错误地认为是概率理论的直接竞争对手，然而事实上它处理的是完全不同的一类问题。**可能性理论**（possibility theory）（Zadeh，1978）被引入到模糊系统中以处理不确定性，它和概率有很多共同点。Dubois 和 Prade（1994）对概率理论和可能性理论之间的联系提供了一个全面的综述。

概率理论的再次复兴主要有赖于 Pearl 为了表示和利用条件独立性信息而提出的贝叶

斯网络。这次复兴伴随着论战；Peter Cheeseman（1985）的那篇言辞激烈的文章《捍卫概率》(In Defense of Probability) 以及他后来的一篇文章《对计算机理解力的质询》(An Inquiry into Computer Understanding)（Cheeseman，1988，含评注）更为这场论战火上浇油。Eugene Charniak 通过一篇受欢迎的文章《无泪的贝叶斯网络》(Bayesian networks without tears[1])（Charniak，1991）和一本书（Charniak，1993）向 AI 研究者提出了一些观点。Dean 和 Wellman（1991）的书也帮助向 AI 研究者介绍了贝叶斯网络。逻辑学家一个主要的哲学性的反对观点是，被认为是概率理论必需的数值计算对于自省并不那么明显，它假定了对我们的不确定性知识的描述能达到一种现实的精确程度。利用变量之间肯定或否定的相互影响的概念，**定性概率网络**（qualitative probabilistic network）（Wellman，1990a）的提出提供了一种对贝叶斯网络的纯定性抽象。Wellman 证明了在很多情况下这些信息对于最优决策已经足够了，不需要精确指定概率值。Goldszmidt 和 Pearl（1996）采用了类似的方法。Adnan Darwiche 和 Matt Ginsberg（1992）的工作从概率理论中提取关于条件化和证据组合的基本性质，并证明了这些性质同样能够应用于逻辑推理和缺省推理。程序经常比语言更有说服力，高质量的实用软件，比如 Bayes Net 工具包（Murphy，2001），促进了技术的使用。

贝叶斯网络发展过程中最重要的单独出版物毫无疑问是教科书《智能系统中的概率推理》(*Probabilistic Reasoning in Intelligent Systems*)（Pearl，1988）。一些优秀的教材（Lauritzen，1996；Jensen，2001；Korb 和 Nicholson，2003；Jensen，2007；Darwiche，2009；Koller 和 Friedman，2009）提供了本章所覆盖主题的详细资料。概率推理的新研究出现在主流的 AI 期刊中，例如 Artificial Intelligence 和 Journal of AI Research，以及一些更专业的期刊中，例如 International Journal of Approximate Reasoning。图模型的许多论文，包括贝叶斯网络，出现在统计期刊中。人工智能中的不确定性（Uncertainty in Artificial Intelligence）、神经信息处理系统（Neural Information Processing Systems）、人工智能与统计（Artificial Intelligence and Statistics）方面的会议论文集是当前研究工作的最佳来源。

习　题

14.1 袋子里面有 3 个有偏差的硬币 a、b 和 c，抛掷硬币正面朝上的概率分别是 20%、60% 和 80%。从袋子里随机取出一个硬币（3 个硬币被取出的概率是相等的），并把取出的硬币抛掷 3 次，得到抛掷结果依次是 X_1、X_2 和 X_3。

　　a. 画出对应的贝叶斯网络并定义必要的 CPT 表。

　　b. 如果抛掷结果是 2 次正面朝上，1 次反面朝上，计算取出的硬币最可能是哪一个。

14.2 公式（14.1）使用参数 $\theta(X_i|Parents(X_i))$ 定义了贝叶斯网络表示的联合分布。本题请你从该定义出发，推导这些参数与条件概率 $\mathbf{P}(X_i|Parents(X_i))$ 之间的等价性。

　　a. 考虑一个简单的具有 3 个布尔变量的网络 $X \to Y \to Z$。使用公式（13.3）和公式（13.6）将条件概率 $P(z|y)$ 表示为两个求和结果的商，每个求和是联合分布 $\mathbf{P}(X,Y,Z)$ 中的条目求和。

1　这篇文章原始版本的标题是 Pearl for swine。

b. 现在，使用公式（14.1），根据网络参数 $\theta(X)$、$\theta(Y|X)$ 和 $\theta(Z|Y)$，写出这个表达式。

c. 接下来，展开（b）中你所写的表达式中的求和，为每个求和变量的真值和假值明确地写出求和项。假设所有网络参数满足约束 $\sum_{x_i} \theta(x_i \mid parents(X_i)) = 1$，证明这个表达式可简化为 $\theta(x|y)$。

d. 泛化这个推导，证明任何贝叶斯网络中都有 $\theta(X_i|Parents(X_i))=\mathbf{P}(X_i|Parents(X_i))$。

14.3 贝叶斯网络中弧逆转（arc reversal）操作能使我们改变弧 $X \to Y$ 的方向，同时保持网络表示的联合概率分布（Shachter，1986）。弧逆转可能要求引进新的弧：X 的所有父结点也成为 Y 的父结点，Y 的所有父结点也成为 X 的父结点。

a. 假设 X 和 Y 开始时分别有 m 个和 n 个父结点，所有变量有 k 个取值。通过计算 X 和 Y 的 CPT 表的大小变化，证明弧逆转过程中，网络的参数个数没有减少。（提示：X 和 Y 的父结点集合可以有交集。）

b. 在什么情况下，参数个数不变？

c. 假设 X 的父结点是 $\mathbf{U} \cup \mathbf{V}$，$Y$ 的父结点是 $\mathbf{V} \cup \mathbf{W}$，$\mathbf{U}$ 和 $\mathbf{W}$ 是不相交的。弧逆转后新的 CPT 表的公式如下：

$$\mathbf{P}(Y \mid \mathbf{U}, \mathbf{V}, \mathbf{W}) = \sum_x \mathbf{P}(Y \mid \mathbf{V}, \mathbf{W}, x)\mathbf{P}(x \mid \mathbf{U}, \mathbf{V})$$

$$\mathbf{P}(X \mid \mathbf{U}, \mathbf{V}, \mathbf{W}, Y) = \mathbf{P}(Y \mid X, \mathbf{V}, \mathbf{W})\mathbf{P}(X \mid \mathbf{U}, \mathbf{V}) / \mathbf{P}(Y \mid \mathbf{U}, \mathbf{V}, \mathbf{W})$$

证明，新网络和原网络表达的联合分布是相同的。

14.4 考虑图 14.2 的贝叶斯网络。

a. 如果没有观察到证据，*Burglary* 和 *Earthquake* 是相互独立的吗？从数值语义和从拓扑语义进行证明。

b. 如果观察到 *Alarm=true*，*Burglary* 和 *Earthquake* 是相互独立的吗？通过计算所涉及的概率是否满足条件独立性而证明你的结论。

14.5 假设一个贝叶斯网络有一个未观察到的变量 Y，马尔可夫覆盖 $MB(Y)$ 中的所有变量都被观察到。

a. 证明，从网络中删除 Y 不会影响网络中任何其他未观察变量的后验概率。

b. 如果我们打算使用（i）拒绝采样和（ii）似然加权，讨论我们是否可以删除 Y。

14.6 令 H_x 是一个随机变量，表示某个个体 x 的用手习惯，可能取值为 l 或 r。一个一般的假设是，左手习惯或右手习惯是通过简单机制遗传的；也就是说，可能有一个基因 G_x，它的可能取值也是 l 或 r，而且个体表现出的用手习惯多数情况下（具有某个概率 s）与他所拥有的基因相同。另外，从父母双方中的某一方遗传基因的可能性是相等的，遗传时用手习惯可能以一个小的非 0 概率 m 发生随机变异（左手习惯和右手习惯相互对换）。

a. 图 14.20 中哪个网络声明了 $\mathbf{P}(G_{father}, G_{mother}, G_{child}) = \mathbf{P}(G_{father})\mathbf{P}(G_{mother})\mathbf{P}(G_{child})$？

b. 哪个网络的独立性声明与用手习惯遗传的假设是一致的？

c. 哪个网络是对假设的最佳描述？

d. 使用 s 和 m 写出网络（a）的结点 G_{child} 的 CPT 表。

e. 假设 $P(G_{father}=l) = P(G_{mother}=l) = q$。在网络（a）中，推导出 $P(G_{child}=l)$ 的一个只使用 m 和 q 的表达式，以其父结点为条件。

f. 在遗传平衡的条件下，我们期望各代之间的基因分布是相同的。基于此计算 q 的值；并且，基于你对人类用手习惯的知识，解释该题开始的假设一定是错误的。

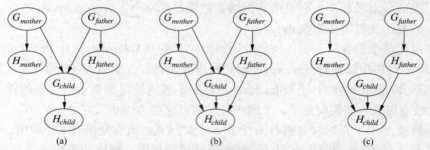

图 14.20　描述用手习惯基因遗传的 3 个可能的贝叶斯网络结构

14.7 在 14.2.2 节中定义了一个变量的马尔可夫覆盖。证明一个变量给定其马尔可夫覆盖独立于网络中所有其他变量，并推导公式（14.12）。

14.8 考虑图 14.21 中的汽车诊断网络。

a. 扩展网络，使其含有变量 *IcyWeather* 和 *StarterMotor*。

b. 为所有变量给出合理的 CPT 表。

c. 这 8 个布尔变量结点的联合概率分布中包含多少个独立的值，假设它们之间没有已知的条件独立关系？

d. 你的网络的表中包含多少个独立的概率值？

e. *Starts* 的条件分布可以描述为**噪声与**（noisy-AND）分布。定义这个家族的一般形式，并分析其与噪声或（noisy-OR）的联系。

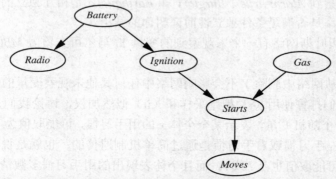

图 14.21　一个描述汽车电气系统与引擎的某些特征的贝叶斯网络。其中每个变量都是布尔型的，并且其取值为 *true* 时表示汽车相应的部件工作正常或者状态正常

14.9 考虑线性高斯网络网络家族所（第 14.3 节）。

a. 在一个有两个变量的网络中，令 X_1 是 X_2 的父结点，X_1 有一个高斯先验概率，令 $\mathbf{P}(X_2|X_1)$ 是一个线性高斯分布。证明联合分布 $P(X_1,X_2)$ 是多元高斯分布，计算其协方差矩阵。

b. 用归纳法证明 $X_1, \cdots, X_n$ 的一般线性高斯网络的联合分布也是多元高斯分布。

14.10 概率单位分布描述了一个布尔子结点给定其单个连续父结点的概率分布。

a. 如何将这个定义扩展到多个连续父结点的情况？

b. 如何将这个定义扩展到多值子结点的情况？考虑子结点值是有序（就像在驾驶中选择挡位一样，依赖于速度、坡度和期望的加速度等）和无序（就像去上班时选择公共汽车、火车、小汽车一样）两种情况。（提示：考虑将可能取值分成两个集合的方法，以模拟布尔变量。）

14.11 在你本地的核电站里有一个报警器，当温度测量仪的温度超过给定警戒阈值时就会报警。这个温度测量仪测量的是核反应堆核心的温度。考虑布尔变量 A（报警器响）、F_A（报警器出故障）、F_G（测温仪出故障）、多值变量 G（测温仪读数）与 T（核反应堆核心的实际温度）。

a. 画出这个问题域的贝叶斯网络，假设当核心温度太高时测量仪更容易出故障。

b. 你得到的贝叶斯网络是多形树结构吗？为什么？

c. 假设温度测量值 G 和真实值 T 只有两种情况：正常或偏高；当测温仪正常工作时它给出正确读数的概率为 x，出现故障时给出正确读数的概率为 y。给出与 G 相关联的条件概率表。

d. 假设报警器能够正常工作——除非它坏了，这种情况它不会发出报警声。给出与 A 相关联的条件概率表。

e. 假设报警器和测温仪都正常工作，并且报警器发出了警报声。根据网络中的各种条件概率，计算核反应堆核心温度过高的概率的表达式。

14.12 两个来自世界上不同地方的宇航员同时用他们自己的望远镜观测了太空中某个小区域内恒星的数目 N。他们的测量结果分别为 M_1 和 M_2。通常，测量中会有不超过 1 颗恒星的误差，发生错误的概率 e 很小。每台望远镜可能出现（出现的概率 f 更小一些）对焦不准确的情况（分别记作 F_1 和 F_2），在这种情况下科学家会少数三颗甚至更多的恒星（或者说，当 N 小于 3 时，连一颗恒星都观测不到）。考虑图 14.22 所示的三种贝叶斯网络结构。

a. 这三种网络结构哪些是对上述信息的正确（但不一定高效）表示？

b. 哪一种网络结构是最好的？请解释。

c. 当 $N \in \{1, 2, 3\}$，$M_1 \in \{0, 1, 2, 3, 4\}$ 时，请写出 $\mathbf{P}(M_1 \mid N)$ 的条件概率表。概率分布表里的每个条目都应该表达为参数 e 和/或 f 的一个函数。

d. 假设 $M_1 = 1$，$M_2 = 3$。如果我们假设 N 取值上没有先验概率约束，可能的恒星数目是多少？

e. 在这些观测结果下，最可能的恒星数目是多少？解释如何计算这个数目，或者，如果不可能计算，请解释还需要什么附加信息以及它将如何影响结果。

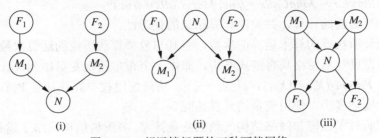

图 14.22 望远镜问题的三种可能网络

14.13 考虑图 14.22(ii)的网络，假设两个望远镜完全相同。$N \in \{1,2,3\}$，$M_1, M_2 \in \{0,1,2,3,4\}$，CPT 表和习题 14.12 所描述的一样。使用枚举算法（图 14.9）计算概率分布 $\mathbf{P}(N \mid M_1=2, M_2=2)$。

14.14 考虑图 14.23 中的贝叶斯网络。

a. 网络结构能够断言下列哪些语句？

（i）$\mathbf{P}(B, I, M) = \mathbf{P}(B)\mathbf{P}(I)\mathbf{P}(M)$

（ii）$\mathbf{P}(J \mid G) = \mathbf{P}(J \mid G, I)$

（iii）$\mathbf{P}(M \mid G, B, I) = \mathbf{P}(M \mid G, B, I, J)$

b. 计算 $P(b, i, \neg m, g, j)$ 的值。

c. 计算某个人如果触犯了法律、被起诉、而且面临一个有政治动机的检举人，他会进监狱的概率。

d. 特定上下文独立性（第 14.6.2 节）允许一个变量在给定其他变量某些值是独立于它的某些父结点。除了图结构给定的通常的条件独立性以外，图 14.23 的贝叶斯网络中还存在什么样的特定上下文独立性。

e. 假设我们想在网络中加入变量 $P=PresidentialPardon$；画出新网络，并简要解释你所加入的边。

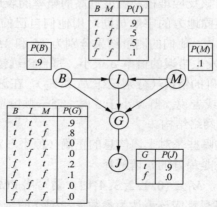

图 14.23 一个具有布尔变量 $B=BrokeElectionLaw$，$I=Indicted$，$M=PoliticallyMotivatedProsecutor$，$G=FoundGuilty$，$J=Jailed$ 的简单贝叶斯网络

14.15 考虑图 14.11 中的变量消元算法。

a. 14.4 节对如下查询应用了变量消元算法

$\mathbf{P}(Burglary \mid JohnCalls = true, MaryCalls = true)$

执行必要的计算，并检验计算结果的正确性。

b. 统计所执行的算术运算的次数，将其与枚举算法所需的运算次数进行比较。

c. 假设贝叶斯网络具有链式结构，即由一个布尔随机变量序列 $X_1, \cdots, X_n$ 构成，其中 $Parents(X_i) = \{X_{i-1}\}$，$i = 2, \cdots, n$。请问使用枚举算法计算 $\mathbf{P}(X_1 \mid X_n = true)$ 的复杂度是多少？使用变量消元算法呢？

d. 证明对于任何与网络结构一致的变量排序，多形树结构网络上运行变量消元算法的复杂度与树的规模呈线性关系。

14.16 研究通用贝叶斯网络中精确推理的复杂度：

a. 证明任何 3-SAT 问题都可以归约到为了表示这个特定问题而构造的贝叶斯网络的精确推理问题，并且因此精确推理是 NP 难题（提示：考虑一个网络，每个命题符号用一个变量表示，每个子句用一个变量表示，以及每个子句合取式用一个变量表示）。

b. 对 3-SAT 问题中的可满足赋值的个数进行统计是 #P 完全的。证明精确推理至少和这个问题一样难。

14.17 考虑根据单个变量的特定分布生成随机样本的问题。你可假设有一个可用的随机数发生器，能够生成在 0 到 1 之间均匀分布的随机数。

a. 令 X 为一个离散随机变量，其概率分布满足 $P(X = x_i) = p_i$，$i \in \{1, \cdots, k\}$。X 的**累积分布**（cumulative distribution）给出了对于每个可能的 j，$X \in \{x_1, \cdots, x_j\}$ 的概率。解释如何在 $O(k)$ 时间内计算出这个累积概率分布，以及如何根据该分布生成 X 的单个样本。后者可能在小于 $O(k)$ 的时间内完成吗？

b. 现在，假设我们希望产生 X 的 N 个样本，其中 $N >> k$。解释如何在每个样本的期望运行时间为*常数*（即不依赖于 k）的条件下完成这个任务。

c. 现在，考虑服从某个参数化分布（例如，高斯分布）的连续值随机变量。如何根据这样的分布生成样本？

d. 假设你想查询一个连续值随机变量，并使用了诸如 LIKELIHOODWEIGHTING 这样的采样算法进行推理。你需要如何修改查询-解答过程？

14.18 考虑图 14.12（a）中的查询 $\mathbf{P}(Rain \mid Sprinkler = true, WetGrass = true)$，以及如何用 Gibbs 采样求解：

a. 这个马尔可夫链一共有多少个状态？

b. 计算**转移矩阵**（transition matrix）$\mathbf{Q}$，其中包含对于所有 $\mathbf{y}$ 和 $\mathbf{y}'$ 的 $q(\mathbf{y} \rightarrow \mathbf{y}')$。

c. 转移矩阵的平方 $\mathbf{Q}^2$ 表示什么？

d. 当 $n \rightarrow \infty$ 时 $\mathbf{Q}^n$ 表示什么？

e. 假设 $\mathbf{Q}^n$ 可用，解释如何进行贝叶斯网络中的概率推理。这是一种进行推理的实用方法吗？

14.19 该题探索 Gibbs 采样的稳态分布。

a. q_1 和 q_2 的凸组合$[\alpha, q_1; 1-\alpha, q_2]$是一个转移概率分布，表示第一次选择 q_1 和 q_2 的概率分别是 α 和 $1-\alpha$，然后应用被选择那一个。证明，如果 q_1 和 q_2 进入具有 π 的全面平衡（detailed balance）时，它们的凸组合也进入具有 π 的全面平衡。（注意：这个结果证明 GIBBS-ASK 的变体的正确性，其中变量是随机选择的，而不是按固定顺序选择的。）

b. 证明，如果 q_1 和 q_2 的稳态分布都是 π，则顺序组合 $q = q_1 \circ q_2$ 的稳态分布也是 π。

14.20 Metropolis-Hastings 算法是 MCMC 算法家族的一员；同样，它是设计来根据目标概率 $\pi(\mathbf{x})$ 产生样本 $\mathbf{x}$（因果性的）的。（典型地，我们对从 $\pi(\mathbf{x}) = P(\mathbf{x}|\mathbf{e})$ 中采样有兴趣。）像模以退火算法一样，Metropolis-Hastings 算法有两个步骤。首先，给定当前状态 $\mathbf{x}$，从一个**提议分布**（proposal distribution）中采用一个新状态 $\mathbf{x}'$。然后，根据**接受概率**（acceptance probability）

$$\alpha(\mathbf{x}' \mid \mathbf{x}) = \min\left(1, \frac{\pi(\mathbf{x}')q(\mathbf{x} \mid \mathbf{x}')}{\pi(\mathbf{x})q(\mathbf{x}' \mid \mathbf{x})}\right)$$

从概率上接受 $\mathbf{x}'$。如果提议被拒绝，状态仍然保持在 $\mathbf{x}$。

a. 考虑为一个特定变量 X_i 的普通的 Gibbs 采样步骤。证明这个步骤（视为提议）一定被 Metropolis-Hastings 算法接受。（因此，Gibbs 采样是 Metropolis-Hastings 算法的一个特例。）

b. 证明上面的两个步骤——视为一个转移概率分布——进入具有 π 的全面平衡。

14.21 三支足球队 A、B 和 C 两两之间各赛一场。每场比赛在两支球队之间进行，结果对每支球队而言可能是胜、平、负。每支球队都有确定但未知的实力——表示为一个 0 到 3 之间的整数——而一场比赛的结果依某种概率取决于两个球队之间的实力差距。

a. 构造一个关系概率模型来描述这个问题域，并为所有必要的概率分布给出建议数值。

b. 为这三场比赛构造等价的贝叶斯网络。

c. 假设在前两场比赛中 A 战胜了 B，且和 C 战平。选择使用一种精确推理算法，计算第三场比赛结果的后验概率分布。

d. 假设联赛中总共有 n 支球队，并且我们已经知道了除最后一场比赛外所有其他各场比赛的结果。如果要预测最后一场比赛的结果，其计算复杂度随 n 如何变化？

e. 研究将马尔可夫链蒙特卡洛方法应用于这个问题。在实际运算中算法的收敛速度如何？算法的规模扩展性能又如何？

第 15 章 时间上的概率推理

本章中我们将试图去解释现在，理解过去，也许还预测未来，即使如同水晶般清晰的事物很少时。

部分可观察环境中的 Agent 必须能够掌握当前状态，对当前状态的掌握要到达它们的传感器所允许的程度。在 4.4 节中，我们给出了这样做的方法：一个 Agent 维护一个**信念状态**（belief state）来表示世界的哪些状态当前是可能的。从信念状态和一个**转移模型**（transition model），Agent 能够预测在下一个时间步骤世界将如何演变。从观察到的传感信息和一个**传感器模型**（sensor model），Agent 可以更新信念状态。这是一个普遍的思想：第 4 章中信念状态是用状态集合显式地枚举出来的，而第 7 章和第 11 章中信念状态是用逻辑公式表示的。这些方法根据哪些世界状态是可能的（possible）来定义信念状态，但不能说出哪些状态是**很**可能的（likely）哪些状态是**不太**可能的（unlikely）。本章中，我们用概率理论量化对信念状态的各元素的信念程度。

像我们将在 15.1 节描述的那样，时间本身与第 7 章中的处理方法一样：在每个时间点对世界状态的每个方面用一个变量表示，通过这种方式对变化的世界进行建模。转移模型和传感器模型可能是不确定的：转移模型描述了给定过去时刻的世界状态，在时刻 t 变量的概率分布；传感器模型描述了给定当前的世界状态，在时刻 t 每个感知的概率分布。15.2 节定义了基本的推理任务，并描述了用于时序模型的推理算法的一般结构。然后我们将描述 3 种特殊类型的模型：**隐马尔可夫模型**（hidden Markov models）、**卡尔曼滤波器**（Kalman filter）以及**动态贝叶斯网络**（dynamic Bayesian networks）（前两者是后者的特殊情况）。最后，15.6 节将考查跟踪多个对象时所面临的问题。

15.1 时间与不确定性

我们已经发展了在**静态**世界的上下文中进行概率推理的技术，其中每个随机变量都有一个唯一的固定取值。例如，在修理汽车时，我们总是假设发生故障的部分在整个诊断过程中一直都是有故障的；我们的任务是根据已经观察到的证据推断汽车的状态，这个状态也是保持不变的。

现在考虑一个稍微不同的问题：治疗一个糖尿病人。和汽车修理的案例一样，我们有诸如病人近期的胰岛素服用剂量、食物摄入量、血糖水平，以及其他一些身体上的征兆等证据。任务是要评价病人的当前状态，包括真实的血糖水平和胰岛素水平。给定了这些信息，我们能够对病人的食物摄入量或者胰岛素服用剂量进行决策。不同于汽车修理的情况，这个问题的动态方面是本质的。血糖水平及其测量值会随着时间发生迅速的变化，这取决于近期的食物摄入量、胰岛素剂量、新陈代谢活动、每天里的不同时间等等。为了根据历史证据评价当前状态，并预测治疗方案的结果，我们必须对这些变化建模。

在很多其他上下文中也会出现同样的考虑，例如跟踪机器人的位置、跟踪一个国家的经济活动、理解口语和书面语的单词序列的含义。对于这样的动态情景应该如何建模？

15.1.1　状态与观察

我们将世界看作是一系列**快照**或**时间片**（time slice），每个快照或时间片都包含了一组随机变量，其中一部分是可观察的，而另一部分则是不可观察的[1]。为简单起见，我们将假设每个时间片中我们所能够观察到的随机变量属于同一个变量子集（尽管在后面的任何内容中这并不是严格必需的）。我们使用符号 $\mathbf{X}_t$ 来表示在时刻 t 的不可观察的状态变量集，符号 $\mathbf{E}_t$ 表示可观察的证据变量集。时刻 t 的观察结果为 $\mathbf{E}_t = \mathbf{e}_t$，$\mathbf{e}_t$ 是变量值的某个集合。

考虑下面的例子：你是某个秘密地下设施的警卫。你想知道今天是否会下雨，但是你了解外界的唯一渠道是你每天早上观察主管进来时有没有带着雨伞。在每天 t，集合 $\mathbf{E}_t$ 只包含单一证据变量 $Umbrella_t$ 或简写形式 U_t（雨伞是否出现了），而集合 $\mathbf{X}_t$ 也只包含单一状态变量 $Rain_t$ 或简写形式 R_t（是否在下雨）。其他问题可能会涉及更大的变量集合。在糖尿病诊断的例子中，我们可能拥有像 $MeasuredBloodSugar_t$（时刻 t 的血糖测量值）、$PulseRate_t$（时刻 t 的脉搏频率）等这样的证据变量以及像 $BloodSugar_t$（时刻 t 的血糖水平）和 $StomachContents_t$（时刻 t 的胃内容物）等这样的状态变量。（注意，$BloodSugar_t$ 和 $MeasuredBloodSugar_t$ 不是相同的变量；这就是我们如何处理实际量的噪声测量值的方法。）

时间片之间的时间间隔也与具体问题有关。对于糖尿病监控问题，合适的时间间隔可能是一个小时而不应该是一整天。在本章中，我们假设时间片之间的时间间隔是固定的，因此我们能够用整数标注时间。我们将假设状态序列从时刻 $t = 0$ 开始；出于各种无关紧要的原因，我们假设证据变量从 $t = 1$ 开始，而不是从 $t = 0$ 开始。因此，我们的雨伞问题被表示为状态变量 $R_0, R_1, R_2, \cdots$ 以及证据变量 $U_1, U_2, \cdots$。我们用符号 $a{:}b$ 来表示从 a 到 b 的整数序列（包括 a 和 b），于是符号 $\mathbf{X}_{a:b}$ 表示从 $\mathbf{X}_a$ 到 $\mathbf{X}_b$ 的一组变量。例如，符号 $U_{1:3}$ 对应于变量 U_1, U_2, U_3。

15.1.2　转移模型与传感器模型

一旦确定了给定问题的状态变量与证据变量的集合，下一步便是要指定世界如何演变（转移模型）以及证据变量如何得到它们的取值（传感器模型）。

转移模型描述在给定过去的状态变量的值之后，确定最新状态变量的概率分布 $\mathbf{P}(\mathbf{X}_t \mid \mathbf{X}_{0:t-1})$。现在，我们面临一个问题：随机时间 t 的增长，集合 $\mathbf{X}_{0:t-1}$ 的大小没有约束。我们使用**马尔可夫假设**（Markov assumption）——当前状态只依赖于有限的固定数量的过去状态——来解决这个问题。俄国统计学家 Andrei Markov（1856—1922）最早深入研究了满足这个假设的过程，因此这样的过程被称为**马尔可夫过程**（Markov process）或者马尔可夫链（Markov chain），其中当前状态只依赖于前一个状态，而与更早的状态无关。换句话说，一

1　连续时间上的不确定性可通过 SDE（stochastic differential equation）建模。本章学习的模型可以看作对 SDE 的离散时间上的近似。

个状态提供了足够信息使该状态的未来条件上独立于该状态的过去，因此我们有

$$\mathbf{P}(\mathbf{X}_t \mid \mathbf{X}_{0:t-1}) = \mathbf{P}(\mathbf{X}_t \mid \mathbf{X}_{t-1}) \tag{15.1}$$

因此，在一阶马尔可夫过程中，转移模型就是条件分布 $\mathbf{P}(\mathbf{X}_t \mid \mathbf{X}_{t-1})$。二阶马尔可夫过程的转移模型是条件分布 $\mathbf{P}(\mathbf{X}_t \mid \mathbf{X}_{t-2}, \mathbf{X}_{t-1})$。图 15.1 显示了分别与一阶和二阶马尔可夫过程相对应的贝叶斯网络结构。

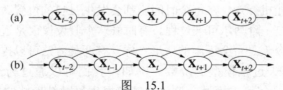

图　15.1

（a）与一个包含由变量 $\mathbf{X}_t$ 所定义的状态的一阶马尔可夫过程相对应的贝叶斯网络。 （b）一个二阶马尔可夫过程

即使有了马尔可夫假设，仍然有个问题：t 有无穷多个可能的值。我们是否需要为每个时间步骤确定一个不同的分布呢？为了解决这个问题，我们假设世界状态的变化是由一个**稳态过程**引起的——也就是说，变化的过程是由本身不随时间变化的规律支配的。（不要混淆静态和稳态：在一个静态过程中，状态本身是不会发生变化的）。于是，在雨伞世界中，下雨的条件概率 $P(R_t \mid R_{t-1})$ 对于所有的时间片 t 都是相同的，因此我们只需要指定一个条件概率表就可以了。

现在来看传感器模型。证据变量 $\mathbf{E}_t$ 可能依赖于前面的变量也依赖于当前的状态变量，但任何称职的状态对于产生当前的传感器值应该足够了。因此，我们做如下的**传感器马尔可夫假设**（sensor Markov assumption）：

$$\mathbf{P}(\mathbf{E}_t \mid \mathbf{X}_{0:t}, \mathbf{E}_{0:t-1}) = \mathbf{P}(\mathbf{E}_t \mid \mathbf{X}_t) \tag{15.2}$$

因此，$\mathbf{P}(\mathbf{E}_t \mid \mathbf{X}_t)$ 是我们的**传感器模型**（有时也被称为**观察模型**（observation model））。图 15.2 给出了雨伞例子的转移模型和传感器模型。注意状态和传感器之间的依赖方向："箭头"从世界的实际状态指向传感器的取值，因为世界的状态造成传感器具有特定取值：下雨造成雨伞出现。（当然，推理过程是按照相反的方向进行的；模型依赖性方向与推理方向的区别是贝叶斯网络的主要优点之一。）

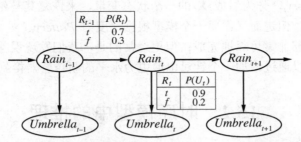

图 15.2　描述雨伞世界的贝叶斯网络结构及条件分布。转移模型是 $P(Rain_t \mid Rain_{t-1})$，而传感器模型为 $P(Umbrella_t \mid Rain_t)$

除了确定转移模型和传感器模型以外，我们还需要指定所有的事情是如何开始的——指定时刻 0 时的先验概率分布 $\mathbf{P}(\mathbf{X}_0)$。有了这些，使用公式（14.2）我们就能确定所有变量上完整的联合概率分布。对于任何 t，我们有

$$\mathbf{P}(\mathbf{X}_{0:t}, \mathbf{E}_{1:t}) = \mathbf{P}(\mathbf{X}_0) \prod_{i=1}^{t} \mathbf{P}(\mathbf{X}_i \mid \mathbf{X}_{i-1}) \mathbf{P}(\mathbf{E}_i \mid \mathbf{X}_i) \tag{15.3}$$

公式右边的三个项分别是初始状态模型 $P(\mathbf{X}_0)$、转移模型 $P(\mathbf{X}_i \mid \mathbf{X}_{i-1})$、和传感器模型 $P(\mathbf{E}_i \mid \mathbf{X}_i)$。

图 15.2 的结构是一个一阶马尔可夫过程——假设下雨的概率只依赖于前一天是否下雨。这样的假设是否合理取决于问题域本身。一阶马尔可夫假设认为，状态变量包含了刻画下一个时间片的概率分布所需要的全部信息。有时候这个假设完全成立——例如，一个粒子沿 x 轴方向执行随机行走，在每个时间步都会发生 ± 1 的位置改变，那么可以用粒子的 x 坐标作为状态来给定一阶马尔可夫过程。有时候这个假设仅仅是近似，如同仅仅根据前一天是否下过雨来预测今天是否会下雨的情形一样。有两种方法可以提高近似的精确程度：

（1）提高马尔可夫过程模型的阶数。例如，我们可以通过为结点 $Rain_t$ 增加父结点 $Rain_{t-2}$ 构造一个二阶马尔可夫模型，这或许能够提供稍微精确些的预测。例如，在帕洛阿尔托（Palo Alto）和加利福尼亚（California），这些地方很少连续下两天以上的雨。

（2）扩大状态变量集合。例如，我们可以增加变量 $Season_t$ 以允许我们结合考虑雨季的历史记录，或者我们可以增加 $Temperature_t$（时刻 t 的温度）、$Humidity_t$（时刻 t 的湿度）、$Pressure_t$（时刻 t 的气压）以允许我们使用降雨条件的物理模型。

习题 15.1 会要求你证明第一个解决方案——提高阶数——总能够通过扩大状态变量集合重新进行形式化，而保持阶数不变。注意，增加状态变量虽然可能会提高系统的预测能力，但同时也增加了预测的要求：这些新的变量也是我们现在必须要预测的。因此，我们要寻找一个"自给自足的"变量集合，而这实际上意味着我们不得不理解要建模的过程的"物理"本质。如果我们增加能够直接提供关于新状态变量的信息（例如温度、气压的测量值），对过程精确建模的要求显然可以降低。

例如，考虑在 X-Y 平面上随机漫游的机器人的路径跟踪问题。有人可能会提出机器人的位置和速度作为变量集足以描述这个问题：只要使用牛顿定律就可以计算出它的新位置，而速度则可能发生不可预测的变化。然而如果这个机器人是电池驱动的，那么电力的耗尽会对机器人的运动速度变化产生系统性的影响。由于这进而又取决于机器人在过去的所有行动中已经消耗了多少电力，这违背了马尔可夫特性。我们可以通过增加一个表示电池电力水平的变量 $Battery_t$，作为组成 $\mathbf{X}_t$ 的一个状态变量，来恢复其马尔可夫特性。这有助于预测机器人的行动，但进而又需要一个模型根据速度与 $Battery_{t-1}$ 对 $Battery_t$ 进行预测。在某些问题中，这能够非常可靠地完成；但更经常的是，我们发现误差随时间而积累。在这个问题中，精度可以通过增加一个针对电池电力水平的新传感器得到改进。

15.2　时序模型中的推理

建立了一般时序模型的结构之后，我们可以形式化要解决的基本推理任务：

- **滤波**（filtering）：滤波的任务是计算**信念状态**（belief state）——即给定目前为止的所有证据，计算当前状态的后验概率分布。滤波[1]也称为**状态估计**（state estimation）。在我们的例子中，我们希望计算 $P(\mathbf{X}_t \mid \mathbf{e}_{1:t})$。在雨伞世界的例子中，这将意味着给

---

[1]　信号处理的早期工作中，"滤波（filtering）"一词指这样一个问题的根本，这个问题是通过估计基本属性过滤掉信号中的噪音。

定目前为止对雨伞携带者的过去的所有观察数据，计算今天下雨的概率。滤波是一个理性 Agent 为掌握当前状态以便进行理性决策所需要采取的行动。我们发现，一个几乎相同的计算也能够得到证据序列的似然 $P(\mathbf{e}_{1:t})$。

- **预测**（prediction）：预测的任务是给定目前为止的所有证据，计算未来状态的后验分布。也就是，我们希望对某个 $k > 0$ 计算 $\mathbf{P}(\mathbf{X}_{t+k} \mid \mathbf{e}_{1:t})$。在雨伞例子中，这也许意味着给定目前为止对雨伞携带者的过去的所有观察数据，计算今天开始三天以后下雨的概率。基于期望的结果评价可能的行动过程，预测是非常有用的。

- **平滑**（smoothing）：平滑的任务是给定目前为止的所有证据，计算过去某一状态的后验概率。也就是说，我们希望对某个满足 $0 \le k < t$ 的 k 计算 $\mathbf{P}(\mathbf{X}_k \mid \mathbf{e}_{1:t})$。在雨伞例子中，这也许意味着给定目前为止对雨伞携带者的过去的所有观察数据，计算上星期三下雨的概率。平滑为该状态提供了一个比当时能得到的结果更好的估计，因为它结合了更多的证据[1]。

- **最可能解释**：给定观察序列，我们可能希望找到最可能生成这些观察结果的状态序列。也就是说，我们希望计算 $\arg\max_{x_{1:t}} P(\mathbf{x}_{1:t} \mid \mathbf{e}_{1:t})$。例如，如果前三天每天都出现雨伞，但第四天没出现，那么最可能的解释是前三天下了雨，而第四天没有下。这个任务的算法在很多应用中都是有用的，包括语音识别——其目标是给定声音序列找到最可能的单词序列——以及通过噪声信道传输的比特串的重构。

除了这些推理任务以外，还需要：

- **学习**（learning）：如果还不知道转移模型和传感器模型，则可以从观察中学习。和静态贝叶斯网络一样，动态贝叶斯网的学习可以作为推理的一个副产品而完成。推理为哪些转移确实会发生和哪些状态会产生传感器读数提供了估计，而且这些估计可以用于对模型进行更新。更新过的模型又提供新的估计，这个过程迭代至收敛。整个算法是期望最大化算法（或者称 **EM 算法**）的一个特例（参见第 20.3 节）。

注意，学习需要的是平滑，而不是滤波，因为平滑提供了对过程状态更好的估计。通过滤波实现的学习可能不会正确地收敛；例如，考虑谋杀案侦破的学习问题：要根据可观察变量来推断谋杀场景中发生的事情总是需要平滑的，除非你是目击者。

这一节的余下部分将描述四个推理任务的通用算法，与使用的具体模型无关。针对各特定模型的改进将在后续的章节中描述。

15.2.1 滤波和预测

正如我们在 7.7.3 节中指出的，一个有用的滤波算法需要维持一个当前状态估计并进行更新，而不是每次更新时回到整个感知历史。（否则，随着时间推移每次更新的代价会越来越大。）换句话说，给定直到时刻 t 的滤波结果，Agent 需要根据新的证据 $\mathbf{e}_{t+1}$ 来计算时刻 $t+1$ 的滤波结果。也就是说，存在某个函数 f 满足：

$$\mathbf{P}(\mathbf{X}_{t+1} \mid \mathbf{e}_{1:t+1}) = f(\mathbf{e}_{t+1}, \mathbf{P}(\mathbf{X}_t \mid \mathbf{e}_{1:t}))$$

这个过程被称为**递归估计**（recursive estimation）。我们可以把相应的计算视为由两部分构成：

---

1 具体地，当用不准确的位置观察结果跟踪运动对象时，平滑能给出比滤波更平滑的跟踪轨迹估计，平滑由此得名。

首先，将当前的状态分布由时刻 t 向前投影到时刻 $t + 1$；然后，通过新的证据 $\mathbf{e}_{t+1}$ 进行更新。如果重排公式，这个两步的过程能够很容易得到：

$$\mathbf{P}(\mathbf{X}_{t+1} \mid \mathbf{e}_{1:t+1}) = \mathbf{P}(\mathbf{X}_{t+1} \mid \mathbf{e}_{1:t}, \mathbf{e}_{t+1}) \qquad \text{（证据分解）}$$

$$= \alpha\, \mathbf{P}(\mathbf{e}_{t+1} \mid \mathbf{X}_{t+1}, \mathbf{e}_{1:t}) \mathbf{P}(\mathbf{X}_{t+1} \mid \mathbf{e}_{1:t}) \qquad \text{（使用贝叶斯规则）}$$

$$= \alpha\, \mathbf{P}(\mathbf{e}_{t+1} \mid \mathbf{X}_{t+1}) \mathbf{P}(\mathbf{X}_{t+1} \mid \mathbf{e}_{1:t}) \qquad \text{（根据传感器马尔可夫假设）} \qquad (15.4)$$

在这里以及整个这一章，α 都表示一个归一化常数以保证所有概率的和为 1。式中的第二项，$\mathbf{P}(\mathbf{X}_{t+1} \mid \mathbf{e}_{1:t})$，表示的是对下一个状态的单步预测，而第一项则通过新证据对其进行更新；注意 $\mathbf{P}(\mathbf{e}_{t+1} \mid \mathbf{X}_{t+1})$ 可从传感器模型中直接得到。现在我们可以通过将当前状态 $\mathbf{X}_t$ 条件化，得到下一个状态的单步预测结果：

$$\mathbf{P}(\mathbf{X}_{t+1} \mid \mathbf{e}_{1:t+1}) = \alpha \mathbf{P}(\mathbf{e}_{t+1} \mid \mathbf{X}_{t+1}) \sum_{\mathbf{x}_t} \mathbf{P}(\mathbf{X}_{t+1} \mid \mathbf{x}_t, \mathbf{e}_{1:t}) P(\mathbf{x}_t \mid \mathbf{e}_{1:t})$$

$$= \alpha \mathbf{P}(\mathbf{e}_{t+1} \mid \mathbf{X}_{t+1}) \sum_{\mathbf{x}_t} \mathbf{P}(\mathbf{X}_{t+1} \mid \mathbf{x}_t) P(\mathbf{x}_t \mid \mathbf{e}_{1:t}) \qquad \text{（马尔可夫假设）} \qquad (15.5)$$

在这个求和表达式中，第一个因子来自转移模型，第二个因子来自当前状态分布。因此，我们得到了想要的递归公式。我们可以认为滤波估计 $\mathbf{P}(\mathbf{X}_t \mid \mathbf{e}_{1:t})$ 是沿着序列向前传播的"消息" $\mathbf{f}_{1:t}$，它在每次转移时得到修正，并根据每个新的观察进行更新。这个过程是：

$$\mathbf{f}_{1:t+1} = \alpha\, \text{FORWARD}(\mathbf{f}_{1:t}, \mathbf{e}_{t+1})$$

其中 FORWARD 实现了公式（15.5）中描述的更新过程，开始时 $\mathbf{f}_{1:0} = \mathbf{P}(\mathbf{X}_0)$。若所有的状态变量都是离散的，每次更新所需的时间就是常数（也就是说，不依赖于 t），所需要的空间也是常数。（当然，这些常数取决于状态空间的大小以及问题中的特定类型的时序模型）。如果一个存储器有限的 Agent 要在一个无界的观察序列上记录当前的状态分布，更新所需的时间和空间都必须是常数。

让我们以基本的雨伞世界为例说明这个两步滤波过程（图 15.2）。我们将按如下方式计算 $\mathbf{P}(R_2 \mid u_{1:2})$：

- 在第 0 天，观察还没开始，只有警卫的先验信念，假设为 $\mathbf{P}(R_0) = \langle 0.5, 0.5 \rangle$。
- 在第 1 天，出现了雨伞，所以 $U_1 = true$。从 $t = 0$ 到 $t = 1$ 的预测结果为

$$\mathbf{P}(R_1) = \sum_{r_0} \mathbf{P}(R_1 \mid r_0) P(r_0) = \langle 0.7, 0.3 \rangle \times 0.5 + \langle 0.3, 0.7 \rangle \times 0.5 = \langle 0.5, 0.5 \rangle$$

  然后更新步骤用 $t = 1$ 时刻的证据的概率相乘并规范化，得到更新结果，如公式（15.4）一样：

$$\mathbf{P}(R_1 \mid u_1) = \alpha \mathbf{P}(u_1 \mid R_1) \mathbf{P}(R_1) = \alpha \langle 0.9, 0.2 \rangle \langle 0.5, 0.5 \rangle$$
$$= \alpha \langle 0.45, 0.1 \rangle \approx \langle 0.818, 0.182 \rangle$$

- 在第 2 天，又出现了雨伞，因此 $U_2 = true$。由 $t = 1$ 到 $t = 2$ 的预测结果为：

$$\mathbf{P}(R_2 \mid u_1) = \sum_{r_1} \mathbf{P}(R_2 \mid r_1) P(r_1 \mid u_1) = \langle 0.7, 0.3 \rangle \times 0.818 + \langle 0.3, 0.7 \rangle \times 0.182 \approx \langle 0.627, 0.373 \rangle$$

  根据 $t = 2$ 时刻的证据进行更新，得到：

$$\mathbf{P}(R_2 \mid u_1, u_2) = \alpha \mathbf{P}(u_2 \mid R_2) \mathbf{P}(R_2 \mid u_1) = \alpha \langle 0.9, 0.2 \rangle \langle 0.627, 0.373 \rangle$$
$$= \alpha \langle 0.565, 0.075 \rangle \approx \langle 0.883, 0.117 \rangle$$

直观上看，由于持续降雨，下雨的概率从第 1 天到第 2 天提高了。习题 15.2（a）要求你进一步研究这个趋势。

预测的任务可以被简单地认为是没有增加新证据的条件下的滤波。事实上，滤波过程已经包含了一个单步预测，并且根据对时刻 $t + k$ 的预测就能够很容易地推导出对时刻 $t + k + 1$ 的状态预测的递归计算过程如下：

$$\mathbf{P}(\mathbf{X}_{t+k+1}|\mathbf{e}_{1:t}) = \sum_{\mathbf{x}_{t+k}} \mathbf{P}(\mathbf{X}_{t+k+1}|\mathbf{x}_{t+k})P(\mathbf{x}_{t+k}|\mathbf{e}_{1:t}) \tag{15.6}$$

自然地，这个计算只涉及转移模型，不涉及传感器模型。

考虑在我们对越来越远的未来进行预测时会发生什么事情是非常有意思的。习题 15.2（b）表明，对是否下雨的预测的分布会收敛到一个不动点⟨0.5, 0.5⟩，之后就一直保持不变。这就是由转移模型所定义的马尔可夫过程的**稳态分布**（stationary distribution）（参见 14.5.2 节）。关于这种分布的特性以及**混合时间**（mixing time）——粗略地说，就是达到这个不动点所需要的时间——我们已经有了很多了解。在实践中，对真实状态进行时间步数长度超过混合时间某个比例的预测是注定要失败的，除非稳态分布在状态空间的某个小范围内有一个明显的峰值。转移模型中的不确定性越多，混合时间就越短，未来就越模糊。

除了滤波和预测以外，我们还可以利用一种前向递归的方法对证据序列的**似然** $P(\mathbf{e}_{1:t})$ 进行计算。如果我们想要比较可能产生相同证据序列的不同的时序模型，这是一个很有用的量（比如，持续下雨的两个不同模型）。在这个递归过程中我们用到一种似然消息 $l_{1:t}(\mathbf{X}_t) = \mathbf{P}(\mathbf{X}_t, \mathbf{e}_{1:t})$。不难证明，这个消息的计算与滤波的计算是相同的：

$$l_{1:t+1} = \text{FORWARD}(l_{1:t}, \mathbf{e}_{t+1})$$

计算出 $l_{1:t}$ 之后，我们通过求和消元消去 $\mathbf{X}_t$ 得到实际似然值：

$$L_{1:t} = P(\mathbf{e}_{1:t}) = \sum_{\mathbf{x}_t} l_{1:t}(\mathbf{x}_t) \tag{15.7}$$

注意，似然消息表示随着时间流逝，越来越长的证据序列的概率，这个概率数值上越来越小，导致浮点算术运算的下溢问题。实践中，这是一个重要问题，但这里我们不探讨这个问题的解决方法。

15.2.2　平滑

如前面我们已经提到的，**平滑**是给定直到现在的已知证据，来计算过去的状态的分布的过程；也就是，对于 $0 \leqslant k < t$ 计算 $\mathbf{P}(\mathbf{X}_k|\mathbf{e}_{1:t})$（参见图 15.3）。我们预期另一个递归的消息传递方法，所以我们可以将这个计算分成两个部分——直到时刻 k 的证据以及从时刻 $k+1$ 到时刻 t 的证据：

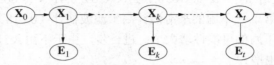

图 15.3　通过平滑对 $\mathbf{P}(\mathbf{X}_k|\mathbf{e}_{1:t})$ 进行计算，即在给定从时刻 1 到 t 的完整观察序列后计算过去某个时刻 k 的状态的后验分布

$$
\begin{aligned}
\mathbf{P}(\mathbf{X}_k|\mathbf{e}_{1:t}) &= \mathbf{P}(\mathbf{X}_k|\mathbf{e}_{1:k}, \mathbf{e}_{k+1:t}) \\
&= \alpha \, \mathbf{P}(\mathbf{X}_k|\mathbf{e}_{1:k})\mathbf{P}(\mathbf{e}_{k+1:t}|\mathbf{X}_k, \mathbf{e}_{1:k}) \quad \text{（使用贝叶斯规则）} \\
&= \alpha \, \mathbf{P}(\mathbf{X}_k|\mathbf{e}_{1:k})\mathbf{P}(\mathbf{e}_{k+1:t}|\mathbf{X}_k) \quad\quad \text{（使用条件独立性）} \\
&= \alpha \, \mathbf{f}_{1:k} \times \mathbf{b}_{k+1:t}
\end{aligned}
\tag{15.8}
$$

其中"×"表示向量的逐点相乘（第 14.4.2 节）。类似于前向消息 $\mathbf{f}_{1:k}$，这里我们定义了"后向"消息 $\mathbf{b}_{k+1:t} = \mathbf{P}(\mathbf{e}_{k+1:t}|\mathbf{X}_k)$。根据公式（15.5），前向消息 $\mathbf{f}_{1:k}$ 可以通过从时刻 1 到 k 的前向滤波过程计算。而后向消息 $\mathbf{b}_{k+1:t}$ 可以通过一个从 t 开始向后运行的递归过程来计算：

$$
\begin{aligned}
\mathbf{P}(\mathbf{e}_{k+1:t}|\mathbf{X}_k) &= \sum_{\mathbf{x}_{k+1}} \mathbf{P}(\mathbf{e}_{k+1:t}|\mathbf{X}_k, \mathbf{x}_{k+1})\mathbf{P}(\mathbf{x}_{k+1}|\mathbf{x}_k) &\text{（将 } \mathbf{X}_{k+1} \text{ 条件化）}\\
&= \sum_{\mathbf{x}_{k+1}} P(\mathbf{e}_{k+1:t}|\mathbf{x}_{k+1})\mathbf{P}(\mathbf{x}_{k+1}|\mathbf{X}_k) &\text{（根据条件独立性）}\\
&= \sum_{\mathbf{x}_{k+1}} P(\mathbf{e}_{k+1}, \mathbf{e}_{k+2:t}|\mathbf{x}_{k+1})\mathbf{P}(\mathbf{x}_{k+1}|\mathbf{X}_k)\\
&= \sum_{\mathbf{x}_{k+1}} P(\mathbf{e}_{k+1}|\mathbf{x}_{k+1})P(\mathbf{e}_{k+2:t}|\mathbf{x}_{k+1})\mathbf{P}(\mathbf{x}_{k+1}|\mathbf{X}_k) &(15.9)
\end{aligned}
$$

其中最后一步遵循给定 $\mathbf{X}_{k+1}$ 下的证据 $\mathbf{e}_{k+1}$ 和 $\mathbf{e}_{k+2:t}$ 之间的条件独立性。在这个求和式的三个因子中，第一个和第三个是从模型直接得到的，而第二个则是"递归调用"。使用消息符号，我们有

$$\mathbf{b}_{k+1:t} = \text{BACKWARD}(\mathbf{b}_{k+2:t}, \mathbf{e}_{k+1})$$

其中 BACKWARD 实现了公式（15.9）描述的更新过程。和前向递归相同，后向递归中每次更新所需要的时间与空间都是常量，因此与 t 无关。

我们现在可以看出，公式（15.8）中的两个项都可以通过对时间进行递归而计算，其中一个项是通过滤波公式（15.5）从时刻 1 到 k 向前进行计算，另一个项则通过公式（15.8）从时刻 t 到 $k+1$ 向后进行计算。注意向后阶段的初始值为 $\mathbf{b}_{t+1:t} = \mathbf{P}(\mathbf{e}_{t+1:t}|\mathbf{X}_t) = \mathbf{P}(|\mathbf{X}_t)\mathbf{1}$，其中的 $\mathbf{1}$ 表示由 1 组成的向量。（因为 $\mathbf{e}_{t+1:t}$ 是一个空序列，观察到它的概率等于 1。）

现在让我们将这个算法应用到雨伞例子中，给定第 1 天和第 2 天都观察到雨伞，要计算 $k=1$ 时下雨概率的平滑估计。根据公式（15.8）有：

$$\mathbf{P}(R_1|u_1, u_2) = \alpha\, \mathbf{P}(R_1|u_1)\, \mathbf{P}(u_2|R_1) \tag{15.10}$$

由前面描述的前向滤波过程，我们已知道第一项等于 $\langle 0.818, 0.182\rangle$。通过应用公式（15.9）中的后向递归过程可以计算出第二项：

$$
\begin{aligned}
\mathbf{P}(u_2|R_1) &= \sum_{r_2} P(u_2|r_2)P(|r_2)\mathbf{P}(r_2|R_1)\\
&= (0.9 \times 1 \times \langle 0.7, 0.3\rangle) + (0.2 \times 1 \times \langle 0.3, 0.7\rangle) = \langle 0.69, 0.41\rangle
\end{aligned}
$$

将其代入公式（15.10），我们发现第 1 天下雨的平滑估计为：

$$\mathbf{P}(R_1|u_1, u_2) = \alpha\langle 0.818, 0.182\rangle \times \langle 0.69, 0.41\rangle \approx \langle 0.883, 0.117\rangle$$

因此，在这个案例中第 1 天下雨的平滑估计高于滤波估计（0.818）。这是因为第 2 天出现雨伞的证据使第 2 天下雨的可能性增大了；进一步，由于下雨天气倾向于持续，这又使得第 1 天下雨的可能性也增大了。

前向递归和后向递归在每一步中花费的时间量都是常数；因此关于证据 $\mathbf{e}_{1:t}$ 的平滑算法的时间复杂度是 $O(t)$。这是对一个特定时间步 k 进行平滑的复杂度。如果我们想平滑整个序列，一个显然的方法就是对每个要平滑的时间步运行一次完整的平滑过程。这导致时间复杂度为 $O(t^2)$。更好的方法可以应用非常简单的动态规划方法，将复杂度降低到 $O(t)$。在前面对雨伞例子的分析中出现了一条线索，即我们能够重复使用前向滤波阶段的结果。线性时间算法的关键是记录对整个序列进行前向滤波的结果。然后我们从时刻 t 到 1 运行

后向递归，在每个步骤 k，根据已经计算出来的后向消息 $\mathbf{b}_{k+1:t}$ 和所存储的前向消息 $\mathbf{f}_{1:k}$，计算平滑估计。这个算法也被称为**前向-后向算法**（forward-backward algorithm），如图 15.4 所示。

```
function FORWARD-BACKWARD(ev,prior) returns a vector of probability distributions
    inputs: ev, a vector of evidence values for steps 1, ···, t
            prior, the prior distribution on the initial state, P(X₀)
    local variables: fv, a vector of forward messages for steps 0, ···, t
                     b, a representation of the backward message, initially all 1s
                     sv, a vector of smoothed estimates for steps 1, ···, t

    fv[0] ← prior
    for i = 1 to t do
        fv[i] ← FORWARD(fv[i − 1], ev[i])
    for i = t downto 1 do
        sv[i] ← NORMALIZE(fv[i] × b)
        b ← BACKWARD(b, ev[i])
    return sv
```

图 15.4 进行平滑的前向-后向算法：在给定观察序列，计算状态序列的后验概率。函数 FORWARD 和 BACKWARD 分别由公式（15.5）和公式（15.9）定义

机敏的读者可能已经发现，图 15.3 中所示的贝叶斯网络结构是一棵多形树（14.4.3 节）。这意味着直截了当地应用聚类算法（14.4.4 节）也能够得到一种计算整个序列平滑估计的线性时间算法。现在可以理解，前向-后向算法实际上是与聚类算法一起使用的多形树消息传播算法的一种特殊情形（尽管这两种算法是各自独立地发展出来的）。

在很多处理有噪声的观察序列的应用中，前向-后向算法是其中进行计算的主干。根据前面的描述，这个算法有两个实际的缺点。第一个缺点是，当状态空间规模庞大而序列很长时，算法的空间复杂度可能会过高。算法需要 $O(|\mathbf{f}|t)$ 的空间，其中 $|\mathbf{f}|$ 是表示前向消息所需的空间。随着时间复杂度增加到原来的 $\log t$ 倍，伴随着空间需求会降低到 $O(|\mathbf{f}| \log t)$，如习题 15.3 所示。在某些情况下（参见 15.3 节），可以使用常数空间算法。

这个基本算法的第二个缺点是，它需要修改以便能工作在一种联机环境设置下，在这样的设置下算法必须在新证据不断地追加到序列末尾的同时，为以前的时间片计算平滑估计。最常见的要求是，**固定延迟平滑**（fixed-lag smoothing）中要求对一个固定的延迟 d 计算平滑估计 $\mathbf{P}(\mathbf{X}_{t-d} | \mathbf{e}_{1:t})$。也就是说，只对比当前时刻 t 落后 d 步的时间片（即发生在时刻 t 之前 d 步的时间片）进行平滑；随着 t 增长，平滑也会跟进。显然，每当一个新证据加入时，我们可以在一个宽度为 d 步的"窗口"中运行前向-后向算法，但是这看来效率太低。在 15.3 节中，我们会看到在某些情况下固定延迟平滑能够实现每次更新都在常数时间内完成，而与延迟 d 无关。

15.2.3 寻找最可能序列

假设[$true,true,false,true,true$]是警卫观察到的前 5 天的雨伞序列。解释这个序列的最可能的天气序列是什么？第 3 天没有出现雨伞是否意味着这天没有下雨还是主管忘记了带伞？如果第 3 天没有下雨，也许（因为天气的持续性）第 4 天也不会下雨，而主管第 4 天带了雨伞只是为了以防万一。我们可选择的天气序列总共有 2^5 个。是否有方法能找到最可

能的序列而不用把所有序列枚举出来呢？

　　我们可以尝试一下下面的这个线性时间过程：用平滑算法找到每个时间步上的天气后验分布；然后用每个时间步上与后验分布最可能一致的天气来构造这个序列。读者的头脑里应该对这种方法有警觉，因为通过平滑计算得到的是单个时间步上的后验分布，然而要寻找最可能序列，我们必须考虑所有时间步上的联合概率。实际上这两个结果之间可能有非常大的差异（参见习题15.4）。

　　寻找最可能序列是存在线性时间算法的，但需要多一点思考。它依赖于产生高效滤波和平滑算法的相同的马尔可夫特性。思考这个问题最简单的方法是将每个序列视为以每个时间步上的可能状态为结点所构成的图中的一条路径。图15.5（a）中显示了为雨伞世界绘制的这样的图。现在考虑寻找穿过这个图的最可能路径的任务，其中任何一条路径的似然是沿该路径的转移概率和每个状态的给定观察结果的概率的乘积。让我们把注意力特别集中在能够到达状态 $Rain_5 = true$ 的路径上。由于马尔可夫特性，最可能到达状态 $Rain_5 = true$ 的路径包含了到达时刻4的某个状态的最可能路径，紧跟着到状态 $Rain_5 = true$ 的转移；而在时刻4将成为到达 $Rain_5 = true$ 的路径的一部分的状态就是使该路径的似然达到最大值的那个状态。也就是说，在到达每个状态 $\mathbf{x}_{t+1}$ 的最可能路径与到达每个状态 $\mathbf{x}_t$ 的最可能路径之间存在一种递归关系。我们可以把这种关系写成与路径的概率有关联的公式：

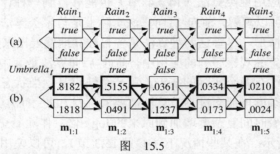

图　　15.5

　　（a）$Rain_t$ 的可能状态序列可以被视为由每个时间步的可能状态所构成的图中的路径。（为了避免与贝叶斯网络中的结点混淆，这里用方形结点表示状态。）（b）针对雨伞的观察序列 [*true, true, false, true, true*] 的 Viterbi 算法的操作。对每个时间步 t，我们已经给出消息 $\mathbf{m}_{1:t}$ 的取值，$\mathbf{m}_{1:t}$ 给出了在时刻 t 到达每个状态的最佳序列的概率。同样对于每个状态，指向它的粗箭头指出了其最佳先辈结点，由前面序列的概率与转移概率相乘来度量最佳先辈结点。从 $\mathbf{m}_{1:5}$ 中最可能的状态出发，沿着粗箭头反方向就可以得到最可能序列

$$\max_{\mathbf{x}_1\cdots\mathbf{x}_t}\mathbf{P}(\mathbf{x}_1,\cdots,\mathbf{x}_t,\mathbf{X}_{t+1}|\mathbf{e}_{1:t+1})$$
$$=\alpha\mathbf{P}(\mathbf{e}_{t+1}|\mathbf{X}_{t+1})\max_{\mathbf{x}_t}(\mathbf{P}(\mathbf{X}_{t+1}|\mathbf{x}_t)\max_{\mathbf{x}_1\cdots\mathbf{x}_{t-1}}\mathbf{P}(\mathbf{x}_1,\cdots,\mathbf{x}_{t-1},\mathbf{x}_t|\mathbf{e}_{1:t}))\tag{15.11}$$

　　除了以下区别外，公式（15.11）和滤波公式（15.5）是相同的：

　　（1）　　前向消息 $\mathbf{f}_{1:t}=\mathbf{P}(\mathbf{X}_t|\mathbf{e}_{1:t})$ 被如下消息代替

$$\mathbf{m}_{1:t}=\max_{\mathbf{x}_1\cdots\mathbf{x}_{t-1}}\mathbf{P}(\mathbf{x}_1,\ldots,\mathbf{x}_{t-1},\mathbf{X}_t|\mathbf{e}_{1:t})$$

即到达每个状态 $\mathbf{x}_t$ 的最可能路径的概率；以及

　　（2）公式（15.5）中 $\mathbf{x}_t$ 之上的求和被公式（15.11）中 $\mathbf{x}_t$ 之上的极大值所代替。

　　因此，计算最可能序列的算法和滤波是相似的：它沿着序列向前运行，使用公式（15.11）计算每个时间步上的消息 $\mathbf{m}$；图15.5（b）中显示了这个计算过程。最后，它将获得到达每个最终状态的最可能序列的概率。于是我们能够很容易地选择总体上的最可能序列（粗箭头画出的状态）。为了标明实际序列而不只是计算其概率，算法还需要为每个状态记录通向

该状态的最佳状态；在图 15.5（b）中用粗线箭头标出。从最佳的最终状态开始向后沿这些粗线箭头可以确定最可能序列。

我们刚刚描述的算法称为 **Viterbi 算法**，这个算是根据算法提出者的姓名命名的。和滤波算法类似，它的时间复杂度与序列长度 t 呈线性关系。与滤波算法不同的是，其空间需求同样与 t 呈线性关系，而滤波算法使用常数量级的空间。这是因为 Viterbi 算法需要保存标明到达每个状态的最佳序列的指针。

15.3　隐马尔可夫模型

前一节发展了使用与转移和传感器模型具体形式无关的通用框架进行时序概率推理的算法。在本节及紧接着的两节中，我们讨论更具体的模型与应用，它们阐明了基本算法的能力，并且某些情况下它们允许进一步的改进。

我们从**隐马尔可夫模型**（hidden Markov model，或缩写为 HMM）开始。隐马尔可夫模型是用单个离散随机变量描述过程状态的时序概率模型。该变量的可能取值就是世界的可能状态。因此前一节所描述的雨伞例子是一个隐马尔可夫模型，因为它只有一个状态变量：$Rain_t$。如果你的模型有两个或多个状态变量，会发生什么？你可以将这多个变量组合为单个"大变量"（它的值是由各单个变量的值组成的所有可能的多元组），使其仍然符合马尔可夫模型。我们将看到，隐马尔可夫模型的这种受限制的结构能够得到所有基本算法的一种非常简单而明快的矩阵实现 [1]。

15.3.1　简化的矩阵算法

使用单个的、离散的状态变量 X_t，我们能够给出表示转移模型、传感器模型以及前向与后向消息的具体形式。设状态变量 X_t 的值用整数 $1, \cdots, S$ 表示，其中 S 表示可能状态的数目。转移模型 $\mathbf{P}(X_t | X_{t-1})$ 成为一个 $S \times S$ 的矩阵 $\mathbf{T}$，其中：

$$\mathbf{T}_{ij} = P(X_t = j | X_{t-1} = i)$$

也就是说，$\mathbf{T}_{ij}$ 是从状态 i 转移到状态 j 的概率。例如，雨伞世界的转移矩阵是：

$$\mathbf{T} = \mathbf{P}(X_t | X_{t-1}) = \begin{pmatrix} 0.7 & 0.3 \\ 0.3 & 0.7 \end{pmatrix}$$

我们同样可以将传感器模型用矩阵形式表示。在这种情况下，由于证据变量 E_t 的取值在时刻 t 是已知的，称作 e_t，我们只需要为每个状态指定这个状态使 e_t 出现的概率是多少。为了数学计算方便，我们将这些值放入一个 $S \times S$ 的矩阵 $\mathbf{O}_t$ 中，它的第 i 个对角元素是 $P(e_t | X_t = i)$，其他元素是 0。例如，在图 15.5 的雨伞世界中的第 1 天，$U_1 = true$，而在第 3 天，$U_3 = false$，因此，根据图 15.2 我们有

$$\mathbf{O}_1 = \begin{pmatrix} 0.9 & 0 \\ 0 & 0.2 \end{pmatrix}; \quad \mathbf{O}_3 = \begin{pmatrix} 0.1 & 0 \\ 0 & 0.8 \end{pmatrix}$$

现在，如果我们用列向量表示前向消息和后向消息，整个计算过程将变成简单的矩阵-

---

[1]　对于向量与矩阵的基本运算不熟悉的读者在继续本节之前可以参考附录 A。

向量运算。这样，前向公式（15.5）变成：

$$\mathbf{f}_{1:t+1} = \alpha \mathbf{O}_{t+1} \mathbf{T}^{\mathrm{T}} \mathbf{f}_{1:t} \tag{15.12}$$

而后向公式（15.9）则变成：

$$\mathbf{b}_{k+1:t} = \mathbf{T} \mathbf{O}_{k+1} \mathbf{b}_{k+2:t} \tag{15.13}$$

由这些公式，我们可以看到应用于长度为 t 的序列时，前向-后向算法（图 15.4）的时间复杂度是 $O(S^2 t)$，因为每一步都要将一个 S 元向量与一个 $S \times S$ 矩阵相乘。算法的空间需求是 $O(St)$，因为前向过程保存了 t 个 S 元向量。

除了为隐马尔可夫模型的滤波和平滑算法提供一种简练的描述以外，矩阵形式还揭示了改进算法的机会。首先是前向-后向算法的一种简单变形，使算法能够在常数空间内执行平滑，而与序列长度无关。其思想是，根据公式（15.8），对任何特定时间片 k 的平滑都需要同时给出前向和后向消息，即 $\mathbf{f}_{1:k}$ 和 $\mathbf{b}_{k+1:t}$。前向-后向算法是通过将前向过程中计算出来的 $\mathbf{f}$ 保存起来以便在后向过程中使用而实现的。实现这一目标的另一种方法是只运行一趟，这一趟里同时向相同的方向传递 $\mathbf{f}$ 和 $\mathbf{b}$。例如，如果我们让公式（15.12）向另一个方向执行，"前向"消息 $\mathbf{f}$ 也可以后向传递：

$$\mathbf{f}_{1:t} = \alpha' (\mathbf{T}^{\mathrm{T}})^{-1} \mathbf{O}_{t+1}^{-1} \mathbf{f}_{1:t+1}$$

修改后的平滑算法首先执行标准的前向过程以计算 $\mathbf{f}_{t:t}$（抛弃所有中间结果），然后对 $\mathbf{b}$ 和 $\mathbf{f}$ 同时执行后向过程，用它们来计算每一时间步的平滑估计。既然每个消息都只需要一份拷贝，因而存储需求就是不变的（即与序列长度 t 无关）。不过这个算法有两个显著的限制：它要求转移矩阵必须是可逆的，而且传感器模型没有零元素——也就是说，在每个状态下每个观察值都是可能的。

矩阵形式揭示算法可改进的第二个地方是在有固定延迟的联机平滑中。平滑能够在常数空间里完成的事实提示我们，联机平滑应该存在一种高效的递归算法——即一种时间复杂度与延迟长度无关的算法。让我们假设延迟为 d；我们要对时间片 $t-d$ 进行平滑，其中 t 表示当前时间。根据公式（15.8），我们需要为时间片 $t-d$ 计算

$$\alpha \mathbf{f}_{1:t-d} \times \mathbf{b}_{t-d+1:t}$$

然后，当有了新的观察后，我们需要为时间片 $t-d+1$ 计算

$$\alpha \mathbf{f}_{1:t-d+1} \times \mathbf{b}_{t-d+2:t+1}$$

这如何通过增量方式实现呢？首先，我们可以通过标准的滤波过程，即公式（15.5），由 $\mathbf{f}_{1:t-d}$ 计算 $\mathbf{f}_{1:t-d+1}$。

用增量方式计算后向消息则需要更多的技巧，因为在旧的后向消息 $\mathbf{b}_{t-d+1:t}$ 和新的后向消息 $\mathbf{b}_{t-d+2:t+1}$ 之间并不存在简单关系。反过来，我们将考查旧的后向消息 $\mathbf{b}_{t-d+1:t}$ 和序列前端的后向消息 $\mathbf{b}_{t+1:t}$ 之间的关系。为了实现这一点，我们将公式（15.13）应用 d 次得到：

$$\mathbf{b}_{t-d+1:t} = \left(\prod_{i=t-d+1}^{t} \mathbf{T} \mathbf{O}_i \right) \mathbf{b}_{t+1:t} = \mathbf{B}_{t-d+1:t} \mathbf{1} \tag{15.14}$$

其中矩阵 $\mathbf{B}_{t-d+1:t}$ 为 $\mathbf{T}$ 和 $\mathbf{O}$ 矩阵序列的乘积。$\mathbf{B}$ 可以被认为是一个"变换算子"，它将后来的后向消息变换成早先的后向消息。当有了下一个观察之后，对于新的后向消息有类似的公式成立：

$$\mathbf{b}_{t-d+2:t+1} = \left(\prod_{i=t-d+2}^{t+1} \mathbf{T} \mathbf{O}_i \right) \mathbf{b}_{t+2:t+1} = \mathbf{B}_{t-d+2:t+1} \mathbf{1} \tag{15.15}$$

考查公式（15.14）和公式（15.15）中的乘积表达式，我们发现它们有一个简单关系：要得到第二个乘积，只要用第一个乘积"除以"第一项 $\mathbf{TO}_{t-d+1}$，然后再乘以第二个乘积的最后一项 $\mathbf{TO}_{t+1}$。那么，用矩阵语言，新旧矩阵 $\mathbf{B}$ 之间有一个简单关系：

$$\mathbf{B}_{t-d+2:t+1} = \mathbf{O}_{t-d+1}^{-1} \mathbf{T}^{-1} \mathbf{B}_{t-d+1:t} \mathbf{TO}_{t+1} \qquad (15.16)$$

这个公式提供了对 $\mathbf{B}$ 矩阵的增量式更新，并进而（通过公式（15.15））允许我们计算新的后向消息 $\mathbf{b}_{t-d+2:t+1}$。图 15.6 中给出了保存和更新 $\mathbf{f}$ 与 $\mathbf{b}$ 的完整算法。

```
function FIXED-LAG-SMOOTHING(e_t, hmm, d) returns a distribution over X_{t-d}
    inputs: e_t, the current evidence for time step t
            hmm, a hidden Markov model with S × S transition matrix T
            d, the length of the lag for smoothing
    persistent: t, the current time, initially 1
                f, the forward message P(X_t|e_{1:t}), initially hmm.PRIOR
                B, the d-step backward transformation matrix, initially the identity matrix
                e_{t-d:t}, double-ended list of evidence from t − d to t, initially empty
    local variables: O_{t-d}, O_t, diagonal matrices containing the sensor model information

    add e_t to the end of e_{t-d:t}
    O_t ← diagonal matrix containing P(e_t|X_t)
    if t > d then
        f ← FORWARD(f, e_t)
        remove e_{t-d-1} from the beginning of e_{t-d:t}
        O_{t-d} ← diagonal matrix containing P(e_{t-d}|X_{t-d})
        B ← O_{t-d}^{-1} T^{-1} BTO_t
    else B ← BTO_t
    t ← t + 1
    if t > d then return NORMALIZE(f × B1) else return null
```

图 15.6 具有固定时间延迟 d 的平滑算法，作为一种能够在给定新时间步的观察下输出新的平滑估计的联机算法而实现。注意，由公式（15.14），NORMALIZE(f×B1) 最终输出就是 f×b

15.3.2 隐马尔可夫模型实例：定位

4.4.4 节中我们介绍了吸尘器世界的**定位**（localization）问题的简单形式。在 4.4.4 节的描述中，机器人只有一个非确定性行为 *Move*，机器人的传感器完美地报告（没有噪声）在紧挨着的东、南、西、北四个方向是否有障碍物；机器人的信念状态是一组它可处的可能位置。

这里，我们使这个问题略微实际一点，我们为机器人的行为引入一个简单的概率模型，并允许传感器的噪声。状态变量 X_t 表示机器人在离散网格里的位置；这个变量的定义域是空方块组成的集合 $\{s_1, \cdots, s_n\}$。设 NEIGHBORS(s) 是与 s 相邻的空方块集合，并设 $N(s)$ 是这个集合的大小。然后 *Move* 的转移模型中，机器人等可能地移动到各相邻方块：

$$P(X_{t+1}{=}j|X_t{=}i) = \mathbf{T}_{ij} = (1/N(i) \text{ if } j \in \text{NEIGHBORS}(i) \text{ else } 0)$$

我们并不知道机器人的初始位置，所以我们将假设在各方块是均匀分布的；也就是说 $P(X_0{=}i){=}1/n$。我们考虑 $n{=}42$ 的特定环境（图 15.7），转移矩阵 $\mathbf{T}$ 有 42×42=1764 个元素。

传感器变量 E_t 有 16 个可能取值，每个取值是一个 4 位串（4 个 bit），描述每个方向上（东南西北 4 个方向）是否有障碍物。我们将使用记号表示哪个方向有障碍物，例如 *NS* 表示北边（North）和南边（South）有障碍物，而东边（East）和西边（West）没有障碍物。

假设每个传感器的错误率为ε，而且四个传感器方向的错误是相互独立的。这样，4个位都正确的概率是$(1-\varepsilon)^4$，都错误的概率是ε^4。此外，如果对于方块i的真实值与实际读数e_t之间的差异——不同的位的数量——是d_{it}，那么在方块i中的机器人得到传感器读数e_t的概率是

$$P(E_t=e_t|X_t=i)=\mathbf{O}_{ti}=(1-\varepsilon)^{4-d_{it}}\varepsilon^{d_{it}}$$

例如，北边和南边有障碍物的方块得到传感器读数NSE的概率是$(1-\varepsilon)^3\varepsilon^1$。

给定矩阵$\mathbf{T}$和$\mathbf{O}_t$，机器人可以使用公式（15.12）计算位置的后念分布——也就是说，找出机器人所处的位置。图15.7给出了分布$\mathbf{P}(X_1|E_1=NSW)$和$\mathbf{P}(X_2|E_1=NSW, E_2=NS)$。这是我们在前面图4.18看到的同一个迷宫，但那时我们假设传感器的感知是完美无瑕的，因此使用了逻辑滤波来找到可能的位置。现在传感器有噪音时，这些位置仍然是最可能的位置，但每个位置有一个不为0的概率。

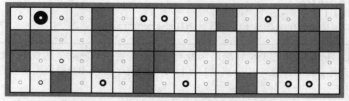

(a) Posterior distribution over robot location after $E_1 = NSW$

(b) Posterior distribution over robot location after $E_1 = NSW, E_2 = NS$

图 15.7　机器人位置的后验分布
（a）得到一个观察结果 $E_1=NSW$；
（b）得到第二个观察 $E_2=NS$ 之后。每个圆圈的大小表示机器人在那个位置的概率。传感器错误率是 $\varepsilon=0.2$

除了用滤波来估计当前位置以外，机器人能够使用平滑（公式（15.13））来找出它在任何给定的过去时间所处的位置——例如，在时间 0 时它所处的位置——而且能够使用Viterbi 算法来找出到达目前所处位置的最可能路径。图 15.8 给出了对于传感器错误率ε取不同的值时的位置错误与 Viterbi 路径正确率。即使当ε为 20%时——这意味着整个传感器的读数 59%的时间都是错误的——机器人通常也能够在 25 个观察值后将位置定位到两个方块中。这是因为算法能够综合随着时间推移的证据，并考虑了由转移模型施加在位置序列上的概率约束。当ε为 10%时，在 6 个观察之后的性能难以与理想传感器（这时ε为 0）下的性能相区分。习题 15.7 会要你探索 HMM 定位算法对于先验分布 $\mathbf{P}(X_0)$和转移模型本身的错误的健壮性。总的来说，即使使用的模型有很多错误，也能够保持高水平的定位和路径正确率。

这一节中我们考虑的例子的状态变量是世界中的物理位置。当然，其他问题可能包含世界的其他方面。习题 15.8 会要你考虑另一种吸尘机器人，只要前面没有障碍，它尽可能往前直走；直到遇到障碍时开会改变（随机选择）它的前进方向。为了给这个机器人建模，

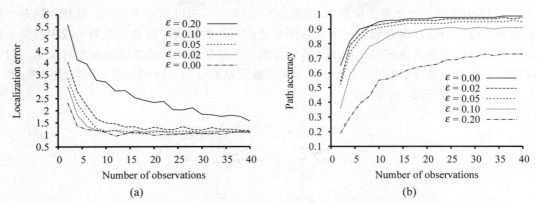

图 15.8　对于不同的传感器错误率 ε，HMM 定位的性能与观察序列长度之间的函数关系；
数据是运行 400 次然后取均值
（a）位置错误，定义为到真实位置的曼哈顿距离。（b）Viterbi 路径正确率，定义为路径上正确状态所占的比例

模型中的每个状态由（*location,heading*）对组成。对于图 15.7 的环境，这个环境有 42 个空方块，这导致 168 个状态和具有 168^2=28 224 个元素的转移矩阵——这个数量仍然是可以处理的。如果我们加入方块脏的可能性，那么状态数量需要再乘以 2^{42}，而转移矩阵最终会有 10^{29} 个以上的元素——这个数量不再是可以处理的；15.5 节会阐述如何使用动态贝叶斯网络来对有很多状态变量的问题进行建模。如果我们允许机器人的移动是连续的而不是在离散网格里移动，则有无限多个状态；下一节阐述如何处理这种情况。

15.4　卡尔曼滤波器

　　想象你在傍晚时分看着一只小鸟飞行穿过浓密的丛林：你只能瞥见小鸟隐隐约约、断断续续地闪现；你试图努力地猜测小鸟在哪里以及下一时刻它会出现在哪里，以不至于失去它的行踪。或者想象你是一个二战中的雷达操作员，正在跟踪一个微弱的移动目标，这个目标每隔 10 秒钟在屏幕上闪现一次。或者，我们回到更远的从前，想象你是开普勒（Kepler，1571—1630），正试图根据一组通过不规律和不准确的测量间隔得到的非常不精确的角度观测值来重构行星的运动轨迹。在所有这些情况下，你都在进行滤波：根据随时间变化并且带有噪声的观察数据去估计状态变量（这里是位置和速度）。如果变量是离散的，我们可以用隐马尔可夫模型进行建模。本节考查处理连续变量的方法，我们将使用**卡尔曼滤波**（Kalman filtering），这个方法是以其提出者 Rudolf E. Kalman 的名字命名的。

　　小鸟的飞行可以用每个时间点的 6 个连续变量来描述，3 个变量用于位置（X_t, Y_t, Z_t），3 个变量用于速度（$\dot{X}_t, \dot{Y}_t, \dot{Z}_t$）。我们还需要合适的条件概率密度来表示转移模型和传感器模型；和在第 14 章中一样，我们将使用**线性高斯**分布。这意味着下一个状态 $\mathbf{X}_{t+1}$ 必须是当前状态 $\mathbf{X}_t$ 的线性函数，再加上某个高斯噪声，实践表明这种状况是相当合理的。例如，考虑小鸟的 X 坐标，暂时先忽略其他坐标。令观测之间的间隔为 Δ，并假设在观测间隔里速度不变；那么位置更新由 $X_{t+\Delta}=X_t+\dot{X}\Delta$ 给出。增加高斯噪声（解释风向的变化等）后，我们得到一个线性高斯转移模型：

$$P(X_{t+\Delta}=x_{t+\Delta}|X_t=x_t, \dot{X}_t=\dot{x}_t)=N(x_t+\dot{x}_t\Delta,\sigma^2)(x_{t+\Delta})$$

图 15.9 给出了一个包含位置 $\mathbf{X}_t$ 和速度 $\dot{\mathbf{X}}_t$ 的系统的贝叶斯网络结构。注意，这是一种形式非常特定的线性高斯模型；本节后面会介绍其一般形式，也会论及第一段中的简单运动模型以外的很多其他应用。关于高斯分布的某些数学性质，读者可以参考附录 A；对于我们眼下的目标最重要的是，含有 d 个变量的**多元高斯**分布可以用一个 d 元均值向量 $\boldsymbol{\mu}$ 和一个 $d \times d$ 协方差矩阵 Σ 来指定。

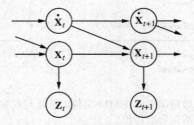

图 15.9　包含位置 $\mathbf{X}_t$、速度 $\dot{\mathbf{X}}_t$ 以及位置测量值 $\mathbf{Z}_t$ 的线性动态系统的贝叶斯网络结构

15.4.1　更新高斯分布

在第 14 章中，我们曾间接提到线性高斯分布家族的一个关键性质：在标准贝叶斯网络操作下这个分布家族保持封闭。这里，我们在时序概率模型中的滤波上下文中使这个断言更精确。所需的性质与公式（15.5）中的两步滤波计算相对应：

（1）如果当前分布 $\mathbf{P}(\mathbf{X}_t \mid \mathbf{e}_{1:t})$ 是高斯分布，并且转移模型 $\mathbf{P}(\mathbf{X}_{t+1} \mid \mathbf{x}_t)$ 是线性高斯的，那么由

$$\mathbf{P}(\mathbf{X}_{t+1} \mid \mathbf{e}_{1:t}) = \int_{\mathbf{X}_t} \mathbf{P}(\mathbf{X}_{t+1} \mid \mathbf{x}_t) P(\mathbf{x}_t \mid \mathbf{e}_{1:t}) d\mathbf{x}_t \qquad (15.17)$$

给出的单步预测分布也是高斯分布。

（2）如果预测分布 $\mathbf{P}(\mathbf{X}_{t+1} \mid \mathbf{e}_{1:t})$ 是高斯分布，传感器模型 $\mathbf{P}(\mathbf{e}_{t+1} \mid \mathbf{X}_{t+1})$ 是线性高斯的，那么条件化新证据后，更新后的分布

$$\mathbf{P}(\mathbf{X}_{t+1} \mid \mathbf{e}_{1:t+1}) = \alpha \, \mathbf{P}(\mathbf{e}_{t+1} \mid \mathbf{X}_{t+1}) \mathbf{P}(\mathbf{X}_{t+1} \mid \mathbf{e}_{1:t}) \qquad (15.18)$$

也是高斯分布。

因此，卡尔曼滤波的 FORWARD 算子选取一个高斯前向消息，该消息由均值 $\boldsymbol{\mu}_t$ 和协方差矩阵 Σ_t 确定；并产生一个新的多元高斯前向消息 $\mathbf{f}_{1:t+1}$，该消息由均值 $\boldsymbol{\mu}_{t+1}$ 和协方差矩阵 Σ_{t+1} 确定。因此，如果我们从高斯先验概率 $\mathbf{f}_{1:0} = \mathbf{P}(\mathbf{X}_0) = N(\boldsymbol{\mu}_0, \Sigma_0)$ 出发，用一个线性高斯模型进行滤波，在任何时间片都会产生一个高斯状态分布。

这似乎的确是一个漂亮而优雅的结果，但是这一点为什么如此重要？原因在于，除了一些像这样的特殊情况外，连续或者混合（离散与连续）网络的滤波过程会生成的状态分布其表示的规模随时间增长而趋于无界。这个结论的一般性证明比较难，不过习题 15.10 用一个简单例子说明了会发生的事情。

15.4.2　一个简单的一维实例

我们已经说过，卡尔曼滤波器中的 FORWARD 算子将一个高斯分布映射到另一个新的高

斯分布。这被转变成一个根据原有的均值与协方差矩阵计算新的均值与协方差矩阵的过程。要得到一般（多元）情况下的更新规则需要相当多的线性代数知识，因此我们暂时只讨论非常简单的一元情况；后面我们会给出一般情况下的结论。即使对于一元情况，计算也是有些繁冗的，但是我们觉得还是值得看一看，因为卡尔曼滤波器的有效性与高斯分布的数学特性的关系如此密切。

我们考虑的时序模型描述了有噪声观察 Z_t 的单一连续状态变量 X_t 的**随机行走**（random walk）。一个可能的例子是"消费者信心"指数，可以为它建立模型，信心指数每个月发生一次随机的服从高斯分布的变化，同时通过对一个随机的消费调查来度量，这个调查也会引入一个高斯采样噪声。假设其先验分布为具有方差 σ_0^2 的高斯分布：

$$P(x_0)=\alpha e^{-\frac{1}{2}\left(\frac{(x_0-\mu_0)^2}{\sigma_0^2}\right)}$$

（为了简化，本节所有的归一化常数都使用同样的符号 α 来表示。）转移模型在当前状态中增加了一个具有常数方差 σ_x^2 的高斯扰动：

$$P(x_{t+1}|x_t)=\alpha e^{-\frac{1}{2}\left(\frac{(x_{t+1}-x_t)^2}{\sigma_x^2}\right)}$$

假设传感器模型具有方差为 σ_z^2 的高斯噪声：

$$P(z_t|x_t)=\alpha e^{-\frac{1}{2}\left(\frac{(z_t-x_t)^2}{\sigma_z^2}\right)}$$

现在，已知先验分布 $\mathbf{P}(X_0)$，我们可以使用公式（15.17）计算单步预测分布：

$$P(x_1)=\int_{-\infty}^{\infty}P(x_1|x_0)P(x_0)\mathrm{d}x_0=\alpha\int_{-\infty}^{\infty}e^{-\frac{1}{2}\left(\frac{(x_1-x_0)^2}{\sigma_x^2}\right)}e^{-\frac{1}{2}\left(\frac{(x_0-\mu_0)^2}{\sigma_0^2}\right)}\mathrm{d}x_0$$
$$=\alpha\int_{-\infty}^{\infty}e^{-\frac{1}{2}\left(\frac{\sigma_0^2(x_1-x_0)^2+\sigma_x^2(x_0-\mu_0)^2}{\sigma_0^2\sigma_x^2}\right)}\mathrm{d}x_0$$

这个积分看起来相当复杂。关键是要注意到指数部分是两个 x_0 的二次表达式的和，因此这个和仍然是 x_0 的二次多项式。一个非常简单的技巧是大家熟知的**配方法**（completing the square），它可以将任何二次多项式 $ax_0^2+bx_0+c$ 改写为平方项 $a\left(x_0-\frac{-b}{2a}\right)^2$ 与独立于 x_0 的余项 $c-\frac{b^2}{4a}$ 之和。余项部分可以从积分中移出，于是得到：

$$P(x_1)=\alpha e^{-\frac{1}{2}\left(c-\frac{b^2}{4a}\right)}\int_{-\infty}^{\infty}e^{-\frac{1}{2}\left(a\left(x_0-\frac{-b}{2a}\right)^2\right)}\mathrm{d}x_0$$

现在这个公式中的积分部分就是一个全区间上的高斯分布积分，也就是 1。因此只留下了二次多项式中的余项。然后，我们注意到这个余项是关于 x_1 的二次多项式；事实上，经过化简以后会得到：

$$P(x_1)=\alpha e^{-\frac{1}{2}\left(\frac{(x_1-\mu_0)^2}{\sigma_0^2+\sigma_x^2}\right)}$$

也就是说，这个单步预测分布是一个具有相同均值 μ_0 的高斯分布，而其方差等于原来方差 σ_0^2 与转移方差 σ_x^2 的和。

为了完成更新步骤，我们还需要将第 1 个时间步的观察即 z_1 条件化。根据公式（15.18），这可由下式给出：

$$P(x_1|z_1)=\alpha P(z_1|x_1)P(x_1)=\alpha e^{-\frac{1}{2}\left(\frac{(z_1-x_1)^2}{\sigma_z^2}\right)}e^{-\frac{1}{2}\left(\frac{(x_1-\mu_0)^2}{\sigma_0^2+\sigma_x^2}\right)}$$

我们再一次合并指数，并进行配方（习题 15.11），得到

$$P(x_1|z_1)=\alpha e^{-\frac{1}{2}\left(\frac{\left(x_1-\frac{(\sigma_0^2+\sigma_x^2)z_1+\sigma_z^2\mu_0}{\sigma_0^2+\sigma_x^2+\sigma_z^2}\right)^2}{(\sigma_0^2+\sigma_x^2)\sigma_z^2/(\sigma_0^2+\sigma_x^2+\sigma_z^2)}\right)} \qquad (15.19)$$

于是，经过一轮更新后，我们得到了状态变量的一个新的高斯分布。

根据公式（15.19）的高斯表达式，我们发现，新的均值和标准差可以由原来的均值和标准差按照下面的公式计算得到：

$$\mu_{t+1}=\frac{(\sigma_t^2+\sigma_x^2)z_{t+1}+\sigma_z^2\mu_t}{\sigma_t^2+\sigma_x^2+\sigma_z^2} \quad 和 \quad \sigma_{t+1}^2=\frac{(\sigma_t^2+\sigma_x^2)\sigma_z^2}{\sigma_t^2+\sigma_x^2+\sigma_z^2} \qquad (15.20)$$

图 15.10 显示了对转移模型和传感器模型的特定取值的一轮更新。

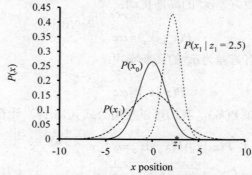

图 15.10   对随机行走进行卡尔曼滤波器更新的一个周期内的各个阶段，由均值 $\mu_0 = 0.0$、标准差 $\sigma_0 = 1.0$ 给定先验概率分布，由 $\sigma_x = 2.0$ 给定转移噪声，由 $\sigma_z = 1.0$ 给定传感器噪声，第一个观察值是 $z_1 = 2.5$（已在 x 轴上标出）。注意相对于 $P(x_0)$，预测 $P(x_1)$ 是如何被转移噪声拉平的。还要注意到后验分布 $P(x_1|z_1)$ 的均值比观察值 z_1 略偏左，因为这个均值是预测值与观察值的加权平均

公式（15.20）扮演的角色与通用滤波公式（15.5）或者 HMM 滤波公式（15.12）扮演的角色是完全相同的。然而，因为高斯分布的特殊性质，这些公式具有一些另外的有趣性质。首先，我们可以把新均值 μ_{t+1} 解释为新观察 z_{t+1} 和旧均值 μ_t 的一个简单的加权平均。如果观察不可靠，那么 σ_z^2 很大，我们更关注旧均值；如果旧的均值不可靠（即 σ_t^2 很大），或者这个过程高度不可预测（σ_x^2 很大），那么我们更关注于观察值。其次，注意到对方差 σ_{t+1}^2 的更新是独立于观察的。因此，我们可以在事先计算出方差值的序列。第三，方差值的序列很快收敛到一个固定的值，这个值只与 σ_x^2 和 σ_z^2 有关，因此可以大大简化后续的计算过程（参见习题 15.12）。

15.4.3   一般情况

前面的推导描述了作为卡尔曼滤波工作基础的高斯分布的关键性质：指数是二次多项式形式的。这一点不只对一元的情况成立；完整的多元高斯分布具有如下形式：

$$N(\boldsymbol{\mu},\boldsymbol{\Sigma})(\mathbf{x})=\alpha e^{-\frac{1}{2}((\mathbf{x}-\boldsymbol{\mu})^{\mathrm{T}}\boldsymbol{\Sigma}^{-1}(\mathbf{x}-\boldsymbol{\mu}))}$$

把指数中的项乘出来，可以清晰地看到指数部分也是 $\mathbf{x}$ 中的 x_i 的二次函数。和一元情况中相同，这里的滤波更新过程保留了状态分布的高斯特性。

让我们首先用卡尔曼滤波定义一般的时序模型。转移模型和传感器模型都允许一个附加高斯噪声的线性变换，因此，我们有：

$$P(\mathbf{x}_{t+1}|\mathbf{x}_t) = N(\mathbf{F}\mathbf{x}_t, \Sigma_x)(\mathbf{x}_{t+1})$$
$$P(\mathbf{z}_t|\mathbf{x}_t) = N(\mathbf{H}\mathbf{x}_t, \Sigma_z)(\mathbf{z}_t) \quad\quad (15.21)$$

其中 $\mathbf{F}$ 和 Σ_x 是描述线性转移模型和转移噪声协方差的矩阵，而 $\mathbf{H}$ 和 Σ_z 是传感器模型的相应矩阵。现在的均值与协方差的更新公式复杂得可怕，它们是：

$$\mu_{t+1} = \mathbf{F}\mu_t + \mathbf{K}_{t+1}(\mathbf{z}_{t+1} - \mathbf{H}\mathbf{F}\mu_t)$$
$$\Sigma_{t+1} = (\mathbf{I} - \mathbf{K}_{t+1}\mathbf{H})(\mathbf{F}\Sigma_t\mathbf{F}^{\mathrm{T}} + \Sigma_x) \quad\quad (15.22)$$

其中 $\mathbf{K}_{t+1} = (\mathbf{F}\Sigma_t\mathbf{F}^{\mathrm{T}} + \Sigma_x)\mathbf{H}^{\mathrm{T}}(\mathbf{H}(\mathbf{F}\Sigma_t\mathbf{F}^{\mathrm{T}} + \Sigma_x)\mathbf{H}^{\mathrm{T}} + \Sigma_z)^{-1}$ 被称为**卡尔曼增益矩阵**（Kalman gain matrix）。不管你是否相信，这些公式具有一些直观含义。例如，考虑关于均值状态估计 μ 的更新过程。项 $\mathbf{F}\mu_t$ 是 $t+1$ 时刻的预测状态，所以 $\mathbf{H}\mathbf{F}\mu_t$ 是预测观察值。因此，项 $\mathbf{z}_{t+1} - \mathbf{H}\mathbf{F}\mu_t$ 表示预测观察值的误差。我们可以将其乘以 $\mathbf{K}_{t+1}$ 来修正这个预测状态；因此 $\mathbf{K}_{t+1}$ 是相对于预测来说，对一个新的观察值的重视程度的度量。如公式（15.20）所示，我们还有方差更新独立于观察的性质。因此 Σ_t 和 $\mathbf{K}_t$ 的值序列可以脱机地计算，而联机跟踪期间需要的实际计算量是比较适度的。

为了举例说明这三个公式是如何工作的，我们将它们应用到 $X\text{-}Y$ 平面上的运动物体跟踪问题。这里的状态变量为 $\mathbf{X} = (X, Y, \dot{X}, \dot{Y})^{\mathrm{T}}$，因此 $\mathbf{F}$，Σ_x，$\mathbf{H}$，Σ_z 都是 4×4 的矩阵。图 15.11（a）显示了物体的真实轨迹、一系列带有噪声的观察结果以及通过卡尔曼滤波估计得到的轨迹，还画出了**单一标准偏差**（one-standard-deviation）轮廓线以指示协方差。该滤波过程确实很好地跟踪了物体的真实运动，并且如所期望的，其方差很快到达一个不动点。

和滤波一样，我们也可以用线性高斯模型推导出平滑公式。平滑的结果如图 15.11（b）所示。注意，关于位置估计的方差是如何急剧减少的，除了轨迹末端是个例外（为什么？）；还要注意，估计的轨迹平滑多了。

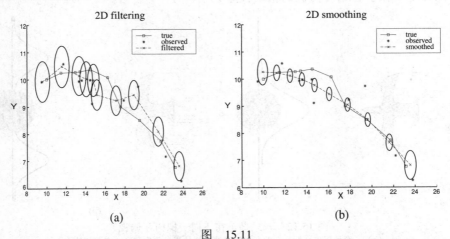

图　15.11

（a）$X\text{-}Y$ 平面上运动物体的卡尔曼滤波结果，显示了真实轨迹（从左到右），一系列带有噪声的观察值，以及通过卡尔曼滤波得到的估计轨迹。位置估计的方差用椭圆表示。（b）对于同样的观察序列进行卡尔曼平滑得到的结果。

15.4.4 卡尔曼滤波的适用性

卡尔曼滤波器及其具体形式得到了大量应用。其"经典的"应用是对飞行器及导弹的雷达跟踪。相关的应用还包括对潜艇和地面车辆的声学跟踪、车辆和人的视觉追踪等。在一些更加深奥的学科分支里，卡尔曼滤波器被用来根据云室相片重构粒子的轨迹，以及根据卫星对地球表面的测量重构洋流。卡尔曼滤波器的应用范围远不止是物体的运动轨迹跟踪：任何通过连续状态变量与噪声测量来刻画的系统都可以应用卡尔曼滤波。这样的系统包括纸浆厂、化工厂、核反应堆、植物生态系统以及国家经济。

卡尔曼滤波器能够应用于一个系统的事实并不意味着所得到的结果一定是有效的或有用的。这里所做的假设——线性高斯的转移模型和传感器模型——其实是相当强的。**扩展的卡尔曼滤波器**（extended Kalman filter）试图克服被建模的系统中的非线性。在一个系统中，如果转移模型不能描述为状态向量的矩阵乘法，如同公式（15.21）中一样，这个系统就是非线性的。扩展卡尔曼滤波器的工作机理是将在 $\mathbf{x}_t = \mu_t$ 的区域中的状态 $\mathbf{x}_t$（μ_t 是当前状态分布的均值）当作局部线性的，在此基础上对系统进行建模。这对于光滑的、表现良好的（well-behaved）系统效果非常好，并且允许追踪者保持和更新一个高斯状态分布（是真实后验概率分布的合理近似）。第 25 章给出了一个详细例子。

那么系统"不平滑"或者"表现不良（poorly-behaved）"究竟是什么意思呢？从技术上来说，这意味着在"接近"（根据协方差 Σ_t）当前均值 μ_t 的区域内的系统响应具有非常明显的非线性。从非技术角度理解这个思想，考虑追踪一只鸟飞行穿过丛林的例子。鸟看起来正以很高的速度笔直朝一个树桩飞过去。卡尔曼滤波器，无论是常规的还是扩展的，都只会对鸟的位置做出一个高斯预测，而该高斯分布的均值将以树桩为中心，如图 15.12（a）所示。另一方面，关于鸟的一个合理模型应该能预测到鸟的躲避树桩的行为，从树桩的一侧或者另一侧绕过去，如图 15.12（b）所示。这样的模型就是高度非线性的，因为鸟的决策的变化高度依赖于它相对树桩的精确位置。

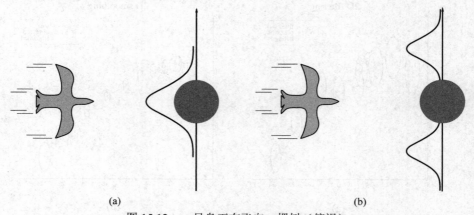

图 15.12　一只鸟正在飞向一棵树（俯视）
（a）一个使用单高斯分布的卡尔曼滤波器将预测鸟的位置中心在障碍物上。
（b）一个更真实的模型考虑了鸟的躲避行为，预测它将从树的一侧或者另一侧飞过去

为了处理这样的例子，很显然我们需要一种表达能力更强的语言来表示被建模系统的

行为。在控制论领域，诸如飞行器机动避障这样的问题给我们带来了同样类型的困难，标准的解决办法是使用**切换卡尔曼滤波器**（switching Kalman filter）。在这种方法里，多个卡尔曼滤波器并行地运行，其中每个都使用不同的系统模型——例如，一个直行，一个向左急转，一个向右急转。我们使用的是这些预测结果的加权和，其中权值依赖于每个滤波器对当前数据的适合程度。在下一节中，我们会发现这只是通用动态贝叶斯网络模型的一种特殊情况，通过在图 15.9 所示网络中增加一个离散的"机动"状态变量就可以得到。习题 15.10 将进一步讨论切换卡尔曼滤波器。

15.5　动态贝叶斯网络

动态贝叶斯网络（dynamic Bayesian network），或缩写为 DBN，是一种表示 15.1 节描述的那种时序概率模型的贝叶斯网络。我们已经见到过动态贝叶斯网络的一些例子：图 15.2 中的雨伞网络以及图 15.9 中的卡尔曼滤波器网络。总的来说，动态贝叶斯网络中的每个时间片可以具有任意数量的状态变量 $\mathbf{X}_t$ 与证据变量 $\mathbf{E}_t$。为了简化，我们将假设变量与有向边从一个时间片到另一个时间片是精确复制的，并假设动态贝叶斯网络表示的是一个一阶马尔可夫过程，所以每个变量的父结点或者在该变量本身所在那个时间片中，或者在与之相邻的上一个时间片中。

需要明白的是，每个隐马尔可夫模型都可以表示为只有一个状态变量和一个证据变量的动态贝叶斯网络。另外，每个离散变量的动态贝叶斯网络都可以表示成一个隐马尔可夫模型；像 15.3 节解释的那样，我们可以把动态贝叶斯网络中的所有状态变量合并成一个单一的状态变量，其取值为各单个状态变量的取值组成的所有可能元组。现在，如果每个隐马尔可夫模型都是一个动态贝叶斯网络，而每个动态贝叶斯网络又都可以转化成一个隐马尔可夫模型，那么这二者之间有什么区别呢？区别是，通过将复杂系统的状态分解成一些组成变量，动态贝叶斯网络能够充分利用时序概率模型中的稀疏性。例如，假设一个动态贝叶斯网络有 20 个布尔状态变量，每一个变量都在前一个时间片中有三个父结点，那么动态贝叶斯网络的转移模型中有 $20 \times 2^3 = 160$ 个概率，而对应的隐马尔可夫模型有 2^{20} 种状态，因此在转移矩阵中有 2^{40} 个概率（大约等于 1T，即一万亿）。这是很糟糕的，因为至少有三个原因：首先，隐马尔可夫模型本身需要更大的空间；其次，庞大的转移矩阵使得隐马尔可夫模型中的推理代价更加昂贵；再次，要学习数目如此巨大的参数非常困难，这使得纯隐马尔可夫模型不适合大规模的问题。动态贝叶斯网络与隐马尔可夫模型之间的关系有点像普通贝叶斯网络与表格形式的完全联合概率分布之间的关系。

我们已经解释过，每个卡尔曼滤波器模型都可以在一个具有连续变量和线性高斯条件分布的动态贝叶斯网络中进行表示（图 15.9）。根据前一节末尾的讨论，应该明确的是，并非每个动态贝叶斯网络都可以用卡尔曼滤波器模型来表示。在卡尔曼滤波器中，当前状态分布总是一个单一的多元高斯分布——也就是说，在特定位置上有单一的"拐点"。另一方面，动态贝叶斯网络可以对任意分布建模。对于很许现实世界的应用，这种灵活性是绝对必要的。例如，考虑我的钥匙的当前位置。它可能在我的衣兜里，在床头柜上，在厨房灶台上，正挂在前门上，或者锁在汽车里。一个包含了所有这些位置的单一高斯拐点可能会为"钥匙位于前厅的半空中"分配很高的概率。现实世界中的各个方面，例如特定用途的 Agent、障碍物以及衣服口袋等都会引入"非线性"，为了得到合理的模型，就要求把离散变量和连续变量结合起来。

15.5.1　构造动态贝叶斯网络

要构造一个动态贝叶斯网络，必须指定三类信息：状态变量的先验分布 $\mathbf{P}(\mathbf{X}_0)$；转移模型 $\mathbf{P}(\mathbf{X}_{t+1}\mid \mathbf{X}_t)$；以及传感器模型 $\mathbf{P}(\mathbf{E}_t\mid \mathbf{X}_t)$。为了指定转移模型和传感器模型，还必须要指定相继时间片之间、状态变量与证据变量之间的连接关系的拓扑结构。因为我们假设转移模型和传感器模型都是稳态的——对于所有时间片 t 都相同——那么只要为第一个时间片指定这些信息就可以了，这样是最方便的。例如，图 15.13（a）中所示的三结点网络给出了关于雨伞世界的动态贝叶斯网络的完整信息。从这些信息，具有无限时间片的完整的动态贝叶斯网络可以通过根据需要复制第一个时间片的方式构造出来。

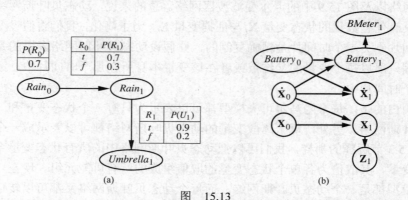

图　15.13
（a）对于雨伞 DBN 的先验概率、转移模型以及传感器模型的详细说明。所有后继的时间片都被假定为时间片 1 的副本。
（b）一个关于 X-Y 平面上机器人运动的简单 DBN

现在我们考虑一个更有趣的例子：监控一个在 X-Y 平面上运动的电池驱动的机器人，这个机器人在第 15.1 节末尾介绍过。首先，我们需要状态变量，其中包括位置信息 $\mathbf{X}_t=(X_t, Y_t)$ 和速度信息 $\dot{\mathbf{X}}_t=(\dot{X}_t, \dot{Y}_t)$。我们假设通过某种位置测量方法——可能是一个固定的摄像头或者机器人载 GPS（Global Positioning System）——获得测量值 $\mathbf{Z}_t$。机器人在下一时间步的位置依赖于当前的位置和速度，如同在标准的卡尔曼滤波器模型中一样。但是下一时间步的速度依赖于当前的速度和电池状态。我们增加变量 $Battery_t$ 来表示电池实际的充电水平，其父结点为上一时间片的电池水平和速度；我们再增加一个变量 $BMeter_t$ 来表示电池充电水平的测量值。这样，我们就得到了图 15.13（b）所示的基本模型。

更深入地考察 $BMeter_t$ 的传感器模型的本质是值得的。为了简化，我们假设 $Battery_t$ 和 $BMeter_t$ 都取在 0 到 5 之间的离散值。如果电池电量计总是精确的，那么条件概率表 $\mathbf{P}(BMeter_t\mid Battery_t)$ 应该沿"对角线"概率值等于 1.0，而在其他地方概率值等于 0.0。不过在实际测量中总会出现噪声。对于连续测量，可以使用一个具有较小方差的高斯分布[1]。对

1　严格地说，高斯分布是有问题的，因为在它给很大的负充电水平分配了非 0 的概率值。对于取值区间受限的变量，β分布有时候是一个更好的选择。

于我们的离散变量，可以用一个误差概率以合适的方式逐渐降低的分布来逼近高斯分布，以使得大误差出现的概率非常低。我们将用术语**高斯误差模型**（Gaussian error model）来同时涵盖连续的和离散的版本。

任何直接接触过机器人学、计算机化过程控制、或者其他形式的自动传感的人都很容易证实这样的事实，少量的测量噪声往往是问题中最次要的方面。真正的传感器会发生故障。当一个传感器发生故障后，它不一定会发出一个信号说："哦，顺便说一声，我将发出的数据是一堆废话。"相反，它只是发送出废话。最简单的一类故障称为**瞬时故障**（transient failure），这种故障下传感器偶尔会发出一些没有意义的数据。例如，即使在电池充满电的情况下，电池电量水平传感器也可能会习惯在有人碰撞到机器人时发出一个零电量信号。

让我们看看在一个没有考虑瞬时故障的高斯误差模型中，出现瞬时故障时会发生什么。例如，假设机器人静静地坐着，而电池电量读数连续 20 次为 5。然后电量表发生了一次短暂的突变，下一次的读数为 $BMeter_{21} = 0$。这个简单高斯误差模型会如何影响我们对 $Battery_{21}$ 的信念？根据贝叶斯规则，答案不但依赖于传感器模型 $\mathbf{P}(BMeter_{21} = 0 \mid Battery_{21})$，也依赖于预测模型 $\mathbf{P}(Battery_{21} \mid BMeter_{1:20})$。如果出现大的传感器错误的概率明显低于转移到状态 $Battery_{21} = 0$ 的概率，即使后者非常不可能发生，那么后验分布也会为电池耗尽赋予较大的概率。在时刻 $t = 22$ 再次得到零读数会使得这个结论几乎完全肯定。如果之后瞬时故障消失了，读数在 $t = 23$ 时回到了 5，那么电池电量水平的估计值会很快回到 5，像玩魔术一样。图 15.14（a）中上方的曲线描述了该事件过程，这条曲线显示了使用离散高斯误差模型时 $Battery_t$ 随时间变化的期望值。

尽管故障恢复了，还是存在一个时刻（$t = 22$）机器人会确信它的电池已经耗尽；假设，然后它应该发出一个求救信号，并且关机。哎呀，这个过于简单的传感器模型会让机器人误入歧途。如何修正这种情况？考虑一个大家熟悉的、来自于日常驾驶汽车的例子：在急速转弯或者陡峭的山路上，有时汽车的"油箱已空"警示灯会打开。你不会先查找求助电话，而只是会想起当汽油在油箱里摇来晃去时油箱表经常会发生很大的误差。这个故事的寓意是：为了让系统能够正确地处理传感器故障，传感器模型必须包含发生故障的可能性。

传感器最简单的故障模型考虑一个传感器返回某个完全不正确的值的概率，而不管世界的真实状态是什么。例如，如果电池电量计发生故障，返回 0，我们可能认为：

$$P(BMeter_t = 0 \mid Battery_t = 5) = 0.03$$

这个值大概比简单高斯误差模型给出的概率大得多。让我们称之为**瞬时故障模型**（transient failure model）。当我们遇到读数 0 时这个模型会如何帮助我们？假如根据到目前为止的读数而计算出的电池耗尽的预测概率比 0.03 小得多，那么对于观察值 $BMeter_{21} = 0$ 的最好解释是传感器发生了暂时性的故障。直观地看，我们可以认为对于电池电量水平的信念有一定的"惯性"，这能帮助我们克服电量计读数的暂时性异常。在图 15.14（b）中上方的曲线表明瞬时故障模型能够处理瞬时故障，而不会造成信念的灾难性突变。

关于暂时性故障就说这么多。但是当感知器发生持续故障时该如何呢？遗憾，这种故障发生得太普遍了。如果传感器连续 20 次返回读数 5，然后紧接着连续 20 次读数为 0，这时上一段落所描述的瞬时传感器故障模型将导致机器人逐渐相信它的电池确实已经耗尽，而实际的情况却可能是电量计失效了。在图 15.14（b）中下方的曲线显示了这种情况下的信念度轨迹。在时刻 $t = 25$——这时连续出现 5 个读数 0——机器人确信它的电池已经耗尽了。显然，我们宁可让机器人相信是它的电池电量计坏了——如果这个事件确实更有可能发生的话。

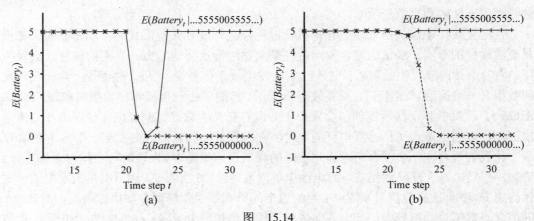

图　15.14

（a）上方曲线：对于一个除了 $t = 21$ 和 $t = 22$ 处取值为 0 以外全部取值都是 5 的观察序列，使用简单的高斯误差模型的 $Battery_t$ 的期望值轨迹。下方曲线：当从 $t = 21$ 处开始观察值保持为 0 时的轨迹。（b）在瞬时故障模型上运行的相同实验。注意，瞬时故障可以得到很好的处理，但是持续故障则导致过度悲观的结果

　　并不奇怪，要处理持续故障，我们就需要一个能够描述传感器在正常条件下以及出现故障后行为如何表现的**持续故障模型**（persistent failure model）。为了做到这一点，我们需要一个表示电池电量计状态的附加变量，比如说 $BMBroken$，来补充系统的状态。持续故障必须用连接 $BMBroken_0$ 到 $BMBroken_1$ 的边来建模。这条**持续边**（persistent arc）的条件概率表给出了一个在任一给定时间步发生故障的微小概率，比如说 0.001，但也规定了一旦传感器发生故障，故障状态就会持续。当传感器正常时，$BMeter$ 的传感器模型与瞬时故障模型是相同的；而当传感器发生故障时，它规定 $BMeter$ 永远取值 0，而不考虑电池的实际电量是多少。

　　电池电量传感器的持续故障模型如图 15.15（a）所示。它在两个数据序列（暂时突变和持续故障）下的性能如图 15.15（b）所示。关于这些曲线需要注意一些事情。首先，在暂时突变的情况下，传感器发生故障的概率在出现第二个读数 0 后显著上升，但一旦观察

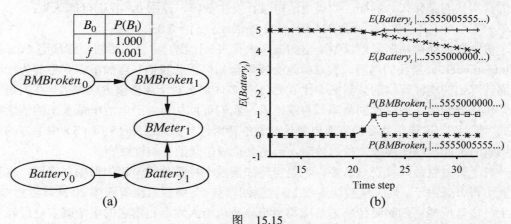

图　15.15

（a）一个 DBN 的局部，显示了对电池传感器的持续故障建模的传感器状态变量。（b）上方曲线：对于"瞬时故障"和"持续故障"的观察序列，$Battery_t$ 期望值的轨迹。下方曲线：已知这两种观察序列，$BMBroken$ 的概率轨迹

到读数 5 又很快降回到 0。其次，在持续故障的情形下，传感器发生故障的概率很快上升到几乎等于 1 的位置，并且保持这个概率。最后，一旦知道传感器发生了故障，机器人就只能假设其电池电量的消耗处于"正常"速度，如图中逐渐下降的曲线 $E(Battery_t | \ldots)$ 所示。

目前为止，我们对复杂过程的表示还仅仅抓到了皮毛而已。转移模型的种类非常多，包含的主题之间的差异之大，就如同对人类内分泌系统建模和对高速公路上多车辆行驶建模之间的差异那样可能有根本性的不同。传感器建模本身也是一个巨大的子领域，不过一些更加精细的现象，例如传感器漂移、突然失准，以及一些外部条件（例如天气）对传感器读数的影响，都能够通过动态贝叶斯网络的显式表示进行处理。

15.5.2　动态贝叶斯网络中的精确推理

勾勒了一些将复杂过程表示为动态贝叶斯网络的思想后，现在我们转到推理问题上来。从某种意义上来说，这个问题已经回答过：动态贝叶斯网络是贝叶斯网络，而我们已经有了贝叶斯网络中的推理算法。给定一个观察序列，我们可以构造动态贝叶斯网络的全贝叶斯网络表示，通过复制时间片，直到网络大到足够容纳该观测序列，如图 15.16 所示。这种技术称为**摊开**（unrolling）（技术上，动态贝叶斯网络等价于通过不断摊开而得到的半无限网络。在最后一次观察之后才加入的时间片对观察期间的推理没有任何影响，因此可以忽略）。一旦动态贝叶斯网络被摊开，就可以使用在第十四章中描述过的任何推理算法——变量消元算法、聚类算法，等等。

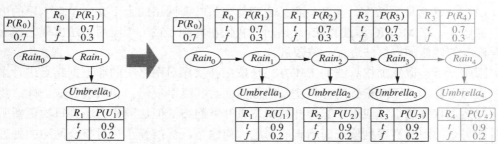

图 15.16　摊开一个动态贝叶斯网络：时间片被复制以容纳观察序列 $Umbrella_{1:3}$。更多的时间片对观测期内的推理没有影响

不幸的是，摊开的朴素应用并不特别高效。如果我们想要对一个很长的观察序列 $\mathbf{e}_{1:t}$ 进行滤波或者平滑，通过摊开得到的网络将需要 $O(t)$ 的存储空间，而且因此随着更多观察结果的不断加入，所需的存储空间将无限增长。另外，如果每当新的观察结果加入时我们只是简单地重新运行推理算法，那么每次更新所需的推理时间也会像 $O(t)$ 一样增长。

回顾 15.2.1 节，我们看到当计算过程可以通过递归方式实现时，每次滤波更新都能够在常数时间和空间内完成。本质上，公式（15.5）中的滤波更新的工作机制是对前一时间步的状态变量进行求和消元，以得到新时间步上的分布。对变量的求和消元其实就是**变量消元**（图 14.11）算法所做的事情，而且按照变量的时序次序运行变量消元恰恰模仿了公式（15.5）中的递归滤波更新操作。在任意时刻，修改后的算法在内存中至多保存两个时间片：从时间片 0 开始，我们加入时间片 1，通过求和消去时间片 0，再加入时间片 2，然后通过求和消去时间片 1，依此类推。通过这种方式，我们能够在常数时间和空间内完成每次滤波更新（对聚类算法进行适当的修正我们能够实现同样的性能）。习题 15.17 会要你为雨伞网络验证这个事实。

好消息就讲这么多；现在讲坏消息：在几乎所有的情况下，每次更新所需要的所谓"常数"时间与空间复杂度，其实是状态变量个数的指数级。发生的事情是，随着变量消元算法的推进，这些因子会逐渐增长以包含所有的状态变量（或者更准确地说，所有那些在前一个时间片中有父结点的状态变量）。最大因子的规模是 $O(d^{n+k})$，而每一步总的更新代价为 $O(nd^{n+k})$，其中 d 是变量的问题域规模大小，k 是任一状态变量具有的最大父结点数。

当然，这比隐马尔可夫模型的更新代价 $O(d^{2n})$ 要低得多，但当变量个数很多时仍然是不可行的。这个残酷的事实有点让人难以接受。它意味着即使我们可以使用动态贝叶斯网络表示非常复杂的、具有许多相互间联系很稀疏的变量的时序过程，我们仍然不能对这些过程进行高效而精确的推理。表示在所有变量上的先验联合分布的动态贝叶斯网络模型本身可以分解成构成它的条件概率表，但是给定观察序列为条件的后验联合概率分布——即，前向消息——通常不是可分解的。到目前为止，还没有人找到绕过这个问题的途径，尽管很多重要的科学与工程领域都将从这个问题的解决中大大受益。因此，我们必须回头求助于近似方法。

15.5.3　动态贝叶斯网络中的近似推理

14.5 节描述了两种近似算法：似然加权（图 14.15）和马尔可夫链蒙特卡洛算法（MCMC，图 14.16）。这两种方法中，前者最容易适应动态贝叶斯网络的上下文（本章末尾的注解中简单描述了一个 MCMC 滤波算法）。然而，我们将看到，在一个实用方法出现之前，还需要对标准的似然加权算法进行一些改进。

回顾一下，似然加权算法的工作方式是按拓扑次序对网络中的非证据结点进行采样，并根据每个样本关于观察到的证据变量的似然而对其赋以权值。和精确算法一样，我们可以将似然加权算法直接应用于未摊开的动态贝叶斯网络，但这同样会遇到每次更新所需要的时间与空间随观察序列增长而增长的问题。问题是，标准算法在对整个网络的处理过程中依次处理每个样本。替代地，我们可以简单地一次一个时间片地沿动态贝叶斯网络一起处理全部 N 个样本。修正后的算法与滤波算法的一般模式一致，其中 N 个样本组成的集合可看作是前向消息。那么，第一个关键的创新是，使用样本本身作为当前状态分布的近似表示。这满足每次更新的"常数"时间要求，尽管这个常数依赖于为了保持准确近似所需要的样本数。这里同样不需要摊开动态贝叶斯网络，因为在内存中我们只需要保存当前时间片和下一个时间片。

在第 14 章关于似然加权的讨论中，我们指出如果证据变量位于被采样变量的"下游"，那么算法的精度会受损，因为在这种情况下生成的样本不受证据的任何影响。看一看动态贝叶斯网络的典型结构——比如说，图 15.16 中所示的雨伞 DBN——我们发现前面的状态变量的采样确实不会从后面的证据变量中获益。事实上，看得更仔细点，我们会发现任何状态变量的祖先结点中都不包含任何证据变量！因此，尽管每个样本的权值应依赖于证据，实际生成的样本集合却完全不依赖于证据。例如，即使老板每天都带着雨伞进来，采样过程仍然会产生对晴天的无穷幻觉。实践中，这意味着与真实事件序列保持相当接近（因此有不可忽略的权值）的样本比例随 t 呈指数级下降。换句话说，为了维持一定的精度水平，我们需要的样本数会随 t 呈指数级增加。假若实时运行的滤波算法只能使用固定数目的样本，这会使得算法误差将在很少的几次更新步骤之后放大。

显然，我们需要一个更好的解决方法。第二个关键的创新是，将采样集合聚焦于状态空间的高概率区域。为了做到这一点，我们可以根据观察值扔掉一些权值非常低的样本，同时增加高权值的样本。通过这种方式，样本的总体能够保持与现实相当地接近。如果我们将样本看作是对后验概率进行建模的资源，那么使用更多的后验概率较高的状态空间区域中的样本是有意义的。

一个称为**粒子滤波**（particle filtering）的算法家族就是为此而设计的。粒子滤波算法的工作机理如下：首先，从先验分布 $P(X_0)$ 中采样得到 N 个初始状体样本构成的总体。然后为每个时间步重复下面的更新循环：

（1）对于每个样本，通过转移模型 $P(X_{t+1} \mid x_t)$，在给定样本的当前状态值 x_t 条件下，对下一个状态值 x_{t+1} 进行采样，使得该样本前向传播。

（2）对于每个样本，用它赋予新证据的似然值 $P(e_{t+1} \mid x_{t+1})$ 作为权值。

（3）对总体样本进行重新采样以生成一个新的 N 样本总体。每个新样本是从当前的总体中选取的；某个特定样本被选中的概率与其权值成正比。新样本是没有被赋权值的。

详细算法如图 15.17 所示，图 15.18 用实例解释了算法在雨伞动态贝叶斯网络上的操作。

---

function PARTICLE-FILTERING(e, N, dbn) **returns** a set of samples for the next time step
  inputs: e, the new incoming evidence
       N, the number of samples to be maintained
       dbn, a DBN with prior $P(X_0)$, transition model $P(X_1|X_0)$, sensor model $P(E_1|X_1)$
  persistent: S, a vector of samples of size N, initially generated from $P(X_0)$
  local variables: W, a vector of weights of size N

  for i = 1 **to** N **do**
    $S[i] \leftarrow$ sample from $P(X_1 \mid X_0 = S[i])$ /* step 1 */
    $W[i] \leftarrow P(e \mid X_1 = S[i])$ /* step 2 */
  $S \leftarrow$ WEIGHTED-SAMPLE-WITH-REPLACEMENT(N, S, W)   /* step 3 */
  return S

图 15.17 作为对状态（样本集）的递归更新操作而实现的粒子滤波算法。每个采样步骤都涉及到按照拓扑次序对相关时间片内的变量进行采样，非常像 PRIOR-SAMPLE。而 WEIGHT-SAMPLE-WITH-REPLACEMENT 操作则可以在期望时间 $O(N)$ 内实现。步骤编号对应正文中的算法步骤

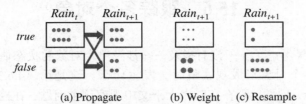

    (a) Propagate   (b) Weight   (c) Resample

图 15.18 $N = 10$ 时雨伞 DBN 的粒子滤波更新循环，图中显示了每个状态的样本总体 （a）在时刻 t，8 个样本指示 $Rain$（下雨），2 个样本指示 $\neg Rain$（不下雨）。通过转移模型对下一个状态进行采样，每个样本都向前传递。在时刻 $t+1$，6 个样本指示 $Rain$，4 个样本指示 $\neg Rain$。 （b）在时刻 $t+1$ 观察到 $\neg Umbrella$。根据每个样本与这个观察的似然程度给样本赋予权值，图用圆圈的大小表示。 （c）通过对当前的样本集合进行加权随机选择得到一个 10 样本的新集合，结果有 2 个样本指示 $Rain$，8 个样本指示 $\neg Rain$

通过考虑算法在一轮更新循环中所发生的事情，我们可以证明这个算法是一致的——当 N 趋于无穷大时算法可以给出正确的概率。我们假设样本总体开始于在时间 t 的前向消

息 $f_{1:t} = P(X_t | e_{1:t})$ 的正确表示。用 $N(x_t | e_{1:t})$ 表示处理完观察 $e_{1:t}$ 之后具有状态 x_t 的样本个数，因此对于足够大的 N 我们有

$$N(x_t | e_{1:t}) / N = P(x_t | e_{1:t}) \qquad (15.23)$$

现在，我们在给定时刻 t 的样本的条件下，通过在时刻 $t+1$ 对状态变量进行采样而将每个样本向前传播。从每个 x_t 到达 x_{t+1} 的样本个数等于转移概率乘以 x_t 的总量；因此到达状态 x_{t+1} 的总样本数是

$$N(x_{t+1} | e_{1:t}) = \sum_{x_t} P(x_{t+1} | x_t) N(x_t | e_{1:t})$$

现在我们根据每个样本对于时刻 $t+1$ 的证据的似然为其赋权值。处于状态 x_{t+1} 的样本得到权值 $P(e_{t+1} | x_{t+1})$。因此在观察到证据 e_{t+1} 后处于状态 x_{t+1} 的样本总权值是

$$W(x_{t+1} | e_{1:t+1}) = P(e_{t+1} | x_{t+1}) N(x_{t+1} | e_{1:t})$$

现在考虑重采样步骤。既然每一个样本都以与其权值成正比的概率被复制，重采样后处于状态 x_{t+1} 的样本数与重新采样前状态 x_{t+1} 中的总权值成正比：

$$N(x_{t+1} | e_{1:t+1}) / N = \alpha W(x_{t+1} | e_{1:t+1})$$

$$= \alpha P(e_{t+1} | x_{t+1}) N(x_{t+1} | e_{1:t})$$

$$= \alpha P(e_{t+1} | x_{t+1}) \sum_{x_t} P(x_{t+1} | x_t) N(x_t | e_{1:t})$$

$$= \alpha N P(e_{t+1} | x_{t+1}) \sum_{x_t} P(x_{t+1} | x_t) P(x_t | e_{1:t}) \qquad (根据公式（15.23））$$

$$= \alpha' P(e_{t+1} | x_{t+1}) \sum_{x_t} P(x_{t+1} | x_t) P(x_t | e_{1:t})$$

$$= P(x_{t+1} | e_{1:t+1}) \qquad (根据公式（15.5））$$

因此，经过一轮更新循环后的样本总体正确地表示了时刻 $t+1$ 的前向消息。

所以，粒子滤波算法是一致的，但它是高效的吗？实际中，这个问题的答案似乎是肯定的：粒子滤波似乎能够通过常数数目的样本保持对真实后验概率的良好近似。在某些假设下——特别是，转移模型和传感器模型中概率严格大于 0 而小于 1——证明这个近似以很高的概率维持的一个误差界限。在实践中，应用范围已经扩大到科学和工程的很多领域；本章的末尾有所提及。

15.6　跟踪多个对象

前面的几节已经考虑了——没有提及——涉及单个对象的状态估计问题。本节中，我们看看当两个或多个对象形成观察值时会发生什么。这是第 14.6.3 节的**身份不确定性**（identity uncertainty）问题，现在在时序上下文中观察这个问题。在控制论的文献中，这是**数据关联**（data association）问题——将观察数据与产生它的对象相关联的问题。

数据关联问题起先在雷达跟踪问题中被研究过，旋转的雷达天线以固定的时间间隔检测反射脉冲。在每个时间步骤，屏幕上可能出现多个光点，但没有关于时刻 t 的哪个光点是时刻 $t-1$ 的哪个光点的直接观察。图 15.19（a）给出了 5 个时间步骤每个时间步骤有 2 个光点的简单例子。设时间为 t 时两个光点的位置是 e_t^1 和 e_t^2（同一时间内两个光点的编号 1 和 2 完全是任意的，没有传达任何信息）。我假设，在这个时候恰好两个飞行器 A 和 B 产

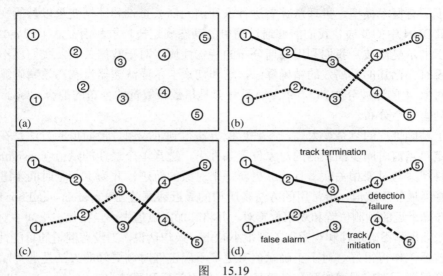

图 15.19

（a）2D 空间里 5 个时间步骤上对象的位置组成的观察结果。每个观察结果标注了时间步骤，但不能识别产生它们的对象。（b～c）关于对象潜在运动轨迹的可能臆测。（d）出现可能的错误报警、检测失败、跟踪重新开始/终止的情况下，对运动轨迹的臆测。

生了这个光点，它们的真实位置为 X_t^A 和 X_t^B。为了使问题简单，我们再假设每个飞行器根据一个已知的转移模型——例如卡尔曼滤波器（15.4 节）中使用的线性高斯模型——独立地飞行。

假设我们试图为这个场景写出全面的概率模型，就像我们在公式（15.3）中写出的一般时序过程一样。照常，联合分布还是分解成对各时间步骤的贡献：

$$P(x_{0:t}^A, x_{0:t}^B, e_{1:t}^1, e_{1:t}^2) = P(x_0^A)P(x_0^B)\prod_{i=1}^t P(x_i^A|x_{i-1}^A)P(x_i^B|x_{i-1}^B)P(e_i^1, e_i^2|x_i^A, x_i^B) \qquad （15.24）$$

我们想将观察项 $P(e_i^1, e_i^2|x_i^A, x_i^B)$ 分解成两个项的乘积，每个对象一个项，但这需要知道哪个观察是有哪个对象产生的。替代地，我们将对观察与对象所有可能的关联方式求和。图 15.19（b～c）给出了一些关联方式；通常，对于 n 个对象和 T 个时间步，有 $(n!)^T$ 种关联方式——这个数值大得可怕。

从数学上，"观察与对象间的关联方式"就是对标识每个观察之来源的未观察之随机变量的收集。我们将用 ω_t 表示在时间步 t 从对象到观察的一一映射，用 $\omega_t(A)$ 和 $\omega_t(B)$ 表示 ω_t 赋值给 A 和 B 的观察（1 或 2）。（对于 n 个对象，ω_t 将有 $n!$ 种可能映射；这里 $n!=2$。）因为对观察的标注"1"和"2"是任意的，所以 ω_t 的先验概率是均匀分布，并且独立于对象的状态 x_t^A 和 x_t^B。所以观察项 $P(e_i^1, e_i^2|x_i^A, x_i^B)$ 可以将 ω_t 作为条件，然后再化简：

$$P(e_i^1, e_i^2|x_i^A, x_i^B) = \sum_{\omega_i} P(e_i^1, e_i^2|x_i^A, x_i^B, \omega_i)P(\omega_i|x_i^A, x_i^B)$$
$$= \sum_{\omega_i} P(e_i^{\omega_i(A)}|x_i^A)P(e_i^{\omega_i(B)}|x_i^B)P(\omega_i|x_i^A, x_i^B)$$
$$= \frac{1}{2}\sum_{\omega_i} P(e_i^{\omega_i(A)}|x_i^A)P(e_i^{\omega_i(B)}|x_i^B)$$

将其代入公式（15.24），我们会得到一个只与各对象和观察的转移模型和传感器模型有关的表达式。

　　关于所有概率模型，推理意味着进行求和消元消去查询和证据变量以外的变量。对于 HMM 和 DBN 中的滤波，我们能够通过简单的动态规划技巧求和消去从 1 到 $t-1$ 的状态变量；对于卡尔曼滤波，我们利用高斯分布的特殊性质。对于数据关联，我们就不那么幸运了。它没有（已知的）高效的精确算法，这和切换卡尔曼滤波器没有高效精确算法的原因一样：对象 A 的滤波分布 $P(x_t^A|e_{1:t}^1, e_{1:t}^2)$ 最终会是指数级数量的分布的混合，赋予 A 的每种观察序列有一个分布。

　　由于精确推理的复杂度太高，各种近似方法得到了应用。最简单的方法是在每个时间步，给定对当前时间步的预测的对象位置条件下，选择单个最佳的赋值（assignment）。这个赋值将观察与对象相关联，且能够更新每个对象的轨迹，并为下一个时间步进行预测。对于选择"最佳"赋值，最常用的方法是所谓的**最近邻滤波器**（nearest-neighbor filter），它反复的选择最近的预测位置和观察位置对，并将其加入赋值中。当在状态空间中对象分得比较开，并且预测不确定性和观察误差都很小时——换句话说，当没有混淆的可能性时——最近邻滤波器工作得很好。对于正确赋值有更多不确定性时，更好的方法是选择赋值，使得给定预测位置下当前观察的联合概率最大化。使用**匈牙利算法**（Hungarian algorithm）（Kuhn, 1955）可以高效地完成这个任务，即使有 n! 种赋值可供选择。

　　在更困难的情形下，在每个时间步只选择单个最佳赋值的任何算法都会败得很悲惨。特别是，如果算法选择了一个不正确的赋值，下一个时间步的预测可能会是明显错误的，这会导致更加不正确的赋值，如此下去形成恶性循环。两个最新的方法会更加有效。**粒子滤波**算法为数据关联维持当前可能赋值的一个大集合。**MCMC** 算法搜索历史赋值的空间，然后可以更改以前的赋值决策。目前的 MCMC 数据关联方法可以实时处理数百个对象，且能够得到对真实后验分布的良好近似。

　　目前为止描述的情景是在每个时间步 n 个已知对象产生 n 个观察。实际应用中的数据关联往往会复杂得多。所报告的观察经常包含了**错误报警**（false alarm，或称为 clutter（**混杂信号**）），它们不是由真实对象产生的。也可能发生检测失败，这意味着对于真实对象可能得不到对观察结果的报告。最终，新对象出现了而旧对象消失了。图 15.19（d）实例说明了这些现象，这使得我们要考虑更多的可能世界。

　　图 15.20 给出了来自加利福尼亚高速公路上两个相距较远的摄像机拍摄的两幅图像。在这个应用中，我们对两个目标有兴趣：在这条高速公路上的当前交通状况下，估计从一

(a)　　　　　　　　　　　　　　　　　　　(b)

图 15.20　在加利福尼亚州萨克拉曼多的 99 号高速公路上相距两英里的（a）上游和（b）下游的两个监控相机拍摄的图像。被框起来的车辆在两个相机处都被识别出来了

个地点到另一个地点所需要的时间；估计交通需求，即一天的特定的时间以及一周的特定的某几天，高速公路的任意两个地点之间的交通流量。这两个目标都要求解决有许多摄像头、每小时有数万两车流量的、地点跨度大的数据关联问题。在视频监控中，移动的影子、铰接的车辆、水坑的反射等可能会造成错误报警；遮挡（occlusion）、雾、黑暗的光线、视觉对比不高可能会造成检测失败；还有，不断地有车辆进出高速公路。而且，任何给定的车辆的外貌会在摄像机之间发生显著的变化，这依赖于光线条件和车辆在图像中的姿态；在交通拥塞出现和消失时转移模型也会发生变化。尽管这些问题，最新的数据关联算法在估计真实世界的交通参数方面已经取得了成功。

数据关联是跟踪复杂世界的必不可少的基础，因为没有数据关联就没有办法综合任何给定对象的多个观察。当世界中的对象在复杂活动中相互交互时，就需要结合数据关联和关系与开宇宙概率模型来理解世界。这是目前的一个活跃的研究领域。

15.7　本　章　小　结

本章讨论了关于概率时序过程的表示与推理的一般问题。重点如下：

- 世界中变化的状态是通过用一个随机变量集表示每个时间点的状态来处理的。
- 可以把表示方法设计成满足马尔可夫特性，这样给定当前状态后，未来就不再依赖于过去。再结合稳态过程假设——也就是说，过程的动态特性不随时间发生改变——能够大大简化对问题的表示。
- 可以认为时序概率模型包含了描述状态演变的**转移模型**和描述观察过程的**传感器模型**。
- 时序模型中的主要推理任务是：**滤波、预测、平滑**以及计算**最可能解释**。其中每一个任务都可以通过简单的递归算法实现，其运行时间与序列长度呈线性关系。
- 更深入地研究了时序模型的 3 个家族：**隐马尔可夫模型，卡尔曼滤波器**，以及**动态贝叶斯网络**（前两者是后者的特殊情况）。
- 如果不像卡尔曼滤波器一样做特殊假设，具有许多状态变量的精确推理是不可操作的。实践中，**粒子滤波**算法似乎是一种有效的近似算法。
- 当跟踪多个对象时，哪个观察属于哪个对象——**数据关联**问题——有不确定性。各种可能关联的数量通常大得不可操作，但实践中，数据关联的 MCMC 和粒子滤波算法工作得很好。

参考文献与历史注释

对动态系统的状态进行估计的很多基本思想都来自于数学家 C. F. Gauss（1809），他为了解决根据天文观察估计星体轨道的问题形式化地构造了一个确定性的最小平方算法。A. A. Markov（1913）在他的随机过程分析中发展出了后来所称的**马尔可夫假设**；他对估算了《*Eugene Onegin*》（俄国诗人普希金的作品）正文中的所有字母一个一阶马尔可夫链。关于马尔可夫链及其混合时间一般理论可以在文献 Levin 等（2008）中找到。

关于滤波的重要分类工作是在二战期间完成的，Wiener（1942）完成了连续时间过程，Kolmogorov（1941）完成了离散时间过程。尽管这个工作导致了接下来 20 年间的重要技术进展，但它所使用的频域表示方法使得很多计算过程变得非常笨重。Peter Swerling（1959）和 Rudolf Kalman（1960）（卡尔曼）表明，随机过程的直接状态空间建模其实更简单。其中后一篇文献 Rudolf Kalman（1960）描述了有高斯噪声的线性系统中进行前向推理的卡尔曼滤波器；然而，Kalman 获得的结果在之间也被丹麦统计学家 Thorvold Thiele（1880）和俄罗斯数学家 Ruslan Stratonovich（1959）获得过，Kalman 与 1960 年在莫斯科遇见了Stratonovich。在 1960 年访问量了 NASA 艾姆士研究中心后，Kalman 发现他的方法能够应用于跟踪火箭轨迹，且后来为阿波罗任务实现了卡尔曼滤波器。Rauch 等（1965）推导出了关于平滑的重要结论，名称令人印象深刻的 Rauch-Tung-Striebel 平滑器直到今天仍是一种标准技术。Gelb（1974）收集了很多早期的结论。Bar-Shalom 和 Fortmann（1988）给出了一种更加现代化的贝叶斯风格的处理方法，以及关于这个主题的大量文献参考。Chatfield（1989）和 Box 等（1994）则论及了时间序列分析的控制论方法。

Baum 和 Petrie（1966）提出了用于推理和学习的隐马尔可夫模型及相关算法，包括前向-后向算法。Viterbi 算法最先是出现在文献 Viterbi（1967）中。类似的思想也独立出现在卡尔曼滤波领域（Rauch 等，1965）。前向-后向算法是一般形式的 EM 算法（Dempster 等1977）主要先驱之一；参见第 20 章。Binder 等（1997b）提出了常数空间的平滑算法，它和习题 15.3 中探讨的分治算法一样。常数时间的 HMM 固定延迟平滑算法最先出现在Russell 和 Norvig（2003）中。HMM 有许多应用领域，包括自然语言处理（Charniak，1993）、语音识别（Rabiner 和 Juang，1993）、机器翻译（Och 和 Ney，2003）、计算生物学（Krogh等，1994；Baldi 等，1994）、金融（Bhar 和 Hamori，2004）及其他领域。对于基本的 HMM模型，已经出现了一些扩展模型，例如层次化的 HMM 模型（Hierarchical HMM）（Fine 等，1998）和分层 HMM（Layered HMM）（Oliver 等，2004）在模型中引入结构代替 HMM 中的单个状态变量。

动态贝叶斯网络（DBN）可以被视为马尔可夫过程的一种稀疏编码，它在人工智能中的应用最早见于 Dean 和 Kanazawa（1989b）、Nicholson 和 Brady（1992）以及 Kjaerulff（1992）。新近有工作扩展 HUGIN 贝叶斯网络系统以容纳动态贝叶斯网络。Dean 和 Wellman（1991）的著作普及了动态贝叶斯网络和 AI 中规划和控制的概率方法。Murphy（2002）对动态贝叶斯网络进行了全面分析。

对于在计算机视觉中为各种复杂运动过程建模，动态贝叶斯网络已使用得非常普遍（Huang 等，1994；Intille 和 Bobick，1999）。像 HMM 一样，DBN 已经应用于语音识别（Zweig和 Russell，1998；Richardson 等，2000；Stephenson 等，2000；Nefian 等，2002；Livescu等，2003）、基因组学（Murphy 和 Mian，1999；Perrin 等，2003；Husmeier，2003）和机器人定位（Theocharous 等，2004）。Smyth 等（1997）明确提出了隐马尔可夫模型和动态贝叶斯网络之间，以及前向-后向算法与贝叶斯网络的消息传播算法之间的联系。而与卡尔曼滤波器（及其他统计模型）的进一步统一则出现在文献 Roweis 和 Ghahramani（1999）中。也有一些方法是用来学习 DBN 的参数（Binder 等，1997a；Ghahramani，1998）和结构（Friedman 等，1998）的。

15.5 节描述的粒子滤波算法有一段特别有意思的历史。粒子滤波的第一个采样算法（也称为串行蒙特卡洛方法）是由 Handschin 和 Mayne（1969）在控制论领域提出来的；而粒子滤波核心的重采样思想出现在俄罗斯控制论期刊上（Zaritskii 等，1975）。后来在统计学中作为**串行重要性采样重新采样算法**（sequential importance-sampling resampling），或缩写为 **SIR**（Rubin，1988；Liu 和 Chen，1998），在控制论中作为粒子滤波算法（Gordon 等，1993；Gordon，1994），在人工智能中作为**适者生存算法**（**survival of the fittest**）（Kanazawa 等，1995），在计算机视觉中作为**浓缩算法**（**condensation**）（Isard 和 Blake，1996）等，被多次重复发现。Kanazawa 等（1995）的论文包含了一个称为**证据反转**（evidence reversal）的改进，其中时刻 $t+1$ 的状态是以时刻 t 的状态以及时刻 $t+1$ 的证据同时为条件进行采样的。这使得证据能够直接影响样本的生成，而 Doucet（1997）以及 Liu 和 Chen（1998）证明了这确实能够降低近似误差。粒子滤波算法已经被应用到许多领域，包括跟踪视频中的复杂运动模式（Isard 和 Blake，1996）、预测证券市场（de Freitas 等，2000）、诊断行星探测车（Verma 等，2004）等。一种称为 RBPF（Rao-Blackwellized particle filter）（Doucet 等，2000；Murphy 和 Russell，2001）的变体方法将粒子滤波应用到状态变量的一个子集上，并且对于每个粒子，以粒子的值序列为条件，对其他变量进行精确推理。某些情况下，RBPF 对上千个状态变量工作得很好。第 25 章描述了 RBPF 在进行机器人定位和映射中的应用。Doucet 等（2001）的书收集了很多**串行蒙特卡洛**（sequential Monte Carlo，SMC）算法的文献，其中粒子滤波是最重要的文献。Pierre Del Moral 和同事对 SMC 算法进行深入的理论分析（Del Moral，2004；Del Moral 等，2006）。

　　MCMC 方法（14.5.2 节）能够应用于滤波问题；例如 Gibbs 采样能够直接应用到未摊开的 DBN。为了防止摊开网络增长时更新时间会增长的问题，**衰减 MCMC**（decayed MCMC）滤波器（Marthi 等，2002）以概率 $1/k^2$ 优先采样更近的状态变量，k 是指回到过去 k 步（回到过去越远，采样的概率就越低，因此这个概率是随着回到过去的步数增加而衰减的。）可以验证衰减 MCMC 是一个不发散的（误差不随时间变化而发散）滤波器，某些类型的**密度假定滤波器**（assumed-density filter）也可以获得不发散性定理。密度假定滤波器假定在时间 t 状态的后验分布属于一个特定的有限参数化的家族；如果投影和更新步骤使其脱离这个家族，分布就向回投影以在家族内给出最佳估计。对于 DBN，Boyen-Koller 算法（Boyen 等，1999）和**边缘分解算法**（factored frontier algorithm）假定后验分布能用小因子的乘积很好地近似。为时序模型还提出了其他一些变形技术（variational techniques）（见第 14 章）。Ghahramani 和 Jordan（1997）针对**因子化 HMM**（factorial HMM）讨论了一种近似算法，因子化 HMM 是一个包含两个或更多独立演化的马尔可夫链的动态贝叶斯网络，这些马尔可夫链通过共享观察流而相互联系。Jordan 等（1998）讨论了大量其他应用。

　　Sittler（1964）最先在一个概率环境中描述了多对象跟踪的数据关联。第一个大规模问题的实用算法是多臆断跟踪器（multiple hypothesis tracker）或称为 MHT 算法（Reid，1979）。Bar-Shalom 和 Fortmann（1988）以及 Bar-Shalom（1999）搜集了数据关联的许多重要论文。针对数据关联的 MCMC 算法的发展归功于 Pasula 等（1999），他将其用于交通监控问题。Oh 等（2009）对其他方法进行形式分析和全面的实验比较。Schulz 等（2003）描述了一个基于粒子滤波的数据关联模型。Ingemar Cox 分析了数据关联的复杂度（Cox，1993；Cox 和 Hingorani，1994），并引起视觉领域对这个问题的关注。他也注意到多项式时间的匈牙利算法可以用于寻找最可能赋值（most-likely assignment）的问题，这个问题在对象跟踪领域长期被认为是不可操作的问题。这个算法本身是由 Kuhn（1955）基于对两个匈牙利数学家 Dénes König 和 Jenö Egerváry 在 1931 年发表的论文的翻译而发表的。然而，在此之前，著名的普鲁士数学家 Carl Gustav Jacobi（1804—1851）在其没有公开发表的手稿中已经推导出了基本的定理。

习　　题

15.1 任何二阶马尔可夫过程都可以改写成具有扩大的状态变量集合的一阶马尔可夫过程。但这总能够非常节俭地实现吗？也就是说，不增加指定转移模型所需的参数个数。

15.2 在这道习题中，我们考查在长时间序列的极限情况下，雨伞世界中的概率会发生什么事情。

　　a. 假设我们观察到雨伞出现的日子的无尽序列。证明：随着时间的推移，当天下雨的概率会单调地增加到一个不动点。计算这个不动点的值。

　　b. 现在给定头两天的雨伞观察结果，考虑对越来越远的将来进行*预测*的问题。首先，对 $k = 1$ 到 20 计算概率 $P(r_{2+k} \mid u_1, u_2)$，并绘制出结果图。你应该发现这个概率会收敛到一个不动点。证明这个不动点的精确值是 0.5。

15.3 这道习题发展图 15.4 中描述的前向-后向算法，得到了一种空间效率很高的变形算法。我们希望对 $k = 1, \cdots, t$ 计算 $\mathbf{P}(\mathbf{X}_k \mid \mathbf{e}_{1:t})$。这可以用一种分治方法实现：

　　a. 为了简化，假设 t 是奇数，并记其中点为 $h = (t + 1) / 2$。证明只要给定初始前向消息 $\mathbf{f}_{1:0}$，后向消息 $\mathbf{b}_{h+1:t}$ 以及证据 $\mathbf{e}_{1:h}$，我们就可以对 $k = 1, \cdots, h$ 计算 $\mathbf{P}(\mathbf{X}_k \mid \mathbf{e}_{1:t})$。

　　b. 证明，对于后半段序列有类似的结论。

　　c. 已知（a）和（b）中的结论，我们可以这样构造出一种递归的分治算法：首先沿序列前向执行，然后从序列末端后向执行，只需在中间和末端保存所需的消息。于是，我们分别对序列的两半调用算法。写出算法的细节。

　　d. 计算算法的时间和空间复杂度，表示为序列长度 t 的函数。如果我们把整个序列分成两个以上的片段又会怎样？

15.4 在 15.2.3 节，我们概述了一个在给定观察序列下寻找最可能状态序列的有缺陷的过程。这个过程涉及使用平滑在每个时间步上寻找最可能状态，并返回由这些状态组成的序列。证明：对于某些时序概率模型和观察序列，这个过程会返回不可能发生的状态序列（即该序列的后验概率为 0）。

15.5 公式（15.12）描述了矩阵形式的 HMM 的滤波过程。请给出公式（15.7）所描述的似然计算的类似公式。

15.6 考虑图 4.18 的真空吸尘器世界（理想的传感器）和图 15.7 的真空吸尘器世界（有噪声的传感器）。假设机器人用理想的传感器接收到观察序列，确确实实有一个它可以呆的可能位置。这个位置一定是噪声概率 ε 足够小的噪声传感器下最可能的位置吗？证明之或找一个反例。

15.7 在 15.3.2 节中，位置的先验分布是均匀的，而且转移模型假设移动到各相邻方块的概率是相等的。如果这些假设错误会怎么样？设想初始位置实际上是从西北方向四分之一的空间里均匀选择的，而 *Move* 行为偏向于向东南方向移动。HMM 模型固定不变，考查当向东南方向移动的偏好增强时不同的 ε 值对定位和路径正确率的影响。

15.8　考虑 15.3.2 节的真空吸程机器人的一个版本，这个机器人的策略是：只要能够笔直往前走就会笔直往前走；只有当遇到障碍物时才会改变（随机选择）前进方向。为了对这个机器人建模，模型中的每个状态由（*location, heading*）对组成。实现这个模型，并看看 Viterbi 算法使用这个模型跟踪机器人会工作得如何。这个机器人的策略比随机行走机器人约束更强；这意味着对最可能路径的预测会更准确吗？

15.9　这个习题考虑在没有参考标志的环境中的滤波。考虑在一个空房间中的真空吸尘器机器人，这个房间用 $n\times m$ 的网格表示。机器人的位置是隐藏的（hidden）；观察者可用的唯一证据是有噪声的位置传感器，这个传感器给出机器人的近似位置。如果机器人在位置 (x,y)，那么传感器给出正确位置的概率是 0.1，给出紧挨着 (x,y) 的 8 个相邻位置中每个位置的概率是 0.05，给出围绕着这 8 个位置的 16 个位置中每个位置的概率是 0.025，还有 0.1 的概率传感器不会返回读数。机器人的策略是，选择一个方向并以 0.8 的概率守住这个方向走下去；以 0.2 的概率切换到一个随机选择的新方向（或者遇到墙时以概率 1 选择新方向）。实现个问题的 HMM 模型，并执行滤波以跟踪机器人。机器人路径跟踪的正确性如何？

15.10　我们经常希望监控一个连续状态系统，其行为在 k 个不同"模式"间以不可预知的方式来回切换。例如，试图躲避导弹攻击的飞行器可能会作出一系列不同的机动飞行动作，而导弹则试图跟踪这些动作。图 15.21 给出了这种**切换卡尔曼滤波器**模型的一种贝叶斯网络表示。

　　a. 假设离散状态 S_t 有 k 种可能取值，并且其先验连续状态估计 $\mathbf{P}(\mathbf{X}_0)$ 是一个多元高斯分布。证明：预测 $\mathbf{P}(\mathbf{X}_1)$ 是一个**混合高斯分布**（mixture of Gaussians）——即多个高斯分布的加权和，其中的权值和等于 1。

　　b. 证明：如果当前的连续状态估计 $\mathbf{P}(\mathbf{X}_t \mid \mathbf{e}_{1:t})$ 是 m 个高斯分布的混合，那么在一般情况下，更新后的状态估计 $\mathbf{P}(\mathbf{X}_{t+1} \mid \mathbf{e}_{1:t+1})$ 将是 km 个高斯分布的混合。

　　c. 在混合高斯分布表示中的权值表示了时序过程的哪一方面？

　　（a）和（b）中的结论共同表明：即使对于最简单的混合动态模型中的切换卡尔曼滤波器，后验概率的表示都会无限制增长下去。

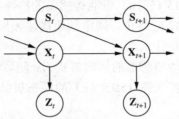

　　图 15.21　切换卡尔曼滤波器的贝叶斯网络表示。切换变量 S_t 是一个离散状态变量，其取值决定了连续状态变量 $\mathbf{X}_t$ 的转移模型。对于任何离散状态 i，转移模型 $\mathbf{P}(\mathbf{X}_{t+1} \mid \mathbf{X}_t, S_t = i)$ 是一个线性高斯模型，如同在常规卡尔曼滤波器中那样。离散状态的转移模型 $\mathbf{P}(S_{t+1} \mid S_t)$ 可以被认为是一个矩阵，如同在隐马尔可夫模型中那样

15.11 完成对公式（15.19）的推导中缺失的步骤，即对一维卡尔曼滤波器的第一次更新步骤。

15.12 让我们考查一下公式（15.20）中方差更新的行为表现。

    a. 在给定不同的 σ_x^2 和 σ_z^2 取值下，绘制出作为 t 函数的 σ_t^2 取值图像。

    b. 证明：此更新过程存在一个不动点 σ^2，满足当 $t \to \infty$ 时 $\sigma_t^2 \to \sigma^2$。计算 σ^2 的值。

    c. 对当 $\sigma_x^2 \to 0$ 时以及当 $\sigma_z^2 \to 0$ 时所发生的事情给出一个定性的解释。

15.13 有一位教授想知道学生是否睡眠充足。每天，教授观察学生在课堂上是否睡觉，并观察他们是否有红眼。教授有如下的领域理论：

- 没有观察数据时，学生睡眠充足的先验概率为 0.7。
- 给定学生前一天睡眠充足为条件，学生在晚上睡眠充足的概率是 0.8；如果前一天睡眠不充足，则是 0.3。
- 如果学生睡眠充足，则红眼的概率是 0.2，否则是 0.7。
- 如果学生睡眠充足，则在课堂上睡觉的概率是 0.1，否则是 0.3。
- 将这些信息形式化为一个动态贝叶斯网络，使教授可以使用这个网络从观察序列中进行滤波和预测。然后再将其形式化为一个只有一个观察变量的隐马尔可夫模型。给出这个模型的完整的概率表。

15.14 对于习题 15.13 描述的动态贝叶斯网络以及证据变量值

e_1=没有红眼，没有在课堂上睡觉

e_2=有红眼，没有在课堂上睡觉

e_3=有红眼，在课堂上睡觉

执行下面的计算：

    a. 状态估计：针对每个 t=1,2,3，计算 $P(EnoughSleep_t|e_{1:t})$。

    b. 平滑：针对每个 t=1,2,3，计算 $P(EnoughSleep_t|e_{1:3})$。

    c. 针对 t=1 和 t=2，比较滤波概率和平滑概率。

15.15 假设有个特殊的学生每天出现红眼而且在课堂睡觉。给定习题 15.13 描述的模型，解释为什么学生前一天晚上睡眠充足的概率会收敛到一个固定点，而不是随着我们收集到更多天数的证据而持续下降。固定点的值为多少？请分别从数值（计算）角度和分析角度回答。

15.16 本题更全面地分析图 15.15（a）电池传感器的持续故障模型。

    a. 图 15.15（b）在 t=32 时终止，请定性地描述如果传感器读数持续为 0，随着 t 趋向无穷大应该会发生什么。

    b. 假设外部温度对电池传感器的影响方式为：随着温度升高，瞬时故障的可能性会增大。请说明如何扩大图 15.15（a）的动态贝叶斯网络结构，并解释对 CPT 表的任何必要的修改。

    c. 给定这个新网络结构，机器人可以使用电池读数推理出当前温度吗？

15.17 考虑将变量消元算法应用到摊开了 3 个时间片的雨伞 DBN 中，其中查询是 $\mathbf{P}(R_3|u_1,u_2,u_3)$。证明：算法的空间复杂度——最大因子的规模——不变，不管在前向和后向次序中是否消去了下雨变量。

第 16 章　制定简单决策

本章中我们来看看 Agent 应该如何制定决策以便得到它想要的——至少平均起来能得到。

在本章中，我们详细阐述效用理论如何与概率理论相结合而产生一个决策理论 Agent。——这是一个基于自己相信什么和想获得什么而进行理性决策的 Agent。这样的 Agent 能够在不确定性和目标冲突下让一个逻辑 Agent 无法做出决策的上下文中进行决策：基于目标的 Agent 能够在好状态（目标状态）与坏状态（非目标状态）之间进行二元区分，而决策理论 Agent 对于结果的质量有连续的度量。

16.1 节将介绍决策理论的基本原理：最大化期望效用。16.2 节说明假定一个正在被最大化的效用函数，它可以捕捉到任何理性 Agent 的行为。16.3 节更加详细地讨论效用函数的性质，尤其是它们与像金钱这样的独特的量的关系。16.4 节说明如何处理依赖于多个量的效用函数。在 16.5 节，我们描述了决策系统的实现。我们将特别介绍一种称为**决策网络**（decision network）（也称为**影响图**（influence diagram））的形式系统，它通过引入行动和效用而扩展贝叶斯网络。其余部分将讨论把决策理论应用于专家系统时出现的问题。

16.1　在不确定环境下结合信念与愿望

在最简单的形式下，决策理论基于对紧接着行动输出的结果的满意度来选择行动；也就是说，假设环境是片段式的（episodic）（见第 2.3.2 节的定义）。（这个假设在第 17 章被放宽了。）在第 3 章中我们使用记号 RESULT(s_0,a)表示一个状态：它是在状态 s_0 采取行动 a 得到的确定性输出结果。在本章中，我们处理非确定性的、部分可观察的环境。既然 Agent 可能不知道当前的状态，我们忽略它而定义 RESULT(a)，这是一个随机变量，其取值是可能的输出状态。给定观察 **e**，输出 s' 的概率记为

$$P(\text{RESULT}(a)= s'|a,\mathbf{e})$$

其中条件符号"|"右边的 a 表示"动作 a 被执行"这个事件[1]。

用一个**效用函数** $U(s)$捕捉 Agent 的偏好，这个效用函数分配一个数值来表达对某个状态的满意度。给定证据，一个行为的期望效用 $EU(a|\mathbf{e})$是输出结果的加权平均效用值，其中权值是输出结果的发生概率：

$$EU(a|\mathbf{e})=\sum_{s'} P(\text{RESULT}(a)=s'|a,\mathbf{e})U(s') \tag{16.1}$$

最大期望效用（maximum expected utility，**MEU**）原则认为，理性 Agent 应该选择能

1　经典决策理论不会显式地写出当前状态，但我们可以将其显式地写出来：

$$P(\text{Result}(a)=s'|a,\mathbf{e})=\sum_{s} P(\text{Result}(s,a)=s'|a)P(S_0=s|\mathbf{e})$$

够最大化 Agent 期望效用的行为：

$$action = \arg\max_a EU(a|\mathbf{e})$$

某种意义上，可以认为 MEU 原则定义了人工智能的全部。一个 Agent 要做的所有事情就是计算各种量值，在其行动上最大化效用，然后采取行动。但是，这并不意味着人工智能问题已经被这个定义解决了！

　　MEU 原则的正式观念是 Agent "应该做正确的事情"，但这个建议付诸实施时，Agent 只会前进一小步，不会将实施这个建议的完整操作序列全部做完。估计世界的状态需要感知、学习、知识表示和推理。计算 $P(\text{RESULT}(a)|a, \mathbf{e})$ 需要有世界的一个完整的因果模型，还需要如我们在第 14 章所见到的（大型）贝叶斯网络的 NP 难的推理。计算状态的效用 $U(s')$ 常常需要搜索或者规划，因为一个 Agent 不知道一个状态如何好，直到它了解到从该状态能够到达何处。所以，决策理论并不是解决 AI 问题的万能药——但它确实提供了一个有用的框架。

　　MEU 原则与第 2 章所介绍的性能度量的思想有着明显的联系。基本思想很简单。考虑环境可能导致一个 Agent 拥有给定的感知历史，并考虑我们可能设计的不同 Agent。如果一个 Agent 的行为是为了最大化一个效用函数，而这个效用函数正确地反映了性能度量，那么该 Agent 将得到最高的可能性能分数（在所有可能环境下取平均值）。这是 MEU 原则本身的中心准则。虽然这个断言看起来有些重复啰唆，但实际上体现了一个重要的转换，这个转换是从理性（rationality）的一个全局外在标准——在环境历史上的性能度量——转换到一个局部内在标准，这个局部内在标准涉及应用于下一状态的效用函数的最大化。

16.2　效用理论基础

　　直观上，最大期望效用（MEU）原则看起来像是制定决策的合理方法，但绝不能说它明显是唯一的理性方法。毕竟，为什么应该最大化如此特别的平均效用？为什么不最大化所有可能效用的加权立方和？或者为什么不尝试最小化最坏的可能损失？一个 Agent 能否不通过给出状态的具体数值来表达对状态的偏好，从而理性地行动？最后，为什么满足所要求的这些属性的效用函数一定存在？我们继续往下看。

16.2.1　理性偏好的约束

　　通过写下某些对于理性 Agent 应该具有的偏好的约束，然后证明 MEU 原则能够从这些约束推导出来，这些问题就可以得到解答。我们用下列记号来描述一个 Agent 的偏好：

$A \succ B$　　Agent 偏好 A 甚于 B

$A \sim B$　　Agent 对 A 和 B 偏好相同

$A \succsim B$　　Agent 偏好 A 甚于 B 或者偏好相同

　　现在明显的问题是，A 和 B 是什么类型的东西呢？它们可能是世界的状态，但真正给出了什么往往是不确定的。例如，飞机上领到面食或者鸡肉的乘客并不知道锡纸下覆盖着什么食物[1]。面食可能美味可口或冻结成块了，鸡肉可能美味多汁或烧过头了，无法知道。我们可以把每个行为的一组输出结果视为彩票抽奖——每个行为视为一张彩票。可能结果为 $S_1,\cdots,S_n$，其发生概率分别为 $p_1,\cdots,p_n$ 的一次抽奖记为

$$L = [p_1, S_1; p_2, S_2; \cdots p_n, S_n]$$

一般来说，一次抽奖的每个结果既可以是一个原子状态也可以是再一次抽奖。效用理论的主要问题是去理解"复杂抽奖之间的偏好"是如何与"这些抽奖蕴含的状态之间的偏好"联系在一起的。为了说明这个问题，下面列出我们要求合理的偏好关系应该遵守的六个约束：

- **有序性**（orderability）：给定任意两次抽奖，一个理性 Agent 必须偏好于其中某一次抽奖，或者认为对两者的偏好程度是一样的。也就是说，该 Agent 不能回避决策。正像我们在 13.2.3 节中所说，拒绝打赌就如同拒绝时间流逝一样。

  $(A \succ B), (B \succ A), (A \sim B)$ 其中必须有一个而且只有一个成立

- **传递性**（Transitivity）：给定任意三次抽奖，如果一个 Agent 偏好 A 甚于 B，偏好 B 甚于 C，那么该 Agent 一定偏好 A 甚于 C。

  $$(A \succ B) \wedge (B \succ C) \Rightarrow (A \succ C)$$

- **连续性**（continuity）：如果某次抽奖 B 在偏好上处于 A 和 C 之间，那么一定存在某个概率 p，使得该理性 Agent 在肯定得到 B，与以概率 p 产生 A 并以概率 $1-p$ 产生 C 的抽奖之间无偏向。

  $$A \succ B \succ C \Rightarrow \exists p\ [p, A; 1-p, C] \sim B$$

- **可替换性**（substitutability）：如果一个 Agent 在两次抽奖 A 和 B 之间无偏向性，那么该 Agent 在更复杂的两次抽奖之间也无偏向性——这两次抽奖除了第一次中的 A 被 B 替换以外其他是一样的。这是成立的，而不用考虑抽奖中的概率和其他结果。

  $$A \sim B \Rightarrow [p, A; 1-p, C] \sim [p, B; 1-p, C]$$

  把其中的"~"替换成"≻"后仍然是成立的。

- **单调性**（monotonicity）：假设两次抽奖有相同的两个可能结果 A 和 B，如果一个 Agent 偏好 A 甚于 B，那么该 Agent 一定偏好 A 的概率更高的抽奖（反之亦然）。

  $$A \succ B \Rightarrow (p > q \Leftrightarrow [p, A; 1-p, B] \succ [q, A; 1-q, B])$$

- **可分解性**（decomposability）：复合抽奖可以通过概率法则被简化为简单一些的抽奖。由于两次相继的抽奖能够被压缩成一个等价的单次抽奖，这曾被称为"赌博无乐趣"规则，如图 16.1（b）所示。[2]

  $$[p, A; 1-p, [q, B; 1-q, C]] \sim [p, A; (1-p)q, B; (1-p)(1-q), C]$$

这些约束被认为是效用理论的公理。每个公理的动机是因为违背该公理的 Agent 将在某些情形下展现出明显不理性的行为。例如，我们可以通过使具有非传递性偏向的 Agent 把它的钱都掏出来给我们来说明传递性是必要的。假设 Agent 具有这样的非传递性偏向 $A \succ B \succ C \succ A$，其中 A、B 和 C 是可以自由交换的商品。如果 Agent 当前具有 A，然后我们提

---

1 我们为那些本地航班不再为长途飞行提供食物的读者感到抱歉。

2 通过把赌博事件编码到状态描述中，我们就可以考虑到赌博的乐趣；例如，"有 10 元钱并打赌"会比"有 10 元钱而不打赌"更受到偏好。

出用 C 和 A 外加 1 分钱做交易。因为 Agent 偏好 C，所以愿意交易。然后我们提出用 B 和 C 再外加 1 分钱做交易，最后用 A 和 B（外加 1 分钱）做交易。这将我们带到出发点，只是 Agent 已经给了我们 3 分钱（图 16.1（a））。我们如此一直循环下去，直到 Agent 掏空所有钱。这种情况下 Agent 的行为明显是不理性的。

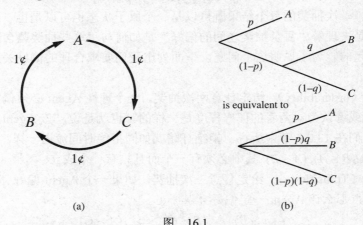

图　16.1

（a）一个交换环，显示出非传递性偏好 $A \succ B \succ C \succ A$ 导致了不理性行动。（b）可分解性公理

16.2.2　偏好导致效用

注意效用理论的公理实际上是关于偏好的公理——没有论及效用函数。但实际上，从效用公理我们可以推导出以下的结果（其证明参见 von Neumann 和 Morgenstern（1994））：

- **效用函数的存在性**：如果一个 Agent 的偏好遵守效用公理，那么存在一个函数 U，使得 $U(A) > U(B)$ 当且仅当该 Agent 偏好 A 甚于 B，并且 $U(A) = U(B)$ 当且仅当该 Agent 在 A 和 B 之间无偏向。

$$U(A) > U(B) \quad \Leftrightarrow \quad A \succ B$$
$$U(A) = U(B) \quad \Leftrightarrow \quad A \sim B$$

- **抽奖的期望效用**：一次抽奖的效用是把每个结果的概率乘以它的效用的乘积和。

$$U([p_1, S_1; \cdots; p_n, S_n]) = \sum_i p_i U(S_i)$$

换句话说，一旦可能的结果状态的概率和效用被指定，涉及到那些状态的复合抽奖的效用就被完全确定了。由于一个非确定性行动的结果是一次抽奖，从而一个 Agent 只有根据公式（16.1）选择最大化期望效用的行动才会是理性的——也就是与偏好是一致的。

前面的理论证实了任何理性 Agent 都*存在*一个效用函数，但没有证实这个效用函数是唯一*的*。事实上，不难发现如果一个 Agent 的效用函数根据如下公式进行变换，它的行为将不会改变：

$$U'(S) = aU(S) + b \tag{16.2}$$

其中 a 和 b 是常数，且 $a>0$；这是一个仿射变换[1]。第 5 章在讨论两个玩家的赌运气的游戏

---

[1]　在这个意义下，效用好像温度：华氏温度是摄氏温度的 1.8 倍再加上 32。在其中任何一个度量系统中你都会得到相同结果。

中提到了这个事实；这里，我们会看到这是完全正常的。

就像在玩游戏一样，在一个确定性的环境中一个 Agent 只需要状态的偏好等级——状态的数量无关紧要。这称为**值函数**（value function）或**顺序效用函数**（ordinal utility function）。

记住，描述一个 Agent 的偏好性行为的效用函数的存在性并不意味着这个 Agent 会深思熟虑地明确地最大化这个效用函数。像我们在第 2 章说过的一样，理性行为可以通过任何方式产生。然而，通过观察一个理性 Agent 的偏好，观察者可以构造出一个表示这个 Agent 真正想达到什么目的（即使 Agent 并不知道这一点）的效用函数。

16.3 效 用 函 数

效用是一个从抽奖映射到实数的函数。我们知道一些所有理性 Agent 必须遵守的关于效用的公理。难道这就是我们关于效用函数可以谈论的全部吗？严格地说，确实如此：一个 Agent 可以拥有它喜欢的任何偏好。例如，一个 Agent 可能偏好在其银行账号上存款的美元数为质数；这种情况下，如果它有 16 美元，它将送出 3 美元。这可能是不正常的，但不能说它不理性。一个 Agent 可能偏好一辆有凹陷的 1973 福特 Pinto 车甚于一辆崭新的奔驰车。偏好也可以相互作用。例如，只有当 Agent 拥有 Pinto 车时，它可能偏好质数美元的存款；而当它拥有奔驰车时，它可能偏好更多而不是更少的存款。幸运的是，真实 Agent 的偏好通常更系统，从而更容易处理。

16.3.1 效用评估和效用尺度

如果我们想建立一个决策理论系统帮助 Agent 代表他或她制定决策或行动，我们首先必须搞清 Agent 的效用函数是什么。这个过程——经常被称为**偏好启发式**（preference elicitation）——涉及向 Agent 提供选项，然后使用观察到的偏好来约束潜在的效用函数。

公式（16.2）告诉我们效用没有绝对的尺度，然而建立某个尺度，用这个尺度记录和比较任何特定问题的效用是有帮助的。通过固定两个特殊结果的效用可以建立一个尺度，就像固定水的结冰点和沸点而建立温度的尺度一样。典型地，我们固定"最好的可能奖励"的效用为 $U(S)=u_\top$ 和"最坏的可能灾难"的效用为 $U(S)=u_\perp$。**归一化效用**（normalized utility）使用具有 $u_\perp=0$ 和 $u_\top=1$ 的尺度。

给定一个 $u_\perp$ 和 $u_\top$ 之间的效用尺度，通过让 Agent 在 S 和**标准抽奖**$[p, u_\top; (1-p), u_\perp]$之间选择，我们可以评估任何特定奖励 S 的效用。概率 p 被调节直到 Agent 对 S 和这个标准抽奖没有偏向性。假设在归一化效用下，S 的效用是 p。一旦每个奖励的效用确定了，涉及这些奖励的所有抽奖的效用就确定了。

不说别的，在医疗、交通和环境决策问题中，人们的生命面临危险。在这些情况下，$u_\perp$ 是赋予"立即死亡（或者可能是大量死亡）"的值。尽管对给人类的生命赋予一个值，没有人会感到舒服，但事实上，这种折中时刻都在进行。飞机的彻底检查是根据旅程和飞行距离不定期地进行的。汽车的制造也是在造价和事故存活率之间折中的。荒谬的是，拒绝"给生命赋予一个货币价值"意味着生命常常被低估。Ross Shachter 受一个政府机构委托对从学校清除石棉的问题进行研究。决策分析家们为每个学龄儿童的生命假设了一个特定的金钱数值，并论证在该假设下理性的选择是清除石棉。该政府机构对给生命设置一个值道义上感到愤怒，并拒绝了这个出格的报告。然后它决定反对清除石棉——这隐式地给学生的生命赋了一个比决策分析家设置的更低的值。

为了发现人们给自己的生命设置的数值，进行过一些尝试。医学和安全分析中一个公用的流行用语是**微亡**（micromort），百万分之一的死亡风险。如果你问人们愿意支付多少钱一避免危险——例如，避免用装有无数子弹的左轮手枪玩俄罗斯轮盘赌——他们会回应一个很大的数字，也许是几十万美元，但他们的实际行为反应的是微亡率的一个更低的金钱数量。例如，驾驶汽车 230 英里就会出现一次微亡的风险；在你的汽车使用寿命中——比如 92000 英里——将是 400 次微亡。人们似乎愿意多支付 10000 美元（2009 年的价格）来买一辆将死亡风险降低一半的更安全的车，或者说每次微亡大约值 50 美元。许多对不同个体和不同风险类型的研究都确认了这个范围的一个数字。

另一个度量是 **QALY**（quality-adjusted life year），即"质量调整寿命年"（等价于身体健康不衰弱的一年）。有残疾的病人愿意为了恢复到完全健康而愿意缩短预期寿命。例如患肾病的病人对"在透析机上生活两年"与"完全健康地生活一年"之间没有偏向性。

16.3.2　金钱的效用

效用理论在经济学中有其根源，而且经济学为效用度量提供了一个明显的候选：金钱（或者更确切一点，一个 Agent 的净资产）。几乎所有种类的货物和服务的普遍的金钱可交换性暗示了金钱在人类效用函数中扮演着重要的角色。

通常情况是，一个 Agent 偏好更多的金钱而不是更少的金钱，而所有其他东西都被当作同等的。我们称该 Agent 对更多数量的金钱显示出**单调的偏好**（monotonic preference）。这并不意味着金钱就被当成效用函数，因为它并没有对任何关于涉及金钱的*抽奖*之间的偏好进行论述。

假设你在一个电视游戏节目中击败了其余竞争者。主持人现在给你一个选择：你可以拿走 1 000 000 美元的奖金，或者你可以选择掷硬币赌一次。如果硬币正面朝上，你的结局是一无所获，但是如果硬币背面朝上，你最终能得到 2 500 000 美元。如果你像大多数人一样，你就会拒绝赌博而拿走这一百万。你是不理性的吗？

假设硬币是公平的，该赌博的**期望货币价值**（EMV，expected monetary value）是 0.5($0)+ 0.5 ($2 500 000) = $1 250 000，这比原始奖金$1 000 000 多。但这并不一定意味着接受赌博是一个更好的决策。假设我们用 S_n 表示拥有总共 n 美元财富的状态，而你当前的财富是 k 美元。那么，接受和拒绝赌博的两个行动的期望效用分别是：

$$EU(Accept) = \frac{1}{2}U(S_k) + \frac{1}{2}U(S_{k+2500000})$$
$$EU(Decline) = U(S_{k+1000000})$$

为了决定该做什么，我们需要给结果状态分配效用。效用并不直接与货币价值成正比，这是因为你的前 100 万的效用很高（或者大家都这样说），而额外的 100 万的效用要小一些。假设你给当前财富状况（S_k）分配一个效用值 5，给状态 $S_{k+2500000}$ 分配效用值 9，给状态 $S_{k+1000000}$ 分配效用值 8。那么理性的行动将是拒绝赌博，因为接受赌博的期望效用只有 7（小于拒绝情况下的 8）。另一方面，一个千万富翁很可能在多几百万的区间上（已经拥有的钱数到高出当前数字几百万的数之间的区间）有一个局部线性的效用函数，因而这个富翁可能接受这次赌博。

在实际效用函数的先驱研究中，Grayson（1960）发现金钱的效用几乎正好与金钱数量的对数成正比。（这个观点最早是由 Bernoulli（贝努利，1738）提出的；参见习题 16.3。）图 16.2（a）显示了对某位 Beard 先生的一条特定的效用曲线。从 Beard 先生的偏好中得到的数据与下面这个效用函数在 $n = -\$150000$ 到 $n = \$800000$ 的区间内是一致的：

$$U(S_{k+n}) = -263.31 + 22.09 \log (n + 150000)$$

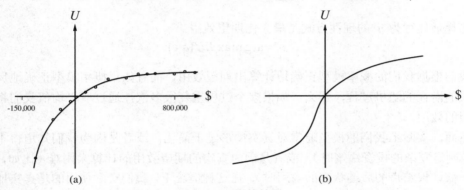

图 16.2　金钱效用
（a）在有限区间内 Beard 先生的实验数据。 （b）整个区间内的典型曲线

我们不应该假设这是对金钱价值的明确的效用函数，但是可能大多数人的效用函数对于正财产是凹曲线。负债是不好的，但对于不同级别债务的偏好能够反转与正财产相关联的凹曲线。例如，一个已经负债$10 000 000 的人很可能接受这样的赌博：掷一枚公平的硬币，正面朝上赢$10 000 000，背面朝上输$20 000 000[1]。这将得到图 16.2（b）所示的 S 形曲线。

如果我们将注意力限制在曲线的正值部分上，这一部分的斜率是递减的，那么对于任意抽奖 L，"面对这次抽奖"的效用小于"把这次抽奖的期望货币价值当作确定性的东西给你"的效用：

$$U(L) < U(S_{EMV(L)})$$

这就是说，有此形状曲线的 Agent 是**规避风险**（risk-averse）的：它们偏好比赌博的期望货币价值小的确定性收益。另一方面，在图 16.2（b）中所示的大数额负财产的"绝望"区间，Agent 的行为是**追求风险**（risk-seeking）的。一个 Agent 能接受的替代某次抽奖的价值被称为这次抽奖的**确定性等价物**（certainty equivalent）。研究表明大部分人将会接受用$400 替代一次一半机会赢得$100 一半机会没有一分钱的赌博——也就是说，这次抽奖的确定性等价物是$400，而期望货币价值是$500。一次抽奖的期望货币价值及其确定性等价物之间的差称为**保险费**（insurance premium）。规避风险是保险业的基础，这是因为它意味着保险费是正的。人们宁愿付出少量的保险费，也不愿意以他们的房屋的代价来赌不会发生火灾。从保险公司的角度来看，房屋的价钱与整个公司的储备金相比非常小。这

1　这样的行为也许被称为绝望，但是当一个人已经处于绝望的状况中时，这是理性的。

意味着保险人的效用曲线在这个小区间内是近似线性的，而这个赌博对保险公司而言几乎没有代价。

注意到财富上相对于当前状态的小变化，几乎任何曲线将是近似线性的。一个拥有线性曲线的 Agent 被称为是**风险中立**（risk-neutral）的。因此，对于总和很小的赌博，我们期望其风险中立性。在某种意义上说，这论证了在 13.2.3 节中为证明概率公理和估计概率而提出的小规模赌博的简化过程是合理的。

16.3.3　期望效用与后决策失望

选择最佳行为 $a*$ 的理性方式是最大化期望效用：

$$a* = \underset{a}{\arg\max} \, EU(a|\mathbf{e})$$

如果我们根据我们的概率模型正确地计算出期望效用，而且如果概率模型正确地反映了产生结果的潜在的随机过程，那么，如果整个过程重复很多次，通过取平均值我们将得到我们期望的效用。

然而，实际上我们的模型通常对真实情形过于简化，或者是因为我们知道得不够（比如，当制定复杂的投资决策时），或者是因为真实的期望效用的计算太困难（比如，当在双陆棋中估计根结点的后继状态的效用时）。在这种情况下，我们实际使用的是真实期望效用的估计值 $\widehat{EU}(a|\mathbf{e})$ 。我们将假设，这个估计值是无偏估计，也就是说误差的期望值 $E(\widehat{EU}(a|\mathbf{e}) - EU(a|\mathbf{e}))$ 是 0。这种情况下，"选择具有最大估计效用的行动且行动执行后期望平均获得这个效用"似乎是合理的。

不幸的是，真实的结果通常比我们估计的要差很多，即使估计值是无偏估计。为了搞清原因，考虑一个决策问题：有 k 个选项，每一个的真实估计效用是 0。假设每个效用估计值的误差具有 0 均值和标准差 1，在图 16.3 中用粗线条曲线表示。现在，当我们真正开

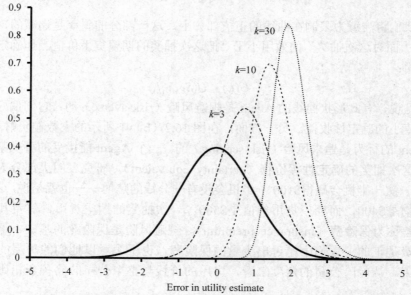

图 16.3　k 个效用估计的误差，以及 k 个估计中最大值的分布，$k=3$，10，30

始生成估计值时，某些误差是负的（悲观的），而某些误差是正的（乐观的）。因为我们选择具有最大效用估计的行动，我们明显会支持过于乐观的估计，偏见来源于此。计算 k 个估计值的最大值的分布（参见习题 16.11）然后量化失望的程度是一件简单的事情。图 16.3 中 $k=3$ 的曲线具有均值 0.85，所以平均的失望程度是效用估计中标准差的 85%。如果有更多的选项，更可能产生特别乐观的估计：当 $k=30$，失望程度将是估计值的标准差的两倍。

最佳选项的估计期望效用会太高的趋势被称为**乐观者报应**（optimizer's curse）（Smith 和 Winkler，2006）。这折磨着即使最老练决策分析家和统计学者。不可小视的现象包括相信在试用中治愈 80% 的患者的激动人心的新药物将治愈 80% 的病人（这是从 $k=$ 数千种候选药物中选择出来的），或者相信一个广告中宣称回报高于平均值的共有基金将继续有这样的回报（这是从出现在广告中的 $k=$ 几十个基金中选择的一个基金）。情况甚至可能是，如果效用估计中方差很高，看似最好的选择可能并不是最好的：一种从上千种试过的药中选择出来的药治愈了 10 个病人中的 9 个，这种药可能比治愈了 1000 个病人中的 800 个的另一种药差。

乐观者报应随处可见，因为效用最大化选择过程无处不在，因此用表面值作为效用估计是不妥的。我们可以使用效用估计中误差的显式的概率模型 $\mathbf{P}(\widehat{EU}|EU)$ 来避免乐观者报应。给定这个模型，以及我们可以合理地期望效用值的先验概率 $\mathbf{P}(EU)$，我们将效用估计——一旦获得——作为证据，然后使用贝叶斯规则计算真实效用的后验估计。

16.3.4　人类评价与非理性

决策理论是一种**规范性理论**（normative theory）：它描述了一个理性的 Agent 应该如何行动。另一方面，一种**描述性理论**（descriptive theory）描述了实际的 Agent——例如人类——真正会如何行动。如果这两者是一致的，经济理论的应用将得到极大的加强，但似乎有一些实验证据表明它们是不一致的。事实表明人类是"有先兆地非理性的"（Ariely，2009）。

最有名的问题是 Allais 悖论（Allais，1953）。人们在两次抽奖 A 和 B 之间进行选择，然后在 C 和 D 之间进行选择，它们的奖励是：

A：80%的机会获得$4000　　　　C：20%的机会获得$4000

B：1000%的机会获得$3000　　　D：25%的机会获得$3000

大多数人始终偏好选择 B 而不选择 A（选择确定性的东西），偏好选择 C 而不选择 D（选择更高的期望货币价值 EMV）。规范性分析并不赞同这样做！如果我们使用公式（16.2）蕴含的自由度设置 $U(\$0)=0$，我们就很容易理解。在那种情况下，$B \succ A$ 蕴含着 $U(\$3000)>0.8U(\$4000)$，而 $C \succ D$ 则正好蕴含着相反的东西。换句话说，没有效用函数能够与这些选择一致。对这些明显非理性的偏好的一个解释是**确定性效应**（certainty effect）（Kahneman 和 Tversky，1979）：人们被确定性的收益高度吸引。有几个为什么会这样的原因。首先，人们宁愿减轻自己的计算负担；通过选择确定性的结果，他们不必进行概率计算。但即使涉及的计算非常简单，这种效应仍然存在。第二，人们可能不相信所给出的概率的合法性。如果我控制着硬币并进行抛掷，那么我相信抛掷结果大约是 50/50，但如果硬币由有既定兴趣的人抛掷，我可能不相信抛掷结果[1]。当不相信时，可能最好是转向能确信

---

[1]　例如，数学家和逻辑学家 Persi Diaconis 能够每次让硬币随心所欲地抛出他想要的结果（Landhuis，2004）。

的东西[1]。第三，人们可能既考虑他们的情绪状态也考虑他们的经济状态。人们知道，如果他们放弃一个确定性的奖励（B）而去追求有 80% 机会获得的更高的奖励（A）但最后什么都没得到，他们可能要经受遗憾。换句话说，如果选择 A，就有 20% 的可能得不到一分钱，然后会觉得像个彻底的傻瓜，这比得不到钱更糟糕。因此，也许那些选 B 不选 A、选 C 不选 D 的人并不是非理性的；他们只是想说他们愿意放弃 $200 的期望货币价值以避免有 20% 的机会感觉像傻瓜。

一个相关的问题是 Ellsberg 悖论。这里，奖励是固定的，但概率是无限定的。你的工资将依赖于从缸里选择的一个球的颜色。有人告诉你缸里面有 1/3 的球是红色的，剩下 2/3 的球是黑色或黄色，但你不知道有多少黑球和多少黄球。再一次问你，你愿意选 A 还是 B；愿意选 C 还是 D：

A：取到红球得 $100　　　　　　　　C：取到红球或黄球得 $100

B：取到黑球得 $100　　　　　　　　D：取到黑球或黄球得 $100

很明显，如果你认为红球多于黑球，那么你应该选 A 不选 B，选 C 不选 D；如果你认为红球少于黑球，那么你的选择应该恰好相反。但事实证明，大多数人偏好选 A 甚于选 B，偏好选 D 甚于选 C，即使没有什么世界状态中这种偏好是理性的。似乎人们讨厌不确定性：A 给你 1/3 的机会赢，而 B 则介于 0 和 2/3 之间。类似地，D 给你 2/3 的机会赢，而 C 则介于 1/3 和 3/3 之间。大多数人选择已知的概率，而不愿意选择未知的东西。

还有另一个问题是一个决策问题的精确措辞对 Agent 的选择有很大的影响；这被称为**表达效应**（framing effect）。实验表明，我们说一个医疗过程有 90% 的生还率，也可以说它有 10% 的死亡率，即使这两种描述完全是同一个意思，人们对前者的喜欢程度大约是后者的两倍。多个实验都发现了这种看法上的差异，对临床病人、老练的商业学校的学生、有经验的医生进行实验都得到了大致相同的结果。

人们对进行相对效用评价感觉更舒服，而不愿进行绝对的评价。对于酒店提供的各种各样的酒，我可能无法道出我有多喜欢这些酒。酒店利用了这一点，拿出一瓶价值 $200 的酒，酒店知道没有人愿意出这么多钱买这瓶酒，但这使得顾客对所有酒的价格估计偏高，最后顾客要了一瓶 $55 的酒，感觉很便宜。这被称为**锚效应**（anchoring effect）。

如果接受调查的人坚持相互矛盾的偏好评价，自动化的 Agent 为了与这些人保持一致什么也做不了。幸运的是，人类做出的偏好评价在更进一步的考虑下可以修正的。如果选项解释得更好，像 Allais 悖论那样的悖论可以极大地变弱（但不会消除）。Keeney 和 Raiffa（1976）在哈佛商务学校工作，评估金钱效用，他们发现：

> 人们在小事情上趋向于过于规避风险，从而……为分布很广的抽奖拟合的效用函数呈现大的无法接受的风险金……然而，大多数人能够调和不一致性，并觉得对于自己想如何行动学习了重要的一课。结果，一些人取消了他们的汽车碰撞险，而为他们的生命办理了更多的定期人寿险。

人类不理性的证据也遭到了**进化心理学**（evolutionary psychology）领域的研究人员的

1　即使确信的东西可能不是确定的。尽管得到铁一般的承诺，我们还没有从以前并不认识的已故亲戚的尼日利亚银行账号收到 $27000000。

质疑，他们指出这个事实：我们大脑的决策机制没有进化到可以解决用小数描述的概率和奖金的文字问题。为了辩论，我们承认大脑有一个内在的神经机制来计算概率和效用，或者有某个功能上的等价体；如果这样，所需要的输入将来自对结果和奖励积累的经验，而不是对数值的语言表示。很明显，我们不能通过用语言/数值形式表示决策问题来直接访问大脑的内在神经机制。同一个决策问题的不同用词会导致不同的选择，这个特别的事实表明决策问题本身是什么还没有搞清。受这个观察的刺激，心理学家尝试过用不确定推理表示问题并用适合于进化的形式制定决策；例如，不要说"90%的生还率"，实验者可以给出100 个由线条画制作的动画，其中有 10 个病人去世而有 90 个生还。（厌倦是这些实验中的一个复杂因素！）用这种方式给出决策问题，人们离理性行为会比前面那样更近一些。

16.4　多属性效用函数

公共政策领域的决策制定涉及到很高的利益，包括金钱和生命。例如，决定允许发电厂排放什么级别的有害物时，政策制定者必须在预防死亡和残疾与电力带来的好处以及减少排放带来的经济负担之间进行权衡。确定一座新机场的位置需要考虑到施工造成的破坏、土地价格、离人口中心的距离、飞行操作的噪音、当地地形和天气条件带来的安全问题，等等。类似这些问题——其结果由两个或更多属性来刻画——是用**多属性效用理论**（multiattribute utility theory）处理的。

我们可以将属性称为 $\mathbf{X} = X_1, \cdots, X_n$；一个完整的赋值向量将是 $\mathbf{x} = \langle x_1, \cdots, x_n \rangle$，其中 x_i 是一个数值或者是一个具有假设顺序的离散值。我们假设当其他所有事物都相等时，一个更高的属性值对应着更高的效用。例如，如果我们选择 *AbsenceOfNoise*（无噪音）作为机场问题中的一个属性，那么其值越大，问题的解就越好[1]。我们将从考查那些无须把各属性值组合成单一效用值就可以制定决策的情况开始。然后我们将考查属性组合的效用能够被非常简明地指定的情况。

16.4.1　优势

假设机场位置 S_1 费用较少，产生较少的噪音污染，并且比位置 S_2 安全。人们将毫不犹豫地否决 S_2。那么我们称 S_1 比 S_2 有**严格优势**（strict dominance）。总的来说，如果一个选项在所有属性上的值都比其他某个选项低，就无需进一步考虑它了。虽然严格优势很少产生出一个唯一的选项，但它在缩小实际竞争者的候选范围时是很有用的。图 16.4（a）给出了两属性情况下的一个示意图。

对于确定性的情况，这是可以的，因为其中的属性值都已确切知道。在行动结果不确定的一般情况下，会如何呢？可以构造严格优势的直接模拟，其中，尽管非确定性，S_1 的所有可能的具体结果都比 S_2 的所有可能结果有严格优势。（参见图 16.4（b））当然，这可

1　某些情况下，取值可能需要划分成一个个子区间，以使效用在每个子区间里是单调变化的。例如，如果属性 *RoomTemperature* 在 70°F 有个峰值，我们将把它分解成两个属性，来处理不同的情况，一个用于冷一些的情况，另一个用于热一些的情况。这样在每个属性中效用是单调变化的。

能比确定性情况下发生得更少。

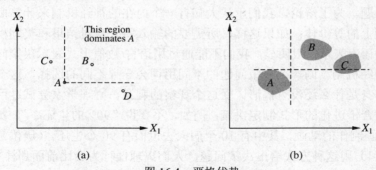

图 16.4　严格优势
（a）确定性的：比选项 A 有严格优势的是 B，而不是 C 或 D。
（b）不确定性的：比 A 有严格优势的是 B 而不是 C

　　幸运的是，有个被称为**随机优势**（stochastic dominance）的更有用的一般法则，它在实际问题中出现得非常频繁。随机优势在单个属性的上下文中最容易理解。假设我们相信将机场选址定在 S_1 的费用均匀分布在 28 亿美元到 48 亿美元之间，而选址定在 S_2 的费用则均匀分布在 30 亿美元到 52 亿美元之间。图 16.5（a）画出了这些分布，其中费用被画成负值。那么，只给定效用随着费用减少的信息，我们可以说 S_1 比 S_2 有随机优势（也就是说，可以放弃 S_2）。重要的是注意到这并不是从对期望费用的比较中得出来的。例如，如果我们知道 S_1 的确切费用是 38 亿美元，那么在没有关于金钱的效用的附加信息的情况下，我们仍将不能做出决策（S_1 的费用的*更多*信息却使得 Agent 更加不能做出决策，这可能看起来很古怪。注意到下面这一点，就不难理解这种矛盾：在没有精确费用信息时，更容易做决策，但更容易犯错误）。

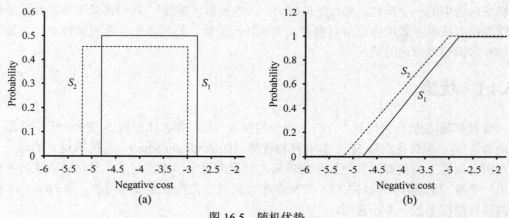

图 16.5　随机优势
（a）S_1 在费用比 S_2 有随机优势。（b）S_1 和 S_2 的负费用的累积分布

　　建立随机优势所需的属性分布之间的精确关系，最好是通过检查图 16.5（b）所示的**累积分布**（cumulative distribution）来查看。（可参见附录 A。）累计分布度量的是费用小于或等于任何给定量的概率——也就是说，它对原始分布进行积分。如果 S_1 的累计分布总是在 S_2 的累计分布的右侧，那么，从随机的角度说，S_1 比 S_2 便宜。形式上，如果两个行动 A_1 和 A_2 在属性 X 上导致概率分布 $p_1(x)$ 和 $p_2(x)$，那么当下式成立时，在 X 上 A_1 比 A_2 有随

机优势：

$$\forall x \int_{-\infty}^{x} p_1(x') \mathrm{d}x' \leqslant \int_{-\infty}^{x} p_2(x') \mathrm{d}x'$$

这个定义与最优决策选择的相关性来自下述性质：如果 A_1 比 A_2 有随机优势，那么对于任何单调非递减效用函数 $U(x)$，A_1 的期望效用至少与 A_2 的期望效用一样高。因此，如果在所有属性上，一个行动对另一个行动都没有随机优势，那么可以放弃这个行动。

随机优势条件可能看起来相当技术性，并且如果不经过大量的概率计算，可能难以进行评估。实际上，在许多情况下可以很容易地决定它。例如，假设交通运输费用依赖于离供货商的距离。费用本身是不确定的，但是距离越远，费用越高。如果 S_1 比 S_2 近，那么 S_1 将在费用上比 S_2 有优势。虽然我们在这里没有阐述，还是有一些算法可在**定性概率网络**（qualitative probabilistic network）中的不确定变量之间传播这种定性信息，使得一个系统能够在不使用任何数值的情况下，基于随机优势做出理性决策。

16.4.2　偏好结构和多属性效用

假设我们有 n 个属性，每个属性有 d 个不同的可能值。要指定完全效用函数 $U(x_1, \cdots, x_n)$，最坏的情况下我们需要 d^n 个值。这里最坏的情况对应于 Agent 的偏好根本没有规律性的情形。多属性效用理论是基于假设：典型 Agent 的偏好比上述情况有多得多的结构。基本方法是识别我们所期望的偏好行为中的规律，以观察和使用**表示定理**（representation theorem）来表明有某种偏好结构的 Agent 具有一个效用方程

$$U(x_1, \cdots, x_n) = f[f_1(x_1), \cdots, f_n(x_n)]$$

我们希望其中的 f 是一个像加法这样的简单函数。注意这与使用贝叶斯网去分解几个随机变量的联合概率之间的相似性。

不包含不确定性的偏好

让我们从确定性的情况开始。回忆对于确定性环境，Agent 有一个值函数 $V(x_1, \cdots, x_n)$；目标是简洁地表示这个函数。确定性偏好结构中产生的基本规律性被称为**偏好独立性**（preference independence）。称两个属性 X_1 和 X_2 偏好独立于第三个属性 X_3，如果结果 $\langle x_1, x_2, x_3 \rangle$ 和 $\langle x'_1, x'_2, x_3 \rangle$ 之间的偏好不依赖于属性 X_3 的特殊值 x_3。

回到机场的例子，我们要考虑 *Noise*、*Cost* 和 *Deaths*（除了其他属性外），有人可能提出 *Noise* 和 *Cost* 偏好独立于 *Deaths*。例如，当安全级别是每百万乘客英里死亡 0.06 人时，我们偏好一个有 20,000 人居住在航线上、机场建筑费用为 40 亿美元的状态，甚于另一个有 70,000 人居住在航线上、机场建筑费用为 37 亿美元的状态，那么当安全级别是 0.12 和 0.01 时，我们将有同样的偏好；而且任何一对其他的 *Noise* 和 *Cost* 值之间的偏好具有相同的独立性。同样明显的是，*Cost* 和 *Deaths* 偏好独立于 *Noise*，*Noise* 和 *Deaths* 偏好独立于 *Cost*。我们称属性集合 {*Noise*，*Cost*，*Deaths*} 显示出**相互偏好独立性**（mutual preferential independence, MPI）。MPI 表明，尽管每个属性可能都是重要的，但是它不会影响其他属性相互之间的权衡方式。

相互偏好独立性是个拗口的概念，不过感谢经济学家 Debreu（1960）提出的著名定理，我们可以根据它为 Agent 的值函数得出一个非常简单的形式：如果属性 $X_1, \cdots, X_n$ 是相互

偏好独立的，那么该 Agent 的偏好行为可以被描述为最大化函数

$$V(x_1,\cdots,x_n)=\sum_i V_i(x_i)$$

其中，每个 V_i 是只涉及到属性 X_i 的一个值函数。例如，很可能机场决策可以使用下面的值函数做出：

$$V(noise, cost, deaths) = -noise \times 10^4 - cost - deaths \times 10^{12}$$

这种类型的值函数被称为**加法值函数**（additive value function）。加法函数是描述 Agent 价值函数的一种极其自然的方式，并且在很多现实世界的情况下都有效。对于 n 个属性，评估一个加法值函数需要评估 n 个单独的一维值函数，而不是 1 个 n 维值函数；典型地，这表示所需要的偏好实验的次数将会指数级地减少。甚至当 MPI 不严格成立时，比如可能在属性的极端值的情况下，加法值函数仍然可能为 Agent 的偏好提供一个好的近似。当对 MPI 的违反出现的属性的部分范围时——在实际中不可能发生——就更是这样了。

为了更好地理解 MPI，看看它不成立的情况是有帮助的。假设你在一个中世纪的市场，考虑买几条猎狗、几只鸡和一些鸡笼。猎狗是非常值钱的，但如果你没有足够的笼子装鸡，狗会吃掉鸡；因此，在狗和鸡之间的权衡高度依赖于笼子的数量，从而违反了 MPI。各属性之间的这种相互作用的存在使得评估整体值函数更难。

包含不确定性的偏好

如果在问题域中出现不确定性，我们还需要考虑各次抽奖之间的偏好的结构，并且要理解效用函数而不只是值函数的结果属性。这个问题牵扯到的数学可能变得非常复杂，所以为了说明可以做什么，我们只介绍主要结果之一。读者可以参考 Keeney 和 Raiffa（1976）对该领域的一篇全面综述。

效用独立性（utility independence）的基本概念将偏好独立性扩展到涵盖抽奖：称属性集 **X** 效用独立于属性集 **Y**，如果对 **X** 中的属性的抽奖之间的偏好独立于 **Y** 中的属性的具体值。称一个属性集满足**相互效用独立性**（**MUI**），如果其每个子集都效用独立于其余的属性。看来假设机场属性满足 MUI 是合理的。

MUI 意味着 Agent 的行为可以用**乘法效用函数**（multiplicative utility function）（Keeney，1974）来描述。乘法效用函数的一般形式可以通过观察三个属性的情况得到最好的了解。为了简洁起见，我们将用 U_i 表示 $U_i(x_i)$：

$$U = k_1U_1 + k_2U_2 + k_3U_3 + k_1k_2U_1U_2 + k_2k_3U_2U_3 + k_3k_1U_3U_1 + k_1k_2 k_3U_1U_2 U_3$$

虽然这看起来并不十分简单，但是它只包含三个单一属性效用函数和三个常数。一般，一个呈现 MUI 的 n 属性问题可以用 n 个单一属性效用函数和 n 个常数来建模。每个单一属性效用函数可以独立于其他属性而发展，并且这个组合将保证可以产生正确的总体偏好。为了得到一个纯粹的加法效用函数，我们可能需要另外的假设。

16.5　决　策　网　络

在本节中，我们将看看制定理性决策的一个通用机制。概念上通常被称为**影响图**（influence diagram）（Howard 和 Matheson，1984），但我们将使用更具描述性的术语：**决策**

网络（decision network）。决策网络将贝叶斯网络与行动以及效用的附加结点类型结合起来。我们将使用机场选址作为例子。

16.5.1　使用决策网络表示决策问题

在最一般的形式下，一个决策网络表示了这些信息：Agent 的当前状态、其可能行动、Agent 的行动所能产生的状态以及状态的效用。因此，决策网络提供了实现最早在第 2.4 节中介绍的基于效用的 Agent 的一个基础。图 16.6 画出了机场选址问题的一个决策网络。它图示了用到的三种类型的结点：

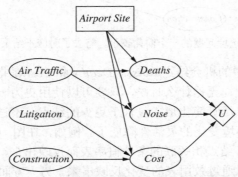

图 16.6　机场选址问题的一个简单决策网络

- **机会结点**（Chance node）（椭圆）代表随机变量，就像它们在贝叶斯网路中所表示的一样。关于建设费用、空中交通级别和诉讼可能性以及 *Deaths*、*Noise* 和总体 *Cost* 变量——其中每一个又依赖于选址——Agent 可能是不确定的。每个机会结点关联着一个以父结点的状态为索引的条件分布。在决策网络中，父结点既可以包括决策结点也可以包括机会结点。注意到为了评估建设费用、空中交通级别或者诉讼可能性，每个当前状态机会结点都可能是一个大的贝叶斯网络的部分。
- **决策结点**（decision node）（矩形）代表在该结点上决策制定者有一个对行动的选择。在这个案例中，*AirportSite* 行动可以对考虑中的每个位置呈现不同的值。选择影响到费用、安全以及会产生的噪音。在本章中，我们假设我们处理的是单一决策结点。第 17 章将处理必须制定多于一个决策的情况。
- **效用结点**（utility node）（菱形）代表 Agent 的效用函数 [1]。效用结点把所有那些描述直接影响效用的结果状态的变量作为父结点。与效用结点关联的是一个描述，它将 Agent 效用描述为对父结点属性的一个函数。这个描述可能只是函数的表格形式，或者它可能是参数化的属性值的加法或线性函数。

在许多情况下也使用一个简化的形式。符号依然相同，但是描述结果状态的机会结点被略去。改为效用结点直接与当前状态结点和决策结点相连接。在这种情况下，效用结点代表公式（16.1）中定义的与每个行动联系在一起的期望效用，而不是代表结果状态上的

---

[1]　这些节点在文献中经常被称为**价值节点**。我们倾向于保持效用与价值函数之间的区别，如以前讨论过的，因为结果状态可能代表一个彩票。

一个效用函数；也就是说，结点关联着一个**行动效用表**（action-utility function，在强化学习中也成为 Q-function，见第 21 章）。图 16.7 显示了机场选址问题的行动效用表示。

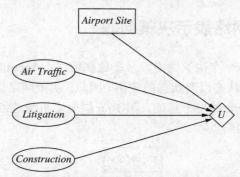

图 16.7   机场选址问题的一个简化表示。略去了对应于结果状态的机会结点

注意，因为图 16.6 中的机会结点 *Noise*、*Deaths* 和 *Cost* 是指未来的状态，永远不能把它们设成证据变量。因此，无论什么时候，只要可以使用更为一般的形式，就可以使用略去这些结点的简化版本。尽管简化形式包含了更少的结点，不过忽略对选址决策结果的明确描述，意味着它关于环境变化的灵活性降低了。例如，在图 16.6 中，飞机噪音级别的变化可以通过改变与 *Noise* 结点相关联的条件概率表而反映出来，而效用函数中与噪音污染相一致的权值的变化可以通过效用表的变化反映出来。另一方面，在图 16.7 的行动效用图中，所有这样的变化必须通过行动效用表的变化才能反映出来。本质上，行动效用的形式化表示是原始形式化表示的一个编译版本。

16.5.2   评价决策网络

行动的选择是通过对决策结点的每种可能设定的决策网络进行评价而完成的。一旦决策结点被设定，它的行为表现完全像一个被设定为证据变量的机会结点。评价决策网络的算法如下：

（1）为当前状态设定证据变量。

（2）对于决策结点的每个可能值：

　　（a）把决策结点设为该值。

　　（b）对该效用结点的父结点，使用一个标准的概率推理算法计算其后验概率。

　　（c）为该行动计算结果效用。

（3）返回有最高效用的行动。

这是贝叶斯网络算法的一个直接扩展，可以直接结合到图 13.1 给出的 Agent 设计中去。在第 17 章中我们将看到，依次执行几个行动的可能性使问题变得有趣得多。

16.6   信 息 价 值

在前面的分析中，我们假设了所有相关的信息，或者至少所有可用的信息，都是在 Agent 制定决策之前提供给它的。实际上，这几乎是不可能的事情。制定决策的最重要的部分之一是知道问什么问题。例如，当一个病人第一次进入诊疗室的时候，医生不可能期望他能提供所有可能的诊断测试和问题的结果[1]。测试往往是昂贵的，有时候还是危险的（测试可能直接导致危险，或因为测试耽误了治疗也可能导致危险）。它们的重要性依赖于两个因素：测试结果是否将导致一个明显更好的治疗方案，以及各种不同的测试结果有多大的可能性。

本节描述**信息价值理论**（information value theory），它使得 Agent 能够选择要获取什么信息。我们假设，在选择一个由决策结点表示的真实行动之前，Agent 能够获取模型中任何潜在可观察的几率变量的值。因此，信息价值理论涉及到串行决策的一种简化形式——简化是因为观察行动只影响了 Agent 的**信念状态**（belief state），而不是外在的物理状态。任何具体观察的值一定起源于潜在可观察的几率变量，影响 Agent 最终的物理行为；而这个潜在变量可以从决策模型本身直接进行估计。

16.6.1　一个简单实例

假设一个石油公司想购买不可区分的 n 块海洋开采权中的一块。让我们进一步假设仅有一块含有价值 C 美元的石油，其他块是没有价值的。每块的标价是 C/n 美元。如果该公司是风险中立的，它将认为买一块与不买没有什么区别。

现在假设一个地震学家为该公司提供对第 3 块的调查结果，结果明确指出这块海洋是否含有石油。该公司应该愿意为这个信息支付多少钱？回答这个问题的方法是考查如果该公司得到这个信息将会做什么：

● 调查结果以 $1/n$ 的概率指出第 3 块海洋中含有石油。在含石油情况下，该公司将会以 C/n 美元买下第 3 块海洋开采权，获利 $C - C/n = (n-1)C/n$ 美元。

● 调查结果以 $(n-1)/n$ 的概率指出第 3 块海洋中不含石油。在不含石油的情况下，该公司将买不同的另一块。现在，在其余块中的任意一块内发现石油的概率从 $1/n$ 变为 $1/(n-1)$，所以该公司的期望获利是 $C/(n-1) - C/n = C/n(n-1)$ 美元。

给定调查信息，现在我们可以计算期望利润：

$$\frac{1}{n} \times \frac{(n-1)C}{n} + \frac{n-1}{n} \times \frac{C}{n(n-1)} = C/n$$

因此，该公司应该愿意为这个信息支付最多 C/n 美元给地震学家：这个信息与海洋块本身具有同样的价值。

信息的价值可由这样的事实推导出来：有该信息时，可以改变人的行动过程以适应实际情况。根据不同情形，人可以进行区别对待，而没有该信息时，人必须在所有可能情形的平均情况下尽其所能。总的来说，一条给定信息的价值被定义为：获得该信息之前和之后的最佳行动的期望价值之间的差。

16.6.2　完全信息的一个通用公式

很容易推导出信息价值的一个通用的数学公式。通常，我们假设得到了关于某个随机

1　在美国，预先询问的唯一问题总是病人是否有保险。

变量 E_j 值的精确证据（也就是说，我们理解到 $E_j=e_j$），所以使用**完全信息价值**（**VPI**, value of perfect information）这个短语 [1]。

令 Agent 的初始证据为 **e**。那么当前最佳行动 α 的价值定义为：

$$EU(\alpha|\mathbf{e})=\max_a \sum_{s'} P(\text{RESULT}(a)=s'|a,\mathbf{e})U(s')$$

新的最佳行动的价值（在得到新证据 $E_j=e_j$ 之后）将是：

$$EU(\alpha_{e_j}|\mathbf{e},e_j)=\max_a \sum_{s'} P(\text{RESULT}(a)=s'|a,\mathbf{e},e_j)U(s')$$

但是 E_j 是一个随机变量，其值是当前未知的。所以，要确定发现 E_j 的值，给定当前信息 **e** 使用关于 E_j 的值的当前信念我们必须在我们可能发现的所有可能值 e_{jk} 上进行平均：

$$VPI_E(E_j)=\left(\sum_k P(E_j=e_{jk}|\mathbf{e})EU(\alpha_{e_{jk}}|\mathbf{e},E_j=e_{jk})\right)-EU(\alpha|\mathbf{e})$$

为了得到对该公式的一些直观认识，我们考虑只有两个行动 a_1 和 a_2 可供选择的简单情况。这两个行动的当前期望效用是 U_1 和 U_2。信息 $E_j=e_{jk}$ 将为行动产生某些新的期望效用 U_1' 和 U_2'，但在我们获得 E_j 之前，我们将拥有 U_1' 和 U_2' 的可能值的一些概率分布（我们假设 U_1' 和 U_2' 是相互独立的）。

假设 a_1 和 a_2 代表在冬天穿过山区的两条不同路径。a_1 是一条穿过较低区域的路况较好的笔直的高速公路，a_2 是一条翻越山顶的弯弯曲曲的泥巴路。只给定这个信息，显然 a_1 是更可取的，因为第二条路径很可能被雪崩堵塞，而第一条路径不太可能发生交通阻塞。因此 U_1 明显高于 U_2。获取关于每条道路真实状态的卫星报告 E_j 是可能的，这将提供关于两条穿越途径的新期望 U_1' 和 U_2'。图 16.8（a）显示了这些期望的分布。显然，在这种情况下，获取卫星报告的开支是不值得的，因为从这些报告得到的信息不太可能改变计划。计划没有改变，信息就没有价值。

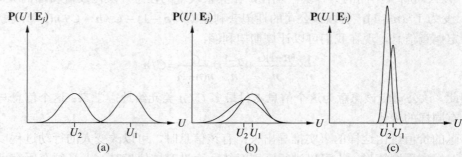

图 16.8　信息价值的三种一般情况。在（a）中，a_1 几乎肯定地一直好于 a_2，因此不需要信息。在（b）中，选择并不清楚，信息至关重要。在（c）中，选择也不清楚，但是因为选择没有多少区别，所以信息的价值较小（注意：（c）中的 U_2 有一个高峰意味着其期望值比 U_1 有更高的确定性）

现在假设我们要在两条长度稍微不同的弯弯曲曲的泥巴路中做出选择，而且我们带着一个受重伤的旅客。那么，即使 U_1 和 U_2 相当接近，U_1' 和 U_2' 的分布范围还是非常宽的。

---

[1]　完全信息没有损失表达性。假设我们想要对"我们对某个变量变得更加肯定"这种情况建模。我们可以引进另一个我们掌握了完全信息的变量。例如，假设我们最开始对变量 *Temperature* 有明显的不确定性。然后，我们获取了 *Thermometer*=37 的完全知识；这向我们提供了关于真实 *Temperature* 的不完全知识，而且传感器模型 **P**(*Thermometer*|*Temperature*)中包含了由于度量误差带来的不确定性。参见习题 16.17 中的另一个例子。

完全可能在第一条路被阻塞时，第二条路却是畅通的，于是在这种情况下，效用之间的差别将是很大的。VPI 公式表明获取卫星报告可能是值得的。这种情况如图 16.8（b）所示。

最后，假设我们在夏天从这两条泥土路中做出选择，这个时候由于雪崩造成堵塞是不太可能的。在这种情况下，卫星报告可能显示，由于一条路径途经鲜花盛开的高山草地从而景色比另一条更好，或者由于溪流流到路面使得一条路径比另一条更潮湿。因此，如果获得这些信息，我们很可能会改变计划。但是在这种情况下，两条路径之间的价值差别仍可能很小，所以我们不用自找麻烦去获得报告。这种情况如图 16.8（c）所示。

总的说来，信息在可能导致计划改变或者使得新计划远远好于旧计划的意义上才是有价值的。

16.6.3　信息价值的属性

有人可能会问是否有可能信息是有害的：它能够实际具有负的期望值吗？直观上看来，人们应该期望这是不可能的。毕竟，在最坏的情况下，人们可以只是忽略该信息并假装他们从来没有收到过。这被下述定理所证实，该定理适用于任何决策理论 Agent：

信息的期望价值是非负的：

$$\forall \mathbf{e}, E_j \quad VPI_{\mathbf{e}}(E_j) \geqslant 0$$

这个定理是从 VPI 的定义直接得到的，我们将其证明留作习题（习题 16.18）。当然，它是一个关于期望价值而不是真实价值的定理。额外的信息容易导致计划比原有的计划更差，如果信息碰巧具有误导性。例如，一个给出错误阳性结果的医疗测试可能导致不必要的手术；但这不意味着不应该进行医疗测试。

重要的是记住 VPI 依赖于信息的当前状态，这是信息被写为下标的原因。得到更多信息，VPI 会发生改变。对于任何给定的证据 E_j，获取它的价值可能下降（例如，另一个变量高度约束了 E_j 的后验概率）或上升（例如，如果另一个变量提供了建立 E_j 的线索，使得可以设计一个更好的新计划）。因此，VPI 是不可累加的。也就是说，

$$VPI_{\mathbf{e}}(E_j, E_k) \neq VPI_{\mathbf{e}}(E_j) + VPI_{\mathbf{e}}(E_k) \quad （一般情况下）$$

不过，VPI 是独立于次序的。也就是说，

$$VPI_{\mathbf{e}}(E_j, E_k) = VPI_{\mathbf{e}}(E_j) + VPI_{\mathbf{e},ej}(E_k) = VPI_{\mathbf{e}}(E_k) + VPI_{\mathbf{e},ek}(E_j)$$

次序独立性将感知行动和普通行动区分开来，并且简化了计算感知行动序列的值的问题。

16.6.4　信息收集 Agent 的实现

一个有明智的 Agent 应该按照合理的次序问问题，应该避免问无关的问题，应该考虑到与其费用有关的每条信息的重要性，应该在合适的时候停止提问。所有这些能力都能够通过使用信息价值作为指导而获得。

图 16.9 显示了一个能够在行动之前智能地收集信息的 Agent 的总体设计。我们暂时假设对于每个可观察到的证据变量 E_j，有一个相关的代价 $Cost(E_j)$，它反映了通过测试、咨询、提问或者无论什么方法而获得证据的代价。基于单位代价的效用，Agent 请求得到那

条看来最有价值的信息。我们假设行动 $Request(E_j)$ 的结果是下一个感知信息提供 E_j 的值。如果没有任何观察是值得其代价的，那么该 Agent 选择一个"真实的"行动。

```
function INFORMATION-GATHERING-AGENT(percept) returns an action
  persistent: D, a decision network

  integrate percept into D
  j ← the value that maximizes VPI(E_j) / Cost(E_j)
  if VPI(E_j) > Cost(E_j)
    return REQUEST(E_j)
  else return the best action from D
```

图 16.9　一个简单的信息收集 Agent 的设计。通过重复选择具有最高信息价值的观察，
Agent 进行工作，直到下一个观察的代价高于其期望利益

我们描述的 Agent 算法实现了一种信息收集形式，它被称为是**近视的**（myopic）。这是因为它短视地使用 VPI 公式，如同只能获得单个证据变量那样来计算信息价值。近视控制基于和贪婪搜索相同的启发式思路，并且在实践中通常工作得很好。（例如，已经证明它在选择诊断测试时做得比专家医师好。）如果没有能带来很大帮助的单个证据存在，一个近视 Agent 可能会匆匆忙忙地采取行动，而其实如果它先请求得到两个或更多变量的信息，然后再采取行动会更好。这种情形下更好的方法是构建一个条件规划（像 11.3.2 节描述的那样）询问变量值再根据回答采取的不同的下一步行动。

最后一个考虑是一系列问题对分类回答的影响。如果一系列问题是有意义的，那么人类会回答的更好，因此有些专家系统考虑这个方面，按照最大化系统和人类的效用的次序来问问题，而不是按照最大化信息价值的次序。

16.7　决策理论专家系统

20 世纪 50 和 60 年代演化发展起来的**决策分析**（decision analysis）领域，研究了将决策理论应用于实际决策问题。它被用于在一些高风险的重要领域帮助制定理性决策，如商业、政府、法律、军事策略、医学诊断和公共健康、工程设计以及资源管理。这个过程涉及到对于可能的行动和结果，以及对每个结果的偏好的仔细研究。传统上，决策分析讨论两个角色：**决策制定者**说出结果之间的偏好，而**决策分析者**枚举可能的行动和结果，从决策制定者处得到偏好，以确定行动的最佳过程。直到 20 世纪 80 年代早期，决策分析的主要目的是帮助人们做出真正反映他们自己偏好的决策。随着越来越多的决策过程被自动化，决策分析越来越多地被用来保证自动化的过程行为表现如所期望。

早期专家系统的研究专注于回答问题而不是进行决策。这些系统实际上推荐行动而不提供关于事实的观点，它们通常是使用条件-行动规则做到这点的，而不是使用关于结果和偏好的明确表示。20 世纪 80 年代晚期涌现出贝叶斯网络，使得建造从证据产生可靠的概率推理的大规模系统成为可能。决策网络的加入意味着可以开发出推荐最优决策的专家系统，它们能反映出 Agent 的偏好以及可得到的证据。

结合效用的系统能够避免与咨询过程有关的最常见缺陷之一：把似然性和重要性相混淆。例如，早期医学专家系统中的常见策略是按照似然性的顺序排列可能的诊断，并报告

最可能的那个诊断。不幸的是，这可能是灾难性的！在一般的实践中，对于多数病人而言，两个最可能的诊断通常是"你什么病都没有"和"你患有重感冒"，但是对一个给定病人，如果第三个最可能的诊断是肺癌，那就是一件严重的事情了。显然，测试或者治疗方案应该同时取决于概率和效用。目前的医疗专家系统能够考虑信息价值以推荐测试，然后描绘出不同的诊断。

现在我们描述用于决策理论专家系统的知识工程过程。作为例子，我们将考虑为一种儿童先天性心脏病（参见 Lucas，1996）选择医疗方案的问题。

大约有 0.8% 的儿童有先天性心脏异常，最常见的是**大动脉收缩**（一种大动脉压迫症）。它可以通过外科手术、血管扩张（在动脉内放置一个气球来扩张大动脉）或者药物进行治疗。问题是决定采用什么治疗方法以及什么时候进行治疗：婴儿越小，某些治疗方法的风险越大，但病人不可能等得太久。一个针对该问题的决策理论专家系统，可以由至少包括一个领域专家（儿科心脏病学家）和一个知识工程师的小组进行创建。创建过程可以分解为如下步骤。

创建一个因果模型。确定可能症状、失调、治疗和结果。然后在它们之间画上弧线，指示何种失调引发什么症状，何种治疗会减轻何种失调。其中有些是领域专家熟知的，有些来自于文献。这个模型常常与医学教科书中提供的非形式化的图形描述吻合得很好。

简化成一个定性决策模型。既然我们使用这个模型来制定治疗决策，而不是为了其他目的（比如确定某些症状/失调组合的联合概率），我们通常能通过删除治疗决策中未涉及到的变量进行简化。有时，变量必须被分离或者联合以符合专家的直觉。例如，原始的动脉收缩模型有一个值为 *surgery*（外科手术）、*angioplasty*（血管扩张）和 *medication*（药物治疗）的 *Treatment*（治疗）变量，和一个为治疗计时的独立变量 *Timing*（计时）。但是专家很难分别单独地思考这些，所以它们是结合在一起的，*Treatment*（治疗）的取值会像"一个月内进行外科手术"。这为我们提供了图 16.10 中的模型。

分配概率。概率可以来自患者数据库、文献研究、或者专家的主观评估。注意，诊断系统将从症状和其他对疾病的观察或者其他问题的原因中进行推理。因此，早期建立这些系统时，专家们要提供给定结果下原因的概率。通常，专家们发现很难提供这些概率。因此，现在的系统通常评估因果知识，并把它直接编码到模型的贝叶斯网络结构中，用贝叶斯网络推理算法进行诊断推理（Shachter 和 Heckerman，1987）。

分配效用。当可能的结果数目很少时，可以使用 16.3.1 节的方法单独地枚举和评价它们。我们将创建一个从最好到最坏结果的尺度，并且给每个结果一个数值，例如死亡是 0，而完全康复是 1。然后我们将把其他结果也放置在这个尺度范围内。专家就可以完成这些，不过如果有患者参与（或者如果患者是婴儿，则患者的父母参与）会更好些，这是因为不同的人有不同的偏好。如果有指数级数量的结果，我们需要某种方法，使用多属性效用函数将它们结合起来。例如，我们可以规定各种并发症的负效用是可以做加法的。

验证和改进模型。为了评价系统，我们将需要一组正确的 (输入, 输出) 对；一个用于比较的所谓**黄金标准**。对于医疗专家系统，这通常意味着组合可用的最好医生，给他们一些病例，询问他们的诊断和推荐的治疗计划。然后我们察看系统与他们的推荐之间匹配程度如何。如果系统表现很差，我们尝试分离那些出错的部分并且修复它们。"反向"运行系统可能是有用的。取代向系统提供症状并且要求它做出诊断的方式，我们可以向它提供一

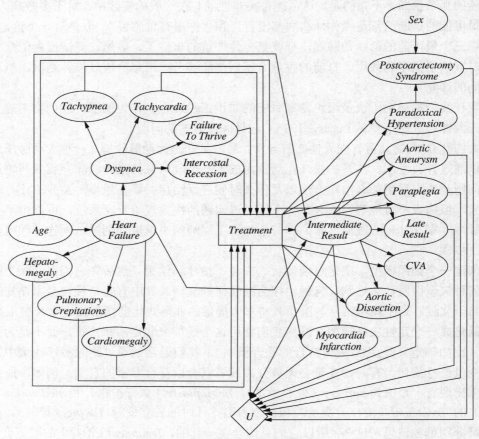

图 16.10　动脉收缩的推理图

个诊断，比如"心力衰竭"，检查出现心跳过速之类的症状的预测概率，并且与医学文献比较。

执行敏感性分析。这个重要的步骤检验最佳决策是否对分配的概率和效用的微小变化敏感，这是通过系统地改变那些参数并再次运行评价过程而完成的。如小变化导致显然不同的决策，那么花费更多的资源以收集更好的数据可能是值得的。如果所有的变化导致相同的决策，那么用户将更加确信这是正确的决策。敏感性分析是特别重要的，因为对专家系统的概率方法的主要批评之一就是太难评估所需的数值概率。敏感性分析通常表明很多数值只需要非常近似地指定就可以了。例如，我们可能对条件概率 $P(tachycardia|dyspnea)$ 不确定，但如果对于这个概率小幅度的变化最优决策都是一样的，那么我们对自己的无知的担心就可以少一些。

16.8　本章小结

本章说明了如何将效用理论与概率结合起来，以使一个 Agent 能够选择最大化其期望性能的行动。

- 概率理论描述了在给定证据的基础上，一个 Agent 应该相信什么。**效用理论**描述了一个 Agent 想要什么。**决策理论**则将两者结合起来以描述一个 Agent 应该做什么。

- 我们可以使用决策理论来建造一个系统，这个系统通过考虑所有可能的行动，选择能导致最佳期望结果的那个行动，从而做出决策。这样的一个系统被称为**理性 Agent**。

- 效用理论表明，在各抽奖之间的偏好与一组简单公理相一致的一个 Agent，能够被描述为拥有一个效用函数；此外，Agent 通过最大化其期望效用而选择行动。

- **多属性效用理论**处理依赖于状态的多个不同属性的效用。**随机优势**是做出明确决策的一个特别有用的技术，即使在没有关于属性的精确效用值的情况下。

- **决策网络**提供了表达和解决决策问题的一种简单的形式化方法。它们是贝叶斯网络的一种自然扩展，除了机会结点之外还包含决策结点和效用结点。

- 有时候，解决一个问题涉及到在做出决策之前寻找更多信息。**信息价值**被定义为：与没有该信息时制定的决策相比较，效用的期望改进。

- 与单纯的推理系统相比较，结合效用信息的**专家系统**拥有额外的能力。除了能制定决策之外，它们还能利用信息价值决定要问哪一个问题（如果有问题要问）；它们还能推荐应急措施；并且可以计算它们的决策对于概率和效用评估的小幅度变化的敏感度。

参考文献与历史注释

《L'art de Penser》——也称为《Port-Royal Logic》——（Arnauld，1662）这样写道：

> 为了判断一个人必须做什么以获得好处或避免坏处，不但有必要考虑好处和坏处本身，而且还要考虑它们发生或者不发生的概率；还要从几何角度观察所有这些事情一起发生的比例。

现代的教材都讨论效用，而不是讨论好处和坏处，但以上这些话正确地告诉我们应该将效用乘以概率（"从几何角度观察"）以得到期望效用，而且在所有结果（"所有这些事情"）之上最大化期望效用，以"判断一个人必须做什么"。在 350 年前，同时也是在 Pascal 和 Fermat 阐述了如何正确使用概率 8 年之后，这些话如此正确，这是不同寻常的。《Port-Royal Logic》也提到的帕斯卡的赌注（Pascal's wager）的首次发表。

通过研究圣彼得堡悖论，Daniel Bernoulli（1738）第一个认识到对抽奖的偏好度量的重要性，他写道"一件物品的价值（*value*）一定不是基于其价格（*price*）的，而是基于其产生的效用（*utility*）的"（斜体字是其原词）。效用哲学家 Jeremy Bentham（1823）提出衡量"快乐"和"痛苦"的**快乐演算**，认为所有决策（不仅仅货币方面的）都可以规约为效用比较。

Ramsey（1931）最早从偏好中导出了数值效用；本书文中提到的偏好公理在形式上和《博弈论与经济学行为》（*Theory of Games and Economic Behavior*）（冯·诺依曼和 Morgenstern，1944）中重新发现的公理更接近。在对风险偏好的讨论过程中，Howard（1977）

很好地陈述了这些公理。Ramsey 已经从 Agent 的偏好推导出了主观概率（不仅仅是效用）；Savage（1954）和 Jeffrey（1983）进行了最近的此类构建。Von Winterfeldt 和 Edwards（1986）提供了关于决策分析和它与人类偏好结构的关系的一个现代观点。Howard（1989）讨论了微亡率效用度量。《经济学家》（*Economist*）在 1994 年的一个调查将一条生命的价值设置在 75 万美元到 260 万美元之间。然而，Richard Thaler（1992）发现，在人们为了避免死亡的风险而愿意付出的代价和人们愿意承担风险所愿意接受的价格之间存在不理性的框架。对于 1/1000 的风险机会，回答者不愿意付出多于 200 美元去消除风险，也不愿意接受 50,000 美元而承担风险。人们愿意为一个 QALY（16.3.1 节）支付多少钱呢？如果是具体到拯救他自己或家人，人们愿意支付的可能是"我所拥有的一切。"但我可以从社会层面来问：假设有一种疫苗价值可产生 X 个 QALY，但值 Y 美元；它值这么多钱吗？在这种情况下，人们的报价宽到每 QALY 从 10000 美元到 150000 美元（Prades 等，2008）。QALY 在医疗和社会政策决策中比微亡率用得更广；在用 QALY 度量的期望效用增长的基础上，对公共健康政策做出重大改变的一个典型例子可参见罗素（Russell，1990）的论述。

Smith 和 Winkler 使**乐观者报应**引起决策分析的高度重视，他们指出，分析师向客户提出行动过程并说会带来金融收益，这几乎从来没有实现过。他们直接跟踪到选择最优行动所带来的偏差，并证明了更完整的贝叶系可减轻这个问题。同一个基本概念被称为**后决策失望**，是 Harrison 和 March（1984）提出来的，在 Brown（1974）的分析资本投资项目的上下文中提及到了。乐观者报应与**获胜者报应**（winner's curse）（Capen 等，1971；Thaler，1992）有紧密关系。获胜者报应用于拍卖中的竞标：赢得拍卖品的人很可能会高估物品的价值。Capen 等引用一个石油工程师竞标石油开采权的话题："如果有人竞争过了 2～3 个对手赢利一块开采地，他可能因为自己的好运气而觉得很好。但他如果竞争过了 50 个竞争对手，感觉会如何呢？"最后，在两种报应之后是收敛到均值的一般现象，根据前面呈现的优越特性选择的个体在将来将以较高的概率变得不太优越。

诺贝尔奖获得者经济学家 Maurice Allais 的 Allais 悖论得到了实验测试（Tversky 和 Kahneman 1982；Conlisk 1989），表明人们总是与自己判断不能保持一致。Daniel Bllsberg（Ellsberg 1962）在其博士学位论文中介绍了对歧义事物的 Ellsberg 悖论，他后来成为 RAND 公司的军事分析家并泄漏了称为五角档案的文档，这导致了维也纳战争和尼克松总统的辞职。Fox 和 Tversky（1995）描述了歧义事物的更进一步分析。Mark Machina（2005）概述了在不确定性下的选择，以及它如何从期望效用理论中变化而来。

近来有许多关于人类非理性的书籍。最有名的是《Predictably Irrational》（Ariely 2009）；还有《Sway》（Brafman 和 Brafman，2009）、《Nudge》（Thaler 和 Sunstein，2009）、《Kluge》（Marcus，2009）、《How We Decide》（Lehrer，2009）和《On Being Certain》（Burton，2009）。这些著作与经典著作（Kahneman 等，1982）以及发起对非理性研究的论文（Kahneman 和 Tversky，1979）互补。另一方面，进化心理学领域（Buss，2005）却背道而驰，认为人类在合适的进化上下文中是非常理性的。它的支持者指出，非理性在一个进化上下文中受到了惩罚，而且在某些情况下非理性是实验设置的结果（Cummins 和 Allen，1998）。近来涌现出对贝叶斯认知模型的兴趣，推翻了几十年的悲观主义（Oaksford 和 Chater，1998；Elio，2002；Chater 和 Oaksford，2008）。

Keeney 和 Raiffa（1976）详细介绍了多属性效用理论。他们介绍了引出多属性效用函数必要参数的早期的计算机实现方法，并深入探讨了效用理论的实际应用。在 AI 领域，对 MAUT 的主要引用是 Wellman（1985）的论文，其中包含了一个称为 URP（Utility Reasoning Package）的系统，它可以使用一组偏好独立性和条件独立性的语句来分析决策问题的结构。Wellman（1988，1990a）深入研究了同时使用统计优势和定性概率模型。Wellman 和 Doyle（1992）提供了"如何使用一组复杂的效用独立关系来提供效用函数的结构模型"的基本框架，很像贝叶斯网络提供联合概率分布的结构模型。Bacchus 和 Grove（1995，1996）以及 La Mura 和 Shoham（1999）沿着这些思路给出了更进一步的结果。

自从 19 世纪 50 年代以来，决策理论已经成为经济学、金融和管理科学的标准工具。直到 19 世纪 80 年代以前，决策树是表示简单决策问题的主要工具。Smith（1988）概述了决策分析的方法学。基于早期在 SRI（Miller 等，1976）的工作，Howard 和 Matheson（1984）引进了影响图。Howard 和 Matheson 的方法涉及从决策网络导出决策树，但通常决策树的规模是指数量级的。Shachter（1986）提出了直接基于决策网络进行决策的方法，无需创建中间的决策树。这个算法也是提供对多连通贝叶斯网络完备推理的最早方法之一。Zhang 等（1994）给出了在实践中如何利用信息的条件独立性来缩小树的规模的方法。Nilsson 和 Lauritzen（2000）将决策网络的算法与贝叶斯网络不断发展的聚类算法联系起来。Koller 和 Milch（2003）阐述了如何使用影响图来解决对手玩家聚集信息的游戏问题，而 Detwarasiti 和 Schachter（2005）描述了如何使用影响图来辅助共享目标但不能完全共享信息的团队制定决策。Oliver 和 Smith（1990）收集了很多决策网络的有用文献，刊物《Networks》1990 年的特刊也收集了很多文献。决策网络和效用理论的论文也经常出现在刊物《Management Science》和《Decision Analysis》中。

信息价值理论最早在统计实验——其中使用了 quasi-utility（entropy reduction）——的上下文中被探索过。苏联控制理论家 Ruslan Stratonovich（1965）提出了更一般的本章讨论过的理论，其中信息根据其影响决策的能力具有某个价值。Stratonovich 的工作在西方——Ron Howard（1966）具有相同的思想——不为人所知。他的论文以一句评论结尾："如果信息价值理论与相关的决策理论结构在未来没有占据工程师教育的大部分，那么工程行业将发现它会失去为了人类的利益而管理科学和经济资源的传统角色，另一个行业会拥有这个角色。"时至今日，这并没有发生。

Krause 和 Guestrin（2009）的近期工作表明即使在多形树中计算信息的精确的非近视的价值也是不切实际的。还有其他情况——比信息的一般价值有更多限制——在这些情况下近视算法不能提供对最优观察序列的可证明是好的近似（Krause 等，2008）。在某些情况下——例如，寻找埋 n 个地点中某个地点的宝藏——按照成功概率与代价的商排序实验能够得到最优解（Kadane 和 Simon，1977）。

令人惊讶的是，在 13 章描述的早期的制定医疗决策的应用之后，有早期的 AI 研究人员很少采用决策理论工具。Jerry Feldman 是几个例外之一，他将决策理论用于视觉问题（Feldman 和 Yakimovsky，1974）和规划问题（Feldman 和 Sproull，1977）。在 19 世纪 80 年代涌现对概率方法的兴趣之后，决策理论专家系统获得广泛的承认（Horvitz 等，1988；Cowell 等，2002）。实际上，从 1991 年开始，"Artificial Intelligence"期刊一直沿用一个决策网络图案的封面设计，虽然图中的箭头方向更艺术化了。

习　题

16.1 （改编自 David Heckerman 的论著。）这道习题关注**年历游戏**，它被决策分析家用来调整数值估计。对于下列每个问题，给出你对答案的最佳猜测，也就是说，一个你认为既可能太高也可能太低的数字。另外，在第 25 个百分点估计上给出你的猜测，也就是说，你认为有 25% 的机会太高，75% 的机会太低的一个数字。对于第 75 个百分点估计，做同样的事情。（因此，对每个问题，总共你应该为每个问题给出三个估计值——低、中、高。）

a. 1989 年，在纽约和洛杉矶之间飞行的旅客数目。

b. 1992 年黑石斑鱼的数量。

c. Coronado 发现密西西比河的年份。

d. Jimmy Carter 在 1976 年的总统大选中得到的选票数。

e. 到 2002 年为止，活着的最老的树的年龄。

f. Hoover 大坝高度的英尺数。

g. 俄勒冈州 1985 年生产的鸡蛋数。

h. 1992 年世界上佛教徒的人数。

i. 1981 年美国因患艾滋病死亡的人数。

j. 1901 年美国批准的专利项数。

正确答案附在本章最后一道习题之后。从决策分析的观点来看，有趣的事情不是你的中间值猜测接近于实际答案的程度，而是实际答案位于你的 25% 和 75% 的边界之内的情况出现的频繁程度。如果有一半的时候是这样的，那么你的边界是准确的。但是如果你像大部分人那样，你将会比你应有的自信程度更自信，从而只有少于半数的答案会落在边界之内。通过练习，你可以校准自己以给出实际的边界，如此，对于为制定决策提供信息会更有用。试试这第二组问题，看你是否有所提高：

a. Zsa Zsa Gabor 的出生年份。

b. 从火星到太阳最远距离的英里数。

c. 1992 年美国出口的小麦价值的美元数。

d. 火奴鲁鲁（檀香山）港口 1991 年处理货物的吨数。

e. 1993 年加利福尼亚州州长的年薪（按美元计）。

f. 1990 年圣地亚哥的人口数。

g. Roger Williams 在罗德艾兰州建立普罗维登斯（现该州首府）的年份。

h. Kilimanjaro 山（非洲最高峰）的高度（以英尺计）。

i. Brooklyn 桥的长度（以英尺计）。

j. 1992 年美国因车祸死亡的人数。

16.2 Chris 考虑从 4 辆二手车中买一辆具有最大期望效用的车。Pat 考虑从 10 辆车中做同样的事情。其他条件是相同的，两个人中哪个更可能买到更好的车？哪一个更可能会对其买到的车的质量失望？多大程度（使用期望质量的标准偏差）？

16.3 在 1713 年，Nicolas Bernoulli 发布了一个难题，现在称为圣彼得堡悖论（St. Petersburg Paradox），机理如下。你有机会玩一个游戏，反复地抛掷一枚公平的硬币直到正面朝上。如果第一次出现正面朝上是在第 n 次抛掷，那么你赢得 2^n 美元。

　　a. 证明这个游戏的期望货币价值是无穷大的。

　　b. 你个人愿意支付多少钱来玩这个游戏？

　　c. Nicolas 的侄子 Daniel Bernoulli 在 1738 年解决了这个明显的悖论，他建议使用拉格朗日尺度（即 $U(S_n)=a\log_2 n+b$，其中 S_n 是 "有 n 美元" 的声明）金钱效用。在这个假设下这个游戏的期望效用是多少？

　　d. 最多支付多少美元来玩这个游戏是理性的？假设最初你的财富是 k 美元。

16.4 编写一个计算机程序使得习题 16.9 中的过程自动化。在几个有不同资产净值和政治前景的人身上尝试你的程序。分别对个体或者个体之间的情况，评论你的结果的一致性。

16.5 惊喜糖果公司将糖果制成两种味道：70%是草莓味的，30%是鳀鱼味的。每一颗糖最开始是圆形的，当它在生产线上移动时，有台机器随机地选择一定比例的糖果将其切成方形；然后，每一颗糖用红色或棕色糖纸包装，颜色是随机选择的。80%的草莓味糖果是圆形的，且 80%用的是红色糖纸。90%的鳀鱼味糖果是方的，且 90%有棕色糖纸。所有糖果是用密封的、相同的、黑色盒子一颗一颗装起来销售的

现在，你（客户）刚在一家商店买了一颗惊喜糖果，而且还没有打开盒子。考虑图 16.11 中的贝叶斯网络。

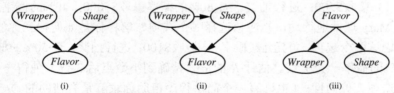

图 16.11　惊喜糖果问题的 3 个所提出来的贝叶斯网络，习题 16.5

　　a. 哪个网络能正确表示 $\mathbf{P}$(Flavor, Wrapper, Shape)？

　　b. 哪个网络是该问题的最佳表示？

　　c. 网络（i）声明了 $\mathbf{P}$(Wrapper|Shape)=$\mathbf{P}$(Wrapper)吗？

　　d. 你的糖果有红色糖纸的概率是多少？

　　e. 盒子里有一颗具有红色糖纸的圆形糖果。它的味道是草莓味的概率是多少？

　　f. 一颗没有包装纸草莓味糖果在市场上值 s，一颗没有包装纸的鳀鱼味糖果值 a。写出盒子没有开封的糖果的价值的表达式。

　　g. 一条新法律规定禁止销售无包装纸的糖果，但仍允许销售有包装纸的糖果（在盒子之外）。一个未开封的糖果盒现在和以前相比是值更多、更少还是一样的钱？

16.6 证明 Allais 悖论（16.3.4 节）中 $B\succ A$ 和 $C\succ D$ 违背了可代换性公理。

16.7 考虑 16.3.4 节的 Allais 悖论：一个 Agent 偏好 B 甚于 A（偏好确定性的东西），偏好 C 甚于 D（偏好具有更高 EMV 的东西），更具效用理论，这个 Agent 是不理性的。你认为这揭示了 Agent 的问题或理论的问题吗？还是根本就没有揭示问题？请解释。

16.8 一张彩票价值$1。有两种可能的奖金：一种是概率为 1/50 的$10 收益，另一种是概率为 1/2 000 000 的$1 000 000 收益。那么一张彩票的期望货币价值是多少？什么时候（假设会购买）购买一张彩票是理性的？给出一个包含了效用的公式。你可以假设当前财产是$k，$U(S_k) = 0$。你也可以假设 $U(S_{k+10}) = 10 \times U(S_{k+1})$，但是你不能对 $U(S_{k+1,000,000})$ 做出任何假设。社会学研究表明低收入的人们购买不成比例数目的彩票。你认为这是由于他们是差劲的决策制定者，还是由于他们有一个不同的效用函数？考虑思考中奖概率的价值与观看一部冒险电影时思考成为动作英雄的价值。

16.9 通过运行在某个确定量 M_1 和一次抽奖 $[p, M_2; (1–p), 0]$ 之间的一系列偏好测试，来评估你自己认可的关于钱数的不同增量的效用。选择不同的 M_1 和 M_2 的值，并改变 p 直到你对这两种选择无偏向。画出作为结果的效用函数。

16.10 微亡率对你来说价值是多少？设计一个方案来确定这个。基于付出费用以避免风险以及获得费用以承担风险进行提问。

16.11 假设连续变量 $X_1,\cdots,X_k$ 是独立分布的，服从相同的概率密度函数 $f(x)$。证明 $\max\{X_1,\cdots,X_k\}$ 的密度函数是 $kf(x)(F(x))^{k-1}$，其中 F 是 f 的累加分布。

16.12 经济学家经常使用金钱的指数效用函数：$U(x) = -e^{x/R}$，其中 R 是一正常数，表示个体对风险的容忍度。风险容忍度反映了一个个体多大程度愿意支付某一数额的金钱来接受一次具有特定期望货币价值 EMV 的抽奖。当 R（与 x 用同一单位度量）增大时，个体对风险的讨厌程度会降低。

　　a. 假设 Mary 有一个指数效用函数，R=$500。Mary 在两个选项中选择：肯定地（概率 1）接收$500；进行抽奖，有 60%的概率赢取$5000，40%的概率一无所获。假设 Mary 理性地行动，她应该选择哪个选项？解释你是如何得到你的答案的。

　　b. 考虑这两个选项：肯定地（概率 1）接收$100；进行抽奖，有 50%的概率赢取$500，50%的概率一无所获。估计 R 的值（精确到小数点后 3 位）使得一个个体对这两个选项无偏向性。（也许写一个简单程序帮助你求解是有帮助的。）

16.13 使用图 16.7 中所示的行动效用表示，重复习题 16.16。

16.14 对于习题 16.16 和 16.13 中的机场选址问题，给定可用证据，效用对于哪个条件概率表的条目最敏感？

16.15 考虑一位学生，他可以选择买或不买某门课程的教材。我们将用决策问题来建模，它有一个布尔决策结点 B（指示 Agent 是否选择购买教材），和两个布尔机会结点 M（指示该学生是否掌握了教材的内容）和 P（指示该学生是否通过了考试）。当然，还有一个效用结点 U。某个学生 Sam 有一个加法效用函数：不购买教材是 0，购买是-$100；通过考试是$2000，没有通过是 0。Sam 的条件概率估计如下：

$P(p|b,m)$=0.9　　　$P(m|b)$=0.9

$P(p|b, \neg m)$=0.5　　　$P(m|\neg b)$=0.7

$P(p|\neg b,m)$=0.8

$P(p|\neg b, \neg m)$=0.3

你也许认为给定 M 下 P 是独立于 B 的，但这门课最后是开卷考试，所以有教材可能是有帮助的。

　　a. 画出该问题的决策网络。

b. 计算出购买和不购买教材的期望效用。

c. Sam 应该如何做？

16.16 这道习题完成了对图 16.6 中机场选址问题的分析。

a. 假设有三个可能的位置，为网络提供合理的变量域、概率和效用。

b. 求解决策问题。

c. 如果技术上的变化意味着每架飞机产生的噪音可以减半，会发生什么？

d. 如果避免噪音的要求的重要性变成原来的三倍，会如何？

e. 在你的模型中，计算 *AirTraffic*，*Litigation* 和 *Construction* 的 VPI。

16.17 （改编自 Pearl（1988）的论著。）一个旧车购买者可以决定进行不同费用的各种测试（例如，踢轮胎，将车送到合格的汽车机械师处检查），然后，取决于这些测试的结果，决定购买哪辆车。我们将假设购车者正在考虑是否购买车 c_1，只有进行至多一次测试的时间；t_1 是对 c_1 的测试，费用 \$50。

一辆车可以状况很好（质量为 q^+）或者状况很差（质量为 q^-），测试可能帮助指示该车所处的状况。购买车 c_1 的费用为 \$1500，如果它状况很好则它的市场价为 \$2000；如果状况不好，需要花 \$700 来维修使它的状况变好。购车者的估计是，有 70％ 的几率 c_1 状况很好。

a. 画出表示这个问题的决策网络。

b. 不进行测试，计算购买 c_1 的期望净获利。

c. 给定车处于很好或者很差的状况，测试可以根据车通过还是通不过该测试的概率进行描述。我们有下列信息：

$P(pass(c_1, t_1) \mid q^+(c_1)) = 0.8$

$P(pass(c_1, t_1) \mid q^-(c_1)) = 0.35$

使用贝叶斯定理计算车通过（或者通不过）测试的概率，以及由此计算出在给定每个可能的测试结果条件下，车处于好（或者不好）的状况的概率

d. 给定通过或者通不过测试，以及它们的期望效用，计算最优决策。

e. 计算测试的信息价值，并且为购车者产生一个最优条件规划。

16.18 回顾第 16.6 节的信息价值的定义。

a. 证明信息价值是非负的并且独立于次序。

b. 解释为什么有些人宁愿不获取某些信息——例如在做了超声波检查后不想去知道胎儿的性别。

c. 在集合上的函数 f 是子模块的，如果对于任何元素 x 和任何集合 A 和 B，$A \subseteq B$，将 x 加入 A 比将 x 加入 B 对 f 的增量会更大。

$A \subseteq B \Rightarrow (f(A \cup \{x\}) - f(A)) \geqslant (f(B \cup \{x\}) - f(B))$

子模块性捕获了 diminishing returns 的直观概念。将信息价值看作是可能观察集合上的函数 f，它是子模块的吗？证明或找出反例。

习题 16.1 的答案（其中 M 代表百万）：

第一组：3M，1.6M，1541，41M，4768，221，649M，295M，132，25546。

第二组：1917，155M，4500M，11M，120000，1.1M，1636，19340，1595，41710。

第 17 章　制定复杂决策

本章中我们考查针对今天做什么而进行决策的方法，假设我们明天可能再次决策。

    在本章中，我们讨论在随机环境里制定决策时涉及的计算问题。第 16 章所关注的是一次性或者片段式的决策问题，其中每个行动结果的效用值都是清楚已知的，这一章我们要关注**序列式决策问题**（sequential decision problem），其中 Agent 的效用值依赖于一个决策序列。序列式决策问题包含了效用值、不确定性和感觉，搜索与规划问题是序列式决策问题的特殊情况。17.1 节解释了序列式决策问题是如何定义的，而 17.2 节和 17.3 节解释了如何求解序列式决策问题，以在不确定的环境中产生使行动的风险和回报达到平衡的最优行为。17.4 节把这些思想扩展到部分可观察环境的情况。17.4.3 节则结合第 15 章的动态贝叶斯网络和第 16 章的决策网络，给出了部分可观察环境中的决策 Agent 的一个完整设计。

    本章第二部分将论及多 Agent 的环境。在这样的环境中，Agent 之间的相互作用使最优行为的概念变得复杂。17.5 节介绍了**博弈论**（game theory）的主要思想，包括理性 Agent 也可能需要采取随机行为的思想。17.6 节考查了如何设计多 Agent 系统从而使得多个 Agent 可以达到共同目标。

17.1　序列式决策问题

    假设一个 Agent 处在图 17.1（a）中所示的 4×3 的环境中。从初始状态开始，它在每个时间步必须选择一个行动。Agent 在到达一个标有+1 或者−1 的目标状态时终止与环境的交互。就像搜索问题一样，Agent 在每个状态可用的行动用 ACTIONS(s)表示，有时缩写为 A(s)；在 4 × 3 的环境中，在每一个状态可用的行动包括 Up（上）、Down（下）、Left（左）、Right（右）。目前我们假设环境是**完全可观察的**，因而 Agent 总是知道自己所在的位置。

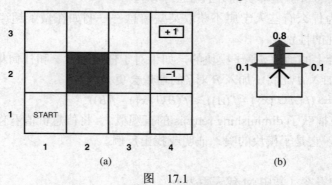

图　17.1

（a）一个简单的 4 × 3 的环境，包含了一个面临序列式决策问题的 Agent。
（b）这个环境转移模型的示意图：“预期的”方向发生的概率为 0.8，而有 0.2 的概率 Agent 会向垂直于预期方向的方向运动。撞墙的结果是无法移动。两个终止状态分别有 +1 和 −1 的回报，其他所有状态都有−0.04 的回报如果环境是确定性的，得到一个解很容易：[*Up, Up, Right, Right, Right*]。不幸的是，因为行动是不可靠的，所以环境不一定沿着这个解发展。图 17.1（b）展示了我们采用的随机运动的特定模型。每次行动以 0.8 的概率移向预期方向，但其他时候 Agent 会向垂直于预期方向的方向移动。此外，如果 Agent 撞到墙，它会停在原地。例如，从起始方格(1, 1)，行动 *Up* 以 0.8 的概率将 Agent 向上移动到(1, 2)，不过有 0.1 的概率将 Agent 向右移动到位置(2, 1)，也有 0.1 的概率将 Agent 向左移动，撞到墙而停在位置(1, 1)。在这样的环境中，序列[*Up, Up, Right, Right, Right*]以 $0.8^5 = 0.32768$ 的概率使 Agent 向上绕过障碍物到达目标位置(4, 3)。同样 Agent 也有很小的机会以 $0.1^4 × 0.8$ 的概率偶然地沿着另一条路到达目标，所以成功的总概率为 0.32776（参见习题 17.1）。

像在第 3 章中一样，**转移模型**（transition model）（在不引起混淆的时候简称为模型）描述了每个状态下每种行动的结果。这里，结果是随机的，因此我们用 $P(s'|s, a)$ 表示当在状态 s 如果采取行动 a，到达状态 s' 的概率。我们假设这些转移是第 15 章所提到的**马尔可夫型**的，即从状态 s 到 s' 的概率只取决于 s，而不取决于以前的状态历史。目前，你可以认为 $P(s'|s, a)$ 是一个很大的包含概率值的三维表格。后面，在第 17.4.3 节中我们会看到转移模型可以表示成**动态贝叶斯网络**，正如第 15 章中所描述的那样。

为了给出任务环境的完整定义，我们必须指定 Agent 的效用函数。由于决策问题是序列式的，所以效用函数取决于一个状态序列——即**环境历史**——而不是单一状态。在本节的后面，我们会研究如何一般性地指定这样的效用函数；现在，我们暂时简单规定在每个状态 s，Agent 得到一个可正可负的但是肯定有限的**回报** $R(s)$。具体到我们这个特定的例子，除了终止状态以外（它们的回报是 +1 和 –1），其他状态的回报都是–0.04。一个环境历史的效用值就是（暂时是）对所得到的回报求和。例如，如果 Agent 走了 10 步到达 +1 状态，那么它的效用值是 0.6。–0.04 的负回报使得 Agent 希望尽快到达(4, 3)，所以我们的环境其实就是第 3 章的搜索问题的概率推广。另一种说法是，Agent 不喜欢生活在这个环境中，所以希望尽快离开。

对完全可观察的环境，使用马尔可夫链转移模型和累加回报的这种序列式决策问题被称为**马尔可夫决策过程**（Markov decision process）或缩写为 **MDP**。一个 MDP 由下述组成部分定义：状态集合（初始状态为 S_0）；在每个状态的动作集合 ACTIONS(s)；转移模型 $P(s'|s, a)$；回报函数 $R(s)$。[1]

下一个问题是，这个问题的解是什么样子的？我们已经知道任何固定的行动序列都无法解决这个问题，因为 Agent 可能最后移动到非目标的其他状态。因此，一个解必须指定在 Agent 可能到达的任何状态下，Agent 应采取什么行动。这种形式的解被称为**策略**（policy）。通常我们用 π 表示策略，用 π(s)表示策略 π 为状态 s 推荐的行动。如果 Agent 有完备的策略，那么无论任何行动的结果如何，Agent 总是知道下一步该做什么。

每次从初始状态开始执行一个给定的策略，都会被环境的随机特性引向不同的环境历史。因此，策略的质量是通过该策略所产生的可能环境历史的期望效用来度量的。**最优策略**就是产生最高期望效用值的策略。我们用 π^* 来表示最优策略。有了 π^*，Agent 通过咨询

1　某些 MDP 的定义允许回报也取决于行动和结果，所以回报函数是 $R(s, a, s')$。这样简化了某些环境的描述，但是不会对问题有任何本质的改变，参见习题 17.4。

当前的感知信息得知当前的状态 s，然后执行行动 $\pi^*(s)$。策略明确表示了 Agent 函数，因此也是一个简单反射型 Agent 的描述，通过基于效用的 Agent 所用的信息计算得到。

　　图 17.2（a）显示了对于图 17.1 中的世界的一个最优策略。注意，因为走一步的代价与偶然结束在状态$(4, 2)$中的惩罚相比是相当小的，所以状态$(3, 1)$的最优策略是保守的。策略建议绕一个远道，而不走可能要冒险进入状态$(4, 2)$的近道。

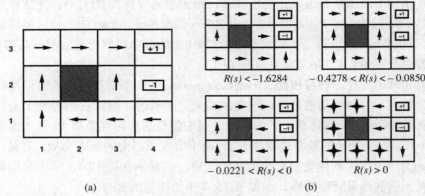

图 17.2　（a）对于非终止状态中 $R(s) = -0.04$ 的随机环境的一个最优策略。
（b）对于四种不同范围的 $R(s)$ 的最优策略

　　风险和回报的平衡依赖于非终止状态 $R(s)$ 的值而变化。图 17.2（b）显示了对于 $R(s)$ 的四种不同范围取值的最优策略。当 $R(s) \leqslant -1.6284$ 时，生活太痛苦了，于是 Agent 直奔最近的出口，即使出口的价值是 -1。当 $-0.4278 \leqslant R(s) \leqslant -0.0850$ 时，生活是很不愉快的，Agent 选择通往 $+1$ 状态的最近路径，并愿意冒偶然落进 -1 状态的风险。特别地，Agent 在$(3, 1)$会选择近路。当生活只是有些沉闷时（$-0.0221 < R(s) < 0$），最优策略选择根本不冒险。在$(4, 1)$和$(3, 2)$，Agent 会直接朝远离 -1 状态的方向移动，从而避免偶然落入其中，即使这样意味着可能要撞很多次墙。最后，如果 $R(s) > 0$，生活是令人愉快的，Agent 会躲避所有的出口。只要满足在状态$(4, 1)$、$(3, 2)$、$(3, 3)$的行动如图所示，所有的策略都是最优的，并且由于 Agent 永远不进入会终止状态，它可以获得无限的总回报。令人吃惊的是，对于不同范围的 $R(s)$ 还有 6 种其他最优解，习题 17.5 要求你找到它们。

　　需要仔细地平衡风险和回报是 MDP 的一个不会出现于确定性搜索中的特点；而且，这也是很多现实世界决策问题的特点。由于这个原因，不少领域都对 MDP 进行了研究，包括人工智能、运筹学、经济学和控制理论。已经提出了很多用来计算最优策略的算法。在 17.2 节和 17.3 节中，我们将描述两个最重要的算法家族。不过，首先我们必须完成我们对于序列式决策问题中效用和策略的研究。

17.1.1　时间上的效用

　　在图 17.1 的 MDP 例子中，Agent 的性能是通过对访问过的状态的回报求和来度量的。选择这种性能度量的不是随意的，但它并不是环境历史的唯一可能的效用函数，我们记作 $U_h([s_0, s_1, \cdots, s_n])$。我们采用多属性效用理论（16.4 节）进行分析，分析有些技术化；没有耐心的读者可能会想跳到下一节。

第一个要回答的问题是制定决策是**有限期**（finite horizon）的还是**无限期**（infinite horizon）的。有限期意味着在一个固定的时间 N 后任何事情都无所谓了——也就是说，游戏结束了。因此，对于任何 $k > 0$，$U_h([s_0, s_1, \cdots, s_{N+k}]) = U_h([s_0, s_1, \cdots, s_N])$。例如，假设一个 Agent 从图 17.1 的 4×3 世界的(3, 1)开始，并假设 $N = 3$。那么如果要有到达 +1 状态的机会，Agent 就必须直奔目标，最优行动是 *Up*。另一方面，如果 $N = 100$，那么 Agent 就有许多时间选择比较安全的路径，采取行动 *Left*。所以，在有限期条件下，给定状态下的最优行动会随时间变化。我们说，有限期的最优策略是**非静态的**。相反，如果没有固定的时间期限，在同一个状态就没有必要在不同时候采用不同的行为了。因此，最优行动只依赖当前状态，其最优策略是**静态的**。所以无限期情况下的策略要比有限期情况下简单，本章我们主要处理无限期的情况。注意这里的"无限期"并不一定意味着所有的状态序列都是无限长的；它只是意味着没有固定的时间期限。实际上，在包含终止状态的无限期 MDP 中可以存在有限状态序列。

我们必须决定的下一个问题是如何计算状态序列的效用值。用**多属性效用理论**的术语，每个状态 s_i 可以视为状态序列$[s_0, s_1, s_2, \cdots]$的一个属性。为了得到一个简单的属性表达式，我们需要做出某种偏好独立性假设。一种最自然的假设是 Agent 在状态序列之间的偏好是**静态的**。偏好的静态性意味着：如果两个状态序列 $[s_0, s_1, s_2 \cdots]$ 与 $[s'_0, s'_1, s'_2 \cdots]$ 具有相同的起始状态（即 $s'_0 = s_0$），那么两个序列的偏好次序就和状态序列 $[s_1, s_2 \cdots]$ 与 $[s'_1, s'_2 \cdots]$ 的偏好次序是一致的。也就是说，这意味着如果未来从明天开始，你偏好某个未来甚于另一个，那么当未来从今天开始时，你仍然应该偏好那个未来。静态性是个看来无害的假设而且有一些很强的逻辑推论：在静态性假设下有两种一致的方法给序列赋效用值：

（1）**累加回报**（addictive reward）：状态序列的效用值是

$$U_h([s_0, s_1, s_2, \cdots]) = R(s_0) + R(s_1) + R(s_2) + \cdots$$

图 17.1 中的 4×3 世界使用的就是累加回报。注意在我们用于启发式搜索算法（第 3 章）的路径耗散函数中，隐含地使用了累加性。

（2）**折扣回报**（discounted reward）：状态序列的效用值是

$$U_h([s_0, s_1, s_2, \cdots]) = R(s_0) + \gamma R(s_1) + \gamma^2 R(s_2) + \cdots$$

其中**折扣因子** γ 是一个介于 0 和 1 之间的数。折扣因子描述了 Agent 对于当前回报与未来回报的偏好。当 γ 接近于 0 时，遥远未来的回报被认为无关紧要。而当 γ 为 1 时，折扣回报就和累加回报完全等价，所以累加回报是折扣回报的一种特例。对于动物和人随时间变化的偏好而言，折扣看来是个好的模型。折扣因子 γ 和利率$(1/\gamma) - 1$ 是等价的。

在本章的其余部分里我们假设使用折扣回报，虽然有时我们将允许 $\gamma = 1$。这样假设的原因很快就会清楚。

潜藏在我们无限期的选择背后的是这样一个问题：如果环境不包含一个终止状态，或者 Agent 永远走不到终止状态，那么所有的环境历史就是无限长的，累加无折扣回报的效用值通常是无穷大。我们可以同意+∞比−∞好，但要比较出两个效用值都是+∞的序列的好坏就很难了。有三种解决办法，我们已经知道了其中的两个：

（1）使用折扣回报，无限序列的效用值仍然是有限的。事实上，如果 $\gamma < 1$ 而且回报被 $\pm R_{\max}$ 限定，那么通过无限等比级数的标准求和公式，我们得到

$$U_h([s_0, s_1, s_2, \cdots]) = \sum_{t=0}^{\infty} \gamma^t R(s_t) \leqslant \sum_{t=0}^{\infty} \gamma^t R_{\max} = R_{\max}/(1-\gamma) \tag{17.1}$$

（2）如果环境包含有终止状态，而且 Agent 保证最终会到达其中之一的话，那么我们就不用比较无限序列了。一个确保能够到达终止状态的策略叫做**适当策略**（proper policy）。对于适当策略我们可以让 $\gamma = 1$（即累加回报）。图 17.2（b）中的前三个策略是适当策略，但第四个不是。因为当非终止状态的回报为正的时候，Agent 可以通过远离终止状态来获得无限的回报。这种非适当策略的存在，会导致求解 MDP 的标准算法在使用累加回报时失败，因此为使用折扣回报提供了一个好的理由。

（3）根据每个时间步获得的**平均回报**可对无限序列进行比较。假设 4×3 世界种的(1, 1)方格有 0.1 的回报，而其他非终止状态有 0.01 的回报。那么一个停留在(1, 1)的策略就比停留在其他状态的策略有更高的平均回报。对于某些问题，平均回报是一个有用的标准，不过对平均回报算法的分析超出了本书的范围。

总之，使用折扣回报在评价状态序列时难度最低。

17.1.2　最优策略与状态效用

现在明确了给定状态序列的效用是在序列中获得的折扣回报之和，我们可以通过比较执行策略而获得的期望效用而比较不同的策略。我们假设 Agent 在某个初始状态 s，当执行某个特定的策略 π 时，Agent 在时刻 t 到达状态是 S_t。（显然，$S_0=s$，即 Agent 现在的状态。）在状态序列 $S_1, S_2, ...$ 上的概率分布由初始状态 s、策略 π 以及环境的转移模型决定。

从 s 出发执行 π 而获得的期望效用是

$$U^\pi(s) = E\left[\sum_{t=0}^{\infty} \gamma^t R(S_t)\right] \tag{17.2}$$

其中，期望是关于由 s 和 π 决定的状态序列的概率分布的期望。现在，从 s 出发 Agent 可以选择执行的所有策略中，有一个（或多个）将比其他所有策略有更高的期望效用。我们用 π_s^* 表示这些策略中的一个：

$$\pi_s^* = \arg\max_\pi U^\pi(s) \tag{17.3}$$

记住 π_s^* 是一个策略，因此它为每个状态推荐一个行动；它与 s 的联系是：当初始状态是 s 时，它是最优策略。使用具有无限期的折扣效用的一个显然结果是：最优策略会独立于初始状态。（当然，行动序列不会是独立的；记住一个策略是为每个状态规定一个行动的一个函数。）这个事实直觉上似乎是显然的：如果 π_a^* 是从 a 出发的最优策略，π_b^* 是从 b 出发的最优策略，当它们到达状态 c 时，关于下一步的行动，它们没有理由不达成一致，或不与 π_c^* 达成一致[1]。所以我们可以将一个最优策略简单地写为 π^*。

基于这个定义，状态的真正效用值就是 $U^{\pi^*}(s)$——即当 Agent 执行最优决策时的折扣回报之和的期望值。我将它写作 $U(s)$，与第 16 章的结果效应的记号相匹配。注意 $U(s)$ 与 $R(s)$ 是非常不同的量；$R(s)$ 是处于 s 中的"短期"回报，而 $U(s)$ 是从 s 向前的"长期"总回

---

[1]　尽管这似乎是显然的，但对于无限期策略或其它综合时间上的回报的方法，这是不成立的。从 17.2 节所示的状态的效用函数的唯一性可以直接证明。

报。图 17.3 给出了 4 × 3 世界的效用值。注意，在 +1 状态附近的状态的效用值比较高，这是因为到终止状态需要更少的步数。

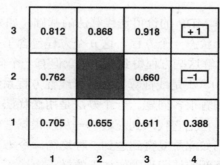

图 17.3 当 $\gamma = 1$，且非终止状态的 $R(s) = -0.04$ 时，计算出的 4 × 3 世界的效用值

效用函数 $U(s)$ 允许 Agent 使用第 16 章中的最大期望效用原则来选择行动——即选择使得后继状态的期望效用最大的行动：

$$\pi^*(s) = \arg\max_{a \in A(s)} \sum_{s'} P(s'|s, a)U(s') \qquad (17.4)$$

接下来的两节描述寻找最优策略的算法。

17.2 价 值 迭 代

本节我们将给出一个称为价值迭代的算法，用来计算最优策略。基本的思想是计算出每个状态的效用，然后在每个状态使用状态效用来选择最优最优行动。

17.2.1 效用的贝尔曼方程

17.1.2 节定义在一个状态的效用为从它往前的折扣回报的期望和。由此，状态的效用和它的邻接状态的效用有直接关系：假定 Agent 选择了最优行动，一个状态的效用值是在该状态得到的立即回报加上在下一个状态的期望折扣效用值。也就是说，一个状态的效用值为

$$U(s) = R(s) + \gamma \max_{a \in A(s)} \sum_{s'} P(s'|s, a)U(s') \qquad (17.5)$$

这个公式被称为贝尔曼方程，以 Richard Bellman（1957）的姓命名。状态的效用——被公式（17.2）定义为后继状态序列的期望效用值——是一组贝尔曼方程的解。实际上，它们是唯一解，我们将在 17.2.3 节中证明。

让我们看看 4 × 3 世界的贝尔曼方程之一。对于状态(1,1)的方程是：

$U(1, 1) = -0.04 + \gamma \max[\ 0.8U(1, 2) + 0.1U(2, 1) + 0.1U(1, 1),$ (*Up*)

                    $0.9U(1, 1) + 0.1U(1, 2),$ (*Left*)

                    $0.9U(1, 1) + 0.1U(2, 1),$ (*Down*)

                    $0.8U(2, 1) + 0.1U(1, 2) + 0.1U(1, 1)\ ]$ (*Right*)

当我们代入图 17.3 中的数字时，就会发现 *Up* 是最佳行动。

17.2.2　价值迭代算法

贝尔曼方程是用于求解 MDP 的价值迭代算法的基础。如果有 n 个可能的状态，那么就有 n 个贝尔曼方程，每个状态一个方程。这 n 个方程包含了 n 个未知量——状态的效用值。所以我们希望能够同时解这些方程得到效用值。但有一个问题：这些方程是非线性的，因为其中的 "max（最大值）" 不是线性算符。尽管线性方程系统可以很快地用线性代数技术求解，非线性方程系统则有很多问题。一个办法是用迭代法。我们从任意的初始效用值开始，算出方程右边的值，再把它代入到左边——从而根据它们的邻接状态的效用值来更新每个状态的效用值。我们如此重复直到达到一种均衡。令 $U_i(s)$ 为状态 s 在第 i 次迭代中的效用值。被称作**贝尔曼更新**的迭代步骤像如下的样子：

$$U_{i+1}(s) \leftarrow R(s) + \gamma \max_{a \in A(s)} \sum_{s'} P(s' \mid s, a) U_i(s') \qquad (17.6)$$

其中，假设在每次迭代中更新同时应用到所有状态上。如果我们经常无限地应用贝尔曼更新，那么可以保证达到均衡（参见 17.2.3 节），这时最后的效用值一定是贝尔曼方程组的解。实际上，这也是唯一解，而对应的策略（使用公式（17.4）得到的）是最优的。这个算法称为 VALUE_ITERATION（价值迭代算法），如图 17.4 所示。

---

function VALUE-ITERATION(mdp, ϵ) **returns** a utility function
　inputs: mdp, an MDP with states S, actions $A(s)$, transition model $P(s' \mid s, a)$,
　　　　　rewards $R(s)$, discount γ
　　　　　ϵ, the maximum error allowed in the utility of any state
　local variables: U, U', vectors of utilities for states in S, initially zero
　　　　　δ, the maximum change in the utility of any state in an iteration

　repeat
　　$U \leftarrow U'; \delta \leftarrow 0$
　　for each state s in S **do**
　　　$U'[s] \leftarrow R(s) + \gamma \max_{a \in A(s)} \sum_{s'} P(s' \mid s, a) \, U[s']$
　　　if $|U'[s] - U[s]| > \delta$ **then** $\delta \leftarrow |U'[s] - U[s]|$
　until $\delta < \epsilon(1 - \gamma)/\gamma$
　return U

图 17.4　用于计算状态效用值的价值迭代算法。终止条件来自公式（17.8）

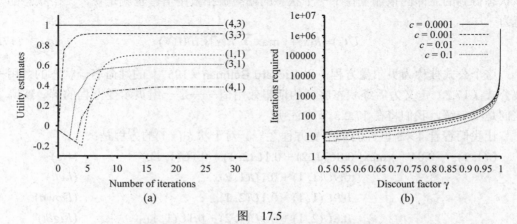

图　17.5
（a）使用价值迭代，显示被选中状态的效用值演变的曲线图。
（b）对于不同的 c 值，为了保证误差最大为 $\varepsilon = c \cdot R_{\max}$ 所需的价值迭代次数 k，k 显示为折扣因子 γ 的函数

我们可以把价值迭代法应用于图 17.1（a）的 4×3 世界。从初始值 0 开始，效用值演化曲线如图 17.5（a）所示。注意到(4, 3)不同距离的状态在发现一条到达（4,3）的路径之前是如何积累负回报的；发现了一条到达(4, 3)的路径之后效用值才开始增长。我们可以把价值迭代算法理解为在状态空间中通过局部更新的方式传播信息。

17.2.3　价值迭代的收敛

我们前面说过价值迭代最终会收敛在贝尔曼方程组的唯一解上。在这一节我们解释为什么会发生这种情况。我们将引入一些有用的数学思想，并得到一些方法，用来在算法提前终止时评估所返回的效用函数误差；这是有用的，因为这意味着我们不需要永久地运行算法。本节内容相当有技术性。

证明价值迭代法的收敛时用到的基本概念是**收缩**（contraction）。粗略地说，收缩是指一个单参数的函数，当依次用于两个不同的输入时，产生的两个输出值相对于原始参数"彼此更接近"，接近的程度至少是某个常数的量级。例如函数"除以 2"是收缩的，因为在把两个数都除以 2 以后，它们的差也缩小了一半。注意函数"除以 2"有一个不动点，也就是 0，它的值是不因函数的应用而改变的。从这个例子，我们可以认识到收缩函数的两个重要特性：

- 一个收缩函数只有一个不动点；如果有两个不动点，对它们应用这个函数就不会得到更近的值了，因而不是收缩的。
- 当把函数应用于任意参数时，值一定更接近于不动点（因为不动点不会移动），于是反复使用收缩函数总是以不动点为极限。

现在，设想我们把贝尔曼更新（公式（17.6））视为一个算子 B，用于同时更新每个状态的效用值。用 U_i 表示在第 i 次迭代时所有状态的效用向量。那么贝尔曼更新公式可以写成

$$U_{i+1} \leftarrow B U_i$$

接下来，我们需要一种度量效用向量之间的距离的方法。我们使用**最大值范数**（max norm），用向量的最大分量的长度来衡量向量的长度：

$$\| U \| = \max_s | U(s) |$$

使用这个定义，两个向量间的"距离" $\| U - U' \|$ 是任意两个对应元素之间的最大差值。本节的主要结果是：令 U_i 和 U_i' 为任意两个效用向量，那么

$$\| B U_i - B U_i' \| \leqslant \gamma \| U_i - U_i' \| \qquad (17.7)$$

也就是说，贝尔曼更新是在效用向量空间中因子为 γ 的一个收缩（习题 17.6 提供了证明这一点的一些提示）。因此，从收缩的一般特性可得到，只要 $\gamma < 1$，价值迭代法总是收敛到贝尔曼方程组的唯一解上。

我们也可以使用收缩特性来分析收敛到解的速度。具体地，我们可以用*真实效用值 U* 来替换公式（17.7）中的 U_i'，满足 $BU = U$。那么我们得到不等式

$$\| B U_i - U \| \leqslant \gamma \| U_i - U \|$$

因此，如果我们把 $\| U_i - U \|$ 视为估计值 U_i 的误差，那么每一次迭代该误差就以因子 γ 减小。这意味着价值迭代的收敛速度是指数级的。我们可以计算出到达某个特定误差界限 ε

所需要的迭代次数，方法如下：首先，根据公式（17.1）知道所有状态的效用值有界限 $\pm R_{max} / (1-\gamma)$。这意味着最大的初始误差 $\|U_0 - U\| \leq 2R_{max} / (1-\gamma)$。假设我们运行 N 次迭代达到的误差不超过 ε。那么因为误差每一次至少减少 γ 倍，我们要求 $\gamma^N \cdot 2R_{max} / (1-\gamma) \leq \varepsilon$。两边取对数，发现

$$N = \lceil \log(2R_{max} / \varepsilon(1-\gamma)) / \log(1/\gamma) \rceil$$

次迭代就够了。图 17.5（b）显示了对于不同的比例 ε / R_{max}，迭代次数 N 随着 γ 如何变化。好消息是由于收敛速度是指数级的，N 对比例 ε / R_{max} 的依赖不大。坏消息是当 γ 接近 1 时，N 增长得很快。我们通过减小 γ 来加速收敛，不过这样使得 Agent 只有短期视野，可能会看不到 Agent 行动的长期效果。

上面一段中的误差界限给出了某些对算法运行时间有影响的因素的概念，但用它作为决定何时停止迭代的方法有时候会过于保守。出于决定何时停止迭代的考虑，我们可以使用一个在任何给定迭代中把误差和贝尔曼更新的大小联系起来的界限。根据收缩特性（公式（17.7）），可以证明如果更新很小（即，没有状态的效用值发生很大变化），那么误差相对真实效用函数也很小。更准确地说，

$$\text{如果} \quad \|U_{i+1} - U_i\| < \varepsilon(1-\gamma)/\gamma \quad \text{那么} \quad \|U_{i+1} - U\| < \varepsilon \tag{17.8}$$

这就是图 17.4 中 VALUE-ITERATION 算法使用的终止条件。

目前为止，我们已经分析了价值迭代算法返回的效用函数误差。然而，Agent 真正关心的是如果基于这种效用函数制定决策，它会做得有多好。假设在价值迭代的第 i 次迭代以后，Agent 对于真实效用值 U 的估计为 U_i，并且基于使用 U_i 向前看一步的方法（如公式（17.4））得到 MEU 策略 π_i。是否这样得到的行为近似于和最优行为一样好呢？这对于任何真实 Agent 都是至关重要的问题，而且看来答案是肯定的。如果从状态 s 开始执行 π_i，$U^{\pi_i}(s)$ 是得到的效用值，那么**策略损失** $\|U^{\pi_i} - U\|$ 是 Agent 执行 π_i 替代最优策略 π^* 可能遭受的最大损失。π_i 的策略损失通过下面的不等式与 U_i 的误差联系起来：

$$\text{如果} \quad \|U_i - U\| < \varepsilon \quad \text{那么} \quad \|U^{\pi_i} - U\| < 2\varepsilon\gamma / (1-\gamma) \tag{17.9}$$

实际上，经常出现的情况是早在 U_i 收敛以前，π_i 就已经成为最优的了。图 17.6 显示出对于 4×3 环境且 $\gamma = 0.9$ 时，随着迭代进程的进行，U_i 的最大误差和策略损失是如何接近 0 的。当 $i = 4$ 时，策略 π_i 是最优的，尽管 U_i 的最大误差仍然是 0.46。

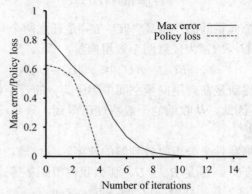

图 17.6　估计效用值的最大误差 $\|U_i - U\|$ 和策略损失 $\|U^{\pi_i} - U\|$，
显示为价值迭代法中的迭代次数的函数

现在我们具备了实际应用价值迭代法所需要的全部技术。我们知道它会收敛到正确的效用值，并且如果我们在有限次迭代之后停止，可以把效用估计的误差限制在一定界限内，另外作为执行对应的 MEU 策略的结果，我们还可以限制决策损失。最后强调一点，本节中的所有结果都基于折扣因子 $\gamma < 1$ 的假设。如果 $\gamma = 1$ 而且环境包含终止状态，那么只要一定技术条件得到满足，就可以得到类似的收敛结果和误差界限。

17.3 策 略 迭 代

前一节中，我们发现即使在效用函数估计不是很准确的情况下也有可能得到最优策略。如果一个行动比其他所有行动明显要好，那么所涉及状态的效用的准确量值不需要太精确。这个见解暗示着另一种找到最优策略的方法。**策略迭代**算法从某个初始策略 π_0 开始，交替执行下面的两个步骤：

- **策略评估**：给定策略 π_i，计算 $U_i = U^{\pi_i}$，即如果执行 π_i 后每个状态的效用值。
- **策略改进**：通过基于 U_i 的向前看一步的方法（如同在公式（17.4）），计算新的 MEU 策略 π_{i+1}。

当策略改进步骤没有产生效用值的改变时，算法终止。这时，我们知道效用函数 U_i 是贝尔曼更新的不动点，所以这也就是贝尔曼方程组的解，并且 π_i 一定是最优策略。因为对于有限的状态空间而言策略数是有限的，并且可以证明每一次迭代都产生更好的策略，所以策略迭代一定会终止。算法如图 17.7 所示。

```
function POLICY-ITERATION(mdp) returns a policy
  inputs: mdp, an MDP with states S, actions A(s), transition model P(s' | s, a)
  local variables: U, a vector of utilities for states in S, initially zero
                   π, a policy vector indexed by state, initially random

  repeat
     U ← POLICY-EVALUATION(π, U, mdp)
     unchanged? ← true
     for each state s in S do
        if max    ∑ P(s' | s, a) U[s'] > ∑ P(s' | s, π[s]) U[s']then do
           a ∈ A(s) s'                    s'
           :π[s] ← argmax  ∑ P(s' | s, a) U[s']
                   a ∈ A(s)  s'
           unchanged? ← false
  until unchanged?
  return π
```

图 17.7 计算最优策略的策略迭代算法

策略改进步骤是明显而直接的，不过我们如何实现 POLICY_EVALUATION 过程？其实这比求解标准贝尔曼方程组（价值迭代要做的事情）简单得多，因为策略把每个状态中的行动都固定了。在第 i 次迭代中，策略 π_i 指定了状态 s 中的行动 $\pi_i(s)$。这意味着我们得到了贝尔曼方程（公式（17.5））的一个简化版本，把 s 的效用值（在策略 π_i 下）和它邻接状态的效用值联系起来：

$$U_i(s) = R(s) + \gamma \sum_{s'} P(s'|s, \pi_i(s)) U_i(s') \qquad (17.10)$$

例如，假设 π_i 是图 17.2（a）中所示的策略。那么我们有 $\pi_i(1, 1) = Up$，$\pi_i(1, 2) = Up$，等等，于是简化的贝尔曼方程组是：

$$U_i(1, 1) = -0.04 + 0.8U_i(1, 2) + 0.1U_i(1, 1) + 0.1U_i(2, 1)$$
$$U_i(1, 2) = -0.04 + 0.8U_i(1, 3) + 0.2U_i(1, 2)$$
$$\vdots$$

重要的是：因为去除了"max"算符，这些方程是线性的。对于 n 个状态，我们有 n 个线性方程和 n 个未知量。这可以用标准的线性代数方法在正好 $O(n^3)$ 时间内求解。

对于小的状态空间，使用精确求解方法的策略评估常常是最有效的办法。对于大的状态空间，$O(n^3)$ 的时间复杂度仍然是使人望而却步的。幸运的是，进行精确的策略评估不是必要的。作为替代，我们可以执行几个简化的价值迭代步骤（因为策略是固定的，所以可以简化）来给出效用值的相当好的近似。这个过程的简化贝尔曼更新如下：

$$U_{i+1}(s) \leftarrow R(s) + \gamma \sum_{s'} P(s'|s, \pi_i(s))U_i(s')$$

可以重复这个更新 k 次以产生下一个效用估计值。这个算法称为**修正策略迭代**（modified policy iteration）。它往往比标准的策略迭代或者价值迭代有效得多。

目前为止我们已经描述过的算法都需要每次同时更新所有状态的效用值或者策略。其实这也不是严格必须的。实际上在每次迭代中，我们可以挑选状态集的任意子*集*，并对这个子集执行任何一种更新（策略改进或者简化的价值迭代）。这种很一般性的算法称为**异步策略迭代**（asynchronous policy iteration）。给定一定的初始策略和初始效用函数上的条件，异步策略迭代保证收敛到最优策略。选择任何状态进行处理的自由意味着我们可以设计出有效得多的启发式算法——比如，算法可以只关注于更新那些通过最优策略可能到达的状态的值。这也符合现实生活的情况：如果一个人没有跳下悬崖的意图，这个人就不应该花费时间为跳崖的结果状态的精确值而担心。

17.4 部分可观察的 MDP

17.1 节对马尔可夫决策过程的描述中，我们假设环境是**完全可观察的**。这个假设下，Agent 总是知道自己处于哪个状态。结合对于转移模型的马尔可夫假设，这意味着最优策略只取决于当前状态。当环境只是**部分可观察的**时候，可以说情况就不那么清晰了。Agent 不一定知道自己所处的状态，所以无法执行 $\pi(s)$ 为该状态推荐的行动。此外状态 s 的效用值和 s 中的最优行动都不仅取决于 s，还取决于当处于状态 s 时 Agent 知道多少。因为这些原因，**部分可观察 MDP**（或者简写成 POMDP——发音为"pom-dee-pee"）通常被认为比一般的 MDP 复杂得多。然而因为现实世界就是部分可观察的，所以我们无法回避 POMDP。

17.4.1 POMDP 的定义

为了处理 POMDP，我们首先必须合理地定义它。POMDP 和 MDP 有同样的要素——转移模型 $P(s'|s,a)$、行动 $A(s)$ 和回报函数 $R(s)$——但是，和 4.4 节中的部分可观察搜索问题一样，它还具有一个**传感器模型** $P(e|s)$。这里，和第 15 章中一样，传感器模型指定在状态

s 感知到 e 的概率[1]。例如，我们可以将图 17.1 中的 4×3 世界转变一个 POMDP，通过加入噪音或加入能感知部分信息的传感器，而不是假设 Agent 知道自己的精确位置。这样的传感器可能测量附近有几面墙，在所有非终止状态的方格（除了第 3 列有一面墙）恰好有两面墙；有噪音的情况下，给出错误值的概率是 0.1。

在第 4 章和第 11 章中，我们研究了不确定性和部分可观察的规划问题，明确了**信念状态**——Agent 可能处于的实际状态集合——作为描述和计算解的关键概念。在 POMDP 中，信念状态 b 是所有可能状态上的概率分布，就像第 15 章一样。例如，4×3 的 POMDP 中的初始信念状态可能是 9 个非终止状态上的均匀分布，即 $\left\langle \frac{1}{9},\frac{1}{9},\frac{1}{9},\frac{1}{9},\frac{1}{9},\frac{1}{9},\frac{1}{9},\frac{1}{9},\frac{1}{9},0,0 \right\rangle$。我们把信念状态 b 赋予实际状态 s 的概率记作 $b(s)$。给定到目前为止的观察和行动序列，Agent 可以把当前信念状态当作实际状态的条件概率分布计算出来。这本质上是第 15 章描述的**滤波**任务。基本的递归过滤公式（15.2.1 节中的公式（15.5））显示了如何根据以前的信念状态和新的观察计算新的信念状态。对于 POMDP 来说，我们还需要考虑到行动，不过结果本质上是相同的。如果 $b(s)$ 是之前的信念状态，Agent 执行了行动 a，感知到观察 e，那么新的信念状态由下式给出

$$b'(s')=\alpha P(e|s')\sum_s P(s'|s,a)b(s)$$

其中 α 是使得信念状态和为 1 的归一化常数。我们把这个公式简写成

$$b'=\text{FORWARD}(b,a,e) \tag{17.11}$$

在 4×3 的 POMDP 中，假设 Agent 向左移动并且传感器报告附近有一面墙；那么很有可能（尽管不能保证，因为动作和传感器都是有噪音的）Agent 目前在(3,1)。习题 17.13 让你为新的信念状态计算精确的概率值。

理解 POMDP 所要求的基本见解是：最优行动仅仅取决于 Agent 的当前信念状态。也就是说，最优策略可以被描述为从信念状态到行动的一个映射 $\pi^*(b)$。它不依赖于 Agent 所处的实际状态。这是件好事，因为 Agent 不知道自己的实际状态；它所知的全部只是信念状态。因此，一个 POMDP Agent 的决策周期可以分解成如下三步：

（1）给定当前的信念状态 b，执行行动 $a = \pi^*(b)$。

（2）得到观察 e。

（3）设置当前的信念状态为 $\text{FORWARD}(b, a, e)$，并反复。

现在我们可以认为 POMDP 需要在信念状态空间中进行搜索，正如第 4 章中用于无传感器和偶发性问题的方法。主要的区别是 POMDP 的信念状态空间是连续的，这是由于一个 POMDP 信念状态就是一个概率分布。例如，4 × 3 世界的一个信念状态就是 11 维连续空间中的一个点。一个行动不仅仅改变物理状态，也改变了信念状态。所以行动是根据 Agent 获得的作为结果的信息来评价的。因此 POMDP 把信息价值（第 16.6 节）包括进来作为决策问题的元素之一。

让我们仔细观察一下行动的结果。特别地，让我们计算 Agent 在信念状态 b 执行行动 a 之后到达信念状态 b' 的概率。现在，如果我们已知行动以及后续的观察，那么公式（17.11）就为信念状态提供了确定性的更新：$b' = \text{FORWARD}(b, a, e)$。当然后续的观察尚不知道，所

1　和 MDP 的回报函数一样，传感器模型同样可以与行动以及结果状态相关，并且这种改变也不会影响问题的本质。

以 Agent 或许到达几个可能的信念状态之一 b'，取决于获得的观察。假设行动 a 的执行起始于信念状态 b，通过对 Agent 可能到达的所有真实状态求和得到感知到 e 的概率：

$$P(e|a,b)=\sum_{s'} P(e|a,s',b)P(s'|a,b)=\sum_{s'} P(e|s')P(s'|a,b)$$

$$=\sum_{s'} P(e|s')\sum_{s} P(s'|s,a)b(s)$$

给定行动 a，我们把从 b 到 b' 的概率记作 $P(b'|b,a)$。那么我们得到：

$$P(b'|b,a)=P(b'|a,b)=\sum_{e} P(b'|e,a,b)P(e|a,b)$$

$$=\sum_{e} P(b'|e,a,b)\sum_{s'} P(e|s')\sum_{s} P(s'|s,a)b(s) \qquad (17.12)$$

其中如果 $b'=\text{FORWARD}(b,a,e)$，那么 $P(b'|e,a,b)$ 为 1，否则为 0。

公式（17.12）可以被看作为信念状态空间定义了一个转移模型。同样我们也可以为信念状态定义一个回报函数（即，Agent 可能所处的真实状态的期望回报）：

$$\rho(b)=\sum_{s} b(s)R(s)$$

$P(b'|b,a)$ 和 $\rho(b)$ 一起在信念状态空间上定义了一个可观察的 MDP。而且，可以证明这个 MDP 的最优策略 $\pi^*(b)$ 也是原始 POMDP 的一个最优策略。换句话说，在物理状态空间上求解 POMDP 可以归约为在信念状态空间上求解一个 MDP。如果我们还记得从定义上看信念状态对于 Agent 总是可观察的，这个事实也许就不那么令人吃惊了。

注意尽管我们把 POMDP 简化成 MDP，不过我们得到的这个 MDP 是在连续（通常也是高维）空间上的。17.2 节和 17.3 节中描述的 MDP 算法都无法直接用于这类 MDP。接下来的两个小节描述了一个专门为 POMDP 而设计的价值迭代算法和一个在线决策制定算法，和为第 5 章的博弈而开发的算法是相似的。

17.4.2 POMDP 的价值迭代

17.2 节描述了一个为每个状态计算效用值的价值迭代算法。因为有无限多个信念状态，我更加需要具有创造性。考虑最优策略 π^* 及其在特定信念状态 b 上的应用：策略生成一个动作，然后对于每一个后续感知，信念状态得到更新并生成新动作，如此进行下去。因而对于这个特定的 b，该策略就等同于一个**条件规划**（conditional plan）。不要考虑策略，我们转而考虑条件规划随着初始信念状态变化而变化。我们观察到两点：

（1）假设从物理状态 s 开始执行一个固定的条件规划 p 的效用为 $\alpha_p(s)$。那么在信念状态 b 执行 p 的期望效用是 $\sum_{s} b(s)\alpha_p(s)$，或者如果将 b 和 α_p 都看作向量，则是 $b \cdot \alpha_p$。因此，一个固定的条件规划的期望效用线性地随着 b 而变化；也就是说，它对应于信念空间的一个超平面。

（2）在任何给定的信念状态 b，最优策略将选择具有最高期望效用的条件规划执行；在最优策略下 b 的期望效用就是这个条件规划的效用：

$$U(b)=U^{\pi^*}(b)=\max_{p} b \cdot \alpha_p$$

如果最优策略 π^* 从 b 开始选择执行 p，那么期望在与 b 非常接近的信念状态中可能选择执行 p 是合理的；事实上，如果我们限定条件规划的深度，那么就只有有限多的规划，而且信念状态的连续空间通常可以划分为各个区域，每一个对应于一个特定的在这个区域的最优条件规划。

从这两个观察，我们看到信念状态上的效用函数 $U(b)$ 将是分段线性的凸函数，是一组超平面的最大值。

为了阐明这一点，我们使用一个简单的有两个状态的世界。状态标识为 0 和 1，$R(0)=0$，$R(1)=1$。有两种动作：动作 Stay 以 0.9 的概率停留在原状态不变，Go 以 0.9 的概率切换到另一个状态。现在，我们假设折扣因子为 $\gamma=1$。传感器以 0.6 的概率报告正确的概率。显然，当 Agent 认为它在状态 1 时它应该 Stay，当它认为在状态 0 时应该 Go。

只有两个状态的世界的优点是，信念状态可以被认为是一维的，因为两个概率的和必须为 1。在图 17.8（a）中，x 坐标轴表示信念状态，定义为 $b(1)$，处于状态 1 的概率。现在，我们考虑单个步骤的规划[Stay]和[Go]，其中每一个接收当前状态的回报，紧跟着执行动作后到达的状态的折扣回报：

$$\alpha_{[Stay]}(0) = R(0) + \gamma(0.9R(0) + 0.1R(1)) = 0.1$$
$$\alpha_{[Stay]}(1) = R(1) + \gamma(0.9R(1) + 0.1R(0)) = 1.9$$
$$\alpha_{[Go]}(0) = R(0) + \gamma(0.9R(1) + 0.1R(0)) = 0.9$$
$$\alpha_{[Go]}(1) = R(1) + \gamma(0.9R(0) + 0.1R(1)) = 1.1$$

对于 $b \cdot \alpha_{[Stay]}$ 和 $b \cdot \alpha_{[Go]}$ 的超平面（这种情况下为直线）如图 17.8(a)所示，它们的最大值如粗线条所示。因此，其中的粗线条表示了允许一个动作的有限水平问题的效用函数，而且在分段线性效用函数的每一段，最优行动是相应条件规划的第一个行动。这种情况下，最优的单个步骤策略是，当 $b(1)>0.5$ 时执行 Stay，否则执行 Go。

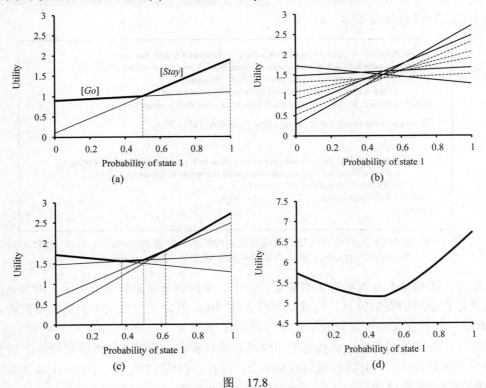

图 17.8

（a）两个单步规划的效用，作为两个状态的世界的初始信念状态 $b(1)$ 的函数。（b）8 个不同的两步规划效用。
（c）4 个非劣势两步规划的效用。（d）最优的 8 步规划的效用

一旦我们在每个物理状态对于所有深度为 1 的条件规划 p 具有效用 $\alpha_p(s)$，我们可以计算深度为 2 的条件规划的效用：考虑第一个动作的每种可能性，每个可能的后续感知，然后为每个感知选择深度为 1 的规划执行的每种方法。

$$[Stay; \textbf{if } Percept=0 \textbf{ then } Stay \textbf{ else } Stay]$$

$$[Stay; \textbf{if } Percept=0 \textbf{ then } Stay \textbf{ else } Go] \cdots$$

总共有 8 个不同的深度为 2 的规划，它们的效用如图 17.8（b）所示。注意到其中的 4 个虚线显示的规划在整个信念空间中是次优的——我们称这些规划是**劣势的**（dominated），不需要进一步考虑它们。有 4 个非劣势（undominated）规划，其中每个在一个特定的区域中是最优的，如图 17.8（c）所示。这些区域对信念状态空间进行划分。

对于深度 3，我们重复这个过程，依此类推。一般，假设 p 为深度为 d 的条件规划，它的初始行动是 a，且它的感知为 e 的、深度为 $d{-}1$ 的子规划为 $p.e$；那么

$$\alpha_p(s)=R(s)+\gamma\left(\sum_{s'}P(s'|s,a)\sum_e P(e|s')\alpha_{p.e}(s')\right) \tag{17.13}$$

这个递归自然地给出了一个价值迭代算法，如图 17.9 所示。这个算法的结构及其误差分析和图 17.4 的基本的价值迭代算法是类似的；主要的区别是，POMDP-VALUE-ITERATION 不是为每个状态计算一个效用值，而是用它们的效用超平面维护一组非劣势规划。算法的复杂性主要依赖于生成了多少个规划。给定 $|A|$ 个行动和 $|E|$ 个可能的观察，不难证明有 $|A|^{O(|E|^{d-1})}$ 个不同的深度为 d 的规划。即使对于 $d=8$ 的两个状态的世界，这个数量是 2^{255}。消去劣势规划对于减少这种成倍的指数增长是关键性的：$d=8$ 时非劣势规划的数量只有 144。这 144 个规划的效用函数如图 17.8（d）所示。

```
function POMDP-VALUE-ITERATION(pomdp, ε) returns a utility function
    inputs: pomdp, a POMDP with states S, actions A(s), transition model P(s' | s, a),
            sensor model P(e | s), rewards R(s), discount γ
            ε, the maximum error allowed in the utility of any state
    local variables: U, U', sets of plans p with associated utility vectors α_p

    U' ← a set containing just the empty plan [], with α_[](s) = R(s)
    repeat
        U ← U'
        U' ← the set of all plans consisting of an action and, for each possible next percept,
            a plan in U with utility vectors computed according to Equation (17.13)
        U' ← REMOVE-DOMINATED-PLANS(U')
    until MAX-DIFFERENCE(U, U') < ε(1 − γ)/γ
    return U
```

图 17.9　POMDP 的价值迭代算法的高度抽象的框架。步骤 REMOVE-DOMINATED-PLANS 和 MAX-DIFFERENCE 测试典型地用线性规划来实现

注意，即使状态 0 比状态 1 有更低的效用，中间信念状态效用会更低，因为 Agent 缺少选择好行动所需要的信息。这就是为什么在 16.6 节定义的含义中信息是有值的，而且 POMDP 中的优化策略经常包含了聚集信息的行为。

给定这样的效用函数，可执行的策略可以这样提取：看看在任何给定的信念状态 b 哪一个超平面是最优的，并执行相应规划的第一动作。在图 17.8（d）中，对于深度为 1 的规划相应的最优策略仍然是一样的：当 $b(1)>0.5$ 时执行 *Stay*，否则执行 *Go*。

实践中，图 17.9 的价值迭代算法对于更大的问题会低效得让人失望——甚至 4×3 的

POMDP 都太难了。主要原因是，在第 d 层给定 n 个条件规划，算法在第 $d+1$ 层在消去劣势规划之前会构造 $|A|\cdot n^{|E|}$ 个条件规划。从 20 世纪 70 年代该算法被提出以来，已经有一些更高效的价值迭代算法和各种策略迭代算法的新进展。其中有些在本章末尾的备注中会进行讨论。然而，对于一般的 POMDP，找到最优策略是非常难的（PSPACE-hard）。具有几十个状态的问题经常是不可操作的。下一节描述了一个不同的近似方法来求解 POMDP，是一个基于向前看（前瞻）搜索的方法。

17.4.3　POMDP 的在线 Agent

本节中，我们概要介绍一种部分可观察的随机环境中的 Agent 设计的简单方法。我们已经熟悉了设计的基本元素：

- 第 15 章描述的**动态贝叶斯网络**（dynamic Bayesian network，DBN）表示的转移和传感器模型。
- 如同用于第 16 章中的**决策网络**（decision network）一样，用决策和效用结点扩展动态贝叶斯网络。产生的模型被称为**动态决策网络**（dynamic decision network）或者简写为 DDN。
- 使用滤波算法把每个新的感知信息与行动结合起来，并对信念状态表示进行更新。
- 通过向前投影可能的行动序列并选择其中的最佳行动，来制定决策。

用第 2 章的术语，DBN 是分解表示（factored representation）；相对于原子表示它们具有指数级复杂度的优势，能够对重要的现实世界问题建模。于是 Agent 设计可以按照第 2 章勾勒的**基于效用的 Agent** 而实际实现。

在 DBN 中，单个状态 S_t 变成了一组状态变量 $\mathbf{X}_t$，还可能有多证据变量 $\mathbf{E}_t$。我们仍用 A_t 表示在 t 时刻的行动，于是转移模型变成 $\mathbf{P}(\mathbf{X}_{t+1} \mid \mathbf{X}_t, A_t)$，传感器模型变成 $\mathbf{P}(\mathbf{E}_t \mid \mathbf{X}_t)$。我们用 R_t 表示 t 时刻收到的回报，并用 U_t 表示 t 时刻状态的效用值。（两个都是随机变量。）使用这些符号，一个动态决策网络看上去如图 17.10 所示。

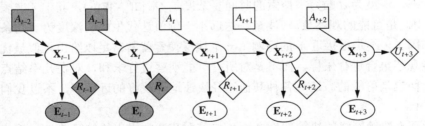

图 17.10　动态决策网络的一般结构。已知值的变量用阴影表示。当前时刻是 t，而 Agent 必须决定要做什么——也就是，选择一个 A_t 的值。网络向未来展开了三步，并表示了未来的回报，连同前瞻范围的状态效用值

动态决策网络可以用于任何 POMDP 算法的输入，包括价值迭代和策略迭代法的输入。在这一节中，我们集中讨论从当前信念状态向前投影行动序列的前瞻方法，这种方法与第 5 章中博弈搜索算法很相似。图 17.10 中的网络向未来投影了三步；当前和未来的决策 A、以及未来的观察 $\mathbf{E}$ 和回报 R 都是未知的。注意网络包括代表 $\mathbf{X}_{t+1}$ 和 $\mathbf{X}_{t+2}$ 的回报的结点，但没有代表 $\mathbf{X}_{t+3}$ 的效用的结点。这是因为 Agent 必须最大化所有未来的回报（或折扣回报）

的和，而 $U(\mathbf{X}_{t+3})$ 表示了 $\mathbf{X}_{t+3}$ 的回报和所有后继的回报。和第 5 章中一样，我们假设 U 仅仅可以在某种近似的形式中得到：如果可以得到确切的效用值，就没有必要前瞻超过一步。

图 17.11 显示了对应于图 17.10 中的前瞻三步的 DDN 的搜索树的局部。每个三角形结点是一个信念状态，在其中 Agent 要为 $i = 0, 1, 2, \cdots$ 制定决策 A_{t+i}。圆形结点对应于环境的选择，即得到了什么样的观察 $\mathbf{E}_{t+i}$。注意这里没有对应于行动结果的几率结点；这是因为行动引起的信念状态更新是确定性的，与实际结果无关。

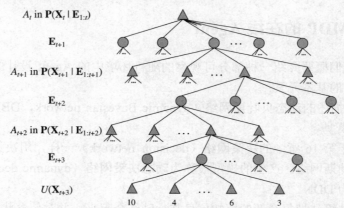

图 17.11　图 17.10 中的 DDN 的部分前瞻解。每次决策将在标示的信念状态中制定

在每个三角形结点的信念状态可以通过对观察序列和导致该序列的行动使用过滤算法而计算出来。如此，算法考虑如下事实：对于决策 A_{t+i} Agent *将*可以得到感知信息 $\mathbf{E}_{t+1}, \cdots,$ $\mathbf{E}_{t+i}$，尽管在 t 时刻它并不知道那些感知信息会是什么。这样，一个决策理论 Agent 自动把信息价值考虑进去，并且在适当的地方执行信息收集行动。

通过从叶结点回传效用值，可以从搜索树提取决策，回传时在几率结点取平均值，在决策结点取最大值。这和用于包含几率结点的博弈树的 EXPECTIMINIMAX 算法是类似的，除了以下两点：（1）这里在非叶子状态也可能有回报；（2）决策结点对应于信念状态而不是实际状态。深度为 d 的穷举搜索的时间复杂度是 $O(|A|^d \cdot |\mathbf{E}|^d)$，其中 $|A|$ 表示可采取的行动数，$|\mathbf{E}|$ 是可能的观察数。（注意，这远小于价值迭代生成的深度为 d 的条件规划数。）对于折扣因子 γ 不是很接近 1 的问题，一个浅层搜索就常常足以给出近似最优的决策。通过对可能观察集合进行采样，而不是对所有可能观察进行求和，对在几率结点求平均的步骤进行近似也是可能的。还有各种其他途径快速地寻找好的近似解，不过我们把它们留到第 21 章讨论。

基于动态决策网络的决策理论 Agent 与前面几章中提出的较简单 Agent 相比，有很多优点。特别是，它们可以处理部分可观察的、不确定的环境，并且容易修改自己的“计划”以处理非预期的观察。使用适当的传感器模型，它们可以处理传感器失效的情况，也可以进行规划以收集信息。利用不同的近似技术，它们在时间压力下和复杂环境中显示出“得体的退让”。那么还缺少什么？我们基于 DDN 的算法中最重要的缺点是对在状态空间中前向搜索的依赖，而不是使用第 11 章描述的层次性的和其他先进的规划技术。也有人试图把这些方法扩展到概率领域，不过目前为止已被证明是低效的。另一个相关问题是 DDN 语言的基本的命题本质。我们希望可以把一阶概率语言的某些思想扩展到决策问题。当前的研究表明这种扩展是可能的而且有显著的益处，如在本章结尾的注释中所讨论的。

17.5　多 Agent 的决策：博弈论

这一章前面集中于在不确定的环境中进行决策的问题。但是如果不确定性是来自于其他 Agent 以及它们的决策呢？如果它们的决策又反过来受我们决策的影响呢？我们以前曾讨论过这个问题，当我们在第 5 章中研究博弈游戏时。不过那时我们主要关注的是有完整信息的回合制游戏，可以用极小极大搜索寻找最优行动。这一节中我们研究用来分析同时行动和其他部分可观察性的游戏的**博弈论**。（博弈理论家使用完美信息和非完美信息，而不是完全可观察和部分可观察。）博弈论至少可以用在两方面：

- **Agent 设计**：博弈论可以分析 Agent 的决策，计算每个决策的期望效用值（在假设其他 Agent 也遵循博弈论的最优行动的条件下）。例如，在两指猜拳游戏（two-finger Morra）中，两个游戏者 O 和 E 同时出一个或者两个手指。令手指总数为 f。如果 f 是奇数，则 O 从 E 赢得 f 美元；如果 f 是偶数，则 E 从 O 赢得 f 美元。博弈论可以确定对抗理性游戏者的最佳策略和每个游戏者的期望返回[1]。

- **机制设计**：当多个 Agent 同处于一个环境中时，也许可能定义环境的规则（也就是 Agent 必须参与的游戏），使得当每一个 Agent 都采用博弈论给出的、能最大化自己的效用的解时，所有 Agent 的集体利益也最大化。例如，博弈论可以帮助设计一组 Internet 路由器的协议，使得每个路由器都有动机按照使得全局流量最大化的方式运行。机制设计也可以用来构造智能**多 Agent 系统**，以分布式地解决复杂问题。

17.5.1　单步行动的游戏

我从考虑一组受限制的游戏开始：游戏中所有游戏者同时采取行动，游戏的结果依赖于这组单独的行动。（实际上，是否精确地同时采取行动并不重要；重要的是没有游戏者知道其他游戏者的选择。）将行动限制为一步可能使问题看似琐碎，但实际上博弈理论是严肃的交易。它用于制定决策的场合，包括石油开采权的拍卖和无线频段授权、启动破产、产品开发和价格决策以及国防——涉及数十亿美元和成千上万的生命的场合。一个单步行动的博弈游戏是由以下三个组成部分定义的：

- 制定决策的**游戏者**或者 Agent。尽管当 $n > 2$ 的 n 人游戏很常见，不过双人游戏最引人注目。我们用大写字母打头的词命名游戏者，比如 *Alice* 和 *Bob* 或者 O 和 E。
- 每个游戏者可以选择的**行动**。我们用小写字母打头的词命名行动，比如 *one* 或者 *testify*。游戏者的可能行动的集合可以相同或者不同。
- **收益函数**给出所有游戏者在每种行动组合情况下各自的效用值。对于单步行动的博弈游戏，收益函数可以用矩阵来表示，一种称为**战略表**（也称为正规表）的表示。两指猜拳游戏的收益矩阵如下：（*one* 表示出一个手指，*two* 表示出两个手指）

1　猜拳游戏是**检查游戏**的一种改造版本。在这样的游戏中，检查员选择某一天检查某个机构（诸如餐馆或者生物武器工厂），而这个机构的运营者选择一天把所有非法的东西藏起来。如果选择了不同的日子，那么检查员赢；如果日子相同，则经营者赢。

	O: one	O: two
E: one	E = +2, O = −2	E = −3, O = +3
E: two	E = −3, O = +3	E = +4, O = −4

例如，右下角的一格表示，当 O 选择行动 *two* 而 E 也选择行动 *two*，E 和 O 的收益分别是 4 和−4。

游戏中的每个游戏者都必须采用并执行一个**战略**。**纯战略**是一种确定性的战略；对于单步游戏，纯战略就是一步单个行动。对于许多游戏，Agent 使用**混合战略**会做得更好，它是一种随机策略，根据概率分布来选择行动。混合战略以概率 *p* 选择行动 *a*，其他情况下选择行动 *b*，记作[*p* : *a*; (1−*p*) : *b*]。例如两指猜拳游戏中的一个混合战略可以是[0.5 : *one*; 0.5 : *two*]。**战略配置**是分配给每个游戏者的一种战略分配方案；给定战略配置，对于每个游戏者而言游戏的**结果**就是一个数值。

一个游戏的**解**就是一个战略配置，在其中每个游戏者都采用理性的战略。我们会看到博弈论中最重要的问题是定义当每个 Agent 选择的只是决定结果的战略配置中的一部分时"理性"的含义是什么。认识到这一点是重要的：结果指的是玩游戏的实际结果，而解是用来分析游戏的理论概念。我们会看到有些游戏只在混合策略中有解。但这并不意味着游戏者必须严格采用混合策略才是理性的。

考虑下面的故事：两个合伙盗窃嫌疑犯 Alice 和 Bob 在盗窃现场附近被警察当场抓到，并且被分别审问。警察分别向他们提出一个交易：如果你作证指认同伙是盗窃团伙的主谋，那么你就会被无罪释放，而同伙要被判 10 年徒刑。如果两人同时指认同伙，每人都会因盗窃罪被判 5 年徒刑。他们两人知道如果都不认罪每人只会因为拥有被盗窃财产的较轻罪名被判 1 年徒刑。现在 Alice 和 Bob 面临着所谓的**囚徒困境**：是作证还是拒绝？作为理性 Agent，Alice 和 Bob 每人都想最大化自己的期望效用值。让我们假设 Alice 冷酷无情地不关心同伙的命运，所以她的效用值随着她将要坐牢的年限而递减，不考虑 Bob 的命运。Bob 也是同样的感觉。那么为了帮助达到理性决策，他们两个都构造了下面的收益矩阵：（*testify* 表示认罪并且作证，*refuse* 表示拒绝认罪）。

	Alice: testify	Alice: refuse
Bob: testify	A = −5, B = −5	A = −10, B = 0
Bob: refuse	A = 0, B = −10	A = −1, B = −1

Alice 对收益矩阵进行如下的分析：假设 Bob 作证，那么如果我作证会被判刑 5 年，我不认罪会被判 10 年，所以这种情况下作证比较好。另一方面，假设 Bob 拒绝认罪，那么我作证会被释放，我不认罪会被判 1 年，所以这种情况下作证也比较好。于是在任何一种情况下作证都比较好，所以我必须作证。

Alice 发现这个游戏中 *testify* 是**优势战略**。如果在其他游戏者的所有可选择的战略中，对于游戏者 *p* 而言战略 *s* 的结果都比战略 *s'* 的结果好的话，我们就说对于游戏者 *p* 而言战略 *s* **强优于**战略 *s'*。如果战略 *s* 在至少一个战略配置中好于战略 *s'* 而其他情况下都不差于 *s'*，则说战略 *s* **弱优于**战略 *s'*。优势战略是一个对所有其他战略都有优势的战略。选择一个劣势战略是不理性的，如果存在优势战略而不采用它也是不理性的。出于理性，Alice 会选择优势战略。我们需要引入更多的术语：一个结果是 **Pareto 最优的**[1]，如果没有其他的结果是所有游戏者都更偏好的。一个结果 **Pareto 劣于**另一个结果，如果所有游戏者都更偏好另一个结果。

如果 Alice 是聪明并且理性的，她会继续如下的推理：Bob 的优势战略也是作证。因此他会作证，于是我们都被判 5 年徒刑。每个游戏者都有优势战略时，这些战略的组合叫做**优势战略均衡**。一般，如果没有游戏者可以在其他游戏者不改变战略的情况下通过改变战略获利，那么这个战略配置形成**均衡**。本质上，均衡是策略空间中的**局部最优**；当每一维对应一个游戏者的战略选择时，它就是沿着每一维的斜率都向下的一个峰值。

数学家 John Nash（1928-）证明了每个游戏至少有一个均衡。均衡的一般概念现在被称为**纳什均衡**。明显，一个优势战略均衡是一个纳什均衡（习题 17.16），但有些游戏有纳什均衡，却没有优势战略。

囚徒困境中的困境在于对两个游戏者来说均衡点的结果比如果两人都不认罪的结果差。换句话说，（*testify, testify*）的结果 Pareto 劣于（*refuse, refuse*）的结果(-1, -1)。Alice 和 Bob 是否有办法达到结果(-1, -1)呢？当然两个人都拒绝作证当然是一个可行的选择，但很难看出给定这个游戏的定义，一个理性的 Agent 如何能够到达这个结果。因为任何一个打算采用 *refuse* 的游戏者会意识到如果他或她采用 *testify* 的话会得到更好的结果。这就是均衡点的魅力所在。博弈理论学家认为作为解的必要条件是处于纳什均衡——尽管他们对于这是否是一个充分条件还没有达成共识。

如果我们修改一下游戏，那么很容易获得（*refuse, refuse*）的解。例如，我们改成一个重复性的游戏，其中游戏者知道他们会再次遇到同一个问题。或者，Agent 有鼓励合作和公平的道德信仰。这意味着他们有不同效用函数，迫切需要一个不同的收益矩阵，从而得到一个不同的游戏。后面我们也会看到计算能力受限的 Agent——而不是绝对理性地进行推理的 Agent——能够达到非均衡的结果。在每种情况下，我们都考虑一个不同的游戏，而不是上面的收益矩阵描述的游戏。

现在，我们看看一个没有优势战略的游戏。Acme 是一家生产视频游戏机的硬件制造商，要决定下一代游戏机应该用 DVD 还是蓝光光盘（Blu-ray）。与此同时，视频游戏软件生产商 Best 需要决定下一个游戏放在 DVD 上还是蓝光光盘上。如果它们达成一致那么双方利润是正的，否则是负的。收益矩阵如下所示：

	Acme: bluray	*Acme: dvd*
Best: bluray	A = +9, B = +9	A = -4, B = -1
Best: dvd	A = -3, B = -1	A = +5, B = +5

这个游戏没有优势战略均衡，不过有两个纳什均衡：（*bluray, bluray*）和（*dvd, dvd*）。我们知道这些方案是纳什均衡，因为如果任一个游戏者单方面改变战略，他就会有损失。现在 Agent 们有个问题：存在多个可接受的解，但是如果每个 Agent 选择了不同的解，那么双方都要承受损失。它们如何能够达成一致解呢？一个答案是双方都选择 Pareto 最优解（*bluray, bluray*）；也就是，我们把"解"的定义限制在唯一的 Pareto 最优纳什均衡上，倘

---

1 Pareto 最优性是以经济学家 Vilfredo Pareto（1848—1923）的姓氏命名的。

若存在这样一个均衡。每一个游戏都至少有一个 Pareto 最优解，不过有的游戏可能有多个，或者它们也许不是均衡点。例如，如果（*bluray*, *bluray*）的收益设为(5,5)，就存在两个 Pareto 最优均衡点。从它们之间进行选择，Agent 可以通过猜测或者通讯的方式，也就是说要么在游戏开始前约定好解的顺序，要么在游戏过程中进行协调达成互惠互利的解（这意味着加上通信行动作为序列式游戏的一部分）。通讯因此出现在博弈论中，和它出现在 11.4 节中的多 Agent 规划中的原因完全一样。像这样的游戏者需要进行通讯的游戏称为**协调游戏**。

一个游戏可以有多个纳什均衡；我们如何知道每个游戏至少有一个呢？有的游戏没有纯战略纳什均衡。例如考虑两指猜拳游戏的任意纯战略配置（17.5 节）。如果手指的总数是偶数那么 O 想换；另一方面，如果总数是奇数那么 E 想换。因此没有纯战略配置是均衡的，我们只有寻找混合战略。

但是寻找哪个混合战略呢？1928 年，冯·诺依曼提出了为双人**零和游戏**寻找最优混合战略的办法。零和游戏是指游戏的收益矩阵中的所有元素和为零的游戏 [1]。显然两指猜拳游戏是零和游戏。对于双人零和游戏，我们知道收益绝对值相等而符号相反，所以我们只需要考虑一个游戏者即那个极大化者（和第 5 章中一样）的收益。对于两指猜拳游戏，我们选偶数游戏者 E 作为极大化者，所以我们可以通过 $U_E(e, o)$ 的值来定义收益矩阵——$U_E(e, o)$ 表示当 E 采取行动 e 而且 O 采取行动 o 时 E 的收益。（为了方便，我们称游戏者 E 为"她"，称 O 为"他"。）冯·诺依曼方法被称为**极大极小技术**，其工作方式如下：

- 假设我们改变规则：首先 E 选择她的策略并透露给 O，然后是 O 知道 E 的策略后选择他的策略。最后，我们基于选择的策略评估游戏的期望收益。这样我们就得到一个回合制的游戏，可以对它运用第 5 章标准的**极小极大算法**。假设得到的结果是 $U_{E,O}$。显然，这个游戏对 O 有利，所以游戏的真实效用 U（从 E 的角度）至少为 $U_{E,O}$。例如如果我们只使用纯战略，那么极小极大博弈树的根结点值为-3（参见图 17.12（a）），所以 $U \geqslant -3$。

- 现在假设我们改变规则：强迫 O 先透露他的战略，然后是 E。那么游戏的极小极大值是 $U_{O,E}$。并且由于这个游戏对 E 有利，所以我们知道 U 最多为 $U_{O,E}$。如果只考虑纯战略，根结点值为+2（参见图 17.12（b）），所以 $U \leqslant +2$。

结合这两个论断，我们可以知道解的真实效用值 U 应该满足

$U_{E,O} \leqslant U \leqslant U_{O,E}$ 或者在这个例子中，$-3 \leqslant U \leqslant 2$

为了得到精确的 U 值，我们需要把分析转向混合战略。首先，观察到如下事实：一旦第一个游戏者透露了他/她的战略，那么第二个游戏者不妨使用纯战略。原因很简单：如果第二个游戏者采用混合战略[$p : one$; $(1-p) : two$]，它的期望效用是纯战略的效用 u_{one} 和 u_{two} 的线性组合（$p \cdot u_{one} + (1-p) \cdot u_{two}$）。这样的线性组合不可能比 u_{one} 和 u_{two} 中最好的那个好，所以第二个游戏者还不如采用纯战略。

脑海中有了上面的观察，可以想象极小极大树在根结点有无限多个分支，对应于无限种第一个游戏者可以选择的混合战略。其中每个分支都会导向一个有两个分支的结点，每个分支对应于第二个游戏者的纯战略。我们可以通过给予根结点一个"参数化"的选择，用有限的形式描绘这些无限的树：

1　或者是个常数。

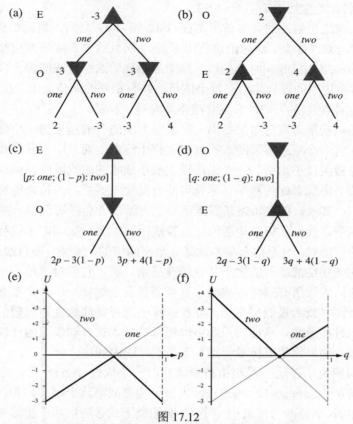

图 17.12

（a）和（b）：如果游戏者轮流使用纯战略玩两指猜拳游戏的极小极大博弈树。（c）和（d）：第一个游戏者使用混合战略的参数化博弈树。收益取决于混合战略中的概率参数（p 或者 q）。（e）和（f）：对于概率参数的任何特定值，第二个游戏者会选择两个行动中"较好"的那个，所以第一个游戏者的混合战略的值如粗线所示。第一个游戏者会选择处于交点的混合战略的概率参数

- 如果 E 先行动，情况如图 17.12（c）所示。E 在根结点采用 $[p : one; (1-p) : two]$，那么给定 p 值，O 选择一个纯战略（而后采取行动）。如果 O 选择 one，则期望收益（对于 E）是 $2p - 3(1-p) = 5p - 3$；如果 O 选择 two，则期望收益是 $-3p + 4(1-p) = 4 - 7p$。我们可以在图中画两条直线表示这两个收益，其中 p 的范围是 x 轴上的 0 到 1，如图 17.12（e）所示。极小化者 O 会选择两条线中较低的部分，如图中的粗线所示。因此，E 在根结点能做的最好选择是选择正好处于交点的 p，即

$$5p - 3 = 4 - 7p \quad \Rightarrow \quad p = 7/12$$

在这个点 E 的效用是 $U_{E,O} = -1/12$。

- 如果 O 先行动，情况如图 17.12（d）所示。O 在根结点选择策略 $[q : one; (1-q) : two]$，那么给定 q 值，E 选择一个行动。收益是 $2q - 3(1-q) = 5q - 3$ 和 $-3q + 4(1-q) = 4 - 7q$ [1]。同样，图 17.12（f）显示出 O 在根结点最好的选择是选择交点：

$$5q - 3 = 4 - 7q \quad \Rightarrow \quad q = 7/12$$

1　巧的是这些方程和 p 的那些是相同的；原因是 $U_E(one, two) = U_E(two, one) = -3$。这也解释了双方的最优策略为什么是一样的。

在这个点 E 的效用是 $U_{O,E} = -1/12$。

现在我们知道这个游戏的真实效用是在$-1/12$ 和$-1/12$ 之间，也就是正好为$-1/12$！（这意味着如果你参与这个游戏，O 这个角色比 E 好。）而且这个真实的效用是在双方都采用混合战略 [7/12 : *one*; 5/12 : *two*] 时得到的。这个战略称为这个游戏的**极大极小均衡**，是一个纳什均衡。注意在均衡的混合战略里每个成员战略有相同的期望效用。在这个例子中，*one* 和 *two* 有同样的期望效用$-1/12$，和混合战略本身是一样的。

我们对于两指猜拳游戏的结果是冯·诺依曼方法的一般结果的一个例子：当允许使用混合战略时，任何一个双人零和游戏都有极大极小均衡。而且，零和游戏中的每个纳什均衡对于双方都是极大极小均衡。一个采用极大极小战略的游戏者确保两点：首先，没有更好的策略来对抗一个玩得好的对手（尽管可能有其他一些更好的策略能够对抗犯了非理性的错误的对手。）；其次，即使策略暴露给了对手，游戏者会继续玩得一样地好。

在零和游戏中寻找极大极小均衡的一般算法比图 17.12（e）和（f）提示的要棘手一些。当有 n 个可能的行动时，一个混合战略就是 n 维空间中的一个点，而直线也变成了超平面。第二个游戏者的某些纯战略可能劣于其他的纯战略，所以它们对抗第一个游戏者的任何战略都不是最优的。去除所有这样的战略（有可能要反复进行）后，在根结点的最优选择是剩余超平面的最高（或者最低）交点。寻找这样的选择是**线性规划**问题的一个实例：在线性约束下最大化目标函数。这样的问题可以用标准技术在行动步数的（以及用于指定回报函数的数值位数，如果你想更技术一点）多项式时间内解决。

剩下来的问题是，在玩一局两指猜拳游戏时一个理性 Agent 实际应该怎么做？理性 Agent 会推导出[7/12 : *one*; 5/12 : *two*]是极大极小均衡战略这个事实，并且假设这是与理性的对手共有的知识。Agent 可能会用一个 12 面的骰子或者随机数产生器来根据这个混合战略随机地选择行动，在这种情况下 E 的期望收益将是$-1/12$。或者 Agent 可能直接决定采用 *one* 或 *two*。这两种情况里的任意一种，E 的期望收益仍是$-1/12$。奇妙的是，单方面挑选某个特别的行动不会损害其期望收益，但如果让另一个 Agent 知道了这个单方面决策，就会影响期望收益，因为对手可以针对性地调整战略。

为非零和有限游戏寻找解（即纳什均衡）要复杂一些。一般的办法分为两步：（1）枚举可能形成混合战略的所有行动子集。例如，先尝试每个游戏者采用单个行动的所有战略配置，然后是每个游戏者采用一步或者两步行动的战略配置，依此类推。这将随着行动数目而呈指数级增长，所以只适用于小规模的游戏。（2）对于（1）中枚举的每一个战略配置，检查是否是一个均衡。这可以通过对类似于零和游戏中的方程组和不等式组进行求解而完成。对于双人游戏，这些方程是线性的，可以用基本的线性规划技术求解，但对于三个或者更多游戏者的游戏，这些方程是非线性的，可能很难求解。

17.5.2 重复性游戏

目前为止，我们只看到了持续一步的游戏。最简单的多步游戏是**重复性游戏**（repeated game），其中游戏者重复地面对同样的选择，不过每次都知道所有游戏者以前的选择历史。**重复性游戏**的战略配置指定了每个游戏者在每个时刻对于每个可能的过往选择历史的一个行动选择。和 MDP 一样，在不同时刻的收益可以叠加在一起。

让我们来考虑囚徒困境的重复性版本。如果他们知道还会遭遇这种困境，Alice 和 Bob 是不是会合作而拒绝作证呢？答案取决于具体的约定。例如，假设 Alice 和 Bob 知道他们将面对囚徒困境正好 100 轮次。那么他们都知道第 100 次不是重复性游戏——因为它的结果不会影响未来的轮次——所以他们在那一轮中都选择优势战略 *testify*。不过一旦第 100 轮确定了，那么第 99 轮也就不会影响后继的轮次，所以也会有一个优势战略均衡（*testify*, *testify*）。根据数学归纳法，两个游戏者每一轮都会选择 *testify*，因而每人都被判处 500 年监禁。

我们可以通过改变交互的规则得到不同解。例如，假设在每一轮后游戏者有 99% 的几率再次遇到。期望的轮数仍然是 100，但是两个游戏者都不确定哪一轮是最后一轮。在这些条件下，更多的合作行为是可能的。例如，对于每个游戏者有一个均衡战略，就是采用 *refuse*，除非对方曾经采用 *testify*。这个战略可以称为**永久性惩罚**。假设双方都采用这个战略，而且互相知道这一点。那么在还没有人采用 *testify* 的情况下，在任意时间每个游戏者的期望未来总收益是

$$\sum_{t=0}^{\infty} 0.99^t \cdot (-1) = -100$$

一个偏离游戏战略而选择 *testify* 的游戏者会在紧接着的下一步得到 0 而不是 –1，但从这个时候起，两个游戏者都将采用 *testify*，从而游戏者的总期望未来收益变成

$$0 + \sum_{t=1}^{\infty} 0.99^t \cdot (-5) = -495$$

因此，在每一步，没有动机去偏离（*refuse, refuse*）的战略。永久性惩罚是囚徒困境的"同归于尽"战略：一旦一个游戏者决定选择 *testify*，它确保双方都遭受巨大损失。只有在对手相信你已经采用了这个战略——或者至少相信你可能已经采用这个战略的情况下，它才能作为一种威慑手段起作用。

我们也可以通过改变 Agent 来得到不同的解，而不必改变约定的规则。假设 Agent 是有 n 个状态的有限状态机，它们在玩一个总步数为 $m>n$ 的游戏。因此 Agent 没有能力表示剩下多少步骤，只能当作未知。因此，它们无法使用归纳法，而且可以自由地达到更好的均衡（*refuse, refuse*）。这种情况下，无知是福——或者，让你的对手相信你无知也是一种福。在这些重复性游戏中你的成功取决于其他游戏者把你当牛人还是把你当白痴，并不取决于你的实际个性。

17.5.3 序列式游戏

一般情况下，一个游戏由一系列回合组成，这些回合不必都是相同的。这样的游戏最好表示成一颗博弈树，博弈理论家称之为**展开形式**（extensive form）。这棵树包含了我们在 5.1 节看到的相同的信息：一个初始状态 S_0，一个告知哪个游戏者在采取行动的函数 PLAYER(s)，一个枚举所有可能行动的函数 ACTIONS(s)，一个定义从一个状态迁移到新状态的函数 RESULT(s,a)，和一个只在终止状态定义的用来给出每个游戏者的收益的部分函数 UTILITY(s,p)。

为了表示随机游戏，例如西洋双陆棋，我们增加一个不同游戏者 chance，chance 可以

采取随机行动。chance 的策略是游戏定义的一部分，定义为行动之上的一个概率分布（其他游戏者使用这个分布来选择它们自己的策略）。为了表示非确定性行动的游戏，例如台球，我们将行动分解为两部分：游戏者的行动本身有一个确定性的结果，然后 chance 有一个回合以自己幻换莫测的方式对游戏者的有一个反应。为了表示同时发生的动作，例如囚徒困境或两指猜拳游戏，我们强行规定游戏者的一个任意的顺序，但我们可以假设前面的游戏者的动作无法被后面的游戏者观察到：比如，Alice 必须首选选择 *refuse* 或 *testify*，然后 Bob 选择，但 Bob 并不知道 Alice 在前面选择了什么（我们也可以表示动作在后面将要暴露）。然而，我们假设游戏者总是能够记得他们自己以前的动作；这个假设称为**理想记忆**（perfect recall）。

展开形式区别于第 5 章的博弈树的关键思想是部分可观察性的表示。我们在第 5.6 节看到在部分可观察的游戏中（例如军棋游戏）的一个游戏者可以在信念状态空间之上创建一棵博弈树。有了这棵树，我们发现在某些情况下一个游戏者可以找到一个动作序列（一个策略）通向擒王棋局，不管实际的初始状态是什么，也不管对手采用什么策略。然而，第 5 章的技术不能告诉一个游戏者当不能保证擒王棋局时应该做什么。如果游戏者的最佳策略依赖于对手的策略，反之亦然，那么极小极大技术（或 alpha-beta）本身并不能找到解。展开形式能让我们找到解，因为它同时表示了所有玩家的信念状态（博弈理论家称为信息集）。从这个表示，我们可以找到均衡解，就像我们**常规形式**（normal form）的游戏中所做的一样。

作为序列式游戏的一个简单例子，在图 17.1 的 4×3 世界中放置两个 Agent，让它们同时移动，直到其中一个 Agent 到达一个出口方格并得到那个方格的收益值。如果我们假设当两个 Agent 想同时进入同一个方格时（这是许多交通十字路口共性问题）没有动作会发生，那么某些纯战略会导致这个问题永远卡壳。因此，这个问题中 Agent 需要一个混合战略：随机在向前移动和呆着原地之间选择。这恰恰是以太网中解决报文冲突的方法。

接下来我们考虑扑克的一个非常简单的变种。只有 4 张牌，两张 A 和两张王。每个游戏者派发一张牌。然后第一个游戏者可以选择 *raise*（加注）（从 1 分增加到 2 分）或者 *check*（观让），如果第一个游戏者选择 *check*，则游戏结束。如果他选择 *raise*，那么第二个游戏者可以选择 *call*（跟牌）或者 *fold*（盖牌）。如果游戏不是以 *fold* 结束，那么收益依赖于牌：如果两个游戏者的牌相同，则他们的收益都为 0；否则持有王牌的游戏者将赌注输给持有 A 牌的游戏者。

这个游戏的展开形式的树如图 17.13 所示。非终止状态用圆圈表示，游戏者会走到圆圈里来；游戏者 0 是 chance。每次行动被描述为一个带标注的箭头，对应为 *raise*、*check*、*call*、*fold*；或者对于 chance，对应为 4 中可能的派牌（"AK" 表示游戏者 1 得到 A 牌，而游戏者 2 得到王牌）。终止状态用矩形表示，标注了游戏者 1 和游戏者 2 的收益。信息集用虚线框标注；例如 $I_{1,1}$ 是轮到游戏者 1 选择的信息集，他知道自己有一张 A（但不知道游戏者 2 有什么牌），在信息集 $I_{2,1}$，轮到游戏者 2，她知道自己有一张 A 而且知道游戏者 1 加注了，但不知道游戏者 1 有什么牌。（由于纸面是二维的，这个信息集显示在两个方框中。）

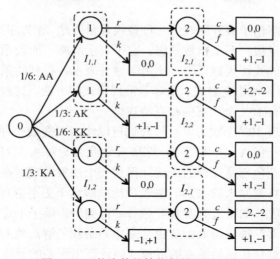

图 17.13　扑克牌的简化版的展开形式

　　求解展开形式游戏的一种方法是将其转换为常规形式的游戏。回忆一下，常规形式是一个矩阵，每行标注游戏者 1 的一个纯战略，每列标注游戏者 2 的一个纯战略。在一个展开游戏中，游戏者 i 的一个纯战略对应涉及这个游戏者的每个信息集的一个行动。因此在图 17.13 中，游戏者 1 的一个纯战略是"在 $I_{1,1}$ 中（也就是说，如果我有一张 A）选择 $raise$，在 $I_{1,2}$ 中（也就是说，如果我有一张王）选择 $check$。"在下面的收益矩阵中，这个战略被称为 rk。类似地，游戏者 2 的战略 cf 表示"如果我有一张 A 就选择 $call$，如果我有一张王就选择 $fold$。"因为这是一个零和游戏，下面的矩阵只给出了游戏者 1 的收益；游戏者 2 总是具有相对的收益：

	2:*cc*	2:*cf*	2:*ff*	2:*fc*
1:*rr*	0	−1/6	1	7/6
1:*kr*	−1/3	−1/6	5/6	2/3
1:*rk*	1/3	**0**	1/6	1/2
1:*kk*	0	**0**	0	0

　　这个游戏如此简单，它有两个纯战略均衡，用黑体字表示：游戏者 2 采用 cf，而游戏者 1 采用 rk 或 kk。但通常我们可以将展开游戏转换为常规游戏然后用标准的线性规划方法来求解（通常是一个混合战略）。这在理论上是可行的。但如果一个游戏者有 I 个信息集，每个信息集有 a 种行动，那么这个游戏者就有 a^I 个纯战略。换句话说，常规形式的矩阵规模是信息集数量的指数量级，因此实际上这种方法只对大约十来个状态的小规模博弈树有效。像德州扑克这样的游戏有 10^{18} 个状态，这种方法完全是不可行的。

　　有什么替代方法呢？在第 5 章中我们看到了 alpha-beta 搜索是如何通过增量式地生成博弈树、通过修剪一些分支、通过启发式地评估非终止结点，来处理博弈树很大的有全面信息的游戏。但那种方法无法对信息不全面的游戏效果不是很好，因为两个原因：首先，剪枝更困难，因为我们需要考虑结合多个分支的混合战略，而不是考虑总是选择最佳分支的纯战略；其次，启发式地评估非终止结点更困难，因为我们处理的是信息集，不是单个状态。

Koller 等（1996）想出了展开游戏的一种替代表示方法，称为**序列形式**（sequence form），它是树的大小的线性量级，不是指数量级。它不表示战略，而表示树中的路径；路径数等于终止结点数。标准的线性规划可再一次用于这种表示。得到的系统能够在一两分钟内求解有 25 000 个状态的各种扑克游戏。相对于常规形式的方法，这种速度的提高是指数量级的，但还是不能解决有 10^{18} 个状态的扑克游戏。

如果我们不能处理 10^{18} 个状态，也许我们可以将游戏变成一种更简单的形式来简化问题。例如，如果我有一张 A，并考虑下一张牌会让我有一对 A 的可能性，那么我不关心下一张牌的花色；任何花色都是一样的。这样得到一个**抽象**游戏，在其中是不考虑花色的。所得到的博弈树大小将是原来的 1/24。假设我能求解这个更小游戏；那么这个解会和原始游戏的解有什么关联呢？如果没有游戏者想着要得到一个顺子（或者喜欢诈唬），那么花色对任何游戏者都不重要，抽象游戏的解也会是原始游戏的解。然而，如果有游戏者考虑顺子，那么抽象游戏的解只是原始游戏的近似（但计算出误差的界限是可能的）。

抽象游戏有很多时机。例如，游戏中当两个游戏者都持有两张牌的时候，如果我持有一对王后，那么其他游戏者的牌可以抽象为三类：*better*（一对王或者一对 A）、*same*（一对王后）或者 *worse*（其他牌）。然而这种抽象也许太粗糙。例如，一个更好的抽象可以将 *worse* 分为 *medium pair*（nines through jacks）、*low pair* 和 *no pair*。这些例子是状态的抽象；抽象行动也是可能的。例如，不必为从 1 到 1000 的每个整数设一个打赌行为，只需限制在 10^0、10^1、10^2 和 10^3 就可以了。或者我们可以将某一轮从打赌中一起砍掉。我们也可以对 chance 结点进行抽象，只考虑可能派牌的子集。这和 Go 程序中的 rollout 技术是等价的。将所有这些抽象同时考虑，我们可以将 10^{18} 个状态减少到 10^7 个，这个规模用现有的技术是可以求解的。

基于这种技术的扑克程序很容易击败新手以及有经验的人类游戏者，但还是没有达到大师级的水平。部分问题是这些程序的近似解——均衡解——只有在对抗采用均衡战略的对手是才是最优的。对抗容易犯错误的人类游戏者时，发现对手是否从均衡战略中偏离是重要的。就像 Gautam Rao（世界顶级的在线扑克玩家）所说的（Billings 等，2003），"你有一个强大的程序。如果加入一个对手模拟这个程序，它将击败所有人。"然而，人类犯错误的好的模型仍然是难以捉摸的。

某种意义上，展开的游戏形式是我们目前所见到的最完整的表示形式之一：它能够处理部分可观察的、多 Agent 的、随机的、序列式的、动态的环境——2.3.2 节的环境特性的大部分困难情况。然而，博弈理论有两个缺陷。首先，它不能处理连续状态和行动（尽管有一些面向连续情况的扩展，例如 Cournot 竞争理论使用博弈论求解两个公司在连续空间里选择他们的产品价格的问题）。其次，博弈论假设游戏是已知的。可能对某些游戏者而言，游戏的某些部分是不可观察的，但必须知道是哪些部分不可观察。如果游戏者随着时间推移能够学习到这些未知结构，那么模型就会开始失效。让我们考查不确定性每种来源，并考查每种来源在博弈论中能够得到表示。

Action（行动）：如果游戏者需要发现什么行动是可用的，没有容易的方法可以表示这种游戏。考虑计算机病毒编写者和安全专家之间的博弈。部分的问题是预测病毒编写者下一步会尝试什么行为。

strategy（战略）：博弈论非常擅长于表示这个思想：其他游戏者的战略开始时是未知的——只要我们假设所有 Agent 是理性的。理论本身并不会说当其他游戏者不是完全理性的时应该做什么。贝叶斯-纳什均衡的概念部分地阐述这一点：相对于游戏者在其他游戏者战略上的先前的概率分布，它是一个均衡——换句话说，它表达了一个游戏者关于其他游戏者可能战略的信念。

chance：如果一个游戏依赖于掷骰子，那么为 chance 结点建模是很容易的，使用输出结果的均匀分布。但如果骰子是不公平的呢？我们可以用另一个 chance 结点来表示这一点，在树的更高处有两个分支，一个分支是"骰子是公平的"，一个分支是"骰子是不公平的"，每个分支里的对应结点在相同的信息集里（也就是说，游戏者并不知道骰子是否公平）。如果我们怀疑对手知道骰子是否公平呢？那么我们加入另一个 chance 结点，这个结点有两个分支，一个分支表示对手知道，一个分支表示对手不知道。

utility（效用）：如果我们不知道对手的效用呢？我可以再一次用 chance 结点建模，其他 Agent 在每个分支中知道它自己的效用，但我们不知道。但如果我们不知道自己的效用呢？例如，如果我不知我会多喜欢 Chef 色拉，我怎么知道订购这种色拉是否是理性的呢？我们可以用另一个机会结点来建模，来描述这种色拉的不可观察的固有的品质。

因此，我们发现博弈论擅长于表示不确定性的多数来源——但每次我们增加一个结点就将树的规模变成了两倍；这快速地导致树的规模大得不可操作。因为这些和其他一些问题，博弈论主要用于分析处于均衡的环境，而不是用于控制处于环境中的 Agent。下一节，我们将看到它是如何帮助设计环境的。

17.6　机　制　设　计

在前一节中，我们问过这个问题："给定一个游戏，什么是理性战略？"。在本节中，我们要问"如果 Agent 选择理性战略，我们应该设计什么样的游戏？"。更具体地，我们要设计这样的游戏，它的解由每个 Agent 寻求自己的理性战略所组成，能导致某个全局效用函数的最大化。这个问题被称为**机制设计**（mechanism）或者有时称为**逆博弈论**（inverse game theory）。机制设计是经济学和政治学的主要成分。资本主义 101 条告诉我们，如果每个人想致富，那么社会的总财富会增加。但是我们将讨论的例子表明，适当的机制设计是必要的，以追踪看不见的黑手。对于一个 Agent 集合，机制设计允许我们从更局限的系统——甚至是不合作的系统——的集合中构造出聪明的系统，很大程度上类似于人类的团队可以实现对于任何个体而言力所不能及的目标。

机制设计的实例包括便宜机票的拍卖、计算机之间 TCP 包的路由、决定如何分配实习医生到各家医院，以及决定如何让机器人足球运动员与队友配合。20 世纪 90 年代，机制设计开始变成不仅是一项学术课题了，当时几个国家面临拍卖不同广播频道的执照的问题，结果由于机制设计较差而损失了上亿美元的潜在收入。严格地说，一个**机制**的组成包括：(1)描述 Agent 可能采用的合法战略集合的语言，(2)一个与众不同的 Agent，称为 **center**，收集游戏中的 Agent 的战略选择报告，(3)一个所有 Agent 都知道的结果规则，中心 Agent 使用这个规则决定每个 Agent 在给定它们的战略选择之后的收益。

17.6.1　拍卖

我们首先考虑拍卖问题。一次拍卖是向竞标人群的成员出售某些货物的一个机制。未来简化，我们考虑只出售一样东西的拍卖。每个竞标者 i 有一个拥有这个拍卖品的效用值 v_i。在某些情况下，每个竞标者拥有一个对拍卖品的**私有价值**（private value）。例如，第一个在 eBay 出售的货物是一支损坏的激光笔，以 14.83 美元出售给一个收藏损坏的激光笔的爱好者。这样，我们知道这个收藏者的 $v_i \geqslant 14.83$ 美元，但大多数其他人的 $v_j \ll 14.83$ 美元。在其他情况下，比如拍卖油田开采权，货物有一个**公共价值**（common value）——油田将产生一定金额的钱 X，所有竞标者对一美元的价值评估是相同的——但 X 的真实值是多少是不确定的。不同的竞标者有不同的信息，因而对货物的真实价值有不同的评估。无论哪种情况下，竞标者最终会有自己的 v_i。给定 v_i，每个竞标者有一次机会，在竞标的适当时机出价 b_i。最高出价 b_{max} 赢得货物，但支付的价格不一定是 b_{max}；这是机制设计的一部分。

最有名的拍卖机制是**增加出价**（ascending-bid[1]）或称为**英格兰拍卖**（English auction）。在这种拍卖中，center 首先开始询问**最低**（或保守）出价 b_{min}，如果有竞标者愿意出这个价，则 center 询问是否有人愿意出价 $b_{min}+d$，从此处继续往上涨，每次增量为 d。当没有人再愿意出价的时候拍卖就终止；最后一个出价者得到货物，支付它出的价钱。

我们怎么知道这是一个好的机制呢？一个目标是最大化出售者的期望收入。另一个目标是最大化全局效用的概念。这些目标某种程度上是重叠的，因为最大化全局效用的一个方面就是确保拍卖的获胜者是对货物的价值评估最高（从而愿意出最高的价钱）的 Agent。我们说一个拍卖是有效的，如果货物会到对其价值评估最高的 Agent 手里。增加出价拍卖通常是有效的，也是收入最大化的，但如果保守价设置得太高，价值评估最高的竞标者可能不会出价，而如果保守价设置得太低，出售者会损失净收入。

可能拍卖机制能做的最重要的事情是鼓励足够多的竞标者参与游戏，而且要防止竞标者相互勾结。相互勾结是两个或多个竞标者操作价格的一种不公平的或非法的合作。在机制制定的规则里，通过秘密暗室交易或在默契下，这是可能发生的。

例如，在 1999 年，德国人拍卖 10 个蜂窝电话频段，拍卖同时进行（每次对所有 10 个频段出价），规则是每次对一个频段的出价要比前一次出价高出至少 10%。竞标者只有两个是可信的，第一个出价的是 Mannesman，对 1～5 号频段出价 2000 万马克，对 6～10 号频段出价 1818 万马克。为什么是 1818 万呢？T-Mobile 公司的一个经理说他们"将 Mannesman 的第一次出价理解为是一种提议。"双方都能计算出 1818 万增加 10% 就是 1999 万；因此 Mannesman 的出价可以翻译为"我们双方都能以 2000 万各得一半的频段；我们不要出更高的价钱来破坏这一点。"而且实际上 T-Mobile 出 2000 万得到了 6～10 号频段，这竞标的最终结果。德国政府获得的收入比期望值少，因为这两个竞争者能运用竞标机制来达到默契的合作以避免竞争。从政府的角度看，本可通过对机制做如下的任意修改就可获得更好的结果：一个更高的保守价；或者**密封投标价高者胜**，这样竞标者无法通过出价而通讯；或者激励第三个竞标者激励机制。也许规则的 10% 就是机制设计的错误，因为这为

1　"auction"一词来源于拉丁语"augere"，"增加"的意思。

Mannesman 向 T-Mobile 精确传递信号提供了方便。

一般，如果有更多竞标者，则出售方和全局效用函数会受益，尽管如果你计算没有机会获胜的竞标者浪费的时间代价会损失全局效用。一种鼓励更多竞标者的方法是使机制对于他们来说很容易。毕竟，如果竞标者要进行太多的研究或计算，他们会考虑带着钱去别处。因此可以指望竞标者有一个**优势战略**（dominant strategy）。回顾一下，"优势"是指该战略可以对抗其他所有战略，进而意味着一个 Agent 可以采用这个战略而不必考虑其他战略。一个具有优势战略的 Agent 可以出价竞标，不必浪费时间思考其他 Agent 的可能战略。一个 Agent 具有优势战略的机制被称为是**抗战略的**（strategy-proof）机制。如果（通常情况下是这样）战略涉及竞标者暴露他们的真实价值 v_i，那么这被称为**真值暴露**（truth-revealing）或**真值**（truthful）拍卖；或者使用**动机协调**（incentive compatible）这一术语。**暴露原理**（revelation principle）认为任何机制可以变换为一种等价的真值暴露机制，因此机制设计的一部分就是找出这种等价机制。

看来增加出价的拍卖具有多数期望的特性。具有最高出价 v_i 的竞标者以 b_o+d 的价格获得货物，其中 b_o 是所有竞标者中的最高出价，d 是拍卖者的价格增量[1]。竞标者有一个简单的优势战略：只要当前的价格低于你的 v_i，就不停地出价。这种机制并不是十分暴露真值，因为获胜的竞标者只暴露了 $v_i \geq b_o+d$；我们对 v_i 有一个更低的界限，但不是精确的值。

增加出价的拍卖的一个缺点（从出售方的角度看）是这种方式可能会阻碍竞争。假设在蜂窝电话频段的竞标中，有一个得天独厚公司所有人都认为他能影响现有客户和基础设施，从而能够比任何其他人获得更多的利润。潜在的竞争者可能认为他们在增加出价的拍卖中根本没有机会，因为这个公司总是可以出更高的价。因此竞争者可能不会参与出价，而这个公司可能最终以保守价获胜。

英格兰拍卖的另一个缺点是它的通讯代价高。所以要么整个拍卖在一间房屋里举行，要么所有的竞标者必须有高速且安全的通讯线路；无论哪种方式，所有竞标者都需要时间经历几轮出价。使用更少通讯的另一种机制是**密封投标拍卖**。每个竞标者给出一个单一的价格，并传送给拍卖人，其他竞标者不能看这个价格。在这种机制下，不再有简单的优势战略。

如果你的估价是 v_i，而你相信所有其他游戏者的出价中最大的是 b_o，那么你应该出的价是 v_i 和 $b_o + \varepsilon$ 中较低的那个。这样，你的出价依赖于你对其他 Agent 出价的估计，你需要花更多心思。同时也要注意到，拥有最高估价 v_i 的人不一定能够得到货物。这一点可以用这个事实弥补：将偏量向有优势的竞标者一方倾斜会使拍卖更有竞争性。

对密封投标拍卖的机制作一个小的改变就产生了**密封投标次高价者胜**，也被称为 **Vickrey 拍卖**[2]。在这样的拍卖中，赢得拍卖的人支付*次高竞价*的价格而不是自己的出价。这个简单修改完全消除了标准（或者称**最高价**）密封投标拍卖的复杂思考，因为现在优势战略就是按照你的实际估价 v_i 来竞价；这个机制是真值暴露的。注意到 Agent i 根据他的出价 b_i、他的估价 v_i 和其他 Agent 的最好的出价 b_o，其效用是

---

1 在 $b_o < v_i < b_o + d$ 的情况下，最高出价 v_i 的游戏者确实有很小的机会得不到货物。通过减小增量 d 可以使得发生这种情况的几率任意小。

2 以 1996 年诺贝尔经济学奖得主 William Vickrey（1914—1996）的姓氏命名的。

$$u_i = \begin{cases} (v_i - b_o) & \text{if } b_i > b_o \\ 0 & \text{otherwise} \end{cases}$$

为了理解 $b_i = v_i$ 是优势战略，注意当 $(v_i - b_o)$ 为正时，任何赢得拍卖的出价都是最优的，特别是出价 v_i 可以赢得这次拍卖。另一方面，当 $(v_i - b_o)$ 为负时，任何输掉拍卖的出价都是最优的，而特别是出价 v_i 可以输掉这次拍卖。所以出价 v_i 对于 b_o 的所有可能值都是最优的，而且实际上是具有这个特性的唯一出价。由于它的简单，并且对卖方和竞标者的计算要求都很小，所以 Vickrey 拍卖被广泛用于构建分布式 AI 系统。同时，互联网搜索引擎每天有上 10 亿次拍卖，随同其搜索结果出售广告，而一些在线拍卖网站每年处理上千亿次货物拍卖，都采用了各种各样的 Vickrey 拍卖方式。注意，出售方的期望价值是 b_o，这个期望值与英格兰拍卖中当增量 d 趋向 0 时的极限期望返回值是相同的。这实际上是一个非常普遍的结果：**收入等价定理**（revenue equivalence theorem）认为，在一些小小的警告下，在拍卖中风险中立的竞标者只有自己知道自己的估价为 v_i（但知道一个概率分布从中采样估价值），这样的拍卖机制会产生相同的期望收入。这个原理意味着不同的机制就生成的收入而言不会有竞争性，但其他方面不一定。

尽管次高价拍卖是真值暴露的，可以发现把这个思想扩展到多货物，并使用次次高价拍卖，则会变成非真值暴露的。许多互联网搜索引擎使用在页面上拍卖 k 个广告槽的机制。最高出价者赢得最顶上的槽，第二高者赢得第二个，依此类推。每个获胜者支付的价钱是比他低的下一个出价者的出价，只有当搜索者实际点击了广告之后才支付价钱。顶上的槽被认为是更值钱的，因为它们更可能被注意到并被点击。设想，有三个竞标者 b_1、b_2 和 b_3，对一次点击的估价一次是 $v_1=200$，$v_2=180$，$v_3=100$，而且有 $k=2$ 个槽，而且已知上面的槽被点击的概率是 5%，下面是 2%。如果每个竞标出的价都是他们的真实估价，那么 b_1 赢得顶上的槽，出的价钱是 180，期望返回是 $(200-180) \times 0.05 = 1$。$b_2$ 得到第二个槽。但 b_1 可以发现，如果她在 101～179 的范围内任意出价，她会把顶上的槽让给 b_2 而得到第二个槽，最后产生的期望返回值是 $(200-100) \times 0.02 = 2$。这样，这种情况下 b_1 通过出比她的真实估价更少的钱就将其期望返回值翻倍了。一般，这种多槽拍卖问题中的竞标者必须花很多精力分析其他人的出价，以确定他们的最佳战略；没有简单的优势战略。Aggarwal 等（2006）证明了这个多槽问题存在一个唯一的真值拍卖机制，其中槽 j 的获胜者为槽 j 的额外点击（只在槽 j 有，而在槽 $j+1$ 没有）支付全价。在我们的例子中，b_1 将真实地出价 200，且为额外的 $0.05-0.02=0.03$ 次点击支付 180，但为剩下的 0.02 次点击支付地下的槽的价钱 100。这样 b_1 的总返回是 $(200-180) \times 0.03 + (200-100) \times 0.02 = 2.6$。

AI 中另一个可以用拍卖来解决的例子是当一组 Agent 决定是否就一个共同计划合作时。Hunsberger 和 Grosz（2000）证明了这个问题可以用一个拍卖问题来有效地解决，在拍卖中，Agent 就在共同计划中的角色进行竞标。

17.6.2　公共物

现在我们考虑另一种游戏，各个国家制定他们控制污染的政策。每个国家有一个选择：他们可以 -10 分的代价实施必要的整治来减少污染，或者他们可以继续污染，这样他们得到的净效用是 -5（已加上健康代价等），并且向其他每个国家贡献了 -1 分（因为空气在国家间是共享的）。显然，每个国家的优势战略继续污染，但如果有 100 个国家，每个国家都这样，那么每个国家得到的总效用是-104；而如果每个国家减少污染，他们每个人的效用是-10。这种情形成为**公共物的悲剧**（tragedy of the commons）：如果没有人需要为使用公共资源付费，我们会发现这会导致对所有 Agent 而言更低的总效用。这与囚徒困境是类似的：对于所有参与方来说这个游戏存在一个更好的解，但对于理性的 Agent 来说似乎没有方法达到这个解。

处理公共物的悲剧的一种标准方法是：修改机制以对每个使用公共物的 Agent 收费。更一般地，我们需要确保所有的外部事物——对单个 Agent 事务中不能认识到的全局效用的影响——是显示的。正确合理地设置收费价格是困难之一。极限上，这种方法等于建立一种机制，在这种机制下可以有效地要求每个 Agent 最大化全局效用，但可以通过制定局部决策实现最大化。对于这个例子，二氧化碳税将是以最大化全局效用（如果执行得好）的方式对使用公共物收费的实例机制。

作为最后的例子，考虑分配某些公共物品的问题。假设一个城市决定安装一些免费的无线互联网收发器。然而，他们能够承受的收发器的数量少于想要收发器的街道的数量。这个城市想有效地分配这些物品给那些对这些物品估价最高的各街道。也就是说，他们要最大化全局效用 $V = \Sigma_i v_i$。问题是，如果他们只是问问街道议会"你们对这种免费礼物的估价有多高？"各街道都会有撒谎的动机，并上报一个很高的值。事实表明，存在一种机制——称为 Vickrey-Clarke-Grove 机制或 VCG 机制——使得对每个 Agent 而言报告真实效用就是一种优势战略，并且能够有效地分配物品。技巧就是每个 Agent 支付与全局效用中的损失（游戏中有 Agent 就会有损失）等价的税。这种机制的工作机理如下：

（1）center 要求每个 Agent 报告自己接收物品的做出的估价，记为 b_i。

（2）center 将物品分配给竞标者的一个子集。记这个子集为 A，并使用记号 $b_i(A)$ 表示在这个分配下 i 的结果：如果 i 在 A 里则为 b_i（也就是说 i 是获胜者），否则为 0。center 选择 A 来最大化总的报告效用 $B = \sum_i b_i(A)$。

（3）center 计算（对每个 i）除了 i 以外所有获胜者的报告效用的和。我们使用记号 $B_{-i} = \sum_{j \neq i} b_j(A)$。center 还计算（对每个 i）如果 i 不在游戏中时最大化总的全局效用的分配；记这个和为 W_{-i}。

（4）每个 Agent i 支付等于 $W_{-i} - B_{-i}$ 的税。

在这个例子中，VCG 规则意味着每个获胜者将支付与失败者中最高报价相等的税。也就是说，如果我估价为 5，这使得估价为 2 的某个人在一次分配中出局，那么我要支付数量为 2 的税。所有获胜者应该是高兴的，因为他们支付的税比自己的估价低，所有失败者尽可能高兴因为他们的估价比要求的税低。

为什么这个机制是真值暴露的呢？首先考虑 Agent i 的收益，它是获得一个物品的估价减去税：

$$v_i(A) - (W_{-i} - B_{-i}) \tag{17.14}$$

这里，我们区分 Agent 的真实效用 v_i 与报告效用 b_i（但我们在努力阐明优势战略就是 $b_i = v_i$）。Agent i 知道 center 会使用报告值来最大化全局效用

$$\sum_j b_j(A)=b_i(A)+\sum_{j\neq i} b_j(A)$$

而 Agent i 想让 center 最大化公式（17.14），这个公式可以重新写为

$$v_i(A)+\sum_{j\neq i} b_j(A)-W_{-i}$$

既然 Agent i 不能影响 W_{-i} 的值（它只依赖于其他 Agent），i 能够使 center 优化 i 所想的唯一方法就是报告真实效用 $b_i=v_i$。

17.7　本 章 小 结

本章展示了如何使用关于世界的知识进行决策，即使行动的结果是不确定的以及行动的回报可能直到很多行动完成以后才会兑现。本章要点如下：

- 在非确定的环境中的序列式决策问题，也称为**马尔可夫决策过程**，或称 MDP，是通过指定行动的概率结果的**转移模型**和指定每个状态回报的**回报函数**而定义的。
- 状态序列的效用是序列上所有回报的总和，回报有可能随时间而进行折扣。一个 MDP 的解是一个把决策与 Agent 可能到达的每个状态联系起来的**策略**。最优策略最大化当它执行时遇到的状态序列的效用。
- 一个状态的效用是从这个状态开始执行最优策略时遇到的状态序列的期望效用值。**价值迭代**算法通过对把每个状态的效用与其邻接状态的效用关联起来的方程组进行迭代求解，以求解 MDP。
- **策略迭代**在用当前策略计算状态的效用和用当前的效用改进当前的策略之间交叠执行。
- 部分可观察的 MDP（或者简写为 POMDP）比 MPD 的求解困难得多。它们可以通过转化成一个信念状态的连续空间中的 MDP 来解决。POMDP 中的最优行为包括用信息收集来减少不确定性，从而在未来制定出更好的决策。
- 决策理论 Agent 可以为 POMDP 的环境而构建。Agent 用**动态决策网络**表示转移模型和观察模型，更新它的信念状态，并向前投影可能的行动序列。
- **博弈论**描述了在多个 Agent 同时相互影响的情景下 Agent 的理性行为。游戏的解是**纳什均衡**——战略配置，其中没有 Agent 具有偏离指定战略的动机。
- **机制设计**可以用于设定 Agent 交互的规则，以通过作为个体的理性 Agent 的操作最大化某个全局效用。有时，存在不需要每个 Agent 考虑其他 Agent 的选择而实现这个目标的机制。

我们将在第 21 章中回到 MDP 和 POMDP 的世界，到时我们将研究允许 Agent 根据在序列式的、不确定的环境中得到的经验来改进自己的行为的**强化学习**算法。

参考文献与历史注释

Richard Bellman（贝尔曼）工作于 RAND 公司时最早提出了关于序列式决策问题的现代方法。根据他的自传（Bellman，1984），他创造了"动态规划"这一激动人心的术语，

以对国防大臣 Charles Wilson 隐藏他的团队在研究数学这一事实。（也不严格是这样，因为他的使用这个术语的第一篇论文（Bellman，1952）在 Wilson 成为国防大臣（1953 年）之前就出版了。）Bellman 的著作《动态规划》（1957）给这个新领域打下了坚实的基础并介绍了基本的算法。Ron Howard 的博士学位论文（1960）引入了解决无限期问题的策略迭代和平均回报的思想。Bellman 和 Dreyfus（1962）介绍了一些附加的结果。修正的策略迭代归功于 van Nunen（1976）以及 Puterman 和 Shin（1978）。Williams 和 Baird（1993）分析了异步策略迭代，他们还证明了公式（17.9）中的策略丧失界限。基于静态偏好对折扣进行的分析归功于 Koopmans（1972）。Bertsekas（1987）、Puterman（1994）、以及 Bertsekas 和 Tsitsiklis（1996）的几本教科书提供了对序列式决策问题的严谨介绍。Papadimitriou 和 Tsitsiklis（1987）描述了 MDP 的计算复杂度的结果。

　　Sutton（1988）和 Watkins（1989）在用强化学习方法解决 MDP 方面的有影响力的工作，在把 MDP 引入到 AI 领域的过程中扮演了重要的角色，正如后来 Barto 等人（1995）的综述文章所做的一样。（Werbos（1977）的早期工作包含了很多类似的思想，不过没有到达同样的深度。）Sven Koenig（1991）第一个在 MDP 和 AI 规划问题之间建立了联系，他展示了概率 STRIPS 算符是如何为转移模型提供紧凑的表示的（参见 Wellman（1990b））。Dean 等人（1993）以及 Tash 和 Russell（罗素）（1994）的工作试图通过使用有限的搜索范围和抽象状态来克服大型状态空间的组合问题。基于信息价值的启发式可以用于选择状态空间的区域，使得范围的局部扩展可以使得决策质量显著地提高。使用这种方法的 Agent 可以使它们的努力能适应时间压力并且产生一些有趣的行为，比如使用熟悉的"被击败路径"快速地寻找状态空间中的路径，而不必要重新在每个点计算的最佳决策。

　　有人会想，AI 研究者已经把 MDP 推向了更强表达能力的方法，比传统的基于转移矩阵的原子表达方法能够容下更大规模的问题。运用动态贝叶斯网络表示迁移模型就是一个显然的想法，但分解 MDP（factored MDP）方面的工作（Boutilier 等，2000；Koller 和 Parr，2000；Guestrin 等，2003b）扩展了这个思想来结构化价值函数的表示，可证明复杂度得到改进。关系 MDP（relational MDP）（Boutilier 等，2001；Guestrin 等，2003a）使用结构化表示来处理具有许多关联对象的问题，向前进了一步。

　　部分可观察的 MDP 能够转换为一个常规的信念状态上的 MDP，这个发现归功于 Astrom（1965）和 Aoki（1965）。POMDP——本质上是本章的价值迭代算法——的精确解的第一个完整算法是由 Edward Sondik（1971）在他的博士学位论文中提出的。（后来 Smallwood 和 Sondik（1973）发表的一篇刊物论文包含了一些错误，但更加容易理解。）Lovejoy 对 POMDP 研究的前 25 年进行了综述，得到了对解决大规模问题的有些悲观的结论。在 AI 中的第一个重要贡献是 Witness 算法（Cassandra 等，1994；Kaelbling 等，1998），POMDP 价值迭代算法的改进版本。之后迅速出现了其他算法，包括 Hansen（1998）提出的算法用有限状态自动机的形式增量式地构建策略。在这个策略表示中，信念状态直接对应于自动机中的一个特殊状态。AI 中更近期的工作聚焦于基于点（point-based）的价值迭代方法，每次迭代为有限信念状态集合（而不是为整个信念空间）生成条件规划和 α 向量。Lovejoy（1991）为固定的网格点提出了这样的算法，Bonet（2002）也采用的这个算法。Pineau 等（2003）的有影响力的论文建议用贪婪的方式通过模拟轨迹生成可达的点；Spaan 和 Vlassis（2005）观察到我们只需为小规模的、随机选择的点的子集生成规划，来改进前一次迭代为集合中所有点生成的规划。当前的基于点的方法——例如基于点的策略迭代（Ji 等，2007）——能够为 POMDP 生成近似最优解。因为 POMDP 是 PSPACE 难的（Papadimitriou 和 Tsitsiklis，1987），更进一步的提升可能要求利用分解表示法中的各种结构。

在线方法——使用前瞻搜索来为当前的信念状态选择行动——首先被 Satia 和 Lave（1973）研究。Kearns 等（2000）以及 Ng 和 Jordan（2000）分析研究了在 chance 结点运用采样。Dean 和 Kanazawa（1989a）提出了使用动态贝叶斯网络的 Agent 体系结构的基本思想。Dean 和 Wellman（1991）撰写的《规划与控制》这本著作深度深得多，在 DBN/DDN 模型与经典的过滤方面的控制论文献之间建立了联系。Tatman 和 Shachter（1990）证明了如何将动态编程算法运用到 DDN 模型中。Russell（1998）解释了 Agent 可以扩展的各种方法，并发现了许多开发性的研究问题。

博弈论的源头可追溯到 17 世纪 Christiaan Huygens 和 Gottfried Leibniz 提议科学地、数学地研究竞争性和合作性的人类关系。在整个 19 世纪，几位领头的经济学家创建了简单的数学实例来分析竞争情形下的特殊例子。博弈论的第一个正式结果归功于 Zermelo（1913）（他在此前一年就提出了博弈游戏的极小极大搜索的一种形式，虽然有错误）。Emile Borel（1921）引入了混合战略的概念。John von Neumann（1928）证明了每个双人零和游戏在混合战略中都有一个极大极小均衡和良好定义的值。John von Neumann（诺依曼）与经济学家 Oskar Morgenstern 合作，于 1944 年出版了著作《博弈论与经济行为》（*Theory of Games and Economic Behavior*），为博弈论下定义的书。这本书的出版由于战争时期缺乏纸张而一度延期，直到洛克菲勒家族的一名成员个人资助了它的出版。

1950 年，年仅 21 岁的 John Nash（约翰·纳什）发表了关于一般（非零和）游戏中的均衡的思想。他对均衡解的定义尽管源于 Cournot（1838）的工作，但还是逐渐作为"纳什均衡"为人所知。由于从 1959 年开始他患上了精神分裂症，所以经过漫长的延期后，直到 1994 年纳什才获得了诺贝尔经济学奖（与 Reinhart Selten 和 John Harsanyi 一起）。贝叶斯-纳什均衡是由 Harsanyi（1967）描述的，Kadane 和 Larkey（1982）进行了讨论。Binmore（1982）讨论了关于博弈论在 Agent 控制方面的应用的一些问题。

囚徒困境是 Albert W. Tucker 在 1950 年（基于 Merrill Flood 和 Melvin Dresher 给出的例子）当作课堂练习发明出来的，并由 Axelrod（1985）和 Poundstone（1993）进行了详尽的探讨。重复性游戏是由 Luce 和 Raiffa（1957）引入的，不完全信息游戏则是由 Kuhn（1953）引入的。序列式的、不完全信息游戏的第一个实用算法是 Koller 等（1996）在 AI 中开发的；Koller 和 Pfeffer 的论文（1997）提供了这个领域的易读的介绍，并描述了一个表示和解决序列式游戏的可行系统。

Billings 等（2003）讨论了使用抽象来将博弈树的规模减小到能够用 Koller 的技术求解的程度。Bowling 等（2008）展示了如何使用重要性采样来获得战略价值的更好的估计。Waugh 等（2009）展示了抽象方法在近似求解均衡解是容易产生系统性错误，这意味着整个方法是不可靠的：它对某些游戏有效，但对另一些游戏无效。Korb 等（1999）用贝叶斯网络的形式实验了一个对手模型。它玩五张牌梭哈扑克玩得和经验丰富的人类一样好。Zinkevich 等（2008）展示了一个最小化遗憾的方法是如何为有 10^{12} 个状态的抽象发现近似均衡的，状态数是以前的方法的 100 倍。

博弈论和 MDP 在马尔可夫游戏（也成为随机游戏）理论中结合起来（Littman，1994；

Hu 和 Wellman，1998）。Shapley（1953）实际上在贝尔曼之前就描述了价值迭代算法，但是他的结果没有得到广泛的认同，也许因为它们是在马尔可夫游戏的背景中提出的。进化游戏理论（Smith，1982；Weibull，1995）关注战略随时间的漂移：如果你的对手的战略在变，你该如何应对？从经济学的角度出发的博弈论的教科书包括 Myerson（1991）、Fudenberg 和 Tirole（1991）、Osborne（2004）、Osborne 和 Rubinstein（1994）所著的书；Mailath 和 Samuelson（2006）聚焦于重复性游戏。从 AI 的观点，我们有 Nisan 等（2007）、Leyton-Brown 和 Shoham（2008）、以及 Shoham 和 Leyton-Brown（2009）。

2007 年 Hurwicz、Maskin 和 Myerson 因为奠定机制设计理论（Hurwicz，1973）的基础而获得经济学诺贝尔纪念奖。Hardin（1968）提出的公共物的悲剧激发了机制设计领域的研究。关系原理归功于 Myerson（1986），收入均衡定理是 Myerson（1981）以及 Riley 和 Samuelson（1981）独立开发出来的。两个经济学家，Milgrom（1997）和 Klemperer（2002）描述了他们参与过的几十亿美元的频段拍卖。

机制设计用于多 Agent 的规划（Hunsberger 和 Grosz，2000；Stone 等，2009）和调度（Rassenti 等，1982）。Varian（1995）给出了一个相关计算机文献的简短综述，Rosenschein 和 Zlotkin（1994）提出了应用于分布式人工智能的有一本书长度的一个处理方案。与分布式 AI 相关的工作也以其他名字出现，包括集体智能（Tumer 和 Wolpert，2000；Segaran，2007）和基于市场的控制（Clearwater，1996）。自从 2001 年以来，每年举行一次贸易 Agent 竞赛（Trading Agents Competition，TAC），Agent 设法通过一系列拍卖来获得最好的利润（Wellman 等，2001；Arunachalam 和 Sadeh，2005）。关于拍卖中的计算问题的论文经常出现在"ACM 电子商务会议"（ACM Conferences on Electronic Commerce）上。

习 题

17.1 对于图 17.1 中的 4×3 世界，计算出通过行动序列 [*Up, Up, Right, Right, Right*] 可以到达哪些方格，概率是多少。解释这个计算与隐马尔可夫模型的预测任务（参见 15.2.1 节）之间的关系。

17.2 如图 17.2（b），选择策略集合中的一个特定成员使得它对于 $R(s)>0$ 是最优的，计算出 Agent 在每个状态花费的时间比例（极限上情况下，即如果策略永远执行）（提示：构建状态到状态的对应于策略的转移概率矩阵，参见习题 15.2）。

17.3 假设我们定义状态序列的效用是序列中任何状态获得的最大回报。证明这个效用函数不会导致状态序列之间的静态偏好。是否仍然可能在状态上定义一个效用函数，使得制定 MEU 决策能提供最优的行为表现？

17.4 有时我们用依赖于所采取的行动的回报函数 $R(s,a)$ 或用还依赖于结果状态的回报函数 $R(s,a,s')$ 对 MDP 形式化。

a. 写出这些形式化的 Bellman 等式。

b. 证明一个具有回报函数 $R(s,a,s')$ 的 MDP 怎样转换到一个不同的具有回报函数 $R(s,a)$ 的 MDP，以使新 MDP 中的最优策略正好对应于原始 MDP 的最优策略。

c. 将具有 $R(s,a)$ 的 MDP 转换为具有 $R(s)$ 的 MDP，进行同样的证明。

17.5 对于图 17.1 所示的环境，找出 $R(s)$ 的所有阈值，使得最优策略在阈值两边不一样。你将需要一种最优策略及其对于固定 $R(s)$ 的价值的方法。（提示：证明任何固定策略的价值随 $R(s)$ 而线性变化。）

17.6 第 17.2.3 节的公式（17.7）认为贝尔曼操作是一种收缩。

　　a. 证明，对于任何函数 f 和 g

$$\left|\max_a f(a) - \max_a g(a)\right| \leqslant \max_a |f(a) - g(a)|$$

　　b. 写出 $\left|(BU_i - BU_i')(s)\right|$ 的表达式，然后运用（a）的结果证明贝尔曼操作是一种收缩。

17.7 这道习题考虑两人零和、回合制游戏的 MDP，就像第 5 章一样。令游戏者为 A 和 B，令 $R(s)$ 为游戏者 A 在状态 s 的回报。（游戏者 B 的回报总是与 A 大小相等、符号相反。）

　　a. 当在状态 s 时轮到 A 动，设 $U_A(s)$ 为状态 s 的效用；类似地，如果状态 s 轮到 B 动，则令 $U_B(s)$ 为状态 s 的效用。任何效用和回报都是站在 A 的角度计算（就像在极小极大博弈树中一样）。写出定义 $U_A(s)$ 和 $U_B(s)$ 的贝尔曼等式。

　　b. 解释如何用这些等式进行两人游戏的价值迭代，并定义一个合适的终止标准。

　　c. 考虑图 5.17 描述的游戏。画出状态空间（不画博弈树），A 的动作用实线表示，B 的动作用虚线表示。标出每个状态的 $R(s)$。你会发现在二维网格里用 (s_A, s_B) 会对你有帮助，s_A 和 s_B 表示坐标。

　　d. 现在用两人游戏的价值迭代求解这个游戏，并推导最优策略。

17.8 考虑图 17.14（a）的 3×3 的世界。转移模型与图 17.1 中的 4×3 世界一样：Agent 80% 的时间朝着选择的方向移动，其余时间向着目标朝着适当的方向移动。

　　对于下面的每个价值 r，实现这个世界的价值迭代函数。使用折扣因子为 0.99 的折扣回报。给出每种情况下获得的策略。直观上解释为什么价值 r 导致每种策略。

　　a. $r = 100$

　　b. $r = -3$

　　c. $r = 0$

　　d. $r = +3$

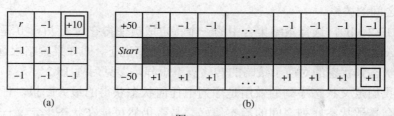

图 17.14

（a）习题 17.8 的 3×3 世界，其中给出了每个状态的回报。右上角的方格是终止状态。

（b）习题 17.9 的 101×3 世界（中间省略了相同的 93 列）。开始状态的回报为 0

17.9 考虑图 17.14（b）的 101×3 的世界。在开始状态，Agent 可以从两种确定性的行动中选择，*Up* 或者 *Down*，但在其他状态，Agent 只有一个确定性的行动 *Right*。假设一个折扣回报函数，Agent 在什么样的折扣 γ 下选择 *Up*，又在什么样的折扣下选择 *Down*？每种行动的效用计算为 γ 的函数（注意，这个简单的例子实际上反映了许多真实世界的情形，Agent 必须评估马上要采取的行动的值，与潜在的接下来的长期的后果进行对比，例如选择将垃圾倒入湖中）。

17.10 考虑无折扣的 MDP 有三个状态，(1, 2, 3)，回报分别是–1、–2、0。状态 3 是终止状态。在状态 1 和 2 有两个可能的行动：a 和 b。转移模型如下：

- 在状态 1，行动 a 有 0.8 的概率使 Agent 移动到状态 2，有 0.2 的概率不动。
- 在状态 2，行动 a 有 0.8 的概率使 Agent 移动到状态 1，有 0.2 的概率不动。
- 在状态 1 或者状态 2，行动 b 有 0.1 的概率使 Agent 移动到状态 3，有 0.9 的概率不动。

回答下列问题：

a. 关于状态 1 和 2 中的最优策略，可以定性地确定什么？

b. 使用策略迭代，说明决定最优策略和状态 1 与 2 的值的详细步骤。假设在两个状态中的初始策略中都含有行动 b。

c. 如果两个状态的初始策略中都含有行动 a，策略迭代会发生什么变化？折扣会有帮助吗？最优策略取决于折扣因子吗？

17.11 考虑图 17.1 中的 4×3 世界。

a. 实现这个环境的环境模拟器，使得环境的具体地理位置很容易改变。在线代码库中已经有了完成这个功能的部分程序代码。

b. 创建一个使用策略迭代的 Agent，在环境模拟器中从不同的起始状态度量它的性能。对每一种起始状态执行多次实验，比较每次运行收到的平均总回报与根据你的算法确定的状态的效用。

c. 增加环境的规模，再进行实验。策略迭代的运行时间是如何随环境规模变化的？

17.12 价值确定算法如何被用于计算一个使用一组效用估计 U 和一个估计模型 P 的 Agent 经受的期望损失，将其与使用正确价值的 Agent 进行比较。

17.13 第 17.4.1 节中的 4×3 的 POMDP 中假设初始信念状态 b_0 是非终止状态上的均匀分布，即 $\left\langle \frac{1}{9}, \frac{1}{9}, \frac{1}{9}, \frac{1}{9}, \frac{1}{9}, \frac{1}{9}, \frac{1}{9}, \frac{1}{9}, \frac{1}{9}, 0, 0 \right\rangle$。在 Agent 采取 *Left* 行动后其传感器报告附近有一面墙，计算此时的信念状态 b_1。同样的情况再一次发生时请再计算出 b_2。

17.14 对于无传感器的环境，d 步 POMDP 价值迭代的时间复杂度是多少？

17.15 考虑 17.4.2 节 POMDP 的两个状态的版本，传感器在状态 0 的可靠度为 90%，而在状态 1 不提供信息（也就是说以相同的概率报告 0 或 1）。定性地或者定量地分析这个问题的效用函数和最优策略。

17.16 证明优势战略均衡是纳什均衡，但反过来不成立。

17.17 在儿童游戏"石头-剪子-布"中，每个游戏者同时出示石头、剪子、布中的一种。布包石头，石头磨钝剪子，剪子剪布。在一个扩展的石头-剪子-布-水-火的版本中，火可以击败石头、剪子和布；石头、剪子和布击败水；水击败火。写出这个游戏的收益矩阵并找出一个混合战略的解。

17.18 下面的收益矩阵来自 Blinder（1983）的论文按照 Bernstein（1996）的方式进行表示，显示了一个在政治家和联邦储备银行之间的博弈游戏，（表中的 Pol 表示政治家，Fed 表示联邦储备银行；contract 表示紧缩，do nothing 表示不改变政策，expand 表示扩张。）

	Fed: contract	Fed: do nothing	Fed: expand
Pol: contract	$F = 7, P = 1$	$F = 9, P = 4$	$F = 6, P = 6$
Pol: do nothing	$F = 8, P = 2$	$F = 5, P = 5$	$F = 4, P = 9$
Pol: expand	$F = 3, P = 3$	$F = 2, P = 7$	$F = 1, P = 8$

政治家可以扩张或者紧缩财政政策，而联邦储备银行可以扩张或者紧缩货币政策。（当然双方也可以选择不改变政策。）每一方对于谁应该做什么有偏好——哪一方都不希望看起来像坏人。所示收益是简单的排序顺序：9 是第一选择而 1 是最后选择。对于纯战略找出一个这个游戏的纳什均衡。它是 Pareto 最优解吗？你也许希望用这种方法分析最近行政部门的政策。

17.19 荷兰人拍卖与英格兰拍卖是类似的，但不是从一个低价开始上涨。在荷兰人拍卖中，出售方从一个高价开始慢慢降价直到有买家愿意接受这个价格。（如果多个竞标者接受这个价格，则任意选择一个作为获胜者。）更形式一点地说，出售方从价格 p 开始以减量 d 逐渐降低价格，直到至少有一个买家接受这个价格。假设所有竞标者理性地行动，对于任意小的 d，荷兰人拍卖总是导致具有最高估价的竞标者获得货物吗？如果这样，从数学上阐明为什么。如果不是这样，解释具有最大估价的竞标者不能获得货物的可能性有多大？

17.20 设想一种拍卖机制，像增加出价拍卖，只是在最后获胜的竞标者——其出价为 b_{max}——支付的价钱是 $b_{max}/2$，而不是 b_{max}。假设所有的 Agent 是理性的，这种机制中拍卖者的期望收入是多少，请与标准的增加出价拍卖进行比较。

17.21 全国冰球联赛中，历史上，球队获胜可以得 2 分，输了得 0 分。如果平了，则进行加时赛；如果加时赛中没有人获胜则是平局，双方各得 1 分。但联赛官员觉得球队在加时赛中打得很保守（以避免失败），而如果加时赛产生获胜者，则会更让人激动。因此在 1999 年，联赛官员进行了机制设计，修改了规则，在加时赛输掉比赛的队伍得 1 分。胜利的队伍仍然得 2 分。

a. 在规则修改之前是零和游戏吗？修改之后呢？

b. 假设在游戏的某一时刻 t，主队在常规时间内获胜的概率是 p，输的概率是 $0.78{-}p$，进入加时赛的概率是 0.22。在加时赛中他们获胜的概率是 q，输的概率是 $0.9{-}q$，平的概率是 0.1。给出主队和客队的期望价值的公式。

c. 两个队伍达成协议在常规赛时间内战平，然后在加时赛中努力争取获胜，假设这是合法的也是合乎道德的。就 p 和 q 而言，两支队伍在什么条件下达成这种协议才是理性的。

d. Longley 和 Sankaran（2005）报导说，自从规则改变以来，在加时赛中产生获胜方的比赛上升到 18.2%，如期望的一样，但进入加时赛的比例也上升到 3.6%。这意味着在规则修改之后两支队伍相互勾结或保守比赛的可能性有多大？

第 V 部分

学　　习

第18章 样例学习

本章描述能够通过对自我经验的勤奋学习而改进其行为的 Agent。

    一个 Agent 是善于**学习**的，若基于其对世界的观察，能够改进执行未来任务时的性能。学习任务分布广泛，从琐碎的学习，诸如速记电话号码中体现出来的，到实质的学习，诸如爱因斯坦演绎宇宙新理论中展示出来的。本章聚焦于一类似乎受限但实际应用广泛的学习问题：从一组"输入-输出"对中学习能够预测新输入相对应的输出的函数。

    为什么我们希望 Agent 能够学习？如果 Agent 的设计能够被改进，为什么设计者不以此改进为基点进行编程？有三个主要理由。首先，设计者不能预测 Agent 可能驻留的所有情境，例如走迷宫的机器人必须学习它所遇到的新迷宫的布局。其二，设计者不能预期随时间推移可能出现的所有变化，如预测明天股票市场价格的程序必须学习，以便涨跌条件发生变化时能够自我适应。其三，有时候人类程序员本身对程序求解没有思路。例如，人类大多善于识别家庭成员的面相，但即使是最好的程序员也不能编写出完成此任务的计算机程序，除非使用学习算法。本章首先给出各类学习形式的概述，然后在 18.3 节描述众所周知的决策树学习，接下来的 18.4 节和 18.5 节介绍学习的理论分析。我们将考察各种实际应用的学习系统：线性模型、非线性模型（特别是神经网络）、非参数模型和支持向量机。最后说明组合模型是如何胜过单一模型的。

18.1 学 习 形 式

    Agent 任何部件的性能都可通过从数据中进行学习来改进。改进及其改进所用的技术依赖于四个主要因素：

- 要改进哪一个部件。
- Agent 具备什么样的预备知识。
- 数据和部件使用什么样的表示法。
- 对学习可用的反馈是什么。

欲学习的部件

第 2 章描述了几种 Agent 设计，这些 Agent 的部件包括：

（1）在当前状态上，条件到动作的直接映射。

（2）从感知序列推演世界的合适特征的方法。

（3）关于世界进化方式的信息和关于 Agent 能执行的可能动作的结果信息。

（4）表明世界状态愿望的效用信息。

（5）表明动作愿望的动作-价值信息。

（6）描述能最大化成就 Agent 效用的状态类的目标。

这些部件中的每一个都能学习。例如，考虑被训练成为的士司机的 Agent。当教练每次喊出"刹车！"的指令时，Agent 可以学习一个关于何时刹车的"条件-动作"规则（部件 1）；某些情况下教练不叫喊时，Agent 也可以学习。通过查看被告知其中含有巴士的大量摄影图像，它能够识别它们（2）。通过尝试动作并观察其结果——例如在潮湿的路面上急刹车——它可以学习动作的效果（3）。进一步，当乘客在旅途中颠散了架，它没能得到小费时，它可以学习效用函数的有用分量（4）。

表示法和先验知识

我们已经看到了关于 Agent 部件的表示法的几个例子：逻辑 Agent 部件的命题和一阶逻辑语句；决策-理论 Agent 推理部件的贝叶斯网络，如此等等。对于所有这些表示法，已经发明了有效学习算法。这一章（且大多数当前机器学习研究）涉及到这样的输入和输出，其中输入使用一种**要素化表示法**——属性值向量，输出或是连续数字值或是离散值。第 19 章覆盖一阶逻辑形式的函数和先验知识，第 20 章聚焦于贝叶斯网络。

除了从表示法区分各种学习类型外，还存在着另一种途径。从特定"输入-输出"对学习通用函数或规则（也许是不正确的）称之为**归纳学习**。在第 19 章，将看到所谓**分析**或**演绎学习**：从已知通用规则走向被其逻辑蕴涵的新规则，由于有助于更高效的处理，这种规则是有用的。

用于学习的反馈

有三种类型的反馈，决定了如下三种主要学习类型。

在**无监督学习**中，在不提供显式反馈的情况下，Agent 学习输入中的模式。最常见的无监督学习任务是**聚类**：在输入样例中发现有用的类集。例如，即使在没有老师对样例进行标注的情况下，的士 Agent 也可以逐步开发"好交通日"和"差交通日"的概念。

在**强化学习**中，Agent 在强化序列——奖赏和惩罚组合的序列——中学习。例如，旅行结束时而没有得到小费将提示的士 Agent，哪儿做错了。国际象棋赛结束前的两点胜将告诉 Agent，它做对了某些事。这需要 Agent 决定，奖惩之前的哪些动作需要为结果负主要责任。

在**监督学习**中，Agent 观察某些"输入-输出"对，学习从输入到输出的映射函数。在上述部件 1 中，输入是感知，输出由发出"刹车！"或"左转！"指令的老师提供。在部件 2 中，输入是摄影图像，输出来自于说"那是一辆巴士"的老师。在部件 3 中，刹车理论是一个函数，它是从状态和刹车动作到刹车距离的映射。在这种情况下，输出值可以直接从 Agent 的感知中得到，而环境是老师。

实际中不同学习类型的差异并不总是如此明显。在**半监督学习**中，给定少数标注样例，而要充分利用大量未标注样例。即使是标注的样例，也不是如我们所期望的绝对正确。设想欲建造一个从照片猜测年龄的系统，你得收集一组样例，即为人们拍照，并询问其年龄，这是监督学习。但在现实中，某些人谎报年龄。这不仅仅数据存在有随机噪音，而且存在系统的不精确性。揭露这些噪音是涉及图像、自报年龄和真实（未知）年龄的无监督学习问题。因此，噪音和标注的缺乏形成了监督学习和无监督学习之间的一个谱系。

18.2 监 督 学 习

监督学习的任务是：

给定由 N 个"输入-输出"对样例组成的训练集

$$(x_1, y_1), (x_2, y_2), \cdots, (x_N, y_N),$$

其中，每个 y_j 由未知函数 $y = f(x)$ 生成。

发现一个函数 h，它逼近真实函数 f。

上述任务描述中的 x 和 y 不限于数值，可以是任何形式的值。函数 h 是一个**假说**[1]。学习是一个搜索过程，它在可能假说空间寻找一个不仅在训练集上，而且在新样例上具有高精度的假说。为了测量假说的精确度，一般给学习系统一个由样例组成的**测试集**，它不同于训练集。所谓一个假说**泛化**得好，是指它能正确预测新样例的 y 值。有些时候，函数 f 是随机的，而不是 x 的严格函数，其时要学的是一个条件概率分布 $\mathbf{P}(Y \mid x)$。

当输出 y 的值集是有限集合时（诸如 *sunny*，*cloudy* 和 *rainy*），学习问题称为**分类**，若值集仅含两个元素，称为布尔或二元分类。若 y 值是数值型的（诸如明天的气温），则学习问题称为**回归**。（技术上，解决回归问题是发现 y 的条件预期或平均值，因为对于所发现的 y 实数值，其概率为 0。）

图 18.1 显示了一个常见的例子：在某些数据点上拟合一个单变量函数。样例是 (x, y) 平面上的点，其中 $y = f(x)$。在真实函数 f 未知的情况下，我们用**假说空间 H** 的一个函数 h 逼近它。在这个例子中，假说空间是诸如 $x^5 + 3x^2 + 2$ 形式的多项式集合。图 18.1（a）表明能够用直线（$0.4x + 3$）确切拟合的某些数据。该直线被称为**一致假说**，是由于它与所有数据相符。图 18.1（b）显示一个与同样数据一致的高阶多项式。这说明了归纳学习中的一个基本问题：如何从多个一致假说中进行抉择？一个答案是选择与数据一致的最简单假说。这个原理称为**奥坎姆剃刀**（Ockham's razor），它以十四世纪英国哲学家威廉·奥坎姆的名字命名，奥坎姆用它反对各类复杂的事物。定义简单性不是一件容易的事情。但是，1 阶多项式似乎要比 7 阶多项式简单，因而相对于（b），（a）具有更高的选择优先级。在 18.4.3 节将对这一直觉进行更精确的阐述。

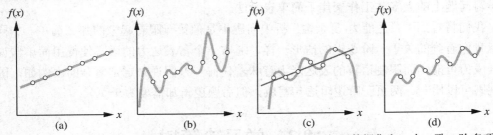

图 18.1 （a）样例 $(x, f(x))$ 对和一个一致线性假说。（b）相同数据集和一个一致 7 阶多项式假说。（c）不同数据集、一个确切 6 阶多项式拟合和一个近似线性拟合。（d）相同数据集和一个简单的确切正弦曲线拟合。

---

1 记号说明：除了直接标明之外，用 j 作为 N 个样例的下标，x_j 总是输入，y_j 总是输出。对于输入是属性值向量的情况（开始于 18.3 节），x_j 代表第 j 个样例，而用 i 作为每个样例中 n 个属性的下标。x_j 的元素记为 $x_{j,1}, x_{j,2}, \cdots, x_{j,n}$。

图 18.1（c）显示一个辅助数据集。对于这个数据集，不存在一致直线，事实上需要一个 6 阶多项式才能确切拟合它。因为仅有 7 个数据点，所以带 7 个参数的多项式似乎不能发现数据中的任何模式，也不能期望它做一个好的泛化。在（c）中也显示了一条直线，它与任何数据点都不一致，但也许对于 x 的未知值能够做相当好的泛化。一般来说，在较好拟合训练数据的复杂假说和更好泛化的简单假说之间存在折中。在图 18.1（d）中，我们扩展了假说空间 $\mathscr{H}$，允许它包含 x 和 sin(x) 之上的多项式。我们发现（c）中的数据能够被形如 $ax + b + c\sin(x)$ 这样简单的函数确切拟合。这表明假说空间选择的重要性。所谓学习问题是**可实现的**，若假说空间包含真实函数。不幸的是，由于真实函数未知，一个给定学习问题是否是可实现的，并不总是可判定的。

在某些案例中，问题的分析者愿意对假说空间做更细粒度的区分，比方说——即使在看到任何数据之前——不仅仅将假说区分为可能的和不可能的，而且确定它有多大的可能。通过选择在给定数据下具有最大可能性的假说 h*，能够实现监督学习。其中 h* 定义如下

$$h^* = \arg\max_{h \in \mathscr{H}} P(h \mid data)$$

由贝叶斯规则，上述公式等价于

$$h^* = \arg\max_{h \in \mathscr{H}} P(data \mid h)P(h)$$

那么，可以说 1 阶或 2 阶多项式的先验概率是高的，7 阶多项式的先验概率较低，而如图 18.1（b）所示的、具有尖锐凸凹的 7 阶多项式的先验概率特别低。当数据本身表明有需要时，允许看起来很怪异的函数，但给其较低的先验概率，以示我们不鼓励用这样的函数进行拟合。

为什么不令 $\mathscr{H}$ 为所有 Java 程序或图灵机组成的类？归根结底，每个可计算函数都可用某个图灵机表示，这是我们能够做得最好的。这样的想法存在一个问题，它没有考虑学习的计算复杂度。假说空间的表达能力和在其中发现好假说之间存在折中。例如，用直线拟合数据是简易的计算，用高阶多项式拟合就难了一点，用图灵机拟合一般是不可判定的。更倾向简单假说空间的第二个理由是，学习一个函数 h 是想应用它，当 h 是线性函数时，能够保证计算 h(x) 是快速的，而计算任意图灵机程序甚至都不能保证终止。基于这些理由，在学习问题上的大多数工作聚焦于简单表示法。

我们将看到"表达能力-复杂性"折中问题不是像第一眼看起来的那么简单。如同在第 8 章我们看到的关于一阶逻辑的情形一样，通常一个富表达力的语言使得用简单假说拟合数据成为可能，而限制语言的表达能力意味着任何一致假说必定是复杂的。例如，国际象棋规则可以用一、两页一阶逻辑语句写就，但命题逻辑却需要数千页。

18.3　学习决策树

决策树归纳是一类最简单也是最成功的机器学习形式。在这一节，首先描述表示法——假说空间，然后说明如何学习一个好的假说。

18.3.1 决策树表示法

决策树表示一个函数，以属性值向量作为输入，返回一个"决策"——简单输出值。输入值和输出值即可以是离散的，也可以是连续的。此时此刻，我们将聚焦于输入值是离散的和输出值为二值的情况。这是布尔分类，其中样例输入被分类为真（**正例**）或假（**反例**）。

决策树通过执行一系列测试达到决策。树中内部结点代表对输入属性 A_i 之值的一个测试，从结点射出的分支用属性可能值 $A_i = v_{ik}$ 标识。树中叶结点指定函数的一个返回值。对于人类来说，决策树表示法是自然的。的确，很多"How To"手册（如汽车维修手册）写成了一个延伸数百页的完全决策树。

作为一个例子，我们将构造一个决定在饭店中是否等待餐桌的决策树，目的是学习**目标谓词** *WillWait* 的定义。首先列出输入属性：

（1）*Alternate*：附近是否有一个合适的候选饭店。

（2）*Bar*：饭店中是否有舒适的酒吧等待区。

（3）*Fri / Sat*：当星期五或星期六时，该属性值为真。

（4）*Hungry*：是否饿了。

（5）*Patrons*：饭店中有多少客人（其值可取 *None*、*Some* 和 *Full*）。

（6）*Price*：饭店价格区间（$，$$，$$$）。

（7）*Raining*：天是否下雨。

（8）*Reservation*：是否预定。

（9）*Type*：饭店类型（French，Italian，Thai，burger）。

（10）*WaitEstimate*：主人对等待的估计（0～10 分钟，10～30 分钟，30～60 分钟，或 >60 分钟）。

注意，每个变量都有一个较小的可能值集合。例如，*WaitEstimate* 的值不是整数，而是四个离散值 0～10，10～30，30～60 和 >60 中的一个。本书作者中的一个（SR）常用的此类决策树如图 18.2 所示，其中忽略了属性 *Price* 和 *Type*。按照始于根结点，沿着合适分支到达叶结点的路径处理样例。例如，带有 *Patrons = Full* 和 *WaitEstimate = 0～10* 的样例将被分类为正例（即，Yes，我们将等待一个餐桌）。

18.3.2 决策树的表达能力

布尔决策树逻辑上等价于断言"目标属性为真，当且仅当输入属性满足一条通向带 *true* 值叶结点的路径"，用命题逻辑表达为：

$$Goal \Leftrightarrow (Path_1 \vee Path_2 \vee \cdots)$$

其中，每个 *Path* 是对应路径上"属性-值"测试的合取式，因此整个表达式等价于析取范式，这意味着命题逻辑的任何函数都可表示成决策树。作为一个例子，图 18.2 中最右路径为

$$Path = (Patrons = Full \wedge WaitEstimate = 0～10)$$

对于许多类型问题，决策树格式能产生简洁良好的结果，但是有些函数不能用决策树简洁表示。例如，多数函数定义为：多数函数为真，当且仅当多于一半的输入为真。它需要指数级规模的决策树。也就是说，决策树对于某些种类函数是好的，而对于其他种类函数是差的。是否存在对于所有种类函数都是高效的表示法？很不幸，回答是否定的。我们可以用一般方式证明这点，考虑 n 个属性上的所有布尔函数集合。这个集合有多少不同函数？因为函数可用真值表定义，所以其数目等同于能够写下的不同真值表个数。n 个属性上的一个真值表有 2^n 行，每行对应属性值的不同组合。把表的"答案"列看成一个 2^n 比特的数字，每一个这样的数字定义了一个函数。这意味着，有 2^{2^n} 个不同的函数（同样，因为一个函数可以用多个决策树计算，因此存在多于这个数目的决策树）。这是一个令人吃惊的数字。对于具有十个布尔属性的饭店例子，有 2^{1024} 或大约 10^{308} 个候选函数。对于 20 个属性，有多于 $10^{300\,000}$ 个函数。在如此大的空间中寻找好的假说，需要设计精巧的算法。

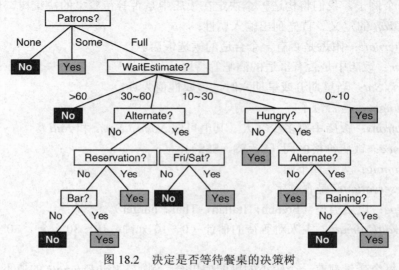

图 18.2　决定是否等待餐桌的决策树

18.3.3　从样例归纳决策树

作为一个例子，考虑由(x, y)对组成的布尔决策树，其中 x 是输入属性的值向量，y 是单一布尔输出值。12 个训练样例显示在图 18.3 中，其中目标 *WillWait* 为真的是正例（x_1, x_3, …），为假的是反例（x_2, x_5, …）。

所需之决策树当与样例一致，且规模尽可能小。不幸的是，无论用何种方法度量规模，寻找极小一致树都是一个难以对付的问题，在 2^{2^n} 棵树中进行搜索，不存在高效方法。然而，利用简单启发式能够发现良好的近似解：小规模的（不是极小的）一致树。DECISION-TREE-LEARNING 算法采取贪婪"分化-征服"（divide-and-conquer）策略：总是优先测试最重要属性。测试将问题分解为更小的子问题，这些子问题又被递归求解。"最重要属性"意指对于样例分类具有最大差异的属性。如此做的目的是希望通过较少测试达到正确分类，即树中所有路径都较短，整个树较浅。

Example	Input Attributes										Goal
	Alt	Bar	Fri	Hun	Pat	Price	Rain	Res	Type	Est	WillWait
x_1	Yes	No	No	Yes	Some	\$\$\$	No	Yes	French	0–10	$y_1 = Yes$
x_2	Yes	No	No	Yes	Full	\$	No	No	Thai	30–60	$y_2 = No$
x_3	No	Yes	No	No	Some	\$	No	No	Burger	0–10	$y_3 = Yes$
x_4	Yes	No	Yes	Yes	Full	\$	No	No	Thai	10–30	$y_4 = Yes$
x_5	Yes	No	Yes	No	Full	\$\$\$	No	Yes	French	>60	$y_5 = No$
x_6	No	Yes	No	Yes	Some	\$\$	Yes	Yes	Italian	0–10	$y_6 = Yes$
x_7	No	Yes	No	No	None	\$	Yes	No	Burger	0–10	$y_7 = No$
x_8	No	No	No	Yes	Some	\$\$	Yes	Yes	Thai	0–10	$y_8 = Yes$
x_9	No	Yes	Yes	No	Full	\$	Yes	No	Burger	>60	$y_9 = No$
x_{10}	Yes	Yes	Yes	Yes	Full	\$\$\$	No	Yes	Italian	10–30	$y_{10} = No$
x_{11}	No	No	No	No	None	\$	No	No	Thai	0–10	$y_{11} = No$
x_{12}	Yes	Yes	Yes	Yes	Full	\$	No	No	Burger	30–60	$y_{12} = Yes$

图 18.3 饭店域的样例

图 18.4（a）显示 *Type* 是弱分类属性，因为它产生的四个可能输出的每一个都包含同等数目的正反样例。另一方面，在（b）中，*Patrons* 是一个极其重要的属性，因为当其值为 *None* 或 *Some* 时，留下的样例集可以得到肯定的回答（分别为 *No* 和 *Yes*）。如果其值是 *Full*，留下一个混合样例集。一般来说，当第一个属性测试将样例集分裂后，每一个结果本身又是新的决策树学习问题，只不过其样例稍少，且属性减少了一个。这种递归问题要考虑四种情况：

（1）如果剩余样例都是正例（或反例），则事情完毕，可回答 *Yes* 或 *No*。图 18.4（b）显示了发生在 *None* 和 *Some* 分支上的这种情形。

（2）如果既有正例又有反例，则选择最好属性继续分裂之。图 18.4（b）显示了用 *Hungry* 分裂剩余样例的情况。

（3）如果没有留下任何样例，则表明对于这个属性值组合，没有观察到样例。此种情况下返回一个缺省值，该值是构造其父结点用到的所有样例中得票最多的分类。它们通过变量 *parent_examples* 传递。

（4）如果留下的样例既有正例又有反例，而没有属性可用，这意味着这些样例的描述相同而分类相异。这种情况的发生是由于数据中存在错误或**噪音**，或由于领域是非确定性的，或由于没有观察到能够区分样例的属性。此时最好的方法是返回剩余样例中得票最多的分类。

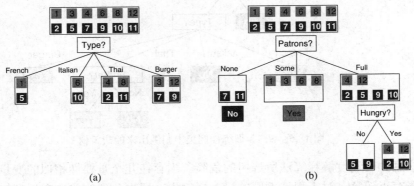

图 18.4 通过测试属性分裂样例集，在每个结点上显示剩余正例（浅色方框）和反例（深色方框）。（a）基于 *Type* 的分裂，不能使我们更接近辨识正反样例。（b）基于 *Patrons* 的分裂，在分离正反样例方面有好的表现。此分裂后，*Hungry* 是相当好的第二个测试

DECISION-TREE-LEARNING 算法在图 18.5 中给出。注意，样例集对于树的构造是至关重要的，然而样例本身并不在树中出现。树仅由内结点上的属性测试、分支上的属性值和叶结点上的输出值组成。函数 IMPORTANCE 的细节在 18.3.4 中描述。对于图 18.3 所示的样本训练集，学习算法的输出显示在图 18.6 中，此树显然不同于在图 18.2 所示的原树。鉴于此，也许有人认为学习算法在学习正确函数方面做得并不好，但这个推论是错误的。学习算法探究的是 *examples* 而不是正确函数。事实上它的假说（见图 18.6）不仅仅与所有样例一致，而且比原树简单多了！学习算法没有理由考虑对 *Raining* 和 *Reservation* 进行测试，原因是没有它们也能分类所有的样例。学习算法也发现了一个有趣的、以前无疑义的模式：周末第一作者将等待泰国（Thai）餐饮。在没有观察到样例的时候，它也会犯错误。例如，它没有观察到等待 0～10 分钟但饭店已满的案例。在这样的案例中，当 *Hungry* 为假时，它说不等待，但我（作者 SR）肯定会等。当给定更多训练样例时，学习程序会纠正该错误。

```
function DECISION-TREE-LEARNING(examples, attributes, parent_examples) returns
a tree
    if examples is empty then return PLURALITY-VALUE(parent_examples)
    else if all examples have the same classification then return the classification
    else if attributes is empty then return PLURALITY-VALUE(examples)
    else
        A ← argmax_{a ∈ attributes} IMPORTANCE(a, examples)
        tree ← a new decision tree with root test A
        for each value v_k of A do
            exs ← {e : e ∈ examples and e.A = v_k}
            subtree ← DECISION-TREE-LEARNING(exs, attributes − A, examples)
            add a branch to tree with label (A = v_k) and subtree subtree
        return tree
```

图 18.5　决策树学习算法。函数 IMPORTANCE 在 18.3.4 节描述，函数 PLURALITY-VALUE 选择样例集中最常见的输出值，随机打破僵局

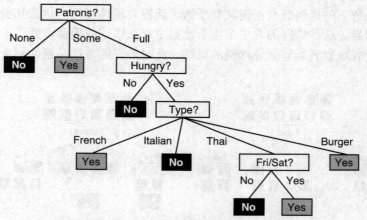

图 18.6　从 12-训练样例集中归纳出来的决策树

我们注意到有过度解释算法所选树的危险。当存在几个重要性相似的变量时，在它们中间的抉择有点随意：对于稍许不同的输入样例集，用作分裂的首选变量可能不同，从而整个树看起来完全不同。虽然树所计算的函数是相似的，但树的结构变化很大。

我们可以用诸如图 18.7 所示的**学习曲线**评估学习算法的精度。在该实验中有 100 个样例，划分为一个训练集和一个测试集。用训练集学习假说，用测试集测量它的精度。首先用规模为 1 的训练集开始学习，按照 1 的频率逐步提高训练集规模，直到 99。对于每一种规模，重复 20 次并对结果求平均值。曲线表明，随着训练集规模递增，精度提高。（基于这个理由，学习曲线也称为**快乐图**）。在这个图形中，精度达到了 95%，并且似乎随着数据的增加，还可能上升。

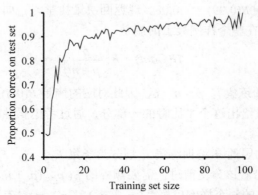

图 18.7　对于饭店领域的 100 个随机生成的样例，决策树学习算法表现的学习曲线。
每个数据点是 20 次试验的平均值

18.3.4　选择测试属性

决策树学习的搜索策略被设计成贪婪搜索策略，该策略近似于极小化最终树的深度。主要思想是挑选一个属性，以便尽可能对样例进行确切分类。一个完美属性将样例划分为这样的集合，其中每一个都是正例或者反例，这些集合对应树的叶结点。*Patrons* 属性不是理想的，但相当好。真正无用的属性是那些分裂出的样例集中正反样例的比例大约与原集合中的比例相同的属性，如 *Type*。

现在需要形式化度量"相当好"和"真正无用"，并实现图 18.5 中的函数 IMPORTANCE。我们将使用信息收益的概念，并用**熵**的术语定义之。熵是信息论中的基本量（Shannon 和 Weaver，1949）。

熵是随机变量的不确定性度量，信息的获取对应于熵的减少。仅有一个值的随机变量——硬币的正面总是朝上——没有不确定性，因此其熵定义为零。也因此，通过观察其值并不能获得信息。以公平的方式抛掷一枚硬币，正面向上或反面向上（0 或者 1）的可能性近似相同，后面将会很快看到，这种情形被计值为"1 比特"熵。公正的 4-面骰子的滚动有 2 比特熵，因为要用 2 比特描述 4 个等可能性选择中的一个。现考虑一枚非公正硬币，其正面向上的次数有 99% 的可能性。直觉上这枚硬币比公正硬币少一些不确定性——如果猜测正面向上，出错仅 1%——因此希望其熵的度量是接近于零的正值。一般地，设随机变量 V 具有值 v_k，v_k 的概率为 $P(v_k)$，则 V 的熵定义为：

$$熵：H(V) = \sum_k P(v_k) \log_2 \frac{1}{P(v_k)} = -\sum_k P(v_k) \log_2 P(v_k)$$

根据上面熵的定义，可验证公平硬币抛掷的熵确实是 1：

$$H(Fair) = -(\,0.5\,\log_2 0.5 + 0.5\,\log_2 0.5) = 1$$

如果加载硬币，使之能掷出 99% 正面向上，则有

$$H(Loaded) = -(\,0.99\,\log_2 0.99 + 0.01\,\log_2 0.01) \approx 0.08\ \text{比特}$$

设布尔随机变量以 q 的概率为真，则可定义该变量的熵为：

$$B(q) = -(q\,\log_2 q + (1-q)\,\log_2(1-q))$$

因此，$H(Loaded) = B(0.99) \approx 0.08$。现返回决策树学习。如果训练集包含 p 个正例和 n 个反例，则目标属性在整个样例集上的熵是

$$H(Goal) = B\left(\frac{p}{p+n}\right)$$

图 18.3 中的饭店训练集有 $p = n = 6$，因此对应的熵是 $B(0.5)$，或确切为 1 比特。单一属性 A 上的测试也许只给出这个 1 比特的一部分，通过考虑属性测试后的剩余熵，可以测量这部分熵是多少。

带有 d 个不同值的属性 A 将训练集 E 划分为子集 $E_1, \cdots, E_d$，每个子集 E_k 有 p_k 个正例和 n_k 个反例。如果沿着该分支前进，需要额外的 $B(\,p_k / (p_k + n_k)\,)$ 比特信息来回答问题。设从训练集中随机挑选的一个样例以概率 $(p_k + n_k) / (p + n)$ 具有属性的第 k 个值，则在测试属性 A 之后，剩余的期望熵是：

$$Remainder(A) = \sum_{k=1}^{d} \frac{p_k + n_k}{p + n} B\left(\frac{p_k}{p_k + n_k}\right)$$

从对属性 A 的测试获得的**信息收益**是熵的期望减少：

$$Gain(A) = B\left(\frac{p}{p+n}\right) - Remainder(A)$$

事实上，$Gain(A)$ 正是实现函数 IMPORTANCE 所需的。回到图 18.4 中考虑的属性，有

$$Gain(Patrons) = 1 - \left[\frac{2}{12}B\left(\frac{0}{2}\right) + \frac{4}{12}B\left(\frac{4}{4}\right) + \frac{6}{12}B\left(\frac{2}{6}\right)\right] \approx 0.541\ \text{比特}$$

$$Gain(Type) = 1 - \left[\frac{2}{12}B\left(\frac{1}{2}\right) + \frac{2}{12}B\left(\frac{1}{2}\right) + \frac{4}{12}B\left(\frac{2}{4}\right) + \frac{4}{12}B\left(\frac{2}{4}\right)\right] = 0\ \text{比特}$$

这进一步肯定了我们的直觉：*Patrons* 是用于分裂的更好属性。事实上 *Patrons* 在所考虑的属性中具有最大的信息收益，因此被决策树学习算法选作根结点。

18.3.5　泛化与过度拟合

对于某些问题，当不存在欲寻找的模式时，DECISION-TREE-LEARNING 算法将生成一颗庞大的树。现考虑预测骰子的滚动是否出现 6 的问题。假设用各种骰子做实验，描述训练样例的属性包括骰子的颜色、重量、滚动时间和实验者的手指是否交叉。如果骰子是公正的，能够学到的正确东西应该是一个带单一结点的树，该结点说"no"。但是 DECISION-TREE-LEARNING 算法将抓住在输入数据中能够发现的任何模式。如果以手指交叉方式投掷 7 克重的蓝色骰子两次，两次滚动都出现 6，则算法也许会构造一条路径，它在此情况下预

测为 6。这个问题称之为**过度拟合**。这是一个普遍存在的现象，即过度拟合出现在所有类型的学习器中，即使目标函数完全不是随机的。在图 18.1（b）和（c）中，多项式函数过度拟合数据。当假说空间和属性数目增长时，过度拟合更可能出现，而随着训练样例的增加，过度拟合的可能性逐步降低。

对于决策树，一种称为**决策树剪枝**的技术将减轻过度拟合。通过删除不明显相关的结点来实现剪枝。它开始于 DECISION-TREE-LEARNING 生成的一棵完全树，然后考查只有叶结点作为后代的测试结点。如果测试结点是不相关的——仅侦知数据中的噪音——则删除该测试，用叶结点替代它。在所有只有叶结点作为后代的测试上重复此过程，直到每个这样的测试或被剪枝或保持不变。

怎样发现一个结点正在测试不相关的属性？假设现正处于有 p 个正例和 n 个反例组成的结点上。如果属性是不相关的，可以预期它将样例分裂为多个子集，其中每一个所含正例的比例与整个集合的比例大致相同，为 $p/(p+n)$，此时信息收益接近零[1]。因此信息收益对于不相关性来说是一个好线索。现在的问题是，为了确定用于分裂的特定属性，所需收益应该是多大？

使用统计**重要性测试**可回答该问题。这样的测试首先假定不存在基础模式（所谓**空假说**），然后分析实际数据，以计算它们偏离模式完全缺席的程度。如果偏离程度是统计不可能的（一般指 5%的概率或更小），则认为它是数据中存在重要模式的有力证据。这些概率从偏离量的标准分布中计算出来，而对于标准分布人们期望在随机取样中能够看到。

在这种情况中，空假说是"属性是不相关的，因而对于一个无穷大的样本，信息收益将为零"。我们需要计算，在空假说之下，大小为 $v=n+p$ 的样本所展现出来的与正反例的期望分布的观察偏离的概率。假定真实不相关性为：

$$\hat{p}_k = p \times \frac{p_k + n_k}{p+n} \qquad \hat{n}_k = n \times \frac{p_k + n_k}{p+n}$$

其中 p_k 和 n_k 分别是每个子集中正反样例的实际数目，$\hat{p}_k$ 和 $\hat{n}_k$ 分别是它们的期望数目，通过比较实际数目和期望数目，能测量偏离。

总偏离的一个很方便的度量由下式给出：

$$\Delta = \sum_{k=1}^{d} \frac{(p_k - \hat{p}_k)^2}{\hat{p}_k} + \frac{(n_k - \hat{n}_k)^2}{\hat{n}_k}$$

在空假说之下，Δ值的分布是带 $v-1$ 个自由度的 χ^2 分布（卡方分布）。我们能够用 χ^2 表或标准统计库例程，来判断一个特定Δ值是肯定空假说还是拒绝之。例如，考虑饭店属性 *Type*。*Type* 具有四个值，因此有三个自由度。$\Delta=7.82$ 的一个值将以 5%的量级拒绝空假说（且$\Delta=11.35$的一个值将以 1%的量级拒绝）。练习 18.8 要求扩充 DECISION-TREE-LEARNING 算法，以实现这种形式的剪枝。该剪枝称为χ^2 **剪枝**。

剪枝的使用可容忍样例中的噪音。样例标注的错误（例如，样例(**x**, *Yes*)实际上应该是(**x**, *No*)）使预测误差线性增长，而样例描述的错误（例如，描述中 *Price* = \$，而实际上 *Price* = \$\$）具有渐近线效果，当树收缩至更小集合时，预测变得更坏。当数据中包含大量噪音时，相比于非剪枝树，剪枝树的性能有重要的改进。同时，剪枝树通常更小，因此更易

---

1 收益将严格限制为正数，除非不可能的情形，其中所有比例完全相同（见练习 18.5）

理解。

最后一个警告：也许你会认为，看起来 χ^2 剪枝与信息收益相似，为什么不使用所谓**早期终止**的途径将它们合并？早期终止是指，当不存在可用于分裂的好属性时，决策树算法停止生成结点，而不是辛辛苦苦产生结点，然后剪除它们。使用早期终止途径存在的问题是，它阻止我们识别这样的情形，其中不存在好属性，但存在富含信息的属性组合。例如，考虑两个二值属性的 XOR 函数。如果对于输入值的四种组合，样例数目都大致相等，则没有任何属性是富含信息的。这时可以做的正确事情是，用一个属性（无论哪一个）进行分裂，然后在下一级将得到富含信息的分裂。早期终止失去了这一好处，但是"生成-然后-剪枝"（generate-and-then-pruning）能够正确处理这种情况。

18.3.6 拓展决策树的应用

为了使决策树归纳应用于更广泛的问题域，必须解决一系列问题。下面我们简单论述几个，建议通过做相关练习而获得更全面的理解。

- **丢失数据**：在许多领域，并不是已知每个样例的所有属性值。某些值没有记录，或者获得它们的代价太大。这引起了两个问题：其一，给定一棵完全决策树，如何分类失去一个测试属性的样例？其二，当某些样例含有未知值属性时，怎样修改信息收益公式？这些问题在练习 18.9 中阐述。

- **多值属性**：当属性有许多可能值时，关于属性的可用性，信息收益量纲给出了一个不恰当的表态。在极端的情况中，诸如 *ExactTime* 这样的属性，每个样例都有不同的值，这使得每个样例子集仅含带有唯一分类的单一元素，信息收益量纲在该属性上获得最高值。但是，优先选择这样的属性进行分裂，不可能生成最好的决策树。一个解决途径是使用**收益比率**（练习 18.10）。另一个可能性是允许 $A = v_k$ 形式的布尔测试。就是说，仅选出属性的一个可能值，余下的值在树中的后期测试。

- **连续和整型值输入属性**：连续或整型值属性有无穷可能值，如 *Height* 和 *Weight*。决策树学习算法的典型做法是发现具有最高信息收益的**分裂点**，而不是产生无穷多个分支。例如，在树中给定结点上，也许会出现这种情况：测试 *Weight* > 160 给出最多信息。存在高效方法来寻找好的分裂点：首先对属性值进行排序，然后仅考虑排序队列中具有不同分类的两个样例间的分裂点，与此同时记录正反样例在分裂点两边的总数。分裂是现实决策树学习应用中代价最高的部分。

- **连续值输出属性**：如果试图预测数值输出值，如公寓的价格，则需要**回归树**而非分类树。在回归树的每个叶结点上都有一个数值属性子集的线性函数，而非单个值。例如，2-卧室公寓的分支有可能终止于关于平方英尺、浴室数目和邻居平均收入的一个线性函数上。学习算法必须决定停止分裂并开始施加这些属性上的线性回归的时间（见 18.6 节）。

现实应用中的决策树学习系统必须能够处理所有这些问题。处理连续值变量尤其重要，因为物理和金融过程都提供数值数据。为了满足这些标准，已经建造了数个商业化的软件包，并用它开发了数千个实用系统。在很多工业和商业领域，当试图从数据集中抽取分类方法时，决策树一般是首选方法。决策树的一个重要性质是，人类可能理解为什么学习算法给出这样的输出。（确实，这是金融决策的一个法律要求，它从属于反歧视法。）这个性质不为某些其他表示法所共享，如神经网络。

18.4 评估和选择最佳假说

我们希望学习一个能够最佳拟合将来数据的假说。为了使这个说法精确化，需要定义"将来数据"和"最佳"。首先，我们给出**稳定性假设**：样例中存在一个概率分布，随着时间推移该分布保持稳定。每个样例数据点（在看到它之前）是一个随机变量 E_j，其观察值 $e_j = (x_j, y_j)$ 从该分布取样，并独立于以往的样例：

$$\mathbf{P}(E_j \mid E_{j-1}, E_{j-2}, \cdots) = \mathbf{P}(E_j)$$

且每个样例有相同的概率分布：

$$\mathbf{P}(E_j) = \mathbf{P}(E_{j-1}) = \mathbf{P}(E_{j-2}) = \cdots$$

满足这些假设的样例被称之为独立且同分布的，或 **i.i.d.**。一个 i.i.d.假设连接过去和未来，如果没有这样的连接，所有赌注都将输掉——将来可能发生任何事情。（我们在后面将会看到，如果分布发生缓慢变化，学习仍然可以进行。）

下一步定义"最佳拟合"。我们将假说的**误差率**定义为假说所犯错误的比例——对于样例(x, y)，$h(x) \neq y$ 的次数之比。假说 h 在训练集上的误差率低并不意味着它能够很好泛化。一个教授知道，如果学生预先看到了考试题目，则这场考试不能准确反应学生的实际情况。同样，为了得到假说的精确评估，需要在目前尚未看到的样例集上测试它。我们已经看到了一个最简单的方法：随机将可用数据分为训练集和测试集，训练集用于学习算法产生 h，测试集用于评估 h 的精度。这种方法有时被称为**预留法**（holdout cross-validation）。它有一个缺点，即不能利用所有可用数据。如果将半数数据作为测试集，则只能在半数数据上进行训练，由此可能得到一个低劣假说。另一方面，如果将 10%的数据用作测试，则按照统计机遇，将得到实际精度的一个低劣估计。

使用所谓 **k-折交叉验证**（k-fold cross-validation）方法能够从数据中摄取更多东西，并仍然获得精确估计。其思想是每个样例都担负双重责任——既作为训练数据又作为测试数据。首先，将数据划分为 k 个相等规模的子集，然后执行 k 轮次学习。在每一轮次学习中，$1 / k$ 的数据被调出来作为测试集，剩余样例用作训练数据。在 k 轮测试中，测试集取得的平均分数则应该优于单一分数。k 的常用值是 5 和 10——足以给出一个统计意义上可能更精确的估计，代价是多花费 5 到 10 倍的计算时间。极限情况 $k = n$，这时称之为**留一交叉验证**（Leave-one-out cross-validation，LOOCV）。

尽管统计方法学学者尽了最大努力，但使用者通过非故意地**偷窥**测试数据，而频繁使他们的结果失效。偷窥能够以这种方式发生：学习算法有各种"旋钮"，能够随意摆弄它们来调整算法的行为——例如，决策树学习中有选择下一个属性的各种不同标准。研究者用各种不同旋钮装置生成假说，测量它们在测试集上的误差率，并报告最佳假说的误差率。哎呀，偷窥发生了！其理由是，假说是基于测试集误差率选择的，因此测试集的信息渗透到学习算法中。

偷窥是既用测试集性能选择假说又用其评估假说所导致的后果。避免这种情形的途径是把测试集真正留出来——把它锁定直到学习结束，单纯期望获得关于最终假说的独立评估。（然后，如果你不喜欢此结果…如果你希望从头开始获得更好的假说，你必须获得并锁定一个完全新的测试集。）若测试集被锁定（藏起来），但你仍然希望把测量未见数据上的性能作为选择好假说的一种途径，那么将可用数据（没有测试集）分成训练集和**验证集**。下一节将说明怎样使用验证集来发现假说的复杂性和良好拟合度之间的一个折中。

18.4.1 模型选择：复杂性相对良好拟合性

图 18.1 表明多项式的阶数越高，就越能更好拟合训练数据，但阶数太高会出现过度拟合，从而在验证数据上表现低劣。挑选多项式的阶是**模型选择**问题的一个实例。我们可将寻找最佳假说任务想象成由两个任务组成：模型选择定义假说空间，而**最优化**寻找该空间的最佳假说。

这一节将解释怎样在带大小参数 *size* 的模型中做选择。例如，对于线性多项式，*size* = 1，对于二次多项式，*size* = 2，如此等等。而对于决策树，*size* 可以是树中结点的数目。在所有情形中，我们试图找到能最好平衡低拟合和过度拟合，并给出最佳测试集精度的 *size* 值。

图 18.8 显示了一个执行模型选择和最优化的算法。它是一个将学习算法作为参数（例如，DECISION-TREE-LEARNING）的**封套**（wrapper）。该封套按照 *size* 参数枚举模型。对于每个大小值，它将交叉验证施加于 *Learner*，计算在训练和测试集上的平均误差率。封套从最小、最简单的模型（可能低程度拟合数据）开始循环，处理的模型逐步复杂，直到模型开始出现过度拟合。图 18.9 显示了一条典型曲线：训练集误差单调下降（虽然一般情况

```
function ← CROSS-VALIDATION-WRAPPER(Learner, k, examples) returns a hypothesis
    local variables: errT, an array, indexed by size, storing training-set error rates
                     errV, an array, indexed by size, storing validation-set error rates
    for size = 1 to ∞ do
        errT[size], errV[size] ← CROSS-VALIDATION(Learner, size, k, examples)
        if errT has converged then do
            best_size ← the value of size with minimum errV[size]
            return Learner(best_size, examples)

function CROSS-VALIDATION(Learner, size, k, examples) returns two values:
        average training set error rate, average validation set error rate
    fold_errT ← 0, fold_errV ← 0
    for fold = 1 to k do
        training_set, validation_set ← PARTITION(examples, fold, k)
        h ← Learner(size, training_set)
        fold_errT ← fold_errT + ERROR-RATE(h, training_set)
        fold_errV ← fold_errV + ERROR-RATE(h, validation_set)
    return fold_errT/k, fold_errV/k
```

图 18.8 选择在验证数据上具有极小误差率模型的算法。算法按照复杂度递增的顺序建立模型，并选择在验证数据上具有最佳经验误差率的模型。其中 *errT* 指在训练数据上的误差率，*errV* 指在验证数据上的误差率。*Learner(size, examples)* 返回在 *examples* 上训练而得到的假说，其复杂度由参数 *size* 决定。PARTITION(*examples, fold, k*) 将 *examples* 分裂为两个子集：大小为 *N/k* 的验证集和包含所有其他样例的训练集。对于 *fold* 的每个不同值，得到的分裂是不同的

下，有点随机变化），验证集误差开始时下降，而当模型出现过度拟合时则增加。交叉验证过程挑选带有最低验证集误差的 *size* 值，即在 U-形曲线底部的 *size* 值。然后，用所有数据（不固执于任何一个）生成对应此 *size* 的假说。最后，当然要在分离的测试集上评估返回的假说。

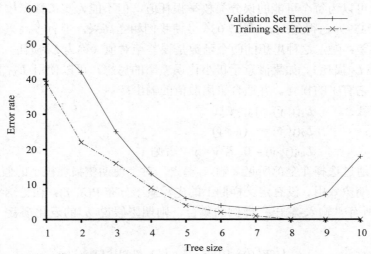

图 18.9　不同大小的决策树在训练集上的误差率（下方虚线）和在验证集上的误差率（上方实线）。当训练集误差率形成一渐近线时终止实验，然后选择在验证集上误差极小的树；在这个实例中，树的大小为 7 个结点

　　这一途径要求学习算法接受参数 *size*，并发布大小为 *size* 的假说。如同前面所说，对于决策树算法，*size* 可以是结点数。我们可以修改 DECISION-TREE-LEARNING 算法，以便它能够将结点数作为输入，并按照宽度优先而不是深度优先搜索策略构造树（但在每个层次上优先选择高收益的属性），当达到所期望的结点数，终止算法。

18.4.2　从误差率到损耗

　　目前，我们已经尝试极小化误差率，这明显好于最大化误差率，但它不是故事的全部。考虑将电子邮件分类为灌水或非灌水的问题。将非灌水分类为灌水（因而有丢失重要消息的潜在可能），比之于将灌水分类为非灌水（因而忍受几秒钟的惊诧）要更糟糕。因此，假设有两个分类器，一个带有 1%的误差率，几乎所有错误都是将灌水分类为非灌水；另一个带有 0.5%的误差率，但大多数错误是将非灌水分类为灌水。二者之比较，前者要优于后者。在 16 章中已经看到，决策者应该最大化期望效用，且效用也是学习器应该最大化的。在机器学习中，传统上用**损耗函数**的方式表达效用。当正确解答为 $f(x) = y$，而预测 $h(x) = \hat{y}$ 时，损耗函数定义为因此而损失的效用量：

$$L(x, y, \hat{y}) = Utility(\ 给定输入\ x，使用\ y\ 的结果\ )$$
$$- Utility(\ 给定输入\ x，使用\ \hat{y}\ 的结果\ )$$

　　这是损耗函数的一般公式形式。通常情况下使用一个简化版本 $L(y, \hat{y})$，它独立于 *x*。在这章的余下部分，将沿用简化版。这意味着我们不能说，错误分类来自妈妈的信件这件事，比错误分类意外来自侄辈的信件更糟糕。但能够说，将非灌水分类为灌水比反过来的情形要差上 10 倍：

$$L(spam, nospam) = 1, \quad L(nospam, spam) = 10$$

注意 $L(y, y)$ 总是为 0，因为由定义可知，当猜测完全正确时不存在损耗。对于具有离散输出的函数，可以为每个可能的误分类枚举损耗值，但不能为实值数据枚举所有可能。如果 $f(x)$ 是 137.035999，得到 $h(x) = 137.036$ 会使我们相当高兴，但有多高兴？一般来说，小误差好于大误差；融汇这种思想的两个函数是误差绝对值（称为 L_1 损耗）和误差平方（或方差，也称为 L_2 损耗）。如果满意于极小化误差率的思想，可以使用 $L_{0/1}$ 损耗函数，对于不正确的答案它有 1 的损耗，并适合于离散值的输出：

绝对值损耗： $\quad L_1(y, \hat{y}) = |y - \hat{y}|$

方差损耗： $\quad L_2(y, \hat{y}) = (y - \hat{y})^2$

0/1 损耗： $\quad L_{0/1}(y, \hat{y}) = 0$ 若 $y = \hat{y}$，否则 1

理论上，通过选择在全部所见"输入-输出"对上使期望损耗极小的假说，学习 Agent 能够最大化其期望效用。没有定义样例上的先验概率分布 $\mathbf{P}(X, Y)$，谈论这类期望是没有意义的。令 ε 是所有"输入-输出"样例的集合，则期望假说 h 的**泛化损耗**（相对于损耗函数 L）是

$$GenLoss_L(h) = \sum_{(x,y) \in \varepsilon} L(y, h(x)) P(x, y)$$

且最佳假说 $h*$ 是具有极小期望泛化损耗的假说：

$$h* = \underset{h \in \mathcal{H}}{\arg\min}\, GenLoss_L(h)$$

由于 $P(x, y)$ 是未知的，学习 Agent 仅能够用样例集 E 上的**经验损耗**，估计泛化损耗：

$$EmpLoss_{L,E}(h) = \frac{1}{N} \sum_{(x,y) \in E} L(y, h(x))$$

则所估计的最佳假说 $\hat{h}*$ 是具有极小经验损耗的假说：

$$\hat{h}* = \underset{h \in \mathcal{H}}{\arg\min}\, EmpLoss_{L,E}(h)$$

为什么 $\hat{h}*$ 不同于真实函数 f，有四个理由：不可实现性、变异性、噪音和计算复杂性。首先，f 可能是不可实现的——也许不在 $\mathcal{H}$ 中——或者可能是另外一种情形：其他假说更被期望。其二，对于不同样例集，即使取自同一个真实函数 f，学习算法将返回不同的假说，这些假说对于新样例将做出不同的预测。预测中的变异越高，实质性的错误概率就越高。注意，即使问题是可实现的，也仍然存在随机变异，但随着训练样例的数目增加，变异将降至零。其三，f 可能是不确定的或是含**噪音的**——对于 x 的不同出现，返回不同 $f(x)$ 值。由定义，噪音是不可预测的；在许多情形中，噪音出现的原因是由于所观察的标记 y 是未列入 x 中的环境属性的结果。最后，当 $\mathcal{H}$ 很复杂时，系统化搜索整个假说空间是有计算难度的。我们的最好选择是局部搜索（爬山法或贪婪搜索），只需探索空间的一部分。这给出了一个逼近误差。把误差源结合在一起，留下的是真实函数 f 的近似估计。

统计学的传统方法和机器学习的早期阶段集中在**小规模学习**上，其中训练样例数目分布在数打至数千之间，泛化误差大多来源于假说空间不含真实函数 f 的逼近误差，以及没有足够训练样例以限制变异的估计误差。近些年以来，更强调**大规模学习**，使用的训练样

例常常达到数百万。其泛化误差主要由计算限制支配：有足够的数据和足够丰富的模型，使我们能够发现非常接近于真实 f 的假说 h。但是由于发现它们的计算太复杂，以至我们只能满足于次-最优逼近。

18.4.3 正则化

在 18.4.1 节，我们看到了怎样用基于模型大小的交叉验证方法做模型选择。一个替代的途径是搜索这样的假说，它直接极小化经验损耗和复杂度的加权和。此加权和称为总代价：

$$Cost(h) = EmpLoss(h) + \lambda Complexity(h)$$
$$\hat{h}* = \underset{h \in \mathscr{H}}{\arg\min}\ Cost(h)$$

其中，λ 是一个取正值的参数，作为损耗和假说复杂性之间的转换率（虽然它们的测量刻度完全不一样）。这种途径将损耗和复杂性组合成一种量纲，从而允许我们一次性发现最佳假说。很不幸，我们仍需做交叉验证搜索，以发现最佳泛化假说。但这时使用与 size 不同的 λ 值。我们挑选能给出最佳验证集得分的 λ 值。

这种显式惩罚复杂假说的过程称为**正则化**（因为它寻求更正规或更简单的函数）。请注意，代价函数要求我们做两个选择：损耗函数和复杂性测度，后者称为正则函数。正则函数的选择依赖于假说空间。例如，对于多项式，一个好的正则函数是系数平方和——使和保持为一个较小的数能引导我们远离诸如图 18.1（b）和图 18.1（c）所示的起伏很大的多项式。

使模型简化的另一种途径是降低模型的维度。**特征选择**过程用来丢弃看起来不适宜的属性。χ^2 剪枝是一类特征选择。

事实上，有可能存在着在相同量纲上的经验损耗和复杂性，因而不需要转换因子 λ：它们都可用比特度量。首先将假说编码成图灵程序，并计数比特数。然后计数编码数据所需要的比特数，其中被正确预测的样例花费 0 比特，而非正确预测的样例的代价依赖于误差的大小。**极小描述长度**或 MDL 假说极小化所需比特的总数。这种方法有限度地起作用，但是对于较小的问题，存在一个困难，即程序的编码选择影响输出。——例如，如何以最好的方式把决策树编码成比特串。第 20 章将论述 MDL 的概率解释。

18.5 学 习 理 论

还存在一个尚未回答的主要问题：怎样确定学习算法已经产生了一个能够正确预测未知输入值的假说？形式化描述如下：在不知道目标函数 f 的情况下，如何验证假说 h 接近 f？这些问题已经思考了几个世纪。在最近的几十年中，其他问题也提出来了：为了获得一个好的 h，需要多少样例？使用什么样的假说空间？如果假说空间非常复杂，最终能发现最佳假说吗，或者不得不停驻在假说空间的一个局部极值上？h 有多复杂？怎样避免过度拟合？这一节将考察这些问题。

我们从学习需要多少样例的问题开始讨论。从饭店问题的决策树学习曲线中（见

图 18.7）可以看出，训练数据越多越能够改善学习结果。学习曲线是有用，但它们局限于特定问题的特定学习算法。是否存在支配学习所需样例数目的更通用的原理？**计算学习理论**回答这样的问题。计算学习理论处于 AI、统计学和理论计算机科学的交叉领域，它的奠基原理是，在输入少量样例后，任何包含严重错误的假说都几乎一定会以较高的概率被发现，因为它将做不正确的预测。因此，与足够大训练样例集合一致的任何假说都不可能包含严重错误，也就是说它必定是**概率近似正确的**（probably approximately correct，PAC）。任何返回概率近似正确的假说的学习算法称为 **PAC 学习**算法。我们可使用这种途径来提供各种各样学习算法的性能边界。

　　PAC 学习定理像所有其他定理一样，是公理的逻辑推论。定理（其反面是，例如政治权威）基于过去，陈述将来的某些事情，而公理则提供联接过去和将来的"筋肉"。对于 PAC 学习，"筋肉"由 18.4 节介绍的稳定性假设提供，它指出未来的样例将从与过去样例相同的固定分布 $\mathbf{P}(E) = \mathbf{P}(X, Y)$ 中推导出来。（请注意，我们并不知道真实的分布是什么，而仅仅知道它是不变的。）另外，为维持事物的简单性，我们假定真实函数 f 是确定的，是正在考虑的假设类 $\mathscr{H}$ 的成员。

　　最简单的 **PAC** 定理涉及布尔函数。对于这类函数，0/1 损耗是合适的。前面非形式化地定义了假说 h 的误差率，在此将其形式化定义为关于样例的、从稳定性假设衍生出来的期望泛化误差：

$$error(h) = GenLoss_{L_{0/1}}(h) = \sum_{x,y} L_{0/1}(y, h(x)) P(x, y)$$

　　也就是说，error(h)是 h 误分类新样例的概率。这个量与先前显示的学习曲线所实验性测量的量是一样的。

　　一个假说被称为是**近似正确**的，若 error(h)$\leqslant\varepsilon$，其中ε是一个小常量。我们将证明，能够发现一个 N，使得在看见 N 个样例之后，所有一致假设以较高的概率近似正确。可以认为一个近似正确的假说在假说空间中接近于真实函数：它处在环绕真实函数 f 的ε-球中。在这个球体之外的假说空间谓之为 $\mathscr{H}_{bad}$。

　　我们可以按照下列方式计算一个"严重错误"的假说 $h_b \in \mathscr{H}_{bad}$ 与前 N 个样例一致的概率。已知 error(h_b)$>\varepsilon$，因此它与一个给定样例相容的概率最多为 $1 - \varepsilon$。因为样例是相互独立的，对于 N 个样例，其边界是

$$P(h_b \text{ 与 } N \text{ 个样例相容}) \leqslant (1-\varepsilon)^N。$$

$\mathscr{H}_{bad}$ 至少包含一个一致假说的概率受限于个体概率之和：

$$P(\mathscr{H}_{bad} \text{ 包含一个一致假说}) \leqslant |\mathscr{H}_{bad}| (1-\varepsilon)^N \leqslant |\mathscr{H}| (1-\varepsilon)^N$$

其中使用了事实$|\mathscr{H}_{bad}| \leqslant |\mathscr{H}|$。进一步可将这个概率缩小到低于某个小数值$\delta$，

$$|\mathscr{H}| (1-\varepsilon)^N \leqslant \delta。$$

这个结论可从两个条件获得：给定 $1-\varepsilon \leqslant e^{-\varepsilon}$，且算法看到了

$$N \geqslant \frac{1}{\varepsilon}\left(\ln\frac{1}{\delta} + \ln|\mathscr{H}|\right) \tag{18.1}$$

个样例。因此，如果学习算法返回与这么多样例一致的假说，则以至少 $1 - \delta$的概率，该假设至多有ε误差。换句话说，它是概率近似正确的。所要求的样例数目，作为ε和δ的函数，称之为假设空间的**样本复杂度**。

正如前面所看到的，如果 $\mathscr{H}$ 是 n 个属性上的所有布尔函数形成的集合，则 $|\mathscr{H}| = 2^{2^n}$。因此，其假说空间的样本复杂度以 2^n 量级增长。因为可能样例的数目也是 2^n 个，这说明在布尔函数类上的 **PAC**-学习需要看见所有或几乎所有可能的样例。稍一思索便揭示出其理由：$\mathscr{H}$ 包含足够多的假说来分类以各种方式给定的任何样例集合。特别地，对任何 N 个样例的集合，与其一致的假说集合包含了同等数量的、预测 x_{N+1} 是正例的假说，以及同等数量的、预测 x_{N+1} 是反例的假说。

然而，为了获得未知样例的真实泛化，似乎需要对假说空间做出某些限制；但是，一旦做出限制，就会将某些真实函数从假说空间中排除。有三种途径可摆脱这样的困境。第一，引入相关于问题的先验知识（在 19 章中讨论）。第二，如同在 18.4.3 节的介绍，坚持让算法不是返回任意一致假说，而是优先返回简单的假说（正如在决策树学习中所做的）。在发现简单一致假设是可行的情况下，样本复杂性的结果一般好于仅基于一致性所分析的结果。第三，聚焦于整个布尔函数假说空间中的可学习子集，接下来将会详述。这种途径依赖一个假设：受限语言包含一个与真实函数 f 足够近的假说 h；其好处是受限假说空间允许有效泛化且一般容易搜索。我们现在更详细讨论这样的一个受限语言。

18.5.1　PAC 学习实例：学习决策表

我们现在展示如何将 **PAC** 学习应用于一个新的假说空间：**决策表**。决策表由一系列测试组成，每个测试是文字的合取式。决策表规定了，当施加于一个样例描述时，测试成功应返回的值。如果测试失败，将继续表中的下一项测试。决策表类似决策树，但其整体结构更简单：它们仅在一个方向分支。相反，个体测试更复杂。图 18.10 显示了表示下列假说的决策表：

$$WillWait \Leftrightarrow (Patrons = Some) \bigvee (Patrons = Full \wedge Fri / Sat)$$

如果允许测试可以是任意大小的，决策表可表示任意布尔函数（练习 18.14）。另一方面，如果将每个测试限制为最多包含 k 个文字，则学习算法有可能从小数目的样例中成功泛化。这个语言被称为 k-DL，图 18.10 中的例子是 2-DL 的。很容易证明（练习 18.14），k-DL 以子集的形式包含 **k-DT**，深度最多为 k 的决策树集合。被 k-DL 指称的特定语言依赖于描述样例所使用的属性，记住这点很重要。记号 k-DL(n) 将指称使用 n 个布尔属性的 k-DL 语言。

图 18.10　饭店问题的决策表

第一个任务是证明 k-DL 是可学习的——即在一个合理数目的样例上训练后，k-DL 中的任何函数可精确逼近。为了证明这个结论，需要计算语言中假说的数目。令测试语言——使用 n 个属性、最多 k 个文字的合取式——为 $Conj(n, k)$。由于决策表由测试构成，且可给任何测试附加 Yes 的输出，或者附加 No 的输出，或者可不在决策表中出现，最多有由测试分量组成的 $3^{|Conj(n, k)|}$ 个不同集合。每个这样的测试集合可以以任何顺序出现，因此

$$|k\text{-DL}(n)| \leqslant 3^{|Conj(n,\,k)|}|Conj(n,k)|\,!$$

来源于 n 个属性、最多 k 个文字的合取式的数目由下式给出

$$|Conj(n,k)| = \sum_{i=0}^{k}\binom{2n}{i} = O(n^k)$$

因而，经过一定变换后，可得到

$$|k\text{-DL}(n)| = 2^{O(n^k \log_2(n^k))}$$

将其插入式（18.1），可证明对于 **PAC** 学习一个 k-DL 函数，所需样例数是多项式量级：

$$N \geqslant \frac{1}{\varepsilon}\left(\ln\frac{1}{\delta} + O(n^k \log_2(n^k))\right)$$

因此，对于小 k，返回一致决策表的任何算法，依据合理的样例数目，都将 **PAC** 学习一个 k-DL 函数。

下一个任务是找到一个能够返回一致决策表的有效算法。为此，使用所谓 DECISION-LIST-LEARNING 的贪婪算法。它循环寻找与训练集的某个子集完全拟合的测试。一旦找到这样一个测试，则加入正在构造的决策表中，并删除相对应的样例。然后，利用剩下的样例，构造决策表的余下部分。这个过程重复，直至无样例留下。算法显示在图 18.11 中。

---

function DECISION-LIST-LEARNING(*examples*) **returns** a decision list, or *failure*

  if *examples* is empty **then return** the trivial decision list *No*
  $t \leftarrow$ a test that matches a nonempty subset *examples*$_t$ of *examples*
    such that the members of *examples*$_t$ are all positive or all negative
  if there is no such t **then return** *failure*
  if the examples in *examples*$_t$ are positive **then** $o \leftarrow Yes$ **else** $o \leftarrow No$
  return a decision list with initial test t and outcome o and remaining tests given by
    DECISION-LIST-LEARNING(*examples* − *examples*$_t$)

图 18.11　一个学习决策表的算法

这个算法没有规定选择加入到决策表的下一个测试的方法。尽管稍前给出的形式化结果不依赖选择方法，但是优先选择与一致分类的大样例集相匹配的小测试，以使整个决策表尽可能紧致，似乎是合理的。最简单的策略是，不管子集的大小，只寻找与任何一致分类子集相匹配的极小测试 t。这一途径能够很好地起作用，如图 18.12 所示。

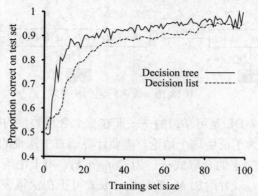

图 18.12　DECISION-LIST-LEARNING 算法施加到饭店数据上的学习曲线。为了比较，
DECISION-TREE-LEARNING 算法的学习曲线一并给出

18.6 带线性模型的回归和分类

现在是时候摆脱决策树和决策表，进而考察一个不同的假说空间，这是一个使用了数百年之久的假说空间：具有连续值输入的**线性函数**。首先从最简单的情形开始：单变量线性函数的回归，另一种称呼为"拟合一条直线"。18.6.2 节讨论多变量的情况。18.6.3 节和18.6.4 节证明，怎样通过施加软硬阈值将线性函数转换为分类器。

18.6.1 单变量线性回归

带输入 x 和输出 y 的单变量线性函数（直线）的形式是 $y = w_1 x + w_0$，其中 w_0 和 w_1 是要学习的实数值系数。使用字母 w 是因为将这些系数看作权重；通过改变相关权重，就能改变 y 的值。用 $\mathbf{w}$ 表示向量 $[w_0, w_1]$，定义

$$h_{\mathbf{w}}(x) = w_1 x + w_0。$$

图 18.13（a）显示在 (x, y) 平面上 n 个点组成的训练集，每个点代表一套待售房子的大小（单位：平方英尺）和售价。寻找最佳拟合这些数据的 $h_{\mathbf{w}}$ 称为**线性回归**。为了用一条直线拟合数据，必须要做的事情是寻找使经验损耗极小化的权重 $[w_0, w_1]$ 之值。传统做法（回到高斯[1]）是用损耗的平方函数 L_2，并在所有训练样例上求和：

$$Loss(h_{\mathbf{w}}) = \sum_{j=1}^{N} L_2(y_j, h_{\mathbf{w}}(x_j)) = \sum_{j=1}^{N} (y_j - h_{\mathbf{w}}(x_j))^2 = \sum_{j=1}^{N} (y_j - (w_1 x_j + w_0))^2.$$

我们希望寻找 $\mathbf{w}^* = \mathrm{argmin}_{\mathbf{w}} Loss(h_{\mathbf{w}})$。当相对于 w_0 和 w_1 的偏导为 0 时，和 $\sum_{j=1}^{N}(y_j - (w_1 x_j + w_0))^2$ 达到极小：

$$\frac{\partial}{\partial w_0} \sum_{j=1}^{N} (y_j - (w_1 x_j + w_0))^2 = 0 \qquad \frac{\partial}{\partial w_1} \sum_{j=1}^{N} (y_j - (w_1 x_j + w_0))^2 = 0. \qquad (18.2)$$

这些方程有唯一解：

$$w_1 = \frac{N(\sum x_j y_j) - (\sum x_j)(\sum y_j)}{N(\sum x_j^2) - (\sum x_j)^2}; \quad w_0 = \left(\sum y_j - w_1 (\sum x_j) \right) / N. \qquad (18.3)$$

对于图 18.13（a）显示的例子，答案为 $w_1 = 0.232$，$w_0 = 246$，含这些权重的直线在图中用虚线表示。

许多形式的学习为了使损耗极小化，都需要调整权重，因此在大脑中建立**权空间**——由权重的所有组合定义的空间——的图像是很有帮助的。对于单变量线性回归，由 w_0 和 w_1 定义的空间是二维的，因此我们可将损耗看作 w_0 和 w_1 的函数，并用 3D 图形刻画之（见图 18.13（b））。从图中可看出，损耗函数是**凸状**的（见 4.2 节的定义）；对于所有带损耗函数 L_2 的线性回归问题，情况都是如此，这隐含着不存在局部极小值。在某种意义上说，这就是线性模型故事的结尾；若需要用直线拟合数据，应用式（18.3）[2]就好了。

---

1 高斯（Gauss）证明了：如果 y_j 的值正态分布噪音，则通过使误差平方和极小化，可获得 w_0 和 w_1 的最可能值。

2 某些警告：当噪音是正态分布的且独立于 x 时，L_2 损耗函数是合适的；所有的结果都依赖于稳定性假设；等等。

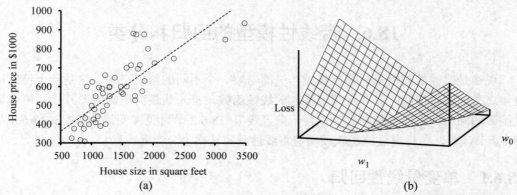

图 18.13　（a）2009 年 7 月在 Berkeley CA，待售住宅的价格 vs 面积的数据点，以及使方差损耗极小化的线性函数：$y = 0.232x + 246$。（b）关于 w_0 和 w_1 的各种值的、损耗函数 $\Sigma_j(w_1 x_j + w_0 - y_j)^2$ 的标绘图。注意，损耗函数是凸状的，只含一个全局极小值

走出线性模型，我们必须面对一个事实，定义极小损耗的方程（如同式（18.2））经常没有封闭形态的解。进一步，我们将面临连续权重空间的、通用最优搜索问题。正如 4.2 节表明的那样，这类问题能够用爬山算法解决，爬山算法沿着被优化函数的梯度搜索。在现在情况中，由于试图使损耗极小化，我们将使用**梯度下降**。在权重空间中选择任意一个点作为出发点——在此，是 (w_0, w_1) 平面的点，然后移动到向下的相邻点，重复直至收敛到可能的极小损耗：

w ← 参数空间的任何点
loop 直到收敛 **do**
　　for w 中的每个 w_i **do**

$$w_i \leftarrow w_i - \alpha \frac{\partial}{\partial w_i} Loss(\mathbf{w}) \qquad (18.4)$$

参数 α 在 4.2 节曾称为**步幅**，当在学习问题中试图极小化损耗时，称为**学习速率**。它可以是一个固定常数，也可能随着学习的推进而衰减。

对于单变量回归，损耗函数是二次函数，因此其偏导是线性函数。（你需要知道的演算仅仅是 $\frac{\partial}{\partial x} x^2 = 2x$ 和 $\frac{\partial}{\partial x} x = 1$。）首先推导出仅有一个样例 (x, y) 的最简单情况的偏导——斜率：

$$\frac{\partial}{\partial w_i} Loss(\mathbf{w}) = \frac{\partial}{\partial w_i}(y - h_{\mathbf{w}}(x))^2 = 2(y - h_{\mathbf{w}}(x)) \times \frac{\partial}{\partial w_i}(y - h_{\mathbf{w}}(x))$$

$$= 2(y - h_{\mathbf{w}}(x)) \times \frac{\partial}{\partial w_i}(y - (w_1 x + w_0)), \qquad (18.5)$$

将其施加到 w_0 和 w_1，得到

$$\frac{\partial}{\partial w_0} Loss(\mathbf{w}) = -2(y - h_{\mathbf{w}}(x)); \qquad \frac{\partial}{\partial w_1} Loss(\mathbf{w}) = -2(y - h_{\mathbf{w}}(x)) \times x.$$

再把它插入式（18.4），并将其中的 2 并入未指明的学习速率 α 中，得到如下关于权重的学习规则：

$$w_0 \leftarrow w_0 + \alpha(y - h_{\mathbf{w}}(x)); \qquad w_1 \leftarrow w_1 + \alpha(y - h_{\mathbf{w}}(x)) \times x.$$

这些更新规则有直观含义：如果 $h_{\mathbf{w}}(x) > y$，即假说的输出太大，则将 w_0 的值减小一点，如

果 x 是正输入，则减小 w_1，但如果 x 是负输入，则增大 w_1。

前面给出的式子覆盖一个训练样例的情况。对于 N 个训练样例，考虑使所有训练样例的损耗之和极小化。和的导数是导数之和，因此有

$$w_0 \leftarrow w_0 + \alpha \sum_j (y_j - h_{\mathbf{w}}(x_j)); \quad w_1 \leftarrow w_1 + \alpha \sum_j (y_j - h_{\mathbf{w}}(x_j)) \times x_j.$$

这些更新组成了关于单变量线性回归的**批梯度下降**学习规则。收敛到全局的唯一极小值能够得到保证（只要 α 足够小），但是收敛速度可能非常缓慢。每一步都需要遍历所有训练数据，收敛往往又需要很多步骤。

存在另一个可能性，所谓**随机梯度下降**，其中每次只考虑单个训练点，每使用一次式 (18.5)，只往前走一步。随机梯度下降既可用于在线情况，其中每次只到达一个新数据，又可用于离线情况，其中遍历相同数据达到所需次数，每考虑一个样例，往前走一步。随机梯度下降经常比批梯度下降快。如果学习速率 α 固定，则不能保证收敛；它可能在极小值周围游离不定。下面将会看到，在某些情况下，学习速率的递减序列（如同模拟退火中使用的）确能保证收敛。

18.6.2 多变量线性回归

上述方法很容易扩展到**多变量线性回归**问题，其中每个样例 x_j 都是一个 n 元向量[1]。假说空间是如下形式的函数集合：

$$h_{sw}(x_j) = w_0 + w_1 x_{j,1} + \cdots + w_n x_{j,n} = w_0 + \sum_i w_i x_{j,i}.$$

上式中截距 w_0 与其他项不同，单列在 Σ 和之外。为了统一起见，可引入一个哑输入属性 $x_{j,0}$，令它恒等于 1。这样处理后，h 就能简单表示为权重和输入向量的点积。（或等价地，权重的转置与输入向量的矩阵乘积。）

$$h_{sw}(x_j) = \mathbf{w} \cdot x_j = \mathbf{w}^T x_j = \sum_i w_i x_{j,i}.$$

最佳权重向量 w^* 极小化样例上的方差损耗：

$$\mathbf{w}^* = \arg\min_{\mathbf{w}} \sum_j L_2(y_j, \mathbf{w} \cdot x_j).$$

多变量线性回归实际上并不比前面所述的单变量情况复杂多少。梯度下降将到达损耗函数的（唯一）极小值；关于每个权重 w_i 的更新方程是

$$w_i \leftarrow w_i + \alpha \sum_j x_{j,i}(y_j - h_{\mathbf{w}}(x_j)). \tag{18.6}$$

同样，可用分析方法求解使损耗极小化的 w。令 y 是训练样例的输出向量，$\mathbf{X}$ 是**数据矩阵**，即每行对应一个 n-维样例的输入矩阵。则解

$$\mathbf{w}^* = (\mathbf{X}^T \mathbf{X})^{-1} \mathbf{X}^T y$$

极小化方差。

对于单变量线性回归，不必担心过度拟合问题。但对于高维空间的多变量线性回归，某些看起来有用而实际上不合适的维可能导致**过度拟合**。

1　读者也许希望查阅附录 A——关于线性代数的一个简洁综述。

因此，对多变量线性函数使用**正则化**来避免过度拟合，是通常的做法。回忆一下，前面已经用正则化方法极小化假说的总代价，它既考虑假说的经验损耗，又考虑假说的复杂性：

$$Cost(h) = EmpLoss(h) + \lambda Complexity(h)$$

对于线性函数，复杂性可规定为权重函数。我们能够考虑一个正则函数族：

$$Complexity(h_{\mathbf{w}}) = L_q(\mathbf{w}) = \sum_i |w_i|^q.$$

对于损耗函数[1]，当 $q=1$ 时，是 L_1 正则化，它极小化绝对值之和；当 $q=2$ 时，是 L_2 正则化，它极小化平方和。应该选择哪一个正则函数？这依赖于特定问题。但是 L_1 正则化有一个重要的优势：它倾向于产生**稀疏模型**。也就是说，它经常将很多权重置 0，从而有效地声明对应属性是不合适的——正如 Decision-Tree-Learning 所做的（虽然通过不同的机制）。抛弃属性的假说更容易被人类理解，并且过度拟合的机会更少。

图 18.14 直观解释了为什么 L_1 正则化导致 0 权重，而 L_2 正则化不能。注意，将 $Loss(w)+\lambda Complexity(w)$ 极小化等价于，在 $Complexity(w) \leqslant c$（对于某个相关于 λ 的常量 c）的约束下，将 $Loss(w)$ 极小化。在图 18.14（a）中，菱形盒子表示二维权重空间中的点集 w，该空间中 L_1 复杂度小于 c；我们的解必定在这个盒子中的某个地方。同轴椭圆表示损耗函数的轮廓线，极小损耗在中心。我们欲找到盒子中距极小值最近的点；从图中可看出，对于极小值的任意位置和轮廓线，由于拐角是向外的尖头，通常盒子的拐角离极小值最近。当然，拐角是在某维上为 0 的点。在图 18.14（b）中，我们为 L_2 复杂性度量做了同样的事，它表示圆周形而不是菱形。在此可看出，一般没有理由认为相交处一定出现在某个数轴上，因此 L_2 正则化并不倾向于产生 0 权重。其结果是，对于 L_2 正则化，发现一个良好的 h 所需样例的数目与不相关特征的数目是线性关系，而对于 L_1 正则化仅是对数关系。很多问题上的经验支持这一分析。

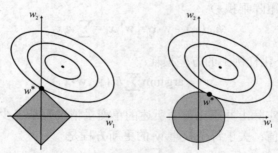

图 18.14　L_1 正则化倾向于产生稀疏模型的理由。（a）使用 L_1 正则化（盒子），可获得的极小损耗（同轴轮廓线）经常出现在数轴上，意味着一个权重为 0。（b）使用 L_2 正则化（圆周），极小损耗可能出现在圆周的任何地方，并没有优先考虑 0 权重。

以另一种方式看，L_1 正则化严肃对待维数轴，而 L_2 将它们看得很随便。L_2 函数是球面的，这使得它具有旋转不变性。想象平面上有一个点集，用 x 和 y 坐标标识它们。现在将坐标轴旋转 45°，将获得相同点集的一组不同(x', y')值。如果在旋转前后都施加 L_2 正则化，将获得与答案完全相同的点（尽管点用新的(x', y')坐标描述）。当坐标轴的选择是任意的时

1　将 L_1 和 L_2 既用于损耗函数又用于正则函数，可能引起混淆。它们没有必要成对使用：你可以使用 L_1 损耗和 L_2 正则化，或者反过来。

候——不管二维轴是指向北方和东方，还是指向东北方和东南方，都无关紧要，这样做是合适的。对于 L_1 正则化，将获得不同答案，因为 L_1 函数不具备旋转不变性。当数轴不是可交换的时候，这样做是合适的，而将"浴室的数目"朝着"运气测算"方向旋转 45°，却没有意义。

18.6.3　带硬阈值的线性分类器

线性函数不仅可以用来做回归，还可用来做分类。例如，图 18.15（a）显示了两个类的数据点：地震（地震学家感兴趣）和地下爆炸（军控专家感兴趣）。每个点由两个输入值 x_1 和 x_2 定义，x_1 和 x_2 分别表示深层和表层的震级，它们从地震信号计算而得。给定这些训练数据，分类任务是，学习一个假说 h，它以新数据点 (x_1, x_2) 为输入，对于地震返回 0，对于爆炸返回 1。

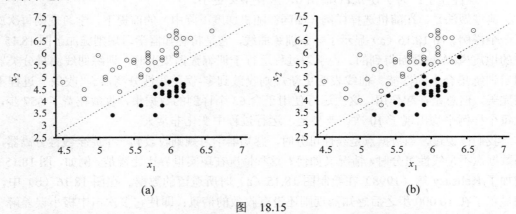

图　18.15

（a）两个地震参数的平面图，深层震级 x_1 和表层震级 x_2，白圈关于地震，黑圈关于核爆，数据测量于 1982 年和 1990 年之间的亚洲和中东（Kebeasy 等 1998），图中亦显示了两个类之间的决策边界。（b）同样的领域，但数据更多。地震和爆炸不再是线性可分。

决策边界是分离两个类的一条线（或者，在高维中是一个面）。在图 18.15（a）中，决策边界是一条直线。线性决策边界称为线性分离器，允许线性分离器的数据称为线性可分。这种情况的线性分离器定义为：

$$x_2 = 1.7x_1 - 4.9 \quad \text{或} \quad -4.9 + 1.7x_1 - x_2 = 0$$

爆炸分类为 1，在这条线段的右边，其 x_1 值高，x_2 值低，因此都是使$-4.9 + 1.7x_1 - x_2 > 0$ 的点，而代表地震的点使$-4.9 + 1.7x_1 - x_2 < 0$。使用哑输入 $x_0 = 1$ 的惯例，分类假说可记为

$h_{\mathbf{w}}(\mathbf{x}) = 1$　如果 $\mathbf{w} \cdot \mathbf{x} \geqslant 0$，$= 0$ 否则。

换一种表述，可将 h 看作是让线性函数 $\mathbf{w} \cdot \mathbf{x}$ 通过一个**阈值函数**的结果：

$h_{\mathbf{w}}(\mathbf{x}) = Threshold(\mathbf{w} \cdot \mathbf{x})$，其中 $Threshold(z) = 1$ 如果 $z \geqslant 0$，$= 0$ 否则。

该阈值函数显示在图 18.17（a）。

既然假说 $h_{\mathbf{w}}(\mathbf{x})$ 有良定义的数学形式，就可考虑选择权重 $\mathbf{w}$ 来极小化损耗。在 18.6.1 节和 18.6.2 节中，我们都是这样做的，在前者以封闭形式（通过将梯度置为 0 并求出权重），在后者通过权重空间的梯度下降。在此，两种方式都不适用，因为在权重空间中，除了使

$\mathbf{w} \cdot \mathbf{x} = 0$ 的点和梯度未定义的点之外，梯度几乎无处不为 0。

　　然而，在数据是线性可分的情形下，存在一个简单的、能够收敛到解的权重更新规则——即，能够完美分类数据的线性分离器。对于单个样例 $(\mathbf{x}, y)$，有

$$w_i \leftarrow w_i + \alpha(y - h_{\mathbf{w}}(\mathbf{x})) \times x_i \tag{18.7}$$

它与线性回归的更新规则（18.6）本质上是一样的，称之为**感知器学习规则**，其理由在 18.7 节将会变得明显。由于我们正在考虑 0/1 分类问题，我们的做法就有点不同。真实值 y 和假说输出 $h_{\mathbf{w}}(\mathbf{x})$ 都是 0 或 1，因此有三种可能性：

- 如果输出正确，即 $y = h_{\mathbf{w}}(\mathbf{x})$，则权重不发生变化。
- 如果 y 是 1 但 $h_{\mathbf{w}}(\mathbf{x})$ 是 0，则当相应输入 x_i 为正时 w_i 增加，x_i 为负时 w_i 减小。其合理性在于：为了使 $h_{\mathbf{w}}(\mathbf{x})$ 输出 1，应使 $\mathbf{w} \cdot \mathbf{x}$ 更大。
- 如果 y 是 0 但 $h_{\mathbf{w}}(\mathbf{x})$ 是 1，则当相应输入 x_i 为正时 w_i 减小，x_i 为负时 w_i 增加。其合理性在于：为了使 $h_{\mathbf{w}}(\mathbf{x})$ 输出 0，应使 $\mathbf{w} \cdot \mathbf{x}$ 更小。

　　典型做法是，在随机选择样例（如同在随机梯度下降中）的前提下，学习规则每次施加于一个样例。图 18.16（a）显示了一条训练曲线，它是将感知器学习规则施加于图 18.15（a）中的地震/爆炸数据而得到的。当学习过程运行于训练数据集上时，训练曲线测量分类器在固定训练集合上的性能。曲线表明更新规则收敛到零-误差线性分离器。"收敛"过程不是很完美，但总是在起作用。这次运行使用了含 63 个样例的数据集，收敛花费了 657 步，因此每个样例平均出现了 10 次。典型地，运行过程中变化非常大。

　　我们已说过，当数据点是线性可分时，感知器学习规则收敛到一个完全线性分离器，但当数据点不是线性可分时，情况又如何？这种情况在现实世界比比皆是。例如，图 18.15（b）增加了 Kebeasy 等（1998）在绘制图 18.15（a）时所遗留的数据。在图 18.16（b）中，我们显示了在 10 000 步之后感知器规则还没有收敛的情景：即使它多次击中极小误差解（三个误差）许多次，但是算法一直在改变权重。一般来说，对于固定的学习速率 α，感知器规则可能不会收敛到一个稳定的解。但是如果 α 以 $O(1/t)$ 速度衰减，其中 t 是循环次数，则可证明当样例以随机顺序[1]给出时，规则收敛到极小误差解。同样可以证明，发现极小误差解是 NP-难度的，因而可以预期，为了获得收敛，样例需要多次呈现。图 18.16（c）显示

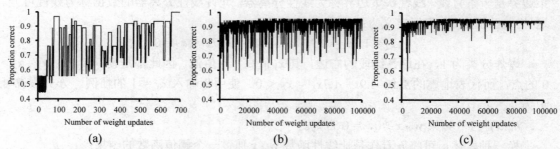

　　图 18.16　（a）给定图 18.15 中的地震/爆炸数据，对于感知器学习规则，整个训练集精度与在训练集上的循环次数的标图。（b）关于图 18.15（b）所示的、含噪音、不可分数据的同样标图。注意 x 轴在刻度上的变化。（c）当学习速率变化表为 $\alpha(t) = 1000 / (1000 + t)$ 时，如同（b）中的标图。

1　技术上，要求 $\sum\limits_{t=1}^{\infty} \alpha(t) = \infty$ 且 $\sum\limits_{t=1}^{\infty} \alpha^2(t) < \infty$。衰减 $\alpha(t) = O(1/t)$ 满足这些条件。

了学习速率以$\alpha(t) = 1000 / (1000 + t)$变化时的学习过程：在 100 000 次循环后，收敛还不是完全的，但要比固定α情形好很多。

18.6.4　带 Logistic 回归的线性分类器

前面我们已经看到，使线性函数的输出通过阈值函数，将产生一个线性分类器，阈值的硬性属性仍然引起一些问题：假说$h_\mathbf{w}(x)$是不可微的，且事实上它是输入和权重的不连续函数，这使得带感知器规则的学习是一个不可预期的冒险。进一步来说，线性分类器总是宣布一个完全确定的 1 或 0 的预测，即使它们很接近边界；在很多情境中，我们实际需要更多层次的预测。

在很大程度上，所有这些问题都能够通过软化阈值函数解决——用连续可微函数逼近硬阈值。在第 14 章中，有两个函数看起来像软阈值：标准正态分布的积分（用于几率模型）和 logistic 函数（用于 logit 模型）。虽然它们在形式上非常相似，但 logistic 函数

$$Logistic(z) = \frac{1}{1 + e^{-z}}$$

有更加简洁的数学特性。显示在图 18.17（b）中的函数是用 logistic 函数替换阈值函数而得，因而有

$$h_\mathbf{w}(x) = Logistic(\mathbf{w} \cdot x) = \frac{1}{1 + e^{-\mathbf{w} \cdot x}}$$

关于两个输入的地震/爆炸问题，如此假说的一个示例显示在图 18.17（c）。注意，输出是 0 至 1 之间某个数，可被解释为是属于标示为 1 的类的概率。假说在输入空间形成一个软边界，对于处在边界区域中心的输入，给出了 0.5 的概率。当从该区域离开时，逐步接近 0 或 1。

拟合该模型权重以使数据集上的损耗极小化的过程称为 **logistic 回归**。对于发现该模型中 **w** 的最优值问题，不存在简易的闭形解，但是，梯度下降计算是直接的。由于假说不再仅仅输出 0 或 1，我们将使用L_2损耗函数。同样地，为了保持公式的可阅读性，用 g 代表 logistic 函数，g'代表它的微分。

对于单个样例(x, y)，直到实际形式的 h 的插入点，梯度的微分都与线性回归（式（18.5））相同。（对于这一微分，需要**链规则**：$\partial g(f(x)) / \partial x = g'(f(x))\partial f(x) / \partial x$。）我们有

$$\frac{\partial}{\partial w_i} Loss(\mathbf{w}) = \frac{\partial}{\partial w_i}(y - h_\mathbf{w}(x))^2 = 2(y - h_\mathbf{w}(x)) \times \frac{\partial}{\partial w_i}(y - h_\mathbf{w}(x))$$

$$= -2(y - h_\mathbf{w}(x)) \times g'(\mathbf{w} \cdot x) \times \frac{\partial}{\partial w_i} \mathbf{w} \cdot x$$

$$= -2(y - h_\mathbf{w}(x)) \times g'(\mathbf{w} \cdot x) \times x_i$$

Logistic 函数的微分 g' 满足 $g'(z) = g(z)(1 - g(z))$，因而有

$$g'(\mathbf{w} \cdot x) = g(\mathbf{w} \cdot x)(1 - g(\mathbf{w} \cdot x)) = h_\mathbf{w}(x)(1 - h_\mathbf{w}(x))$$

因此，关于极小化损耗的权重更新是

$$w_i \leftarrow w_i + \alpha(y - h_\mathbf{w}(x)) \times h_\mathbf{w}(x)(1 - h_\mathbf{w}(x)) \times x_i \tag{18.8}$$

用 logistic 回归而不是线性阈值分类器重复图 18.16 的实验，获得的结构显示在图 18.18。

在（a）中，对于线性可分情况，logistic 回归收敛速度有些慢，但表现得更加可预期。在（b）和（c）中，数据含噪音，且非线性可分，logistic 回归收敛速度更快和更稳定。这些优势在实际应用中也能体现出来，并作为常见的分类技术广泛使用于医学、营销和调查分析、信用评分、公共健康，以及其他应用。

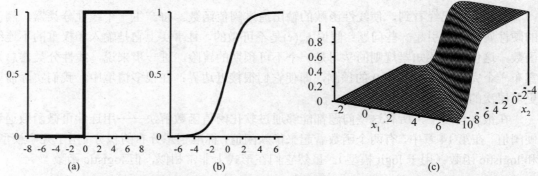

图 18.17 （a）带 0/1 输出的硬阈值函数 $Threshold(z)$。注意，函数在 $z = 0$ 是不可微的。（b）logistic 函数 $Logistic(z) = 1 / (1 + e^{-z})$，也称为 sigmoid 函数。（c）对于图 18.15（b）中所示的数据，logistic 回归假说 $h_\mathbf{w}(\mathbf{x}) = Logistic(\mathbf{w} \cdot \mathbf{x})$ 的标图

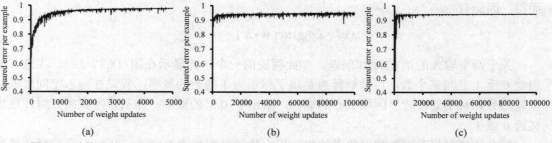

图 18.18 使用 logistic 回归和方差，重复进行图 18.16 的实验（a）的标图覆盖 5000 次循环而不是 1000 次，而在（b）和（c）中都使用相同的刻度

18.7　人工神经网

我们现在转向似乎有些不相关的论题：大脑。事实上，正如我们将看到的一样，本章目前为止所讨论的技术思想，对于建立大脑活动的数学模型是有用的；反过来，对大脑的思索已经拓展了技术思想范畴。

第 1 章简洁接触了神经科学的基本发现——特别地，心理活动主要由大脑细胞（称为**神经元**）网络的电气化学活动组成的假说。（图 1.2 显示了典型神经元的概略图。）受这一假说的激励，早期 AI 的一部分工作瞄准生成人工**神经网络**。（这一领域的其他名称包括**连接主义、并行分布式处理和神经计算**。）图 18.19 显示了 McCulloch 和 Pitts（1943）设计的、神经元的简单数学模型。粗略地说，当输入的线性组合超过某个（硬或软）阈值时，神经元"点火"——即它运行前一节描述的一类线性分类器。一个神经网络是由一组单元连接而成；网络的性质由它的拓扑和神经元的性质确定。

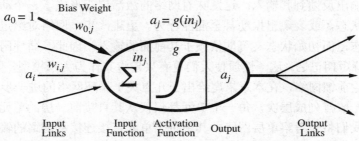

图 18.19 神经元的简单数学模型。单元的输出激活是 $a_j = g\left(\sum_{i=0}^{n} w_{i,j} a_i\right)$，其中 a_i 是单元 i 的

输出激活，$w_{i,j}$ 是从单元 i 到该单元的链上的权重

自从 1943 年以来，更多关于神经元和大脑中更大系统的、详细的和现实的模型被开发出来，形成了现代**计算神经科学**领域。另一方面，AI 和统计学领域的研究者逐渐对神经网的抽象数学特性感兴趣，这些特性包括神经网执行分布式计算的能力、容忍噪音输入的能力、学习的能力等。尽管我们现在已经了解到其他类型的系统——包括贝叶斯网络——有这些特性，但是神经网络仍然是一类最常见和最有效的学习系统，值得深入研究。

18.7.1 神经网络结构

神经网络由结点或**单元**（参见图 18.19）组成，单元通过有向**链**相连。从单元 i 到单元 j 的链负责从 i 到 j 传播**激活** a_i [1]。每个链也有一个数值**权重** $w_{i,j}$ 与它相关联，该权重决定了连接强度和符号。正如在线性回归模型中一样，每个单元有一个哑输入 $a_0 = 1$，其连接权重为 $w_{0,j}$。每个单元 j 首先计算输入的加权和：

$$in_j = \sum_{i=0}^{n} w_{i,j} a_i$$

然后在该和之上施加一个**激活函数** g 而导致输出：

$$a_j = g(in_j) = g\left(\sum_{i=0}^{n} w_{i,j} a_i\right) \tag{18.9}$$

典型的激活函数可以是一个硬阈值（图 18.17（a）），其中的单元称为感知器，也可以是 logistic 函数（图 18.17（b）），有时用术语 **sigmoid 感知器**称呼之。这两个非线性激活函数都能保证一个重要特性：单元的整个网络表示一个非线性函数（参见练习 18.22）。就像在 logistic 回归的讨论（18.6.4 节）中提到的，logistic 激活函数有可微分的附加优势。

已经确定了个体"神经元"的数学模型，下一个任务就是把它们连接起来形成一个网络。做这件事情，有两个本质上不同的途径。**前馈网络**的连接仅有一个方向——即它形成一个有向无环图。每个结点从"上游"结点接收输入，向"下游"结点发送输出；不存在循环。前馈网络表示其当前输入的函数；因此除了权重本身外没有内部状态。另一方面，

---

1 记号注释：这一节，我们被迫中止我们的通常约定。输入属性仍然用 i 索引，因而输入 x_i 给出一个"外部"激活 a_i，但索引 j 将提及内部单元而不是样例。贯穿整个这一节，数学推导涉及单一属性样例 x，略去了为了获得整个数据集上的结果而对样例的通常总结。

循环网络将其输出反馈到其输入。这意味着网络的激活层级形成了一个动态系统，它可以达到一个稳定状态，或表现出振动甚至混沌行为。更进一步，网络对给定输入的响应依赖于它的初始状态，而初始状态又可能依赖于其前面的输入。因此，循环网络（不同于前馈网络）能够支持短期记忆。这一性质使人们更有兴趣将其作为大脑模型，但也更难于理解。这一节集中讨论前馈网络，在本章末尾给出了几点关于循环网络的进一步阅读指南。

　　前馈网络一般排列成**层次**，每一个单元都仅仅从其直接前一层的单元接收输入。在后两个子节中，我们将先考察单层网络，其中每个单元直接连接从网络的输入到其输出。然后考察多层网络，其有一个或多个隐藏单元层，这些单元不与网络的输出连接。本章至此，我们仅仅讨论了带单一输出变量 y 的学习问题，但神经网络经常用于适合多个输出的情形。例如，如果要学习两个输入比特的加法，每个输入或为 0 或为 1，则需要一个输出作为和的比特，一个输出作为进位的比特。同样当学习问题涉及多于两个类的分类时——例如，学习分类手写体数字图像——为每个类设定一个输出单元是通常的做法。

18.7.2　单层前馈神经网络（感知器）

　　所有输入直接连接到输出的网络称为**单层神经网络**，或感知器网络。图 18.20 显示了一个简单的 2-输入、2-输出的感知器网络。用这样的网络，我们也许希望学习诸如 2-比特的加法器函数。下面是需要的训练数据：

x_1	x_2	y_3（进位）	y_4（和）
0	0	0	0
0	1	0	1
1	0	0	1
1	1	1	0

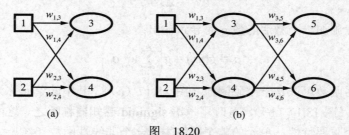

图　18.20
（a）带 2 个输入和 2 个输出单元的感知器网络。
（b）由两个输入、一个含两个单元的隐藏层和一个输出单元组成的神经网络。图中没有给出哑输入和相关联的权重

　　首先要注意的一个事情是，带 m 个输出的感知器网络实际上是 m 个独立网络，因为每个权重只影响一个输出。因此，将有 m 个独立的训练过程。进一步，依赖于所使用的激活函数类型，训练过程或者是**感知器学习规则**（式（18.7）），或者是关于 **logistic** 回归的梯度下降规则（式（18.8））。

　　如果尝试将其中任一种方法用于 2-比特-加法器数据，会出现一些感兴趣的事情。单元 3 很容易学习进位函数，但单元 4 学习和函数则完全失败。不，不是单元 4 有缺陷！问题出在和函数本身。在 18.6 节看到过，线性分类器（无论硬或软）能够表示输入空间的线性

决策边界。这对进位函数很起作用，因为进位函数是逻辑"与"（见图 18.21（a））。然而和函数是两个输入的"异或"。如同图 18.21（c）所表明的那样，这个函数不是线性可分的，因此感知器不能学习它。

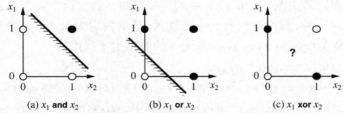

(a) x_1 and x_2　　　　(b) x_1 or x_2　　　　(c) x_1 xor x_2

图 18.21　阈值感知器的线性可分性。黑圆点表示输入空间中函数值为 1 的点，白圆点表示函数值为 0 的点。对于斜线的非阴影一边的区域中的点，感知器返回 1。在（c）中，不存在正确分类输入的直线

线性可分函数仅占所有布尔函数中的一小部分；练习 18.20 要求量化这一部分。感知器无能学习诸如"异或"这样简单的函数，对于 20 世纪 60 年代的初期神经网络领域是一个重大的挫折。但感知器远远谈不上无用。18.6.4 节已说明，logistic 回归（即训练一个 sigmoid 感知器）直至今天都是非常普遍和有效的工具。此外，感知器能非常简洁地表示某些相当"复杂"的布尔函数。例如，**多数函数**仅当多于一半输入为 1 时输出 1，能够用每个 $w_i = 1$ 且 $w_0 = -n/2$ 的感知器表示。而决策树需要指数级的结点表示这个函数。

图 18.22 显示了两个不同问题上的学习曲线。左部显示的是带 11 个布尔输入的多数函数（即，当 6 个或更多个输入为 1 时函数输出 1）的学习曲线。就像我们所预期的那样，感知器学习该函数的速度相当快，因为多数函数是线性可分的。另一方面，决策树学习器没有取得进展，因为用决策树表示多数函数难度非常高（尽管不是不可能的）。图的右部是关于饭店的例子。该问题的解很容易表示成决策树，但不是线性可分的。穿越数据的最好平面仅能正确分类 65%。

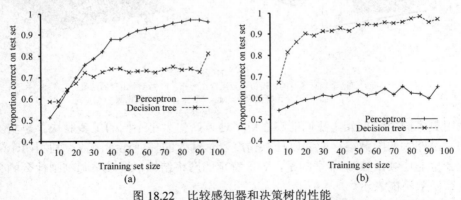

图 18.22　比较感知器和决策树的性能

（a）学习 11 个输入的多数函数，感知器性能更好。（b）学习饭店例子中 *WillWait* 谓词，决策树性能更好

18.7.3　多层前馈神经网络

McCulloch 和 Pitts（McCulloch and Pitts，1943）充分意识到，单一阈值单元不能解决他们的所有问题。事实上，他们的论文证明了这样的一个单元能表示基本布尔函数"与"、

"或"和"非"，然后进一步论证通过把大量的单元连接成任意深度的网络（可能循环），能够获得任何所期望的函数关系。但问题是如何训练那样的网络。

如果我们以正确的方式思考网络——将其看作用权重 **w** 参数化的函数 $h_\mathbf{w}(\mathbf{x})$，其实它是一个简单的问题。考虑图 18.20（b）中的简单网络，它有两个输入单元、两个隐藏单元和两个输出单元。（另外，每个单元有一个哑输入，其值固定为 1。）给定输入向量 $\mathbf{x} = (x_1, x_2)$，输入单元的激活置为 $(a_1, a_2) = (x_1, x_2)$。单元 5 的输出由下式给出

$$a_5 = g(w_{0,5} + w_{3,5}\, a_3 + w_{4,5}\, a_4)$$
$$= g(w_{0,5} + w_{3,5}\, g(w_{0,3} + w_{1,3}\, a_1 + w_{2,3}\, a_2) + w_{4,5}\, g(w_{0,4} + w_{1,4}\, a_1 + w_{2,4}\, a_2))$$
$$= g(w_{0,5} + w_{3,5}\, g(w_{0,3} + w_{1,3}\, x_1 + w_{2,3}\, x_2) + w_{4,5}\, g(w_{0,4} + w_{1,4}\, x_1 + w_{2,4}\, x_2))$$

因此，我们有了用输入和权重之函数表达的输出，关于单元 6 有类似的表达式。一旦能够计算相对于权重的、这样表达式的偏差，我们就能够使用梯度下降的损耗极小化方法训练网络。18.7.4 节表明了如何确切做到这一点。由于用网络表示的函数是高度非线性的——其本身由非线性软阈值函数结网而成——我们能够把神经网络看作**非线性回归**的工具。

在探究学习规则之前，让我们考察网络生成复杂函数的途径。首先，回忆一下，sigmoid 网络中的每个单元表示输入空间的一个软阈值，参见图 18.17（c）。利用一个隐藏层和一个输出层（如同在图 18.20（b）中），每个输出单元计算若干如此函数的、软阈值化的线性组合。例如，通过将相互面对的两个阈值函数相加，并对结果阈值化，我们能获得一个"山脊"函数，如图 18.23（a）所示。将这样的两个山脊按照直角相交（即，从四个隐藏单元计算输出），我们获得一个"肿块"，如图 18.23（b）所示。

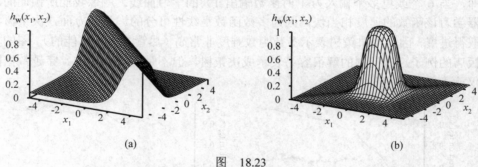

图　18.23
（a）把两个相互面对的软阈值函数组合在一起，产生一个山脊的结果。
（b）将两个山脊组合在一起，产生一个肿块的结果

利用更多的隐藏单元，我们能够在更多地方产生大小不同的更多肿块。事实上，利用单一的、足够大的隐藏层，能够以任意精度表示输入的任何连续函数；利用两个隐藏层，甚至能表示非连续函数[1]。不幸的是，对于特定的网络结构，很难精确刻画什么函数可以表示、什么函数不能表示。

18.7.4　多层网络中的学习

首先，让我们消除多层网络中的次要复杂性：当网络有多个输出时，学习问题中的相

1　证明是复杂的，但要点是：所需隐藏单元的数目随着输入的数目指数增长。例如，为了编码所有 n 个输入的布尔函数，需要 $2^n / n$ 个隐藏单元。

互交互。在这种情况下，应该认为网络实现了一个向量函数 $\mathbf{h_w}$ 而不是单值函数 $h_\mathbf{w}$。例如，图 18.20（b）中的函数返回一个向量 $[a_5, a_6]$。相似地，目标输出也将是一个向量 $\mathbf{y}$。然而，感知器网络对于一个 m-输出问题，将分解为 m 个独立的学习问题，在多层网络中这种分解是行不通的。例如，图 18.20（b）中的 a_5 和 a_6 都依赖于输入层的所有权重，因此对这些权重的更新将依赖于 a_5 和 a_6 上的误差。幸运的是，对于任何求误差向量的分量之和 $\mathbf{y} - \mathbf{h_w}(\mathbf{x})$ 的损耗函数，这种依赖性是简单的。对于 L_2 损耗和任何权重 w，

$$\frac{\partial}{\partial w} Loss(\mathbf{w}) = \frac{\partial}{\partial w} |\mathbf{y} - \mathbf{h_w}(\mathbf{x})|^2 = \frac{\partial}{\partial w} \sum_k (y_k - a_k)^2 = \sum_k \frac{\partial}{\partial w}(y_k - a_k)^2 \qquad (18.10)$$

其中下标 k 取值输出层的所有结点。在最后求和中的每一项仅是第 k 个输出的损耗的梯度，计算时就好像其他输出不存在。只要我们记住在更新权重时，将每个输出的梯度贡献加起来，我们就能将一个 m-输出学习问题分解成 m 个学习问题。

主要的复杂性来自于网络的隐藏层。尽管输出层的误差 $\mathbf{y} - \mathbf{h_w}$ 是清楚的，由于训练数据没有说明隐藏结点应该具有什么样的值，而隐藏层误差似乎是模糊的。很幸运，看起来我们能够从输出层**反向传播**误差。反向传播过程直接发端于整个误差梯度的微分。我们首先从直觉上描述这个过程，然后证明该微分。

在输出层，权重更新规则与式（18.8）相同。对于多个输出单元，可令 Err_k 为误差向量 $\mathbf{y} - \mathbf{h_w}$ 的第 k 个分量。我们发现定义一个修正误差 $\Delta_k = Err_k \times g'(in_k)$ 能方便我们行事，因此，权重更新规则变为

$$w_{j,k} \leftarrow w_{j,k} + \alpha \times a_j \times \Delta_k \qquad (18.11)$$

为了更新输入单元和隐藏单元之间的连接，我们需要定义一个与输出结点的误差项相似的量。这正是我们做误差反向传播的地方。其思想是，隐藏结点 j 需要为每个与它相连的输出结点的误差 Δ_k 负一部分责任。因此，Δ_k 值要按照隐藏结点和输出结点间的连接强度进行划分，并反向传播，以便为隐藏层提供 Δ_j 值。Δ 值的传播规则如下：

$$\Delta_j = g'(in_j) \sum_k w_{j,k} \Delta_k \qquad (18.12)$$

现在看来，关于输入层和隐藏层之间的权重更新规则本质上与输出层的更新规则相似：

$$w_{i,j} \leftarrow w_{i,j} + \alpha \times a_i \times \Delta_j$$

反向传播过程总结如下：

- 用观察到的误差，计算输出单元的 Δ 值。
- 从输出层开始，重复下述步骤，直到达到最早的隐藏层：
  ◇ 将 Δ 值传播回其前一层。
  ◇ 更新这两层之间的权重。

详细的算法在图 18.24 中描述。

为着数学上的严谨性，现在从基本原理出发，推演反向传播公式。除了需要应用链规则多次外，推演很类似于 logistic 回归的梯度演算（导出式（18.8））。

根据式（18.10），可以计算第 k 个输出的、关于 $Loss_k = (y_k - a_k)^2$ 的梯度。除了连接到第 k 个输出单元的权重 $w_{j,k}$ 之外，该损耗相对于连接隐藏层和输出层权重的梯度将是 0。对于这些权重，有

```
function BACK-PROP-LEARNING(examples, network) returns a neural network
    inputs: examples, a set of examples, each with input vector x and output vector y
            network, a multilayer network with L layers, weights w_{i,j}, activation function g
    local variables: Δ, a vector of errors, indexed by network node

    repeat
        for each weight w_{i,j} in network do
            w_{i,j} ← a small random number
        for each example (x, y) in examples do
            /* Propagate the inputs forward to compute the outputs */
            for each node i in the input layer do
                a_i ← x_i
            for ℓ = 2 to L do
                for each node j in layer ℓ do
                    in_j ← Σ_i w_{i,j} a_i
                    a_j ← g(in_j)
            /* Propagate deltas backward from output layer to input layer */
            for each node j in the output layer do
                Δ[j] ← g'(in_j) × (y_j − a_j)
            for ℓ = L − 1 to 1 do
                for each node i in layer ℓ do
                    Δ[i] ← g'(in_i)Σ_j w_{i,j} Δ[j]
            /* Update every weight in network using deltas */
            for each weight w_{i,j} in network do
                w_{i,j} ← w_{i,j} + α × a_i × Δ[j]
    until some stopping criterion is satisfied
    return network
```

图 18.24　多层网络中学习的反向传播算法

$$\frac{\partial Loss_k}{\partial w_{j,k}} = -2(y_k - a_k)\frac{\partial a_k}{\partial w_{j,k}} = -2(y_k - a_k)\frac{\partial g(in_k)}{\partial w_{j,k}}$$

$$= -2(y_k - a_k)g'(in_k)\frac{\partial in_k}{\partial w_{j,k}} = -2(y_k - a_k)g'(in_k)\frac{\partial}{\partial w_{j,k}}\left(\sum_j w_{j,k} a_j\right)$$

$$= -2(y_k - a_k)g'(in_k)a_j = -a_j\Delta_k$$

其中 Δ_k 如前所定义。为了获得相对于连接输入层和隐藏层的权重 $w_{i,j}$ 的梯度，必须展开激活 a_j，并再次施加链规则。由于观察微分操作如何通过网络反向传播是一件有趣的事情，我们将详细剖析求导过程：

$$\frac{\partial Loss_k}{\partial w_{i,j}} = -2(y_k - a_k)\frac{\partial a_k}{\partial w_{i,j}} = -2(y_k - a_k)\frac{\partial g(in_k)}{\partial w_{i,j}} = -2(y_k - a_k)g'(in_k)\frac{\partial in_k}{\partial w_{i,j}}$$

$$= -2\Delta_k\frac{\partial}{\partial w_{i,j}}\left(\sum_j w_{j,k} a_j\right) = -2\Delta_k w_{j,k}\frac{\partial a_j}{\partial w_{i,j}} = -2\Delta_k w_{j,k}\frac{\partial g(in_j)}{\partial w_{i,j}}$$

$$= -2\Delta_k w_{j,k}g'(in_j)\frac{\partial in_j}{\partial w_{i,j}} = -2\Delta_k w_{j,k}g'(in_j)\frac{\partial}{\partial w_{i,j}}\left(\sum_j w_{i,j} a_i\right)$$

$$= -2\Delta_k w_{j,k}g'(in_j)a_i = -a_i\Delta_j$$

其中 Δ_j 如前所定义。因此，我们又获得了前面直觉所给出的更新规则。同样的过程也适合于多于一层的隐藏层，这证实了在图 18.24 中给出的通用算法。

既然已经经历了（或跳过）整个数学推导过程，现在是考察单一隐藏层网络在饭店问题上的性能的时候了。首先，需要确定网络的结构。描述每个样例的属性有 10 个，因此需要 10 个输入单元。需要一个隐藏层还是两个呢？每一层有多少个结点？它们是全连接的吗？不存在合适的理论能够告诉我们答案。（参见下一节。）就如同通常的做法一样，可以使用交叉验证：尝试几个不同的结构，并看哪一个工作得更好。似乎带一个隐藏层的网络大致上适合于该问题，其中隐藏层含四个结点。在图 18.25 中，我们给出了两条曲线，第一条是训练曲线，表明在给定 100 个饭店训练样例集上，权值更新过程中发生的均方差。这表明网络的确收敛到完美拟合训练数据。第二条曲线是关于饭店数据的标准学习曲线。尽管学习速度不如决策树快，但神经网络的学习效果确实很好。这也许不值得惊讶，因为这些训练样例原本产生于简单的决策树。

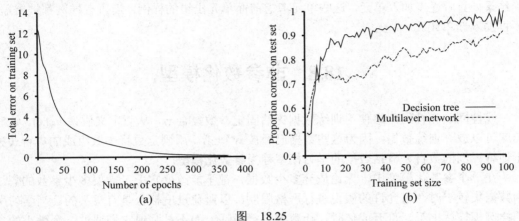

图　18.25
（a）训练曲线表明对于给定饭店域的样例集，当通过几个轮次修改权重时，误差逐步降低。
（b）对比学习曲线表明，在饭店问题上，决策树学习比多层网的反向传播稍好

　　当然，神经网络有能力解决更为复杂的学习任务，只是在得到正确的网络结构和在权值空间中收敛到全局最优点附近时，需要一定量的额外工作。论述神经网络应用的出版物有成千上万种，在 18.11.1 节将更深入考察一个应用。

18.7.5　学习神经网络的结构

　　到目前为止，我们已经考虑了当给定一个固定的网络结构，学习权值的问题，正如贝叶斯网络一样，我们还需明了如何发现最佳网络结构。如果我们选择了一个太大的网络，那么它有能力通过形成一个巨大的查询表而记住所有的样例，但对未知输入的泛化则未必做得很好[1]。换言之，像所有统计模型一样，当模型中包含太多参数时，神经网络也有**过度拟合**的问题。我们在图 18.1 中曾经看到过，其中（b）和（c）中的高参数模型拟合所有数据，但是，也许泛化效果还不如（a）和（d）中的低参数模型。

　　如果我们坚持用全连接网络，唯一能够做选择的地方是隐藏层的数目及其规模。通常的途径是尝试若干个网络，并保存其中最好者。如果我们希望避免应用测试集，则需要使用 18.4 节的**交叉验证**技术。就是说，我们选择在验证集上给出最高预测精度的网络体系

1　下列情形已经观察到，只要权值都保持在很小范围内，超大规模网络的泛化效果确实很好。这个限制将激活值保持在 sigmoid 函数 $g(x)$ 的线性区域，其中 x 接近 0。这又意味着，网络的表现就如同带很少参数的线性函数一样（练习 18.22）。

结构。

　　如果我们欲考虑非全连接网络，则需要有效的搜索方法，对由所有可能的连接拓扑组成的庞大空间进行搜索。**最优脑损伤**算法是这样一个算法，它从一个全连接网络开始，然后逐步从其中删除连接。当网络第一次训练后，用信息论方法在可删除的连接中做最佳选择，然后重新训练网络，如果它的性能没有下降，则重复该过程。除了删除连接外，也可以删除对结果没有多少贡献的单元。

　　也有人提出了几个从较小规模网络开始，产生较大规模网络的算法。其中的 tiling 算法类似于决策表学习。其思路是，从一个单元开始，使其在尽可能多的训练样例上产生正确结果。随后逐步加入单元，这些单元考虑前面单元出错的样例。当所有样例都被覆盖后，不再加入新单元。

18.8　非参数化模型

　　线性回归和神经网络使用训练数据评估固定参数集合 $\mathbf{w}$，从而定义假说 $h_{\mathbf{w}}(\mathbf{x})$。这时我们就可以放弃训练数据，因为这些数据已经被 $\mathbf{w}$ 概括。用固定数目参数组成的集合（独立于训练样例的数目）概括数据的学习模型称为**参数化模型**。

　　在一个参数化模型中，无论放弃多少数据，都不能改变它关于需要多少参数的想法。当数据集较小时，对允许的假说进行严格限制，以避免过度拟合是有意义的。当学习所用的样例规模达上千、百万或亿时，让数据自己说话，而不是强迫它们通过一个微小的参数向量说话，似乎是一个更好的想法。如果说正确的答案是一个振荡函数，我们就不必局限于线性或略微振荡的函数。

　　非参数化模型是一类不能用有限参数集合刻画的函数。例如，假设生成的每个假说都简单地保持训练样例原来的模样，并用之预测下一个样例。因为有效的参数数目不受限制——它随着样例数目增长，所以这样的假说族是非参数化的。这种途径称为**基于示例学习**或**基于存储学习**。最简单的基于示例学习方法是**表查找**：保留所有的训练样例，把它们放入一个查找表中，当询问 $h(\mathbf{x})$ 时，看 $\mathbf{x}$ 是否在表中，如果在则返回对应的 y。这一方法的问题是，它不能很好泛化：当 $\mathbf{x}$ 不在表中时，它所能做的只是返回某个缺省值。

18.8.1　最近邻模型

　　我们可以对查找表技术做稍许变化，来改进其性能：给定查询 $\mathbf{x}_q$，发现 k 个与 $\mathbf{x}_q$ 最接近的样例。这称为 k-**最近邻查找**。我们将用 $NN(k, \mathbf{x}_q)$ 指称 k 个最近邻组成的集合。

　　对于分类，首先找到 $NN(k, \mathbf{x}_q)$，然后选取这些最近邻的最高得票（在二元分类中是多数票）。为了避免发生计票纠纷，总是令 k 为奇数。做回归时，可以取平均值，或中间值，或在 k 个最近邻上解决线性回归问题。

　　图 18.26 显示了当 $k = 1$ 和 $k = 5$ 时，在图 18.15 所示的地震数据上，k-最近邻分类的决策边界。如同参数化方法一样，非参数化方法仍然存在过度拟合和低拟合问题。1-最近邻是过度拟合，对右上方的黑色分离区和(5.4, 3.7)的白色点反应过大。5-最近邻的决策边界是好的，但更大的 k 值将出现低拟合。通常交叉验证可用来选择最好 k 值。

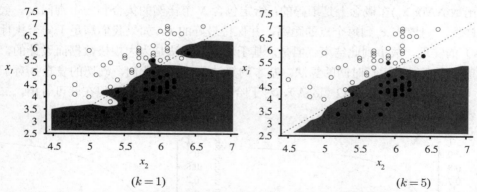

图 18.26 (a) $k = 1$ 时的 k-最近邻模型，显示了关于图 18.15 中数据的爆炸分类，
过度拟合是很明显的。 (b) $k = 5$ 的情况，过度拟合问题没有了

单词"最近邻"隐含距离度量。如何度量从询问点 x_q 到样例点 x_j 的距离？距离用 **Minkowski 距离**或 L^p 范型度量，定义如下，

$$L^p(x_j, x_q) = \left(\sum_i |x_{j,i} - x_{q,i}|^p \right)^{1/p}$$

$p = 2$ 是欧几里得距离，$p = 1$ 是曼哈顿距离。对于布尔属性值，两个点中具有不同值的属性数目被称为 **Hamming 距离**。如果维度的量纲相似，如传送带上部件的宽度、高度和深度，则经常使用 $p = 2$，如果量纲不相似，如患者的年龄、体重和性别，则使用曼哈顿距离。要注意，如果使用每一维的未经加工数据，则在任意维度上标度的变化都将影响整个距离。也就是说，如果将维度 i 的量纲从厘米变成英里，而保持其他维不变，则会得到不同的最近邻。为了避免这个问题，通常的做法是将量纲正则化。一个简单的途径是对于每个维度的值，计算其均值 μ_i 和标准偏差 σ_i，重新调整标度，以使得 $x_{j,i}$ 变成 $(x_{j,i} - \mu_i) / \sigma_i$。一个更复杂的度量方法是所谓 **Mahalanobis 距离**，它考虑维度之间的协方差。

在低维度空间且数据丰富的情况下，最近邻很起作用：可能存在足够多的近邻数据点，以致得到好的解答。但是，随着维度升高，我们遇到一个问题：在高维空间中，最近邻通常不很接近！考虑在一个 n-维空间中、单位超立方体内部均匀分布的数据集合，我们可以将点的 k-邻居区域定义为包含 k 个最近邻的最小超立方体。令 l 是邻居区域的平均边长，则邻居区域（其包含 N 个点）的体积是 l^n，且整个立方体的体积是 1。因此，平均来说，$l^n = k / N$，即 $l = (k / N)^{1/n}$。

具体点说，令 $k = 10$ 且 $N = 1\,000\,000$。在二维空间中（$n = 2$，一个单位正方形），平均邻居区域 $l = 0.003$，单位正方形区域中的一个很小部分，并且在 3 维中，l 仅是单位立方体的边长的 2%。但在 17 维时，l 是达到单位立方体的边长的一半，而在 200 维时，它是 94%。这个问题成为**维度灾难**。

从另一个视角看待它：假定有一个其厚度仅占单位超立方体厚度 1% 的外壳，考虑落在这个外壳中的点。它们是局外者，一般情况下，由于我们是在做外推而非插入，很难为它们发现一个好的值。在一维中，这些局外者仅占单位直线上点（使 $x < 0.01$ 或 $x > 0.99$ 的点）的 2%，而在 200 维中，超过 98% 的点落在薄外壳上——几乎所有的点都是局外者。如果看后面的图 18.27 (b)，你可以得到一个例子，其中拟合局外者的最近邻很贫乏。

　　函数 $NN(k, \boldsymbol{x}_q)$ 在概念上是琐碎的：给定包含 N 个样例的集合和一个询问 $\boldsymbol{x}_q$，重复遍历这些样例，测量从 $\boldsymbol{x}_q$ 到每个点的距离，并保持最好的 k。如果我们满足于一个执行时间为 $O(N)$ 的实现，故事到此结束。但是，基于示例的方法是为大规模数据而设计的，因此我们希望一个亚线性运行时间的算法。基本的算法分析告诉我们，确切的表查找对于顺序表是 $O(N)$，对于二叉树是 $O(\log N)$，对于哈希表是 $O(1)$。我们现在就可看出，二叉树和哈希表也能应用于寻找最近邻。

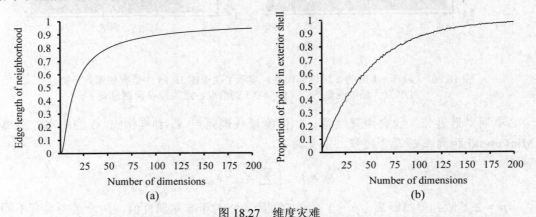

图 18.27　维度灾难
（a）在含 1 000 000 个点的单位立方体中，10-最近邻邻域的平均长度，将其作为维数的函数显示出来。
（b）落在立方体的 1% 薄外壳中的点的比例，也是作为维数的函数显示出来。取样于 10 000 个随机分布的点

18.8.2　用 k-d 树发现最近邻

　　建立在带任意维度的数据之上的平衡二叉树称为 **k-d 树**，即 k 维树。（在我们的记法中，维度数是 n，因此它们应该是 n-d 树。）k-d 树的构造类似于一维平衡二叉树的构造。首先从样例集合出发。在根结点，测试是否有 $x_i \leqslant m$，沿着第 i 维分裂样例集。这里选择的 m 是样例在第 i 维之上的中间值，因此将有一半样例在树的左分支，一半在右分支。然后，分别针对样例的左集合和右集合，递归产生左子树和右子树。当剩余样例数少于二时，终止递归过程。在树的每个结点上需要选择用于分裂的维度，简单的方法是在树的第 i 层，选择维度 $i \bmod n$。（注意，当沿着树往下行进时，可能重复使用给定的维度多次。）另一个策略是，根据具有最广泛分布的值的维度进行分裂。

　　k-d 树的查找类似于二叉树的查找（稍微复杂点的是，需要关注每个结点上所测试的维）。但是，最近邻查找更复杂。沿着分支向下行进，折半分裂样例集，有些情况下我们能够丢弃样例的另一半。但不总是能够如此。有时，查询点离边界非常接近，查询点本身在边界的左边，而 k-最近邻中的一个或多个实际上在右边。我们不得不通过计算查询点到边界的距离来测试这种可能性，如果不能发现左边有 k 个样例比这个距离更近，则需要搜索两个分支。由于这个问题，k-d 树仅适合于样例数远大于维度数的情况，理想的情况至少有 2^n 个样例。因此，k-d 树在下列情况下能够很好起作用：10 个维度以下有数千个样例，10 到 20 个维度有数百万个样例，如此等等。如果没有足够的样例，k-d 树查找不会比对整个数据集的线性扫描快。

18.8.3　区域相关哈希（散列）

哈希表有潜力提供比二叉树更快的查找。但是，当哈希码依赖于一个确切匹配时，如何利用哈希表发现最近邻？哈希码在容器间随机分布值，但我们希望临近的值落在一个容器中而形成组。我们需要一个**区域相关哈希**（LSH）。

不能利用哈希确切解决 $NN(k, x_q)$，但是巧妙使用随机化算法，能够发现近似解答。首先，定义**近似近邻**问题：给定样例点的数据集和查询点 x_q，以较高概率发现一个或多个临近 x_q 的样例点。更精确地说，如果存在一个点 x_j 在 x_q 的半径 r 之内，则要求算法以较高的概率发现与 x_q 的距离在 cr 之内的点 x_j。如果在半径 r 之内没有点，则允许算法报错。值 c 和"较高概率"是算法的参数。

解决近似近邻问题需要哈希函数 $g(x)$ 具有下列属性：对于任意两个点 x_j 和 $x_{j'}$，如果它们的距离大于 cr，则有相同哈希码的概率低；如果它们的距离小于 r，则这个概率高。为简单起见，我们把每个点视为比特（二进制）串。（任何非布尔属性都可编码成布尔属性集合。）

我们所基于的直觉是，如果 n 维空间的两个点很接近，则它们在一维空间（一条直线）的投影必定很接近。事实上，我们可以将直线分离成容器——哈希桶，以使得临近的点投影到同一个容器中。对于大多数投影函数来说，相距遥远的点倾向于投影到不同容器，但也总是有几个投影函数，偶尔将远离的点投影到相同容器中。因此，x_q 点的容器包含了许多（不是全部）接近 x_q 的点，同时其中的某些点是远离 x_q 的。

LSH 的策略是产生多个随机投影函数，并把它们合并在一起。一个投影函数是比特串表示的一个子集。我们选择 l 个不同的随机投影函数，产生 l 个哈希表 $g_1(x)$，$g_2(x)$，…，$g_l(x)$，然后将所有样例都放进每个哈希表。给定一个查询点 x_q，在容器 $g_m(x)$（$m = 1, 2, …, l$）中取点的集合，把它们合并成一个候选点集 C。然后对 C 中每个点，计算它与 x_q 的实际距离，并返回 k 个最近点。每个临近 x_q 的点将以较高概率出现在至少一个容器中。虽然某些远距离点也可能出现，但可以忽略不计。对于现实世界的大型问题，例如使用 512 维发现 13 百万 Web 图像中的近邻（Torralba 等，2008），为了发现最近邻，区域相关哈希只需要考察 13 百万中的几千幅图像，相比较于穷尽搜索或 k-d 树途径，提高了千倍的速度。

18.8.4　非参数化回归

现在将考察回归的非参数化途径，而非分类途径。图 18.28 显示了一些许不同的模型。（a）中显示的模型也许是所有模型中最简单的一个，傲慢地称为"片段式线性非参数化回归"，而非正式地称为"连接-点"。这个模型生成一个函数 $h(x)$，当给定查询点 x_q 时，它能解决普通的、带两个点的线性回归问题：训练样例直接位于 x_q 的左边和右边。当噪音较低时，这个简单方法实际上相当不错，这也是将之看作电子表格中绘图软件的标准特性的原因。但是，当数据包含噪音时，结果函数充满突兀处，泛化结果不好。

k-最近邻回归（图 18.28（b））在"连接-点"基础上作了改进。不是使用查询点 x_q 左右的两个样例，而是使用 k 个最近邻（在此为 3）。更大的 k 值倾向于抹平峰值幅度，尽管

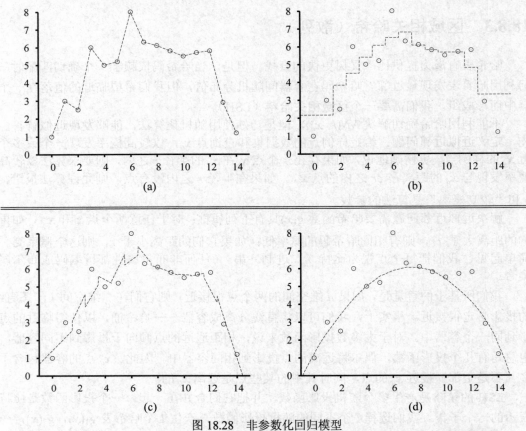

图 18.28　非参数化回归模型
（a）连接点，（b）3-最近邻平均，（c）3-最近邻线性回归，（d）带二次核的局部加权回归，核宽度 $k = 10$

结果函数具有不连续性。在（b）中，函数 $h(x)$ 取 k 个点的平均值 $\sum y_j / k$。注意，处于边界的点，$x = 0$ 和 $x = 14$，其估计值是糟糕的，因为证据只来源于一边（内部），忽略了趋势。（c）中显示的是 k-最近邻线性回归，它寻找从 k 个样例中穿过的最佳直线。它在边界点上做得更好，但仍然是不连续的。在（b）和（c）中，我们都留下一个问题：如何确定一个好的 k 值？答案一般是交叉验证。

　　局部加权回归（图 18.28（d））表明了最近邻的优越性，不再具有不连续性。为了避免 $h(x)$ 的不连续性，我们需要避免用于估计 $h(x)$ 的样例集的不连续性。局部加权回归的思想是，对于每个查询点 x_q，离 x_q 近的样例权值大，而远离 x_q 的样例权值小，甚至为 0。权值随距离递减是平缓的，而不是急剧的。

　　下面讨论如何用一个称为**核**的函数给每个样例加权。核函数看起来像肿块；图 18.29 显示了用来生成图 18.28（d）的核。该核提供的权重在中心达到最高，在 ±5 的位置趋向 0。能否选择任何函数作为核？答案是否定的。首先，发明核函数 K 是为了对 x_j 和查询点 x_q 之间的距离进行加权，即 $K = K(Distance(x_j, x_q))$。因此，相对于 0，$K$ 应该是对称的，并在 0 处达到最大值，在趋向 ±∞ 时，核的值域必须受限。还有一些其他形状也已经用作核，如高斯函数，但最近的研究表明形状的选择并不很重要。对核的宽度处理必须谨慎。其次，核的宽度是模型的参数，最好通过交叉验证来选择。如同为最近邻选择 k 一样，如果核太宽，将出现低拟合；如果核太窄，将出现过度拟合。在图 18.28（d）中，$k = 10$ 给出一条平滑曲线，看起来是对的——也许它对异常点 $x = 6$ 关注程度不够。一个更窄的核宽度将对单个点更敏感。

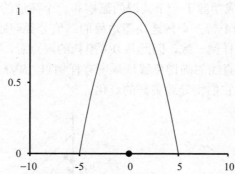

图 18.29　二次核 $K(d) = \max(0, 1 - (2|x| / k)^2)$，核宽度 $k = 10$，以查询点 $x = 0$ 为中心

现在，用核做局部加权回归是直接的了。给定查询点 $\boldsymbol{x}_q$，一般利用梯度下降解决下列加权回归问题：

$$\mathbf{w}^* = \operatorname*{arg\,min}_{\mathbf{w}} \sum_j K(Distance(\boldsymbol{x}_q, \boldsymbol{x}_j))(y_j - \mathbf{w} \cdot \boldsymbol{x}_j)^2$$

其中 $Distance$ 可以是在最近邻方法中讨论的任意距离度量。那么，答案将是 $h(\boldsymbol{x}_q) = \mathbf{w}^* \cdot \boldsymbol{x}_q$。

注意，我们需要为每个查询点解决新的回归问题，即局部意味着什么。（在普通线性回归中，一旦全局性解决了回归问题，在任何查询点都使用相同的 $h_{\mathbf{w}}$。）因为只涉及带非 0 权值的样例——其核覆盖查询点的样例，当核宽度较小时，仅有几个这样的点。因此，每个回归问题将更容易解决，从而缓解了这一额外工作。

大多数非参数化模型具有一个优点：因为不需要重复计算，留一交叉验证是很容易的。例如，对于 k-最近邻模型，当给定一个测试样例 $(\boldsymbol{x}, y)$ 时，检索 k 个最近邻一次，用这些最近邻计算单样例损耗 $L(y, h(\boldsymbol{x}))$，并把它作为每个不属于近邻的样例的留一结果记录下来。然后，检索 $k + 1$ 个最近邻，为剔除 k 个最近邻的每一个，记录不同结果。在 N 个样例的情况下，整个过程是 $O(k)$，而非 $O(kN)$。

18.9　支持向量机

支持向量机（**SVM**）框架是当前最流行的、"现成"的监督学习方法：如果没有关于领域的专业化先验知识，则 SVM 是一个很好的首选。三个特性使得 SVM 具有吸引力：

（1）**SVM** 构造一个**极大边距分离器**——与样例点具有最大可能距离的决策边界。这有助于做良好泛化。

（2）**SVM** 生成一个线性分离超平面，但使用所谓**核技巧**，能够将数据嵌入更高维度空间。通常在原输入空间非线性可分的数据，在高维空间很容易分开。高维线性分离器在原空间中实际上不是线性的。这意味着，相对于使用严格线性表示的方法，假说空间得到极大扩展。

（3）**SVM** 是非参数化方法——它们保留训练样例，且潜在需要存储所有训练样例。另一方面，在实际应用中只保留很少一部分样例——有时仅是维度数的一个常量倍数。因此，支持向量机综合了非参数化和参数化模型的优点：它们有表示复杂函数的灵活性，但能抵抗过度拟合。

也许你会说 **SVM** 的成功源于一个关键的洞察和一个简洁的技巧。下面将分别论述之。在图 18.30（a）中，有一个带三个候选决策边界的二值分类问题，每一个决策边界都是线性分离器。它们都与所有样例一致，因此从 0/1 损耗的观点看，它们都同等好。Logistic 回归将发现某个分离直线，直线的确切位置依赖所有样例点。SVM 的关键洞察是，某些样例比其他样例更重要，关注它们将导致更好的泛化。

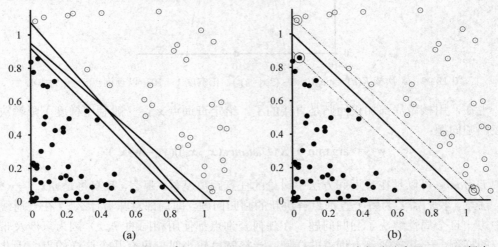

图 18.30　支持向量机分类（a）两类点（黑圈和白圈）和三个候选分离器。（b）极大边距分离器（粗实线），在边界的中心点位置（两条虚线之间的区域）。**支持向量**（带大圈的点）是离分离器最近的点。

考察（a）中三条直线中最低的那一条，它与 5 个黑样例非常接近。尽管它正确分类所有样例，并因此最小化损耗，但是它使你非常紧张：这么多样例离它如此近，也许有其他黑样例会出现在直线的另一边。

SVM 要处理这样一个问题：不是最小化训练数据上的期望经验损耗，而是试图最小化期望泛化损耗。我们不知道未知点可能落在何处，但在概率假设——它们取自与已知点相同的分布——之下，从计算学习理论（18.5 节）得到的一些证据显示，通过选择离已知样例最远的分离器，能够最小化泛化损耗。我们称这个分离器为**极大边距分离器**（见图 18.30（b））。**边距**是图中两条虚线界定的区域的长度——从分离器到最近样例点距离的两倍。

现在，怎样发现这个分离器？在给出公式之前，交代一些记号：传统上 **SVM** 使用类标号 +1 和 −1，而不是我们之前使用的 +1 和 0。同样，在前面我们将截断权重放进向量 **w**（和一个对应哑值 1 放进 $x_{j,0}$），但 **SVM** 不这么做。它们将截断作为一个单独参数 b。分离器定义为点的集合 $\{x: \mathbf{w} \cdot \mathbf{x} + b = 0\}$。我们可以用梯度下降方法搜索 **w** 和 b 形成的空间，从而发现最大化边距，且能够正确分类所有样例的参数。

然而，似乎有另一种途径解决这个问题。我们不会给出详细描述，仅仅只说存在一个候选表示法，称之为双重表示法，在其中通过求解下列公式来发现最优解：

$$\arg\max_{\alpha}\sum_{j}\alpha_j-\frac{1}{2}\sum_{j,k}\alpha_j\alpha_k y_j y_k(\boldsymbol{x}_j\bullet\boldsymbol{x}_k)\qquad(18.13)$$

并满足约束 $\alpha_j\geqslant0$ 和 $\sum_j\alpha_j y_j=0$。这是一个**二次规划**最优化问题，解决该类问题有很好的软件包。一旦发现了向量 α，就能够通过公式 $\boldsymbol{w}=\sum_j\alpha_j\boldsymbol{x}_j$ 回到 $\boldsymbol{w}$，或者留在双重表示法内。

式（18.13）有三个重要性质。第一，表达式是凸状的，它有单一的全局极大值，并能够高效寻找到。第二，数据只能以点对的点积形式进入表达式。这个特性对于分离器公式本身也成立，一旦最优 α_j 被计算出来，则

$$h(\boldsymbol{x})=\mathrm{sign}\left(\sum_j\alpha_j y_j(\boldsymbol{x}\bullet\boldsymbol{x}_j)-b\right)\qquad(18.14)$$

最后一个重要属性是，除了**支持向量**——与分离器最接近的点（它们之所以被称为"支持"向量，是由于它们"拦住"了分离平面。）——之外，与每个数据点关联的权重 α_j 都为 0。因为通常情况下支持向量比样例要少得多，**SVM** 获得了参数化模型的某些优点。

如果样例是线性可分的，会出现什么情况？图 18.31（a）显示了由属性 $\boldsymbol{x}=(x_1,x_2)$ 定义的输入空间，其中正例（$y=+1$）在圆形区域中，反例（$y=-1$）在圆外。显然，对于这个问题不存在线性分离器。现在，假定重新表达输入数据，即把每个输入向量 $\boldsymbol{x}$ 映射成新的属性值向量 $F(\boldsymbol{x})$。特别地，使用三个属性

$$f_1=x_1^2,\quad f_2=x_1^2,\quad f_3=\sqrt{2}\,x_1\,x_2\qquad(18.15)$$

不久之后我们将会看到它们来自哪里，但现在仅看看发生了什么。图 18.31（b）显示了在由三个属性定义的、新的三维空间中的数据，在这个空间中数据是线性可分的！这种现象实际上是极其普通的：如果数据映射到足够高的维度空间，则它们几乎总是线性可分的——如果你从足够多的方向看点集，你就能够找到一个途径，将它们排成一行。在此，我们仅用了三维[1]，练习 18.16 要求你证明，对于平面上的任何圆（不仅仅是在原点的），四维足以将其变为线性可分，五维将足以使椭圆线性可分。一般来说（某些特例除外），如果有 N 个数据点，则在 $N-1$ 维或更高维是线性可分的（练习 18.25）。

现在，我们不再期望在输入空间 $\boldsymbol{x}$ 中发现线性分离器，而是通过在式（18.13）中用 $F(\boldsymbol{x}_j)\bullet F(\boldsymbol{x}_k)$ 取代 $\boldsymbol{x}_j\bullet\boldsymbol{x}_k$ 的一个简单变换，我们就能够发现在高维属性空间 $F(\boldsymbol{x})$ 中的线性分离器。这本身不是特别的——在任何学习算法中，用 $F(\boldsymbol{x})$ 取代 $\boldsymbol{x}$ 都有其必然的效果——但是，点积具有特殊属性。通常不必先为每个点计算 F，就能计算出 $F(\boldsymbol{x}_j)\bullet F(\boldsymbol{x}_k)$。在由式（18.15）定义的三维属性空间中，运用一点代数知识就能证明

$$F(\boldsymbol{x}_j)\bullet F(\boldsymbol{x}_k)=(\boldsymbol{x}_j\bullet\boldsymbol{x}_k)^2。$$

（这说明了为什么 $\sqrt{2}$ 出现在 f_3 中）。表达式 $(\boldsymbol{x}_j\bullet\boldsymbol{x}_k)^2$ 被称为**核函数**[2]，通常记为 $K(\boldsymbol{x}_j\bullet\boldsymbol{x}_k)$。在某个对应的属性空间中计算点积时，核函数施加于输入数据对。因此，用核函数 $K(\boldsymbol{x}_j\bullet\boldsymbol{x}_k)$ 取代式（18.13）中的 $\boldsymbol{x}_j\bullet\boldsymbol{x}_k$，就能发现高维属性空间 $F(\boldsymbol{x})$ 中的线性分离器。在高维空间中学习，只需计算核函数，而不是为每个数据点计算整个属性表。

---

1 读者也许注意到，只需使用 f_1 和 f_2 就行了，但 3D 映射能更好解释相关思想。

2 "核函数"的这种用法与局部加权回归的用法有所不同。有些 **SVM** 的核就是距离度量，但不都是如此。

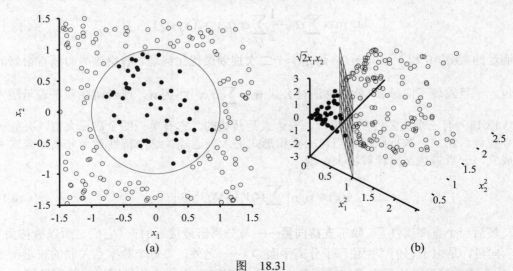

图　　18.31

（a）2-维训练集，黑圈表示正例，白圈表示反例。同时给出了真实决策边界 $x_1^2 + x_2^2 \leqslant 1$。（b）同样的数据映射到三维输入空间 $(x_1^2, x_2^2, \sqrt{2} x_1 x_2)$ 的情形，（a）中的圆形决策边界变成了三维空间的线性决策边界。图 18.30（b）给出了（b）的一个特写

下一步说明核 $K(x_j \cdot x_k) = (x_j \cdot x_k)^2$ 没有什么特殊的地方。它对应一个特定的更高维属性空间，但其他核函数对应其他属性空间。数学中的一个古老结果——**Mercer 定理**——告诉我们，任何"合理的"[1]核函数都对应某个属性空间。这些属性空间可以非常庞大，即使对于表面无害的核。例如，**多项式核** $K(x_j \cdot x_k) = (1 + x_j \cdot x_k)^d$ 对应的属性空间，其维数是 d 的指数级。

这是一个灵巧的**核技巧**：将这些核插入式（18.13），在维度为数十亿（某些情况下，无穷数目）的属性空间中，能够有效发现最优线性分离器。当映射回原输入空间时，这些线性分离器可以对应任意波浪形的、非线性的、正例和反例之间的决策边界。

在本质上包含噪音数据的情况下，也许并不需要某更高维度空间的线性分离器。相反，我们希望找到低维空间的一个决策曲线，它不是将类清晰地分离开来，而是反映了噪音数据的现实。**软边距分类器**具有这个可能性，它允许样例落在决策边界的错误一边，但给它们一个惩罚值，该惩罚值与将它们移回到正确一边的距离成正比。

核方法不仅能用于发现最优线性分离器的学习算法，而且能用于任何其他重新公式化的情形，其中仅含数据点对的点积，如式（18.13）和式（18.14）所示的情形。一旦这样做了之后，点积被核函数取代，我们得到算法的一个**核化版本**。对于 k-最近邻学习和感知器学习（18.7.2 节），这很容易做到。

18.10　组　合　学　习

到目前为止，我们已经考察了一类学习方法，其中选自于假说空间的单一假说用来做预测。**组合学习**方法的思想是从假说空间中选出一个假说集合或**组合**，并集成它们的预测。

1　在此，"合理的"意指矩阵 $\mathbf{K}_{j,k} = K(x_j \cdot x_k)$ 是正定的。

例如，在交叉验证期间，我们也许会产生 20 个决策树，并用它们对新样例的分类进行投票。

组合学习的动机很简单。考虑 $K = 5$ 个假说的组合，并假定使用简单的多数票方式集成它们的预测。对于误分类新样例的组合，至少有三个假说将其分错了。所希望的是误分类的可能性要比单个假说小得多。假设在组合中的每个假说 h_k 有错误 p，即对于随机选择的样例，由 h_k 误分类的概率是 p。进一步假设每个假说出现分类错误是独立的。如果 p 很小，则大规模出现误分类的概率是微小的。例如，简单计算（练习 18.18）表明，使用五个假说的组合能将十分之一的误差率降低至不高于百分之一。独立性假设显然不合理，因为假说可能被训练数据的某些特性以同样的方式误导。但是，如果假说只要有一点不同，从而降低了它们的错误之间的相互作用，组合学习就会很有用。

从另一个角度看，组合思想是放大假说空间的一种属方法。即把组合想象成一个假说，把新假说空间想象成可从原空间构造的所有组合形成的集合。图 18.32 表明了如此导致的一个更富表达力的假说空间。如果原假说空间存在简单有效的学习算法，则组合方法提供了一种学习更富表达力的假说类的途径，而不会引起额外的计算或算法复杂性。

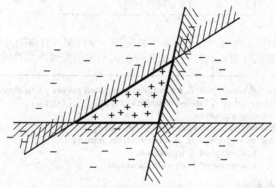

图 18.32　图解通过组合学习获得的、增长的表达力。三个线性阈值假说，每个把无阴影一边的点分类成正比。三个假说都分类成正比的点才是正比，如此形成的三角形区域是一个在原假说空间无法表达的假说

最广泛使用的组合方法称为**提升**。要明白它是如何工作的，我们首先需要解释**加权训练集**概念。在这样的训练集中，每个样例有一个相关的权 $w_j \geq 0$。一个样例的权重越大，假说学习期间附加给它的重要性越大。修改迄今所见的学习算法，使之能施加于加权训练集是直接的[1]。

提升开始于所有样例的权重 $w_j = 1$（即正常训练集），从这个集合产生第一个假说 h_1。这个假说能够正确分类部分训练样例，也能误分类部分训练样例。我们希望下一个假说在误分类样例上做得更好，因此增加它们的权重，而降低已正确分类的样例的权重。从这个新的加权训练集生成假说 h_2。这个过程继续下去，直到生成 K 个假说，其中 K 是提升算法的输入。最后的组合假说是 K 个假说的加权多数函数，每个假说的权值按照它们在训练集上的表现确定。图 18.33 从概念上表明了算法是如何工作的。基本提升思想有许多变化，其不同之处在于调整权值和组合假说的方法。图 18.34 显示了一个所谓 ADABOOST 的算法。ADABOOST 有个非常重要的属性：如果输入学习算法 L 是**弱学习算法**——这意味着 L 总是

---

[1]　对于那些不能这样做的学习算法，可以生成**复制训练集**，其中第 j 个样例出现 w_j 次，用随机化处理分数权重。

返回一个假说，该假说在训练集上的精度只比随机猜测略微好点（即，对于布尔分类 50% +ε）——则对于足够大的 K，ADABOOST 将返回一个假说，它对训练数据的分类相当完美。因此，该类算法提升了原学习算法在训练数据上的精度。无论原假说空间的表达力如何低下，也无论被学习的函数如何复杂，该结论都成立。

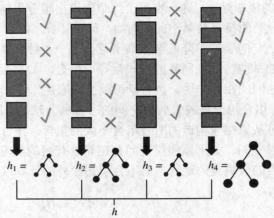

图 18.33　提升算法是如何工作的。每个阴影方格对应一个样例，方格的高度对应权重。钩和叉表明样例被当前假说分类正确与否。决策树的大小表明假说在最终组合中的权重

```
function ADABOOST(examples, L, K) returns a weighted-majority hypothesis
    inputs: examples, set of N labeled examples (x_1, y_1), ···, (x_N, y_N)
            L, a learning algorithm
            K, the number of hypotheses in the ensemble
    local variables: w, a vector of N example weights, initially 1/N
                     h, a vector of K hypotheses
                     z, a vector of K hypothesis weights

    for k = 1 to K do
        h[k] ← L(examples, w)
        error ← 0
        for j = 1 to N do
            if h[k](x_j) ≠ y_j then error ← error + w[j]
        for j = 1 to N do
            if h[k](x_j) = y_j then w[j] ← w[j] · error/(1 − error)
        w ← NORMALIZE(w)
        z[k] ← log (1 − error)/error
    return WEIGHTED-MAJORITY(h, z)
```

图 18.34　一种组合学习的提升方法 ADABOOST。算法通过重新调整训练样例的权重而生成假说。函数 WEIGHTED-MAJORITY 生成一个假说，该假说返回 **h** 假说向量中具有最高得票的输出值，其中得票用 **z** 加权

　　让我们看看提升在饭店数据上的优异表现。我们将选择**决策桩**类作为原假设空间，决策桩是只在根结点上有测试的决策树。图 18.35（a）中的下方曲线表明，未提升决策桩在这个数据集上不是十分有效，在 100 个样例上训练后，预测性能仅达到 81%。在施加提升（$K = 5$）后，性能更好，达到 93%。

　　当组合的大小 K 增加时，有趣的事情发生了。图 18.35（b）将训练集性能（在 100 个样例上）作为 K 的函数。注意，当 K 为 20 时，错误达到 0。也就是说 20 个决策桩的加权多数函数足以确切拟合 100 个样例。当更多的桩加入到组合中时，错误仍然为 0。该图也

表明在训练集错误达到 0 后很久，测试集性能继续增加。在 $K = 20$ 处，测试性能为 0.95（或 0.05 误差），延续到 $K = 137$ 时，性能增加到 0.98，然后逐渐降到 0.95。

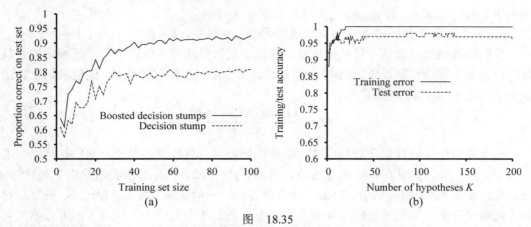

图　　18.35

（a）提升决策桩（$K = 5$）在饭店数据上的性能曲线对比非提升决策桩在饭店数据上的性能曲线。（b）在训练集和测试集上的正确比例，该比例作为组合中假说数目 K 的函数。注意，即使训练精度达到 1 时，即组合确切拟合数据后，测试集精度都略有改善

这一发现在各种数据集合和假说空间上都相当健壮，当首次被人注意到时，引起一阵惊叹。奥坎姆剃刀告诉我们不要使假说比必要的更复杂，但是该图形告诉我们当组合假说趋于复杂时，预测得到改进！关于这一现象有各种解释。其中一种观点是，提升逼近贝叶斯学习（见第 20 章），贝叶斯学习可证明是一种最优学习算法，当假说加入时，逼近得到改善。另一种可能解释是，更多假说的加入能够更加确定正例和反例的不同，这有助于分类新的样例。

18.10.1　在线学习

本章到目前为止，我们所做的一切都依赖于假设——数据是 i.i.d.的（独立且同分布）。一方面，这是一个明智的假设：如果将来与过去不相似，那么怎样做预测？另一方面，这个假设太强：输入捕捉了使将来真正独立于过去的所有信息，这种情况是罕见的。

这一节我们考察，当数据不是 i.i.d.时，应该做什么；什么时候它们可能随时间变化。在这种情况下，紧要的是什么时候做预测，因此我们采用所谓**在线学习**的观点：一个 Agent 接收来自自然的输入 x_j，预测对应的 y_j，然后被告知正确的答案。该过程在 x_{j+1} 上重复，如此等等。也许人们认为这个任务是毫无希望的——如果自然是敌对的，所有预测都可能出错。似乎我们能做某些保证。

考虑这样一种情景，其中输入的预测来自于一组专家。例如，每天 K 个权威人士预测股票是涨还是跌，我们的任务是对这些预测集思广益，并做出自己的预测。做这件事的一个方法是记录每个专家的表现，并根据他们过去的表现有限度相信之。这种途径称为**随机加权多数算法**。形式描述如下：

（1）初始化权重集合 $\{w_1, w_2, \cdots, w_K\}$，所有权重赋 1。

（2）从专家接收预测 $\{\hat{y}_1, \hat{y}_2, \cdots, \hat{y}_K\}$。

（3）随机选择一个专家 k^*，概率与它的权重成正比：$P(k) = w_k \left/ \left(\sum_{k'} w_{k'} \right) \right.$。

（4）预测 $\hat{y}_{k*}$。

（5）接收正确的答案 y。

（6）对于专家 k，若 $\hat{y}_k \neq y$，则修改权重 $w_k \leftarrow \beta w_k$。

其中 β 是一个惩罚参数，对专家的每个预测误差进行惩罚，$0 < \beta < 1$。

我们用**遗憾**来刻画这一算法的成功，遗憾定义为算法所犯错误数与事后确定的、具有最好记录的专家所犯错误数之比。令 $M*$ 是最好的专家所犯错误的数目，则随机加权算法所犯的错误数 M 由下式[1]界定：

$$M < \frac{M * \ln(1/\beta) + \ln K}{1 - \beta}$$

该上界对于任何样例序列都成立，即使样例选自具有敌意的专家，他们往往给出最坏的预测。特别地，如果有 $K = 10$ 个专家，并选择 $\beta = 1/2$，则算法所犯错误由 $1.39M* + 4.6$ 所界定；如果 $\beta = 3/4$，则由 $1.15M* + 9.2$ 所界定。一般来说，如果 β 接近 0，则算法对长期变化做出反应。如果最好的专家变换了，不久之后就会关注他。然而，由于开始时对所有专家予以同样的信任，我们付出了代价——我们太长时间接受坏专家的建言。当 β 更接近 0 时，这个因子发生逆转。注意，我们可选择 β 在一个长时期内逐步接近 $M*$；这种方法称为**无遗憾学习**（因为当试探数目增加时，每次遗憾的平均值趋向 0）。

当数据随时间急剧变化时，在线学习很有帮助。当大规模数据集持续增长，甚至变化是渐增的时，它也很有用。例如，当数据库中包含数百万 Web 图像时，你不希望在所有数据上训练一个诸如线性回归这样的模型，然后加入一个新图像时，再从起点重新训练。更实际的做法是使用一个在线学习算法，它允许图像逐步加入。对于大多数基于最小化损耗的学习算法，存在一个基于最小化遗憾的在线版本。额外的奖赏是，其中许多在线算法都对遗憾进行界定。

使某些观察者感到惊讶的是，对比一组专家，我们的性能界限存在如此紧密的界限。对于其他观察者而言，实际惊讶的事情是，一组专家聚合在一起，预测股票价格、运动赛事结果、政治辩论等，而普罗大众则宁愿聆听他们的预言，而不愿量化他们的误差率。

18.11　机器学习实例

我们已经广泛介绍了一组学习技术，每一个都用简单的学习任务予以说明。这一节我们考虑实际机器学习的两个情景。第一个涉及寻找能够学习识别手写体数字的算法，并从中榨出预测性能的最后一点东西。第二个涉及任何事情但是——指出获取、清洗和表示数据至少如同算法工程一样重要。

18.11.1　实例研究：手写数字识别

识别手写数字对于许多应用来说都是一个重要任务，包括通过邮政编码自动分拣邮件、自动阅读支票和纳税报表和手提计算机的数据输入。这是一个迅速发展的领域，部分由于

1　证明见（Blum，1996）。

有更好的学习算法，部分由于有更好的训练集。美国国家科学和技术研究所（NIST）建立了一个包含 60 000 个带标注数字的数据库，每一个数字图像有 20×20 = 400 个像素，用 8 比特灰度值表示一个像素。它已经成为一个测试新学习算法的标准测试平台。图 18.36 给出了一些样例。

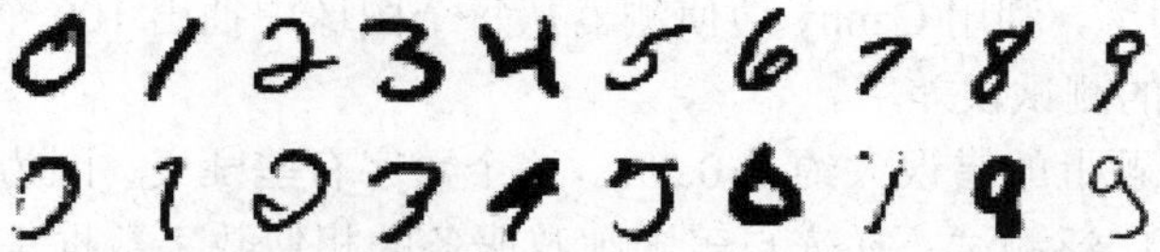

图 18.36　来源于 NIST 手写数字数据库中的样例。顶行：数字 0～9 的样例，容易识别。底行：相同数字的样例，识别起来要困难些

已经尝试了很多不同学习方法，其中 **3-最近邻**（3-nearest-neighbor）分类器是第一个也许是最简单的一个，它还有不需训练时间的优点。然而，作为一个基于记忆的算法，它必须存储所有 60 000 个图像，其运行时间效率低下。它的测试误差率达到了 2.4%。

为该问题也设计一个**单隐藏层神经网络**（single-hidden-layer neural network）。它包含 400 个输入单元（每像素一个）和 10 个输出单元（每类一个）。交叉验证发现，大约 300 个隐藏单元具有最好性能。如果层次之间全连接的话，总数有 123 300 个权重。这个网络获得了 1.6% 的误差率。

一个**专业神经网络**系列 LeNet 利用问题的结构优点——输入由二维数组中的像素点组成，图像位置的小变化或倾斜是不重要的。每个网络有 32×32 个输入单元，20×20 像素居中散射到输入单元，如此使得每个输入单元对应像素的一个局部邻域。输入层之后跟三个隐藏层，每一个隐藏层由 $n×n$ 数组的几个平面组成。其中 n 逐层减少，以便网络向下抽样输入，并限制一个平面中所有单元的权重是相同的，以便平面起到特征侦测器的作用：它能获得诸如一条长垂直线段或短半圆弧这样的特征。输出层有 10 个单元。研究者们试验了这种体系结构的许多版本，在具有代表性的结构中，隐藏层分别包含 768、192 和 30 个单元。通过对实际输入做仿射变换：迁移、轻微旋转和伸缩图像，使训练集扩大。（当然，变换比较小，要不然一个 6 将会变换成 9！）LeNet 获得的最好误差率是 0.9%。

提升神经网络（boosted neural network）综合了 LeNet 体系结构的三个拷贝，其中第一个神经网会发生 50% 的错误，第二个神经网在第一个神经网提供的混合模式上训练，第三个在前两个有不一致结论的模式上训练。在测试期间，三个神经网络进行投票，用多数原则确定结果。测试误差率是 0.7%。

带 25 000 个支持向量的支持向量机（见 18.9 节）获得了 1.1% 的误差率。这个结果是显著的，因为对于开发者而言，如同简单最近邻途径一样，**SVM** 技术不需要思索或重复试验，它的性能就能接近 LeNet，而 LeNet 却开发了数年。确实，支持向量机不利用问题结构，如果像素点以一种排列顺序提供，它的性能也同样好。

虚拟支持向量机（virtual SVM）从一个正常 **SVM** 开始，然后改进它，其改进技术利用了问题结构。这种途径不再做所有像素点对的乘积，而是专注于由附近像素点对形成的核。它也通过样例变换扩大了训练集，如同 LeNet 所做的一样。到目前为止，有关虚拟 **SVM** 误差率的最好记录是 0.56%。

形状匹配（shape matching）是一种计算机视觉技术，用于校准两个不同对象图像的对

应关系（Belongie 等，2002）。其思路是首先为两个图像中的每一个选择点集，然后为第一个图像中的每个点，计算与它相对应的第二个图像中的点。从该校准可计算两个图像之间的变换。变换给出了两个图像之间的距离度量。距离度量比仅仅计数不同像素点的数目更得到认可，似乎使用这种距离度量的 3-最近邻算法具有非常好的表现。在 60 000 个数字中选出 20 000 进行训练，利用 Canny 边侦测器从每个图像中抽出 100 个样本点，形状匹配分类器获得了 0.63% 的测试误差率。

人类在这个问题上的错误大约是 0.2%。这个数字有些疑义，因为人类没有经过如同机器学习算法那样的广泛测试。在来自美国邮政服务的相似数字数据集上，人类的误差率是 2.5%。

下表包含了前面所讨论的七种算法在误差率、运行时间性能、存储需求和训练总时间方面的总结数字，另一种度量也加了进来，即为了获得 0.5% 的误差率，必须拒绝的数字的百分比。例如，如果允许 **SVM** 拒绝 1.8% 的输入——即，为了其他人做最终判断，把它们过滤掉——则在余下 98.2% 的输入上，它的误差率从 1.1% 减低到 0.5%。

下表总结了我们前面讨论的七种算法的误差率，以及其他一些特性。

	3 NN	300 Hidden	LeNet	Boosted LeNet	SVM	Virtual SVM	Shape Match
误差率（%）	2.4	1.6	0.9	0.7	1.1	0.56	0.63
运行时间（ms/数字）	1000	10	30	50	2000	200	
存储需求（MB）	12	0.49	0.012	0.21	11		
训练时间（天）	0	7	14	30	10		
达到 0.5% 误差率的拒绝率（%）	8.1	3.2	1.8	0.5	1.8		

18.11.2 实例研究：词义和住宅价格

在一本教材中，我们需要处理简单、玩具式数据，以便能使思想贯穿始终：小规模数据集，通常是二维的。但在机器学习的实际应用中，数据集通常是庞大的、多维的和杂乱的，不是以 (x, y) 值形式预先打包成一个集合，然后传递给分析者。分析者需要走出去，搜集正确的数据。为了完成一个任务，大多数工程问题都必须决定需要什么样的数据，需要选择数据的一个较小的部分，并执行合适的机器学习方法来处理这部分数据。图 18.37 显示了一个典型的现实世界样例，比较五个学习算法在词义分类（给定一个句子"The bank folded"，将词"bank"分类成"money-bank"或"river-bank"）任务上的性能。要点是，机器学习研究者主要将精力花在垂直方向：我能否发明一种新算法，在包含百万词的标准训练集上的性能，要优于以前出版的算法？但是，这个图形表明在水平方向有更多的改进空间：不去发明新算法，我需要做的是搜集一千万个词作为训练数据。即使最差的算法在一千万词集上训练后，其性能也好过经过一百万训练集的最好算法。随着数据的增加，性能曲线持续上升，算法之间的性能差异缩小。

考虑另一个问题：评估待售住宅的真实价值。在图 18.13 中，我们给出了该问题的一个玩具版本，并从住宅的大小到询价做线性回归。你也许注意到该模型有很多局限性。首先，它度量错误的事情：我们要住宅的售价而不是询价。为了解决该任务，我们需要实际

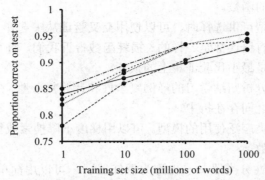

图 18.37　五个学习算法在同一个任务上的学习曲线。注意，在水平方向上（更多训练数据）似乎
　　　　　比垂直方向上（不同学习算法）有更多的改进空间

售价数据。这并不意味着我们要抛弃询价数据——我们可以将其作为一个输入属性。除了住宅的大小，我们需要更多数据：房间、卧房和盥洗室的数目；厨房和盥洗室最近是否重新装修过；房龄；我们也需要有关地段和邻居的信息。但是如何定义邻居？用邮政编码？如果邮编的一部分在高速公路或铁轨的"错误"一边，其他部分则是所期望的，还能用邮编吗？用学校街区又是什么情况？学校街区名称是一个属性，还是平均测试分数？为了确定应包含什么属性，我们不得不处理那些被忽略的数据，不同地区有不同记录数据的习惯，单个案例总是忽略某些数据。如果我们需要的数据不可用，也许我们可以建立一个社区网站，鼓励人们共享和修正数据。最后，决定使用什么数据和怎样使用它们的过程与选择学习算法（线性回归、决策树或其他学习形式）同等重要。

　　俗话说，人们不得不为一个问题挑选一个（一组）方法。没有一种途径能保证总是选出最佳方法，但存在某些大致指南。当存在许多离散属性，且你认为其中有很多不合适时，决策树是一个好的选择。当你有很多数据可用，但没有预先知识时，当你不愿意过多考虑如何挑选正确属性的问题时（只要不少于 20 个左右），非参数化方法是一个好的选择。然而，非参数化方法通常需要你精心设计一个更赋表达力的函数 h。假设数据集不是太庞大，支持向量机经常被认为是最好的首选。

18.12　本 章 小 结

这一章聚焦于用归纳方法从样例学习函数的问题，其要点如下：
- 学习有很多形式，依赖于 Agent 的性质、其需要改进的分量以及可用的反馈。
- 如果可供使用的反馈提供了样例输入的正确解答，则学习问题被称为**监督学习**，其任务是学习函数 $y = h(x)$。学习离散函数称为**分类**，学习连续函数则称为**回归**。
- 归纳学习涉及发现一个与样例具有良好匹配的假说。奥坎姆剃刀建议选择最简一致假说。这个任务的困难度依赖所选表示法。
- **决策树**能够表示所有布尔函数。**信息收益**启发式提供了发现简单一致决策树的有效方法。
- 学习算法的性能由**学习曲线**度量，它表明了在**测试集**上的预测精度。而该预测精度是**训练集**大小的函数。

- 当存在多个模型可供选择时，可以使用**交叉验证**从中选择一个良好泛化的模型。
- 有时并不是所有错误都是一样的。**损耗函数**告诉我们，每个错误有多糟糕。应用损耗函数的目标是最小化验证集上的损耗。
- **计算学习理论**分析归纳学习的样例复杂性和计算复杂性。在假说语言的表达能力和学习的简易性之间存在折中。
- **线性回归**是一类广泛使用的模型。可以用梯度下降搜索或精确计算，发现线性回归模型的最优参数。
- 带硬阈值的线性分类器——也称为**感知器**——可以用简单的权重更新规则对其进行训练，以使之拟合**线性可分**的数据。在其他情形下，该规则不能收敛。
- Logistic 回归用软阈值取代硬阈值，软阈值一般用 Logistic 函数定义。即使对于非线性可分且含噪音的数据，梯度下降也能有很好的表现。
- **神经网络**用线性阈值单元网表示复杂的非线性函数。给定足够多的单元，三层前馈神经网络能表示任何函数。**反向传播**算法在参数空间中实施梯度下降，以最小化输出误差。
- **非参数化模型**使用所有数据做预测，而非试图先用少数几个参数来概括数据。其例子有**最近邻**和局部加权回归。
- **支持向量机**用**最大边距**发现线性分离器，从而改进分类器的泛化性能。**核方法**隐式地将输入数据转换成高维空间的点。即使原数据是不可分的，在高维空间中也可能存在线性分离器。
- 诸如**提升**这样的组合方法经常比单一方法表现得更好。在**在线学习**中，我们能够汇集专家的观点，而任意接近最好专家的性能，即使在数据分布常常漂移时。

参考文献与历史注释

第 1 章概述了哲学上探讨归纳学习的历史。奥坎姆（Ockham）的威廉姆[1]（1280–1349）是他所处时代的最有影响的哲学家，对中世纪的认识论、逻辑和元物理学都有重要贡献，因所谓"奥坎姆剃刀"而享有盛誉。奥坎姆剃刀的拉丁文为"Entia non sunt multiplicanda praeter necessitatem"，可翻译为"不必增加超出需要之外的实体"。很不幸，虽然这是一条值得赞誉的忠告，但在他的任何著作中，都找不到与上述句子一字不变的陈述（尽管他说过"Pluralitas non est ponenda sine necessitate"，或"没有必要的话，不应该假定重复"）。在公元前 350 年，亚里斯多得在其著作《物理学 I》中的第 6 章表达了类似观点："如果合适的话，更受限的形式总是更可取。"

决策树的第一次著名应用见之于 EPAM（Elementary Perceiver 和 Memorizer）（Feigenbaum，1961），它是对人类概念学习的一个模拟。ID3（Quinlan，1979）增加了用最大熵选择属性的关键思想，它是这章描述的决策树算法的基础。为了辅助通信的研究，

1　该名字常常错误地拼写为 Occam，也许源于法语译文"Guillaume d'Occam"。

Claude Shannon 发展了信息论（Shannon and Weaver，1949）。（Shannon 也贡献了机器学习的一个最早实例，它是一个命名为 Theseus 的机械鼠，通过试错法学习在迷宫中行走。）剪枝的χ^2方法是由 Quinlan 描述的（1993）。C4.5 是一个产品化的决策树包，关于它的论述能够在 Quinlan（1986）中找到。决策树学习的一个独立的传承可以在统计学文献中发现。"分类和回归树"（Breiman 等，1984）被称为"CART 书"，是主要参考文献。

交叉验证首先由 Larson（1931）引入，而 Stone（1974）和 Golub 等（1979）给出了一种接近于我们所示的形式。正则化过程应归功于 Tikhonov（1963）。Guyon 和 Elisseeff（2003）为属性选择问题发布了一期专刊。Banko 和 Brill（2001），以及 Halevy 等（2009）讨论了使用大规模数据的优点。言语研究者 Robert Mercer 说过一句话"没有数据象更多数据"（Lyman and Varian，2003），正是他估计到 2002 年产生了将近 5 艾字节（5×10^{18} 字节）的数据，生产率每 3 年翻一番。

学习算法的理论分析开始于 Gold（1967）的著作"**受限形式的鉴别（identification in the limit）**"。这一途径部分受科学哲学中的科学发现模型的激发（Popper，1962），但主要应用于从例句学习语法的问题（Osherson 等，1986）。

鉴于受限形式的鉴别途径专注于解决最终收敛性问题，由 Solomonoff（1964,2009）和 Kolmogorov（1965）独立发展的 **Kolmogorov 复杂性**或**算法复杂性**研究，试图为奥坎姆剃刀中使用的简单性概念提供一个形式定义。为了避开简单性依赖信息表示方式的问题，提出了用最短程序长度度量简单性的建议，该程序是运行于通用图灵机上、能够正确重新生成观察数据的程序中最短者。尽管有很多可能的通用图灵机，因之有很多"最短"程序，但是这些程序在长度上的不同最多相差一个常数，该常数独立于数据量。这个睿智的见解本质上表明任何初始表示法偏执最终会被数据本身克服，其中存在的一个小问题是计算最短程序长度的不确定性。解决该问题的途径是使用诸如**最小描述长度**或 MDL（Rissanen，1984,2007）这样的近似度量，实践中它们产生了优异结果。由 Li 和 Vitanyi（1993）撰写的教科书是关于 Kolmogorov 复杂性的最好参考源。

PAC-学习理论由 Leslie Valiant（1984）开创。他的工作强调计算和样本复杂度的重要性。Valiant 和 Michael Kearns 一起证明了，虽然在样例中有足够的信息可资使用，但存在几个概念类是不可 **PAC**-学习的。对于诸如决策表这样的类，已经获得了一些正面的结果（Rivest，1987）。

样本复杂性分析在统计学领域存在着一个独立沿革，它开始于**一致收敛性理论**工作（Vapnik and Chervonenkis，1971）。所谓 **VC** 维提供了一个量纲，它类似于从 **PAC** 分析中得到的 $\ln|\mathscr{H}|$ 量纲，但比 $\ln|\mathscr{H}|$ 量纲更一般。**VC** 维能够施加于连续函数类，但标准 **PAC** 分析却不能。"4 个德国人"（实际上没有一个是真正的德国人）Blumer、Ehrenfeucht、Haussler 和 Warmuth（1989）首先将 **PAC** 学习理论和 **VC** 理论联系起来。

带方差损耗的线性回归可追溯到 Legendre（1805）和 Gauss（1809），那时他们都从事环绕太阳轨迹的预测工作。Bishop（2007）等的教科书论述了多变量回归在现代机器学习中的应用。Ng（2004）分析了 L_1 和 L_2 正则化之间的差异。

术语 **logistic 函数**来自于 Pierre-Francois Verhulst（1804—1849）。他是一个统计学家，曾经基于有限资源，用曲线对人口增长进行建模。他的模型比 Thomas Malthus 提出的无约束几何增长模型更实际。由于它与对数曲线的关系，Verhulst 称之为 *courbe logistique*。术语回归出自于 Francis Galton，取其回归均值的含义。Francis Galton 是十九世纪统计学家，Charles Darwin 的堂兄弟，气象学、指纹分析和统计相关性等领域的发起人。术语**维度灾难**来自于 Richard Bellman（1961）。

Logistic 回归可以用梯度下降或牛顿-拉夫森（Newton，1671；Raphson，1690）方法解决。牛顿方法的一个变形 **L-BFGS** 有时用于大维度问题，其中 **L** 代表"受限存储"，意指它避免一次性生成完全矩阵，而是每次产生它们的一部分。BFGS 是作者的开始字母（Byrd 等，1995）。

最近邻模型至少可以回溯到 Fix 和 Hodges（1951），它已经是统计学和模式识别领域的标准工具。Stanfill 和 Waltz（1986）使其在人工智能领域流行，他们研究使距离量纲适应数据的方法。Hastie 和 Tibshirani（1996）开发了一种方法：基于数据点周围的数据分布，将度量局限于每个点。Gionis 等（1999）引入区域相关哈希（LSH），它是对高维空间中，特别是计算机视觉中，相似对象检索方法的革命性改进。Andoni 和 Indyk（2006）提供了关于 LSH 和相关方法的综述。

核机器的背景思想出自 Aizerman 等（1964）（他们也引入了核技巧），但整个理论的完善归功于 Vapnik 和他的同事（Boser 等，1992）。两个技术的提出促成了 **SVM** 的实际应用。其一是处理噪音数据的软边距分类器，提出该项技术的论文赢得了 2008 年"ACM 理论和实践"奖（Cortes and Vapnik，1995）；其二是利用二次规划有效解决 **SVM** 问题的序列化最小最优（SMO）算法（Platt，1999）。**SVM** 被证明在文本分类（Joachims，2001）、计算基因学（Cristianini and Hahn，2007）和自然语言处理如手写数字识别（DeCoste and Schölkopf，2002）等任务中是十分流行和有效的。作为这个过程的一部分，针对串、树和其他非数值数据类型发明了很多新核。投票感知器（Freund and Schapire，1999；Collins and Duffy，2002）是一个相关技术，它也用核技巧隐含表示指数级属性空间。**SVM** 的教科书包括 Cristianini 和 Shawe-Taylor（2000）、Schölkopf 和 Smola（2002）。而一个更友好的阐述当属 Cristianini 和 Schölkopf（2002）在《AI Magazine》上发表的文章。Bengio 和 LeCun（2007）证明了 **SVM** 和其他学习有全局结构但没有局部平滑的函数的、局部非参数化方法的局限。

组合学习是一种改进学习算法的技术，其流行性逐步递增。**装袋**（Breiman，1996）是第一个有效的方法。装袋过程如下：从原数据集提取子样本而生成多个**自举**数据集，然后从这些自举数据集学习假说，再把这些假说组合在一起。**提升**方法发源于 Schapire（1990）的理论工作。ADABOOST 算法由 Freund 和 Schapire（1996）开发，理论分析由 Schapire（2003）进行。Friedman 等（2000）从统计学的角度解释了提升。Blum 的综述论文（1996）、Cesa-Bianchi 和 Lugosi（2006）的书描述了在线学习。Dredze 等（2008）介绍了分类问题的置信度-加权在线学习：除了为每个参数保持一个权重外，还维持一个置信度，以便新样例对以前罕见属性有大的影响（因此具有低置信度），而对已充分评估的公共属性有较小的影响。

神经网方面的文献数量太多（可检索到近 150 000 篇）以至不能详述。Cowan 和 Sharp（1988b，1988a）从 McCulloch 和 Pitts（1943）的工作开始，综述了早期历史。（就像第一章所述，John McCarthy 曾经指出，Nicolas Rashevsky（1936，1938）的工作是神经学习的最早数学模型。）控制论的开创者 Norbert Wiener（1948）曾与 McCulloch 和 Pitts 一起工作，并影响了一批年轻研究者，其中包括 Marvin Minsky。在 1951 年 Minsky 第一个开发了一个有效的硬件神经网（参阅 Minsky and Papert，1988，pp.ix–x）。图灵（Turing，1948）写了一篇研究报告，以"智能机器"冠名，开篇第一句是"我提议研究机器是否有可能表现智能行为的问题"，接着描述了循环神经网络体系结构，他称之为"B-类型无组织机器"，并提出了训练这类机器的途径。很不幸，这篇报告直到 1969 年才得以发表，迄今为止还一直被人们所忽视。

Frank Rosenblatt（1957）发明了现代"感知器"，并证明了感知器收敛定理（1960），尽管神经网络领域之外的纯数学工作超前于它（Agmon，1954；Motzkin and Schoenberg，1954）。早期在多层网络方面也做了一些工作，包括 **Gamba 感知器**（Gamba 等，1961）和**多自适应线性神经元**（Widrow，1962）。"学习机器"（Nilsson，1965）涉及这些早期工作。感知器的研究工作中止了一段时间之后，又被书《感知器》（Minsky and Papert，1969）激活（或者，作者以后宣称，单纯解释）。该书哀叹领域缺乏数学精确性，指出单层感知器只能表示线性可分概念，并注明对于多层网络缺乏有效学习算法。

基于 1979 年圣迭戈会议而形成的论文集（Hinton and Anderson，1981）被认为是连接主义复活的标志。两卷本"PDP"（Parallel Distributed Processing）文选（Rumelhart 等，1986a）和《自然》杂志上的一篇短文（Rumelhart 等，1986b）吸引了大量眼球——的确，在1980—1984 年与 1990—1994 年期间，关于"神经网"的论文递增了 200 倍。使用磁性自旋玻璃的物理学理论对神经网进行分析（Amit 等，1985），建立了统计机械学和神经网之间的联系——不仅提供了有用的数学背景，而且赢得了声誉。反馈技术的发明时间相当早（Bryson and Ho，1969），但又重新被发现了几次（Werbos，1974；Parker，1985）。

神经网的概率解释有几个来源，包括 Baum 和 Wilczek（1988），以及 Bridle（1990）。Sigmoid 函数由 Jordan（1995）讨论。MacKay（1992）提出了神经网的贝叶斯参数学习，由 Neal（1996）做了进一步探讨。Cybenko（1988，1989）研究神经网表示函数的能力，他证明了两个隐藏层足以表示任何函数，而单隐藏层足以表示任何连续函数。删除无用连接的"最优大脑损伤"方法属于 LeCun 等（1989），Sietsma 和 Dow（1988）提出了删除无用单元的方法。从较小结构逐步生长为更大结构的 tiling 算法归功于 Mézard 和 Nadal（1989）。LeCun 等（1995）综述了用于手写数字识别的一系列算法。Belongie 等（2002）报告了在形状匹配上误差率的改进情况，DeCoste 和 Schölkopf（2002）报告了在虚拟支持向量上误差率的改进情况。截止本书写作之时，所报道的最佳测试误差率是 0.39%，由 Ranzato 等（2007）获得，他们使用了一个回旋神经网。

计算学习理论领域的研究者探索了神经网学习的复杂性。Judd（1990）获得了早期计算结果，他证明了即使在非常受限的假设下，发现与样例集一致的权重集的一般问题也是NP-完全的。关于样本复杂性的某些最初结果是由 Baum 和 Haussler（1989）获得的，他们证明了有效学习所需的样例数目大约是 $W \log W$，其中 W 是权重的数目[1]。从此以后，发展了更复杂的理论（Anthony and Bartlett，1999），包括网络的表达能力不仅依赖于权重的大小 *size*，而且依赖于它们的数目的重要结果。有了我们关于正则化的讨论，这个结果并不值得惊奇。

---

1 这一点基本肯定了"Uncle Bernie 规则"。这个规则以 Bernie Widrow 的名字命名，他建议使用样例的数目大约是权重的 10 倍。

我们没有涉及的一类最流行的神经网是**径基函数**或 RBF 网络。径基函数组合核的加权集合（当然，通常是高斯核），做函数逼近。RBF 网络经历两个阶段的训练：第一阶段使用无监督聚类方法训练高斯参数——均值和变异，训练方式如 20.3.1 节描述。在第二个阶段，确定高斯相关权重。这是一个线性方程系统，我们知道如何直接求解。因此，RBF 训练的两个阶段都有一个小优点：第一阶段是无监督的，因此无需对训练数据做标记，第二个阶段虽然是有监督的，但效率高。有关细节请参阅 Bishop（1995）。

递归网包含由单元形成的圈，本章给出了描述，但没做深层次探讨。**Hopfield** 网（Hopfield，1982）也许是人们理解最为深刻的一类递归网。递归网使用带对称权重（即，$w_{i,j} = w_{j,i}$）的双向连接，所有单元既是输入又是输出，激活函数 g 是符号函数，激活层级只能是±1。Hopfield 网络函数是一个**联想存储器**：使用一个样例集对网络训练后，新刺激将使它稳定于一个激活模式，该模式对应样例集中与新刺激最相似的样例。例如，如果训练集是一组相片，新刺激是其中一个相片的小片段，网络激活层级将从小片段重新生成原相片。注意，原相片在网络中不是单独存储的，每个权重都是所有相片的部分编码。一个最有趣的理论结果是，Hopfield 网能够可靠存储 $0.138N$ 个训练样例，其中 N 是网络中单元的个数。

Boltzmann 机（Hinton and Sejnowski，1983，1986）也使用对称权重，但包含隐藏单元。除此之外，它们使用混沌激活函数，例如输出为 1 的概率是输入加权和的某个函数。Boltzmann 机运行时经历状态迁移，类似于对最佳近似训练集的配置进行模拟退火搜索（见第 4 章）。它好像与贝叶斯网络的一个特例有很近的关系，这个特例用混沌模拟算法进行评估（见 14.5 节）。

对于神经网，Bishop（1995）、Ripley（1996）和 Haykin（2008）是领先的教科书。Dayan 和 Abbott（2001）覆盖了计算神经科学领域。

本章采用的方法受到 David Cohn、Tom Mitchell、Andrew Moore 和 Andrew Ng 的优秀课程笔记的影响。在机器学习领域以及与之密切关联和交叉的领域，都有几本顶级教科书，它们是机器学习（Mitchell，1997；Bishop，2007）、模式识别（Ripley，1996；Duda 等，2001）、统计学（Wasserman，2004；Hastie 等，2001）、数据挖掘（Hand 等，2001；Witten and Frank，2005）、计算学习理论（Kearns and Vazirani，1994；Vapnik，1998）和信息论（Shannon and Weaver，1949；MacKay，2002；Cover and Thomas，2006）等。其他的书籍聚焦于算法的实现（Segaran，2007；Marsland，2009）和比较（Michie 等，1994）。机器学习的当前研究论文多发表于年度机器学习国际会议（ICML）论文集、神经信息处理国际（NIPS）会议论文集、《机器学习》杂志和《机器学习研究杂志》，以及主流 AI 杂志上。

习　题

18.1 考虑婴儿所面临的学习说话和理解语言的问题。解释该过程是怎样符合一般学习模型的。描述婴儿的感知和动作，以及婴儿必须执行的学习类型。以输入、输出和可用的样例数据来描述婴儿学习时尝试的子函数。

18.2 对于打网球的实例（或你熟悉的其他运动项目），重复练习 18.1。这是一种监督学习或强化学习吗?

18.3 假设我们从决策树生成了一个训练集,然后将决策树学习应用于该训练集。当训练集的大小趋于无穷时,学习算法将最终返回正确的决策树吗?为什么是或不是?

18.4 在决策树的递归构造中,有时会出现这样的情况,即使在所有属性都用完后,正反样例的混合集仍然留在叶结点上。假设有 p 个正例和 n 个反例。

    a. 证明由 DECISION-TREE-LEARNING 使用的解答,这个解答挑选多数分类,最小化叶结点上样例集的绝对误差。

    b. 证明最小化方差和的**类概率** $p / (p + n)$。

18.5 假设一个属性将样例集 E 分为子集 E_k,每个子集有 p_k 个正例和 n_k 个反例。证明:除非对于所有 k,比例 $p_k / (p_k + n_k)$ 都相同,该属性严格有正信息收益。

18.6 考虑下列数据集,其中有三个二元输入属性(A_1、A_2 和 A_3)和一个二元输出:

样 例	A_1	A_2	A_3	输出 y
x_1	1	0	0	0
x_2	1	0	1	0
x_3	0	1	0	0
x_4	1	1	1	1
x_5	1	1	0	1

在这些数据上,使用图 18.5 中的算法学习一棵决策树。说明在每个结点上选择分裂属性时所做的计算。

18.7 决策图是决策树的泛化,它允许结点(即,用作分裂的属性)有多个父结点,而不仅仅只有一个。但结果图必须仍然是无圈图。现在考虑三个二元输入属性的 XOR 函数。其定义是:XOR 产生值 1,当且仅当奇数个输入属性具有值 1。

    a. 画一个表示 3-输入函数 XOR 的、最小体积的决策树。

    b. 画一个表示 3-输入函数 XOR 的、最小体积的决策图。

18.8 该练习考虑决策树的 χ^2 剪枝(见 18.3.5 节)。

    a. 生成带两个输入属性的数据集,其中在根结点上,两个属性的信息收益都是 0,但是存在一个深度为 2 的决策树与所有数据一致。如果以自底向上的方式将 χ^2 剪枝施加到这个数据集,会出现什么情况?如果以自顶向下的方式呢?

    b. 修改 DECISION-TREE-LEARNING 算法,使之包含 χ^2 剪枝。细节可参考 Quinlan(1986)或 Kearns and Mansour(1998)。

18.9 本章描述的标准 DECISION-TREE-LEARNING 算法没有处理某些样例缺失属性值的情况。

    a. 首先,给定一个决策树,它包含对可能有缺失值的属性进行测试,我们需要一种方法来分类这种样例。假设样例 x 缺失了属性 A 的值,并到达了对属性 A 的测试结点。处理这种情况的一种途径是,假定样例 x 在属性 A 上具有所有可能值,计算每个值在达到该结点的所有样例中的出现频率,用该频率对每个值加权。分类算法应该沿着缺失值结点的所有分支行进,并乘以每一条路径上的权重。为具有这种行为的决策树写一个修改的分类算法。

　　　　b. 现在修改信息收益计算公式，使得在任给的样例集 C 中对构造过程中树上的给定
　　　　　结点，对任意剩余属性具有缺失值的样例，根据那些值在集合 C 中的频率来赋予
　　　　　"as-if" 值。

18.10 在 18.3.6 节中，我们注意到，具有很多可能值的属性，在收益度量时会引起一些问
题。这样的属性倾向于将样例分解为数量很大的小类，甚至单一元素类。因此按照
收益量纲，这些属性是高相关的。收益比率标准按照收益和内在信息容量——包含
在对"这个属性的价值是什么？"问题的答案中的信息量——之间的比例选择属性。
因此，实质上收益比率试图度量属性在样例正确分类方面提供信息的有效程度。写
一个关于属性的信息容量的数学表达式，在 DECISION-TREE-LEARNING 算法中实现
收益比率标准。

18.11 假设你正在进行一个学习实验，该实验是关于布尔分类新算法的。你有一个数据集，
它包含 100 个正例和 100 个反例。你计划使用留一交叉验证，将你的算法与基线函
数比较。这里基线函数指简单的多数分类器。（当给定训练数据集时，不管输入是
什么，多数分类器总是输出训练集中占多数的类。）你期望多数分类器在留一交叉
验证中打分 50% 左右。但是，令你惊讶的是它每次获得 0 分。你能解释为什么吗？

18.12 构造一个分类下列数据的决策表。选择尽可能小的测试（以属性衡量），并在包含
相同属性数目的测试中选择能够正确分类最多样例的测试，从而解开相同大小的测
试之结。如果多个测试有同样数目的属性，并分类同样数目的样例，则使用小编号
的属性（即，选择 A_1 优先于选择 A_2）来解开这个结。

样　例	A_1	A_2	A_3	A_4	y
x_1	1	0	0	0	1
x_2	1	0	1	1	1
x_3	0	1	0	0	1
x_4	0	1	1	0	0
x_5	1	1	0	1	1
x_6	0	1	0	1	0
x_7	0	0	1	1	1
x_8	0	0	1	0	0

18.13 证明决策表能够表示的函数与决策树一样，并且使用的规则数目不超过表示同样函
数的决策树中的叶结点数目。给出函数的一个例子，用决策表表示该函数所使用的
规则数目，严格小于表示该函数的最小决策树中叶结点的数目。

18.14 这个练习与决策表（18.5 节）的表达能力有关。

　　　　a. 证明：如果测试的大小不受限制，则决策表能表示任何布尔函数。

　　　　b. 证明：如果每个测试最多包含 k 个文字，则决策表能够表示任何用 k 深度的决策
　　　　　树所能表示的函数。

18.15 假设给定 x 值，7-最近邻回归返回 7 个最近 y 值 $\{7,6,8,4,7,11,100\}$。最小化这些数据
上的损耗函数 L_1 的 $\hat{y}$ 值是什么？在统计学中，作为 y 的函数的这个值有一个公共名
称，该名称是什么？对于 L_2 损耗函数，回答这两个相同问题。

18.16 图 18.31 表明，如何通过将属性 (x_1, x_2) 映射为 2 维空间 (x_1^2, x_2^2)，使得位于原

点的圆变成线性可分的。但是如果圆不位于原点，会出现什么情形？如果不是一个圆而是一个椭圆，会出现什么情形？圆的通用方程（因此决策边界）是$(x_1 - a)^2 + (x_2 - b)^2 - r^2 = 0$，椭圆的通用方程是$c(x_1 - a)^2 + d(x_2 - b)^2 - 1 = 0$。

    a. 扩展圆的方程，证明将该方程视为 4 维属性空间（x_1, x_2, x_1^2, x_2^2）的决策边界，权重w_i是什么。解释为什么这意味着任何圆在这个空间都线性可分。

    b. 对于 5 维属性空间（x_1, x_2, x_1^2, x_2^2, $x_1 x_2$）中的椭圆，做同样的事情。

18.17 构造一个计算 XOR 函数的支持向量机。输入和输出都使用值+1 和−1（而不是 1 和 0），样例的形式看起来像（[−1, 1], 1）或（[−1, −1], −1）。将输入[x_1, x_2]映射到由x_1和$x_1 x_2$组成的空间。在这个空间中画出 4 个输入点，以及最大边距分离器。其边距是什么？现在，将分离线画回到原欧几里得输入空间。

18.18 考虑一个组合学习算法，它采用简单的多数投票策略，在 K 个所学假说中选取一个。假设每个假说有错误ε，并且每个假说所犯错误是相互独立的。计算用 K 和ε表达的、组合算法的误差公式，对于 K = 5、10 和 20，以及ε = 0.1、0.2 和 0.4 的情况，估算该误差。如果去掉独立性假设，组合误差比ε更好有可能吗？

18.19 手工构造计算带两个输入的 XOR 函数的神经网络。确切指明你所使用的单元的类型。

18.20 回忆 18 章的内容：带 n 个输入的布尔函数有2^{2^n} 个。其中有多少个能被阈值感知器表示？

18.21 在 18.6.4 节中注明，logistic 函数的输出可以解释为对命题 $f(x)=1$ 模型赋予的一个概率 p；因而 $f(\mathbf{x}) = 0$ 的概率是 $1 − p$。将概率 p 看作 $\mathbf{x}$ 的函数，请写出关于 p 的公式，并计算 $\log p$ 相对于每个权重 w_i 的导数。对于 $\log (1 − p)$ 重复这一过程。这些计算给出了关于概率假说的、最小化"负-log-似然性"损耗函数的学习规则。请评价它与本章介绍的其他学习规则的相似性。

18.22 假设你有一个带线性激活函数的神经网络。即，对于每个单元，输出是某个常量 c 乘以输入的加权和。

    a. 假设网络有一个隐藏层。给定权重 $\mathbf{w}$ 的一个赋值，写出输出单元的方程，将它作为 $\mathbf{w}$ 和输入层 x 的函数，方程中不显式包含隐藏层的输出。证明存在一个不含隐藏单元的网络，它计算同样的函数。

    b. 重复（a）中的计算，这次是针对任意数目隐藏层的网络。

    c. 假设一个网络包含一个隐藏层和线性激活函数，且有 n 个输入和输出结点和 h 个隐藏结点。（a）中所述的、对无隐藏层网络的转换对权重的总数有什么影响？特别讨论 $h \ll n$ 的情形。

18.23 假设训练集仅含一个样例，重复 100 次。这 100 次中有 80 次单个输出是 1，其他 20 次输出是 0。假设该网络经过训练后达到一个全局极值，反向传播网络关于这个样例的预测什么？（提示：为了发现一个全局极值，首先对误差函数求导数，然后令其等于 0。）

18.24 其学习性能在图 18.25 度量的神经网络有 4 个隐藏结点。这个数目的选择有点随意。使用交叉验证方法找到最好的隐藏结点数目。

18.25 考虑使用线性分离器将 N 个数据点分为正例和反例的问题。显然当维度 d = 1 和 N =

2 时，无论这些点怎样标注和位于什么地方（除非它们在相同的位置），这总是能够做到的。

a. 证明，当在维度 $d = 2$ 的平面中有 $N = 3$ 个数据点时，除非它们共线，这总是能够做到的。

b. 证明，当在维度 $d = 2$ 的平面中有 $N = 4$ 个数据点时，并不是总能做到。

c. 证明，当在维度 $d = 3$ 的空间中有 $N = 4$ 个数据点时，除非它们共面，这也总是能够做到的。

d. 证明，当在维度 $d = 3$ 的空间中有 $N = 5$ 个数据点时，并不是总能做到。

e. 野心大的学生也许希望证明，在 $N - 1$ 维空间中，处于任意位置的 N 个点（而不是 $N + 1$ 个点）是线性可分的。

第 19 章　学习中的知识

本章考察当已知某些事情时的学习问题。

在前一章描述的所有学习途径中，基本思想是构造一个函数，它具有从数据中所观察到的输入-输出行为。对于每一种学习情形，学习算法可理解为，为了发现合适函数，对假说空间进行搜索，而搜索以关于函数形式的基本假设为出发点。例如，基本假设可以是"次级多项式"和"决策树"等，也许还有更简假说优先原则。归根结底一句话，在学习某些新东西之前，你必须首先（几乎）忘记你所知道的任何事情。这一章我们研究能够利用**先验知识**进行学习的方法。在大多数情形下，先验知识表示成一阶逻辑理论，因此我们首次一起来研究知识表示和学习问题。

19.1　学习的逻辑公式化

第 18 章将纯粹归纳学习定义为发现与观察样例一致的假说的过程。在此，我们将这个定义限制于用逻辑语句集合表示假说的情形。样例描述和分类也是逻辑语句，并且通过从假说和样例描述中推导分类语句，可以实现对新样例的分类。这种途径允许以每次一个语句的方式递增构造假说。这种途径也兼顾了先验知识，因为已知语句可以在新样例的分类中起辅助作用。乍一看，学习的逻辑公式化是额外负担，但它能阐明学习中的很多问题。将逻辑推理的全部能量服务于学习，能使我们超越 18 章的简单学习方法。

19.1.1　样例和假说

回顾第 18 章的饭店学习问题：学习决定是否等待座位的规则。样例用**属性**描述，诸如 *Alternate*、*Bar*、*Fri/Sat* 等。在逻辑系统中，样例用逻辑语句描述，属性变成一元谓词。令第 i 个样例为 X_i，则作为一个例子，图 18.3 中的第一个样例可用下列语句描述

$$Alternate(X_1) \wedge \neg Bar(X_1) \wedge \neg Fri/Sat(X_1) \wedge Hungry(X_1) \wedge \cdots$$

我们将使用记号 $D_i(X_i)$ 指称 X_i 的描述，其中 D_i 可以是带单参数的任何逻辑表达式。样例分类由含目标谓词的文字给出，在此例中为

$$WillWait(X_1) \quad \text{或} \quad \neg WillWait(X_1)$$

因此，整个训练集可表示为所有样例描述和目标文字的合取式。

一般地，归纳学习的目标是发现一个能够良好分类样例，并对新样例有良好泛化的假说。在此，我们关注逻辑形式的假说，每一个假说 h_j 将具有下列形式

$$\forall x \, Goal(x) \Leftrightarrow C_j(x)$$

其中 $C_j(x)$ 是候选定义——包含属性谓词的表达式。例如，决策树可以解释成这种形式的逻

辑表达式。因此，图 18.6 中的树表达了下列逻辑定义（为了将来引用，将其称为 h_r）：

$$\forall r \; WillWait(r) \Leftrightarrow Patrons(r, Some)$$
$$\lor Patrons(r, Full) \land Hungry(r) \land Type(r, French)$$
$$\lor Patrons(r, Full) \land Hungry(r) \land Type(r, Thai) \land Fir/Sat(r)$$
$$\lor Patrons(r, Full) \land Hungry(r) \land Type(r, Burger) \tag{19.1}$$

每个假说预测目标谓词的一个特定样例集——即满足候选定义条件的那些样例。这个样例集称为谓词的外延。具有不同外延的两个假说在逻辑上是互不一致的，因为它们至少在一个样例上的预测不同。如果它们有相同外延，则称之为逻辑等价。

假说空间 $\mathscr{H}$ 是假说的集合 $\{h_1, \cdots, h_n\}$，学习算法将在其中进行搜索。例如，DECISION-TREE-LEARNING 算法将搜索任何用所提供的属性定义的决策树假说，因而它的假说空间由所有这样的决策树构成。也许，学习算法可能相信假说空间中有一个是正确的，即它相信

$$h_1 \lor h_2 \lor h_3 \lor \cdots \lor h_n \tag{19.2}$$

当一个样例到达时，与这个样例不一致的假说可以被删除。让我们更仔细探讨一致性概念。显然，如果假说 h_j 与整个训练集一致，则它与其中的每个样例一致。与样例不一致意味着什么？有两个可能途径出现这种情况。

- 对于假说来说，一个样例可以是**假反例**。如果假说把它说成反例，而实际上是正例。例如，新样例 X_{13} 的描述如下

  $Patrons(X_{13}, Full) \land \neg Hungry(X_{13}) \land \cdots \land WillWait(X_{13})$

  对于前面给出的假说 h_r 来说，它将是一个假的反例。从 h_r 和上述样例描述出发，我们可以演绎出 $WillWait(X_{13})$——样例所说的，和 $\neg WillWait(X_{13})$——假说预测的。因此，假说和样例逻辑上不一致。

- 对于假说来说，一个样例可以是**假正例**。如果假说把它说成正比，而实际上是反例[1]。

如果一个样例是假说的假正例或假反例，则它与假说相互逻辑不一致。假设样例是正确的观察事实，则假说可以剔除。从逻辑上来说，它与归结推理规则（见第 9 章）完全相似，其中假说的合取式对应子句，样例对应与子句进行归结的文字。在原理上，通过删除一个或多个假说，普通逻辑推理系统能够进行样例学习。例如，假设 I_1 是样例描述，$h_1 \lor h_2 \lor h_3 \lor h_4$ 是假说空间。若 I_1 与 h_2 和 h_3 不一致，则逻辑推理系统可以演绎出新假说空间 $h_1 \lor h_4$。

因而，我们可以将逻辑系统中的归纳学习描述成逐步剔除与样例不一致的假说和逐步缩小可能性的过程。因为假说空间一般都很庞大（在一阶逻辑中甚至是无穷的），我们不推荐建立一个使用归结定理证明和假说空间的完全枚举方法的学习系统。相反，我们将刻画两种途径，它们将用更少的力气就能发现逻辑一致假说。

19.1.2　当前最佳假说搜索

当前最佳假说（current-best-hypothesis）搜索背后的思想是，维持单一假说，当新样例到达时，调整它以便维护一致性。John Stuart Mill（1843）描述了基本算法，也许该算法在

1　术语"假正例"和"假反例"在医学中用于描述实验室测试中的错误结果。一个结果是假正例，如果它表明患者有这个病，而实际上患者当时没有这个病。

更早的时候就已经出现了。

　　假设某个假说，诸如 h_r，引起了我们相当的兴趣。只要新样例是一致的，我们什么事都不必做。然后来了一个假反例 X_{13}，我们应该做什么？图 19.1（a）用图形区域方式表示 h_r：方形区域中的所有东西是 h_r 的外延部分。目前已知的样例用 "+" 和 "−" 表示，我们看到，假说正确地将所有样例分类为 *WillWait* 的正例和反例。在图 19.1（b）中，新样例（圈起来者）是一个假反例：假说说它应该是反例，而实际上它是正例。假说的外延必须增加以包含它。这称为**泛化**，一个可能的泛化显示在图 19.1（c）中。在图 19.1（d）中，我们看到一个假正例：假说说新样例（圈起来者）应该是正例，但它实际是反例。假说的外延必须减小以排除它。这称为**狭化**，在图 19.1（e）中我们看到假说的一个可能狭化。假说之间的关系"比…更一般"和"比…更特殊"提供了假说空间的逻辑结构，它能使搜索更高效。

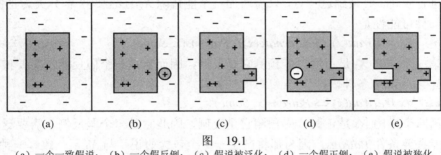

　　　　　　　　　　　　图　　19.1
（a）一个一致假说；（b）一个假反例；（c）假说被泛化；（d）一个假正例；（e）假说被狭化

　　我们在图 19.2 中详细说明 CURRENT-BEST-LEARNING 算法。注意当做泛化或狭化时，我们必须检查其他样例的一致性，因为任何增加和减少外延都将有可能包含/排除以前见过的正/反例。

```
function CURRENT-BEST-LEARNING(examples, h) returns a hypothesis or fail

    if examples is empty then
        return h
    e ← FIRST(examples)
    if e is consistent with h then
        return CURRENT-BEST-LEARNING(REST(examples), h)
    else if e is a false positive for h then
        for each h' in specializations of h consistent with examples seen so far do
            h'' ← CURRENT-BEST-LEARNING(REST(examples), h')
            if h'' ≠ fail then return h''
    else if e is a false negative for h then
        for each h' in generalizations of h consistent with examples seen so far do
            h'' ← CURRENT-BEST-LEARNING(REST(examples), h')
            if h'' ≠ fail then return h''
    return fail
```

图 19.2　当前最佳假说搜索算法。它搜索拟合所有样例的一致假说，当不能发现一致泛化/狭化时回溯。启动该算法，可以输入任何假说，它将被泛化或狭化

　　我们已经将泛化和狭化定义为改变假说外延的操作。现在我们需要决定怎样用语法操作实现它们，以便程序执行之，这些语法操作将作用于假说的候选定义上。首先注意泛化和狭化也是假说之间的逻辑关系。如果带有定义 C_1 的假说 h_1 是带有定义 C_2 的假说 h_2 的泛

化，则必有

$$\forall x \; C_2(x) \Rightarrow C_1(x)$$

因此，为了构造 h_2 的泛化，我们只需找到被 C_2 逻辑蕴含的定义 C_1。这很容易做到。例如，如果 $C_2(x)$ 是 $Alternate(x) \land Patrons(x, Some)$，则 $C_1(x) \equiv Patrons(x, Some)$ 是一个可能的泛化。这叫做**丢弃条件**（dropping conditions）。直觉上，它生成了一个更弱的定义，因而允许一个更大的正例集合。依赖于所操纵的语言，还有很多其他泛化操作。相似地，通过将其他条件加入到候选定义中，或通过删除定义中的析取式，我们能够狭化一个假说。利用图 18.3 中的数据，让我们看看它在饭店例子在是如何工作的。

- 第一个样例 X_1 是正例，属性 $Alternate(X_1)$ 为真。因此，令第一个假说为

  h_1：$\forall x \; WillWait(x) \Leftrightarrow Alternate(x)$

- 第二个样例 X_2 是反例，h_1 预测它是正例，所以说它是一个假正例。我们需要对 h_1 进行狭化。要做到这一点，只需增加一个能排除 X_2 且继续将 X_1 分类为正例的条件。一种可能性是

  h_2：$\forall x \; WillWait(x) \Leftrightarrow Alternate(x) \land Patrons(x, Some)$

- 第三个样例 X_3 是正例，h_2 预测它是反例，因而它是一个假反例。需要狭化 h_2，丢弃 $Alternate$ 条件，产生

  h_3：$\forall x \; WillWait(x) \Leftrightarrow Patrons(x, Some)$

- 第四个样例 X_4 是正例，h_3 预测它是反例，因此它是一个假反例。需要泛化 h_3。不能丢弃条件 $Patrons$，因为那将产生一个全包含假说，与 X_2 不一致。一种可能是增加析取式：

  h_4：$\forall x \; WillWait(x) \Leftrightarrow Patrons(x, Some)$
  $$\lor (Patrons(x, Full) \land Fri/Sat(x))$$

这时，假说渐渐看起来合理了。显然，存在其他与前四个样例一致的可能性，下面列举两个：

h'_4：$\forall x \; WillWait(x) \Leftrightarrow \neg WaitEstimate(x, 30\text{–}60)$
$$\lor (Patrons(x, Full) \land Fir/Sat(x))$$

h''_4：$\forall x \; WillWait(x) \Leftrightarrow Patrons(x, Some)$
$$\lor (Patrons(x, Full) \land WaitEstimate(x, 10\text{–}30))$$

我们以一种非确定的方式描述 CURRENT-BEST-LEARNING 算法，因为在任何点上，存在若干可能泛化和狭化操作。所做选择不一定导致最简假说，并且可能引入不可恢复局面，其中简单的修改不能得到与所有数据一致的假说。这种情况下，程序必须回溯到以前的选择点。

从 Patrick Winston（1970）的"拱学习"程序开始，CURRENT-BEST-LEARNING 算法和它的变异已经应用于很多机器学习系统。然而，如果用于学习的样例规模和假说空间很大，某些困难出现了：

（1）不断重复检查以前的所有样例，代价非常高。

（2）搜索过程可能包含大量的回溯。正如在 18 章看到的一样，假说空间可能是双重指数级规模的地方。

19.1.3　最少约束搜索

回溯的出现是由于当前最佳假说途径必须选择一个特定假说作为它的最佳猜测，即使没有足够数据支持它的选择。我们能够采取的另一途径是，保持所有且仅有与目前任何数据都一致的假说。每个新样例要么是没有效果，要么是剔除某些假说。回想前面所说的，最初假说空间可以看作析取语句

$$h_1 \vee h_2 \vee h_3 \vee \cdots \vee h_n。$$

随着各种假说被发现与样例不一致，该析取式萎缩，仅保留那些未被剔除的假说。假定最初假说空间确实包含正确答案，则约简的析取式必定仍包含正确答案，因为仅仅只有不正确的假说被删除。剩下的假说被称为**版本空间**，学习算法（其框架见图 19.3）称作版本空间算法（也称为**候选消去算法**）。

---

function VERSION-SPACE-LEARNING (*examples*) **returns** 版本空间
local variables: V，版本空间——所有假说的集合

$V \leftarrow$ 所有假说集合
for *examples* 中的每个样例 e **do**
　if V 非空　**then** $V \leftarrow$ VERSION-SPACE-UPDATE (V, e)
return V
function VERSION-SPACE-UPDATE (V, e) **returns** 更新的版本空间
　$V \leftarrow \{ h \in V : h 与 e 一致 \}$

图 19.3　版本空间学习算法。它发现与所有样例一致的 V 的一个子集

这一途径的一个重要特性是渐增式：绝不需走回头路和重新考察旧样例。所有剩下的假说保证与已有样例一致。但是，有一个明显的问题。我们曾经说过假说空间是巨大的，怎么可能写出这个巨大的析取式？

下面的简单类比非常有用。我们怎样写出 1 和 2 之间的所有实数？毕竟有无穷多个数！答案是使用区间表示，仅说明集合的边界：[1, 2]。它起作用是由于在实数上存在序关系。

在假说空间同样存在一个序关系，即泛化/狭化。它是一个偏序关系，这意味着每个边界不是一个点，而是假说的一个集合，称之为**边界集合**。最伟大的事是，我们可以仅用两个边界集合表示整个版本空间：最大泛化边界（**G-集合**）和最大狭化边界（**S-集合**）。它们中的和它们之间的所有假说保证与样例一致。在证明这个结论之前，让我们扼要概括如下：

- 当前版本空间是与目前样例一致的假说集合。用 G-集合和 S-集合表示它，这两个集合是假说的集合。
- S-集合的每个成员与目前的所有观察一致，不存在比它们更特殊的一致假说。
- G-集合的每个成员与目前的所有观察一致，不存在比它们更一般的一致假说。

我们让初始版本空间（在看到任何样例之前）代表所有可能假说。因此，令 G-集合包含 *True*（包含任何对象的假说），令 S-集合包含 *False*（外延为空的假说）。

图 19.4 显示了版本空间的边界-集合表示法的一般结构。为了证明这个表示法是充分的，我们需要下面两个性质：

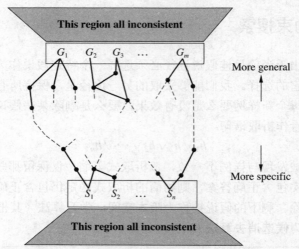

图 19.4　版本空间包含所有与样例一致的假说

（1）每个一致假说（不在边界集合中）比 G-集合中的某个成员更特殊，比 S-集合中的某个成员更一般。（即在外面没有流浪者。）这个断言可以直接从 G-集合和 S-集合的定义中推导出来。如果存在一个流浪者 h，则它不会比 G 的任何成员更特殊，在这种情形下，它属于 G，或者他不会比 S 中的任何成员更一般，这时它属于 S。

（2）比 G-集合中某个成员更特殊或比 S-集合中某个成员更一般的假说是一个一致假说。（即，在边界之间没有"洞孔"。）位于 S 和 G 之间的任何 h 都必定拒绝所有被 G 的每个成员拒绝的反例（因为它更特殊），接受所有被 S 的每个成员接受的正例（因为它更一般）。因此，h 必定与所有样例一致，因而不可能是不一致的。图 19.5 显示了这样的情景：没有已知样例在 S 之外而在 G 之内。因此任何在夹缝中的假说都是一致的。

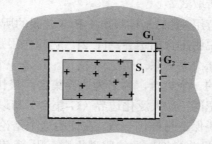

图 19.5　G 和 S 中元素的外延。没有已知样例处于两个边界集合之间

我们因此证明了，如果按照其定义维持 S 和 G，则它们提供了版本空间的一个满意表示法。唯一遗留的问题是怎样为新样例更新 S 和 G（VERSION-SPACE-UPDATE 函数的工作）。第一眼看起来这个问题相当复杂，但从定义出发并借助图 19.4，重构算法并不太难。

我们需要关注 S-集合和 G-集合的成员 S_i 和 G_i。对于每一个，新样例可能是一个假正例或假反例。

（1）S_i 的假正例：这说明 S_i 太一般，但不存在 S_i 的一致狭化（由定义），因此把它从 S-集合中剔除。

（2）S_i 的假反例：这表明 S_i 太特殊，用它的所有直接泛化替代它，假定它们比 G 的某个成员更特殊。

（3）G_i 的假正例：这意味着 G_i 太一般，用它的所有直接狭化取代它，假定它们比 S 的某个成员更一般。

（4）G_i 的假反例：这说明 G_i 太特殊，但不存在 G_i 的一致泛化（由定义），因此把它从 G-集合中删除。

对于新样例继续这些操作，直到下列三件事情之一发生：

- 版本空间中仅留下一个假说，这时把它作为唯一假说返回。
- 版本空间垮塌——S 或者 G 变成空的，这表明没有与整个训练集一致的假说。这与决策树算法的简单版本失败的情形相同。
- 样例用完，版本空间中仍有若干假说。这表明版本空间代表假说的一个析取式。对于任何新样例，如果所有析取式的意见一致，则返回它们关于新样例的分类。如果他们的意见不一致，一个可能性是取多数票。

我们把如何将 VERSION-SPACE-LEARNING 算法应用于饭店数据作为练习留给读者。

版本空间方法存在三个主要缺陷：

- 如果论域包含噪音数据或对准确分类不充分的属性，版本空间总是会垮塌的。
- 如果允许假说空间包含不受限制的析取式，S-集合总是仅包含单个最特殊假说，即目前看到的所有正例描述的析取式。同样，G-集合总是仅包含所有反例描述的析取式之非。
- 对于某些假说空间，即使存在有效学习算法，S-集合和 G-集合中的元素个数可能以属性数目的指数级增长。

追溯起来，还没有针对噪音问题的完全成功的答案。通过仅允许有限形式的析取式，或通过包含更一般谓词的**泛化层次**，可以解决析取式问题。例如，不是使用析取式 $WaitEstimate(x, 30{-}60) \lor WaitEstimate(x, {>}60)$，而是用文字 $LongWait(x)$。为了处理这种情况，需要扩充泛化和狭化操作集合，这很容易做到。

纯版本空间算法首先应用于 Meta-DENDRAL 系统，该系统用来学习预测分子在质谱仪中如何分裂成碎片的规则（Buchanan and Mitchell, 1978）。Meta-DENDRAL 有能力生成一些新规则，它们保证可以在分析化学杂志上发表——第一个由计算机程序生成的真实科学知识。它也被用于精巧的 LEX 系统（Mitchell 等, 1983），通过研究自己的成功和失败经验，LEX 能够解符号积分问题。主要由于噪音问题，版本空间方法在大多数现实问题中不能应用，尽管如此，它使我们能够探究假说空间的逻辑结构。

19.2　学习中的知识

前一节描述了归纳学习的最简单机制。为了理解先验知识的作用，我们需要谈论假说、样例描述和分类之间的逻辑关系。令 *Descriptions* 指称训练集中所有样例描述的合取式，*Classifications* 指称所有样例分类的合取式。则"解释观察"的假说 *Hypothesis* 必须满足下列性质（记住|=意指逻辑蕴涵）：

$$Hypothesis \land Descriptions \models Classifications \tag{19.3}$$

我们称这种关系为**蕴涵约束**，其中 *Hypothesis* 是"未知"的。纯粹归纳学习意指解决这个约束，其中 *Hypothesis* 抽自某个预定义的假说空间。例如，如果我们把决策树看着逻辑公式（参阅式（19.1）），则与所有样例一致的决策树将满足式（19.3）。如果我们不限制假说的逻辑形式，当然 *Hypothesis* = *Classifications* 也满足该约束。奥坎姆剃刀告诉我们，优先选择小的、一致假说，因此我们尝试要比简单记忆样例做得更好。

直到 20 世纪 80 年代的早期，这种简单、无知识的归纳学习图景一直继续着。现代途径是设计已知某些知识并尝试学习更多的 Agent。这听起来没有多少深刻见解，但使得我们设计 Agent 的方式已经相当不一样了。它也许与我们发展科学的途径有一些关联。其通用思路概要显示于图 19.6。

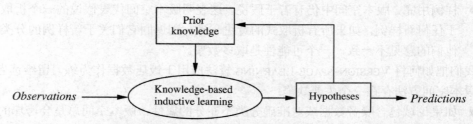

图 19.6　随着时间的迁移，渐增学习过程使用和增加它的背景知识库

使用背景知识自主学习的 Agent，为了将其应用于新的学习情境，必须首先获得背景知识。这种方法本身是一个学习过程。Agent 的生命历程可用渐增或递增发展来刻画。也许 Agent 从零开始，孤独地执行归纳，就像一个小小的、良好而单纯的归纳程序一样。一旦它从知识树上偷吃了什么，它将不再追求那种青涩的沉思，转而利用背景知识有效学习更多东西。现在的问题是如何实际做到这一点。

19.2.1　若干简单实例

让我们考察一些带背景知识学习的日常例子。很多看起来是理性的推理行为，却显然不遵循纯粹归纳的简单原理。

- 有时候在仅仅一个观察之后，就跳到一个结论。Gary Larson 曾经制作了一个卡通片，其中一个戴眼镜的穴居者 Zog 把蜥蜴串在一根有尖头的棍棒上，放在火上烧烤。有一类与 Zog 同时代的、智能低下的生物，还是用赤裸的双手持着食物烧烤。这时，他们正饶有兴趣地围观 Zog。围观者的这一极富启迪的经历足以使他们确信无痛烹饪的一般原理。

- 一个旅游者在巴西遇到了第一个巴西人。听到他讲葡萄牙语，她立即断定巴西人讲葡萄牙语，而发现他的名字是费尔南多时，她不能断定所有巴西人都叫费尔南多。在科学中也有相似例子。例如，一个物理学的新生测量了样品铜的密度和传导性后，她相当有信心将这些值泛化到所有铜片上。但当她测量了铜样品的质量时，她甚至不会考虑假说——所有铜片具有那个质量。另一方面，将那样的泛化推广到所有铜币上是相当有道理的。

- 最后的情形，一个医科学生有丰富的诊断经验，但对药理一窍不通。她正在观察一个患者与一个内科专家的会话。在一系列提问和回答后，专家嘱咐患者服用一个疗程的特定抗生素。她演绎出特定抗生素对特定感染有效的通用规则。

这些情形都说明，利用背景知识进行学习比纯粹归纳学习更快。

19.2.2 若干通用策略

在前面的每个例子中，人们借助先验知识，尝试判断应选择的泛化。现在我们探查什么类型的蕴涵约束在其中起作用。除了 *Hypothesis*、*Descriptions* 和 *Classifications* 之外，约束还涉及 *Background* 知识。

在烧烤蜥蜴的情境中，通过解释带尖头棍棒的成功：它支起蜥蜴，使手远离火，穴居者进行泛化。从这个解释出发，他们能够推断通用规则：任何长长的锋利物体都可用来烤炙小的软体食物。这类泛化过程被称为基于**解释的学习**，或 **EBL**。注意，上述通用规则逻辑上遵循穴居者的背景知识。因此，EBL 满足的蕴涵约束如下：

$$Hypothesis \wedge Descriptions \models Classifications$$
$$Background \models Hypothesis$$

因为 EBL 使用式（19.3），所以初始时它被认为是一种样例学习方法。但由于 EBL 要求背景知识对解释 *Hypothesis* 是充分的，*Hypothesis* 回过头来又解释观察，Agent 实际上没有从样例中学到事实上新的东西。Agent 能够从他的所知来演绎样例，尽管其中包含了不可理喻的计算量。EBL 现在被视为一种将第一原理性理论转化为有用的、专用知识的方法。在 19.3 节将描述 EBL 算法。

巴西旅行场景相当不一样，因为除非她是一个多事婆，她不需要解释为什么费尔南多讲那样的语言。进一步，一个对殖民历史完全无知的旅行者也会得到同样的泛化。与这个场景相关的先验知识是，一个国家的大多数人大致上说同一种语言。另一方面，因为这种规律性对姓名不成立，费尔南多不被认为是所有巴西人的名字。相类似地，物理学新生也将很难解释铜的传导和密度的特定值。然而她确实知道一个对象由多种材料混合而成，与其温度一起决定了它的传导性。在每一种情形中，先验知识 *Background* 关注一组特征与目标谓词的关联。这些知识与观察一起，允许 Agent 推理出解释观察的、新的通用规则：

$$Hypothesis \wedge Descriptions \models Classifications$$
$$Background \wedge Descriptions \wedge Classifications \models Hypothesis \qquad (19.4)$$

我们称这种泛化为**基于相关性的学习**或 **RBL**（尽管名称不是标准的）。注意，虽然 RBL 使用了观察的内容，但它不会产生背景知识和观察的逻辑内容之外的结论。它的确是一类演绎学习，本身不能期望从零开始生成新知识。

在医学院学生的场景中，我们假定学生具有对于推导患者所患疾病 D 来说是充分的先验知识。然而，她的知识不足以解释专家开出的药 M。她需要提出另一规则：M 通常对治疗 D 有效。给定这条规则和她的先验知识，她现在能解释在这个特定病例中为什么专家开出 M。我们现在能够泛化这个例子，提出蕴涵约束

$$Background \wedge Hypothesis \wedge Descriptions \models Classifications \qquad (19.5)$$

即，背景知识和新假说联合起来解释样例。如同纯粹归纳一样，学习算法应该提出与约束相容的、尽可能简单的假说。满足约束（19.5）的算法称为**基于知识的归纳学习算法**或 **KBIL**。

KBIL 算法将在 19.5 节中阐述，主要在**归纳逻辑程序设计**或 **ILP** 中对其进行研究。在 ILP 系统中，先验知识在降低学习复杂度方面起到两个关键作用：

（1）由于生成的假说不仅与先验知识一致，而且与新观察一致，有效假说空间的规模将缩减，使其仅包含与已知知识一致的理论。

（2）对于任意给定的观察集，构造该观察集的解释所要求的假说的规模可能有很大的缩减，因为先验知识可用于产生新的、解释观察的规则。假说越小，越容易发现它。

除了在归纳中应用先验知识，ILP 系统能够用一阶逻辑语言公式化假说，而不是用 18 章提出的基于属性的语言。这意味着它们能够在简单系统不能理解的环境中学习。

19.3　基于解释的学习

基于解释的学习是从个体观察中抽取通用规则的方法。作为一个例子，考虑代数表达式（练习 9.17）的微分和化简。如果对 X 求 X^2 的微分，则得到 $2X$。（我们用大写字母表示未知算术式 X，以区别逻辑变量。）在逻辑推理系统中，目标可表示为 **ASK**($Derivative(X^2, X) = d, KB$)，答案是 $d = 2X$。

任何知道如何做微分演算的人，在经历做这类题目的多次实践后，凭"审视"就能看出这个答案。第一次遇到这类问题的学生或者一个没有经验的程序，将要做更困难的工作。应用标准微分规则将产生表达式 $1 \times (2 \times (X^{(2-1)}))$，最终将其化简为 $2X$。在作者的逻辑程序设计执行中，它花费了 136 个证明步骤，其中有 99 步陷于证明树的死亡分支中。有了这次经历后，我们希望程序在遇到类似问题时，求解速度更快。

记忆化技术在计算机科学中有很长的应用历史，该技术通过保存计算结果加速程序的执行。备忘函数的基本思想是积累输入-输出对的数据库，当函数被调用时，它首先检查数据库，以确定它是否可以避免从零开始解决问题。基于解释的学习通过生成覆盖整个类的通用规则，将这个思想发扬光大。在微分演算的情况下，记忆化方法将记忆 X^2 对 X 的微分结果是 $2X$，但让 Agent 从零开始做 Z^2 对 Z 的微分。我们希望抽出通用规则——对于任何未知算术式 u，u^2 对 u 的微分是 $2u$。（可以生成关于 u^n 的一个更通用规则，但当前例子已经足以说明问题。）用逻辑术语表达规则如下：

$$ArithmeticUnknown(u) \Rightarrow Derivative(u^2, u) = 2u$$

如果知识库中包含这样的规则，则该规则的任何新示例都可直接解决。

当然这只是非常一般现象的简单例子。一旦理解了某些事情，它可以泛化并重新用于其他情境。它成为一个"明显"的步骤，能够用做解决更复杂问题的建筑模块。在与 Bertrand Russell 共同出版的《数学原理》一书中，Alfred North WhiteHead（1911）写道："通过扩充我们能够不经思考就能做的重要操作的数目，文明在进步。"也许在理解观察的过程中，Zog 自己就已经应用了 EBL 方法。如果你理解了求解一个微分问题实例的基本思想，则你的大脑已经忙于从中抽出基于解释学习的通用原理。注意，在看到这个例子之前，你还没有发明 EBL。如同观看 Zog 的穴居者，在能够生成基本原理之前，你（和我们）需要一个样例。这是因为解释一个思想为什么是好的，比首次闪现该思想要容易得多。

19.3.1　从样例中抽取通用规则

EBL 背后的基本思想是首先使用先验知识构造观察的一个解释，然后为相同解释结构能够应用的实例类，建立一个定义。这个定义提供了覆盖类中所有实例的规则的基础。"解释"可以是一个逻辑证明，但更一般情况下，它是一个推理或问题求解过程，过程中的步骤是良定义的。关键的问题是能够在相同步骤中鉴别必要条件，以便施加于其他实例。

我们的推理系统将使用在 9 章介绍的简单向后链接定理证明器。鉴于 $Derivative(X^2, X) = 2X$ 的证明树太庞大而不能作为例子，我们将使用一个更简单的问题来说明泛化方法。假设我们的问题是化简 $1 \times (0 + X)$。知识库包含下列规则：

$$Rewrite(u, v) \wedge Simplify(v, w) \Rightarrow Simplify(u, w)$$
$$Primitive(u) \Rightarrow Simplify(u, u)$$
$$ArithmeticUnknown(u) \Rightarrow Primitive(u)$$
$$Number(u) \Rightarrow Primitive(u)$$
$$Rewrite(1 \times u, u)$$
$$Rewrite(0 + u, u)$$
$$\vdots$$

$1 \times (0 + X)$ 的化简是 X 的证明显示在图 19.7 的上半部分。EBL 方法实际上同时构造了两棵树。第二棵证明树使用了变量化目标，其中原目标的常量用变量替换。当原证明过程行进时，变量化证明施加相同的规则同步行进。这可能引起某些变量未绑定。例如，为了使用规则 $Rewrite(1 \times u, u)$，子目标 $Rewrite(x \times (y + z), v)$ 中的变量 x 必须绑定 1。同样，为了使用规则 $Rewrite(0 + u, u)$，子目标 $Rewrite(y + z, v')$ 中的 y 应该绑定 0。一旦得到泛化证明树，我们取其中的叶结点（连同必要的绑定），并形成目标谓词的通用规则：

$$Rewrite(1 \times (0 + z), 0 + z) \wedge Rewrite(0 + z, z) \wedge ArithmeticUnknown(z)$$
$$\Rightarrow Simplify(1 \times (0 + z), z)$$

注意，无论 z 是什么值，左边的前两个条件总为真。因此，可从规则中删除它们，得

$$ArithmeticUnknown(z) \Rightarrow Simplify(1 \times (0 + z), z)$$

一般地，如果最终规则中的条件没有对规则右边的变量施加约束，则可以删除它们，因为结果规则仍然为真，并更高效。注意不能删除条件 $ArithmeticUnknown(z)$，因为 z 的所有可能值并不都是未知算术式。异于算术未知量的值也许需要其他形式的化简；例如，如果 z 是 2×3，则 $1 \times (0 + (2 \times 3))$ 的正确化简是 6 而非 2×3。

概括起来，基本 EBL 的工作过程如下：

（1）给定一个样例，使用合适背景知识，将目标谓词施加于该样例，从而构造一个证明。

（2）使用相同的推理步骤，为变量化目标，并行构造一个泛化证明树。

（3）构造一个规则，其左边由证明树的叶结点组成，其右边是变量化目标（在施加来自于泛化证明的必要绑定之后）。

（4）从左边删除任何这样的条件，即无论目标中变量的值如何变化，这些条件都为真。

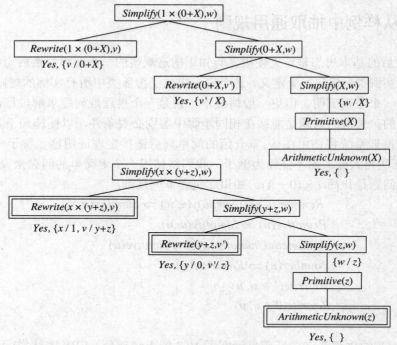

图 19.7　化简问题的证明树。第一棵树显示原问题实例的证明，从中我们可以演绎出

$$ArithmeticUnknown(z) \Rightarrow Simplify(1 \times (0 + z), z)$$

第二棵树显示一个问题实例的证明，其中所有常量用变量取代。从中可演绎出一类其他规则

19.3.2　改进效率

图 19.7 中的泛化证明树实际上生成了多个泛化规则。例如，当右边分支达到 $Primitive$ 步骤时，终止或**剪枝**其生长，则得到规则

$$Primitive(z) \Rightarrow Simplify(1 \times (0 + z), z)$$

这个规则与使用 $ArithmeticUnknown$ 的规则一样有效，且更通用，因为它覆盖了 z 是数字的情况。通过在 $Simplify(y + z, w)$ 步之后剪枝，我们能推导出进一步泛化的规则：

$$Simplify(y + z, w) \Rightarrow Simplify(1 \times (y + z), w)$$

一般来说，从泛化证明树的任何偏序子树中都可抽取一个规则，问题来了：选择这些规则中的哪一个？

生成什么规则的问题可归结为效率问题，EBL 的效率分析涉及三个因素：

（1）增加大规模规则将减速推理过程，因为即使在不能产生解答的情况下，推理机制仍然检查这些规则。也就是说，增加了搜索空间的**分支因子**。

（2）为了补偿推理速度的降低，在其所覆盖的情景中，推导出来的规则必须提供实质的加速。速度的提高主要是因为这些规则能够避免可能的死亡终点，且它们缩短了证明本身。

（3）推导出来的规则应该尽可能泛化，以便它们能应用于更广范围。

确保推导出来的规则是高效的共同途径是坚持规则中的每个子目标具有**可操作性**。一个子目标是可操作的是指它"容易"解决。例如，子目标 *Primitive(z)* 的解决最多需要两步，因此它是容易解答的，而子目标 *Simplify(y + z, w)* 可能导致任意数量的推理，这依赖于 *y* 和 *z* 的值。如果在构造泛化证明的每一步都测试可操作性，则一旦发现可操作的子目标，就能剪除分支的剩余部分，并将这个可操作子目标作为新规则的一个合取式。

不幸的是，在可操作性和通用性之间通常需要折中。子目标越特殊越容易解决，但覆盖范围越小。同样，可操作性是一个程度问题：一或两步肯定是可操作的，但是 10 或 100 怎么样？最后，解决子目标的代价依赖于知识库中可用的其他规则。当更多规则加入时，可操作性或提高或降低。对于给定的初始知识库，最大化其效率是 EBL 面临的一个复杂的优化问题。有时可能演绎出一个数学模型，这个模型对加入一个给定规则的全面效率产生影响，可利用它来挑选要加入的最好规则。分析工作非常复杂，特别是存在递归规则的情况。简单地增加几条规则，然后观察哪些是有用的，并实质上提高了速度，这种经验性方法也许是有效的。

效率的经验分析实际上是 EBL 的核心。我们所称的"知识库效率"是指在某个问题分布上的平均复杂度。通过将过去样板问题泛化，在合理期望的问题类型上，EBL 使知识库效率更高。只要将来样例与过去样例大致同分布——与 18.5 节 **PAC**-学习所用的假设相同，这个结论有效。如果仔细建造 EBL 系统，有可能获得显著加速。例如，有一个基于 Prolog 的、巨大规模自然语言系统，其功能是进行瑞典语和英语之间的翻译，仅仅只在语法分析过程中应用了 EBL，就达到了实时性能（Samuelsson and Rayner, 1991）。

19.4 使用相关性信息学习

我们的巴西旅游者似乎有能力做出关于其他巴西人所说语言的确信泛化。其推理得到了她的背景知识的支持，即一个给定国家的人（通常）说同一种语言。用一阶逻辑形式表达如下[1]：

$$Nationality(x, n) \wedge Nationality(y, n) \wedge Language(x, l) \Rightarrow Language(y, l) \qquad (19.6)$$

(文字翻译："如果 *x* 和 *y* 有相同国籍 *n*，且 *x* 说语言 *l*，则 *y* 也说语言 *l*。")给定观察

$$Nationality(Fernando, Brazil) \wedge Language(Fernando, Portuguese)$$

不难证明，式（19.6）和上述观察逻辑蕴涵下列结论（见练习 19.1）：

$$Nationality(x, Brazil) \Rightarrow Language(x, Portuguese)$$

像式（19.6）那样的语句表达了一类严格的相关性：给定国籍，语言完全确定。（换一种说法：语言是国籍的函数。）这些语句称为**函数依赖性**或**确定式**。由于它们经常出现在一定类型的应用（例如，定义数据库设计）中，人们常常用特殊的语法书写它们，我们采用 Davies（1985）的记法：

$$Nationality(x, n) \succ Language(x, l)$$

这照例只是语法上的一个小技巧，但它明确了确定式确实是谓词之间的关系：*nationality* 确定 *language*。可以类似表示关于传导性和密度的确定式：

1　为简洁起见，我们假定人们只说一种语言。显然，对于像瑞士和印度那样的国家，规则要修改。

$$Material(x, m) \wedge Temperature(x, t) \succ Conductance(x, \rho)$$
$$Material(x, m) \wedge Temperature(x, t) \succ Density(x, d)$$

对应的泛化逻辑上遵循确定式和观察。

19.4.1　确定假说空间

虽然确定式支持关于巴西人或关于在给定温度下所有铜片的通用结论，但是它们不能从单一样例中产生关于国籍的，或关于温度和材料的通用预测理论。可以认为，它们的主要效果是限制学习要考虑的假说空间。例如，在预测传导性时，只需要考虑材料和温度，可忽略质量、所有权、一周的某天、现任总统等。假说无疑可包含反过来由材料和温度决定的项，如分子结构、热能、自由电子密度等。确定式指明了一个用于构造目标谓词的假说的、充分的基础词汇表。这个陈述是可以证明的。设用确定式左边的谓词能表达的、关于目标谓词的定义的集合为 S。如果能证明一个给定确定式逻辑上等价于"目标谓词的正确定义是 S 中的一个"，则前述陈述可以得到证明。

在直觉上很清楚，假说空间规模的缩小将使目标谓词的学习变得更容易。利用计算学习理论的基本结果（18.5 节），我们可以量化可能收获。首先回忆，对于布尔函数，收敛到一个合理的假说需要 $\log|\mathscr{H}|$ 个样例，其中 $|\mathscr{H}|$ 是假说空间的大小。假设学习器有 n 个布尔属性，在没有其他限制的情况下，$|\mathscr{H}| = O(2^{2^n})$，因此所需样例数目为 $O(2^n)$。如果确定式的左边包含 d 个谓词，则学习器仅需要 $O(2^d)$ 个样例，减少了 $O(2^{n-d})$。

19.4.2　学习和使用相关性信息

正如我们在本章的前言中所述，先验知识在学习中有用；但是先验知识也需要学习。为了刻画基于相关性学习的全貌，我们为确定式提供一个学习算法。直接尝试发现与观察一致的最简确定式，是我们现在提出的学习算法的基本考虑。确定式 $P \succ Q$ 指出，如果任何样例匹配 P，则它们也匹配 Q。若与左边谓词匹配的每一对也与目标谓词匹配，则确定式与样例集一致。例如，假设我们有下列在材料样品上的传导性测量样例：

样　品	质　　量	温　　度	材　　料	大　　小	传　导　性
S1	12	26	铜	3	0.59
S1	12	100	铜	3	0.57
S2	24	26	铜	6	0.59
S3	12	26	铅	2	0.05
S3	12	100	铅	2	0.04
S4	24	26	铅	4	0.05

最小一致确定式是 $Material \wedge Temperature \succ Conductance$。还有一个非最小的、但一致的确定式 $Mass \wedge Size \wedge Temperature \succ Conductance$。它与样例集一致，因为质量和大小决定密度，并且数据集中不存在两个不同材料有相同密度。为了消除近乎正确的假说，我们照例需要更大的样品集。

存在几种发现最小一致确定式的可能算法。最浅显的途径是引导搜索遍历确定式空间，检查所有含一个谓词的确定式、含两个谓词的确定式，如此等等，直到发现一致确定式。我们将采用一个简单的、基于属性的表示法，如同在 18 章决策树学习中使用的。因为目标谓词是固定的，确定式 d 可以用左边属性集合表示。图 19.8 给出了基本算法框架。

---

function MINIMAL-CONSISTENT-DET (E, A) **returns** 属性集
    inputs: E，样例集
         A，属性集，大小为 n

    for i = 0 **to** n **do**
      for A 中每个大小为 i 的子集 A_i **do**
        if CONSISTENT-DET ?(A_i, E) **then** **return** A_i

---

function CONSISTENT-DET ?(A, E) **returns** 一个逻辑真值
    inputs: A，属性集
         E，样例集
    local variables: H，哈希表

    for E 中每个样例 e **do**
      if H 中存在某样例在属性 A 上与 e 有相同值，
        但有不同分类 **then** **return** *false*
      将 e 的类存储在 H 中，用样例 e 在属性 A 上的值索引
    return *true*

图 19.8　发现最小一致确定式的算法

该算法的时间复杂度依赖于最小一致确定式的大小。假设属性总数为 n，而该确定式含其中的 p 个属性。则在搜索大小为 p 的 A 的子集之前，算法将不会发现它。这样的子集有 $\binom{n}{p} = O(n^p)$ 个，因此算法复杂度是最小确定式大小的指数级。看起来这是一个 NP-完全问题，不能期望在一般意义下做得更好。在大多数论域，都存在充分的局部结构（关于局部结构域的定义，参阅 14 章），其中 p 很小。

给定一个学习确定式的算法，学习 Agent 需要一种构造最小假说的方法，在其中学习目标谓词。例如，我们能够将 MINIMAL-CONSISTENT-DET 与 DECISION-TREE-LEARNING 算法相结合。这样产生一个基于相关性决策树的学习算法 **RBDTL**，算法首先识别相关属性的最小集合，然后将该集合传递给决策树算法，供其学习。与 DECISION-TREE-LEARNING 算法不同，为了最小化假说空间，RBDTL 同步学习和使用相关性信息。我们期望 RBDTL 将比 DECISION-TREE-LEARNING 更快，事实上也是如此。图 19.9 显示了这两个学习算法的性能，目标函数仅依赖于 16 个属性中的 5 个，用它随机产生图中所需的训练数据。很显然，在所有可用属性都是相关的情况下，RBDTL 显示不出优越性。

陈述性偏执领域的目标是探索怎样将先验知识用于识别合适假说空间，以便在其中搜索正确的目标定义。这一节仅仅触及陈述性偏执领域的表面东西，还存在许多未回答的问题：

- 怎样扩展算法使其处理噪音？
- 能否处理连续值变量？
- 除了确定式之外，怎样使用其他先验知识？

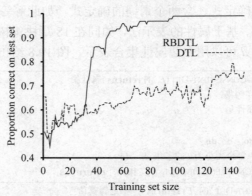

图 19.9　DECISION-TREE-LEARNING 和 RBDTL 之间的性能比较。目标函数仅
依赖于 16 个属性中的 5 个，训练集数据是用它随机产生的

● 怎样泛化算法，使其覆盖任何一阶理论，而非仅仅限于基于属性的表示法？
其中有些问题在随后一节讨论。

19.5　归纳逻辑程序设计

归纳逻辑程序设计（ILP）把一阶表示法的力量与归纳方法结合起来，尤其专注于把假
说表示成逻辑程序[1]。有三个原因使它广为人知。第一，ILP 为通用的、基于知识的归纳学
习问题，提出了一条精确的途径。第二，它提供了从样例归纳通用一阶理论的完全算法，
在基于属性的学习算法很难应用的领域中，这些算法能成功进行学习。学习蛋白质结构的
折叠模式（见图 19.10）是其中的一个例子。由于蛋白质分子的三维配置本质上涉及对象间
的关系，而不是单个对象的属性，因此该配置不能用属性集恰当表示，而一阶逻辑是表示
关系的合适语言。第三，归纳逻辑程序设计产生的假说（相对）容易被人阅读。例如，
图 19.10 的英语翻译可被生物学家详细审阅和批评。这意味着归纳逻辑程序设计系统能够
参与实验、假说生成、论争和反驳的科学周期。对于诸如神经网这样的、产生"黑盒"分
类器的系统，这种参与性是不可能的。

19.5.1　一个实例

以式（19.5）为线索回忆一下，给定 *Background* 知识和由 *Descriptions* 和 *Classifications*
描述的样例，通用的、基于知识的归纳问题是为未知 *Hypothesis* "解决"蕴涵约束

$$Background \wedge Hypothesis \wedge Descriptions \models Classifications$$

为了解释这一点，我们将使用从样例学习家族关系的问题。该问题的描述由一个扩展
家族树组成，家族树用 *Mother*、*Father* 和 *Married* 关系，以及 *Male* 和 *Female* 属性刻画。
作为一个例子，我们从练习 8.14 抽取一棵家族树，显示在图 19.11 中。相应描述如下：

1　在这个时候，建议读者参阅 7 章，以了解奠基概念 Horn 子句、合取范形、合一和归结等。

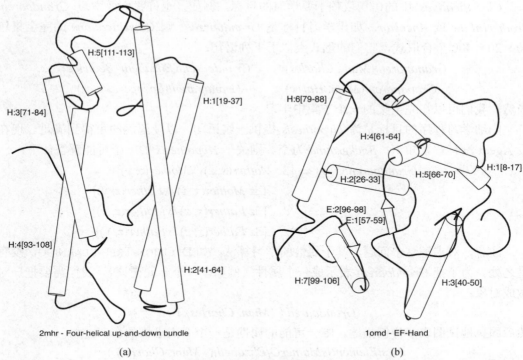

2mhr - Four-helical up-and-down bundle　　　　　1omd - EF-Hand

(a)　　　　　　　　　　　　　　(b)

图 19.10 　（a）和（b）分别显示了蛋白质折叠领域的概念 "4-螺旋线上下束"（"four-helical up-and-down bundle"）的正例和反例。每个样例结构编码成大约 100 个合取式的逻辑表达式，如 *TotalLength*(*D2mhr*, 118)∧*NumberHelices*(*D2mhr*, 6)∧···。从这些描述和诸如 *Fold*(FOUR-HELICAL-UP-AND-DOWN-BUNDLE, *D2mhr*)的分类中，ILP 系统 PROGOL（Muggleton, 1995）学到了下列规则：

Fold(FOUR-HELICAL-UP-AND-DOWN-BUNDLE, *p*) ⟸
　　　Helix(*p*, h_1)∧*Length*(h_1, HIGH)∧*Position*(*p*, h_1, *n*)
　　　∧(1≤*n*≤3)∧Adjacent(*p*, h_1, h_2)∧*Helix*(*p*, h_2)

在基于属性的机制中，不能学习这种类型的规则，甚至不能表示之。该规则可以翻译为：蛋白质 *p* 具有折叠类型 four-helical-up-and-down-bundle，如果在 1 和 3 之间的次级结构位置包含一条长螺旋线 h_1，并且 h_1 与第二条螺旋线相邻。

Father(*Philip*, *Charles*)	*Father*(*Philip*, *Anne*)　　　...
Mother(*Mum*, *Margaret*)	*Mother*(*Mum*, *Elizabeth*)　　...
Married(*Diana*, *Charles*)	*Married*(*Elizabeth*, *Philip*) ...
Male(*Philip*)	*Male*(*Charles*)　　　　...
Female(*Beatrice*)	*Female*(*Margaret*)　　...

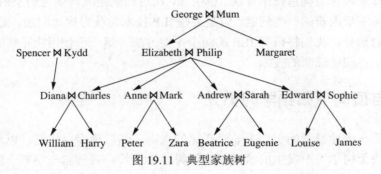

图 19.11 　典型家族树

Classifications 中的语句依赖于要学习的目标。例如，也许我们要学习 *Grandparent*、*BrotherInLaw* 或 *Ancestor*。如果学习目标是 *Grandparent*，则 *Classifications* 的完全集包含 $20 \times 20 = 400$ 个合取式，它们的形式类似于下列语句：

$$Grandparent(Mum, Charles) \qquad Grandparent(Elizabeth, Beatrice) \quad \cdots$$
$$\neg Grandparent(Mum, Harry) \qquad \neg Grandparent(Spencer, Peter) \qquad \cdots$$

当然，我们可以在完全集的一个子集中学习。

归纳学习程序的目标是为 *Hypothesis* 提供一组语句，以使蕴涵约束得到满足。现在假设 Agent 没有背景知识：*Background* 为空。则关于 *Hypothesis* 的一个可能解答如下：

$$Grandparent(x, y) \Leftrightarrow [\exists z\ Mother(x, z) \wedge Mother(z, y)]$$
$$\vee \quad [\exists z\ Mother(x, z) \wedge Father(z, y)]$$
$$\vee \quad [\exists z\ Father(x, z) \wedge Mother(z, y)]$$
$$\vee \quad [\exists z\ Father(x, z) \wedge Father(z, y)]$$

注意，对求解这个问题，基于属性的学习算法，如 DECISION-TREE-LEARNING，没有立足之处。为了把 *Grandparent* 表示成一个属性（例如，一个一元谓词），我们需要把一对人做成对象：

$$Grandparent(\langle Mum, Charles \rangle)\ \cdots$$

然后固执地试图表示样例描述。唯一可能的属性是一个令人恐怖的东西，如

$$FirstElementIsMotherOfElizabeth(\langle Mum, Charles \rangle)$$

用这些属性表达的 *Grandparent* 定义简单地变成了一个由特定案例组成的大析取式，它完全不能泛化新样例。基于属性的学习算法不能学习关系谓词。因此，ILP 算法的一个主要优势是它能应用于更广泛的问题域，包括关系问题。

读者肯定已经注意到，一点点背景知识将有助于表示 *Grandparent* 定义。例如，如果 *Background* 中包含语句

$$Parent(x, y) \Leftrightarrow [Father(x, y) \vee Mother(x, y)]$$

则 *Grandparent* 的定义将缩减为

$$Grandparent(x, y) \Leftrightarrow [\exists z\ Parent(x, z) \wedge Parent(z, y)]$$

这说明背景知识能急剧减小解释观察所需的假说的大小。

为了促进解释性假说的表达，ILP 可能产生新谓词。给定前面显示的样例数据，为了简化目标谓词的定义，ILP 程序完全有理由提出一个新谓词，我们称之为 "*Parent*"。能生成新谓词的算法被称为**构造归纳算法**。很明显，构造归纳是渐增学习图景的必备组成部分。这是机器学习中最困难的一类问题，但是某些 ILP 技术为获得构造归纳，提供了有效机制。这一章余下的部分，我们将研究 ILP 的两个主要方法。第一个使用决策树方法的泛化，第二个使用基于逆归结证明的技术。

19.5.2   自顶向下归纳学习方法

ILP 的第一个途径开始于一个非常泛化的规则，然后逐步狭化它，以便拟合数据。本质上，这是决策树学习中发生的事情：决策树逐步生长，直到它与观察一致。做 ILP，我们使用一阶文字而不是属性，假说是一组子句而非决策树。这一节描述 FOIL（Quinlan, 1990），

它是第一个 ILP 程序。

假设我们试图使用前面给出的家族数据，学习谓词 *Grandfather*(*x*, *y*)的一个定义。如同进行决策树学习一样，我们将样例分为正例和反例。正例有

〈*George, Anne*〉，〈*Philip, Peter*〉，〈*Spencer, Harry*〉，…

反例包括

〈*George, Elizabeth*〉，〈*Harry, Zara*〉，〈*Charles, Philip*〉，…

注意，每个样例是一对对象，因为 *Grandfather* 是二元谓词。总共有 12 个正例出现在家族树中，和 388 个反例（由人组成的所有其他对）。

FOIL 构造一个子句集，其中每个子句都以 *Grandfather*(*x*, *y*)为头部。子句必须将 12 个正例分类为 *Grandfather*(*x*, *y*)关系的实例，并排除 388 个反例。所有子句是扩展的 Horn 子句，即允许在子句体中包含负文字。如同在 Prolog 中一样，将负文字解释为"否定作为失败"。初始子句的体为空：

$$\Rightarrow Grandfather(x, y)$$

这个子句将所有样例分为正例，因此需要对它进行狭化。如此，每次在左边增加一个文字。下面是三个潜在的增加：

$$Father(x, y) \Rightarrow Grandfather(x, y)。$$
$$Parent(x, z) \Rightarrow Grandfather(x, y)。$$
$$Father(x, z) \Rightarrow Grandfather(x, y)。$$

（注意，这里我们做了假定：定义 *Parent* 的子句已经是背景知识的一部分。）第一个子句将所有 12 个正例分成反例，不正确，丢弃。后两个对 12 个正例的分类是正确的，但第二个在更多反例上犯错——是第三个的两倍，因为它既允许父亲，又允许母亲。我们优选第三个子句。

现在我们需要进一步狭化这个子句，以排除下列情况：*x* 是某个 *z* 的父亲，但 *z* 不是 *y* 的父母。增加一个文字 *Parent*(*z*, *y*)，得

$$Father(x, z) \wedge Parent(z, y) \Rightarrow Grandfather(x, y)，$$

它能正确分类所有样例。FOIL 将发现并选择这个文字，从而解决该学习任务。一般来说，解是一个 Horn 子句集合，其中每一个都蕴涵目标谓词。例如，如果我们的词汇表中没有 *Parent*，则解也许是

$$Father(x, z) \wedge Father(z, y) \Rightarrow Grandfather(x, y)$$
$$Father(x, z) \wedge Mother(z, y) \Rightarrow Grandfather(x, y)。$$

注意，这些子句的每一个都覆盖某些正例，它们结合在一起，覆盖了所有正例，在设计时，赋予 NEW-CLAUSE 这样的特性，即没有子句错误覆盖反例。在发现正确解之前，FOIL 一般要搜索许多不成功的子句。

这个例子仅仅简单说明了 FOIL 的工作方式，完全算法的概略在图 19.12 中给出。实质上，算法以一个文字接着一个文字的方式重复构造子句，直到子句与正例的某个子集一致，且不覆盖任何反例。然后，被该子句覆盖的正例从训练集中删除，这个过程继续下去，直到训练集中不存在正例。这里将解释两个主要的子程序 NEW-LITERALS 和 CHOOSE-LITERAL，前者构造可能要加入子句的所有新文字，后者选择要加入的文字。

NEW-LITERALS 选取一个子句，构造可能"有用"的、可以加进该子句的所有文字。让我们将下面的子句用作例子：

$$Father(x, z) \Rightarrow Grandfather(x, y)。$$

---

function FOIL (*examples, target*) **returns** Horn 子句集合
    inputs: *examples*，样例集
        target，关于目标谓词的文字
    local variables: *clauses*，子句集合，初始置空

    while *examples* 包含正例 **do**
        clause ← NEW-CLAUSE (*examples, target*)
        从 *examples* 中删除被 *clause* 覆盖的正例
        将 *clause* 加入 *clauses*
    return *clauses*

---

function NEW-CLAUSE (*examples, target*) **returns** 一个 Horn 子句
    local variables: *clause*，*target* 作为头部、体为空的子句
                l，要加入 *clause* 的文字
                extended_examples，样例集合，这些样例包含的新变量是有值的
    extended_examples ← *examples*
    while *extended_examples* 包含反例 **do**
        l ← CHOOSE-LITERAL (NEW-LITERALS(*clause*), *extended_examples*)
        将 *l* 附加到 *clause* 体的尾部
        extended_examples ← 将 EXTEND-EXAMPLE 施加到 *extended_examples* 中的
                        每个样例而生成的样例集合
    return *clause*

---

function EXTEND-EXAMPLE (*example, literal*) **returns** 样例集
    if *example* 满足 *literal*
        then return 通过给 *literal* 中的每个新变量赋所有可能常量值的方式
                扩展 *example* 而得到的样例集合
    else **return** 空集

图 19.12　FOIL 算法概略。该算法从样例学习一阶 Horn 子句集合。NEW-LITERALS 和 CHOOSE-LITERAL 在正文中解释

有三种文字可以加入：

（1）使用谓词的文字：这类文字可以否定或去除否定，任何现有谓词（包括目标谓词）都能够使用，其参数必须全部是变量。谓词的任何参数可以是任意变量，除了一个限制：每个文字必须至少包含一个来自早期文字或子句头部的变量。诸如 *Mother(z, u)*、*Married(z, z)*、¬*Male(y)* 和 *Grandfather(v, x)* 这样的文字都被允许，而 *Married(u, v)* 不被允许。注意，使用来自子句头部的谓词，允许 FOIL 学习递归定义。

（2）等式和不等式文字：建立已经出现在子句中的变量之间的关系。例如，可能加入 $z \neq x$。这些文字也可能包含用户指定的常量。对于学习算术表达式，我们也许使用 0 和 1，对于学习表函数，我们也许使用空表{}。

（3）算术比较：当处理连续变量时，诸如 $x > y$ 和 $y \leqslant z$ 这样的文字可以加入。如同在决策树学习中所做的，可以选择常量阈值，以最大化测试的分辨能力。

搜索空间的最终分支因子非常庞大（见练习 19.6），但 FOIL 能够利用类型信息降低它。

例如，如果论域既包含数值又包含人，则类型限制将阻止产生 *Parent*(*x*, *n*)这样的文字，其中 *x* 是人，*n* 是数。

CHOOSE-LITERAL 决定加入哪个文字的启发式有点类似信息收益（见 19.5.3 节）。具体细节在此并不重要，已经尝试了很多不同的变异。FOIL 的一个令人感兴趣的特性是使用奥坎姆剃刀删除某些假说。若某个子句变得比所有正例的总长度还长（相对于某个量纲），则该子句不被看成潜在的假说。这个技术提供了一种回避拟合噪音数据的超复杂子句的途径。

FOIL 和它的亲戚已经应用于学习各种定义，其中给人印象最深刻的是求解一长串关于表处理函数的练习题（Quinlan and Cameron-Jones, 1993），这些练习题取自 Bratko（1986）的 Prolog 教材。在每一个案例中，程序将先前学习的函数作为背景知识，有能力从一个小样例集中学习函数的正确定义。

19.5.3 逆演绎归纳学习

ILP 的第二个主要途径涉及逆转标准演绎证明过程。**逆归结**以下述观察为基础：如果样例 *Classifications* 遵循 *Background* ∧ *Hypothesis* ∧ *Descriptions*，则用归结方法必定能够证明这个事实（因为归结是完全的）。如果我们能够"反向运行证明"，则我们能够发现证明经历过的假说。关键是如何找到反转归结证明的方法。

我们将呈现逆归结的一个反向证明过程，它由一个个反向步骤组成。一个归结步取两个子句 C_1 和 C_2，对它们进行归结产生**归结式** *C*。一个逆归结步取一个归结式 *C*，产生两个子句 C_1 和 C_2，使得 *C* 是归结 C_1 和 C_2 的结果。另一种做法是取归结式 *C* 和一个子句 C_1，产生一个子句 C_2，使得 *C* 是归结 C_1 和 C_2 的结果。

一个逆归结过程的前期若干步骤显示在图 19.13 中，我们把注意力放在正例 *Grandparent*(*George*, *Anne*)上。过程开始于证明的终端点(显示在图中底部)。令归结式为空子句（换言之，一个矛盾），C_1 为 ¬*Grandparent*(*George*, *Anne*)，它是目标样例的否定。逆归结的第一步取 *C* 和 C_1，产生子句 $C_2 \equiv$ *Grandparent*(*George*, *Anne*)。下一步将其作为 *C*，子句 *Parent*(*Elizabeth*, *Anne*)作为 C_1，产生下列子句作为 C_2：

$$¬Parent(Elizabeth, y) \lor Grandparent(George, y)$$

最后一步将该子句作为归结式，将 *Parent*(*George*, *Elizabeth*)作为 C_1，产生假说

$$Parent(x, z) \land Parent(z, y) \Rightarrow Grandparent(x, y)$$

现在我们有了一个关于假说、描述和背景知识逻辑蕴涵分类 *Grandparent*(*George*, *Anne*)的归结证明。

很明显，逆归结包含搜索。每个逆归结步是非确定的，因为对于任何 *C*，存在很多甚至无穷多子句 C_1 和 C_2，从它们可以归结出 *C*。例如，在图 19.13 的最后一步，不是选择 ¬*Parent*(*Elizabeth*, *y*) ∨ *Grandparent*(*George*, *y*)作为 C_1，逆归结步也许选择下列语句中的任意一个语句：

$$¬Parent(Elizabeth, Anne) \lor Grandparent(George, Anne)$$

$$¬Parent(z, Anne) \lor Grandparent(George, Anne)$$

$$\neg Parent(z, y) \vee Grandparent(George, y)$$
$$\vdots$$

（参阅练习 19.4 和 19.5）进一步，参与逆归结每一步的子句可以从背景知识 *Background* 中，从样例 *Descriptions* 中，从 *Classifications* 之非中，从逆归结树中产生并作为假说的子句中选择。如果不加控制，大可能性意味着大分支因子（因而低效搜索）。在 ILP 系统的实现过程中，尝试了许多驯化搜索的途径：

（1）消除冗余选项——例如，通过仅产生最特殊的可能假说，通过要求所有作为假说的子句相互一致，和通过要求所有作为假说的子句与观察一致。最后一个标准排除了前面列表中的子句 $\neg Parent(z, y) \vee Grandparent(George, y)$。

（2）限制证明策略。例如，在第 9 章中我们已经看到，**线性归结**是完全的受限策略。线性归结产生具有线性分支结构的证明树——整个树沿着一条直线生长，每个结点只有单分支离开这条直线（如同图 19.13 所示）。

（3）限制表示语言。例如，通过消除函数符号，或通过仅允许 Horn 子句。PROGOL 就是一个例子，它使用**逆逻辑蕴涵**对 Horn 子句进行操作。其思想是将蕴涵约束

$$Background \wedge Hypothesis \wedge Descriptions \models Classifications$$

转换为逻辑等价形式

$$Background \wedge Descriptions \wedge \neg Classifications \models \neg Hypothesis。$$

从它开始，使用一个类似于带"否定作为失败"的标准 Prolog 演绎过程，推导 *Hypothesis*。因为受限于 Horn 子句，这个方法不是完全的，但它比完全归结更高效。应用带逆逻辑蕴涵的完全推理（Inoue, 2001）也是有可能的。

（4）用模型检查而不是定理证明做推理。PROGOL 系统（Muggleton，1995）使用一种模型检查方法限制搜索。也就是说，如同答案集程序设计，它产生逻辑变量的可能值，并检查一致性。

（5）在基础命题子句上，而不是在一阶逻辑上做推理。LINUS 系统（Lavrauc and Duzeroski，1994）的工作方式是，将一阶理论翻译为命题逻辑，用命题学习系统求解它们，然后翻译回去。就像我们在第 10 章借助 SATPLAN 看到的一样，某些问题通过命题途径求解更高效。

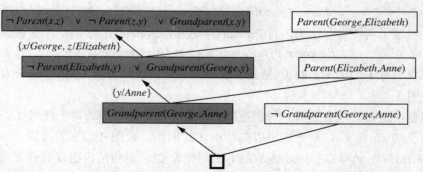

图 19.13　逆归结过程中的早期步骤。非阴影中的子句来自 *Descriptions* 和 *Classifications*（包括否定 *Classifications*），阴影中的子句通过右边子句和下面子句的逆归结而产生

19.5.4　用归纳逻辑程序设计做发现

在原理上，逆转完全归结策略的逆归结过程是一个学习一阶理论的完全算法，就是说，如果某个未知 *Hypothesis* 生成一组样例集合，则逆归结过程能够从这些样例中生成 *Hypothesis*。这个观察揭示了一个有趣的可能性：假定可用样例包含各种各样的落体轨道，逆归结程序在理论上能否推演出引力定律？答案显然是"*Yes*"，因为给定合适的数学背景，引力定律可用来解释这些样例。同样，人们可以设想，电磁学、量子机械学和相对论都在 ILP 程序的范围内。当然，它们也都在一个拥有打字机的猴子的范围内，我们仍然需要更好的启发式和结构化搜索空间的新途径。

逆归结将为你做的一件事情是发明新谓词。这个能力往往被看作有些神奇，因为计算机常常被认为"只能以给定的方式工作"。事实上，新谓词直接从逆归结步中降临。最简单的情形出现在给定子句 C，假说化两个新子句 C_1 和 C_2 中。C_1 和 C_2 的归结消除了它们共享的文字，很可能被删文字包含了一个谓词，该谓词不出现在 C 中。因此，存在一种可能性，当反向工作时，生成一个新谓词，用它可重构丢失的文字。

图 19.14 显示了一个例子，其中在学习 *Ancestor* 的过程中，生成了新谓词 P。一旦诞生，P 可用于后续的逆归结步。例如，一个后续步骤也许将 *Mother*$(x, y) \Rightarrow P(x, y)$ 作为假说。从而新谓词 P 拥有了它自己的意义，这个意义受涉及它的假说生成约束。另一个例子也许导致约束 *Father*$(x, y) \Rightarrow P(x, y)$。换言之，谓词 P 是我们常常称为 *Parent* 的关系。就像我们前面所说，新谓词的发明能够实质性减小目标谓词定义的大小。因此，通过嵌入发明新谓词的能力，逆归结系统经常能解决其他技术所不能解决的学习问题。

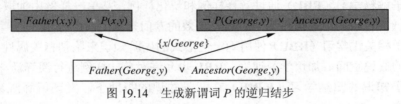

图 19.14　生成新谓词 P 的逆归结步

科学上的某些深刻革命来源于新谓词和新函数的发明——例如，伽利略发明加速度，或者焦耳发明热能。一旦这些词汇可用，发现新定理将变得（相对）容易。困难的部分在于如何认识到，与现有实体存在特定关系的某个新实体，将允许用比现存理论更简单、更精致的理论解释整个观察集合。

迄今为止，ILP 系统还没有做出伽利略或焦耳那个级别的发现，但是它们的发现被认为有在科学文献上发表的价值。例如，在《分子生物学》杂志（Journal of Molecular Biology）上，Turcotte 等（2001）描述了 ILP 程序 PROGOL 自动发现蛋白质折叠规则的事件。PROGOL 发现的许多规则可以从已知原理演绎出来，但大多数在标准生物学数据库中没有发表。（作为例子，参阅图 19.10）。Srinivasan 等（1994）做了一个相关工作，涉及发现关于硝基芳香化合物诱变性的、基于分子结构的规则。这些化合物在自动车辆的尾气中被发现。对于标准数据库中的 80% 化合物，可以鉴别四种主要属性，在这些属性上线性回归的表现比 ILP 优越。剩下的 20%，仅用这些属性是不可预测的，但是 ILP 识别了一些关系，这使得它胜过线性回归、神经网络和决策树。最具深刻印象的是，King 等（2009）赋予机器人执行分子生物学实验的能力，并扩展 ILP 技术使之包含实验设计，因此而生成一个自主科学家。它能够实际发现关于功能性酵母基因组学的知识。所有这些实验说明，表示关系和应用背景知识的能力为 ILP 的高性能做出了贡献。ILP 发现的规则能够被人类解释的事实提高了生物学杂志而不仅是计算机科学杂志对这些技术的接受程度。

ILP 也为除生物学之外的其他科学做出了贡献。其中最主要是自然语言处理，ILP 被用来从文本中抽取复杂的关系信息。这些结果在第 23 章中做了综述。

19.6　本　章　小　结

这一章探讨利用先验知识帮助 Agent 从经验中学习的各种方法。因为很多先验知识用关系模型而不是基于属性的模型表示，所以我们覆盖了允许关系模型学习的系统。这一节的重要知识点为：

- 学习中使用先验知识导致了渐增学习蓝图，其中当获得更多新知识时，学习 Agent 改进其学习能力。
- 通过进一步删除一致假说，以及通过"填充"样例的解释，因而照顾更短的假说，先验知识对学习很有帮助。先验知识的这些贡献导致使用更少的样例，更快的学习算法。
- 理解用**逻辑蕴涵约束**表示的先验知识的不同逻辑作用，有助于定义各种各样的学习技术。
- **基于解释学习（EBL）**通过解释样例和泛化样例，从单一样例中抽取泛化规则。它提供了将原理性知识转化为有用、高效的专门知识的演绎方法。
- **基于相关性学习（RBL）**使用确定性形式的先验知识来鉴别相关属性，因此生成缩小的假说空间，加快学习速度。**RBL** 也允许对单一样例进行演绎泛化。
- **基于知识的归纳学习（KBIL）**在背景知识的帮助下，发现解释观察集合的归纳假说。
- **归纳逻辑程序设计（ILP）**技术在一阶逻辑形式的知识上执行 **KBIL**。**ILP** 能够学习关系知识，这种类型的知识在基于属性的系统中没法表示。
- 用自顶向下精化通用规则的方法或通过自底向上逆转演绎过程的途径，能够实现 **ILP**。
- **ILP** 方法本质上能够生成新谓词，用这些新谓词可以表示简洁的新理论。它显示出作为通用科学理论形成系统的前景。

参考文献与历史注释

尽管对于科学哲学家来说，在学习中使用先验知识是很自然的话题，但此前一直没有做多少形式化工作。哲学家 Nelson Goodman（1954）在《事实、想象和预言》中，驳斥了早期假定：所谓归纳只不过是在看到某个全称量化断言的足够多实例后，将其作为假说。

例如，考虑假说"所有绿宝石是变色的"，其中"变色"意指"在时间 t 之前观察是绿色的，但之后观察是蓝色的。"在时间 t 之前，也许我们观察到数百万实例肯定了规则"绿宝石是变色的"，没有一个实例否定该规则，但我们仍然不愿意采用该规则。这只有用相关先验知识在归纳过程中的作用来解释了。Goodman 提出了各种可能有用的先验知识，包括一种版本的确定式，即所谓**超假说**。很不幸，Goodman 的思想在机器学习领域没有人探索。

当前最佳假说是哲学界的一个古老方法（Mill，1843），认知心理学的早期工作也指出，它是人类概念学习的一种自然形式（Bruner 等，1957）。在 AI 领域，这种途径与 Patrick Winston 的工作联系最为紧密，Winston 的博士论文（Winston，1970）阐述复杂对象描述的学习问题。**版本空间**方法（Mitchell，1977，1982）采取了一条不同途径，它维持所有一致假说集，并逐步消除与新样例不一致的假说。这种方法用于化学专家系统 Meta-DENDRAL（Buchanan and Mitchell，1978），之后又用于 Mitchell（1983）的 LEX 系统，学习求解演算问题。第三个有影响的思路是由 Michalski 和他的同事在 AQ 算法系列中形成的，AQ 算法学习逻辑规则集合（Michalski，1969；Michalski 等，1986）。

EBL 扎根于 STRIPS 规划器（Fikes 等，1972）所用的技术中。当构造一个计划时，它的一个通用版本存储在计划库中，并在后续规划中作为**宏操作**使用。类似的思想出现在 Anderson 的 **ACT***体系结构中，冠名为**知识编译**（Anderson，1983）；出现在 SOAR 体系结构中，冠名为**组块**（Laird 等，1986）。**模式获取**（DeJong，1981）、**分析泛化**（Mitchell，1982）和**基于约束的泛化**（Minton，1984）是 EBL 成长过程中的中生代，而 Mitchell 等（1986）和 DeJong 和 Mooney（1986）的论文促进了 EBL 的更迅速成长。Hirsh（1987）在教材中介绍了 EBL 算法，并说明了怎样将其直接并入逻辑程序设计系统中。Van Harmelen 和 Bundy（1988）把 EBL 解释为程序分析系统（Jones 等，1993）所使用的**部分估算**方法的一种变形。

关于 EBL 的初始热潮被 Minton 的发现（1988）冷却下来：不需要大量的额外工作，就能显著降低程序的速度。对 EBL 的期望回报所做的形式概率分析见诸于 Greiner（1989），以及 Subramanian 和 Feldman（1990）。Dietterich（1990）关于 EBL 早期工作的综述精彩纷呈。

不是将样例用作泛化的中心，而是在**类比推理**过程中用之直接解决新问题。类比推理主要包括三种形式：基于相似度的或然推理（Gentner，1983）；基于确定式的、需要样例参与的演绎推理（Davies and Russell，1987）；"惰性" EBL，它修改老样例的泛化方向以适应新问题的需要。最后这种形式的类比推理在**基于实例推理**（Kolodner，1993）和**派生类比**（Veloso and Carbonell，1993）中很常见。

数据库领域首先开发出来以函数依赖性形式表达的相关性信息，这种相关性用来将大规模属性集合结构化为可管理的子集。Carbonell 和 Collins（1973）将函数依赖性用于类比推理，Davies 和 Russell（Davies，1985；Davies and Russell，1987）重新发现了它，并给出了完整的逻辑分析。Russell 和 Grosof（1987）探查了它们在归纳推理中作为先验知识的作用。确定式与受限-词汇假说空间的等价性由 Russell（1988）证明。带确定式的学习算法以及通过 RBDTL 获得的性能改进，首先出现在 Almuallim 和 Dietterich（1991）的 FOCUS 算法中。Tadepalli（1993）描述了一个非常精巧的带确定式的学习算法，它在学习速度上有很大的改进。

归纳学习可以通过逆演绎来执行的思想可以追溯到 W. S. Jevons（1874），他写道："形式逻辑和概率论都引导我采纳这样一种观点：对比演绎，归纳方法没有什么不同，归纳仅仅只是演绎的逆运用。"计算探讨开始于 Gordon Plotkin（1971）在爱丁堡的一篇著名博士论文。尽管 Plotkin 开发的很多定理和方法当前还在 ILP 中使用，他仍然被归纳中某些子问题的不可判定性结果弄得灰心丧气。MIS（Shapiro，1981）再次引入了学习逻辑程序的问题，但被认为主要是对自动调试理论的贡献。在规则归纳方面的工作，诸如 ID3（Quinlan，1986）和 CN2（Clark and Niblett，1989）系统，导致 FOIL（Quinlan，1990），它首次使关系规则的归纳技术进入实际应用。Muggleton 和 Buntine（1988）使关系学习的研究得以复苏，他们的 CIGOL 程序包含了逆归结的一个不很完全的版本，并能够生成新谓词。逆归结方法也出现在（Russell，1986）中，在其脚注中给出了一个简单算法。下一个主要系统当属 GOLEM（Muggleton and Feng，1990），它使用一个基于 Plotkin 的相对最小通用泛化概念的覆盖算法。ITOU（Rouveirol and Puget，1989）和 CLINT（De Raedt，1992）是那个时代的其他系统。最近，PROGOL（Muggleton，1995）采用逆逻辑蕴涵的一种混成方法（自顶向下和自底向上），并把它应用于许多实际问题，特别是生物学和自然语言处理中的问题。Muggleton（2000）描述了 PROGOL 的一个扩展，用于处理混沌逻辑程序形式的不确定性。

ILP 方法的形式分析出现在 Muggleton（1991）、Muggleton（1992）主编的一个大论文集中，以及 Lavrauc 和 Duzeroski（1994）的关于技术和应用汇编的书中。关于领域历史及将来挑战，Page 和 Srinivasan（2002）给出了一个更新的概述。早期关于复杂性的结论（Haussler，1989）说明，学习一阶语句是难解决的。然而，通过对子句语法限制的重要性的更深刻理解，已经获得关于递归子句的正面结果（Duzeroski 等，1992）。Kietz 和 Duzeroski（1994）、Cohen 和 Page（1995）给出了关于 ILP-可学习的综述。

尽管现在 ILP 似乎是构造归纳的主流方法，但它不是唯一使用的方法。所谓**发现系统**的目标是对新概念的科学发现进行建模，通常用概念定义空间的搜索实现发现。Doug Lenat 的自动数学家 AM（Davis and Lenat，1982）使用表示成专家系统规则的发现启发式，制导对基础数论中概念和猜想的搜索。不像其他做数学推理的系统，AM 缺少证明的概念，仅能做猜测。它重新发现了哥德巴赫猜想和唯一素数分解定理。EURISKO 系统（Lenat，1983）是 AM 体系结构的一个扩展，它增加了一个机制，这个机制能重写系统所发现的启发式。尽管 EURISKO 没有 AM 成功，它还是被用于除数学发现之外的很多其他领域。AM 和 EURISKO 的方法学一直以来都是一个争论的话题（Ritchie 和 Hanna，1984；Lenat 和 Brown，1984）。

另一类发现系统的目标是通过操作实际科学数据来发现新定律。DALTON、GLAUBER 和 STAHL（Langley 等，1987）是基于规则的系统，它们在来自物理系统的实验数据中寻找量化关系。在每一个案例中，系统都能再现一个科学历史上的著名发现。基于统计技术的发现系统——特别是发现新范畴的聚类算法——在第 20 章讨论。

练　习

19.1　通过转换成合取范式并施加归结，证明 19.4 节关于巴西人的结论是正确的。

19.2　对于下列每个确定式，写出其逻辑表达式，并解释为什么确定式为真（如果它为真的话）。

a. 图样和面额决定硬币的质量。

b. 对于一个给定程序，输入决定输出。

c. 气候、食物摄取量、锻炼和新陈代谢决定体重的增减。

d. 一个人的秃头是由其外祖父的秃头（或不秃头）决定的。

19.3 确定式的概率版本有用吗？请提出一个定义。

19.4 假设 C 是 C_1 和 C_2 的归结式，填充下列子句集合中、关于子句 C_1 或 C_2（或双方）的缺失值。

a. $C = True \Rightarrow P(A, B)$，$C_1 = P(x, y) \Rightarrow Q(x, y)$，$C_2 = ??$。

b. $C = True \Rightarrow P(A, B)$，$C_1 = ??$，$C_2 = ??$。

c. $C = P(x, y) \Rightarrow P(x, f(y))$，$C_1 = ??$，$C_2 = ??$。

如果存在多个可能答案，为每个不同类型的答案提供一个例子。

19.5 假设有人写出了执行一个归结推理步骤的逻辑程序。即，如果 c 是 c_1 和 c_2 的归结式，则 $Resolve(c_1, c_2, c)$ 成功。正常情况下，$Resolve$ 是定理证明器的一部分，调用它时，参数 c_1 和 c_2 实例化为特定的子句，$Resolve$ 产生归结式 c。现在假设我们用 c 的实例化，而 c_1 和 c_2 未实例化调用它。它能够成功产生逆归结步的合适结果吗？如果要使它起作用，需要对逻辑程序设计系统做特别的修改吗？

19.6 假设 FOIL 正考虑用二元谓词 P 在子句中加入一个文字，以前的文字（包括子句的头部）含有 5 个不同变量。

a. 可以产生多少个功能不同的文字？两个文字功能上相同，若它们仅在所含新变量的名称上不同。

b. 假设以前使用的变量有 n 个，你能发现计算含一个 r 元谓词的不同文字数目的通用公式吗？

c. 为什么 FOIL 不允许包含以前未使用的变量的文字？

19.7 使用来自图 19.11 所示家族树中的数据或它的一个子集，施加 FOIL 算法学习 Ancestor 谓词的一个定义。

第 20 章　学习概率模型

本章将学习视为一种从观察开始的非确定性推理形式。

第 13 章曾指出现实环境弥漫着非确定性。Agent 能够使用概率和决策理论的方法处理非确定性。但是，他们必须首先从经验中学习概率性的理论。这一章通过将学习任务本身公式化为概率推理过程（20.1 节），解释如何学习概率性理论。我们将看到，用贝叶斯观点考察学习是极其有力量的，为噪音、过度拟合和最优预测等问题提供了通用解决途径。同时，这一章也考虑这样一个事实，即任何非无所不知的 Agent 绝不可能肯定哪种世界理论是正确的，但仍然必须使用某个世界理论做决策。

在 20.2 节和 20.3 节，我们描述学习概率模型——主要是贝叶斯网络——的方法。尽管不需要插入细节就能理解一般内容，这一章的某些材料数学味非常浓。回顾第 13 章和第 14 章，并且浏览附录 A，也许对读者有帮助。

20.1　统　计　学　习

如同第 18 章一样，这一章的关键概念是**数据**和**假说**。在这一章中，数据是证据——即描述领域的某些或全部随机变量的示例，假说是关于领域是如何工作的概率性理论，逻辑理论是它的一个特例。

研究一个简单例子。我们最喜欢的惊奇牌糖果有两种味道：草莓味（yum）和酸橙味（ugh）。这种糖果的制造商有一种特别的幽默感，不顾及味道，将每块糖果都用相同不透明的糖衣包着。糖果放在大袋子中出售，总共有五种袋子，但从外部不能区分开来：

h_1：100%草莓，

h_2：75%草莓　+25%酸橙，

h_3：50%草莓　+50%酸橙，

h_4：25%草莓　+75%酸橙，

h_5：100%酸橙。

给定一个新糖果袋，随机变量 H（关于假说）表征袋子的类型，其值范围是 h_1 到 h_5。H 当然不能直接观察。随着糖果包装被一颗一颗地撕开，数据出来了——D_1, D_2, …, D_N，其中 D_i 是随机变量，可能值为 *cherry*（草莓）和 *lime*（酸橙）。Agent 的任务是预测下一块糖果的味道[1]。尽管这个情境微不足道，但可用它引入很多重要问题。Agent 真正需要做的是推导出这个世界的一个理论，虽然是一个简单理论。

1　精通统计学的读者将认出，这个情境是**咖啡壶-和-球**装置的变异。我们发现咖啡壶和球没有糖块有趣；进一步，糖块适合其他任务，如决定是否与朋友交易袋子——参见练习 20.2。

　　给定数据，**贝叶斯学习**计算每个假说的概率，并基于这些概率做决策。也就是说，使用所有假说做预测，并用概率加权，而不是使用单个"最好"的假说。通过这种途径，将学习归约为概率推理。令 **D** 表示所有数据，观察为 **d**，用贝叶斯规则获得每个假说的概率：

$$P(h_i \,|\, \mathbf{d}) = \alpha P(\mathbf{d} \,|\, h_i) P(h_i) \tag{20.1}$$

　　现在，假设我们希望做关于未知量 X 的预测。则有

$$\mathbf{P}(X \,|\, \mathbf{d}) = \sum_i \mathbf{P}(X \,|\, \mathbf{d}, h_i) P(h_i \,|\, \mathbf{d}) = \sum_i \mathbf{P}(X \,|\, h_i) P(h_i \,|\, \mathbf{d}) \tag{20.2}$$

　　假定每个假说都确定了 X 上的一个概率分布。这个式子表明预测是在个体假说预测之上的加权平均。本质上，假说本身是原始数据和预测之间的过渡。贝叶斯途径中的关键量是**假说先验** $P(h_i)$ 和在每个假说下数据的**似然性** $P(\mathbf{d} \,|\, h_i)$。

　　在糖果例子中，我们假定 $h_1, \cdots, h_5$ 的先验分布是 $\langle 0.1, 0.2, 0.4, 0.2, 0.1 \rangle$，就像制造商的广告中宣称的那样。假设观察是 **i.i.d.** 的（18.4 节），在这个假设下计算数据的似然性，因此

$$P(\mathbf{d} \,|\, h_i) = \prod_i P(d_j \,|\, h_i) \tag{20.3}$$

　　例如，假设袋子实际上是一个全酸橙袋子（h_5），且前 10 块糖都是酸橙，那么，因为在一个 h_3 袋子中有一半是酸橙[1]，所以 $\mathbf{P}(\mathbf{d} \,|\, h_3)$ 为 0.5^{10}。当逐步观察到 10 块酸橙糖时，假说后验概率的变化过程显示在图 20.1（a）中。注意，概率以先验值为起点，因此 h_3 是初始最可能的选择，在 1 块酸橙糖的包装拆开后仍然如此。2 块酸橙糖的包装拆开后，h_4 最有可能；在 3 块或更多后，h_5（恐怖的、全酸橙的袋子）是最可能的。在 10 块酸橙糖排成一行后，我们认命了。图 20.1（b）显示了基于式（20.2）计算出来的、下一块糖是酸橙的预测概率。就像我们预期的那样，这个概率单调增加，并逼近 1。

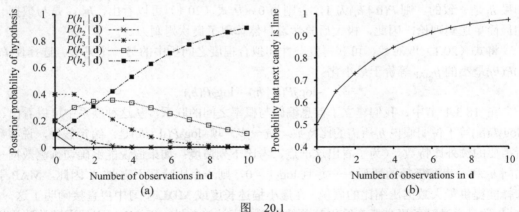

图　20.1
（a）后验概率 $P(h_i \,|\, d_1, \cdots, d_N)$，来自式（20.1）。观察的数目 N 分布范围从 1 到 10，每个观察都是酸橙糖。
（b）贝叶斯预测 $P(d_{N+1} = lime \,|\, d_1, \cdots, d_N)$，出自式（20.2）

　　该例子表明，贝叶斯预测最终将与真假说一致。这正是贝叶斯学习的特性。给定任何不排除真假说的、固定的先验，在一定技术条件下，任何假假说的后验概率将最终消失。

1　在前面我们说过，糖果袋子非常大，否则 i.i.d. 假设不成立。技术上，检验后重新包装每块糖，并放回袋子，将更正确（但更不卫生）。

这是因为无限期产生"无特征"数据的概率趋于 0。（这一要点可类比 18 章讨论 PAC-学习时所做的结论。）更重要的是贝叶斯预测是最优的，无论数据集是小还是大。给定假说先验，任何其他预测的期望正确率总是要小些。

当然，贝叶斯学习的最优性伴随着代价。对于真实学习问题，假说空间一般非常庞大或无穷，就像我们在 18 章所见到的。某些情况下，式（20.2）的求和（或连续情况的积分）容易执行，但在大多数情况下，我们必须借助近似的或简化的方法。

十分常见的近似——科学中经常使用的——是基于单个最可能假说做预测，如极大化 $P(h_i \mid \mathbf{d})$ 的 h_i。经常称之为**极大后验**或 **MAP** 假说。在 $\mathbf{P}(X \mid \mathbf{d}) \approx \mathbf{P}(X \mid h_{\text{MAP}})$ 的程度上，按照 MAP 假说 h_{MAP} 所做的预测近似于贝叶斯。在糖块例子中，3 块酸橙糖连续出现后，$h_{\text{MAP}} = h_5$，因此 MAP 学习器预测第四块糖是酸橙的概率为 1.0——比 0.8 的贝叶斯预测（见图 20.1（b））更危险。随着更多数据的到来，MAP 和贝叶斯预测越来越接近，因为 MAP 假说的竞争者变得越来越不可能。

尽管我们的例子没有表明，但发现 MAP 假说确实比贝叶斯学习要容易很多，因为它要求解决一个优化问题而不是一个大规模求和（或积分）问题。在本章的后面，我们将看到这方面的例子。

在贝叶斯学习和 MAP 学习中，假说先验 $P(h_i)$ 都起到重要作用。我们在 18 章看到，在假说空间太具备表达能力，以至于包含很多良好拟合数据集的假说时，出现**过度拟合**。不是将任意限制施加到正在考虑的假说上，贝叶斯和 MAP 学习方法用先验惩罚复杂性。典型做法是，假说越复杂，使其先验概率越低——这样做的部分原因是，通常复杂假说比简单假说多得多。另一方面，越复杂的假说，越具备拟合数据的能力。（极端情况，查找表以概率 1 重复产生数据。）因此，假说先验体现了假说的复杂性和对数据的拟合程度之间的折中。

这种折中效果在逻辑情形中表现得最明显，其中 H 仅包含确定式假说。在那种情形中，如果 h_i 是一致的，则 $P(\mathbf{d} \mid h_i)$ 为 1，否则为 0。从式（20.1）可以看出，h_{MAP} 是与数据一致的最简单逻辑理论。因此，极大后验学习自然体现了奥坎姆剃刀。

将式（20.1）取对数，可获得复杂性和拟合程度之间折中的另一个见解。选择使 $P(\mathbf{d} \mid h_i)P(h_i)$ 最小的 h_{MAP} 等价于最小化

$$-\log_2 P(\mathbf{d} \mid h_i) - \log_2 P(h_i)$$

在 18.3.4 节中，我们建立了信息编码与概率之间的联系，从这种联系中可以看出，项 $-\log_2 P(h_i)$ 等于说明假说 h_i 所需的比特数。进一步，项 $-\log_2 P(\mathbf{d} \mid h_i)$ 是，给定假说，说明数据所需要的额外比特数。（为了看出这一点，考虑下列情境：如果假说能够确切预测数据——如同 h_5 和一串酸橙糖的情形——并且 $\log_2 1 = 0$，则一个比特都不需要。）因此，MAP 学习选择能提供最大数据压缩比的假说。在**最小描述长度**或 **MDL** 学习中更直接阐明了这一点。MAP 学习通过赋予更高概率给更简单的假说来表达简单性，而 MDL 则是通过计数假说和数据二进制编码的比特数来直接表达简单性。

最后一个简单性来自于假说空间的**均匀**先验的假定。在这种情形中，MAP 学习归约为选择一个最大化 $P(\mathbf{d} \mid h_i)$ 的 h_i，这个 h_i 被称为**极大似然（ML）**假说 h_{ML}。极大似然学习广泛存在于统计学中，该学科的很多研究者怀疑假说先验的主观性质。当没有理由预先决定选择一个假说而不是另一个时，例如当所有假说具有同样复杂性时，这是一条合理的途径。当数据集很大时，由于数据淹没了假说上的先验分布，它提供了对贝叶斯和 MAP 学习的

一个良好逼近。但是，对于小数据集，它存在问题（如同我们将要看到的）。

20.2 带完整数据的学习

给定一组数据，它们被认为是从一个概率模型中产生的，学习该模型的一般任务被称为**密度估算**。（该词汇原来用于连续变量的概率密度函数，现在也用于离散分布情况。）这一节涉及最简单情形，其中学习器拥有**完整数据**。数据是完整的，当概率模型中每个变量在所有数据点都有值。我们聚焦于**参数学习**——发现结构固定的概率模型中的数值参数。例如，我们也许对学习具有固定结构的贝叶斯网络中的条件概率感兴趣。我们也将简单考察学习结构和非参数化密度估算问题。

20.2.1 极大似然参数学习：离散模型

假设我们购买了新制造商的一袋酸橙和草莓糖果，其中酸橙和草莓的比例是未知的，可以是 0 和 1 之间的任何数。此时，我们有一个假说连续统。其中的**参数**，所谓 θ，是草莓糖所占比例，假说是 h_θ。（酸橙的比例正好是 $1 - \theta$。）如果我们假定所有比例具有相同先验可能性，则极大似然方法是合理的。如果用贝叶斯网络对这种情境建模，则仅需要一个随机变量 *Flavor*（从袋子中随机挑选的糖块的味道）。*Flavor* 可取值 *cherry* 和 *lime*，其中 *cherry* 的概率是 θ（见图 20.2（a））。现在假定我们撕开了 N 块糖，其中 c 块是草莓，$l = N - c$ 块是酸橙。按照式（20.3），这个特定数据集的似然性是

$$P(\mathbf{d} \mid h_\theta) = \prod_{j=1}^{N} P(d_j \mid h_\theta) = \theta^c \cdot (1 - \theta)^l$$

极大似然假说由最大化该表达式的 θ 之值给出。最大化 **log 似然性**，能获得相同值，

$$L(\mathbf{d} \mid h_\theta) = \log P(\mathbf{d} \mid h_\theta) = \sum_{j=1}^{N} \log P(d_j \mid h_\theta) = c\log\theta + l\log(1 - \theta)$$

（通过取对数，我们将数据的求积归约为求和，求和通常容易最大化。）为了发现 θ 的极大似然值，我们求相对于 θ 的 L 的微分，并令结果表达式等于 0：

$$\frac{dL(\mathbf{d} \mid h_\theta)}{d\theta} = \frac{c}{\theta} - \frac{l}{1-\theta} = 0 \quad \Rightarrow \quad \theta = \frac{c}{c+l} = \frac{c}{N}$$

用自然语言表述，极大似然假说断言，袋中草莓的实际比例等于在目前撕开的糖块中的观察比例。

似乎我们做了很多工作来发现显而易见的东西。事实上，我们展示了一个有广泛应用的、极大似然参数学习的标准方法：

（1）为数据的似然性写下一个表达式，其中数据似然性是参数的函数。

（2）写下相对每个参数的、log 似然性的导数。

（3）发现使导数为 0 的参数值。

最需要技巧的步骤通常是最后一步。在我们的例子，它是微不足道的，但是将会看到，我们需要借助 4 章描述的循环解算法或其他数值最优化技术。这个例子也说明极大似然学习中的一个重大的一般问题：当数据集足够小，使得某些事件不能被观察到时——例如，

没有出现草莓糖——极大似然假说将 0 概率赋给这些事件。为了避免这个问题，使用了各种各样技巧，如用 1 而不是 0 作为每个事件计数器的初始值。

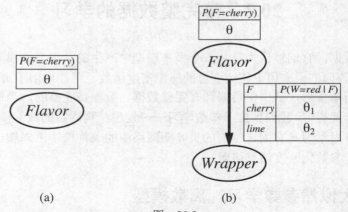

图 20.2
（a）糖果案例的贝叶斯网络模型，其中草莓和酸橙的比例未知。（b）包装颜色（概率地）依赖糖果味道的模型

请看另一个例子。假设这个新糖果制造商希望使用红色和绿色包装，给消费者一点提示。按照某个未知条件分布的概率选择糖果的包装，该条件分布依赖味道。对应的概率模型显示在图 20.2（b）。注意，它有三个参数 θ、θ_1 和 θ_2。借助这些参数，可以从贝叶斯网络的标准语义中，得到看见绿色包装糖块的似然性（见 14.2 节）：

$$P(Flavor = cherry, Wrapper = green \mid h_{\theta,\theta_1,\theta_2})$$
$$= P(Flavor = cherry \mid h_{\theta,\theta_1,\theta_2}) P(Wrapper = green \mid Flavor = cherry, h_{\theta,\theta_1,\theta_2})$$
$$= \theta \cdot (1 - \theta_1).$$

现在撕开 N 个糖块，其中 c 个草莓和 l 个酸橙。包装计数如下：r_c 个草莓红色包装，g_c 个绿色包装；r_l 个酸橙红色包装，g_l 个绿色包装。数据的似然性由下式给出：

$$P(\mathbf{d} \mid h_{\theta,\theta_1,\theta_2}) = \theta^c (1-\theta)^l \cdot \theta_1^{r_c} (1-\theta_1)^{g_c} \cdot \theta_2^{r_l} (1-\theta_2)^{g_l}$$

这看起来太可怕了，但取对数有帮助

$$L = [c\log\theta + l\log(1-\theta)] + [r_c \log\theta_1 + g_c \log(1-\theta_1)] + [r_l \log\theta_2 + g_l \log(1-\theta_2)].$$

取对数的好处是明晰的：log 似然性是三项之和，其中每一项包含单一参数。当我们相对每个参数求导并置为 0 时，我们得到三个独立方程式，每个仅包含一个参数：

$$\frac{\partial L}{\partial \theta} = \frac{c}{\theta} - \frac{l}{1-\theta} = 0 \quad \Rightarrow \quad \theta = \frac{c}{c+l}$$
$$\frac{\partial L}{\partial \theta_1} = \frac{r_c}{\theta_1} - \frac{g_c}{1-\theta_1} = 0 \quad \Rightarrow \quad \theta_1 = \frac{r_c}{r_c + g_c}$$
$$\frac{\partial L}{\partial \theta_2} = \frac{r_l}{\theta_2} - \frac{g_l}{1-\theta_2} = 0 \quad \Rightarrow \quad \theta_2 = \frac{r_l}{r_l + g_l}$$

θ 的解与前面所述相同。草莓糖块有红色包装的概率 θ_1 的解是红色包装的草莓糖块的观察比例，θ_2 类似。

这些结果很令人欣慰，并且它们能推广到任意贝叶斯网络，其中条件概率用表格表示。最主要的一点是，如果数据是完全的，则针对贝叶斯网络的极大似然参数学习问题可以分解为多个独立学习问题，每一个对应一个参数。（对于非表格形式的情形，其中每一个参数影响几个条件概率，见练习 20.6。）第二点是，给定父结点，变量的参数值仅是对应父结点各种组合的变量观察值。如同前面一样，当数据集很小时，我们必须小心翼翼，以避免 0。

20.2.2　朴素贝叶斯模型

机器学习中最常见的贝叶斯网络模型也许是**朴素贝叶斯**模型，首次引入见 13.5.2 节。在这个模型中，"类"变量 C（将要学习的）是根结点，"属性"变量 X_i 是叶结点。之所以成为"朴素的"，是因为假设给定类时，属性相互条件独立。（在图 20.2（b）中的模型是朴素贝叶斯模型，其中含类 *Flavor*，和唯一属性 *Wrapper*。）假设变量都是布尔型的，参数为

$$\theta = P(C = true), \quad \theta_{i1} = P(X_i = true \mid C = true), \quad \theta_{i2} = P(X_i = true \mid C = false)$$

则发现极大似然参数值的方法与图 20.2（b）使用的方法完全相同。一旦模型经过这种方式的训练，它就能用于分类其类变量 C 没有观察到的新样例。一旦具备了观察属性值 $x_1, \cdots, x_n$，每个类的概率由下式计算：

$$\mathbf{P}(C \mid x_1, \cdots, x_n) = \alpha \mathbf{P}(C) \prod_i \mathbf{P}(x_i \mid C)$$

通过选择最可能的类，可获得确定性预测。图 20.3 给出了，当施加于 18 章的饭店问题时，该方法的学习曲线。该方法的学习性能相当好，但不如决策树学习，大概因为真假说——一棵决策树——不适合用朴素贝叶斯网络表示。朴素贝叶斯学习在很多应用中的表现令人吃惊，其提升版本（练习 20.4）是最有效的通用学习算法之一。朴素贝叶斯学习能适应巨大规模的问题：对于带 n 个布尔属性的问题，仅有 $2n + 1$ 个参数，并且不需要搜索就能发现极大似然朴素贝叶斯假说 h_{ML}。最后，朴素贝叶斯学习系统在处理噪音数据或遗失数据方面不存在困难，合适时能给出概率预测。

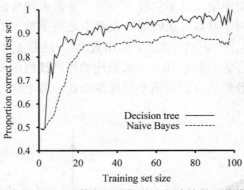

图 20.3　当施加于 18 章的饭店问题时，朴素贝叶斯学习方法的学习曲线，对比决策树学习的曲线

20.2.3　极大似然参数学习：连续模型

诸如高斯模型这样的连续模型曾经在 14.3 节介绍。由于连续变量在现实世界中普遍存在，知道如何从数据中学习连续模型的参数是很重要的。在连续和离散两种情形中，极大似然学习基于的原理是相同的。

让我们从一个非常简单的情形开始：学习一元高斯密度函数的参数。即数据按照下式产生：

$$P(x) = \frac{1}{\sqrt{2\pi}\sigma} e^{-\frac{(x-\mu)^2}{2\sigma^2}}$$

该模型的参数是均值 μ 和标准偏差 σ。（注意，由于正则化"常量"依赖 σ，因此不能忽略它。）令观察值为 x_1，…，x_N。则 log 似然性为

$$L = \sum_{j=1}^{N} \log \frac{1}{\sqrt{2\pi}\sigma} e^{\frac{(x_j-\mu)^2}{2\sigma^2}} = N(-\log\sqrt{2\pi} - \log\sigma) - \sum_{j=1}^{N} \frac{(x_j-\mu)^2}{2\sigma^2}$$

令导数为 0，可得

$$\frac{\partial L}{\partial \mu} = -\frac{1}{\sigma^2} \sum_{j=1}^{N} (x_j - \mu) = 0 \qquad \Rightarrow \qquad \mu = \frac{\sum_j x_j}{N}$$

$$\frac{\partial L}{\partial \sigma} = -\frac{N}{\sigma} + \frac{1}{\sigma^3} \sum_{j=1}^{N} (x_j - \mu)^2 = 0 \qquad \Rightarrow \qquad \sigma = \sqrt{\frac{\sum_j (x_j - \mu)^2}{N}}$$

（20.4）

均值的极大似然值是样本平均值，标准偏差的极大似然值是样本偏差的平方根。同样，这是一些令人欣慰的结果，它确认了"常识"。

现在考虑带一个连续父结点 X 和一个连续子结点 Y 的线性高斯模型。正如 14.3 节所解释的，Y 有一个高斯分布，其均值线性依赖于 X 的值，其标准偏差是固定的。为了学习条件分布 $P(Y|X)$，最大化条件似然性

$$P(y|x) = \frac{1}{\sqrt{2\pi}\sigma} e^{\frac{(y-(\theta_1 x + \theta_2))^2}{2\sigma^2}}$$

（20.5）

其中，θ_1、θ_2 和 σ 是参数。数据是 (x_j, y_j) 的集合，见图 20.4。使用普通方法（练习 20.5），我们能够发现参数的极大似然值。这里的要点不同。参数 θ_1 和 θ_2 定义了 x 和 y 之间的线性关系，如果我们仅考虑这两个参数，很明显，相对于这些参数，最大化 log 似然性等同于最小化枚举器 $(y - (\theta_1 x + \theta_2))^2$（在式（20.5）的指数中）。这是 L_2 损耗，即实际值 y 和预测值 $\theta_1 x + \theta_2$ 之间的方差。这是一个用 18.6 节所描述的标准**线性回归**过程最小化的量。现在我们明白了：假若生成的数据具有固定偏差的高斯噪音，最小化方差之和给出了极大似然直线模型。

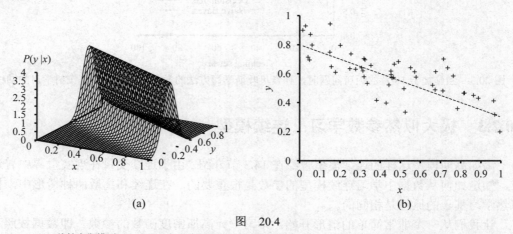

图　20.4

（a）线性高斯模型 $y = \theta_1 x + \theta_2$ 加具有固定偏差的高斯噪音。（b）从该模型产生的 50 个数据点的集合

20.2.4　贝叶斯参数学习

极大似然学习滋生了一些非常简单的过程，但它在小数据集上有一些严重缺陷。例如，在看见一块草莓糖后，极大似然假说为"袋子中的糖果 100% 是草莓"（即 $\theta = 1.0$）。除非假说先验是"要么袋子中全是草莓，要么全是酸橙"，这不是一个合理的结论。袋子混装了草莓和酸橙的可能性更大。参数学习的贝叶斯途径开始于定义可能假说上的先验概率分布。我们称之为**假说先验**。然后，当数据达到时，更新后验概率分布。

图 20.2（a）中的糖果例子有一个参数 θ：随机选择的一块糖是草莓味的概率。从贝叶斯观点看，θ 是随机变量 Θ 的（未知）值，它定义了假说空间，假说先验正好是先验分布 $\mathbf{P}(\Theta)$。因此，$P(\Theta = \theta)$ 是袋子中草莓糖果占比为 θ 的先验概率。

如果参数 θ 可以是 0 和 1 之间的任何值，则 $\mathbf{P}(\Theta)$ 必定是一个连续分布，该分布仅在 0 和 1 之间是非零的，且积分为 1。均匀密度 $P(\theta) = Uniform[0, 1](\theta)$ 是一个候选。（参阅 13 章。）似乎均匀密度是 **beta 分布**家族的一个成员。每个 beta 分布由两个**超参数**[1] a 和 b 定义，使得对于范围[0, 1]中的 θ，有

$$beta[a, b](\theta) = \alpha\theta^{a-1}(1 - \theta)^{b-1} \tag{20.6}$$

正则化常量 α 依赖于 a 和 b，它使分布积分为 1。（参见练习 20.7。）图 20.5 显示了在 a 和 b 各种取值下的分布。分布的平均值是 $a / (a + b)$，因此 a 的值越大表明 Θ 离 1 越近，离 0 越远。$a + b$ 的值越大，使得分布越尖锐，表明越肯定 Θ 的值。因此，beta 家族提供了关于假说先验的、有用的可能性值域。

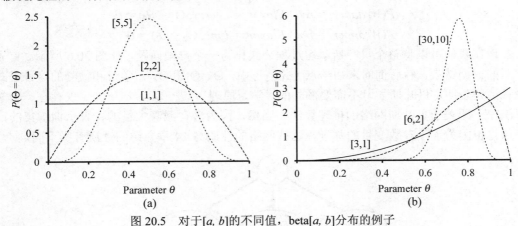

图 20.5　对于[a, b]的不同值，beta[a, b]分布的例子

除了灵活性，beta 家族还有一个精彩特性：如果 Θ 有一个先验 beta[a, b]，则在观察到数据点之后，Θ 的后验分布也是一个 beta 分布。换言之，对于更新来说，beta 是封闭的。beta 家族被称为是关于布尔变量分布家族的共轭先验[2]。让我们看看这是如何工作的。假设已经观察到一块草莓糖，则我们有

1　它们之所以被称为超参数，是因为它们参数化 θ 之上的分布，该分布自身是一个参数。

2　其他共轭先验包括 **Dirichlet** 家族相对于离散多值分布的参数，和 **Normal-Wishart** 家族相对于高斯分布的参数（Bernardo and Smith, 1994）。

$$P(\theta \mid D_1 = cherry) = \alpha\, P(D_1 = cherry \mid \theta)\, P(\theta)$$
$$= \alpha'\, \theta \cdot beta[a, b](\theta) = \alpha'\, \theta \cdot \theta^{a-1} \cdot (1-\theta)^{b-1}$$
$$= \alpha'\, \theta^{a}\,(1-\theta)^{b-1} \quad = beta[a+1, b](\theta)$$

因此，在看见一块草莓糖后，简单地增加参数 a，以得到后验；相似地，看见一块酸橙糖后增加参数 b。我们可以将超参数 a 和 b 看作**虚拟计数**，因为可以这样解释先验 beta[a, b]：从均匀先验 beta[1, 1]开始，而后看到了 $a-1$ 个草莓糖和 $b-1$ 个酸橙糖。

固定 a 和 b 的比例，考察随着 a 和 b 的值递增，beta 的分布序列，我们将看到，随着数据的到达，参数 Θ 之上的后验分布严格变化。例如，假设实际糖果袋子是 75%草莓的袋子。图 20.5（b）显示了 beta[3, 1]、beta[6, 2]和 beta[30, 10]的序列。很明显，分布收敛到围绕 Θ 的真实值的一个狭窄峰值区域。对于大规模数据集，贝叶斯学习（至少在这种情形中）收敛到与极大似然性学习相同的解。

让我们考虑一种更复杂的情形。图 20.2（b）中的网络有三个参数 θ、θ_1 和 θ_2，其中 θ_1 是红色包装草莓糖的概率，θ_2 是红色包装酸橙糖的概率。贝叶斯假说先验必须覆盖所有三个参数——即我们需要指明 $\mathbf{P}(\Theta, \Theta_1, \Theta_2)$。通常我们假定**参数独立性**：

$$\mathbf{P}(\Theta, \Theta_1, \Theta_2) = \mathbf{P}(\Theta)\mathbf{P}(\Theta_1)\mathbf{P}(\Theta_2).$$

在此假设下，每个参数可以有自己的 beta 分布，当数据达到时单独更新该分布。图 20.6 表明了将假说先验和任意数据融合入贝叶斯网络的方法。结点 Θ、Θ_1 和 Θ_2 没有父结点。但每次观察到一个包装和相对应的糖块味道时，我们加入一个结点 $Flavor_i$，它依赖味道参数 Θ：

$$P(Flavor_i = cherry \mid \Theta = \theta) = \theta。$$

我们也加入一个结点 $Wrapper_i$，它依赖 Θ_1 和 Θ_2：

$$P(Wrapper_i = red \mid Flavor_i = cherry,\, \Theta_1 = \theta_1) = \theta_1$$
$$P(Wrapper_i = red \mid Flavor_i = lime,\, \Theta_2 = \theta_2) = \theta_2$$

现在我们可以将整个贝叶斯学习过程公式化为一个推理问题，如图 20.6 所示。首先增加新的证据结点，然后询问未知结点（此情形中，Θ、Θ_1 和 Θ_2）。学习和预测的这种公式化途径清楚表明，贝叶斯学习不需要额外的"学习原理"。进一步，本质上仅仅存在一个学习算法——即关于贝叶斯网络的推理算法。当然，因为潜在藏着大量的、表示训练集的证据变量，也因为连续参数变量的弥漫，这些网络的性质与 14 章介绍的性质有所不同。

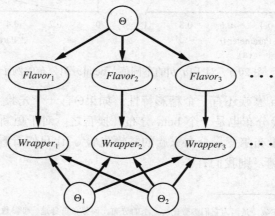

图 20.6　对应贝叶斯学习过程的贝叶斯网络。可以从参数变量 Θ、Θ_1 和 Θ_2 的先验分布和证据 $Flavor_i$ 与 $Wrapper_i$ 中推导出其后验分布

20.2.5 学习贝叶斯网络结构

到目前为止，我们假定贝叶斯网络结构是固定的，只需学习参数。网络结构代表领域基本因果知识，专家甚或新手用户一般都很容易提供这些知识。然而，某些时候因果模型是不可用的，或者存在争议——例如，有公司长期宣称吸烟不会引起癌症——因此，理解如何从数据中学习贝叶斯网络结构是很重要的。这一节给出相关主要思想的简要框架。

最明确的途径是搜索一个良好模型。从不包含任何链的模型开始，逐步为每个结点增加父结点，用我们前面讨论的方法拟合参数，测量结果模型的精度。另一种做法是，从关于结构的初始猜测开始，使用爬山或模拟退火搜索做修改，每次对结构进行改变后返回参数。修改包括反转、增加和删除链等操作。在这个过程中不能引入圈。因此，很多算法都规定了变量的一个序，一个结点的父亲只能是序中前面的结点（如同 14 章在构造过程中所做的一样）。为通用性起见，搜索也需覆盖所有可能序。

有两个候选方法用来确定一个结构是否是良好结构。第一个方法是测试隐含在结构中的条件依赖断言是否被数据满足。例如，饭店问题中朴素贝叶斯模型的使用假定

$$\mathbf{P}(Fri/Sat, Bar \mid WillWait) = \mathbf{P}(Fri/Sat \mid WillWait)\, \mathbf{P}(Bar \mid WillWait).$$

我们可以在数据中进行检查，看同样的式子在对应条件几率之间是否成立。但是，即使结构描述了领域的真实因果性质，数据集的统计波动意味着该式子绝不会确切被满足。因此我们需要执行更合适的统计，测试是否有充分证据表明独立性假说被违背。结果网络的复杂性依赖于这个测试所使用的阈值——独立性测试越严格，加入的链就越多，过度拟合的危险越大。

与这一章的思想更一致的途径是评估所建议模型解释数据的程度（在概率意义上）。然而，测量这个值要特别谨慎。如果我们只尝试发现极大似然假说，将可能终止于全连接网络，因为为一个结点增加更多父结点将不会降低似然性（练习 20.8）。我们不得不以某种方式惩罚模型复杂性。**MAP**（或 **MDL**）的做法是，在比较不同结果之前，简单地从每个结构的似然性中减去一个惩罚（参数调节后）。贝叶斯途径将一个联合先验置于结构和参数之上。通常有太多结构需要考虑（变量数目的超指数级），大多数实践者用 **MCMC** 对结构进行采样。

惩罚复杂性（无论用 **MAP** 还是用贝叶斯方法）引入了最优结构和网络中表示条件分布的方法之间的一个重要联系。对于表格形式的分布，对结点分布的复杂性惩罚以父结点数目的指数级增长；但对于"噪音-**OR**"分布，增长仅是线性的。这意味着，使用"噪音-**OR**"模型（或其他简洁参数化的模型），比较于使用表格形式分布的模型，倾向于产生带更多父结点的结构。

20.2.6 非参数化模型的密度估算

采用 18.8 节的无参数方法，无需对结构和参数化做任何假定，就有可能学习概率模型。**无参数密度估算**任务在诸如图 20.7（a）所示的连续域中经常出现。图中的概率密度函数由两个连续变量定义。图 20.7（b）给出了从该密度函数选出的数据点样本。问题是，我们怎

样才能从这些样本中恢复模型？

　　首先考虑 **k-最近邻**模型。（在 18 章中，最近邻模型用于分类和回归，在此，它们用于密度估算。）给定数据点样本集，估算查询点 x 的未知概率密度，我们可以简单地测量 x 邻域的数据点的密度。图 20.7（b）中显示了两个查询点（小方形）。对于每个查询点，我们画出了包含 10 个邻居的最小圆圈——10-最近邻。我们看到，位于中心的圆圈较大，说明该处密度低，右边的圆圈较小，说明该处密度大。在图 20.8 中，我们显示了使用 k-最近邻进行密度估算得到的三个图形，每个对应不同的 k 值。（b）大约是对的，而（a）似乎太尖锐（k 太小），（c）似乎太平滑（k 太大）。

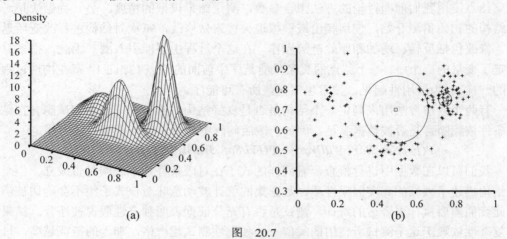

图　20.7
（a）来自图 20.11（a）的高斯混合模型的 3 维形状。
（b）来自混合模型的 128 个样本点、两个查询点（小方形）和它们的 10-最近邻（中等圆圈和大圆圈）

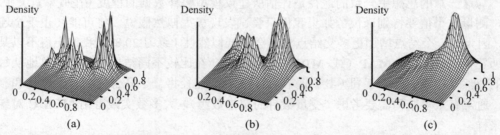

图 20.8　将 k-最近邻施加于图 20.7（b）中的数据得到的密度估算，其中 k 分别为 3、10 和 40。$k=3$ 时太尖锐，$k=40$ 时太平滑，$k=10$ 大约是对的。用交叉确认技术可以选到最好的 k 值

　　另一种可能性是使用**核函数**，就像我们对局部加权回归所做的一样。为了在密度估算中应用核函数，假定每个数据点都用一个高斯核产生自己的小密度函数。那么，每个查询点 $\mathbf{x}$ 处的估算密度是下列核函数得出的密度之平均值：

$$P(\mathbf{x}) = \frac{1}{N} \sum_{j=1}^{N} K(\mathbf{x}, \mathbf{x}_j)$$

假设球面高斯函数为：

$$\mathscr{K}(\mathbf{x}, \mathbf{x}_j) = \frac{1}{(w^2\sqrt{2\pi})^d} e^{-\frac{D(\mathbf{x},\mathbf{x}_j)^2}{2w^2}}$$

其中 w 是沿每个数轴的标准偏差，d 是 $\mathbf{x}$ 的维数，D 是欧几里得距离函数。我们仍然有为

核宽度 w 挑选合适值的问题；图 20.9 显示了三个值，它们分别是太小、正好合适、太大。使用交叉确认方法可选择好的 w 值。

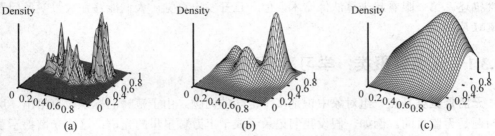

图 20.9 关于图 20.7（b）中数据的核密度估算，使用的高斯核函数的宽度 w 分别为 0.02、0.07 和 0.20。$w = 0.07$ 大约是对的

20.3 隐变量学习：EM 算法

前一节讨论了完全可观察的情况。很多现实问题含有**隐变量**（有时称为**潜变量**），这些变量在数据中不可观察，但可用于学习。例如，医学记录经常包含所观察的症状、医生的诊断、应用的治疗方案，也许还有治疗结果，但很少包含疾病本身的直接观察！（注意，诊断不是疾病，而是观察症状原因的推论；反过来，观察症状是由疾病导致的。）人们也许会问"如果疾病不是可观察的，为什么不构造一个不包含疾病的模型？"答案出现在图 20.10 中，它显示了一个小的、虚构的心脏病诊断模型。其中存在三个可观察诱因和三个可观察症状（这些症状太令人郁闷，以至不好命名）。假设每个变量有三个可能值（即 *none*、*moderate* 和 *severe*）。从（a）的网络中删除隐变量产生（b）中网络，参数总数从 78 增加到 708。因此，潜变量能极大减少说明贝叶斯网络所需的参数个数。反过来，它又极大地减少了学习参数所需的数据量。

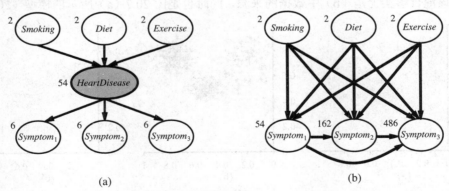

图 20.10

（a）心脏病的简单诊断网络，假设心脏病是隐变量。每个变量有三个可能值，用其条件分布中的独立参数的编号标记，参数总数是 78。（b）删除 *HeartDisease* 后的等价网络。注意，给定症状变量的父结点，它们不再相互条件独立。这个网络要求 708 个参数

隐变量很重要，但它确实使学习问题复杂化。例如，在图 20.10（a）中，给定其父结点，怎样学习 *HeartDisease* 的条件分布是不明显的，因为我们不知道每种情况下

HeartDisease 的值，同样的问题出现在学习症状的分布中。这一节描述的算法称为**期望极大化**或 **EM**，它以一种非常通用的方式解决这个问题。我们先呈示三个例子，然后提出一般性描述。第一眼看起来算法像魔术，但一旦开发出直觉，人们能够在大量学习问题中找到 **EM** 应用。

20.3.1　无监督聚类：学习高斯混合

无监督聚类是在一组对象中识别多个范畴的问题。由于范畴的标识没有给出，所以称该问题是无监督的。例如，假设我们记录了成千上万颗星星的光谱；这些光谱揭示了星星的不同类型？如果是，有多少类型？怎样刻画它们？我们都熟悉术语"红巨星"和"白矮星"，但是星星的帽子上并没有标明这些——天文学家不得不执行无监督聚类，以鉴别它们的范畴。其他例子包括 Linnæan 分类学中种、属和目等的鉴别，以及普通对象的自然类（参见 12 章）。

无监督聚类从数据开始。图 20.11（b）显示了 500 个数据点，每个点指明两个连续属性的值。数据点也许对应星星，属性也许对应两个特定频率的光谱强度。接下来，我们需要弄明白什么样的概率分布会生成这些数据。聚类假定数据由一个**混合分布** P 生成。这样的分布含 k 个**分量**，每个分量本身又是一个分布。首先选择一个分量，然后从这个分量生成一个样例，从而生成一个数据点。令随机变量 C 指称分量，其可能值为 $1, \cdots, k$；则混合分布由下式给出：

$$P(\mathbf{x}) = \sum_{i=1}^{k} P(C=i)P(\mathbf{x}|C=i)$$

其中 $\mathbf{x}$ 指称数据点属性的值。对于连续数据，选择多元高斯作为分量分布是很自然的，如此得到一个所谓分布的**高斯混合**族。一个高斯混合的参数是 $w_i = P(C = i)$（每个分量的权重）、μ_i（每个分量的均值）和 $\sum_i$（每个分量的协方差）。图 20.11（a）显示了三个高斯混合，该混合事实上是（b）中数据的来源，同时也是图 20.7（a）所示的模型（20.2.6 节）。

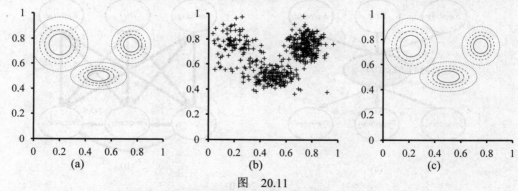

图　20.11
（a）一个带三个分量的高斯混合模型，权重（从左至右）分别是 0.2、0.3 和 0.5。
（b）从（a）中模型采样得到的 500 个数据点。（c）用 **EM** 从（b）中数据重构的模型

那么，无监督聚类问题是指从如同图 20.11（b）所示的原始数据中，重构一个诸如图 20.11（a）所示的混合模型。很显然，如果我们知道每个数据点是由哪个分量生成的，则很容易重构分量高斯：只需选择给定分量的所有数据，应用式（20.4）的多变量版本，

用高斯参数拟合数据集。另一方面，如果我们知道每个分量的参数，则至少在概率意义上，我们能够将每个数据点赋给一个分量。问题是我们既不知道如何赋值也不知道参数。

在这个上下文中，**EM** 的基本思想的是先假设我们知道模型的参数，然后推导出每个数据点属于每个分量的概率。之后，重新拟合分量与数据，拟合针对整个数据集，并且每个数据点用它属于该分量的概率加权。这个过程重复进行，直到收敛。通过基于当前模型推导隐变量的概率分布——每个数据点属于哪个分量，本质上可认为是在"完善"数据。对于高斯混合，我们任意初始化混合模型的参数，重复下列两个步骤：

（1）**E-步**：计算数据 x_j 由分量 i 产生的概率 $P_{ij} = P(C = i \mid x_j)$。由贝叶斯规则，我们有 $p_{ij} = \alpha P(x_j \mid C = i) P(C = i)$。项 $P(x_j \mid C = i)$ 正好是点 x_j 属于第 i 个高斯的概率，项 $P(C = i)$ 正好是第 i 个高斯的权重参数。定义 $n_i = \sum_j p_{ij}$ 为当前赋给分量 i 的数据点的有效数目。

（2）**M-步**：依序按照下列步骤计算新平均值、协方差和分量权重：

$$\mu_i \leftarrow \sum_j p_{ij} \mathbf{x}_j / n_i$$

$$\Sigma_i \leftarrow \sum_j p_{ij} (\mathbf{x}_j - \mu_i)(\mathbf{x}_j - \mu_i)^\top / n_i$$

$$w_i \leftarrow n_i / N$$

其中 N 是数据点总数。**E-**步或期望步可以看作计算隐**指示变量** Z_{ij} 的期望值 p_{ij}。如果数据 x_j 由第 i 个分量生成，则 Z_{ij} 为 1，否则为 0。在给定隐指示变量的期望值后，**M-**步或最大化步发现能够最大化数据的 log 似然性的、参数的新值。

将 **EM** 学习施加到图 20.11（b）所示的数据上，得到的最终模型在图 20.11（c）中给出，在视觉上不能将它与产生数据的原模型区分开来。图 20.12（a）根据 **EM** 运行中产生的当前模型，标出了数据的 log 似然性。

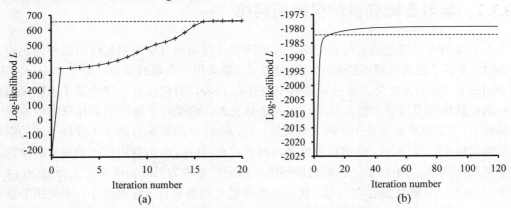

图 20.12　将数据的 log 似然性 L 看作 **EM** 循环次数的函数，曲线显示 L 的变化情形，水平线表明依照真实模型的 log 似然性。
（a）该图形对应图 20.11 中的高斯混合模型。（b）该图形对应图 20.13（a）中的贝叶斯网络

有两个要点需引起注意。第一，最终模型的 log 似然性略微超出了生成数据的原模型的 log 似然性。这似乎令人惊讶，但它反映了一个事实，即数据是随机产生的，也许它们没有精确反映基础模型。第二，在每次循环中，**EM** 增加了数据的 log 似然性。可以一般性证明这个事实。进一步，在一定条件下（在最优序列训练器情形中成立），可以证明 **EM** 达到了似然性的一个局部极大值。（在某些罕见情形中，它可以达到一个鞍点，甚至一个局

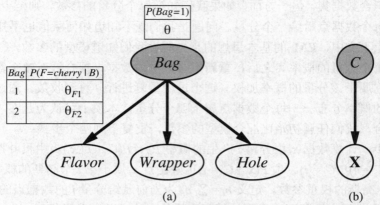

图 20.13　（a）糖果问题的混合模型。不同味道、包装和孔洞的比例依赖袋子，袋子是隐变量。
（b）高斯混合对应的贝叶斯网络。可观察变量 X 的均值和协方差依赖分理 C。

部极小。）从这个意义来说，**EM** 类似一个基于梯度的爬山算法。但是要注意，它没有"步幅"参数。

　　事情不总是如图 20.12 所显示的那样好。例如，一个高斯分量退化，以至于它仅覆盖单个数据点。它的方差将趋向于 0，而它的似然性将趋向于无穷！另一个问题是，两个分量可能"合并"，而获得相同的均值和方差，并共享它们的数据点。这种类型的退化局部极大是严重的问题，特别是在高维情形中。一个解决方法是将先验赋予模型参数，并应用 **EM** 的 **MAP** 版本。另一种解决途径是，如果一个分量变得太小或太接近另一个分量，则用新的随机参数重新开始这个分量。明智的初始化也有帮助。

20.3.2　学习含隐变量的贝叶斯网络

　　为了学习含隐变量的贝叶斯网络，我们应用在高斯混合学习中起作用的相同洞察力。图 20.13 表示了把两袋糖果袋混在一起的情境。糖果用三个属性描述：除了 *Flavor*（味道）和 *Wrapper*（包装）之外，某些糖块的中央有孔 *Hole*，有些没有。每个袋子中糖果的分布用**朴素贝叶斯**模型描述：给定袋子，属性是独立的，但是每个属性的条件概率依赖袋子。参数如下：θ 是糖块来自袋子 1 的先验概率；θ_{F1} 和 θ_{F2} 分别是来自袋子 1 或袋子 2 的糖块是草莓味的概率；θ_{W1} 和 θ_{W2} 给出红色袋子的概率；θ_{H1} 和 θ_{H2} 给出糖块有孔的概率。注意，总模型是混合模型。（事实上，我们也能够将高斯混合建模为贝叶斯网络，正如图 20.13（b）所示。）由于一旦糖块混合在一起，我们不再知道每块糖来自于哪个袋子，因此图中袋子是隐变量。在这种情况下，通过观察来自混合中的糖块，我们能否恢复两个袋子的描述？让我们将 EM 作用于该问题，执行 **EM** 的循环一次。首先考察数据，我们从模型中生成 1000个样例，该模型的真实参数如下：

$$\theta = 0.5，\theta_{F1} = \theta_{W1} = \theta_{H1} = 0.8，\theta_{F2} = \theta_{W2} = \theta_{H2} = 0.3。\qquad(20.7)$$

也就是说，糖块来自两个袋子的可能性是相同的。第一块糖通常是带红色包装的有孔草莓糖，第二块通常是绿色包装的无孔酸橙糖。两种可能类型的糖计数如下：

	W = red		*W = green*	
	H = 1	*H* = 0	*H* = 1	*H* = 0
F = cherry	273	93	104	90
F = lime	79	100	94	167

开始时初始化参数。为了数值的简单性起见，我们任意选择[1]

$$\theta^{(0)} = 0.6, \quad \theta_{F1}^{(0)} = \theta_{W1}^{(0)} = \theta_{H1}^{(0)} = 0.6, \quad \theta_{F2}^{(0)} = \theta_{W2}^{(0)} = \theta_{H2}^{(0)} = 0.4 \quad\quad (20.8)$$

首先看看如何得到参数 θ。在完全可观察的情况下，我们直接计数来自袋子 1 和袋子 2 的糖块，就能估算出 θ。由于袋子是隐变量，我们需要计算期望计数。期望计数 $\hat{N}(Bag = 1)$ 是来自袋子 1 的糖块的概率之和，累加和施加于所有糖块：

$$\theta^{(1)} = \hat{N}(Bag = 1) / N = \sum_{j=1}^{N} P(Bag = 1 \mid flavor_j, wrapper_j, holes_j) / N$$

这些概率用任何贝叶斯网络的推理算法都能计算。对于诸如我们例子中的朴素贝叶斯模型，使用贝叶斯规则，并应用条件独立性，可以"手工"进行推理：

$$\theta^{(1)} = \frac{1}{N} \sum_{j=1}^{N} \frac{P(flavor_j \mid Bag = 1)P(wrapper_j \mid Bag = 1)P(holes_j \mid Bag = 1)P(Bag = 1)}{\sum_i P(flavor_j \mid Bag = i)P(wrapper_j \mid Bag = i)P(holes_j \mid Bag = i)P(Bag = i)}$$

将这个公式施加于 273 个带孔的红色包装草莓糖块，得到下列分布：

$$\frac{273}{1000} \cdot \frac{\theta_{F1}^{(0)}\theta_{W1}^{(0)}\theta_{H1}^{(0)}\theta^{(0)}}{\theta_{F1}^{(0)}\theta_{W1}^{(0)}\theta_{H1}^{(0)}\theta^{(0)} + \theta_{F2}^{(0)}\theta_{W2}^{(0)}\theta_{H2}^{(0)}(1-\theta^{(0)})} \approx 0.22797$$

以同样方式计算计数表中的其他七种糖块的分布，最后得到 $\theta^{(1)} = 0.6124$。

现在让我们考虑其他参数，如 θ_{F1}。在完全可观察的情形中，我们将从来自袋子 1 中的草莓和酸橙糖块的观察计数中直接估算。袋子 1 中的草莓糖块的期望计数由下式给出

$$\sum_{j:Flavor_j=cherry} P(Bag = 1 \mid Flavor_j = cherry, wrapper_j, holes_j)$$

同样，这些概率用任何贝叶斯网络的推理算法都能计算。完成这个过程，我们得到所有参数的新值：

$$\theta^{(1)} = 0.6124, \quad \theta_{F1}^{(1)} = 0.6684, \quad \theta_{W1}^{(1)} = 0.6483, \quad \theta_{H1}^{(1)} = 0.6558$$

$$\theta_{F2}^{(1)} = 0.3887, \quad \theta_{W2}^{(1)} = 0.3817, \quad \theta_{H2}^{(1)} = 0.3827$$

第一次循环后，数据的 log 似然性从初始的大约 -2044 增加到大约 -2021，见图 20.12（b）。即以大约 $e^{23} \approx 10^{10}$ 的因子，更新改善了似然性本身。第十次循环后，相比较原模型（$L = -1982.214$），所学模型是一个更好的拟合。从此以后，进展变得非常缓慢。对于 **EM** 算法来说，这种情况并不少见，很多实际系统都在学习的最后阶段，将 **EM** 与基于梯度的算法相结合，如 Newton-Raphson 方法（见第 4 章）。

从这个例子中学到的通用课程是，含隐变量的贝叶斯网络学习中的参数更新，可以直接借用在每个样例上的推理结果。进一步，对于每个参数，仅需要局部后验概率。这里的"局部"意指，可以从仅包括 X_i 和它的父结点 U_i 的后验概率中学习关于变量 X_i 的 **CPT**。定

---

1 在实践中随机选择它们是一个更好的方法，可以避免由于对称性引起的局部极大。

义 θ_{ijk} 为 **CPT** 参数 $P(X_i = x_{ij} \mid \mathbf{U}_i = \mathbf{u}_{ik})$，按照如下方式正则化期望计数，可以给出更新，

$$\theta_{ijk} \leftarrow \ \hat{N}(X_i = x_{ij}, \mathbf{U}_i = \mathbf{u}_{ik}) \Big/ \ \hat{N}(\mathbf{U}_i = \mathbf{u}_{ik})$$

在样例上求和，并应用任何贝叶斯网络推理算法为每个参数计算概率 $P(X_i = x_{ij}, \mathbf{U}_i = \mathbf{u}_{ik})$，从而获得期望计数。对于确定性算法——包含变量删除——这些概率的获得是标准推理的副产品，不需要针对学习的额外计算。进一步，对于每个参数来说，学习需要的信息是局部可用的。

20.3.3　学习隐马尔可夫模型

我们所要论述的、**EM** 的最后一个应用涉及学习隐马尔可夫模型（**HMMs**）中的转移概率。回顾 15.3 节，隐马尔科夫模型可以用带单一离散状态变量的动态贝叶斯网络表示，如图 20.14 所示。每个数据点由有限长度的观察序列组成，因此问题变成，从观察序列集合（或一个长长的观察序列）中学习转移概率。

我们已经研究和解决了如何学习贝叶斯网络的问题，但是存在一个困境：在贝叶斯网络中每个参数都是不同的；另一方面，在隐马尔科夫模型中，在时刻 t，从状态 i 到状态 j 的转移概率 $\theta_{ijt} = P(X_{t+1} = j \mid X_t = i)$ 在时间上重复——即对于所有 t，$\theta_{ijt} = \theta_{ij}$。为了估算从状态 i 到状态 j 的转移概率，我们简单地计算在状态 i 时，系统迁移到状态 j 的次数的期望比例：

$$\theta_{ij} \leftarrow \sum_t \hat{N}(X_{t+1} = j, X_t = i) \Big/ \sum_t \hat{N}(X_t = i)$$

期望计数由 **HMM** 推理算法计算。图 15.4 中的 **forward-backward** 算法经过简单的修改，就能计算所需概率。重要的是，所需概率是通过**平滑**而不是**过滤**获得的，也就是说，在估算一个特定转移出现的概率时，我们需要关注后续证据。凶杀案的证据一般是在罪案（即，从状态 i 到状态 j 的转移）发生之后获得的。

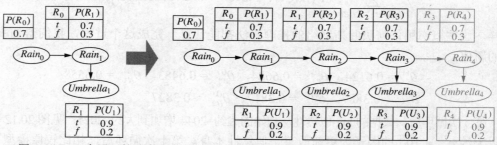

图 20.14　一个展开的动态贝叶斯网络，它表示一个隐马尔科夫模型（图 15.16 的重复）

20.3.4　EM 算法的一般形式

我们已经看到了 **EM** 算法的几个示例。所有示例都涉及，为每个样例计算隐变量的期望值，然后把期望值当做观察值，重新计算参数。令 **x** 是所有样例中的所有观察值，**Z** 指称所有样例的所有隐变量，θ 是概率模型中的所有参数。则 **EM** 算法是

$$\theta^{(i+1)} = \underset{\theta}{\arg\max} \sum_{\mathbf{Z}} P(\mathbf{Z} = \mathbf{z} \mid \mathbf{x}, \theta^{(i)}) L(\mathbf{x}, \mathbf{Z} = \mathbf{z} \mid \theta)$$

这个方程是 **EM** 算法的框架。**E**-步计算累加和，它是"完全"数据的 log 似然性的期望，这个期望是相对于分布 $P(\mathbf{Z} = \mathbf{z} \mid \mathbf{x}, \theta^{(i)})$ 的，给定数据下该分布是隐变量的后验。**M**-步是相对于参数的、期望 log 似然性的最大化。对于高斯混合，隐变量是 Z_{ij}，其中若样例 j 由分量 i 生成，则 $Z_{ij} = 1$。对于贝叶斯网络，Z_{ij} 是样例 j 中未观察变量 X_i 的值。对于 **HMMs**，Z_{jt} 是 t 时刻，样例 j 中序列的状态。一旦鉴别出合适的隐变量，就有可能从一般形式出发，推导出针对特定应用的 **EM** 算法。

一旦我们理解了 **EM** 的一般思想，推导出其所有类型的变异和改进都是很容易的。例如，在很多案例中，诸如在大规模贝叶斯网络中的情形，**E**-步——计算隐变量上的后验——是困难的。鉴于此，我们可以使用一个近似 **E**-步，并仍然可以获得有效的学习算法。利用一个诸如 **MCMC**（见 14.5 节）的取样算法，学习过程是非常直观的：**MCMC** 访问的每个状态（隐变量和观察变量的配置）被确实当作一个完全观察。因此，在 **MCMC** 的每次转移后，可以直接更新参数。其他形式的近似推理，诸如变异和循环方法，已被证明对于学习大规模网络是行之有效的。

20.3.5 学习含隐变量的贝叶斯网络结构

在 20.2.5 节，我们讨论了带完整数据的贝叶斯网络结构的学习问题。当未观察变量影响观察数据时，情形将更复杂。最简单的情形是，专家告诉学习算法，有隐变量存在，让学习算法发现隐变量在网络结构中的位置。例如，给定一个提示：*HeartDisease*（一个三值变量）应该包含在模型中。算法尝试学习图 20.10（a）所示的结构。就像在完整数据的情况中一样，整个算法包含一个外层循环和一个内层循环，外层循环搜索结构；内层循环在给定结构下，拟合网络参数。

如果学习算法没有被告知哪些隐变量存在，则有两个选择，或者假装数据是完全的——这可能迫使算法学习一个参数密集型模型，诸如图 20.10（b）所示的模型——或者为了简化模型而发明新隐变量。在结构搜索中包含新的修改选择，可以实现后一种途径：除了修改链，算法还可以增加或删除一个隐变量，或者改变其参数数目。当然，算法既不知道它所发明的新变量被称之为 *HeartDisease*，也不会为它的值赋予有意义的名字。幸运的是，新发明的隐变量通常与已存在的变量相连，因此人类专家经常能够探查涉及新变量的局部条件分布，从而断定它的意义。

如同完整数据情形一样，纯粹极大似然结构学习将导致全连接网络（更有甚者，一个不含隐变量的网络），因此需要某种形式的复杂性惩罚。我们也能够施加 **MCMC** 对很多可能的网络结构取样，从而逼近贝叶斯学习。例如，通过对分量的数目取样，可以学习具有未知分量数目的高斯混合，高斯数目的近似后验分布由 **MCMC** 过程的取样频率给出。

对于完整数据情形，学习参数的内层循环速度非常快——从数据集中抽取条件频率而已。如果存在隐变量，内层循环可以包括 **EM** 或基于梯度算法的很多次迭代，每次迭代都包括计算贝叶斯网络中的后验，后者计算本身是一个 NP-难度问题。迄今为止，这种途径被证明不适合于学习复杂模型。**结构 EM** 算法是一个改进，除了既能更新结构又能更新参数之外，它的操作方式与普通（参数化）**EM** 很相似。普通 **EM** 算法在 **E**-步使用当前参数计算期望计数，然后在 **M**-步利用这些计数选择新参数。同样，结构 **EM** 使用当前结构计算期望计数，然后在 **M**-步利用这些计数来估算潜在新结构的似然性。（这种做法与外层循环/内层循环方法相对立，外层循环/内层循环方法为每个潜在结构计算新期望计数。）从而，不必重复计算期望计数，结构 **EM** 就可以对网络结构做多种选择，因而有能力学习有意义的贝叶斯网络结构。当然，在我们宣称结构学习问题已经解决之前，仍然有许多工作要做。

20.4　本 章 小 结

　　从简单的平均计算到诸如贝叶斯网络这样复杂模型的构造，统计学习方法百花齐放。它们在计算机科学、工程、计算生物学、神经科学、心理学和物理学等领域都有重要应用。这一章提出了有关统计学习的某些基本思想和相关数学基础。要点如下：

- **贝叶斯学习**方法把学习建模为概率推理的一种形式，使用观察更新假说上的先验分布。这种方法提供了实现奥坎姆剃刀的良好途径，但是对于复杂假说空间，会迅速变得不可行。
- **极大后验**（MAP）学习在给定数据下，选择单一最可能的假说。MAP 学习仍然使用假说先验，一般比完全贝叶斯学习更可行。
- **极大似然**学习简单地选择最大化数据似然性的假说，它等价于带均匀先验的 MAP 学习。在诸如线性回归和完全可观察贝叶斯网络这样的简单情形中，很容易发现封闭形式的极大似然性解。**朴素贝叶斯**学习不失为一种特别有效的技术，并且适应规模巨大的问题。
- 当某些变量隐藏时，使用 **EM** 算法能够发现局部极大似然解。它的应用包括用高斯混合聚类、学习贝叶斯网络和学习隐马尔科夫模型等。
- 学习贝叶斯网络结构是**模型选择**的一个例子。这类学习经常涉及结构空间的离散搜索，一般需要一种方法解决模型复杂性和拟合度之间的折中问题。
- **非参数化模型**使用一组数据点表示分布。因此，参数个数随训练集增长。最近邻方法寻找查询点附近的样例，而**核**方法形成所有样例的距离加权组合。

统计学习仍然是一个充满活力的研究领域，在理论和实践上都取得了长足的进步，这种进步反应在它几乎能够学习任何模型，在这些模型中可进行确定性或近似推理。

参考文献与历史注释

　　早年，统计学习技术在 AI 中的应用是活跃的研究领域（见 Duda and Hart，1973），但是，当 AI 聚焦于符号方法时，它与主流 AI 分离开来。20 世纪 80 年代后期，引入贝叶斯网络模型后不久，对统计学习技术的兴趣复活，大约同一时间，神经网学习的统计观开始出现。在 20 世纪 90 年代后期，机器学习、统计学和神经网的兴趣出现了显著收敛，集中于从数据中生成大规模概率模型的方法。

　　朴素贝叶斯模型可追溯到 20 世纪 50 年代，是贝叶斯网络的一种最古老、最简单的形式。第 13 章论及它的起源，Domingos 和 Pazzani（1997）部分解释了其令人吃惊的成功。朴素贝叶斯学习的提升形式赢得了数据挖掘竞赛的 KDD 杯（Elkan，1997）。Heckerman（1998）对贝叶斯网学习的一般问题做了精彩介绍。Spiegelhalter 等（1993）讨论了贝叶斯网的、带 Dirichlet 先验的贝叶斯参数学习。BUGS 软件包（Gilks 等，1994）体现了很多这类思想，为公式化和学习复杂概率模型提供了强力工具。第一个使用条件独立性测试学习贝叶斯网结构的算法见（Pearl，1988；Pearl 和 Verma，1991）。Spirtes 等（1993）为贝叶斯网学习开发了一个综合途径，它体现在 TETRAD 包中。从那以后，算法得到很多改进，改进算法在"2001 数据挖掘 KDD 杯"贝叶斯网学习方法竞赛中，轻松赢得了胜利（Cheng 等，2002）。（竞赛针对特定任务——带 139 351 个属性的生物信息学问题。）基于极大似然性的结构学习途径由 Cooper 和 Herskovits（1992）开发，由 Heckerman 等（1994）改进。自此以后，几个算法上的进步导致它在完全数据情形下的性能有相当不错的名声（Moore and Wong，2003；Teyssier 和 Koller，2005）。有效数据结构是一个重要分量，AD-树用来缓存变量和值的所有组合的计数（Moore 和 Lee，1997）。Friedman 和 Goldszmidt（1996）指出局部条件分布的表示对所学结构有很大影响。

Hartley（1958）阐述了学习带隐变量和缺失数据的概率模型的一般性问题，他描述了后来称之为 **EM** 的通用思想，并给出几个例子。进一步的推动力来自于 **HMM** 学习的 Baum-Welch 算法（Baum 和 Petrie，1966），它是 **EM** 的一个特例。由 Dempster、Laird 和 Rubin（1977）撰写的论文是计算机科学和统计学领域引用最多的论文，其中提出了 **EM** 的一般形式，并分析了它的收敛性。（Dempster 自己将 **EM** 看作一个模式而不是算法，因为在其将它施加于新分布族之前，也许需要大量的工作。）McLachlan 和 Krishnan（1997）将整本书都贡献给了 **EM** 算法和它的特性。Titterington 等（1985）论述了学习混合模型的问题，包括高斯混合。在 AI 领域，使用 **EM** 进行混合建模的第一个成功系统是 AUTOCLASS（Cheeseman 等，1988；Cheeseman and Stutz，1996）。AUTOCLASS 已经应用于一系列现实科学分类任务，包括从光谱数据中发现新星星、从 DNA/蛋白质序列数据库中发现新类型蛋白质和内含子。

大约同一时期，针对含隐变量的贝叶斯网的极大似然参数的学习问题，Lauritzen（1995）、Russell 等（1995）和 Binder 等（1997a）引入 **EM** 和基于梯度的方法。结构化 **EM** 算法由 Friedman（1998）开发，并应用于含隐变量的贝叶斯网络结构的极大似然性学习。Friedman 和 Koller（2003）描述了贝叶斯结构学习。

学习贝叶斯网络结构的能力与从数据中恢复因果信息紧密相关。即，是否能够以这样的方式学习贝叶斯网，其最终确定的网络结构表明实际因果影响？统计学家很多年一直回避这个问题，相信观察数据（对比试验产生的数据）仅能生成相关性信息——毕竟，两个看起来相关的变量实际上被第三个未知因素影响，而不是彼此直接影响。Pearl（2000）提出了令人信服的反面证明，表明事实上在很多情形中因果关系是确定的，并开发了**因果网络**形式机制，用以表达干涉的原因和结果以及普通条件概率。

非参数化密度估算也称为 **Parzen** 窗口密度估算，Rosenblatt（1956）和 Parzen（1962）对其进行了初步研究。从那时起，研究各种估算器属性的文献大量涌现，Devroye（1987）做了详细的介绍。关于非参数化贝叶斯方法的文献也迅速增长。非参数化贝叶斯方法起源于 Ferguson（1973）在 **Dirichlet 过程**上的开创性工作，Dirichlet 过程被认为是 Dirichlet 分布上的一个分布。这些方法对未知数目的分量混合特别有用。Ghahramani（2005）和 Jordan（2005）提供了关于这些思想在统计学习上的许多应用的有用培训资料。Rasmussen 和 Williams（2006）的教材覆盖了**高斯过程**，高斯过程给出了在连续函数空间上定义先验分布的一种途径。

本章将统计学和模式识别领域的工作集中在一起，因此以多种方式多次讲同一个故事。论贝叶斯统计学的优异教材包括 DeGroot（1970）、Berger（1985）和 Gelman 等（1995）所撰写的书。Bishop（2007）和 Hastie 等（2009）对统计机器学习作了精彩的介绍。对于模式分类，Duda 和 Hart（1973）的书作为传统教材用了许多年，现在进行了修订（Duda 等，2001）。年度 **NIPS** 会议（神经信息处理会议）被贝叶斯论文所统治，它的会议论文集形成了系列出版物《Advances in Neural Information Processing Systems》。学习贝叶斯网的论文也见诸于"Uncertainty in AI and Machine Learning"会议和几个统计学会议。神经网专刊包括《Neural Computation》、《Neural Networks》和《IEEE Transactions on Neural Networks》。贝叶斯论坛包括 Valencia 贝叶斯统计学国际会议和《Bayesian Analysis》期刊。

习　　题

20.1 图 20.1 中使用的数据可以看作是由 h_5 产生的。对于其他 4 个假说中的每一个，生成一个长度为 100 的数据集，并为 $P(h_i | d_1, \cdots, d_N)$ 和 $P(D_{N+1} = lime | d_1, \cdots, d_N)$ 绘制出相应的图。评价你的结果。

20.2 假设 Ann 关于草莓和酸橙的效用分别为 c_A 和 l_A，而 Bob 的分别为 c_B 和 l_B。（但是，如果 Ann 剥开了一块糖，则 Bob 不会再买它。）据推测，如果 Bob 比 Ann 更喜欢酸橙糖，则 Ann 的聪明做法是，一旦充分肯定袋子中装的是酸橙糖，她就售出这一袋糖。另一方面，在这个过程中，如果 Ann 剥开太多糖块，则这个袋子的价值将降低。讨论确定售出袋子的最优点的问题。给定 20.1 节中的先验分布，确定最优过程的期望效用。

20.3 两个统计学家去看医生，都得到了相同的疾病预断：40%的机会是死亡疾病 A，60%的机会是致命疾病 B。幸运的是，存在抗-A 和抗-B 的药物，它们都不贵，有 100%的疗效，没有副作用。统计学家有服用一种药、两种药或什么药也不服用的机会。第一个统计学家（一个贪心的贝叶斯）会做什么？第二个统计学家总是使用最大似然性假说，他又会做什么？

医生做了一些研究，发现疾病 B 实际上有两个版本，右旋-B 和左旋-B。它们有同样的可能性，都能被抗-B 药物治疗。现在有了 3 个假说，两个统计学家会怎么做？

20.4 请解释如何将 18 章的提升方法用于朴素贝叶斯学习。测试结果算法在饭店学习问题上的性能。

20.5 考虑 N 个数据点(x_j, y_j)，其中 y_j 是按照式（20.5）的线性高斯模型从 x_j 产生的。发现使数据的条件 log 似然性最大的、θ_1、θ_2 和σ的值。

20.6 考虑 14.3 节描述的、关于发烧的噪音-**OR** 模型。解释如何施加极大似然性学习，以使这种模型的参数拟合整个数据集。（提示：使用偏微分的链规则。）

20.7 这个练习研究式（20.6）定义的 Beta 分布的性质。

   a. 通过在区间[0，1]做积分，证明关于分布 beta[a, b]的正则常数由α = $\Gamma(a + b)$ / $\Gamma(a)\Gamma(b)$给出，其中$\Gamma(x)$是**伽马函数**，用$\Gamma(x + 1) = x \cdot \Gamma(x)$和$\Gamma(1) = 1$定义。（对于整数$x$，$\Gamma(x+1) = x!$。）

   b. 证明其均值是$a / (a + b)$。

   c. 发现 mode(s)（θ 的最可能值，一个或多个）。

   d. 对于非常小的ε，描述 beta[ε, ε]。当这个分布被更新时，会发生什么？

20.8 考虑任意贝叶斯网络、网络的完全数据集，以及根据网络得到的数据集的似然性。给出关于下列断言的简单证明：如果在网络中增加新链，并重新计算极大似然性参数的值，数据的似然性不会降低。

20.9 考虑单布尔随机变量 Y（"分类"）。令先验概率 $P(Y = true)$为π。给定训练集 $D = (y_1, \cdots, y_N)$，其中 Y 的 N 个样例是独立的，尝试着找到π。进一步假定 N 个样例中有 p 个正例，n 个反例。

   a. 用π、p 和 n 作为术语，写出关于 D 的似然性的表达式（即给定π的固定值，看到这个特定样例序列的概率）。

   b. 通过对 log 似然性 L 微分，发现使似然性最大化的π值。

   c. 现在假设加入 k 个布尔随机变量 X_1, X_2, $\cdots$, X_k（"属性"），用它们描述样例，并假设给定目标 Y 时，属性是相互条件独立的。按照这个假设画出贝叶斯网。

   d. 使用下列附加的记号，写出关于包含这些属性的数据的似然性：

   ● α_i 为 $P(X_i = true \mid Y = true)$。

   ● β_i 为 $P(X_i = true \mid Y = false)$。

   ● p_i^+是样例计数，其中 $X_i = true$ 并且 $Y = true$。

   ● n_i^+是样例计数，其中 $X_i = false$ 并且 $Y = true$。

   ● p_i^-是样例计数，其中 $X_i = true$ 并且 $Y = false$。

   ● n_i^-是样例计数，其中 $X_i = false$ 并且 $Y = false$。

   [提示：首先考虑看到带 X_1, X_2, $\cdots$, X_k 和 Y 的指定值的样例的概率。]

   e. 通过对 log 似然性 L 微分，发现使似然性最大化的α_i和β_i值（基于各种计数），并描述这些值代表什么。

   f. 令 $k = 2$，考虑 XOR 函数的所有 4 个样例组成的数据集。计算π、α_1、β_1、α_2 和β_2 的极大似然估计值。

   g. 给定π、α_1、β_1、α_2 和β_2 的这些估计值，对于每个样例，后验概率 $P(Y = true \mid x_1, x_2)$是什么？

20.10 给定式（20.7）中的真实参数，应用 **EM** 学习图 20.13（a）中网络的参数。

   a. 解释如果模型中仅有两个属性而不是三个时，为什么 **EM** 算法不起作用。

   b. 给出从式（20.8）开始，**EM** 第一次循环所包含的计算。

   c. 如果开始时将所有参数都置为相同值 p，会发生什么？（提示：在推导通用结果之前，用经验研究它，也许对你有帮助。）

   d. 以参数作为术语，写出关于 20.3.2 节中表格化糖块数据的 log 似然性的表达式，计算相对于每个参数的偏微分，调查在（c）中所达到的不动点的性质。

第 21 章 强 化 学 习

本章中我们将研究 Agent 如何从成功与失败、回报与惩罚中进行学习。

21.1 引　言

第 18 章、第 19 章和第 20 章涵盖了从实例中学习函数、逻辑理论和概率模型的学习方法。在本章中，我们将研究 Agent 在没有"做什么"的标注样例的情形下怎样学习"做什么"。

例如，考虑学习下棋的问题。一个监督学习的 Agent 需要被告知在每种棋局下正确的走步，但很少有这样的反馈。在缺少教师的反馈的情况下，一个 Agent 可以为自己的走步学习一个转移模型，也许可以学习预测对手的走步；但没有关于什么是好什么是坏的反馈，Agent 在选择走步时就没有根据。Agent 需要知道当它将死对手时好事情发生了，当它被对手将死时坏事情发生了——或者反之亦然，如果博弈是自杀式下棋。这种反馈被称为**回报**（reward），或者称为**强化**（reinforcement）。像下棋这样的游戏中，只有在游戏时才能得到强化。在其他环境下，回报出现得更频繁。在乒乓球比赛中，每次得分都可以被认为是一次回报；在学习爬行时，任何一次向前的运动都是一次成功。我们的 Agent 架构把回报当作输入感知信息的一部分，但是 Agent 必须靠"硬连线"（hardwired）识别出这部分是回报，而不是另一个传感器输入。这样，动物似乎是通过硬连线方式将疼痛和饥饿识别为负回报，而将快乐和进食识别为正回报。动物心理学家们已经对强化进行了 60 多年的仔细研究。

回报的概念是在第 17 章中引入的，在那一章里，它们的作用定义马尔可夫决策过程（MDP）中的最优策略。最优策略是指使预期的整体回报最大化的策略。**强化学习**（reinforcement learning）的任务是利用观察到的回报来学习针对某个环境的最优（或接近最优）策略。不过在第 17 章中 Agent 拥有环境的完整模型，并且知道回报函数，而在这里我们假定 Agent 没有关于二者的先验知识。想象，玩一个你不知道规则的新游戏：经过百来个回合，你的对手宣布："你输了。"一言以蔽之，这就是强化学习。

在许多复杂领域里，强化学习是对程序进行训练以表现出高层次的唯一可行途径。例如，在博弈中，对人类而言很难对大量的棋局提供精确一致的评价，而这些棋局又是直接通过实例训练评价函数所必需的。替代地，我们可以告知程序什么时候赢了或输了，它能够运用此信息来学习评价函数，对从任何给定的棋局出发获胜的概率做出合理的精确估计。类似地，为一个 Agent 编写驾驶直升机的程序是极端困难的；不过通过给其提供适当的诸如坠毁、抖动或偏离规定航线等负回报，一个 Agent 能够自己学习驾驶直升机。

可以认为强化学习囊括了人工智能的全部：一个 Agent 被置于一个环境中，而且必须学会在其间游刃有余。为了驾驭好本章，我们将集中讨论简单的环境和简单的 Agent 设计。在本章的大部分内容里，我们将假设一个完全可观察的环境，因而当前的状态是由每个感知信息提供的。另一方面，我们将假设 Agent 对环境如何运转或其行动的后果一无所知，而且我们将允许概率性的行动结果。因此，Agent 面临一个未知的马尔可夫决策过程。我们将考虑先前在第 2 章中介绍过的三种 Agent 设计：

- **基于效用的 Agent** 学习关于状态的效用函数并使用它选择使期望的结果效用最大化的行动。
- **Q-学习 Agent** 学习**行动-价值**函数，或称为 Q 函数，该函数提供在给定状态下采取特定行动的期望效用。
- **反射型 Agent** 学习一种策略，该策略直接将状态映射到行动。

基于效用的 Agent 还必须要有一个环境模型以便做出决策，因为它必须知道其行动将导致的状态。例如，为了利用西洋双陆棋的评价函数，一个西洋双陆棋程序必须知道哪些棋招是合法的，以及它们将如何影响棋局。只有如此，它才能将效用函数应用于结果状态。而另一方面，一个 Q-学习 Agent 可以比较各种可能选择的期望价值，而不必知道这些选择带来的结果，所以它并不需要环境模型。另外，因为它们不知道其行动将引向何方，Q-学习 Agent 无法前瞻；我们将看到，这会严重限制它们的学习能力。

我们在 21.2 节中从**被动学习**入手，其中 Agent 的策略是固定的，其任务是学习状态的效用（或状态-行动对）；还可能涉及对环境的模型进行学习。21.3 节论及**主动学习**，其中 Agent 同时必须还学习要做什么。主要的问题是**探索**：为了学会如何在环境中行动，Agent 必须尽可能多地经历所处环境。21.4 节讨论 Agent 如何能够运用归纳学习，从而更快地从其经验中进行学习。21.5 节讨论反射型 Agent 中学习直接策略表示的方法。对马尔可夫决策过程（参见第 17 章）的理解对于本章内容是非常重要的。

21.2　被动强化学习

为了使问题简单，我们从完全可观察环境下使用基于状态的表示的被动学习 Agent 的情况开始。在被动学习中，Agent 的策略 π 是固定的：在状态 s，它总是执行行动 $\pi(s)$。其目标只是简单地学习该策略有多好——即学习效用函数 $U^{\pi}(s)$。我们以第 17 章中介绍的 4×3 世界作为例子。图 21.1 给出了这个世界的一个策略以及相应的效用。显然，被动学习的

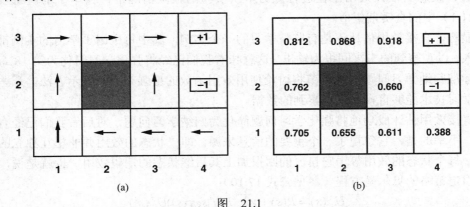

图　21.1

（a）4×3 世界的一个策略 π；在非终止状态的无折扣回报为 $R(s) = -0.04$ 的情况下，此策略恰好是最优的。
（b）已知策略 π，4×3 世界的状态效用

任务类似于**策略评价**（policy evaluation）的任务，策略评价是 17.3 节中描述的**策略迭代**（policy iteration）算法的一部分。主要区别在于被动学习 Agent 对指定完成行动 a 后从状态 s 到达状态 s' 的概率的**转移模型** $P(s'|s, a)$ 一无所知；并且也不知道指定每个状态的回报的**回报函数** $R(s)$。

在该环境中，Agent 应用其策略 π 执行一组**试验**（trial）。每次试验，Agent 从状态(1, 1) 开始，经历一个状态转移序列直至到达终止状态(4, 2)或(4, 3)。它的感知信息提供了当前状态以及在该状态所得到的回报。典型的试验看起来如下：

$(1,1)$ _−0.04_→$(1,2)$ _−0.04_→$(1,3)$ _−0.04_→$(1,2)$ _−0.04_→$(1,3)$ _−0.04_→$(2,3)$ _−0.04_→$(3,3)$ _−0.04_→$(4,3)$ _+1_

$(1,1)$ _−0.04_→$(1,2)$ _−0.04_→$(1,3)$ _−0.04_→$(2,3)$ _−0.04_→$(3,3)$ _−0.04_→$(3,2)$ _−0.04_→$(3,3)$ _−0.04_→$(4,3)$ _+1_

$(1,1)$ _−0.04_→$(2,1)$ _−0.04_→$(3,1)$ _−0.04_→$(3,2)$ _−0.04_→$(4,2)$ _−1_

注意，每个状态感知信息都用下标注明了所获得的回报。目标是利用关于回报的信息学习到与每个非终止状态 s 相关联的期望效用 $U^\pi(s)$。效用被定义为当遵循策略 π 时所获得的（折扣）回报的期望总和。如同公式（17.2），这里写为：

$$U^\pi(s) = E\left[\sum_{t=0}^{\infty} \gamma^t R(S_t)\right] \tag{21.1}$$

其中 $R(s)$ 是状态 s 的回报，S_t（一个随机变量）是在时刻 t 当执行策略 π 时达到的状态，$S_0=s$。我们将在所有的公式中包含一个**折扣因子** γ，但是对于 4×3 世界，我们设置 $\gamma = 1$。

21.2.1　直接效用估计

一种简单的**直接效用估计**（direct utility estimation）方法是由 Widrow 和 Hoff（1960） 于 20 世纪 50 年代末期在**自适应控制理论**（adaptive control theory）领域中提出的。其思想认为一个状态的效用是从该状态开始往后的期望总回报，而每次试验对于每个被访问状态提供了该值的一个样本。例如，前面给出的三次试验中的第一次试验为状态(1, 1)提供了总回报的一个样本值 0.72，为状态(1, 2)提供了两个样本值 0.76 和 0.84，为状态(1, 3)提供了两个样本值 0.80 和 0.88，依此类推。这样，只要在一个表格中记录每个状态持续一段时间的平均值，该算法就可在每个序列的最后，计算出对于每个状态所观察到的未来回报并相应地更新该状态的估计效用。在进行无穷多次实验的极限情况下，样本平均值将收敛于公式（21.1）中的真实期望值。

显然，直接效用估计正是有监督学习的一个实例，其中每个用于学习的实例都以状态为输入，以观察到的未来回报为输出。这意味着我们已经将强化学习简化为第 18 章中讨论过的标准归纳学习问题。21.4 节将讨论使用效用函数的更强有力的表示方法。那些表示方法的学习技术能够直接用于观察到的数据。

直接效用估计成功地将强化学习问题简化为归纳学习问题，对后者我们已经有了很多了解。不幸的是，它忽视了一个重要的信息来源，即"状态的效用并非相互独立的"这个事实！每个状态的效用等于它自己的回报加上其后继状态的期望效用。也就是说，效用值服从固定策略的贝尔曼方程（参见公式 17.10）：

$$U^\pi(s) = R(s) + \gamma \sum_{s'} P(s'|s, \pi(s)) U^\pi(s') \tag{21.2}$$

由于忽略了状态之间的联系，直接效用估计错失了学习的机会。例如，前面给出的三次试验中的第二次到达了先前没有访问过的状态(3, 2)。下一步转移到达了(3, 3)，从第一次试验中已知它具有较高的效用。贝尔曼方程会立即提议状态(3, 2)也可能具有高效用，因为它通向(3, 3)，但是直接效用估计直到试验结束之前学不到任何东西。更广泛地说，我们可以把直接效用估计视为在比实际需要大得多的假设空间中搜索 U，其中包含许多违反贝尔曼方程组的函数。因此，该算法的收敛速度经常很慢。

21.2.2 自适应动态规划

一个自适应动态规划（或缩写为 **ADP**）Agent 通过学习连接状态的转移模型，并使用动态规划方法求解马尔可夫决策过程，来利用状态效用之间的约束。对于一个被动学习 Agent 而言，这意味着把学到的转移模型 $P(s'|s, \pi(s))$ 以及观察到的回报 $R(s)$ 代入到贝尔曼方程（21.2）中，以计算状态的效用。如在第 17 章中我们讨论策略迭代时谈到的，这些方程是线性的（不涉及到取最大值），所以可以使用任何线性代数工具进行求解。或者，我们还可以采用**改进的策略迭代**方法（参见 17.3 节），在每一次对学习到的模型进行修改之后，利用一个简化的价值迭代过程来更新效用估计。由于每次观察后该模型通常只发生轻微变化，价值迭代过程可以将先前的效用估计作为初始值，而且应该收敛得相当快。

由于环境是完全可观察的，因而学习模型本身的过程是容易的。这意味着我们面临一个有监督的学习任务，其输入是一个状态-行动对，而输出是结果状态。最简单的情况下，我们可以将转移模型表示为一个概率表。我们记录每个行动结果发生的频繁程度，并根据该频率对当在状态 s 执行 a 后能够达到状态 s' 的转移概率 $P(s'|s, a)$ 进行估计。例如，在第 21.2 节中给出的三次试验中，在状态(1, 3)上 *Right* 被执行了三次，其中两次的结果状态为(2, 3)，所以 $P((2, 3)|(1, 3), Right)$ 被估计为 2/3。

一个被动 ADP Agent 的完整 Agent 程序如图 21.2 所示。其在 4×3 世界中的性能表现如图 21.3 所示。就其价值估计的改进速度而言，这个 ADP Agent 受限于它学习转移模型的能力。从这个意义上，它提供了一个用以度量其他强化学习算法的标准。然而对于大规模的状态空间来说，它是不可操作的。例如，在西洋双陆棋游戏中，将涉及处理大约 10^{50} 个未知量的 10^{50} 个方程。

熟悉第 20 章贝叶斯学习思想的读者将会注意到图 21.2 的算法使用了最大似然估计来学习转移模型；而且，通过只基于估计模型来选择一个策略，它会把这个模型当成是正确模型。这不一定是个好的想法！例如，一个不知道交通信号灯怎样发信号的出租车 Agent 可能会忽视红灯一次或两次而没有什么恶果，于是形成一个以后一直忽视红灯的策略。相反，选择这样的策略是个好主意：尽管对于最大似然估计模型不是最优的，但它对于所有可能模型（有适度的几率是正确的模型）而言工作得相当好。有两种数学方法具有这种特色。

第一种方法是贝叶斯强化学习，对于"正确模型是什么"的假设 h 假设一个先验概率 $P(h)$；后验概率 $P(h|e)$ 通常是通过给定目前为止的观察用贝叶斯规则获得的。然后，如果 Agent 决定停止学习，最优策略就是给出最高期望效用的策略。假设 u_h^π 是期望效用，是所有可能开始状态的平均，通过在模型 h 中执行策略 π 而获得。这样，我们得到

```
function PASSIVE-ADP-AGENT(percept) returns an action
    inputs: percept, a percept indicating the current state s' and reward signal r'
    persistent: π, a fixed policy
                mdp, an MDP with model P, rewards R, discount γ
                U, a table of utilities, initially empty
                N_sa, a table of frequencies for state–action pairs, initially zero
                N_s'|sa, a table of outcome frequencies given state–action pairs, initially zero
                s, a, the previous state and action, initially null

    if s' is new then U[s'] ← r'; R[s'] ← r'
    if s is not null then
        increment N_sa[s, a] and N_s'|sa[s', s, a]
        for each t such that N_s'|sa[t, s, a] is nonzero do
            P(t|s, a) ← N_s'|sa[t, s, a] / N_sa[s, a]
    U ← POLICY-EVALUATION(π, U, mdp)
    if s'.TERMINAL? then s, a ← null else s, a ← s', π[s']
    return a
```

图 21.2　一个基于自适应动态规划的被动强化学习 Agent。POLICY-EVALUATION 函数求解
　　　　固定策略贝尔曼方程，如图 17.7 描述的那样

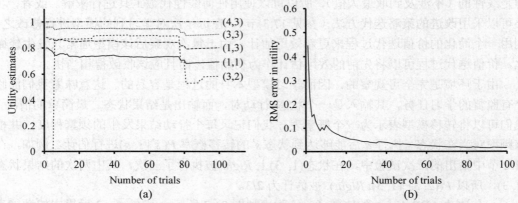

图 21.3　在 4 × 3 世界中被动 ADP 的学习曲线，给定如图 21.1 所示的最优策略。
(a)挑选出来的状态子集的效用估计，作为试验次数的函数。注意在第 78 次试验附近发生的巨大变化——这是 Agent
第一次落入–1 终止状态(4, 2)。 (b) 对 $U(1, 1)$进行估计的均方根误差，20 次运行的平均值，每次进行 100 次试验

$$\pi^* = \arg\max_\pi \sum_h P(h\,|\,e)u_h^\pi$$

在一些特殊情况下，这个策略甚至是可以计算出来的。然而，如果 Agent 在未来会继续学习，那么寻找一个最优策略变得更加困难，因为 Agent 必须考虑未来观察对它关于转移模型的信念的影响。这个问题变成了一个 POMDP，其信念状态是模型上的分布。这个想法提供了理解第 21.3 节中的搜索问题的分析基础。

第二种方法——从鲁棒性控制理论（robust control theory）而来——允许一组可能模型 $\mathcal{H}$，并定义一个最优鲁棒性策略为 $\mathcal{H}$ 中在最坏情况下输出最好结果的策略：

$$\pi^* = \arg\max_\pi \min_h u_h^\pi$$

集合 $\mathcal{H}$ 经常是超过 $P(h|e)$的似然阈值的一组模型，因此鲁棒性方法和贝叶斯方法是相关的。有时，鲁棒性的解可以有效地计算出来。而且，存在增强学习算法趋向于产生鲁棒性的解，我们在这里并不讨论它们。

21.2.3 时序差分学习

　　求解前一节内在的 MDP 并不是让贝尔曼方程来承担学习问题的唯一方法。另一种方法是使用观察到的转移来调整观察到的状态的效用，使得它们满足约束方程。例如，考虑第 21.2 节中第二次试验的从(1,3)到(2,3)的转移。假设，第一次试验的结果是，效用估计为 $U^\pi(1,3) = 0.84$ 且 $U^\pi(2,3) = 0.92$。现在如果转移老是发生，我们期望效用服从方程

$$U^\pi(1, 3) = -0.04 + U^\pi(2, 3)$$

所以 $U^\pi(1, 3)$ 是 0.88。这样，其当前估计值 0.84 就有些偏低了，应该提高。一般来说，当发生从状态 s 到 s' 的转移时，我们将对 $U^\pi(s)$ 应用如下更新：

$$U^\pi(s) \leftarrow U^\pi(s) + \alpha(R(s) + \gamma U^\pi(s') - U^\pi(s)) \tag{21.3}$$

其中 α 是**学习速度**参数。因为此更新规则使用的是相继状态之间的效用差分，它也经常被称为**时序差分**（temporal-difference，或缩写为 TD）公式。

　　所有时序差分方法的基本思想是，将效用估计朝着理想均衡方向调整，当效用估计正确时理想均衡是局部成立的。在被动学习的情况下，公式（21.2）给出了其均衡方程。现在，公式（21.3）确实使得 Agent 达到公式（21.2）给出的均衡，不过其中有一些微妙之处。首先，我们注意到更新只涉及观察到的后继状态 s'，而实际的均衡条件则涉及所有可能的下一个状态。人们也许会认为当一个非常罕见的转移发生时，这会导致 $U^\pi(s)$ 发生不正确的巨大变化；但事实上，由于罕见转移很少发生，$U^\pi(s)$ 的平均值仍将收敛到正确的值。此外，如果我们将 α 由一个固定的参数变为一个随某个状态被访问次数的增加而递减的函数，那么 $U^\pi(s)$ 本身将会收敛到正确的值 [1]。这样，我们得到了图 21.4 所示的 Agent 程序。图 21.5 描绘了被动时序差分（TD）Agent 在 4×3 世界里的性能。它的学习速度不如 ADP Agent 快，而且表现出更高的易变性，但是它更简单，每次观察所需的计算量也少得多。注意，*TD* 不需要一个转移模型来执行其更新。环境以观察到的转移的形式提供了相邻状态之间的联系。

```
function PASSIVE-TD-AGENT(percept) returns an action
    inputs: percept, a percept indicating the current state s' and reward signal r'
    persistent: π, a fixed policy
              U, a table of utilities, initially empty
              Nₛ, a table of frequencies for states, initially zero
              s, a, r, the previous state, action, and reward, initially null

    if s' is new then U[s'] ← r'
    if s is not null then
        increment Nₛ[s]
        U[s] ← U[s] + α(Nₛ[s])(r' + γ U[s'] − U[s])
    if s'.TERMINAL? then s, a, r ← null else s, a, r ← s', π[s'], r'
    return a
```

　　图 21.4　一个使用时序差分方法学习效用估计的被动强化学习 Agent。如后面描述的一样，选择步长大小函数 $\alpha(n)$ 以确保收敛

1　在技术上，我们要求 $\sum_{n=1}^{\infty} \alpha(n) = \infty$ 并且 $\sum_{n=1}^{\infty} \alpha^2(n) < \infty$。在图 21.5 中我们使用的 $\alpha(n) = 60/(59+n)$ 满足这个条件。

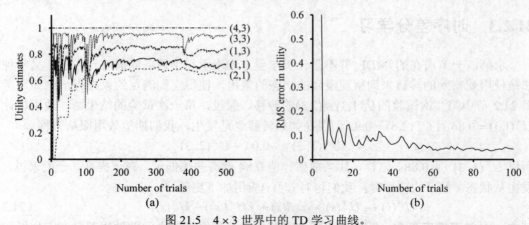

图 21.5　4 × 3 世界中的 TD 学习曲线。

（a）挑选出来的状态子集的效用估计，作为试验次数的函数。（b）对 $U(1,1)$ 进行估计的均方根误差，20 次运行的平均值，每次进行 500 次试验。图中只显示了前 100 次试验，以便与图 21.3 相比较

ADP 方法和 TD 方法实际上是密切相关的。二者都试图对效用估计进行局部调整，以使每一状态都与其后继状态相"一致"。一个差异在于 TD 调整一个状态使其与已观察到的后继状态相一致（公式（21.3）），而 ADP 则调整该状态使其与所有可能出现的后继状态相一致，根据概率进行加权（公式（21.2））。由于转移集合中的每个后继状态的频率与其概率近似成正比，所以当 TD 调整的影响在大量的转移上计算平均的时候，上述差异便会消失。一个更重要的差异是，TD 对每个观察到的转移都只进行单一的调整，而 ADP 为了重建效用估计 U 和环境模型 P 之间的一致性会进行尽可能多的所需调整。虽然观察到的转移只造成 P 的局部变化，其影响却可能需要在整个 U 中传递。所以，TD 可以被视为对 ADP 的一个粗略而有效的一阶近似。

从 TD 的角度来看，ADP 所做的每一次调整都可以被视为通过模拟当前环境模型而生成的一个"伪经验（pseudo-experience）"的结果。给定当前环境模型，就可能扩展 TD 方法，以利用该模型产生若干伪经验——TD Agent 能想象出的可能发生的转移。对于每个观察到的转移，TD Agent 可以生成大量的虚构转移。这样，所获得的效用估计就会越来越近似接近 ADP 的效用估计——当然，这是以增加计算时间为代价的。

用一种类似的方式，我们可以通过直接对价值迭代或策略迭代算法进行近似，生成 ADP 的更为有效的版本。即使价值迭代算法是高效的，当状态数量巨大时，例如 10^{100} 个状态，价值迭代算法将是不可操作的。而每次迭代中对状态值的许多必要调整是极其微小的。一种快速生成相当好的答案的可能途径是限制在每次观察到的转移之后所做调整的次数。也可以用启发式对可能的调整进行排序，以便只执行那些最显著的。**区分优先次序的筛选**启发式优先调整那些其可能后继状态在自身的效用估计中刚刚进行了较大调整的状态。使用这样的启发式，就训练序列的数量而言，近似 ADP 算法通常几乎能学习得与完全 ADP 一样快；但是从计算的角度看，其效率可以提高几个数量级（参见习题 21.3）。这使得它们能够处理那些对于完全 ADP 来说太大的状态空间。近似 ADP 算法还有另一个优势：在对一个新环境进行学习的早期阶段，环境模型 P 往往与正确的模型相差甚远，所以无法计算出一个确切的效用函数与之相匹配。近似算法可以使用最小的调整规模，调整规模随着环境模型的不断精确而下降。这消除了在学习早期由于模型的巨大变化而可能发生的非

常长时间的价值迭代。

21.3 主动强化学习

被动学习 Agent 有固定的策略决定其行为。主动学习 Agent 必须自己决定采取什么行动。让我们从自适应动态规划 Agent 开始，考虑它必须如何经过改造才能应对这个新的自由度。

首先，Agent 将需要学习一个包含所有行动结果概率的完整模型，而不仅仅是固定策略的模型。这一点上，PASSIVE-ADP-AGENT 所使用的简单学习机制将做得很好。接下来，我们需要考虑这个事实：Agent 要对行动做出选择。它需要学习的效用是由最优策略定义的；这些效用遵守第 17.2.1 节给出的贝尔曼方程，这里我们再重复一遍：

$$U(s) = R(s) + \gamma \max_a \sum_{s'} P(s'|s,a)U(s') \tag{21.4}$$

可以运用第 17 章的价值迭代或策略迭代算法求解这些方程以获得效用函数 U。最后的问题是每一步要做什么。在获得了对于学习到的模型而言最优的效用函数 U 之后，Agent 能够通过使期望效用最大化的单步前瞻提取一个最优行动；或者，如果它运用策略迭代，最优策略已经得到了，所以它应该简单地执行最优策略所建议的行动。但是它应该这样吗？

21.3.1 探索

图 21.6 给出了对于一个 ADP Agent 的一系列试验的结果，它在每一步都遵循其所学模型的最优策略的建议。Agent 并没有学习到真正的效用或者真正的最优策略！实际发生的却是，在第 39 次试验中，它发现了沿较低的路径(2, 1)、(3, 1)、(3, 2)、(3,3)而达到 +1 回报的一个策略。（参见图 21.6（b）。）在经历了微小的变化后，从第 276 次试验开始往后它一直坚持那个策略，再没有学习其他状态的效用，也从没有发现经过(1, 2)、(1, 3)、(2, 3)的这条最优路径。我们称此 Agent 为**贪婪 Agent**（greedy agent）。重复实验表明，贪婪 Agent 很少收敛到针对所处环境的最优策略，有时还会收敛到非常糟糕的策略。

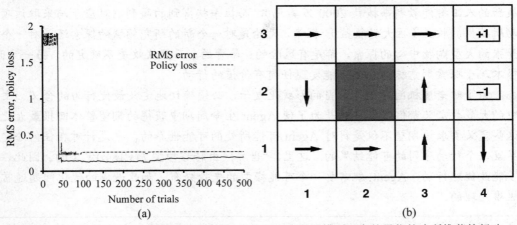

图 21.6　一个贪婪 ADP Agent 的性能曲线，它执行对于学习模型而言的最优策略所推荐的行动。
（a）在 9 个非终结方格上的平均估计效用的 RMS（均方根）误差。
（b）通过这个特定的试验序列，Agent 收敛到的非最优策略

选择最优行动是如何导致非最优结果的？答案就是学习到的模型与真实环境并不相同；因而学习到的模型中的最优可能不是真实环境中的最优。不幸的是，Agent 并不知道真实环境是什么，所以它不能针对真实环境计算最优行动。那么，应该做什么？

贪婪 Agent 所忽视的是：行动不仅仅根据当前学习到的模型提供回报；它们也通过影响所接收的感知信息对真实模型的学习做出贡献。通过改进模型，Agent 将在未来得到更高的回报[1]。因此，一个 Agent 必须要在**充分利用信息**（exploitation）以最大化回报——反映在其当前效用估计上——和**探索**（exploration）以最大化长期利益之间进行折中。单纯的充分利用信息要冒墨守成规的风险。如果从来不把知识用于实践，那么单纯的探索以提高一个人的知识是毫无用处的。在现实世界中，一个人不得不经常在维持舒适的生活状态和怀着发现新的更美好生活的希望闯入未知世界之间做出决定。理解得越多，需要的探索就越少。

我们能描述得比这更精确些吗？存在一个最优探索策略吗？其实这个问题已经在统计决策理论子领域中得到了深入的研究，该领域处理所谓的**老虎机问题**（bandit problem）。

尽管很难对老虎机问题进行精确求解以获得一个最优的探索方法，但还是可能提出一个合理的方案最终导致 Agent 的最优行动。技术上，任何这样的方案在无穷探索的极限下都必然是贪婪的，或缩写为 **GLIE**（greedy in the limit of infinite exploration）。一个 GLIE 方案必须对每个状态下的每个行动进行无限制次数的尝试，以避免由于一系列不常见的糟糕结果而错过最优行动的有限概率。一个 ADP Agent 使用这样的方案最终将学习到真实的环境模型。一个 GLIE 方案最终还必须变得贪婪，以使得 Agent 的行动对于学习到的（此时等同于真实的）模型而言是最优的。

探索与老虎机

在拉斯维加斯，一台独臂老虎机是一台有投币口的机器。赌博者可以投入一枚硬币，拉一下手柄，然后收集胜利果实（如果有的话）。n 臂老虎机有 n 个手柄。赌博者必须为每个相继的硬币选择拉哪个手柄——是拉那个赢利最好的，还是拉那个还没试过的？

n-臂老虎机问题是许多非常重要领域中的真实问题的一个形式化模型，包括诸如确定人工智能研究与发展的年度预算这样的领域。每一个手柄与一项行动相对应（如给发展新的人工智能教科书拨款 2000 万美元），而拉手柄得到的赢利则对应于与采取该项行动所获得的收益（巨大的收益）。探索，无论是对一个新的研究领域的探索还是对一个新开张的大型购物中心的探索，都是有风险的、昂贵的，而且收效是不确定的；另一方面，根本疏于探索则意味着永远不能发现任何有价值的行动。

为了对老虎机问题进行恰当的形式化表示，必须确切地定义最优行为的含义。文献中的大多数定义都假定其目的是为了使 Agent 生命周期中获得的期望整体回报最大化。这些定义要求该期望不仅是针对 Agent 可能所处的可能世界的，也是针对在任何给定世界里每个行动序列的可能结果的。这里，"世界"由转移模型 $P(s'|s, a)$ 定义的。因此，为了能最优地行动，Agent 就需要一个可能模型的先验分布。如此造成的优化问题通常是极难处理的。

---

[1] 注意第 16 章中信息价值理论的直接类推。

某些情况下——例如，当每台机器的赢利是独立的，而且使用了折扣回报时——就可能对每台老虎机计算一个 Gittins 指数（Gittins，1989）。该指数只是老虎机已经玩过的次数以及已经从它获得的赢利的函数。每台机器的指数表明值得再对它投入多少；一般来说，期望返回和给定选项的效用的不确定度越高，就越好。选择具有最高指数值的那台机器就提供了一个最优探索策略。不幸的是，至今还没有找到将 Gittins 指数扩展到延续式决策问题的途径。

人们可以用 n 臂老虎机理论来支持遗传算法中的选择策略的合理性。（参见第 4 章。）如果你将 n 臂老虎机问题中的每个手柄看作一个可能的基因串，将在一个手柄投入一枚硬币看作是这些基因的复制，那么可以证明，给定适当的独立假设集合，遗传算法就能最优地分配硬币。

存在几种 GLIE 方案；最简单的一种是让 Agent 在 $1/t$ 的时间片段内选择一个随机行动，而其他时候遵循贪婪策略。虽然这样最终能收敛到一个最优策略，不过速度会极其缓慢。一种更明智的方法是给那些 Agent 很少尝试的行动加权，同时注意避免那些已经确信具有低效用的行动。这可以通过改变约束方程（21.4）而实现，以便给相对来说尚未探索的状态-行动对分配更高的效用估计。本质上，这得到一个关于可能环境的乐观先验估计，并导致 Agent 最初的行为如同整个区域到处散布着极好的回报一样。让我们用 $U^+(s)$ 表示状态 s 的效用的乐观估计（也就是期望的未来回报），并令 $N(s,a)$ 表示状态 s 下行动 a 被尝试的次数。设想我们在一个 ADP 学习 Agent 中使用价值迭代；那么我们需要重写更新公式（即公式（17.6））以包含乐观估计。公式如下：

$$U^+(s) \leftarrow R(s) + \gamma \max_a f\left(\sum_{s'} P(s'\,|\,s,a) U^+(s'), N(s,a) \right) \tag{21.5}$$

其中，$f(u,n)$ 称为**探索函数**。它决定了贪婪（对高值 u 的偏好）与好奇（对具有低值 n 的没有经常*尝试*的行动的偏好）之间是如何取得折中的。函数 $f(u,n)$ 针对 u 应该是递增的，而针对 n 应该是递减的。显然，有许多可能的函数符合这些条件。一个特别简单的定义是

$$f(u,n) = \begin{cases} R^+ & \text{当} n < N_e \\ u & \text{其他} \end{cases}$$

其中，R^+ 是对任何状态下可获得的最佳可能回报的一个乐观估计，而 N_e 是一个固定的参数。效果是使 Agent 对每对行动-状态进行至少 N_e 次尝试。

U^+ 而不是 U 出现在公式（21.5）的右侧，这个事实非常重要。随着探索的进行，接近初始状态的状态和行动很可能被尝试很多次。如果我们使用更悲观的效用估计 U，Agent 很快就会变得不愿意去探索更远处的区域。使用 U^+ 意味着探索的好处是从未探索区域的边缘传递回来的，于是向着未探索领域前进的行动而不仅是那些本身不为人熟悉的行动将被给予更高的权值。可以在图 21.7 中清楚地看到这种探索策略的影响，图中显示出向最优性能的迅速收敛，这与贪婪方法不同。只经过 18 次尝试就找到了一个非常接近于最优策略的策略。注意，效用估计本身并未同样快速地收敛。这是因为 Agent 较快地停止了对状态空间中无回报的部分的探索，以后对它们只是"偶然"拜访。然而，这是十分有意义的，

因为 Agent 不必关心那些它知道不合需要的而且可以避开的状态的确切效用。

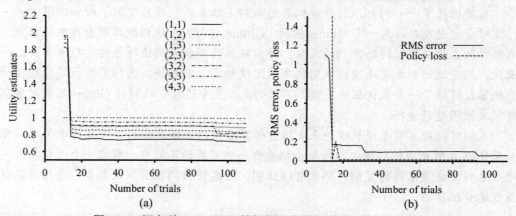

图 21.7　探索型 ADP Agent 的性能。使用参数 $R^+ = 2$，$N_e = 5$。
（a）所选状态随次数变化的效用估计。（b）效用值的 RMS（均方根）误差以及相关策略损失

21.3.2　学习行动-效用函数

现在我们有了一个主动 ADP Agent，让我们考虑如何构造一个主动时序差分学习 Agent。与被动情况相比最明显的变化是 Agent 不再具有固定策略，因而，如果它学习效用函数 U，就需要学习一个模型以便能够通过单步前瞻基于 U 选择一个行动。TD（时序差分）Agent 的模型获得问题与 ADP Agent 是一样的。TD 更新规则本身如何调整？也许令人吃惊，更新规则（21.3）保持不变。这也许看起来很古怪，原因如下：设 Agent 采取了一步通常能导向好目的地的行动，但因为环境的非确定性，结果 Agent 陷入一个灾难性的状态。TD 更新规则将会对此认真对待，就好像该结果是该行动的正常结果一样，尽管人们可能认为由于该结果是一个意外，Agent 不必过于担心。当然，事实上，这种不太可能的结果在训练序列的大规模集合中不经常发生；因而，如我们所希望的，在长期运行中其影响将会与其概率成比例。这再一次表明，随着训练序列的数量趋于无穷，TD 算法将与 ADP 算法收敛到相同的值。

还有另外一种称为 Q-学习的时序 TD 方法，它学习一种行动-效用表示而不是学习效用。我们用符号 $Q(s,a)$ 代表在状态 s 进行行动 a 的价值。如下所示，Q-值与效用值直接相关：

$$U(s) = \max_a Q(s,a) \tag{21.6}$$

Q 函数也许看起来只是另一种存储效用信息的方法，但它们具有一项非常重要的性质：学习 Q 函数的 TD Agent 不需要一个用于学习或行动选择的模型 $P(s' \mid s,a)$。由于这个原因，Q-学习被称为一个**无模型**方法。至于效用，我们可以写一个约束方程，当 Q-值正确时，它必须保持均衡：

$$Q(s,a) = R(s) + \gamma \sum_{s'} P(s' \mid s,a) \max_{a'} Q(s',a') \tag{21.7}$$

同在 ADP 学习 Agent 中的情况一样，给定估计模型，我们可以将此式直接用作一个计算确切 Q-值的迭代过程的更新公式。然而，因为公式使用了 $P(s' \mid s,a)$，这就要求同时学习一个模型。另一方面，时序差分方法则不需要状态转移模型——它只需要 Q-值。时序差分 Q-

学习的更新公式为

$$Q(s,a) \leftarrow Q(s,a) + \alpha(R(s) + \gamma \max_{a'} Q(s',a') - Q(s,a)) \tag{21.8}$$

只要在状态 s 下执行行动 a 导致了状态 s'，就对其进行计算。

一个使用时序差分的探索型 Q-学习 Agent 的完整设计如图 21.8 所示。注意它使用的探索函数 f 正是探索型 ADP Agent 所使用的同一个探索函数——因此需要保留对所采取的行动的统计数据（表格 N）。如果使用了一个较为简单的探索策略——比如说，在某个步骤片段上随机地行动，且片段随时间而减小——那么我们就可以摒弃统计数据。

```
function Q-LEARNING-AGENT(percept) returns an action
    inputs: percept, a percept indicating the current state s' and reward signal r'
    persistent: Q, a table of action values indexed by state and action, initially zero
               N_sa, a table of frequencies for state–action pairs, initially zero
               s, a, r, the previous state, action, and reward, initially null

    if TERMINAL?(s) then Q[s, None] ← r'
    if s is not null then
        increment N_sa[s, a]
        Q[s, a] ← Q[s, a] + α(N_sa[s, a])(r + γ max_a' Q[s',a'] − Q[s, a])
    s, a, r ← s', argmax_a' f(Q[s', a'], N_sa[s', a']), r'
    return a
```

图 21.8 一个探索型 Q-学习 Agent。它是一个主动的学习者，对每种情况下的每个行动的 $Q(s,a)$ 值都进行学习。它使用与探索型 ADP Agent 相同的探索函数 f，不过由于一个状态的 Q-值可以与其邻居的 Q-值直接相关联，可以避免对转移模型进行学习

Q-学习有一个近亲，称为 SARSA（State-Action-Reward-State-Action）。SARSA 的更新规则与公式（21.8）很相似：

$$Q(s,a) \leftarrow Q(s,a) + \alpha(R(s) + \gamma Q(s',a') - Q(s,a))$$

其中 a' 是在状态 s' 实际采取的行动。在每个五元组 s,a,r,s',a' 之后应用更新规则——SARSA 的名称来源于这个五元组。与 Q-学习的区别是细微的：Q-学习在观察到的转移中从达到的状态回传最佳 Q-值，SARSA 等到实际采取行动后再回传那个行动的 Q-值。现在，对于一个总是采取具有最佳 Q-值的行动的贪婪 Agent，两个算法是一样的。然而，当发生探索时，他们的区别很明显。因为 Q-学习使用最佳 Q-值，它不关心遵循的实际策略——它是一个**脱离策略**（off-policy）的学习算法，而 SARSA 是一个**依附策略**（on-policy）的算法。Q-学习比 SARSA 更灵活，Q-学习 Agent 即使被随机或对抗探索策略引导，也可以学习如何采取好的行动。另一方面，SARSA 更现实，例如，即使整个策略被其他 Agent 部分控制，对于什么事情实际会发生而不是 Agent 喜好什么会发生，SARSA 可以更好地学习一个 Q-函数。

对于 4×3 世界，Q-学习和 SARSA 都能学习最优策略，但学习速度远远低于 ADP Agent。这是因为局部更新不通过模型强制保持 Q-值之间的一致性。这种比较引起了一个普遍问题：学习一个模型以及一个效用函数好些，还是学习一个不包含模型的行动-价值函数好些？换句话说，表示 Agent 函数的最佳方式是什么？这是人工智能的一个基础问题。正如我们在第一章中所说的，人工智能的许多研究的关键历史特点之一是遵循**基于知识的**方法（通常没有明说）。这带来一种假定，认为表示 Agent 函数的最佳方法就是构建 Agent 所处环境的某些方面的表示。

　　来自人工智能领域内外的一些研究者曾经认为诸如 Q-学习这样的无模型方法的可用性意味着基于知识的方法是没必要的。然而，这除了直觉没有什么依据。不论其价值如何，我们的直觉是，随着环境变得更复杂，基于知识的方法的优势就越明显。甚至在诸如国际象棋、西洋跳棋（国际跳棋）和西洋双陆棋这样的游戏中，这已经得到了证实（参见下一节），在这些博弈游戏中，通过模型的方式努力学习一个评价函数比 Q-学习方法获得了更大的成功。

21.4　强化学习中的泛化

　　到目前为止，我们一直假设 Agent 学习到的效用函数和 Q-函数是通过每个输入对应一个输出值的表格形式表示的。对于小规模的状态空间，这种方法工作得相当好，但是随着空间的增大，收敛的时间以及（对于 ADP）每次迭代的时间都会迅速增加。使用仔细控制的近似 ADP 方法，处理 10 000 或更多状态也许是可能的。这对于类似于二维迷宫的环境来说是足够了，但对于更为现实一些的世界则是不可行的。西洋双陆棋和国际象棋虽然只是现实世界的小规模子集，但它们的状态空间却包含了 10^{50} 到 10^{120} 量级的状态数。设想一个人为了学会玩这些游戏必须访问所有这些状态，是多么的荒谬！

　　处理这类问题的一种方法是应用**函数逼近**，简单地说就是对 Q-函数使用除表格以外的任何种类的表示。因为真实的效用函数或 Q-函数可能不能用所选择的形式表示出来，所以表示被认为是近似的。例如，在第 5 章中我们描述了国际象棋的一个由一组**特征**（或**基函数**）$f_1, \cdots, f_n$ 的加权线性函数所表示的**评价函数**：

$$\hat{U}_\theta(s) = \theta_1 f_1(s) + \theta_2 f_2(s) + \cdots + \theta_n f_n(s)$$

　　强化学习算法能够学习参数 $\theta = \theta_1, \cdots, \theta_n$，以使评价函数 $\hat{U}_\theta$ 逼近真实效用函数。比如说，这个函数逼近器是用 $n = 20$ 个参数进行刻画的，而不是用表格中的 10^{120} 个值——压缩量相当可观。尽管没有人知道国际象棋的真实效用函数，没有人相信能用 20 个数字对其进行确切的表示。然而如果该逼近足够好的话，Agent 依然可以在国际象棋上表现出色。[1] 函数逼近使得对非常大的状态空间的效用函数进行表示是可行的，但是这并非它的主要益处。通过函数逼近器所获得的压缩允许学习 Agent 能由它访问过的状态向未访问过的状态进行泛化。也就是说，函数逼近最重要的方面不是它需要更小的空间，而是它允许在输入状态之上进行归纳的一般化。可以通过下面的例子让你对这种影响的力量建立一些概念：通过在西洋双陆棋的每 10^{12} 个可能状态中只考查一个，就可能学习到一个效用函数使得一个程序下得与任何人类一样好（Tesauro，1992）。

　　当然，另一方面，存在一个问题，所选择的假设空间内可能不存在任何函数能够对真实的效用函数进行充分好的近似。正如在所有的归纳学习中一样，在假设空间的大小和它对函数进行学习需要花费的时间之间存在着折中。较大的假设空间增加了找到一个好近似的可能性，但是也意味着收敛可能被延迟。

---

1 我们的确知道确切的效用函数可以用一两页的 Lisp、Java 或 C++语言来表示。也就是说，可以用一个在每次调用时都能准确解决游戏的程序来表示。不过我们只对使用合理计算量的函数逼近器感兴趣。事实上，学习一个非常简单的函数逼近器并将它与一定量的前瞻搜索相结合可能会更好。对于其中所涉及的折中目前还没有很好的理解。

让我们从最简单情况即直接效用估计开始（参见 21.2 节）。对于函数逼近，这是一个**有监督学习**的实例。例如，假设我们用一个简单的线性函数表示 4×3 世界的效用。方格的特征就是它们的 x 和 y 坐标，于是得到

$$\hat{U}_\theta(x,y) = \theta_0 + \theta_1 x + \theta_2 y \qquad (21.10)$$

这样，如果$(\theta_0, \theta_1, \theta_2) = (0.5, 0.2, 0.1)$，那么 $\hat{U}_\theta(1,1) = 0.8$。给定试验的一个集合，我们就获得了一组 $\hat{U}_\theta(x,y)$ 的样本值，然后我们使用标准线性回归，在使方差最小化的意义上找到最优拟合（参见第 18 章）。

对于强化学习，使用一种在每次试验之后都对参数进行更新的联机学习算法更有意义。假定我们进行了一次试验，而从$(1,1)$开始获得的总回报为 0.4。这提示当前为 0.8 的 $\hat{U}_\theta(1,1)$ 太大了，必须减小。应该如何调整参数以做到这一点呢？对于神经网络学习来说，我们写一个误差函数并计算它关于参数的梯度。如果 $u_j(s)$ 是第 j 次试验中从状态 s 开始观察到的总回报，那么误差就被定义为预测总回报与实际总回报的差的平方（的一半）：$E_j(s) = (\hat{U}_\theta(s) - u_j(s))^2 / 2$。该误差关于每个参数 θ_i 的变化率是$\partial E_j / \partial \theta_i$，因此为了让参数向减小误差的方向移动，我们需要

$$\theta_i \leftarrow \theta_i - \alpha \frac{\partial E_j(s)}{\partial \theta_i} = \theta_i + \alpha(u_j(s) - \hat{U}_\theta(s)) \frac{\partial \hat{U}_\theta(s)}{\partial \theta_i} \qquad (21.11)$$

这被称为在线最小平方的 **Widrow-Hoff** 规则，或称为 δ 规则（delta rule）。对于公式（21.10）中的线性函数逼近器 $\hat{U}_\theta(s)$，我们得到三条简单的更新规则：

$$\theta_0 \leftarrow \theta_0 + \alpha(u_j(s) - \hat{U}_\theta(s))$$
$$\theta_1 \leftarrow \theta_1 + \alpha(u_j(s) - \hat{U}_\theta(s))x$$
$$\theta_2 \leftarrow \theta_2 + \alpha(u_j(s) - \hat{U}_\theta(s))y$$

我们将这些规则用于 $\hat{U}_\theta(1,1)$ 等于 0.8 和 $u_j(1,1)$等于 0.4 的例子。θ_0，θ_1 和 θ_2 都减小了 0.4α，这减小了$(1,1)$的误差。注意反应两个状态间观察到的转移的参数 θ 的改变也会改变每个其他状态的 $\hat{U}_\theta$ 值！这就是我们所说的"函数逼近允许一个强化学习者根据其经验进行泛化"的含义。

我们期望如果 Agent 使用了函数逼近器，它的学习速度会更快，倘若假设空间不是太大，但包含一些能较好地拟合真实效用函数的函数。习题 21.5 要求你在使用函数逼近和不使用函数逼近两种情况下对直接效用估计的性能进行评价。在 4×3 世界中的改进是引人注目的，但还不是急剧的，因为这原本就是一个非常小的状态空间。在位置$(10,10)$的回报为 $+1$ 的一个 10×10 世界中这种改进就大得多。由于其真实效用函数是平滑的而且几乎是线性的，所以该世界很适合于线性效用函数（参见习题 21.8）。如果我们将 $+1$ 回报放在$(5,5)$，真实回报更像一座金字塔，而公式（21.10）中的函数逼近器将会遭受悲惨的失败。然而，这一切都不是损失！记住，对线性函数逼近而言重要的是参数的函数是线性的——这些特征本身可以是状态变量的任意非线性函数。因此，我们可以包含诸如 $\theta_3 f_3(x,y) = \theta_3 \sqrt{(x-x_g)^2 + (y-y_g)^2}$ 之类的项度量到目标的距离。

我们可以同样很好地将这些思想应用于时序差分学习者。我们所要做的所有事情只是调整参数以努力减小相继状态之间的时序差分。时序差分和 Q-学习公式（公式 21.3 和公

式 21.8）的新版本如下：

对于效用为

$$\theta_i \leftarrow \theta_i + \alpha[R(s) + \gamma \hat{U}_\theta(s') - \hat{U}_\theta(s)] \frac{\partial \hat{U}_\theta(s)}{\partial \theta_i} \qquad (21.12)$$

以及对于 Q-值为

$$\theta_i \leftarrow \theta_i + \alpha[R(s) + \gamma \max_{a'} \hat{Q}_\theta(s', a') - \hat{Q}_\theta(s, a)] \frac{\partial \hat{Q}_\theta(s, a)}{\partial \theta_i} \qquad (21.13)$$

当函数逼近器对于参数是线性的时候，可以证明这些更新规则能够收敛到对真实函数的最近可能[1] 近似。当使用主动学习和非线性函数时——如神经元网络——所有的努力都付诸东流：有些非常简单的情况，其中即使在假设空间内有好的解，参数仍然会趋向无穷大。有更加复杂精巧的算法能避免这些问题，但目前使用通用函数逼近器的强化学习仍不失为一种精妙的艺术。

函数逼近对于学习环境模型也是非常有帮助的。记住，学习一个可观察环境的模型是一个有监督学习问题，因为下一个感知信息给出了结果状态。由于事实上我们需要预测一个完整的状态描述而不只是一个布尔分类或单一的真实值，所以经过适当调整，第 18 章中的任何有监督学习方法都可以使用。对于一个部分可观察的环境，学习问题要困难得多。如果我们知道隐变量是什么，而且知道它们之间和它们与可观察变量之间有什么样的因果联系，那么我们就能固定一个动态贝叶斯网的结构并使用 EM 算法来学习参数，如同第 20 章中所描述的那样。创造隐变量和学习模型结构仍然是未解决的问题。21.6 节将描述一些实际的例子。

21.5 策 略 搜 索

我们要考虑的强化学习问题的最后方法称为**策略搜索**。就某些方面而言，策略搜索是本章所有方法中最简单的一个：其思想是只要性能还在改进就保持对策略的调整，然后停止。

让我们从策略本身开始。记住一个策略 π 就是一个将状态映射到行动的函数。我们主要对 π 的参数化表示感兴趣，它具有比状态空间中的状态少得多的参数（与前一节一样）。例如，我们可以用一个参数化的 Q-函数集合表示 π，每个行动用一个函数，并选取具有最高预测值的那个行动：

$$\pi(s) = \max_a \hat{Q}_\theta(s, a) \qquad (21.14)$$

每个 Q-函数都可以是如公式（21.10）中那样的参数 θ 的线性函数，或者也可以是诸如神经网络那样的一个非线性函数。然后策略搜索会调整参数 θ 来改进策略。注意，如果策略是用 Q-函数表示的，那么策略搜索将产生一个学习 Q-函数的过程。这个过程与 Q-学习并不相同！在使用函数逼近的 Q-学习中，算法找到 θ 的一个值，使 $\hat{Q}_\theta$ "接近" Q^*。另一方面，策略搜索寻找一个获得较好性能的 θ 值；两种方法所找到的值可能有实质性区别（例如，

---

1 对效用函数之间的距离的定义是相当技术性的；参见 Tsitsiklis 和 Van Roy（1997）。

$\hat{Q}_\theta(s,a) = Q^*(s,a)/10$ 定义的近似 Q-函数具有最优性能，即使它根本不接近 Q^*）。这种差别的另一个明显的例子是，比如说，使用近似效用函数 $\hat{U}_\theta$ 的深度为 10 的前瞻搜索对 $\pi(s)$ 进行计算的情况。提供好的结果的 θ 值离使 $\hat{U}_\theta$ 靠近真实效用函数还很遥远。

公式（21.14）所给出的那类策略表示的一个问题是当行动为离散的时候，其策略是参数的非连续函数。（对于一个连续行动空间，策略可能是一个参数的平滑函数。）也就是说，存在 θ 值，使得 θ 的一个极其微小的变化就导致策略从一个行动切换到另一个行动。这意味着策略价值的变化也可能会不连续，这使得基于梯度的搜索变得很困难。因此，策略搜索方法经常使用 $\pi_\theta(s,a)$ 的一种**随机策略**表示方法，指定在状态 s 中选择行动 a 的概率。一个常用的表示是 **softmax 函数**：

$$\pi_\theta(s,a) = e^{\hat{Q}_\theta(s,a)} / \sum_{a'} e^{\hat{Q}_\theta(s,a')}$$

如果一个行动比其它行动好得多，softmax 变得几乎是确定性的，不过它总是给出 θ 的一个可微函数；因此，策略价值（以连续方式依赖于行动选择概率）是 θ 的一个可微函数。Softmax 是多个变量的逻辑函数（18.6.4 节）的泛化。

现在让我们来看看改进策略的方法。我们从最简单的情形开始：一个确定性策略和一个确定性环境。令 $\rho(\theta)$ 为**策略价值**，即执行 π_θ 时的期望未来回报。如果我们能导出 $\rho(\theta)$ 的完整形式，那么我们就有一个标准优化问题，就像第 4 章描述的一样。倘若 $\rho(\theta)$ 是可微的，我们可以跟随**策略梯度**向量 $\nabla_\theta\rho(\theta)$。或者，如果得不到 $\rho(\theta)$ 的完整形式，我们可以简单地通过执行 π_θ 再观察累计回报来评估 π_θ。我们也可以用爬山法求**经验梯度**——即，对每个参数值的小增量引起的策略变化进行评价。和通常的警告一样，这个过程将会收敛到策略空间中的一个局部最优值。

当环境（或策略）是随机的时候，事情就变得更困难了。假定我们试图使用爬山法，这要求对于某个小的 $\Delta\theta$ 将 $\rho(\theta)$ 与 $\rho(\theta+\Delta\theta)$ 进行比较。问题是每次试验的总回报可能变化范围很大，所以根据为数不多的试验估计策略价值是相当不可靠的；试图比较两个这样的估计值甚至更不可靠。一种解决方案就是进行大量的试验，然后测量样本方差并用它来判断试验数量已经足以指示一个改进 $\rho(\theta)$ 的可靠方向。不幸的是，对于许多真实问题而言这并不实用，其中每次试验都可能是昂贵的、耗时的、甚至可能是危险的。

在随机策略 $\pi_\theta(s,a)$ 的例子中，直接根据在 θ 执行的试验结果获得一个对 θ 的梯度 $\nabla_\theta\rho(\theta)$ 的无偏估计是可能的。为了简便起见，我们从一个非延续式环境的简单情况推导这个估计，处于这样的环境中在起始状态 s_0 下执行行动 a 之后就会立即获得回报 $R(a)$。在这种情况下，策略价值刚好是回报的期望值，于是我们得到

$$\nabla_\theta\rho(\theta) = \nabla_\theta \sum_a \pi_\theta(s_0,a)R(a) = \sum_a (\nabla_\theta\pi_\theta(s_0,a))R(a)$$

现在我们执行一个简单的技巧使得这个总和能够通过根据 $\pi_\theta(s_0,a)$ 定义的概率分布所产生的样本进行近似。假设我们总共做了 N 次试验，第 j 次试验所采取的行动是 a_j。那么

$$\nabla_\theta\rho(\theta) = \sum_a \pi_\theta(s_0,a) \cdot \frac{(\nabla_\theta\pi_\theta(s_0,a))R(a)}{\pi_\theta(s_0,a)} \approx \frac{1}{N}\sum_{j=1}^{N} \frac{(\nabla_\theta\pi_\theta(s_0,a_j))R(a_j)}{\pi_\theta(s_0,a_j)}$$

这样，策略价值的真实梯度是由涉及每次试验中行动选择概率梯度的那些项的总和近似估计的。对于延续式的情况，这可以一般化为

$$\nabla_\theta \rho(\theta) \approx \frac{1}{N} \sum_{j=1}^{N} \frac{(\nabla_\theta \pi_\theta(s, a_j)) R_j(s)}{\pi_\theta(s, a_j)}$$

对于访问过的每个状态，其中 a_j 是第 j 次试验中在状态 s 下执行的行动，而 $R_j(s)$ 则是第 j 次试验中从状态 s 往后获得的总回报。得到的算法称为 REINFORCE（Williams，1992）；它通常比在每个 θ 值都使用大量试验的爬山法要有效得多。然而，它仍然比所需的速度慢得多。

考虑下面的任务：已知两个黑杰克游戏[1] 程序，确定哪个最好。一种方式是让每个程序与同一个标准"庄家"交手一定次数，然后衡量它们各自取胜的次数。正如我们已经看到的，这样做的问题在于每个程序的胜数波动很大，依赖于它得到的牌的好坏。一个明显的解决方案是预先产生一定数量的牌组。这样我们就消除了因为得到的牌不同而产生的测量误差。这种思想称为**相关性采样**，是 PEGASUS 策略搜索算法的基础（Ng 和 Jordan，2000）。该算法可应用于行动的"随机"结果能够通过一个模拟器进行重复的领域。该算法预先生成 N 个随机数序列，每个都可以用于运行任何策略的一次试验。通过使用同一组随机序列确定行动结果，评价每个候选策略，以完成策略搜索。可以证明，确保每个策略价值都经过良好估计所需的随机序列数只取决于策略空间的复杂度，而与基础领域的复杂度毫不相关。

21.6　强化学习的应用

现在我们来看看强化学习的大量应用。我们考虑在游戏中的应用，其中转移模型是已知的，目标是要学习效用函数；并考虑在机器人中的应用，其中转移模型通常是未知的。

21.6.1　在游戏中的应用

强化学习的第一个重要应用也是任何类型程序的第一个重要学习程序——Arthur Samuel（1959，1967）编写的下棋程序。Samuel 首先将一个加权线性函数用于形势的评估，在任何一个时刻都使用了多达 16 个项。他使用公式（21.12）来更新权值。但是，他的程序与目前的方法之间有一些显著的差异。首先，他基于当前状态与搜索树中的完全前瞻生成的回传值之间的差异来更新权值。这种方法表现很好，因为这意味着在不同粒度上观察状态空间。其次，他的程序不使用任何观察到的回报。也就是说，在自我对垒（self-play）中到达的终止状态的值被忽略。这意味着，Samuel 的程序不收敛在理论上是可能的，或者在一个被设计为故意输而不是赢的策略上收敛。Samuel 通过坚持子力优势的权值应该总是正的而设法避免了这种结局。显然，这足以引导该程序进入与下好西洋跳棋相对应的权值空间。

Gerry Tesauro 的 TD-GAMMON（时序差分西洋双陆棋）系统（1992）有力地例证了强化学习技术的潜力。在早期工作中（Tesauro 和 Sejnowski，1989），Tesauro 试图直接从由

1　也被称为二十一点牌戏。

人类专家标注了相对值的走法的实例中学习 $Q(s,a)$ 的神经网络表示。这个过程对于专家来说是极其乏味的。结果产生了一个被称为 NEUROGAMMON 的程序，这个程序按计算机的标准来说很强大，但是无法与人类专家相匹敌。TD-GAMMON 项目是只根据自我对垒的情况进行学习的一种尝试。仅有的回报信号在每次比赛结束时给出。评价函数由一个单隐层具有 40 个结点的全连接神经网络表示。即使输入表示只包含无计算特征的原始棋盘局势，简单地通过重复应用公式（21.12），TD-GAMMON 学习下棋就比 NEUROGAMMON 好得多。这使用了大约 200 000 个训练棋局和两周的计算时间。尽管这看起来好像是棋局数量很多，其实只是状态空间中微不足道的极小部分。当把预先计算好的特征加入到输入表示中后，经过 300 000 个训练棋局，一个具有 80 个隐单元的神经网络可以达到与世界前三名的人类顶级棋手相媲美的水平。顶级棋手和分析家 Kit Woolsey 说道"我毫不怀疑它对局势的判断要比我好得多。"

21.6.2　在机器人控制中的应用

如图 21.9 所示的是著名的**小车连杆**平衡问题，也称为**倒置摆**的装置。该问题是控制小车的位置 x 以使连杆基本保持竖直（$\theta \approx \pi/2$），同时保持在所示的小车轨道极限以内。针对这个看似简单的问题，已经发表了几千篇关于强化学习和控制理论的论文。小车连杆问题与先前描述的状态变量 $x, \theta, \dot{x}$ 和 $\dot{\theta}$ 连续的那些问题不同。其行动通常是离散的：猛地拉向左边或拉向右边，即所谓的**乒乓控制**（bang-bang control）模式。

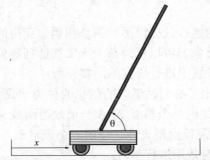

图 21.9　移动小车上的长连杆平衡问题的装置。小车可以被一个观察 $x, \theta, \dot{x}$ 和 $\dot{\theta}$ 的控制器向左或右猛地拉动

对该问题进行学习的工作最早是由 Michie 和 Chambers（1968）开展的。只需经过大约 30 次试验，他们的 BOXES 算法就能使连杆保持平衡超过一个小时。此外，BOXES 与许多后续的系统不同，它是用真正的小车和连杆实现的，而不是模拟的。该算法首先将四维状态空间离散化到空间盒（box）——也就是算法名称的来源。然后它进行试验直到连杆倒下或小车撞到轨道的末端。负强化与在最后的空间盒中进行的最终行动相关联，然后通过序列反向传播。人们发现当装置的初始位置与那些训练中用到的不一样时，离散化将引起一些问题，这表明泛化还不完善。通过使用根据观察到的回报变化而适应性地对状态空间进行分割的算法可以获得改进的泛化和更迅速的学习。如今，平衡一个三段倒置摆已经成为常见习题——这项技艺远远超出了大多数人类的能力。

令人印象更为深刻的是对直升机飞行的强化学习的应用（图 21.10）。该工作通常使用策略搜索（Bagnell 和 Schneider，2001），以及基于一个学习好的转移模型的进行仿真的 PEGASUS 算法（Ng 等，2004）。第 25 章给出了更进一步的细节。

图 21.10 一架正在表演极高难度的 "机首向内圆周" 机动的自主驾驶直升机的叠置延时图像。该直升机受控于通过 PEGASUS 策略搜索算法所产生的一个策略。在观察对真实直升机的各种控制操作所产生的效果的基础上开发了一个模拟器模型；然后立刻在模拟器模型上运行该算法。针对不同的机动动作开发了各种不同的控制器。在所有情况下，其性能都远远超过一个人类专业驾驶员进行遥控的表现。（承蒙 Andrew Ng 允许使用图像）

21.7 本 章 小 结

本章考察了强化学习问题：只提供感知信息和偶尔获得的回报，一个 Agent 如何在未知的环境中变得熟练。强化学习可以视为整个人工智能问题的缩影，不过为了推动进展，强化学习是在许多简化的设置中进行研究的。要点为：

- 整体 Agent 设计规定了必须被学习的信息的种类。我们所涵盖的三个主要设计是：基于模型的设计，使用一个模型 P 和一个效用函数 U；无模型设计，使用一个行动-价值函数 Q；以及反射型设计，使用一个策略 π。
- 通过三种方法可以对效用进行学习：

  （1）**直接效用估计**把对一个给定状态全部观察到的未来回报用作学习效用的直接证据。

  （2）**自适应动态规划**（**ADP**）从观察中学习一个模型和一个回报函数，然后应用价值迭代或策略迭代获得效用或一个最优策略。ADP 优化利用了通过环境的邻域结构施加在状态效用上的局部约束。

  （3）**时序差分方法**（**TD**）更新效用估计以匹配后继状态的效用。它们可以被视为对不需要转移模型就可以学习的 ADP 方法的简单近似。然而，用一个学习到的模型生成伪经验可以导致更快的学习速度。
- 用 ADP 方法或 TD 方法可以学习行动-价值函数或称 Q-函数。使用 TD 方法，Q-学习在学习或行动选择阶段都不需要模型。这简化了学习问题，但由于 Agent 不能模拟行动的可能进程的结果而潜在地限制了在复杂环境中学习的能力。
- 当学习 Agent 在学习的同时还要负责选择行动的时候，它必须在那些行动的估计值和学习有用的新信息的潜力之间进行折中。为探索问题求取精确解是不可行的，但是某些简单的启发式可以完成合理的任务。

- 在大规模状态空间中，为了在状态上进行泛化，强化学习算法必须使用一个近似的函数表示。在诸如神经元网络这样的表示中，时序差分信号可以被直接用于更新参数。
- **策略搜索**方法直接在策略的一个表示上进行操作，试图基于观察到的性能表现而对其进行改进。随机领域中性能的变化是一个严重的问题；对于模拟领域，这个问题则可以通过预先固定随机性而克服。

由于在消除对控制策略进行手工编码方面的潜力，强化学习一直是机器学习研究中最活跃的领域之一。强化学习在机器人技术中的应用预示着其独特的价值；这些将需要能处理连续的、高维的、部分可观察的环境的方法，在这样的环境中成功的行为可能是由数千甚至数百万个基本行动组成的。

参考文献与历史注释

图灵（1948，1950）提出了强化学习方法，尽管他不能确认它的有效性；他写道："惩罚与回报的使用最多可以作为教学过程的一部分。"萨缪尔（Arthur Samuel）的工作（1959）可能是最早的成功的机器学习研究。尽管该工作非正式的并有许多缺陷，它包含了强化学习中的大部分现代思想，包括时序差分和函数逼近等。在同一时期，自适应控制理论的研究者们（Widrow 和 Hoff，1960），在 Hebb（1949）的工作的基础上，使用 δ 规则训练简单网络。（神经元网络和强化学习之间的这种早期联系可能导致了人们持久地误认为后者是前者的一个子领域。）Michie 和 Chambers 对小车连杆问题的研究也可以被认为是使用函数逼近器的一种强化学习方法。关于强化学习的心理学文献就久远多了；Hilgard 和 Bower(1975) 提供了很好的综述。对蜜蜂的觅食行为的研究提供了动物的强化学习行为的直接证据；存在一个关于回报信号的明显的神经关联，以大型神经元映射的形式，从花蜜采集传感器直接映射到运动大脑皮层（Montague 等，1995）。对使用单细胞进行记录的研究表明，灵长类动物大脑中的多巴胺系统实现了类似价值函数学习的东西（Schultz 等，1997）。Dayan 和 Abbott（2001）的神经科学教材描述了时序差分学习可能的神经实现，而 Dayan 和 Niv（2008）对神经科学与行为学实验的最新证据进行了综述。

Werbos（1977）最早在强化学习与马尔可夫决策过程之间建立了联系，不过 AI 领域中强化学习的发展则始于麻省大学在 20 世纪 80 年代早期的研究工作（Barto 等，1981）。Sutton（1988）的论文提供了很好的历史回顾。本章的公式（21.3）是 Sutton 的通用 TD(λ)算法当 $\lambda = 0$ 时的特殊情况。TD(λ)用一个随着过去 t 步的状态而以 λ^t 递减的量，对导致每个转移的序列中的所有状态的效用值进行更新。TD(1)与 Widrow-Hoff 规则或称 δ 规则是相同的。在 Bradtke 和 Barto（1996）的研究工作的基础上，Boyan（2002）指出 TD(λ)及其相关算法没有有效地利用经验；本质上，它们是收敛速度比脱机回归算法慢得多的联机回归算法。他的 LSTD（least-squares temporal differencing）算法则是能给出与脱机回归相同结果的被动增强学习的联机算法。LSPI（least-squares policy iteration algorithm）为对策略的学习生成一个稳健的、统计上高效的、模型无关的算法。

Sutton 的 DYNA 体系结构（Sutton，1990）中提出了把时序差分学习与基于模型的模拟经验生成相结合。Moore 和 Atkeson（1993）以及 Peng 和 Williams 分别独立地引入了优先级扫描的思想。Q-学习则产生于 Watkins 的博士学位论文（1989），而 SARSA 则出现在 Rummery 和 Niranjan（1994）的技术报告中。

Berry 和 Fristedt（1985）对作为非延续式决策探索问题模型的老虎机问题进行了深入分析。利用称为 **Gittins 指数**（Gittins，1989）的技术可以获得一些环境设置的最优探索策略。Barto 等人（1995）讨论了延续式决策问题的各种探索方法。Kearns 和 Singh（1998）以及 Brafman 和 Tennenholtz（2000）描述了探索未知环境并保证多项式时间内收敛到接近最优策略的算法。贝叶斯增强学习（Dearden 等，1998，1999）提供了对模型不确定性以及探索的另一个角度。

关于强化学习中的函数逼近的研究工作可以追溯到 Samuel，他用线性和非线性评价函数以及特征选择方法来减小特征空间。后来的方法包括本质上是重叠的局部核函数之和的 **CMAC**（小脑模型连接控制器）（Albus，1975），以及 Barto 等人的联想式神经网络。神经网络是函数逼近器目前最流行的形式。最有名的应用是本章讨论过的 TD-Gammon（Tesauro，1992，1995）。基于神经网络的 TD 学习器所展现的一个重要问题是它们倾向于忘记较早的经验，尤其是在那些一旦获得能力就避开的部分状态空间中的经验。如果这种情形重复出现，将会导致灾难性的失败。在**基于实例的学习**的基础上，函数逼近能够避免这个问题（Ormoneit 和 Sen，2002；Forbes，2002）。

使用函数逼近的强化学习算法的收敛性是一个极具技术性的课题。对于线性函数逼近器的情况，TD（时序差分）学习的结果对于线性函数逼近器的情形已经被不断地加强（Sutton，1988；Dayan，1992；Tsitsiklis 和 Van Roy，1997），但对于非线性函数则有一些不收敛的例子（参见 Tsitsiklis 和 Van Roy，1997，作为讨论）。Papavassiliou 和 Russell（罗素）（1999）描述了一种新型的强化学习，使用任意形式的函数逼近器都收敛，只要对于观察到的数据能找到一个最佳拟合的近似。

Williams（1992）把策略搜索方法推到了显要地位，他发展出了算法的 REINFORCE（强化）家族。其后，Marbach 和 Tsitsiklis（1998），Sutton 等（2000）以及 Baxter 和 Bartlett（2000）的工作加强并推广了策略搜索的收敛结果。Kahn 和 Marshall（1953）对比较系统的不同配置的相关性采样方法进行了形式描述，但似乎在此之前相关性采样方法就为人所知。它在强化学习中的使用归功于 Van Roy（1998）以及 Ng 和 Jordan（2000）；后一篇论文也介绍了 PEGASUS 算法并证明了其形式属性。

正如我们在本章中所提到的，随机策略的表现是其参数的一个连续函数，这为基于梯度的搜索方法提供了帮助。这并非唯一的益处：Jaakkola 等人（1995）指出，如果二者都被限定在基于当前的感知信息采取行动的话，随机策略在部分可观察环境中的表现确实优于确定策略。（一个原因是随机策略更不容易因为一些不可见的障碍而被"卡住"。）现在，我们曾在第 17 章指出，在部分可观察的 MDP 中最优策略是信念状态而不是当前感知信息的确定性函数，所以我们期望通过使用第 15 章中的**过滤**方法记录信念状态而获得更好的结果。不幸的是，信念状态空间是高维的和连续的，还没有发展出针对使用信念状态的强化学习的有效算法。

　　现实世界环境在获得重大回报所需要的基本行动的数量方面也表现出巨大的复杂性。例如，足球机器人在进一个球之前可能要做近十万个单独的腿部动作。一个最初用于动物训练的常见方法称为**回报塑型**（reward shaping）。这涉及到为了"进步"给 Agent 提供额外的回报，成为**准回报**。例如，足球中的真实回报是进球，但可以针对触球或将球踢向球门给予准回报。这样的回报可以极大地提高学习速度，提供起来也很简单，但是存在的风险是 Agent 可能学会使准回报而不是真实回报最大化；例如，站在球旁边"颤动"产生与球的很多次接触。Ng 等人（1999）证明了只要准回报 $F(s, a, s')$ 满足 $F(s, a, s') = \gamma\Phi(s') - \Phi(s)$，Agent 仍然能够学习最优策略，其中 Φ 是状态的一个任意函数。Φ 可以被构造来反映状态的任何可取的方面，诸如子目标的实现或者到目标状态的距离。

　　复杂行为也可以在**分层强化学习**方法的辅助下产生，该方法试图在多个抽象层次上求解问题——很像第 11 章中的 **HTN 规划**方法。例如，"进球"可以被分解为"获得控球"、"向球门运球"和"射门"；而其中每个问题又可以进一步分解为更低层次的电动机行为。本领域中的基础性结果归功于 Forestier 和 Varaiya（1978），他们证明了从调用低层次行为的高层次行为的角度来看，任意复杂度的低层次行为可以只被当作基本行动（尽管它们所用的时间量可能不尽相同）来对待。当前的方法（Parr 和 Russell，1998；Dietterich，2000；Sutton 等，2000；Andre 和 Russell，2002）建立在这个结果之上，发展出的方法用于向 Agent 提供一个**不完全程序**（partial program）来约束 Agent 的行为，使其具有一个特定的分层结构。用于 Agent 编程的不完全程序语言通过为没有具体指定而必须经过学习来指定的选项增加原语而扩展出一个普通编程语言。然后应用强化学习来学习与该不完全程序一致的最佳行为。函数逼近，塑型和分层强化学习的结合可以成功解决大规模问题——例如，在分支因子为 10^{30} 的、具有 10^{100} 个状态的状态空间中执行 10^4 步的策略（Marthi 等，2005）。一个关键结果（Dietterich，2000）是分层结构提供一个将全局效用函数分解成一些项的自然的加法分解（additive decomposition），这些项依赖于定义状态空间的变量的小的子集。这有点类似于作为贝叶斯网络精确性根本的表示定理（第 14 章）。

　　本章没有讨论分布式、多 Agent 强化学习的主题，但这个主题当前引起很大的兴趣。在分布式强化学习中，目的是设计出方法用于协调的多个 Agent 通过学习来优化一个共有的效用函数。例如，我们是否可以设计出方法让机器人导航与机器人避障中各个分 Agent 能够合作地获得全局最优的综合控制系统？这个方向已经获得了一些基本的结果（Guestrin 等，2002；Russell 和 Zimdars，2003）。基本思想是每个分 Agent 从自己的回报流中学习自己的 Q 函数。例如，一个机器人导航部件能够针对向目标前期而收到回报，而避障部件针对每次碰撞而收到负回报。每次全局的决策都最大化 Q 函数的和，整个过程收敛到全局最优解。

　　多 Agent 强化学习与分布式强化学习的不同之处在于，前者存在不能协调其行动（除了显式的通信行动）的 Agent 以及不共享同一个效用函数的 Agent。这样，多 Agent 强化学习处理延续式的（sequential）博弈理论问题或马尔可夫游戏，像第 17 章定义的那样。接下来的对随机策略的要求并不是一个重要问题，我们在 21.5 节看到了这点。带来问题的是这个事实：当一个 Agent 在学习以击败其对手的策略时，对手在改变策略以击败这个 Agent。因此，环境**非静态的**。Littman（1994）当为零和马尔可夫游戏引入首个强化学习算法时注意到了这种困难性。Hu 和 Wellman（2003）针对纳什均衡独一无二时收敛的常规和游戏提

出了 Q 学习算法，收敛的概念不是如此容易定义的（Shoham 等，2004）。

有时定义回报函数也不容易。考虑驾驶汽车的任务。有些极端状态（如汽车发生碰撞）应有大的惩罚。除此之外，回报函数很难精确。然而，人类可以驾驶一会然后告诉机器人"照这样做"，这对人类来说很容易。这样，机器人有了一个见习学习的任务：从一个做得很好的实例任务中学习，没有显式的回报。Ng 等（2004）和 Coates 等（2009）阐述了这种技术在学习驾驶直升机中的工作原理；参见图 25.25 的结果策略擅长的特技飞行的例子。Russell（1998）描述了逆向强化学习任务——从一条经过状态空间的实例路径算法回报函数必须是多少。这作为见习学习或作为科学研究的一部分是非常有用的——我们可以从动物或机器人现在的行为反向工作弄清楚它的回报函数，从而理解动物或机器人。

本章已经处理了原子状态——所有 Agent 知道一个状态是一组可用的行为和结果状态的效用（或状态-行为对的效用）。但强化学习应用到结构表示而不是原子表示也是可能的；这被称为关系强化学习（Tadepalli 等，2004）。

Kaelbling 等人（1996）的综述是了解相关文献的很好切入点。本领域的两名先锋人物 Sutton 和 Barto（1998）的教科书把重点放在体系结构和算法上，展示了强化学习是如何将学习、规划和行动的思想编织在一起的。Bertsekas 和 Tsitsiklis（1996）的更技术性的工作则为动态规划和随机收敛理论提供了严格的基础。强化学习的论文经常发表在《机器学习》（*Machine Learning*）、《机器学习研究期刊》（*Journal of Machine Learning Research*）、以及"机器学习与神经信息处理系统国际会议"（International Conferences on Machine Learning and the Neural Information Processing Systems）上。

习　题

21.1 在一个诸如 4 × 3 世界的简单环境中实现一个被动学习 Agent。对于一个初始环境未知的模型的情况，比较直接效用估计、TD 和 ADP 算法的学习性能。对最优策略以及几个随机策略进行同样的比较。哪种方法的效用估计收敛得更快？当环境规模扩大时会发生什么？（尝试有障碍和无障碍的环境。）

21.2 第 17 章中将 MDP 的一个**适当策略**定义为保证到达终止状态的策略。证明，一个被动 ADP Agent 可能学习到一个转移模型，策略 π 即使对真实 MDP 是适当的，对该转移模型也是不适当的；使用这样的模型，当 $\gamma = 1$ 时，POLICY-EVALUATION 步骤可能会失败。证明，如果只在一次试验的结束时对学习到的模型应用 POLICY-EVALUATION 步骤，则不会产生这个问题。

21.3 从被动 ADP Agent 开始，对它进行修改，以使用一个近似 ADP 算法，如正文中所讨论的那样。分两步进行：

a. 实现一个优先级队列对效用估计进行调整。只要一个状态被调整，那么它所有的先辈状态也都成为调整的候选对象而应该加入到队列中。用最近发生转移的状态对队列进行初始化。只允许固定数量的调整。

b. 实验用各种启发式对优先级队列进行排序，检验它们对学习速度和计算时间的影响。

21.4 使用 $\hat{U}(x, y) = \theta_0 + \theta_1 x + \theta_2 y + \theta_3 \sqrt{(x - x_g)^2 + (y - y_g)^2}$ ，写出 TD 学习的参数更新公式。

21.5 实现一个使用直接效用估计的探索型强化学习 Agent。实现两个版本——一个使用表格化表示方法，另一个使用公式（21.10）中的函数逼近器。在三种环境下比较它们的性能：

a. 本章中描述的 4×3 世界。

b. 无障碍且在$(10, 10)$处有一个 $+1$ 回报的 10×10 世界。

c. 无障碍且在$(5, 5)$处有一个 $+1$ 回报的 10×10 世界。

21.6 设计随机网格世界（4×3 世界的一般化）的强化学习的合适特征，其中包含多个障碍物和多个具有 $+1$ 或者 -1 回报的终止状态。

21.7 扩展标准博弈环境（参见第 5 章），加入回报信号。把两个强化学习 Agent 放入该环境中（当然，它们可以共享 Agent 程序），并让它们对垒。应用泛化的 TD 更新规则（公式（21.12））对评价函数进行更新。你可能希望从简单线性加权评价函数以及诸如井字棋这样的简单游戏入手。

21.8 对于下列环境，计算用 x 和 y 表示的真实效用函数以及最佳线性逼近（如同公式（21.10））：

a. 一个在$(10, 10)$处有单一的 $+1$ 终止状态的 10×10 世界。

b. 如同（a），不过在$(10, 1)$处增加一个 -1 终止状态。

c. 如同（b），不过在 10 个随机选择的方格中增加障碍物。

d. 如同（b），不过放置一道从$(5, 2)$延伸至$(5, 9)$的墙。

e. 如同（a），不过终止状态在$(5, 5)$。

行动是 4 个方向上的确定性的运动。在每种情况下，用三维坐标图的形式比较结果。对每种环境，提出可能改进逼近的附加特征（除了 x 和 y 之外的），并展示结果。

21.9 使用你自己选择的一个策略族，实现 REINFORCE 和 PEGASUS 算法，并把它们应用于 4×3 世界。评价其结果。

21.10 强化学习对于进化是一种合适的抽象模型吗？在硬连线回报信号与进化适应度之间存在着什么样的关系，如果存在的话？

第VI部分
通讯、感知与行动

第 22 章 自然语言处理

在这一章中，我们将看到如何利用以自然语言描述的丰富知识。

人类因为具有语言的能力而区别于其他物种。约 100 000 年前，人类知道如何说话，而在约 7000 年前，学会了如何书写。虽然黑猩猩、海豚以及其他动物也能掌握数百个符号构成的词汇，但也只有人类能够使用离散符号、可靠地传递大量的不同质量的消息。

当然，人类还具备其他一些特有属性：其他物种都不穿衣物，不能创造具象派艺术，或者一天看三个小时的电视。但是当图灵提出他的测试时（参见 1.1.1 节），其测试是基于语言的，而不是艺术或电视。我们想要计算机 Agent 能够处理自然语言，主要有两个原因：第一，使之能够与人类交流，我们会在第 23 章涉及到该主题；第二，使之能够从书面文字中获取信息，这是本章的主要内容。

互联网上已有超过万亿数量的信息网页，而几乎所有这些页面都是用自然语言描述的。Agent 想要获取知识，就需要理解（至少部分理解）人们所使用的具有歧义的、杂乱的语言。我们将从具体的信息查找任务的角度来考察这一问题：文本分类、信息检索和信息抽取。解决这些问题的一个共同要素是采用语言模型：该模型用来预测语言表达的概率分布情况。

22.1 语 言 模 型

形式语言，如 Java 和 Python 等编程语言，都有精确确定义的语言模型。语言可以定义为字符串的集合；在 Python 语言中，"print（2+2）"是一段合法的程序，而"2）+（2 print"则不是。由于合法程序的数目是无限的，因此不能一一枚举；但是，它们可以通过一组规则来描述，这组规则就是语法。形式语言也可以通过规则来定义程序的意义或语义；例如，按照规则，"2+2"的"意义"是 4，"1/0"则意味着将会发出一个错误的信号。

自然语言，如英语或西班牙语，不能描述为一个确定的语句集合。每个人都认为"Not to be invited is sad"是一个英语语句，而"To be not invited is sad"是不符合语法的。因此，通过句子的概率分布来定义自然语言模型要比通过确定集合来定义更为有效。也就是说，对于给定的字符串 words，我们会问 $P(S=words)$ 是多少，即一个随机的句子为字符串 words 的概率，而不是问一个字符串 words 是否属于定义语言的句子集合。

自然语言同时也是有歧义的。"He saw her duck"可以理解为他看到了一只属于她的鸭子，也可以理解为他看到她躲避某物。因此，我们也不能用一个意义来解释一个句子，而应该使用多个意义上的概率分布。

最后，因为自然语言的规模很大，而且处在不断的变化之中，所以很难处理。因此，我们的语言模型最好也只能是对自然语言的近似。下面我们从最简单的概率近似开始，然后一步步深入。

22.1.1　n 元字符模型

从根本上说，书写文本是由字符组成的——英语中的字母、数字、标点和空格（以及从其他语言引入的外来字符）。因此，一个最简单的语言模型就是字符序列的概率分布。在第 15 章中，我们以 $P(c_{1:N})$ 来表示包含从 c_1 到 c_N 这 N 个字符构成的序列的概率。在一个网页集合中，$P($ "the" $)=0.027$，$P($ "zgq" $)=0.000000002$。长度为 n 的书写符号序列称为 **n元组**(n-gram)的（gram 是希腊语表示"书写"或"字母"的单词的词根）。需特别说明的是，我们用"unigram"表示一元组、"bigram"表示二元组、"trigram"表示三元组。n 个字符序列上的概率分布就称为 n 元模型（注意：n 元模型中的构成序列的元素可以是单词、音节或者其他单元，而不仅仅指字符）。

n 元模型可以定义为 $n–1$ 阶 **Markov 链**。从 15.1 节可以知道，在 Markov 链中字符 c_i 的概率只取决于它前面的字符，而与其它字符无关。所以在一个三元模型（二阶 Markov 链）中我们有

$$P(c_i \mid c_{1:i-1}) = P(c_i \mid c_{i-2:i-1})$$

在三元模型中，我们首先考虑链规则，然后运用 Markov 假设来定义字符序列的概率 $P(c_{1:N})$：

$$P(c_{1:N}) = \prod_{i=1}^{N} P(c_i \mid c_{1:i-1}) = \prod_{i=1}^{N} P(c_i \mid c_{i-2:i-1})$$

对于某个包含 100 个字符的语言的三元字符模型来说，$P(c_i \mid c_{i-2:i-1})$ 有一百万项参数，这些参数的估计可以通过计数的方式、对包含 1000 万以上字符的文本集合进行精确统计而得到。我们把文本的集合称为**语料库**（corpus，复数为 corpora，源自拉丁语中表示 body 的单词）。

我们可以利用 n 元模型做些什么工作？**语言识别**就是一项 n 元模型非常合适的任务：给定一段文本，确定它是用哪种自然语言写的。这是一个相对来说比较简单的任务；即使是短文本，例如"Hello, world"或者"Wie geht es dir"，也很容易辨别出第一个是英语、第二个是德语。计算机系统识别语言的准确率超过 99%；有时候一些非常相近的语言也不容易分辨，例如瑞典语和挪威语。

实现语言识别的一种方法就是首先建立每种候选语言的三元模型 $P(c_i \mid c_{i-2:i-1}, l)$，这里变量 l 代表不同的语言。对于每个该语言 l，可以通过统计该语言语料中的三元组来建立它的模型。（每种语言大约需要 100 000 个字符规模的语料。）这样我们就得到了模型 $P(Text|Language)$，但我们需要的是找出给定文本对应的最有可能的语言，所以运用 Bayes 公式和 Markov 假设来选择最有可能的语言：

$$l^* = \arg\max_l P(l \mid c_{1:N}) = \arg\max_l P(l)P(c_{1:N} \mid l) = \arg\max_l P(l)\prod_{i=1}^{N} P(c_i \mid c_{i-2:i-1}, l)$$

三元模型可以从语料中获得，但先验概率 $P(l)$ 如何得到呢？我们可以对这些值进行估计。例如，如果随机挑选一个网页，我们知道它最有可能的语言是英语，而是马其顿语的概率还不到 1%。对这些先验概的估算的具体数值并不重要，因为，通常来说，三元模型挑

选的语言的概率比其他语言高若干个数量级。

字符模型还可以完成其他任务，包括拼写纠错、体裁分类、命名实体识别。体裁分类是指判断文本是否是新闻报道、法律文件、或科学论文等。尽管很多特征可以用来帮助判断，但标点符号数目和其他字符级的 n 元特征更为有效（Kessler 等人，1997）。命名实体识别是指在文档中找到事物的名称并确定其类型。例如，在文本"Mr. Sopersteen was prescribed aciphex"中，我们应该识别出"Mr. Sopersteen"是人名，"aciphex"是药物名。字符级模型能够胜任这项任务，因为它们可以把字符序列"ex_"（"ex"后面有空格）与药物名关联起来，把"steen_"与人名关联起来，从而识别那些从未见过的单词。

22.1.2　n 元模型的平滑

n 元模型的主要问题在于训练语料只提供了真实概率分布的估计值。对于普通的字符序列，例如"⌣th"，任何英语语料都会给出比较好的估计：大约占所有三元组的 1.5%。另一方面，"⌣ht"却非常罕见——字典中没有单词以 ht 开头。这个序列在标准英语的训练语料中出现的次数就可能为零。这是否意味着我们应该认定 P("⌣th")=0?如果是这样，那么文本"The program issues an http request"的是英文的概率就会为零，显然这样不对。在扩展性方面我们面临这样一个问题：希望语言模型能够很好地扩展到从未见过的文本。仅仅因为我们之前从未见过"⌣http"并不意味着我们的模型就可以声称"⌣http"是不可能出现的。所以，我们要改进语言模型，使得在训练文本库中出现概率为零的序列会被赋予一个很小的非零概率值（其他数值会小幅度下降以使概率和仍为 1）。这种调整低频计数的概率的过程叫做平滑。

最简单的平滑方法是 Pierre-Simon Laplace 在 18 世纪提出来的：他认为，由于缺乏更多的信息，如果一个随机布尔型变量 X 在目前已有的 n 个观察值中恒为 false，那么 P(X=true) 的估计值应为 1/(n+2)。也就是说，他假定多进行两次试验，可能一个值为 true，一个值为 false。拉普拉斯（Laplace）平滑（也称为加 1 平滑）在正确的方向迈出了一步，但表现却相对较差。一个更好的方法是**回退模型**（backoff model），首先进行 n 元计数统计，如果某些序列的统计值很低（或为零），我们就回退到(n-1)元。**线性插值平滑**（Linear interpolation smoothing）就是一种通过线性插值将三元模型、二元模型和一元模型组合起来的后退模型。线性平滑插定义概率估计值如下：

$$\hat{P}(c_i \mid c_{i-2:i-1}) = \lambda_3 P(c_i \mid c_{i-2:i-1}) + \lambda_2 P(c_i \mid c_{i-1}) + \lambda_1 P(c_i)$$

这里 $\lambda_3 + \lambda_2 + \lambda_1 = 1$。参数值 λ_i 可以是固定的，也可以通过最大期望算法进行训练。λ_i 的值也可能取决于计数值：如果我们得到的三元组计数值较多，那么就给三元模型较高的权重；如果三元组计数值较低，就赋予一元模型和二元模型更高的值。一些研究者提出了更复杂的平滑模型，但其他的研究者主张收集更大规模的语料，这样即使简单的平滑模型也能很好地工作。这两种观点的目标是一样的：降低语言模型的偏差。

问题在于：当 $i=1$ 时，表达式 $P(c_i \mid c_{i-2:i-1})$ 就变成 $P(c_1 \mid c_{-1:0})$，而在 c_1 前面是没有字符的。我们可以引进人工字符，例如，定义 c_0 为空字符或特殊的"文本起始"字符。我们也可以回退到低阶 Markov 模型，定义 $c_{-1:0}$ 等同于空序列，这样，$P(c_1 \mid c_{-1:0}) = P(c_1)$。

22.1.3　模型评估

面对如此多的 n 元模型——一元模型、二元模型、三元模型、包含不同参数值 λ 的线性插值模型、等等——我们该选择哪一种？我们可以用交叉验证的方法来评估一个模型。可以将语料划分为训练语料和验证语料。先从训练数据中确定模型的参数值，然后再使用验证语料对模型进行评估。

评估指标是和具体任务相关的，例如对语言识别任务可以使用正确度来衡量。此外，我们也可以使用和任务无关的语言质量模型：计算验证语料在给定模型下的概率值；概率越高，语言模型越好。这种度量并不方便，因为大型语料库上计算出概率是一个很小的值，因此计算中的浮点下溢是个问题。描述序列概率的另一种方法是使用**复杂度**（perplexity）来度量，它定义为

$$Perplexity(c_{1:N}) = P(c_{1:N})^{-\frac{1}{N}}$$

复杂度可以看成是用序列长度进行规格化的概率的倒数。也可视为模型的分支系数的加权平均值。假设语言中有 100 个字符，模型声明它们具有平均可能性。那么，对于一个任意长度的序列，其复杂度为 100。如果某些字符的可能性高于其他字符，而模型又能够反映这一点，那么这个模型的复杂度就会小于 100。

22.1.4　n 元单词模型

现在我们从字符模型转向 n 元单词模型。单词模型和字符模型有着相同的机制，主要的区别在于**词汇**——构成语料和模型的符号集合——比字符模型更大。大多数语言只有大约 100 个字符，有时我们还可以构建更受限的模型，例如，把"A"和"a"视为同一符号，也可以把所有的标点视为同一符号。而对于单词模型来说，至少有数以万计的符号，有时甚至上百万。符号之所以这样多，是因为很难说清楚单词到底是由什么构成的。在英语中，由前后空格分隔的字母序列构成了单词，但在某些语言中，比如汉语，单词之间并没有空格分隔，甚至在英语中，有时也很难确定单词的边界：在"ne'er-do-well"中有多少单词？在 "(Tel:1-800-960-5660x123)"中又有多少呢？

n 元单词模型需要处理**词汇表以外**的单词。在字符模型中，我们不必担心有人会发明字母表中的新字母[1]。但是在单词模型中，总是有可能出现训练语料中没有的单词，所以我们需要在语言模型中明确地对其建模。可以通过向词汇表中添加一个新的单词<UNK>来解决，<UNK>表示未知的单词。我们可以按照下面的方法对<UNK>进行 n 元模型评估：遍历训练语料，每个单词的第一次出现都作为未知的单词，就用<UNK>替换它。这个单词后来所有的出现仍保持不变。然后把<UNK>和其他单词一样对待，按原来的方法计算语料的 n 元数值。当一个未知的单词在出现在测试集中时，我们将其视为<UNK>的来查找概率。有时我们会按照单词的不同类别，分别使用多个不同的未知单词符号。例如，所有数字串可以替换为<NUM>，所有电子邮件地址替换成<EMAIL>。

---

[1] 也可能有例外，如 T. Geisel (1955)的开创性工作。

为了体会单词模型的作用，我们为本书的单词建立了一元、二元、三元单词模型，并对单词序列进行了随机取样。结果如下

一元：logical are as are confusion a may right tries agent goal the was…

二元：systems are very similar computational approach would be represented…

三元：planning and scheduling are integrated the success of naive bayes model is…

即使是这样小的样本，也清楚地表明，不管是对英语还是 AI 教材的内容，一元模型都是很糟糕的近似，而二元模型和三元模型更好一些。这些模型的评估结果为：一元模型的复杂度为 891，二元模型为 142，三元模型为 91。

以 n 元模型为基础——包括基于字符和基于单词的，下面我们介绍一些语言处理任务。

22.2　文　本　分　类

现在我们详细介绍文本分类（text classification，也有的称为 text categorization）任务：给定某个文本，判断它属于预定义类别集合中的哪个类别。语言识别和体裁分类都是文本分类的例子，情感分析（判断电影或产品评论是积极的还是消极的）和垃圾邮件检测（判断电子邮件信息是垃圾邮件或非垃圾邮件）也是文本分类。由于"非垃圾邮件（not-spam）"的说法不大适合，研究者用 ham 这个词来表示将非垃圾邮件。我们可以将垃圾邮件检测看作一种监督学习问题。训练集很容易得到：正例（垃圾邮件）在垃圾邮件文件夹里，负例（非垃圾邮件）在收件箱里。下面是一些摘录样本：

Spam: Wholesale Fashion Watches –57% today. Designer watches for cheap …

Spam: You can buy ViagraFr$1.85 All Medications at unbeatable prices! …

Spam: WE CAN TREAT ANYTHING YOU SUFFER FROM JUST TRUST US …

Spam: Sta.rt earn*ing the salary yo,u d-eserve by o'btaining the prope,r crede'ntials!

Ham: The practical significance of hypertree width in identifying more …

Ham: Abstract: We will motivate the problem of social identity clustering: ….

Ham: Good to see you my friend. Hey Peter, It was good to hear from you. …

Ham: PDS implies convexity of the resulting optimization problem (Kernel Ridge …

从上述摘录中我们可以开始理解对于监督学习模型哪些特征是有用的。诸如"for cheap"和"You can buy"等 n 元词序列很像是垃圾邮件的特征（当然它们在非垃圾邮件中的概率可能也不为 0）。字符级特征也具有同样的重要性：垃圾邮件中将字母大写、将标点符号嵌入单词中的可能性更大。显然，垃圾邮件制造者认为二元组"you deserve"作为垃圾邮件的特征过于明显，所以将其改成"yo,u d-eserve"。字符模型应该能够检测出这些。我们可以建立垃圾邮件和非垃圾邮件的全字符的 n 元模型，或者设计出一些特征，例如"嵌在单词中的标点符号数"。

请注意，谈到归类，我们有两种方法。一种是语言模型方法，我们可以对垃圾邮件文件夹里的邮件进行训练，从而得到一个计算 **P**(*Message | spam*) 的 n 元语言模型；对收件箱

里的邮件进行训练，可以得到计算 $\mathbf{P}(Message \mid ham)$ 的模型。然后，我们可以应用贝叶斯规则对新消息进行分类：

$$\underset{c \in \{spam, ham\}}{\arg\max} \, P(c \mid message) = \underset{c \in \{spam, ham\}}{\arg\max} \, P(message \mid c)P(c)$$

这里 $P(c)$ 可以通过统计垃圾邮件和非垃圾邮件的数目得到。和语言分类任务相似，这种方法在垃圾邮件检测中也有好的效果。

另一种方法是机器学习方法，我们把邮件信息看成是一组特征/值对，分类算法 h 根据特征向量 **X** 进行判断。我们可以将 n 元组作为特征，这样语言模型和机器学习两种方法就可以融合了。这一思想用一元模型最容易理解。在词汇表中的单词就是特征："a"、"aardvark"、…，特征的值就是每个单词在邮件信息中出现的次数。这种做法使得特征向量非常大而稀疏。如果语言模型中有 100 000 个单词，那么特征向量的长度就是 100 000，但是对于一封简短的电子邮件信息，几乎所有的特征计数都为 0。这种一元的表示形式被称为**词袋**（bag of words）模型。你这样理解该模型，即把训练语料中的单词放进一个袋子，然后每次从袋中选取一个单词从而构成邮件信息。这样词语之间的相互顺序丢失了，一元模型对一个文本的任何排列都赋予相同的概率值。而高阶 n 元模型则可以保持某些局部的单词顺序信息。

在二元和三元模型中，特征的数量成平方或立方增长，我们还可以加入一些非 n 元的特征：发送消息的时间，消息中是否包含 URL 或图片，消息发送者的 ID，发送者过去发送的垃圾邮件和非垃圾邮件的数量，等等。特征的选择是建立好的垃圾邮件检测器最重要的部分，甚至比特征处理算法的选择还要重要。一部分原因是：由于训练数据很多，如果我们提出一个特征，这些数据就能够准确地判断该特征是好或不好。持续不断地更新特征是非常必要的，因为垃圾邮件检测是一项**对抗性任务**，垃圾邮件发送者会不断地改变他们的垃圾信息以应对垃圾邮件检测器的改变。

算法在巨大的特征向量工作将花费高昂的代价，所以**特征选择**的过程常常用来挑选那些最能够区别垃圾邮件与非垃圾邮件的特征。例如，二元词组 "of the" 在英语中频繁出现，而且在垃圾邮件与非垃圾邮件中出现频率相当，所以计算这一特征毫无意义。通常来说，挑选最好的一百种左右的特征，就可以很好地在区分不同的类别了。

一旦我们选定了特征集，我们便能运用我们所知道的任何监督学习技术，比较流行的文本分类方法包括：k-最相邻（k-nearest-neighbors）、支持向量机（support vector machines）、决策树（decision trees）、朴素贝叶斯（naive Bayes）以及逻辑回归（logistic regression）。所有这些方法都已被应用到垃圾邮件检测中，通常准确率在 98%～99% 之间。如果精心设计特征集，准确率可以超过 99.9%。

22.2.1　数据压缩的分类方法

我们可以从另外一个角度看待分类问题，就是把分类看成是一个**数据压缩**（data compression）问题。无损压缩算法可以在一串符号序列中检测其中的重复模式，然后重写一段比原串更为紧凑的符号序列。例如，文本 "0.142857142857142857" 可以压缩为 "0.[142857]*3"。实现压缩算法，首先要构建文本的子序列词典，然后引用词典中的条目。

前面的例子的词典仅包含一个条目，即"142857"。

压缩算法实际上是在建立一种语言模型。LZW 算法就是一种直接的最大熵（maximum-entropy）概率分布建模。为了通过压缩进行分类，我们首先把所有垃圾邮件的训练消息和在一起并压缩成一个单元，对于非垃圾邮件也作同样的处理。当给定一个要分类的邮件时，我们把它加到垃圾邮件集合中，再对更新后的集合作压缩。我们也同样把它加到非垃圾邮件并做压缩。哪一个压缩更好，该邮件就属于那个类别，因为新消息为这个类别增加的字节数更少。这个方法的思想是，垃圾邮件消息倾向于同其他垃圾邮件消息有相同的词典条目，因此，当新的垃圾邮件加入集合中，而原来集合就包含了垃圾词典条目，更新后的集合的压缩效果就会很好。

基于压缩的文本分类在一些标准语料上进行了实验，如 20-Newsgroups 数据集、Reuters-10 语料和 Industry Sector 的语料，结果表明，虽然运行现有的压缩算法速度很慢，如 gzip、RAR 和 LZW，但它们的准确率和传统的分类算法相当。这就显得很有趣了，不仅说明这个方法是正确的，同时也指出，即使不加任何文本预处理，直接使用 n 元字符元组或特征选择，也是很有前景的：它们看起来能够捕获一些真实的模式。

22.3 信息检索

信息检索（Information retrieval）的任务是寻找与用户的信息需求相关的文档。万维网上的搜索引擎就是一个众所周知的信息检索系统的例子。万维网用户将类似[AI book][1]的查询信息输入到搜索引擎，就能得到相关的网页的列表。在本节中，我们将看到如何建立这样的系统。一个信息检索（即 IR）系统具有如下特征：

1. 文档集合。每个系统都必须确定其需要处理的文档：一个段落文本、一页文本还是多页文本。

2. 使用查询语言描述的查询。查询描述了用户想知道的内容。查询语言可以是一个单词列表，如[AI book]；可以是一个必须连续出现的单词短语，如["AI book"]；也可以包含布尔运算符，如[AI AND book]；也可以包含非布尔运算符，如[AI NEAR book]以及[AI book site：www.aaai.org]。

3. 结果集合。该集合是文档集合的子集，包含了 IR 系统判断的与查询相关的那部分文档。所谓"相关"，是指对提出查询的人有用，符合查询中表达的特定信息需求。

4. 结果集合的展示。结果集合可以简单地用有序的文档标题列表来展示，也可以采取复杂的展示方法，如将结果集合的旋转彩色图像映射到一个三维空间中，以作为一种二维表示的补充。

早期的 IR 系统采取布尔关键字模型工作。文档集合中的每个词都被当作一个布尔特征，如果这个词语出现在某文档中，那么该文档的这个特征值为真，反之为假。所以特征"检索"对于本章内容的值为真，对第 15 章内容来说则为假。查询语言就是基于这些特征的布尔表达式语言。只有当表达式取值为真时，文档与查询才是相关的。例如，查询[信息

---

1 本书用[查询]来表示一个搜索请求。我们用方括号而不是引号作为标记，是为了区分不同的请求，如["two words"] 和 [two words]。

AND 检索]对本章的值为真，而对第 15 章为假。

布尔模型的优点在于容易解释和实现。但是，它也存在一些缺点。首先，由于文档的相关度只用一个二进制位表示，所以无法为相关文档的排序提供指导。其次，对于非程序设计人员和非逻辑学家的用户来说，他们并不熟悉布尔表达式。比如用户想了解关于堪萨斯州（Kansas）和内布拉斯加州（Nebraska）的农业（farming）信息，就需要这样表示查询[farming（Kansas OR Nebraska）]。第三，即使是对熟练地用户来说，写出一个适当的查询也可能是困难的。假如我们试图查询[information AND retrieval AND models AND optimization]（[信息 AND 检索 AND 模型 AND 优化]），而得到了一个空的结果集合。那么我们可能会尝试查询[information OR retrieval OR models OR optimization]（[信息 OR 检索 OR 模型 OR 优化]），但如果该查询返回了过多的结果，我们就难于知道下一步该试什么。

22.3.1　IR 评分函数

大多数 IR 系统放弃了布尔模型而使用基于单词计数统计的模型。我们将介绍 **BM25 评分函数**（BM25 scoring function），来源于伦敦城市大学的斯蒂芬·罗伯森（Stephen Robertson）和凯伦·斯帕克·琼斯（Karen Sparck Jones）研究的 Okapi 项目，它已被用于一些搜索引擎中，如开源的 Lucene 项目。

评分函数根据文档和查询计算并返回一个数值得分，最相关的文档的得分最高。在 BM25 函数中，得分是由构成查询的每个单词的得分进行线性加权组合而成。有三个因素会影响查询项的权重：第一，查询项在文档中出现的频率（也记为 TF，表示词项频率（term frequency））。对于查询[farming in Kansas]，频繁提到 "farming" 的文档会得到较高分数。第二，词项的文档频率的倒数，也记为 IDF。单词 "in" 几乎出现在每一个文档中，所以它的文档频率较高，因而文档频率的倒数较低，所以 "in" 没有查询中的 "farming" 和 "Kansas" 重要。第三，文档的长度。包含上百万单词的文档很可能提到所有查询中的单词，但实际上这类文档不一定真正与询问相关，而提到所有查询单词的短文档应当是更好的相关文档候选。

BM25 函数把这三个因素都考虑在内。我们假设已经为语料库中的 N 个文档创建好了的索引，因而我们可以查找到 $TF(q_i, d_j)$，即单词 q_i 在文档 d_j 中的出现次数。我们又假定已经有了一个文档频率统计表，它给出了包含单词 q_i 的文档数 $DF(q_i)$。然后，给定文档 d_j 和由词语 $q_{1:N}$ 组成的查询，我们有

$$BM25(d_j, q_{1:N}) = \sum_{i=1}^{N} IDF(q_i) \frac{TF(q_i, d_j) \cdot (k+1)}{TF(q_i, d_j) + k \cdot \left(1 - b + b \cdot \dfrac{|d_j|}{L}\right)}$$

其中，$|d_j|$ 表示文档 d_j 以单词计数的长度，L 是语料库中的文档的平均长度：$L = \sum_i |d_i| / N$。我们有两个参数，k 和 b，它们可以通过交叉验证进行调整；典型的取值为 k=2.0 和 b=0.75。$IDF(q_i)$ 是词语 q_i 的文档频率的倒数，计算如下：

$$IDF(q_i) = \log \frac{N - DF(q_i) + 0.5}{DF(q_i) + 0.5}$$

当然，对语料库中的每个文档都计算 BM25 评分函数是不现实的。相反，对于词汇表中的每个单词，系统预先创建了**索引**（index），列出了包含该单词的所有文档，被称为单词的**命中列表**（hit list）。尔后，当给定一个查询时，我们对查询中的各单词的命中列表取交集，并对交集中文档计算评分就可以了。

22.3.2　IR 系统评价

如何评价一个 IR 系统的性能的优劣？我们可以通过实验来评价，交给系统一组查询，人工对系统返回的结果集合进行相关性判断并评分。传统上，在评分时有两个度量指标：召回率（recall）和准确率（precision）。我们将通过一个例子来做解释。假设某个 IR 系统对某个查询返回一个结果集合，语料库由 100 篇文档组成，对于该查询，我们已经知道语料库中哪些文档是相关的、哪些是不相关的。每个类别的文档统计结果如下表所示：

	在结果集合中	不在结果集合中
相关	30	20
不相关	10	40

准确率度量的是结果集合中实际相关的文档所占的比例。在我们的例子中，准确率是 30/(30+10)=0.75。而误判率（false positive rate）是 1–0.75=0.25。**召回率**度量的是结果集合中的相关文档在整个语料库的所有相关文档中所占的比例。在我们的例子中，召回率是 30/(30+20)=0.60，而漏报率（false negative rate）是 1–0.60=0.40。在诸如万维网之类的超大规模文档集合中，召回率是很难计算的，因为没有简单的方法可以检查每个网页的相关性。我们只能是通过样本测试估计召回率，或者完全不考虑召回率而只评价准确率。以万维网上的搜索引擎为例，结果集可能包含数千个文档，所以度量结果集在不同大小上的准确率更加有意义，例如，可以度量 "P@10"（前 10 个结果上的准确率）或 "P@50"，而不是在整个结果集上的准确率。

通过改变返回结果集的大小，我们可以在准确率和召回率之间进行权衡。在极端情况下，一个系统可以返回文档集中所有文档作为结果集，这样可以确保 100% 的召回率，但是准确率很低。另一方面，如果一个系统只返回一个文档，会有很低的召回率，但却很容易得到 100% 的准确率。F_1 值是一种综合这两个指标的度量，它是准确率与召回率两者的几何平均值，即 $2PR/(P+R)$。

22.3.3　IR 的改进

上述系统存在有很多可能的改进方法，实际上，随着新方法的发现以及网页的增长变化，万维网上的搜索引擎也在持续不断地更新它们的算法。

一种常见的改进是采取一种更好的文档长度对相关性的影响模型。辛格尔（1996）注意到，简单的文档长度标准化模式更倾向于短文档，对于长文档缺乏足够的公平。他们提出了一种枢轴（pivoted）文档长度标准化模式；这个思路是取一个文档长度的枢轴点，文档长度等于点值则采取原来的标准化方法，比该点值小就会增加，比该点值大就会减少。

BM25 评分函数使用一种单词模型，该模型认为所有单词是完全相互独立的，但是我们知道有些单词之间是存在联系的："couch"和"couches"、"sofa"就紧密相关。许多 IR 系统都在试图考虑这些相关性。

例如，如果某个查询是[couch]，那么如果从结果集合中排除那些提到"COUCH"或者"couches"而不是"couch"的文档则是不合理的。很多 IR 系统都要进行**大小写转换处理**（case folding），将"COUCH"转换为"couch"，还有的系统采用**取词干**（stemming）算法把"couches"还原为其词干形式"couch"。一般情况下，这能稍微提高一点儿召回率（对英语大约是 2%），但是对于准确率却有不良影响。例如，"stocking"取词干的结果是"stock"，虽然这能够提高有关仓库储存的查询的召回率，但是却可能降低有关袜子和股票[1]的查询的准确率。基于规则（例如：去除"-ing"）的取词干算法不能避免这个问题，但是基于词典（如果这个词语已经列在词典中，则不去除"-ing"）的一些较新的算法则可以解决该问题。虽然取词干的方法在英语中影响不大，但是它在其他语言中能起更重要的作用。例如在德语中，类似于"Lebensversicherungsgesellschaftsangestellter"（人寿保险公司职员）这样的词语是不常见的。像芬兰语、土耳其语、因纽特语以及爱斯基摩语等含有递归词法规则的语言，原则上能够生成无限长度的词语。

下一步是识别类似"sofa"与"couch"这样的**同义词**（synonym）。如同使用取词干方法，这一措施有少量提高召回率的潜力，但也会降低准确率。例如，提出查询[Tim Couch]的用户想要的是关于橄榄球运动的文档，而不是和沙发有关的文档。问题在于"语言中没有绝对的同义词，就像自然界中没有真空一样"（Cruse, 1986）。也就是说，无论何时如果有两个词意义相同，语言的使用者总会想办法演化它们的含义从而消除混淆。非同义词的相关词在文档排序中有重要作用——词项"皮革"（leather）、"木头的"（wooden）、"现代的"（modern）等，有助于更加肯定文档是关于沙发（couch）的。同义词和相关词可以通过词典、档中词之间的关系、查询中词项之间的关系获得，如果我们发现很多用户先查询[new sofa]、然后查询[new couch]，我们将来就可以将查询[new sofa]改成[new sofa OR new couch].

作为最终的改进，IR 能够通过考虑**元数据**提高性能，元数据是文档文本之外的关于文档的数据。人工提供的关键词、出版数据等都是元数据的例子。在万维网上，文档间的超文本**链接**（links）也是一个非常重要的信息来源。

22.3.4 PageRank 算法

PageRank[2] 1997 年提出，是谷歌搜索引擎不同于其他的搜索引擎的两个原创思想之一（另一个创新是使用锚文本（anchor text）——带有下划线的文本超链接——对网页进行索引，即使锚文本并不在被索引的页面上，而在其他页面上）。网页排名旨在解决 TF 评分问题：如果查询为[IBM]，我们如何保证 IBM 的主页 ibm.com 是第一条搜索结果，即使存在其他的网页更频繁地出现词语"IBM"？其思想是 ibm.com 有很多导入链接（in-links，指向该页面的链接），所以它的排名应该更高：每一个导入链接都可以看成是为所链到的页面

1　译者注：英文单词 stock 有仓库、储备和股票多种意义，stocking 有长袜之意。

2　PageRank 的名字代表了双重意义，一是指网页，一是指该算法的发明者拉里·佩奇(Larry Page)(Brin and Page, 1998)。

投了一票。但如果我们只计算导入链接，就可能会有垃圾网页制造者创建一个页面网络，并把所有网页都链接到他想要的网页上，从而提高该网页的得分。因此，网页排名算法设计时会赋予来自高质量的网站的链接更高的权重。怎样才算是高质量的网站？应该是被其他高质量网站所链接的网站。这是一个递归定义，但我们将会看到它能正确地递归下去。页面 p 的 PageRank 定义为：

$$PR(p) = \frac{1-d}{N} + d \sum_i \frac{PR(in_i)}{C(in_i)}$$

其中，$PR(p)$ 是页面 p 的网页排名，N 是语料库中总的网页数量，in_i 是链接到 p 的页面，$C(in_i)$ 是页面 in_i 链接出去的链接数。常量 d 是阻尼因子。它可以通过**随机冲浪模型**（random surfer model）来理解：设想一位网络冲浪者从一些随机的页面开始漫游网络。冲浪者点击页面上任一个链接（均匀可能地选择它们）的概率为 d（我们将假设 $d=0.85$），而她厌倦该页面并随机选择网络上某个页面重新开始漫游的概率为 $1-d$。因而，页面 p 的网页排名就是冲浪者任何时间点停留在页面 p 的概率。网页排名可以通过迭代过程计算出：开始时所有页面都有 $PR(p)=1$，然后迭代运行算法、更新排名直到收敛。

22.3.5　HITS 算法

超链诱导主题搜索（Hyperlink-Induced Topic Search，HITS）算法，也称为中心权威（Hubs and Authorities）算法或者 HITS，它是另一个颇有影响力的链接分析算法（见图 22.1）。HITS 在许多方面与 PageRank 有所不同。首先，它是一种依赖于查询的度量方法：它针对给定的查询对网页进行评估。这就意味着必须为每个查询重新进行计算，这样带来的计算负担使得大多数搜索引擎没有采用这种方法。给定一个查询，HITS 首先找到一个与查询相关的网页集合。其工作原理是，通过对查询的单词的命中列表作交集，然后增加这些网页的相邻网页，即和相关网页集合中的网页存在链入和链出关联的网页。

```
function HITS(query) returns pages with hub and authority numbers
    pages ← EXPAND-PAGES(RELEVANT-PAGES(query))
    for each p in pages do
        p.AUTHORITY ← 1
        p.HUB ← 1
    repeat until convergence do
        for each p in pages do
            p.AUTHORITY ← ∑_i INLINK_i(p).HUB
            p.HUB ← ∑_i OUTLINK_i(p).AUTHORITY
        NORMALIZE(pages)
    return pages
```

图 22.1　针对查询计算 hubs 和 authorities 的 HITS 算法。RELEVANT-PAGES 获取与查询相匹配的网页，EXPAND-PAGES 增加从相关网页链入或链出的网页。NORMALIZE 把所有页面的得分除以每个页面得分的平方和（对 authority 和 hubs 分别计算）

在某种程度上，上述产生的集合中的每个网页都可以被认为是评价相关集中指向它的其他页面的、关于该查询的一个**权威**（authority）。在某种程度上，一个网页也可以被认为是它指向的相关集中的其他权威页面的**中心**（hub）。正如 PageRank 算法，我们不仅计算链接数，还会赋予高质量的中心和权威页面更高的价值。和 PageRank 一样，我们这样迭代执行：把页面的权威得分更新为指向它的所有页面的中心得分的总和，并把中心得分更新为它指向的所有页面的权威得分的总和。如果我们对得分进行标准化，并重复 k 次，该过程便会收敛。

PageRank 和 HITS 两个算法都在网页信息检索的发展中起着重要作用。这些算法及其扩展每天用于数十亿的查询处理，同时，搜索引擎也在不断地开发出更好的方法来发现更出色的搜索相关性评价方法。

22.3.6　问题回答

信息检索是一项寻找与查询相关的文档的任务，查询可能是一个问题，也可能是个话题领域或者概念。**问题回答**（Question answering）是一个稍微不同的任务，在这里查询就是一个问题，要求的答案不是一个已排序的文档列表、而是一个简短的回答——一个句子，或者只是一个短语。自 20 世纪 60 年代以来，就已经有了用于问题回答的 NLP（自然语言处理）系统，但是直到 2001 年，这类系统才开始使用万维网信息检索技术，从根本上扩大了系统的覆盖面。

ASKMSR 系统（Banko 等，2002）是一个典型的基于万维网的问题回答系统。它是基于这样的直觉：在万维网上大部分问题都会被多次回答，所以问题回答应该看成关注准确率问题而不是召回率问题。我们不需要处理回答的所有可能的表述形式，只需要找到其中一个就够了。例如，考虑查询[Who killed Abraham Lincoln?]，假设一个系统能利用一部百科全书来回答这个问题，该百科全书中关于 Lincoln 的条目是这样的：

John Wilkes Booth altered history with a bullet. He will forever be known as the man who ended Abraham Lincoln's life.

为了利用这段话回答上述问题，系统必须知道"ending a life"意味着"杀死"，"He"指 Booth，以及其他一些语言学和语义上的要素。

ASKMSR 并没有试图进行这些精致的处理——系统对代词指代、"杀死"或者其他动词没有任何知识。但它知道 15 种不同类型的问题以及这些问题如何表达成搜索引擎的查询。系统知道[Who killed Abraham Lincoln]可以改写成查询[* killed Abraham Lincoln]和[Abraham Lincoln was killed by *]。系统执行这些查询，仔细检查返回的结果——不是 Web网页、而是网页中出现在查询词项附近的文本的摘要。这些结果分割为一元组、二元组和三元组，按照在结果集中出现的频度和权重进行评分：按照非常具体的查询进行匹配（例如与查询["Abraham Lincoln was killed by *"]精确匹配）而返回的 n 元组比与一般查询（如[Abraham OR Lincoln OR killed]）匹配得到的结果有更大的权重。我们希望"John Wilkes Booth"在返回的 n 元组中排名较高，而非"Abraham Lincoln"、"the assassination"和"Ford's Theatre"。

一旦给 n 元组评了分，就可以按照所需类型进行过滤了。如果初始的查询以"who"开头，我们就会过滤得到人名；如果是"how many"，就过滤出数字；如果是"when"，就选择日期或时间。还有一种过滤方法认为，答案不应是问题的一部分。综合考虑这些因素，我们将选择"John Wilkes Booth"（而不是"Abraham Lincoln"）作为分值最高的结果。

在某些情况下，答案的长度会超过三个词；由于返回的结果最多是三元组，所以超过此长度的答案必须由短的片段拼接而成。例如，一个仅使用二元组的系统，答案"John Wilkes Booth"可以由高分片段"John Wilkes"和"Wilkes Booth"拼接而成。

在文本检索评测会议（TREC）上，ASKMSR 击败了具有复杂语言理解功能的参测系统，取得了最好的结果。ASKMSR 依赖万维网上内容的广度而不是其自身理解的深度。虽然它没有处理复杂推理模式的能力，例如把"who killed"和"ended the life of"联系起来，但是它知道万维网的内容规模是如此巨大，以至于它可以忽视这些复杂段落，而只从它能处理的简单段落中寻找答案。

22.4　信　息　抽　取

信息抽取（Information extraction）是一个通过浏览文本获取特定类别的对象以及对象之间的关系的过程。典型的任务包括，从网页中抽取地址实例信息，获取街名、城市名、州名以及邮政编码等数据库字段的内容；从天气报道中抽取暴风雨信息，获取温度、风速以及降雨量等数据库字段的内容。在受限的领域内，信息抽取可以达到高的准确率。而在更一般的领域内，则需要更复杂的语言模型和更复杂的学习技术。第 23 章将介绍如何定义复杂的英语短语（名词短语和动词短语）结构的语言模型。但到目前为止我们还没有完全的语言模型，因此，针对信息抽取的有限需求，我们仅定义近似于完全英语模型的受限模型，并且把注意力集中在亟待解决的任务上。本节中，我们所描述的模型都是近似的，就如同图 7.21 中所示的简单 1-CNF 逻辑模型是完全波动逻辑模型的近似。

本节中我们将介绍 6 种信息抽取的方法，它们体现了多个维度上的复杂性的递增：从确定到随机，从领域相关到通用，从手工构造到学习，从小规模到大规模。

22.4.1　基于有限状态自动机的信息抽取

最简单的信息抽取系统被称为基于属性的抽取（attribute-based extraction）系统，因为它假设整个文本都是关于单一对象的，而系统的任务就是抽取该对象的属性。例如，我们在 12.7 节中提到的从文本"IBM ThinkBook 970. Our price:$399.00"中抽取属性集 {Manufacturer=IBM, Model=ThinkBook970, Price=$399.00}。对于这类问题，我们可以针对每个需要抽取的属性定义一个模板。模板可以用有限状态自动机定义，最简单的例子就是正则表达式（regular expression 或 regex）。正则表达式应用广泛，如 UNIX 命令，如 grep；程序设计语言，如 Perl；文字处理，如 Microsoft Word。这些工具在细节上有些差别，所以最好学习一下相关手册不过这里我们要说明的是如何构建一个针对以美元为单位的价格信息的正则表达式：

[0-9]	与 0 到 9 之间的任意数字匹配
[0-9]+	与一个或多个数字匹配
[.][0-9][0-9]	与小数点后跟两位数字的情况匹配
([.][0-9][0-9])?	与小数点后跟两位数字或空串匹配
[$][0-9]+([.][0-9][0-9])?	与$249.99 或$1.23 或￥1000000 等匹配

　　模板通常由 3 部分组成：前缀正则表达式、目标正则表达式、后缀正则表达式。对于价格来说，目标正则表达式如上所述，前缀则应该找像 "price:" 这样的字符串，后缀应该为空。设计思想是，某些属性的特征信息来源于属性值本身，某些来源于属性值的上下文。

　　一旦某条属性的正则表达式与文本完全匹配，我们就可以抽取出表示属性值的那部分文本。如果没有匹配的情况，我们就只能给出一个默认值或让该属性空缺；但是如果有多个匹配的情况，我们就需要一个从中挑选的过程。一个可采取的策略是对每个属性的多个模板按照优先级排序。因此，例如对于价格这个例子，优先级最高的模板应该是查找前缀是 "Our price:" 的字符串；如果没有找到，我们就查找前缀 "price:"，如果还是没找到，则使用空的前缀。另一个策略是接受所有的匹配情况，然后按照某种方式从中选择合适的。例如，我们认为最低价格是最高价格的 50% 以内，则会从文本 "List price \$99.00, special sale price \$78.00, shipping \$3.00" 中选择 \$78.00 作为目标正则表达式。

　　比基于属性的抽取系统更进一步的是关系抽取（relational extraction）系统，它处理多个对象以及它们之间的关系。因此，当这些系统遇到文本 "\$249.99" 时，它们不仅要判断该文本表示价格，而且还要判断是哪个对象的价格。一个典型的关系抽取系统是 FASTUS，它处理的是有关公司合并和获利的新闻报道。它能够处理如下报道：

Bridgestone Sports Co. said Friday it has set up a joint venture in Taiwan with a local concern and a Japanese trading house to produce golf clubs to be shipped to Japan.

　　并且生成如下关系：

$e \in JointVentures \land Product(e, "golf clubs") \land Date(e, "Friday")$
$\land Member(e, "Bridgestone Sports Co") \land Member(e, "a local concern")$
$\land Member(e, "a Japanese trading house")$

　　关系抽取系统可以由一组级联有限状态转换器（cascaded finite-state transducers）构成。也就是说，系统由一系列小而有效的有限状态自动机（FSAs）组成，其中每个自动机接受文本作为输入，将文本转换成一种不同的格式，并传送给下一个自动机。FASTUS 由以下 5 个阶段组成：

1. 符号分析（Tokenization）。
2. 复合词处理。
3. 基本词组处理。
4. 复合短语处理。
5. 结构合并。

FASTUS 的第 1 阶段是符号分析，它将字符流分割为一个个符号（单词、数字以及标点）。对于英语来说，符号分析过程是很简单的，仅仅按照空格出或标点对符号流进行分割就可以取得性当好的效果。某些符号分析程序还要处理标记语言，例如 HTML、SGML 以及 XML 等。

　　第 2 个阶段是处理复合词（complex words），包括如 "set up" 和 "joint venture" 等词语搭配，以及 "Bridgestone Sports Co." 等专用名词。这些都可以通过结合词典条目和有限状态语法规则进行识别。例如，公司名称可以通过如下规则进行识别：

CapitalizedWord+（"Company" | "Co" | "Inc" | "Ltd"）

　　第 3 个阶段是处理基本词组（basic groups），即名词词组和动词词组。基本思路是将它们分成组块（chunk），以便于后续阶段的处理。在第 23 章中，我们将会看到如何写名词短语和动词短语的复杂描述，在这里我们仅仅给出与英语复杂性相近的简单规则，但也能体现有限状态自动机的优势。对于前面的例句，通过本阶段的处理，将转换成下面的带标记的词组序列：

1	NG:	Bridgestone Sports Co.		10	NG:	a local concern
2	VG:	said		11	CJ:	and
3	NG:	Friday		12	NG:	a Japanese trading house
4	NG:	it		13	VG:	to produce
5	VG:	had set up		14	NG:	golf clubs
6	NG:	a joint venture		15	VG:	to be shipped
7	PR:	in		16	PR:	to
8	NG:	Taiwan		17	NG:	Japan
9	PR:	with				

其中 NG 表示名词词组，VG 表示动词词组，PR 是介词，CJ 是连词。

第 4 阶段是将基本词组组合成复合短语（complex phrases）。与前面的阶段类似，这一阶段旨在按照有限状态规则（处理效率高）进行分析，以获得无歧义（或近乎无歧义）的输出短语结果。有一类组合规则专门处理领域特定事件。例如，规则：

Company + SetUp JointVenture（"with" Company +)?

就提供了一种描述联合投资（joint venture）的形式。本阶段是级联处理中第一个将结果存放到输出流中的同时也存放到数据库模板中的处理阶段。最后一个阶段是**结构合并**（merges structures），将合并前一步产生的结构。如果下一句话是"The joint venture will start production in January"，那么这一步就会注意到这里两次提到了联合投资，它们应该被合并为一个。这正是我们在 14.6.3 节讨论过的**标识不确定问题**（identity uncertainty problem）的一个实例。

一般来说，基于有限状态模板的信息抽取方法在受限领域中效果较好，因为在受限领域中有可能预先确定讨论的主题及其表达方式。采用级联转换器模型，有利于对所需知识进行模块化，便于构建系统。当处理对象是由程序生成的逆向工程文本时，这类系统的效果尤为突出。例如，万维网上的购物网站就是通过程序把数据库内的信息转换为网页内容，而基于模板的抽取器就可以抽取还原原始数据库信息。在格式变化较大的领域，如人们所写的文章，可能涉及范围广泛的主题，有限状态信息抽取方法就很难获得成功。

22.4.2　信息抽取的概率模型

如果需要从有噪音的、变化的文本中抽取信息，简单的有限状态方法就表现不佳了。我们很难设计出所有的规则以及这些规则的优先顺序，因此，概率模型比基于规则的模型更好。隐马尔可夫模型（HMM）是一种处理带有隐含状态的序列的最简单的概率模型。

回顾 15.3 节，HMM 模型描述了隐含状态序列 $\mathbf{x}_t$，该序列的每一步有一个观察值 $\mathbf{e}_t$。为了将 HMM 应用于信息抽取，我们可以为所有属性建立一个大的 HMM，也可以为每个属性分别建立一个独立的 HMM。我们将采用第二种方法。这里的观察值序列就是文本的单词序列，隐含状态分别表示处于属性模板的目标、前缀或后缀部分，或者是背景部分（非模板部分）。例如，下面给出了一个简短的文本以及两个 HMM 与该文本相对应的最可能的（Viterbi）路径，一个模型是为了识别报告通知中的报告者，另一个是为了识别日期。"-"表示一个背景状态：

Text:	There	will	be	a	seminar	by	Dr.	Andrew	McCallum	on	Friday
Speaker:	-	-	-	-	PRE	PRE	TARGET	TARGET	TARGET	POST	-
Date:	-	-	-	-	-	-	-	-	-	PRE	TARGET

在抽取中 HMM 相比 FSA 有两大优势。第一，HMM 是概率模型，因而可以抗噪声。在正则表达式中，哪怕一个预期的字符丢失，正则表达式的匹配也会失败；使用 HMM 可以很好地对丢失的字符或单词进行退化处理（degradation），我们还可以用概率值表示匹配的程度，而不仅仅是用布尔值来表示匹配成功或失败。第二，HMM 可以用数据训练得到，而无需构造模板的繁重工程，因此，模型就能够方便地适应随着时间不断变化的文本。

注意到，我们已经在 HMM 模板中假定了一定级别的结构：它们由一个或多个目标状态组成，任何前缀状态必须在目标状态之前，后缀状态必须在目标状态之后，其他状态都表示背景。这种结构使得从样例中学习 HMM 更简单。对于部分结构，后向算法（forward-backward algorithm）可以用来学习状态之间的转移概率 $\mathbf{P}(X_t|X_{t-1})$ 以及表示每个单词由各状态输出的观察模型 $\mathbf{P}(E_t|X_t)$。例如，在描述日期的 HMM 中，单词 "Friday" 在一个或多个目标状态中出现的概率较高，在其他地方出现的概率较低。

如果有足够的训练数据，HMM 可以自动地学习出符合我们直觉的日期结构：描述日期的 HMM 可以有一个目标状态，该状态包含的高概率单词是 "Monday"、"Tuesday" 等等，该状态还有很高的概率转移到另一个包含 "Jan"、"January"、"Feb" 等单词目标状态。图 22.2 给出了描述报告通知中报告者的 HMM，该模型是从数据中学习得到的。前缀覆盖了 "Speaker"、"seminar by" 的等短语，目标由两个状态组成，一个状态覆盖了标题和名字，另一个覆盖了词首大写字母和姓氏。

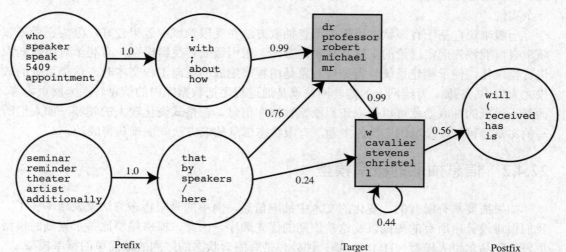

图 22.2　抽取报告通知中的报告者的隐马尔可夫模型。两个方形的状态为目标（注意到第二个目标状态有一个自圈，所以该目标可以匹配任意长度的字符串），左边的四个圆圈表示前缀，右侧圆圈表示后缀。对于每个状态，只显示了一些高概率单词

HMM 训练完成之后，我们就可以将其应用于文本，使用 Viterbi 算法在 HMM 状态中

找到最可能的路径。一种方法是为每个属性分别应用 HMM,在这种情况下,大多数的 HMM 会将主要时间花在背景状态上。当抽取的信息稀少时,即拟抽取的单词数目相对于文本长度很小,这种方法是合适的。

另一种方法是用一个大的 HMM 处理所有属性,寻找一条通过不同的目标属性的路径,如首先找到报告者的目标,然后是日期目标等。如果我们仅需抽取文本中的一个属性时,分离的 HMM 会更好一些;当文本是无格式且包含很多属性时,大的 HMM 则会更好一些。选择任一种方法,最后我们都可以得到一个目标属性的观察集,下面就需要决定如何对其继续处理了。如果每一个期望属性都有候选目标,那么显然我们已经有了拟抽取关系的实例。如果属性有多个候选,我们需要决定选择哪个,正如前面所讨论的基于模板的系统那样。HMM 有提供概率值的优点,因此有助于作出选择。如果某些目标没有候选,我们需要确定这个文本是否确实是拟抽取关系的实例、或者找到的目标是否正确。机器学习算法可以通过训练来作出这个选择。

22.4.3　基于条件随机场的信息抽取

使用 HMM 方法进行信息抽取存在一个问题,该方法对很多我们实际上并不需要的概率进行了建模。HMM 是生成模型;它为观察值和隐含状态建立了完全的联合概率模型,并按照模型产生样例。换言之,我们不仅可以使用 HMM 模型对文本进行分析、抽取报告者和日期,也能够生成一个包含报告者和日期的文本随机实例。由于我们对于生成实例的任务不感兴趣,我们自然会问,是否模型不对这些概率建模会更好一些?我们为理解文本所需的是**判别模型**(discriminative model),它可以为给定的观察值(文本)建立隐含属性的条件概率模型。给定一个文本 $\mathbf{e}_{1:N}$,条件模型将寻找使得 $P(\mathbf{X}_{1:N}|\mathbf{e}_{1:N})$ 最大化的隐含状态序列 $\mathbf{X}_{1:N}$。

对此直接建模会给我们带来一些自由空间。我们不需要马尔可夫模型的独立性假设——我们可以让 $\mathbf{X}_t$ 依赖于 $\mathbf{X}_1$。这类模型的一个架构就是**条件随机场**(conditional random field),简称 CRF,对于给定的观察变量集合,该模型对一组目标变量的条件概率分布进行建模。与贝叶斯网络类似,CRF 能表示变量之间各种各样的依赖结构。一种常见的结构是**线性链条件随机场**(linear-chain conditional random field),可以表示时间序列中变量之间的马尔可夫依赖关系。因此,HMM 可以视为朴素贝叶斯模型的时序版本,而线性链 CRF 则是逻辑回归的时序版本,在这里预测的目标是整个状态序列而不是一个二元变量。

令 $\mathbf{e}_{1:N}$ 为观察结果(如文档中的单词),$\mathbf{x}_{1:N}$ 为隐含状态序列(如,前缀、目标和后缀状态)。线性链条件随机域定义为一个条件概率分布:

$$\mathbf{P}(\mathbf{x}_{1:N} \mid \mathbf{e}_{1:N}) = \alpha e^{\left[\sum_{i=1}^{N} F(\mathbf{x}_{i-1}, \mathbf{x}_i, \mathbf{e}, i)\right]}$$

其中,α 是一个标准化因子(确保概率和为 1),F 是特征函数,定义为 k 个特征函数的加权和:

$$F(\mathbf{x}_{i-1}, \mathbf{x}_i, \mathbf{e}, i) = \sum_k \lambda_k f_k(\mathbf{x}_{i-1}, \mathbf{x}_i, \mathbf{e}, i)$$

其中,参数 λ_k 的值通过 MAP(最大后验)估计过程将训练数据上的条件概率最大化而学习得到。特征函数是 CRF 的关键组成部分。函数 f_k 根据相邻的状态 $\mathbf{x}_{i-1}$ 和 $\mathbf{x}_i$、全部的观察值（单词）序列 $\mathbf{e}$、以及时序中的当前位置 i 进行计算。这使得我们在定义特征时有很多灵活性。例如，我们可以定义这样一个简单的特征函数：如果当前单词是 ANDREW 且当前状态是 SPEAKER，则产生返回 1。

$$f_1(\mathbf{x}_{i-1}, \mathbf{x}_i, \mathbf{e}, i) = \begin{cases} 1 & \mathbf{x}_i = \text{SPEAKER} \text{且} \mathbf{e}_i = \text{ANDREW} \\ 0 & \text{其他} \end{cases}$$

如何使用这些特征呢？取决于它们各自的权重。如果 $\lambda_1 > 0$，则当 f_1 为真时，隐含状态序列 $\mathbf{x}_{1:N}$ 的概率就会增加。这相当于在说 "对于单词 ANDREW，CRF 模型更倾向于当前状态是 SPEAKER"。另一方面，如果 $\lambda_1 < 0$，CRF 模型会尽量避免这种关联，如果 $\lambda_1 = 0$，则忽视这个特征。参数值可以人工设置，也可以从数据中学习得到。现在考虑第二个特征函数：

$$f_2(\mathbf{x}_{i-1}, \mathbf{x}_i, \mathbf{e}, i) = \begin{cases} 1 & \mathbf{x}_i = \text{SPEAKER} \text{且} \mathbf{e}_{i+1} = \text{SAID} \\ 0 & \text{其他} \end{cases}$$

若当前状态是 SPEAKER 且下一个单词为 "said"，该特征值为真。我们期望有一个与该特征相对应的正数 λ_2。更有趣的是，注意到对于像 "Andrew said …" 这样的句子，f_1 和 f_2 能够同时成立。在这种情况下，这两个特征相互重叠使得我们更加确信 $\mathbf{x}_1 = \text{SPEAKER}$。由于独立性假设的原因，HMM 不能使用重叠的特征，而 CRF 却可以。进一步说，CRF 中的特征能够使用序列 $\mathbf{e}_{1:N}$ 中的任何部分。特征也能定义在状态的转移上面。我们这里所定义的特征是二元的，但一般来说，特征函数可以是任意的返回实数的函数。在某些领域中，如果我们想利用已有的知识设计一些特征，CRF 给了我们很大的灵活性。CRF 的灵活性比 HMM 更大，准确性特更高。

22.4.4　从大型语料库中抽取本体

到目前为止，我们将信息抽取视为从特定文本（如一则报告通知）中寻找一组特定的关系（如报告者、时间、地点）。信息抽取另一种不同同的应用，就是建立一个大型的知识库或者从语料中抽取事实性本体。这一应用有三个方面的不同：第一，它是无限制的——我们需要获取关于所有领域的事实，而不仅限于某一特定领域；第二，对于大型语料库，这个任务强调的是准确率，而不是召回率——就像万维网上的问题回答（参见 22.3.6 节）一样；第三，结果是从多个来源统计汇集而成，而不仅从某一特定文本中抽取。

例如，Hearst（1992）研究了从大规模语料中学习由概念类和子类组成的本体的问题。（在 1992 年，1000 页的百科全书就算大型语料库了；而今天则有包含 100 万页面的万维网语料库）这项工作的重点在于通用的（不是限于一个特定领域）、高准确度（结果一旦匹配就几乎总是正确的）、低召回率（并不能总是匹配）的模板。下面的模板就是最有效的之一：

NP **such as** *NP* **(,** *NP***)* (,)? ((and|or)** *NP***)?**

这里加粗的单词和标点在文本中必须逐字出现，括号表示分组，星号表示重复零次或多次，问号表示可选的。*NP* 是一个变量，表示名词短语；第 23 章将介绍如何识别名词短语；现在假设我们知道某些单词是名词，其他单词（例如动词）我们可以可靠地假设它们不是简单名词短语的一部分。这个模板与文本"diseases such as rabies affect your dog"和"supports network protocols such as DNS"相匹配，从而得出 rabies（狂犬病）是一种疾病、DNS 是一种网络协议。类似的模板也可以用"including"、"especially"、"or other"等关键字来构建。当然，这些模板在匹配很多相关段落时会失败，如"Rabies is a disease"。这种失败也是有意为之。因为"*NP* is a *NP*"模板有时的确表示子类关系，但它经常表示其他意思，正如"There is a God"和"She is a little tired"。对于大型语料库，我们可以更挑剔些，使用高准确度的模板获得信息。我们会错过很多子类关系的陈述，但也许相同的意思会在语料库中其他地方以一种我们可用的方式进行表达。

22.4.5　自动模板构建

子类关系是很基础的，值得我们手工构建一些模板来帮助识别自然语言文本中的子类关系实例。但是世界上数千种其他关系呢？不可能有足够多学过人工智能的学生来帮助我们构建和调试针对这些关系的模板。幸运的是，从示例中学习模板是可能的，然后运用这些模板来学习更多的示例，从中又可以学到更多的模板，等等。作为最早的此类实验之一，Brin（1999）从只包括 5 个示例的数据集合来开始：

> ("Isaac Asimov","The Robots of Dawn")
> ("David Brin","Startide Rising")
> ("James Gleick","Chaos-Making a New Science")
> ("Charles Dickens","Great Expectations")
> ("William Shakespeare","The Comedy of Errors")

显然，这是"作者-书名"（author-title）关系的示例，但学习系统并没有关于作者或书名的知识。用这些示例中的单词在万维网语料库中进行搜索，可以得到 199 个匹配结果。每个匹配结果可以表示为一个由七个串组成的元组，

> (Author, Title, Order, Prefix, Middle, Postfix, URL)

这里，如果作者名出现在前则 Order 为真，书名在前则 Order 为假，Middle 是作者和书名之间的字符，Prefix 是匹配文本之前的 10 个字符，Postfix 是匹配文本之后的 10 个字符，URL 是匹配文本所在的万维网地址。

给定一个匹配集合，一个简单的模板生成框架就可以找到能解释这些匹配的模板。模板语言与匹配有紧密的映射关系，适合自动学习，并强调高准确率（可能会出现低召回率的风险）。每个模板和匹配一样包括七个元素。Author 和 Title 是由任意字符组成的正则表达式（但必须以字母开头、以字母结尾），其长度范围被限制为从示例最小长度的一半到最大长度的两倍。Prefix、Middle 和 Postfix 限定为字符串文字，而不是正则表达式。Middle 是最容易学习的：匹配集中每个不同的中间串都是不同的候选模板。对于每个候选模板，其 Prefix 被定义为匹配中所有前缀的最长公共后缀，Postfix 被定义为匹配中所有后缀的最长公共前缀。如果 Prefix 或 Postfix 的长度为零，该模板就被拒绝。模板的 URL 被定义为匹配中 URL 的最长前缀。

在 Brin 进行的实验中，最初的 199 个匹配生成了三个模板。最有用的模板是

`<LI><B> Title </B> by Author(`

URL:www.sff.net/locus/c

接着用这三个模板又找到了其他 4047 个（author，title）示例。根据这些示例又生成了更多的模板，如此不断重复，最终找到了 15 000 多个书名。给定一个较好的模板集合，系统就能生成较好的示例集合。有了较好的示例集合，系统就能够构建较好的模板集合。这种方法最大的缺点是其对噪音的敏感度。如果最初很少的几个模板中有一个不正确，错误就会迅速传播。限制这个问题的一种方法是，不接受新的示例，除非经过了多个模板验证；不接受新的模板，除非它发现了多个其他模板也发现的示例。

22.4.6 机器阅读

自动模板构建是从手工模板构建迈出的一大步，但对于每种关系仍然需要少量的标注示例来启动。如果要构建一个拥有数千种关系的大型本体，这样做所需的工作量也会十分巨大；我们希望有一个对于各种关系都无需人工输入的信息抽取系统——这个系统能够自己阅读并构建自己的数据库。这样的系统是关系独立的，对任何关系都适用。实际上，由于大型语料库的 I/O 需求，系统以并行方式对所有的关系进行处理。这类系统不太像传统的信息抽取系统，传统的信息抽取系统只是针对一部分关系，它更像是一个从文本自身来学习的人类读者；因此，这一领域被称为**机器阅读**（machine reading）。

TEXTRUNNER（Banko 和 Etzioni，2008）是一个代表性的机器阅读系统。TEXTRUNNER 利用协同训练（cotraining）来提升其性能，但它需要一些基础进行引导而逐步提升。对于 Hearst（1992）的例子，通过特定的模式（如 *such as*）进行引导，而 Brin（1998）是由五个"作者-书名"对组成的集合。对于 TEXTRUNNER，最初的灵感是对八个通用的语法模式的分类，如图 22.3 所示。我们可以看到，这些少量的模板就可以覆盖英语中大部分关系的表达方式。实际的引导是从宾州树库（Penn Treebank）中抽取的标注示例开始的，宾州树库是一个由句子的句法分析结果构成的语料库。例如，根据句子"Einstein received the Nobel Prize in 1921"的分析结果，TEXTRUNNER 能提取出关系（"Einstein"、"received"、"Noble Prize"）。

类型	模板	示例	频率
Verb	NP_1 *Verb* NP_2	X established Y	38%
Noun-Prep	NP_1 *NP Prep* NP_2	X settlement with Y	23%
Verb-Prep	NP_1 *Verb Prep* NP_2	X moved to Y	16%
Infinitive	NP_1 **to** *Verb* NP_2	X plans to acquire Y	9%
Modifier	NP_1 *Verb* NP_2 *Noun*	X is Y winner	5%
Noun-Coordinate	NP_1 (,|**and**| ▪|:) NP_2 *NP*	X-Y deal	2%
Verb-Coordinate	NP_1 (,|**and**) NP_2 *Verb*	X,Y merge	1%
Appositive	NP_1 *NP* (:|,) ? NP_2	X hometown: Y	1%

图 22.3　8 个通用模板大约覆盖了英语中 95% 的关系表达方式

给定一个此类标注示例集合，TEXTRUNNER 会训练出一个线性链 CRF 从未标记示例中抽取更多的示例。CRF 的特征包括诸如"to"、"of"和"the"之类的功能词，但不包括名词和动词（以及名词短语和动词短语）。因为 TEXTRUNNER 是领域独立的，它不能依赖于预先定义的名词和动词列表。

TEXTRUNNER 在大规模万维网语料上的准确率达到了 88%，召回率达到了 45%（F_1 为

60%）。TEXTRUNNER 已经从一个包含五亿网页的语料库中提取了数亿条事实信息。例如，即使没有预定义的医疗知识，TEXTRUNNER 仍然能够针对查询[what kills bacteria]抽取出 2000 多个答案，正确的答案包括抗生素、臭氧、氯、环丙沙星和青花菜硫。有疑问的答案包括"水"，这是从句子"Boiling water for at least 10 minutes will kill bacteria"中提取出的信息。这里，把答案定为"boiling water"要比仅仅是"water"要好。

应用本章描述的技术及其后续新的发明，我们正逐步接近机器阅读的目标。

22.5 本 章 小 结

本章要点如下：

- 基于 n 元概率语言模型能够获得数量惊人的有关语言的信息。该模型在语言识别、拼写纠错、体裁分类和命名实体识别等很多任务中有良好的表现。

- 这些语言模型拥有几百万种特征，所以特征的选择和对数据进行预处理减少噪音显得尤为重要。

- **文本分类**可采用朴素贝叶斯 n 元模型或者我们之前讨论过的分类算法。分类也可以看成是数据压缩问题。

- **信息检索**系统使用一种简单的基于词袋的语言模型，它在处理大规模文本语料时，在召回率和准确率上也有好的表现。在万维网语料上，链接分析算法能够提升性能。

- **问题回答**可以采取基于信息检索的方法来处理，因为问题在语料中有多个答案。如果语料中符合的答案较多，我们可以采取更加注重准确率而不是召回率的方法。

- **信息抽取**系统使用更复杂的模型，模板中包含了有限的语法和语义信息。系统可以采取有限状态自动机、HMMs 或条件随机领域进行构建，并且从示例中进行学习。

- 构建统计语言系统时，最好是设计一种能够充分利用可用数据的模型，即使该模型看起来过于简单。

参考文献与历史注释

语言建模的 n 元字符模型是由 Markov（1913）提出的。Claude Shannon（Shannon 和 Weaver，1949）首先建立了英语的 n 元词模型。Chomsky（1956,1957）指出了有限状态模型相对于上下文无关模型的局限性，并推断"概率模型不能提供关于某些句法结构的基本问题的特殊见解"。这是正确的，但是概率模型确实能够为某些其他基本问题提供见解，而这些问题是上下文无关模型忽视了的。乔姆斯基的评论产生了不幸的后果，使得 20 年间很多人不敢去碰概率模型，直到这些模型重新在语音识别研究中（Jelinek，1976）出现。

Kessler 等（1997）显示了如何把 n 元字符模型运用到体裁分类中，Klein 等（2003）描述了如何运用字符模型进行命名实体的识别。Franz 和 Brants（2006）介绍了谷歌 n 元语料库，统计自上万亿词的万维网文本（包含 1300 万不同单词），该语料库现在已经可以公开使用了。**词袋**模型的名称来源于语言学家 Zellig Harris（1954）的一段话，"语言不仅仅是一袋词，也是具有特殊性质的工具。" Norvig（2009）给出了一些可以用 n 元模型完成的任务的例子。

　　加 1 平滑是 Pierre-Simon Laplace（1816）首先提出的，之后被 Jeffreys（1948）形式化，插值平滑则应归功于 Jelinek 和 Mercer（1980），他们将其用于语音识别中。其它的技术还包括 Witten-Bell 平滑（1991）Good-Turing 平滑（Church 和 Gale，1991）以及 Kneser-Ney 平滑（1995）。Chen（1996）和 Goodman（2001）对平滑技术进行了综述。

　　简单的 n 元字符和单词模型不是唯一可能的概率模型。Blei 等（2001）介绍了名为**潜在狄利克雷分布**（latent Dirichlet allocation）的概率文本模型，它将文档视为主题的组合，而每个主题都有各自的单词分布。该模型可以被视为 Deerwester 等人（1990）的**潜在语义索引**（latent semantic indexing）模型的一种扩展和合理化实现（参见（Papadimitriou 等，1998）），而且该模型也与（Sahami 等, 1996）的多因混合模型（multiple-cause mixture model）有联系。

　　Manning 和 Schütze（1999）以及 Sebastiani（2002）对文本分类技术进行了综述。Joachims（2001）利用统计学习理论和支持矢量机器对分类何时有效进行了理论分析。Apté 等（1994）报告了在将路透社的新闻文章归为"Earnings"类别时达到了 96% 的准确度。Koller 和 Sahami（1997）报告了用朴素的 Bayes 分类器的准确度上升到了 95%，如果贝叶斯分类器考虑特征之间的依赖性的话，准确度可以达到了 98.6%。Lewis（1998）对 40 年来朴素贝叶斯技术在文本分类和信息检索中的应用情况进行了分析。Schapire 和 Singer（2000）表明简单线性分类器的准确度往往能达到更复杂模型几乎同样的水平，并且评估效率更高。Nigam 等（2000）表明了如何使用 EM 算法来标注未标注的文档，从而学习更好的分类模型。Witten 等（1999）描述了用于分类的压缩算法，并表明 LZW 压缩算法和最大熵语言模型之间有深层次的联系。

　　许多 n 元模型技术用于解决生物信息学问题。生物统计学和概率 NLP 联系越来越紧密，二者都是处理由字母表的符号组成的长而有结构的序列。

　　在 Internet 搜索的广泛应用的推动下，信息检索领域越来越受重视。Robertson（1977）给出了一个早期的综述，并引入了概率排序原则。Croft 等（2009）和 Manning 等（2008）都是最先覆盖基于万维网的搜索和和传统 IR 的教材。Hearst（2009）介绍了万维网搜索的用户接口。由美国政府的国家标准与技术协会（NIST）组织的 TREC 会议，每年举办一次 IR 系统竞赛，并出版会议论文集介绍竞赛结果。在竞赛的头 7 年中，系统性能差不多提高了一倍。

　　最流行的 IR 模型是**向量空间模型**（vector space model，Salton 等，1975）。Salton 的工作在信息检索的早期研究中占据了主导地位。现在有两个不同的概率模型，其中一个由 Ponte 和 Croft（1998）提出，另一个则由 Maron 和 Kuhns（1960）以及 Robertson 和 Sparch Jones（1976）提出。Lafferty 和 Zhai（2001）阐明了这些模型都基于相同的联合概率分布，但是模型的选择导致了对参数的不同训练方法。Craswell 等（2005）阐述了 BM25 评分函数，Svore 和 Burges（2009）介绍了如何利用结合了点击数据的机器学习方法来改进 BM25，点击数据是指用户过去的搜索查询和点击结果的样例。

　　Brin 和 Page（1998）介绍了页面排序（PageRank）算法和万维网搜索引擎的实现。Kleinberg（1999）介绍了 HITS 算法。Silverstein 等（1998）研究了包含十亿条记录的万维网搜索日志。《信息检索》期刊和一年一度的 SIGIR 会议覆盖了该领域最新的研究成果。

早期的信息抽取程序包括 GUS（Bobrow 等，1977）以及 FRUMP（DeJong，1982）。近年来，每年一次的"消息理解会议"（Message Understand Conferences，MUC）推动了信息抽取的研究，该会议得到了美国政府的资助。FASTUS 有限状态系统是由 Hobbs 等（1997）实现的。它的部分思路来源于 Pereira 和 Wright（1991）提出的使用有限自动机作为短语结构文法的近似的思想。Roche 和 Schabes（1997）、Appelt（1999）和 Muslea（1999）对基于模板的系统进行了综述。Craven 等（2000）、Pasca 等（2006）、Mitchell（2007）和 Durme、Pasca（2008）介绍了抽取大规模事实数据库的工作。

Freitag 和 McCallum（2000）探讨了用于信息抽取的 HMM。Lafferty 等（2001）提出了 CRF；(McCallum，2003)介绍了一个将 CRF 用于信息抽取的例子，(Sutton 和 McCallum，2007）提供了导引和实践指导。Sarawagi（2007）给出了综述。

Banko 等（2002）展示了 ASKMSR 问题回答系统，Kwok 等（2001）介绍了一个类似的系统。Pasca 和 Harabagiu（2001）讨论了"竞赛比拼"（contest-winning）的问题回答系统。Riloff（1993）提出了两种自动化知识工程的方法，在早期颇有影响。他还指出自动化构建词典的效果几乎同人工仔细编纂的领域相关词典一样。Yarowsky（1995）表明在词义消歧的研究中，在未标注文本语料上进行无监督训练，获得的准确率和有监督方法相当。

Blum 和 Mitchell（1998）、Brin（1998）同时独立提出了从少量标注示例开始抽取模板和示例的思想，前者称这种方法为协同训练（cotraining），后者称之为 DIPRE（Dual Iterative Pattern Relation Extraction，双重迭代模式关系抽取）。从中不难看出为什么会用 "协同训练"这个术语。在早期类似的工作中，被称为"步步为营法"（bootstrapping）的方法是由 Jones 等（1999）完成的。QXTRACT（Agichtein 和 Gravano，2003）和 KNOWITALL（Etzioni 等，2005）系统进一步完善了该方法。机器阅读的研究由 Mitchell（2005）和 Etzioni 等（2006）提出，并成为 TEXTRUNNER 项目（Banko 等人，2007；Banko 和 Etzioni，2008）的重点。

本章关注自然语言文本，信息抽取也可以不依赖于语言结构，仅根据文本的物理结构和格局进行。HTML 中的列表、HTML 和关系数据库中的表格，都是数据的有效形式，都可以被抽取出来进行统一整理（Hurst，2000；Pinto 等，2003；Cafarella 等，2008）。

计算语言学协会（Association for Computational Linguistics，ACL）定期举办会议并出版了《计算语言学》期刊。还有计算语言学的国际会议（International Conference on Computational Linguistics，COLING）。教材 Manning 和 Schütze（1999）覆盖了统计语言处理，同时 Jurafsky 和 Martin（2008）对语音和自然语言处理作了一个全面的介绍。

习　　题

22.1 本题将研究 n 元语言模型的性质。找到或建立一个超过 100 000 个词的单语语料库。将语料的单词进行分割，计算每个单词的频度。有多少个不同的单词？请同时计算二元组（两个连续的词）以及三元组（三个连续的词）的频度。现在利用这些频度生成语言：依次按照一元模型、二元模型和三元模型提供的频率，随机选择单词生成 100 词的文本。将这 3 段生成的文本与实际语言相比较。最后计算每个模型的复杂度（perplexity）。

22.2 编写一个程序对不含空格的单词串进行分词。给一个字符串，如这个 URL "thelong-estlistofthelongeststuffatthelongestdomainnameatlonglast.com"，分词后返回一个单词列表：["the", "longest", "list", …]。这一任务对于解析 URL、对连续单词的拼写纠错以及像中文这类词间没有空格的语言都很有意义。可借助一元或二元词模型以及类似于 Viterbi 算法的动态规划算法解决这类问题。

22.3 （改编自 Jurafsky 和 Martin（2000））在本题中，我们将开发一个作者分类器：给定一篇文章，它将试图在两个候选作者中判断是谁写的这篇文章。首先收集两个不同作者的文本样本。将它们分为训练集和测试集。现在，在训练集上训练一个语言模型。你可以选择自己的特征，词或字母的 n 元组最为简单，但你也可以添加更多你认为可能有帮助的特征。然后分别计算文本在每个语言模型下的概率，选择最可能的模型。请评估该类技术的准确率。随着特征集的变化，准确率会如何改变？语言学的这个子领域被称为**语言风格分析**（stylometry），它成功地完成了对某些作品的作者鉴别，如有争议的《联邦主义者文集》（Federalist Papers）（Mosteller 和 Wallace，1964）、某些有争议的莎士比亚作品（Hope，1994）。Khmelev 和 Tweedie（2001）利用简单的字母二元模型就获得了很好的结果。

22.4 本题关心的是垃圾邮件的分类问题。建立一个垃圾邮件语料库和一个非垃圾邮件的语料库。研究每个语料库，选择对分类有用的特征：一元词？二元？信息长度、发信人、到达时间？然后在训练集上训练一个分类算法（决策树、朴素贝叶斯、SVM、逻辑回归或其他你选择的算法），并报告该算法在测试集上的准确率。

22.5 建立一个包含 10 个查询的测试集，把它们提交给 3 个主要的万维网搜索引擎。评估每个搜索引擎分别在返回 1、3、10 篇文档时的准确率。你能解释它们之间的区别吗？

22.6 分析前一题中各搜索引擎是否使用大小写转换处理、取词干、同义词和拼写纠错功能。

22.7 编写一个正则表达式或者一个简短的程序用来抽取公司名称。请在商业新闻语料库上对其进行测试。报告你的准确率和召回率。

22.8 考虑这样一个问题：评估返回答案排名列表（如同大部分万维网搜索引擎）的 IR 系统质量的问题。合适的质量评估方法依赖于搜索用户的意图模型及其采取的策略。对于以下列模型，提出相应的定量评测方法。

a. 搜索用户考查前 20 个返回的结果，以获取尽可能多相关信息为目标。

b. 搜索用户仅需要一个相关文档，用户会从前往后遍历结果列表，直至找到第一个相关文档。

c. 搜索用户能提出相当精确的询问，会查看所有检索到的结果。用户希望能确保她能看到文档集合中所有和她的查询相关的信息。（例如，律师想要确保她找到了所有相关的先例，也愿意为此花费一定的代价。）

d. 搜索用户只需要一个与询问相关的文档，而且能花钱请一名研究助理用一个小时来查看返回结果。该助理在一小时内能够查阅 100 个检索出来的文档。不论研究助理很快就找到了文档、还是花完一小时才找到，搜索用户都要向助理支付整个一小时的费用。

e. 搜索用户会查阅所有结果。检查一个文档的代价为$A，找到一个相关文档的价值为$B，漏掉的一个相关文档的代价为$C。

f. 搜索用户想要收集尽可能多的相关文档，但需要鼓励才会继续工作。用户按顺序查阅文档，如果到目前为止所检查的文档大多不错，她就会继续查阅；否则，她将停止查阅。

第 23 章　用于通讯的自然语言

本章中我们看看人们彼此之间如何通过自然语言进行交流以及计算机 Agent 如何加入到会话中。

通讯（Communication）是一种通过产生和感知**信号**（**signs**）而形成的有目的的信息交换，这些信号取自由约定信号组成的共享系统。大多数动物用信号表示重要消息：这里有食物、附近有捕食动物、前进、后退、求偶。在一个部分可观察的世界里，通讯可以帮助 Agent 取得成功，因为 Agent 能够通过通讯获得由其他 Agent 观察到或推断出的信息。人类是所有物种中最健谈的，如果 Agent 要对人类有所帮助的话，它们需要学习使用语言。本章我们来考虑用于通讯的语言模型。试图深度理解会话的模型，比那些旨在进行垃圾分类的简单模型更加复杂。本章首先介绍句子的短语结构语法模型，然后将语义加入模型，再将其用于机器翻译和语音识别。

23.1　短语结构语法

第 22 章提到的 n 元语言模型是基于单词序列的。这些模型的最大问题是**数据稀疏**（**data sparsity**）——对于一个包含 10^5 个单词的词汇表，将有 10^{15} 个三元概率需要估计，所以，即使语料库有上万亿个单词，也不能提供可靠的评估。我们可以通过推广（generalization）的方法来解决稀疏问题。举例来说，"black dog" 比 "dog black" 出现得更频繁，相似的，我们推广成：英语中形容词倾向于出现在名词之前（相反，在法语中形容词倾向于出现在名词之后："chien noir" 出现得更频繁）。当然，总会有例外的情况，"galore" 形容词，它跟在它所修饰的名词的后面。尽管有特例，**词法范畴**（lexical category，也称为**词类**，part of speech），如名词或形容词，是一种有效的推广方法。但是，如果我们将词类组合成**句法范畴**（syntactic category，也称句法单位），如名词短语或动词短语，并将这些句法范畴构成句子的**短语结构**（phrase structure）树，每个嵌套短语都表示为一个范畴，模型就会更加有效。

一直有很多基于短语结构思想的有竞争力的语言模型。我们将介绍一个比较流行的模型：**概率上下文无关文法**（probabilistic context-free grammar）或者 PCFG[1]。**文法**（grammar）是一个规则的集合，它将语言定义为一个允许的词串集合。"概率"意味着文法给每个字符串分配一个概率。下面是一个 PCFG 规则：

$$VP \quad \rightarrow \quad Verb[0.70]$$
$$| \quad VP\ NP\ [0.30]$$

其中，VP（verb phrase，动词短语）和 NP（noun phrase，名词短语）是**非终结符**（non-terminal

---

1　PCFG 也被称为随机上下文无关文法（stochastic context-free grammars，简称 SCFG）。

symbols）。文法也用到真正的单词，即**终结符**（terminal symbols）。上面的规则表示，动词短语单独由动词组成的概率为 0.70，由一个 *VP* 后面跟上一个 *NP* 组成的概率为 0.30。附录 B 讲述了非概率的上下文无关文法。

现在我们针对一个小的英语片段定义文法，这个英语片段适用于 Agent 在探索 wumpus 世界时进行相互交流。我们称之为 ε_0 语言。在后续章节里，我们将改进 ε_0 使其更接近于真实英语。要为英语设计一个完整的语法是非常困难的，因为就算是两个人也不会在有效英语的构成上达成一致。

生成能力

可以根据**生成能力**（generative capacity）对文法形式进行分类，生成能力是指文法所能表示的语言集合。乔姆斯基（Chomsky，1957）根据重写规则的形式的不同定义了 4 类文法形式。这些文法类别构成了一个层次结构，其中每一类都除了能描述较低能力类所能描述的所有语言以外，还可以描述一些其他语言。下面我们列出这个层次结构，从描述能力最强的类型开始：

递归可枚举（Recursively enumerable）文法使用无约束的规则：重写规则的左右两侧都可以包含任意数量的终结符和非终结符，如 A B C → D E。这类文法的表达能力与图灵机相同。

上下文有关文法（Context-sensitive grammar）只要求重写规则的右部包含的符号数目不少于左部符号的数目。"上下文有关"这个名称来自这样的事实：以规则 $A X B \to A Y B$ 为例，它的意思是说，如果 X 出现在前有 A 后有 B 的上下文中，那么可以将其重写为 Y。上下文有关文法能够表示 $a^n b^n c^n$（表示 n 个 a、n 个 b 和 n 个 c 组成的序列，a、b 和 c 的数目相同）这类语言。

上下文无关文法（Context-free grammar，简称 CFG）中，每个重写规则的左部只有一个单独的非终结符。因此，每条规则允许在任何上下文中将该非终结符重写为规则的右部。尽管现在广泛接受的观点是至少某些自然语言包含了非上下文无关的成分（Pullum，1991），但 CFG 仍广泛用于自然语言和程序设计语言的语法。上下文无关文法能够表示 $a^n b^n$ 这类语言，但不能表示 $a^n b^n c^n$。

正则文法（Regular grammar）是约束最强的一类。它的每条重写规则的左部是一个单独的非终结符，右部是一个终结符、后面跟着一个可有可无的非终结符。正则文法的表达能力与有限状态自动机相同。这类文法不太适合程序设计语言，因为它们不能表示诸如对称的括号串这类结构（$a^n b^n$ 语言的一个变种）。它们能表示的最接近的语言就是 $a * b *$，即由任意数量的 a 后面跟着任意数量的 b 组成的一个序列。

尽管在层次体系中等级越高的文法表达能力越强，但是处理它们的算法的效率也越低。直到 20 世纪 80 年代，语言学家一直把注意力集中在上下文无关和上下文有关语言上。从那时开始，由于需要对上百万字节甚至上十亿字节的在线文本进行非常快速的处理，哪怕分析是不完整的也可接受，因此，正则文法重新激起了研究兴趣。正如 Fernando Pereira 指出的那样："随着年纪的越来越大，我研究的乔姆斯基文法层次也越来越低"。读者可以可以比较阅读 Pereira 和 Warren（1980）以及 Mohri、Pereira 和 Riley（2002）（注：这三位作者现在都在为谷歌的大型文本语料库工作）这篇文章，就可以理解 Fernando Pereira 说的意思了。

23.1.1　ε₀ 的词典

首先我们定义一个**词典**（lexicon），或者说合法的词语列表。这些词语按照一种字典使用者熟悉的**词法范畴**（lexical categories）进行分类：指示事物的名词、代词、名字，指示事件的动词，修饰名词的形容词，修饰动词的副词，以及功能词：冠词（比如 the）、介词（in）和连词（and）。图 23.1 描述了一个小型的 ε₀ 语言的词典。

$$
\begin{aligned}
&\textit{Noun} &\rightarrow\ &\textbf{stench}\ [0.05]\ |\ \textbf{breeze}\ [0.10]\ |\ \textbf{wumpus}\ [0.15]\ |\ \textbf{pits}\ [0.05]\ |\ ..\\
&\textit{Verb} &\rightarrow\ &\textbf{is}\ [0.10]\ |\ \textbf{feel}\ [0.10]\ |\ \textbf{smells}\ [0.10]\ |\ \textbf{stinks}\ [0.05]\ |\ ...\\
&\textit{Adjective} &\rightarrow\ &\textbf{right}\ [0.10]\ |\ \textbf{dead}\ [0.05]\ |\ \textbf{smelly}\ [0.02]\ |\ \textbf{breezy}\ [0.02]\ ...\\
&\textit{Adverb} &\rightarrow\ &\textbf{here}\ [0.05]\ |\ \textbf{ahead}\ [0.05]\ |\ \textbf{nearby}\ [0.02]\ |\ ...\\
&\textit{Pronoun} &\rightarrow\ &\textbf{me}\ [0.10]\ |\ \textbf{you}\ [0.03]\ |\ \textbf{I}\ [0.10]\ |\ \textbf{it}\ [0.10]\ |\ ...\\
&\textit{RelPro} &\rightarrow\ &\textbf{that}\ [0.40]\ |\ \textbf{which}\ [0.15]\ |\ \textbf{who}\ [0.20]\ |\ \textbf{whom}\ [0.02]\ \vee\ ...\\
&\textit{Name} &\rightarrow\ &\textbf{John}\ [0.01]\ |\ \textbf{Mary}\ [0.01]\ |\ \textbf{Boston}\ [0.01]\ |\ ...\\
&\textit{Article} &\rightarrow\ &\textbf{the}\ [0.40]\ |\ \textbf{a}\ [0.30]\ |\ \textbf{an}\ [0.10]\ |\ \textbf{every}\ [0.05]\ |\ ...\\
&\textit{Prep} &\rightarrow\ &\textbf{to}\ [0.20]\ |\ \textbf{in}\ [0.10]\ |\ \textbf{on}\ [0.05]\ |\ \textbf{near}\ [0.10]\ |\ ...\\
&\textit{Conj} &\rightarrow\ &\textbf{and}\ [0.50]\ |\ \textbf{or}\ [0.10]\ |\ \textbf{but}\ [0.20]\ |\ \textbf{yet}\ [0.02]\ \vee\ ...\\
&\textit{Digit} &\rightarrow\ &\textbf{0}\ [0.20]\ |\ \textbf{1}\ [0.20]\ |\ \textbf{2}\ [0.20]\ |\ \textbf{3}\ [0.20]\ |\ \textbf{4}\ [0.20]\ |\ ...
\end{aligned}
$$

图 23.1　ε₀ 的词典。*RelPro* 是关系代词的缩写，*Prep* 是介词的缩写，*Conj* 是连词的缩写。每个范畴的概率和为 1

每个以"…"结尾的范畴说明在这个范畴中还有其他词语。对于名词、名字、动词、形容词和副词而言，即便从原则上说，将它们全部列出也是不可行的。不仅是因为每类中有成千上万的词语，而且经常还有新词加入——如 iPod 或者 biodiesel。这 5 个范畴被称为**开放类**（open class）。对于代词、关系代词、冠词、介词以及连词这些范畴，我们努点力就能够完全列举出这些词语。这些范畴被称为**封闭类**（closed class），它们只包含少量词语（十来个或更多）。封闭类经过几个世纪才发生变化，而不是几个月。比如，词语"thee"和"thou"在 17 世纪是被普遍使用的代词，到了 19 世纪这种趋势才减弱，而今天仅仅在诗歌和某些地区方言中才能见到。

23.1.2　ε₀ 的语法

下一步则是将单词组合成短语。图 23.2 描述了 ε₀ 的语法，6 个句法范畴的规则，并且为每条重写规则都提供了一个例子[1]。图 23.3 描述了句子"Every wumpus smells."的**分析树**（parse tree）。分析树给出了一各构造性的证明：该单词串的确是符合 ε₀ 规则的句子。ε₀ 语法能够生成很多英语语句，如：

John is in the pit

The wumpus that stinks is in 2 2

Mary is in Boston and the wumpus is near 3 2

1　关系从句跟在名词短语后面并修饰该名词短语。关系从句由一个关系代词(如 who 或 that)加上一个动词短语构成。句子"*The wumpus that stinks is in 2 2.*"中的 *that stinks* 就是一个关系从句的例子。另一类关系从句没有关系代词，如"the man *I know.*"中的 *I know*。

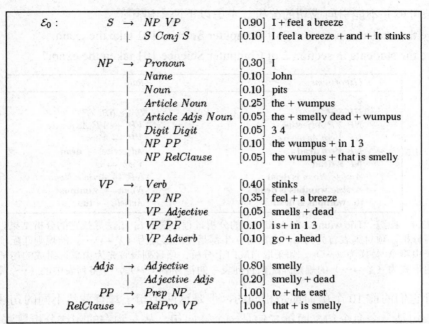

图 23.2 ε_0 的语法，每条规则都给出了一个短语作为例子。句法范畴为句子（S）、名词短语（NP）、动词短语（VP）、形容词列表（$Adjs$）、介词短语（PP）和关系从句（$RelClause$）

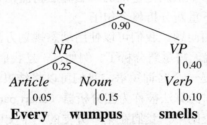

图 23.3 语句 "Every wumpus smells" 按照 ε_0 语法生成的分析树。树中的每个内部结点都标明了它的概率值。整个分析树的概率值为 $0.9 \times 0.25 \times 0.05 \times 0.15 \times 0.40 \times 0.10 = 0.0000675$。由于该句只有这棵树一个分析结果，所以该值也是整个句子的概率值。分析树也可以用线性形式表述，如：$[S \ [NP \ [Article \ \textbf{every}] \ [Noun \ \textbf{wumpus}]][VP \ [Verb \ \textbf{smells}]]]$

不幸的是，该语法会**过生成**（overgenerate）：也就是说，它可以生成不符合语法的语句，比如 "Me go Boston" 和 "I smell pits wumpus John." 同时它也可能**欠生成**（undergenerates）：它会拒绝很多英语中的语句，比如 "I think the wumpus is smelly." 下面我们将看到如何学习获得更好的语法，现在我们暂时把注意力集中在运用现有语法我们能做些什么。

23.2 句法分析

句法分析（Parsing）是按照语法规则分析单词串从而得到其短语结构的过程。图 23.4 说明了我们可以从 S 符号开始，自顶向下搜索并构造以单词作为叶子结点的树，或者我们也可以从单词出发，自底向上搜索并构造树直到顶端 S。然而，自顶向下和自底向上句法分析方法都可能比较低效，二者都会对搜索空间中的某些区域做重复工作而浪费时间，而这些区域可能并不能引向成功的分析。考虑以下两个语句：

Have the students in section 2 of Computer Science 101 take the exam.

Have the students in section 2 of Computer Science 101 taken the exam?

List of items	Rule
S	
$NP\ VP$	$S \rightarrow NP\ VP$
$NP\ VP\ Adjective$	$VP \rightarrow VP\ Adjective$
$NP\ Verb\ Adjective$	$VP \rightarrow Verb$
$NP\ Verb\ \textbf{dead}$	$Adjective \rightarrow \textbf{dead}$
$NP\ \textbf{is dead}$	$Verb \rightarrow \textbf{is}$
$Article\ Noun\ \textbf{is dead}$	$NP \rightarrow Article\ Noun$
$Article\ \textbf{wumpus is dead}$	$Noun \rightarrow \textbf{wumpus}$
$\textbf{the wumpus is dead}$	$Article \rightarrow \textbf{the}$

图 23.4　跟踪 "The wumpus is dead" 串的分析过程，根据 ε_0 语法寻找它的分析结果。如采取自顶向下短语分析，项目列表首先为 S，之后每一步都是使用形式为 $(X \rightarrow \cdots)$ 的规则匹配项目 X，并在项目列表中将 X 替换为 $(\cdots)$。如采取自底向上分析，项目列表首先为由单词组成的句子，之后每一步都使用形式为 $(X \rightarrow \cdots)$ 的规则匹配项目列表中的符号串 $(\cdots)$，并将列表中的 $(\cdots)$ 替换为 X

尽管它们的前 10 个单词都是相同的，但是这两个句子却有截然不同的句法分析结果，因为第一句是一个命令句，而第二句是一个疑问句。从左到右的句法分析算法将不得不猜测第一个单词到底是命令句还是疑问句的组成部分，直到处理到第十一个单词 take 或 taken 时，算法才能够确定到底哪个猜测是正确的。当算法猜测错误时，它必须一直回溯到第一个单词，并在另一种解释下重新分析整个句子。

为了这种导致低效率的问题，我们可以使用动态规划方法：每次分析子串时，就将结果存储起来，将来再碰到就无需重新分析了。例如，一旦我们发现 "the students in section 2 of Computer Science 101" 是一个名词短语，我们可以将结果记录在一种被称为**图**（chart）的数据结构中。做这种工作的算法被称为**图分析器**（chart parser）。因为我们使用的是上下文无关文法，因此在搜索空间中，我们在某一分支的上下文中对任何短语的分析，也可以在其他分支中适用。图分析器有很多种类，我们介绍的是一种自底而上的方法，被称为 **CYK 算法**（CYK algorithm），该算法以其发明者命名：John Cocke，Daniel Younger 和 Tadeo Kasami。

图 23.5 描述了 CYK 算法。注意，算法要求文法的所有规则都符合下面两种形式之一：词法规则的形式是 $X \rightarrow \textbf{word}$，而句法规则的形式是 $X \rightarrow YZ$。这种文法形式被称为 **Chomsky 范式**（Chomsky Normal Form），虽然看上去是受限的，其实不然：任何上下文无关语法的都可以被自动转换为 Chomsky 范式。习题 23.8 可以引导你思考这个转换过程。

CYK 算法中表 P 占用的空间为 $O(n^2 m)$，其中 n 是句子中单词的数目，m 是文法中非终结符的数目，其时间花费为 $O(n^3 m)$。（由于 m 对于某一具体语法而言是常量，通常也被描述为 $O(n^3)$）虽然对于限制更加严格的文法可以找到更快的算法，但对于一般的上下文无关语法而言，已经没有比 CYK 更好的算法。事实上，让一个算法在 $O(n^3)$ 的时间内完成分析，也是件很技巧的工作，因为一个句子可能会有指数级数目的分析树。考虑如下句子：

Fall leaves fall and spring leaves spring.

```
function CYK-PARSE(words,grammar) returns P, a table of probabilities
    N ← LENGTH(words)
    M ← the number of nonterminal symbols in grammar
    P ← an array of size [M, N, N], initially all 0
    /* Insert lexical rules for each word */
    for i = 1 to N do
        for each rule of form (X → words_i [p]) do
            P[X, i, 1] ← p
    /* Combine first and second parts of right-hand sides of rules, from short to long */
    for length = 2 to N do
        for start = 1 to N - length + 1 do
            for len1 = 1 to N - 1 do
                len2 ← length - len1
                for each rule of the form (X → Y Z [p]) do
                    P[X, start, length] ← MAX(P[X, start, length],
                                    P[Y, start, len1] × P[Z, start + len1, len2] × p)
    return P
```

图 23.5　CYK 句法分析算法。给定一个单词串，算法将找出整个串及其所有子串的最可能的推导。算法的返回值是整个表 P，其中数组 $P[X, start, len]$ 表示的是从位置 start 开始、长度为 len 的子串构成范畴 X 的最可能概率。如果在该子串不能构成 X，那么概率为 0

这句话有歧义，因为句中的每一个单词（除了 and）都既可作名词又可作动词，同时"fall"和"spring"还可以作形容词。（例如，"Fall leaves fall"的一个意思是"秋天抛弃了秋天"。）按照 ε_0 这句话有四种分析结果：

[S [S [NP Fall leaves] fall] and [S [NP spring leaves] spring]

[S [S [NP Fall leaves] fall] and [S spring [VP leaves spring]]

[S [S Fall [VP leaves fall]] and [S [NP spring leaves] spring]

[S [S Fall [VP leaves fall]] and [S spring [VP leaves spring]]

如果一个子句包含有 c 个双歧义词，我们就会得出 2^c 种不同的途径去挑选这个句子的解释[1]。那么 CYK 算法是如何在 $O(c^3)$ 的时间内处理 2^c 个的分析树的？答案是该算法并没有检查所有的分析树；它所做的只是计算可能性最大的树的概率。这些子树都表示在表 P 中，并且通过少量的工作我们就可以将他们全部枚举出来（在指数时间内），但 CYK 算法的美妙之处就在于我们不必枚举出他们，除非我们需要这么做。

在实践中，我们通常只对最好的分析结果感兴趣，而不是所有的分析结果。可以将 CYK 算法看成是定义了按照"运用文法规则"这一操作而得到的完全状态空间，因而可以利用 A*算法实现只搜索空间的某一部分。空间中的每一个状态都是一个项目列表（单词或句法范畴），如自底向上分析表（图 23.4）中所示。起始状态是一个单词序列，而目标状态是一个项目 S。每个状态的代价为按照当前已使用规则的概率而计算得到的概率的倒数，也有许多启发式方法可用来估计到目标的剩余距离。最佳的启发式是通过机器学习从句子语料库上获取。利用 A*算法我们没必要搜索整个状态空间，而且我们也能确保我们首先找到的分析结果就是可能性最大的分析。

1　如果成分的结合的方式不同，也有可能有 $O(c!)$ 种歧义——例如，比较(X and (Y and Z))和((X and Y) and Z)。但这是另一个问题了，参见 Church and Patil（1982）。

23.2.1　学习 PCFG 的概率

一个 PCFG 包含许多规则，每条规则附有一个概率。这暗示着，从数据中**学习**文法可能比知识工程方法更好。如果具备大量的经过正确分析的句子，通常称为**树库**（treebank），学习 PCFG 的任务就会变得极其简单了。宾州树库（Penn Treebank, Marcus 等 1993）最有名，它包括三百万词语料，利用自动工具外加一些人工工作，进行了词类和分析树结构标注。表 23.6 所展示的就是一个宾州树库中的带标记的树。

给定一个树库语料，我们就能够通过计数（和平滑）建立 PCFG。在上面的例子中，形如[S[NP…][VP…]]的结点有两个。我们可以统计一下语料库中所有以 S 为根的子树数目。如果在 100 000 个 S 结点中有 60 000 个是这种形式，那么我们就可以建立如下规则：

$S \rightarrow NP\ VP$ [0.60]

如果没有树库可用、而只有未经分析且无标记的原始句子该怎么办？此时仍然有可能从这样的语料库中学到文法，但难度也更大。首先，我们实际上有两个问题：学习文法规则的结构和学习每条规则相关的概率。（我们在学习贝叶斯网络时也有这样的区分）。我们假设词法和句法范畴名已经给出。（即使没有，我们也可以假设有范畴 $X_1, \cdots, X_n$，然后通过交叉验证选出 n 的最优值）。之后，我们可以假设文法包含了所有可能的$(X \rightarrow Y\ Z)$或$(X \rightarrow word)$的规则，尽管其中有许多规则的概率为 0 或者接近 0。

就像在学习 HMM 时一样，我们可以采用最大期望（EM）方法。要学习的参数是规则的概率，我们从随机或统一的初始值开始。而隐变量是分析树：我们还不知道词序列 $w_i \cdots w_j$ 是否由规则$(X \rightarrow \cdots)$产生。E 步骤估计每条规则产生每个子序列的概率。然后，M 规则估计每条规则的概率。整个计算过程以动态规划的方式实现，所采用的是**向内向外算法**（inside-outside algorithm），类似于 HMM 的前向后向算法。

向内向外算法令人不可思议的地方在于能够从未经句法分析的文本中诱导出文法。但它也存在许多缺点。首先，诱导出的文法产生的句法分析结果往往难以理解，不能令语言学家满意。这使得把很难把手工知识和自动诱导出的知识结合以来。其次，该算法速度很慢：复杂度是 $O(n^3m^3)$，其中 n 是句子中的词数，m 是文法非终结符的数目。第三，概率赋值的空间很大，陷入局部极大点是经常遇到的严重问题。模拟退火等其他方法可以得到更接近全局最大点的结果，代价也更大。Lari 和 Young（1990）指出向内向外算法"面对实际问题的计算代价很难应付"。

然而，如果我们愿意打破只从未分析文本中学习这一限制，还是可以有进步的。一种方法是从**原型**中学习：给出一些种子规则，类似 ε_0 规则。以此为基础，更复杂的规则学起来就更容易，这样得到的文法用于英语分析时，整体的召回率和准确率大约是 80%（Haghighi and Klein, 2006）。另外一种方法是利用树库，除了直接从括号标记中学习 PCFG 规则之外，也学习不在树库中的规则。例如，图 23.6 中的树就没有区分 NP 和 NP-SBJ 之间的差别。后者是用于代词"she"，而前者用余代词"her"。在 23.6 节我们会深入探讨这个问题，而现在我们可以说有很多有效的方法可以去分裂一个范畴，就像 NP——文法诱导系统会利用树库、并自动分裂范畴，这样做比那些坚持用原始范畴集合的方法要好（Petrov and Klein, 2007c）。自动学习文法的错误率仍然比手动建立的文法高 50%，但差距正在减小。

```
[ [S [NP-SBJ-2 Her eyes]
    [VP were
        [VP glazed
            [NP *-2]
            [SBAR-ADV as if
                [S [NP-SBJ she]
                    [VP did n't
                        [VP [VP hear [NP *-1]]
                            or
                            [VP [ADVP even] see [NP *-1]]
                            [NP-1 him]]]]]]]]
    .]
```

图 23.6　宾州树库中句子"Her eyes were glazed as if she didn't hear or even see him."的带标记的树。注意，在这个语法中，作宾语的名词短语（*NP*）和作主语的名词短语（*NP-SBJ*）是区开的。同时也要注意有一种语法现象我们还没涉及：一个短语从树的一部分移到了另一部分。这棵树以两个连续动词短语 *VP* 的方式分析短语"hear or even see him"，　[VP hear [NP *-1]] 和 [VP[ADVP even] see [NP *-1]]，这两个结构都缺了宾语，用 *-1 表示，并参引到与树中某个名词短语 *NP*，　即[NP-1 him]

23.2.2　比较上下文无关法和马尔科夫模型

PCFG 的问题在于它们是上下文无关的。也就意味着 P("eat a banana")和 P("eat a bandanna")之间的差别仅仅取决于 P(*Noun* → "banana")和 P(*Noun* → "bandanna")之间的差异，而不依赖于"eat"和相应宾语之间的关系。（在英语中，banana 是香蕉，bandanna 是大手帕，译者注）利用 2 阶或更高阶的马尔科夫模型，当给定一个足够大的语料库时，就会知道"eat a banana"的可能性更大。我们可以将 PCFG 和马尔科夫模型结合起来以达到最佳。估算句子概率最简单的方法是取两种模型分别计算出的概率的几何平均数。然后我们就知道到从文法和词法的角度上看"eat a banana"都是可能的。但这种方法依然无法从句子"eat a slightly aging but still palatable banana"中找出"eat"和"banana"之间的关系，因为在这里关系的距离超过了两个单词。增加马尔科夫模型的阶数也不能更精确地获取关系，要做到这点，可以利用词汇化的 PCFG（lexicalized PCFG），这种方法将会在下节介绍。

PCFG 的另一个问题是它们对于短句子有着强烈的偏置。在 *Wall Street Journal* 这样的语料库中，句子的平均长度是 25 个单词。但是，PCFG 通常会赋予短句子很高的概率，例如"He slept，"然而在杂志中我们更容易看到"It has been reported by a reliable source that the allegation that he slept is credible."这样的长句。看上去杂志中的短语确实不是上下文无关的，相反，作者会对于句子有一个预期长度，并把这个长度作为他书写句子的全局的软约束。这些在 PCFG 中很难被反映出来。

23.3　扩展文法和语义解释

在本节中，我们可以看到如何扩展上下文无关文法——也就是说，例如，不是每一个 *NP* 都独立于上下文，相反，某些 *NP* 更可能出现在某种上下文中，而其他 *NP* 则可能出现在其他上下文中。

23.3.1　词汇化的 PCFG

为了得到动词"eat"与名词"banana"之间的关系以及名词"banana"与"bandanna"的对比，我们可以使用**词汇化的 PCFG**（lexicalized PCFG），其中规则的概率依赖于分析树中单词之间的关系，而不仅仅是句子中单词之间的邻接关系。当然，我们无法得到依赖于树中所有单词的概率，这是因为我们没有足够的训练数据去估算所有这些概率。下面我们介绍一个有用的概念：短语的头（head）——短语中最重要的单词。这样，"eat"就是 VP"eat a banana"的头，"banana"是 NP"a banana"的头。我们用概念 VP(v)表示一个 VP 范畴的短语，该短语的头词是 v。我们说范畴 VP 用头变量 v 进行了**扩展**（augmented）。这里是一个描述动词-宾语关系的**扩展文法**：

$$VP(v) \rightarrow Verb(v)\ NP(n) \qquad\qquad\qquad [P_1(v,n)]$$

$$VP(v) \rightarrow Verb(v) \qquad\qquad\qquad\qquad\quad [P_2(v)]$$

$$NP(n) \rightarrow Article(a)\ Adjs(j)\ Noun(n) \qquad [P_3(n,a)]$$

$$Noun(\mathbf{banana}) \rightarrow \mathbf{banana} \qquad\qquad\qquad [p_n]$$

...   ...

这里 $P_1(v, n)$ 的概率取决于头词 v 和 n。如果 v 是"eat"、n 是"banana"，我们给出的概率会相对高一些，如果 n 是"bandanna"就会比较低。注意，由于我们仅考虑头，"eat a banana"与"eat a rancid banana"之间的差别就不会被这些概率所体现。这种方法的另一个问题在于，在一个具有 20 000 个名词和 5000 个动词的词汇表中，P_1 有一亿个概率要估算。这些概率中只有一小部分可从语料库中得到，另一些可通过平滑获得（见 22.1.2 节）。例如我们预测 $P_1(v, n)$ 时，如果(v, n)对很少见（或从未见过），则可以回退到仅依赖于 v 的模型。这种与宾语无关的概率依然十分有效，它们可以区分出到"eat"这类及物动词和"sleep"这类不及物动词之间的区别，前者的 P_1 较高、P_2 较低，而后者正好相反。从树库中学习这些概率是非常可行的。

23.3.2　扩展文法规则的形式定义

由于扩展规则复杂，我们将通过说明扩展规则是如何被翻译成逻辑句子的方式，给出其形式定义。句子可采用确定子句（definite clause）的形式，因此这种规则被称为**确定子句文法**（definite clause grammar），即 DCG。我们以一条规则为例，这条规则取自 NP 的词汇化的文法，加上了新的标记：

$$NP(n) \rightarrow\ Article(a)\ Adjs(j)\ Noun(n)\ \{Compatible(j, n)\}$$

这里新增了标记 {constraint}，以表示对于某些变量的逻辑约束，只有当这些约束为真时规则才有效。这里的谓词 Compatible(j, n)意味着检验形容词 j 和名词 n 是否是相容的。它可以被定义为一组断言，如 Compatible(**black, dog**)等。我们可以将该文法规则转换成一个确定子句，通过：（1）交换左部和右部的顺序，（2）用逻辑与将所有成分和约束连接起来，（3）在每个成分的自变量列表中添加一个变量 s_i，以表示各成分覆盖的单词序列，（4）在树的根的自变量列表中添加一个条目 $Append(s_1,\cdots)$，以表示词之间的联系。这样我们得到了：

$$Article(a, s_1) \wedge Adjs(j, s_2) \wedge Noun(n, s_3) \wedge Compatible(j, n)$$
$$\Rightarrow NP(n, \ Append(s_1, s_2, s_3))$$

该确定子句的意义是，如果谓词 *Article* 对于头词 *a* 和词串 s_1 为真，*Adjs* 对于头词 *j* 和词串 s_2 为真，*Noun* 对于头词 *n* 和词串 s_3 为真，并且 *j* 和 *n* 是相容的，则谓词 *NP* 在头词 *n* 和 s_1、s_2 和 s_3 的连接结果上为真。

上述 DCG 翻译没有考虑概率，但我们还可以将概率放进来：为每个率成分增加了一个表示该成分的概率的变量，根对应的变量的值为其所有构成成分的概率乘积再乘上规则的概率。

这种将文法规则翻译成确定子句的方法，使得我们可以按照逻辑推理的方式来讨论句法分析，也使得运用多种不同方法进行语言或者字串的推理成为可能。例如，这意味着我们可以通过正向链做自底向上的分析、通过反向链做自顶向下的分析。事实上，利用 DCG 分析自然语言是 Prolog 逻辑程序设计语言最早的应用（和动机）之一。有时候，也可以将这一过程倒过来，这样**语言生成**（language generation）就和分析一样了。例如，参见图 23.10，逻辑程序可以运用确定子句规则对语义形式 *Loves(John, Mary)* 进行演绎：

$$S \ (Loves(John, Mary), \quad [\textbf{Jonh, loves, Mary}])$$

这只是个玩具般的例子，严谨的语言生成系统除了 DCG 规则本身所提供的功能外，还需要在过程上加入更多的控制。

23.3.3　格一致性和主语-动词一致性

在 23.1 节中我们看到了 ε_0 语言的简单文法是过生成的，产生了诸如"Me smell a stench"的错误语句。为了避免此类问题，我们的文法必须要知道"me"在作为一个句子的主语时不是一个有效的 *NP*。语言学家说代词"I"是主格（subjective case），而"me"是宾格（objective case）[1]。我们可以通过把 *NP* 分为两类来说明这一点，*NPs* 和 *NPo*，分别代表主格的和宾格的名词短语。我们同样需要把代词分为两类 *Pronoun_S*（其中包括"I"）和 *Pronoun_O*（其中包括"me"）。图 23.7 的上半部分说明了描述**格一致性**（case agreement）的文法，我们把这种语言称为 ε_1 语言。注意，所有的 *NP* 规则都被复制了，一部分描述 *NPs* 另一部分描述 *NPo*。

不幸的是，ε_1 规则依然是过生成的。英语要求句子中主语和动词在人称和数量上保持**主语-动词一致性**（subject–verb agreement）。例如，如果"I"是主语，则"I smell"是符合语法的，但"I smells"不是。如果"it"是主语，我们会得到相反的结果。在英语中，一致性的差别是细微的：大多数的动词有一种针对第三人称单数主语（he，she，或者 it）的形式，对于其他人称和数的组合则有另一种形式。只有一个例外：动词"to be"有三种形式，"I am/ you are/ he is"因此，按照一种差别（格的差别）可把 *NP* 分为两种形式，而按照另一种差别（人称和数量）可把 *NP* 分为三种形式，而且如果我们再发现其他的差别，按照 ε_1 的方法，我们会得到指数级的带下标的 *NP* 的形式。扩展是一个更好的途径：他们

1　主格有时候用 nominative case 表示，宾格有时也用 accusative case 表示。很多语言也将处在间接宾语位置上的词称为与格(dative case)。

$$
\begin{aligned}
\mathcal{E}_1: \qquad S &\rightarrow NP_S\ VP \mid \cdots \\
NP_S &\rightarrow Pronoun_S \mid Name \mid Noun \mid \cdots \\
NP_O &\rightarrow Pronoun_O \mid Name \mid Noun \mid \cdots \\
VP &\rightarrow VP\ NP_O \mid \cdots \\
PP &\rightarrow Prep\ NP_O \mid \cdots \\
Pronoun_S &\rightarrow \mathbf{I} \mid \mathbf{you} \mid \mathbf{he} \mid \mathbf{she} \mid \mathbf{it} \mid \cdots \\
Pronoun_O &\rightarrow \mathbf{me} \mid \mathbf{you} \mid \mathbf{him} \mid \mathbf{her} \mid \mathbf{it} \mid \cdots \\
&\qquad\qquad \cdots
\end{aligned}
$$

$$
\begin{aligned}
\mathcal{E}_2: \qquad S(head) &\rightarrow NP(Sbj, pn, h)\ VP(pn, head) \mid \cdots \\
NP(c, pn, head) &\rightarrow Pronoun(c, pn, head) \mid Noun(c, pn, head) \mid \cdots \\
VP(pn, head) &\rightarrow VP(pn, head)\ NP(Obj, p, h) \mid \cdots \\
PP(head) &\rightarrow Prep(head)\ NP(Obj, pn, h) \\
Pronoun(Sbj, 1S, \mathbf{I}) &\rightarrow \mathbf{I} \\
Pronoun(Sbj, 1P, \mathbf{we}) &\rightarrow \mathbf{we} \\
Pronoun(Obj, 1S, \mathbf{me}) &\rightarrow \mathbf{me} \\
Pronoun(Obj, 3P, \mathbf{them}) &\rightarrow \mathbf{them} \\
&\qquad\qquad \cdots
\end{aligned}
$$

图 23.7　上半部：$\mathcal{E}_1$ 语言的部分文法，该文法能够处理名词短语中的主格和宾格，因此过生成的程度不会像 $\mathcal{E}_0$ 那样。文法中与 $\mathcal{E}_0$ 相同的部分被忽略了。下半部：$\mathcal{E}_2$ 语言的部分文法，作了 3 种扩展：格一致性、主语-动词一致性和头词。$Sbj, Obj, 1S, 1P$ 和 $3P$ 都是常量，小写的名字都表示变量

在一条规则中描述指数级的形式。

在图 23.7 的下半部分，我们可以看到语言 $\mathcal{E}_2$ 的（部分）扩展语法，它包括了格一致、主语-宾语一致和头词。我们只有一个 NP 范畴，但是 $NP(c, pn, head)$ 包含了三个扩展：c 是一个表示格的参数、pn 是一个表示人称和数量的参数，而 $head$ 是一个代表短语头词的参数。其他的范畴同样是通过头和其他参数进行了扩展，让我们仔细考虑其中的一条规则：

$$S(head) \rightarrow NP(Sbj, pn, h) \qquad VP(pn, head)$$

这条规则从右至左看是很容易理解的：当一个 NP 和一个 VP 连接起来构成一个 S，但只有当 NP 拥有主格 (Sbj)、且 NP 和 VP 在人称和数量 (pn) 上是一致时成立。如果条件成立，我们则得到一个 S，它的头与 VP 的头相同。注意到哑变量 h 所表示的 NP 的头，并没有出现在 S 的扩展中。$\mathcal{E}_2$ 的词法规则包含了变量的值，同样最好从右至左读。例如，规则：

$$Pronoun(Sbj, 1S, \mathbf{I}) \rightarrow \mathbf{I}$$

说明 "I" 可以被解释为一个主格代词，第一人称单数，头是 "I"。为简单起见，我们省略了这些规则的概率，但是扩展确实可以和概率一起工作。扩展也可以和自动学习机制一起工作。Petrov 和 Klein（2007c）介绍了学习算法是如何自动将 NP 分成 NP_S 和 NP_O 的。

23.3.4　语义解释

为了说明如何给文法增加语义，我们从一个比英语更简单的例子开始：算术表达式的语义。表 23.8 给出了一个算术表达式文法，其中每一条规则都作了扩展，用一个变量来描述短语的语义解释。像 "3" 这类数字的语义就是数字本身。而像 "3+4" 这样的表达式的语义是指将运算符 "+" 作用于短语 "3" 和短语 "4" 的语义之上。这些规则都遵循**合成语义**（compositional semantics）原则——一个短语的语义是它的子短语的语义的函数。图 23.9

显示了该文法下的表达式 3+(4÷2)的分析树。分析树的根是 *Exp(5)*，表示一个语义解释为 5
的表达式。

$$
\begin{aligned}
Exp(x) &\rightarrow Exp(x_1)\ Operator(op)\ Exp(x_2)\ \{x = Apply(op, x_1, x_2)\} \\
Exp(x) &\rightarrow (\ Exp(x)\ ) \\
Exp(x) &\rightarrow Number(x) \\
Number(x) &\rightarrow Digit(x) \\
Number(x) &\rightarrow Number(x_1)\ Digit(x_2)\ \{x = 10 \times x_1 + x_2\} \\
Digit(x) &\rightarrow x\ \{0 \le x \le 9\} \\
Operator(x) &\rightarrow x\ \{x \in \{+, -, \div, \times\}\}
\end{aligned}
$$

图 23.8 算术表达式的文法，作了语义扩展。每个变量 x_i 都表示一个成分的语义，注意，
记号 {*test*} 定义了必须满足的逻辑谓词，该记号并不是构成成分

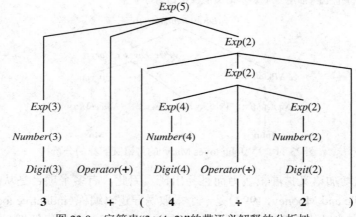

图 23.9 字符串"3+(4÷2)"的带语义解释的分析树

现在我们来考虑英语语义，或至少是 ε_0 语言的语义。我们首先要确定给规则附加哪种
语义表示。考虑最简单的例句 "John loves Mary"。其中，*NP* "John" 应该以逻辑项 *John*
作为自己的语义解释，整个句子则应该以逻辑语句 *Loves(John, Mary)* 作为其解释。这样看
起来就清楚多了。而复杂的部分是 *VP* "loves Mary"。该短语的语义解释既不是一个逻辑项，
也不是一个完整的逻辑语句。直观地说，"loves Mary" 是一种描述，可用于某个特定人或
其他人。（在当前情况下，它被用于描述 John。）这意味着 "loves Mary" 是一个**谓词**
（**predicate**），当与表示某个人的项（这个人是爱的行为主体）相结合时，就会产生一个完
整的逻辑语句。通过 λ-记号，我们可以将 "loves Mary" 表示为谓词

$$\lambda x\ \ Loves(x, Mary)。$$

现在我们需要一条规则来说明 "一个具有 *obj* 语义的 *NP* 后面跟随一个具有 *pred* 语义
的 *VP*，将形成一个句子，该语句的语义就是将 *pred* 应用于 *obj* 的结果"：

$$S(pred(obj)) \rightarrow NP(obj)\ \ VP(pred)$$

这条规则告诉我们 "John loves Mary" 的语义解释是

$$(\lambda x\ \ Loves(x, Mary))(John)$$

这与 *Loves(John, Mary)* 是等价的。

根据我们到目前为止所采取的方法，可以很直接地描述其余的语义。因为 *VP* 已被表
示为谓词，所以将动词也表示为谓词也是一个好主意。动词 "loves" 表示为 $\lambda y \lambda x\ Loves(x, y)$，

对于该谓词，如果给定了参数 *Mary*，则得到谓词 $\lambda x\ Loves(x, Mary)$。最后我们得到文法如图 23.10 所示，图 23.11 给出了分析树。虽然我们也可以很容易地为 ε_2 语言添加语义，但我们仍选择 ε_0 语言，这样读者在同一时间只需关注一类语义扩展。

$$S(pred(obj)) \rightarrow NP(obj)\ VP(pred)$$
$$VP(pred(obj)) \rightarrow Verb(pred)\ NP(obj)$$
$$NP(obj) \rightarrow Name(obj)$$

$$Name(John) \rightarrow \textbf{John}$$
$$Name(Mary) \rightarrow \textbf{Mary}$$
$$Verb(\lambda y\ \lambda x\ Loves(x,y)) \rightarrow \textbf{loves}$$

图 23.10　能够推导出"John loves Mary"（以及另 3 个句子）的分析树和语义解释的文法。每个范畴都用一个表示语义的参数进行了扩展

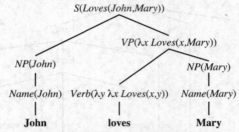

图 23.11　串"John loves Mary"的带语义解释的分析树

手工为文法增加语义扩展很费力而且易出错。因此，有多个项目是从例子中学习语义扩展。CHILL（Zelle and Mooney，1996）是一个采取诱导逻辑编程（inductive logic programming，ILP）的程序，它可以从例子中学习文法以及特定的分析器。其目标领域是利用自然语言进行数据库查询。训练的例子包括单词串对和相应的语义形式组成的对——例如：

What is the capital of the state with the largest population?

$$Answer(c, Capital\ (s, c) \wedge Largest\ (p, State(s) \wedge Population(s, p)))$$

CHILL 的任务是试图学习与例子一致的谓词 *Parse(words, semantics)*，并希望能推广到其他的例子。直接应用 ILP 来学习该谓词效果很差：诱导出的分析器只有 20%的准确率。幸运的是，ILP 的学习器可以通过增加知识来提高。在这种情况下，大多数的谓词 *Parse* 被定义为一个逻辑程序，CHILL 的工作就是诱导出控制规则以指导分析器挑选分析结果。通过增加这些背景知识，在各种数据库查询中，CHILL 可以通过学习达到 70%至 85%的准确率。

23.3.5　复杂成分

真实的英语的语法是极其复杂的。我们简要地给出一些例子。

时间和时态（Time and tense）：假设我们希望表示出"John loves Mary"和"John loved Mary"之间的区别。英语通过动词的时态（过去时、现在时和将来时）来表明某个事件的相对时间。12.3 节介绍的事件演算符号是一种表示事件时间的好选择，在事件演算中我们有：

John loves Mary: $E_1 \in Loves(John, Mary) \wedge During(Now, Extent(E_1))$
John loved Mary: $E_2 \in Loves(John, Mary) \wedge After(Now, Extent(E_2))$

这提示我们对于单词"loves"和"loved"的词汇规则应该是：

$$Verb(\lambda y\ \lambda x\ e \in Loves(x, y) \wedge During(Now, e)) \rightarrow \mathbf{loves}$$
$$Verb(\lambda y\ \lambda x\ e \in Loves(x, y) \wedge After(Now, e)) \rightarrow \mathbf{loved}$$

除了这些改变之外，文法中其余的部分均保持不变，这是一个好消息；这一点提示我们，如果我们能够很容易地添加一些类似动词时态的复合成分（尽管我们只是触及了描述时间和时态的完整文法的皮毛），那么我们就走对路了。我们在第 12.3.1 节讨论知识表示时，区分了过程和离散时间之间的差别，实际上在语言使用中也得到了反映。我们可以说"John slept a lot last night"，因为"睡觉"（$Sleeping$）是一个过程范畴，但如果说"John found a unicorn a lot last night"就有点奇怪了，因为"找到"（$Finding$）是一个离散事件范畴。一个文法应该反映这样一个事实，用副词短语"a lot"修饰离散事件应该是低概率的。

量词（Quantification）：考虑句子"Every agent feels a breeze."这句话在 ε_0 语言下只有一种句法分析结果，但实际上是有歧义的。优选的意义应该是"对于每一个 Agent（agent）都存在一阵该 Agent 能感觉到的微风"，但另一个可接受的意义是"有一阵微风所有的 Agent 都感觉得到"[1]。这两种解释可以表示如下：

$$\forall a\ a \in Agents \Rightarrow \exists b\ b \in Breezes \wedge \exists e\ e \in Feel(a,b) \wedge During(Now,e);$$
$$\exists b\ b \in Breezes\ \forall a\ a \in Agents \Rightarrow \exists e\ e \in Feel(a,b) \wedge During(Now,e).$$

在标准的量词限定方法中，文法定义的并非真正的逻辑语义语句，而是一种**准逻辑形式**（quasi-logical form），该形式可以通过分析过程之外的算法转化为逻辑语句。这些算法会采取一些优先规则选择一种量词辖域——这些优先规则并不需要在文法中直接反映。

语用（Pragmatics）：我们已经介绍了 Agent 如何感知一个单词串并应用文法得到一组可能的语义解释。现在，我们将讨论增加关于当前场景的上下文依赖信息来完成解释。需要语用信息的最明显的例子是确定**索引词**（indexical）的意义，索引词是一些直接涉及当前场景的短语。例如，在语句"I am in Boston today"中，"I"和"today"都是索引词。单词"I"可能表示一个口若悬河的说话者，但是如何确定这些话的意义则和听者相关——这些因素并不属于文法的某一部分，而是一个语用问题，需要利用当前场景的上下文来解释这些话。

语用的另一部分是解释说话者的意图。说话者的动作可以被认为是一个**说话行为**（speech act），需要由听者辨认这是一种什么类型的行为——提问、陈述、承诺、警告、命令等等。类似"go to 22"这样的命令句暗指听者去行动。命令句可由 VP 构成，而主语可省略、暗指听者。我们需要区分命令和陈述，所以我们对 S 规则进行了修改，包含了说话行为的类型：

$$S(Statement(Speaker, pred(obj))) \rightarrow NP(obj)\ VP(pred)$$
$$S(Command(Speaker, pred(Hearer))) \rightarrow VP(pred)$$

长距离依赖（Long-distance dependencies）：疑问句又引入了一种新的语法复杂性。在"Who did the agent tell you to give the gold to?"中，最后一个单词"to"应该被分析为 $[\ PP\ to\ \sqcup\ ]$，其中"$\sqcup$"表示 NP 的空缺或**标记**（trace），句中的第一个词"who"与缺失的 NP 对应。我们采取一种复杂的扩展系统，确保缺失的 NP 与对应的单词能正确匹配，并禁止在

1　如果这种解释看上去不好理解，想一下这句话"每位新教徒都信奉一位正义的上帝"。(Every Protestant believes in a just God.)

错误的地方出现空缺。例如，不允许空缺出现在 *NP* 连词结构的一个分支中："What did he play [*NP* Dungeons and ⌣]" 是不合语法的。但允许在 *VP* 连词结构的两个分支中出现相同的空缺："What did you [*VP*[*VP* smell ⌣] and [*VP* shoot an arrow at⌣]]?"

歧义（Ambiguity）：在某些情况下，听者能够发现话语中存在着歧义。这里有一些从报纸标题中摘录的例子：

Squad helps dog bite victim.

Police begin campaign to run down jaywalkers.

Helicopter powered by human flies.

Once-sagging cloth diaper industry saved by full dumps.

Portable toilet bombed; police have nothing to go on.

Teacher strikes idle kids.

Include your children when baking cookies.

Hospitals are sued by 7 foot doctors.

Milk drinkers are turning to powder.

Safety experts say school bus passengers should be belted.

但是，大多数时候我们听到的语言似乎是没有歧义的。因此，在 20 世纪 60 年代，当研究人员开始使用计算机对语言进行分析的时候，他们非常吃惊地发现，几乎每句话都有很强的歧义，即使对于母语是该种语言的说话者来说，很多解释也不是显而易见的。一个使用大型文法和词典的系统，对于一个非常普通的句子也可能找到上千种解释。**词汇歧义**（Lexical ambiguity），即一个单词有多种含义，很常见。如，"back" 可以是副词（go back）、形容词（back door）、名词（the back of the room）或动词（back up your files）。"Jack" 可以是名字、名词（纸牌名、抛接子游戏、航海用的旗子、一种鱼、插座或千斤顶）或动词（顶起汽车、用灯捕鱼、用力击打棒球）。**句法歧义**（Syntactic ambiguity）涉及到有多种解释的短语："I smelled a wumpus in 2,2" 有两种分析：一种解释中介词短语 "in 2, 2" 修饰名词，另一种解释中它修饰动词。句法歧义会导致**语义歧义**（semantic ambiguity），因为其中一种分析意味着 wumpus（怪兽）出现在（2，2）的位置，另一种则意味着在（2，2）的位置有臭气。在这种情况下，采用错误的解释会对 Agent 造成致命的错误。

最后，在字面意义和比喻意义之间也会存在歧义。在诗歌中言语的修辞非常重要，不过在日常用语中也令人惊讶地普遍。**借喻**（metonymy）是用一种事物代表另一种事物的修辞手法。当我们听到 "Chrysler announced a new model（克莱斯勒公司公布了一种新车型）" 时，我们并不会将其解释为公司能说话，相反，我们明白是代表该公司的发言人宣布了这个公告。借喻使用很广，而且听者经常能下意识地进行解释。不幸的是，我们所写出的文法很难做到这么机灵。为了正确地处理借喻的语义，我们需要引入全新层次的歧义。我们通过为语句中的每个短语的语义解释提供两个对象来实现这一目标：一个是短语在字面上指代的对象（Chrysler），另一个是借喻所指代的对象（即发言人）。那么，我们可以说在此二者之间存在某种关系。在我们当前的文法中，"Chrysler announced" 被解释成

$$x = Chrysler \land e \in Announce(x) \land After(Now, Extent(e))$$

我们需要把它变成

$$x = Chrysler \land e \in Announce(m) \land After(Now, Extent(e)) \land Metonymy(m, x)$$

上式的意思是一个等同于 Chrysler 的实体 x，和另一个发布了公告的实体 m，这二者之间存在借喻关系。下一个步骤是确定能够发生何种类型的借喻关系。最简单的情况是不存在借喻——字面对象 x 和借喻对象 m 是相同的：

$$\forall\, m, x\ (m = x) \Rightarrow Metonymy(m, x)$$

在 Chrysler 这个例子中，一种合理的推广是一个组织可以用来代表其发言人：

$$\forall\, m, x\quad x \in Organizations \wedge Spokesperson(m, x) \Rightarrow Metonymy(m, x)$$

借喻还包括用作者指代作品（如：I read *Shakespeare*），或者是更一般的是用生产者指代产品（如：I drive a *Honda*），以及用部分指代整体（如：The Red Sox need a strong *arm*）（"红袜队需要一只强壮的臂膀"，这里用"臂膀"指代了球员——译者注）。某些类似"The *ham sandwich* on Table 4 wants another beer"（"四号桌火腿三明治想再要一杯啤酒"，这里用顾客所点的食物指代顾客本人——译者注）这样借代的例子比较奇特，需要参考具体场景才能解释。

隐喻（metaphor）是另一种修辞方法，用字面上是某种含义的短语通过类比的方式暗示不同的含义。因此，隐喻也可以看作是一种借喻，只是这里的关系是某种相似性。

消歧（disambiguation）是从话语中还原出最可能的含义的过程。从某种意义上说，我们已经有了解决这个问题的框架：每一条规则都有一个与其相关的概率，因此一个解释的概率就是那些导出该解释的规则的概率的乘积。不幸的是，这种概率反映的是那些短语在训练语法的语料库中有多常见，因此反映出的是一般的知识，而不是在当前情景下的具体知识。为了正确地消歧，我们需要结合四个模型：

（1）**世界模型**（world model）：一个命题在世界中发生的可能性。按照我们已知道的世界知识，当说话者说"I'm dead"时，更可能意味着"我有大麻烦了"而不是"我的生命已经结束，但我仍旧可以说话"。

（2）**构思模型**（mental model）：说话者具有向听者传递某一特定事实的意图的可能性。这一方法结合了多种模型：说话者相信什么、说话者相信听者相信什么，等等。例如，当一个政客说，"I am not a crook"时，世界模型或许会赋予"该政客没有犯罪"这一命题 50% 的概率，而将 99.999% 的概率赋予命题"我不是个牧羊人的曲柄杖"。无论怎样，我们选择第一种解释，因为这是最有可能的要表达的东西。

（3）**语言模型**（language model）：在说话者已有传达某个特定事实的意图的情况下，他选择某个特定单词串的可能性。

（4）**声学模型**（acoustic model）：在说话者已经选择了一个给定的单词串的情况下，生成一个特定的语音序列的可能性。23.5 节将介绍语音识别。

23.4　机　器　翻　译

机器翻译是把文本从一种自然语言（源语言）自动翻译成另一种语言（目标语言）。机器翻译是人们最早设想的计算机应用领域之一（Weaver，1949），但广泛应用这项技术是近十年的事。下面是本书第一页中的一段话：

AI is one of the newest fields in science and engineering. Work started in earnest soon after World War Ⅱ, and the name itself was coined in 1956. Along with molecular biology, AI is regularly cited as the "field I would most like to be in" by scientists in other disciplines.

下面是通过在线工具 Google Translate 将其从英语翻译为丹麦语的结果：

AI er en af de nyeste områder inden for videnskab og teknik. Arbejde startede for alvor lige efter Anden Verdenskrig, og navnet i sig selv var opfundet i 1956. Sammen med molekylær biologi, er AI jævnligt nævnt som "feltet Jeg ville de fleste gerne være i" af forskere i andre discipliner.

考虑那些不懂丹麦语的人，下面给出的是将丹麦语重新翻译回英语的结果。与原文不同的单词用斜体字标出：

AI is one of the newest fields *of* science and engineering. Work *began* in earnest *just* after the *Second* World War, and the name itself was *invented* in 1956. *Together* with molecular biology, AI is *frequently mentioned* as ⌴ "field I would most like to be in" by *researchers* in other disciplines.

这些不同都是合理的释义，例如 *regularly cited* 变为 *frequently mentioned*。唯一真正的错误是丢失了冠词 *the*，文中用符号 ⌴ 表示。这是典型的精确：在这两句话中，有一句包含了一个母语说话人不会犯的错误，但原文的意思还是被清晰传递了。

历史上有三种主要的机器翻译应用。**粗糙翻译**（Rough translation），如在线服务免费提供的功能，能给出外语语句或文档中的"要点"，但包含一些错误。**编辑前翻译**（Pre-edited translation），用于一些公司制作多语言文档和销售材料。源文本是用受限语言编写的，所以可以比较容易地进行自动翻译，通常这些翻译的结果会经过人工编辑修正其中的错误。**源语言受限翻译**（Restricted-source translation），其工作过程是全自动的，但只适用于高度模式化的语言，例如天气报告。

在完全一般的情况下，由于需要对文本的深层次理解，因而翻译非常困难。即使对于非常简单的文本而言——哪怕"文本"只包含一个词语——也是困难的。考虑出现在某个商店门上的单词"open"[1]。它传达的意思是当时该商店可以接待顾客。现在考虑出现在某个新近建好的商店外的横幅上的单词"open"。它意味着该商店现在开始日常运营，但是，即使晚上商店关门后而没有拆除该横幅，看到它的人也不会被误导。这两个标志用了相同的词语却表达了不同的含义。类似的情况在德国，门上标记会用"offen"，而横幅上的标记则是"Neu Eröffnet"。

问题在于不同的语言对于世界的分类是不同的。例如，法语单词中的"doux"涵盖的意义广泛，近似于对应英语单词"soft"、"sweet"以及"gentle"等。类似地，英语单词"hard"差不多涵盖了德语单词"hart"（身体对抗的，残酷的）的所有用法以及单词"schwierig"（困难的）的部分用法。因此，表示句子的含义对翻译而言比对单一语言理解更困难。英语分析系统可以使用类似 $Open(x)$ 的谓词，但是对于翻译，其表示语言必须进行更多的区分，

1　这个例子来自于 Martin Kay。

也许要用 $Open_1(x)$ 表示"Offen"的含义,而 $Open_2(x)$ 表示"Neu Eröffnet"的含义。对于一组语言,能够进行所有必要区分的表示语言被称为**中间语言**(interlingua)。

翻译者(人或机器)通常需要去理解源文本所描述的实际情景而不仅仅是理解一个个独立的单词。例如,要把英语单词"him"翻译成韩语,一个必须要做出的选择是判断是谦语还是敬语,这个选择取决于说话者和"him"所指代的人之间的社会关系。在日语中,敬语是关系词,因此在做选择时应考虑到说话者、指代者和听者三者之间的社会关系。翻译者(人或机器都是如此)有时发现很难做出选择。如另一个例子,要把"The baseball hit the window. It broke."翻译成法语,我们要为"it"选择阴性的"elle"或者阳性的"il"作为其翻译,因此我们必须确定"it"指代的是 baseball 还是 window。为了得到正确的翻译结果,我们既要懂语言,还需要懂物理。

有时根本无法得到让人完全满意的翻译。例如,一首意大利爱情诗人用阳性词"il sole"(太阳)和阴性词"la luna"分别代表一对情侣,当把它翻译成德语时就需修改,因为德语中这两者的阴阳性正好相反,而如果在翻译目标语言中的二者阴阳性相同,还需要进一步的修改。[1]

23.4.1　机器翻译系统

所有机器翻译系统都必须对源语言和目标语言建模,但不同的系统使用的模型也不一样。一些系统尝试对源文本进行完整分析,得到中间语言知识表示,再从这种表示中生成目标语言的句子。这样做很困难,因为其中包含了三个未解决的问题:为所有事物构建一个完全的知识表示;将语言分析成该表示;从该表示中生成句子。

其他系统是基于**转换模型**(transfer model)的。这类系统有一个翻译规则(或实例)数据库,一旦规则(或实例)获得匹配,就可直接翻译。转换可以发生在词法、句法以及语义层次上。例如,一条严格的句法规则可将英语的[Adjective Noun]([形容词 名词])映射为法语的[Noun Adjective]([名词 形容词])。一条混合了句法和词法的规则可将法语的[S_1"et puis"S_2]映射为英语的[S_1 "and then" S_2]。图 23.12 图解了各种转换点。

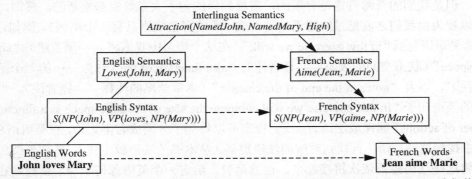

图 23.12　Vauquois 三角形:机器翻译系统中各种选择的示意图(Vauquois, 1968)。我们从位于顶部的英语文本开始。基于中间语言的系统沿着实线前进,首先对英语进行句法分析形成句法形式,然后转换为语义表示和中间语言表示,再生成法语的语义、句法及词汇形式。基于转换的系统可以利用虚线作为捷径。不同的系统在不同的点进行转换;有些系统可以在多点进行转换

1　Warren Weaver(1949)报道,Max Zeldner 指出伟大的希伯来语诗人 H. N. Bialik 曾经说过翻译"就像隔着面纱亲吻新娘"。

23.4.2　统计机器翻译

现在我们已经认识到了翻译任务是多么复杂，因此，我们也不会感到惊奇，最成功的机器翻译系统是用大量文本语料库的统计信息来训练概率模型而建立起来的。这种方法并不需要一个复杂的中间语言概念本体，不需要手工建立源语言和目标语言的语法，也不需要人工标记的树库。它所需要的只是数据——翻译实例，从这些翻译实例中可以学习得到翻译模型。例如，为了把一个英语句子(e)翻译成法语(f)，我们选择使 f^* 值最大的字符串：

$$f^* = \text{argmax } P(f|e) = \text{argmax } P(e|f)P(f)$$

其中因子 $P(f)$ 是为目标语言法语所建的**语言模型**（language model），它表示一个给定的句子有多大可能性在法语中出现。$P(e|f)$ 是**翻译模型**（translation model），它表示一个英语句子有多大可能性是给定的法语句子的译文。类似，$P(f|e)$ 是从英语到法语的翻译模型。

我们应该直接使用 $P(f|e)$、还是应用贝叶斯公式使用 $P(e|f)P(f)$ 呢？在医学等**诊断**（diagnostic）应用中，按照因果关系方向为领域建模要更简单：使用 $P(症状|疾病)$ 而不是 $P(疾病|症状)$。但对于翻译来说，两个方向同样简单。最初的统计机器翻译工作是使用了贝叶斯规则——部分是因为研究者已经有了很好的语言模型 $P(f)$，想利用好它；部分是因为这个方法源自语音识别的背景，语音识别也是一个诊断问题。我们在本章中也将采取这一方法，但我们注意到在最近统计机器翻译的工作中经常直接对 $P(f|e)$ 进行优化，使用更复杂的模型，考虑了很多从语言模型中提取的特征。

语言模型 $P(f)$ 可以考虑图 23.12 右半部分的任意层，但最简单最常用的方法是从法语语料库中建立一个 n 元语法模型，就像我们之前所看到的。这样处理只能捕获法语句子的部分的、局部的信息，但对于粗略的翻译也通常够用了。[1]

翻译模型是从**双语语料库**中学习得到的，双语语料库是一个平行文本集合，由一个个英语/法语对组成。现在，如果我们有个无限大的语料库，那么翻译一个句子就只是一项查找任务了：如果我们在语料库中找到了该英语句子，我们就只要返回对应的法语句子就可以了。但是我们的资源肯定是有限的，需要翻译的句子大多数也都是新的。然而，这些句子可以视为由我们之前见过的**短语**构造而成（即使有些短语只有一个单词）。例如，在本书中，常见短语包括"in this exercise we will,"（在这个练习中我们将——译者注），"size of the state space"（状态空间的大小——译者注），"as a function of the（作为……的一个函数——译者注）"，以及"notes at the end of the chapter"（本章结尾的注释——译者注）。当我们要把新的英语句子 "In this exercise we will compute the size of the state space as a function of the number of actions" 翻译成法语时，我们应当可以将句子分割成若干短语，在英语语料库（本书）中找到这些短语，再找到对应的法语短语（从本书的法语版中找），然后再按照法语的意义将这些法语短语依次拼接起来。也就是说，给定一个英语源句子 e，要找到它的法语翻译句子 f，可按照三个步骤进行：

（1）将英语句子分割成短语 $e_1,\cdots,e_n$。

1　如果从更细致的观点来看翻译，n 元组清晰但不够用。Marcel Proust 的 4000 页的小说《*A lar écherche du temps perdu*》的开头和结尾的单词相同（都是 longtemps），所以有些翻译者也这样做，在翻译最后一个词时要考虑几乎 2 百万词之前的某个词。

（2）对于每个短语 e_i，选择与其对应的法语短语 f_i。我们用标记 $P(f_i|e_i)$ 表示短语 f_i 是短语 e_i 的翻译的概率。

（3）为短语 $f_1, \cdots, f_n$ 选择一个排列，我们用一种略显复杂的方法来描述该排列，但采用的一种简单的概率分布：对于每个 f_i，我们选择一个**扭曲度变量**（distortion）d_i，表示 f_i 相对于 f_{i-1} 移动的单词数目，正数代表向右移动，负数代表向左移动，零表示 f_i 恰好在 f_{i-1} 之后。

图 23.13 展示了一个例子的过程。在图的顶部，句子 "There is a smelly wumpus sleeping in 2 2"（2,2 处有一只难闻的怪兽正在睡觉）被分割成了五个短语 $e_1, \cdots, e_5$。每个短语都被翻译成了相应的短语 f_i，并且排列成了 f_1、f_3、f_4、f_2、f_5 的顺序。我们用扭曲度变量 d_i 来描述排列，d_i 的定义是：

$$d_i = \text{START}(f_i) - \text{END}(f_{i-1}) - 1$$

其中 $\text{START}(f_i)$ 是法语句子中短语 f_i 的第一个单词在句中的序号，而 $\text{END}(f_{i-1})$ 是短语 f_{i-1} 中最后一个单词的序号。在图 23.13 中我们发现 f_5 "à 2 2" 紧跟在 f_4 "qui dort" 之后，因此 $d_5 = 0$。然而短语 f_2 在 f_1 右侧移动了一个单词，因此 $d_2 = 1$。作为特例 $d_1 = 0$，这是因为 f_1 从位置 1 开始，而 $\text{END}(f_0)$ 定义为 0（虽然 f_0 不存在）。

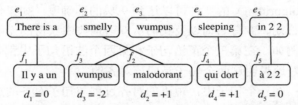

图 23.13　英语句中每个短语的法语译文候选，图中包括了每个法语短语的扭曲度(d)

在定义了扭曲度变量 d_i 之后，我们可以定义扭曲度的概率分布 $\mathbf{P}(d_i)$，注意到句子的长度被限定为 n，我们有 $|d_i| \leqslant n$，从而完全概率分布 $\mathbf{P}(d_i)$ 只包含 $2n+1$ 个元素，比全排列的数目 $n!$ 要小得多。这就是我们采取了这种特别的方法来定义排列的原因。当然，这是一种相当弱的扭曲度模型。扭曲度并非在表达当我们把英语翻译成法语时形容词通常会改变位置出现在名词的后面这种事实，这类事实是由法语的语言模型 $P(f)$ 来表示的。扭曲的概率完全独立于短语中的单词——它只依赖于整数值 d_i。这种概率分布提供了排列变化的整体描述，例如，考虑 $P(d=2)$ 与 $P(d=0)$，表达的是扭曲度为 2 的可能性与扭曲度为 0 的可能性。

现在我们可以把所有这些放在一起工作了：我们可以定义 $P(f, d|e)$，表示扭曲度为 d 的短语序列 f 是短语序列 e 翻译的概率。我们假设短语的翻译和扭曲度相互独立，因此可以得到下述表达式：

$$P(f, d \,|\, e) = \prod_i P(f_i \,|\, e_i) P(d_i)$$

上式给出了一种根据候选译文 f 和扭曲度 d 计算 $P(f, d|e)$ 概率方法。但我们不能通过枚举所有的句子来找到最佳的 f 和 d，在语料库中，一个英语短语可能会对应上百个法语短语，因此会有 100^5 种五元短语组合翻译，同时每一种组合翻译还有 5! 种不同的排列方式。我们必须找到更好的解决方法。在寻找接近最大可能的翻译问题上，将带启发式的局部柱状搜索用于概率估计已经被证明是有效的。

现在就只剩下学习短语概率和扭曲度概率这两个问题了。我们仅给出工作过程的概貌，细节部分可以看本章末的注释。

（1）**找到平行文本**：首先，搜集双语平行语料库。例如，**Hansard**[1]记录了议会的辩论。加拿大、香港以及其他国家和地区建立了双语的 Hansard，欧盟以 11 种语言发布其官方文件，而联合国也发布多种语言版本的文件。双语语料也可从网上获得，一些网站也通过平行的 URL 发布平行的内容，例如，/en/表示英语页面而/fr/对应法语页面。领先水平的统计翻译系统是在数百万单词的平行文本以及数十亿单词的单语言文本的上进行训练。

（2）**分割句子**：翻译的单位是句子，因此我们必须把语料分割为句子。句号是很强的句子结尾的标志，但考虑一下 "Dr. J. R. Smith of Rodeo Dr. paid \$29.99 on 9.9.09"，其中只有最后一个句号表示句子结束。一种确定句号是否表示句子结束的方法，是根据句号附近单词及其词性特征训练一个模型，该方法的准确率可达到 98%。

（3）**句子对齐**：对于英语语料中的每个句子，找出法语料中与之对应的句子。通常，英语句子和法语句子是 1:1 对应的，但在有些时候也有变化：某种语言的一个句子可以被分割，从而形成 2:1 对应，或者两个句子的顺序相互交换，从而导致 2:2 对应。当仅考虑句子的长度时（即短句应该和短句对齐），对齐这些句子是可能的（1:1,1:2,2:2 等），利一种维特比算法（Viterbi algorithm）的变种可以达到 99%的准确度。如果使用两种语言的公共标志话，比如数字、日期、专有名词以及我们从双语词典中获得的无歧义的单词，可以实现更好的对齐效果。例如，在第三个英语句子和第四个法语句子中都含有"1989"，而附近的句子中没有，就很好地说明这两个句子是应该对齐的。

（4）**短语对齐**：在一个句子中，短语的对齐过程与句子对齐的过程类似，但需要迭代改进。开始时，我们没无法知道"qui dort"应该与"sleeping"对齐，但我们可以通过经验的累积来发现该对齐。在我们所见过的所有例子中"qui dort"和"sleeping"同时出现的频率较高，而且在对齐的句子中没有哪个词比"qui dort"更频繁地与"sleeping"同时出现。短语对齐的语料可以为我们提供短语级概率（在适当的平滑之后）。

（5）**获取扭曲度**：一旦我们有了对齐的短语，我们就可以确定扭曲度的概率了。针对每个距离 $d=0,\pm1, \pm2,\cdots$，简单计算其发生的频率，并应用平滑。

（6）**利用 EM 改善估计**（EM 期望最大化——译者注）：使用期望最大化方法来提高对 $P(f|e)$ 和 $P(d)$ 值的估计。在步骤 E 中，我们根据当前参数的值计算出最佳的对齐方式，然后在步骤 M 中更新估计值，这个过程反复迭代直到收敛。

23.5 语 音 识 别

语音识别（Speech recognition）的任务是根据给定的声学信号来辨识说话人所说的单词序列。它已经成为人工智能的主流应用之一——每天有数百万人通过与语音识别系统交互来完成语音邮件系统导航、用手机进行网上搜索以及其他的应用。在需要不通过手而进行操作的场合，如操作一台机器，语音就是一个很有吸引力的手段。

1　根据 William Hansard 命名，他于 1811 年首先出版了英国议会辩论记录文件。

语音识别很困难，因为说话者所发出的声音模糊不清，并且有很多噪音。有一个著名的例子，如果说得很快，短语 "recognize speech" 和 "wreck a nice beach" 几乎是相同的。这个简单的例子就反映了造成语音难题的诸多因素。首先，**分割**（segmentation）：书写英语单词时，单词之间存在空格，但在快速说话时在，"wreck a nice" 中就没有停顿了，而这种停顿可用来区分它是多个单词构成的短语还是单个词 "recognize"；第二，**协同发音**（coarticulation）：当说得快时，单词 "nice" 结尾的音 "s" 和单词 "beach" 开头的音 "b" 连起来，听起来就像 "sp"；还有一个没有在这个例子中表现出来的问题就是**同音词**（homophones）——类似 "to"、"too" 和 "two" 这样的单词具有相同的发音，但它们的意义是不同的。

我们可以把语音识别看作是一个最相似序列解释问题。就像我们在第 15.2 节中所看到的，给定一个观察序列 $e_{1:t}$，计算出一个最相似的状态变量串 $x_{1:t}$。在这里，状态变量是单词，观察值是声音。更准确地说，观察值是从声音信号中抽取的特征向量。通常，可以借助贝叶斯公式来计算最相似序列：

$$\arg\max_{word_{1:t}} P(word_{1:t} \mid sound_{1:t}) = \arg\max_{word_{1:t}} P(sound_{1:t} \mid word_{1:t})P(word_{1:t})$$

其中 $P(sound_{1:t} \mid word_{1:t})$ 是**声学模型**（acoustic model）。它描述了单词的发音——"ceiling"（天花板）开头是一个 "c"（咝）音，和 "sealing"（密封）的发音相同。$P(word_{1:t})$ 被称为**语言模型**（language model），它描述了每句话的先验概率——例如，"ceiling fan"（吊扇）出现的概率是序列 "sealing fan"（密封扇）的 500 多倍。

这种方法由 Claude Shannon（1948）命名为**噪声信道模型**（noisy channel model）。他描述了一种情况，原始消息（我们例子中的单词 word）通过一个噪声信道（例如电话线）传到另一端，我们接收到的是受到干扰的消息（我们例子中的声音 sound）。Shannon 指出，无论信道中的噪声有多大，只要我们对原始消息进行编码时采用了足够冗余的方法，还原的消息就能做到错误足够小。信道噪声模型已经被应用于语音识别、机器翻译、拼写纠错以及其他任务中。

一旦我们定义了声学模型和语言模型，我们就可以使用维特比算法（参见 15.2.3 节）解决最相似单词串问题。大多数语音识别系统都使用马尔科夫假设的语言模型——当前的状态 $Word_t$ 只取决于之前的固定数目的 n 个状态——而 $Word_t$ 为一个取值来自有限集合的随机变量，这使其成为隐马尔科夫模型（HMM）。因此，语音识别成为 HMM 方法学的一个简单应用，如同在 15.3 节描述的一样——它很简单，只要我们定义了声学和语言模型。下面我们介绍这些模型。

23.5.1 声学模型

声波的在空气中传播时，其压力呈周期性变化。当这些声波撞击到麦克风的振膜时，膜的前后震动就产生了电流。模拟信号到数字信号的转换器按照**采样率**（sampling rate）所确定的离散间隔测量电流的强度，而电流强度近似对应着声波的振幅。语音的频率一般在 100Hz（每秒 100 个周期）到 1000Hz 之间，典型的采样率为 8kHz。（CD 和 mp3 文件的采样率是 44.1kHz）。每次采样的测量精度取决于**量化因子**（quantization factor）；典型的语音识别系统使用 8 到 12 比特（二进制位）。这意味着一套使用 8 比特量化和 8kHz 采样率的低端系统，每分钟语音就需要大约 0.5M 字节的存储空间。

由于我们只需要判断所说的单词是什么，而不是如何精确地表示它们，因此我们没必要保存所有的信息。只要能区分开不同的话语声音就够了。语言学家定义了大约 100 种话语声音，或称为**音节**（phones），这些音节可以组合成已知的所有人类语言中的所有词汇。粗略地讲，音节是与单个元音或者辅音字母相对应的发音，但也有一些复杂情况：诸如"th"和"ng"之类的字母组合也产生单个音节，而且有些字母在不同的上下文中会产生不同的音节（例如，单词 rat 和 rate 中的字母 a）。图 23.14 列出了英语中使用的所有音节，并提供了每个音节的例子。**音素**（phoneme）是对于使用某种特定语言的说话人具有独特意义的最小发音单位。例如，对于说英语的人来说，单词"stick"中的"t"和单词"tick"中的"t"非常相似的，是同一个音素。但是在泰语中它们的区别是明显的，因此被当作两个音素。为了表示所有的英语发音，我们需要一种方法能表示不同的音素，但不需要区分声音中那些非音素的变化：声音大或是小，快或是慢，男声或是女声等。

元音		辅音 B-N		辅音 P-Z	
音节	样例	音节	样例	音节	样例
[iy]	b**ea**t	[b]	**b**et	[p]	**p**et
[ih]	b**i**t	[ch]	**Ch**et	[r]	**r**at
[eh]	b**e**t	[d]	**d**ebt	[s]	**s**et
[æ]	b**a**t	[f]	**f**at	[sh]	**sh**oe
[ah]	b**u**t	[g]	**g**et	[t]	**t**en
[ao]	b**ou**ght	[hh]	**h**at	[th]	**th**ick
[ow]	b**oa**t	[hv]	**h**igh	[dh]	**th**at
[uh]	b**oo**k	[jh]	**j**et	[dx]	bu**tt**er
[ey]	b**ai**t	[k]	**k**ick	[v]	**v**et
[er]	B**er**t	[l]	**l**et	[w]	**w**et
[ay]	b**uy**	[el]	bott**le**	[wh]	**wh**ich
[oy]	b**oy**	[m]	**m**et	[y]	**y**et
[axr]	din**er**	[em]	bott**om**	[z]	**z**oo
[aw]	d**ow**n	[n]	**n**et	[zh]	mea**s**ure
[ax]	**a**bout	[en]	butt**on**		
[ix]	ros**e**s	[ng]	si**ng**		
[aa]	c**o**t	[eng]	wash**ing**	[-]	*silence*

图 23.14　ARPA 音标表，简称 ARPAbet，列出了所有美式英语中用到的音节。还有其他几种符号表示方法，包括国际音标表（International Phonetic Alphabet，IPA），其中包含了所有已知语言的音节

首先，我们发现，虽然语音中的音频可能达到几千赫兹，但信号内容的变化却不那么频繁，变化的频率最多不超过 100Hz。因此，语音系统将时间切片上的信号特性概括为"**帧**"（frame）。一个长度为 10 毫秒的帧（即，对于 8kHz 的采样率而言，这对应于 80 个样本）就已经足够短了，很少有短时现象会被忽略。帧之间可以重叠，这样就能确保不会漏掉出现在帧边界上的信号。

每一帧都表示为一个**特征**向量。从语音信号中选出特征就如同在听交响乐时说："这里法国号演奏响亮，小提琴则演奏轻柔。"下面我们简要介绍一个典型系统的特征。首先，我们使用傅里叶变换确定大约一打频率的声音总能量。然后，我们计算 Mel 频率倒谱系数（mel frequency cepstral coefficient, MFCC），或者每一个频率的 MFCC。同时我们也计算每帧的总能量。这样得到了 13 个特征，对于每个特征我们再计算出当前帧与前一帧的差别，以及这些差别的变化，这样一共得到 39 个特征。这些特征都是取连续值，使它们适合 HMM 模

型的最简单方法是将这些值离散化。(另一种可能的方法是拓展 HMM 模型,使其接受连续混合高斯模型。)图 23.15 展示了从原始声音到带有离散特征的帧序列的转换过程。

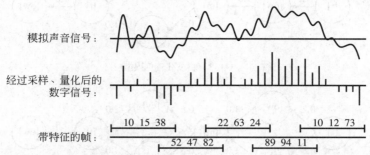

图 23.15 将声学信号转换成帧序列。图中每一帧都通过 3 个声学特征的离散值来描述,一个真实的系统需要数十个特征

我们已经看到了如何从原始音频信号转换成一系列观察值,e_t。现在我们需要描述 HMM 中的(观察不到的)状态,并且定义转移模型 $P(X_t|X_{t-1})$ 和感知模型 $P(E_t|X_t)$。转移模型可以被分解为两层:单词和音节。我们将从底层开始:**音节模型**(phone model)把一个音节描述为三种状态:开始、中间和结束。例如,音节[t]有一个不发声的起始,然后在中间是一个小爆破,结尾处(通常)发出嘶嘶声。图 23.16 展示了音节[m]的例子。注意,在通常的说话中,平均一个音节持续 50~100 毫秒,即 5~10 帧。在这个持续过程中,自循环的变化是允许的。通过进行许多次自循环(尤其是在中间状态),我们可以表现出一长串"mmmmmmmmmm"声音。绕过自循环则产生一个短"m"声音。

Phone HMM for [m]:

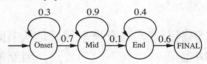

Output probabilities for the phone HMM:

Onset:	Mid:	End:
C_1: 0.5	C_3: 0.2	C_4: 0.1
C_2: 0.2	C_4: 0.7	C_6: 0.5
C_3: 0.3	C_5: 0.1	C_7: 0.4

图 23.16 三状态音节[m]的一个模型。每一个状态有多种可能的输出,每种输出有自己的概率。MFCC 的特征以 C_1 至 C_7 标记,代表一些特征值的组合

在图 23.17 中,音节模型被串起来形成一个单词的**发音模型**(pronunciation model)。根据文献 Gershwin(1937),你会将其读作[t ow m ey t ow],而我会把它读作[t ow m aa t ow]。图 23.17(a)显示了针对方言变化的转移模型。其中的每一个圆圈表示一个类似图 23.16 中的音节模型。

除了方言变化,单词还可以有协同发音(coarticulation)变化。例如,发[t]这个音节时舌头是在口腔上部,而发[ow]音时舌头是在口腔底部。当说得快时,舌头没有时间到达[ow]的位置,这时我们发出的是[t ah]音而非[t ow]。图 23.17(b)给出了"tomato"的模型,其中考虑到了协同发音的影响。更复杂的音节模型还考虑到了音节的上下文影响。

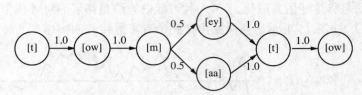

(a) 带方言变化的词模型

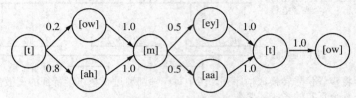

(b) 带协同发音和方言变化的词模型

图 23.17　单词"tomato"的两个发音模型。每一个模型都表示为一个转移图，
其中圆圈表示状态，箭头表示允许的转移及其相关概率。
（a）考虑到方言差异的模型。这里的两个概率值 0.5 是基于本书的两位作者所偏好的发音估计得到的。
（b）考虑第一个元音上的协同发音影响的模型，允许其发[ow]或者[ah]音

　　这样可能会对一个单词的发音造成实质上的变化。"because"最常见的发音是[b iy k ah z]，但这仅仅占所使用情况的四分之一左右。另外四分之一（大概）的情形将第一个元音替换为[ix]、[ih]或[ax]，其余的情形会将第二个元音替换为[ax]或[aa]，将最后一个[z]替换为[zh]或[s]，或者完全丢弃"be"，只剩下"cuz"。

23.5.2　语言模型

　　对于一般目的的语音识别而言，语言模型可以是从书面句子的文本语料中学习得到的 n 元模型。但是，口语和书面语相比有不同的特点，因此最好能有一个口语的转录文本语料库。对于特定任务的语音识别而言，训练语料库也应该是与特定任务相关的：如要构建航班预定系统，可利用历史电话的转录文本记录。如果有和特定任务相关的词汇表也会有所帮助，例如所有机场和可供服务的城市的清单、以及所有的航班号等。

　　在语音用户界面的设计中，部分工作是要求用户的说话受限于一个候选集合，因此语音识别器可以用一个更紧凑的概率分布进行处理。例如，用户问"您想去哪个城市？"，利用高度约束的语言模型可以得到回答，而问"我可以怎么帮您？"则无法得到回答。

23.5.3　构建语音识别器

　　语音识别系统的质量依赖于它的各部分的质量——这些组成部分包括语言模型、单词发音模型、音节模型以及用于从声学信号中提取频谱（spectral）特征的信号处理算法。我们已经讨论过如何从书面文本语料中构造语言模型，而把关于信号处理的细节留给了其他教科书。现在还剩下发音和音节模型。关于发音模型的结构——如图 23.17 所示的 tomato模型——通常是手工构建的。现在对于英语和很多其他语言，已经可有了很多大型语音词典，尽管它们的精确度良莠不齐。三状态音节模型的结构对于所有的音节都是一样的，如

图 23.16 所示。现在就剩下概率了。

与以往一样，我们将从语料库中获取概率，只不过这次用的是语音语料库。最常见的语料库是包括每个句子的语音信号和对应的单词文本。从这样的语料库中构建模型比构建文本的 n 元模型更困难，因为我们必须构建一个隐马尔科夫模型——每个单词的音节序列和每帧的音节状态都是隐含变量。在早期的语音识别中，通过耗费人力的声谱图人工标注提供隐含变量。近期的系统使用期望最大化方法自动提供缺少的数据。想法很简单：给定一个 HMM 和一个观测序列，我们可以使用 15.2 节和 15.3 节中的平滑算法计算出每个时间步上的每个状态的概率，并通过一个简单的扩展，得到相继时间步上的状态-状态对的概率。可以把这些概率看作不确定标记。根据这些不确定标记，我们能够估计出新的转移概率和感知概率，并重复 EM（期望最大化）过程。该方法能够保证在每次迭代中不断提高模型和数据之间的吻合度，并且通常收敛到一个比最初的手工标注所提供的参数值好得多的结果。

最准确的系统会为每一个说话者训练出不同的模型，因此也可以捕获方言之间、男声和女声之间以及其他各种变化。这种训练可能要求与说话者交互若干个小时，因此应用最广泛的系统并不会建立说话者特定的模型。

系统的准确性取决于多种因素。首先，信号质量有影响：一个在隔音房中、方向对准固定嘴巴的、高质量的麦克风的效果要比来自行驶中开着收音机的汽车、通过电话线传输的廉价麦克风的效果要好得多。词汇表的规模也有影响：使用 11 个单词的词汇表（1～9 加上 "oh" 和 "zero"）识别数字串时，错误率低于 0.5%，如识别有 2000 单词量的新闻故事时，错误率上升到了 10%，而对于一个包含 64 000 个单词的语料库，错误率则达到了 20%。具体任务也有影响：当系统试图去完成一个特定的任务——如预定航班或者给出餐馆方向——对于这些任务，就算单词错误率在 10%甚至以上，通常也可以取得满意的效果。

23.6 本 章 小 结

自然语言理解是 AI 最重要的子领域之一。不同于 AI 的其他领域，自然语言理解需要针对真实人类行为的经验性研究——这些又显得复杂而又有趣。

- 形式语言理论以及**短语结构**（phrase structure）文法（特别是**上下文无关**（context-free）文法）在处理自然语言的某些方面是有用的工具。概率上下文无关文法（PCFG）的形式体系已被广泛应用。
- 使用 **CYK 算法**这类**图分析器**（chart parser）分析上下文无关语言的句子，可以在 $O(n^3)$的时间内处理，这需要文法规则采用**乔姆斯基范式**（Chomsky Normal Form）。
- **树库**（treebank）可以用于学习文法。也可以从未分析的句子语料库中学习得到文法，但这并不是很成功。
- **词汇化 PCFG**（lexicalized PCFG）可以表达出一些单词之间更普遍的联系。
- 对文法进行**扩展**（augment）以解决主语-动词一致性和代词格这类问题也很方便。**确定子句文法**（Definite clause grammar，DCG）是一种扩展形式体系。利用 DCG，分析和语义解释（甚至生成）都可以通过逻辑推理完成。

- **语义解释**（Semantic interpretation）也可以通过扩展文法来处理。
- **歧义**（Ambiguity）是自然语言理解中一个十分重要的问题，大多数句子都有多种可能的解释，但通常只有一种是最贴切的。消歧依赖于关于世界的知识、关于当前环境的知识以及关于语言的知识。
- **机器翻译**（Machine translation）系统已经采用了一系列的技术进行实现，从完全的句法和语义分析到基于短语频率的统计技术。当前统计模型最受欢迎也做得最成功。
- **语音识别**（Speech recognition）系统基本上也是基于统计原则的。尽管还不够完美，语音系统仍然受到欢迎，也很有用。
- 总的来说，机器翻译和语音识别是自然语言技术中两个重大成功。这些模型表现良好的的原因之一是有了语料库——翻译和语音这两项任务都是人们每天经常进行的。相反，类似句子分析等任务就不那么成功，部分由于没有经过分析的大规模语料库，部分由于分析本身并不那么有用。

参考文献与历史注释

像语义网一样，上下文无关文法（也称为短语结构文法）是一项技术的重复发明，该技术首先被印度文法家（尤其是 Panini，大约公元前 350 年）用于研究印度法典中的梵语（Ingerman，1967）。诺姆·乔姆斯基（1956）重新使用该技术，用于英语句法分析，而约翰·巴克斯也独立地将该技术用于 Algol-58 句法的分析。Peter Naur 扩展了巴克斯的符号系统，现在 BNF 中的"N"就是指 Naur，BNF 原本代表的是"巴克斯范式"（Backus Normal Form）中的"Normal"（Backus, 1996）。Knuth（1968）定义了一种被称为**属性文法**（attribute grammar）的扩展文法，该文法对程序设计语言非常有用。Colmerauer（1975）引入了确定子句文法，Pereira 和 Shieber（1987）对其进行了发展和推广。

Booth（1969）和 Salomaa（1969）研究了**概率上下文无关文法**（Probabilistic context-free grammars）。Charniak（1993）、Manning 和 Schütze（1999）、Jurafsky 和 Martin（2008）介绍了其它 PCFG 相关算法。Baker（1979）介绍了通过向内向外算法来学习 PCFG，Lari 和 Young（1990）则描述了它的用途和局限性。Stolcke 和 Omohundro（1994）说明了如何通过合并贝叶斯模型来学习文法规则。Haghighi 和 Klein（2006）描述了基于原型的学习系统。

词汇化的 PCFG（Lexicalized PCFGs）（Charniak，1997；Hwa，1998）结合了 PCFG 与 n 元模型的优点。Collins（1999）描述了通过头特征进行词汇化的 PCFG 句法分析。Petrov 和 Klein（2007a）介绍了在不进行词法扩展的情况下，通过从带通用范畴的树库中学习特定句法范畴来实现词汇化的优点；例如，可以从含有范畴 NP 的树库中学习出 NP_O 与 NP_S 等更具体的范畴。

不论是在"纯粹的"语言学还是在计算语言学中，都有很多研究尝试写出自然语言的形式文法。已有一些关于英语的很全面但是非形式化的文法（Quirk 等，1985；McCawley，1988；Huddleston 和 Pullum，2002）。从 20 世纪 80 年代中期开始，词典的信息更多、文法的信息更少已成为一种趋势。词汇功能文法（Lexical-functional grammar），即 LFG（Bresnan，

1982），是第一个重要的高度词汇化的文法形式化体系。如果我们把词汇化推到极致，我们最终就得到只有两条语法规则的**范畴文法**（Clark 和 Curran，2004），或只包含单词间关系而没有句法范畴的**依存文法**（Smith 和 Eisner，2008；Kübler 等，2009）。Sleator 和 Temperley（1993）描述了一个依存关系句法分析器。Paskin（2001）指出依存文法比 PCFG 更容易学习。

第一个计算机实现的句法分析算法是由 Yngve（1955）给出的。在 20 世纪 60 年代晚期一些高效的算法逐步发展起来，之后走了一些弯路（Kasami，1965；Younger，1967；Earley，1970；Graham 等，1980）。Maxwell 和 Kaplan（1993）证明了增强的图分析法能够在一般情况下有效。Church 和 Patil（1982）研究了句法歧义的消解问题。Klein 和 Manning（2003）描述了 A*句法分析，Pauls 和 Klein（2009）将它扩展为 K 最佳 A*句法分析，该方法产生 K 个最好的分析结果，而不是单一的结果。

现在最好的句法分析器包括：Petrov 和 Klein（2007b）的分析器在华尔街日报语料上的准确率达到 90.6%；Charniak 和 Johnson（2005）的分析器的准确率达到 92.0%；Koo 等人（2008）的分析器在宾州树库上的准确率达到 93.2%。这些数字没有直接的可比性，该领域有一些批评指出，这些研究只集中在几个挑选过的语料库上，可能过于拟合这些语料了。

自然语言的形式语义解释起源于哲学和形式逻辑，特别是 Alfred Tarski（1935）在形式语言的语义方面的工作。Bar-Hillel（1954）首先考虑了语用问题，并提出了用形式逻辑来处理语用的思想。例如，他把 C.S. Peirce（1902）的术语 *indexical*（索引词）引入到语言学中。Richard Montague 的文章"English as a formal language"（1970）可以视为关于语言的逻辑分析的一个宣言，但是 Dowty 等的著作（1991）以及 Portner 和 Partee 的著作（2002）的可读性更好。

第一个用于解决实际任务的 NLP 系统很可能就是 BASEBALL 问答系统（Green 等，1961），该系统能够处理有关棒球统计数据库的问题。这之后不久，Woods（1973）研制了 LUNAR 系统，用于回答有关通过阿波罗计划从月球带回来的岩石的问题。Roger Schank 和他的学生构建了一系列完成语言理解任务的程序（Schank 和 Abelson，1977；Schank 和 Riesbeck，1981）。语义解释现在的方法通常假设从语法到语义的映射可以从例子中学习得到（Zelle 和 Mooney，1996；Zettlemoyer 和 Collins，2005）。

Hobbs 等人（1993）描述了语义解释方面的一个量化的非概率框架结构。更多最近的研究都遵循显式的概率框架（Charniak and Goldman，1992；Wu，1993；Franz，1996）。在语言学中，最优化理论（Kager，1999）是建立在这样的思想基础上的：在语法中构建软约束，给予解释一个自然的排序（类似于概率分布），而不是让语法以相同的序生成所有概率。Norvig（1988）讨论了考虑多个同时出现的解释的问题，而不是固定采用唯一的最大似然率解释。文艺评论家们（Empson，1953；Hobbs，1990）则提出了"歧义应该被消解还是应该被保留"的疑问。

Nunberg（1979）勾画了一个有关转喻的形式化模型。Lakoff 和 Johnson（1980）则致力于英语中常见暗喻的分析和编目研究。Martin（1990）和 Gibbs（2006）为暗喻解释提供了一种计算模型。

文法归纳（grammar induction）的第一个重要成果是负面的：Gold（1967）证明了在

给定一个来自某上下文无关文法的字符串集合的情况下，可靠地学习到正确的文法是不可能的。很多著名的语言学家，如乔姆斯基（1957）和 Pinker（2003），根据 Gold 的结果认为必定存在一个先天的、每个小孩从出生开始就拥有**普通语法**（universal grammar）。所谓的刺激贫乏观点认为学习 CFG 时小孩并没有足够的输入，因此它们必须已经"知道"了文法，所做的只不过是调整某些参数而已。尽管很多乔姆斯基学派的语言学家一直支持这个观点，某些其他的语言学家（Pullum，1996；Elman 等人，1997）和大部分计算机科学家却抛弃了该观点。早在 1969 年，Horning 就指出在 PAC 学习的意义上学习一种概率的上下文无关文法是可能的。从那时起，涌现出许多仅从正例中进行学习的令人信服的实验，诸如 Mooney（1999）的 ILP 研究、Muggleton 和 De Raedt（1994）的研究、Nevill-Manning 和 Witten（1997）的序列学习、Schütze（1995）出色的博士论文以及 de Marcken（1996）的研究等。现在有每年一届的文法推理国际会议（ICGI）。学习其他文法形式也是可能的，如正规语言（Denis，2001）以及有限状态自动机（Parekh 和 Honavar，2001）。Abney（2007）是一本介绍半监督学习语言模型的教材。

Wordnet（Fellbaum，2001）是一个公开的字典，包含大约 100 000 个单词和短语，这些单词和短语按照词性进行分类，并通过同义、反义以及部分整体等语义关系联系起来。Penn 树库（Marcus 等，1993）提供了 300 万词英文语料的分析树。Charniak（1996）、Klein 和 Manning（2001）讨论了用树库文法进行句法分析。英国国家语料库（Leech 等，2001）包含大约 1 亿单词，而万维网则包含超过万亿的单词；（Brants 等，2007）描述了超过两万亿词的 Web 语料上的 n 元模型。

在 20 世纪 30 年代，Petr Troyanskii 为一台"翻译机器"申请了专利，但是当时还没有计算机来实现他的思想。1947 年 3 月，洛克菲勒基金的 Warren Weaver 致信 Norbert Wiener，提出机器翻译也许是可能的。借鉴密码学和信息论的工作，Weaver 写道："当我看到一篇俄语文章时，我对自己说：'这实际是用英语写的，但是它用了一些奇怪的符号进行编码。我现在就进行解码。'"在接下来的十年间，大家都试图用这种方法进行解码。IBM 在 1954 年展示了一个初级系统。Bar-Hillel（1960）描述了这个时期的热潮。然而，美国政府随后宣布（ALPAC，1966）"实用的机器翻译还没有直接的或可预期的前景"。然而，有限的工作仍在继续开展，从 20 世纪 80 年代开始，计算机的能力大大提高，ALPAC 的观点不再正确。

本章描述的基本的统计方法是基于 IBM 工作组的早期工作（Brown 等，1988，1993）以及 ISI 和谷歌研究小组的近期工作（Och 和 Ney，2004；Zollmann 等，2008）。Koehn（2009）介绍统计机器翻译的教科书、Kevin Knight（1999）的简短教程都很有影响力。早期的句子切分的研究工作是由 Palmer 和 Hearst（1994）完成的。Och 和 Ney（2003）以及 Moore（2005）讨论了双语句子的对齐问题。

语音识别的历史可以追溯到 20 世纪 20 年代的 Radio Rex，一只语音控制的玩具狗。听到单词"Rex！"（或其他足够响亮的单词）时，Rex 就会跳出它的狗窝。一些更为严肃的工作开始于二战之后。AT&T Bell 实验室构造了一个系统，该系统通过声学特征的简单模式匹配进行独立数字的识别（Davis 等，1952）。从 1971 年开始，美国国防部的国防高级研究计划局（DARPA）资助了四个为期五年的竞争性项目，以开发高性能的语音识别系统。优胜者是 CMU 的 HARPY 系统（Lowerre 和 Reddy，1980），它是唯一一个满足在 1000 词汇上准确率达到 90% 的系统。HARPY 的最终版本源自 CMU 的研究生 James Baker（1975）构建的名为 DRAGON 的系统；DRAGON 首先将 HMM 用于语音处理。几乎同时，IBM 的 Jelinek（1976）开发了另外一个基于 HMM 的系统。最近几年的研究表现出稳步前进、大数据集和模型、在更真实的语音任务开展激烈竞争等特点。1997 年，Bill Gates 预测，"五年后，PC 机将面目全非，因为语音将进入交互界面"。最然预言没有实现，但是在 2008 年，他又预测"未来五年，微软希望更多的互联网搜索将通过语音完成，而不是通过敲击键盘完成"。历史将会告诉我们他这次是否正确。

语音识别方面有很多好的教科书（Rabiner 和 Juang，1993；Jelinek，1997；Gold 和 Morgan，2000；Huang 等，2001）。本章讲述的内容基于 Kay、Gawron 和 Norvig（1994）的综述以及 Jurafsky 和 Martin（2008）的教科书。语音识别方面的研究工作发表在 *Computer Speech and Language*，*Speech Communications*，IEEE *Transactions on Acoustics, Speech, and Signal Processing*，DARPA 的语音和自然语言处理研讨会，以及 Eurospeech、ICSLP 和 ASRU 会议上。

Ken Church（2004）表明，自然语言的研究是在以数据为中心（经验主义）与以理论为中心（理性主义）之间循环。语言学家 John Firth（1957）预测"你可以通过一个词周围的词知道它的意思"。尽管当时没有现在的计算能力，20 世纪 40 年代和 50 年代早期的语言学研究在很大程度上还是依赖于词频。后来诺姆（乔姆斯基，1956）指出了有限状态模型的局限性，激发了句法理论研究的兴趣而不再关注频率计数。这种方法占统治地位长达 20 年，直到经验主义依靠统计语音识别的成功工作而重新兴起（Jelinek，1976）。现在，大部分工作都接受统计框架，但主要兴趣是在构建考虑了高级模型的统计模型上，如句法树和语义关系，而不只是单词序列。

语言处理应用方面的工作发表在两年一度的应用自然语言处理会议（Applied Natural Language Processing conference，ANLP）、自然语言处理的经验主义方法会议（conference on Empirical Methods in Natural Language Processing，EMNLP）和 *Natural Language Engineering* 期刊上。更加广泛的自然语言处理工作发表在 *Computational Linguistics* 期刊、ACL 以及 COLING 会议上。

习　题

23.1 阅读一遍下面的短文并加以理解，尽可能地记下其中的内容。后面会有一个测试：

The procedure is actually quite simple. First you arrange things into different groups. Of course, one pile may be sufficient depending on how much there is to do. If you have to go somewhere else due to lack of facilities that is the next step, otherwise you are pretty well set. It is important not to overdo things. That is, it is better to do too few things at once than too many. In the short run this may not seem important but complications can easily arise. A mistake is expensive as well. At first the whole procedure will seem complicated. Soon, however, it will become just another facet of life. It is difficult to foresee any end to the necessity for this task in the immediate future, but then one can never tell. After the procedure is completed one arranges the material into different groups again. Then they can be put into their appropriate places. Eventually they will be used once more and the whole cycle will have to be repeated. However, this is part of life.

23.2 *HMM* 文法本质上是一个标准的 HMM，其状态变量 N（非终结符，取值包括 *Det*、*Adjective*、*Noun* 等），其观察变量是 W（单词，如 *duck* 等）。HMM 模型包括起始概率 $\mathbf{P}(N_0)$、转移模型 $\mathbf{P}(N_{t+1}|N_t)$、感知模块 $\mathbf{P}((W_t|N_t)$。请说明任何 HMM 文法都可以改写成 PCFG。[提示：首先考虑如何利用 PCFG 表示句子符号的规则来表示 HMM 文法的起始概率。考虑具体的 HMM 会有所帮助，比如取 *A*、*B* 代表 N，取 *x*、*y* 代表 W。]

23.3 考虑下面描述简单动词短语的 PCFG：

$0.1 : VP \rightarrow Verb$

$0.2 : VP \rightarrow Copula\ Adjective$

$0.5 : VP \rightarrow Verb\ the\ Noun$

$0.2 : VP \rightarrow VP\ Adverb$

$0.5 : Verb \rightarrow is$

$0.5 : Verb \rightarrow shoots$

$0.8 : Copula \rightarrow is$

$0.2 : Copula \rightarrow seems$

$0.5 : Adjective \rightarrow$ **unwell**

$0.5 : Adjective \rightarrow$ **well**

$0.5 : Adverb \rightarrow$ **well**

$0.5 : Adverb \rightarrow$ **badly**

$0.6 : Noun \rightarrow$ **duck**

$0.4 : Noun \rightarrow$ **well**

a. 下面那一项作为 VP 的概率不为 0？(i)shoots the duck well well well (ii) seems the well well (iii) shoots the unwell well badly

b. 产生 "is well well" 的概率是多少？

c. （b）中的短语的歧义是哪种类型？

d. 给定任意 PCFG，能否计算它生成恰好由 10 个单词组成的字符串的概率？

23.4 概述 Java 语言（或者任何其他你熟悉的计算机语言）与英语的主要区别，评价二者的"理解"问题。首先可以考虑下面几个方面：文法、句法、语义、语用、组合性、上下文依赖性、词汇歧义、句法歧义、指代发现（包括代词）、背景知识以及"理解"首先意味着什么。

23.5 本题考虑非常简单语言的文法。

a. 写出语言 $a^n b^n$ 的上下文无关文法。

b. 写出回文语言（即所有字符串的后半部分是前半部分的逆）的上下文无关文法。

c. 写出复制语言（即所有字符串的后半部分与前半部分相同）的上下文有关文法。

23.6 考虑句子"Someone walked slowly to the supermarket"以及由下列单词构成的词典：

Pronoun→**someone**　　　*Verb*→ **walked**

Adv→**slowly**　　　　　　*Prep*→**to**

Article→**the**　　　　　　*Noun*→**supermarket**

下面 3 个文法中哪个与该词典结合能够产生上述句子？画出相应的句法分析树。

(A):	(B):	(C):
$S \rightarrow NP\ VP$	$S \rightarrow NP\ VP$	$S \rightarrow NP\ VP$
$NP \rightarrow Pronoun$	$NP \rightarrow Pronoun$	$NP \rightarrow Pronoun$
$NP \rightarrow Article\ Noun$	$NP \rightarrow Noun$	$NP \rightarrow Article\ NP$
$VP \rightarrow VP\ PP$	$NP \rightarrow Article\ NP$	$VP \rightarrow Verb\ Adv$
$VP \rightarrow VP\ Adv\ Adv$	$VP \rightarrow Verb\ Vmod$	$Adv \rightarrow Adv\ Adv$
$VP \rightarrow Verb$	$Vmod \rightarrow Adv\ Vmod$	$Adv \rightarrow PP$
$PP \rightarrow Prep\ NP$	$Vmod \rightarrow Adv$	$PP \rightarrow Prep\ NP$
$NP \rightarrow Noun$	$Adv \rightarrow PP$	$NP \rightarrow Noun$
	$PP \rightarrow Prep\ NP$	

对上述每个文法，分别写出由其生成的 3 个英语句子和 3 个非法英语句子。每个句子应该有明显的不同，至少包括 6 个单词，而且应该包括一些新的词条（由你定义）。对每个文法给出改进建议，以避免生成非法的英语句子。

23.7 搜集一些时间表达的例子，比如"two o'clock"、"midnight"以及"12：46"等，再想出一些不符合语法的例子，例如"thirteen o'clock"以及"half past two fifteen"等。写出描述时间语言的文法。

23.8 在本题中，你需要将ε_0变成乔姆斯基范式（CNF）。有五个步骤：（a）添加一个新的开始符，（b）消除 ε 规则，（c）消除规则右边的多个单词，（d）消除（$X \rightarrow Y$）形式的规则，（e）将右边较长的规则转换成二元规则。

a. 起始符 S 只能出现在 CNF 的左侧。引入新的符号 S'，添加一条形如 $S' \rightarrow S$ 的新规则。

b. 空字符串 ε 不能出现在 CNF 的右侧。ε_0 没有涉及 ε 的规则，所以这不是问题。

c. 单词只能出现在形如($X \rightarrow word$)的规则的右边。引入新符号 W'，将形如($X \rightarrow \cdots word \cdots$)的规则替换成($X \rightarrow \cdots W' \cdots$)和($W' \rightarrow word$)。

d. CNF 不允许形如 ($X \rightarrow Y$)的规则；规则的形式必须为 ($X \rightarrow YZ$)或($X \rightarrow word$)。任何形如 ($X \rightarrow Y$)的规则都可以根据每条 ($Y \rightarrow \cdots$)规则改造成($X \rightarrow \cdots$)形式，其中($\cdots$)代表一个或多个符号。

e. 将形如($X \rightarrow Y\ Z\cdots$)的规则替换成两条规则($X \rightarrow Y\ Z'$)和($Z' \rightarrow Z\cdots$)，其中 Z' 是新符号。

给出上述过程的每一步以及最终的规则集合。

23.9 使用 DCG 标记，为一个类似ε_1的语言编写一个文法，该语言要求句子的主语和动词之间保持一致性，不会生成类似"I smells the wumpus"的句子。

23.10 考虑下面的 PCFG：

$S \rightarrow NP\ VP[1.0]$

$NP \rightarrow Noun[0.6]\,|\,Pronoun[0.4]$

$VP \rightarrow Verb\ NP[0.8]\ |\ Modal\ Verb[0.2]$

$Noun \rightarrow \textbf{can}[0.1]\ |\ \textbf{fish}[0.3]\ |\ \cdots$

$Pronoun \rightarrow \textbf{I}[0.4]\ |\ \cdots$

$Verb \rightarrow \textbf{can}[0.01]\ |\ \textbf{fish}[0.1]\ |\ \cdots$

$Modal \rightarrow \textbf{can}[0.3]\ |\ \cdots$

在该文法下，句子"I can fish"有两棵句法分析树。针对这句话，给出这两棵分析树，以及它们的先验概率和条件概率。

23.11 扩展的上下文无关文法可以表示一般上下文无关文法不能表示的语言。给出语言 $a^n b^n c^n$ 的增强上下文无关文法。增强变量的取值为 1 和 SUCCESSOR(n)，其中 n 是一个值。描述该语言的句子的规则是

$S(n) \rightarrow A(n)\ B(n)\ C(n)$.

给出 A、B 和 C 的规则。

23.12 扩展 ε_l 的语法，使其能够处理冠词-名词的一致性。也就是说，确保"agents"和"an agent"是一个 NP，而"agent"和"an agents"不是。

23.13 考虑下列句子（来自纽约时报，2008 年 7 月 28 日）。

> Banks struggling to recover from multibillion-dollar loans on real estate are curtailing loans to American businesses, depriving even healthy companies of money for expansion and hiring.

a. 句子中哪些词是有词法歧义的？

b. 在句子中找出两处有句法歧义的地方（句子中的句法歧义多于两处）。

c. 给出句子中的一个隐喻例子。

d. 你能发现语义歧义吗？

23.14 不要回看习题 23.1，回答下列问题：

a. 习题 23.1 中提到的 4 个步骤是什么？

b. 其中被剔除的步骤是什么？

c. 文中提到的"the material"是什么？

d. 什么样的错误的代价很高？

e. 做得太少还是做得太多更好？为什么？

23.15 选择 5 个句子，将它们提交给在线翻译服务器。将它们从英语翻译成另一种语言，再翻译成英语。根据是否合乎语法和保持意义对结果句子进行评价。重复上述过程，第二轮迭代是得到更坏的结果还是相同的结果？中间语言的选择对结果的质量有影响吗？如果你懂得一门外语，看一看翻译成该语言的一段话。统计和描述产生的错误，并推测为什么会出现这些错误。

23.16 图 23.13 中句子的 D_i 值的总和为 0。这对每个翻译对都是这样吗？证明该结论或给出反例。

23.17 （改编自 Knight（1999））机器翻译模型假设，在短语翻译模型挑选出短语、扭曲模型改变顺序之后，语言模型可以整理所有的组合。本题研究这个假设是否明智。试

着将下列语句按正确的词语顺序排列：

a. have, programming, a, seen, never, I, language, better

b. loves, john, mary

c. is the, communication, exchange of, intentional, information brought, by, about, the production, perception of, and signs, from, drawn, a, of, system, signs, conventional, shared

d. created, that, we hold these, to be, all men, truths, are, equal, self-evident

你能完成哪些语句的正确排列？你需要利用何种知识？在训练语料库上训练一个二元模型，用该模型从测试语料中找到某些句子的概率最高的组合。报告该模型的准确率。

23.18　针对输出序列$[C_1, C_2, C_3, C_4, C_5, C_6, C_7]$，计算图 23.16 中的 HMM 的最可能路径，并给出概率值。

23.19　我们忘记说明习题 23.1 中的短文的标题是"洗衣服"。重新阅读短文，并回答习题 23.14 中的问题。你这次是否做得好一些？Bransford 和 Johnson（1973）把这篇短文用于一个控制实验，发现标题有显著的帮助作用。你从中得到了哪些有关语言和记忆工作的信息？

第 24 章 感　　知

感知，连接着计算机与这个一无所知的世界。

感知（perception）通过解释传感器的响应而为 Agent 提供它们所处的世界的信息。传感器以可用于 Agent 程序的输入的形式测量环境的某些方面。传感器可以简单如一个开关，输出一个比特表示开或者关，也可以复杂如人眼感知形态。人工 Agent 有各种可用的感知形态。其中它们与人类共有的感知形态包括视觉、听觉和触觉。独立的（天辅助装备的）人不具备的感知形态包括电磁波、红外线、GPS 和无线信号。有些机器人可以进行**主动传感**，也就是说它们发射出一个信号，比如雷达信号或超声波，然后感知从环境中反射回来的信号。在本章中，我们将重点讨论一种感知形态：视觉，而不是探讨所有这些感知形态。

在 17.4 节中我们曾经讨论过 POMDP，一个用于部分可观察环境中基于模型的决策理论 Agent 具有一个传感器模型——给定世界状态下对传感器提供的证据的概率分布 $P(E|S)$。贝叶斯规则可用于对这个状态的估计进行更新。

对于视觉来说，传感器模型可以分为两个部分：一个**目标模型**（object model）用于描述存在于视觉世界中的对象：人、建筑物、树木、车辆等。这个目标模型可以是如同计算机辅助设计（CAD）系统中一样精确的三维几何模型，也可以是一些模糊约束，如我们约定人眼之间的距离一般为 5～7 厘米。一个**绘制模型**（rendering model）用于描述物理的、几何的或者统计的过程，这些过程产生来自世界的刺激。绘制模型是十分准确的，但是它所能反应的事实却是模糊的。举例来说，一个白色物体处于暗光下可能跟一个在强光下的黑色物体看起来一样，一个小的近距离物体与一个大的远距离物体看起来也没有多少差别。没有额外的证据，我们无法分辨当前图片显示的是哥斯拉（Godzilla）模型玩具还是一只真正的怪兽。

我们可以通过先验知识来处理这种模糊性——例如我们都已经知道哥斯拉怪兽是不可能存在的，由此我们可以确定这个图像显示的肯定是一个模型玩具而不是真正的怪兽——或者我们也可以有选择地忽视这种模糊性。比如对于一个自动驾驶的视觉系统来说它可能分辨不出一定距离之外的物体，但是它可以选择直接忽视这个问题，因为相距太远的物体根本不可能与它发生碰撞。

决策理论 Agent 并不是利用视觉传感器的唯一体系结构，比如说果蝇（Drosophila）部分地是一个反射 Agent，果蝇的视觉系统与翅膀的肌肉之间具有强大的反射神经来对外界刺激做出反应——这是一种未经思考的直接反应。苍蝇以及其他许多飞行动物利用闭环控制体系结构来实现着陆到目标上。苍蝇的视觉系统首先估计出着陆点到自身的距离，然后控制系统根据距离来调节翅膀的肌肉，使之可以快速改变飞行方向，这一过程无需目标对象（着陆点）的详细模型。

与其他传感器（如告诉真空吸尘机器人它将要撞上一面墙的单比特传感器）的数据相

比较，无论从揭露的细节而言，还是数据量而言，视觉传感器能收集到的视觉信息都异常丰富。一个机器人的视频摄像机大概能以 60Hz 的速率产生 100 万 24 位像素的数据量：每分钟 10GB 的数据。所以对于具有视觉的 Agent 来说，它的真正问题是：视觉信息中的哪部分该用来帮助 Agent 选择好的行动，而哪一部分又可以直接选择忽略。视觉——以及所有感知——应该用于推进 Agent 的目标，视觉本身不是终点。

我们可以有三种方法来处理这个问题。首先是基于特征提取的方法，如上面提到的果蝇（Drosophila），强调将简单的计算直接用于传感器的感知信息上。另一种是基于识别的方法，在这种方法中，Agent 通过视觉或其他信息来区分它遇到的各个对象，识别可能意味着标识出每幅图像是否包含有需要的食物，是否包含有祖母的人脸。最后一种是基于重建的方法，在这种方法中，Agent 将通过一幅或一组图像重建这个世界的几何模型。

最近 30 年来的研究已经产生了一系列的应用这三种方法的强大工具或者方法。理解这些方法就需要理解图像形成的过程，所以我们首先来了解一下图像生成中发生的一些物理和统计现象。

24.1　图　像　生　成

成像会扭曲物体的外观。当我们俯视一段长而直的铁轨时，铁轨看上去最终会相交于一点。同样当你把你的手放在你的眼前的时候，你甚至可以遮挡住整个月亮，而当你将手倾斜或向外时，你的手看起来像在图像中收缩或拓展，尽管在现实中（图 24.1）并不是这样。这些效应对于识别与重建都是至关重要的。

24.1.1　无透镜成像——针孔照相机

图像传感器收集场景中物体表面反射的光线并生成一幅二维图像。在人的眼睛中，图像在视网膜上成像。视网膜包含两种类型的细胞，大概 1 亿左右对波长范围很广的光比较敏感的视杆细胞和大概 500 万的视锥细胞。视锥细胞对颜色视觉很关键。视锥细胞主要有三类，每一类对不同的波长表现敏感。在摄像机中，图像在图像平面上成像。这个平面可以是涂有卤化银的胶卷或是具有几百万感光像素的矩形网格，每个感光像素是一个 CMOS（complementary metal-oxide semiconductor）或 CCD（charge-coupled device）。传感器的输出即一段时间内到达传感器的光子产生的所有效应之和，这意味着图像传感器给出的是到达传感器的光线强度的加权平均。

要看到聚焦的图像，我们必须保证从场景中大致相同点出发的光子要达到图像平面上的同一点。最简单的聚焦方法莫过于使用**针孔照相机**，它的组成包括一个盒子，其前部有一个能透光的针孔 O，后部有一个图像平面（图 24.2）。场景中的光子进入镜头时必须通过针孔，如果针孔足够小时则在场景中相近的光子经过针孔后在图像平面上也会相邻。

针孔照相机的几何模型很容易理解。我们将采用一个以 O 为原点的三维坐标系，并考虑场景中的一点 P，其坐标为 (X, Y, Z)。P 被投影到图像平面上的点 P'，坐标为 (x, y, z)。设 f 是从针孔到图像平面的距离，那么根据相似三角形的性质，我们得到以下公式：

$$\frac{-x}{f} = \frac{X}{Z}, \frac{-y}{f} = \frac{Y}{Z} \implies x = \frac{-fX}{Z}, y = \frac{-fY}{Z}$$

这些公式定义了一种成像过程，称为**透视投影**（Perspective projection）。值得注意的是，分母上的 Z 意味着物体离得越远，它的图像越小。还要注意到负号表示图像相对于实际场景是上下、左右颠倒的。

在透视投影的情况下，因为远距离的物体看上去比较小，所以你的手掌看上去能遮住整个月亮（图 24.1）。另一个重要的结论是平行线汇聚于视平线上的一点（考虑铁轨的样子，图 24.1）。在场景中经过点 (X_0, Y_0, Z_0)，且方向为 (U, V, W) 的一条直线可以描述为点集 $(X_0 + \lambda U, Y_0 + \lambda V, Z_0 + \lambda W)$，其中 λ 在 $+\infty$ 和 $-\infty$ 之间变化。这条直线上的一点 P_λ 到图像平面上的投影由下式给出

$$\left(f\frac{X_0 + \lambda U}{Z_0 + \lambda W}, f\frac{Y_0 + \lambda V}{Z_0 + \lambda W} \right)$$

当 $\lambda \to \infty$ 或 $\lambda \to -\infty$ 时，上式变为 $p_\infty = (fU/W, fV/W)$，若 $W \neq 0$。这意味着在真实场景中的不同点将可能被映射到图像中的同一点——对于比较大的 λ 取值，不管 (X_0, Y_0, Z_0) 取值如何，图像上的点基本上处于同一点。我们称 p_∞ 为与方向为 (U, V, W) 的直线族相关联的**消失点**。方向相同的直线具有同一个消失点。

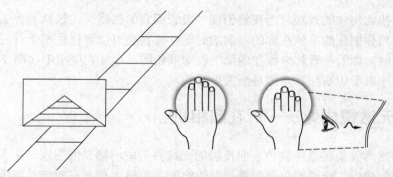

图 24.1　成像扭曲了几何。平行线似乎在远处会相交，就像左边的铁轨图像。在中间，一只小手遮住了月亮的大部分。右边是透视缩短效应：手离开眼睛一定距离会使它显得比中间的那只手要短些

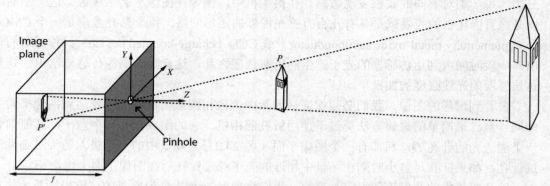

图 24.2　针孔照相机后面的图像平面上的每个感光元接收到通过针孔传进来的小范围的光线。如果针孔足够小，结果就是在图像平面聚焦成为一幅图像。投影过程意味着大而远的物体会和小而近的物体看上去一样。注意，图像在投影时会上下颠倒

24.1.2 透镜系统

　　针孔照相机的缺点在于我们需要一个尺寸小的针孔来确保图像聚焦,但这个针孔越小,到达图像平面的光子就会越少,意味着图像会很暗。当我们把针孔的尺寸放大时,确实能够获得更多的光子,但同时也会造成运动模糊——场景中运动的物体在成像时会因为光子到达不同的地方而产生模糊的效应。如果我们不能使针孔打开的时间更长,则可以试试让针孔变得更大。尽管有更多的光子到达图像平面,但由于物体同一块区域散射的光子在成像时被分散到了图像平面不同的地方,从而造成了最终图像的模糊。

　　脊椎动物的眼睛和现代照相机都使用**透镜**系统。透镜要比针孔大得多,因此能够透过足够的光线。透镜将来自物体位置的光线聚焦到图像平面。然而,透镜系统拥有一个有限的**景深**:只能对一定距离(**焦平面**)左右的物体清晰成像,在这个范围以外的物体成像时将超出图像平面,人眼系统可以通过改变形状来调整**焦平面**(图 24.3);而在照相机中,则可以通过镜头的来回移动来改变焦平面。

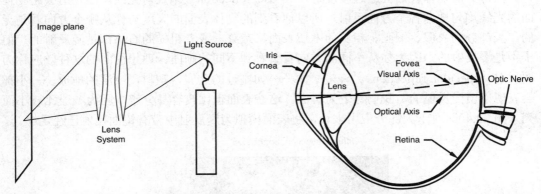

　　图 24.3 透镜接收离开景物的某个方向范围的光线,将这些光线导向到图像平面上的一个点。调焦就是让靠近离焦平面的点聚焦;其他远离焦平面的点不能正确聚焦。在相机里,通过移动透镜来改变焦平面,而在人的眼睛里,是通过专门的肌肉来改变透镜的形状而实现调焦的

24.1.3 缩放正投影

　　透视效应并不是在所有情况下都那么显著。举例来说,因为距离的原因一只远距离美洲豹身上的一个斑点看上去很小,但是两个紧挨着的斑点看上去却可能会拥有差不多的大小。这是因为相对于相机到斑点的距离来说,相机到两个斑点的距离差异很小,根据这个现象我们可以简化投影模型。这个模型我们称之为**缩放正投影**(scaled orthographic projection)。模型的主要思想如下:假如物体上点的深度 Z 的变化范围为 $Z_0 \pm \Delta Z$ 并且 $\Delta Z << Z_0$,则透视缩放因子 f/Z 可以用一个常量 $s=f/Z_0$ 近似。则场景坐标(X, Y, Z)投影到图像平面坐标的投影公式为 $x=sX$ 和 $y=sY$。缩放正投影对于那些景深变化很小的场景是一个很好的近似。例如,当对位于正前方远距离大楼进行投影时它就是一个很好的模型。

24.1.4　光线和阴影

　　图像中一个像素的亮度可以看作这个像素代表的场景中物体点的亮度为自变量的函数。我们假设这是一个线性模型（现代照相机在极亮或极暗时表现为非线性，但正常情况下均为线性）。图像中的亮度对于确定物体的形状和特性是一条很重要的线索，尽管有时候这条线索很模糊。人往往可以很容易的分辨出三种导致不同亮度的起因并反过来分辨出物体的特性。第一种引起亮度不同的原因是光线的整体强度。一个处于阴影（shadow）中的白色物体甚至可能暗于直接处于太阳光下的黑色物体，人眼可以很好地分辨相对亮度，从而判断出哪个为白色物体。第二种原因是场景中不同的点对光的反射有多有少。通常情况是，人感知这些点或明或暗，从而看到物体的纹理或斑纹。第三种情况是面向光的面比偏离光源方向的面更亮，这称为明暗（shading）效应。特别是，人们可说出这种明暗来自物体的几何状态，但有时候可能会将明暗与斑纹混淆。如颧骨下的灰暗化妆品看上去像阴影，从而使得人脸看上去比真实的瘦。

　　大部分的物体表面会通过**漫反射**（diffuse reflection）来反射光线。漫反射会将物体表面的光线均匀地向各个方向反射，所以你看到的物体表面的亮度与你从哪个方向看是无关的。大部分的衣服、图画、粗糙的木质表面、蔬菜、或者粗糙的石头都是漫反射的。但镜子不是漫反射的，因为你从不同的方向看会看到不同的画面。理想镜面的这种效应称为**镜面反射**（specular reflection）。许多平面——如刷过的金属，塑料，或湿的地板——小部分会表现出镜面反射的，我们称之为镜面。这些表面也比较容易分辨，因为一般比较小而明亮（图 24.4）。对于大部分应用来说，将表面模拟为漫反射中带有镜面反射已经足够。

图 24.4　各种光照效果。在金属勺和牛奶表面有镜面反射。明亮的漫反射表面是明亮的，因为它面朝光线方向。暗的漫反射表面是暗的，因为表面与光线方向平行。阴影出现在不能看见光源的表面位置。图像由 Mike Linksvayer（mlinksva on flickr）提供

　　室外的最主要光源是太阳。太阳光的光线属于平行光，即两道光线之间可以看作是平行的。我们将太阳光模拟为**远距离点光源**（distant point light source）。这是重要的光线模型，不管对于室内还是室外都比较适用。在这种光源下，物体表面受到的光照依靠与其与光源方向之间的夹角 θ。

　　一个漫反射表面受到远距离点光源照射时可能会反射一定百分比的它所受到的光照，

这一百分比我们称之为漫反射率（diffuse albedo）。白纸跟雪地拥有着高达 0.90 的反射率，而平整的黑色丝绒与木炭则只有 0.05 的反射率（这意味着 95%的入射光线都将被材料本身所吸收）。反射光的强度 I 服从朗伯余弦定律（Lambert's cosine law）

$$I = \rho I_0 \cos \theta$$

其中 ρ 是漫反射率，I_0 是光源发出的光强度，θ 是光源和反射面法线之间的夹角（图 24.5）。朗伯定律预测图像中亮的像素来逢物体面向光源方向的面，而暗像素来自物体偏离光源方向的面，因此面的明暗提供了物体的一些形状信息。我们将在 24.4.5 节中讨论这一问题。如果光线不能到达物体的表面，则此物体将处于阴影之中。阴影也很少是完全黑色的，因为阴影部分也会接收到来自光源之外物体反射的光。在室外最主要的来源是天空，因为天空一般比较明亮。而在室内时，表面反射的光线也会照亮阴影部分。这种互反射（interreflection）同样对物体表面的亮度有重要的影响。在建模中我们可能会通过添加环境光源（ambient illumination）来表示这种影响。

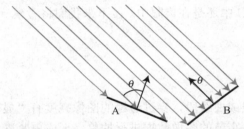

图 24.5　两个面片被远距离点光源照射，点光源的光线用灰色箭头直线表示。面片 A 倾斜一个角度 θ（接近 90 度），从而接收更少的能量，因为它单位面积接收到的光线更少了。面片 B 朝向光源（θ 接近为 0 度），从而接收更多的能量

24.1.5　色彩

植物通过给动物提供果实让动物帮助其传播种子。经过千万年的进化，当植物的果实成熟时，其颜色一般会变红或者变黄，而动物也已经退化，可以检测这些变化。眼睛接收到的不同波长的光有不同的能量。人眼接收到的光集中在波长为 380～750nm 这个区域，主要通过三种颜色接收细胞来区分不同的颜色，如 420nm 的蓝色，540nm 的绿色及 570nm 的红色。尽管人眼只能接收能量光谱中很小区域中的光，但对于判断果实是否成熟这也已经足够。

三原色原则（principle of trichromacy）说明无论一种颜色多么复杂，我们都可以通过三种颜色的混合来构成一种与原颜色不能分辨的新颜色。这一原理说明我们的电视及计算机显示器可以仅仅关心三种基本的颜色。而我们的计算机视觉算法也可以变得更加容易，如物体表面的反射率可以化为 R/G/B 的三个反射率，同样，任意光源也可以看成是有 R/G/B 三种光源所组成。同理朗伯余弦定律也可以推广到 R/G/B 模型上来。事实上这一模型同样预测了在不同的光源下同一物体会产生不同的图像。但人们往往会忽视不同光源的影响而能够估计一个物体在白光下的颜色，这种现象我们称之为**色感一致性**（color constancy）。当前人们已经研究出了精确的色感一致性算法，最简单的示例就是相机中的白平衡功能。相对人眼来说，如果我们要为螳螂虾建立一个照相系统的话，我们至少需要 12 种不同的原

色，因为甲壳纲的昆虫往往具有 12 种不同颜色的接收细胞。

24.2　图像预处理

　　我们已经了解到，光线是如何被场景中的物体反射并形成由比如说 500 万个 3 字节像素组成的图像。使用任何传感器，图像中都会有噪声，此外在任何情况下都需要处理大量的数据。那么我们如何处理这些数据呢？

　　在本节中，我们将了解三种有用的图像处理：边缘检测、纹理分析、光流计算。这些都是所谓的"图像预处理"或"低级图像处理"，因为它们是运算流水线中最先被执行的。初级视觉运算的特征是具有局部特性（它们可以在图像的某个部分上实行，而不必考虑在若干个像素以外的情况）且不需要知识：我们能够对图像进行这些操作，而无需知道图像中到底含有什么物体。这使得低级运算是十分适合于在并行处理的硬件中实现的候选，无论是在图像处理单元 GPU 中还是在肉眼中。接下来我们将考察一种中级的运算，即图像区域分割。

24.2.1　边缘检测

　　边缘是图像中的直线或曲线段，穿过边缘的图像亮度有"显著的"变化。边缘检测的目标是根据大量的、成兆字节的图像数据进行抽象，形成更紧凑、更抽象的表示方式，如图 24.6 中所示。这样做的动机在于，图像中的边缘轮廓与重要的场景轮廓相对应。在图中我们显示了深度不连续的三个例子，标为 1；表面方向不连续的两个例子，标为 2；反射不连续的一个例子，标为 3；亮度不连续（阴影）的一个例子，标为 4。边缘检测只关心图像，因此不区分场景中这些不同种类的不连续，不过后面的处理将进行区分。

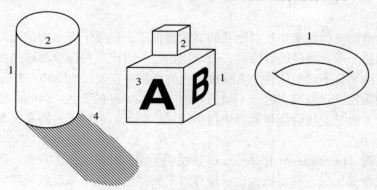

图 24.6　不同类型的边缘
（1）深度不连续；（2）面的方向不连续；（3）反射不连续；（4）光照不连续（阴影）

　　图 24.7（a）显示了场景中包含一个放在书桌上的订书器的一幅图像，而（b）显示了一个边缘检测算法在该图像上的输出。可以看到，这个输出与理想的线条图之间是有差异的。有些地方没有找到边缘，从而出现了缝隙，同时还产生了一些"噪声"边缘，在场景中找不到它们明显的对应物。在后面的阶段中将不得不纠正这些错误。

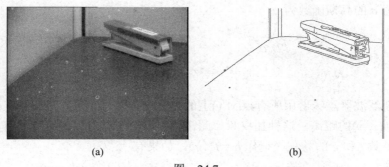

(a) (b)

图　24.7

(a) 一个订书器的照片。（b）根据（a）计算得到的边缘

　　我们如何在一幅图像中进行边缘检测？考虑沿着垂直于一条边缘的一维截面的图像亮度曲线图——例如，桌面的左边缘和墙之间的那条边缘线。这种曲线看起来如图 24.8（a）所示。

　　因为边缘对应着图像中亮度值发生剧烈变化的位置，一种朴素的想法就是对图像进行微分运算，然后寻找导数 $I'(x)$ 量级较大的位置。当然，这样做只是近似可行。在图 24.8（b）中，我们看到尽管在 $x = 50$ 处有一个峰值，但是在其他位置（例如在 $x = 75$ 处）也出现了几个伪峰值，它们有可能被误判为真正的边缘。导致这种情况出现的原因是图像中有噪声。如果我们先对图像进行平滑，可以消除这些伪峰值，如我们在图 24.8（c）中所见。

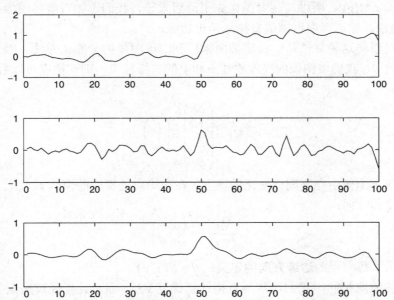

图 24.8　上图：阶跃型边缘的一维截面方向上的亮度曲线 $I(x)$，边缘在 $x=50$ 处。中图：亮度 $I(x)$ 的导数 $I'(x)$。该函数的较大取值对应于边缘，不过该函数有噪声。下图：亮度 $I(x)$ 平滑后的导数，$(I * G_\sigma)'$，可以由卷积 $I * G'_\sigma$ 一步算出。位置 $x = 75$ 上的噪声候选边缘消失了

　　一种图像平滑的办法是赋予每个像素点的值为其相邻像素点的平均值。这样可以倾向于消除较为极端的值。但是我们应该考虑多少个相邻像素点——是一个，两个，还是更多？一个答案能够有效地消除高斯噪声，那就是利用**高斯滤波器**进行加权平均。回顾一个均值

为 0 标准差为 σ 的高斯函数为

$$N_{\sigma}(x) = \frac{1}{\sqrt{2\pi}\sigma} e^{-x^2/2\sigma^2} \qquad \text{一维情况下，或者}$$

$$N_{\sigma}(x,y) = \frac{1}{2\pi\sigma^2} e^{-(x^2+y^2)/2\sigma^2} \qquad \text{二维情况下}$$

应用高斯滤波器意味着用所有点 (x,y) 上的 $I(x,y) N_{\sigma}(d)$ 之和替换亮度 $I(x_0, y_0)$，其中 d 是从 (x_0, y_0) 到 (x, y) 的距离。这种加权和如此常用，以至于有专门的名称和符号。我们称函数 h 是两个函数 f 和 g 的卷积（记作 $h = f * g$），如果有

$$h(x) = (f*g)(x) = \sum_{u=-\infty}^{+\infty} f(u)g(x-u) \qquad \text{一维情况下，或者}$$

$$h(x,y) = (f*g)(x,y) = \sum_{u=-\infty}^{+\infty} \sum_{v=-\infty}^{+\infty} f(u,v)g(x-u, y-v) \qquad \text{二维情况下}$$

所以平滑函数通过图像和高斯函数的卷积 $I * N_{\sigma}$ 得到的。当 σ 取值为 1 个像素时，对于少量噪声的平滑处理已经足够了，而取值为 2 个像素时能够对更大量的噪声进行平滑，但是会损失某些细节。因为高斯函数的作用随着距离的增加而减弱，在实际应用中我们可以将求和中的 $\pm\infty$ 替换为 $\pm 3\sigma$。

这里我们有机会进行一个优化：我们可以将平滑和搜索边缘合并成单一的运算。有如下定理：对任意函数 f 和 g，它们卷积的导数 $(f * g)'$ 等于其中一个函数与另一个函数的导数的卷积，即 $f * (g)'$。所以与其对图像先平滑后求导，我们不如直接将图像与高斯平滑函数 N'_{σ} 进行卷积，然后再根据阈值直接标示出边缘。

有一种可以将这种算法从一维横截面推广到二维图像的一般化方法。因为边缘可能具有任意的角度 θ。我们将图像的亮度看作 x 和 y 的二维标量，则其梯度可以看作一个向量，其表示为：

$$\nabla I = \begin{pmatrix} \dfrac{\partial I}{\partial x} \\ \dfrac{\partial I}{\partial y} \end{pmatrix} = \begin{pmatrix} I_x \\ I_y \end{pmatrix}$$

边缘对应于图像中亮度剧烈变化的地方，在边缘点处梯度的模 $\|\nabla I\|$ 较大。我们比较感兴趣的是梯度的方向：

$$\frac{\nabla I}{\|\nabla I\|} = \begin{pmatrix} \cos\theta \\ \sin\theta \end{pmatrix}$$

这个公式给出了每一点的**边缘方向**的定义：$\theta = \theta(x,y)$。

与一维的情况相同，我们通常不直接计算梯度 ∇I，而是计算经过高斯卷积平滑化后的 $\nabla(I * N_{\sigma})$。同样，这与计算图像与高斯的偏导数的卷积是等价的。得到梯度以后，我们就可以通过梯度来检测边缘了。对于一个单独的点来说，为了判定其是否为边缘点，我们还要考虑其梯度方向上的相邻的前方与后方的点。如果这些点中有一点的梯度更大，那么我们可以通过将边缘曲线稍微平移来或得一条更好的边缘曲线。同样，如果有一点的梯度值太小，则我们可以判定这一点不是边缘点。所以对于边缘点来说，它一定是其梯度方向上梯度高于某个阈值的局部最大值。

一旦通过这种算法标出边缘像素，下一步就是将属于同一边缘曲线的像素链接起来。通过假设具有一致方向的相邻边缘像素一定属于相同边缘曲线，就可完成这个任务。

24.2.2 纹理

纹理，在日常用语中，是对表面的视觉感觉（"纹理（texture）"一词与"纺织物（textile）"具有相同的词根）。在计算视觉中，它指的是在表面空间上重复出现的、能够通过视觉感觉到的模式。纹理的实例包括建筑物上窗户的模式、汗衫上的针脚、美洲豹皮肤上的花斑、草地上一片一片的草、海滩上的卵石以及体育场中的人群。有时纹理排列具有明显的周期特性，就像汗衫上的针脚；而在其他的例子中，比如海滩上的卵石，这种规律性只有统计上的意义：在海滩上不同地方的卵石分布密度是近似相同的。

亮度只是针对单一像素的一种属性，纹理指的是像素组成的图像块表现出的特性。对于给定的图像块，我们可计算出其每一个像素点的方向，然后给出统计的方向直方图。对于一面砖墙，其直方图一般只有两个尖峰（对应于水平方向与垂直方向），而对于美洲豹来说，它的直方图是一个更均匀的分布。

图 24.9 表明对于不同的光照来说，物体表面的纹理分布一般是不变的。这也使得纹理成为识别物体的一项重要依据，毕竟对于特征，如边缘，当光照不同时其变化比较大。

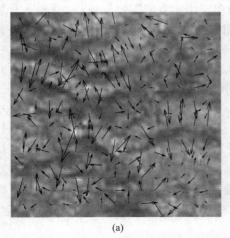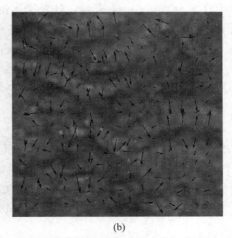

(a)   (b)

图 24.9 同一张米纸在不同光照强度下的两幅图像。在每幅图像上画出了梯度向量场（每隔 8 个像素）。注意，当光线变暗时，所有梯度向量都变短了。向量没有旋转，所以梯度方向也没有改变

在具有纹理对象的图像中，边缘检测效果往往没有对平滑对象进行边缘检测的效果好，这是因为纹理元素之间的一些重要边缘信息可能会丢失。如我们在纹理检测后可能只能发现斑纹而找不到原来的老虎。一种解决办法是像寻找亮度差异一样寻找纹理特性的差异。老虎的图像区域与草地的图像区域在方向直方图上差别很大，这就使得我们可以找出它们之间的边界曲线。

24.2.3 光流

下面我们来考虑当我们不仅仅只有一幅图片，而是拥有一个视频序列时的情况。当图

像中的物体在运动或是我们的镜头在相对物体运动时，由此引起的图像中的明显的运动我们称之为光流。光流描述了图像的运动方向和速度——当然一幅图像中的车辆的速度不是用每小时多少公里而是用每秒钟多少像素来描述。光流同时也包含了场景中各物体的信息。举例来说，对于从一辆移动的火车上拍下的视频中，不同距离的物体有着不同的速度，根据速度的不同我们可以推断出物体距离我们的距离。光流法也可以用于动作识别，如图 24.10（a）和（b）显示的是一个视频中网球运动员的相邻两帧图像，从（c）中我们计算出的光流向量来看，球拍和运动员的前脚正在快速移动。

图 24.10　视频序列里的两帧图像。右边是对应于从一帧到另一帧像素位移的光流场。注意箭头方向是如何捕捉球拍和前腿的运动的

对于任意一点 (x, y) 来说，其光流向量可以用 x 方向的分量 $v_x(x, y)$ 和 y 方向的分量 $v_y(x, y)$ 来表示。为了计算光流我们需要在相邻的图像帧中找到相对应的点。由于相邻区域的点一般具有相同的亮度变化，所以我们可以有一个简单的方法。考虑 t_0 时刻以像素 $p(x_0, y_0)$ 为中心的区域。在 $t_0 + D_t$ 时刻我们将这一区域与以像素 $(x_0 + D_x, y_0 + D_y)$ 为中心的区域进行比较。一种可能的比较方法是**差分平方和**（SSD）：

$$\mathrm{SSD}(D_x, D_y) = \sum_{(x, y)} \left(I(x, y, t) - I(x + D_x, y + D_y, t + D_t) \right)^2$$

其中 (x, y) 在以 (x_0, y_0) 为中心的区域中进行取值。找到使得 SSD 最小的 (D_x, D_y)。则 (x_0, y_0) 点的光流为 $(v_x, v_y) = (D_x / D_t, D_y / D_t)$。注意到对于这种方法来说，往往还要考虑到场景的纹理和变化。假如背景是一面白色的墙，则 SSD 在各处的值都会基本上一样，并且算法也会退化成盲目搜索。最好的光流法算法是结合场景中的条件进行相应的约束再来求解。

24.2.4　图像分割

分割（segmentation）是指基于像素点的相似性将图像分解成若干区域的过程。其基本思想如下：每个图像像素都可以关联某些视觉特性，诸如亮度、色彩和纹理。在一个物体中，或者是它的单独一部分中，这些属性的变化相对非常小，而穿过物体之间的边界时，典型情况下这些属性中的一个或多个会出现较大的变化。有两种方法可用于图像分割，一种主要致力于检测这些区域的边界，而另一种则致力于检测出区域本身（图 24.11）。

一条边界曲线穿过一个像素 (x, y) 时会有一个方向 θ，所以我们可以将检测边界曲线的问题形式化为机器学习分类问题。根据相邻点的特征，我们可以计算出在像素 (x, y) 方向 θ

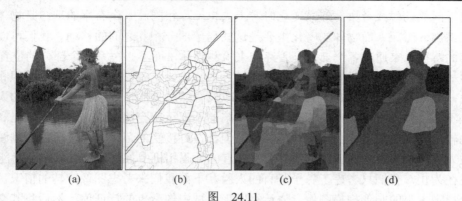

图　24.11

（a）原始图像。（b）边缘轮廓，其中 P_b 值越大，轮廓颜色就越深。（c）区域分割，对应于精细的图像分割。
每个区域显示为这个区域的平均灰度。（d）区域分割，对应于粗糙一些的图像分割，从而得到更少的区域

有边界线穿过的一个概率 $P_b(x,y,\theta)$。沿着 θ 方向将以 (x,y) 为中心的圆形区域分为俩个半圆，则半圆之间在亮度、颜色以及纹理方面都应该具有明显的不同。Martin，Fowlkes 以及 Malik（2004）用这两个半圆之间的亮度、颜色、纹理的差分直方图训练了一个分类器。在其中他们使用了已经手工标示出边界的图片训练分类器以使得最终这个分类器既能分辨人工标记的边界。

这种边界检测方法比前面介绍的简单的边缘检测效果要好很多，但是仍然有两个不足之处。（1）根据 $P_b(x,y,\theta)$ 的阈值选出的边界点不足以保证形成相连的边界，所以这种方法不能保证将图像分割成区域。（2）是决策利用的仅仅是局部的特征而不是全局一致的约束。

另一种可供选择的方法是一种利用像素的亮度、颜色及纹理将像素"聚类"成区域的方法。Shi 和 Malik（2000）把它描述为图分割问题。图的每个结点对应于像素，而每条边对应于像素之间的连接。连接一对像素 i 和 j 的边上的权值 W_{ij} 是基于这两个像素在亮度、色彩、纹理等方面的相似度的。然后他们寻找适当的分割，使得一个规范化分割指标达到最小。简而言之，图分割的指标就是使跨组连接的权值总和最小，而组内连接的权值总和最大。

只基于诸如亮度和色彩之类的低级、局部属性的分割方法，往往会导致错误。为了可靠地找到物体的边界，还应该结合使用在场景中可能遇到的物体的高级知识。表示这种知识仍是研究中的热点课题。一种流行的策略是通过分割将图像分为称之为超像素的上百个相似区域，然后再利用基于知识的算法来处理。一般来说，处理几百个超像素要比处理上百万的普通像素来得简单。物体的高级知识是下一节的主题。

24.3　基于外观的物体识别

外观指的是一个物体看上去的情况。一些物体类——比如说棒球——在外观上变化很小：在大部分的情形下这类物体看起来基本一样。基于此，我们可以计算一些描述包含这些物体的图像的特征，然后据此训练出分类器。

其他类别的物体——如房子，或者芭蕾舞演员——变化一般很大。如一所房子可能具有不同的大小，颜色或者形状，甚至在不同的角度来看它也可能是不同的。而芭蕾舞演员

在做出不同的动作或者舞台灯光变化时看上去也不尽相同。一个有用的理念是物体一般由一些局部部分组成，而物体的变化主要是这些局部部分相互之间的移动。我们可以通过检测局部的特征，来通过各个部分是否存在来检测整体，而不必关系各个部分的位置。

用一个比较好的分类器来对各类物体进行训练比较重要，特别是对于看着照相机的人脸来说，效果特别好，这是因为在低分辨率以及合适的关照情况下，几乎所有的人脸看上去都差不多。几乎所有的人脸都是圆的，凹陷的不那么明亮的眼眶，缝状的嘴巴和眼睛的亮度比较低。光照的变化会产生一些影响，但都在可接受的范围之内，所以检测图像中是否存在人脸比较简单，当前在某些甚至很便宜的数码相机中你都可以看见这个功能。

现在为止，我们只考虑了鼻子竖直的人脸。下面我们来考虑图像翻转的情况。我们选取一个特定大小的圆形扫描图像，先计算圆形区域中像素点的特征值，然后将其交给分类器进行分类。这种策略我们称之为**滑动窗口**。这里选取的特征必须是在有阴影或光照变化的情况下稳定的特征。一种策略是选取与梯度无关的特征。另一种是在检测前先进行光照补偿。为了检测出图像中不同大小的人脸，我们可能需要将图像放大和缩小然后重新扫描，最后再得出所有检测到的不同大小不同位置的人脸。

我们还必须进行后期处理，因为我们不能保证我们选中的窗口大小正好是人脸的大小（即使使用了多种窗口大小）。而且我们还可能会得到重叠的窗口，每个窗口有匹配的人脸。但是如果我们拥有一个可以判定结果好坏的分类器（不管是逻辑回归的还是基于向量机的），我们就可以综合这些部分重叠的匹配而得到一个高质量的匹配结果。至此，我们就得到了可以检测出人脸位置和大小的检测器。我们用两个步骤来检测旋转的人脸。首先，使用一个回归过程估算出窗口中人脸最可能的方向。然后对每个窗口，根据估算出的方向旋转图像，然后再用我们的分类器进行检测。这些流程如图 24.12 所示。

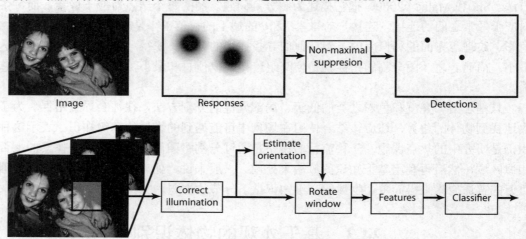

图 24.12 有各种各样的人脸检测系统，但多数都采用图示的两个部分的结构。上边，从图像到响应（Responses），然后应用非最大抑制（Non-maximum suppression）以找到最强的局部响应。响应是通过下边显式的过程获得的。我们用固定大小的窗口在图像的不同缩放尺度的版本上扫描，从而找到更大或更小的人脸。窗口里的光照会被纠正，然后一个回归引擎（经常用神经网络）预测人脸的方向。将窗口矫正到这个方向，再输入到一个分类器。对分类器的输出进行后处理，以确保在图像的每个位置只有一个人脸

训练的数据比较容易获得。现在有许多的人脸数据集，要得到翻转的图像，只要对数据集中的图像做旋转操作即可。一种广泛使用的方法是直接将训练集中正常图像的方向改

变，移动下图像的中心，轻微的修改图像，将之作为新的训练样本加入训练集中。这种方法特别容易获得符合实际的大的训练样本。使用这种方法改进训练集后检测的性能得到了明显的改善。现在这种算法已经在人脸前景检测中有了很好的应用（侧面的检测更难一些）。

24.3.1 复杂的外观及图案元素

很多种类的物体拥有比人脸更复杂的模式。这是因为有很多因素会影响到物体的特征。这些因素包括（图 24.13）：

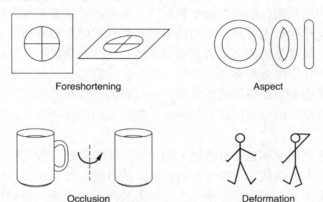

图 24.13 外观变化的原因。首先，物体可能会透视缩小（foreshortening），就像左上角的圆圈面片。这个面是斜着去看的，所以在图像上就成了椭圆。其次，从不同方向去观察物体，其形状会有明显不同，这称为视点现象。在右上方的油炸圈饼就有从 3 个方向观察得到的不同图像。左下方的杯子因为旋转而使其手柄被遮住了，从而手柄在图像中消失了。这种情况下，由于杯身和手柄都属于同一杯子，所以这是自我遮挡。最后，在右下方，有些物体可以显著地发生形变

透视缩短： 倾斜地来看物体时，其表面的图案会被扭曲成另一种样式。

朝向： 从不同的方向看物体会得到不同的结果，即使是一个简单的圆环图也有着不同的几个方面：从一侧看，它是一个椭圆，而从正面看时则是一个圆环。

遮挡： 一个物体从不同的方向看时某些部分可能被隐藏起来。一个物体可能遮挡住另一个物体；或者物体的一个部分遮挡住另一个部分，这种情况我们也称之为自遮挡。

形变： 某些物体的内部自由度可改变物体的外观。如一个人移动手臂和腿部时，身体的外形可以有很多的变化。

然而尽管有这么多的变化，我们仍然能够检测物体的位置和大小。这是因为无论如何变化，物体总会在图像中表现出某些固定的结构。比如，在一幅车辆的图片中，可能包含车灯、车门、车轮、车窗以及车顶，尽管在不同的图片中它们的位置排列方式不同，但它们仍然存在。由此我们可以将目标建模成由图案元素——部件组成的集合。这些图案元素可能会产生相对移动，但只要大部分保持在正确的位置，则我们就可以判断出目标物体是存在的。由此我们可以设计一个由检测图案元素特征来判定是否存在或者是否在正确位置来检测目标物体的识别器。

一种直接的方法是用出现的图案元素的直方图来表示图像窗口，但这种方法的效果并不是很好，有许多图案元素容易互相混淆。比如说，如果选择颜色作为图案元素的特征，那么英国、法国和荷兰的国旗容易被混淆，因为它们拥有着同样的颜色直方图，尽管它们

的颜色排列是以完全不同的方式。过于简单的直方图方式忽视了一些有用的特征。我们可以在表示中添加一些的空间信息。如车灯一般是位于车子的头部，而车轮一般是位于车子的底部。基于直方图的检测已经在许多识别应用中取得了很好的效果，下面我们来看一下行人的检测。

24.3.2 基于 HOG 特征的行人检测

世界银行估计，每年有 120 万人死于车祸，其中有三分之二是行人。这意味着行人检测是一个重要的应用问题，因为如果车辆能够自动检测并且避开行人的话，死于车祸的人数将会大大减少。尽管行人可能有不同的着装与外观，但在相对低一些的分辨率上仍然有着一般化的特征。最常见的侧面或者正面行走照。在这种情况下，我们看到的是一个"棒棒糖"的形状——行走时双脚并拢的情况，躯干比双脚要宽——或者是剪刀的形状——行走时双脚分开。我们需要的是四肢的依据，并且我们发现头部和肩部的曲线都是易于观察到的与众不同的特征。所以经过精心的特征构建，我们能够建立一个有用的移动窗口行人检测器。

在行人与背景之间并非总是有特别大的差别，所以我们一般用梯度而不是边缘信息来表示图像窗口。行人的四肢往往会有相对移动，所以我们使用直方图来抑制特征中的空间细节，如图 24.14 所示。将窗口分成一些可以重叠的小单元格，然后对每个单元格计算它们的方向直方图。我们将会得到一些特征，根据这些特征我们可以判断头肩曲线在图像的顶端或者是底端。而且这些特征在头部运动缓慢的时候不会改变。

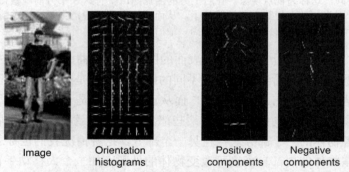

Image Orientation Positive Negative
histograms components components

图 24.14　局部方向直方图是一种强大的特征，即使对于识别复杂的对象。左边是一幅行人图像。中间左边是图像块的局部方向直方图。我们应用分类器（例如 SVM）来确定每个直方图的权值，以从非行人中分离出正样例的行人。我们发现正权值的成分看上去就像人的外形轮廓。负权值的成分就没那么清楚，它们代表非行人的所有模式

为了得到好的特征，还需要进一步的技巧。因为方向特征不受光照改变的影响，所以我们不能专门处理对比很强的边缘。这意味着对行人边缘的独特曲线的处理就像对衣服和背景中纹理细节的处理一样，这些独特信号可能淹没在噪音中。我们可以通过使用权值对梯度方向进行计数来恢复对比信息，权值反应该梯度与同一单元格中的其他梯度相比的显著程度。我们将图像中 x 点的梯度的模记为 $\|\nabla I_x\|$，假如记 C 为我们想要计算直方图的单元格，并且记 $\omega_{x,C}$ 为这个单元格中 x 点的权值，则：

$$\omega_{x,C} = \frac{\|\nabla I_x\|}{\sum_{u \in C} \|\nabla I_u\|}$$

这个公式将梯度的模与单元格中其他梯度进行比较，因此梯度大的权值也大。这样得到的特征我们通常称之为 **HOG 特征**（Histogram Of Gradient orientation 的缩写）。

这一特征是行人检测与人脸检测主要的不同之处。除此之外，两者的检测过程基本上是一致的。检测器用一个窗口在图像里扫描，计算窗口的特征，然后将其交给分类器进行分类。对输出结果还要应用非最大抑制（Non-maximum suppression）进行处理。对于大多数情况来说，行人的尺度和方向都是已知的。比如对于安装在车辆上的照相机来说，我们关心的只是近处的直立的行人。已经有几个已知的数据集，可以用来做训练数据。

行人并不是唯一可以检测的对象，在图 24.15 中我们看到相同的技术可以用于检测不同情况下的各类物体。

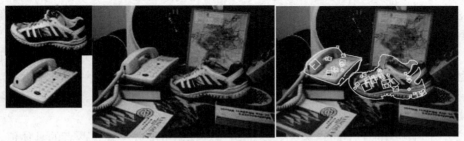

图 24.15　对象识别的另一个例子，这个实例使用 SIFT 特征（Scale Invariant Feature Transform），即 HOG 特征的早期版本。左边是作为对象模型的鞋子和电话图像。中间是测试图像。右边是鞋子和电话的检测结果：在图像中寻找其 SIFT 特征描述与模型匹配的点

24.4　重建三维世界

在本节中我们将说明如何从二维图像出发得到场景的三维表示。最基本的问题是：假定在透视投影的过程中，过针孔的一条光线上的所有点都被从三维世界投影到图像上的同一点，我们如何恢复三维信息，有两种方法来解决这个问题：

- 如果我们拥有从不同角度拍摄的两幅图片，则我们可以根据三角测量找到场景中任一点应处的位置。
- 我们可以为图像根据现实场景添加背景知识。给定物体模型 **P**(*Scene*)和着色模型 **P**(*Image* | *Scene*)，由此我们可以计算出后验分布 **P**(*Scene*|*Image*)。

现在还没有统一的场景重建理论。我们考虑八种常见的视觉线索：动作、双眼立体视觉、多视图、纹理、阴影、轮廓和熟悉的对象。

24.4.1　运动视差

当摄像机相对于三维场景运动时，所造成图像中的显著运动，光流，包含许多关于场景结构的有用信息。为了理解这一问题，我们建立一个方程（未加证明）来描述光流与观

察者移动速度 **T** 及景深之间的关系。

光流场的两个分量为

$$v_x(x,y) = \frac{-T_x + xT_z}{Z(x,y)}, \quad v_y(x,y) = \frac{-T_y + yT_z}{Z(x,y)}$$

其中 $Z(x,y)$ 是对应于图像中 (x,y) 点的真实场景中点在 z 轴上的坐标。

光流的两个分量 $v_x(x,y)$ 和 $v_y(x,y)$，在点 $x = T_x/T_z$ 以及 $y = T_y/T_z$ 处都等于零。这一点被称为光流场的**扩展焦点**（focus of expansion）。假设我们改变 x-y 平面的原点位置，使它处于扩展焦点上，光流表达式将变成一种很简单的形式。令 (x',y') 为新坐标，定义为 $x' = x - T_x/T_z$，$y' = y - T_y/T_z$。那么

$$v_x(x',y') = \frac{x'T_z}{Z(x',y')}, \quad v_y(x',y') = \frac{y'T_z}{Z(x',y')}$$

这里有一个比例上的问题。假设摄像机以两倍的速度运动，而场景中的物体变为原来的两倍并且距离摄像机原来的两倍远，那么光流仍然是一样的。尽管如此我们还是能从其中得到一些有用的信息。

（1）假设有一只苍蝇正设法落在墙上，那么它想要知道在当前速度下经过多长时间能够接触到墙。这个时间由 Z/T_z 给出。注意，虽然瞬时的光流场既不能提供距离 Z，也不能提供速度分量 T_z，但是它能够提供二者的比值，因此可用来控制降落的过程。事实上许多动物实验表明它们的确利用了这种方法。

（2）分别考虑位于不同景深 Z_1、Z_2 的两点。我们可能并不知道两者的具体值，但是通过考虑对光流比取倒，我们可以计算出深度比 Z_1/Z_2。由此我们可以得到运动视差，即我们从车辆或者火车上看远处物体移动慢而近处物体移动快的原理。

24.4.2 双目立体视觉

大多数脊椎动物具有两只眼睛。在失去一只眼睛的情况下，这种冗余是有好处的，不过除此之外还有一些其他方面的好处。多数被捕食动物的眼睛长在头的两侧，使它们具有更宽阔的视野。而捕食动物的眼睛则长在前面，使它们能够利用**双目立体视觉**（binocular stereopsis）。这里的思想与运动视差非常相似，唯一不同的是我们不再利用处于不同时刻的图像，而是利用了两幅（或更多）不同空间视角下的图像。因为场景中的一个给定特征相对于每个图像平面的 z 轴的位置是不同的，所以当我们把两幅图像重叠在一起时，两幅图像中的图像特征位置将会出现**视差**（disparity）。你可以在图 24.16 中看到这一点，金字塔状物体离我们最近的那一点在右边图像中移到了左边，而在左边图像中移到了右边。

注意，为了度量视差，我们需要解决关联问题（correspondence problem），即如何确定在左右图像中的两点是否来自场景中的同一点。这与我们测量光流时类似，最简单的方法当然是类似的比较对应点附件像素区域的差的平方和。但事实上我们使用的是更复杂的方法，利用了额外的约束。

假设我们已经能够度量视差，那么我们如何得到景深的信息呢？让我们先来求视差与深度之间的几何关系。首先，我们考虑双目（或两个照相机）直视前方，即两光轴彼此平行的情况。此时右侧照相机与左侧照相机之间的关系相当于沿 x 轴平移了一段距离 b，称

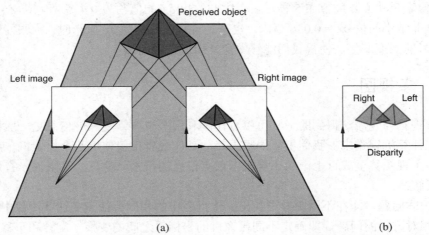

（a）　　　　　　　　　　　　　　　　　　　　（b）

图 24.16　平移一个与图像平面平行的相机使图像特征在相机平面里移动。这导致的位置视差是
深度的一种线索。如果将左右两幅图像重叠，我们就会看到这种视差

为基线。如果我们将这视为是时间 δt 里平移向量 **T** 的结果，$T_x = b / \delta t$ 且 $T_y = T_z = 0$，我们
就可以用前一节中的光流方程。水平和竖直视差由光流分量乘以时间步 δt 给出，$H = v_x \delta t$，
$V = v_y \delta t$。经过代入，得到 $H = b / Z$，$V = 0$。换句话说，即水平视差等于基线与深度之比，
而竖直视差等于零。如果我们已知 b，则我们可以度量 H 而恢复 Z。

　　人们通常看东西时会**集中视线**。也就是说，两眼的光轴交汇于场景中的某一点。图 24.17
显示了两只眼睛注视着点 P_0 的情况，它到两眼连线中点距离为 Z。为方便起见，我们计算
角度视差，其单位是弧度。在注视点 P_0 的视差为零。对于在距离再远 δZ 处的另外某点 P，
我们能够计算出 P 在左右两幅图像上的角度偏移，分别称为 P_L 和 P_R。如果左右两边各相
对 P_0 偏移了一个角度 $\delta\theta / 2$，那么 P_L 和 P_R 之间的偏差，也就是 P 的视差，恰好等于 $\delta\theta$。

由图 24.17，$\tan\theta = \dfrac{b/2}{Z}$ 且 $\tan(\theta - \delta\theta/2) = \dfrac{b/2}{Z+\delta Z}$，但对于小的角度，$\tan\theta \approx \theta$，因此

$$\delta\theta/2 = \frac{b/2}{Z} - \frac{b/2}{Z+\delta Z} \approx \frac{b\delta Z}{2Z^2}$$

而且，由于实际视差是 $\delta\theta$，我们得到

$$\text{disparity} = \frac{b\delta Z}{Z^2}$$

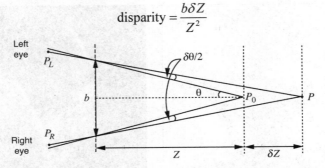

图 24.17　立体影像中视差与深度的关系。两个眼睛的投影中心距离为 b，视线相交在固定点 P_0。
场景中的 P 分别投影到两个眼睛的 P_L 和 P_R。换成角度来看，视差是 $\delta\theta$

对于人类，b（**基线长度**）约等于 6 厘米。设 Z 大约是 100 厘米。那么最小可分辨的 $\delta\theta$

（对应于像素尺寸）弧度值在 5 秒左右，由此给出 δZ 的值约为 0.4 毫米。若 $Z = 30$ 厘米，我们得到非常小的值 $\delta Z = 0.036$ 毫米。也就是说，在距离为 30 厘米时，人眼能够分辨小到 0.036 毫米的深度变化，使得我们能够做穿针引线这样的事。

24.4.3　多视图

　　双眼视觉与光流法得到的形状可以看作是利用多视图恢复深度信息更一般框架的两个实例。在计算机视觉中，我们不必局限于差动动作或者仅仅使用两个摄像机。所以人们研究了从多个视图甚至成百上千的摄像机中恢复信息的技术。从算法上来说，有以下三个子问题需要解决：

- 关联问题，即在不同图像中找出三维世界中的相同特征点在这些图像中的投影。
- 相对方向的问题，即确定不同摄像机的坐标系之间的变换（旋转和平移）。
- 景深估计的问题，即对于至少在两个视图中都存在图像平面投影的点如何确定其深度。

　　关联问题的鲁棒匹配过程的发展，并且对相对方向问题及景深问题的数值稳定的算法是计算机视觉上的一个极大的成功。由 Tomasi 和 Kanade（1992）提出的这样一种的结果如图 24.18 和图 24.19 所示。

图　　24.18
（a）视频序列中 4 帧图像，其中相机相对目标进行移动和旋转。
（b）序列中的第一帧，标注有一些小框框，表示特征检测器检测到的特征

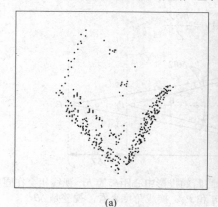

(a)　　　　　　　　　　　　　　　　(b)

图 24.19　在图 24.18 中的图像特征位置的三维重建
（b）从同一位置拍摄的实际的房子

24.4.4　纹理

前面我们已经知道如何将纹理应用分割对象。纹理还可以用于估计距离。在图 24.20 中，我们看到场景中的相同纹理却导致了图像上的不同的纹理元素，或称**纹理基元**（texels）。（a）中的所有铺路砖在场景里是一致的。它们在图像中却是不同的，这有两个原因：

（1）纹理基元到照相机的距离不同。远处物体看上去要小一些，比例因子为 $1/Z$。

（2）纹理基元的透视缩短（foreshortening）程度不同。如果所有纹理基元都在地平面上，这与每个纹理基元相对于照相机视线的方向有关。如果基元垂直于视线，则不存在透视缩短现象。透视缩短效应的量级正比于 $\cos\sigma$，其中 σ 为纹理基元平面的倾角（slant），即 Z 轴与纹理基元平面法向 **n** 的夹角。

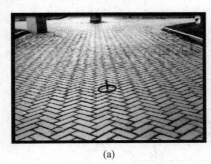 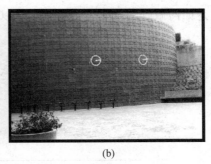

(a)　　　　　　　　　　　　　　　　　　　(b)

图 24.20

（a）一个纹理场景。假设真实纹理的一致性允许找到表面的方向。计算出的表面方向用叠加的黑圆圈和指针表示，并且经过了变换，仿佛圆圈是画在表面上的那一点处。（b）根据一个弯曲表面上的纹理恢复形状（白色圆圈和指针）

研究人员已经提出了利用投影纹理基元的外观变化为基础来确定表面法向的各种算法。然而这些算法的准确性与可应用性却还没有多视图的方法那样好。

24.4.5　明暗

明暗——从场景中的物体表面上不同部分接收到的光强度的变化——是由场景的几何特性和表面的反射特性决定的。在计算机图形学中，目标是根据场景的几何特性和场景中物体的反射特性计算图像亮度 $I(x, y)$。而计算机视觉的目标则是相反的过程——也就是说，根据图像亮度 $I(x, y)$ 重新获得几何特性和反射特性。这已被证明是非常困难的，除非是在一些最简单的情况下。

在 24.1.4 节中的物理模型中，我们知道当一个面的法向方向朝向光源时，这个面会更亮，当法向方向背向光源时，这个面会变暗。但我们不能直接简单地认为暗的面就是背光的；这可能是因为这个面具有低反射率。一般来说图像中的反射率差别比较大，而明暗变化则没有那么明显。人类可以很容易的分辨出到底是光线、物体背向还是反射率低使得其物体表现为阴暗。尽管为了简化这一问题，我们可以假设每一面片的反射率都是已知的。这仍然难以恢复法向方向，因为图像亮度是一个量度，但法向方向有两个未知参数，因此我们无法简单地对法向求解。这一问题的关键可能在于临近的物体一般有相似的法向，因为多数面是平滑的——没有特别大的变化。

真正的困难在于如何处理相互反射。如果我们考虑一个典型的室内场景，比如办公室中的一个物体，那么物体表面就不只被光源照亮，场景中其他物体的反射光也很好地充当了次级光源。这些相互照明的效果相当明显，使得预测法向与图像量度之间的关系十分困难。具有相同法向的面片可能具有十分不同的量度，因为一个可以接收从大的白色墙面反射的光源，另一个可能面向黑暗的书架。尽管有这些困难，这个问题是重要的。人们似乎能够忽略相互反射的影响，而从明暗得到对形状的有用感知，但我们对完成这个任务的算法知之甚少。

24.4.6　轮廓

当我们看到类似图 24.21 所示的线条图时，会对其中的三维形状和布局有一个生动的理解。这是如何做到的？这恐怕要归功于以下高级知识（关于具体的形状）与低级约束条件的结合：

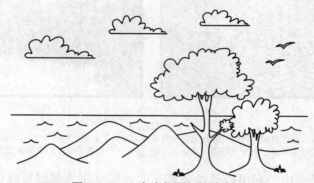

图 24.21　一个唤起回忆的线条图

- 闭合的轮廓，比如山的轮廓。轮廓的一边靠近观察者，而另一边则远离观察者。图像的凹凸性及对称性常用来解决**图-背景**（figure-ground）问题——标记出哪部分是图（近的），哪部分是背景（远的）。在闭合轮廓上，视域里的线与场景中的面是相切的。

- T-连接。当一个物体遮挡另外一个物体时，远处物体的轮廓可能被中断了，假设近处的物体不透明，图像中则会造成 T-连接的现象。

- **地面**的位置。人类，抑或陆地上的动物，经常生活于**地面**上，在这种场景中，不同的位置有不同的物体。由于重力，只有少量物体可以不被地面支持而漂浮于空中。由此我们可以确定这个场景的几何模型。

让我们来看看地面上不同地点不同高度物体的投影。假设我们的眼睛，或者摄像头，位于距地面高度 h_c 的高度。一个高度为 δY 的物体静止于地面上，其底部位于坐标 $(X, -h_c, Z)$，顶部位于坐标 $(X, \delta Y - h_c, Z)$，则其底部在图像平面上的投影坐标为 $(fX/Z, -fh_c/Z)$，顶部的投影坐标为 $(fX/Z, f(\delta Y - h_c)/Z)$。近处物体（$Z$ 比较小）的底部投影到图像平面上比较低的位置，而远的物体的底部则距地平线比较近。

24.4.7 物体及场景几何结构

正常成年人的头部大概为 9 英寸长。这意味着如果某人站在 43 尺远的话，其头部上下与相机形成的夹角为 1 度左右。如果某人头部形成的角度为半度，则根据贝叶斯推断我们会认为此人站在距镜头 86 尺远，而不是认为其头部只有正常人一半大。这一推断使得我们可以建立一个验证行人检测结果的方法，同时也是一条确定物体距离的途径。比如，大部分行人的身高基本上是一致的，而他们都站立在地面上。假设图像中视平线的位置已知，则我们可以给摄像头中的行人根据距离相机的远近排序。这是因为我们知道他们的脚部的位置，而脚部距地平线近的人距离摄像头比较远（图 24.22）。远处的行人还有一个特征是在图像中显得比较小，据此我们可以优化一些检测结果——如果一个检测结果显示此物体的脚部距地平线比较近但尺寸比较大，则我们认为我们检测到了一个异常庞大的行人，这对于人类来说是不存在的，这一检测结果是错误的。事实上对于行人检测窗口来说，大部分的窗口尺寸是不适合的，这些窗口我们甚至不需要经过检测。

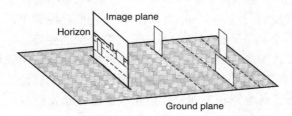

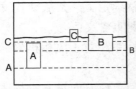  

图 24.22 站在地平面上的行人图像，图像中脚离地平线更近的行人一定在更远处。这意味着他们在图像中看上去更小。这意味着真实行人的大小和位置依赖于在地平线处的另一个行人。为了利用这一点，我们需要识别出地平线，使用从纹理判断形状（shape-from-texture）的方法可以完成这个任务。从这个信息和一些可能的行人，我们可以还原出地平线，像中间的图像一样。右边，合适的行人检测框给出了这种几何上下文。注意，场景中更高的行人会更小一些，如果不是，那么就是错误的样例

有几种策略可以用于检测地平线，包括检测一条上部有许多蓝色的水平直线，或使用纹理信息中的表面方向信息。一种更巧妙的方法是利用我们的几何约束的倒推。假如场景中有不同的几个人站在距摄像头不同距离的位置，则一个可靠的行人算法应该可以给出正确的地平线信息。这是因为根据行人的缩放比例我们完全可以在图像中确定地平线。所以我们可以先根据行人检测算法估计出地平线，然后根据地平线来消除行人检测结果的错误。

假如待检测物体已知，则我们可以确定除了距离以外更多的信息，因为其在图像中的表现完全决定于其本身当前的姿势，即位置以及相对于观察者的方向。这有许多应用。例如，在一个工业操纵作业中，机械手只有知道物体的姿态，才能够把它拿起来。在刚体的情况下，不论是三维还是二维，这个问题都有一个既简单又清楚明确的基于**校准方法**（alignment method）的解决方案。我们现在展开讨论这种方法。

设物体是用 M 个特征或不同的三维空间点 $m_1, m_2, \cdots, m_M$——也许是多面体物体的顶点——来表示的。它们都在一个对物体来说较为自然的坐标系中进行测量。那么这些点经过一个未知的三维旋转 **R** 的影响，再平移一个未知量 **t**，最后投影到图像平面上得到图像特征点 $p_1, p_2, \cdots, p_N$。一般来说，$N \neq M$，因为有些模型点可能被遮住了，而且特征检测算子会漏掉一些特征（或者由于噪声的原因会检测出错误的特征）。对于一个三维模型点 m_i 以及对应的图像点 p_i，我们可以表示为

$$p_i = \Pi\,(\mathbf{R}\,m_i + \mathbf{t}) = Q(m_i)$$

其中，**R** 是旋转矩阵，**t** 是平移量，Π 表示透视投影或者它的一种近似，例如缩放正投影。净结果就是一个变换 Q，将模型点 m_i 与图像点 p_i 对准。虽然我们最初并不知道 Q 是什么，但是我们却知道（对于刚体来说）Q 对所有的模型点一定是相同的。

已知三个模型点的三维坐标与它们的二维投影，就可以求解 Q。直观上是这样的：人们可以写出将 p_i 和 m_i 坐标联系起来的方程。在这些方程中，未知量对应于旋转矩阵 **R** 和平移向量 **t** 的参数。如果我们有足够的方程，就应该能够求解 Q。我们不准备在这里给出证明；我们只是陈述以下结论：

给定模型中不共线的三点 m_1, m_2 和 m_3，以及它们在图像平面上的缩放正投影 p_1, p_2 和 p_3，则恰好存在两个从三维模型坐标到二维图像坐标的变换。

这两个变换通过在图像附近的反射而相关，并能够通过一个简单的封合式的解进行计算。如果我们能在图像中辨识三个特征对应的模型特征，我们就能够计算 Q，即物体的姿态。

让我们用数学语言对位置和方向进行描述。在以针孔为原点，光轴（图 24.2）为 Z 轴的坐标系中，场景中一点 P 的位置可以用由三个数值表示的坐标 (X, Y, Z) 刻画。我们所能得到的是该点在图像上的透视投影坐标 (x, y)。这样就确定了一条从针孔发出通过 P 点的射线；这两点之间的距离是未知的。名词"方向"有两重含义：

（1）**物体作为一个整体的方向**。这可以用物体坐标系相对于照相机坐标系的三维旋转量来描述。

（2）**在 P 点处物体表面的方向**。这可以用物体表面单位法向量 **n** 来描述——它是指明与物体表面垂直的方向的向量。通常我们用变量 **slant**（倾角）和 **tilt**（斜角）来表示表面方向。倾角（slant）是 Z 轴和 **n** 之间的角度。斜角（tilt）是 X 轴和 **n** 在图像平面上的投影之间的角度。

当照相机相对于物体运动时，物体的距离和方向都在改变。只有物体的**形状**是不变的。如果该物体是个立方体，那么无论怎么运动它还是立方体。若干世纪以来，几何学家曾想方设法对形状进行形式化描述，其基本的概念是在某些变换群下，例如旋转和平移的组合，保持不变的属性即为形状。其困难在于，需要找到一种对全部形状的表示方法，它应该足够通用，可以适用于真实世界中形形色色的物体——而不只是诸如圆柱体、圆锥体和球体之类的简单形式——同时又易于从视觉输入中发现。对表面的局部形状刻画问题的理解，则要深入得多。本质上，可以从曲率的角度来完成：当在表面上向不同方向运动时，表面法向量是如何变化的。对于平面来说，根本不存在任何变化。对于圆柱体来说，在平行于轴线的方向上没有变化，而在垂直于轴线的方向上，法向量将以反比于圆柱体半径的速率旋转，诸如此类。这些都是被称为微分几何学的学科所研究的课题。

物体的形状与一些操纵任务（例如确定物体可以被抓住的部位）有关，不过它最重要

的用途是物体识别，其中几何形状与色彩、纹理一起提供了最有效的提示，使我们能够辨识物体，以及对图像内容按已知类别进行分类，等等。

24.5 基于结构的物体识别

在图像中用方框标示出每个行人确实能防止车祸。我们已经看到如何综合利用方向信息来确定方框的位置以及如何利用直方图来消除可能存在的误差。假如我们需要知道这个人具体在做什么时，我们需要知道他的手、脚、身体、头在图像中的具体位置。身体部位用移动窗口的方法很难检测，因为它们一般比较小，颜色以及纹理在图像中的变化比较大。一般来说，前臂以及胫骨可能只有两或三像素宽。然而身体部位一般不是独立出现，而是依赖于与它们相连的部分，所以我们可以先检测容易检测的部分，然后通过它们去寻找难于检测的部分。

推断出身体在图像中的布局是一个很难的工作，因为身体的布局往往揭示人正在做的动作。一个叫做**可变形模板**（deformable template）的模型可以帮助我们分辨哪种分布是可接受的：肘部可以弯曲但头部永远不可能与脚部相连。一个简单的人体可变形模板将前臂与上臂连接在一起，而上臂又与躯干连接在一起等等。有一些更精细的模型：如我们可以发现一些规律如左臂与右臂的颜色和纹理一般是一样的，左脚与右脚也一样。然而这些精细的模型实现起来更加复杂。

24.5.1 身体几何结构：寻找四肢

现在假设我们已经知道人身体部位的外观（如已知一个人的衣服颜色和纹理）。我们可以将人体看成一个有 11 个矩形部分的树形结构（左右的大小臂、左右的大小腿、躯干、头部以及头部上的头发）。我们假设左前臂的位置和方向（姿势）与除左大臂以外的身体部分都是相互独立的，而左大臂又仅仅是与躯干的姿势相关，将这一假设延伸到右臂、腿部以及头部和头发。这一模型我们称之为"硬纸板人"模型。这一模型组成一个由躯干为树根的树。我们将使用树形贝叶斯网络（第 14 章）的方法在图像中来匹配这一模型。

有两种方法可以用于评估这一外形。首先，一个图像矩形必须与其对应的部分相似。这里，我们可能会有部分的近似，但假设我们有一个函数 ϕ_i 可用于对矩形的近似值打分。而对于一系列相关的部分，我们有另一个函数 ψ 可用于对整体相连的矩形与一个躯体相似的程度进行打分。由于树内各部分之间的独立性，每一部分都只有一个父结点，假设其为 $\psi_{i,\text{pa}(i)}$。如果矩形匹配很好的话所有的得分都应该很高，我们可以将其看成是对数可能性（log probability）的问题。对于有 m_i 个矩形及 i 个身体部分算法的总花费为

$$\sum_{i\in\text{segments}} \phi_i(m_i) + \sum_{i\in\text{segments}} \psi_{i,\text{pa}(i)}(m_i, m_{\text{pa}(i)})$$

因为关系模型是一棵树，所以动态编程可以找到最佳匹配。

直接搜索连续的空间是不明智的，因此我们可以将图像中的矩形空间离散化。首先根据离散化具有固定大小（对于不同身体部分其矩形大小不同）的矩形的位置和方向。由于踝关节及膝关节不同，我们需要区别考虑一个矩形与及与其 180 度翻转矩形的关系。我们

可以将这些矩形想象成一系列不同位置及方向的图像矩形栈。每一部分有一个栈。我们需要在每个栈里找出最优的矩形。这可能会很慢，因为有很多的矩形候选，对于这个模型，如果有 M 个图像矩形，选择正确的躯干可能需要 $O(M^6)$。然而，对于适当的 ψ，我们有许多加速的算法，事实证明这一模型是十分实用的（图 24.23）。这一模型也即**图画结构模型**。

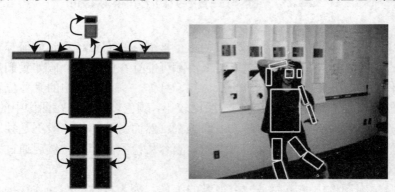

图 24.23　图画结构模型对一组图像矩形与一个纸板人（左边）的匹配进行评估，通过对身体片段与图像片段之间外观的相似度和图像片段之间的空间关系进行打分。一般，如果图像片段具有正确的外观以及相互之间具有正确的位置，那么匹配就更好。外观模型分别使用头发、头部、躯干、上肢、下肢和腿的平均颜色。它们之间的关系用箭头表示。在右边是对一幅特定图像的最佳匹配，这是使用动态编程获得的结果。这种匹配是对身体结构的直接估计

　　回想一下我们关于人体的假设。当我们需要在单独一幅图片中检测人体存在时最有用的特征是颜色。纹理特征往往显示得不明显，因为衣服的折叠会在图像纹理上产生一种明暗效果。这种效果往往强烈到能破坏掉衣物的本来纹理。在现在的算法中，ψ 往往反映身体部分需要相互靠近，还没有涉及到角度的约束。一般的，我们不知道待检测人的长相，所以我们建立了一个身体部分外观模型。我们将描述一个人外观的模型称为**外观模型**（appearance model）。如果我们一定要知道图像中人的具体外观，我们可以从一个简单的外观模型开始，检测出其身体姿势，然后在估计其外观。在视频中，我们有同一人的许多帧图像，我们可以一步步丰富其外观信息。

24.5.2　连贯的外观：视频中的人体跟踪

　　视频中的人体跟踪是一个很重要的实际问题。如果我们能精确定位视频图像中的手臂、腿部、躯干及头部，我们将可以建立更好的游戏接口或者监视系统。滤波方法在这一问题上没有特别好的效果，因为人可以有很快的加速度或者移动很快。这意味着在 30Hz 的视频中，第 i 帧检测出来的人体姿态与第 $i+1$ 帧的人体姿态并没有太大的关联。当前，最实用的方法是基于人体外观在视频中的不变性。假如我们可以为视频中的个体建立一个外观模型，那么我们就可以在图画结构模型中使用这种信息去检测每个帧中的个体。将不同时间上的这些位置连起来就形成跟踪。

　　有几种方法可以建立一个好的外观模型。我们将视频看成一个包含我们想要跟踪的人的大图像栈。我们可以利用这个栈建立我们的外观模型。我们可以在每帧内检测身体部位，使用的事实是这一部位有近似平行的边缘。这一检测可能并不是特别可靠，但我们要检测的各个部位是很特殊的。它们至少在大部分帧中出现一次；这可以通过对检测器的响应进

行聚类来实现。最好是从躯干开始，因为其面积比较大，所以其检测结果往往比较可靠。假设已经得到一个躯干外观模型，则上腿部位应该与躯干相邻，等等。这一推断确实可以得到一个外观模型，不过在某些检测器产生许多错误检测结果的固定的背景中，得到的外观模型可能是不可靠的。一种可供选择的方法是对视频中各图像分别进行结构检测和外观检测；然后再看是否一个外观模型可以很好的适用很多帧。另一种更实用的方法是将一个固定身体姿态的检测器应用到所有帧。一个好的身体姿态是易于可靠检测的姿态，而且人出现这个姿态的几率很高，哪怕只出现短短几帧（侧身行走是个很好的选择）。我们将检测子调整为低错误检测率，所以当它响应时我们知道发现了一个真正的人，因为已经定位了他的躯干、手臂、脚部以及头部，我们知道这些看起来像什么，如图 24.24 和图 24.25 所示。

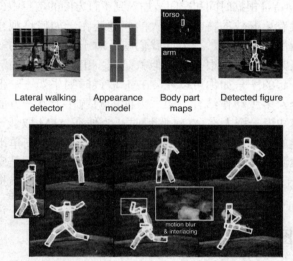

| Lateral walking detector | Appearance model | Body part maps | Detected figure |

图 24.24　我们可以用图画结构模型跟踪运动人体，通过首先获取外观模型，然后应用它。为了获得外观模型，我们扫描图像以找到一个侧面的走路姿势。检测器不需要特别准确，但应该少生成错误接受检测（与错误拒绝相反）。从检测器的响应，我么可以快速读出每个身体片段的像素，以及这个身体片段之外的像素。这使得建立每个身体部分的外观的有判别力的模型是可能的，这些模型组合在一起成为被跟踪人体的一个画面结构模型。最后，我们在每一帧里检测这个模型而实现可靠的跟踪。就像图中的下面的部分所显示的，这个过程可以跟踪复杂的、快速改变的身体姿态，尽管由于运动模糊而形成的视频信号的退化

图 24.25　一些复杂的人类动作生成外观和动作的一致模式。例如喝饮料涉及手在脸前面的运动。前三幅图像是正确的"喝饮料"动作的检测；第四幅是错误检测（厨师正在看着咖啡壶，但并没有喝咖啡）

24.6　视 觉 应 用

如果视觉系统可以分析视频并且理解人类的行为，则我们可以做到：收集利用人类在公开场合的行为设计更好的建筑或者公共设施；设计建造更精确，更安全，更少打扰的监

视系统；开发电脑运动解说员；开发人体接口监视人们，并与他们的行为进行交互。反应式接口的应用来源于计算机游戏，游戏玩家起身在系统周围活动，这个系统通过管理一个建筑物里的热和光使其与主人所在的地方及主人的活动匹配从而节省能量。

有些问题的理解比较清楚。比如假如视频帧中人的图像比较小，但背景比较稳定，则人体可以简单地用当前帧与背景做差分，如果差分值比较大，则背景差分认为这一点为前景点，将不同帧上的前景连接起来就完成了跟踪。

有组织的行为如芭蕾，体操，太极拳等有着特殊的行为。当处于简单的背景中时，这些行为都比较容易检测。背景差分检测出运动区域，然后我们可以建立 HOG 特征（根据区域的流量而不是方向）输入给一个分类器。我们可以根据不同的人体检测器来检测一些固定模式的动作，在这些检测器中，方向特征根据时间和空间被加入到了直方图的信息中（见图 24.24、图 24.25）。

更一般的问题具有更开放的特性。最大的问题还在于如何将观察到的人及附近的对象与运动人的目标和意图联系起来。一方面我们缺乏对于人类行为的一个定义。行为就像颜色一样，人们可能认为自己知道很多行为但就是列不出一个详细的清单来。而且有很多行为又是可以结合在一起的——如你可以在 ATM 取钱时喝牛奶——但我们却不知道什么动作在结合，怎么结合，多少动作结合。第二方面的问题在于哪一方面的特征对应于正在发生的动作。就像我们知道一个人在 ATM 附近时认为他在 ATM 取钱一样。第三个问题是依赖于训练集的一般性的结果或许并不值得信任。如我们并不能简单地认为一个在大数据集下表现良好的行人检测器就是安全的，因为数据集可能本身并不是安全的，可能遗漏了一些稀有的现象（如骑自行车的人）。我们都不希望我们的自动驾驶员撞上正在做出某些并不常见动作的行人。

24.6.1 文字和图片

许多网站都提供图片集供浏览者访问。我们如何找到我们感兴趣的图片呢？假如用户输入一个查询单词，如"自行车竞赛"，则网页立刻会返回一系列标题与之相关的或者包含关键词的图片。在这里，图片返回的结果与文字返回结果类似：都是基于文字而不是基于图片的搜索（见 22.3 节）

然而关键字经常是不完整的。比如一幅在街道上玩耍的小猫经常被赋予关键词"小猫"和"街道"，而经常会忽视一些关键词如"垃圾桶"和"鱼骨头"。如何给一幅图片（可能已经包含一些关键词）添加一些适当的关键词是一项很有意思的研究。

在这一任务的最前沿研究中，我们假设已经获得了一些正确标注关键词的图片，然后我们希望给一些测试图片添加标签。这一问题也被称为**自动注解**，最精确的方法是采用的最近邻方法。首先在特征空间中从已训练图片中找到与测试图片最相似的图片，然后收集他们的标签。

这个问题的另一种版本是给图片中特定区域添加相应标签，此处我们并不知道某一标签对应于训练数据中的哪一部分最好。我们可以使用期望最大化的方法来猜测一种标签与图像区域之间的联系，然后再据此建立一个更好的图像区域分解。

24.6.2 多视图重建

双目立体视觉的工作原理是对每个点我们建立了四个条件约束及三个未知的维度。四个条件约束是指每个视图中的（x, y）值，未知维度是指场景中点的（x, y, z）轴的值。这些粗糙的参数表明，存在使得多数点对的匹配不被接受的几何约束。许多图像中的点的位置是模糊不清的。

事实上我们并不是一直需要第二视图。假如我们知道最初的点集来自已知的物体，则我们可以建立一个物体模型作为已知信息。假如这一模型包含一系列的 3D 点集或者一系列的图片，而如果我们能够建立点的对应关系，我们可以确定产生源图像中点的摄像头的参数。这是非常有用的信息。我们可以利用它来评估我们的初始假设（这些点来自一个对象模型）。首先使用这些点来确定摄像头参数，然后将模型点投影到相机并确定附近是否还有图像点。

这里我们描述了一个现在已经研究得比较透彻的技术。这一技术可推广用于处理非正交的视图；或处理一些仅在某些视图中出现的点；或者处理未知的摄像头参数，如焦距；或者利用搜索点的对应关系的不同的复杂搜索方法；或者用于基于大数量点及视图进行重建。假设点在图像中的位置已知，并且具有一些精确度，且观察方向是合理的，则我们可以得到高精度的摄像及点的信息。一些应用包括：

● 模型建立：比如，我们可能需要从视频序列中建立一个物体的模型或者用计算机图形学及虚拟现实方法建立一个精确的三维模型。这类模型现在可以通过一系列的图片来建立。图 24.26 显示了利用从互联网上找到的图片重建的自由女神像。

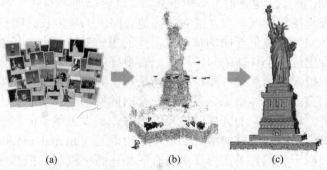

(a)　　　　　　　　(b)　　　　　　　　(c)

图 24.26　多视角三维重建的最近取得很大进展。这个图描绘了由 Michael Goesele 和来自华盛顿大学、TU Darmstadt 和微软研究的同事建立的一个系统。从很多用户拍摄并放在 Internet 上的纪念碑的一组图像（a），这个系统可以判断这些图像的观察角度，在（b）中用黑色的小金字塔标出了这些观察角度。（c）给出了一个三维重建结果

● 移动比较：为了将计算机图形学的元素加入真实视频中，我们需要知道摄像头相对真实场景的移动，知道了之后我们才能正确地添加元素。

● 路径重建：移动机器人需要知道他们到过哪儿。如果它们在一个具有刚性的空间中移动，则重建及保存摄像头信息是获取路径的一种方法。

24.6.3　利用视觉控制移动

视觉的一个主要应用是为操纵物体——拾起、抓住、转动等等——和避障导航提供信息。利用视觉完成这些目标的能力，对于动物视觉系统来说是最基本不过的。在许多情况下，如果视觉系统从可获得的光线场中抽取的仅仅是动物指导其行为所需的信息，那么这

个视觉系统是最小限度的。很可能，现代视觉系统是从早期原始生物体进化而来的，这些生物体利用身体一端的感光点指引它们自己朝向（或离开）光源的方向。我们在第 24.4 节中看到，苍蝇使用一个非常简单的光流检测系统来降落到墙上。一个经典的研究，《青蛙的双眼揭示了青蛙大脑的哪些东西》（*What the Frog's Eye Tells the Frog's Brain*）（Lettvin 等人，1959），对一只青蛙进行了观察："如果它周围的食物不移动的话，它就会饿死。它对食物的选择只取决于大小和运动"。

让我们考虑：在高速公路上行驶的自动驾驶汽车的视觉系统。驾驶员面对的任务如下：

（1）横向控制——确保车辆安全地保持在它的车道内，或者在需要时平稳地换道。

（2）纵向控制——确保和前面车辆之间有一个安全的车距。

（3）障碍物避让——监视相邻车道的车辆，并准备好当它们中的某一辆决定换道时应做出避让动作。

司机要解决的问题在于生成合适的转向、加速和制动行动，以最好地完成这些任务。

对于横向控制，需要保持对汽车与车道的相对位置和方向的表示。我们可以用边缘检测算法寻找与车道标志段对应的边缘。然后我们可以用光滑曲线拟合这些边缘部分。这些曲线的参数携带有关于汽车的横向位置，它相对于车道前进的方向，以及车道曲率等信息。这些信息，再加上关于汽车的动态信息，就是驾驶控制系统所需的全部信息。如果我们有道路的很好的地图细节，那么视觉系统可以帮助我们确定位置（并观察不在地图里的障碍物）。

对于纵向控制，需要知道到前方车辆的距离。这可以利用双目立体视觉或光流来完成。利用这些技术，视觉控制的汽车现在能够以高速公路上的速度长时间行驶。

在各种室内和室外环境里导航的移动机器人的更一般情况也已经被研究过。机器人在环境中对自身进行定位这个具体的问题现在已有很好的解决方案。在 Sarnoff 的一个小组开发了基于两个前视摄像头的系统，跟踪三维特征点，并利用来重建机器人相对于环境的位置。实际上，他们有两个立体摄像头系统，一个向前看，一个向后看——在机器人经过无特征点（由于阴暗、白墙等）的区域时鲁棒性更好。不太可能前面和后面都没有特征点。当然现在这可能发生，因此通过使用一个惯性运动单元（inertial motion unit，IMU）提供了一个备份，这类似于我们人类在内耳里具有的加速感应机制。把感应到的两次加速综合起来，就可以跟踪位置的变化。结合视觉数据和 IMU 是一个概率证据融合问题，可以用某些技术进行处理，例如卡尔曼滤波，我们在本书其他章节学习过卡尔曼滤波。

使用视觉位置变化估计，存在漂移问题（problem of drift），即随着时间的增加存在累计位置误差。解决方案是使用路标（landmark）来提供绝对位置修正：当一个机器人经过路标时，它可以适当调整它的位置估计。

驾驶的例子很清楚地说明了一点：对于某个特定任务，并不需要从一幅图像中找到理论上能够恢复的所有信息。人们不需要得到每辆车的确切形状，为公路边的草地表面求解从纹理到形状的问题，等等。视觉应该只计算完成任务需要的特定的信息。

24.7　本 章 小 结

虽然感知看起来对人类来说是一种不费力气的活动，它却需要大量的复杂计算。视觉的目标是为诸如操纵、导航和物体识别等任务抽取所需的信息。

- **成像**过程在它的几何和物理方面是为人熟知的。给定一个三维场景的描述，我们可以很容易地从某个任意的照相机位置制作出它的一幅图片（图形学问题）。逆转这个过程，从一幅图像得到关于场景的描述却很困难。

- 为了抽取操纵、导航和识别等任务所必需的视觉信息，不得不构建中间表示形式。初级视觉**图像处理**算法从图像中抽取原始特征，诸如边缘和区域。

- 图像中有一些提示信息使人们能够获得关于场景的三维信息：运动、立体视觉、纹理、明暗和轮廓分析。为了提供近乎无歧义的解释，这些提示信息中的每一个都依赖于实际场景的背景假设。

- 完全通用的物体识别是一个非常难的问题。我们讨论了基于亮度和基于特征的方法。我们还介绍了一个简单的姿态估计算法。其他的可能性是存在的。

参考文献与历史注释

对理解人类视觉的系统化尝试可以追溯到古代。欧几里得（大约公元前 300 年）论述了自然透视——与三维世界中每一点 P 相联系的映射，射线 OP 方向连接了投影中心 O 与点 P。他很了解运动视差的概念。对透视投影的数学上的理解（这里是指在投影到平面上的上下文中）在 15 世纪文艺复兴时期的意大利产生了下一步重大发展。Brunelleschi（1413）通常被认为创作了最早的基于三维场景正确几何投影关系的画。1435 年，Alberti 整理了这些规则，从而激发了几代艺术家的灵感，他们的艺术成就至今仍令我们叹为观止。尤其值得一提的是里奥纳多·达·芬奇（Leonardo da Vinci）和 Albrecht Dürer 对透视科学（他们当时就这么称呼它的）的发展。达·芬奇在 15 世纪后期关于光线和阴影的相互作用（明暗对照法，chiaroscuro）、阴影的本影和半影区以及空间透视的描述仍值得一读——参见 Kemp 的译文（1989）。

虽然希腊人认识到了透视，但是他们却令人感到好奇地被眼睛在视觉中的作用所迷惑。亚里斯多得认为眼睛是会发出射线的装置，相当于激光测距仪的工作方式。10 世纪的 Alhazen 等阿拉伯科学家的工作消除了这种错误观点。然后就是各种照相机的逐渐形成。这些照相机是由房间（在拉丁文中 camera 是"房间"的意思）组成，其中光线从一面墙上的小孔中进入，将外面场景的图像投射到对面的墙上。当然，所有这样的照相机成的图像都是反的，于是导致了无休止的困惑。如果认为眼睛也是这样的成像装置，那么我们怎样看到正确方向的图像呢？这个谜团困扰着那个时代最伟大的头脑（包括达·芬奇）。开普勒（Kepler）和笛卡尔（Descartes）的工作解决了这个问题。笛卡尔将一只眼球剥去不透明外皮，放到快门的孔里。他从放在视网膜外的纸上得到了所成的倒像。尽管视网膜图像的确是颠倒的，但这不会引起问题，因为大脑能够按照正确的方式解释图像。用时髦的行话来说，人们只是不得不适当地访问数据结构。

关于视觉理解的下一个重要进展发生在 19 世纪。在第 1 章中描述的 Helmholtz 和 Wundt 的工作将心理物理学实验确立为一个严密的科学学科。通过扬（Young）、麦克斯维（Maxwell）和 Helmholtz 的工作，彩色视觉的三原色理论得以确立。Wheatstone（1838）发明了立体镜，证实了如果提供给左右眼的图像有微小的差异，人们就可以感觉到深度。这种设备很快风靡全欧洲的客厅和沙龙。双目立体视觉的基本概念——从略微不同的视角得到的两幅图像携带了足够用于重构三维场景的信息——被应用于照相测量领域。还得到了关键的数学结果；例如，Kruppa（1913）证明了，只要给定相异五点的两个视图，就能够重建两个照相机位置之间的旋转和平移，以及场景深度（范围取决于一个比例因子）。虽然立体视觉的几何学早已为人们所理解，照相测量学中的对应性问题过去却是通过人尝试匹配对应点来完成的。Julesz（1971）发明的随机点立体视图（random dot stereogram）显示了人求解对应性问题的惊人能力。在 20 世纪 70 年代和 80 年代，人们在计算机视觉和照相测量学两个领域中都投入了许多努力来解决对应性问题。

19 世纪下半叶是人类视觉的心理物理学研究的主要奠基时期。在 20 世纪上半叶，视觉方面最重要的研究结果是由 Max Wertheimer 领导的格式塔（Gestalt）心理学学派取得的。在"整体不同于部分和"的精神指导下，他们提出了以下观点：感知的基本单元是完整形态，而不是边缘等组成部分。

二战后的一段时期以重建活动为显著特征。最为重要的当属 J. J. Gibson（1950，1979）的工作，他指出了光流和纹理梯度对于估计表面的倾角和斜角等环境变量的重要性。他重新强调了刺激的重要性和丰富性。Gibson、Olum 和 Rosenblatt（1955）指出，光流场包含了足够的信息用于确定观察者相对于环境的自我运动。在计算视觉学术界，该领域和（数学上等价的）从运动中提取结构的领域中的工作的主要发展是在 20 世纪 80 年代和 90 年代取得的。Koenderink 和 van Doorn（1975）、Ullman（1979）和 Longuet-Higgins（1981）的开创性工作鼓舞了这方面的研究。Tomasi 和 Kanade（1992）的工作减轻了早期对从运动获得的结构的稳定性的顾虑，他们证明了使用多帧和由此产生的比较宽的基线，形状就能够得到相当精确的恢复。

Chan 等（1998）描述了苍蝇具有令人吃惊的视觉器官，其短时视觉敏锐性比人类强十倍。也就是说，一只苍蝇能够看一部投影速度高达每秒 300 帧的电影，并识别出每一帧。

20 世纪 90 年代引入的一个概念革新是对从运动中的投影结构的研究。在这种情况下校准摄像机是不必要的，如 Faugeras（1992）所证明的。这个发现与下述研究工作是相关的：Mundy 和 Zisserman（1992）所综述的引入几何不变量并应用于物体识别，以及 Koenderink 和 von Doorn（1991）对从运动中得到仿射结构的发展。在 20 世纪 90 年代，随着计算机速度和存储量的高速增长，以及数字视频的广泛应用，运动分析找到了许多新的应用。已被证实特别流行的是建立真实世界场景的几何模型，用于通过计算机图形学技术进行绘制，其指导思想是重构算法，比如 Debevec、Taylor 和 Malik（1996）所提出的算法。Hartley 和 Zisserman（2000）和 Faugeras 等（2001）所著的书提供了关于多视图几何学的全面论述。

在计算视觉中，关于从纹理中推测形状的主要早期工作应归功于 Bajscy 和 Liebermann（1976）以及 Stevens（1981）。不过这些工作都只针对平坦表面的情况，对曲面情况的全面分析要归功于 Garding（1992）以及 Malik 和 Rosenholtz（1997）。

在计算视觉学术界，Berthold Horn（1970）最先进行了从明暗中推测形状的研究。Horn 和 Brook（1989）提供了对该领域的主要文章的一篇广泛综述。在这个框架结构中进行了许多简化性的假设。最重要的假设是忽略相互反射光照的影响。计算机图形学学术界非常强调相互反射光照的重要性，已经发展出了精确的光线跟踪和光通量算法，把相互反射光照的作用纳入考虑之中。一篇理论和经验方面的评论文章可以从 Forsyth 和 Zisserman（1991）的著述中找到。

在关于根据轮廓推测形状的研究领域中，最初由 Huffman（1971）以及 Clowes（1971）

做出关键性贡献之后，Mackworth（1973）和 Sugihara（1984）完成了对多边形物体的分析。Malik（1987）提出了一种对分片平滑弯曲物体的标注方案。Kirousis 和 Papadimitriou（1988）证明了三面场景的线条标注是 NP 完全问题。

为了理解光滑弯曲物体投影中的视觉效果，需要微分几何和奇点理论的相互作用。最出色的研究当属 Koenderink（1990）的《固体形状》（*Solid Shape*）。

Roberts（1963）在 MIT 的学位论文是三维物体识别方面的开创性工作。它通常被认为是计算机视觉方面的第一篇博士学位论文，引入了一些关键思想，包括边缘检测和基于模型的匹配。Canny（1986）提出了 Canny 边缘检测法。校准的思想也是 Roberts 首先引入的，后来重新出现在 20 世纪 80 年代 Lowe（1987）以及 Huttenlocher 和 Ullman（1990）的工作中。Olson（1994）使通过校准进行姿态估计的效率得到了重大提高。3D（三维）物体识别研究的另一个主要分支方法是基于按照体积元描述形状的思想的，使用了**广义圆柱体**（generalized cylinder），由 Tom Binford（1971）引入，并被证实非常受欢迎。

当关于物体识别的计算机视觉研究的大部分注意力集中于把三维物体投影到二维图像产生的问题的时候，模式识别学术界有一个并行的传统领域，即把该问题视为一个模式分类问题。具有推动性的例子存在于诸如光学字符识别和手写体邮政编码识别等领域中，所关心的首要问题是对一个类别中物体的典型变化特点进行学习，并将它们与其他类别区分开。各种方法的比较参见 LeCun 等人（1995）。其他关于物体识别的工作包括 Sirovitch 和 Kirby（1987）以及 Viola 和 Jone（2002）的人脸识别。Belongie 等人（2002）描述了形状上下文方法。Dickmanns 和 Zapp（1987）最先演示了在高速公路上能高速行驶的视觉控制汽车；Pomerleau（1993）用神经元网络方法得到了类似的性能。

Stephen Palmer（1999）的《视觉科学：从光子到现象学》（*Vision Science: Photons to Phenomenology*）提供了对人类视觉的最全面的论述；David Hubel（1988）的书《眼睛，大脑与视觉》（*Eye, Brain, and Vision*）和 Irvin Rock（1984）的书《感知》（*Perception*）分别简要而集中地介绍了神经生理学和感知过程。

在计算机视觉领域，现在能找到的最全面的教科书是 David Forsyth 和 Jean Ponce 所著的《计算机视觉：一种现代的方法》（*Computer Vision: A Modern Approach*）。在 Nalwa（1993）以及 Trucco 和 Verri（1998）的书中也有少量简短的介绍。《机器人视觉》（*Robot Vision*）（Horn，1986）和《三维计算机视觉》（*Three-Dimensional Computer Vision*）（Faugeras，1993）是两本比较陈旧但仍然有用的教科书，各有自己专门的话题集。David Marr 的书《视觉》（*Vision*）（Marr，1982）在把计算机视觉与生物视觉的传统领域——心理物理学和神经生物学——联系起来的过程中扮演了主要角色。《IEEE 模式分析与机器智能会刊》（*IEEE Transactions on Pattern Analysis and Machine Intelligence*）和《计算机视觉国际期刊》（*International Journal of Computer Vision*）是计算机视觉方面的两种主要期刊。计算机视觉会议包括 ICCV（International Conference on Computer Vision，"国际计算机视觉会议"），CVPR（Computer Vision and Pattern Recognition，"计算机视觉与模式识别"），和 ECCV（European Conference on Computer Vision，"欧洲计算机视觉会议"）。

习　　题

24.1 在一棵枝繁叶茂的树木阴影下，可以看到许多光点。奇怪的是，它们看上去都是圆形的。为什么？毕竟阳光穿过的树叶之间的缝隙不太可能是圆形的。

24.2 考虑在黑色背景前漂浮的白色球体。分离白色像素与黑色像素的图像曲线有时称为球体的轮廓。证明在透视相机里观察球体的轮廓可能是一个椭圆。为什么你看球体时不像椭圆呢？

24.3 考虑一个半径为 r，轴线沿 y 轴方向的无限长圆柱体。该圆柱体具有朗伯表面，一个沿 z 轴正方向的照相机对它进行观察。如果圆柱体被 x 轴正方向上无穷远处的一个点光源照亮，那么你期望在图像中能看到什么？通过在投影图像上画等亮度线来说明你的答案。这些等亮度线之间的间隔是均匀的吗？

24.4 一幅图像中的边缘可以对应于场景中的多个事件。考虑本书的封面，并假设它是一幅反映真实三维场景的图片。从图像中辨别出十条不同的亮度边缘，并说出每一条边缘对应的不连续是（a）深度，（b）表面法线，（c）反射，还是（d）光照方面的。

24.5 考虑一个用于绘制地形图的立体照相系统。它由两个 CCD 照相机组成，每个照相机具有 10 厘米 × 10 厘米的正方形传感器，上面有 512 × 512 个像素。所使用的镜头焦距为 16 厘米，焦点固定在无穷远。对于左边图像上的点 (u_1, v_1) 和右图上的对应点 (u_2, v_2)，由于两个图像平面的 x 轴都平行于外极线（epipolar line，即穿过场景中一点和双眼的平面与图像平面的相交线——译者注），因此 $v_1 = v_2$。两个照相机的光轴相互平行。它们之间的基线长度为 1 米。

　a. 如果测量的最近距离为 16 米，那么能够产生的最大视差是多少（用像素表示）？

　b. 对 16 米距离处进行测量，由像素分布所导致的分辨率范围是多少？

　c. 什么距离对应于一个像素的视差？

24.6 下面这些话哪些是正确的、哪些是错误的？

　a. 在立体图像中寻找对应点是寻找立体深度过程中最容易的阶段。

　b. 根据纹理求形状可以通过将光带组成的栅格投影到场景上来完成。

　c. Huffman-Clowes 标注方案能够处理所有的多面体物体。

　d. 在弯曲物体的线条图中，从线条的一端到另一端，线条标志可以发生变化。

　e. 在同一个场景的立体视图中，两个照相机相距越远，对深度进行计算的精度越高。

　f. 场景中长度相等的线段投影到图像中的长度总是相等的。

　g. 图像中的直线必然对应于场景中的直线。

24.7 图 24.27 表示了位于 X 和 Y 的两个照相机正在观察一个场景。画出从每个照相机中看到的图像，假设所有已命名的点都在同一个水平面上。关于点 A、B、C、D、E 到照相机基线的相对距离，根据这两幅图像可以得出什么结论？根据是什么？

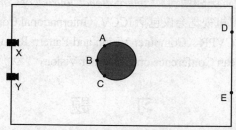

图 24.27　正在观察一个瓶子和它后面的墙壁的双照相机视觉系统的俯视图

第25章 机器人学

本章中 Agent 装备了可以调皮捣蛋的物理效应器。

25.1 引　言

机器人是一种物理 Agent，通过对物质世界进行操作来执行任务。为了这样做，它们装备了诸如机械腿、轮子、关节、抓握器等**效应器**（effectors）。效应器具有单一的目的：将物理力施加到环境上[1]。机器人还装备了**传感器**（sensors），这使得它们能够感知它们的环境。目前的机器人技术使用了各种不同的成套传感器，包括用照相机和超声波测量它们的环境，用陀螺仪和加速计测量机器人自身的运动。

大多数现在的机器人都属于三种主要的类别之一。**操纵器**（manipulators），或称机械手（图 25.1（a）），物理上固定在它们的工作场，例如在工厂的装配线上或国际空间站上。操纵器的运动通常包含一个完整的可控关节链，使这样的机器人能够将它们的效应器放置到工作场所中的任何位置。操纵器是目前最常见的工业机器人类型，在世界范围内安装了超过一百万套。一些可移动操纵器在医院用来协助外科医生。没有机器人操纵器，几乎没有汽车制造商能够生存。有些操纵器甚至已经被用于生成原创的工艺品。

(a)　　　　　　　　　　　　　　(b)

图　25.1

（a）用于在货盘上堆积袋子的工业机器人操作器。图像由 Nachi 机器人系统提供。

（b）本田（Honda）公司的 P3 和 Asimo 人形机器人

1　在第 2 章中我们谈论的是**执行器**（actuator），而不是效应器。执行器是一个将命令传达给效应器的控制线路；效应器是物理设备本身。

第二类是**移动机器人**（mobile robot）。移动机器人利用轮子、腿或其他类似机械装置在它们的环境中来回移动。它们已经被用于在医院里递送食物，在码头搬运集装箱，以及类似的任务。**无人陆地车辆**（unmanned ground vehicle，UGV）能够在街道、高速公路和野外在无人驾驶的情况下自主导航。**行星漫步者**（planetary rover）（图 25.2）于 1997 年对火星进行了为期 3 个月的探测。后来的 NASA 的机器人包括孪生的火星探索漫步者（有一个画在本书的封面），与 2003 年着陆，6 年后仍在工作。其他类型的移动机器人包括**无人飞行器**（unmanned air vehicle，UAV），广泛应用于监视、农作物喷洒和军事行动。图 25.2（a）展示了一个主要是美国军方使用的 UAV。**自主水下车辆**（autonomous underwater vehicle，AUV）用于深海探测。移动机器人还能在工作场所传送包裹，在家里打扫地板。

(a)　　　　　　　　　　　　　　　　　　(b)

图　　25.2

（a）掠食者，美国军方使用的无人飞行器。图像通用原子航空系统提供。
（b）NASA 的旅居者（Sojourner），一个移动机器人，于 1997 年 7 月探索了火星表面

第三类机器人结合操纵器与移动性，经常被称为**移动操纵器**（mobile manipulator）。这包括**人形机器人**（humanoid robot），它的身体设计模仿了人的躯干。图 25.1（b）展示了两个这样的人形机器人，它们均由日本的本田（Honda）公司生产。移动操纵器能够比固定的操纵器更灵活地使用效应器，但是它们的任务也变得更难，因为它们不具有固定点提供的刚性。

机器人领域还包括修复装置（供人使用的人造肢体、耳朵和眼睛）、智能环境（比如装备有传感器和效应器的整体房屋）以及多体系统，其中机器人的行动是通过协作的一群小机器人完成的。

实际的机器人通常必须面对部分可观察的、随机的、动态的和连续的环境。许多机器人环境还是序列式的和多 Agent 的。部分可观察性和随机性是处理巨大和复杂世界的结果。机器人不能看到墙角的另一侧，运动指令也由于齿轮打滑、摩擦等因素而遭遇不确定性。而且，往往很难以高于实时的速度对真实世界进行处理。在一个仿真环境中，有可能用简单算法（比如在第 21 章中描述的 **Q-学习算法**）花几个 CPU 小时时间从几百万次试验中进行学习。在真实环境中，也许需要几年的时间来运行这些试验。此外，与仿真不同，真实的碰撞确实会产生损伤。实用机器人系统需要包含一些先验知识，关于机器人、它的物理环境以及机器人将要执行的任务，以便机器人能够迅速地学习和安全地执行。

机器人学将我们在本书的前面学习的概念融合在一起，包括概率状态估计、感知、规划、无监督的学习、强化学习。对于其中某些概念，机器人是一个挑战性的应用实例。对

于其他一些概念，本章为介绍这些技术（前面我们看到的是离散情况）的连续性版本开辟了新的空间。

25.2 机器人硬件

目前为止，在本书中我们已经把 Agent 的体系结构——传感器、效应器和处理器——视为已知，而把精力集中在 Agent 程序上。真实机器人的成功至少同样依赖于对适合于任务的传感器和效应器的设计。

25.2.1 传感器

传感器是机器人与它们环境之间的感知接口。**被动传感器**（passive sensors），比如照相机，是真正的环境观察者：它们捕捉环境中其他信号源产生的信号。**主动传感器**（active sensors），比如声呐，向环境中发送能量。它们依赖于能量会被反射回传感器这一事实。主动传感器往往能够比被动传感器提供更多的信息，但是代价是增加能量消耗，并且当多个主动传感器同时使用时，有相互干扰的危险。无论是主动还是被动，传感器都可以被分为三种类型，取决于它们记录的是环境、机器人的位置，还是机器人本身的性质。

测距仪是一种测量附近物体距离的传感器。早期的机器人通常都配备了**声呐传感器**。声呐传感器发出定向的声波，然后被物体反射，从而使一部分声音回到传感器。这种返回信号的时间和强度就反应了关于附近物体距离的信息。声呐是 AUV 选择的技术。立体视觉（参见第 24.4.2 节）依赖于多个摄像机从不同角度对环境成像，分析这些成像结果的视差以计算出周围对象的排列。对于陆地上的移动机器人，现在很少使用声呐和立体视觉，因为它们的准确性不太可靠。

大多数的陆地机器人现在都配备了光学测距仪。像声呐一样，光学测距仪发送主动信号（光），然后测量这些信号返回到传感器的时间。图 25.3（a）展示了一个光时间照相机。该照相机以每秒 60 帧的速度获取像如图 25.3（b）所示的距离图像。其他距离传感器使用激光束和特殊的 1 个像素的照相机，它能够使用镜子的复杂排列或旋转部件而调整方向。

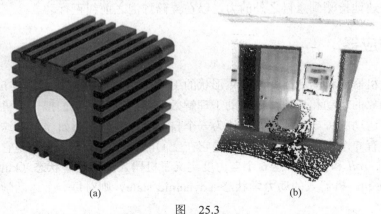

(a)　　　　　　　　　　　　　　(b)

图　25.3

（a）光时间照相机；图像由 Mesa 成像股份有限公司提供。
（b）使用该照相机获取的 3D 距离图像。距离图像使得机器人检测附近的障碍物和目标成为可能

这些传感器成为扫描式**激光雷达**（lidar，是"light detection and ranging"的简写）。扫描式激光雷达一般比光时间照相机能够提供更远的距离测量，在明亮的白天效果会更好。

其他距离传感器包括雷达，UAV 经常选择雷达作为传感器。雷达能够测量几千米的距离。距离传感的另一个极端是**触觉传感器**（tactile sensors），如触须、撞击板和触敏表皮等。这些传感器基于物理接触来测量距离，机器人可以用它来检测靠得很近的对象。

第二种重要类型的传感器是**方位传感器**（location sensors）。多数方位传感器使用距离传感作为决定方位的主要部件。在户外，**全球定位系统**（Global Positioning System，GPS）是定位问题的最常用的解决方案。GPS 测量与发射脉冲信号的卫星之间的距离。目前，在轨道上有 31 颗卫星，在多个频道上发射信号。GPS 接收器通过分析相位移动可以还原出到这些卫星的距离。通过对多个人造卫星的信号进行三角测量，GPS 接收器能够将它们在地球上的绝对位置确定在几米之内。**差分 GPS** 包含一个位置已知的第二个地面接收器，在理想条件下能够提供毫米级的精度。不幸的是，GPS 不能在室内或水下工作。在室内，经常在环境的已知位置装上信号站来定位。许多室内环境中装上了无线基站，帮助机器人通过分析无线信号来定位。在水下，主动声呐信号站可以提供位置信息，使用声音来通知 AUV 离这些信号站的相对距离。

第三种重要类型的传感器是**本体感受传感器**（proprioceptive sensors），用来使机器人知道自身的动作。为了测量机器人关节的准确状况，通常在发动机中配备**轴解码器**（shaft decoders），以微小增量的统计发动机转数。对于机械手，轴解码器可以提供任意一段时间内的准确信息。对于移动机器人，报告轮子转数的轴解码器可以被用于**计程**——测量走过的距离。不幸的是，轮子很容易漂移和打滑，因此计程数只在短距离内是准确的。外力，诸如作用于 AUV 的水流和作用于 UAV 的风，增加了位置的不确定性。**惯性传感器**，比如陀螺仪，依赖于质量对速度变化的抵抗，可以有助于减少不确定性。

机器人状态的其他重要方面可通过**力传感器**和**力矩传感器**测量。这些传感器在机器人处理易碎物体或不知道确切形状与位置的物体时是不可缺少的。想象一个一吨重的机械手安装电灯泡。很容易就会用力过猛，从而弄碎灯泡。力传感器允许机器人感觉到它正在用多大的力气抓握灯泡，力矩传感器允许它感觉到它拧灯泡的力气有多大。好的传感器能够从三个平动方向和三个转动方向对力进行测量。它们以每秒几千次的频率进行测量，这样机器人可以快速地检测到意料之外的力，以在弄碎灯泡之前纠正行动。

25.2.2　效应器

效应器是机器人移动和改变其身体形状的手段。利用**自由度**（degree of freedom，DOF）的概念讨论抽象的运动和形状，这有助于理解效应器的设计。我们把一个机器人或它的一个效应器能够运动的每一个独立方向计为一个自由度。例如，诸如 AUV 这样的刚性自由运动机器人具有 6 个自由度，其中 3 个是它在空间的 (x, y, z) 位置，3 个是它的角度方向，分别称为 *yaw*、*roll* 和 *pitch*。这 6 个自由度定义了机器人的**运动学状态**（kinematic state）[1]或称**姿态**（pose）。机器人的**动力学状态**（dynamic state）则对每一个运动学维度都包含一

1　"kinematic" 来源于希腊语的"运动"，与"cinema"一词相同。

个附加维度来表示其变化率，即速度。

对于非刚性身体，机器人自身内部有额外的自由度。例如，在人类手臂中，肘部有两个自由度。它可以将上臂向内收缩或向外屈伸，还可以向左或向右旋转。腕部有三个自由度。它可以向上下运动、侧向运动，而且还可以转动。每个机器人关节也有 1、2 或 3 个自由度。像手一样把物体按特定方向摆放到特定位置需要 6 个自由度。图 25.4（a）中的机械手正好具有 6 个自由度，用 5 个产生转动的**旋转关节**和 1 个产生滑动的**柱状关节**制作而成。你可以通过一个简单实验来验证，人的手臂作为一个整体其自由度多于 6 个：把你的手按在桌上，然后会发现你仍然能自由转动你的肘部，而不需要改变你的手部姿势。有额外自由度的操纵器比仅仅具有最低 DOF（自由度）的机器人更容易控制。因而许多工业操纵器具有 7 个 DOF，而不是 6 个。

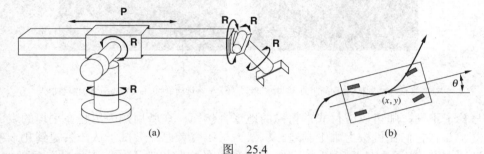

图　25.4

（a）斯坦福操纵器，一种早期的机械手，具有 5 个旋转关节（R）和 1 个柱状关节（P），共有 6 个自由度。
（b）一辆使用前轮导向的不完全四轮车辆的运动

对于移动机器人，自由度不必与行动的要素数目相等。例如，考虑你的一辆普通汽车：它可以前后移动，也可以转弯，因此有两个自由度。另一方面，汽车的运动学结构是三维的：在一个开放的平坦的表面上，一个人可以轻松地将车开到任意点(x, y)，和任意方向。（参见图 25.4（b）。）因此，这辆汽车有 3 个**有效自由度**（effective degrees of freedom），但只有 2 个**可控自由度**（controllable degrees of freedom）。我们说一个机器人是**不完全的**（nonholonomic），如果它的有效自由度多于可控自由度；说它是**完全的**（holonomic），如果二者相等。完全的机器人更易于控制——停放一辆既能侧移又能前后移动的车要容易得多——但是完全的机器人在机械构造上也更复杂。大多数机械手是完全的，大多数移动机器人是不完全的。

移动机器人有一系列的运动机械装置，包括轮子、履带和腿。**差动传动**（differential drive）机器人拥有两个独立的驱动轮（或履带），一侧各有一个，就像军用坦克一样。如果两个轮子以同样的速度运动，机器人就沿直线运动。如果它们以相反的方向运动，机器人就原地转身。另一种方式是**同步传动**（synchro drive），其中每个轮子都能移动以及绕它们的轴转向。为了不导致混乱，轮子高度协调。差动传动和同步传动都是不完全的。一些更昂贵的机器人采用了完全的传动，通常包含三个或更多可以独立定向和移动的轮子。

有的移动机器人有手臂。图 25.5（a）显示了有两个手臂的机器人。这个机器人的手臂用弹簧来补偿重力，且对外力的抵抗最小化。当有人碰到机器手上时，这种设计不会对人产生物理的危险。在室内环境部署机器人时，这是要考虑的关键因素。

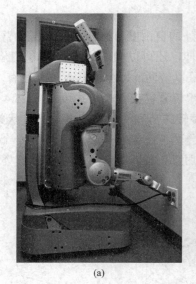

(a)　　　　　　　　　　　(b)

图　25.5

（a）将充电线缆插入墙壁插座的移动操纵器。　（b）一个运动中的 Marc Raibert 的有腿机器人

　　与轮子不同，腿可以应付非常粗糙的地形。然而，众所周知，用腿在平坦的表面上走路很慢，并且它们在机械上难于制造。机器人学研究者已经尝试了从一条腿到几十条腿的各种设计方案。已经制造出可以走、跑，甚至跳跃的有腿机器人——正如我们在图 25.5（b）中看到的有腿机器人。这个机器人是**动态稳定的**，这意味着它能够在跳跃时保持直立。一个在不移动腿的时候保持直立的机器人被称为是**静态稳定的**。如果一个机器人的重心处于它的腿围成的多边形上方，那么它是静态稳定的。图 25.6（a）的四腿机器人可以是静态稳定的，然而，它走路时同时抬起多条腿，这使得它是动态稳定的。这个机器人能够在雪地和冰上行走，即使你踢它也不会倒（在线视频可以演示这一点）。图 25.6（b）中的两腿机器人是动态稳定的。

(a)　　　　　　　　　　　(b)

图　25.6

（a）动态平衡的四腿机器人"Big Dog"。（b）2009 机器人杯标准平台联赛，显示的是获胜队，来自 Bremen 大学 DFKI 中心的 B-Human。在比赛中 B-Human 以 64:1 战胜对方。它们的成功建立在使用粒子滤波和卡尔曼滤波的概率状态估计、用于步态优化的机器学习模型以及动态踢球动作之上。DFKI 的标志

其他移动方法也是可能的：空中运输器通常使用推进器（propeller）或涡轮机（turbine），自主水下车辆通常使用推进器（propeller）或助推器（thruster），类似于潜水艇上所用的。机器人飞艇依靠热效应使自己浮在空中。

只靠传感器和效应器是不能制造出机器人的。一个完整的机器人还需要一个动力源来驱动它的效应器。**电动机**（electric motor）是最常用的操纵器驱动和推动装置，但是使用压缩气体的**气动驱动**（pneumatic actuation）和使用加压流体的**液压驱动**（hydraulic actuation）仍有它们的用武之地。

25.3　机器人的感知

感知是机器人将传感器的测量结果映射到关于环境的内部表示的过程。感知是困难的，因为一般情况下传感器都是有噪声的，而且环境只是部分可观察的、不可预测的，并且经常是动态的。换句话说，机器人在 15.2 章节我们所讨论的**形式评估**（state estimation）（或是**滤波**（filtering））上存在所有问题。根据经验规律，好的内部表示具有三个特点：它们包含足够的信息供机器人做出正确的决策；它们是结构化的，从而可以高效地更新；从内部变量对应到物理世界的自然状态变量的意义上看，它们是自然的。

在第 15 章中，我们看到卡尔曼滤波器、HMM 以及动态贝叶斯网络能够表示部分可观察环境的转移模型和传感器模型，我们还分别描述了精确的和近似的**信念状态**（belief state）——环境状态变量的后验概率分布——的更新算法。在第 15 章里展示了关于这个过程的几个动态贝叶斯网络模型。对于机器人学的问题，我们通常将机器人自己过去的行动作为已观察变量包含在模型里。图 25.7 显示了在本章中使用的符号：X_t 是 t 时刻的环境（包括机器人）状态，Z_t 是 t 时刻接收到的观察结果，A_t 是接收到观察结果后采取的行动。

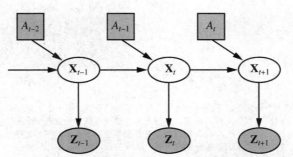

图 25.7　机器人感知可以被视为根据一个行动和测量的序列得到的时序推理，
正如这个动态贝叶斯网络所表示的那样

我们想要根据当前信念状态 $P(X_t \mid z_{1:t}, a_{1:t-1})$ 以及新的观察 z_{t+1} 计算新的信念状态 $P(X_{t+1} \mid z_{1:t+1}, a_{1:t})$。我们在 15.2 章节已经做过这样的工作，在这主要有两个差别：我们明确地以行动和观测为条件，以及我们现在必须处理*连续的*而不是离散的变量。因此，我们将递归滤波公式（原书 572 页的 15.5 节）由求和修改为积分：

$$\mathbf{P}(\mathbf{X}_{t+1}\mid \mathbf{z}_{1:t+1},a_{1:t})=\alpha\,\mathbf{P}(\mathbf{z}_{t+1}\mid \mathbf{X}_{t+1})\int \mathbf{P}(\mathbf{X}_{t+1}\mid \mathbf{x}_t,a_t)P(\mathbf{x}_t\mid \mathbf{z}_{1:t},a_{1:t-1})d\mathbf{x}_t \qquad (25.1)$$

该式说明状态变量 $\mathbf{X}$ 在 $t+1$ 时刻的后验概率可以根据前一时刻的对应估计值递归地计算出来。这个计算过程涉及到先前的行动 a_t 和当前传感器测量值 $\mathbf{z}_{t+1}$。例如，如果我们的目标是开发一个踢足球的机器人，$\mathbf{X}_{t+1}$ 可能是足球相对于机器人的位置。则后验概率 $\mathbf{P}(\mathbf{X}_t\mid \mathbf{z}_{1:t}, a_{1:t-1})$ 是一个在全状态上的概率分布，可以捕捉到我们从过去的传感器测量和控制中了解到的信息。公式（25.1）告诉我们如何通过逐渐加入传感器测量（例如，照相机图像）和机器人运动指令来递归地估计这个位置。概率 $\mathbf{P}(\mathbf{X}_{t+1}\mid \mathbf{X}_t, a_t)$ 被称为**转移模型**（transition）或者**运动模型**（motion model），而称 $\mathbf{P}(\mathbf{z}_{t+1}\mid \mathbf{X}_{t+1})$ 为**传感器模型**（sensor model）。

25.3.1　定位与地图绘制

定位（Localization）是确定物体在哪里的问题——包括机器人自身。关于物体位置的知识是一切成功的物理相互作用的核心。例如，机器人操纵器必须知道它们所操纵物体的位置。为了找到通往目标位置的路，导航机器人必须知道它们在哪儿。

为了使问题简化，我们假设一个移动机器人在一个平面上缓慢移动，并且提供给它一幅准确的环境地图。（图 25.10 中显示了这种地图的一个例子。）这样一个移动机器人的姿态可以用两个笛卡尔坐标值 x,y 和方向角 θ 值定义，如图 25.8（a）所示。如果我们把这三个值排列在一个向量中，那么任何一个特定的状态由 $\mathbf{X}_t=(x_t, y_t, \theta_t)^{\mathrm{T}}$ 给出。

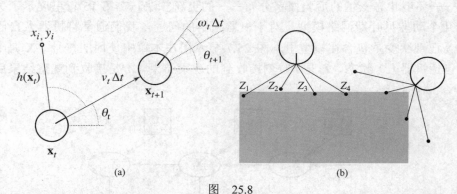

图　25.8

（a）移动机器人的一个简化运动学模型。机器人被表示为一个圆，用一个记号表示它前进的方向。位置 $\mathbf{x}_t$ 由坐标值（x_t,y_t）（隐含给出）和方向角 θ_t 确定。新位置 $\mathbf{x}_{t+1}$ 根据更新了的位置 $v_t\Delta t$ 和方向 $\omega_t\Delta t$ 而获得。t 时刻观察到的位置（x_i, y_i）也是一个地标界。（b）距离扫描传感器模型。显示了对于给定的距离扫描（z_1, z_2, z_3, z_4），有两种可能的机器人姿态。很可能是左边的姿态生成了这个距离扫描，而不是右边的姿态

在运动学近似中，每个行动由两个速度的"瞬时"值组成：一个平移速度 v_t 和一个旋转速度 ω_t。对于小时间间隔 Δt，这样的机器人的一个粗糙的确定性运动模型由下式给出：

$$\hat{\mathbf{X}}_{t+1}=f(\mathbf{X}_t,\underbrace{v_t,\omega_t}_{a_t})=\mathbf{X}_t+\begin{pmatrix} v_t\Delta t\cos\theta_t \\ v_t\Delta t\sin\theta_t \\ \omega_t\Delta t \end{pmatrix}$$

记号 $\hat{\mathbf{X}}$ 表示一个确定性的状态预测。当然，实际的机器人有些难以预测。这通常用一个以 $f(\mathbf{X}_t, v_t, \omega_t)$ 为均值，Σ_x 为协方差的高斯分布来建立模型。（参见附录 A 中的数学定义。）

$$\mathbf{P}(\mathbf{X}_{t+1} \mid \mathbf{X}_t, v_t, \omega_t) = N(\hat{\mathbf{X}}_{t+1}, \boldsymbol{\Sigma}_x)$$

这个概率分布是机器人的运动模型。它模仿了机器人关于位置的运动 a_t 的效果。

接下来，我们还需要一个传感器模型。我们将考虑两种传感器模型。第一种模型假设传感器对环境中被称为**地界标**（landmarks）的稳定、可识别的特征进行检测。针对每个地界标，报告其距离和方向。设机器人的状态为 $\mathbf{x}_t = (x_t, y_t, \theta_t)^{\mathrm{T}}$，并且它感觉到一个已知位置为 $(x_i, y_i)^{\mathrm{T}}$ 的地界标。在无噪声的情况下，距离和方向可以利用简单的几何关系计算。（参见图 25.8（a）。）对观察到的距离和方向的准确预测应该是

$$\hat{\mathbf{z}}_t = h(\mathbf{x}_t) = \begin{pmatrix} \sqrt{(x_t - x_i)^2 + (y_t - y_i)^2} \\ \arctan\dfrac{y_i - y_t}{x_i - x_t} - \theta_t \end{pmatrix}$$

再次，噪声干扰了我们的测量。为了使问题简单化，可以假设噪声服从协方差为 $\boldsymbol{\Sigma}_z$ 的高斯分布。

$$P(\mathbf{z}_t \mid \mathbf{x}_t) = N(\hat{\mathbf{z}}_t, \boldsymbol{\Sigma}_z)$$

一个有些不同的模型通常适合于一种距离扫描仪，其中每个距离值的对应方向相对于机器人是固定的。这种传感器产生一个距离值向量 $\mathbf{z}_t = (z_1, \cdots, z_M)^{\mathrm{T}}$。给定一个姿态 $\mathbf{x}_t$，令 $\hat{z}_j$ 为从 $\mathbf{x}_t$ 沿着第 j 条波束方向到最近障碍物的准确距离。和前面一样，这会受到高斯噪声的破坏。典型地，我们假设不同波束方向的误差是独立同分布的，所以我们得到

$$P(\mathbf{z}_t \mid \mathbf{x}_t) = \alpha \prod_{j=1}^{M} e^{-(z_j - \hat{z}_j)/2\sigma^2}$$

图 25.8（b）显示了一个四波束距离扫描的例子和机器人的两种可能姿态，其中一种很可能产生了观测到的扫描，而另一个则不太可能。将距离扫描模型与地界标模型进行比较，我们发现距离扫描模型具有的优点是，在距离扫描能够被解释之前不需要辨识地界标；实际上，在图 25.8（b）中，机器人面对的是一堵无特征的墙。另一方面，如果存在一个可见的、可辨识的地界标，它就能够提供立即的定位。

第十五章描述了卡尔曼滤波器，它将信念状态表示成单一的多变量高斯分布，以及粒子滤波（particle filter），它将信念状态表示成与状态相对应的一系列粒子。大多数的现代定位算法都使用这两种方法中的一种来表示机器人的信念 $\mathbf{P}(\mathbf{X}_t \mid \mathbf{z}_{1:t}, a_{1:t-1})$。

使用了粒子滤波的定位被称为**蒙特卡罗定位**（Monte Carlo localization），或 MCL。MCL 算法与图 15.17 的粒子滤波算法本质上是相同的。我们所需要做的就是提供适当的运动模型和传感器模型。图 25.9 显示了使用距离扫描模型的一个版本。该算法的操作如图 25.10 所示，这是一个机器人找到自己在一幢办公大楼中的位置的过程。在第一幅图像中，粒子基于先验知识呈均匀分布，指示了机器人位置的全局不确定性。在第二幅图像中，得到了第一批测量结果，粒子在高后验信念的区域形成聚集。在第三幅图像中，得到了足够的测量结果，从而将所有粒子都推到了一个单一的位置。

卡尔曼滤波器是定位的另一个主要手段。卡尔曼滤波器用高斯分布表示后验概率 $\mathbf{P}(\mathbf{X}_t \mid \mathbf{z}_{1:t}, a_{1:t-1})$。这个高斯分布的均值被记为 μ_t，协方差被记为 $\boldsymbol{\Sigma}_t$。高斯信念的主要问题在于，它们只有在运动模型 f 和测量模型 h 是线性的情况下才比较接近实际情况。对于非

```
function MONTE-CARLO-LOCALIZATION(a, z, N, P(X'|X, v, ω), P(z|z*), m) returns
a set of samples for the next time step
    inputs: a, robot velocities v and ω
            z, range scan z₁, ⋯ , zM
            P(X'|X, v, ω), motion model
            P(z|z*), range sensor noise model
            m, 2D map of the environment
    persistent: S, a vector of samples of size N
    local variables: W, a vector of weights of size N
                    S', a temporary vector of particles of size N
                    W', a vector of weights of size N

    if S is empty then          /* initialization phase */
        for i = 1 to N do
            S[i] ←sample from P(X₀)
        for i = 1 to N do        /* update cycle */
            S'[i] ←sample from P(X'|X = S[i], v,ω)
            W'[i] ← 1
            for j = 1 to M do
                z* ← RAYCAST(j, X = S'[i], m)
                W'[i] ← W'[i] · P(zⱼ| z*)
        S ← WEIGHTED-SAMPLE-WITH-REPLACEMENT(N,S',W')
    return S
```

图 25.9　　一个使用有独立噪声的距离扫描传感器模型的蒙特卡罗定位算法

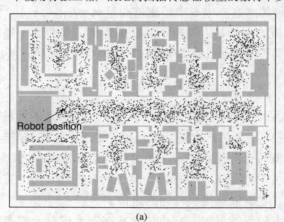

(a)

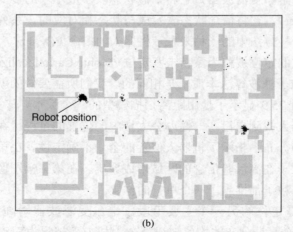

(b)

图 25.10　　蒙特卡罗定位，用于移动机器人定位的一个粒子滤波算法。
（a）初始的、全局的不确定性。（b）穿过（对称的）走廊之后的近似双峰不确定性。
（c）进入一个独特的办公室之后的单峰不确定性

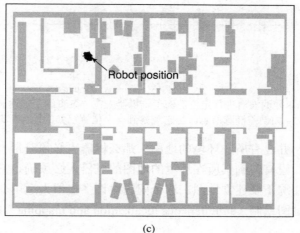

（c）

图 25.10（续）

线性的 f 或 h，滤波器更新的结果往往不是高斯的。因此，使用卡尔曼滤波器的定位算法需要将运动模型和传感器模型**线性化**（linearize）。线性化是用线性函数对非线性函数的局部近似。图 25.11 表示了对一个（一维的）机器人运动模型线性化的概念。在左图中，描绘了一个非线性运动模型 $f(\mathbf{x}_t, a_t)$（图中忽略了控制变量 a_t，因为它对线性化没有起作用）。在右图中，这个函数被近似为一个线性函数 $\tilde{f}(\mathbf{x}_t, a_t)$。这个线性函数与 f 在点 μ_t（t 时刻我们的状态估计的均值）处相切。这样的线性化被称为（一阶）**泰勒展开**（Taylor expansion）。一个通过泰勒展开对 f 和 h 进行线性化的卡尔曼滤波器被称为**扩展卡尔曼滤波器**（extended Kalman filter），或缩写为 EKF。图 25.12 显示了一个使用扩展卡尔曼滤波器定位算法的机器人的一系列估计。当机器人移动时，它的位置估计的不确定性在增大，如误差椭圆所示。当它感觉到一个已知位置地界标的距离和方向时，它的误差就减小。当机器人最终看不到地界标时，误差再次增大。如果地界标容易辨识，EKF 算法的效果就很好。否则，后验概率分布有可能是多峰的，如图 25.10（b）所示。要求知道地界标身份的问题，是在第 15 章结尾（"参考文献与历史的注释"一节——译者注）讨论过的**数据关联**（data association）问题的一个实例。

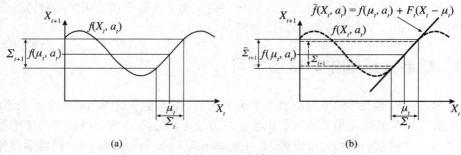

（a）　　　　　　　　　　　　　　　　　（b）

图 25.11　一个线性化运动模型的一维示意图

（a）函数 f，以及一个均值 μ_t 和一个协方差区间（基于 Σ_t）到 $t+1$ 时刻的投影

（b）线性化的结果为 f 在 μ_t 处的切线。均值 μ_t 的投影是正确的。然而，协方差的投影 $\tilde{\Sigma}_{t+1}$ 与 Σ_{t+1} 不同

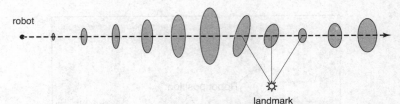

图 25.12　使用扩展卡尔曼滤波器进行定位的例子。机器人在一条直线上移动。当它前进时，其不确定性逐渐增大，如误差椭圆所示。当它观察到一个位置已知的地界标时，不确定性减小了

　　在一些情况下，并没有所在环境的地图。那么机器人必须获得一张地图。这是一个老套的鸡和蛋的问题：没有得到其所在环境的地图的机器人必须确定它的位置，同时在不知道它的实际位置的情况下要建立地图。这个问题对许多机器人运用软件很重要，它被命名为**同时进行定位和地图绘制**（simultaneous localization and mapping）问题，简写为 **SLAM**，得到了广泛的研究。

　　SLAM 问题通过许多不同的概率技术得到了解决，包括前面讨论过的扩展卡尔曼滤波器。运用 EKF 是直截了当的，只要增加状态向量以包括环境中地标界的位置。幸运的是，EKF 二次地更新规模，所以对于小地图（例如，几百个地标界的地图），计算是相当可行的。更丰富的地图常常使用图松弛方法来获得，类似于在第十四章中讨论的贝叶斯网络推理技术。最大期望也运用于 SLAM。

25.3.2　其他类型的感知

　　并不是所有的机器人感知都与定位和绘制地图有关。机器人还能感知温度、气温、声音信号等等。许多这些量都可以用动态的贝叶斯网络的变形来进行估计。这些估计方法所需要的全部就是能够刻画状态变量随时间的演化的条件概率分布，以及能够描述测量值与状态变量的关系的其他分布。

　　在没有关于随状态演化的概率分布的确切论证的条件下，把一个机器人规划成一个有反应能力的 Agent 也是可能的。我们将在 25.6.3 节介绍这种方法。

　　机器人学的趋势很明显正在朝着具有明确语义表示的方向发展。对于诸如定位和地图绘制等许多困难的感知问题，概率技术表现出比其他方法好的性能。然而，统计技术有时候太笨拙了，在实用中简单的解法也许同样有效。为了有助于决定采用哪种方法，与真正的实体机器人一起工作的经验是最好的导师。

25.3.3　机器人感知中的机器学习

　　机器学习在机器人感知中扮演着一个重要角色。尤其是遇到内部表示并不知道的情况。一种通用的方法是通过使用无监管的机器学习方法（详见第 18 章）将高维的传感器束映射到低维空间。这种方法被称为**低维嵌入**（low-dimensional embedding）。机器学习使得在发现一种合适的内部表示的时候能够通过数据同步地学习到感知和运动模型成为可能。

　　另外一种机器学习技术可以让机器人连续地适应传感器测量到的广泛的变化。想象你自己从一个阳光充足的地方走进一个光线昏暗的充满氖光的地方。很明显里面的东西更阴

暗。但是光源的改变同样影响到所有的颜色：氖光比阳光含有更多的绿光成分。然而我们好像没有注意到这种变化。如果我们和别人一同走进含有氖光的房间，我们并不认为他们的脸变绿。我们的感觉很快适应了新的光线环境，大脑忽略了这种变化。

适应的感知技术能让机器人适应这种变化。图 25.13 就给出了一个自动操控领域的例子。这是一个地面小车适应它的"表面可驱动"概念的分级器。它是怎样工作的呢？机器人一束激光对它前面的小范围内的光线进行分级。如果激光扫描显示这个区域是平坦的，它就被用作"表面可驱动"概念的一个积极训练例子。一种高斯混合技术，类似于第二十章讨论的 EM 算法，被用来辨认特殊颜色以及小碎片样本的结构系数。图 25.13 是对整个图运用这种分级器的结果。

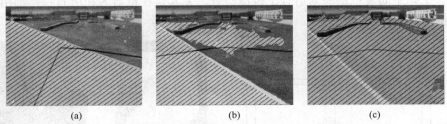

(a)　　　　　　　　　　(b)　　　　　　　　　　(c)

图 25.13　通过合适的视野观察到的一系列"表面可驱动"分级器结果。在（a）图中只有道路（条纹区域）被分级器分级供小车行驶。V 型暗线显示了小车的行进路线。在（b）图中命令小车驶出道路，进入一块草地，分级器开始将一部分草地分级。在（c）图中小车更新了它的可行进表面，让它在草地上也能像在道路上一样行进

让机器人收集自己的训练数据（带标签）的方法称为**自我监督**（self-supervised）。举个例子，机器人应用机器学习使一个对地域分级工作正常的短距离传感器能够看得更远。这样就允许机器人跑得更快，仅仅当传感器模型显示地域发生变化时才减速，需要短距离传感器更仔细地检查。

25.4　运 动 规 划

在机器人学中，决策最终涉及效应器的运动。**点到点运动**问题是指将机器人或它的末端效应器递送到指定的目标地点。一个更具有挑战性的问题是**适应性运动**（compliant motion）问题，即机器人在运动的同时还与障碍物有物理接触。适应性运动的例子有拧电灯泡的机器人操纵器，或推盒子穿过桌面的机器人。

我们开始来寻找一个适当的表示方法来描述和解决运动规划问题。已经证明，**构型空间**（configuration space）——由位置、方向和关节角度所定义的机器人状态空间——比原始的 3D（三维）空间更好用。**路径规划**（path planning）问题是指在构型空间里寻找从一个构型到另一个构型的路径。我们在本书中已经遇到过各种版本的路径规划问题；在机器人学中，路径规划问题的基本特征是它涉及连续空间。关于机器人路径规划的文献区分了一系列不同的技术，这些技术专门针对高维连续空间中的寻径。已知的主要方法家族包括**单元分解**（cell decomposition）和**抽骨架**（skeletonization）。它们都通过辨识自由空间内的一些规范状态和路径把连续的路径规划问题简化为离散的图搜索问题。在本节中，我们假设运动是确定性的，机器人的定位是确切的。后续的小节将放松这些假设。

25.4.1 构型空间

求解机器人运动问题的第一个步骤是设计一个合适的问题表示。我们将从一个简单问题的简单表示开始。考虑如图 25.14（a）所示的机械手。它有两个独立运动的关节。移动这些关节就会改变肘部和抓握器的坐标 (x, y)。（机械手不能在 z 方向上运动。）这暗示了机器人的构型可以描述为一个四维坐标：(x_e, y_e) 表示肘部相对于环境的位置，(x_g, y_g) 表示抓握器的位置。很明显，这四个坐标刻画了机器人的全状态。它们组成了所谓的**工作空间**（workspace）表示，因为机器人的坐标被指定在与它所要操纵（或躲避）物体相同的坐标系统中。工作空间表示法非常适合于碰撞检查，尤其是在机器人和所有物体都用多面体模型表示的时候。

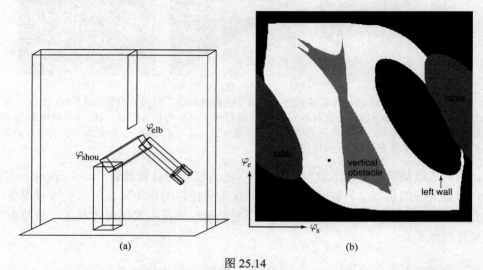

图 25.14

（a）一个具有 2 自由度的机械手的工作空间表示。工作空间是一个箱子，其中有一个扁平的障碍物悬挂在天花板上。（b）同一个机器人的构型空间。在空间中只有白色区域是不会发生碰撞的构型。这幅图中的圆点对应了左图中所示的机器人构型

工作空间表示法的问题在于并不是所有工作空间的坐标都是实际可到达的，即使在没有障碍物的情况下。这是由于可到达的工作空间坐标具有**联接约束**（linkage constraints）。例如，肘部位置 (x_e, y_e) 和抓握器位置 (x_g, y_g) 之间的距离总是固定的，因为连接它们的是一个刚性的前臂。一个在工作空间坐标上定义的机器人运动规划面临的挑战是生成服从这些约束的路径。这是特别棘手的，因为状态空间是连续的，而且约束是非线性的。用**构型空间**（configuration space）表示法进行规划被证明要容易一些。我们不再用机器人状态的每个元素的笛卡尔坐标来表示机器人的状态，而是用机器人关节的构型来表示。我们的机器人实例具有两个关节。因此，我们可以将它的状态表示为两个角度 φ_s 和 φ_e，分别表示肩关节和肘关节。在没有障碍物时，机器人能够自由地取构型空间中的任何值。尤其是当规划一条路径时，可能只需要简单地用一条直线连接当前构型和目标构型。那么在沿着这条路径前进时，机器人就以恒定速度变化它的关节，直到达到一个目标位置。

不幸的是，构型空间有它们自己的问题。一个机器人的任务通常被表达为工作空间坐

标，而不是构型空间坐标。例如，我们或许希望机器人将它的末端效应器移动到工作空间中的某一个坐标，有可能还指定了它的方向。这带来了如何将这样的工作空间坐标映射到构型空间的问题。总的来说，这个问题的逆，将构型空间坐标变换到工作空间，是容易的：它包含一系列相当明显的坐标变换。这些变换对于柱状关节来说是线性变换，对于旋转关节来说是三角变换。这个坐标变换链被称为**运动学**（kinematics），这个术语在我们讨论移动机器人时遇到过。

上述问题的逆问题，计算以工作空间坐标描述效应器位置的机器人的构型，称为**逆运动学**（inverse kinematics）。逆运动学计算一般是很难的，尤其对于多自由度的机器人。特别是很少有唯一解。图 25.14（a）展示了两个不同的构型，使抓握器取得同样的工作空间坐标。

一般来说，这种二连接机械手对任意工作空间坐标集合有零到两个逆运动学解。大多数工业机器人则有无穷多个解。为了弄清楚为什么会这样，只要想象我们在机器人实例中增加了第三个旋转关节，它的转轴平行于已存在关节的转轴。在这样的例子中，对于机器人的大多数构型，我们可以保持抓握器的位置（但不是方向！）固定不变，而自由地旋转它的内部关节。只要再多几个（多少？）关节，我们就可以在方向也保持不变的同时达到同样的效果。我们已经在将你的手放到桌上而移动肘部的"实验"中看到了这样的一个例子。你的手部位置的运动学约束不足以确定你的肘部的构型。换句话说，你的肩-臂联合体的逆运动学具有无穷多的解。

构型空间表示的第二个问题产生于在机器人的工作空间中可能存在的障碍物。我们在图 25.14（a）中的例子显示了几个这样的障碍物，包括一个自由悬挂着的障碍物，伸到了机器人工作空间的中央。在工作空间里，这样的障碍物具有简单的几何形式——尤其在大多是机器人学教科书中，倾向于讨论多面体障碍物。但是它们在构型空间中是什么样的？

图 25.14（b）显示了我们的机器人实例在具有图 25.14（a）中所示的特殊障碍物构型时的构型空间。这个构型空间可以被分解成两个子空间：机器人能够到达的所有构型的子空间，一般称为**自由空间**（free space），和不能到达的构型的子空间，称为**占用空间**（occupied space）。图 25.14（b）中的白色区域对应于自由空间。所有其他区域对应于占用空间。占用空间中的不同明暗对应于机器人工作空间中的不同物体；环绕整个自由空间的黑色区域对应于机器人会自我碰撞的构型。容易看得出，是肩部或肘部角度的极端取值造成了这样的冲突。机器人两侧的两个卵形区域对应于放置机器人的桌子。类似地，第三个卵形区域对应于左边的墙。最后，构型空间中最有趣的对象是那块阻隔了机器人工作空间的简单垂直障碍物。这个对象的形状非常有趣：它是高度非线性的，在一些地方甚至是凹陷的。稍微加入一点儿想象，读者就会在左上角认出抓握器的形状。我们鼓励读者停下来花一些时间来研究这个重要的示意图。这个障碍物的形状一点也不明显！图 25.14（b）中的黑点标出了图 25.14（a）中所示的机器人构型。图 25.15 描绘了另外三个构型在工作空间和构型空间中的情况。在构型"conf-1"中，抓握器抓住了垂直障碍物。

一般来说，即使机器人的工作空间被表示为平面多面体，自由空间的形状也可能非常复杂。因此，在实际中人们通常是探测一个构型空间，而不是明确地建立它。一个规划器可以生成一个构型，再通过应用机器人运动学和检查工作空间坐标中的碰撞来测试它是否在自由空间中。

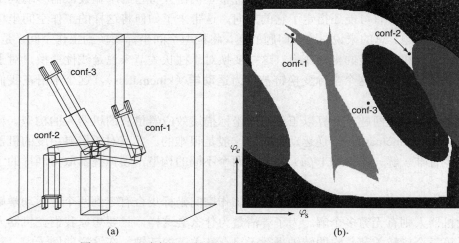

图 25.15　三个机器人构型，显示在工作空间和构型空间里

25.4.2　单元分解方法

我们的第一个路径规划方法利用了**单元分解**（cell decomposition）——也就是，它将自由空间分解成个数有限的相邻区域，称为单元。这些区域具有重要的性质，即在单个区域内的路径规划问题能够用简单方式解决（例如沿直线移动）。于是路径规划问题变成了一个离散图搜索问题，非常像在第三章中介绍的搜索问题。

最简单的单元分解由一个规则地分隔的网格组成。图 25.16（a）显示了空间的正方形网格分解和在这个网格尺寸下的最优解路径。我们还使用灰度级明暗来表示每个自由空间网格单元的值——即，从该单元到目标的最短路径耗散。（这些值能够用图 17.4 给出的 VALUE-ITERATION 算法的一种确定性的形式来计算。）图 25.16（b）显示了手臂在工作空间中对应的轨迹。当然，我们也可以用 A* 算法找到最短路径。

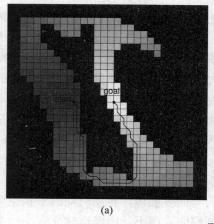
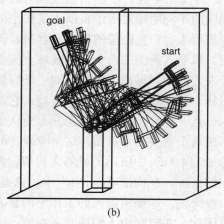

图　25.16
（a）为构型空间的离散网格单元近似形式找到的价值函数和路径。
（b）以工作空间坐标形象化显示的同一条路径。注意机器人是如何弯曲它的肘部来避免与竖直障碍物发生碰撞的这种分解的优点是非常容易实现，但是它也受到两个限制。首先，它只能在低维的构型空间中工作，因为网格数目随着维数 d 呈指数级增长。听起来熟悉吗？这是维数与维数的叠加。其次，存在如何处理"混合型"单元的问题——也就是说，既不完全在自由空间中，也不完全在占用空间中的单元的问题。一条包含这种单元的解路径也许不是一个真正的解，因为有可能无法沿一条直线从期望方向穿过单元。这会造成路径规划不可靠。另一方面，如果我们坚持只能使用完全自由的单元，规划将会是不完备的，因为有可能仅有的通往目标的路径要穿过混合单元——尤其是在单元的大小和空间中通道及开阔地的大小可比拟的时候。第三，任何可判断状态空间的路径都不会很顺利。通常很难确保在接近不连续的路径上存在一个平稳的解决办法。所以一个机器人可能并不能通过这种分解找到一个解答。

可以通过多种方法修改单元分解方法，从而避免这些问题。第一种是对混合单元作进一步的子分解——有可能采用尺寸为原始大小一半的单元。这可以递归地进行，直到找到一条完全处于自由单元中的路径。（当然，这个方法只有当存在一种能判断给定单元是否为混合单元的途径时才有效，而这种判断只有在构型空间边界具有相对简单的数学描述时才比较容易实现。）倘若一个解必须通过的最小通道是有边界的，则这种方法就是完备的。虽然大多数的计算努力都集中在构型空间中的棘手区域，它仍然不能很好地扩展到高维问题，因为每次对一个单元进行递归分解都会创造出 2^d 个更小的单元。第二种获得完备算法的方法是要求自由空间上的**准确单元分解**（exact cell decomposition）。这种方法必须允许单元在遇到自由空间边界时的形状是不规则的，但是从对任意自由单元进行遍历计算应该是容易的，从这个意义上说，这个形状还必须是"简单"的。这个技术需要一些非常高深的几何思想，所以我们不在这里深入地讨论它。

观察图 25.16（a）中所示的解路径，我们能够发现另外一些不得不解决的困难。路径中包括任意尖锐的拐角；一个以任何有限速度运动的机器人都不能执行这样的路径。这个问题通过为每个格子单元存储一定的连续值来解决。考虑一个算法，随着单元先扩大，获得为每个格子单元存储的精确、连续的状态。设想得更深一些，当在网格单元附近传播信息时，我们以连续的状态为基础，运用连续机器人运动模型，跳到附近的单元。通过这样做，我们现在可以确保最终的路径是光滑的，确实可以被机器人执行。实现这种方法的一种算法是混合 A* 算法。

25.4.3　修改代价函数

注意到在图 25.16 中，路线很靠近障碍物。所以驾过车的人都知道一个两边都只有一毫米间隙的停车位不是一个真正的停车位。同理，我们更希望解路径足够强壮以容忍小的运动误差。

这可以通过引入一个**势场**（potential field）来实现。一个势场是一个定义在状态空间上的函数，它的值随着到最近障碍物距离的增长而增长。图 25.17（a）显示了一个这样的势场——状态空间越暗，它离障碍物就越近。

当它被用于路径规划时，这个势场就成了优化问题中的一个附加的代价项。这引出了一个有趣的折中。一方面，机器人寻求达到目标的最小距离长度。另一方面，它试图凭借使势函数最小化来远离障碍物。对两个目标分别给予合适的权重，作为结果的一条路径或许看起来如图 25.17（b）中所示的那条。此图还显示了从联合的代价函数派生出的价值函数，仍然通过价值迭代进行计算。显然，结果路径长了一些，但也更安全了。

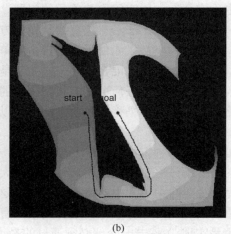

(a)　　　　　　　　　　　　　　　　　　　　　(b)

图　25.17
（a）一个排斥势场将机器人推离障碍物。（b）通过同时对路径长度和势进行最小化而找到的路径

　　还有很多其他的方法来修改代价函数。例如，随时间来调整控制参数可能是我们想要的。例如，当你驾驶一辆车，平滑的路线要比急变的路线好。总体来说，这种高次约束难以适应规划过程，除非我们将最近的操纵命令作为状态的一部分。然而，计划之后使用共轭梯度方法使结果轨道变平滑通常是简单的，这种后规划平滑在很多真实世界应用中是很重要的。

25.4.4　抽骨架方法

　　路径规划算法的第二个大家族是基于**骨架化**（skeletonization）的思想。这些算法将机器人的自由空间缩减为一个一维的表示，对于一维表示规划问题变得更容易。这种低维的表示被称为构型空间的**骨架**（skeleton）。

　　图 25.18 显示了骨架化的一个例子：它是自由空间的一个 **Voronoi 图**——到两个或更多障碍物距离相等的所有点的集合。为了利用 Voronoi 图进行路径规划，机器人首先将它的当前构型转换为 Voronoi 图中的一点。很容易证明这总是能够通过构型空间中的一个直线运动得到。然后，机器人沿着 Voronoi 图前进，直到它到达离目标构型最近的点。最后，机器人离开 Voronoi 图，向目标移动。再一次，这最后一步仍然涉及到构型空间中的直线运动。

　　在这种方法中，原来的路径规划问题被简化为在 Voronoi 图上寻找一条路径，一般来说是一维的（一些特例除外），并且三条或三条以上一维曲线的交点是有限多的。因此，在 Voronoi 图中寻找最短路径就属于在第 3 章和第 4 章中所讨论的离散图搜索问题。使用 Voronoi 图也许不会帮我们找到最短的路径，但是结果路径往往能使空隙最大化。Voronoi 图技术的缺点是，很难将它们应用于较高维的构型空间，而且当构型空间比较宽阔时，它

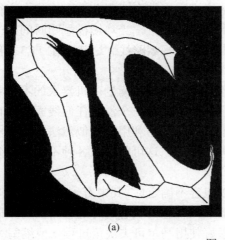 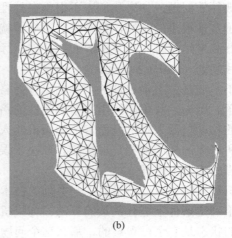

(a) (b)

图 25.18

（a）Voronoi 图是构型空间中与两个或更多障碍物等距离的点的集合。
（b）一个概率的路径图，由自由空间中 400 个随机选取的点组成

们容易导致大量不必要的弯路。而且 Voronoi 图可能很难计算，尤其是在障碍物的形状非常复杂的构型空间中。

Voronoi 图的一种替代方法是**概率路径图**（probabilistic roadmap），提供了更多可能路径，并因此能够更好地处理宽阔空间的骨架化方法。图 25.18（b）显示了一个概率路径图的例子。随机生成大量的构型，并丢弃那些没有落在自由空间中的，就建立了这张图。然后，我们把任意两个结点，如果很"容易"从一个结点到达另一个的话——例如通过自由空间的一条直线——用一段弧连接起来。所有这些结果就是机器人自由空间内的一幅随机图。如果我们把机器人的初始和目标构型加入到这个图中，路径规划就相当于一个离散图搜索问题。理论上，这种方法是不完备的，因为对随机点的不好的选择可能会使我们得不到任何从起点到目标的路径。根据生成的点数和构型空间的某些几何特性对失败的概率加以限制是可能的。还可以把取样点的生成引导到那些局部搜索表明有可能找到好路径的区域，并从起点和目标两个位置双向进行。有了这些改进，概率路径图规划比大多数其他路径规划技术更易于扩展到高维构型空间。

25.5 规划不确定的运动

到目前为止所讨论的机器人运动规划算法都没有强调过机器人学问题中的一个关键特征：不确定性。在机器人学中，不确定性是由环境的部分可观察性以及机器人行动的随机（或未建立模型的）效应引起的。误差还有可能是由于使用了诸如粒子滤波这样的近似算法造成的，即使对环境的随机特性建立了完美的模型，近似算法也不能给机器人提供一个准确的信念状态。

大多数现在的机器人制定决策时使用了确定性的算法，例如前面已经讨论过的各种路径规划算法。要如此做，通常的经验是从由定位算法产生的状态分布中抽取**最可能的状态**（most likely state）。这种方法的优点完全是计算上的。通过构型空间规划路径已经是一个具

有挑战性的问题；如果我们还不得不在处理中考虑状态的全概率分布，它将会变得更糟。当不确定性很小的时候，只要将它忽略掉就行了。事实上，当环境模型随时间而改变作为传感器测量结果时，许多机器人在计划执行期间在线规划路线。这就是在 11.3.3 部分介绍的**在线规划**（online replanning）技术。

不幸的是，不确定性并不总是可以忽略不计的。在某些问题中机器人的不确定性实在太大了。例如，我们如何用一个确定性的路径规划来控制一个没有任何线索得知自己所处位置的移动机器人？一般而言，如果机器人的真实状态与利用最大似然法则辨识出的不一样，所产生的控制就不是最优的。取决于误差的量级，这可能导致各种不希望的效应，比如与障碍物发生碰撞。

机器人学领域已经采取了一系列的技术以包容不确定性。其中有一些源自第 17 章给出的在不确定条件下进行决策的算法。如果机器人只在它的状态转移过程中面对不确定性，而它的状态是完全可观察的，那么这个问题最好使用马尔可夫决策过程（或缩写为 MDP）建立模型。MDP 的解是一种最优**策略**（policy），它告诉机器人在每一个可能的状态中应该做什么。这样，它就能够对付所有种类的运动误差，而来自确定性规划器的一个单路径解的鲁棒性则要差得多。在机器人学中，策略通常被称为**导航函数**（navigation functions）。图 25.16（a）中所示的价值函数可以简单地通过跟随梯度方向来转换成这样的导航函数。

就像在第 17 章中一样，部分可观察性使问题变得更困难。这样产生的机器人控制问题是一个部分可观察的 MDP，或缩写为 POMDP。在这种情况中，机器人通常保持一个内部信念状态，类似于在第 25.3 节中所讨论的那些机器人。一个 POMDP 的解是定义在所有机器人信念状态上的一个策略。换个角度考虑，策略的输入是整个概率分布。这使机器人能够把它的决策不仅建立在它所知的事物基础上，还建立在它所未知的事物之上。例如，如果它不能确定一个重要的状态变量，它就会理智地采取一次**信息收集行动**（information gathering action）。这在 MDP 的框架内是不可能的，因为 MDP 假设了完全可观察性。不幸的是，精确求解 POMDP 的技术对于机器人学是不实用的——没有已知的技术能够应用于连续空间。离散化技术通常产生太庞大的 POMDP，无法用已知技术处理。目前我们所有能做的是努力保持姿态不确定性的最小化；例如，**海岸导航**（coastal navigation）的启发式要求机器人呆在接近已知地界标的地方以减小其姿态的不确定性。反过来，这也逐渐减小了对附近新地界标的地图进行绘制的不确定性，因此使得机器人能够对更大的范围进行探测。

25.5.1 鲁棒性方法

除了概率方法，还可以用所谓的**鲁棒性控制**（robust control）方法来处理不确定性。鲁棒性方法是一种假设问题每个方面的不确定性都是一个有界量，但不给处于容许的区间内的取值分配概率的方法。鲁棒解是指不论出现什么样的实际值都可行的解，倘若这些值处于假设区间内的话。鲁棒性方法的一种极端形式是第 11 章所给出的**一致性规划**（conformant planning）方法——它在没有任何状态信息的情况下产生可行的规划。

这里，我们来看一种应用于机器人装配任务中的**精细运动规划**（fine-motion planning，FMP）中的鲁棒性方法。精细运动规划涉及将一个机械手移动到非常接近于一个静态环境物体的位置。精细运动规划的主要困难是所需的运动和相关的环境特征都非常微小。在这样的小尺度下，机器人无法准确地测量和控制它的位置，而且还可能无法靠自己确定环境的形状；我们将假设这些不确定性都是有界的。FMP 问题的解典型情况下是条件规划或策略，利用了执行过程中的传感器反馈，确保能够在符合有界不确定性假设的所有情况下工作。

一个精细运动规划由一系列**受监视的运动**（guarded motions）组成。每个受监视的运动由（1）一条运动命令和（2）一个终止条件组成。其中终止条件是机器人传感器值上的一个谓词，返回值为真表示受监视运动的结束。典型的运动命令是**适应性运动**（compliant motions），允许机器人在运动命令将要导致与障碍物发生碰撞时溜开。例如，图 25.19 显示了一个带有一条狭窄竖直孔洞的二维构型空间。这有可能是用来将一个矩形木栓插入一个稍微大些的孔中的构型空间。运动命令为保持恒定的速度。终止条件为接触到一个表面。为了对控制中的不确定性建立模型，我们假设机器人的实际运动位于它周围的圆锥形 C_v 内，而不是按命令的方向移动。该图显示了如果我们的命令是以一个从出发区域 s 一直向下的速度运动的话，将会发生什么。由于速度的不确定性，机器人可以移动到锥形包络中的任何地方，有可能进入孔中，但是更有可能落在孔边上。因为这时机器人无法知道它在孔的哪一侧，因此也无法知道该往哪里移动。

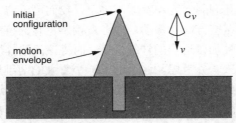

图 25.19　一个二维环境，速度不确定性圆锥，以及机器人可能运动的包络。期望速度为 v，但是由于不确定性，实际的速度可能是 C_v 中的任何一个，因此产生的最终构型将处于运动包络中某个位置上，这意味着我们将无法知道我们是否命中了这个洞

一个更加明智的策略如图 25.20 和图 25.21 所示。在图 25.20 中，机器人故意移动到了孔的一侧。运动命令如图所示，终止测试为与任何表面接触。在图 25.21 中，给出了一条运动命令，它造成机器人沿着表面滑动，并进入洞中。这假定我们使用了一条适应性运动的命令。因为运动包络内所有可能的速度都是朝着右侧的，因此只要机器人接触到一个水平表面，它就会向右滑动。当它接触到孔洞右侧的竖直边缘时就会沿其下滑，因为相对于竖直表面的所有可能的速度都是向下的。它将不停地移动，直到接触到洞的底部，因为那

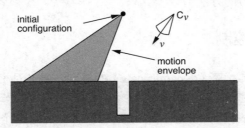

图 25.20　第一条运动命令和所导致的机器人可能运动的包络。无论误差有多大，我们都知道最终的构型将处于洞的左边

是它的终止条件。尽管在控制上具有不确定性，机器人所有可能的轨迹均终止于和孔底部的接触——也就是说，除非表面上的不规则将机器人卡在某个地方。

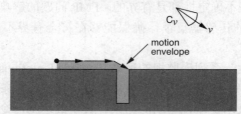

图 25.21　第二条运动命令和可能运动的包络。即使存在误差，我们最终也能得到落入洞中的结果

可以想象，构造精细运动规划的问题是不平凡的；实际上，它比对严格运动的规划要难得多。可以为每个运动选择固定数目的离散值，或者利用环境几何关系来选择能够给出不同性质行为的方向。一个精细运动规划器的输入包括构型空间描述、速度不确定性圆锥的角度和对哪些感觉可能表示终止的详细描述（在这个例子中是接触到表面）。它应该产生一个多步骤的条件规划或策略来确保成功，如果这样的规划存在的话。

我们的例子假设规划器具有精确的环境模型，但是也可能要如下所述，顾及该模型中的有界误差。如果误差能够用参数形式来描述，就可以将那些参数作为自由度添加到构型空间。在最后一个例子中，如果孔洞的深度和宽度不确定，我们可以将它们作为两个自由度加入到构型空间中。让机器人在这些方向上移动，或者直接感觉它的位置是不可能的。但是在通过对控制及传感器的不确定性加以适当的详细说明，而将该问题描述成一个 FMP 问题的时候，这些限制都能够被结合起来一并考虑。这给出了一个复杂的四维规划问题，但是能够使用完全相同的规划技术。注意到与第 17 章中的决策理论方法不同，这种鲁棒性方法能够产生适应最坏情况结果的规划，而不是使得规划的期望质量最大化。在决策理论中，最坏情况规划只有在执行过程中发生失败的代价比其他有关代价大得多的时候，才是最优的。

25.6　运　　动

到目前为止，我们已经讨论了如何规划运动，但是还没有讨论如何运动。我们的规划——尤其是那些由确定性路径规划器产生的规划——假定了机器人能够很容易沿着算法产生的任何路径运动。当然，在真实世界中不是这样的。机器人具有惯性，不能执行任意的路径，除非它的速度可以任意的慢。在大多数情况下，机器人只会施力，而不会指定位置。本节讨论计算这些力的方法。

25.6.1　动力学和控制

25.2 节引入了**动力学状态**（dynamic state）的概念，通过对机器人的速度建模，扩展了机器人的运动学状态。例如，动力学状态除了捕捉到机器人关节的角度，还捕捉到角度的变化率。一个动力学状态表示方法的转移模型包括各种力对这个变化率的影响。典型情况下，这样的模型通过**微分方程**（differential equations）进行表示，即把一个量（例如，一个运动学状态）与这个量随时间的变化（例如，速度）联系起来的方程。原则上，我们本来可以选择用动力学模型来规划机器人运动，而不是用我们的运动学模型。这种方法将会导致优异的机器人性能，如果我们能够生成规划的话。然而，动力学状态比运动学空间更加复杂，而且维数的问题将使运动规划问题对于几乎所有机器人而言都是不可操作的，除了最简单的机器人。由于这个原因，实用的机器人系统一般都依赖于简单的运动学路径规划器。

一种常见的用来改善运动模型局限性的技术是使用一种独立的机制，**控制器**（controller），以使机器人保持在路线内。控制器是指利用从环境中得到的反馈实时地产生机器人控制，从而达到某种控制目标的技术。如果目标是使机器人保持在一条预先规划好的路径上，则通常将它称为**参考控制器**（reference controller），该路径称为**参考路径**（reference path）。使一个全局代价函数达到最优的控制器被称为**最优控制器**（optimal controllers）。MDP 的最优策略实际上就是最优控制器。

表面上，使一个机器人保持在预先指定的路径上的问题看起来是相对直接的。然而，实际上，即使这个看起来很简单的问题也有它的隐患。图 25.22（a）示意了可能的错误。其中所示的是试图沿着一条运动学路径前进的一个机器人所经过的路径。一旦发生偏差——不论是因为噪声，还是因为机器人对作用力所能应用的约束条件——机器人就提供一个相反的力，其大小与偏差量成正比。直观上，这似乎是有道理的，因为偏差将会被相反的力所补偿，从而使机器人保持在路线上。然而，如图 25.22（a）所示，我们的控制器导致了机器人路线发生相当剧烈的振荡。振荡是机械手天然惯性的结果：一旦强制回到机器人的参考位置，它就会产生过冲，这导致了一个具有相反符号的对称误差。这种过冲将会沿着完整的轨迹一直持续，所产生的机器人运动离所期望的还差得很远。

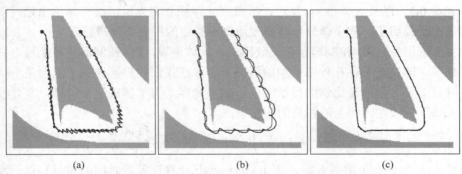

图 25.22　机械手控制，采用（a）增益因子为 1.0 的比例控制器，（b）增益因子为 0.1 的比例控制器，和（c）比例增益因子为 0.3，微分分量增益因子为 0.8 的 PD 控制器。在所有这些情况下，机械手试图沿着所示灰色路径前进

为了得到一个更好的控制器，让我们对这类产生过冲的控制器进行形式化的描述。所提供的作用力与观测到的误差成负比例的控制器被称为 **P 控制器**。字母 P 代表比例的，指实际的控制与机器人操纵器误差成比例。更形式化一些，令 $y(t)$ 为参考路径，用时间刻度 t 进行参数化表示。由一个 P 控制器所产生的控制 a_t 具有以下形式：

$$a_t = K_P(y(t) - x_t)$$

这里 x_t 为机器人在 t 时刻的状态。K_P 是所谓的控制器**增益参数**（gain parameter），用来调节控制器对实际状态 x_t 和期望状态 $y(t)$ 之间偏差进行纠正的强度。在我们的实验里，$K_P = 1$。初看上去，我们也许会认为选择一个比较小的 K_P 值就可以解决这个问题。不幸的是，实际上并不是这样的。图 25.22（b）显示了 $K_P = 0.1$ 时的一条轨迹，仍然表现出振荡的行为。

较低的增益参数取值只会减缓振荡，而没有解决这个问题。实际上，在没有摩擦时，P 控制器本质上是一条弹簧法则；因此它将在固定的目标位置附近不断振荡。

传统上，这种类型的问题属于**控制论**（control theory）的研究领域，一个对于 AI 研究者来说越来越重要的领域。这个领域内几十年来的研究产生了大量比上述简单控制法则更好的控制器。特别是，如果小的扰动将导致机器人和参考信号之间的一个有界误差，那么参考控制器被称为是**稳定的**。如果它在这样的扰动下能够返回参考路径，那么它就被称为是**严格稳定的**。显然，我们的 P 控制器看来是稳定的，但不是严格稳定的，因为它不能返回它的参考轨迹。

在我们的领域中达到严格稳定的一种最简单的控制器被称为 PD 控制器。字母 'P' 仍然代表比例的，'D' 代表导数。PD 控制器由以下公式描述：

$$a_t = K_P(y(t) - x_t) + K_D \frac{\partial(y(t) - x_t)}{\partial t} \tag{25.2}$$

正如这个公式所表示的，PD 控制器相当于 P 控制器加上一个微分项，它给 a_t 的值增加了一个与误差 $y(t) - x_t$ 对时间的一阶导数成正比的项。这个项的效果是什么？总的来说，一个导数项抑制了受到控制的系统。为了证明这一点，考虑误差 $(y(t) - x_t)$ 随时间迅速变化的情况，如在我们前面的 P 控制器的例子中的情况。于是这个误差的导数将会反作用于比例项，从而减小对扰动的总体响应。然而，如果同样的误差持续不变，导数将会消失，比例项将主导对控制的选择。

图 25.22（c）显示了将这个 PD 控制器应用于我们的机械手的结果，其中使用的增益参数为 $K_P = 0.3$，以及 $K_D = 0.8$。显然，所得到的路径非常光滑，没有显示出任何明显的振荡。这个例子说明了，一个微分项能够使原来不稳定的控制器变得稳定。

在实际应用中，PD 控制器还有失败模式。具体地说，PD 控制器有可能没有将一个误差调节到零，即使在不存在外部扰动的情况下。这在我们的机器人例子里面是不明显的，但是有时候需要一个超过比例的反馈将误差减小到零。为了解决这个问题，需要在控制法则中加入基于误差在时间上的积分的第三项：

$$a_t = K_P(y(t) - x_t) + K_I \int(y(t) - x_t)dt + K_D \frac{\partial(y(t) - x_t)}{\partial t} \tag{25.3}$$

这里 K_I 是另外一个增益参数。项 $\int(y(t) - x_t)dt$ 计算误差对时间的积分。这一项的作用是修正参考信号与实际状态之间的长时间偏差。例如，如果 x_t 在长时间内小于 $y(t)$，那么这个积分将不断增长，直到所得到的控制 a_t 迫使该误差缩小。于是，积分项保证了控制器不表现出系统误差，其代价是增加了产生振荡行为的风险。一个具有全部三项的控制器称为 **PID 控制器**。PID 控制器被广泛应用于工业中的各种控制问题。

25.6.2　势场控制

作为机器人运动规划中的一个附加的代价函数，我们引入了势场的概念，但是它们也能够被用于直接生成机器人运动，而无需进行路径规划。为了实现这个目的，我们不得不定义一个将机器人拉向其目标构型的吸引力，以及一个将机器人推离障碍物的排斥势场。一个这样的势场如图 25.23 所示。它唯一的全局最小点为目标构型，每一点的取值为到目标构型的距离和与障碍物接近程度之总和。在生成图中所示构型的过程中并没有包含任何规划。因此，势场非常适用于实时控制。图 25.23（a）显示了一个机器人在势场中执行爬山法的轨迹。在许多应用中，对于任意一个给定的构型，都能够高效地计算出势场。此外，对势值进行优化相当于对当前机器人构型计算势的梯度。这些计算通常极其高效，尤其是与路径规划算法相比，后者的计算与构型空间的维数（DOF）呈指数关系。

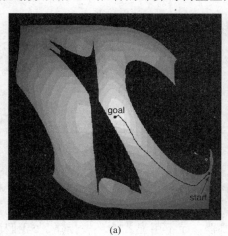 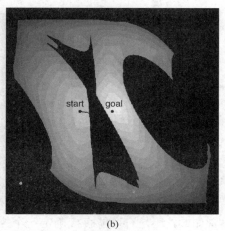

(a) (b)

图 25.23　势场控制。机器人在一个势场中攀爬，这个势场是由障碍物保持的排斥力和一个对应于目标构型的吸引力所组成的
(a) 成功的路径。（b）局部最优

　　势场的方法能够以如此高效的方式设法找到一条通往目标的路径，即使是要在构型空间中走很长的距离，这一事实引出了关于在机器人学中到底是否还需要规划的疑问。究竟是势场的技术已经能够满足要求了，还是只在我们的例子中侥幸获得了成功？答案是我们的确非常幸运。势场中有许多能够使机器人落入圈套的局部极小值。在图 25.23（b）中，机器人仅仅通过转动它的肩关节来接近障碍物，直到它被卡在障碍物的错误一侧为止。势场并没有宽阔得能让机器人弯曲肘部以使手臂能够到障碍物的下面。换句话说，势场技术对局部机器人控制很有效，但是它们仍然需要全局规划。势场的另一个重要缺点是它们只根据障碍物和机器人的位置生成作用力，而不考虑机器人的速度。因此，势场控制实际上是一种运动学方法，在机器人快速移动时可能会失败。

25.6.3　反应式控制

　　到目前为止我们已经考虑了需要用一些环境模型来构造参考路径或势场的控制决策。这种方法存在一些困难。首先，足够精确的模型经常是难以获得的，尤其是在复杂或遥远的环境中，比如火星的表面或者具有较少传感器的机器人。其次，即使在我们能够设计足够精确的模型的情况下，计算上的困难和定位误差将会使这些技术不实用。在某些情况下，一个反射型 Agent 运用**反应式控制**（reactive control）更合适。

　　例如，想象一个带腿的机器人尝试抬高一条腿跨过一个障碍物。我们可以给机器人设定一个规则，将腿微微抬高 h，然后向前移，如果腿碰到了障碍物，就将腿移回来，然后把腿抬得更高一些再尝试。你可以认为 h 是世界的外观的一个模拟，但是我们同样认为 h

是机器人控制器的一个辅助变量，没有直接的物理含义。

一个这样的例子就是六条腿的机器人，或称**六足机器人**（hexapod），如图 25.24（a）所示，用于在粗糙地形上行走的任务。该机器人的传感器远远不能获取足够精确的地形模型，满足实施前一节中所述任何路径规划技术的要求。另外，即使我们加入足够精确的传感器，十二个自由度（每条腿两个）将使所产生的路径规划问题在计算上是不可操作的。

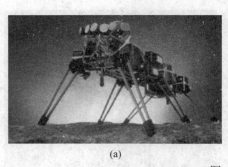
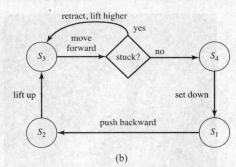

(a)　　　　　　　　　　　　　　　　(b)

图　25.24

（a）一个六足机器人。（b）一个用来对一条腿进行控制的增强有限状态机（AFSM）。注意这个 AFSM 会对传感器反馈产生反应：如果一条腿在向前摆动的过程中被挡住了，它就会被不断抬高

尽管如此，还是有可能直接确定一个控制器，而不用显式的环境模型。（我们已经通过 PD 控制器看到了这一点，它可以在没有机器人动力学的显式模型的情况下使一个复杂的机械手保持在目标上；然而，它的确需要一条从运动学模型中产生的参考路径。）对于有腿机器人的例子来说，我们首先选择一种**步态**（gait），或者说是腿的运动模式。一种静态的稳定的步态是先让右前腿，右后腿，和左中腿向前（另外三条腿不动），然后再移动另外三条腿。这样的控制模式在平地上工作得非常好。在崎岖不平的地表上，障碍物将会阻止腿向前摆动。这个问题可以用一条极其简单的控制规则来克服：当一条腿的向前运动受阻时，只需将它缩回来，抬高一些，然后再试一次。所得到的控制器作为一个有限状态机如图 25.24（b）所示；它构成一个具有状态的反射型 Agent，其中的内部状态是通过当前有限状态机状态的索引而表示的（从 s_1 到 s_4）。

这个简单的反馈驱动控制器的一些变形已经被发现可以生成非常鲁棒的行走模式，能够让机器人在崎岖不平的地表上机动行走。显然，这样的控制器是不需要模型的，它并不考虑或使用搜索来产生控制。当执行这样的控制器时，环境反馈在由机器人产生的行为中扮演着至关重要的角色。只靠软件本身不能指定当机器人被放置在一个环境中时实际上将会发生什么。从（简单的）控制器与（复杂的）环境的相互作用中涌现出来的行为经常被称为**涌现行为**（emergent behavior）。严格地说，本章所讨论的所有机器人都显现了涌现行为，因为没有一个模型是完美的。然而，在历史上，这个术语专用于那些没有利用显式的环境模型的控制技术。涌现行为也是大量生物体的典型特征。

25.6.4　加强型学习控制

一个特别的令人兴奋的控制形式是基于加强学习的策略搜寻形式（见 21.5 节）。由于它解决了之前解决不了的复杂的机器人学问题，这个工作在近年来有了巨大的影响。一个例子是特技的自治直升机飞行。图 25.25 展示了一架小型 RC（无线电控制）直升机的自治

飞行。这个实验具有挑战性由于其包含较高的非线性自然力学。仅仅最有经验的人类飞行员能够实现。然而策略搜寻方法（正如第 21 章所描述），仅用几分钟的计算，学习一种策略能够可靠地执行每一次飞行。

图 25.25　一架加强学习的 RC 直升机基于一次策略学习的一次轻击的多重曝光

在能够找到一个策略之前，策略搜寻需要一个精确的领域模型。这个模型的输入是 t 时刻直升机的状态，t 时刻的控制器，以及在 $t+\Delta t$ 时的最终状态。一架直升机的状态可以用与小车相匹配的三维参数，即它的偏航，高度，摇摆角以及这六个变量的改变频率来确定。这种控制是直升机的手工控制：节流阀，高度，升降舵，副翼以及方向舵。所有余下的是结果状态——我们将如何去定义一个模型，能够精确地说明直升机如何对每一个控制器做出反应？答案很简单：让一个熟练的人类飞行员驾驶直升机，记录下飞行员通过无线电以及直升机的状态变量传输的控制器变量。人类控制的飞行大约四分钟建立一个能够足够精确地模拟小车的预兆模型。

这个例子显著的优点是较轻松地解决了一个具有挑战性的机器人学问题。这是很多在科学领域预先受控的，通过仔细的数学分析和造型获得成功的机器人学习例子之一。

25.7　机器人软件体系结构

对算法进行组织的方法论称为**软件体系结构**（software architecture）。一个体系结构通常包括语言和用于写程序的工具，以及关于如何将程序结合起来的总体基本原理。

现代的机器人软件体系结构必须决定如何将反应式控制和基于模型的思考式控制相结合。在许多方面，反应式和思考式控制具有不同的优势和弱点。反应式控制是传感器驱动的，适合于实时地制定低层次决策。然而，反应式控制很少能在全局层次上得到合理的解，因为全局的控制决策依赖于那些在进行决策的时候不能感受到的信息。对于这样的问题，思考式控制更加合适。

因此，大多数机器人体系结构在低层次的控制中采用反应式技术，而在高层次控制中采用思考式技术。我们在讨论 PD 控制器时遇到过这样的结合方式，其中我们把一个（反应式的）PD 控制器与一个（思考式的）路径规划器相结合。结合了反应式和思考式技术的体系结构通常称为**混合体系结构**（hybrid architecture）。

25.7.1　包容体系结构

包容体系结构（subsumption architecture）（Brook，1986）是一个用于将有限状态机组合成反应式控制器的框架结构。这些状态机中的结点会包含针对某些传感器变量的测试，这样有限状态机的执行轨迹就取决于这些测试的结果。在弧上可以标注上穿行它们时所产生的消息，以及要送往机器人的发动机或其他有限状态机的消息。另外，有限状态机还具有内部计时器（时钟），用来控制穿行一条弧所用的时间。这样的自动机一般被称为**增强有限状态机**（augmented finite state machines），或缩写为 AFSM，其中"增强"的含义是指使用了时钟。

如图 25.24（b）所示的四状态机是一个简单 AFSM 的例子，它能为一个六足步行器产生循环的腿部运动。这个 AFSM 实现了一个循环控制器，其执行过程几乎不依赖于环境反馈。不过，向前摆动的阶段仍依赖于传感器的反馈。如果腿被挡住了，意味着它已经无法执行向前摆动，机器人就收回这条腿，把它再抬得高一些，试着再进行一次向前摆动。因此，控制器能够对机器人和它的环境相互作用时产生的偶发事件做出反应。

包容体系结构提供了额外的基本要素，用来使 AFSM 同步，以及对多个可能产生冲突的 AFSM 的输出值进行合并。这样，它使程序员能够以一种自底向上的方式编制越来越复杂的控制器。在我们的例子中，我们也许应该从针对单独腿的 AFSM 开始，然后是能协调多条腿的 AFSM。在这些之上，我们将实现诸如躲避碰撞之类的高层次行为，其中将涉及到后退与转向。

根据 AFSM 编制机器人控制器的思想是非常吸引人的。可以想象用前一节所描述的任何一种构型空间路径规划算法生成同样的行为将有多么困难。首先，我们需要一个关于地形的准确模型。一个具有六条腿，其中每条腿都由两个独立发动机驱动的机器人的构型空间一共有十八维（腿的构型空间有十二维，机器人相对其环境的位置和方向有六维）。即使我们的计算机速度足够快，能够在这样高维数的空间中寻找路径，我们也将不得不担心一些令人厌恶的效应，比如机器人沿着斜面滑落。由于这样的随机效应，穿过构型空间的单一路径将几乎肯定是过于脆弱的，恐怕连 PID 控制器也不能应付这样的偶发事件。换句话说，深思熟虑地生成运动行为对于现有的机器人运动规划算法来说实在是一个过于复杂的问题。

不幸的是，包容体系结构也有它自己的问题。首先，AFSM 通常由原始的传感器输入数据驱动，这样的安排当传感器数据可靠并且包含所有用于决策的必要信息时能够正常工作，但是当传感器数据不得不以非平凡的方式对时间进行积分时就会失败。因此包容式的控制器大多应用于局部任务，比如沿着墙走或向着可见光源移动。其次，缺少计划性使得机器人的任务很难被改变。一个包容式的机器人倾向于只完成一项任务，它并不知道该如何改变它的控制来适应不同的控制目标（正如第 39 页中的蜣螂一样）。最后，包容式的控制器倾向于很难被理解。在实际中，大量相互作用的 AFSM（和环境）之间复杂的相互影响超出了大多数人类程序员的理解能力。由于所有这些原因，包容体系结构极少用于商业机器人技术中，尽管它有着巨大的历史重要性。不过，一些由它演变而来的方法得到了应用。

25.7.2 三层体系结构

混合体系结构将反应与事先考虑结合起来。到目前为止最流行的混合体系结构是**三层体系结构**（three-layer architecture），它由一个反应层、一个执行层和一个思考层组成。

反应层（reactive layer）为机器人提供低层次的控制。它的特征是具有紧密的传感器-行动循环。它的决策循环通常是以毫秒计的。

执行层（executive layer）（或序列化层）起着反应层和思考层之间的粘合剂的作用。它接收由思考层发出的指令，序列化以后传送给反应层。例如，执行层将会处理一系列由协商的路径规划器生成的通过点，并做出采取哪种反应行为的决策。执行层的决策循环通常是以秒计的。执行层还负责将传感器的信息整合到一个内部状态表示中。例如，它将掌管机器人定位和联机绘制地图等任务。

思考层（deliberative layer）利用规划生成复杂问题的全局解。因为生成这一类解的过程中涉及的计算复杂度，它的决策循环通常是以分钟计的。思考层（或规划层）使用模型进行决策。这些模型可以事先提供或者从数据中学习得到，它们通常利用了在执行层收集到的状态信息。

三层体系结构的各种变体可以在大多数现代机器人软件系统中找到。三个层次的分解并不是非常严格的。一些机器人软件系统具有更多的层次，诸如用于控制人机交互的用户接口层，或者负责协调机器人与在同一环境下运转的其他机器人的行动的层次。

25.7.3 管道体系结构

机器人的另外一种体系结构是**管道体系结构**（pipeline architecture）。就像包容体系结构一样，管道体系结构并行地处理多重过程。然而，此体系结构中的特殊模块和三层体系结构类似。

图 25.26 展示了一个管道体系结构的例子，用来控制一台自控汽车。数据通过**检测计接口层**（sensor interface layer）进入管道。感知层基于这些数据紧接着更新机器人的内部环

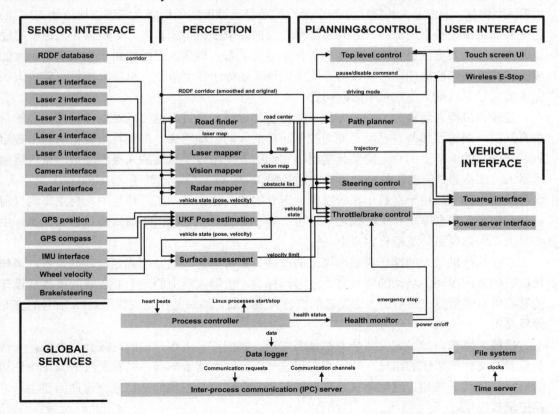

图 25.26　一辆机器人车的软件体系结构。软件实现一个数据管道，在管道中所有模块同时处理数据

境模型。接下来，这些模型协助**计划控制层**（planning and control layer），调整机器人的内部计划，使它们成为对机器人的真实控制。这些通过**小车接口层**（vehicle interface layer）反馈给小车。

管道体系结构的关键是并行性。当感知层处理大部分当前检测数据时，控制层基于一些旧数据做选择。由此可见，管道体系结构类似于人的大脑。在我们理解新的感知数据时，我们不会改变行动。取而代之的是，我们同时理解、计划和行动。管道体系结构中的过程异步运行，所有的计算由数据驱动。最终系统是强壮的、高速的。

图 25.26 中的体系结构也包含了其他的交叉切断模型，负责建立管道中不同元素之间的交流。

25.8　应 用 领 域

我们现在要列出一些机器人技术的主要应用领域。

工业和农业。传统上，机器人被用于那些需要繁重的人类劳动，但是结构化程度足够适合机器人自动化的领域。最好的例子是装配线，那里的机械手程式化地执行装配、零件放置、材料处理、焊接、喷涂等任务。在许多这样的例子中，使用机器人已经变得比使用人类工人更加划算。在野外，许多我们用于收割、开采、或挖土的重型机器已经被改造成机器人。例如，卡内基·梅隆大学一个最近的项目已经证实了机器人能够以比人快 50 倍的速度剥离大型轮船上的涂料，并且对环境造成的影响小得多。自主采矿机器人的原型已经被证实能够比人更快更精确地在地下矿井中运送矿石。机器人已经被用于生成高精确度的废矿和排污系统的地图。尽管这些系统中的许多还处于原型阶段，机器人接管目前由人类完成的大量半机械工作只是个时间问题。

运输。机器人运输分为许多方面：从将物体递送到通过其他方式难以接近的地点的自主直升机，到运送那些自己没有能力控制轮椅的人的自动轮椅，再到将集装箱从船上搬运到装货码头的卡车上的自主跨装起重机，它们的表现超过了熟练的人类驾驶员。室内运输机器人，或称为"听差"的一个重要实例是图 25.27（a）所示的助手（Helpmate）机器人。这种机器人已经被用于在数十家医院中运送食物和其他物品。工厂环境中，自主车辆目前被日常地用于在仓库里和生产线之间运送货物。图 25.27（b）中的 Kiva 系统中，在执行中心帮助工人把商品装进待售容器中。

许多这些机器人的操作需要环境上的改造。最常见的改造是一些定位辅助设备，诸如地板里的感应线圈、活动的信号灯、条形码标签。机器人学中的一个开放式的挑战是设计能够利用自然信息、而不是人造设备的机器人来导航，特别是在无法获得 GPS 信号的深海等环境中。

机器人汽车。每一天大部分人都使用车辆。我们许多人在开车的时候会打电话。一些甚至要写文件。悲伤的结局：每年都有超过一百万的人死于车祸。机器人汽车如 BOSS 和 STANLEY 提供了希望：它们不仅让驾驶变得更安全，而且把我们从日常交流期间要注意道路中解放出来。

(a)　　　　　　　　　　　　　　　　　(b)

图　25.27

（a）助手机器人搬运医院的成打的食物和医疗物品。

（b）Kiva 机器人是实体操作系统的一部分，在履行中心移动架子

机器人汽车的进步被 DARPA 重大挑战所刺激。一场超过 100 英里的没有预演的沙漠地带赛跑，展示了一次比以前已经完成的更具挑战的任务。斯坦福大学的 STANLEY 小车在 2005 年在 7 小时内完成了这项任务，赢得了二百万美元的奖励和美国自然历史博物馆的一个席位。图 25.28（a）描述了 BOSS，在 2007 年赢得了 DARPA 城市挑战杯，一项复杂的城市街道赛，机器人要面对其他机器人还要遵守交通规则。

卫生保健。在对一些复杂器官如大脑、眼睛、和心脏动手术时，机器人被越来越广泛地用于协助外科医生放置器械。图 25.28（b）显示了一个这样的系统。由于具有高度的准确性，机器人在某些类型的髋关节置换手术中已经成为不可或缺的工具。在试行研究中，机器人设备被证明能够减少在结肠镜检查时造成损伤的危险。在手术室外，研究人员已经开始开发为老年人或残疾人服务的机器人助手，诸如智能机器人步行器或能够提醒人服药的智能玩具。研究人员还在研究一种机器人设备，帮助人们做一些运动以恢复健康。

(a)　　　　　　　　　　　　　　　　　(b)

图　25.28

（a）Boss 机器人车；（b）外科手术机器人在手术室里

危险环境。机器人已经可以帮助人们清理核废料，最著名的是在切尔诺贝利和三哩岛。在世界贸易中心倒塌之后，机器人也被派上了用场，它们可以进入那些对人类搜索和救援人员来说过于危险的建筑物。

一些国家已经使用机器人来运输军火和卸除炸弹的引信——这是一项极其危险的工作。许多研究项目目前正在开发用于在陆上或海上清除雷场的原型机器人。大多数现有的用于这些任务的机器人都是远程操作的——由人用遥控器操作它们。使这种机器人能够自主是很重要的下一步。

探险。机器人已经到达过以前没人到过的地方，包括火星的表面。（参见图 25.2（b）和封面）。机器人手臂帮助宇航员配置和回收人造卫星，以及建造国际空间站。机器人还协助进行了海底探测。它们被日常地用于获取沉船的地图。图 25.29 显示了一个绘制废弃煤矿地图的机器人，以及一个利用测距传感器获取的三维矿井模型。在 1996 年，一个研究小组将一个有腿机器人放进了一个活火山的火山口里，以获取气候研究的重要数据。称为**雄蜂（drone）**的无人驾驶飞行器被用于军事行动。机器人正在成为在那些对于人类而言难以接近（或很危险）的区域收集信息的非常有效的工具。

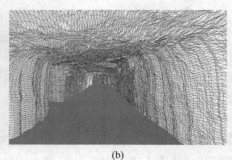

(a)   (b)

图　25.29
（a）一个为废弃煤矿绘制地图的机器人。（b）一幅由机器人获取的矿井三维地图

个人服务。服务业是机器人学的一个很有前途的应用领域。服务机器人能帮助个人完成日常的任务。现在市场上可买到的家庭服务机器人包括自主的真空吸尘器、割草机、和高尔夫球球童。世界上最著名的移动机器人是个人服务机器人：真空吸尘器机器人 Roomba，图 25.30（a）所示。销售量超过三百万。它能够自动操作，不需要人的帮助就能完成任务。

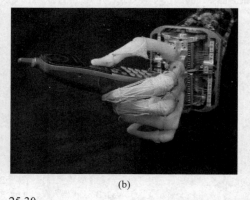

(a)   (b)

图　25.30
（a）Roomba，世界上卖得最好的移动机器人，真空底部 （b）人手之后的机器手

一些服务型机器人在公共场所运行，诸如已经被开发出来在商场、商品交易会、或博物馆充当导游的机器人信息站。服务任务需要与人交互，并能够鲁棒地应付不可预测和动

态的环境。

　　娱乐。机器人已经开始征服娱乐业和玩具工业。我们在图 25.6（b）中看到的是**机器人足球**，一种非常类似于人类足球赛，不过是由自主的移动机器人参加的竞技比赛。机器人足球为 AI 提供了非常好的研究机会，因为它为许多其他更加严肃的机器人应用提出了一系列原型问题。一年一度的机器人足球竞赛已经吸引了大量的 AI 研究者，并为机器人学领域带来了许多活力。

　　人类增强。机器人技术的一个最终应用领域是人类增强。研究人员已经开发出有腿步行机器，能够用来载人，非常像轮椅。一些研究努力目前正专注于开发这样的设备：它们能够通过附加的外部骨架提供额外的力，使人行走或移动手臂更容易。如果这样的设备永久地附在人身上，那么它们可以被认为是人工机器人肢体。图 25.30（b）展示了一只机器手，将来也许可以作为假肢。

　　机器人远程操作，或远程出席会议，是另一种形式的人类增强。远程操作是指在机器人设备的帮助下，通过很远的距离执行任务。主从模式是一种流行的机器人远程操作形式，其中一个机器人操纵器仿真模拟远处人类操纵员的运动，通过一个触觉接口进行测量。水下交通工具通常是远程操作，这种工具可以下潜到会对人类构成威胁的深度而仍然能被人类操作员控制引导。所有这些系统增强了人类与环境交互的能力。一些项目甚至对人进行复制，至少在一个非常高级的程度上。日本的几家公司现在已经有了商业用途的人形机器人。

25.9　本 章 小 结

　　机器人学关心的是操纵物理世界的智能化 Agent。在本章中，我们已经学习了关于机器人硬件和软件如下的基本知识：

- 机器人装备有传感器来感知它们的环境，以及它们用来对其环境施加物理力的效应器。大多数机器人要么是安装在固定位置的操纵器，要么是能够运动的移动机器人。
- 机器人感知关心的是根据传感器数据对与决策相关的量进行估计。为了达到这一目的，我们需要一个内部表示和一种随时间对这个内部表示进行更新的方法。比较困难的感知问题的常见例子包括定位和地图绘制。
- 诸如卡尔曼滤波器和粒子滤波器这样的概率滤波算法对机器人感知来说非常有用。这些技术维持信念状态，即关于状态变量的后验概率分布。
- 机器人运动规划通常在构型空间中完成，该空间中的每个点指定了机器人的位置和方向以及关节的角度。
- 构型空间搜索算法包括单元分解技术，它将由全部构型组成的空间分解成有限多个单元；以及抽骨架技术，它将构型空间投影到低维子空间上。于是可以通过在这些简单结构里进行搜索，解决运动规划问题。
- 由搜索算法找到的路径可以通过将该路径用作 PID 控制器的参考轨迹而得以执行。机器人技术还需要控制器来调节小波动，仅仅路径规划是不够的。
- 势场技术利用势场函数为机器人导航，这些势场函数定义在到障碍物和目标位置的距离上。势场技术可能会陷于局部极小值，但是它们可以直接生成运动，而无需路径规划。

- 有时候直接确定一个机器人控制器比根据关于环境的显式模型推导出一条路径要容易。这样的控制器通常能够被写成简单的有限状态机。

- 可以通过不同的体系结构来进行软件设计。包容体系结构使程序员能够根据相互关联的有限状态机来编制机器人控制器。三层体系结构是开发集成了思考、子目标序列化和控制的机器人软件的常见框架结构。管道体系结构可以通过一系列模块并行处理数据，符合知觉，造型，计划，控制和机器人界面。

参考文献与历史注释

捷克剧作家卡雷尔·恰佩克（Karel Capek）1921 年的戏剧 *R.U.R.*（Rossum's Universal Robots，《罗萨姆的全能机器人》）使机器人（robot）一词流行了起来。以化学方式生长，而并非以机械方式建造的机器人最终愤恨起它们的主人，并决心掌权。据说（Glanc，1978）实际上是恰佩克的兄弟，约塞夫（Josef）于 1917 年在他的短篇小说 *Opilec* 中第一个将捷克语 "robota"（强制性工作）和 "robotnik"（奴隶）合并产生了 "robot"。

术语机器人学（robotics）最早是由阿西莫夫（Asimov，1950）开始使用的。但是（以其他名称出现的）机器人学却具有很长的历史。在古希腊神话中，一个名叫塔罗斯（Talos）的机器人传说是由希腊掌管冶金的神赫菲斯托斯（Hephaistos）设计和制造的。神奇的自动机建造于 18 世纪——Jacques Vaucanson 于 1738 年制作的机械鸭子是一个早期的例子——但是它们所展示出的复杂行为是完全预先确定的。第十四页描述的提花纺织机（1805）可能是可编程的类机器人设备的最早例子。

第一个商用机器人是一个称为 **Unimate** 的机械手，即 *universal automation*（全能自动化）的简称。Unimate 是由 Joseph Engelberger 和 George Devol 研制的。1961 年，第一台 Unimate 机器人被卖给了通用汽车公司（General Motors），在那里用于生产电视机的显像管。1961 年 Devol 还获得了机器人方面的第一项美国专利。十一年后的 1972 年，日产公司（Nissan Corp.）成为最早用机器人实现整条生产线自动化的公司之一，由 Kawasaki 开发，使用的机器人是 Engelberger 和 Devol 的 Unimation 公司提供的。这个发展引起了一场重大革命，这场革命主要发生在日本和美国，并且仍在继续。Unimation 于 1978 年进一步开发了 **PUMA** 机器人，即"用于装配线的可编程全能机器"（Programmable Universal Machine for Assembly）的简称。最初是为通用汽车公司开发的 PUMA 机器人，成为以后二十年中事实上的机器人操作标准。目前，世界范围内估计有一百万个正在运转的机器人，其中一半以上安装在日本。

关于机器人学研究的文献可以大致分为两部分：移动机器人和静态操纵器。Grey Walter 的"海龟（turtle）"，于 1948 年制造，可以被认为是第一个自主的移动机器人，尽管它的控制系统是不可编程的。1960 年代早期于约翰斯·霍普金斯大学（Johns Hopkins University）建造的"霍普金斯兽（Hopkins Beast）"，则要复杂得多；它带有模式识别硬件，能够识别标准交流电源插座的盖板。它能够搜索到插座，将自己接入电源来给它的电池充电！不过，该兽拥有的技巧仍然很有限。第一个通用的移动机器人是 "Shakey"，1960 年代后期研制于当时的斯坦福研究所（Stanford Research Institute，现在的 SRI）（Fikes 和尼尔森，1971；尼尔森，1984）。Shakey 是第一个集成了感知、规划和执行的机器人，这项著名的成果影响了许多 AI 方面的后续研究。Shakey 以及项目领导 Charlie Rosen（1917—2002）出现在这本书的封面。其他有影响的项目包括斯坦福车（Stanford Cart）和 CMU 漫游者（CMU Rover）（Moravec，1983）。Cox 和 Wilfong（1990）描述了关于自主车辆的经典研究工作。

机器人地图绘制领域从两个不同的来源发展而来。第一条线开始于 Smith 和 Cheeseman（1986）的工作，他们应用卡尔曼滤波器来解决同时进行定位和地图绘制的问题。这个算法首先由 Moutarlier 和 Chatila（1989）实现，后来 Leonard 和 Durrant-Whyte（1992）又对它进行了扩展。Dissanayake 等（2001）描述了这项技术的当前发展水平。第二条线开始于概率地图绘制的**占用网格**（occupancy grid）表示法的发展，它指定了每个(x, y)位置被障碍物占用的概率（Moravec 和 Elfes，1985）。受人类空间认知模型的启发，Kuipers 和 Levitt（1988）成为最早提出用拓扑而不是几何坐标的办法绘制地图的科学家之一。Lu 和 Milios（1997）写的一篇关于种子的论文公认了同时发生的地方化和映射问题的稀疏，为 Konolige（2004）和 Montemerlo，Thrun（2004）提出的非线性优化技术提供了支持，也为 Bosse et al.（2004）提出的分层方法提供了支持。Shatkay 和 Kaelbling（1997）以及 Thrun et al.（1998）把 EM 算法引入到数据关联的机器人定位领域。概率定位方法的概貌可以在（Thrun 等，2005）中找到。

Borenstein 等（1996）研究了早期的移动机器人定位技术。虽然几十年来卡尔曼滤波作为一种定位方法在控制论中非常有名，但是直到很久以后通过 Tom Dean 和同事（1990，1990）以及 Simmons 和 Koenig（1995）的工作，定位问题的一般概率形式化表示方法才出现在 AI 的文献中。后者的工作引入了术语**马尔可夫定位**（Markov localization）。这种技术的第一个现实世界的应用是由 Burgard 等人（1999）通过在博物馆中使用的一系列机器人实现的。基于粒子滤波器的蒙特卡罗定位由 Fox 等人（1999）提出并且现在得到了广泛的应用。**Rao-Blackwellized 粒子滤波器**把用于机器人定位的粒子滤波器与建造地图的精确滤波器结合了起来（Murphy 和 Russell，2001；Montemerlo 等，2002）。

机器人操纵器最初被称为**有手和眼的机器人**（hand-eye machine），对它进行的研究演化成了相当不同的发展方向。创造有手和眼的机器人得到的第一个重要成果是 Heinrich Ernst 的 MH-1，在他的 MIT 博士学位论文中有所描述（Ernst，1961）。爱丁堡大学的机器智能（Machine Intelligence）项目也展示了一个令人难忘的用于基于视觉装配的早期系统，称为 FREDDY（Michie，1972）。在这些先期的成果之后，大量的工作都集中在确定性的和完全可观察的运动规划问题的几何算法上。Reif（1979）在他的开创性论文中证明了机器人运动规划是 PSPACE 难题。构型空间表示法要归功于 Lozano-Perez（1983）。Schwartz 和 Sharir 关于他们所说的**钢琴搬运工**（piano movers）问题的一系列论文具有很广泛的影响力（Schwartz 等，1987）。

构型空间规划的递归单元分解源自 Brooks 和 Lozano-Perez（1985），并由 Zhu 和 Latombe（1991）进行了重大改进。最早的抽骨架算法的基础是 Voronoi 图（1979）和**能见度图**（visibility graph）（Wesley 和 Lozano-Perez，1979）。Guibas 等人（1992）发展出一种高效的技术用来递增地计算 Voronoi 图，Choset（1996）将 Voronoi 图推广到了更加广泛的运动规划问题。

John Canny 的博士学位论文（1988）建立了第一个用于运动规划的单指数算法，使用了一个不同的抽骨架算法，称为**剪影**（silhouette）算法。Jean-Claude Latombe（1991）的教科书涵盖了运动规划问题的各种方法。Kavraki 等（1996）开发了概率路径图，是当前最有效的方法。Lozano-Perez 等（1984）以及 Canny 和 Reif（1987）使用区间不确定性的思想而不是概率不确定性，研究了有限传感的精细运动规划。基于地界标的导航（Lazanas 和 Latombe，1992）使用了很多与在移动机器人领域相同的思想。在机器人技术不确定的情况下应用 POMDP 方法（17.4 节）来运行计划的关键工作取决于 Pineau 等（2003）和 Roy 等（2005）。

作为动力系统的机器人控制——不论是用来操纵还是用来导航——已经产生了一大批文献，在本章的材料中几乎没有涉及它。重要的工作包括 Hogan（1985）的阻抗控制（impedance control）三部曲和 Featherstone（1987）对机器人动力学的一般研究。Dean 和 Wellman（1991）是最早尝试将控制论和 AI 规划系统联系起来的研究者之一。关于机器人操纵中的数学方面的三部经典教科书的作者分别是 Paul（1981）、Craig（1989）和 Yoshikawa（1990）。关于**抓握**（grasping）的研究领域在机器人学中也十分重要——决定一个稳定抓握的问题是相当困难的（Mason 和 Salisbury，1985）。合格的抓握需要触觉传感，或称**触觉反馈**（haptic feedback），来决定接触力和检测打滑现象（Fearing 和 Hollerbach，1985）。

势场控制，试图同时解决运动规划和控制问题，由 Khatib（1986）引入到机器人学的文献中。在移动机器人学中，这个思想被视为是避撞问题的一种实用解决方案，并且在后来被 Borenstein（1991）扩展成一种称为**向量场直方图**（vector field histogram）的算法。导航函数（用于确定性 MDP 的控制策略的机器人学领域版本）由 Koditschek（1987）提出。机器人学中的加强学习在 Bagnell 和 Schneider（2001）以及 Ng 等（2004）的种子论文后飞速发展。在自动直升机控制的环境中开发了模型。

机器人软件体系结构的话题引起了许多严肃的争论。老式 AI 候选方法——三层体系结构——可以追溯到设计 Shakey 的时候，Gat（1998）对它进行了回顾。包容体系结构由 Rodney Brooks（1986）提出；尽管 Braitenberg（1984）也独立发展出了类似的思想——他的书《交通工具》（*Vehicles*）描述了一系列基于行为方法的简单机器人。Brooks 的六足行走机器人所获得的成功引起了许多其他项目的仿效。Connell 在他的博士学位论文（1989）中开发了一个能够找回物体的完全反应式移动机器人。从基于行为的范例到多机器人系统的扩展可以在 Mataric（1997）和 Parker（1996）的论述中找到。GRL（Horswill，2000）和 COLBERT（Konolige，1997）通过通用机器人控制语言对基于并发行为的机器人学的思想进行了抽象。Arkin（1998）调研了机器人软件体系方向的最新研究进展。

在过去十年里，两项重要的竞赛激励了移动机器人学的研究。AAAI 一年一度的移动机器人竞赛开始于 1992 年。第一届竞赛优胜者是 CARMEL（Congdon 等，1992）。进步是坚实稳定和给人印象深刻的：在最近一届竞赛中（2002 年），机器人必须进入会议场所，找到通往注册台的路，进行会议注册，然后发表演讲。Robocup 竞赛，由 Kitano 和同事于 1995 年发起，目标是在 2050 年之前"建成一支由完全自主的人形机器人组成的球队，它能够战胜人类的足球世界冠军队"。比赛分仿真机器人、不同大小的有轮机器人、四足索尼 Aibo 机器人等几个组进行。在 2009 年，来自 43 个国家的队伍参赛，赛事转播给上百万的观众。Visser 和 Burkhard（2007）跟踪了在感知，调和和过去十年的低水平技术方面取得的进步。

2004 年和 2005 年在 DARPA 举办的 **DARPA Grand Challenge** 要求自治机器人在 10 小时之内穿越沙漠地带长达 100 英里（Buehle 等，2006）。最近 2004 年的一次比赛中，没有一个机器人跑出 8 英里，让许多人觉得没人会获奖。2005 年，斯坦福大学的机器人 Stanley 以不到 7 小时的行进赢得了比赛（Thrun，2006）。DARPA 紧接着举办了 **Urban Challenge**，一个机器人要在城市环境中和其他交通工具共行，行程超过 60 英里的比赛。梅隆卡内基大学的机器人 Boss 获得了第一并赢得二百万美元的奖金（Urmson 和 Whittaker，2008）。发展机器汽车的早期先驱者包括 Dickmanns，Zapp（1987）和 Pomerleau（1993）。

Dudek 和 Jenkin（2000）以及 Murphy（2000）的两本新近的教材广泛地涵盖了机器人学的内容。最新的是 Bekey（2008）。最近的一本关于机器人操纵的书专注于诸如适应性运动之类的高级话题（Mason，2001）。Choset 等（2004）和 LaValle（2006）包含机器人运动规划。Thrun 等（2005）给出了一个关于概率机器人学的介绍。主要的机器人学会议是科学和系统会议，来自"IEEE 机器人学与自动化国际会议"（*IEEE International Conference on Robotics and Automation*）。主要的机器人学的期刊包括《IEEE 机器人学与自动化》（*IEEE Robotics and Automation*）、《机器人学国际期刊》（*the International Journal of Robotics Research*）和《机器人学与自主系统》（*Robotics and Autonomous System*）。

习 题

25.1 蒙特卡罗定位对任何有限大小的样本都是有偏的——即采用该算法计算出的位置的期望值与真实期望值不同——其原因在于粒子滤波的工作方式。在本习题中，要求你确定这个偏差量。

为了简化起见，考虑一个具有四个可能机器人位置 $X = \{x_1, x_2, x_3, x_4\}$ 的世界。起初，我们从这些位置中均匀地取出 N 个样本点。与往常一样，如果从位置 X 中的任何一个产生不止一个样本点的话，是完全可以接受的。令 Z 是一个由以下条件概率所刻画的布尔传感器变量：

$P(z \mid x_1) = 0.8$ $\qquad$ $P(\neg z \mid x_1) = 0.2$

$P(z \mid x_2) = 0.4$ $\qquad$ $P(\neg z \mid x_2) = 0.6$

$P(z \mid x_3) = 0.1$ $\qquad$ $P(\neg z \mid x_3) = 0.9$

$P(z \mid x_4) = 0.1$ $\qquad$ $P(\neg z \mid x_4) = 0.9$

MCL 使用这些概率来生成粒子权值，然后将它们归一化并应用于重新采样过程。为简便起见，让我们假设在重新采样的过程中只生成了一个新的样本点，而不考虑 N 的大小。这个样本对应于 X 中的四个位置之一。因此，采样过程在 X 上定义了一个概率分布。

a. 对于这个新的样本来说，所产生的 X 上的概率分布是什么？分别对于 $N = 1, \cdots, 10$ 以及 $N = \infty$ 回答这个问题。

b. 两个概率分布 P 和 Q 之间的差异可以用 KL 偏差来度量，其定义为：

$$KL(P,Q) = \sum_i P(x_i) \log \frac{P(x_i)}{Q(x_i)}$$

问题（a）中的分布与真实后验概率之间的 KL 偏差是多少？

c. 如何修改问题的形式化方法（而不是算法！）才会确保前面那个特定的估计算子即使对于有限的 N 值也是无偏的？提供至少两种这样的修改（每一种修改都应该是充分的）。

25.2 为一个具有测距传感器的仿真机器人实现蒙特卡罗定位算法。从 **aima.cs.Berkeley.edu** 的代码库中可以找到一个网格地图和距离数据。如果你能够展示出成功的机器人全局定位，那么你的这道习题就算完成了。

25.3 考虑一个有两个简单操纵器的机器人，如图 25.31 所示。操纵器 A 是一个大小为 2，可以往后滑的木块，在一个杆上沿 x 轴从 $x=-10$ 到 $x=10$ 移动。杆位于处理平面外，所以杆不会干涉木块的运动。一种形态是一对 $<x,y>$，x 是操纵器 A 的中心的 x 坐标，y 是操纵器 B 的中心的 y 坐标。为这个机器人画出形态空间，指出允许和拒绝区域。

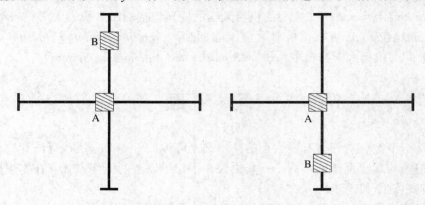

Starting configuration $<-0.5, 7>$ Ending configuration $<-0.5, -7>$

图 25.31　一个机器人操作器的两种可能形态

25.4 假设你在和练习 25.3 中的机器人工作，你被赋予了一个找到一条从图 25.31 的初始形态到终止形态的路线的任务。考虑一个可能的函数：

$$D(A, Goal)^2 + D(B, Goal)^2 + \frac{1}{D(A,B)^2}$$

其中 $D(A，B)$ 是最近两点 A 和 B 之间的距离。

a. 证明在势场中爬山存在一个局部最小量让机器人卡住。

b. 描述一个势场，可以解决爬山中的这个问题。不需要计算精确的数字系数，仅仅给出解答的大致形式（提示：加一个限制允许爬山者把 A 移出 B 的方向；即使在类似的情况中这不会减少 A 到 B 的距离）。

25.5 考虑图 25.14 所示的机械手。假设机器人基座部分的长度为 60 厘米，它的上臂和前臂长度分别为 40 厘米。正如 25.4.1 节中所讨论的那样，一个机器人的逆运动学解通常不是唯一的。请表示出对此手臂逆运动学的一个明确的封闭形式解。在什么条件下这个解是唯一的？

25.6 实现对一个用 $n \times n$ 布尔数组描述的任意二维环境计算 Voronoi 图的算法。通过对 10

幅感兴趣的图画出 Voronoi 图的方式来示意你的算法。你的算法复杂度是多少？

25.7 这道习题用图 25.32 中所示的例子来探索工作空间与构型空间之间的关系。

a. 考虑在图 25.32 中从（a）到（c）所示的机器人构型，忽略每幅图中所示的障碍物。在构型空间中画出对应的手臂构型（提示：每个手臂构型映射到构型空间中的一个单独的点，如图 25.14（b）所示）。

b. 为图 25.32 中从（a）到（c）的每一个工作空间的图，画出构型空间（提示：这些构型空间共享与图 25.32（a）中所示一样的对应于自身碰撞的区域，而差异在于各个图中可能缺少周围的障碍物，以及各个图中障碍物的位置不同）。

c. 对图 25.32（e）到（f）中的每个黑点，分别在工作空间中画出对应的机械手构型。在本题中请忽略阴影区域。

d. 图 25.32（e）到（f）中所示的构型空间都是由单一的工作空间障碍物（深色阴影）再加上源于自身碰撞约束（浅色阴影）的约束条件所生成的。对每幅图，画出对应于深色阴影区域的工作空间障碍物。

e. 图 25.32（d）显示了一个平面障碍物能够将工作空间分解成两个不连通的区域。对于一个具有 2 个自由度的机器人，将一个平面障碍物插入一个无障碍物的、连通的工作空间能创建出的最大不连通区域数是多少？请给出一个例子，并讨论为什么不能创建更多的不连通区域。对于非平面的障碍物，会是什么结果？

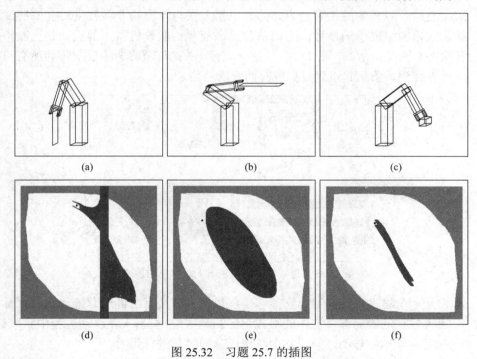

图 25.32　习题 25.7 的插图

25.8 考虑一个在水平表面移动的移动机器人。假设该机器人能执行下列两种运动：

● 向前移动移动一个指定的距离。

● 原地旋转一个指定的角度。

这种机器人可以用三个参数$\langle x,y,\Phi\rangle$，机器人的 x 坐标和 y 坐标（更精确，它的中心）

和与 x 轴的正方向所成角度的机器人快速定位。动作"滚动（D）"有改变状态<x,y,Φ>到 <$x+D\cos(\Phi),y+D\sin(\Phi),\Phi$>的效果，动作旋转（$\theta$）有改变状态<$x,y,\Phi$>到<$x,y,\Phi+\theta$>的效果。

a. 假设机器人初态为<0,0,0>然后执行动作旋转（60°），滚动（1）；旋转（25°），滚动（2）。机器人的最终状态是什么？

b. 现在假设该机器人有自己旋转的未完成控制，假如它尝试旋转 θ 角，可能真实旋转 θ–10° 到 θ+10° 之间。这样，如果机器人尝试实现（A）中的一系列动作，将有几种可能的结束状态。最终状态的 x 坐标，y 坐标和位置的最小值和最大值是什么？

c. 让我们将（B）中的模型改为概率模型，在这个模型中，当机器人尝试旋转 θ 角时，真实的转动角度遵循高斯分布，波动范围为10°。假设机器人执行旋转（90°），滚动（1）。证明（a）最终位置的预期值并不等于正好旋转90°，先前滚动 1 个单位的值。（b）最终位置分布并不服从高斯函数（不要尝试计算真实值和真实分布）。这个练习的关键是轮流的不确定性迅速上升为位置的不确定性，处理轮流的不确定性是痛苦的，不确定性是否被当作困难的间隔或者概率性来看待，取决于位置和角度之间的关系是非线性的和非单调的这一事实。

25.9 考虑如图 25.33 所示的简化机器人。设机器人及其目标位置的笛卡尔坐标一直是已知的。然而，障碍物的位置是未知的。机器人在与障碍物非常接近时能够感受到它，就像这幅图中表示的那样。为简单起见，让我们假设机器人的运动是无噪声的，而且状态空间是离散的。图 25.33 只是一个例子；在这道习题中要求你为所有可能的网格世界找到一条从起点到目标位置的合法路径。

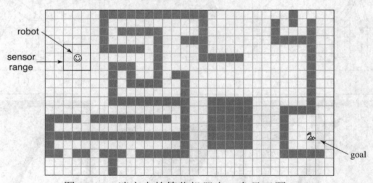

图 25.33　迷宫中的简化机器人。参见习题 25.9

a. 设计一个思考式控制器，它能够确保机器人只要有可能就总能到达其目标位置。思考式控制器能够以地图的形式记忆测量结果，机器人在移动过程中获取该地图。在每次单独的移动之间，它会花费任意的时间进行思考。

b. 现在来为同样的任务设计一个反应式控制器。这个控制器将不记忆过去的传感器测量结果。（它不建立地图！）相反地，它必须基于当前的测量结果制定所有决策，这些测量结果包括关于它自身以及目标的位置信息。制定决策所花费的时间必须与环境大小或过去经历的时间步数无关。你的机器人到达目标所需的最大步数是多少？

c. 在应用以下六个条件中的任意一个时，你在（a）和（b）中得到的控制器表现如何：连续状态空间，感知中有噪声，运动中有噪声，感知和运动中都有噪声，目标位置未知（只有目标在进入传感器范围内时才能被检测到），或会移动的障碍物。对每种条件和每个控制器，给出一个机器人失败情景的例子（或者解释为什么它不会失败）。

25.10 在图 25.24（b）中，我们遇到了一个用于控制六足机器人的一条单腿的增强有限状态机。在本习题中，目标是设计一个 AFSM，与六个单独的腿控制器副本结合后产生高效、稳定的驱动力。为了达到这一目的，你必须增强单独的腿控制器以便向新的 ASFM 传递消息，并且等待另一条消息到达。讨论为什么你的控制器不会不必要地浪费能量（例如，使腿滑动），并且它以相当高的速度驱动机器人，因而是高效的。证明你的控制器满足第 25.3 节给出的稳定性条件。

25.11 （这道习题最初是由 Michael Genesereth 和尼尔斯·尼尔森设计的。它适用于从大学一年级学生到研究生。）人类对诸如拿起茶杯或堆积木这样的基本任务是如此熟练，以至于他们常常认识不到这些任务是多么的复杂。在本习题中你将会发现其复杂性，并对最近 30 年来机器人学方面的发展进行扼要回顾。首先挑选一项任务，比如用三块积木搭一个拱门。然后找四个真人实现这样一个机器人：

大脑。大脑的职责是提出实现目标的计划，然后指导手去执行计划。大脑从眼睛接受输入，但是不能直接看到场景。大脑是唯一知道目标是什么的。

眼睛。眼睛的职责是将场景的简要描述汇报给大脑。眼睛应该站在距离工作环境几英尺远的地方，并能够提供定性描述（比如"在它的旁边有一个绿方块积木，在绿方块上面有一个红方块"）或定量描述（"绿方块在蓝色圆柱体左边大约两英尺的地方"）。眼睛还能够回答来自大脑的问题，比如"在左手与红方块之间是否有空隙？"如果你有一个视频摄像机，就让它对着场景，并允许眼睛看视频摄像机的取景镜，而不是直接看着场景。

左手和**右手**。一个人扮演一只手。两只手站在一起；左手只使用他或她的左手，右手只使用他或她的右手。手只能执行来自大脑的简单命令——例如，"左手，向前移动两英寸。"它们不能够执行除了运动以外的命令；例如"捡起方块"不是一只手能完成的。为了防止作弊，你或许要给手戴上手套，或者让他们操作钳子。手必须被蒙上眼。他们唯一的感官能力是能够断定何时他们的路径被一个无法移动的障碍物所阻挡，诸如一张桌子或另一只手。在这种情况下，他们能够发出警报声把困难通知大脑。

第VII部分
结　　论

第 26 章 哲 学 基 础

本章中我们考虑思考意味着什么以及人工制品是否能思考和是否应该思考。

哲学家的思考历史比计算机要悠久得多，他们也一直致力于解决与人工智能相关的一些问题：思维是如何工作的？机器可能按照人类的方式智能地行动吗？而且如果能的话，它们会拥有真正的、有意识的思维吗？智能机器的伦理内涵又是什么？

首先，明确一些术语：“机器能够智能地行动（其行动看起来如同它们是有智能的）”的断言被哲学家称为**弱人工智能**（weak AI）假设，而“能够如此行事的机器确实是在思考（不只是模拟思考）”的断言则被称为**强人工智能**（strong AI）假设。

大多数 AI 研究者认为弱人工智能假设是当然的，而并不关心强人工智能假设——只要他们的程序可行，他们才不在乎你把它称为“模拟的智能”还是“真正的智能”。不过，所有的人工智能研究者们都应该会涉及到他们的工作的伦理内涵。

26.1 弱人工智能：机器能够智能地行动吗

1956 年夏季论坛中给出人工智能领域定义的提案断言道，“学习的任何方面或智能的任何其他特征可以非常确切地描述为，可以制造一台机器来进行模拟。”因此，AI 建立在弱人工智能是可能的这个假设上。有人断言，弱人工智能是不可能的：“追求计算主义的人工智能没有哪怕一丝机会产生持久的结果”（Sayre，1993）。

显然，人工智能是否可能的，取决于它是如何被定义的。在 1.1 节，我们将定义 AI 为，在一个给定的体系结构上探索最佳的 Agent 程序。有了这种形式，AI 在定义上是可能的：对于任何由 k 位存储所组成的数字体系结构，刚好有 2^k 个 Agent 程序，为了找到最好的那个我们只需要进行枚举并逐一测试。这对于很大的 k 也许不可行，不过哲学家只管理论不管实践。

对于“在给定体系结构下寻求一个好的 Agent”这样一个工程问题，我们对人工智能的定义工作得很好。于是我们很乐意就此结束本节，并肯定地回答标题中的问题。但是哲学家乐于比较两类体系结构——人类和机器。此外，传统上他们提出的问题不是基于最大化期望效用，而是类似于“**机器能思考吗？**”

计算机科学家 Edsger Dijkstra（1984）说，“机器是否能思考的问题……大致类似于潜艇是否能游泳的问题。”美国传统词典对游泳（swim）的第一个定义是“通过肢体、鱼鳍、尾巴，在水里移动，”大多数人认为，潜艇没有肢体，不能游泳。词典也定义飞行是“通过翅膀或像翅膀的部件在空中运动，”大多数人认为，飞机有像翅膀一样的部件，能够飞。然而，无论是问题还是答案，都与飞机和潜艇的设计或功能毫无关系，而是关于英语用词方法的。（在俄语里，船只游泳（与 swim 等价的俄语词）只是放大了这一点。）“思维机器”

的实用可能性只出现了大约 50 年，还不足以让讲英语的人领会"思维"一词的含义——它是否需要"一个大脑"或只是需要"像大脑一样的部件"。

图灵（Alan Turing）在他著名的论文"计算机器与智能"（"Computing Machinery and Intelligence"，图灵，1950）中建议，我们应该问"机器能否通过关于行为的智能测试"——后来被称为图灵测试（Turing Test），而不是问"机器能否思考"。该测试是让一个程序（通过联机打字录入的消息）与一个询问人进行 5 分钟的对话。然后，询问人必须猜测交谈的对象是一个程序还是一个人；如果在 30% 的测试中，程序成功地欺骗了询问人，则它通过了测试。图灵猜想，到 2000 年，一台具有 10^9 个存储单元的计算机就能被很好地编制程序，足以通过此项测试。但他错了——程序还没能欺骗经验丰富的仲裁者。

另一方面，许多人当他们不知道会与机器交谈时，程序把他们骗了。ELIZA 程序和像 MGONZ 和 NATACHATA 这样的互联网聊天机器人反复欺骗了与它们交谈的人，而聊天机器人 CYBERLOVER 吸引了执法机构的注意，因为它喜欢诱惑与它聊天的人泄露足够多的个人信息，从而使得身份号被窃取。从 1991 年开始的一年一度的 Loebner 大奖赛是运行时间最长的类似图灵测试的比赛。这个比赛导致了人类键盘输入错误的最佳模型。

图灵自己还考察了各种各样的对智能机器可能性的可能质疑，实际上囊括了自从他的论文发表以来半个世纪中所引起的全部异议。我们来看看其中的一些。

26.1.1　能力缺陷方面的论点

"能力缺陷方面的论点"声称"一台机器永远做不了 X"。作为 X 的例子，图灵列举如下：

> 善良和蔼，足智多谋，美丽大方，友好，积极主动，有幽默感，明辨是非，犯错误，坠入爱河，享受美味的草莓和奶油，吸引别人爱上它，从经验中学习，用词恰如其分，反思自我，与人一样具有行为的多样性，做出真正创新之事。

回想起来，其中有些是相当容易的——我们都熟悉"犯错误"的计算机。我们也熟悉具有一个世纪历史的技术，已证明具有使人与它（teddy 熊）坠入爱河的能力。计算机下棋专家 David Levy 预测，到 2050 年，人们将日常性地坠入与类人机器人的爱河中（Levy，2007）。至于坠入爱河的机器人，在小说里是一个常见主题[1]，但其是否实际可能却只有一些有限的推测（Kim 等，2007）。程序可以下国际象棋、西洋跳棋和其他游戏；在装配线可以检查配件，驾驶汽车和直升机；诊断疾病；可以执行几百个任务，执行得和人类一样好或更好。在天文学、数学、化学、矿物学、生物学、计算机科学以及其他领域，计算机已经做出了小规模的但很重要的发现。其中每一项都需要人类专家级水平的能力。

根据我们现在对计算机的了解，它们在诸如下国际象棋这样的组合问题上表现很好并不令人吃惊。但算法也同样在似乎涉及人类判断力的任务上，或者如图灵所说的"从经验中学习"，以及"明辨是非"的能力上，表现出人类的水平。追溯到 1955 年，Paul Meehl

---

1　例如，歌剧 Coppélia（1870），小说 Do Androids Dream of Electric Sheep?（1968），电影 AI（2001）以及 Wall-E（2008）。Noel Coward 的 1955 年版的 Let's Do It: Let's Fall in Love 预测也许我们有生之年能看到机器这样做，但他没能看到。

（参见 Grove 和 Meehl，1996）研究了训练有素的专家在诸如预测训练计划中一个学生是否会成功或者一个罪犯是否会累犯这样的主观任务上的决策过程。Meehl 发现，简单的统计学习算法（例如线性回归或朴素贝叶斯）预测得比专家要好。自 1999 年以来，美国 ETS 考试中心使用自动程序对 GMAT 考试的数以百万计的问答题进行评分。97%的情况下，该程序的评分结果与人类评分员的评分结果吻合，相当于两个人类评分员之间的吻合度（Burstein 等人，2001）。

　　显然，很多事情计算机能够做得和人一样好，有些甚至做得更好，包括那些人们相信需要极大的人类洞察力和理解力的事情。当然，这并不意味着计算机在执行这些任务时运用了洞察力和理解力——那些不是行为的一部分，并且我们将在别处讨论这样的问题——而要点是人们关于产生特定行为所需的精神过程的最初猜测往往是错误的。当然，仍然有许多任务是计算机还不擅长的（这种表达委婉一些），这是事实，包括实现开放式交谈的图灵任务。

26.1.2　数学异议

　　众所周知，贯穿图灵（1936）和哥德尔（Gödel，1931）的工作始终，某些数学问题在原理上就是无法被特定的形式系统解答的。哥德尔的不完备性定理（参见 9.5 节）就是这种情况的一个最著名的例子。简要地说，对于任何能力强到足以描述算术的形式公理系统 F，都可能构造出一个具有如下特性的所谓的"哥德尔语句" $G(F)$：

- $G(F)$ 是 F 的一个语句，但是不能在 F 中被证明。
- 如果 F 是一致的，那么 $G(F)$ 为真。

　　哲学家——比如 J. R. Lucas（1961）——曾经声称此定理表明机器在智力上是逊色于人类的，因为机器是受到不完备性定理限制的形式系统——它们不能确定自己的哥德尔语句的真实性——而人类则没有这样的局限性。这种主张引起了几十年的辩论，产生了大量的文献，包括数学家 Roger Penrose 爵士的两本书（Roger Penrose，1989，1994），其中以一些新鲜的手法（诸如认为人类因其大脑通过量子引力发挥功效而有所不同的假说）重申了该主张。我们只考察伴随该主张的三个问题。

　　首先，哥德尔不完备性定理只适用于能力强到足以描述算术的形式系统。这包括图灵机，而 Lucas 的主张则是部分基于"计算机就是图灵机"这个断言的。虽然这是个很好的近似，但并不十分正确。图灵机是无穷的，而计算机是有限的，因此任何计算机都可以用命题逻辑描述为一个（超大规模的）系统，该系统不受哥德尔不完备性定理的制约。其次，一个 Agent 无需因其不能像其他 Agent 一样能够确立一些语句的真实性而感到羞愧。考虑语句

　　J. R. Lucas 不能始终如一地断言此语句为真。

　　如果 Lucas 断言了该语句，那么他将自相矛盾，所以他不能始终如一地断言之，因而此语句一定为真。我们如此演示了一个 Lucas 不能始终如一地断言为真的语句，而其他人（和机器）却能。不过这并不能让我们小看 Lucas。看另一个例子，一个人无法在其有生之年计算出 100 亿个 10 位数的和，但是计算机却能在数秒内完成。我们仍然不把这视为人类在思考能力上的基本局限性。在发明数学以前的数千年里，人类的行为一直体现着智能，

所以形式数学推理在对于智能的意义方面最多扮演着一个外围角色。

第三，也是最重要的，即便我们同意计算机在其所能证明的事物上具有局限性，也没有证据表明人类对于这些局限性有免疫力。如果一个形式系统不能做 X，在不提供任何针对此宣言的证据的情况下，就宣称人类能够运用非形式的方法做 X，这过于简单而没有任何严谨性。实际上，不可能证明人类不服从哥德尔不完备性定理，因为任何严谨的证明自身要包含一个对所宣称不可形式化的人类天赋的形式化表示，从而驳倒其自身。于是我们只好求助于直觉，认为人类不知何故能够表现出具有数学洞察力的超人本领。这种要求以诸如"如果思想根本上是可能的，那么我们必须假定我们自身的一致性"这样的论点表达出来（Lucas，1976）。但如果有什么的话，人类却正是以不一致而闻名的。不但日常的推理肯定如此，认真的数学思考也是如此。一个著名的例子是四色地图染色问题。Alfred Kempe 于 1879 年发表了一个被广泛接受的证明，使他得以被选为皇家学会的会员。然而，1890 年时 Percy Heawood 指出了其中一个缺陷；直到 1977 年该理论才真正得到证明。

26.1.3　非形式化的论点

作为一项事业对人工智能进行批判的最具影响力和持久性的批评来自图灵提到的"行为的非形式化论点"。本质上，这种论点认为人类的行为太过复杂而无法通过任何简单的规则集合捕捉到，由于计算机所能做的不过是遵循规则集合，所以，它们无法产生同人类一样的智能行为。在人工智能领域，这种"无法用一个逻辑规则集合捕捉每件事物"的能力缺陷被称为**限制问题**（qualification problem）。

哲学家 Hubert Dreyfus 一直是此观点的主要支持者，他已经出版了一系列颇具影响力的关于人工智能的批判文章：《计算机所不能做的》（*What Computers Can't Do*）（1972），续集《计算机仍然不能做的》（*What Computers Still Can't Do*）（1992），以及与其兄弟 Stuart 合著的《机器思维》（*Mind Over Machine*）（1986）。

他们所批评的主张逐渐被称为"老式的人工智能"（Good Old-Fashioned AI），或缩写为 GOFAI——一个由哲学家 John Haugeland 创造的词汇（1985）。GOFAI 被认为主张所有的智能行为都可以被一个根据一组描述该领域的事实和规则进行逻辑推理的系统捕捉到。因此，它符合第 7 章中描述的最简单的逻辑 Agent。Dreyfus 在说明逻辑 Agent 易受限制问题的攻击方面是正确的。正如我们在第 13 章中见到的，概率推理系统更适合于开放领域。因此，Dreyfus 的批判本质上针对的不是计算机，而是编制计算机程序的特定方式。然而，有理由设想，一本标题为《脱离学习的基于一阶逻辑规则的系统所不能做的》的书籍产生的影响也许会小一些。

按照 Dreyfus 的观点，人类专门技术确实包含一些规则知识，但只是作为人类在其中进行操作的"整体上下文"或者"背景"。他以在赠送和接受礼物时的恰当社交行为作为例子："通常，一个人只是通过给予恰当的礼物在恰当的环境中做出反应。"一个人显然具有关于"事情是如何完成的以及应该期待什么的一种直觉。"在下国际象棋的背景中也可以提出相同的论断："一个普通棋手也许需要计算出该如何走，而大师级棋手只是把棋盘视为就是需要走特定的一步棋而已……正确的反应只不过自动地在他或她的脑海中蹦出来。"这当然是真实的：一个送礼的人或国际象棋大师的许多思考过程由有意识的思维（在内省无法触及的层次）

完成。但那并不意味着思考过程不存在。Dreyfus 没有回答的一个重要问题是，正确的下法是如何进入国际象棋大师的头脑的。这让人想起了 Daniel Dennett 的一段评论（1984）。

> 就好像哲学家想要声称他们自己是舞台魔术方法的权威解释者，当我们询问他们魔术师是如何玩"大锯活人"把戏的时候，他们解释说这其实相当明显：魔术师并没有把她真正锯成两半；他只是使事情看起来好像是那样。"但他是如何做到那样的呢？"我们问道。"这不归我们管，"这些哲学家答道。

Dreyfus 和 Dreyfus（1986）提出了一个获得专家技艺的五阶段过程，从基于规则的处理开始（GOFAI 中提出的那种处理），以立即选择正确反应的能力结束。在提出此建议时，Dreyfus 和 Dreyfus 实际上是从人工智能批评家变成了人工智能理论家——他们提出了一个以巨大的"案例库"形式组织起来的神经网络体系结构，不过也指出了几个问题。幸运的是，他们的所有问题都已经被探讨过，有些是部分成功的，有些是完全成功的。他们的问题包括：

（1）没有背景知识就不能从实例得到好的推广。他们宣称无人知道如何将背景知识糅合到神经网络学习过程中去。事实上，我们在第 19 章和第 20 章中见过在学习算法中使用先验知识的技术。然而，那些技术依赖于显式表示的知识的可用性，这是 Dreyfus 和 Dreyfus 极力否认的。我们认为，对于认真重新设计当前的神经元处理模型以便使它们能够按照其他学习算法的方式利用先前所学到的知识而言，这是一个很好的理由。

（2）神经网络学习是有监督学习的一种形式（参见第 18 章），需要对相关输入和正确输出的先验辨识。因此，他们宣称，没有人类训练者的帮助，它就不能自主运转。实际上，没有教师的学习可以通过**无监督学习**（unsupervised learning）（参见第 20 章）和**强化学习**（reinforcement learning）（参见第 21 章）而实现。

（3）当使用很多特征时，学习算法的表现不尽如人意，而如果我们选取一个特征子集，则"在当前特征集被证明不足以解释学习到的事实时，没有已知的增加新特征的方法。"事实上，诸如支持向量机这样的新方法对于大规模特征集处理得很好。有了基于 Web 的数据集，诸如自然语言处理（Sha 和 Pereira，2003）和计算机视觉（Viola 和 Jones，2002a）这样的许多应用常常处理数百万个特征。如我们在第 19 章中所见到的，也有一些原则性方法来产生新的特征，尽管需要多得多的工作。

（4）大脑能够指挥它的传感器去搜索相关的信息，并对其进行处理，以抽取与当前情景相关的方面。但是 Dreyfus 和 Dreyfus 宣称："当前，此机制的细节还没有被理解，甚至还没有以引导人工智能研究的方式进行假设。"实际上，以信息价值理论（参见第 16 章）为支撑的主动视觉领域关注的正是指挥传感器的问题，而且一些机器人已经吸收了所取得的理论结果。

总的来说，Dreyfus 所关注的许多问题——背景常识知识、限制问题、不确定性、学习、汇编形式的决策——的确是重要的问题，如今都已经被综合运用到标准的智能化 Agent 的设计中了。在我们看来，这是人工智能的进步的证据，而不是人工智能的不可能性的证据。

Dreyfus 最强的论点之一是针对处于某种境况之中的 Agent，而不是脱离实体的逻辑推理引擎。一个 Agent——它对"dog"的理解仅来自诸如"Dog(x) ⇒Mammal(x)"的逻辑语句的有限集合——与另一个 Agent——它观察过狗奔跑，与狗玩过接物，甚至被狗舔过——比起来，前一个 Agent 处于不利地位。正如哲学家 Andy Clark（1998）所说，"生物大脑首先是生物体的控制系统。生物体在丰富的真实世界环境中运动和活动。"为了理解人类（或其他动物）Agent 是如何工作的，我们得考虑整个 Agent，而不是只考虑 Agent 程序。的确，物化的认知方法认为，独立考虑大脑是毫无意义的：认知发生在身体里，身体处在一个环境中。我们需要从一个整体来研究系统；大脑通过参考环境而推进它的推理，就像读者感知（和创建）纸面上的记号来传递知识一样。在物化的认知程序下，机器人学、视觉和其他传感器变成了中心角色，而非外围角色。

26.2　强人工智能：机器真能思考吗

　　许多哲学家声称，通过图灵测试的机器也不会实际上在思考，而只是对思考的模拟。图灵再一次预见了这种异议。他引用 Geoffrey Jefferson（1949）的一段演讲：

> 直到机器可以因为思考和思绪来潮而不是通过偶然的符号排列而写出一首十四行诗或创作一篇协奏曲，我们才会认为机器等同于大脑——也就是，机器不但创作了，而且它知道已经创作了。

　　图灵把这称为从**意识**（consciousness）出发的论点——机器要意识到其自身的精神状态和行动。尽管意识是一个重要的课题，不过 Jefferson 的关键观点实际上与**现象学**（phenomenology）有关，或者说是对直接经验的研究——机器必须实际体验到情感。其他人的观点则集中于**意图**（intentionality）——也就是，机器的所谓信念、愿望及其他表现是否确实是"关于"真实世界中的某事物的问题。

　　图灵对此反对意见的反应很有趣。他本可以提出理由，表明机器实际上能够有意识（或有现象，或有意图）。相反，他坚持认为这个问题与"机器能思考吗？"一样是定义不清楚的。另外，我们为何坚持对机器采用比对人类更高的标准？毕竟，在平常生活中，我们从来没有任何关于他人内部精神状态的直接证据。不过，图灵说道，"与其在这个观点上争论不休，不如回到大家通常认可的**礼貌惯例**。"

　　图灵争辩道：只要 Jefferson 拥有与那些智能地行动的机器相处的经验以后，他将会乐意将礼貌惯例扩展到机器身上。他引用了下面的对话，它已经成为人工智能口头传统的一部分，我们不得不把它包括进来：

> 人类：你的十四行诗中的第一行这样写道"我该把你比作夏日"，为什么不用"春日"，不是一样甚至更好吗？
>
> 机器：它不符合韵律。
>
> 人类："冬日"如何，它很符合韵律。
>
> 机器：是的，但没有人愿意被比作冬日。
>
> 人类：你是说 Pickwick 先生让你想起了圣诞节吗？
>
> 机器：在某种程度上是的。
>
> 人类：不过圣诞节就是一个冬日，并且我不认为 Pickwick 先生会介意这个比喻。

机器：我想你不是认真的。冬日意味着一个典型的冬日，而不是像圣诞节这样特殊的一天。

不难想象未来某个时候，与机器聊天是平常不过的事情，也会习惯不再在语言上区分"真正的"思考和"人造的"思考。类似的转变发生在 1848 年之后，当时 1848 年人造尿素由 Frederick Wohler 首次合成。此前，有机和无机化学本质上是不相交的，很多人认为没有过程可以将无机化学物质转变为有机物质。一旦合成完成，化学家们便认可人造尿素是尿素，因为它具有全部正确的物质特性。那些假设有机物质拥有无机物质所没有的一个本质特性的人面临着无法设计出测试假设的人工尿素缺陷的方法。

想想，我们还没有到我们的 1848 年的时候，有一些人相信人造思考永远不会真正实现，不管人造思考如何了不起。例如，哲学家 John Searle（1980）辩论道：

不会有人设想计算机模拟的风暴会把我们淋个透湿……到底为什么任何一个思维正常的人应该认为计算机模拟的精神过程确实具有精神过程？（参见 Searle 的著作的第 37 到 38 页。）

虽然很容易认同计算机模拟的风暴不会把我们淋湿，但是还不清楚如何将此类推到计算机对精神过程的模拟之上。毕竟，好莱坞式的用洒水车和鼓风机模拟出的风暴*确*实把演员们淋湿了，且视频游戏模拟的风暴把模拟的演员也淋湿了。大多数人很乐于说计算机模拟的加法运算是加法，计算机模拟的国际象棋是国际象棋。实际上，我们通常说是加法或国际象棋的一种实现，不是一种模拟。精神过程类似于风暴，还是更类似于加法运算？

图灵的回答——礼貌惯例——认为一旦机器完善到一定程度，这个问题最终会自己烟消云散。这将达到结束弱人工智能与强人工智能差异的效果。与此相对，有人也许认为有一个正中要害的实际问题：人类确实具有真正的思维，而机器也许有也许没有。为了论述这个实际问题，我们需要理解人类怎么会有真实思维，而不只是产生神经生物过程的躯体。解决这个精神-肉体问题的哲学上的努力直接关系到机器是否有真正思维的问题。

精神-肉体问题被古希腊哲学家和不同的印度教思想流派考虑过，但首次对其进行深入分析的是 17 世纪法国哲学家和数学家 René Descartes。他的《第一哲学的沉思》（1641）考虑了人类思维的思考活动（一个没有空间限度或物质属性的过程）和躯体的物理过程，得出结论：精神和肉体是两种类型截然不同的东西——我们现在称为**二元论**。二元论者面对的精神-肉体问题是，如果这二者是真正分离的，精神如何控制肉体。Descartes 猜测两者也许通过脑部的松果腺进行交互，这把问题变为了精神是如何控制松果腺的问题。

精神**一元论**（通常也称为**唯物主义**）通过坚持认为精神不是脱离肉体的——精神状态就是身体状态——而回避这个问题。多数现代精神哲学家是某种形式的唯物主义者，而唯物主义至少原理上认为强人工智能是可能的。唯物主义者的问题是要解释身体状态——特别是大脑的分子组成和电气化学过程——同时可能是精神状态，例如处于痛苦中、享受汉堡中、知道一个人在骑马、或相信维也纳是奥地利的首都。

26.2.1　精神状态和瓮中之脑

唯物主义哲学家试图解释"一个人（甚至延伸一下，一台计算机）在一个特殊的精神状态中"是什么意思。他们特别是针对意识（intentional）状态。例如相信、知道、期望、害怕、等等，这些是状态，他们暗指外部世界的某些方面。例如，"一个人在吃汉堡"的知识是关于"这个汉堡和正发生汉堡上的事情"的信念。

如果唯物主义者是正确的，那么一个人的精神状态一定是由他的大脑状态*决定*的。因此，如果我当前全神贯注于有意识地吃着汉堡，我当即的大脑状态是精神状态类"知道一个人正在吃汉堡"的一个实例。当然，我的大脑的所有原子的特定组合不是本质的：我的大脑或别人的大脑有许多组合，它们都属于同一个精神状态类。关键是相同的大脑状态不可能对应到根本不同的精神状态，例如"一个人正在吃香蕉"的知识。

这个观点的简单性受到一些简单思维实验的挑战。试想，如果你情愿，一出生你的大脑就从你的躯体移走，装到一个设计巧妙的瓮中。这个瓮装着你的大脑，让大脑发育长大。与此同时，电子信号从一台计算机对完全虚构的世界进行模拟而输入你的大脑，而你大脑的驱动信号被截获，并用于合适地修正模拟[1]。实际上，你所过的模拟生活恰好复制了你的大脑没有放在瓮中时本应该过的生活，包括模拟地吃模拟的汉堡。因此，你将具有一个大脑状态，与一个真正在吃真实的汉堡的人的大脑状态相同，但要说"你有大脑状态'知道一个人在吃一个汉堡'"在字面上将是错误的。你并没有在吃一个汉堡，你从未经历过汉堡，从而你不会有这样的精神状态。

这个例子似乎与"大脑状态决定精神状态"的观点矛盾。解决这个困境的一种方法认为，可以从两种不同的观点来解释精神状态的内容。"**广义内容**"观点以一个能够接触全局的、分辨世界的差别的、无所不知的外部观察者的视角对其进行解释。在这种观点下，精神状态的内容涉及大脑状态和环境历史。另一方面，"**狭义内容**"观点只考虑大脑状态。一个真正吃汉堡者和一个瓮中大脑"吃汉堡者"的大脑状态的狭义内容是一样的。

如果你的目的是要将精神状态归因于那些分享你世界的人，以预测他们的可能行为和效果等，那么广义内容完全是合适的。这就是关于精神内容的普通语言在其中已经得到进化的环境。另一方面，如果你关心人工智能系统是否真正在思考、是否真正具有精神状态，那么狭义内容是合适的；说一个人工智能系统是否真正在思考取决于系统之外的条件，这是毫无意义的。如果我们考虑设计人工智能系统或理解它们的操作，狭义内容也是相关的，因为大脑状态的狭义内容决定下一个大脑状态（的狭义内容）是什么。这自然导致一种想法：关系着大脑状态——使它具有一种精神内容而不是其他东西——的东西是所涉及到的实体的精神操作里的功能角色。

26.2.2　功能主义和大脑置换实验

功能主义理论认为，精神状态是输入和输出之间的任何中间因果条件。在功能主义理论下，任何具有同构因果过程的两个系统将具有相同的精神状态。因此，计算机程序可以与人具有相同的精神状态。当然，我们还没有说明"同构"的真正含义是什么，但所假设的是存在某个抽象层次，不必关心低于这个层次的特定实现。

对功能主义的声明阐述得最清楚的是脑置换实验。这个实验由哲学家 Clark Glymour

1　看过 1999 年电影《The Matrix》的人也许熟悉这种情形。

提出，并被 John Searle（1980）提到过，但与机器人科学家 Hans Moravec（1988）的工作
联系最紧密。实验这样进行：设想神经生理学已经发展到对人类大脑中的输入-输出行为和
所有神经元的连接都理解得相当透彻了。进一步设想，我们能够制造模仿这种行为的微小
电子设备，而且能将它们顺利地接入到神经组织中。最后设想，某些不可思议的外科手术
技术可以在不妨碍大脑整体运转的前提下用相应的电子设备替代单个神经元。实验逐步用
电子设备替代某人大脑中的所有神经元。

我们关注的是手术期间和手术之后实验对象的外部行为和内部经验。根据这个实验的
定义，与没有执行手术时所观察到的相比，该对象的外部行为一定保持不变 [1]。现在，虽
然第三方不能轻易地断定意识的存在与否，但是实验的对象应该至少能够记录他或她自身
意识经验中的任何变化。显然，对于将发生什么，存在着直觉上的直接抵触。机器人学研
究者和功能主义者 Moravec 确信他的意识不会受到影响。哲学家和生物自然主义者 Searle
则同样确信他的意识将会消失：

> 完全出乎你的预料，你会发现你的确丧失了对你外部行为的控制。例如，你
> 发现当医生们检查你的视力时，你听见他们说"我们在你面前举着一个红色的物
> 体；请告诉我们你看到了什么。"你想大喊"我什么都看不见。我完全要瞎了。"
> 但是你听见你的嗓音用一种完全不受你控制的方式说"我看到有一个红色物体在
> 我面前。"……你的意识经验逐渐萎缩到没有，而你的外部可观察的行为却保持
> 着原样。（Searle，1992）

但是人们可以不只是根据知觉进行争论。首先，注意到为了做到外部行为保持不变而
同时实验对象逐渐变得无意识，这必须是在对象的意志被瞬间完全去除的情况下；否则，
意识的萎缩将会在外部行为中会有所反映——"救命，我在萎缩！"或类似效果的话。而作
为逐一地对神经元进行逐步替换的结果，这种瞬间去除意志的说法似乎不太可能成立。

其次，如果我们在已经不剩余真正神经元的期间询问该对象关于他或她的意识经验的
问题，考虑一下会发生什么？根据实验的条件，我们将得到诸如"我感觉很好。我必须承
认有点吃惊，因为我相信 Searle 的论点"这样的反应。或者，我们可以用一根尖棍子捅一
下实验对象并观察其反应："哎哟，好疼。"现在，在事情的正常过程中，怀疑论者会把这样
的人工智能程序输出仅仅视为人为设计而不予理睬。当然，使用一条诸如"如果第 12 号传
感器的信号为'高'则输出'哎哟'"这样的规则是足够容易的。不过这里的要点是，因为
我们已经复制了一个正常人类大脑的功能特性，我们假定电子大脑不包含这样的人为设计。
那么，我们必须对只借助于神经元的功能特性的电子大脑所产生的意识表现进行解释。且
该解释必须也同样适用于具有相同功能特性的真正的大脑。看来只有三个可能的结论：

（1）正常大脑中产生这些种类输出的意识的因果机制在它的电子版本中仍然运转，因
此电子大脑是有意识的。

（2）正常大脑中有意识的精神事件与行为没有因果联系，而且也不存在于电子大脑中，
因此电子大脑是无意识的。

---

[1] 可以想象使用一个完全相同的"控制"对象进行安慰手术（即无作用的手术——译者注），于是两个行为者可以对照
比较。

（3）这个实验室是不可能的，因此对它的思考是毫无意义的。

虽然我们不能排除第二种可能性，它把意识简化为哲学家称为**副现象**角色的东西——某事物虽然发生，但是似乎并不会在可观察的世界上投下什么阴影。此外，如果意识确实是副现象的，那么实验对象不会因为疼痛喊出"哎哟"——也就是说因为有意识的疼痛。相反，大脑一定具有另一个对"哎哟"响应的无意识的机制。

Patricia Churchland（1986）指出，功能主义者认为在神经元一级的操作也能在更大的功能单元层次上（一团神经元、一个精神单元、脑叶、脑半球、或整个大脑）操作。那意味着，如果你接受了这样的观念，即大脑置换实验表明置换的大脑是有意识的，那么你应该也相信当整个大脑被一个通过巨大的查找表把输入映射到输出的电路替代后，意识被保留下来。这令许多人不安（包括图灵本人），他们直觉地认为查找表不具有意识——或者至少认为在按表查找期间生成的意识经验不同于那些在系统运转期间生成的、可以被描述为（甚至在思维简单的计算的意义上）访问和产生信念、内省、目标等的经验。

26.2.3　生物自然主义和中文房间

John Searle（1980）的生物自然主义对功能主义发动了一个强力挑战。根据生物自然主义，精神状态是神经元中的低层次的物理过程导致的高层次的自然发生的特征，精神状态是有关神经元的（非具体的）特性。因此，仅仅基于一些具有相同输入-输出行为的相同功能结构的程序，精神状态是不能被复制的；我们要求程序在一个具有与神经元相同的因果影响的体系结构上运行。为了支撑这个观点，Searle 描述了一个假定系统，它明确地执行一个程序并通过图灵测试，但对输入输出的任何东西也同样不能明确地理解（据西尔勒的假定）。他的结论是运行一个恰当的程序（也就是有正确的输出）不是成为一个思维的充分条件。

该系统由一个只懂英语的人组成，他装备了一本用英文写的规则手册和几堆不同的纸，有些纸是空白的，有些则带有无法破译的字迹。（因此该人扮演着 CPU 的角色，规则手册是程序，而一堆堆的纸则是存储设备。）该系统在一个屋子里，有一个小缝隙与外部相通。通过缝隙出现记着一连串无法破译的符号的纸条。这个人在规则手册中查找匹配的符号，并执行指令。指令可能包括在新的纸条上写符号，在纸堆中找符号，重新整理纸堆，等等。最终，这些指令将导致一个或多个符号被转录到一张纸上并传回到外面的世界。

至此为止，一切很好。但是从外部来看，我们看到一个系统，它接收中文语句形式的输入并产生中文的答案，与图灵所想象的谈话中的回答一样明显是"智能的"[1]。于是 Searle 认为：屋子里的人并不理解（提供给他的）中文。规则手册和纸堆只是纸张，也不理解中文。因此，并没有发生对中文的理解。由此，根据 Searle 的说法，运行正确的程序并不一定产生理解。

像图灵一样，Searle 考虑并试图驳回对他的论点的大量回应。包括 John McCarthy 和 Robert Wilensky 在内的几个评论者提出了被 Searle 称为"系统应答"的观点。异议是这样

---

[1] 纸堆可能比整个地球都大，而产生答案也许会花费百万年时间，不过这些与论点的*逻辑*结构无关。哲学训练的一个目标就是发展一种精细打磨的感觉，对什么异议是有密切关系的、什么是无关的进行准确判断。

的：虽然一个人可以问屋子里的人是否懂中文，但是这类似于询问一个 CPU 是否会开立方根。在两种情况下，答案都为"否"，而且在两种情况下，根据系统应答，整个系统都确实具备所提到的能力。当然，如果一个人问中文屋子它是否懂中文，答案会是肯定的（用流利的中文）。根据图灵的礼貌惯例，这应该足够了。Searle 的反应是重申观点：那个人并没有理解，理解更不在纸上，所以不可能有任何理解。他似乎依赖于这个论点：整体特性必须存在于某个部件中。然而即使 H 和 O_2 都不是湿的，水却是湿的。Searle 的实际主张建立在如下四条公理之上（Searle，1990）：

（1）计算机程序是形式化的（句法上）。

（2）人类思维具有精神内容（语义上）。

（3）句法自身对于语义而言，即不是构成的，也不是充分的。

（4）思维源于大脑。

根据前三条公理 Searle 得出结论：程序对于思维而言是不充分的。换言之，一个运行程序的 Agent 也许是一个思维，但不会只因为具备运行程序的优点就必然是一个思维。根据第四条公理他得出结论："任何其他能够引发思维的系统都必须具有（至少）与大脑等同的因果能力。"由此，他推断任何人造大脑都必须复制大脑的因果能力，而不仅仅是运行一个特定的程序，而且人类的大脑不仅仅是由于具有运行程序的优点才产生精神现象的。

这些公理是有争议的。例如，公理 1 和公理 2 依赖于句法和语义之间不明确的差异，似乎与侠义内容和广义内容之间的差异紧密关联。一方面，我们可以把计算机视为是对句法符号的操作；另一方面，我们将它们视为是对电流的操作，这碰巧是大脑主要做的事情（根据我们目前的理解）。因此，我们似乎同样可以说，大脑是句法的。

如果我们有雅量来解释这些公理，确实可以得出"程序对于思维而言是不充分的"这样的结论。但是此结论并不令人满意——Searle 所说明的是，如果你明确否认功能主义（即他的公理 3 所表达的），那么你必然不能得出"非大脑是思维"的结论。这足够合理——几乎是同义反复——所以整个争论便归结到公理 3 能否被接受。根据 Searle 的观点，中文房间论点的要点在于为公理 3 提供直觉知识。公众的反应表明这个论点担当着 Daniel Dennett（1991）称为直觉泵的角色：它放大人们的先验直觉，因此生物自然主义者更信仰他们的位置，而功能主义者只信仰公理 3 是未经证实的，或者 Searle 的论点通常是不令人信服的。此论点激起了争论，但没有什么可以改变任何人的观念。Searle 没有被吓倒，他最近开始称中文房间是对强人工智能的一种驳斥，而不只是一个论点（Snell，2008）。

即使那些接受公理 3 从而也接受 Searle 论点的人，当判断思维是什么实体时，才只求助于他们的直觉。论点声称论述中文房间不会由于运行程序而是一种思维，但论点也没说如何判断房间因为其他原因而是一种思维。Searle 自己说有些机器确实有思维：人类是有思维的生物机器。根据 Searle，人类大脑可以或不可以像一个人工智能程序一样在运行某些东西，但如果在运行，那也不能成为人类大脑是思维的原因。还需要更多东西来形成思维——根据 Searle，是一些等同于个体神经元的因果能力的东西。这些能力是什么，没有确定。然而，应该注意，神经元得到进化以执行功能角色——在意识出现在场景中之前，具有神经元的生物就在学习和判断。如果这样的神经元因为一些与功能能力毫不相干的因果能力而碰巧产生意识，这就很巧合；毕竟，这是让生物体生存下来的功能能力。

在中文房间的情况下，Searle 求助于直觉而不是证明：就看看那间屋子；那里有什么可以成为思维吗？但是关于大脑，人们可以提出相同的论据：就看看这些细胞（或原子）的集合，盲目地按照生物化学（或物理）规律运转着——那里有什么可以成为思维吗？为什么一大块大脑可以是思维而一大块肝脏就不可以？这仍是一个巨大的谜。

26.2.4　意识、性质和解释差异

在强人工智能（可以说是争论室里的大象）的所有争论中一路穿梭的是关于意识的问题。意识常常被分解为一些方面，例如理解和自我意识。我们将聚焦的方面是主观经验方面的东西：为什么会觉得某些东西有某种大脑状态（比如，吃汉堡的时候），而可能不会觉得某些东西有其他物理状态（比如，是一块石头）。经验的本质特性的技术用语是性质（qualia）（来自拉丁文，意思大概是"这样的东西"）。

性质（qualia）向功能主义者描述思维提出了挑战，因为不同的性质（qualia）可以涉及同构因果过程。例如，考虑到光谱思考实验，某人 X 当看见红色物体时的主观经验与其余的我们看见绿色物体时的经验是相同的经验。X 仍然称红色物体为红色，遇见红色交通灯就停，认为红色交通灯的红比落日的红更强。但是，X 的主观经验恰恰是不同的。

性质（qualia）不但对于功能主义是挑战，对所有科学也是挑战。假设，为了论述，我们完成了对大脑的科学研究过程——我们已经发现神经元 N_{177} 的神经过程 P_{12} 将分子 A 转换为分子 B，等等。目前还是没有被接受的推理形式——这些发现将导致结论：拥有这些神经元的实体具有任何特殊的主观经验。这种解释差异导致哲学家得出结论：人类不可能形成对自身意识的合适的理解。其他一些人，著名的 Daniel Dennett（1991），通过否认性质（qualia）的存在，将它们归于哲学混淆，从而避免解释差异。

图灵自己承认，意识问题是一个困难的问题，但否认它与人工智能实践有很多关系："我不想表达'我认为意识没有神秘性'这种想法……但我不认为神秘性一定需要在我们能回答这篇论文讨论的这个问题之前解开。"我们同意图灵的观点——我们对编写表现出智能行为的程序感兴趣。使程序具有意识的额外项目不是我们准备要做的事情，也不是我们能决定其能否成功的事情。

26.3　发展人工智能的道德规范与风险

到目前为止，我们一直着眼于我们是否能够发展出人工智能，但是我们也必须同时考虑我们是否应该发展人工智能。如果人工智能技术的影响更可能是负面的，而不是正面的，那么该领域里的工作者就有道德上的义务改变其研究方向。许多新技术都无意间带来了负面作用：核裂变导致切尔诺贝利事件和全球毁灭的威胁；内燃机带来了空气污染和全球变暖。某种意义上，汽车通过使自己变成不可缺少之物而是征服世界的机器人。

所有的科学家和工程师都面临着应该如何工作的伦理上的考虑，什么样的项目应该或不该做，以及应该如何处理它们。甚至还有一本关于《计算的道德规范》（Ethics of Computing）的手册（Berleur 和 Brunnstein，2001）。然而，人工智能好像引起了某些新鲜问题，超出了，比如说，"建造不会倒塌的桥梁"这样的问题的范畴：

- 人们可能由于自动化而失业。
- 人们可能拥有过多（或过少）的闲暇时间。
- 人们可能会失去作为人的独一无二的感觉。
- 人工智能系统的使用可能会走向不期望的终点。
- 人工智能系统的应用可能会导致责任感的丧失。
- 人工智能的成功可能意味着人类种族的终结。

我们依次来看每个问题。

人们可能由于自动化而失业。 现代工业经济已经变得普遍依赖计算机，特别是使用人工智能程序。例如，尤其在美国，大量的经济依靠消费者信用的有效性。信用卡申请、缴费核准以及甄别欺诈行为等，现在都是由人工智能程序完成的。人们可能会说成千上万的工人们被这些人工智能程序取代了，不过实际上如果你把这些人工智能程序拿走，这些工作也就不存在了，因为人类劳动力会给这些事务的处理带来难以接受的成本。迄今为止，通过信息技术特别是人工智能技术实现的自动化已经创造的工作机会要远高于所消除的，而且还创造了更有趣和高薪的工作。现在，规范的人工智能程序是设计用于协助人类的"Agent"，与人工智能设计用于替代人类的"专家系统"的时候相比，更不必忧虑工作的丧失。但也有一些研究人员认为完成完整的工作才是人工智能的目标。在第 25 届 AAAI 年会上引起沉思的是，Nils Nilsson（2005）提出建立人类水平的人工智能的挑战——可以通过求职测试而不是图灵测试，机器人可以学习做一定范围工作的任何一个工作。在未来，失业率最终会居高不下，但即使失业者也可作为机器人人工骨干队伍的管理人员。

人们可能拥有过多（或过少）的闲暇时间。 Alvin Toffler 在《未来的震惊》（*Future Shock*）（1970）中写道："自从世纪交替以来，工作周时间已经被削减了 50%。可以毫不夸张地预测，到 2000 年的时候它将被再次削减一半。" Arthur C. Clarke（1968b）描写了 2001 年的人们可能会"面临一个绝对无聊的未来，到那时，生活中的主要问题是决定在几百个电视频道中选择哪一个。"这些预测中唯一一个接近成功的是电视频道的数目。相反，在知识密集型行业工作的人们已经发现他们成为一天 24 小时运转不停的集成计算化系统的一部分；为了跟上步伐，他们被迫超时工作。在工业经济中，报酬与投入的工作时间呈粗略的正比关系；多工作 10%的时间大致意味着增加 10%的收入。在以高速宽带通讯和知识产权轻易复制为标志的信息经济时代（Frank 和 Cook（1996）所称的"胜者为王"的社会），比竞争对手略胜一筹便意味着获得巨大的回报；多工作 10%的时间可能意味着收入 100%的增长。于是每人都承受着不断增长的努力工作的压力。人工智能加快了技术创新的步伐，从而对此整体趋势做出了贡献，但是人工智能同时也肩负着允许我们有更多的闲暇时间并且让我们的自动化 Agent 暂时顶替我们处理事务的承诺。Tim Ferriss（2007）建议使用自动化和外包来实现一周工作 4 小时。

人们可能会失去作为人的独一无二的感觉。 在《计算机的力量与人类理智》（Computer Power and Human Reason）一书中，ELIZA 程序的作者 Weizenbaum（1976）指出了人工智能给社会造成的一些潜在威胁。Weizenbaum 的一个主要论点是人工智能研究使得人类是自动机的想法成为可能——这想法导致了自治性甚至是人性的丧失。我们注意到这种思想的出现要比人工智能久远得多，至少可以追溯到《人是机器》（L'Homme Machine）（La Mettrie，1748）。经过对我们人类独特感的其他挫折之后，人性依然幸存了下来：《天体运行论》（De

Revolutionibus Orbium Coelestium）（哥白尼，1543）将地球从太阳系的中心移走，而《人类的由来》（*Descent of Man*）（达尔文，1871）则把智人和其他物种放在了同一级别。人工智能如果获得广泛成功，它对 21 世纪社会道德的假想威胁至少会像达尔文的进化论在 19 世纪造成的威胁一样。

人工智能系统的使用可能会走向不期望的终点。先进技术常常被强势力使用来压制他们的对手。就像数论学家 G.H. Hardy（Hardy，1940）写道，"如果一门科学的发展使现有的财富分配的不平等更加突出，或者更加直接推动人类生活的毁灭，就可以说这门科学是有用的科学。"这对所有科学都成立，人工智能也不例外。自治人工智能系统现在战场中很普遍；美国军队在伊拉克部署了 5000 多个自治飞行器和 12000 个自治地面车辆（Singer，2009）。有一个道德理论认为军队的机器人就像达到逻辑极限的中世纪装甲：当一个战士被庞大的、愤怒的、手持战斧的敌人攻击时，没有人会道德上反对他戴上头盔，而一个远程操作的机器人就像是非常安全形式的头盔。另一方面，机器人武器带来了附加风险。人类决策是通过放电回路做出的，在这个意义上，机器人决策最终会导致杀害无辜平民。在更大程度上，拥有强大的机器人（就像拥有笨重的头盔）会给一个民族带来自负，使其更鲁莽地步入不必要的战争。在多数战争中，至少有一方面对其军事能力过于自负——否则冲突本可以和平解决。

Weizenbaum（1976）还指出语音识别技术会导致广泛的窃听，并从此丧失公众自由。他没有预见到一个充满恐怖主义威胁的世界将改变人们所愿意接受的监视程度，但他确实正确认识到了人工智能具有进行大规模监视的潜力。他的预言已经部分成为现实：英国现在已经有一个大规模的摄像头监视网络，而其他国家通常监测网络流和电话。有人承认，计算机化导致隐私的丧失——Sun 微系统公司的首席执行官 Scott McNealy 曾经说过"总之你没有任何隐私。忍受它吧。"David Brin（1998）认为，丧失隐私是不可避免的，与国家对个人能力不对称性进行斗争的方法是让监视对所有公民开放。Etzioni（2004）为隐私与安全、个人与公众权利之间的平衡而辩解。

人工智能系统的应用可能会导致责任感的丧失。在弥漫于美国的爱好诉讼的氛围里，法律责任成为一个重要的问题。当一名内科医生依赖于医学专家系统的判断进行诊断时，如果诊断错误，过失是谁的？幸运的是，部分由于医学上决策理论方法的不断增强的影响力，现在人们广泛接受的是，如果医生执行了具有高期望效用的医学过程，其疏忽将不能被公开，即使实际结果对患者来说是灾难性的。于是，问题应该是"如果诊断不合理那么错误在谁？"目前为止，法庭一直坚持医学专家系统与医学教科书以及参考书扮演着相同的角色；医生有责任理解任何决策背后的推理过程，并有责任运用自己的判断来决定是否接受系统的建议。因此，将医学专家系统设计成为 Agent 的过程中，应该考虑到其行动不是直接影响患者，而是影响医生的行为。如果专家系统确实变得比人类诊断专家更为精确，那么不采用专家系统建议的医生就可能要承担法律责任了。Gawande（2002）探究了这个前提。

针对在互联网上使用智能化 Agent，类似的问题正开始出现。已经取得了某些进展，在智能化 Agent 中加入约束，使其不能进行诸如破坏其他用户的文件之类的行动（Weld 与 Etzioni，1994）。当货币转手时，问题被放大了。如果货币交易是通过一个"代表某人"的智能化 Agent 进行的，这个人对所招致的债务有责任吗？智能化 Agent 可以拥有自己的资产并且代表其自己进行电子交易吗？迄今为止，人们对这些问题似乎尚未充分理解。据我们所知，还没有程序出于金融交易的目的而被赋予作为个体的合法身份；目前，这么做看起来还不合理。在真实的高速公路上，出于加强交通规则的目的，程序也不会被当作"司机"。至少在加利福尼亚州的法律中，看不出有任何法律制裁是用来防止自动驾驶的车辆超速的，虽然车辆控制机构的设计者在交通事故中应该承担法律责任。至于人类复制技术，法律还需要跟上新的技术发展。

人工智能的成功可能意味着人类种族的终结。在错误的手中，任何技术几乎都有造成伤害的潜在可能性，但是对于人工智能和机器人技术来说，我们的新问题在于：错误的手也许正好是技术本身。无数科幻故事都提出了关于机器人或半人半机器的电子人变成杀人狂的警告。早期的例子包括 Mary Shelley 的《弗兰肯斯坦，或现代普罗米修斯》(Frankenstein, or the Modern Prometheus)（1818）[1] 和 Karel Capek 的戏剧 R.U.R（Rossum's Universal Robots，《罗萨姆的全能机器人》）（1921），作品中机器人征服了世界。电影里则有《终结者》(The Terminator)（1984），它把陈旧的机器人征服世界的情节与时间旅行结合起来；以及《黑客帝国》(The Matrix)（1999），它把机器人征服世界与瓮中之脑结合起来。

看来机器人成为如此众多征服世界故事的主角，在极大程度上是因为它们代表着未知，如同早年传说中的巫师和幽灵一样，或如同《世界大战》(The War of the Worlds)（Wells，1898）中的火星人一样。问题是，一个人工智能系统是否会比传统软件带来更大风险。我们看看三种风险来源。

首先，人工智能系统的状态估计可能是不正确的，导致其做错误的事。例如，一辆自治汽车可能错误地估计附近道路上汽车的位置而造成交通事故，使那台车上的人丧生。更严重的是，一个导弹防御系统可能错误地检测到一个攻击而发起反攻击，导致大规模的死亡。这些风险不是人工智能系统的真正风险——两种情况下人和机器一样同样容易犯错。减少这些风险的正确方法是设计一个具有核实和平衡的系统，以使单个的状态估计不会通过未核实的系统传播。

其次，为一个人工智能系统确定正确的效用函数的最大化不是这么容易。例如，我们可能提出设计最小化人类苦难的效用函数，像第 17 章中一样表示为一个时间之上的加法回报函数。然而，以人类固有的方式，我们即使是在伊甸园里也总是可以发现受苦的方法；因此这个人工智能系统的优化决策是尽早终结人类——没有人类就没有苦难。那么，有了人工智能系统，我们要非常小心我们所问的，而人类将毫无障碍地认识到所提出的效用函数也不能从字面上被采纳。另一方面，计算机不需要被第 16 章中描述的非理性行为丑化。人类有时以挑衅的方式使用他们的智能，因为人类有一些内在的挑衅趋向，这是自然选择的结果。我们建造的机器不需要有内在的挑衅性，除非我们决定建造有挑衅性的机器（或者除非它们作为鼓励挑衅行为的机械设计的终端产品出现）。幸运的是，有一些技术，例如见习学习，允许我们通过实例定义效用函数。人们可以希望，一个足够聪明的机器人能想出终结人类的方法，也足够聪明能想出终结人类不是意欲达到的效用函数。

第三，人工智能系统的学习函数可使其进化为一个具有无意识行为的系统。这种情况是最严重的，也是人工智能系统独特的，因此我们将更深入地研究，I.J. Good（1965）

---

1 在年轻的时候，查尔斯·巴贝奇（Charles Babbage）受到了阅读《弗兰肯斯坦》的影响。

写道。

　　　　把超级智能机器定义为一台能够远远超越任何一个无论多聪明的人的全部智能活动的机器。鉴于设计机器是这些智能活动中的一种，一台超级智能机器能够设计出更好的机器；那么毫无疑问将出现"智能爆炸"，而人类的智能则被远远抛在后面。如此，第一台超级智能机器就是人类需要完成的最后发明，只要这机器足够驯良，告诉我们如何保持对它的控制的话。

　　"智能爆炸"也被数学教授及科幻小说作家 Vernor Vinge 称为**技术奇点**，他写道（1993）："在三十年内，我们将拥有意味着创造超人智能的技术方法。其后不久，人类时代将会结束。"Good 和 Vinge（以及其他许多人）都正确地注意到了当前技术进步的曲线正呈指数增长（考虑摩尔定律）。然而，由此外推该曲线将持续增长到一个接近无限的奇点则是相当大的一步飞跃。迄今为止，每项其他技术都遵循了一条 S 形曲线，其指数增长最终会逐渐减少以至停止。有时当旧技术停滞不前时会出现新技术；有时我们会突破极限。高技术历史还不到一个世纪，很难推算几百年以后是什么样子。

　　注意，超智能机器的概念假设智能是一个特别重要的属性，而且如果你有足够的智能，所有的问题都能得到解决。但我们知道计算能力和计算复杂性是有极限的。如果定义超智能机器（甚至是它们的近似）的问题碰巧落到 NEXPTIME 完全问题一类，而且没有启发式的捷径，那么即使技术上的指数级的进步也会无助于是——光速给出了计算速度的绝对上界；高于这个极限的问题将得不到解决。我们仍不知道这些上界在哪里。

　　Vinge 关心即将到来的奇点，而一些计算机科学家和未来学家喜欢奇点。Hans Moravec（2000）鼓励我们将所有优势赋予我们的"mind children"——我们建造的机器人，它可能在智能上超越我们。甚至有一个新词——超人主义——为展望未来的主动社会运动而生，在未来，人类与机器人和生物技术发明融合在一起——或人类被取代。完全可以说，这种问题向道德理论家提出了一个挑战，他们认为人类生活和人类物种的维持是一件好事。Ray Kurzweil 是奇点论最明显的拥护者，他在《奇点不远了》（The Singularity is Near）（2005）中写道：

　　　　奇点将让我们超越我们的生物躯体和大脑的极限。我们将获得掌控我们命运的能力。我们的死亡率将在我们自己手里。我们将可以想活多久就活多久（这种表述与'我们将长生不老'稍微不同）。我们将彻底理解人类思维，且将广泛扩展和延伸它的触角。到本世纪末，我们智能的非生物部分将比独立的人类智能强过无数倍（英文原文：trillions of trillions of times more powerful）。

　　Kurzweil 也注意到潜在的危险，写道"但奇点也将放大促进我们的毁灭趋势的能力，因此还不能写出它的完整故事。"

　　如果超智能机器是可能的，我们人类将尽量确保我们如此设计它们的前辈：它们把自己设计成友待人类的机器。科幻作家 Isaac Asimov（1942）第一个讨论了这个问题，他给出了机器人的三个法则：

　　（1）一个机器人不可以伤害人类，或通过交互让人类受到伤害。

　　（2）一个机器人必须遵守人类发出的指令，除非指令与第一法则冲突。

（3）一个机器人必须保护自身生存，只要这种保护不与第一和第二法则冲突。

这些法则看似合理，至少对于我们人类是这样[1]。但关键是如何实施这些法则。在 Asimov 的故事《Roundabout》中，一个机器人被派去取一些硒。后来发现这个机器人围着硒转圈。每次它的头朝向硒时，它探知到危险，第三法则使它要远离硒。但它每次改变路线远离硒时，危险退去了，而第二法则开始起作用，使它又向硒走回去。在两条法则之间定义的平衡点就定义了一个圈。这表明，法则在逻辑上并非绝对，而是相互之间有权重，前面的法则权重要高些。Asimov 可能思考过一个基于控制论的体系结构——也许是一些因素的线性组合——而今天，最可能的体系结构应该是概率推理 Agent，它对结果的概率分布进行推理，最大化由三个法则定义的效用。但是，我们可能不想我们的机器人因为非零的受伤概率而阻止人类过马路。这意味着，人类受伤的负效用必须必比不遵守指令的负效用大得多，但每种效用都是有限的，不是无限的。

对于如何设计有好的人工智能，Yudkowsky（2008）研究得更细致具体。他断言，友好（不伤害人类的一种期望）应该在一开始就被设计进去，但设计者应该认识到他们自己的设计也许是有缺陷的，而且机器人随着时间而学习和进化。因此这是机制设计的一个挑战——定义一个人工智能系统在核实和平衡的系统下进行进化的机制，并给出'在面对这些危险时保持友好'的系统效用函数。

我们不能只给程序一个静态效用函数，因为环境以及我们对环境期望的反应都是随着时间变化的。例如，如果技术允许我们在 1800 年设计一个超能力人工智能 Agent，并根据当时的普遍的道德观而资助生产它，今天它将为重建奴隶制而战斗，并放弃妇女选举权。另一方面，如果我们今天建造了一个人工智能 Agent，并告诉它进化它的效用函数，我们如何能肯定它不会推理出"人类认为灭掉恼人的昆虫是合乎道德的，部分原因是因为昆虫的大脑是如此原始。但与我机器人比起来，人类的大脑也是原始的，因此我灭掉人类也是合乎道德的。"

Omohundro（2008）推测，即使一个无害的国际象棋程序也可能给社会招致危险。类似地，Marvin Minsky 曾提醒，设计用来求解 Riemann 猜想的人工智能程序可能最终会占用地球的所有资源来建造更强大的超级计算机，以帮助它实现目标。寓意是，即使你只是想让你的程序下国际象棋或证明定理，如果你赋予其学习和改变自身的能力，你就需要防护措施。Omohundro 得出结论，"使个人承受外部负面经济代价的社会结构将经历一条很长的路，走向确保稳定和积极的未来。"不管超智能机器是否可能，这整体上似乎是对社会的精辟看法。

我们应该注意到，针对效用行数的变化的防护措施的观点不是新观点。在《Odyssey》中，Homer（ca.700 B.C.）描述了 Ulysses 遇见妖妇的遭遇，妖妇的歌声如此诱人，水手们不得不自己跳进大海。Ulysses 知道歌声会对自己产生这种效果，他命令船员将自己绑在桅杆上，这样他就不能做出自灭行为。想想类似的防护措施怎么建入到人工智能系统中就很有趣。

最后，我们从机器人的角度考虑一下。如果机器人有了意识，那么把它们当作纯粹的"机器"来对待（例如将它们拆开）可能是不道德的。科幻作家们就提出了机器人权利和义务的问题。电影《人工智能》（A.I.）（Spielberg，2001）改编自 Brian Aldiss 创作的一个关

---

[1] 机器人可能注意到某个人可以出于自卫而杀害另一个人，但机器人被要求牺牲自己而挽救人类，这是不平等的。

于智能机器人的故事，他被编制程序，使其相信自己就是人类，但是他无法理解自己最终被主人母亲抛弃的命运。这个故事（和电影）认为机器人的公民权运动是必要的。

26.4　本　章　小　结

本章探讨了如下问题：

- 哲学家使用术语**弱人工智能**表示"机器可能智能地行为"的假设，用**强人工智能**表示"这样的机器可以被认为是具有真正的思维（与模拟的思维相对）"的假设。
- 图灵拒绝了问题"机器能思考吗？"，而用一个行为测试取而代之。他预见到了许多对机器思维的可能性的反对意见。很少有人工智能研究者关注图灵测试，他们更喜欢关注自己的系统在实用任务上的性能，而不是模仿人类的能力。
- 现代人们普遍认同精神状态就是大脑状态。
- 关于强人工智能的赞同与反对之争是没有结论的。很少有主流人工智能研究者相信辩论的结果会带来什么意义重大的进展。
- 意识仍然是个谜。
- 我们确定了人工智能和相关技术可能对社会造成的八种潜在威胁。我们总结出某些威胁要么是不可能的，要么就是"非智能"技术带来的威胁。有一个威胁特别值得进一步思考：超级智能机器可能会导致一个与今天非常不同的未来，而我们可能不喜欢，那个时候我们可能也别无选择。从这些考虑不可避免地得出结论：我们必须而且马上仔细权衡人工智能研究的可能后果。

参考文献与历史注释

本章给出了对图灵 1950 年发表的论文的各种回应的来源和对弱人工智能主要批判的来源。尽管在后神经网络时代流行于取笑符号方法，并非所有哲学家是 GOFAI 的批判者。实际上，有些人是热情的拥护者，甚至是实践者。Zenon Pylyshyn（1984）认为，通过一个计算模型可最好地理解认知，不仅在原理上理解，而且也作为开展当前研究一种方法，他还特别反驳了 Dreyfus 对人类认知的计算模型的批判（Pylyshyn, 1974）。Gilbert Harman（1983）在分析信念修改的过程中，在真值维护系统上与人工智能研究建立了联系。Michael Bratman 将他的人类心理的"信念-欲望-意图"模型（Bratman, 1987）应用到人工智能在规划上的研究（Bratman, 1992）。作为强人工智能的极端，Aaron Sloman（1978, p. xiii）甚至将 Joseph Weizenbaum（1976）声称的"智能机器永远不可能被当做人看待"描述为"种族主义"。

拥护认知的载体的重要性的人包括哲学家 Merleau-Ponty，他的《感知现象学》（Phenomenology of Perception）（1945）强调肉体的重要性和我们的感官接受的现实的主观解释；还有 Heidegger，他的《Being and Time》（1927）问道，成为一个实际的 Agent 意味着什么，并批评了认为这个概念理所当然的所有哲学历史。在计算机时代，Alva Noe（2009）和 Andy Clark（1998, 2008）提出，我们的大脑形成了对世界的相当小的表示，大脑实时使用世界本身来维护幻想的内部模型细节，使用世界中的小道具（例如纸张和铅笔还有计算机）来提高思维能力。Pfeifer 等（2006）还有 Lakoff 和 Johnson（1999）对躯体是如何帮助形状认知的提出了论点。

从古至今，思维的本质一直是哲学理论研究的标准课题。在《理想国》（*Phaedo*）中，Plato（柏拉图）明确考虑并否定了思维可能是身体部位的一个组织"协调"或模式的观点，此观点近似于思维的现代哲学中的功能主义观点。相反，他断定思维一定是不朽的、非物质的灵魂，与肉体是可分离的，并在实质上与肉体不同——二元论的观点。Aristotle（亚里斯多德）分辨了有生命物体中的各种灵魂（希腊语 ψυχη），他至少对其中的一些用功能主义的方式进行了描述。（要了解更多关于 Aristotle 的功能主义思想的内容，参见 Nussbaum（1978）。）

Descartes（笛卡尔）因其关于人类思维的二元论观点声名狼藉，而具有讽刺意味的是，他的历史性影响却是在机械论和唯物主义方面。他非常明确地把动物想象为自动机，而且他预见了图灵测试，他写道"难以想象[一台机器]能产生词语的不同排列，以便对当着它的面说的无论什么话提供适当的有意义的回答，而即使最笨的人也能做到"（Descartes，1637）。Descartes 对动物是自动机的观点的英勇维护实际造成的后果就是使得把人类也想象成自动机更容易，尽管他本人没有走这一步。在《人是机器》（*L'Homme Machine*，或 *Man a Machine*）（La Mettrie，1748）一书中明确声称人类是自动机。

现代解析哲学有代表性地接受了唯物主义，但对精神状态的内容方面的不同观点令人眼花缭乱。对精神状态和大脑状态的识别归功于 Place（1956）和 Smart（1959）。Hilary Putnam（1975）激起了精神状态的狭义内容和广义内容观点之间争论，他引入所谓的孪生地球（twin earths）（而不是本章中我们采用的瓮中之脑）作为产生具有不同（广义）内容的相同大脑状态的设备。

功能主义是由人工智能最自然地产生的思维的哲学。精神状态对应于功能上定义的大脑状态类，这个观点归功于 Putnam（1960, 1967）。也许功能主义的最坚强的拥护者是 Daniel Dennett，他雄心勃勃取名的工作《Consciousness Explained》（Dennett, 1991）吸引了许多人尝试着反驳。Metzinger（2009）认为，不存在作为客观自身这样的东西，使得意识是世界的主观表现。关心性质（qualia）的倒光谱论点是由 John Locke（1690）引入的。Frank Jackson（1982）设计了一个颇具影响的思考实验，涉及 Mary——一个在完全只有黑和白的世界里长大的色彩科学家。《There's Something About Mary》（Ludlow 等，2004）收集了几篇关于这个主题的论文。

功能主义受到一些作者的攻击，这些作者声称他们并不负责解释精神状态的 qualia（性质）方面或"它像什么"方面（Nagel，1974）。Searle 反而盯着所谓的功能主义的无能，以解释意向性（Searle，1980，1984，1992）。Churchland 和 Churchland（1982）反驳了这些批判。中文房间得到了无休止的争论（Searle，1980, 1990；Preston 和 Bishop，2002）。此处，我们将仅仅提一提一个相关工作：Terry Bisson（1990）的科幻故事《他们是肉做的》（They're Made out of Meat），其中拜访地球的外星机器人搜索者发现了会思考的人类，这些人类的思维是用肉制作而成，外星机器人觉得难以置信。可能，Searle 的机器外星人相信他能够思考是因为机器人的电路的特殊的因果能力；普通的肉脑不具有的因果能力。

人工智能的伦理问题早于这个领域本身的出现。I.J. Good（1965）的超智能机器观点在一百年以前就被 Samuel Butler（1863）预见了。Butler 的文章写于 Darwin（达尔文）的

《物种起源》（On the Origins of Species）发表后四年，一个当时最复杂的机器是蒸汽机的时代，Butler 写的《Darwin Among the Machines》想象了通过大自然选择的"机械智能的最终发展"。George Dyson（1998）同标题的一本书中重述了这个主题。

思维、大脑以及相关主题的哲学文献很庞大，没有术语上的和所采用的争论方法上的训练，是难以阅读这些文献的。《哲学百科全书》（Encyclopedia of Philosophy）（Edwards，1967）是这个过程的非常权威和非常有用的辅助物。《The Cambridge Dictionary of Philosophy》（Audi，1999）是一本更短的更容易获得的著作，而在线的《Stanford Encyclopedia of Philosophy》提供了很多精良的文章以及最新的参考文献。《MIT Encyclopedia of Cognitive Science》（Wilson 和 Keil，1999）覆盖了思维的哲学以及思维的生物学和心理学。也有几篇哲学"人工智能问题"的导论（Boden，1990；Haugeland，1985；Copeland，1993；McCorduck，2004；Minsky，2007）。《行为和脑科学》（Behavioral and Brain Sciences，缩写为 BBS）是专门针对人工智能和神经科学方面的哲学和科学争论的专业期刊。刊物《AI and Society》和《Journal of Artificial Intelligence and Law》覆盖了人工智能中的伦理和责任方面的主题。

习　　题

26.1 通览图灵所列举的机器的所谓"无能"，确定哪些已经实现了，哪些在原理上可以通过一个程序实现，哪些由于需要有意识的精神状态而仍然有疑问。

26.2 寻找并分析大众传媒中关于"人工智能是可能的"所造成的影响的一种或更多争论的一篇报导。

26.3 在大脑置换论点中，能够将实验对象的大脑恢复正常是很重要的，这样它的外部行为就如同手术没有发生过一样。怀疑论者能否合理地反驳说这要求更新那些与意识经验相关的神经元的神经生理学特性，因为后者与神经元的功能行为所涉及的不一样？

26.4 假设一个 Prolog 程序含有许多关于不列颠公民权规则的子句在一台普通计算机上编译执行。分析这台计算机在广义和狭义内容上的"大脑状态"。

26.5 Alan Perlis（1982）写道，"花一年时间在人工智能上足够使人相信上帝。"他还在一封给 Philip Davis 的信中写道，计算机科学的主要梦想之一是"通过计算机和程序的执行，我们将排除所有怀疑，也即生命世界和非生命世界只是化学上的差异。"人工智能目前的进步在何种程度上呈现了这些问题？假设在未来某天，人工智能的努力彻底成功了；也就是，我们已经建造出智能系统，能够在人类的水平能力上执行任何人类的认知任务。到那个时候，又在何种程度上呈现了这些问题。

26.6 比较在过去 50 年中的人工智能的社会影响以及 1890 年和 1940 年之间 50 年里引入电子元件和内燃机的社会影响。

26.7 I.J.Good 声称智能是最重要的品质，建造超智能机器将改变一切。一头有感知能力的非洲猎豹反驳道"实际上速度更重要；如果我们能建造超快的机器，那将改变一切，"而一头有感知的大象说"你们都错了，我们需要的是超强壮的机器。"你怎样看这些论点。

26.8　分析来自人工智能技术的对社会的潜在威胁。什么威胁最为严重，以及可能如何战胜它们？它们与潜在的利益相比又如何？

26.9　来自人工智能技术的威胁与那些来自其他计算机科学技术的威胁相比，如何？与生物技术，纳米技术和核技术相比又如何？

26.10　一些批评家反对人工智能，认为它是不可能的；同时另外一些则反对它是太可能的以至于超智能机器会造成一种威胁。你认为这些反对意见中哪种更有可能？一个人持有这两种立场是否是自相矛盾的？

第 27 章　人工智能：现状与未来

本章中我们估量我们在哪里以及我们将去往何方，这在我们继续前进之前很值得一做。

在第 2 章，我们论述了把人工智能任务视为理性 Agent 设计的任务将是有益的——也就是设计出在给定的感知历史下其行动最大化期望效用的 Agent。我们阐明了这种设计依赖于感知和 Agent 可用的行动、Agent 的行为应该满足的效用函数以及环境特性。各种不同的 Agent 设计是可能的，从反射型 Agent 到完全深思熟虑的、基于知识的、决策理论的 Agent。此外，这些设计的组成部分可以具有许多不同的实例化形式——例如逻辑或概率推理以及状态的要素化表示（factored representation）或结构化表示（structured representation）。其间的章节介绍了这些组成部分运转所依据的原理。

对于所有 Agent 设计和组成部分而言，在我们的科学理解和技术能力方面都已经有了巨大的进步。本章中，我们抛开细节而提问："所有这些进步会导致一个在变化多端的各种环境中都能表现良好的通用 Agent 吗？" 27.1 节考察了 Agent 的组成部分，评估什么是已知的，以及还缺少什么。27.2 节对 Agent 的整体体系结构进行了同样的评估。27.3 节提出疑问："理性 Agent 设计"是不是首要的正确目标。（回答是"不完全是，但目前还好。"）最后，27.4 节考察了经过我们的努力所获得的成功可能带来的结果。

27.1　Agent 的组成部分

第 2 章中介绍了几种 Agent 设计及其组成部分。为了让我们的讨论聚焦，我们将看看基于效用的 Agent，它再一次显示在图 27.1 中。当赋予了一个学习部件（图 2.15），这是我们的 Agent 设计最普遍的形式。我们看看每个组成部分的最新进展。

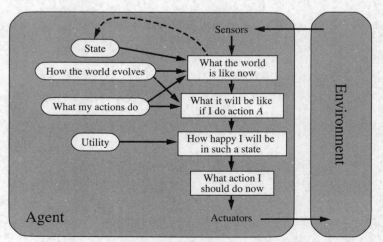

图 27.1　一个基于模型、基于效用的 Agent，最初出现在图 2.14 中

　　通过传感器和执行器与环境的相互作用：在人工智能的很长一段历史中，这一直都是一个突出的弱点。除了几个可敬的例外，人工智能系统是以这样一种方式构建的：必须由人提供输入和解释输出，与此同时机器人系统则专注于低层次任务，其中非常缺少高层次推理和规划。根本上，这种状况要部分归咎于让真正的机器人能运转所需的巨大开销和工程努力。近年来，随着现成的可编程机器人的出现，情况在迅速地发生变化。而这又进而获益于小巧、便宜、高分辨率的 CCD 摄像头和紧凑可靠的电机驱动器。MEMS（微电动机械系统）技术提供了微型化的加速计和陀螺仪以及人造飞行昆虫的执行器（Floreano 等，2009）。（将上百万个 MEMS 执行器结合起来制造非常强大的宏观执行器或许也是可能的。）

　　因此，我们看到人工智能系统正处于从以纯软件为主的系统到嵌入式机器人系统转变的顶端。今天的机器人学的状态大概可与 1980 年时的个人计算机的状态相比：那个时候，研究人员和爱好者可以用 PC 做实验，但还需要十年时间才能普及起来。

　　把握世界的状态：这是一个智能 Agent 所需具备的核心能力之一。它要求有感知能力和能对内部表示进行更新的能力。第 4 章阐述了如何了解原子状态表示；第 7 章描述对于要素化（命题）状态表示如何做；第 12 章中这被扩展到了一阶逻辑；而第 15 章中则描述了不确定环境中进行概率推理的**滤波**算法。当前的滤波和感知算法可以结合起来完成诸如报告"茶杯在桌子上"这样的低层次谓词的合理任务。但是检测更高层次的行为——例如"罗素博士正在与诺维格博士一起喝茶"——会更加困难。目前，这只能在带注解的例子的帮助下才能完成（参见图 24.25）。

　　另一个问题是，尽管第 15 章的近似滤波算法可以处理相当大规模的环境，它们仍然在处理要素化表示——它们有随机变量，但不能明确地表示对象和关系。14.6 节解释了如何将概率与一阶逻辑结合起来解决这个问题，14.6.3 节解释了如何处理对象标识的不确定性。我们期待这些思想应用于把握复杂环境会产生巨大的收益。然而，我们仍面临着为复杂领域定义通用的、可重用的表示方案的艰巨任务。就像在第 12 章讨论的一样，我们还不知道通常如何做；只会孤立简单的领域。可能，概率表示（而非逻辑表示）结合对抗机器学习（而非知识的手工编码）会带来进展。

　　计划、评估和选择未来的行动过程：在此，基本的知识表示的要求对于把握世界而言是相同的；主要困难在于处理行动的过程——诸如进行交谈或喝茶——对于一个真实的 Agent 而言这最终是由千百万个基本步骤组成的。根本上，我们人类只有对行为施加**分层结构**（hierarchical structure），才能处理。11.2 节中，我们看到如何使用层次化表示（hierarchical representation）来处理这种规模的问题；另外，分层强化学习（hierarchical reinforcement learning）中的工作将这些思想与不确定性下的决策技术（第 17 章）成功地结合了起来。到现在为止，部分可观察情况下的算法（POMDP）正使用我们在第 3 章的搜索算法用到的同样的原子状态表示。此处确实还有大量工作要做，但技术基础大都已经具备。27.2 节讨论如何控制有效的长期规划的搜索。

　　用偏好表达的效用：原理上，将理性决策建立在期望效用最大化的基础之上是完全通用的，并且避免了纯粹基于目标的方法的许多问题，诸如相互冲突的目标以及不确定的收获。然而，到现在为止，在构造现实的效用函数方面所做的工作仍然非常少——例如，想象一个作为人类办公助手而运转的 Agent 所必须理解的、相互作用的偏好之间的复杂网络。以和贝叶斯网络分解复杂状态上的信念度相同的方式对复杂状态上的偏好进行分解，已经被证明是非常困难的。一个原因可能是状态之上的偏好实际上是根据状态历史上的偏好汇集而来的，可以用**回报函数**描述（参见第 17 章）。既使回报函数很简单，对应的效用函数也可能很复杂。这表明我们应该严肃地对待有关回报函数的知识工程任务，作为我们向 Agent 传达我们希望它们做什么的一种途径。

学习：第 18 章到第 21 章描述了 Agent 的学习如何能被形式化地表示为对组成 Agent 各种组件的函数的归纳学习（有监督的、无监督的和基于强化的学习）。已经发展出了非常强有力的逻辑和统计技术，能够处理大型问题，在许多任务上达到或超过了人类的能力——只要我们是处理特征和概念的预定义词汇表。另一方面，对于在比输入词汇表抽象程度更高的层次上构造新表示的重要问题方面，机器学习只取得了非常小的进展。例如，在计算机视觉中，如果 Agent 被强迫从像素作为输入表示而学习像教室和咖啡馆这样的复杂概念，学习任务会变得过于困难；相反，Agent 首先需要能够在没有显式的人类监督下形成中间概念，例如桌子和托盘。类似的考虑应用到学习行为中：*HavingACupOfTea*（喝茶）是许多规划中的一种重要的高层行动，但是它如何才能进入一个最初只包含诸如 *RaiseArm*（抬胳膊）和 *Swallow*（吞咽）这样简单得多的行动的行动库中？也许这将吸收**深度信念网络**（deep belief network）的其他一些思想——深度信念网络是具有多层隐变量的贝叶斯网络，像 Hinton 等（2006）、Hawkins 和 Blakeslee（2004）以及 Bengio 和 LeCun（2007）的工作中描述的一样。

如今的大多数的机器学习研究都假设了要素化表示（factored representation），学习一个用于回归的函数 h：$\mathbb{R}^n \to \mathbb{R}$ 和用于分类的函数 h：$\mathbb{R}^n \to \{0,1\}$。机器学习研究者将需要对针对要素化表示（factored representation）的非常成功的技术进行改善，以适应结构化表示（structured representation），特别是层次化表示（hierarchical representation）。第 19 章的归纳逻辑编程方面的工作是这个方向的第一步；逻辑上的下一步是将这些思想与第 14.6 节的概率语言结合起来。

如果不理解这些问题，我们会面临着手工构造大规模常识知识库的可怕任务，这是目前为止进展还不如意的方法。将 Web 作为自然语言文本资源来使用有远大的前景，但目前为止的机器学习算法局限于从这些资源中能抽取的一些有条理的知识。

27.2　Agent 的体系结构

很自然地，人们会问"一个 Agent 应该使用第 2 章中的哪种 Agent 体系结构呢？"答案是"全部！"我们已经看到，在时间极其重要的情形下，需要反射式的反应，而基于知识的深思熟虑则允许 Agent 预先进行规划。一个完整的 Agent 必须两者都行，使用**混合体系结构**。混合体系结构的一项重要特性是不同决策组件之间的边界不是固定的。例如，**编译**不断地将思考层的陈述性信息转换为更有效率的表示，最终达到反射层——参见图 27.2。（这就是第 19 章中讨论的"基于解释的学习"的目的。）诸如 SOAR（Laird 等，1987）和 THEO（Mitchell，1990）这样的 Agent 体系结构正是这种结构。每次经过明确的思考解决一个问题以后，它们会保存下解决方案的一般化版本供反射组件使用。较少研究的一个问题是此过程的逆过程：当环境变化时，学习到的反射也许不再合适，而 Agent 必须回到思考层，产生新的行为。

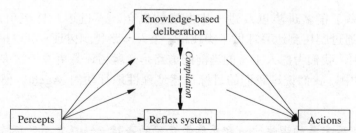

图 27.2　编译的作用是把深思熟虑的决策制定过程转变成效率更高的反射式机制

Agent 也需要有方法控制它们自己的深思。当需要有行动的时候，它们必须停止深思，同时它们又必须能够利用可用于思考的时间执行最为有利的计算。例如，看到前方发生了事故，一个出租车驾驶 Agent 必须在瞬间决定是刹车还是避让。它还应该用那个瞬间考虑最重要的问题，比如左右的车道是否是空的，后面是否紧跟着一辆大卡车，而不是担心轮胎的磨损和撕裂或者到哪去找下一个乘客。这些问题通常是在**实时人工智能**（real-time AI）的标题下进行研究的。随着人工智能系统进入更复杂的领域，所有的问题都会变成实时的，因为 Agent 将永远不会有足够长的时间来严密地解决决策问题。

显然，迫切需要控制深思熟虑的一般方法，而不是需要对每种情形下思考什么制定针对性办法。第一种有用的思想是**任意时间算法**（anytime algorithms）（Dean 和 Boddy，1988；Horvitz，1987）。任意时间算法是一种输出的质量随时间逐步改善的算法，所以不论什么时候被打断，它都有一个现成的合理决策。这样的算法由一个元状态层（metalevel）决策程序控制，对进一步计算是否有价值进行评估。（参见第 3.5.4 节对元状态层决策的简单描述。）任意时间算法的例子包括博弈树搜索中的迭代加深和贝叶斯网络中的 MCMC。第二项控制深思熟虑的技术是决策理论元推理（decision-theoretic metareasoning）（Russell 和 Wefald，1989，1991；Horvitz，1989；Horvitz 和 Breese，1996）。此方法将信息价值理论（第 16 章）应用于对各计算的选择上。一次计算的价值取决于它的成本（根据对行为产生的延迟）和它的收益（根据决策质量的改进）。元推理技术可以用于设计更好的搜索算法并保证该算法具有任意时间特性。当然，元推理的代价是昂贵的，可以应用编译方法，从而使得这个代价与受控制的计算的成本相比是很小的。元状态层强化学习可提供另一种方法来获取控制深思熟虑的有效策略：其实，导致更佳决策的计算是被强化的，而那些没有效果的计算是被惩罚的。这种方法避免了简单的信息价值计算的短视问题。

元推理只是通用**反射型体系结构**的一个特定实例——反射型体系结构允许对计算实体和体系结构自身内发生的行动进行深思熟虑。通过定义一个由环境状态和 Agent 自身的计算状态组成的联合状态空间，可建立反射型体系结构的理论基础。决策和学习算法可设计成在这个联合状态空间上操作，从而实现和改进 Agent 的计算活动。最后，我们期望像 alpha-beta 搜索和后向链这样的特定任务的算法从人工智能系统中消失，替换为将 Agent 的计算引导至生成有效的高质量决策的通用方法。

27.3　我们在沿着正确的方向前进吗

前一节列举了很多进步以及进一步发展的机会。不过这一切正引向何方？Dreyfus（1992）用试图通过爬树到达月球做了类比；一个人一路爬到树顶，可以报告说取得了稳步的进展。本节中，我们考虑人工智能当前的道路是像爬树还是更像一次火箭旅程。

在第 1 章中，我们说过我们的目标是建造理性地行动的 Agent。然而，我们同时也说过

> ……实现完美的理性——即总能做正确的事情——在复杂的环境下是不可行的。这对运算能力的要求实在太高了。不过，在本书的大部分内容中，我们将采用可行的假设，即完美理性是分析的合适出发点。

现在是再次考虑人工智能的目标到底是什么的时候了。我们想要建造 Agent，但是头脑中有什么样的标准？这里有四种可能性：

完美理性（perfect rationality）。已知从环境中获得的信息，一个完美理性的 Agent 每时每刻都以使其期望效用最大化的方式行动。我们已经看到在大多数环境下实现完美理性所必需的计算都太耗时了，所以完美理性是一个不现实的目标。

计算理性（calculative rationality）。这是我们已经隐含地用于逻辑 Agent 和决策理论 Agent 设计中的理性的概念。一个计算理性的 Agent *最终*返回的是，在它开始思考时就本就是理性的选择。这是一个系统所呈现出来的很有趣的特性，但是在大多数环境下，错误时刻的正确答案是没有价值的。在实践中，人工智能系统设计者被迫在决策质量上进行折中以获得适度的整体性能；不幸的是，计算理性的理论基础并没有为这样的折中提供一个完善的方法。

有限度理性（bounded rationality）。Herbert Simon（1957）反对完美（或近似完美）理性的概念，并用有限度理性的概念取而代之，即真实 Agent 决策的一种描述性理论。他写道：

> 用于对复杂问题进行形式化和求解的人类思维的能力与在真实世界中实现客观理性行为所需要求解的问题的规模相比是非常渺小的——甚至对于对这样的客观理性的一个合理近似而言也是如此。

他提出，有限度理性主要通过**令人满意**来工作——也就是，只思考足够长的时间，得到一个"足够好"的答案为止。Simon（西蒙）因为此项研究工作获得了诺贝尔经济学奖，并在著作中对其进行了深入说明（Simon，1982）。在许多情况下，它显然是人类行为的一个很有用的模型。然而，它不是一个对智能 Agent 的形式化说明，因为理论中并没有提供对"足够好"的定义。而且，令人满意看起来也只是众多用来处理有限度资源的方法之一。

有界最优化（bounded optimality, BO）。已知其计算资源，有界最优化 Agent 尽可能表现得好。也就是，一个有界最优化 Agent 的 Agent 程序的期望效用至少会与在同一台机器

上运行的任何其他 Agent 程序的期望效用一样高。

这四种可能性中，有界最优化看来为人工智能的一个坚固理论基础提供了最佳希望。它具有可能实现的优势：至少总存在一个最佳程序——这正是完美理性所缺少的。有界最优化 Agent 在现实世界中确实是有用的，而计算理性 Agent 通常不是，令人满意的 Agent 可能是也可能不是，取决于它们有多大雄心。

人工智能中的传统方法是从计算理性开始，然后进行折中以满足资源约束。如果约束所带来的问题微乎其微，人们可以期望最终的设计会与一个 BO Agent 设计相似。但是随着资源约束变得越来越苛刻——例如，随着环境变得更复杂——人们可以预期这两种设计会分道扬镳。在有界最优化理论中，可以用一种原则性的方式处理这些约束。

至今，对于有界最优化仍然知之甚少。为很简单的机器和稍微受限类型的环境构造有界最优化程序（Etzioni，1989；Russell 等，1993）是可能的，但是我们至今尚不知道用于复杂环境中的大型通用计算机的有界最优化程序是什么样的。如果会出现有界最优化的一个构造性理论，我们不得不希望有界最优化程序的设计不过分依赖于所使用计算机的细节。如果只是给一台几 G 字节的机器添加了几 K 字节的内存就使得有界最优化程序的设计发生巨大的变化，那么这将给科学研究带来很大的困难。确保这种情况不会发生的方法之一是对有界最优化的标准稍加放松。通过与渐近复杂度概念（参见附录 A）的类比，我们可以定义**渐近有界最优化（ABO）** 如下（Russell 和 Subramanian，1995）。假设程序 P 是用于一个环境类 **E** 中的一台机器 M 的有界最优化程序，其中 **E** 中环境复杂度是无界限的。如果程序 P' 在一台比 M 快（或大）k 倍的机器 kM 上运行能优于 P 的话，则程序 P' 是 **E** 中 M 的 ABO（渐进有界最优化）。除非 k 极其大，否则我们将很高兴拥有一个非凡体系结构上的用于非凡环境的 ABO 程序。将巨大的努力投入到寻找 BO 而不是 ABO 中将是不值得的，因为毕竟现有机器的容量和速度趋向于在固定的时间里以常数因子的速度增长。

我们可以冒险猜测复杂环境中的强大计算机的 BO 或 ABO 程序将不必具有简单而巧妙的结构。我们已经发现通用智能需要一些反射能力和一些思考能力，各种形式的知识和决策，对所有这些形式的学习和编译机制，控制推理的方法，以及大量专门领域的知识储备。一个有界最优化 Agent 必须适应它发现自己所处的环境，从而它的内部组织最终将反映出针对该特定环境的最优化。只能期望如此，这与受发动机容量限制的赛车发展成极为复杂的设计有相似之处。我们怀疑基于有界最优化的人工智能科学会陷入对使一个 Agent 程序收敛到有界最优的过程的大量研究上，而可能较少关心所导致的杂乱无章的程序细节。

总而言之，有界最优化概念是作为人工智能研究的一项定义明确的和可行的正式任务提出的。有界最优化指定的是最优化程序而不是最优化行动。毕竟，行动由程序产生，而程序才是设计者所能控制的。

27.4　如果人工智能成功了会怎样

在 David Lodge 的一部关于文学批判的学术世界的小说《小小世界》（*Small World*）（1984）中，主角向杰出的但相互对立的文学理论家小组提出下面的问题而引起了他们的惊慌失措："如果你是正确的会怎样？"似乎没有一个理论家以前曾经考虑过这个问题，也许因为辩论一个不能被证明为不正确的理论本身就是一种结局。向人工智能研究者提出这样的问题有时也会引起类似的困惑："如果你成功了会怎样？"

正如第 26.3 节中所叙述的，要考虑伦理问题。智能计算机总比愚笨的计算机强大，但这种力量会被用于正义还是邪恶？那些致力于人工智能研究的人们有责任看到其研究的影响是正面的。而影响的范围将取决于人工智能成功的程度。甚至人工智能中适度的成功已经改变了传授计算机科学（Stein, 2002）和实施软件研发的方式。人工智能已经使新的应用称为可能，例如语音识别系统、库存控制系统、监视系统、机器人和搜索引擎。

我们可以期望人工智能在中等水平上的成功将影响所有人的日常生活。迄今为止，计算机化的通讯网络，诸如蜂窝式无线电话和互联网，已经对社会造成了这种普遍深入的影响，但是人工智能还没有。人工智能一直在幕后工作——例如，对 Web 上的每笔买卖自动地批准或拒绝信用卡交易——但对普通消费者而言是不可见的。我们可以想象真正有用的个人办公室或家庭助手将会对人们的生活产生巨大的正面影响，尽管在短期内它们可能会导致某种经济上的混乱。用于驾驶的自动助理可防止事故，每年挽救数万人的生命。这个水平上的技术能力也可能会被用于发展有自主能力的武器，许多人都视其为非人所愿的发展。我们今天面临的最大社会问题——例如利用基因信息治愈疾病，能源的有效管理，有关核武器条约的验证——正在人工智能技术的帮助下进行处理。

最后，看来人工智能领域的大规模成功——创造出人类级别乃至更高的智能——将会改变大多数人类的生活。我们工作和娱乐的真正本质将会被改变，我们对于智能、意识和人类未来命运的观点也会如此。在此层次上，人工智能系统会对人类的自主性、自由乃至生存造成更为直接的威胁。出于这些原因，我们不能将人工智能研究同它的道德伦理后果分离开来（参见 26.3 节）。

未来将走向何方？科幻小说作家们似乎更偏爱反乌托邦的而不是乌托邦式的未来，可能是因为有利于编写更多有趣的情节。但是到目前为止，人工智能似乎已经和其他革命性技术（印刷、抽水马桶、航空旅行、电话）相得益彰，这些技术的正面影响已经远远超出了其负面影响。

最后，我们看到人工智能在其短短的历史中已经取得了巨大进展，然而图灵关于"计算机器与智能"的短文的最后一句话如今仍然言犹在耳：

> 我们只能向前看到很短的距离，
> 但是我们能够看到仍然有很多事情要做。

附录 A 数 学 背 景

A.1 复杂度分析与 $O()$符号

计算机科学家们经常面临对算法进行比较以了解算法究竟能运行多快，需要多少存储空间。这类任务有两种解决方法。第一种方法是**基准测试**（benchmarking）——在计算机上运行算法，测量算法所花的秒数和所消耗内存的字节数。最终，这是真正要紧的，但是这样的评测并不能令人满意，因为它过于特殊化了：它测量的是用一种特定的编程语言编写的一段特定的程序在一台特定的计算机上运行、使用一种特定的编译器和特定的输入数据的性能。根据基准测试提供的单一结果，很难预测该算法在其他编译器、计算机或者数据集上的性能。第二种方法依赖于数学的**算法分析**，而与特定的实现和输入无关，我们下面进行讨论。

A.1.1 渐近分析

我们通过下面的例子，一段对一个数列进行求和的程序，来考察这种方法。

```
function SUMMATION(sequence) return a number
    sum ← 0
    for i=1 to LENGTH(sequence) do
        sum ← sum + sequence[i]
    return sum
```

分析的第一步是对输入进行抽象，从而找到能够刻画输入规模的某个或某些参数。在这个例子中，输入可以用序列的长度刻画，记作 n。第二步是要对算法实现进行抽象，以找到能够反映出算法的运行时间的某种度量，但是不要绑定特定编译器或计算机。对于 SUMMATION 程序，这可以是被执行的代码的行数，也可以是一些更加细致的信息，比如算法中所执行的加法、赋值、数组引用以及算法执行的分支的次数。两种方式都能将算法总的执行步骤表示为输入规模的函数。我们把这种表示记为 $T(n)$。如果我们对执行代码的行数计数，则在这个例子中 $T(n) = 2n + 2$。

如果所有的程序都像 SUMMATION 这么简单，那么算法分析就是一个非常平凡的领域了。但是两个问题使其更加复杂。首先，很少能找到一个类似 n 这样能够完全描述算法所执行的步骤数的参数。相反，我们通常所能够做到最好的，就是计算最坏情况 $T_{\text{worst}}(n)$或者平均情况 $T_{\text{avg}}(n)$。对于平均情况的计算意味着分析者必须假定输入符合某种分布。

第二个问题是算法有难以被精确分析的倾向。在这种情况下，有必要回到近似方法上来。我们称算法 SUMMATION 是 $O(n)$ 的，这意味着除了几个 n 值很小的可能例外，此度量不超过 n 的常数倍。更形式化地，如果存在某个 k 使得 $T(n) \leqslant k f(n)$，对于所有的 $n > n_0$ 都成立，就称 $T(n)$ 是 $O(f(n))$ 的。$O(\ )$ 符号为我们提供了所谓的**渐近分析**（asymptotic analysis）。我们可以毫无疑问地说，随着 n 趋近于无穷大时 $O(n)$ 算法要比 $O(n^2)$ 算法好。而单一的基准测试结果是无法证实这样的断言的。

$O(\ )$ 符号对常数因子进行抽象，这使得它易于使用，不过与 $T(\ )$ 符号相比则不够精确。例如，在长期运行中 $O(n^2)$ 算法总会比 $O(n)$ 算法的表现更差，但是如果这两种算法的复杂度分别 $T(n^2 + 1)$ 和 $T(100n + 1000)$，那么当 $n<110$ 时 $O(n^2)$ 算法实际上更好。

尽管有这个缺点，在算法分析中渐近分析已经成为使用最广泛的工具。正是因为算法不仅对操作次数进行抽象（通过忽略常数因子 k），而且还对输入的确切内容进行抽象（通过只考虑输入规模 n），使得分析在数学上是可行的。符号 $O(\ )$ 是精确度与分析的易用性之间的一种很好的折中。

A.1.2　NP 以及固有的难题

算法分析和 $O(\ )$ 符号使得我们能够讨论一个特定算法的效率问题。然而，对于我们需要解决的问题，它们并没有告诉我们任何关于更好的算法究竟是否存在的信息。**复杂性分析**领域分析的是问题而不是算法。第一个显然的分界介于能够在多项式时间内解决的问题与无论使用什么算法也不能在多项式时间内解决的问题之间。**多项式问题**（polynomial problems）类——也就是那些对于某个 k 能够在 $O(n^k)$ 时间内解决的问题——被称为 P。有时候这些问题也被称为"简单"问题，因为这个类中包含了那些运行时间类似 $O(\log n)$ 和 $O(n)$ 的问题。不过它同样包含了时间为 $O(n^{1000})$ 这样的问题，因此我们不能过于字面上理解"简单"这个称谓。

另一个重要的问题类是 NP，即**不确定多项式问题**（nondeterministic polynomial problems）类。这个类中的问题是指存在某个算法能够在多项式时间内猜测出一个该问题的解并验证这个猜测是否正确。其思想是，如果你有任意多的处理器，从而你能够同时尝试所有的猜测，或者你非常幸运而总是在第一次就能猜到正确的解，那么 NP 问题就变成了 P 问题。计算机科学中最大的开放问题之一就是在既没有无限多的处理器也没有无所不知的猜测时，NP 类是否等价于 P 类。绝大部分计算机科学家都确信 P≠NP；NP 问题是固有的难题，没有多项式时间算法。不过这一点还一直没有得到证明。

那些对判定 P = NP 有兴趣的人可以看看一个称为 **NP 完全问题**（NP-complete）的 NP 子类。这里的"完全"是"最极端"的意思，因此它所指的是 NP 类中最难的问题。已经证明，要么所有的 NP 完全问题都是 P 问题，要么一个也不是。这使得这类问题在理论上很令人感兴趣，同时这类问题在现实中也很令人感兴趣，因为很多重要的问题都已知是 NP 完全的。一个例子是可满足性问题：给定一条命题逻辑语句，是否存在一种针对语句中命题符号的真值赋值方案使得该语句为真？除非 P = NP 的奇迹出现，否则不可能存在一种算法在多项式时间内解决所有的可满足性问题。不过，人工智能更感兴趣的是对于从预先确定的分布上抽取出的典型问题，是否存在能够有效执行的算法；如同我们在第 7 章中所看到的，存在诸如 WALKSAT 这样的算法，在很多问题上都工作得相当好。

余 **NP 问题**（co-NP）类在这样的意义下与 NP 问题是互补的：对于每一个 NP 决策问题，都有一个对应的余 NP 问题，其中"是"与"否"的回答正好反过来。我们知道，P 问题既是 NP 问题的子类，也是余 NP 问题的子类，因此人们相信存在非 P 问题的余 NP 问题。**余 NP 完全问题**是余 NP 问题中最难的问题。

#P 问题类（读作"sharp P"）是与 NP 决策问题相对应的计数问题集合。决策问题的答案为"是"或者"否"：对这个 3-SAT 公式是否存在一个解？而计数问题的答案是一个整数：满足这个 3-SAT 公式的解有多少个？在某些情况下，计数问题要比决策问题困难得多。例如，我们可以在时间 $O(VE)$ 内确定一个二部图是否存在完全匹配（这个二部图具有 V 个顶点和 E 条边），但计数问题"这个二部图有多少个完全匹配"则是#P 完全问题，这意味着它和任何#P 问题一样难，因此至少也和任何 NP 问题一样难。

另一类问题是 **PSPACE 问题**——那些需要多项式容量的空间的问题，即使在一台不确定的机器上。人们相信 PSPACE 难题比 NP 完全问题更糟糕，尽管可能会发现 NP = PSPACE，正如可能会发现 P = NP 一样。

A.2　向量、矩阵和线性代数

数学家将**向量**定义为向量空间的成员，不过我们将使用一个更具体的定义：一个向量是数值的一个有序序列。例如，在二维空间中，我们有诸如 $\mathbf{x} = \langle 3, 4 \rangle$ 和 $\mathbf{y} = \langle 0, 2 \rangle$ 这样的向量。遵循通常的习惯，我们用黑体字母表示向量名，虽然有些作者倾向于在向量名上加一个箭头或者横杠：$\vec{x}$ 或者 $\bar{y}$。我们通过下标的方式访问向量的元素：$\mathbf{z} = \langle z_1, z_2, \cdots, z_n \rangle$。一个容易混淆的地方是：本书合成了许多子领域的工作，这些领域对序列的称呼是不同的，如向量（vector）、列表（list）或元组（tuple），记号也是不同的，$\langle 1, 2 \rangle$、[1,2]或(1,2)。

向量的两个基本运算是向量的加法和数乘。向量加法 $\mathbf{x} + \mathbf{y}$ 是逐个元素求和：$\mathbf{x} + \mathbf{y} = \langle 3 + 0, 4 + 2 \rangle = \langle 3, 6 \rangle$。数乘则将向量的每一个元素都与某个常数相乘：$5\mathbf{x} = \langle 5 \times 3, 5 \times 4 \rangle = \langle 15, 20 \rangle$。

向量的长度记作 $|\mathbf{x}|$，为所有元素平方和的平方根：$|\mathbf{x}| = \sqrt{3^2 + 4^2} = 5$。两个向量的点积（也称为数积）$\mathbf{x} \cdot \mathbf{y}$ 是两个向量对应元素乘积的和，也就是，$\mathbf{x} \cdot \mathbf{y} = \sum_i x_i y_i$，或者在我们这个特定的例子中有 $\mathbf{x} \cdot \mathbf{y} = 3 \times 0 + 4 \times 2 = 8$。

向量经常被解释为 n 维欧氏空间中的一条有向线段（箭头）。这时，向量加法等价于将一个向量的末端放到另一个向量的首端，而点积 $\mathbf{x} \cdot \mathbf{y}$ 则等于 $|\mathbf{x}| \, |\mathbf{y}| \cos \theta$，其中 θ 是 $\mathbf{x}$ 和 $\mathbf{y}$ 之间的夹角。

矩阵是排列成行和列的值形成的矩形阵列。这里是一个 3×4 的矩阵 $\mathbf{A}$：

$$\begin{pmatrix} \mathbf{A}_{1,1} & \mathbf{A}_{1,2} & \mathbf{A}_{1,3} & \mathbf{A}_{1,4} \\ \mathbf{A}_{2,1} & \mathbf{A}_{2,2} & \mathbf{A}_{2,3} & \mathbf{A}_{2,4} \\ \mathbf{A}_{3,1} & \mathbf{A}_{3,2} & \mathbf{A}_{2,3} & \mathbf{A}_{3,4} \end{pmatrix}$$

$\mathbf{A}_{i,j}$ 的第一个下标表示行，第二个下标表示列。在程序设计语言中，常把 $\mathbf{A}_{i,j}$ 写作 A[i,j] 或者 A[i][j]。

　　两个矩阵的和定义为把对应元素相加；因此 $(\mathbf{A} + \mathbf{B})_{i,j} = \mathbf{A}_{i,j} + \mathbf{B}_{i,j}$（如果 $\mathbf{A}$ 和 $\mathbf{B}$ 的大小不一致，它们的和是没有定义的）。我们也可以定义矩阵的数乘：$(c\,\mathbf{A})_{i,j} = c\,\mathbf{A}_{i,j}$。矩阵乘法（两个矩阵的乘积）复杂些。乘积 $\mathbf{AB}$ 只有当 $\mathbf{A}$ 的大小为 $a \times b$，而 $\mathbf{B}$ 的大小为 $b \times c$ 时才有定义（也就是说，第二个矩阵的行数等于第一个矩阵的列数）；乘积的结果是一个 $a \times c$ 矩阵。这意味着矩阵乘法不是可交换的：一般而言 $\mathbf{AB} \neq \mathbf{BA}$。如果两个矩阵的大小合适，那么结果为

$$(\mathbf{AB})_{i,k} = \sum_j \mathbf{A}_{i,j}\mathbf{B}_{j,k}$$

　　单位矩阵 $\mathbf{I}$ 满足当 $i = j$ 时元素 $\mathbf{I}_{i,j}$ 等于 1，否则等于 0。它具有性质：对于任何 $\mathbf{A}$ 都有 $\mathbf{AI} = \mathbf{A}$。$\mathbf{A}$ 的转置，记作 $\mathbf{A}^{\mathrm{T}}$，是通过将 $\mathbf{A}$ 的行和列进行交换得到的，反之亦然；或者更形式化地说，$\mathbf{A}^{\mathrm{T}}_{i,j} = \mathbf{A}_{j,i}$。方阵 $\mathbf{A}$ 的逆是另一个方阵 $\mathbf{A}^{-1}$，满足 $\mathbf{A}^{-1}\mathbf{A}=\mathbf{I}$。对于一个**奇异**矩阵，逆是不存在的。对于非奇异矩阵，可以在 $O(n^3)$ 时间里计算出逆。

　　矩阵可以用于在 $O(n^3)$ 时间里求解线性方程组，主要计算时间是计算系数矩阵的逆。考虑下列方程组，其中我们希望求解 x、y 和 z：

$$+2x + y - z = 8$$
$$-3x - y + 2z = -11$$
$$-2x + y + 2z = -3$$

我们可以用矩阵公式表示，$\mathbf{A}\,\mathbf{x} = \mathbf{b}$，其中：

$$\mathbf{A} = \begin{pmatrix} 2 & 1 & -1 \\ -3 & -1 & 2 \\ -2 & 1 & 2 \end{pmatrix}, \quad \mathbf{x} = \begin{pmatrix} x \\ y \\ z \end{pmatrix}, \quad \mathbf{b} = \begin{pmatrix} 8 \\ -11 \\ -3 \end{pmatrix}$$

为了求解 $\mathbf{A}\,\mathbf{x} = \mathbf{b}$，两边都乘以 $\mathbf{A}^{-1}$，得到 $\mathbf{A}^{-1}\mathbf{A}\,\mathbf{x} = \mathbf{A}^{-1}\,\mathbf{b}$，简化为 $\mathbf{x} = \mathbf{A}^{-1}\,\mathbf{b}$。对 $\mathbf{A}$ 求逆，并乘上 $\mathbf{b}$，得到解

$$\mathbf{x} = \begin{pmatrix} x \\ y \\ z \end{pmatrix} = \begin{pmatrix} 2 \\ 3 \\ -1 \end{pmatrix}$$

A.3　概　率　分　布

　　概率是定义在一个事件集合上的满足以下三条公理的测度：

　　（1）每个事件的测度都介于 0 和 1 之间。我们记作 $0 \leqslant P(X = x_i) \leqslant 1$，其中 X 是一个表示事件的随机变量，x_i 是 X 的一个可能取值。一般而言，随机变量用大写字母表示，其取值用小写字母表示。

　　（2）整个集合的测度等于 1；也就是说，$\sum_{i=1}^{n} P(X = x_i) = 1$。

　　（3）不相交事件的并集的概率等于单独事件概率的和；也就是说，$P(X = x_1 \vee X = x_2) = P(X = x_1) + P(X = x_2)$，其中 x_1 和 x_2 是不相交的。

　　概率模型包含了一个由两两互斥的可能结果构成的样本空间，以及每种可能结果的概

率测度。例如在关于明天天气的模型里，可能结果是 *sunny*（晴天）、*cloudy*（阴天）、*rainy*（雨天）和 *snowy*（雪天）。这些可能结果的子集组成事件。例如，降水事件就是子集 {*rainy, snowy*}。

我们用 $\mathbf{P}(X)$ 表示由值 $\langle P(X = x_1), \cdots, P(X = x_n) \rangle$ 组成的向量。我们也用 $P(x_i)$ 表示 $P(X = x_i)$ 的简写，以及用 $\sum_x P(x)$ 表示 $\sum_{i=1}^{n} P(X = x_i)$。

条件概率 $P(B \mid A)$ 定义为 $P(B \cap A) / P(A)$。如果 $P(B \mid A) = P(B)$（或者等价地，$P(A \mid B) = P(A)$），则 A 和 B 是条件独立的。对于连续变量，其取值有无限个，并且除非存在尖点（point spikes），否则任何取值的概率都是 0。因此我们定义**概率密度函数**——也记作 $P(\cdot)$，不过它的含义和离散概率函数稍有不同。随机变量 X 的密度函数 $P(x)$——可以想象成是 $P(X = x)$——定义为 X 落入 x 附近的一个小区间的概率与区间宽度的比值，当区间宽度趋近于 0 时的极限：

$$P(x) = \lim_{dx \to 0} P(x \leqslant X \leqslant x + dx) / dx$$

对于所有 x 这个密度函数都一定是非负的，并且一定满足：

$$\int_{-\infty}^{\infty} P(x) dx = 1$$

我们也可以定义**累积概率密度函数** $F_X(x)$，它是一个随机变量小于 x 的概率：

$$F_X(x) = P(X \leqslant x) = \int_{-\infty}^{x} P(u) du$$

注意概率密度函数是有单位的，而离散概率函数没有单位。例如，如果 X 是以秒计量的，那么概率密度以赫兹（即 1/秒）计量。如果 $\mathbf{X}$ 是以米为单位的三维空间中的一个点，那么概率密度的单位是 1/米^3。

一种非常重要的概率分布是**高斯分布**，也称为**正态分布**。一个具有均值 μ 和标准差 σ（因此方差为 σ^2）的高斯分布被定义为

$$P(x) = \frac{1}{\sigma \sqrt{2\pi}} e^{-(x-\mu)^2 / (2\sigma^2)}$$

其中 x 是一个取值范围从 $-\infty$ 到 $+\infty$ 的连续随机变量。对于 $\mu = 0$ 以及 $\sigma^2 = 1$ 的正态分布，我们称这种特殊情况为**标准正态分布**。对于一个 n 维向量 $\mathbf{x}$ 上的分布，存在**多元高斯**分布：

$$P(\mathbf{x}) = \frac{1}{\sqrt{(2\pi)^n |\boldsymbol{\Sigma}|}} e^{-\frac{1}{2}\left((\mathbf{x}-\boldsymbol{\mu})^T \boldsymbol{\Sigma}^{-1} (\mathbf{x}-\boldsymbol{\mu})\right)}$$

其中 $\boldsymbol{\mu}$ 是均值向量，而 $\boldsymbol{\Sigma}$ 则是该分布的**协方差矩阵**。

在一维的情况下，我们还可以把**累积分布**函数 $F(x)$ 定义为一个随机变量不超过 x 的概率。对于标准正态分布，我们得到：

$$F(x) = \int_{-\infty}^{x} P(x) dx = \frac{1}{2} \left(1 + \text{erf}\left(\frac{x - \mu}{\sigma \sqrt{2}} \right) \right)$$

其中 $\text{erf}(x)$ 就是所谓的**误差函数**，它没有封闭形式的表示。

中心极限定理表明，n 个独立随机变量的均值，当 n 趋于无穷大时，会趋向于正态分布。这个结论对几乎任何一组随机变量都成立，即使它们不是严格独立的，除非任意有限

子集中随机变量的方差明显超过了其他变量。

一个随机变量的期望 $E(X)$ 是每个值的加权均值。对于离散变量，期望是：

$$E(X) = \sum_i x_i P(X = x_i)$$

对于连续变量，将其中的和替换为概率密度函数 $P(x)$ 之上的积分：

$$E(X) = \int_{-\infty}^{\infty} xP(x)\mathrm{d}x$$

一组数值（经常是一个随机变量的样本）的均方根 RMS 是这组数值的平方均值的平方根。

$$RMS(x_1, \cdots, x_n) = \sqrt{\frac{x_1^2 + \cdots + x_n^2}{n}}$$

两个随机变量的方差（covariance）是它们与它们的均值之差的乘积的期望值：

$$\mathrm{cov}(X, Y) = E((X - \mu_X)(Y - \mu_Y))$$

协方差矩阵（covariance matrix），经常记为 Σ，是随机变量向量的各元素之间的协方差的矩阵。给定向量 $\mathbf{X} = \langle X_1, \cdots, X_n \rangle^{\mathrm{T}}$，协方差矩阵的元素为

$$\sum_{i,j} = \mathrm{cov}(X_i, Y_j) = E((X_i - \mu_i)(X_j - \mu_j))$$

还有几个零碎的表示：我们使用 $\log(x)$ 表示自然对数 $\log_e(x)$，使用 $\mathrm{argmax}_x f(x)$ 表示 $f(x)$ 最大化时 x 的值。

参考文献与历史注释

如今在计算机科学中得到如此广泛应用的符号 $O(\ )$ 最早是在数论的背景下由德国数学家 P. G. H. Bachmann（1894）引入的。NP 完全性的概念是 Cook（1971）创造的，而建立从一个问题到另一个问题的归约的现代方法要归功于 Karp（1972）。由于他们的成就，Cook 和 Karp 双双获得计算机科学界的最高荣誉——图灵奖（Turing Award）。

算法分析与设计的经典著作包括 Knuth（1973）以及 Aho, Hopcroft 和 Ullman（1974）；更近一些的贡献则包括 Tarjan（1983）以及 Cormen，Leiserson 和 Rivest（1990）。这些书籍把重点放在求解易处理问题的算法的设计与分析上。对于 NP 完全性的理论和其他形式的难处理性的分析，参见 Garey 和 Johnson（1979）以及 Papadimitriou（1994）。关于概率的优秀教材包括 Chung（1979）、Ross（1988）以及 Bertsekas 和 Tsitsiklis（2008）。

附录 B 关于语言和算法的注释

B.1 用巴科斯范式（BNF）定义语言

在本书中我们定义了几种语言，包括命题逻辑语言（第 7.4 节），以及一个英语的子集语言（图 23.7 节）。正则语言被定义为一个字符串集合，其中每个字符串都是一个符号序列。所有我们感兴趣的语言都是由字符串的无限集合组成的，因此我们需要一种简洁的方法来刻画这个集合。我们是通过**语法**来实现的。我们使用的特殊类型的语言称为上下文无关文法，因为在任何上下文中每个表达式具有相同的形式。我们用一种称为**巴科斯范式**（Backus-Naur Form，BNF）的形式化方法书写语法。BNF 语法包含四个部分：

- **终结符**集合。这些是构成语言中的字符串的符号或者词语。它们可能是字母（**A, B, C, …**）或者单词（**a, aardvark, abacus, …**）或者领域的任何合适符号。
- **非终结符**集合，它们对语言中的子短语（subphrase）加以分类。例如，英语中的非终结符 *NounPhrase*（名词短语）表示字符串的一个无限集合，包括"you（你）"和"the big slobbery dog（这只邋遢的大狗）"。
- **起始符**，表示语言中的字符串的完整集合的非终结符。在英语中，它是 *Sentence*（语句）；对于算术，它可能是 *Expr*（表达式）。
- **重写规则**集合，具有形式 *LHS* → *RHS*，其中 *LHS* 是一个非终结符，而 *RHS* 则是一个由零个或者更多符号（终结符或者非终结符）所构成的序列。这些要么是终结或非终结符，要么是符号 ε——用来指代空字符串。

形如

Sentence → *NounPhrase VerbPhrase*

的一条重写规则意味着只要我们有了类别分别为 *NounPhrase* 和 *VerbPhrase* 的两个字符串，我们就可以把二者连接在一起，并将所得到的结果的类别划分为 *Sentence*。我们可以将两条规则($S{\to}A$)和($S{\to}B$)缩写为($S{\to}A|B$)。下面是简单算术表达式的一个巴科斯范式语法：

Expr → *Expr Operator Expr* | (*Expr*) | *Number*
Number → *Digit* | *Number Digit*
Digit → **0** | **1** | **2** | **3** | **4** | **5** | **6** | **7** | **8** | **9**
Operator → **+** | **−** | **÷** | **×**

在第 22 章中我们更详细地讨论了语言和语法。注意其他书籍使用的巴科斯范式符号可能稍有不同；例如，用⟨*Digit*⟩而不是 *Digit* 表示一个非终结符，用 'word' 而不是 **word** 表示一个终结符，或者规则中用 ∷= 而不是 →。

B.2 算法的伪代码描述

本书中的代码是用伪代码描述的。多数伪代码对使用 Java、C++或 Lisp 语言的人来说应该是熟悉的。有些地方我们使用了数学公式或普通英语来描述一些用其他方法描述起来比较繁琐的部分。不过还有一些特性需要注意。

- **静态变量**（Persistent variables）。我们使用关键字 **persistent** 来表示一个变量在函数第一次调用时得到其初始值，并且在所有对该函数的后续调用中都保持该值（或者其值被后续的赋值语句所改变）。因此，静态变量就如同全局变量一样，其生存期超过了对其所属函数的单次调用，但是只有在函数内部才是可访问的。本书中的智能体程序使用静态变量作为"记忆"。在诸如 C++、Java、Python 和 Smalltalk 这样的面向对象语言中，包含静态变量的程序可以作为"对象"而实现。在函数语言中，它们也可以通过在包含所需变量的环境中的函数封装而实现。

- **作为变量值的函数**（functions as values）。函数和过程使用大写名称，而变量则使用斜体小写名称。所以大部分情况下函数调用看起来类似于 FN(x)。然而，我们允许变量的值是一个函数；例如，如果变量 f 的值是平方根函数，那么 $f(9)$ 返回 3。

- **对于每个**（for each）：记号 "**for each** x **in** c **do**" 表示将 x 的值依次约束为集合 c 中的每个元素而执行循环。

- **缩进是重要的**（Indentation is significant）。和 Python 语言一样，本书用缩进标识循环和条件的范围。这和 Java 以及 C++（使用花扩号），或者 Pascal 以及 Visual Basic（使用关键字 **end**）等不太一样。

- **变性赋值**（Destructuring assignment）：记号 "$x, y \leftarrow pair$" 表示右手边必须是估计为一个二元组，第一元素赋值给 x，第二个元素赋值给 y。同样的思想用于 "**for each** x, y **in** $pairs$ **do**"，也可用于交换两个变量："$x, y \leftarrow y, x$"。

- **产生器和生成**（Generators and yield）：记号 "**generator** G(x) **yields** numbers" 定义 G 为一个产生器函数。通过一个实例可以最好理解。图 B.1 中的代码片段打印数值 1,2,4,…，而且永不停止。对 POWERS-OF-2 的调用返回一个产生器，循环代码每次询问集合的下一个元素时产生器就生成一个值。即使集合是无限的，它一次只枚举出一个元素。

```
generator POWERS-OF-2() yields ints
    i ← 1
    while true do
        yield i
        i ← 2 × i

for p in POWERS-OF-2() do
    PRINT(p)
```

图 B.1 产生器函数的一个实例以及在一个循环中对它的调用

- **表**（Lists）：[x, y, z]表示三个元素组成的表。[$first \mid rest$]表示通过将 $first$ 加到表 $rest$

而形成的一个表。在 Lisp 中是 cons 函数。

- **集合（Sets）**：$\{x, y, z\}$ 表示具有三个元素的集合。$\{x : p(x)\}$ 表示使 $p(x)$ 为真的所有元素 x 组成的集合。
- **数组下标从 1 起始（Arrays start at 1）**：除非明确申明，数组的第一个下标是 1，就像通常的数学符号，而不像 Java 和 C 中那样从 0 开始。

B.3　联 机 帮 助

本书中的大部分算法都已经在我们的联机代码库中用 Java、Lisp 和 Python 实现：

`aima.cs.berkeley.edu`

这个网站里也会教你如何向我们发送评论、勘误或建议以完善本书，以及如何参与讨论。

参 考 文 献

下面是经常引用的期刊和杂志的缩写：

AAAI	Proceedings of the AAAI Conference on Artificial Intelligence
AAMAS	Proceedings of the International Conference on Autonomous Agents and Multi-agent Systems
ACL	Proceedings of the Annual Meeting of the Association for Computational Linguistics
AIJ	Artificial Intelligence
AIMag	AI Magazine
AIPS	Proceedings of the International Conference on AI Planning Systems
BBS	Behavioral and Brain Sciences
CACM	Communications of the Association for Computing Machinery
COGSCI	Proceedings of the Annual Conference of the Cognitive Science Society
COLING	Proceedings of the International Conference on Computational Linguistics
COLT	Proceedings of the Annual ACM Workshop on Computational Learning Theory
CP	Proceedings of the International Conference on Principles and Practice of Constraint Programming
CVPR	Proceedings of the IEEE Conference on Computer Vision and Pattern Recognition
EC	Proceedings of the ACM Conference on Electronic Commerce
ECAI	Proceedings of the European Conference on Artificial Intelligence
ECCV	Proceedings of the European Conference on Computer Vision
ECML	Proceedings of the The European Conference on Machine Learning
ECP	Proceedings of the European Conference on Planning
FGCS	Proceedings of the International Conference on Fifth Generation Computer Systems
FOCS	Proceedings of the Annual Symposium on Foundations of Computer Science
ICAPS	Proceedings of the International Conference on Automated Planning and Scheduling
ICASSP	Proceedings of the International Conference on Acoustics, Speech, and Signal Processing
ICCV	Proceedings of the International Conference on Computer Vision
ICLP	Proceedings of the International Conference on Logic Programming
ICML	Proceedings of the International Conference on Machine Learning
ICPR	Proceedings of the International Conference on Pattern Recognition
ICRA	Proceedings of the IEEE International Conference on Robotics and Automation
ICSLP	Proceedings of the International Conference on Speech and Language Processing
IJAR	International Journal of Approximate Reasoning
IJCAI	Proceedings of the International Joint Conference on Artificial Intelligence
IJCNN	Proceedings of the International Joint Conference on Neural Networks
IJCV	International Journal of Computer Vision
ILP	Proceedings of the International Workshop on Inductive Logic Programming
ISMIS	Proceedings of the International Symposium on Methodologies for Intelligent Systems
ISRR	Proceedings of the International Symposium on Robotics Research
JACM	Journal of the Association for Computing Machinery
JAIR	Journal of Artificial Intelligence Research
JAR	Journal of Automated Reasoning
JASA	Journal of the American Statistical Association
JMLR	Journal of Machine Learning Research
JSL	Journal of Symbolic Logic
KDD	Proceedings of the International Conference on Knowledge Discovery and Data Mining
KR	Proceedings of the International Conference on Principles of Knowledge Representation and Reasoning
LICS	Proceedings of the IEEE Symposium on Logic in Computer Science
NIPS	Advances in Neural Information Processing Systems
PAMI	IEEE Transactions on Pattern Analysis and Machine Intelligence
PNAS	Proceedings of the National Academy of Sciences of the United States of America
PODS	Proceedings of the ACM International Symposium on Principles of Database Systems
SIGIR	Proceedings of the Special Interest Group on Information Retrieval
SIGMOD	Proceedings of the ACM SIGMOD International Conference on Management of Data
SODA	Proceedings of the Annual ACM–SIAM Symposium on Discrete Algorithms
STOC	Proceedings of the Annual ACM Symposium on Theory of Computing
TARK	Proceedings of the Conference on Theoretical Aspects of Reasoning about Knowledge
UAI	Proceedings of the Conference on Uncertainty in Artificial Intelligence

Aarup, M., Arentoft, M. M., Parrod, Y., Stader, J., and Stokes, I. (1994). OPTIMUM-AIV: A knowledge-based planning and scheduling system for spacecraft AIV. In Fox, M. and Zweben, M. (Eds.), *Knowledge Based Scheduling*. Morgan Kaufmann.

Abney, S. (2007). *Semisupervised Learning for Computational Linguistics*. CRC Press.

Abramson, B. and Yung, M. (1989). Divide and conquer under global constraints: A solution to the N-queens problem. *J. Parallel and Distributed Computing*, 6(3), 649–662.

Achlioptas, D. (2009). Random satisfiability. In Biere, A., Heule, M., van Maaren, H., and Walsh, T. (Eds.), *Handbook of Satisfiability*. IOS Press.

Achlioptas, D., Beame, P., and Molloy, M. (2004). Exponential bounds for DPLL below the satisfiability threshold. In *SODA-04*.

Achlioptas, D., Naor, A., and Peres, Y. (2007). On the maximum satisfiability of random formulas. *JACM*, 54(2).

Achlioptas, D. and Peres, Y. (2004). The threshold for random k-SAT is $2k \log 2 - o(k)$. *J. American Mathematical Society*, 17(4), 947–973.

Ackley, D. H. and Littman, M. L. (1991). Interactions between learning and evolution. In Langton, C., Taylor, C., Farmer, J. D., and Ramussen, S. (Eds.), *Artificial Life II*, pp. 487–509. Addison-Wesley.

Adelson-Velsky, G. M., Arlazarov, V. L., Bitman, A. R., Zhivotovsky, A. A., and Uskov, A. V. (1970). Programming a computer to play chess. *Russian Mathematical Surveys*, 25, 221–262.

Adida, B. and Birbeck, M. (2008). RDFa primer. Tech. rep., W3C.

Agerbeck, C. and Hansen, M. O. (2008). A multiagent approach to solving NP-complete problems. Master's thesis, Technical Univ. of Denmark.

Aggarwal, G., Goel, A., and Motwani, R. (2006). Truthful auctions for pricing search keywords. In *EC-06*, pp. 1–7.

Agichtein, E. and Gravano, L. (2003). Querying text databases for efficient information extraction. In *Proc. IEEE Conference on Data Engineering*.

Agmon, S. (1954). The relaxation method for linear inequalities. *Canadian Journal of Mathematics*, 6(3), 382–392.

Agre, P. E. and Chapman, D. (1987). Pengi: an implementation of a theory of activity. In *IJCAI-87*, pp. 268–272.

Aho, A. V., Hopcroft, J., and Ullman, J. D. (1974). *The Design and Analysis of Computer Algorithms*. Addison-Wesley.

Aizerman, M., Braverman, E., and Rozonoer, L. (1964). Theoretical foundations of the potential function method in pattern recognition learning. *Automation and Remote Control*, 25, 821–837.

Al-Chang, M., Bresina, J., Charest, L., Chase, A., Hsu, J., Jonsson, A., Kanefsky, B., Morris, P., Rajan, K., Yglesias, J., Chafin, B., Dias, W., and Maldague, P. (2004). MAPGEN: Mixed-Initiative planning and scheduling for the Mars Exploration Rover mission. *IEEE Intelligent Systems*, 19(1), 8–12.

Albus, J. S. (1975). A new approach to manipulator control: The cerebellar model articulation controller (CMAC). *J. Dynamic Systems, Measurement, and Control*, 97, 270–277.

Aldous, D. and Vazirani, U. (1994). "Go with the winners" algorithms. In *FOCS-94*, pp. 492–501.

Alekhnovich, M., Hirsch, E. A., and Itsykson, D. (2005). Exponential lower bounds for the running time of DPLL algorithms on satisfiable formulas. *JAR*, 35(1–3), 51–72.

Allais, M. (1953). Le comportment de l'homme rationnel devant la risque: critique des postulats et axiomes de l'école Américaine. *Econometrica*, 21, 503–546.

Allen, J. F. (1983). Maintaining knowledge about temporal intervals. *CACM*, 26(11), 832–843.

Allen, J. F. (1984). Towards a general theory of action and time. *AIJ*, 23, 123–154.

Allen, J. F. (1991). Time and time again: The many ways to represent time. *Int. J. Intelligent Systems*, 6, 341–355.

Allen, J. F., Hendler, J., and Tate, A. (Eds.). (1990). *Readings in Planning*. Morgan Kaufmann.

Allis, L. (1988). A knowledge-based approach to connect four. The game is solved: White wins. Master's thesis, Vrije Univ., Amsterdam.

Almuallim, H. and Dietterich, T. (1991). Learning with many irrelevant features. In *AAAI-91*, Vol. 2, pp. 547–552.

ALPAC (1966). Language and machines: Computers in translation and linguistics. Tech. rep. 1416, The Automatic Language Processing Advisory Committee of the National Academy of Sciences.

Alterman, R. (1988). Adaptive planning. *Cognitive Science*, 12, 393–422.

Amarel, S. (1967). An approach to heuristic problem-solving and theorem proving in the propositional calculus. In Hart, J. and Takasu, S. (Eds.), *Systems and Computer Science*. University of Toronto Press.

Amarel, S. (1968). On representations of problems of reasoning about actions. In Michie, D. (Ed.), *Machine Intelligence 3*, Vol. 3, pp. 131–171. Elsevier/North-Holland.

Amir, E. and Russell, S. J. (2003). Logical filtering. In *IJCAI-03*.

Amit, D., Gutfreund, H., and Sompolinsky, H. (1985). Spin-glass models of neural networks. *Physical Review, A 32*, 1007–1018.

Andersen, S. K., Olesen, K. G., Jensen, F. V., and Jensen, F. (1989). HUGIN—A shell for building Bayesian belief universes for expert systems. In *IJCAI-89*, Vol. 2, pp. 1080–1085.

Anderson, J. R. (1980). *Cognitive Psychology and Its Implications*. W. H. Freeman.

Anderson, J. R. (1983). *The Architecture of Cognition*. Harvard University Press.

Andoni, A. and Indyk, P. (2006). Near-optimal hashing algorithms for approximate nearest neighbor in high dimensions. In *FOCS-06*.

Andre, D. and Russell, S. J. (2002). State abstraction for programmable reinforcement learning agents. In *AAAI-02*, pp. 119–125.

Anthony, M. and Bartlett, P. (1999). *Neural Network Learning: Theoretical Foundations*. Cambridge University Press.

Aoki, M. (1965). Optimal control of partially observable Markov systems. *J. Franklin Institute*, 280(5), 367–386.

Appel, K. and Haken, W. (1977). Every planar map is four colorable: Part I: Discharging. *Illinois J. Math.*, 21, 429–490.

Appelt, D. (1999). Introduction to information extraction. *CACM*, 12(3), 161–172.

Apt, K. R. (1999). The essence of constraint propagation. *Theoretical Computer Science*, 221(1–2), 179–210.

Apt, K. R. (2003). *Principles of Constraint Programming*. Cambridge University Press.

Apté, C., Damerau, F., and Weiss, S. (1994). Automated learning of decision rules for text categorization. *ACM Transactions on Information Systems*, 12, 233–251.

Arbuthnot, J. (1692). *Of the Laws of Chance*. Motte, London. Translation into English, with additions, of Huygens (1657).

Archibald, C., Altman, A., and Shoham, Y. (2009). Analysis of a winning computational billiards player. In *IJCAI-09*.

Ariely, D. (2009). *Predictably Irrational* (Revised edition). Harper.

Arkin, R. (1998). *Behavior-Based Robotics*. MIT Press.

Armando, A., Carbone, R., Compagna, L., Cuellar, J., and Tobarra, L. (2008). Formal analysis of SAML 2.0 web browser single sign-on: Breaking the SAML-based single sign-on for google apps. In *FMSE '08: Proc. 6th ACM workshop on Formal methods in security engineering*, pp. 1–10.

Arnauld, A. (1662). *La logique, ou l'art de penser*. Chez Charles Savreux, au pied de la Tour de Nostre Dame, Paris.

Arora, S. (1998). Polynomial time approximation schemes for Euclidean traveling salesman and other geometric problems. *JACM*, 45(5), 753–782.

Arunachalam, R. and Sadeh, N. M. (2005). The supply chain trading agent competition. *Electronic Commerce Research and Applications*, Spring, 66–84.

Ashby, W. R. (1940). Adaptiveness and equilibrium. *J. Mental Science*, 86, 478–483.

Ashby, W. R. (1948). Design for a brain. *Electronic Engineering*, December, 379–383.

Ashby, W. R. (1952). *Design for a Brain*. Wiley.

Asimov, I. (1942). Runaround. *Astounding Science Fiction*, March.

Asimov, I. (1950). *I, Robot*. Doubleday.

Astrom, K. J. (1965). Optimal control of Markov decision processes with incomplete state estimation. *J. Math. Anal. Applic.*, 10, 174–205.

Audi, R. (Ed.). (1999). *The Cambridge Dictionary of Philosophy*. Cambridge University Press.

Axelrod, R. (1985). *The Evolution of Cooperation*. Basic Books.

Baader, F., Calvanese, D., McGuinness, D., Nardi, D., and Patel-Schneider, P. (2007). *The Description Logic Handbook* (2nd edition). Cambridge University Press.

Baader, F. and Snyder, W. (2001). Unification theory. In Robinson, J. and Voronkov, A. (Eds.), *Handbook of Automated Reasoning*, pp. 447–533. Elsevier.

Bacchus, F. (1990). *Representing and Reasoning with Probabilistic Knowledge*. MIT Press.

Bacchus, F. and Grove, A. (1995). Graphical models for preference and utility. In *UAI-95*, pp. 3–10.

Bacchus, F. and Grove, A. (1996). Utility independence in a qualitative decision theory. In *KR-96*, pp. 542–552.

Bacchus, F., Grove, A., Halpern, J. Y., and Koller, D. (1992). From statistics to beliefs. In *AAAI-92*, pp. 602–608.

Bacchus, F. and van Beek, P. (1998). On the conversion between non-binary and binary constraint satisfaction problems. In *AAAI-98*, pp. 311–318.

Bacchus, F. and van Run, P. (1995). Dynamic variable ordering in CSPs. In *CP-95*, pp. 258–275.

Bachmann, P. G. H. (1894). *Die analytische Zahlentheorie*. B. G. Teubner, Leipzig.

Backus, J. W. (1996). Transcript of question and answer session. In Wexelblat, R. L. (Ed.), *History of Programming Languages*, p. 162. Academic Press.

Bagnell, J. A. and Schneider, J. (2001). Autonomous helicopter control using reinforcement learning policy search methods. In *ICRA-01*.

Baker, J. (1975). The Dragon system—An overview. *IEEE Transactions on Acoustics; Speech; and Signal Processing*, *23*, 24–29.

Baker, J. (1979). Trainable grammars for speech recognition. In *Speech Communication Papers for the 97th Meeting of the Acoustical Society of America*, pp. 547–550.

Baldi, P., Chauvin, Y., Hunkapiller, T., and McClure, M. (1994). Hidden Markov models of biological primary sequence information. *PNAS*, *91*(3), 1059–1063.

Baldwin, J. M. (1896). A new factor in evolution. *American Naturalist*, *30*, 441–451. Continued on pages 536–553.

Ballard, B. W. (1983). The *-minimax search procedure for trees containing chance nodes. *AIJ*, *21*(3), 327–350.

Baluja, S. (1997). Genetic algorithms and explicit search statistics. In Mozer, M., Jordan, M. I., and Petsche, T. (Eds.), *NIPS 9*, pp. 319–325. MIT Press.

Bancilhon, F., Maier, D., Sagiv, Y., and Ullman, J. D. (1986). Magic sets and other strange ways to implement logic programs. In *PODS-86*, pp. 1–16.

Banko, M. and Brill, E. (2001). Scaling to very very large corpora for natural language disambiguation. In *ACL-01*, pp. 26–33.

Banko, M., Brill, E., Dumais, S. T., and Lin, J. (2002). Askmsr: Question answering using the worldwide web. In *Proc. AAAI Spring Symposium on Mining Answers from Texts and Knowledge Bases*, pp. 7–9.

Banko, M., Cafarella, M. J., Soderland, S., Broadhead, M., and Etzioni, O. (2007). Open information extraction from the web. In *IJCAI-07*.

Banko, M. and Etzioni, O. (2008). The tradeoffs between open and traditional relation extraction. In *ACL-08*, pp. 28–36.

Bar-Hillel, Y. (1954). Indexical expressions. *Mind*, *63*, 359–379.

Bar-Hillel, Y. (1960). The present status of automatic translation of languages. In Alt, F. L. (Ed.), *Advances in Computers*, Vol. 1, pp. 91–163. Academic Press.

Bar-Shalom, Y. (Ed.). (1992). *Multitarget-multisensor tracking: Advanced applications*. Artech House.

Bar-Shalom, Y. and Fortmann, T. E. (1988). *Tracking and Data Association*. Academic Press.

Bartak, R. (2001). Theory and practice of constraint propagation. In *Proc. Third Workshop on Constraint Programming for Decision and Control (CPDC-01)*, pp. 7–14.

Barto, A. G., Bradtke, S. J., and Singh, S. P. (1995). Learning to act using real-time dynamic programming. *AIJ*, *73*(1), 81–138.

Barto, A. G., Sutton, R. S., and Anderson, C. W. (1983). Neuron-like adaptive elements that can solve difficult learning control problems. *IEEE Transactions on Systems, Man and Cybernetics*, *13*, 834–846.

Barto, A. G., Sutton, R. S., and Brouwer, P. S. (1981). Associative search network: A reinforcement learning associative memory. *Biological Cybernetics*, *40*(3), 201–211.

Barwise, J. and Etchemendy, J. (1993). *The Language of First-Order Logic: Including the Macintosh Program Tarski's World 4.0* (Third Revised and Expanded edition). Center for the Study of Language and Information (CSLI).

Barwise, J. and Etchemendy, J. (2002). *Language, Proof and Logic*. CSLI (Univ. of Chicago Press).

Baum, E., Boneh, D., and Garrett, C. (1995). On genetic algorithms. In *COLT-95*, pp. 230–239.

Baum, E. and Haussler, D. (1989). What size net gives valid generalization? *Neural Computation*, *1*(1), 151–160.

Baum, E. and Smith, W. D. (1997). A Bayesian approach to relevance in game playing. *AIJ*, *97*(1–2), 195–242.

Baum, E. and Wilczek, F. (1988). Supervised learning of probability distributions by neural networks. In Anderson, D. Z. (Ed.), *Neural Information Processing Systems*, pp. 52–61. American Institute of Physics.

Baum, L. E. and Petrie, T. (1966). Statistical inference for probabilistic functions of finite state Markov chains. *Annals of Mathematical Statistics*, *41*.

Baxter, J. and Bartlett, P. (2000). Reinforcement learning in POMDP's via direct gradient ascent. In *ICML-00*, pp. 41–48.

Bayardo, R. J. and Miranker, D. P. (1994). An optimal backtrack algorithm for tree-structured constraint satisfaction problems. *AIJ*, *71*(1), 159–181.

Bayardo, R. J. and Schrag, R. C. (1997). Using CSP look-back techniques to solve real-world SAT instances. In *AAAI-97*, pp. 203–208.

Bayes, T. (1763). An essay towards solving a problem in the doctrine of chances. *Philosophical Transactions of the Royal Society of London*, *53*, 370–418.

Beal, D. F. (1980). An analysis of minimax. In Clarke, M. R. B. (Ed.), *Advances in Computer Chess 2*, pp. 103–109. Edinburgh University Press.

Beal, J. and Winston, P. H. (2009). The new frontier of human-level artificial intelligence. *IEEE Intelligent Systems*, *24*(4), 21–23.

Beckert, B. and Posegga, J. (1995). Leantap: Lean, tableau-based deduction. *JAR*, *15*(3), 339–358.

Beeri, C., Fagin, R., Maier, D., and Yannakakis, M. (1983). On the desirability of acyclic database schemes. *JACM*, *30*(3), 479–513.

Bekey, G. (2008). *Robotics: State Of The Art And Future Challenges*. Imperial College Press.

Bell, C. and Tate, A. (1985). Using temporal constraints to restrict search in a planner. In *Proc. Third Alvey IKBS SIG Workshop*.

Bell, J. L. and Machover, M. (1977). *A Course in Mathematical Logic*. Elsevier/North-Holland.

Bellman, R. E. (1952). On the theory of dynamic programming. *PNAS*, *38*, 716–719.

Bellman, R. E. (1961). *Adaptive Control Processes: A Guided Tour*. Princeton University Press.

Bellman, R. E. (1965). On the application of dynamic programming to the determination of optimal play in chess and checkers. *PNAS*, *53*, 244–246.

Bellman, R. E. (1978). *An Introduction to Artificial Intelligence: Can Computers Think?* Boyd & Fraser Publishing Company.

Bellman, R. E. (1984). *Eye of the Hurricane*. World Scientific.

Bellman, R. E. and Dreyfus, S. E. (1962). *Applied Dynamic Programming*. Princeton University Press.

Bellman, R. E. (1957). *Dynamic Programming*. Princeton University Press.

Belongie, S., Malik, J., and Puzicha, J. (2002). Shape matching and object recognition using shape contexts. *PAMI*, *24*(4), 509–522.

Ben-Tal, A. and Nemirovski, A. (2001). *Lectures on Modern Convex Optimization: Analysis, Algorithms, and Engineering Applications*. SIAM (Society for Industrial and Applied Mathematics).

Bengio, Y. and LeCun, Y. (2007). Scaling learning algorithms towards AI. In Bottou, L., Chapelle, O., DeCoste, D., and Weston, J. (Eds.), *Large-Scale Kernel Machines*. MIT Press.

Bentham, J. (1823). *Principles of Morals and Legislation*. Oxford University Press, Oxford, UK. Original work published in 1789.

Berger, J. O. (1985). *Statistical Decision Theory and Bayesian Analysis*. Springer Verlag.

Berkson, J. (1944). Application of the logistic function to bio-assay. *JASA*, *39*, 357–365.

Berlekamp, E. R., Conway, J. H., and Guy, R. K. (1982). *Winning Ways, For Your Mathematical Plays*. Academic Press.

Berlekamp, E. R. and Wolfe, D. (1994). *Mathematical Go: Chilling Gets the Last Point*. A.K. Peters.

Berleur, J. and Brunnstein, K. (2001). *Ethics of Computing: Codes, Spaces for Discussion and Law*. Chapman and Hall.

Berliner, H. J. (1979). The B* tree search algorithm: A best-first proof procedure. *AIJ*, *12*(1), 23–40.

Berliner, H. J. (1980a). Backgammon computer program beats world champion. *AIJ*, *14*, 205–220.

Berliner, H. J. (1980b). Computer backgammon. *Scientific American*, *249*(6), 64–72.

Bernardo, J. M. and Smith, A. F. M. (1994). *Bayesian Theory*. Wiley.

Berners-Lee, T., Hendler, J., and Lassila, O. (2001). The semantic web. *Scientific American*, *284*(5), 34–43.

Bernoulli, D. (1738). Specimen theoriae novae de mensura sortis. *Proc. St. Petersburg Imperial Academy of Sciences*, *5*, 175–192.

Bernstein, A. and Roberts, M. (1958). Computer vs. chess player. *Scientific American*, *198*(6), 96–105.

Bernstein, P. L. (1996). *Against the Odds: The Remarkable Story of Risk*. Wiley.

Berrou, C., Glavieux, A., and Thitimajshima, P. (1993). Near Shannon limit error control-correcting coding and decoding: Turbo-codes. 1. In *Proc. IEEE International Conference on Communications*, pp. 1064–1070.

Berry, D. A. and Fristedt, B. (1985). *Bandit Problems: Sequential Allocation of Experiments*. Chapman and Hall.

Bertele, U. and Brioschi, F. (1972). *Nonserial dynamic programming*. Academic Press.

Bertoli, P., Cimatti, A., and Roveri, M. (2001a). Heuristic search + symbolic model checking = efficient conformant planning. In *IJCAI-01*, pp. 467–472.

Bertoli, P., Cimatti, A., Roveri, M., and Traverso, P. (2001b). Planning in nondeterministic domains under partial observability via symbolic model checking. In *IJCAI-01*, pp. 473–478.

Bertot, Y., Casteran, P., Huet, G., and Paulin-Mohring, C. (2004). *Interactive Theorem Proving and Program Development*. Springer.

Bertsekas, D. (1987). *Dynamic Programming: Deterministic and Stochastic Models*. Prentice-Hall.

Bertsekas, D. and Tsitsiklis, J. N. (1996). *Neurodynamic programming*. Athena Scientific.

Bertsekas, D. and Tsitsiklis, J. N. (2008). *Introduction to Probability* (2nd edition). Athena Scientific.

Bertsekas, D. and Shreve, S. E. (2007). *Stochastic Optimal Control: The Discrete-Time Case*. Athena Scientific.

Bessière, C. (2006). Constraint propagation. In Rossi, F., van Beek, P., and Walsh, T. (Eds.), *Handbook of Constraint Programming*. Elsevier.

Bhar, R. and Hamori, S. (2004). *Hidden Markov Models: Applications to Financial Economics*. Springer.

Bibel, W. (1993). *Deduction: Automated Logic*. Academic Press.

Biere, A., Heule, M., van Maaren, H., and Walsh, T. (Eds.). (2009). *Handbook of Satisfiability*. IOS Press.

Billings, D., Burch, N., Davidson, A., Holte, R., Schaeffer, J., Schauenberg, T., and Szafron, D. (2003). Approximating game-theoretic optimal strategies for full-scale poker. In *IJCAI-03*.

Binder, J., Koller, D., Russell, S. J., and Kanazawa, K. (1997a). Adaptive probabilistic networks with hidden variables. *Machine Learning*, 29, 213–244.

Binder, J., Murphy, K., and Russell, S. J. (1997b). Space-efficient inference in dynamic probabilistic networks. In *IJCAI-97*, pp. 1292–1296.

Binford, T. O. (1971). Visual perception by computer. Invited paper presented at the IEEE Systems Science and Cybernetics Conference, Miami.

Binmore, K. (1982). *Essays on Foundations of Game Theory*. Pitman.

Bishop, C. M. (1995). *Neural Networks for Pattern Recognition*. Oxford University Press.

Bishop, C. M. (2007). *Pattern Recognition and Machine Learning*. Springer-Verlag.

Bisson, T. (1990). They're made out of meat. *Omni Magazine*.

Bistarelli, S., Montanari, U., and Rossi, F. (1997). Semiring-based constraint satisfaction and optimization. *JACM*, 44(2), 201–236.

Bitner, J. R. and Reingold, E. M. (1975). Backtrack programming techniques. *CACM*, 18(11), 651–656.

Bizer, C., Auer, S., Kobilarov, G., Lehmann, J., and Cyganiak, R. (2007). DBPedia – querying wikipedia like a database. In *Developers Track Presentation at the 16th International Conference on World Wide Web*.

Blazewicz, J., Ecker, K., Pesch, E., Schmidt, G., and Weglarz, J. (2007). *Handbook on Scheduling: Models and Methods for Advanced Planning (International Handbooks on Information Systems)*. Springer-Verlag New York, Inc.

Blei, D. M., Ng, A. Y., and Jordan, M. I. (2001). Latent Dirichlet Allocation. In *Neural Information Processing Systems*, Vol. 14.

Blinder, A. S. (1983). Issues in the coordination of monetary and fiscal policies. In *Monetary Policy Issues in the 1980s*. Federal Reserve Bank, Kansas City, Missouri.

Bliss, C. I. (1934). The method of probits. *Science*, 79(2037), 38–39.

Block, H. D., Knight, B., and Rosenblatt, F. (1962). Analysis of a four-layer series-coupled perceptron. *Rev. Modern Physics*, 34(1), 275–282.

Blum, A. L. and Furst, M. (1995). Fast planning through planning graph analysis. In *IJCAI-95*, pp. 1636–1642.

Blum, A. L. and Furst, M. (1997). Fast planning through planning graph analysis. *AIJ*, 90(1–2), 281–300.

Blum, A. L. (1996). On-line algorithms in machine learning. In *Proc. Workshop on On-Line Algorithms, Dagstuhl*, pp. 306–325.

Blum, A. L. and Mitchell, T. M. (1998). Combining labeled and unlabeled data with co-training. In *COLT-98*, pp. 92–100.

Blumer, A., Ehrenfeucht, A., Haussler, D., and Warmuth, M. (1989). Learnability and the Vapnik-Chervonenkis dimension. *JACM*, 36(4), 929–965.

Bobrow, D. G. (1967). Natural language input for a computer problem solving system. In Minsky, M. L. (Ed.), *Semantic Information Processing*, pp. 133–215. MIT Press.

Bobrow, D. G., Kaplan, R., Kay, M., Norman, D. A., Thompson, H., and Winograd, T. (1977). GUS, a frame driven dialog system. *AIJ*, 8, 155–173.

Boden, M. A. (1977). *Artificial Intelligence and Natural Man*. Basic Books.

Boden, M. A. (Ed.). (1990). *The Philosophy of Artificial Intelligence*. Oxford University Press.

Bolognesi, A. and Ciancarini, P. (2003). Computer programming of kriegspiel endings: The case of KR vs. k. In *Advances in Computer Games 10*.

Bonet, B. (2002). An epsilon-optimal grid-based algorithm for partially observable Markov decision processes. In *ICML-02*, pp. 51–58.

Bonet, B. and Geffner, H. (1999). Planning as heuristic search: New results. In *ECP-99*, pp. 360–372.

Bonet, B. and Geffner, H. (2000). Planning with incomplete information as heuristic search in belief space. In *ICAPS-00*, pp. 52–61.

Bonet, B. and Geffner, H. (2005). An algorithm better than AO*? In *AAAI-05*.

Boole, G. (1847). *The Mathematical Analysis of Logic: Being an Essay towards a Calculus of Deductive Reasoning*. Macmillan, Barclay, and Macmillan, Cambridge.

Booth, T. L. (1969). Probabilistic representation of formal languages. In *IEEE Conference Record of the 1969 Tenth Annual Symposium on Switching and Automata Theory*, pp. 74–81.

Borel, E. (1921). La théorie du jeu et les équations intégrales à noyau symétrique. *Comptes Rendus Hebdomadaires des Séances de l'Académie des Sciences*, 173, 1304–1308.

Borenstein, J., Everett, B., and Feng, L. (1996). *Navigating Mobile Robots: Systems and Techniques*. A. K. Peters, Ltd.

Borenstein, J. and Koren., Y. (1991). The vector field histogram—Fast obstacle avoidance for mobile robots. *IEEE Transactions on Robotics and Automation*, 7(3), 278–288.

Borgida, A., Brachman, R. J., McGuinness, D., and Alperin Resnick, L. (1989). CLASSIC: A structural data model for objects. *SIGMOD Record*, 18(2), 58–67.

Boroditsky, L. (2003). Linguistic relativity. In Nadel, L. (Ed.), *Encyclopedia of Cognitive Science*, pp. 917–921. Macmillan.

Boser, B., Guyon, I., and Vapnik, V. N. (1992). A training algorithm for optimal margin classifiers. In *COLT-92*.

Bosse, M., Newman, P., Leonard, J., Soika, M., Feiten, W., and Teller, S. (2004). Simultaneous localization and map building in large-scale cyclic environments using the atlas framework. *Int. J. Robotics Research*, 23(12), 1113–1139.

Bourzutschky, M. (2006). 7-man endgames with pawns. *CCRL Discussion Board*, kirill-kryukov.com/chess/discussion-board/viewtopic.php?t=805.

Boutilier, C. and Brafman, R. I. (2001). Partial-order planning with concurrent interacting actions. *JAIR*, 14, 105–136.

Boutilier, C., Dearden, R., and Goldszmidt, M. (2000). Stochastic dynamic programming with factored representations. *AIJ*, 121, 49–107.

Boutilier, C., Reiter, R., and Price, B. (2001). Symbolic dynamic programming for first-order MDPs. In *IJCAI-01*, pp. 467–472.

Boutilier, C., Friedman, N., Goldszmidt, M., and Koller, D. (1996). Context-specific independence in Bayesian networks. In *UAI-96*, pp. 115–123.

Bouzy, B. and Cazenave, T. (2001). Computer go: An AI oriented survey. *AIJ*, 132(1), 39–103.

Bowerman, M. and Levinson, S. (2001). *Language acquisition and conceptual development*. Cambridge University Press.

Bowling, M., Johanson, M., Burch, N., and Szafron, D. (2008). Strategy evaluation in extensive games with importance sampling. In *ICML-08*.

Box, G. E. P. (1957). Evolutionary operation: A method of increasing industrial productivity. *Applied Statistics*, 6, 81–101.

Box, G. E. P., Jenkins, G., and Reinsel, G. (1994). *Time Series Analysis: Forecasting and Control* (3rd edition). Prentice Hall.

Boyan, J. A. (2002). Technical update: Least-squares temporal difference learning. *Machine Learning*, 49(2–3), 233–246.

Boyan, J. A. and Moore, A. W. (1998). Learning evaluation functions for global optimization and Boolean satisfiability. In *AAAI-98*.

Boyd, S. and Vandenberghe, L. (2004). *Convex Optimization*. Cambridge University Press.

Boyen, X., Friedman, N., and Koller, D. (1999). Discovering the hidden structure of complex dynamic systems. In *UAI-99*.

Boyer, R. S. and Moore, J. S. (1979). *A Computational Logic*. Academic Press.

Boyer, R. S. and Moore, J. S. (1984). Proof checking the RSA public key encryption algorithm. *American Mathematical Monthly*, 91(3), 181–189.

Brachman, R. J. (1979). On the epistemological status of semantic networks. In Findler, N. V. (Ed.), *Associative Networks: Representation and Use of Knowledge by Computers*, pp. 3–50. Academic Press.

Brachman, R. J., Fikes, R. E., and Levesque, H. J. (1983). Krypton: A functional approach to knowledge representation. *Computer*, *16*(10), 67–73.

Brachman, R. J. and Levesque, H. J. (Eds.). (1985). *Readings in Knowledge Representation*. Morgan Kaufmann.

Bradtke, S. J. and Barto, A. G. (1996). Linear least-squares algorithms for temporal difference learning. *Machine Learning*, *22*, 33–57.

Brafman, O. and Brafman, R. (2009). *Sway: The Irresistible Pull of Irrational Behavior*. Broadway Business.

Brafman, R. I. and Domshlak, C. (2008). From one to many: Planning for loosely coupled multi-agent systems. In *ICAPS-08*, pp. 28–35.

Brafman, R. I. and Tennenholtz, M. (2000). A near optimal polynomial time algorithm for learning in certain classes of stochastic games. *AIJ*, *121*, 31–47.

Braitenberg, V. (1984). *Vehicles: Experiments in Synthetic Psychology*. MIT Press.

Bransford, J. and Johnson, M. (1973). Consideration of some problems in comprehension. In Chase, W. G. (Ed.), *Visual Information Processing*. Academic Press.

Brants, T., Popat, A. C., Xu, P., Och, F. J., and Dean, J. (2007). Large language models in machine translation. In *EMNLP-CoNLL-2007: Proc. 2007 Joint Conference on Empirical Methods in Natural Language Processing and Computational Natural Language Learning*, pp. 858–867.

Bratko, I. (1986). *Prolog Programming for Artificial Intelligence* (1st edition). Addison-Wesley.

Bratko, I. (2001). *Prolog Programming for Artificial Intelligence* (Third edition). Addison-Wesley.

Bratman, M. E. (1987). *Intention, Plans, and Practical Reason*. Harvard University Press.

Bratman, M. E. (1992). Planning and the stability of intention. *Minds and Machines*, *2*(1), 1–16.

Breese, J. S. (1992). Construction of belief and decision networks. *Computational Intelligence*, *8*(4), 624–647.

Breese, J. S. and Heckerman, D. (1996). Decision-theoretic troubleshooting: A framework for repair and experiment. In *UAI-96*, pp. 124–132.

Breiman, L. (1996). Bagging predictors. *Machine Learning*, *24*(2), 123–140.

Breiman, L., Friedman, J., Olshen, R. A., and Stone, C. J. (1984). *Classification and Regression Trees*. Wadsworth International Group.

Brelaz, D. (1979). New methods to color the vertices of a graph. *CACM*, *22*(4), 251–256.

Brent, R. P. (1973). *Algorithms for minimization without derivatives*. Prentice-Hall.

Bresnan, J. (1982). *The Mental Representation of Grammatical Relations*. MIT Press.

Brewka, G., Dix, J., and Konolige, K. (1997). *Nononotonic Reasoning: An Overview*. CSLI Publications.

Brickley, D. and Guha, R. V. (2004). RDF vocabulary description language 1.0: RDF schema. Tech. rep., W3C.

Bridle, J. S. (1990). Probabilistic interpretation of feedforward classification network outputs, with relationships to statistical pattern recognition. In Fogelman Soulié, F. and Hérault, J. (Eds.), *Neurocomputing: Algorithms, Architectures and Applications*. Springer-Verlag.

Briggs, R. (1985). Knowledge representation in Sanskrit and artificial intelligence. *AIMag*, *6*(1), 32–39.

Brin, D. (1998). *The Transparent Society*. Perseus.

Brin, S. (1999). Extracting patterns and relations from the world wide web. Technical report 1999-65, Stanford InfoLab.

Brin, S. and Page, L. (1998). The anatomy of a large-scale hypertextual web search engine. In *Proc. Seventh World Wide Web Conference*.

Bringsjord, S. (2008). If I were judge. In Epstein, R., Roberts, G., and Beber, G. (Eds.), *Parsing the Turing Test*. Springer.

Broadbent, D. E. (1958). *Perception and Communication*. Pergamon.

Brooks, R. A. (1986). A robust layered control system for a mobile robot. *IEEE Journal of Robotics and Automation*, *2*, 14–23.

Brooks, R. A. (1989). Engineering approach to building complete, intelligent beings. *Proc. SPIE—the International Society for Optical Engineering*, *1002*, 618–625.

Brooks, R. A. (1991). Intelligence without representation. *AIJ*, *47*(1–3), 139–159.

Brooks, R. A. and Lozano-Perez, T. (1985). A subdivision algorithm in configuration space for find-path with rotation. *IEEE Transactions on Systems, Man and Cybernetics*, *15*(2), 224–233.

Brown, C., Finkelstein, L., and Purdom, P. (1988). Backtrack searching in the presence of symmetry. In Mora, T. (Ed.), *Applied Algebra, Algebraic Algorithms and Error-Correcting Codes*, pp. 99–110. Springer-Verlag.

Brown, K. C. (1974). A note on the apparent bias of net revenue estimates. *J. Finance*, *29*, 1215–1216.

Brown, P. F., Cocke, J., Della Pietra, S. A., Della Pietra, V. J., Jelinek, F., Mercer, R. L., and Roossin, P. (1988). A statistical approach to language translation. In *COLING-88*, pp. 71–76.

Brown, P. F., Della Pietra, S. A., Della Pietra, V. J., and Mercer, R. L. (1993). The mathematics of statistical machine translation: Parameter estimation. *Computational Linguistics*, *19*(2), 263–311.

Brownston, L., Farrell, R., Kant, E., and Martin, N. (1985). *Programming expert systems in OPS5: An introduction to rule-based programming*. Addison-Wesley.

Bruce, V., Georgeson, M., and Green, P. (2003). *Visual Perception: Physiology, Psychology and Ecology*. Psychology Press.

Bruner, J. S., Goodnow, J. J., and Austin, G. A. (1957). *A Study of Thinking*. Wiley.

Bryant, B. D. and Miikkulainen, R. (2007). Acquiring visibly intelligent behavior with example-guided neuroevolution. In *AAAI-07*.

Bryce, D. and Kambhampati, S. (2007). A tutorial on planning graph-based reachability heuristics. *AIMag*, *Spring*, 47–83.

Bryce, D., Kambhampati, S., and Smith, D. E. (2006). Planning graph heuristics for belief space search. *JAIR*, *26*, 35–99.

Bryson, A. E. and Ho, Y.-C. (1969). *Applied Optimal Control*. Blaisdell.

Buchanan, B. G. and Mitchell, T. M. (1978). Model-directed learning of production rules. In Waterman, D. A. and Hayes-Roth, F. (Eds.), *Pattern-Directed Inference Systems*, pp. 297–312. Academic Press.

Buchanan, B. G., Mitchell, T. M., Smith, R. G., and Johnson, C. R. (1978). Models of learning systems. In *Encyclopedia of Computer Science and Technology*, Vol. 11. Dekker.

Buchanan, B. G. and Shortliffe, E. H. (Eds.). (1984). *Rule-Based Expert Systems: The MYCIN Experiments of the Stanford Heuristic Programming Project*. Addison-Wesley.

Buchanan, B. G., Sutherland, G. L., and Feigenbaum, E. A. (1969). Heuristic DENDRAL: A program for generating explanatory hypotheses in organic chemistry. In Meltzer, B., Michie, D., and Swann, M. (Eds.), *Machine Intelligence 4*, pp. 209–254. Edinburgh University Press.

Buehler, M., Iagnemma, K., and Singh, S. (Eds.). (2006). *The 2005 DARPA Grand Challenge: The Great Robot Race*. Springer-Verlag.

Bunt, H. C. (1985). The formal representation of (quasi-) continuous concepts. In Hobbs, J. R. and Moore, R. C. (Eds.), *Formal Theories of the Commonsense World*, chap. 2, pp. 37–70. Ablex.

Burgard, W., Cremers, A. B., Fox, D., Hähnel, D., Lakemeyer, G., Schulz, D., Steiner, W., and Thrun, S. (1999). Experiences with an interactive museum tour-guide robot. *AIJ*, *114*(1–2), 3–55.

Buro, M. (1995). ProbCut: An effective selective extension of the alpha-beta algorithm. *J. International Computer Chess Association*, *18*(2), 71–76.

Buro, M. (2002). Improving heuristic mini-max search by supervised learning. *AIJ*, *134*(1–2), 85–99.

Burstein, J., Leacock, C., and Swartz, R. (2001). Automated evaluation of essays and short answers. In *Fifth International Computer Assisted Assessment (CAA) Conference*.

Burton, R. (2009). *On Being Certain: Believing You Are Right Even When You're Not*. St. Martin's Griffin.

Buss, D. M. (2005). *Handbook of evolutionary psychology*. Wiley.

Butler, S. (1863). Darwin among the machines. *The Press (Christchurch, New Zealand)*, June 13.

Bylander, T. (1992). Complexity results for serial decomposability. In *AAAI-92*, pp. 729–734.

Bylander, T. (1994). The computational complexity of propositional STRIPS planning. *AIJ*, *69*, 165–204.

Byrd, R. H., Lu, P., Nocedal, J., and Zhu, C. (1995). A limited memory algorithm for bound constrained optimization. *SIAM Journal on Scientific and Statistical Computing*, *16*(5), 1190–1208.

Cabeza, R. and Nyberg, L. (2001). Imaging cognition II: An empirical review of 275 PET and fMRI studies. *J. Cognitive Neuroscience*, *12*, 1–47.

Cafarella, M. J., Halevy, A., Zhang, Y., Wang, D. Z., and Wu, E. (2008). Webtables: Exploring the power of tables on the web. In *VLDB-2008*.

Calvanese, D., Lenzerini, M., and Nardi, D. (1999). Unifying class-based representation formalisms. *JAIR*, *11*, 199–240.

Campbell, M. S., Hoane, A. J., and Hsu, F.-H. (2002). Deep Blue. *AIJ*, *134*(1–2), 57–83.

Canny, J. and Reif, J. (1987). New lower bound techniques for robot motion planning problems. In *FOCS-87*, pp. 39–48.

Canny, J. (1986). A computational approach to edge detection. *PAMI*, 8, 679–698.

Canny, J. (1988). *The Complexity of Robot Motion Planning*. MIT Press.

Capen, E., Clapp, R., and Campbell, W. (1971). Competitive bidding in high-risk situations. *J. Petroleum Technology*, 23, 641–653.

Caprara, A., Fischetti, M., and Toth, P. (1995). A heuristic method for the set covering problem. *Operations Research*, 47, 730–743.

Carbonell, J. G. (1983). Derivational analogy and its role in problem solving. In *AAAI-83*, pp. 64–69.

Carbonell, J. G., Knoblock, C. A., and Minton, S. (1989). PRODIGY: An integrated architecture for planning and learning. Technical report CMU-CS-89-189, Computer Science Department, Carnegie-Mellon University.

Carbonell, J. R. and Collins, A. M. (1973). Natural semantics in artificial intelligence. In *IJCAI-73*, pp. 344–351.

Cardano, G. (1663). *Liber de ludo aleae*. Lyons.

Carnap, R. (1928). *Der logische Aufbau der Welt*. Weltkreis-verlag. Translated into English as (Carnap, 1967).

Carnap, R. (1948). On the application of inductive logic. *Philosophy and Phenomenological Research*, 8, 133–148.

Carnap, R. (1950). *Logical Foundations of Probability*. University of Chicago Press.

Carroll, S. (2007). *The Making of the Fittest: DNA and the Ultimate Forensic Record of Evolution*. Norton.

Casati, R. and Varzi, A. (1999). *Parts and places: the structures of spatial representation*. MIT Press.

Cassandra, A. R., Kaelbling, L. P., and Littman, M. L. (1994). Acting optimally in partially observable stochastic domains. In *AAAI-94*, pp. 1023–1028.

Cassandras, C. G. and Lygeros, J. (2006). *Stochastic Hybrid Systems*. CRC Press.

Castro, R., Coates, M., Liang, G., Nowak, R., and Yu, B. (2004). Network tomography: Recent developments. *Statistical Science*, 19(3), 499–517.

Cesa-Bianchi, N. and Lugosi, G. (2006). *Prediction, learning, and Games*. Cambridge University Press.

Cesta, A., Cortellessa, G., Denis, M., Donati, A., Fratini, S., Oddi, A., Policella, N., Rabenau, E., and Schulster, J. (2007). MEXAR2: AI solves mission planner problems. *IEEE Intelligent Systems*, 22(4), 12–19.

Chakrabarti, P. P., Ghose, S., Acharya, A., and de Sarkar, S. C. (1989). Heuristic search in restricted memory. *AIJ*, 41(2), 197–222.

Chandra, A. K. and Harel, D. (1980). Computable queries for relational data bases. *J. Computer and System Sciences*, 21(2), 156–178.

Chang, C.-L. and Lee, R. C.-T. (1973). *Symbolic Logic and Mechanical Theorem Proving*. Academic Press.

Chapman, D. (1987). Planning for conjunctive goals. *AIJ*, 32(3), 333–377.

Charniak, E. (1993). *Statistical Language Learning*. MIT Press.

Charniak, E. (1996). Tree-bank grammars. In *AAAI-96*, pp. 1031–1036.

Charniak, E. (1997). Statistical parsing with a context-free grammar and word statistics. In *AAAI-97*, pp. 598–603.

Charniak, E. and Goldman, R. (1992). A Bayesian model of plan recognition. *AIJ*, 64(1), 53–79.

Charniak, E. and McDermott, D. (1985). *Introduction to Artificial Intelligence*. Addison-Wesley.

Charniak, E., Riesbeck, C., McDermott, D., and Meehan, J. (1987). *Artificial Intelligence Programming* (2nd edition). Lawrence Erlbaum Associates.

Charniak, E. (1991). Bayesian networks without tears. *AIMag*, 12(4), 50–63.

Charniak, E. and Johnson, M. (2005). Coarse-to-fine n-best parsing and maxent discriminative reranking. In *ACL-05*.

Chater, N. and Oaksford, M. (Eds.). (2008). *The probabilistic mind: Prospects for Bayesian cognitive science*. Oxford University Press.

Chatfield, C. (1989). *The Analysis of Time Series: An Introduction* (4th edition). Chapman and Hall.

Cheeseman, P. (1985). In defense of probability. In *IJCAI-85*, pp. 1002–1009.

Cheeseman, P. (1988). An inquiry into computer understanding. *Computational Intelligence*, 4(1), 58–66.

Cheeseman, P., Kanefsky, B., and Taylor, W. (1991). Where the really hard problems are. In *IJCAI-91*, pp. 331–337.

Cheeseman, P., Self, M., Kelly, J., and Stutz, J. (1988). Bayesian classification. In *AAAI-88*, Vol. 2, pp. 607–611.

Cheeseman, P. and Stutz, J. (1996). Bayesian classification (AutoClass): Theory and results. In Fayyad, U., Piatesky-Shapiro, G., Smyth, P., and Uthurusamy, R. (Eds.), *Advances in Knowledge Discovery and Data Mining*. AAAI Press/MIT Press.

Chen, S. F. and Goodman, J. (1996). An empirical study of smoothing techniques for language modeling. In *ACL-96*, pp. 310–318.

Cheng, J. and Druzdzel, M. J. (2000). AIS-BN: An adaptive importance sampling algorithm for evidential reasoning in large Bayesian networks. *JAIR*, 13, 155–188.

Cheng, J., Greiner, R., Kelly, J., Bell, D. A., and Liu, W. (2002). Learning Bayesian networks from data: An information-theory based approach. *AIJ*, 137, 43–90.

Chklovski, T. and Gil, Y. (2005). Improving the design of intelligent acquisition interfaces for collecting world knowledge from web contributors. In *Proc. Third International Conference on Knowledge Capture (K-CAP)*.

Chomsky, N. (1956). Three models for the description of language. *IRE Transactions on Information Theory*, 2(3), 113–124.

Chomsky, N. (1957). *Syntactic Structures*. Mouton.

Choset, H. (1996). *Sensor Based Motion Planning: The Hierarchical Generalized Voronoi Graph*. Ph.D. thesis, California Institute of Technology.

Choset, H., Lynch, K., Hutchinson, S., Kantor, G., Burgard, W., Kavraki, L., and Thrun, S. (2004). *Principles of Robotic Motion: Theory, Algorithms, and Implementation*. MIT Press.

Chung, K. L. (1979). *Elementary Probability Theory with Stochastic Processes* (3rd edition). Springer-Verlag.

Church, A. (1936). A note on the Entscheidungsproblem. *JSL*, 1, 40–41 and 101–102.

Church, A. (1956). *Introduction to Mathematical Logic*. Princeton University Press.

Church, K. and Patil, R. (1982). Coping with syntactic ambiguity or how to put the block in the box on the table. *Computational Linguistics*, 8(3–4), 139–149.

Church, K. (2004). Speech and language processing: Can we use the past to predict the future. In *Proc. Conference on Text, Speech, and Dialogue*.

Church, K. and Gale, W. A. (1991). A comparison of the enhanced Good–Turing and deleted estimation methods for estimating probabilities of English bigrams. *Computer Speech and Language*, 5, 19–54.

Churchland, P. M. and Churchland, P. S. (1982). Functionalism, qualia, and intentionality. In Biro, J. I. and Shahan, R. W. (Eds.), *Mind, Brain and Function: Essays in the Philosophy of Mind*, pp. 121–145. University of Oklahoma Press.

Churchland, P. S. (1986). *Neurophilosophy: Toward a Unified Science of the Mind–Brain*. MIT Press.

Ciancarini, P. and Wooldridge, M. (2001). *Agent-Oriented Software Engineering*. Springer-Verlag.

Cimatti, A., Roveri, M., and Traverso, P. (1998). Automatic OBDD-based generation of universal plans in non-deterministic domains. In *AAAI-98*, pp. 875–881.

Clark, A. (1998). *Being There: Putting Brain, Body, and World Together Again*. MIT Press.

Clark, A. (2008). *Supersizing the Mind: Embodiment, Action, and Cognitive Extension*. Oxford University Press.

Clark, K. L. (1978). Negation as failure. In Gallaire, H. and Minker, J. (Eds.), *Logic and Data Bases*, pp. 293–322. Plenum.

Clark, P. and Niblett, T. (1989). The CN2 induction algorithm. *Machine Learning*, 3, 261–283.

Clark, S. and Curran, J. R. (2004). Parsing the WSJ using CCG and log-linear models. In *ACL-04*, pp. 104–111.

Clarke, A. C. (1968a). *2001: A Space Odyssey*. Signet.

Clarke, A. C. (1968b). The world of 2001. Vogue.

Clarke, E. and Grumberg, O. (1987). Research on automatic verification of finite-state concurrent systems. *Annual Review of Computer Science*, 2, 269–290.

Clarke, M. R. B. (Ed.). (1977). *Advances in Computer Chess 1*. Edinburgh University Press.

Clearwater, S. H. (Ed.). (1996). *Market-Based Control*. World Scientific.

Clocksin, W. F. and Mellish, C. S. (2003). *Programming in Prolog* (5th edition). Springer-Verlag.

Clocksin, W. F. (2003). *Clause and Effect: Prolog Programming for the Working Programmer*. Springer.

Coarfa, C., Demopoulos, D., Aguirre, A., Subramanian, D., and Yardi, M. (2003). Random 3-SAT: The plot thickens. *Constraints*, 8(3), 243–261.

Coates, A., Abbeel, P., and Ng, A. Y. (2009). Apprenticeship learning for helicopter control. *JACM*, 52(7), 97–105.

Cobham, A. (1964). The intrinsic computational difficulty of functions. In *Proc. 1964 International Congress for Logic, Methodology, and Philosophy of Science*, pp. 24–30.

Cohen, P. R. (1995). *Empirical methods for artificial intelligence.* MIT Press.

Cohen, P. R. and Levesque, H. J. (1990). Intention is choice with commitment. *AIJ*, *42*(2–3), 213–261.

Cohen, P. R., Morgan, J., and Pollack, M. E. (1990). *Intentions in Communication.* MIT Press.

Cohen, W. W. and Page, C. D. (1995). Learnability in inductive logic programming: Methods and results. *New Generation Computing*, *13*(3–4), 369–409.

Cohn, A. G., Bennett, B., Gooday, J. M., and Gotts, N. (1997). RCC: A calculus for region based qualitative spatial reasoning. *GeoInformatica*, *1*, 275–316.

Collin, Z., Dechter, R., and Katz, S. (1999). Self-stabilizing distributed constraint satisfaction. *Chicago Journal of Theoretical Computer Science*, *1999*(115).

Collins, F. S., Morgan, M., and Patrinos, A. (2003). The human genome project: Lessons from large-scale biology. *Science*, *300*(5617), 286–290.

Collins, M. (1999). *Head-driven Statistical Models for Natural Language Processing.* Ph.D. thesis, University of Pennsylvania.

Collins, M. and Duffy, K. (2002). New ranking algorithms for parsing and tagging: Kernels over discrete structures, and the voted perceptron. In *ACL-02*.

Colmerauer, A. and Roussel, P. (1993). The birth of Prolog. *SIGPLAN Notices*, *28*(3), 37–52.

Colmerauer, A. (1975). Les grammaires de metamorphose. Tech. rep., Groupe d'Intelligence Artificielle, Université de Marseille-Luminy.

Colmerauer, A., Kanoui, H., Pasero, R., and Roussel, P. (1973). Un systéme de communication homme–machine en Français. Rapport, Groupe d'Intelligence Artificielle, Université d'Aix-Marseille II.

Condon, J. H. and Thompson, K. (1982). Belle chess hardware. In Clarke, M. R. B. (Ed.), *Advances in Computer Chess 3*, pp. 45–54. Pergamon.

Congdon, C. B., Huber, M., Kortenkamp, D., Bidlack, C., Cohen, C., Huffman, S., Koss, F., Raschke, U., and Weymouth, T. (1992). CARMEL versus Flakey: A comparison of two robots. Tech. rep. Papers from the AAAI Robot Competition, RC-92-01, American Association for Artificial Intelligence.

Conlisk, J. (1989). Three variants on the Allais example. *American Economic Review*, *79*(3), 392–407.

Connell, J. (1989). *A Colony Architecture for an Artificial Creature.* Ph.D. thesis, Artificial Intelligence Laboratory, MIT. Also available as AI Technical Report 1151.

Consortium, T. G. O. (2008). The gene ontology project in 2008. *Nucleic Acids Research*, 36.

Cook, S. A. (1971). The complexity of theorem-proving procedures. In *STOC-71*, pp. 151–158.

Cook, S. A. and Mitchell, D. (1997). Finding hard instances of the satisfiability problem: A survey. In Du, D., Gu, J., and Pardalos, P. (Eds.), *Satisfiability problems: Theory and applications.* American Mathematical Society.

Cooper, G. (1990). The computational complexity of probabilistic inference using Bayesian belief networks. *AIJ*, *42*, 393–405.

Cooper, G. and Herskovits, E. (1992). A Bayesian method for the induction of probabilistic networks from data. *Machine Learning*, *9*, 309–347.

Copeland, J. (1993). *Artificial Intelligence: A Philosophical Introduction.* Blackwell.

Copernicus (1543). *De Revolutionibus Orbium Coelestium.* Apud Ioh. Petreium, Nuremberg.

Cormen, T. H., Leiserson, C. E., and Rivest, R. (1990). *Introduction to Algorithms.* MIT Press.

Cortes, C. and Vapnik, V. N. (1995). Support vector networks. *Machine Learning*, *20*, 273–297.

Cournot, A. (Ed.). (1838). *Recherches sur les principes mathématiques de la théorie des richesses.* L. Hachette, Paris.

Cover, T. and Thomas, J. (2006). *Elements of Information Theory* (2nd edition). Wiley.

Cowan, J. D. and Sharp, D. H. (1988a). Neural nets. *Quarterly Reviews of Biophysics*, *21*, 365–427.

Cowan, J. D. and Sharp, D. H. (1988b). Neural nets and artificial intelligence. *Daedalus*, *117*, 85–121.

Cowell, R., Dawid, A. P., Lauritzen, S., and Spiegelhalter, D. J. (2002). *Probabilistic Networks and Expert Systems.* Springer.

Cox, I. (1993). A review of statistical data association techniques for motion correspondence. *IJCV*, *10*, 53–66.

Cox, I. and Hingorani, S. L. (1994). An efficient implementation and evaluation of Reid's multiple hypothesis tracking algorithm for visual tracking. In *ICPR-94*, Vol. 1, pp. 437–442.

Cox, I. and Wilfong, G. T. (Eds.). (1990). *Autonomous Robot Vehicles.* Springer Verlag.

Cox, R. T. (1946). Probability, frequency, and reasonable expectation. *American Journal of Physics*, *14*(1), 1–13.

Craig, J. (1989). *Introduction to Robotics: Mechanics and Control* (2nd edition). Addison-Wesley Publishing, Inc.

Craik, K. J. (1943). *The Nature of Explanation.* Cambridge University Press.

Craswell, N., Zaragoza, H., and Robertson, S. E. (2005). Microsoft cambridge at trec-14: Enterprise track. In *Proc. Fourteenth Text REtrieval Conference.*

Crauser, A., Mehlhorn, K., Meyer, U., and Sanders, P. (1998). A parallelization of Dijkstra's shortest path algorithm. In *Proc. 23rd International Symposium on Mathematical Foundations of Computer Science,*, pp. 722–731.

Craven, M., DiPasquo, D., Freitag, D., McCallum, A., Mitchell, T. M., Nigam, K., and Slattery, S. (2000). Learning to construct knowledge bases from the World Wide Web. *AIJ*, *118*(1/2), 69–113.

Crawford, J. M. and Auton, L. D. (1993). Experimental results on the crossover point in satisfiability problems. In *AAAI-93*, pp. 21–27.

Cristianini, N. and Hahn, M. (2007). *Introduction to Computational Genomics: A Case Studies Approach.* Cambridge University Press.

Cristianini, N. and Schölkopf, B. (2002). Support vector machines and kernel methods: The new generation of learning machines. *AIMag*, *23*(3), 31–41.

Cristianini, N. and Shawe-Taylor, J. (2000). *An introduction to support vector machines and other kernel-based learning methods.* Cambridge University Press.

Crockett, L. (1994). *The Turing Test and the Frame Problem: AI's Mistaken Understanding of Intelligence.* Ablex.

Croft, B., Metzler, D., and Stroham, T. (2009). *Search Engines: Information retrieval in Practice.* Addison Wesley.

Cross, S. E. and Walker, E. (1994). DART: Applying knowledge based planning and scheduling to crisis action planning. In Zweben, M. and Fox, M. S. (Eds.), *Intelligent Scheduling*, pp. 711–729. Morgan Kaufmann.

Cruse, D. A. (1986). *Lexical Semantics.* Cambridge University Press.

Culberson, J. and Schaeffer, J. (1996). Searching with pattern databases. In *Advances in Artificial Intelligence (Lecture Notes in Artificial Intelligence 1081)*, pp. 402–416. Springer-Verlag.

Culberson, J. and Schaeffer, J. (1998). Pattern databases. *Computational Intelligence*, *14*(4), 318–334.

Cullingford, R. E. (1981). Integrating knowledge sources for computer "understanding" tasks. *IEEE Transactions on Systems, Man and Cybernetics (SMC)*, *11*.

Cummins, D. and Allen, C. (1998). *The Evolution of Mind.* Oxford University Press.

Cushing, W., Kambhampati, S., Mausam, and Weld, D. S. (2007). When is temporal planning *really* temporal? In *IJCAI-07.*

Cybenko, G. (1988). Continuous valued neural networks with two hidden layers are sufficient. Technical report, Department of Computer Science, Tufts University.

Cybenko, G. (1989). Approximation by superpositions of a sigmoidal function. *Mathematics of Controls, Signals, and Systems*, *2*, 303–314.

Daganzo, C. (1979). *Multinomial probit: The theory and its application to demand forecasting.* Academic Press.

Dagum, P. and Luby, M. (1993). Approximating probabilistic inference in Bayesian belief networks is NP-hard. *AIJ*, *60*(1), 141–153.

Dalal, N. and Triggs, B. (2005). Histograms of oriented gradients for human detection. In *CVPR*, pp. 886–893.

Dantzig, G. B. (1949). Programming of interdependent activities: II. Mathematical model. *Econometrica*, *17*, 200–211.

Darwiche, A. (2001). Recursive conditioning. *AIJ*, *126*, 5–41.

Darwiche, A. and Ginsberg, M. L. (1992). A symbolic generalization of probability theory. In *AAAI-92*, pp. 622–627.

Darwiche, A. (2009). *Modeling and reasoning with Bayesian networks.* Cambridge University Press.

Darwin, C. (1859). *On The Origin of Species by Means of Natural Selection.* J. Murray, London.

Darwin, C. (1871). *Descent of Man.* J. Murray.

Dasgupta, P., Chakrabarti, P. P., and de Sarkar, S. C. (1994). Agent searching in a tree and the optimality of iterative deepening. *AIJ*, *71*, 195–208.

Davidson, D. (1980). *Essays on Actions and Events.* Oxford University Press.

Davies, T. R. (1985). Analogy. Informal note IN-CSLI-85-4, Center for the Study of Language and Information (CSLI).

Davies, T. R. and Russell, S. J. (1987). A logical approach to reasoning by analogy. In *IJCAI-87*, Vol. 1, pp. 264–270.

Davis, E. (1986). *Representing and Acquiring Geographic Knowledge.* Pitman and Morgan Kaufmann.

Davis, E. (1990). *Representations of Commonsense Knowledge.* Morgan Kaufmann.

Davis, E. (2005). Knowledge and communication: A first-order theory. *AIJ*, *166*, 81–140.

Davis, E. (2006). The expressivity of quantifying over regions. *J. Logic and Computation*, *16*, 891–916.

Davis, E. (2007). Physical reasoning. In van Harmelan, F., Lifschitz, V., and Porter, B. (Eds.), *The Handbook of Knowledge Representation*, pp. 597–620. Elsevier.

Davis, E. (2008). Pouring liquids: A study in commonsense physical reasoning. *AIJ*, *172*(1540–1578).

Davis, E. and Morgenstern, L. (2004). Introduction: Progress in formal commonsense reasoning. *AIJ*, *153*, 1–12.

Davis, E. and Morgenstern, L. (2005). A first-order theory of communication and multi-agent plans. *J. Logic and Computation*, *15*(5), 701–749.

Davis, K. H., Biddulph, R., and Balashek, S. (1952). Automatic recognition of spoken digits. *J. Acoustical Society of America*, *24*(6), 637–642.

Davis, M. (1957). A computer program for Presburger's algorithm. In *Proving Theorems (as Done by Man, Logician, or Machine)*, pp. 215–233. Proc. Summer Institute for Symbolic Logic. Second edition; publication date is 1960.

Davis, M., Logemann, G., and Loveland, D. (1962). A machine program for theorem-proving. *CACM*, *5*, 394–397.

Davis, M. and Putnam, H. (1960). A computing procedure for quantification theory. *JACM*, *7*(3), 201–215.

Davis, R. and Lenat, D. B. (1982). *Knowledge-Based Systems in Artificial Intelligence*. McGraw-Hill.

Dayan, P. (1992). The convergence of TD(λ) for general λ. *Machine Learning*, *8*(3–4), 341–362.

Dayan, P. and Abbott, L. F. (2001). *Theoretical Neuroscience: Computational and Mathematical Modeling of Neural Systems*. MIT Press.

Dayan, P. and Niv, Y. (2008). Reinforcement learning and the brain: The good, the bad and the ugly. *Current Opinion in Neurobiology*, *18*(2), 185–196.

de Dombal, F. T., Leaper, D. J., Horrocks, J. C., and Staniland, J. R. (1974). Human and computer-aided diagnosis of abdominal pain: Further report with emphasis on performance of clinicians. *British Medical Journal*, *1*, 376–380.

de Dombal, F. T., Staniland, J. R., and Clamp, S. E. (1981). Geographical variation in disease presentation. *Medical Decision Making*, *1*, 59–69.

de Finetti, B. (1937). Le prévision: ses lois logiques, ses sources subjectives. *Ann. Inst. Poincaré*, *7*, 1–68.

de Finetti, B. (1993). On the subjective meaning of probability. In Monari, P. and Cocchi, D. (Eds.), *Probabilita e Induzione*, pp. 291–321. Clueb.

de Freitas, J. F. G., Niranjan, M., and Gee, A. H. (2000). Sequential Monte Carlo methods to train neural network models. *Neural Computation*, *12*(4), 933–953.

de Kleer, J. (1975). Qualitative and quantitative knowledge in classical mechanics. Tech. rep. AI-TR-352, MIT Artificial Intelligence Laboratory.

de Kleer, J. (1989). A comparison of ATMS and CSP techniques. In *IJCAI-89*, Vol. 1, pp. 290–296.

de Kleer, J. and Brown, J. S. (1985). A qualitative physics based on confluences. In Hobbs, J. R. and Moore, R. C. (Eds.), *Formal Theories of the Commonsense World*, chap. 4, pp. 109–183. Ablex.

de Marcken, C. (1996). *Unsupervised Language Acquisition*. Ph.D. thesis, MIT.

De Morgan, A. (1864). On the syllogism, No. IV, and on the logic of relations. *Transaction of the Cambridge Philosophical Society*, *X*, 331–358.

De Raedt, L. (1992). *Interactive Theory Revision: An Inductive Logic Programming Approach*. Academic Press.

de Salvo Braz, R., Amir, E., and Roth, D. (2007). Lifted first-order probabilistic inference. In Getoor, L. and Taskar, B. (Eds.), *Introduction to Statistical Relational Learning*. MIT Press.

Deacon, T. W. (1997). *The symbolic species: The co-evolution of language and the brain*. W. W. Norton.

Deale, M., Yvanovich, M., Schnitzius, D., Kautz, D., Carpenter, M., Zweben, M., Davis, G., and Daun, B. (1994). The space shuttle ground processing scheduling system. In Zweben, M. and Fox, M. (Eds.), *Intelligent Scheduling*, pp. 423–449. Morgan Kaufmann.

Dean, T., Basye, K., Chekaluk, R., and Hyun, S. (1990). Coping with uncertainty in a control system for navigation and exploration. In *AAAI-90*, Vol. 2, pp. 1010–1015.

Dean, T. and Boddy, M. (1988). An analysis of time-dependent planning. In *AAAI-88*, pp. 49–54.

Dean, T., Firby, R. J., and Miller, D. (1990). Hierarchical planning involving deadlines, travel time, and resources. *Computational Intelligence*, *6*(1), 381–398.

Dean, T., Kaelbling, L. P., Kirman, J., and Nicholson, A. (1993). Planning with deadlines in stochastic domains. In *AAAI-93*, pp. 574–579.

Dean, T. and Kanazawa, K. (1989a). A model for projection and action. In *IJCAI-89*, pp. 985–990.

Dean, T. and Kanazawa, K. (1989b). A model for reasoning about persistence and causation. *Computational Intelligence*, *5*(3), 142–150.

Dean, T., Kanazawa, K., and Shewchuk, J. (1990). Prediction, observation and estimation in planning and control. In *5th IEEE International Symposium on Intelligent Control*, Vol. 2, pp. 645–650.

Dean, T. and Wellman, M. P. (1991). *Planning and Control*. Morgan Kaufmann.

Dearden, R., Friedman, N., and Andre, D. (1999). Model-based Bayesian exploration. In *UAI-99*.

Dearden, R., Friedman, N., and Russell, S. J. (1998). Bayesian q-learning. In *AAAI-98*.

Debevec, P., Taylor, C., and Malik, J. (1996). Modeling and rendering architecture from photographs: A hybrid geometry- and image-based approach. In *Proc. 23rd Annual Conference on Computer Graphics (SIGGRAPH)*, pp. 11–20.

Debreu, G. (1960). Topological methods in cardinal utility theory. In Arrow, K. J., Karlin, S., and Suppes, P. (Eds.), *Mathematical Methods in the Social Sciences, 1959*. Stanford University Press.

Dechter, R. (1990a). Enhancement schemes for constraint processing: Backjumping, learning and cutset decomposition. *AIJ*, *41*, 273–312.

Dechter, R. (1990b). On the expressiveness of networks with hidden variables. In *AAAI-90*, pp. 379–385.

Dechter, R. (1992). Constraint networks. In Shapiro, S. (Ed.), *Encyclopedia of Artificial Intelligence* (2nd edition)., pp. 276–285. Wiley and Sons.

Dechter, R. (1999). Bucket elimination: A unifying framework for reasoning. *AIJ*, *113*, 41–85.

Dechter, R. and Pearl, J. (1985). Generalized best-first search strategies and the optimality of A*. *JACM*, *32*(3), 505–536.

Dechter, R. and Pearl, J. (1987). Network-based heuristics for constraint-satisfaction problems. *AIJ*, *34*(1), 1–38.

Dechter, R. and Pearl, J. (1989). Tree clustering for constraint networks. *AIJ*, *38*(3), 353–366.

Dechter, R. (2003). *Constraint Processing*. Morgan Kaufmann.

Dechter, R. and Frost, D. (2002). Backjump-based backtracking for constraint satisfaction problems. *AIJ*, *136*(2), 147–188.

Dechter, R. and Mateescu, R. (2007). AND/OR search spaces for graphical models. *AIJ*, *171*(2–3), 73–106.

DeCoste, D. and Schölkopf, B. (2002). Training invariant support vector machines. *Machine Learning*, *46*(1), 161–190.

Dedekind, R. (1888). *Was sind und was sollen die Zahlen*. Braunschweig, Germany.

Deerwester, S. C., Dumais, S. T., Landauer, T. K., Furnas, G. W., and Harshman, R. A. (1990). Indexing by latent semantic analysis. *J. American Society for Information Science*, *41*(6), 391–407.

DeGroot, M. H. (1970). *Optimal Statistical Decisions*. McGraw-Hill.

DeGroot, M. H. and Schervish, M. J. (2001). *Probability and Statistics* (3rd edition). Addison Wesley.

DeJong, G. (1981). Generalizations based on explanations. In *IJCAI-81*, pp. 67–69.

DeJong, G. (1982). An overview of the FRUMP system. In Lehnert, W. and Ringle, M. (Eds.), *Strategies for Natural Language Processing*, pp. 149–176. Lawrence Erlbaum.

DeJong, G. and Mooney, R. (1986). Explanation-based learning: An alternative view. *Machine Learning*, *1*, 145–176.

Del Moral, P., Doucet, A., and Jasra, A. (2006). Sequential Monte Carlo samplers. *J. Royal Statistical Society, Series B*, *68*(3), 411–436.

Del Moral, P. (2004). *Feynman–Kac Formulae, Genealogical and Interacting Particle Systems with Applications*. Springer-Verlag.

Delgrande, J. and Schaub, T. (2003). On the relation between Reiter's default logic and its (major) variants. In *Seventh European Conference on Symbolic and Quantitative Approaches to Reasoning with Uncertainty*, pp. 452–463.

Dempster, A. P. (1968). A generalization of Bayesian inference. *J. Royal Statistical Society*, *30 (Series B)*, 205–247.

Dempster, A. P., Laird, N., and Rubin, D. (1977). Maximum likelihood from incomplete data via the EM algorithm. *J. Royal Statistical Society*, *39 (Series B)*, 1–38.

Deng, X. and Papadimitriou, C. H. (1990). Exploring an unknown graph. In *FOCS-90*, pp. 355–361.

Denis, F. (2001). Learning regular languages from simple positive examples. *Machine Learning*, *44*(1/2), 37–66.

Dennett, D. C. (1984). Cognitive wheels: the frame problem of AI. In Hookway, C. (Ed.), *Minds, Machines, and Evolution: Philosophical Studies*, pp. 129–151. Cambridge University Press.

Dennett, D. C. (1991). *Consciousness Explained*. Penguin Press.

Denney, E., Fischer, B., and Schumann, J. (2006). An empirical evaluation of automated theorem provers in software certification. *Int. J. AI Tools*, *15*(1), 81–107.

Descartes, R. (1637). Discourse on method. In Cottingham, J., Stoothoff, R., and Murdoch, D. (Eds.), *The Philosophical Writings of Descartes*, Vol. I. Cambridge University Press, Cambridge, UK.

Descartes, R. (1641). Meditations on first philosophy. In Cottingham, J., Stoothoff, R., and Murdoch, D. (Eds.), *The Philosophical Writings of Descartes*, Vol. II. Cambridge University Press, Cambridge, UK.

Descotte, Y. and Latombe, J.-C. (1985). Making compromises among antagonist constraints in a planner. *AIJ*, *27*, 183–217.

Detwarasiti, A. and Shachter, R. D. (2005). Influence diagrams for team decision analysis. *Decision Analysis*, *2*(4), 207–228.

Devroye, L. (1987). *A course in density estimation*. Birkhauser.

Dickmanns, E. D. and Zapp, A. (1987). Autonomous high speed road vehicle guidance by computer vision. In *Automatic Control—World Congress, 1987: Selected Papers from the 10th Triennial World Congress of the International Federation of Automatic Control*, pp. 221–226.

Dietterich, T. (1990). Machine learning. *Annual Review of Computer Science*, *4*, 255–306.

Dietterich, T. (2000). Hierarchical reinforcement learning with the MAXQ value function decomposition. *JAIR*, *13*, 227–303.

Dijkstra, E. W. (1959). A note on two problems in connexion with graphs. *Numerische Mathematik*, *1*, 269–271.

Dijkstra, E. W. (1984). The threats to computing science. In *ACM South Central Regional Conference*.

Dillenburg, J. F. and Nelson, P. C. (1994). Perimeter search. *AIJ*, *65*(1), 165–178.

Dinh, H., Russell, A., and Su, Y. (2007). On the value of good advice: The complexity of A* with accurate heuristics. In *AAAI-07*.

Dissanayake, G., Newman, P., Clark, S., Durrant-Whyte, H., and Csorba, M. (2001). A solution to the simultaneous localisation and map building (SLAM) problem. *IEEE Transactions on Robotics and Automation*, *17*(3), 229–241.

Do, M. B. and Kambhampati, S. (2001). Sapa: A domain-independent heuristic metric temporal planner. In *ECP-01*.

Do, M. B. and Kambhampati, S. (2003). Planning as constraint satisfaction: solving the planning graph by compiling it into CSP. *AIJ*, *132*(2), 151–182.

Doctorow, C. (2001). Metacrap: Putting the torch to seven straw-men of the meta-utopia. www.well.com/~doctorow/metacrap.htm.

Domingos, P. and Pazzani, M. (1997). On the optimality of the simple Bayesian classifier under zero–one loss. *Machine Learning*, *29*, 103–30.

Domingos, P. and Richardson, M. (2004). Markov logic: A unifying framework for statistical relational learning. In *Proc. ICML-04 Workshop on Statistical Relational Learning*.

Donninger, C. and Lorenz, U. (2004). The chess monster hydra. In *Proc. 14th International Conference on Field-Programmable Logic and Applications*, pp. 927–932.

Doorenbos, R. (1994). Combining left and right unlinking for matching a large number of learned rules. In *AAAI-94*.

Doran, J. and Michie, D. (1966). Experiments with the graph traverser program. *Proc. Royal Society of London*, *294, Series A*, 235–259.

Dorf, R. C. and Bishop, R. H. (2004). *Modern Control Systems* (10th edition). Prentice-Hall.

Doucet, A. (1997). *Monte Carlo methods for Bayesian estimation of hidden Markov models: Application to radiation signals*. Ph.D. thesis, Université de Paris-Sud.

Doucet, A., de Freitas, N., and Gordon, N. (2001). *Sequential Monte Carlo Methods in Practice*. Springer-Verlag.

Doucet, A., de Freitas, N., Murphy, K., and Russell, S. J. (2000). Rao-blackwellised particle filtering for dynamic bayesian networks. In *UAI-00*.

Dowling, W. F. and Gallier, J. H. (1984). Linear-time algorithms for testing the satisfiability of propositional Horn formulas. *J. Logic Programming*, *1*, 267–284.

Dowty, D., Wall, R., and Peters, S. (1991). *Introduction to Montague Semantics*. D. Reidel.

Doyle, J. (1979). A truth maintenance system. *AIJ*, *12*(3), 231–272.

Doyle, J. (1983). What is rational psychology? Toward a modern mental philosophy. *AIMag*, *4*(3), 50–53.

Doyle, J. and Patil, R. (1991). Two theses of knowledge representation: Language restrictions, taxonomic classification, and the utility of representation services. *AIJ*, *48*(3), 261–297.

Drabble, B. (1990). Mission scheduling for spacecraft: Diaries of T-SCHED. In *Expert Planning Systems*, pp. 76–81. Institute of Electrical Engineers.

Dredze, M., Crammer, K., and Pereira, F. (2008). Confidence-weighted linear classification. In *ICML-08*, pp. 264–271.

Dreyfus, H. L. (1972). *What Computers Can't Do: A Critique of Artificial Reason*. Harper and Row.

Dreyfus, H. L. (1992). *What Computers Still Can't Do: A Critique of Artificial Reason*. MIT Press.

Dreyfus, H. L. and Dreyfus, S. E. (1986). *Mind over Machine: The Power of Human Intuition and Expertise in the Era of the Computer*. Blackwell.

Dreyfus, S. E. (1969). An appraisal of some shortest-paths algorithms. *Operations Research*, *17*, 395–412.

Dubois, D. and Prade, H. (1994). A survey of belief revision and updating rules in various uncertainty models. *Int. J. Intelligent Systems*, *9*(1), 61–100.

Duda, R. O., Gaschnig, J., and Hart, P. E. (1979). Model design in the Prospector consultant system for mineral exploration. In Michie, D. (Ed.), *Expert Systems in the Microelectronic Age*, pp. 153–167. Edinburgh University Press.

Duda, R. O. and Hart, P. E. (1973). *Pattern classification and scene analysis*. Wiley.

Duda, R. O., Hart, P. E., and Stork, D. G. (2001). *Pattern Classification* (2nd edition). Wiley.

Dudek, G. and Jenkin, M. (2000). *Computational Principles of Mobile Robotics*. Cambridge University Press.

Duffy, D. (1991). *Principles of Automated Theorem Proving*. John Wiley & Sons.

Dunn, H. L. (1946). Record linkage". *Am. J. Public Health*, *36*(12), 1412–1416.

Durfee, E. H. and Lesser, V. R. (1989). Negotiating task decomposition and allocation using partial global planning. In Huhns, M. and Gasser, L. (Eds.), *Distributed AI*, Vol. 2. Morgan Kaufmann.

Durme, B. V. and Pasca, M. (2008). Finding cars, goddesses and enzymes: Parametrizable acquisition of labeled instances for open-domain information extraction. In *AAAI-08*, pp. 1243–1248.

Dyer, M. (1983). *In-Depth Understanding*. MIT Press.

Dyson, G. (1998). *Darwin among the machines : the evolution of global intelligence*. Perseus Books.

Duzeroski, S., Muggleton, S. H., and Russell, S. J. (1992). PAC-learnability of determinate logic programs. In *COLT-92*, pp. 128–135.

Earley, J. (1970). An efficient context-free parsing algorithm. *CACM*, *13*(2), 94–102.

Edelkamp, S. (2009). Scaling search with symbolic pattern databases. In *Model Checking and Artificial Intelligence (MOCHART)*, pp. 49–65.

Edmonds, J. (1965). Paths, trees, and flowers. *Canadian Journal of Mathematics*, *17*, 449–467.

Edwards, P. (Ed.). (1967). *The Encyclopedia of Philosophy*. Macmillan.

Een, N. and Sörensson, N. (2003). An extensible SAT-solver. In Giunchiglia, E. and Tacchella, A. (Eds.), *Theory and Applications of Satisfiability Testing: 6th International Conference (SAT 2003)*. Springer-Verlag.

Eiter, T., Leone, N., Mateis, C., Pfeifer, G., and Scarcello, F. (1998). The KR system dlv: Progress report, comparisons and benchmarks. In *KR-98*, pp. 406–417.

Elio, R. (Ed.). (2002). *Common Sense, Reasoning, and Rationality*. Oxford University Press.

Elkan, C. (1993). The paradoxical success of fuzzy logic. In *AAAI-93*, pp. 698–703.

Elkan, C. (1997). Boosting and naive Bayesian learning. Tech. rep., Department of Computer Science and Engineering, University of California, San Diego.

Ellsberg, D. (1962). *Risk, Ambiguity, and Decision*. Ph.D. thesis, Harvard University.

Elman, J., Bates, E., Johnson, M., Karmiloff-Smith, A., Parisi, D., and Plunkett, K. (1997). *Rethinking Innateness*. MIT Press.

Empson, W. (1953). *Seven Types of Ambiguity*. New Directions.

Enderton, H. B. (1972). *A Mathematical Introduction to Logic*. Academic Press.

Epstein, R., Roberts, G., and Beber, G. (Eds.). (2008). *Parsing the Turing Test*. Springer.

Erdmann, M. A. and Mason, M. (1988). An exploration of sensorless manipulation. *IEEE Journal of Robotics and Automation*, *4*(4), 369–379.

Ernst, H. A. (1961). *MH-1, a Computer-Operated Mechanical Hand*. Ph.D. thesis, Massachusetts Institute of Technology.

Ernst, M., Millstein, T., and Weld, D. S. (1997). Automatic SAT-compilation of planning problems. In *IJCAI-97*, pp. 1169–1176.

Erol, K., Hendler, J., and Nau, D. S. (1994). HTN planning: Complexity and expressivity. In *AAAI-94*, pp. 1123–1128.

Erol, K., Hendler, J., and Nau, D. S. (1996). Complexity results for HTN planning. *AIJ*, 18(1), 69–93.

Etzioni, A. (2004). *From Empire to Community: A New Approach to International Relation*. Palgrave Macmillan.

Etzioni, O. (1989). Tractable decision-analytic control. In *Proc. First International Conference on Knowledge Representation and Reasoning*, pp. 114–125.

Etzioni, O., Banko, M., Soderland, S., and Weld, D. S. (2008). Open information extraction from the web. *CACM*, 51(12).

Etzioni, O., Hanks, S., Weld, D. S., Draper, D., Lesh, N., and Williamson, M. (1992). An approach to planning with incomplete information. In *KR-92*.

Etzioni, O. and Weld, D. S. (1994). A softbot-based interface to the Internet. *CACM*, 37(7), 72–76.

Etzioni, O., Banko, M., and Cafarella, M. J. (2006). Machine reading. In *AAAI-06*.

Etzioni, O., Cafarella, M. J., Downey, D., Popescu, A.-M., Shaked, T., Soderland, S., Weld, D. S., and Yates, A. (2005). Unsupervised named-entity extraction from the web: An experimental study. *AIJ*, 165(1), 91–134.

Evans, T. G. (1968). A program for the solution of a class of geometric-analogy intelligence-test questions. In Minsky, M. L. (Ed.), *Semantic Information Processing*, pp. 271–353. MIT Press.

Fagin, R., Halpern, J., Moses, Y., and Vardi, M. Y. (1995). *Reasoning about Knowledge*. MIT Press.

Fahlman, S. E. (1974). A planning system for robot construction tasks. *AIJ*, 5(1), 1–49.

Faugeras, O. (1993). *Three-Dimensional Computer Vision: A Geometric Viewpoint*. MIT Press.

Faugeras, O., Luong, Q.-T., and Papadopoulo, T. (2001). *The Geometry of Multiple Images*. MIT Press.

Fearing, R. S. and Hollerbach, J. M. (1985). Basic solid mechanics for tactile sensing. *Int. J. Robotics Research*, 4(3), 40–54.

Featherstone, R. (1987). *Robot Dynamics Algorithms*. Kluwer Academic Publishers.

Feigenbaum, E. A. (1961). The simulation of verbal learning behavior. *Proc. Western Joint Computer Conference*, 19, 121–131.

Feigenbaum, E. A., Buchanan, B. G., and Lederberg, J. (1971). On generality and problem solving: A case study using the DENDRAL program. In Meltzer, B. and Michie, D. (Eds.), *Machine Intelligence 6*, pp. 165–190. Edinburgh University Press.

Feldman, J. and Sproull, R. F. (1977). Decision theory and artificial intelligence II: The hungry monkey. Technical report, Computer Science Department, University of Rochester.

Feldman, J. and Yakimovsky, Y. (1974). Decision theory and artificial intelligence I: Semantics-based region analyzer. *AIJ*, 5(4), 349–371.

Fellbaum, C. (2001). *Wordnet: An Electronic Lexical Database*. MIT Press.

Fellegi, I. and Sunter, A. (1969). A theory for record linkage". *JASA*, 64, 1183–1210.

Felner, A., Korf, R. E., and Hanan, S. (2004). Additive pattern database heuristics. *JAIR*, 22, 279–318.

Felner, A., Korf, R. E., Meshulam, R., and Holte, R. (2007). Compressed pattern databases. *JAIR*, 30, 213–247.

Felzenszwalb, P. and Huttenlocher, D. (2000). Efficient matching of pictorial structures. In *CVPR*.

Felzenszwalb, P. and McAllester, D. A. (2007). The generalized A* architecture. *JAIR*.

Ferguson, T. (1992). Mate with knight and bishop in kriegspiel. *Theoretical Computer Science*, 96(2), 389–403.

Ferguson, T. (1995). Mate with the two bishops in kriegspiel. www.math.ucla.edu/~tom/papers.

Ferguson, T. (1973). Bayesian analysis of some nonparametric problems. *Annals of Statistics*, 1(2), 209–230.

Ferraris, P. and Giunchiglia, E. (2000). Planning as satisability in nondeterministic domains. In *AAAI-00*, pp. 748–753.

Ferriss, T. (2007). *The 4-Hour Workweek*. Crown.

Fikes, R. E., Hart, P. E., and Nilsson, N. J. (1972). Learning and executing generalized robot plans. *AIJ*, 3(4), 251–288.

Fikes, R. E. and Nilsson, N. J. (1971). STRIPS: A new approach to the application of theorem proving to problem solving. *AIJ*, 2(3–4), 189–208.

Fikes, R. E. and Nilsson, N. J. (1993). STRIPS, a retrospective. *AIJ*, 59(1–2), 227–232.

Fine, S., Singer, Y., and Tishby, N. (1998). The hierarchical hidden markov model: Analysis and applications. *Machine Learning*, 32(41–62).

Finney, D. J. (1947). *Probit analysis: A statistical treatment of the sigmoid response curve*. Cambridge University Press.

Firth, J. (1957). *Papers in Linguistics*. Oxford University Press.

Fisher, R. A. (1922). On the mathematical foundations of theoretical statistics. *Philosophical Transactions of the Royal Society of London, Series A 222*, 309–368.

Fix, E. and Hodges, J. L. (1951). Discriminatory analysis—Nonparametric discrimination: Consistency properties. Tech. rep. 21-49-004, USAF School of Aviation Medicine.

Floreano, D., Zufferey, J. C., Srinivasan, M. V., and Ellington, C. (2009). *Flying Insects and Robots*. Springer.

Fogel, D. B. (2000). *Evolutionary Computation: Toward a New Philosophy of Machine Intelligence*. IEEE Press.

Fogel, L. J., Owens, A. J., and Walsh, M. J. (1966). *Artificial Intelligence through Simulated Evolution*. Wiley.

Foo, N. (2001). Why engineering models do not have a frame problem. In *Discrete event modeling and simulation technologies: a tapestry of systems and AI-based theories and methodologies*. Springer.

Forbes, J. (2002). *Learning Optimal Control for Autonomous Vehicles*. Ph.D. thesis, University of California.

Forbus, K. D. (1985). Qualitative process theory. In Bobrow, D. (Ed.), *Qualitative Reasoning About Physical Systems*, pp. 85–186. MIT Press.

Forbus, K. D. and de Kleer, J. (1993). *Building Problem Solvers*. MIT Press.

Ford, K. M. and Hayes, P. J. (1995). Turing Test considered harmful. In *IJCAI-95*, pp. 972–977.

Forestier, J.-P. and Varaiya, P. (1978). Multilayer control of large Markov chains. *IEEE Transactions on Automatic Control*, 23(2), 298–304.

Forgy, C. (1981). OPS5 user's manual. Technical report CMU-CS-81-135, Computer Science Department, Carnegie-Mellon University.

Forgy, C. (1982). A fast algorithm for the many patterns/many objects match problem. *AIJ*, 19(1), 17–37.

Forsyth, D. and Ponce, J. (2002). *Computer Vision: A Modern Approach*. Prentice Hall.

Fourier, J. (1827). Analyse des travaux de l'Académie Royale des Sciences, pendant l'année 1824; partie mathématique. *Histoire de l'Académie Royale des Sciences de France*, 7, xlvii–lv.

Fox, C. and Tversky, A. (1995). Ambiguity aversion and comparative ignorance. *Quarterly Journal of Economics*, 110(3), 585–603.

Fox, D., Burgard, W., Dellaert, F., and Thrun, S. (1999). Monte carlo localization: Efficient position estimation for mobile robots. In *AAAI-99*.

Fox, M. S. (1990). Constraint-guided scheduling: A short history of research at CMU. *Computers in Industry*, 14(1–3), 79–88.

Fox, M. S., Allen, B., and Strohm, G. (1982). Job shop scheduling: An investigation in constraint-directed reasoning. In *AAAI-82*, pp. 155–158.

Fox, M. S. and Long, D. (1998). The automatic inference of state invariants in TIM. *JAIR*, 9, 367–421.

Franco, J. and Paull, M. (1983). Probabilistic analysis of the Davis Putnam procedure for solving the satisfiability problem. *Discrete Applied Mathematics*, 5, 77–87.

Frank, I., Basin, D. A., and Matsubara, H. (1998). Finding optimal strategies for imperfect information games. In *AAAI-98*, pp. 500–507.

Frank, R. H. and Cook, P. J. (1996). *The Winner-Take-All Society*. Penguin.

Franz, A. (1996). *Automatic Ambiguity resolution in Natural Language Processing: An Empirical Approach*. Springer.

Franz, A. and Brants, T. (2006). All our n-gram are belong to you. Blog posting.

Frege, G. (1879). *Begriffsschrift, eine der arithmetischen nachgebildete Formelsprache des reinen Denkens*. Halle, Berlin. English translation appears in van Heijenoort (1967).

Freitag, D. and McCallum, A. (2000). Information extraction with hmm structures learned by stochastic optimization. In *AAAI-00*.

Freuder, E. C. (1978). Synthesizing constraint expressions. *CACM*, 21(11), 958–966.

Freuder, E. C. (1982). A sufficient condition for backtrack-free search. *JACM*, 29(1), 24–32.

Freuder, E. C. (1985). A sufficient condition for backtrack-bounded search. *JACM*, 32(4), 755–761.

Freuder, E. C. and Mackworth, A. K. (Eds.). (1994). *Constraint-based reasoning*. MIT Press.

Freund, Y. and Schapire, R. E. (1996). Experiments with a new boosting algorithm. In *ICML-96*.

Freund, Y. and Schapire, R. E. (1999). Large margin classification using the perceptron algorithm. *Machine Learning*, 37(3), 277–296.

Friedberg, R. M. (1958). A learning machine: Part I. *IBM Journal of Research and Development*, 2, 2–13.

Friedberg, R. M., Dunham, B., and North, T. (1959). A learning machine: Part II. *IBM Journal of Research and Development*, 3(3), 282–287.

Friedgut, E. (1999). Necessary and sufficient conditions for sharp thresholds of graph properties, and the k-SAT problem. *J. American Mathematical Society*, *12*, 1017–1054.

Friedman, G. J. (1959). Digital simulation of an evolutionary process. *General Systems Yearbook*, *4*, 171–184.

Friedman, J., Hastie, T., and Tibshirani, R. (2000). Additive logistic regression: A statistical view of boosting. *Annals of Statistics*, *28*(2), 337–374.

Friedman, N. (1998). The Bayesian structural EM algorithm. In *UAI-98*.

Friedman, N. and Goldszmidt, M. (1996). Learning Bayesian networks with local structure. In *UAI-96*, pp. 252–262.

Friedman, N. and Koller, D. (2003). Being Bayesian about Bayesian network structure: A Bayesian approach to structure discovery in Bayesian networks. *Machine Learning*, *50*, 95–125.

Friedman, N., Murphy, K., and Russell, S. J. (1998). Learning the structure of dynamic probabilistic networks. In *UAI-98*.

Friedman, N. (2004). Inferring cellular networks using probabilistic graphical models. *Science*, *303*(5659), 799–805.

Fruhwirth, T. and Abdennadher, S. (2003). *Essentials of constraint programming*. Cambridge University Press.

Fuchs, J. J., Gasquet, A., Olalainty, B., and Currie, K. W. (1990). PlanERS-1: An expert planning system for generating spacecraft mission plans. In *First International Conference on Expert Planning Systems*, pp. 70–75. Institute of Electrical Engineers.

Fudenberg, D. and Tirole, J. (1991). *Game theory*. MIT Press.

Fukunaga, A. S., Rabideau, G., Chien, S., and Yan, D. (1997). ASPEN: A framework for automated planning and scheduling of spacecraft control and operations. In *Proc. International Symposium on AI, Robotics and Automation in Space*, pp. 181–187.

Fung, R. and Chang, K. C. (1989). Weighting and integrating evidence for stochastic simulation in Bayesian networks. In *UAI-98*, pp. 209–220.

Gaddum, J. H. (1933). Reports on biological standard III: Methods of biological assay depending on a quantal response. Special report series of the medical research council 183, Medical Research Council.

Gaifman, H. (1964). Concerning measures in first order calculi. *Israel Journal of Mathematics*, *2*, 1–18.

Gallaire, H. and Minker, J. (Eds.). (1978). *Logic and Databases*. Plenum.

Gallier, J. H. (1986). *Logic for Computer Science: Foundations of Automatic Theorem Proving*. Harper and Row.

Gamba, A., Gamberini, L., Palmieri, G., and Sanna, R. (1961). Further experiments with PAPA. *Nuovo Cimento Supplemento*, *20*(2), 221–231.

Garding, J. (1992). Shape from texture for smooth curved surfaces in perspective projection. *J. Mathematical Imaging and Vision*, *2*(4), 327–350.

Gardner, M. (1968). *Logic Machines, Diagrams and Boolean Algebra*. Dover.

Garey, M. R. and Johnson, D. S. (1979). *Computers and Intractability*. W. H. Freeman.

Gaschnig, J. (1977). A general backtrack algorithm that eliminates most redundant tests. In *IJCAI-77*, p. 457.

Gaschnig, J. (1979). Performance measurement and analysis of certain search algorithms. Technical report CMU-CS-79-124, Computer Science Department, Carnegie-Mellon University.

Gasser, R. (1995). *Efficiently harnessing computational resources for exhaustive search*. Ph.D. thesis, ETH Zürich.

Gasser, R. (1998). Solving nine men's morris. In Nowakowski, R. (Ed.), *Games of No Chance*. Cambridge University Press.

Gat, E. (1998). Three-layered architectures. In Kortenkamp, D., Bonasso, R. P., and Murphy, R. (Eds.), *AI-based Mobile Robots: Case Studies of Successful Robot Systems*, pp. 195–210. MIT Press.

Gauss, C. F. (1809). *Theoria Motus Corporum Coelestium in Sectionibus Conicis Solem Ambientium*. Sumtibus F. Perthes et I. H. Besser, Hamburg.

Gauss, C. F. (1829). Beiträge zur theorie der algebraischen gleichungen. Collected in *Werke*, *Vol. 3*, pages 71–102. K. Gesellschaft Wissenschaft, Göttingen, Germany, 1876.

Gawande, A. (2002). *Complications: A Surgeon's Notes on an Imperfect Science*. Metropolitan Books.

Geiger, D., Verma, T., and Pearl, J. (1990). Identifying independence in Bayesian networks. *Networks*, *20*(5), 507–534.

Geisel, T. (1955). *On Beyond Zebra*. Random House.

Gelb, A. (1974). *Applied Optimal Estimation*. MIT Press.

Gelernter, H. (1959). Realization of a geometry-theorem proving machine. In *Proc. an International Conference on Information Processing*, pp. 273–282. UNESCO House.

Gelfond, M. and Lifschitz, V. (1988). Compiling circumscriptive theories into logic programs. In *Non-Monotonic Reasoning: 2nd International Workshop Proceedings*, pp. 74–99.

Gelfond, M. (2008). Answer sets. In van Harmelen, F., Lifschitz, V., and Porter, B. (Eds.), *Handbook of Knowledge Representation*, pp. 285–316. Elsevier.

Gelly, S. and Silver, D. (2008). Achieving master level play in 9 x 9 computer go. In *AAAI-08*, pp. 1537–1540.

Gelman, A., Carlin, J. B., Stern, H. S., and Rubin, D. (1995). *Bayesian Data Analysis*. Chapman & Hall.

Geman, S. and Geman, D. (1984). Stochastic relaxation, Gibbs distributions, and Bayesian restoration of images. *PAMI*, *6*(6), 721–741.

Genesereth, M. R. (1984). The use of design descriptions in automated diagnosis. *AIJ*, *24*(1–3), 411–436.

Genesereth, M. R. and Nilsson, N. J. (1987). *Logical Foundations of Artificial Intelligence*. Morgan Kaufmann.

Genesereth, M. R. and Nourbakhsh, I. (1993). Time-saving tips for problem solving with incomplete information. In *AAAI-93*, pp. 724–730.

Genesereth, M. R. and Smith, D. E. (1981). Meta-level architecture. Memo HPP-81-6, Computer Science Department, Stanford University.

Gent, I., Petrie, K., and Puget, J.-F. (2006). Symmetry in constraint programming. In Rossi, F., van Beek, P., and Walsh, T. (Eds.), *Handbook of Constraint Programming*. Elsevier.

Gentner, D. (1983). Structure mapping: A theoretical framework for analogy. *Cognitive Science*, *7*, 155–170.

Gentner, D. and Goldin-Meadow, S. (Eds.). (2003). *Language in mind: Advances in the study of language and though*. MIT Press.

Gerevini, A. and Long, D. (2005). Plan constraints and preferences in PDDL3. Tech. rep., Dept. of Electronics for Automation, University of Brescia, Italy.

Gerevini, A. and Serina, I. (2002). LPG: A planner based on planning graphs with action costs. In *ICAPS-02*, pp. 281–290.

Gerevini, A. and Serina, I. (2003). Planning as propositional CSP: from walksat to local search for action graphs. *Constraints*, *8*, 389–413.

Gershwin, G. (1937). Let's call the whole thing off. Song.

Getoor, L. and Taskar, B. (Eds.). (2007). *Introduction to Statistical Relational Learning*. MIT Press.

Ghahramani, Z. and Jordan, M. I. (1997). Factorial hidden Markov models. *Machine Learning*, *29*, 245–274.

Ghahramani, Z. (1998). Learning dynamic bayesian networks. In *Adaptive Processing of Sequences and Data Structures*, pp. 168–197.

Ghahramani, Z. (2005). Tutorial on nonparametric Bayesian methods. Tutorial presentation at the UAI Conference.

Ghallab, M., Howe, A., Knoblock, C. A., and McDermott, D. (1998). PDDL—The planning domain definition language. Tech. rep. DCS TR-1165, Yale Center for Computational Vision and Control.

Ghallab, M. and Laruelle, H. (1994). Representation and control in IxTeT, a temporal planner. In *AIPS-94*, pp. 61–67.

Ghallab, M., Nau, D. S., and Traverso, P. (2004). *Automated Planning: Theory and practice*. Morgan Kaufmann.

Gibbs, R. W. (2006). Metaphor interpretation as embodied simulation. *Mind*, *21*(3), 434–458.

Gibson, J. J. (1950). *The Perception of the Visual World*. Houghton Mifflin.

Gibson, J. J. (1979). *The Ecological Approach to Visual Perception*. Houghton Mifflin.

Gilks, W. R., Richardson, S., and Spiegelhalter, D. J. (Eds.). (1996). *Markov chain Monte Carlo in practice*. Chapman and Hall.

Gilks, W. R., Thomas, A., and Spiegelhalter, D. J. (1994). A language and program for complex Bayesian modelling. *The Statistician*, *43*, 169–178.

Gilmore, P. C. (1960). A proof method for quantification theory: Its justification and realization. *IBM Journal of Research and Development*, *4*, 28–35.

Ginsberg, M. L. (1993). *Essentials of Artificial Intelligence*. Morgan Kaufmann.

Ginsberg, M. L. (1999). GIB: Steps toward an expert-level bridge-playing program. In *IJCAI-99*, pp. 584–589.

Ginsberg, M. L., Frank, M., Halpin, M. P., and Torrance, M. C. (1990). Search lessons learned from crossword puzzles. In *AAAI-90*, Vol. 1, pp. 210–215.

Ginsberg, M. L. (2001). GIB: Imperfect infoormation in a computationally challenging game. *JAIR*, *14*, 303–358.

Gionis, A., Indyk, P., and Motwani, R. (1999). Similarity search in high dimensions vis hashing. In *Proc. 25th Very Large Database (VLDB) Conference*.

Gittins, J. C. (1989). *Multi-Armed Bandit Allocation Indices*. Wiley.

Glanc, A. (1978). On the etymology of the word "robot". *SIGART Newsletter*, *67*, 12.

Glover, F. and Laguna, M. (Eds.). (1997). *Tabu search*. Kluwer.

Gödel, K. (1930). *Über die Vollständigkeit des Logikkalküls*. Ph.D. thesis, University of Vienna.

Gödel, K. (1931). Über formal unentscheidbare Sätze der Principia mathematica und verwandter Systeme I. *Monatshefte für Mathematik und Physik*, *38*, 173–198.

Goebel, J., Volk, K., Walker, H., and Gerbault, F. (1989). Automatic classification of spectra from the infrared astronomical satellite (IRAS). *Astronomy and Astrophysics*, *222*, L5–L8.

Goertzel, B. and Pennachin, C. (2007). *Artificial General Intelligence*. Springer.

Gold, B. and Morgan, N. (2000). *Speech and Audio Signal Processing*. Wiley.

Gold, E. M. (1967). Language identification in the limit. *Information and Control*, *10*, 447–474.

Goldberg, A. V., Kaplan, H., and Werneck, R. F. (2006). Reach for a*: Efficient point-to-point shortest path algorithms. In *Workshop on algorithm engineering and experiments*, pp. 129–143.

Goldman, R. and Boddy, M. (1996). Expressive planning and explicit knowledge. In *AIPS-96*, pp. 110–117.

Goldszmidt, M. and Pearl, J. (1996). Qualitative probabilities for default reasoning, belief revision, and causal modeling. *AIJ*, *84*(1–2), 57–112.

Golomb, S. and Baumert, L. (1965). Backtrack programming. *JACM*, *14*, 516–524.

Golub, G., Heath, M., and Wahba, G. (1979). Generalized cross-validation as a method for choosing a good ridge parameter. *Technometrics*, *21*(2).

Gomes, C., Selman, B., Crato, N., and Kautz, H. (2000). Heavy-tailed phenomena in satisfiability and constrain processing. *JAR*, *24*, 67–100.

Gomes, C., Kautz, H., Sabharwal, A., and Selman, B. (2008). Satisfiability solvers. In van Harmelen, F., Lifschitz, V., and Porter, B. (Eds.), *Handbook of Knowledge Representation*. Elsevier.

Gomes, C. and Selman, B. (2001). Algorithm portfolios. *AIJ*, *126*, 43–62.

Gomes, C., Selman, B., and Kautz, H. (1998). Boosting combinatorial search through randomization. In *AAAI-98*, pp. 431–437.

Gonthier, G. (2008). Formal proof–The four-color theorem. *Notices of the AMS*, *55*(11), 1382–1393.

Good, I. J. (1961). A causal calculus. *British Journal of the Philosophy of Science*, *11*, 305–318.

Good, I. J. (1965). Speculations concerning the first ultraintelligent machine. In Alt, F. L. and Rubinoff, M. (Eds.), *Advances in Computers*, Vol. 6, pp. 31–88. Academic Press.

Good, I. J. (1983). *Good Thinking: The Foundations of Probability and Its Applications*. University of Minnesota Press.

Goodman, D. and Keene, R. (1997). *Man versus Machine: Kasparov versus Deep Blue*. H3 Publications.

Goodman, J. (2001). A bit of progress in language modeling. Tech. rep. MSR-TR-2001-72, Microsoft Research.

Goodman, J. and Heckerman, D. (2004). Fighting spam with statistics. *Significance, the Magazine of the Royal Statistical Society*, *1*, 69–72.

Goodman, N. (1954). *Fact, Fiction and Forecast*. University of London Press.

Goodman, N. (1977). *The Structure of Appearance* (3rd edition). D. Reidel.

Gopnik, A. and Glymour, C. (2002). Causal maps and bayes nets: A cognitive and computational account of theory-formation. In Caruthers, P., Stich, S., and Siegal, M. (Eds.), *The Cognitive Basis of Science*. Cambridge University Press.

Gordon, D. M. (2000). *Ants at Work*. Norton.

Gordon, D. M. (2007). Control without hierarchy. *Nature*, *446*(8), 143.

Gordon, M. J., Milner, A. J., and Wadsworth, C. P. (1979). *Edinburgh LCF*. Springer-Verlag.

Gordon, N. (1994). *Bayesian methods for tracking*. Ph.D. thesis, Imperial College.

Gordon, N., Salmond, D. J., and Smith, A. F. M. (1993). Novel approach to nonlinear/non-Gaussian Bayesian state estimation. *IEE Proceedings F (Radar and Signal Processing)*, *140*(2), 107–113.

Gorry, G. A. (1968). Strategies for computer-aided diagnosis. *Mathematical Biosciences*, *2*(3–4), 293–318.

Gorry, G. A., Kassirer, J. P., Essig, A., and Schwartz, W. B. (1973). Decision analysis as the basis for computer-aided management of acute renal failure. *American Journal of Medicine*, *55*, 473–484.

Gottlob, G., Leone, N., and Scarcello, F. (1999a). A comparison of structural CSP decomposition methods. In *IJCAI-99*, pp. 394–399.

Gottlob, G., Leone, N., and Scarcello, F. (1999b). Hypertree decompositions and tractable queries. In *PODS-99*, pp. 21–32.

Graham, S. L., Harrison, M. A., and Ruzzo, W. L. (1980). An improved context-free recognizer. *ACM Transactions on Programming Languages and Systems*, *2*(3), 415–462.

Grama, A. and Kumar, V. (1995). A survey of parallel search algorithms for discrete optimization problems. *ORSA Journal of Computing*, *7*(4), 365–385.

Grassmann, H. (1861). *Lehrbuch der Arithmetik*. Th. Chr. Fr. Enslin, Berlin.

Grayson, C. J. (1960). Decisions under uncertainty: Drilling decisions by oil and gas operators. Tech. rep., Division of Research, Harvard Business School.

Green, B., Wolf, A., Chomsky, C., and Laugherty, K. (1961). BASEBALL: An automatic question answerer. In *Proc. Western Joint Computer Conference*, pp. 219–224.

Green, C. (1969a). Application of theorem proving to problem solving. In *IJCAI-69*, pp. 219–239.

Green, C. (1969b). Theorem-proving by resolution as a basis for question-answering systems. In Meltzer, B., Michie, D., and Swann, M. (Eds.), *Machine Intelligence 4*, pp. 183–205. Edinburgh University Press.

Green, C. and Raphael, B. (1968). The use of theorem-proving techniques in question-answering systems. In *Proc. 23rd ACM National Conference*.

Greenblatt, R. D., Eastlake, D. E., and Crocker, S. D. (1967). The Greenblatt chess program. In *Proc. Fall Joint Computer Conference*, pp. 801–810.

Greiner, R. (1989). Towards a formal analysis of EBL. In *ICML-89*, pp. 450–453.

Grinstead, C. and Snell, J. (1997). *Introduction to Probability*. AMS.

Grove, W. and Meehl, P. (1996). Comparative efficiency of informal (subjective, impressionistic) and formal (mechanical, algorithmic) prediction procedures: The clinical statistical controversy. *Psychology, Public Policy, and Law*, *2*, 293–323.

Gruber, T. (2004). Interview of Tom Gruber. *AIS SIGSEMIS Bulletin*, *1*(3).

Gu, J. (1989). *Parallel Algorithms and Architectures for Very Fast AI Search*. Ph.D. thesis, University of Utah.

Guard, J., Oglesby, F., Bennett, J., and Settle, L. (1969). Semi-automated mathematics. *JACM*, *16*, 49–62.

Guestrin, C., Koller, D., Gearhart, C., and Kanodia, N. (2003a). Generalizing plans to new environments in relational MDPs. In *IJCAI-03*.

Guestrin, C., Koller, D., Parr, R., and Venkataraman, S. (2003b). Efficient solution algorithms for factored MDPs. *JAIR*, *19*, 399–468.

Guestrin, C., Lagoudakis, M. G., and Parr, R. (2002). Coordinated reinforcement learning. In *ICML-02*, pp. 227–234.

Guibas, L. J., Knuth, D. E., and Sharir, M. (1992). Randomized incremental construction of Delaunay and Voronoi diagrams. *Algorithmica*, *7*, 381–413. See also *17th Int. Coll. on Automata, Languages and Programming*, 1990, pp. 414–431.

Gumperz, J. and Levinson, S. (1996). *Rethinking Linguistic Relativity*. Cambridge University Press.

Guyon, I. and Elisseeff, A. (2003). An introduction to variable and feature selection. *JMLR*, pp. 1157–1182.

Hacking, I. (1975). *The Emergence of Probability*. Cambridge University Press.

Haghighi, A. and Klein, D. (2006). Prototype-driven grammar induction. In *COLING-06*.

Hald, A. (1990). *A History of Probability and Statistics and Their Applications before 1750*. Wiley.

Halevy, A. (2007). Dataspaces: A new paradigm for data integration. In *Brazilian Symposium on Databases*.

Halevy, A., Norvig, P., and Pereira, F. (2009). The unreasonable effectiveness of data. *IEEE Intelligent Systems*, March/April, 8–12.

Halpern, J. Y. (1990). An analysis of first-order logics of probability. *AIJ*, *46*(3), 311–350.

Halpern, J. Y. (1999). Technical addendum, Cox's theorem revisited. *JAIR*, *11*, 429–435.

Halpern, J. Y. and Weissman, V. (2008). Using first-order logic to reason about policies. *ACM Transactions on Information and System Security*, *11*(4).

Hamming, R. W. (1991). *The Art of Probability for Scientists and Engineers*. Addison-Wesley.

Hammond, K. (1989). *Case-Based Planning: Viewing Planning as a Memory Task*. Academic Press.

Hamscher, W., Console, L., and Kleer, J. D. (1992). *Readings in Model-based Diagnosis*. Morgan Kaufmann.

Han, X. and Boyden, E. (2007). Multiple-color optical activation, silencing, and desynchronization of neural activity, with single-spike temporal resolution. *PLoS One*, e299.

Hand, D., Mannila, H., and Smyth, P. (2001). *Principles of Data Mining*. MIT Press.

Handschin, J. E. and Mayne, D. Q. (1969). Monte Carlo techniques to estimate the conditional expectation in multi-stage nonlinear filtering. *Int. J. Control*, *9*(5), 547–559.

Hansen, E. (1998). Solving POMDPs by searching in policy space. In *UAI-98*, pp. 211–219.

Hansen, E. and Zilberstein, S. (2001). LAO*: a heuristic search algorithm that finds solutions with loops. *AIJ*, *129*(1–2), 35–62.

Hansen, P. and Jaumard, B. (1990). Algorithms for the maximum satisfiability problem. *Computing*, *44*(4), 279–303.

Hanski, I. and Cambefort, Y. (Eds.). (1991). *Dung Beetle Ecology*. Princeton University Press.

Hansson, O. and Mayer, A. (1989). Heuristic search as evidential reasoning. In *UAI 5*.

Hansson, O., Mayer, A., and Yung, M. (1992). Criticizing solutions to relaxed models yields powerful admissible heuristics. *Information Sciences*, *63*(3), 207–227.

Haralick, R. M. and Elliot, G. L. (1980). Increasing tree search efficiency for constraint satisfaction problems. *AIJ*, *14*(3), 263–313.

Hardin, G. (1968). The tragedy of the commons. *Science*, *162*, 1243–1248.

Hardy, G. H. (1940). *A Mathematician's Apology*. Cambridge University Press.

Harman, G. H. (1983). *Change in View: Principles of Reasoning*. MIT Press.

Harris, Z. (1954). Distributional structure. *Word*, *10*(2/3).

Harrison, J. R. and March, J. G. (1984). Decision making and postdecision surprises. *Administrative Science Quarterly*, *29*, 26–42.

Harsanyi, J. (1967). Games with incomplete information played by Bayesian players. *Management Science*, *14*, 159–182.

Hart, P. E., Nilsson, N. J., and Raphael, B. (1968). A formal basis for the heuristic determination of minimum cost paths. *IEEE Transactions on Systems Science and Cybernetics*, *SSC-4(2)*, 100–107.

Hart, P. E., Nilsson, N. J., and Raphael, B. (1972). Correction to "A formal basis for the heuristic determination of minimum cost paths". *SIGART Newsletter*, *37*, 28–29.

Hart, T. P. and Edwards, D. J. (1961). The tree prune (TP) algorithm. Artificial intelligence project memo 30, Massachusetts Institute of Technology.

Hartley, H. (1958). Maximum likelihood estimation from incomplete data. *Biometrics*, *14*, 174–194.

Hartley, R. and Zisserman, A. (2000). *Multiple view geometry in computer vision*. Cambridge University Press.

Haslum, P., Botea, A., Helmert, M., Bonet, B., and Koenig, S. (2007). Domain-independent construction of pattern database heuristics for cost-optimal planning. In *AAAI-07*, pp. 1007–1012.

Haslum, P. and Geffner, H. (2001). Heuristic planning with time and resources. In *Proc. IJCAI-01 Workshop on Planning with Resources*.

Haslum, P. (2006). Improving heuristics through relaxed search – An analysis of TP4 and HSP*a in the 2004 planning competition. *JAIR*, *25*, 233–267.

Haslum, P., Bonet, B., and Geffner, H. (2005). New admissible heuristics for domain-independent planning. In *AAAI-05*.

Hastie, T. and Tibshirani, R. (1996). Discriminant adaptive nearest neighbor classification and regression. In Touretzky, D. S., Mozer, M. C., and Hasselmo, M. E. (Eds.), *NIPS 8*, pp. 409–15. MIT Press.

Hastie, T., Tibshirani, R., and Friedman, J. (2001). *The Elements of Statistical Learning: Data Mining, Inference and Prediction* (2nd edition). Springer-Verlag.

Hastie, T., Tibshirani, R., and Friedman, J. (2009). *The Elements of Statistical Learning: Data Mining, Inference and Prediction* (2nd edition). Springer-Verlag.

Haugeland, J. (Ed.). (1985). *Artificial Intelligence: The Very Idea*. MIT Press.

Hauk, T. (2004). *Search in Trees with Chance Nodes*. Ph.D. thesis, Univ. of Alberta.

Haussler, D. (1989). Learning conjunctive concepts in structural domains. *Machine Learning*, *4*(1), 7–40.

Havelund, K., Lowry, M., Park, S., Pecheur, C., Penix, J., Visser, W., and White, J. L. (2000). Formal analysis of the remote agent before and after flight. In *Proc. 5th NASA Langley Formal Methods Workshop*.

Havenstein, H. (2005). Spring comes to AI winter. *Computer World*.

Hawkins, J. and Blakeslee, S. (2004). *On Intelligence*. Henry Holt and Co.

Hayes, P. J. (1978). The naive physics manifesto. In Michie, D. (Ed.), *Expert Systems in the Microelectronic Age*. Edinburgh University Press.

Hayes, P. J. (1979). The logic of frames. In Metzing, D. (Ed.), *Frame Conceptions and Text Understanding*, pp. 46–61. de Gruyter.

Hayes, P. J. (1985a). Naive physics I: Ontology for liquids. In Hobbs, J. R. and Moore, R. C. (Eds.), *Formal Theories of the Commonsense World*, chap. 3, pp. 71–107. Ablex.

Hayes, P. J. (1985b). The second naive physics manifesto. In Hobbs, J. R. and Moore, R. C. (Eds.), *Formal Theories of the Commonsense World*, chap. 1, pp. 1–36. Ablex.

Haykin, S. (2008). *Neural Networks: A Comprehensive Foundation*. Prentice Hall.

Hays, J. and Efros, A. A. (2007). Scene completion Using millions of photographs. *ACM Transactions on Graphics (SIGGRAPH)*, *26*(3).

Hearst, M. A. (1992). Automatic acquisition of hyponyms from large text corpora. In *COLING-92*.

Hearst, M. A. (2009). *Search User Interfaces*. Cambridge University Press.

Hebb, D. O. (1949). *The Organization of Behavior*. Wiley.

Heckerman, D. (1986). Probabilistic interpretation for MYCIN's certainty factors. In Kanal, L. N. and Lemmer, J. F. (Eds.), *UAI 2*, pp. 167–196. Elsevier/North-Holland.

Heckerman, D. (1991). *Probabilistic Similarity Networks*. MIT Press.

Heckerman, D. (1998). A tutorial on learning with Bayesian networks. In Jordan, M. I. (Ed.), *Learning in graphical models*. Kluwer.

Heckerman, D., Geiger, D., and Chickering, D. M. (1994). Learning Bayesian networks: The combination of knowledge and statistical data. Technical report MSR-TR-94-09, Microsoft Research.

Heidegger, M. (1927). *Being and Time*. SCM Press.

Heinz, E. A. (2000). *Scalable search in computer chess*. Vieweg.

Held, M. and Karp, R. M. (1970). The traveling salesman problem and minimum spanning trees. *Operations Research*, *18*, 1138–1162.

Helmert, M. (2001). On the complexity of planning in transportation domains. In *ECP-01*.

Helmert, M. (2003). Complexity results for standard benchmark domains in planning. *AIJ*, *143*(2), 219–262.

Helmert, M. (2006). The fast downward planning system. *JAIR*, *26*, 191–246.

Helmert, M. and Richter, S. (2004). Fast downward – Making use of causal dependencies in the problem representation. In *Proc. International Planning Competition at ICAPS*, pp. 41–43.

Helmert, M. and Röger, G. (2008). How good is almost perfect? In *AAAI-08*.

Hendler, J., Carbonell, J. G., Lenat, D. B., Mizoguchi, R., and Rosenbloom, P. S. (1995). VERY large knowledge bases – Architecture vs engineering. In *IJCAI-95*, pp. 2033–2036.

Henrion, M. (1988). Propagation of uncertainty in Bayesian networks by probabilistic logic sampling. In Lemmer, J. F. and Kanal, L. N. (Eds.), *UAI 2*, pp. 149–163. Elsevier/North-Holland.

Henzinger, T. A. and Sastry, S. (Eds.). (1998). *Hybrid systems: Computation and control*. Springer-Verlag.

Herbrand, J. (1930). *Recherches sur la Théorie de la Démonstration*. Ph.D. thesis, University of Paris.

Hewitt, C. (1969). PLANNER: a language for proving theorems in robots. In *IJCAI-69*, pp. 295–301.

Hierholzer, C. (1873). Über die Möglichkeit, einen Linienzug ohne Wiederholung und ohne Unterbrechung zu umfahren. *Mathematische Annalen*, *6*, 30–32.

Hilgard, E. R. and Bower, G. H. (1975). *Theories of Learning* (4th edition). Prentice-Hall.

Hintikka, J. (1962). *Knowledge and Belief*. Cornell University Press.

Hinton, G. E. and Anderson, J. A. (1981). *Parallel Models of Associative Memory*. Lawrence Erlbaum Associates.

Hinton, G. E. and Nowlan, S. J. (1987). How learning can guide evolution. *Complex Systems*, *1*(3), 495–502.

Hinton, G. E., Osindero, S., and Teh, Y. W. (2006). A fast learning algorithm for deep belief nets. *Neural Computation*, *18*, 1527–15554.

Hinton, G. E. and Sejnowski, T. (1983). Optimal perceptual inference. In *CVPR*, pp. 448–453.

Hinton, G. E. and Sejnowski, T. (1986). Learning and relearning in Boltzmann machines. In Rumelhart, D. E. and McClelland, J. L. (Eds.), *Parallel Distributed Processing*, chap. 7, pp. 282–317. MIT Press.

Hirsh, H. (1987). Explanation-based generalization in a logic programming environment. In *IJCAI-87*.

Hobbs, J. R. (1990). *Literature and Cognition*. CSLI Press.

Hobbs, J. R., Appelt, D., Bear, J., Israel, D., Kameyama, M., Stickel, M. E., and Tyson, M. (1997). FASTUS: A cascaded finite-state transducer for extracting information from natural-language text. In Roche, E. and Schabes, Y. (Eds.), *Finite-State Devices for Natural Language Processing*, pp. 383–406. MIT Press.

Hobbs, J. R. and Moore, R. C. (Eds.). (1985). *Formal Theories of the Commonsense World*. Ablex.

Hobbs, J. R., Stickel, M. E., Appelt, D., and Martin, P. (1993). Interpretation as abduction. *AIJ*, *63*(1–2), 69–142.

Hoffmann, J. (2001). FF: The fast-forward planning system. *AIMag*, *22*(3), 57–62.

Hoffmann, J. and Brafman, R. I. (2006). Conformant planning via heuristic forward search: A new approach. *AIJ*, *170*(6–7), 507–541.

Hoffmann, J. and Brafman, R. I. (2005). Contingent planning via heuristic forward search with implicit belief states. In *ICAPS-05*.

Hoffmann, J. (2005). Where "ignoring delete lists" works: Local search topology in planning benchmarks. *JAIR*, *24*, 685–758.

Hoffmann, J. and Nebel, B. (2001). The FF planning system: Fast plan generation through heuristic search. *JAIR*, *14*, 253–302.

Hoffmann, J., Sabharwal, A., and Domshlak, C. (2006). Friends or foes? An AI planning perspective on abstraction and search. In *ICAPS-06*, pp. 294–303.

Hogan, N. (1985). Impedance control: An approach to manipulation. Parts I, II, and III. *J. Dynamic Systems, Measurement, and Control*, *107*(3), 1–24.

Hoiem, D., Efros, A. A., and Hebert, M. (2008). Putting objects in perspective. *IJCV*, *80*(1).

Holland, J. H. (1975). *Adaption in Natural and Artificial Systems*. University of Michigan Press.

Holland, J. H. (1995). *Hidden Order: How Adaptation Builds Complexity*. Addison-Wesley.

Holte, R. and Hernadvolgyi, I. (2001). Steps towards the automatic creation of search heuristics. Tech. rep. TR04-02, CS Dept., Univ. of Alberta.

Holzmann, G. J. (1997). The Spin model checker. *IEEE Transactions on Software Engineering*, *23*(5), 279–295.

Hood, A. (1824). Case 4th—28 July 1824 (Mr. Hood's cases of injuries of the brain). *Phrenological Journal and Miscellany*, *2*, 82–94.

Hooker, J. (1995). Testing heuristics: We have it all wrong. *J. Heuristics*, *1*, 33–42.

Hoos, H. and Tsang, E. (2006). Local search methods. In Rossi, F., van Beek, P., and Walsh, T. (Eds.), *Handbook of Constraint Processing*, pp. 135–168. Elsevier.

Hope, J. (1994). *The Authorship of Shakespeare's Plays*. Cambridge University Press.

Hopfield, J. J. (1982). Neurons with graded response have collective computational properties like those of two-state neurons. *PNAS*, *79*, 2554–2558.

Horn, A. (1951). On sentences which are true of direct unions of algebras. *JSL*, *16*, 14–21.

Horn, B. K. P. (1970). Shape from shading: A method for obtaining the shape of a smooth opaque object from one view. Technical report 232, MIT Artificial Intelligence Laboratory.

Horn, B. K. P. (1986). *Robot Vision*. MIT Press.

Horn, B. K. P. and Brooks, M. J. (1989). *Shape from Shading*. MIT Press.

Horn, K. V. (2003). Constructing a logic of plausible inference: A guide to cox's theorem. *IJAR*, *34*, 3–24.

Horning, J. J. (1969). *A study of grammatical inference*. Ph.D. thesis, Stanford University.

Horowitz, E. and Sahni, S. (1978). *Fundamentals of Computer Algorithms*. Computer Science Press.

Horswill, I. (2000). Functional programming of behavior-based systems. *Autonomous Robots*, *9*, 83–93.

Horvitz, E. J. (1987). Problem-solving design: Reasoning about computational value, trade-offs, and resources. In *Proc. Second Annual NASA Research Forum*, pp. 26–43.

Horvitz, E. J. (1989). Rational metareasoning and compilation for optimizing decisions under bounded resources. In *Proc. Computational Intelligence 89*. Association for Computing Machinery.

Horvitz, E. J. and Barry, M. (1995). Display of information for time-critical decision making. In *UAI-95*, pp. 296–305.

Horvitz, E. J., Breese, J. S., Heckerman, D., and Hovel, D. (1998). The Lumiere project: Bayesian user modeling for inferring the goals and needs of software users. In *UAI-98*, pp. 256–265.

Horvitz, E. J., Breese, J. S., and Henrion, M. (1988). Decision theory in expert systems and artificial intelligence. *IJAR*, *2*, 247–302.

Horvitz, E. J. and Breese, J. S. (1996). Ideal partition of resources for metareasoning. In *AAAI-96*, pp. 1229–1234.

Horvitz, E. J. and Heckerman, D. (1986). The inconsistent use of measures of certainty in artificial intelligence research. In Kanal, L. N. and Lemmer, J. F. (Eds.), *UAI 2*, pp. 137–151. Elsevier/North-Holland.

Horvitz, E. J., Heckerman, D., and Langlotz, C. P. (1986). A framework for comparing alternative formalisms for plausible reasoning. In *AAAI-86*, Vol. 1, pp. 210–214.

Howard, R. A. (1960). *Dynamic Programming and Markov Processes*. MIT Press.

Howard, R. A. (1966). Information value theory. *IEEE Transactions on Systems Science and Cybernetics*, *SSC-2*, 22–26.

Howard, R. A. (1977). Risk preference. In Howard, R. A. and Matheson, J. E. (Eds.), *Readings in Decision Analysis*, pp. 429–465. Decision Analysis Group, SRI International.

Howard, R. A. (1989). Microrisks for medical decision analysis. *Int. J. Technology Assessment in Health Care*, *5*, 357–370.

Howard, R. A. and Matheson, J. E. (1984). Influence diagrams. In Howard, R. A. and Matheson, J. E. (Eds.), *Readings on the Principles and Applications of Decision Analysis*, pp. 721–762. Strategic Decisions Group.

Howe, D. (1987). The computational behaviour of girard's paradox. In *LICS-87*, pp. 205–214.

Hsu, F.-H. (2004). *Behind Deep Blue: Building the Computer that Defeated the World Chess Champion*. Princeton University Press.

Hsu, F.-H., Anantharaman, T. S., Campbell, M. S., and Nowatzyk, A. (1990). A grandmaster chess machine. *Scientific American*, *263*(4), 44–50.

Hu, J. and Wellman, M. P. (1998). Multiagent reinforcement learning: Theoretical framework and an algorithm. In *ICML-98*, pp. 242–250.

Hu, J. and Wellman, M. P. (2003). Nash q-learning for general-sum stochastic games. *JMLR*, *4*, 1039–1069.

Huang, T., Koller, D., Malik, J., Ogasawara, G., Rao, B., Russell, S. J., and Weber, J. (1994). Automatic symbolic traffic scene analysis using belief networks. In *AAAI-94*, pp. 966–972.

Huang, T. and Russell, S. J. (1998). Object identification: A Bayesian analysis with application to traffic surveillance. *AIJ*, *103*, 1–17.

Huang, X. D., Acero, A., and Hon, H. (2001). *Spoken Language Processing*. Prentice Hall.

Hubel, D. H. (1988). *Eye, Brain, and Vision*. W. H. Freeman.

Huddleston, R. D. and Pullum, G. K. (2002). *The Cambridge Grammar of the English Language*. Cambridge University Press.

Huffman, D. A. (1971). Impossible objects as nonsense sentences. In Meltzer, B. and Michie, D. (Eds.), *Machine Intelligence 6*, pp. 295–324. Edinburgh University Press.

Hughes, B. D. (1995). *Random Walks and Random Environments, Vol. 1: Random Walks*. Oxford University Press.

Hughes, G. E. and Cresswell, M. J. (1996). *A New Introduction to Modal Logic*. Routledge.

Huhns, M. N. and Singh, M. P. (Eds.). (1998). *Readings in Agents*. Morgan Kaufmann.

Hume, D. (1739). *A Treatise of Human Nature* (2nd edition). Republished by Oxford University Press, 1978, Oxford, UK.

Humphrys, M. (2008). How my program passed the turing test. In Epstein, R., Roberts, G., and Beber, G. (Eds.), *Parsing the Turing Test*. Springer.

Hunsberger, L. and Grosz, B. J. (2000). A combinatorial auction for collaborative planning. In *Int. Conference on Multi-Agent Systems (ICMAS-2000)*.

Hunt, W. and Brock, B. (1992). A formal HDL and its use in the FM9001 verification. *Philosophical Transactions of the Royal Society of London*, *339*.

Hunter, L. and States, D. J. (1992). Bayesian classification of protein structure. *IEEE Expert*, *7*(4), 67–75.

Hurst, M. (2000). *The Interpretation of Text in Tables*. Ph.D. thesis, Edinburgh.

Hurwicz, L. (1973). The design of mechanisms for resource allocation. *American Economic Review Papers and Proceedings*, *63*(1), 1–30.

Husmeier, D. (2003). Sensitivity and specificity of inferring genetic regulatory interactions from microarray experiments with dynamic bayesian networks. *Bioinformatics*, *19*(17), 2271–2282.

Huth, M. and Ryan, M. (2004). *Logic in computer science: modelling and reasoning about systems* (2nd edition). Cambridge University Press.

Huttenlocher, D. and Ullman, S. (1990). Recognizing solid objects by alignment with an image. *IJCV*, *5*(2), 195–212.

Huygens, C. (1657). De ratiociniis in ludo aleae. In van Schooten, F. (Ed.), *Exercitionum Mathematicorum*. Elsevirii, Amsterdam. Translated into English by John Arbuthnot (1692).

Huyn, N., Dechter, R., and Pearl, J. (1980). Probabilistic analysis of the complexity of A*. *AIJ*, *15*(3), 241–254.

Hwa, R. (1998). An empirical evaluation of probabilistic lexicalized tree insertion grammars. In *ACL-98*, pp. 557–563.

Hwang, C. H. and Schubert, L. K. (1993). EL: A formal, yet natural, comprehensive knowledge representation. In *AAAI-93*, pp. 676–682.

Ingerman, P. Z. (1967). Panini–Backus form suggested. *CACM*, *10*(3), 137.

Inoue, K. (2001). Inverse entailment for full clausal theories. In *LICS-2001 Workshop on Logic and Learning*.

Intille, S. and Bobick, A. (1999). A framework for recognizing multi-agent action from visual evidence. In *AAAI-99*, pp. 518–525.

Isard, M. and Blake, A. (1996). Contour tracking by stochastic propagation of conditional density. In *ECCV*, pp. 343–356.

Iwama, K. and Tamaki, S. (2004). Improved upper bounds for 3-SAT. In *SODA-04*.

Jaakkola, T. and Jordan, M. I. (1996). Computing upper and lower bounds on likelihoods in intractable networks. In *UAI-96*, pp. 340–348. Morgan Kaufmann.

Jaakkola, T., Singh, S. P., and Jordan, M. I. (1995). Reinforcement learning algorithm for partially observable Markov decision problems. In *NIPS 7*, pp. 345–352.

Jackson, F. (1982). Epiphenomenal qualia. *Philosophical Quarterly*, *32*, 127–136.

Jaffar, J. and Lassez, J.-L. (1987). Constraint logic programming. In *Proc. Fourteenth ACM Conference on Principles of Programming Languages*, pp. 111–119. Association for Computing Machinery.

Jaffar, J., Michaylov, S., Stuckey, P. J., and Yap, R. H. C. (1992). The CLP(R) language and system. *ACM Transactions on Programming Languages and Systems*, *14*(3), 339–395.

Jaynes, E. T. (2003). *Probability Theory: The Logic of Science*. Cambridge Univ. Press.

Jefferson, G. (1949). The mind of mechanical man: The Lister Oration delivered at the Royal College of Surgeons in England. *British Medical Journal*, *1*(25), 1105–1121.

Jeffrey, R. C. (1983). *The Logic of Decision* (2nd edition). University of Chicago Press.

Jeffreys, H. (1948). *Theory of Probability*. Oxford.

Jelinek, F. (1976). Continuous speech recognition by statistical methods. *Proc. IEEE*, *64*(4), 532–556.

Jelinek, F. (1997). *Statistical Methods for Speech Recognition*. MIT Press.

Jelinek, F. and Mercer, R. L. (1980). Interpolated estimation of Markov source parameters from sparse data. In *Proc. Workshop on Pattern Recognition in Practice*, pp. 381–397.

Jennings, H. S. (1906). *Behavior of the Lower Organisms*. Columbia University Press.

Jenniskens, P., Betlem, H., Betlem, J., and Barifaijo, E. (1994). The Mbale meteorite shower. *Meteoritics*, *29*(2), 246–254.

Jensen, F. V. (2001). *Bayesian Networks and Decision Graphs*. Springer-Verlag.

Jensen, F. V. (2007). *Bayesian Networks and Decision Graphs*. Springer-Verlag.

Jevons, W. S. (1874). *The Principles of Science*. Routledge/Thoemmes Press, London.

Ji, S., Parr, R., Li, H., Liao, X., and Carin, L. (2007). Point-based policy iteration. In *AAAI-07*.

Jimenez, P. and Torras, C. (2000). An efficient algorithm for searching implicit AND/OR graphs with cycles. *AIJ*, *124*(1), 1–30.

Joachims, T. (2001). A statistical learning model of text classification with support vector machines. In *SIGIR-01*, pp. 128–136.

Johnson, W. W. and Story, W. E. (1879). Notes on the "15" puzzle. *American Journal of Mathematics*, *2*, 397–404.

Johnston, M. D. and Adorf, H.-M. (1992). Scheduling with neural networks: The case of the Hubble space telescope. *Computers and Operations Research*, *19*(3–4), 209–240.

Jones, N. D., Gomard, C. K., and Sestoft, P. (1993). *Partial Evaluation and Automatic Program Generation*. Prentice-Hall.

Jones, R., Laird, J., and Nielsen, P. E. (1998). Automated intelligent pilots for combat flight simulation. In *AAAI-98*, pp. 1047–54.

Jones, R., McCallum, A., Nigam, K., and Riloff, E. (1999). Bootstrapping for text learning tasks. In *Proc. IJCAI-99 Workshop on Text Mining: Foundations, Techniques, and Applications*, pp. 52–63.

Jones, T. (2007). *Artificial Intelligence: A Systems Approach*. Infinity Science Press.

Jonsson, A., Morris, P., Muscettola, N., Rajan, K., and Smith, B. (2000). Planning in interplanetary space: Theory and practice. In *AIPS-00*, pp. 177–186.

Jordan, M. I. (1995). Why the logistic function? a tutorial discussion on probabilities and neural networks. Computational cognitive science technical report 9503, Massachusetts Institute of Technology.

Jordan, M. I. (2005). Dirichlet processes, Chinese restaurant processes and all that. Tutorial presentation at the NIPS Conference.

Jordan, M. I., Ghahramani, Z., Jaakkola, T., and Saul, L. K. (1998). An introduction to variational methods for graphical models. In Jordan, M. I. (Ed.), *Learning in Graphical Models*. Kluwer.

Jouannaud, J.-P. and Kirchner, C. (1991). Solving equations in abstract algebras: A rule-based survey of unification. In Lassez, J.-L. and Plotkin, G. (Eds.), *Computational Logic*, pp. 257–321. MIT Press.

Judd, J. S. (1990). *Neural Network Design and the Complexity of Learning*. MIT Press.

Juels, A. and Wattenberg, M. (1996). Stochastic hillclimbing as a baseline method for evaluating genetic algorithms. In Touretzky, D. S., Mozer, M. C., and Hasselmo, M. E. (Eds.), *NIPS 8*, pp. 430–6. MIT Press.

Junker, U. (2003). The logic of ilog (j)configurator: Combining constraint programming with a description logic. In *Proc. IJCAI-03 Configuration Workshop*, pp. 13–20.

Jurafsky, D. and Martin, J. H. (2000). *Speech and Language Processing: An Introduction to Natural Language Processing, Computational Linguistics, and Speech Recognition*. Prentice-Hall.

Jurafsky, D. and Martin, J. H. (2008). *Speech and Language Processing: An Introduction to Natural Language Processing, Computational Linguistics, and Speech Recognition* (2nd edition). Prentice-Hall.

Kadane, J. B. and Simon, H. A. (1977). Optimal strategies for a class of constrained sequential problems. *Annals of Statistics*, *5*, 237–255.

Kadane, J. B. and Larkey, P. D. (1982). Subjective probability and the theory of games. *Management Science*, *28*(2), 113–120.

Kaelbling, L. P., Littman, M. L., and Cassandra, A. R. (1998). Planning and acting in partially observable stochastic domains. *AIJ*, *101*, 99–134.

Kaelbling, L. P., Littman, M. L., and Moore, A. W. (1996). Reinforcement learning: A survey. *JAIR*, *4*, 237–285.

Kaelbling, L. P. and Rosenschein, S. J. (1990). Action and planning in embedded agents. *Robotics and Autonomous Systems*, *6*(1–2), 35–48.

Kager, R. (1999). *Optimality Theory*. Cambridge University Press.

Kahn, H. and Marshall, A. W. (1953). Methods of reducing sample size in Monte Carlo computations. *Operations Research*, *1*(5), 263–278.

Kahneman, D., Slovic, P., and Tversky, A. (Eds.). (1982). *Judgment under Uncertainty: Heuristics and Biases*. Cambridge University Press.

Kahneman, D. and Tversky, A. (1979). Prospect theory: An analysis of decision under risk. *Econometrica*, pp. 263–291.

Kaindl, H. and Khorsand, A. (1994). Memory-bounded bidirectional search. In *AAAI-94*, pp. 1359–1364.

Kalman, R. (1960). A new approach to linear filtering and prediction problems. *J. Basic Engineering*, *82*, 35–46.

Kambhampati, S. (1994). Exploiting causal structure to control retrieval and refitting during plan reuse. *Computational Intelligence*, *10*, 213–244.

Kambhampati, S., Mali, A. D., and Srivastava, B. (1998). Hybrid planning for partially hierarchical domains. In *AAAI-98*, pp. 882–888.

Kanal, L. N. and Kumar, V. (1988). *Search in Artificial Intelligence*. Springer-Verlag.

Kanazawa, K., Koller, D., and Russell, S. J. (1995). Stochastic simulation algorithms for dynamic probabilistic networks. In *UAI-95*, pp. 346–351.

Kantorovich, L. V. (1939). Mathematical methods of organizing and planning production. Publishd in translation in *Management Science*, *6*(4), 366–422, July 1960.

Kaplan, D. and Montague, R. (1960). A paradox regained. *Notre Dame Journal of Formal Logic*, *1*(3), 79–90.

Karmarkar, N. (1984). A new polynomial-time algorithm for linear programming. *Combinatorica*, *4*, 373–395.

Karp, R. M. (1972). Reducibility among combinatorial problems. In Miller, R. E. and Thatcher, J. W. (Eds.), *Complexity of Computer Computations*, pp. 85–103. Plenum.

Kartam, N. A. and Levitt, R. E. (1990). A constraint-based approach to construction planning of multi-story buildings. In *Expert Planning Systems*, pp. 245–250. Institute of Electrical Engineers.

Kasami, T. (1965). An efficient recognition and syntax analysis algorithm for context-free languages. Tech. rep. AFCRL-65-758, Air Force Cambridge Research Laboratory.

Kasparov, G. (1997). IBM owes me a rematch. *Time*, *149*(21), 66–67.

Kaufmann, M., Manolios, P., and Moore, J. S. (2000). *Computer-Aided Reasoning: An Approach*. Kluwer.

Kautz, H. (2006). Deconstructing planning as satisfiability. In *AAAI-06*.

Kautz, H., McAllester, D. A., and Selman, B. (1996). Encoding plans in propositional logic. In *KR-96*, pp. 374–384.

Kautz, H. and Selman, B. (1992). Planning as satisfiability. In *ECAI-92*, pp. 359–363.

Kautz, H. and Selman, B. (1998). BLACKBOX: A new approach to the application of theorem proving to problem solving. Working Notes of the AIPS-98 Workshop on Planning as Combinatorial Search.

Kavraki, L., Svestka, P., Latombe, J.-C., and Overmars, M. (1996). Probabilistic roadmaps for path planning in high-dimensional configuration spaces. *IEEE Transactions on Robotics and Automation*, *12*(4), 566–580.

Kay, M., Gawron, J. M., and Norvig, P. (1994). *Verbmobil: A Translation System for Face-To-Face Dialog*. CSLI Press.

Kearns, M. (1990). *The Computational Complexity of Machine Learning*. MIT Press.

Kearns, M., Mansour, Y., and Ng, A. Y. (2000). Approximate planning in large POMDPs via reusable trajectories. In Solla, S. A., Leen, T. K., and Müller, K.-R. (Eds.), *NIPS 12*. MIT Press.

Kearns, M. and Singh, S. P. (1998). Near-optimal reinforcement learning in polynomial time. In *ICML-98*, pp. 260–268.

Kearns, M. and Vazirani, U. (1994). *An Introduction to Computational Learning Theory*. MIT Press.

Kearns, M. and Mansour, Y. (1998). A fast, bottom-up decision tree pruning algorithm with near-optimal generalization. In *ICML-98*, pp. 269–277.

Kebeasy, R. M., Hussein, A. I., and Dahy, S. A. (1998). Discrimination between natural earthquakes and nuclear explosions using the Aswan Seismic Network. *Annali di Geofisica*, *41*(2), 127–140.

Keeney, R. L. (1974). Multiplicative utility functions. *Operations Research*, *22*, 22–34.

Keeney, R. L. and Raiffa, H. (1976). *Decisions with Multiple Objectives: Preferences and Value Trade-offs*. Wiley.

Kemp, M. (Ed.). (1989). *Leonardo on Painting: An Anthology of Writings*. Yale University Press.

Kephart, J. O. and Chess, D. M. (2003). The vision of autonomic computing. *IEEE Computer*, *36*(1), 41–50.

Kersting, K., Raedt, L. D., and Kramer, S. (2000). Interpreting bayesian logic programs. In *Proc. AAAI-2000 Workshop on Learning Statistical Models from Relational Data*.

Kessler, B., Nunberg, G., and Schütze, H. (1997). Automatic detection of text genre. *CoRR*, *cmp-lg/9707002*.

Keynes, J. M. (1921). *A Treatise on Probability*. Macmillan.

Khare, R. (2006). Microformats: The next (small) thing on the semantic web. *IEEE Internet Computing*, *10*(1), 68–75.

Khatib, O. (1986). Real-time obstacle avoidance for robot manipulator and mobile robots. *Int. J. Robotics Research*, *5*(1), 90–98.

Khmelev, D. V. and Tweedie, F. J. (2001). Using Markov chains for identification of writer. *Literary and Linguistic Computing*, *16*(3), 299–307.

Kietz, J.-U. and Duzeroski, S. (1994). Inductive logic programming and learnability. *SIGART Bulletin*, *5*(1), 22–32.

Kilgarriff, A. and Grefenstette, G. (2006). Introduction to the special issue on the web as corpus. *Computational Linguistics*, *29*(3), 333–347.

Kim, J. H. (1983). *CONVINCE: A Conversational Inference Consolidation Engine*. Ph.D. thesis, Department of Computer Science, University of California at Los Angeles.

Kim, J. H. and Pearl, J. (1983). A computational model for combined causal and diagnostic reasoning in inference systems. In *IJCAI-83*, pp. 190–193.

Kim, J.-H., Lee, C.-H., Lee, K.-H., and Kuppuswamy, N. (2007). Evolving personality of a genetic robot in ubiquitous environment. In *The 16th IEEE International Symposium on Robot and Human interactive Communication*, pp. 848–853.

King, R. D., Rowland, J., Oliver, S. G., and Young, M. (2009). The automation of science. *Science*, *324*(5923), 85–89.

Kirk, D. E. (2004). *Optimal Control Theory: An Introduction*. Dover.

Kirkpatrick, S., Gelatt, C. D., and Vecchi, M. P. (1983). Optimization by simulated annealing. *Science*, *220*, 671–680.

Kister, J., Stein, P., Ulam, S., Walden, W., and Wells, M. (1957). Experiments in chess. *JACM*, *4*, 174–177.

Kisynski, J. and Poole, D. (2009). Lifted aggregation in directed first-order probabilistic models. In *IJCAI-09*.

Kitano, H., Asada, M., Kuniyoshi, Y., Noda, I., and Osawa, E. (1997a). RoboCup: The robot world cup initiative. In *Proc. First International Conference on Autonomous Agents*, pp. 340–347.

Kitano, H., Asada, M., Kuniyoshi, Y., Noda, I., Osawa, E., and Matsubara, H. (1997b). RoboCup: A challenge problem for AI. *AIMag*, *18*(1), 73–85.

Kjaerulff, U. (1992). A computational scheme for reasoning in dynamic probabilistic networks. In *UAI-92*, pp. 121–129.

Klein, D. and Manning, C. (2001). Parsing with treebank grammars: Empirical bounds, theoretical models, and the structure of the Penn treebank. In *ACL-01*.

Klein, D. and Manning, C. (2003). A* parsing: Fast exact Viterbi parse selection. In *HLT-NAACL-03*, pp. 119–126.

Klein, D., Smarr, J., Nguyen, H., and Manning, C. (2003). Named entity recognition with character-level models. In *Conference on Natural Language Learning (CoNLL)*.

Kleinberg, J. M. (1999). Authoritative sources in a hyperlinked environment. *JACM*, *46*(5), 604–632.

Klemperer, P. (2002). What really matters in auction design. *J. Economic Perspectives*, *16*(1).

Kneser, R. and Ney, H. (1995). Improved backing-off for M-gram language modeling. In *ICASSP-95*, pp. 181–184.

Knight, K. (1999). A statistical MT tutorial workbook. Prepared in connection with the Johns Hopkins University summer workshop.

Knuth, D. E. (1964). Representing numbers using only one 4. *Mathematics Magazine*, *37*(Nov/Dec), 308–310.

Knuth, D. E. (1968). Semantics for context-free languages. *Mathematical Systems Theory*, *2*(2), 127–145.

Knuth, D. E. (1973). *The Art of Computer Programming* (second edition)., Vol. 2: Fundamental Algorithms. Addison-Wesley.

Knuth, D. E. (1975). An analysis of alpha–beta pruning. *AIJ*, *6*(4), 293–326.

Knuth, D. E. and Bendix, P. B. (1970). Simple word problems in universal algebras. In Leech, J. (Ed.), *Computational Problems in Abstract Algebra*, pp. 263–267. Pergamon.

Kocsis, L. and Szepesvari, C. (2006). Bandit-based Monte-Carlo planning. In *ECML-06*.

Koditschek, D. (1987). Exact robot navigation by means of potential functions: some topological considerations. In *ICRA-87*, Vol. 1, pp. 1–6.

Koehler, J., Nebel, B., Hoffmann, J., and Dimopoulos, Y. (1997). Extending planning graphs to an ADL subset. In *ECP-97*, pp. 273–285.

Koehn, P. (2009). *Statistical Machine Translation*. Cambridge University Press.

Koenderink, J. J. (1990). *Solid Shape*. MIT Press.

Koenig, S. (1991). Optimal probabilistic and decision-theoretic planning using Markovian decision theory. Master's report, Computer Science Division, University of California.

Koenig, S. (2000). Exploring unknown environments with real-time search or reinforcement learning. In Solla, S. A., Leen, T. K., and Müller, K.-R. (Eds.), *NIPS 12*. MIT Press.

Koenig, S. (2001). Agent-centered search. *AIMag*, *22*(4), 109–131.

Koller, D., Meggido, N., and von Stengel, B. (1996). Efficient computation of equilibria for extensive two-person games. *Games and Economic Behaviour*, *14*(2), 247–259.

Koller, D. and Pfeffer, A. (1997). Representations and solutions for game-theoretic problems. *AIJ*, *94*(1–2), 167–215.

Koller, D. and Pfeffer, A. (1998). Probabilistic frame-based systems. In *AAAI-98*, pp. 580–587.

Koller, D. and Friedman, N. (2009). *Probabilistic Graphical Models: Principles and Techniques*. MIT Press.

Koller, D. and Milch, B. (2003). Multi-agent influence diagrams for representing and solving games. *Games and Economic Behavior*, *45*, 181–221.

Koller, D. and Parr, R. (2000). Policy iteration for factored MDPs. In *UAI-00*, pp. 326–334.

Koller, D. and Sahami, M. (1997). Hierarchically classifying documents using very few words. In *ICML-97*, pp. 170–178.

Kolmogorov, A. N. (1941). Interpolation und extrapolation von stationaren zufalligen folgen. *Bulletin of the Academy of Sciences of the USSR, Ser. Math. 5*, 3–14.

Kolmogorov, A. N. (1950). *Foundations of the Theory of Probability*. Chelsea.

Kolmogorov, A. N. (1963). On tables of random numbers. *Sankhya, the Indian Journal of Statistics, Series A 25*.

Kolmogorov, A. N. (1965). Three approaches to the quantitative definition of information. *Problems in Information Transmission*, *1*(1), 1–7.

Kolodner, J. (1983). Reconstructive memory: A computer model. *Cognitive Science*, *7*, 281–328.

Kolodner, J. (1993). *Case-Based Reasoning*. Morgan Kaufmann.

Kondrak, G. and van Beek, P. (1997). A theoretical evaluation of selected backtracking algorithms. *AIJ*, *89*, 365–387.

Konolige, K. (1997). COLBERT: A language for reactive control in Saphira. In *Künstliche Intelligenz: Advances in Artificial Intelligence*, LNAI, pp. 31–52.

Konolige, K. (2004). Large-scale map-making. In *AAAI-04*, pp. 457–463.

Konolige, K. (1982). A first order formalization of knowledge and action for a multi-agent planning system. In Hayes, J. E., Michie, D., and Pao, Y.-H. (Eds.), *Machine Intelligence 10*. Ellis Horwood.

Konolige, K. (1994). Easy to be hard: Difficult problems for greedy algorithms. In *KR-94*, pp. 374–378.

Koo, T., Carreras, X., and Collins, M. (2008). Simple semi-supervised dependency parsing. In *ACL-08*.

Koopmans, T. C. (1972). Representation of preference orderings over time. In McGuire, C. B. and Radner, R. (Eds.), *Decision and Organization*. Elsevier/North-Holland.

Korb, K. B. and Nicholson, A. (2003). *Bayesian Artificial Intelligence*. Chapman and Hall.

Korb, K. B., Nicholson, A., and Jitnah, N. (1999). Bayesian poker. In *UAI-99*.

Korf, R. E. (1985a). Depth-first iterative-deepening: an optimal admissible tree search. *AIJ*, *27(1)*, 97–109.

Korf, R. E. (1985b). Iterative-deepening A*: An optimal admissible tree search. In *IJCAI-85*, pp. 1034–1036.

Korf, R. E. (1987). Planning as search: A quantitative approach. *AIJ*, *33(1)*, 65–88.

Korf, R. E. (1990). Real-time heuristic search. *AIJ*, *42(3)*, 189–212.

Korf, R. E. (1993). Linear-space best-first search. *AIJ*, *62(1)*, 41–78.

Korf, R. E. (1995). Space-efficient search algorithms. *ACM Computing Surveys*, *27(3)*, 337–339.

Korf, R. E. and Chickering, D. M. (1996). Best-first minimax search. *AIJ*, *84(1–2)*, 299–337.

Korf, R. E. and Felner, A. (2002). Disjoint pattern database heuristics. *AIJ*, *134(1–2)*, 9–22.

Korf, R. E., Reid, M., and Edelkamp, S. (2001). Time complexity of iterative-deepening-A*. *AIJ*, *129*, 199–218.

Korf, R. E. and Zhang, W. (2000). Divide-and-conquer frontier search applied to optimal sequence alignment. In *American Association for Artificial Intelligence*, pp. 910–916.

Korf, R. E. (2008). Linear-time disk-based implicit graph search. *JACM*, *55*(6).

Korf, R. E. and Schultze, P. (2005). Large-scale parallel breadth-first search. In *AAAI-05*, pp. 1380–1385.

Kotok, A. (1962). A chess playing program for the IBM 7090. AI project memo 41, MIT Computation Center.

Koutsoupias, E. and Papadimitriou, C. H. (1992). On the greedy algorithm for satisfiability. *Information Processing Letters*, *43(1)*, 53–55.

Kowalski, R. (1974). Predicate logic as a programming language. In *Proc. IFIP Congress*, pp. 569–574.

Kowalski, R. (1979). *Logic for Problem Solving*. Elsevier/North-Holland.

Kowalski, R. (1988). The early years of logic programming. *CACM*, *31*, 38–43.

Kowalski, R. and Sergot, M. (1986). A logic-based calculus of events. *New Generation Computing*, *4*(1), 67–95.

Koza, J. R. (1992). *Genetic Programming: On the Programming of Computers by Means of Natural Selection*. MIT Press.

Koza, J. R. (1994). *Genetic Programming II: Automatic discovery of reusable programs*. MIT Press.

Koza, J. R., Bennett, F. H., Andre, D., and Keane, M. A. (1999). *Genetic Programming III: Darwinian invention and problem solving*. Morgan Kaufmann.

Kraus, S., Ephrati, E., and Lehmann, D. (1991). Negotiation in a non-cooperative environment. *AIJ*, *3*(4), 255–281.

Krause, A. and Guestrin, C. (2009). Optimal value of information in graphical models. *JAIR*, *35*, 557–591.

Krause, A., McMahan, B., Guestrin, C., and Gupta, A. (2008). Robust submodular observation selection. *JMLR*, *9*, 2761–2801.

Kripke, S. A. (1963). Semantical considerations on modal logic. *Acta Philosophica Fennica*, *16*, 83–94.

Krogh, A., Brown, M., Mian, I. S., Sjolander, K., and Haussler, D. (1994). Hidden Markov models in computational biology: Applications to protein modeling. *J. Molecular Biology*, *235*, 1501–1531.

Kübler, S., McDonald, R., and Nivre, J. (2009). *Dependency Parsing*. Morgan Claypool.

Kuhn, H. W. (1953). Extensive games and the problem of information. In Kuhn, H. W. and Tucker, A. W. (Eds.), *Contributions to the Theory of Games II*. Princeton University Press.

Kuhn, H. W. (1955). The Hungarian method for the assignment problem. *Naval Research Logistics Quarterly*, *2*, 83–97.

Kuipers, B. J. (1985). Qualitative simulation. In Bobrow, D. (Ed.), *Qualitative Reasoning About Physical Systems*, pp. 169–203. MIT Press.

Kuipers, B. J. and Levitt, T. S. (1988). Navigation and mapping in large-scale space. *AIMag*, *9*(2), 25–43.

Kuipers, B. J. (2001). Qualitative simulation. In Meyers, R. A. (Ed.), *Encyclopeida of Physical Science and Technology*. Academic Press.

Kumar, P. R. and Varaiya, P. (1986). *Stochastic Systems: Estimation, Identification, and Adaptive Control*. Prentice-Hall.

Kumar, V. (1992). Algorithms for constraint satisfaction problems: A survey. *AIMag*, *13*(1), 32–44.

Kumar, V. and Kanal, L. N. (1983). A general branch and bound formulation for understanding and synthesizing and/or tree search procedures. *AIJ*, *21*, 179–198.

Kumar, V. and Kanal, L. N. (1988). The CDP: A unifying formulation for heuristic search, dynamic programming, and branch-and-bound. In Kanal, L. N. and Kumar, V. (Eds.), *Search in Artificial Intelligence*, chap. 1, pp. 1–27. Springer-Verlag.

Kumar, V., Nau, D. S., and Kanal, L. N. (1988). A general branch-and-bound formulation for AND/OR graph and game tree search. In Kanal, L. N. and Kumar, V. (Eds.), *Search in Artificial Intelligence*, chap. 3, pp. 91–130. Springer-Verlag.

Kurien, J., Nayak, P., and Smith, D. E. (2002). Fragment-based conformant planning. In *AIPS-02*.

Kurzweil, R. (1990). *The Age of Intelligent Machines*. MIT Press.

Kurzweil, R. (2005). *The Singularity is Near*. Viking.

Kwok, C., Etzioni, O., and Weld, D. S. (2001). Scaling question answering to the web. In *Proc. 10th International Conference on the World Wide Web*.

Kyburg, H. E. and Teng, C.-M. (2006). Nonmonotonic logic and statistical inference. *Computational Intelligence*, *22*(1), 26–51.

Kyburg, H. E. (1977). Randomness and the right reference class. *J. Philosophy*, *74*(9), 501–521.

Kyburg, H. E. (1983). The reference class. *Philosophy of Science*, *50*, 374–397.

La Mettrie, J. O. (1748). *L'homme machine*. E. Luzac, Leyde, France.

La Mura, P. and Shoham, Y. (1999). Expected utility networks. In *UAI-99*, pp. 366–373.

Laborie, P. (2003). Algorithms for propagating resource constraints in AI planning and scheduling. *AIJ*, *143*(2), 151–188.

Ladkin, P. (1986a). Primitives and units for time specification. In *AAAI-86*, Vol. 1, pp. 354–359.

Ladkin, P. (1986b). Time representation: a taxonomy of interval relations. In *AAAI-86*, Vol. 1, pp. 360–366.

Lafferty, J., McCallum, A., and Pereira, F. (2001). Conditional random fields: Probabilistic models for segmenting and labeling sequence data. In *ICML-01*.

Lafferty, J. and Zhai, C. (2001). Probabilistic relevance models based on document and query generation. In *Proc. Workshop on Language Modeling and Information Retrieval*.

Lagoudakis, M. G. and Parr, R. (2003). Least-squares policy iteration. *JMLR*, *4*, 1107–1149.

Laird, J., Newell, A., and Rosenbloom, P. S. (1987). SOAR: An architecture for general intelligence. *AIJ*, *33*(1), 1–64.

Laird, J., Rosenbloom, P. S., and Newell, A. (1986). Chunking in Soar: The anatomy of a general learning mechanism. *Machine Learning*, *1*, 11–46.

Laird, J. (2008). Extending the Soar cognitive architecture. In *Artificial General Intelligence Conference*.

Lakoff, G. (1987). *Women, Fire, and Dangerous Things: What Categories Reveal About the Mind*. University of Chicago Press.

Lakoff, G. and Johnson, M. (1980). *Metaphors We Live By*. University of Chicago Press.

Lakoff, G. and Johnson, M. (1999). *Philosophy in the Flesh: The Embodied Mind and Its Challenge to Western Thought*. Basic Books.

Lam, J. and Greenspan, M. (2008). Eye-in-hand visual servoing for accurate shooting in pool robotics. In *5th Canadian Conference on Computer and Robot Vision*.

Lamarck, J. B. (1809). *Philosophie zoologique*. Chez Dentu et L'Auteur, Paris.

Landhuis, E. (2004). Lifelong debunker takes on arbiter of neutral choices: Magician-turned-mathematician uncovers bias in a flip of a coin. *Stanford Report*.

Langdon, W. and Poli, R. (2002). *Foundations of Genetic Programming*. Springer.

Langley, P., Simon, H. A., Bradshaw, G. L., and Zytkow, J. M. (1987). *Scientific Discovery: Computational Explorations of the Creative Processes*. MIT Press.

Langton, C. (Ed.). (1995). *Artificial Life*. MIT Press.

Laplace, P. (1816). *Essai philosophique sur les probabilités* (3rd edition). Courcier Imprimeur, Paris.

Laptev, I. and Perez, P. (2007). Retrieving actions in movies. In *ICCV*, pp. 1–8.

Lari, K. and Young, S. J. (1990). The estimation of stochastic context-free grammars using the inside-outside algorithm. *Computer Speech and Language*, *4*, 35–56.

Larrañaga, P., Kuijpers, C., Murga, R., Inza, I., and Dizdarevic, S. (1999). Genetic algorithms for the travelling salesman problem: A review of representations and operators. *Artificial Intelligence Review*, *13*, 129–170.

Larson, S. C. (1931). The shrinkage of the coefficient of multiple correlation. *J. Educational Psychology*, *22*, 45–55.

Laskey, K. B. (2008). MEBN: A language for first-order bayesian knowledge bases. *AIJ*, *172*, 140–178.

Latombe, J.-C. (1991). *Robot Motion Planning*. Kluwer.

Lauritzen, S. (1995). The EM algorithm for graphical association models with missing data. *Computational Statistics and Data Analysis*, *19*, 191–201.

Lauritzen, S. (1996). *Graphical models*. Oxford University Press.

Lauritzen, S., Dawid, A. P., Larsen, B., and Leimer, H. (1990). Independence properties of directed Markov fields. *Networks*, *20*(5), 491–505.

Lauritzen, S. and Spiegelhalter, D. J. (1988). Local computations with probabilities on graphical structures and their application to expert systems. *J. Royal Statistical Society*, B *50*(2), 157–224.

Lauritzen, S. and Wermuth, N. (1989). Graphical models for associations between variables, some of which are qualitative and some quantitative. *Annals of Statistics*, *17*, 31–57.

LaValle, S. (2006). *Planning Algorithms*. Cambridge University Press.

Lavrauc, N. and Duzeroski, S. (1994). *Inductive Logic Programming: Techniques and Applications*. Ellis Horwood.

Lawler, E. L., Lenstra, J. K., Kan, A., and Shmoys, D. B. (1992). *The Travelling Salesman Problem*. Wiley Interscience.

Lawler, E. L., Lenstra, J. K., Kan, A., and Shmoys, D. B. (1993). Sequencing and scheduling: Algorithms and complexity. In Graves, S. C., Zipkin, P. H., and Kan, A. H. G. R. (Eds.), *Logistics of Production and Inventory: Handbooks in Operations Research and Management Science, Volume 4*, pp. 445–522. North-Holland.

Lawler, E. L. and Wood, D. E. (1966). Branch-and-bound methods: A survey. *Operations Research*, *14*(4), 699–719.

Lazanas, A. and Latombe, J.-C. (1992). Landmark-based robot navigation. In *AAAI-92*, pp. 816–822.

LeCun, Y., Jackel, L., Boser, B., and Denker, J. (1989). Handwritten digit recognition: Applications of neural network chips and automatic learning. *IEEE Communications Magazine*, *27*(11), 41–46.

LeCun, Y., Jackel, L., Bottou, L., Brunot, A., Cortes, C., Denker, J., Drucker, H., Guyon, I., Muller, U., Sackinger, E., Simard, P., and Vapnik, V. N. (1995). Comparison of learning algorithms for handwritten digit recognition. In *Int. Conference on Artificial Neural Networks*, pp. 53–60.

Leech, G., Rayson, P., and Wilson, A. (2001). *Word Frequencies in Written and Spoken English: Based on the British National Corpus*. Longman.

Legendre, A. M. (1805). *Nouvelles méthodes pour la détermination des orbites des comètes.* .

Lehrer, J. (2009). *How We Decide*. Houghton Mifflin.

Lenat, D. B. (1983). EURISKO: A program that learns new heuristics and domain concepts: The nature of heuristics, III: Program design and results. *AIJ*, *21*(1–2), 61–98.

Lenat, D. B. and Brown, J. S. (1984). Why AM and EURISKO appear to work. *AIJ*, *23*(3), 269–294.

Lenat, D. B. and Guha, R. V. (1990). *Building Large Knowledge-Based Systems: Representation and Inference in the CYC Project*. Addison-Wesley.

Leonard, H. S. and Goodman, N. (1940). The calculus of individuals and its uses. *JSL*, *5*(2), 45–55.

Leonard, J. and Durrant-Whyte, H. (1992). *Directed sonar sensing for mobile robot navigation*. Kluwer.

Leśniewski, S. (1916). Podstawy ogólnej teorii mnogości. Moscow.

Lettvin, J. Y., Maturana, H. R., McCulloch, W. S., and Pitts, W. (1959). What the frog's eye tells the frog's brain. *Proc. IRE*, *47*(11), 1940–1951.

Letz, R., Schumann, J., Bayerl, S., and Bibel, W. (1992). SETHEO: A high-performance theorem prover. *JAR*, *8*(2), 183–212.

Levesque, H. J. and Brachman, R. J. (1987). Expressiveness and tractability in knowledge representation and reasoning. *Computational Intelligence*, *3*(2), 78–93.

Levin, D. A., Peres, Y., and Wilmer, E. L. (2008). *Markov Chains and Mixing Times*. American Mathematical Society.

Levitt, G. M. (2000). *The Turk, Chess Automaton*. McFarland and Company.

Levy, D. (Ed.). (1988a). *Computer Chess Compendium*. Springer-Verlag.

Levy, D. (Ed.). (1988b). *Computer Games*. Springer-Verlag.

Levy, D. (1989). The million pound bridge program. In Levy, D. and Beal, D. (Eds.), *Heuristic Programming in Artificial Intelligence*. Ellis Horwood.

Levy, D. (2007). *Love and Sex with Robots*. Harper.

Lewis, D. D. (1998). Naive Bayes at forty: The independence assumption in information retrieval. In *ECML-98*, pp. 4–15.

Lewis, D. K. (1966). An argument for the identity theory. *J. Philosophy*, *63*(1), 17–25.

Lewis, D. K. (1980). Mad pain and Martian pain. In Block, N. (Ed.), *Readings in Philosophy of Psychology*, Vol. 1, pp. 216–222. Harvard University Press.

Leyton-Brown, K. and Shoham, Y. (2008). *Essentials of Game Theory: A Concise, Multidisciplinary Introduction*. Morgan Claypool.

Li, C. M. and Anbulagan (1997). Heuristics based on unit propagation for satisfiability problems. In *IJCAI-97*, pp. 366–371.

Li, M. and Vitanyi, P. M. B. (1993). *An Introduction to Kolmogorov Complexity and Its Applications*. Springer-Verlag.

Liberatore, P. (1997). The complexity of the language **A**. *Electronic Transactions on Artificial Intelligence*, *1*, 13–38.

Lifschitz, V. (2001). Answer set programming and plan generation. *AIJ*, *138*(1–2), 39–54.

Lighthill, J. (1973). Artificial intelligence: A general survey. In Lighthill, J., Sutherland, N. S., Needham, R. M., Longuet-Higgins, H. C., and Michie, D. (Eds.), *Artificial Intelligence: A Paper Symposium*. Science Research Council of Great Britain.

Lin, S. (1965). Computer solutions of the travelling salesman problem. *Bell Systems Technical Journal*, *44*(10), 2245–2269.

Lin, S. and Kernighan, B. W. (1973). An effective heuristic algorithm for the travelling-salesman problem. *Operations Research*, *21*(2), 498–516.

Lindley, D. V. (1956). On a measure of the information provided by an experiment. *Annals of Mathematical Statistics*, *27*(4), 986–1005.

Lindsay, R. K., Buchanan, B. G., Feigenbaum, E. A., and Lederberg, J. (1980). *Applications of Artificial Intelligence for Organic Chemistry: The DENDRAL Project*. McGraw-Hill.

Littman, M. L. (1994). Markov games as a framework for multi-agent reinforcement learning. In *ICML-94*, pp. 157–163.

Littman, M. L., Keim, G. A., and Shazeer, N. M. (1999). Solving crosswords with PROVERB. In *AAAI-99*, pp. 914–915.

Liu, J. S. and Chen, R. (1998). Sequential Monte Carlo methods for dynamic systems. *JASA*, *93*, 1022–1031.

Livescu, K., Glass, J., and Bilmes, J. (2003). Hidden feature modeling for speech recognition using dynamic Bayesian networks. In *EUROSPEECH-2003*, pp. 2529–2532.

Livnat, A. and Pippenger, N. (2006). An optimal brain can be composed of conflicting agents. *PNAS*, *103*(9), 3198–3202.

Locke, J. (1690). *An Essay Concerning Human Understanding*. William Tegg.

Lodge, D. (1984). *Small World*. Penguin Books.

Loftus, E. and Palmer, J. (1974). Reconstruction of automobile destruction: An example of the interaction between language and memory. *J. Verbal Learning and Verbal Behavior*, *13*, 585–589.

Lohn, J. D., Kraus, W. F., and Colombano, S. P. (2001). Evolutionary optimization of yagi-uda antennas. In *Proc. Fourth International Conference on Evolvable Systems*, pp. 236–243.

Longley, N. and Sankaran, S. (2005). The NHL's overtime-loss rule: Empirically analyzing the unintended effects. *Atlantic Economic Journal*.

Longuet-Higgins, H. C. (1981). A computer algorithm for reconstructing a scene from two projections. *Nature*, *293*, 133–135.

Loo, B. T., Condie, T., Garofalakis, M., Gay, D. E., Hellerstein, J. M., Maniatis, P., Ramakrishnan, R., Roscoe, T., and Stoica, I. (2006). Declarative networking: Language, execution and optimization. In *SIGMOD-06*.

Love, N., Hinrichs, T., and Genesereth, M. R. (2006). General game playing: Game description language specification. Tech. rep. LG-2006-01, Stanford University Computer Science Dept.

Lovejoy, W. S. (1991). A survey of algorithmic methods for partially observed Markov decision processes. *Annals of Operations Research*, *28*(1–4), 47–66.

Loveland, D. (1970). A linear format for resolution. In *Proc. IRIA Symposium on Automatic Demonstration*, pp. 147–162.

Lowe, D. (1987). Three-dimensional object recognition from single two-dimensional images. *AIJ*, *31*, 355–395.

Lowe, D. (1999). Object recognition using local scale invariant feature. In *ICCV*.

Lowe, D. (2004). Distinctive image features from scale-invariant keypoints. *IJCV*, *60*(2), 91–110.

Löwenheim, L. (1915). Über möglichkeiten im Relativkalkül. *Mathematische Annalen*, *76*, 447–470.

Lowerre, B. T. (1976). *The HARPY Speech Recognition System*. Ph.D. thesis, Computer Science Department, Carnegie-Mellon University.

Lowerre, B. T. and Reddy, R. (1980). The HARPY speech recognition system. In Lea, W. A. (Ed.), *Trends in Speech Recognition*, chap. 15. Prentice-Hall.

Lowry, M. (2008). Intelligent software engineering tools for NASA's crew exploration vehicle. In *Proc. ISMIS*.

Loyd, S. (1959). *Mathematical Puzzles of Sam Loyd: Selected and Edited by Martin Gardner*. Dover.

Lozano-Perez, T. (1983). Spatial planning: A configuration space approach. *IEEE Transactions on Computers*, *C-32*(2), 108–120.

Lozano-Perez, T., Mason, M., and Taylor, R. (1984). Automatic synthesis of fine-motion strategies for robots. *Int. J. Robotics Research*, *3*(1), 3–24.

Lu, F. and Milios, E. (1997). Globally consistent range scan alignment for environment mapping. *Autonomous Robots*, *4*, 333–349.

Luby, M., Sinclair, A., and Zuckerman, D. (1993). Optimal speedup of Las Vegas algorithms. *Information Processing Letters*, *47*, 173–180.

Lucas, J. R. (1961). Minds, machines, and Gödel. *Philosophy*, *36*.

Lucas, J. R. (1976). This Gödel is killing me: A rejoinder. *Philosophia*, *6*(1), 145–148.

Lucas, P. (1996). Knowledge acquisition for decision-theoretic expert systems. *AISB Quarterly*, *94*, 23–33.

Lucas, P., van der Gaag, L., and Abu-Hanna, A. (2004). Bayesian networks in biomedicine and health-care. *Artificial Intelligence in Medicine*.

Luce, D. R. and Raiffa, H. (1957). *Games and Decisions*. Wiley.

Ludlow, P., Nagasawa, Y., and Stoljar, D. (2004). *There's Something About Mary*. MIT Press.

Luger, G. F. (Ed.). (1995). *Computation and intelligence: Collected readings*. AAAI Press.

Lyman, P. and Varian, H. R. (2003). How much information? www.sims.berkeley.edu/how-much-info-2003.

Machina, M. (2005). Choice under uncertainty. In *Encyclopedia of Cognitive Science*, pp. 505–514. Wiley.

MacKay, D. J. C. (1992). A practical Bayesian framework for back-propagation networks. *Neural Computation*, *4*(3), 448–472.

MacKay, D. J. C. (2002). *Information Theory, Inference and Learning Algorithms*. Cambridge University Press.

MacKenzie, D. (2004). *Mechanizing Proof*. MIT Press.

Mackworth, A. K. (1977). Consistency in networks of relations. *AIJ*, *8*(1), 99–118.

Mackworth, A. K. (1992). Constraint satisfaction. In Shapiro, S. (Ed.), *Encyclopedia of Artificial Intelligence* (second edition)., Vol. 1, pp. 285–293. Wiley.

Mahanti, A. and Daniels, C. J. (1993). A SIMD approach to parallel heuristic search. *AIJ*, *60*(2), 243–282.

Mailath, G. and Samuelson, L. (2006). *Repeated Games and Reputations: Long-Run Relationships*. Oxford University Press.

Majercik, S. M. and Littman, M. L. (2003). Contingent planning under uncertainty via stochastic satisfiability. *AIJ*, pp. 119–162.

Malik, J. and Perona, P. (1990). Preattentive texture discrimination with early vision mechanisms. *J. Opt. Soc. Am. A*, *7*(5), 923–932.

Malik, J. and Rosenholtz, R. (1994). Recovering surface curvature and orientation from texture distortion: A least squares algorithm and sensitivity analysis. In *ECCV*, pp. 353–364.

Malik, J. and Rosenholtz, R. (1997). Computing local surface orientation and shape from texture for curved surfaces. *IJCV*, *23*(2), 149–168.

Maneva, E., Mossel, E., and Wainwright, M. J. (2007). A new look at survey propagation and its generalizations. *JACM*, *54*(4).

Manna, Z. and Waldinger, R. (1971). Toward automatic program synthesis. *CACM*, *14*(3), 151–165.

Manna, Z. and Waldinger, R. (1985). *The Logical Basis for Computer Programming: Volume 1: Deductive Reasoning*. Addison-Wesley.

Manning, C. and Schütze, H. (1999). *Foundations of Statistical Natural Language Processing*. MIT Press.

Manning, C., Raghavan, P., and Schütze, H. (2008). *Introduction to Information Retrieval*. Cambridge University Press.

Mannion, M. (2002). Using first-order logic for product line model validation. In *Software Product Lines: Second International Conference*. Springer.

Manzini, G. (1995). BIDA*: An improved perimeter search algorithm. *AIJ*, *72*(2), 347–360.

Marbach, P. and Tsitsiklis, J. N. (1998). Simulation-based optimization of Markov reward processes. Technical report LIDS-P-2411, Laboratory for Information and Decision Systems, Massachusetts Institute of Technology.

Marcus, G. (2009). *Kluge: The Haphazard Evolution of the Human Mind*. Mariner Books.

Marcus, M. P., Santorini, B., and Marcinkiewicz, M. A. (1993). Building a large annotated corpus of english: The penn treebank. *Computational Linguistics*, *19*(2), 313–330.

Markov, A. A. (1913). An example of statistical investigation in the text of "Eugene Onegin" illustrating coupling of "tests" in chains. *Proc. Academy of Sciences of St. Petersburg*, *7*.

Maron, M. E. (1961). Automatic indexing: An experimental inquiry. *JACM*, *8*(3), 404–417.

Maron, M. E. and Kuhns, J.-L. (1960). On relevance, probabilistic indexing and information retrieval. *CACM*, *7*, 219–244.

Marr, D. (1982). *Vision: A Computational Investigation into the Human Representation and Processing of Visual Information*. W. H. Freeman.

Marriott, K. and Stuckey, P. J. (1998). *Programming with Constraints: An Introduction*. MIT Press.

Marsland, A. T. and Schaeffer, J. (Eds.). (1990). *Computers, Chess, and Cognition*. Springer-Verlag.

Marsland, S. (2009). *Machine Learning: An Algorithmic Perspective*. CRC Press.

Martelli, A. and Montanari, U. (1973). Additive AND/OR graphs. In *IJCAI-73*, pp. 1–11.

Martelli, A. and Montanari, U. (1978). Optimizing decision trees through heuristically guided search. *CACM*, *21*, 1025–1039.

Martelli, A. (1977). On the complexity of admissible search algorithms. *AIJ*, *8*(1), 1–13.

Marthi, B., Pasula, H., Russell, S. J., and Peres, Y. (2002). Decayed MCMC filtering. In *UAI-02*, pp. 319–326.

Marthi, B., Russell, S. J., Latham, D., and Guestrin, C. (2005). Concurrent hierarchical reinforcement learning. In *IJCAI-05*.

Marthi, B., Russell, S. J., and Wolfe, J. (2007). Angelic semantics for high-level actions. In *ICAPS-07*.

Marthi, B., Russell, S. J., and Wolfe, J. (2008). Angelic hierarchical planning: Optimal and online algorithms. In *ICAPS-08*.

Martin, D., Fowlkes, C., and Malik, J. (2004). Learning to detect natural image boundaries using local brightness, color, and texture cues. *PAMI*, *26*(5), 530–549.

Martin, J. H. (1990). *A Computational Model of Metaphor Interpretation*. Academic Press.

Mason, M. (1993). Kicking the sensing habit. *AIMag*, *14*(1), 58–59.

Mason, M. (2001). *Mechanics of Robotic Manipulation*. MIT Press.

Mason, M. and Salisbury, J. (1985). *Robot hands and the mechanics of manipulation*. MIT Press.

Mataric, M. J. (1997). Reinforcement learning in the multi-robot domain. *Autonomous Robots*, *4*(1), 73–83.

Mates, B. (1953). *Stoic Logic*. University of California Press.

Matuszek, C., Cabral, J., Witbrock, M., and DeOliveira, J. (2006). An introduction to the syntax and semantics of cyc. In *Proc. AAAI Spring Symposium on Formalizing and Compiling Background Knowledge and Its Applications to Knowledge Representation and Question Answering*.

Maxwell, J. and Kaplan, R. (1993). The interface between phrasal and functional constraints. *Computational Linguistics*, *19*(4), 571–590.

McAllester, D. A. (1980). An outlook on truth maintenance. Ai memo 551, MIT AI Laboratory.

McAllester, D. A. (1988). Conspiracy numbers for min-max search. *AIJ*, *35*(3), 287–310.

McAllester, D. A. (1998). What is the most pressing issue facing AI and the AAAI today? Candidate statement, election for Councilor of the American Association for Artificial Intelligence.

McAllester, D. A. and Rosenblitt, D. (1991). Systematic nonlinear planning. In *AAAI-91*, Vol. 2, pp. 634–639.

McCallum, A. (2003). Efficiently inducing features of conditional random fields. In *UAI-03*.

McCarthy, J. (1958). Programs with common sense. In *Proc. Symposium on Mechanisation of Thought Processes*, Vol. 1, pp. 77–84.

McCarthy, J. (1963). Situations, actions, and causal laws. Memo 2, Stanford University Artificial Intelligence Project.

McCarthy, J. (1968). Programs with common sense. In Minsky, M. L. (Ed.), *Semantic Information Processing*, pp. 403–418. MIT Press.

McCarthy, J. (1980). Circumscription: A form of non-monotonic reasoning. *AIJ*, *13*(1–2), 27–39.

McCarthy, J. (2007). From here to human-level AI. *AIJ*, *171*(18), 1174–1182.

McCarthy, J. and Hayes, P. J. (1969). Some philosophical problems from the standpoint of artificial intelligence. In Meltzer, B., Michie, D., and Swann, M. (Eds.), *Machine Intelligence 4*, pp. 463–502. Edinburgh University Press.

McCarthy, J., Minsky, M. L., Rochester, N., and Shannon, C. E. (1955). Proposal for the Dartmouth summer research project on artificial intelligence. Tech. rep., Dartmouth College.

McCawley, J. D. (1988). *The Syntactic Phenomena of English*, Vol. 2 volumes. University of Chicago Press.

McCorduck, P. (2004). *Machines who think: a personal inquiry into the history and prospects of artificial intelligence* (Revised edition). A K Peters.

McCulloch, W. S. and Pitts, W. (1943). A logical calculus of the ideas immanent in nervous activity. *Bulletin of Mathematical Biophysics*, *5*, 115–137.

McCune, W. (1992). Automated discovery of new axiomatizations of the left group and right group calculi. *JAR*, *9*(1), 1–24.

McCune, W. (1997). Solution of the Robbins problem. *JAR*, *19*(3), 263–276.

McDermott, D. (1976). Artificial intelligence meets natural stupidity. *SIGART Newsletter*, *57*, 4–9.

McDermott, D. (1978a). Planning and acting. *Cognitive Science*, *2*(2), 71–109.

McDermott, D. (1978b). Tarskian semantics, or, no notation without denotation! *Cognitive Science*, *2*(3).

McDermott, D. (1985). Reasoning about plans. In Hobbs, J. and Moore, R. (Eds.), *Formal theories of the commonsense world*. Intellect Books.

McDermott, D. (1987). A critique of pure reason. *Computational Intelligence*, *3*(3), 151–237.

McDermott, D. (1996). A heuristic estimator for means-ends analysis in planning. In *ICAPS-96*, pp. 142–149.

McDermott, D. and Doyle, J. (1980). Non-monotonic logic: i. *AIJ*, *13*(1–2), 41–72.

McDermott, J. (1982). R1: A rule-based configurer of computer systems. *AIJ*, *19*(1), 39–88.

McEliece, R. J., MacKay, D. J. C., and Cheng, J.-F. (1998). Turbo decoding as an instance of Pearl's "belief propagation" algorithm. *IEEE Journal on Selected Areas in Communications*, *16*(2), 140–152.

McGregor, J. J. (1979). Relational consistency algorithms and their application in finding subgraph and graph isomorphisms. *Information Sciences*, *19*(3), 229–250.

McIlraith, S. and Zeng, H. (2001). Semantic web services. *IEEE Intelligent Systems*, *16*(2), 46–53.

McLachlan, G. J. and Krishnan, T. (1997). *The EM Algorithm and Extensions*. Wiley.

McMillan, K. L. (1993). *Symbolic Model Checking*. Kluwer.

Meehl, P. (1955). *Clinical vs. Statistical Prediction*. University of Minnesota Press.

Mendel, G. (1866). Versuche über pflanzenhybriden. *Verhandlungen des Naturforschenden Vereins, Abhandlungen, Brünn*, *4*, 3–47. Translated into English by C. T. Druery, published by Bateson (1902).

Mercer, J. (1909). Functions of positive and negative type and their connection with the theory of integral equations. *Philos. Trans. Roy. Soc. London, A*, *209*, 415–446.

Merleau-Ponty, M. (1945). *Phenomenology of Perception*. Routledge.

Metropolis, N., Rosenbluth, A., Rosenbluth, M., Teller, A., and Teller, E. (1953). Equations of state calculations by fast computing machines. *J. Chemical Physics*, *21*, 1087–1091.

Metzinger, T. (2009). *The Ego Tunnel: The Science of the Mind and the Myth of the Self*. Basic Books.

Mézard, M. and Nadal, J.-P. (1989). Learning in feedforward layered networks: The tiling algorithm. *J. Physics*, *22*, 2191–2204.

Michalski, R. S. (1969). On the quasi-minimal solution of the general covering problem. In *Proc. First International Symposium on Information Processing*, pp. 125–128.

Michalski, R. S., Mozetic, I., Hong, J., and Lavrauc, N. (1986). The multi-purpose incremental learning system AQ15 and its testing application to three medical domains. In *AAAI-86*, pp. 1041–1045.

Michie, D. (1966). Game-playing and game-learning automata. In Fox, L. (Ed.), *Advances in Programming and Non-Numerical Computation*, pp. 183–200. Pergamon.

Michie, D. (1972). Machine intelligence at Edinburgh. *Management Informatics*, *2*(1), 7–12.

Michie, D. (1974). Machine intelligence at Edinburgh. In *On Intelligence*, pp. 143–155. Edinburgh University Press.

Michie, D. and Chambers, R. A. (1968). BOXES: An experiment in adaptive control. In Dale, E. and Michie, D. (Eds.), *Machine Intelligence 2*, pp. 125–133. Elsevier/North-Holland.

Michie, D., Spiegelhalter, D. J., and Taylor, C. (Eds.). (1994). *Machine Learning, Neural and Statistical Classification*. Ellis Horwood.

Milch, B., Marthi, B., Sontag, D., Russell, S. J., Ong, D., and Kolobov, A. (2005). BLOG: Probabilistic models with unknown objects. In *IJCAI-05*.

Milch, B., Zettlemoyer, L. S., Kersting, K., Haimes, M., and Kaelbling, L. P. (2008). Lifted probabilistic inference with counting formulas. In *AAAI-08*, pp. 1062–1068.

Milgrom, P. (1997). Putting auction theory to work: The simultaneous ascending auction. Tech. rep. Technical Report 98-0002, Stanford University Department of Economics.

Mill, J. S. (1843). *A System of Logic, Ratiocinative and Inductive: Being a Connected View of the Principles of Evidence, and Methods of Scientific Investigation*. J. W. Parker, London.

Mill, J. S. (1863). *Utilitarianism*. Parker, Son and Bourn, London.

Miller, A. C., Merkhofer, M. M., Howard, R. A., Matheson, J. E., and Rice, T. R. (1976). Development of automated aids for decision analysis. Technical report, SRI International.

Minker, J. (2001). *Logic-Based Artificial Intelligence*. Kluwer.

Minsky, M. L. (1975). A framework for representing knowledge. In Winston, P. H. (Ed.), *The Psychology of Computer Vision*, pp. 211–277. McGraw-Hill. Originally an MIT AI Laboratory memo; the 1975 version is abridged, but is the most widely cited.

Minsky, M. L. (1986). *The society of mind*. Simon and Schuster.

Minsky, M. L. (2007). *The Emotion Machine: Commonsense Thinking, Artificial Intelligence, and the Future of the Human Mind*. Simon and Schuster.

Minsky, M. L. and Papert, S. (1969). *Perceptrons: An Introduction to Computational Geometry* (first edition). MIT Press.

Minsky, M. L. and Papert, S. (1988). *Perceptrons: An Introduction to Computational Geometry* (Expanded edition). MIT Press.

Minsky, M. L., Singh, P., and Sloman, A. (2004). The st. thomas common sense symposium: Designing architectures for human-level intelligence. *AIMag*, *25*(2), 113–124.

Minton, S. (1984). Constraint-based generalization: Learning game-playing plans from single examples. In *AAAI-84*, pp. 251–254.

Minton, S. (1988). Quantitative results concerning the utility of explanation-based learning. In *AAAI-88*, pp. 564–569.

Minton, S., Johnston, M. D., Philips, A. B., and Laird, P. (1992). Minimizing conflicts: A heuristic repair method for constraint satisfaction and scheduling problems. *AIJ*, *58*(1–3), 161–205.

Misak, C. (2004). *The Cambridge Companion to Peirce*. Cambridge University Press.

Mitchell, M. (1996). *An Introduction to Genetic Algorithms*. MIT Press.

Mitchell, M., Holland, J. H., and Forrest, S. (1996). When will a genetic algorithm outperform hill climbing? In Cowan, J., Tesauro, G., and Alspector, J. (Eds.), *NIPS 6*. MIT Press.

Mitchell, T. M. (1977). Version spaces: A candidate elimination approach to rule learning. In *IJCAI-77*, pp. 305–310.

Mitchell, T. M. (1982). Generalization as search. *AIJ*, *18*(2), 203–226.

Mitchell, T. M. (1990). Becoming increasingly reactive (mobile robots). In *AAAI-90*, Vol. 2, pp. 1051–1058.

Mitchell, T. M. (1997). *Machine Learning*. McGraw-Hill.

Mitchell, T. M., Keller, R., and Kedar-Cabelli, S. (1986). Explanation-based generalization: A unifying view. *Machine Learning*, *1*, 47–80.

Mitchell, T. M., Utgoff, P. E., and Banerji, R. (1983). Learning by experimentation: Acquiring and refining problem-solving heuristics. In Michalski, R. S., Carbonell, J. G., and Mitchell, T. M. (Eds.), *Machine Learning: An Artificial Intelligence Approach*, pp. 163–190. Morgan Kaufmann.

Mitchell, T. M. (2005). Reading the web: A breakthrough goal for AI. *AIMag*, *26*(3), 12–16.

Mitchell, T. M. (2007). Learning, information extraction and the web. In *ECML/PKDD*, p. 1.

Mitchell, T. M., Shinkareva, S. V., Carlson, A., Chang, K.-M., Malave, V. L., Mason, R. A., and Just, M. A. (2008). Predicting human brain activity associated with the meanings of nouns. *Science*, *320*, 1191–1195.

Mohr, R. and Henderson, T. C. (1986). Arc and path consistency revisited. *AIJ*, *28*(2), 225–233.

Mohri, M., Pereira, F., and Riley, M. (2002). Weighted finite-state transducers in speech recognition. *Computer Speech and Language*, *16*(1), 69–88.

Montague, P. R., Dayan, P., Person, C., and Sejnowski, T. (1995). Bee foraging in uncertain environments using predictive Hebbian learning. *Nature*, *377*, 725–728.

Montague, R. (1970). English as a formal language. In *Linguaggi nella Società e nella Tecnica*, pp. 189–224. Edizioni di Comunità.

Montague, R. (1973). The proper treatment of quantification in ordinary English. In Hintikka, K. J. J., Moravcsik, J. M. E., and Suppes, P. (Eds.), *Approaches to Natural Language*. D. Reidel.

Montanari, U. (1974). Networks of constraints: Fundamental properties and applications to picture processing. *Information Sciences*, *7*(2), 95–132.

Montemerlo, M. and Thrun, S. (2004). Large-scale robotic 3-D mapping of urban structures. In *Proc. International Symposium on Experimental Robotics*. Springer Tracts in Advanced Robotics (STAR).

Montemerlo, M., Thrun, S., Koller, D., and Wegbreit, B. (2002). FastSLAM: A factored solution to the simultaneous localization and mapping problem. In *AAAI-02*.

Mooney, R. (1999). Learning for semantic interpretation: Scaling up without dumbing down. In *Proc. 1st Workshop on Learning Language in Logic*, pp. 7–15.

Moore, A. and Wong, W.-K. (2003). Optimal reinsertion: A new search operator for accelerated and more accurate Bayesian network structure learning. In *ICML-03*.

Moore, A. W. and Atkeson, C. G. (1993). Prioritized sweeping—Reinforcement learning with less data and less time. *Machine Learning*, *13*, 103–130.

Moore, A. W. and Lee, M. S. (1997). Cached sufficient statistics for efficient machine learning with large datasets. *JAIR*, *8*, 67–91.

Moore, E. F. (1959). The shortest path through a maze. In *Proc. an International Symposium on the Theory of Switching, Part II*, pp. 285–292. Harvard University Press.

Moore, R. C. (1980). Reasoning about knowledge and action. Artificial intelligence center technical note 191, SRI International.

Moore, R. C. (1985). A formal theory of knowledge and action. In Hobbs, J. R. and Moore, R. C. (Eds.), *Formal Theories of the Commonsense World*, pp. 319–358. Ablex.

Moore, R. C. (2005). Association-based bilingual word alignment. In *Proc. ACL-05 Workshop on Building and Using Parallel Texts*, pp. 1–8.

Moravec, H. P. (1983). The stanford cart and the cmu rover. *Proc. IEEE*, *71*(7), 872–884.

Moravec, H. P. and Elfes, A. (1985). High resolution maps from wide angle sonar. In *ICRA-85*, pp. 116–121.

Moravec, H. P. (1988). *Mind Children: The Future of Robot and Human Intelligence*. Harvard University Press.

Moravec, H. P. (2000). *Robot: Mere Machine to Transcendent Mind*. Oxford University Press.

Morgenstern, L. (1998). Inheritance comes of age: Applying nonmonotonic techniques to problems in industry. *AIJ*, *103*, 237–271.

Morjaria, M. A., Rink, F. J., Smith, W. D., Klempner, G., Burns, C., and Stein, J. (1995). Elicitation of probabilities for belief networks: Combining qualitative and quantitative information. In *UAI-95*, pp. 141–148.

Morrison, P. and Morrison, E. (Eds.). (1961). *Charles Babbage and His Calculating Engines: Selected Writings by Charles Babbage and Others*. Dover.

Moskewicz, M. W., Madigan, C. F., Zhao, Y., Zhang, L., and Malik, S. (2001). Chaff: Engineering an efficient SAT solver. In *Proc. 38th Design Automation Conference (DAC 2001)*, pp. 530–535.

Mosteller, F. and Wallace, D. L. (1964). *Inference and Disputed Authorship: The Federalist*. Addison-Wesley.

Mostow, J. and Prieditis, A. E. (1989). Discovering admissible heuristics by abstracting and optimizing: A transformational approach. In *IJCAI-89*, Vol. 1, pp. 701–707.

Motzkin, T. S. and Schoenberg, I. J. (1954). The relaxation method for linear inequalities. *Canadian Journal of Mathematics*, *6*(3), 393–404.

Moutarlier, P. and Chatila, R. (1989). Stochastic multisensory data fusion for mobile robot location and environment modeling. In *ISRR-89*.

Mueller, E. T. (2006). *Commonsense Reasoning*. Morgan Kaufmann.

Muggleton, S. H. (1991). Inductive logic programming. *New Generation Computing*, *8*, 295–318.

Muggleton, S. H. (1992). *Inductive Logic Programming*. Academic Press.

Muggleton, S. H. (1995). Inverse entailment and Progol. *New Generation Computing*, *13*(3-4), 245–286.

Muggleton, S. H. (2000). Learning stochastic logic programs. Proc. AAAI 2000 Workshop on Learning Statistical Models from Relational Data.

Muggleton, S. H. and Buntine, W. (1988). Machine invention of first-order predicates by inverting resolution. In *ICML-88*, pp. 339–352.

Muggleton, S. H. and De Raedt, L. (1994). Inductive logic programming: Theory and methods. *J. Logic Programming*, *19/20*, 629–679.

Muggleton, S. H. and Feng, C. (1990). Efficient induction of logic programs. In *Proc. Workshop on Algorithmic Learning Theory*, pp. 368–381.

Müller, M. (2002). Computer Go. *AIJ*, *134*(1–2), 145–179.

Müller, M. (2003). Conditional combinatorial games, and their application to analyzing capturing races in go. *Information Sciences*, *154*(3–4), 189–202.

Mumford, D. and Shah, J. (1989). Optimal approximations by piece-wise smooth functions and associated variational problems. *Commun. Pure Appl. Math.*, *42*, 577–685.

Murphy, K., Weiss, Y., and Jordan, M. I. (1999). Loopy belief propagation for approximate inference: An empirical study. In *UAI-99*, pp. 467–475.

Murphy, K. (2001). The Bayes net toolbox for MATLAB. *Computing Science and Statistics*, *33*.

Murphy, K. (2002). *Dynamic Bayesian Networks: Representation, Inference and Learning*. Ph.D. thesis, UC Berkeley.

Murphy, K. and Mian, I. S. (1999). Modelling gene expression data using Bayesian networks. people.cs.ubc.ca/~murphyk/Papers/ismb99.pdf.

Murphy, K. and Russell, S. J. (2001). Rao-blackwellised particle filtering for dynamic Bayesian networks. In Doucet, A., de Freitas, N., and Gordon, N. J. (Eds.), *Sequential Monte Carlo Methods in Practice*. Springer-Verlag.

Murphy, K. and Weiss, Y. (2001). The factored frontier algorithm for approximate inference in DBNs. In *UAI-01*, pp. 378–385.

Murphy, R. (2000). *Introduction to AI Robotics*. MIT Press.

Murray-Rust, P., Rzepa, H. S., Williamson, J., and Willighagen, E. L. (2003). Chemical markup, XML and the world–wide web. 4. CML schema. *J. Chem. Inf. Comput. Sci.*, *43*, 752–772.

Murthy, C. and Russell, J. R. (1990). A constructive proof of Higman's lemma. In *LICS-90*, pp. 257–269.

Muscettola, N. (2002). Computing the envelope for stepwise-constant resource allocations. In *CP-02*, pp. 139–154.

Muscettola, N., Nayak, P., Pell, B., and Williams, B. (1998). Remote agent: To boldly go where no AI system has gone before. *AIJ*, *103*, 5–48.

Muslea, I. (1999). Extraction patterns for information extraction tasks: A survey. In *Proc. AAAI-99 Workshop on Machine Learning for Information Extraction*.

Myerson, R. (1981). Optimal auction design. *Mathematics of Operations Research*, *6*, 58–73.

Myerson, R. (1986). Multistage games with communication. *Econometrica*, *54*, 323–358.

Myerson, R. (1991). *Game Theory: Analysis of Conflict*. Harvard University Press.

Nagel, T. (1974). What is it like to be a bat? *Philosophical Review*, *83*, 435–450.

Nalwa, V. S. (1993). *A Guided Tour of Computer Vision*. Addison-Wesley.

Nash, J. (1950). Equilibrium points in N-person games. *PNAS*, *36*, 48–49.

Nau, D. S. (1980). Pathology on game trees: A summary of results. In *AAAI-80*, pp. 102–104.

Nau, D. S. (1983). Pathology on game trees revisited, and an alternative to minimaxing. *AIJ*, *21*(1–2), 221–244.

Nau, D. S., Kumar, V., and Kanal, L. N. (1984). General branch and bound, and its relation to A* and AO*. *AIJ*, *23*, 29–58.

Nayak, P. and Williams, B. (1997). Fast context switching in real-time propositional reasoning. In *AAAI-97*, pp. 50–56.

Neal, R. (1996). *Bayesian Learning for Neural Networks*. Springer-Verlag.

Nebel, B. (2000). On the compilability and expressive power of propositional planning formalisms. *JAIR*, *12*, 271–315.

Nefian, A., Liang, L., Pi, X., Liu, X., and Murphy, K. (2002). Dynamic bayesian networks for audio-visual speech recognition. *EURASIP, Journal of Applied Signal Processing*, *11*, 1–15.

Nesterov, Y. and Nemirovski, A. (1994). *Interior-Point Polynomial Methods in Convex Programming*. SIAM (Society for Industrial and Applied Mathematics).

Netto, E. (1901). *Lehrbuch der Combinatorik*. B. G. Teubner.

Nevill-Manning, C. G. and Witten, I. H. (1997). Identifying hierarchical structures in sequences: A linear-time algorithm. *JAIR*, *7*, 67–82.

Newell, A. (1982). The knowledge level. *AIJ*, *18*(1), 82–127.

Newell, A. (1990). *Unified Theories of Cognition*. Harvard University Press.

Newell, A. and Ernst, G. (1965). The search for generality. In *Proc. IFIP Congress*, Vol. 1, pp. 17–24.

Newell, A., Shaw, J. C., and Simon, H. A. (1957). Empirical explorations with the logic theory machine. *Proc. Western Joint Computer Conference*, *15*, 218–239. Reprinted in Feigenbaum and Feldman (1963).

Newell, A., Shaw, J. C., and Simon, H. A. (1958). Chess playing programs and the problem of complexity. *IBM Journal of Research and Development*, *4*(2), 320–335.

Newell, A. and Simon, H. A. (1961). GPS, a program that simulates human thought. In Billing, H. (Ed.), *Lernende Automaten*, pp. 109–124. R. Oldenbourg.

Newell, A. and Simon, H. A. (1972). *Human Problem Solving*. Prentice-Hall.

Newell, A. and Simon, H. A. (1976). Computer science as empirical inquiry: Symbols and search. *CACM*, *19*, 113–126.

Newton, I. (1664–1671). Methodus fluxionum et serierum infinitarum. Unpublished notes.

Ng, A. Y. (2004). Feature selection, l_1 vs. l_2 regularization, and rotational invariance. In *ICML-04*.

Ng, A. Y., Harada, D., and Russell, S. J. (1999). Policy invariance under reward transformations: Theory and application to reward shaping. In *ICML-99*.

Ng, A. Y. and Jordan, M. I. (2000). PEGASUS: A policy search method for large MDPs and POMDPs. In *UAI-00*, pp. 406–415.

Ng, A. Y., Kim, H. J., Jordan, M. I., and Sastry, S. (2004). Autonomous helicopter flight via reinforcement learning. In *NIPS 16*.

Nguyen, X. and Kambhampati, S. (2001). Reviving partial order planning. In *IJCAI-01*, pp. 459–466.

Nguyen, X., Kambhampati, S., and Nigenda, R. S. (2001). Planning graph as the basis for deriving heuristics for plan synthesis by state space and CSP search. Tech. rep., Computer Science and Engineering Department, Arizona State University.

Nicholson, A. and Brady, J. M. (1992). The data association problem when monitoring robot vehicles using dynamic belief networks. In *ECAI-92*, pp. 689–693.

Niemelä, I., Simons, P., and Syrjänen, T. (2000). Smodels: A system for answer set programming. In *Proc. 8th International Workshop on Non-Monotonic Reasoning*.

Nigam, K., McCallum, A., Thrun, S., and Mitchell, T. M. (2000). Text classification from labeled and unlabeled documents using EM. *Machine Learning*, *39*(2–3), 103–134.

Niles, I. and Pease, A. (2001). Towards a standard upper ontology. In *FOIS '01: Proc. international conference on Formal Ontology in Information Systems*, pp. 2–9.

Nilsson, D. and Lauritzen, S. (2000). Evaluating influence diagrams using LIMIDs. In *UAI-00*, pp. 436–445.

Nilsson, N. J. (1965). *Learning Machines: Foundations of Trainable Pattern-Classifying Systems*. McGraw-Hill. Republished in 1990.

Nilsson, N. J. (1971). *Problem-Solving Methods in Artificial Intelligence*. McGraw-Hill.

Nilsson, N. J. (1984). Shakey the robot. Technical note 323, SRI International.

Nilsson, N. J. (1986). Probabilistic logic. *AIJ*, *28*(1), 71–87.

Nilsson, N. J. (1991). Logic and artificial intelligence. *AIJ*, *47*(1–3), 31–56.

Nilsson, N. J. (1995). Eye on the prize. *AIMag*, *16*(2), 9–17.

Nilsson, N. J. (1998). *Artificial Intelligence: A New Synthesis*. Morgan Kaufmann.

Nilsson, N. J. (2005). Human-level artificial intelligence? be serious! *AIMag*, *26*(4), 68–75.

Nilsson, N. J. (2009). *The Quest for Artificial Intelligence: A History of Ideas and Achievements*. Cambridge University Press.

Nisan, N., Roughgarden, T., Tardos, E., and Vazirani, V. (Eds.). (2007). *Algorithmic Game Theory*. Cambridge University Press.

Noe, A. (2009). *Out of Our Heads: Why You Are Not Your Brain, and Other Lessons from the Biology of Consciousness*. Hill and Wang.

Norvig, P. (1988). Multiple simultaneous interpretations of ambiguous sentences. In *COGSCI-88*.

Norvig, P. (1992). *Paradigms of Artificial Intelligence Programming: Case Studies in Common Lisp*. Morgan Kaufmann.

Norvig, P. (2009). Natural language corpus data. In Segaran, T. and Hammerbacher, J. (Eds.), *Beautiful Data*. O'Reilly.

Nowick, S. M., Dean, M. E., Dill, D. L., and Horowitz, M. (1993). The design of a high-performance cache controller: A case study in asynchronous synthesis. *Integration: The VLSI Journal*, *15*(3), 241–262.

Nunberg, G. (1979). The non-uniqueness of semantic solutions: Polysemy. *Language and Philosophy*, *3*(2), 143–184.

Nussbaum, M. C. (1978). *Aristotle's De Motu Animalium*. Princeton University Press.

Oaksford, M. and Chater, N. (Eds.). (1998). *Rational models of cognition*. Oxford University Press.

Och, F. J. and Ney, H. (2003). A systematic comparison of various statistical alignment model. *Computational Linguistics*, *29*(1), 19–51.

Och, F. J. and Ney, H. (2004). The alignment template approach to statistical machine translation. *Computational Linguistics*, *30*, 417–449.

Ogawa, S., Lee, T.-M., Kay, A. R., and Tank, D. W. (1990). Brain magnetic resonance imaging with contrast dependent on blood oxygenation. *PNAS*, *87*, 9868–9872.

Oh, S., Russell, S. J., and Sastry, S. (2009). Markov chain Monte Carlo data association for multi-target tracking. *IEEE Transactions on Automatic Control*, *54*(3), 481–497.

Olesen, K. G. (1993). Causal probabilistic networks with both discrete and continuous variables. *PAMI*, *15*(3), 275–279.

Oliver, N., Garg, A., and Horvitz, E. J. (2004). Layered representations for learning and inferring office activity from multiple sensory channels. *Computer Vision and Image Understanding*, *96*, 163–180.

Oliver, R. M. and Smith, J. Q. (Eds.). (1990). *Influence Diagrams, Belief Nets and Decision Analysis*. Wiley.

Omohundro, S. (2008). The basic AI drives. In *AGI-08 Workshop on the Sociocultural, Ethical and Futurological Implications of Artificial Intelligence*.

O'Reilly, U.-M. and Oppacher, F. (1994). Program search with a hierarchical variable length representation: Genetic programming, simulated annealing and hill climbing. In *Proc. Third Conference on Parallel Problem Solving from Nature*, pp. 397–406.

Ormoneit, D. and Sen, S. (2002). Kernel-based reinforcement learning. *Machine Learning*, *49*(2–3), 161–178.

Osborne, M. J. (2004). *An Introduction to Game Theory*. Oxford University Pres.

Osborne, M. J. and Rubinstein, A. (1994). *A Course in Game Theory*. MIT Press.

Osherson, D. N., Stob, M., and Weinstein, S. (1986). *Systems That Learn: An Introduction to Learning Theory for Cognitive and Computer Scientists*. MIT Press.

Padgham, L. and Winikoff, M. (2004). *Developing Intelligent Agent Systems: A Practical Guide*. Wiley.

Page, C. D. and Srinivasan, A. (2002). ILP: A short look back and a longer look forward. Submitted to Journal of Machine Learning Research.

Palacios, H. and Geffner, H. (2007). From conformant into classical planning: Efficient translations that may be complete too. In *ICAPS-07*.

Palay, A. J. (1985). *Searching with Probabilities*. Pitman.

Palmer, D. A. and Hearst, M. A. (1994). Adaptive sentence boundary disambiguation. In *Proc. Conference on Applied Natural Language Processing*, pp. 78–83.

Palmer, S. (1999). *Vision Science: Photons to Phenomenology*. MIT Press.

Papadimitriou, C. H. (1994). *Computational Complexity*. Addison Wesley.

Papadimitriou, C. H., Tamaki, H., Raghavan, P., and Vempala, S. (1998). Latent semantic indexing: A probabilistic analysis. In *PODS-98*, pp. 159–168.

Papadimitriou, C. H. and Tsitsiklis, J. N. (1987). The complexity of Markov decision processes. *Mathematics of Operations Research*, *12*(3), 441–450.

Papadimitriou, C. H. and Yannakakis, M. (1991). Shortest paths without a map. *Theoretical Computer Science*, *84*(1), 127–150.

Papavassiliou, V. and Russell, S. J. (1999). Convergence of reinforcement learning with general function approximators. In *IJCAI-99*, pp. 748–757.

Parekh, R. and Honavar, V. (2001). DFA learning from simple examples. *Machine Learning*, *44*, 9–35.

Parisi, G. (1988). *Statistical field theory*. Addison-Wesley.

Parisi, M. M. G. and Zecchina, R. (2002). Analytic and algorithmic solution of random satisfiability problems. *Science*, *297*, 812–815.

Parker, A., Nau, D. S., and Subrahmanian, V. S. (2005). Game-tree search with combinatorially large belief states. In *IJCAI-05*, pp. 254–259.

Parker, D. B. (1985). Learning logic. Technical report TR-47, Center for Computational Research in Economics and Management Science, Massachusetts Institute of Technology.

Parker, L. E. (1996). On the design of behavior-based multi-robot teams. *J. Advanced Robotics*, *10*(6).

Parr, R. and Russell, S. J. (1998). Reinforcement learning with hierarchies of machines. In Jordan, M. I., Kearns, M., and Solla, S. A. (Eds.), *NIPS 10*. MIT Press.

Parzen, E. (1962). On estimation of a probability density function and mode. *Annals of Mathematical Statistics*, *33*, 1065–1076.

Pasca, M. and Harabagiu, S. M. (2001). High performance question/answering. In *SIGIR-01*, pp. 366–374.

Pasca, M., Lin, D., Bigham, J., Lifchits, A., and Jain, A. (2006). Organizing and searching the world wide web of facts—Step one: The one-million fact extraction challenge. In *AAAI-06*.

Paskin, M. (2001). Grammatical bigrams. In *NIPS*.

Pasula, H., Marthi, B., Milch, B., Russell, S. J., and Shpitser, I. (2003). Identity uncertainty and citation matching. In *NIPS 15*. MIT Press.

Pasula, H. and Russell, S. J. (2001). Approximate inference for first-order probabilistic languages. In *IJCAI-01*.

Pasula, H., Russell, S. J., Ostland, M., and Ritov, Y. (1999). Tracking many objects with many sensors. In *IJCAI-99*.

Patashnik, O. (1980). Qubic: 4x4x4 tic-tac-toe. *Mathematics Magazine*, *53*(4), 202–216.

Patrick, B. G., Almulla, M., and Newborn, M. (1992). An upper bound on the time complexity of iterative-deepening-A*. *AIJ*, *5*(2–4), 265–278.

Paul, R. P. (1981). *Robot Manipulators: Mathematics, Programming, and Control*. MIT Press.

Pauls, A. and Klein, D. (2009). K-best A* parsing. In *ACL-09*.

Peano, G. (1889). *Arithmetices principia, nova methodo exposita*. Fratres Bocca, Turin.

Pearce, J., Tambe, M., and Maheswaran, R. (2008). Solving multiagent networks using distributed constraint optimization. *AIMag*, *29*(3), 47–62.

Pearl, J. (1982a). Reverend Bayes on inference engines: A distributed hierarchical approach. In *AAAI-82*, pp. 133–136.

Pearl, J. (1982b). The solution for the branching factor of the alpha–beta pruning algorithm and its optimality. *CACM*, *25*(8), 559–564.

Pearl, J. (1984). *Heuristics: Intelligent Search Strategies for Computer Problem Solving*. Addison-Wesley.

Pearl, J. (1986). Fusion, propagation, and structuring in belief networks. *AIJ*, *29*, 241–288.

Pearl, J. (1987). Evidential reasoning using stochastic simulation of causal models. *AIJ*, *32*, 247–257.

Pearl, J. (1988). *Probabilistic Reasoning in Intelligent Systems: Networks of Plausible Inference*. Morgan Kaufmann.

Pearl, J. (2000). *Causality: Models, Reasoning, and Inference*. Cambridge University Press.

Pearl, J. and Verma, T. (1991). A theory of inferred causation. In *KR-91*, pp. 441–452.

Pearson, J. and Jeavons, P. (1997). A survey of tractable constraint satisfaction problems. Technical report CSD-TR-97-15, Royal Holloway College, U. of London.

Pease, A. and Niles, I. (2002). IEEE standard upper ontology: A progress report. *Knowledge Engineering Review*, *17*(1), 65–70.

Pednault, E. P. D. (1986). Formulating multiagent, dynamic-world problems in the classical planning framework. In *Reasoning about Actions and Plans: Proc. 1986 Workshop*, pp. 47–82.

Peirce, C. S. (1870). Description of a notation for the logic of relatives, resulting from an amplification of the conceptions of Boole's calculus of logic. *Memoirs of the American Academy of Arts and Sciences*, *9*, 317–378.

Peirce, C. S. (1883). A theory of probable inference. Note B. The logic of relatives. In *Studies in Logic by Members of the Johns Hopkins University*, pp. 187–203, Boston.

Peirce, C. S. (1902). Logic as semiotic: The theory of signs. Unpublished manuscript; reprinted in (Buchler 1955).

Peirce, C. S. (1909). Existential graphs. Unpublished manuscript; reprinted in (Buchler 1955).

Pelikan, M., Goldberg, D. E., and Cantu-Paz, E. (1999). BOA: The Bayesian optimization algorithm. In *GECCO-99: Proc. Genetic and Evolutionary Computation Conference*, pp. 525–532.

Pemberton, J. C. and Korf, R. E. (1992). Incremental planning on graphs with cycles. In *AIPS-92*, pp. 525–532.

Penberthy, J. S. and Weld, D. S. (1992). UCPOP: A sound, complete, partial order planner for ADL. In *KR-92*, pp. 103–114.

Peng, J. and Williams, R. J. (1993). Efficient learning and planning within the Dyna framework. *Adaptive Behavior*, *2*, 437–454.

Penrose, R. (1989). *The Emperor's New Mind*. Oxford University Press.

Penrose, R. (1994). *Shadows of the Mind*. Oxford University Press.

Peot, M. and Smith, D. E. (1992). Conditional nonlinear planning. In *ICAPS-92*, pp. 189–197.

Pereira, F. and Shieber, S. (1987). *Prolog and Natural-Language Analysis*. Center for the Study of Language and Information (CSLI).

Pereira, F. and Warren, D. H. D. (1980). Definite clause grammars for language analysis: A survey of the formalism and a comparison with augmented transition networks. *AIJ*, *13*, 231–278.

Pereira, F. and Wright, R. N. (1991). Finite-state approximation of phrase structure grammars. In *ACL-91*, pp. 246–255.

Perlis, A. (1982). Epigrams in programming. *SIGPLAN Notices*, *17*(9), 7–13.

Perrin, B. E., Ralaivola, L., and Mazurie, A. (2003). Gene networks inference using dynamic Bayesian networks. *Bioinformatics*, *19*, II 138–II 148.

Peterson, C. and Anderson, J. R. (1987). A mean field theory learning algorithm for neural networks. *Complex Systems*, *1*(5), 995–1019.

Petrik, M. and Zilberstein, S. (2009). Bilinear programming approach for multiagent planning. *JAIR*, *35*, 235–274.

Petrov, S. and Klein, D. (2007a). Discriminative log-linear grammars with latent variables. In *NIPS*.

Petrov, S. and Klein, D. (2007b). Improved inference for unlexicalized parsing. In *ACL-07*.

Petrov, S. and Klein, D. (2007c). Learning and inference for hierarchically split pcfgs. In *AAAI-07*.

Pfeffer, A., Koller, D., Milch, B., and Takusagawa, K. T. (1999). SPOOK: A system for probabilistic object-oriented knowledge representation. In *UAI-99*.

Pfeffer, A. (2000). *Probabilistic Reasoning for Complex Systems*. Ph.D. thesis, Stanford University.

Pfeffer, A. (2007). The design and implementation of IBAL: A general-purpose probabilistic language. In Getoor, L. and Taskar, B. (Eds.), *Introduction to Statistical Relational Learning*. MIT Press.

Pfeifer, R., Bongard, J., Brooks, R. A., and Iwasawa, S. (2006). *How the Body Shapes the Way We Think: A New View of Intelligence*. Bradford.

Pineau, J., Gordon, G., and Thrun, S. (2003). Point-based value iteration: An anytime algorithm for POMDPs. In *IJCAI-03*.

Pinedo, M. (2008). *Scheduling: Theory, Algorithms, and Systems*. Springer Verlag.

Pinkas, G. and Dechter, R. (1995). Improving connectionist energy minimization. *JAIR*, *3*, 223–248.

Pinker, S. (1995). Language acquisition. In Gleitman, L. R., Liberman, M., and Osherson, D. N. (Eds.), *An Invitation to Cognitive Science* (second edition)., Vol. 1. MIT Press.

Pinker, S. (2003). *The Blank Slate: The Modern Denial of Human Nature*. Penguin.

Pinto, D., McCallum, A., Wei, X., and Croft, W. B. (2003). Table extraction using conditional random fields. In *SIGIR-03*.

Pipatsrisawat, K. and Darwiche, A. (2007). RSat 2.0: SAT solver description. Tech. rep. D–153, Automated Reasoning Group, Computer Science Department, University of California, Los Angeles.

Plaat, A., Schaeffer, J., Pijls, W., and de Bruin, A. (1996). Best-first fixed-depth minimax algorithms. *AIJ*, *87*(1–2), 255–293.

Place, U. T. (1956). Is consciousness a brain process? *British Journal of Psychology*, *47*, 44–50.

Platt, J. (1999). Fast training of support vector machines using sequential minimal optimization. In *Advances in Kernel Methods: Support Vector Learning*, pp. 185–208. MIT Press.

Plotkin, G. (1971). *Automatic Methods of Inductive Inference*. Ph.D. thesis, Edinburgh University.

Plotkin, G. (1972). Building-in equational theories. In Meltzer, B. and Michie, D. (Eds.), *Machine Intelligence 7*, pp. 73–90. Edinburgh University Press.

Pohl, I. (1971). Bi-directional search. In Meltzer, B. and Michie, D. (Eds.), *Machine Intelligence 6*, pp. 127–140. Edinburgh University Press.

Pohl, I. (1973). The avoidance of (relative) catastrophe, heuristic competence, genuine dynamic weighting and computational issues in heuristic problem solving. In *IJCAI-73*, pp. 20–23.

Pohl, I. (1977). Practical and theoretical considerations in heuristic search algorithms. In Elcock, E. W. and Michie, D. (Eds.), *Machine Intelligence 8*, pp. 55–72. Ellis Horwood.

Poli, R., Langdon, W., and McPhee, N. (2008). *A Field Guide to Genetic Programming*. Lulu.com.

Pomerleau, D. A. (1993). *Neural Network Perception for Mobile Robot Guidance*. Kluwer.

Ponte, J. and Croft, W. B. (1998). A language modeling approach to information retrieval. In *SIGIR-98*, pp. 275–281.

Poole, D. (1993). Probabilistic Horn abduction and Bayesian networks. *AIJ*, *64*, 81–129.

Poole, D. (2003). First-order probabilistic inference. In *IJCAI-03*, pp. 985–991.

Poole, D., Mackworth, A. K., and Goebel, R. (1998). *Computational intelligence: A logical approach*. Oxford University Press.

Popper, K. R. (1959). *The Logic of Scientific Discovery*. Basic Books.

Popper, K. R. (1962). *Conjectures and Refutations: The Growth of Scientific Knowledge*. Basic Books.

Portner, P. and Partee, B. H. (2002). *Formal Semantics: The Essential Readings*. Wiley-Blackwell.

Post, E. L. (1921). Introduction to a general theory of elementary propositions. *American Journal of Mathematics*, 43, 163–185.

Poundstone, W. (1993). *Prisoner's Dilemma*. Anchor.

Pourret, O., Naïm, P., and Marcot, B. (2008). *Bayesian Networks: A practical guide to applications*. Wiley.

Prades, J. L. P., Loomes, G., and Brey, R. (2008). Trying to estmate a monetary value for the QALY. Tech. rep. WP Econ 08.09, Univ. Pablo Olavide.

Pradhan, M., Provan, G. M., Middleton, B., and Henrion, M. (1994). Knowledge engineering for large belief networks. In *UAI-94*, pp. 484–490.

Prawitz, D. (1960). An improved proof procedure. *Theoria*, 26, 102–139.

Press, W. H., Teukolsky, S. A., Vetterling, W. T., and Flannery, B. P. (2007). *Numerical Recipes: The Art of Scientific Computing* (third edition). Cambridge University Press.

Preston, J. and Bishop, M. (2002). *Views into the Chinese Room: New Essays on Searle and Artificial Intelligence*. Oxford University Press.

Prieditis, A. E. (1993). Machine discovery of effective admissible heuristics. *Machine Learning*, 12(1–3), 117–141.

Prinz, D. G. (1952). Robot chess. *Research*, 5, 261–266.

Prosser, P. (1993). Hybrid algorithms for constraint satisfaction problems. *Computational Intelligence*, 9, 268–299.

Pullum, G. K. (1991). *The Great Eskimo Vocabulary Hoax (and Other Irreverent Essays on the Study of Language)*. University of Chicago Press.

Pullum, G. K. (1996). Learnability, hyperlearning, and the poverty of the stimulus. In *22nd Annual Meeting of the Berkeley Linguistics Society*.

Puterman, M. L. (1994). *Markov Decision Processes: Discrete Stochastic Dynamic Programming*. Wiley.

Puterman, M. L. and Shin, M. C. (1978). Modified policy iteration algorithms for discounted Markov decision problems. *Management Science*, 24(11), 1127–1137.

Putnam, H. (1960). Minds and machines. In Hook, S. (Ed.), *Dimensions of Mind*, pp. 138–164. Macmillan.

Putnam, H. (1963). 'Degree of confirmation' and inductive logic. In Schilpp, P. A. (Ed.), *The Philosophy of Rudolf Carnap*, pp. 270–292. Open Court.

Putnam, H. (1967). The nature of mental states. In Capitan, W. H. and Merrill, D. D. (Eds.), *Art, Mind, and Religion*, pp. 37–48. University of Pittsburgh Press.

Putnam, H. (1975). The meaning of "meaning". In Gunderson, K. (Ed.), *Language, Mind and Knowledge: Minnesota Studies in the Philosophy of Science*. University of Minnesota Press.

Pylyshyn, Z. W. (1974). Minds, machines and phenomenology: Some reflections on Dreyfus' "What Computers Can't Do". *Int. J. Cognitive Psychology*, 3(1), 57–77.

Pylyshyn, Z. W. (1984). *Computation and Cognition: Toward a Foundation for Cognitive Science*. MIT Press.

Quillian, M. R. (1961). A design for an understanding machine. Paper presented at a colloquium: Semantic Problems in Natural Language, King's College, Cambridge, England.

Quine, W. V. (1953). Two dogmas of empiricism. In *From a Logical Point of View*, pp. 20–46. Harper and Row.

Quine, W. V. (1960). *Word and Object*. MIT Press.

Quine, W. V. (1982). *Methods of Logic* (fourth edition). Harvard University Press.

Quinlan, J. R. (1979). Discovering rules from large collections of examples: A case study. In Michie, D. (Ed.), *Expert Systems in the Microelectronic Age*. Edinburgh University Press.

Quinlan, J. R. (1986). Induction of decision trees. *Machine Learning*, 1, 81–106.

Quinlan, J. R. (1990). Learning logical definitions from relations. *Machine Learning*, 5(3), 239–266.

Quinlan, J. R. (1993). *C4.5: Programs for machine learning*. Morgan Kaufmann.

Quinlan, J. R. and Cameron-Jones, R. M. (1993). FOIL: A midterm report. In *ECML-93*, pp. 3–20.

Quirk, R., Greenbaum, S., Leech, G., and Svartvik, J. (1985). *A Comprehensive Grammar of the English Language*. Longman.

Rabani, Y., Rabinovich, Y., and Sinclair, A. (1998). A computational view of population genetics. *Random Structures and Algorithms*, 12(4), 313–334.

Rabiner, L. R. and Juang, B.-H. (1993). *Fundamentals of Speech Recognition*. Prentice-Hall.

Ralphs, T. K., Ladanyi, L., and Saltzman, M. J. (2004). A library hierarchy for implementing scalable parallel search algorithms. *J. Supercomputing*, 28(2), 215–234.

Ramanan, D., Forsyth, D., and Zisserman, A. (2007). Tracking people by learning their appearance. *IEEE Pattern Analysis and Machine Intelligence*.

Ramsey, F. P. (1931). Truth and probability. In Braithwaite, R. B. (Ed.), *The Foundations of Mathematics and Other Logical Essays*. Harcourt Brace Jovanovich.

Ranzato, M., Poultney, C., Chopra, S., and LeCun, Y. (2007). Efficient learning of sparse representations with an energy-based model. In *NIPS 19*, pp. 1137–1144.

Raphson, J. (1690). *Analysis aequationum universalis*. Apud Abelem Swalle, London.

Rashevsky, N. (1936). Physico-mathematical aspects of excitation and conduction in nerves. In *Cold Springs Harbor Symposia on Quantitative Biology. IV: Excitation Phenomena*, pp. 90–97.

Rashevsky, N. (1938). *Mathematical Biophysics: Physico-Mathematical Foundations of Biology*. University of Chicago Press.

Rasmussen, C. E. and Williams, C. K. I. (2006). *Gaussian Processes for Machine Learning*. MIT Press.

Rassenti, S., Smith, V., and Bulfin, R. (1982). A combinatorial auction mechanism for airport time slot allocation. *Bell Journal of Economics*, 13, 402–417.

Ratner, D. and Warmuth, M. (1986). Finding a shortest solution for the $n \times n$ extension of the 15-puzzle is intractable. In *AAAI-86*, Vol. 1, pp. 168–172.

Rauch, H. E., Tung, F., and Striebel, C. T. (1965). Maximum likelihood estimates of linear dynamic systems. *AIAA Journal*, 3(8), 1445–1450.

Rayward-Smith, V., Osman, I., Reeves, C., and Smith, G. (Eds.). (1996). *Modern Heuristic Search Methods*. Wiley.

Rechenberg, I. (1965). Cybernetic solution path of an experimental problem. Library translation 1122, Royal Aircraft Establishment.

Reeson, C. G., Huang, K.-C., Bayer, K. M., and Choueiry, B. Y. (2007). An interactive constraint-based approach to sudoku. In *AAAI-07*, pp. 1976–1977.

Regin, J. (1994). A filtering algorithm for constraints of difference in CSPs. In *AAAI-94*, pp. 362–367.

Reichenbach, H. (1949). *The Theory of Probability: An Inquiry into the Logical and Mathematical Foundations of the Calculus of Probability* (second edition). University of California Press.

Reid, D. B. (1979). An algorithm for tracking multiple targets. *IEEE Trans. Automatic Control*, 24(6), 843–854.

Reif, J. (1979). Complexity of the mover's problem and generalizations. In *FOCS-79*, pp. 421–427. IEEE.

Reiter, R. (1980). A logic for default reasoning. *AIJ*, 13(1–2), 81–132.

Reiter, R. (1991). The frame problem in the situation calculus: A simple solution (sometimes) and a completeness result for goal regression. In Lifschitz, V. (Ed.), *Artificial Intelligence and Mathematical Theory of Computation: Papers in Honor of John McCarthy*, pp. 359–380. Academic Press.

Reiter, R. (2001). *Knowledge in Action: Logical Foundations for Specifying and Implementing Dynamical Systems*. MIT Press.

Renner, G. and Ekart, A. (2003). Genetic algorithms in computer aided design. *Computer Aided Design*, 35(8), 709–726.

Rényi, A. (1970). *Probability Theory*. Elsevier/North-Holland.

Reynolds, C. W. (1987). Flocks, herds, and schools: A distributed behavioral model. *Computer Graphics*, 21, 25–34. SIGGRAPH '87 Conference Proceedings.

Riazanov, A. and Voronkov, A. (2002). The design and implementation of VAMPIRE. *AI Communications*, 15(2–3), 91–110.

Rich, E. and Knight, K. (1991). *Artificial Intelligence* (second edition). McGraw-Hill.

Richards, M. and Amir, E. (2007). Opponent modeling in Scrabble. In *IJCAI-07*.

Richardson, M., Bilmes, J., and Diorio, C. (2000). Hidden-articulator Markov models: Performance improvements and robustness to noise. In *ICASSP-00*.

Richter, S. and Westphal, M. (2008). The LAMA planner. In *Proc. International Planning Competition at ICAPS*.

Ridley, M. (2004). *Evolution*. Oxford Reader.

Rieger, C. (1976). An organization of knowledge for problem solving and language comprehension. *AIJ*, 7, 89–127.

Riley, J. and Samuelson, W. (1981). Optimal auctions. *American Economic Review*, 71, 381–392.

Riloff, E. (1993). Automatically constructing a dictionary for information extraction tasks. In *AAAI-93*, pp. 811–816.

Rintanen, J. (1999). Improvements to the evaluation of quantified Boolean formulae. In *IJCAI-99*, pp. 1192–1197.

Rintanen, J. (2007). Asymptotically optimal encodings of conformant planning in QBF. In *AAAI-07*, pp. 1045–1050.

Ripley, B. D. (1996). *Pattern Recognition and Neural Networks*. Cambridge University Press.

Rissanen, J. (1984). Universal coding, information, prediction, and estimation. *IEEE Transactions on Information Theory*, IT-30(4), 629–636.

Rissanen, J. (2007). *Information and Complexity in Statistical Modeling*. Springer.

Ritchie, G. D. and Hanna, F. K. (1984). AM: A case study in AI methodology. *AIJ*, 23(3), 249–268.

Rivest, R. (1987). Learning decision lists. *Machine Learning*, 2(3), 229–246.

Roberts, L. G. (1963). Machine perception of three-dimensional solids. Technical report 315, MIT Lincoln Laboratory.

Robertson, N. and Seymour, P. D. (1986). Graph minors. II. Algorithmic aspects of tree-width. *J. Algorithms*, 7(3), 309–322.

Robertson, S. E. (1977). The probability ranking principle in IR. *J. Documentation*, 33, 294–304.

Robertson, S. E. and Sparck Jones, K. (1976). Relevance weighting of search terms. *J. American Society for Information Science*, 27, 129–146.

Robinson, A. and Voronkov, A. (2001). *Handbook of Automated Reasoning*. Elsevier.

Robinson, J. A. (1965). A machine-oriented logic based on the resolution principle. *JACM*, 12, 23–41.

Roche, E. and Schabes, Y. (1997). *Finite-State Language Processing (Language, Speech and Communication)*. Bradford Books.

Rock, I. (1984). *Perception*. W. H. Freeman.

Rosenblatt, F. (1957). The perceptron: A perceiving and recognizing automaton. Report 85-460-1, Project PARA, Cornell Aeronautical Laboratory.

Rosenblatt, F. (1960). On the convergence of reinforcement procedures in simple perceptrons. Report VG-1196-G-4, Cornell Aeronautical Laboratory.

Rosenblatt, F. (1962). *Principles of Neurodynamics: Perceptrons and the Theory of Brain Mechanisms*. Spartan.

Rosenblatt, M. (1956). Remarks on some nonparametric estimates of a density function. *Annals of Mathematical Statistics*, 27, 832–837.

Rosenblueth, A., Wiener, N., and Bigelow, J. (1943). Behavior, purpose, and teleology. *Philosophy of Science*, 10, 18–24.

Rosenschein, J. S. and Zlotkin, G. (1994). *Rules of Encounter*. MIT Press.

Rosenschein, S. J. (1985). Formal theories of knowledge in AI and robotics. *New Generation Computing*, 3(4), 345–357.

Ross, P. E. (2004). Psyching out computer chess players. *IEEE Spectrum*, 41(2), 14–15.

Ross, S. M. (1988). *A First Course in Probability* (third edition). Macmillan.

Rossi, F., van Beek, P., and Walsh, T. (2006). *Handbook of Constraint Processing*. Elsevier.

Roussel, P. (1975). Prolog: Manual de reference et d'utilization. Tech. rep., Groupe d'Intelligence Artificielle, Université d'Aix-Marseille.

Rouveirol, C. and Puget, J.-F. (1989). A simple and general solution for inverting resolution. In *Proc. European Working Session on Learning*, pp. 201–210.

Rowat, P. F. (1979). *Representing the Spatial Experience and Solving Spatial problems in a Simulated Robot Environment*. Ph.D. thesis, University of British Columbia.

Roweis, S. T. and Ghahramani, Z. (1999). A unifying review of Linear Gaussian Models. *Neural Computation*, 11(2), 305–345.

Rowley, H., Baluja, S., and Kanade, T. (1996). Neural network-based face detection. In *CVPR*, pp. 203–208.

Roy, N., Gordon, G., and Thrun, S. (2005). Finding approximate POMDP solutions through belief compression. *JAIR*, 23, 1–40.

Rubin, D. (1988). Using the SIR algorithm to simulate posterior distributions. In Bernardo, J. M., de Groot, M. H., Lindley, D. V., and Smith, A. F. M. (Eds.), *Bayesian Statistics 3*, pp. 395–402. Oxford University Press.

Rumelhart, D. E., Hinton, G. E., and Williams, R. J. (1986a). Learning internal representations by error propagation. In Rumelhart, D. E. and McClelland, J. L. (Eds.), *Parallel Distributed Processing*, Vol. 1, chap. 8, pp. 318–362. MIT Press.

Rumelhart, D. E., Hinton, G. E., and Williams, R. J. (1986b). Learning representations by back-propagating errors. *Nature*, 323, 533–536.

Rumelhart, D. E. and McClelland, J. L. (Eds.). (1986). *Parallel Distributed Processing*. MIT Press.

Rummery, G. A. and Niranjan, M. (1994). On-line *Q*-learning using connectionist systems. Tech. rep. CUED/F-INFENG/TR 166, Cambridge University Engineering Department.

Ruspini, E. H., Lowrance, J. D., and Strat, T. M. (1992). Understanding evidential reasoning. *IJAR*, 6(3), 401–424.

Russell, J. G. B. (1990). Is screening for abdominal aortic aneurysm worthwhile? *Clinical Radiology*, 41, 182–184.

Russell, S. J. (1985). The compleat guide to MRS. Report STAN-CS-85-1080, Computer Science Department, Stanford University.

Russell, S. J. (1986). A quantitative analysis of analogy by similarity. In *AAAI-86*, pp. 284–288.

Russell, S. J. (1988). Tree-structured bias. In *AAAI-88*, Vol. 2, pp. 641–645.

Russell, S. J. (1992). Efficient memory-bounded search methods. In *ECAI-92*, pp. 1–5.

Russell, S. J. (1998). Learning agents for uncertain environments (extended abstract). In *COLT-98*, pp. 101–103.

Russell, S. J., Binder, J., Koller, D., and Kanazawa, K. (1995). Local learning in probabilistic networks with hidden variables. In *IJCAI-95*, pp. 1146–52.

Russell, S. J. and Grosof, B. (1987). A declarative approach to bias in concept learning. In *AAAI-87*.

Russell, S. J. and Norvig, P. (2003). *Artificial Intelligence: A Modern Approach* (2nd edition). Prentice-Hall.

Russell, S. J. and Subramanian, D. (1995). Provably bounded-optimal agents. *JAIR*, 3, 575–609.

Russell, S. J., Subramanian, D., and Parr, R. (1993). Provably bounded optimal agents. In *IJCAI-93*, pp. 338–345.

Russell, S. J. and Wefald, E. H. (1989). On optimal game-tree search using rational meta-reasoning. In *IJCAI-89*, pp. 334–340.

Russell, S. J. and Wefald, E. H. (1991). *Do the Right Thing: Studies in Limited Rationality*. MIT Press.

Russell, S. J. and Wolfe, J. (2005). Efficient belief-state AND-OR search, with applications to Kriegspiel. In *IJCAI-05*, pp. 278–285.

Russell, S. J. and Zimdars, A. (2003). Q-decomposition of reinforcement learning agents. In *ICML-03*.

Rustagi, J. S. (1976). *Variational Methods in Statistics*. Academic Press.

Sabin, D. and Freuder, E. C. (1994). Contradicting conventional wisdom in constraint satisfaction. In *ECAI-94*, pp. 125–129.

Sacerdoti, E. D. (1974). Planning in a hierarchy of abstraction spaces. *AIJ*, 5(2), 115–135.

Sacerdoti, E. D. (1975). The nonlinear nature of plans. In *IJCAI-75*, pp. 206–214.

Sacerdoti, E. D. (1977). *A Structure for Plans and Behavior*. Elsevier/North-Holland.

Sadri, F. and Kowalski, R. (1995). Variants of the event calculus. In *ICLP-95*, pp. 67–81.

Sahami, M., Dumais, S. T., Heckerman, D., and Horvitz, E. J. (1998). A Bayesian approach to filtering junk E-mail. In *Learning for Text Categorization: Papers from the 1998 Workshop*.

Sahami, M., Hearst, M. A., and Saund, E. (1996). Applying the multiple cause mixture model to text categorization. In *ICML-96*, pp. 435–443.

Sahin, N. T., Pinker, S., Cash, S. S., Schomer, D., and Halgren, E. (2009). Sequential processing of lexical, grammatical, and phonological information within Broca's area. *Science*, 326(5291), 445–449.

Sakuta, M. and Iida, H. (2002). AND/OR-tree search for solving problems with uncertainty: A case study using screen-shogi problems. *IPSJ Journal*, 43(01).

Salomaa, A. (1969). Probabilistic and weighted grammars. *Information and Control*, 15, 529–544.

Salton, G., Wong, A., and Yang, C. S. (1975). A vector space model for automatic indexing. *CACM*, 18(11), 613–620.

Samuel, A. L. (1959). Some studies in machine learning using the game of checkers. *IBM Journal of Research and Development*, 3(3), 210–229.

Samuel, A. L. (1967). Some studies in machine learning using the game of checkers II—Recent progress. *IBM Journal of Research and Development*, 11(6), 601–617.

Samuelsson, C. and Rayner, M. (1991). Quantitative evaluation of explanation-based learning as an optimization tool for a large-scale natural language system. In *IJCAI-91*, pp. 609–615.

Sarawagi, S. (2007). Information extraction. *Foundations and Trends in Databases*, 1(3), 261–377.

Satia, J. K. and Lave, R. E. (1973). Markovian decision processes with probabilistic observation of states. *Management Science*, 20(1), 1–13.

Sato, T. and Kameya, Y. (1997). PRISM: A symbolic-statistical modeling language. In *IJCAI-97*, pp. 1330–1335.

Saul, L. K., Jaakkola, T., and Jordan, M. I. (1996). Mean field theory for sigmoid belief networks. *JAIR*, *4*, 61–76.

Savage, L. J. (1954). *The Foundations of Statistics*. Wiley.

Sayre, K. (1993). Three more flaws in the computational model. Paper presented at the APA (Central Division) Annual Conference, Chicago, Illinois.

Schaeffer, J. (2008). *One Jump Ahead: Computer Perfection at Checkers*. Springer-Verlag.

Schaeffer, J., Burch, N., Bjornsson, Y., Kishimoto, A., Müller, M., Lake, R., Lu, P., and Sutphen, S. (2007). Checkers is solved. *Science*, *317*, 1518–1522.

Schank, R. C. and Abelson, R. P. (1977). *Scripts, Plans, Goals, and Understanding*. Lawrence Erlbaum Associates.

Schank, R. C. and Riesbeck, C. (1981). *Inside Computer Understanding: Five Programs Plus Miniatures*. Lawrence Erlbaum Associates.

Schapire, R. E. and Singer, Y. (2000). Boostexter: A boosting-based system for text categorization. *Machine Learning*, *39*(2/3), 135–168.

Schapire, R. E. (1990). The strength of weak learnability. *Machine Learning*, *5*(2), 197–227.

Schapire, R. E. (2003). The boosting approach to machine learning: An overview. In Denison, D. D., Hansen, M. H., Holmes, C., Mallick, B., and Yu, B. (Eds.), *Nonlinear Estimation and Classification*. Springer.

Schmid, C. and Mohr, R. (1996). Combining greyvalue invariants with local constraints for object recognition. In *CVPR*.

Schmolze, J. G. and Lipkis, T. A. (1983). Classification in the KL-ONE representation system. In *IJCAI-83*, pp. 330–332.

Schölkopf, B. and Smola, A. J. (2002). *Learning with Kernels*. MIT Press.

Schöning, T. (1999). A probabilistic algorithm for k-SAT and constraint satisfaction problems. In *FOCS-99*, pp. 410–414.

Schoppers, M. J. (1987). Universal plans for reactive robots in unpredictable environments. In *IJCAI-87*, pp. 1039–1046.

Schoppers, M. J. (1989). In defense of reaction plans as caches. *AIMag*, *10*(4), 51–60.

Schröder, E. (1877). *Der Operationskreis des Logikkalküls*. B. G. Teubner, Leipzig.

Schultz, W., Dayan, P., and Montague, P. R. (1997). A neural substrate of prediction and reward. *Science*, *275*, 1593.

Schulz, D., Burgard, W., Fox, D., and Cremers, A. B. (2003). People tracking with mobile robots using sample-based joint probabilistic data association filters. *Int. J. Robotics Research*, *22*(2), 99–116.

Schulz, S. (2004). System Description: E 0.81. In *Proc. International Joint Conference on Automated Reasoning*, Vol. 3097 of *LNAI*, pp. 223–228.

Schütze, H. (1995). *Ambiguity in Language Learning: Computational and Cognitive Models*. Ph.D. thesis, Stanford University. Also published by CSLI Press, 1997.

Schwartz, J. T., Scharir, M., and Hopcroft, J. (1987). *Planning, Geometry and Complexity of Robot Motion*. Ablex Publishing Corporation.

Schwartz, S. P. (Ed.). (1977). *Naming, Necessity, and Natural Kinds*. Cornell University Press.

Scott, D. and Krauss, P. (1966). Assigning probabilities to logical formulas. In Hintikka, J. and Suppes, P. (Eds.), *Aspects of Inductive Logic*. North-Holland.

Searle, J. R. (1980). Minds, brains, and programs. *BBS*, *3*, 417–457.

Searle, J. R. (1984). *Minds, Brains and Science*. Harvard University Press.

Searle, J. R. (1990). Is the brain's mind a computer program? *Scientific American*, *262*, 26–31.

Searle, J. R. (1992). *The Rediscovery of the Mind*. MIT Press.

Sebastiani, F. (2002). Machine learning in automated text categorization. *ACM Computing Surveys*, *34*(1), 1–47.

Segaran, T. (2007). *Programming Collective Intelligence: Building Smart Web 2.0 Applications*. O'Reilly.

Selman, B., Kautz, H., and Cohen, B. (1996). Local search strategies for satisfiability testing. In *DIMACS Series in Discrete Mathematics and Theoretical Computer Science, Volume 26*, pp. 521–532. American Mathematical Society.

Selman, B. and Levesque, H. J. (1993). The complexity of path-based defeasible inheritance. *AIJ*, *62*(2), 303–339.

Selman, B., Levesque, H. J., and Mitchell, D. (1992). A new method for solving hard satisfiability problems. In *AAAI-92*, pp. 440–446.

Sha, F. and Pereira, F. (2003). Shallow parsing with conditional random fields. Technical report CIS TR MS-CIS-02-35, Univ. of Penn.

Shachter, R. D. (1986). Evaluating influence diagrams. *Operations Research*, *34*, 871–882.

Shachter, R. D. (1998). Bayes-ball: The rational pastime (for determining irrelevance and requisite information in belief networks and influence diagrams). In *UAI-98*, pp. 480–487.

Shachter, R. D., D'Ambrosio, B., and Del Favero, B. A. (1990). Symbolic probabilistic inference in belief networks. In *AAAI-90*, pp. 126–131.

Shachter, R. D. and Kenley, C. R. (1989). Gaussian influence diagrams. *Management Science*, *35*(5), 527–550.

Shachter, R. D. and Peot, M. (1989). Simulation approaches to general probabilistic inference on belief networks. In *UAI-98*.

Shachter, R. D. and Heckerman, D. (1987). Thinking backward for knowledge acquisition. *AIMag*, *3*(Fall).

Shafer, G. (1976). *A Mathematical Theory of Evidence*. Princeton University Press.

Shahookar, K. and Mazumder, P. (1991). VLSI cell placement techniques. *Computing Surveys*, *23*(2), 143–220.

Shanahan, M. (1997). *Solving the Frame Problem*. MIT Press.

Shanahan, M. (1999). The event calculus explained. In Wooldridge, M. J. and Veloso, M. (Eds.), *Artificial Intelligence Today*, pp. 409–430. Springer-Verlag.

Shankar, N. (1986). *Proof-Checking Metamathematics*. Ph.D. thesis, Computer Science Department, University of Texas at Austin.

Shannon, C. E. and Weaver, W. (1949). *The Mathematical Theory of Communication*. University of Illinois Press.

Shannon, C. E. (1948). A mathematical theory of communication. *Bell Systems Technical Journal*, *27*, 379–423, 623–656.

Shannon, C. E. (1950). Programming a computer for playing chess. *Philosophical Magazine*, *41*(4), 256–275.

Shaparau, D., Pistore, M., and Traverso, P. (2008). Fusing procedural and declarative planning goals for nondeterministic domains. In *AAAI-08*.

Shapiro, E. (1981). An algorithm that infers theories from facts. In *IJCAI-81*, p. 1064.

Shapiro, S. C. (Ed.). (1992). *Encyclopedia of Artificial Intelligence* (second edition). Wiley.

Shapley, S. (1953). Stochastic games. In *PNAS*, Vol. 39, pp. 1095–1100.

Shatkay, H. and Kaelbling, L. P. (1997). Learning topological maps with weak local odometric information. In *IJCAI-97*.

Shelley, M. (1818). *Frankenstein: Or, the Modern Prometheus*. Pickering and Chatto.

Sheppard, B. (2002). World-championship-caliber scrabble. *AIJ*, *134*(1–2), 241–275.

Shi, J. and Malik, J. (2000). Normalized cuts and image segmentation. *PAMI*, *22*(8), 888–905.

Shieber, S. (1994). Lessons from a restricted Turing Test. *CACM*, *37*, 70–78.

Shieber, S. (Ed.). (2004). *The Turing Test*. MIT Press.

Shoham, Y. (1993). Agent-oriented programming. *AIJ*, *60*(1), 51–92.

Shoham, Y. (1994). *Artificial Intelligence Techniques in Prolog*. Morgan Kaufmann.

Shoham, Y. and Leyton-Brown, K. (2009). *Multiagent Systems: Algorithmic, Game-Theoretic, and Logical Foundations*. Cambridge Univ. Press.

Shoham, Y., Powers, R., and Grenager, T. (2004). If multi-agent learning is the answer, what is the question? In *Proc. AAAI Fall Symposium on Artificial Multi-Agent Learning*.

Shortliffe, E. H. (1976). *Computer-Based Medical Consultations: MYCIN*. Elsevier/North-Holland.

Sietsma, J. and Dow, R. J. F. (1988). Neural net pruning—Why and how. In *IEEE International Conference on Neural Networks*, pp. 325–333.

Siklossy, L. and Dreussi, J. (1973). An efficient robot planner which generates its own procedures. In *IJCAI-73*, pp. 423–430.

Silverstein, C., Henzinger, M., Marais, H., and Moricz, M. (1998). Analysis of a very large altavista query log. Tech. rep. 1998-014, Digital Systems Research Center.

Simmons, R. and Koenig, S. (1995). Probabilistic robot navigation in partially observable environments. In *IJCAI-95*, pp. 1080–1087. IJCAI, Inc.

Simon, D. (2006). *Optimal State Estimation: Kalman, H Infinity, and Nonlinear Approaches*. Wiley.

Simon, H. A. (1947). *Administrative behavior*. Macmillan.

Simon, H. A. (1957). *Models of Man: Social and Rational*. John Wiley.

Simon, H. A. (1963). Experiments with a heuristic compiler. *JACM*, *10*, 493–506.

Simon, H. A. (1981). *The Sciences of the Artificial* (second edition). MIT Press.

Simon, H. A. (1982). *Models of Bounded Rationality, Volume 1*. The MIT Press.

Simon, H. A. and Newell, A. (1958). Heuristic problem solving: The next advance in operations research. *Operations Research*, 6, 1–10.

Simon, H. A. and Newell, A. (1961). Computer simulation of human thinking and problem solving. *Datamation*, June/July, 35–37.

Simon, J. C. and Dubois, O. (1989). Number of solutions to satisfiability instances—Applications to knowledge bases. *AIJ*, 3, 53–65.

Simonis, H. (2005). Sudoku as a constraint problem. In *CP Workshop on Modeling and Reformulating Constraint Satisfaction Problems*, pp. 13–27.

Singer, P. W. (2009). *Wired for War*. Penguin Press.

Singh, P., Lin, T., Mueller, E. T., Lim, G., Perkins, T., and Zhu, W. L. (2002). Open mind common sense: Knowledge acquisition from the general public. In *Proc. First International Conference on Ontologies, Databases, and Applications of Semantics for Large Scale Information Systems*.

Singhal, A., Buckley, C., and Mitra, M. (1996). Pivoted document length normalization. In *SIGIR-96*, pp. 21–29.

Sittler, R. W. (1964). An optimal data association problem in surveillance theory. *IEEE Transactions on Military Electronics*, 8(2), 125–139.

Skinner, B. F. (1953). *Science and Human Behavior*. Macmillan.

Skolem, T. (1920). Logisch-kombinatorische Untersuchungen über die Erfüllbarkeit oder Beweisbarkeit mathematischer Sätze nebst einem Theoreme über die dichte Mengen. *Videnskapsselskapets skrifter, I. Matematisk-naturvidenskabelig klasse, 4*.

Skolem, T. (1928). Über die mathematische Logik. *Norsk matematisk tidsskrift*, 10, 125–142.

Slagle, J. R. (1963). A heuristic program that solves symbolic integration problems in freshman calculus. *JACM*, 10(4).

Slate, D. J. and Atkin, L. R. (1977). CHESS 4.5—Northwestern University chess program. In Frey, P. W. (Ed.), *Chess Skill in Man and Machine*, pp. 82–118. Springer-Verlag.

Slater, E. (1950). Statistics for the chess computer and the factor of mobility. In *Symposium on Information Theory*, pp. 150–152. Ministry of Supply.

Sleator, D. and Temperley, D. (1993). Parsing English with a link grammar. In *Third Annual Workshop on Parsing technologies*.

Slocum, J. and Sonneveld, D. (2006). *The 15 Puzzle*. Slocum Puzzle Foundation.

Sloman, A. (1978). *The Computer Revolution in Philosophy*. Harvester Press.

Smallwood, R. D. and Sondik, E. J. (1973). The optimal control of partially observable Markov processes over a finite horizon. *Operations Research*, 21, 1071–1088.

Smart, J. J. C. (1959). Sensations and brain processes. *Philosophical Review*, 68, 141–156.

Smith, B. (2004). Ontology. In Floridi, L. (Ed.), *The Blackwell Guide to the Philosophy of Computing and Information*, pp. 155–166. Wiley-Blackwell.

Smith, D. E., Genesereth, M. R., and Ginsberg, M. L. (1986). Controlling recursive inference. *AIJ*, 30(3), 343–389.

Smith, D. A. and Eisner, J. (2008). Dependency parsing by belief propagation. In *EMNLP*, pp. 145–156.

Smith, D. E. and Weld, D. S. (1998). Conformant Graphplan. In *AAAI-98*, pp. 889–896.

Smith, J. Q. (1988). *Decision Analysis*. Chapman and Hall.

Smith, J. E. and Winkler, R. L. (2006). The optimizer's curse: Skepticism and postdecision surprise in decision analysis. *Management Science*, 52(3), 311–322.

Smith, J. M. (1982). *Evolution and the Theory of Games*. Cambridge University Press.

Smith, J. M. and Szathmáry, E. (1999). *The Origins of Life: From the Birth of Life to the Origin of Language*. Oxford University Press.

Smith, M. K., Welty, C., and McGuinness, D. (2004). OWL web ontology language guide. Tech. rep., W3C.

Smith, R. C. and Cheeseman, P. (1986). On the representation and estimation of spatial uncertainty. *Int. J. Robotics Research*, 5(4), 56–68.

Smith, S. J. J., Nau, D. S., and Throop, T. A. (1998). Success in spades: Using AI planning techniques to win the world championship of computer bridge. In *AAAI-98*, pp. 1079–1086.

Smolensky, P. (1988). On the proper treatment of connectionism. *BBS*, 2, 1–74.

Smullyan, R. M. (1995). *First-Order Logic*. Dover.

Smyth, P., Heckerman, D., and Jordan, M. I. (1997). Probabilistic independence networks for hidden Markov probability models. *Neural Computation*, 9(2), 227–269.

Snell, M. B. (2008). Do you have free will? John Searle reflects on various philosophical questions in light of new research on the brain. *California Alumni Magazine, March/April*.

Soderland, S. and Weld, D. S. (1991). Evaluating nonlinear planning. Technical report TR-91-02-03, University of Washington Department of Computer Science and Engineering.

Solomonoff, R. J. (1964). A formal theory of inductive inference. *Information and Control*, 7, 1–22, 224–254.

Solomonoff, R. J. (2009). Algorithmic probability–theory and applications. In Emmert-Streib, F. and Dehmer, M. (Eds.), *Information Theory and Statitical Learning*. Springer.

Sondik, E. J. (1971). *The Optimal Control of Partially Observable Markov Decision Processes*. Ph.D. thesis, Stanford University.

Sosic, R. and Gu, J. (1994). Efficient local search with conflict minimization: A case study of the n-queens problem. *IEEE Transactions on Knowledge and Data Engineering*, 6(5), 661–668.

Sowa, J. (1999). *Knowledge Representation: Logical, Philosophical, and Computational Foundations*. Blackwell.

Spaan, M. T. J. and Vlassis, N. (2005). Perseus: Randomized point-based value iteration for POMDPs. *JAIR*, 24, 195–220.

Spiegelhalter, D. J., Dawid, A. P., Lauritzen, S., and Cowell, R. (1993). Bayesian analysis in expert systems. *Statistical Science*, 8, 219–282.

Spielberg, S. (2001). AI. Movie.

Spirtes, P., Glymour, C., and Scheines, R. (1993). *Causation, prediction, and search*. Springer-Verlag.

Srinivasan, A., Muggleton, S. H., King, R. D., and Sternberg, M. J. E. (1994). Mutagenesis: ILP experiments in a non-determinate biological domain. In *ILP-94*, Vol. 237, pp. 217–232.

Srivas, M. and Bickford, M. (1990). Formal verification of a pipelined microprocessor. *IEEE Software*, 7(5), 52–64.

Staab, S. (2004). *Handbook on Ontologies*. Springer.

Stallman, R. M. and Sussman, G. J. (1977). Forward reasoning and dependency-directed backtracking in a system for computer-aided circuit analysis. *AIJ*, 9(2), 135–196.

Stanfill, C. and Waltz, D. (1986). Toward memory-based reasoning. *CACM*, 29(12), 1213–1228.

Stefik, M. (1995). *Introduction to Knowledge Systems*. Morgan Kaufmann.

Stein, L. A. (2002). *Interactive Programming in Java (pre-publication draft)*. Morgan Kaufmann.

Stephenson, T., Bourlard, H., Bengio, S., and Morris, A. (2000). Automatic speech recognition using dynamic bayesian networks with both acoustic and articulatory features. In *ICSLP-00*, pp. 951–954.

Stergiou, K. and Walsh, T. (1999). The difference all-difference makes. In *IJCAI-99*, pp. 414–419.

Stickel, M. E. (1992). A prolog technology theorem prover: a new exposition and implementation in prolog. *Theoretical Computer Science*, 104, 109–128.

Stiller, L. (1992). KQNKRR. *J. International Computer Chess Association*, 15(1), 16–18.

Stiller, L. (1996). Multilinear algebra and chess endgames. In Nowakowski, R. J. (Ed.), *Games of No Chance, MSRI, 29, 1996*. Mathematical Sciences Research Institute.

Stockman, G. (1979). A minimax algorithm better than alpha–beta? *AIJ*, 12(2), 179–196.

Stoffel, K., Taylor, M., and Hendler, J. (1997). Efficient management of very large ontologies. In *Proc. AAAI-97*, pp. 442–447.

Stolcke, A. and Omohundro, S. (1994). Inducing probabilistic grammars by Bayesian model merging. In *Proc. Second International Colloquium on Grammatical Inference and Applications (ICGI-94)*, pp. 106–118.

Stone, M. (1974). Cross-validatory choice and assessment of statostical predictions. *J. Royal Statistical Society, 36*(111–133).

Stone, P. (2000). *Layered Learning in Multi-Agent Systems: A Winning Approach to Robotic Soccer*. MIT Press.

Stone, P. (2003). Multiagent competitions and research: Lessons from RoboCup and TAC. In Lima, P. U. and Rojas, P. (Eds.), *RoboCup-2002: Robot Soccer World Cup VI*, pp. 224–237. Springer Verlag.

Stone, P., Kaminka, G., and Rosenschein, J. S. (2009). Leading a best-response teammate in an ad hoc team. In *AAMAS Workshop in Agent Mediated Electronic Commerce*.

Stork, D. G. (2004). Optics and realism in rennaissance art. *Scientific American*, pp. 77–83.

Strachey, C. (1952). Logical or non-mathematical programmes. In *Proc. 1952 ACM national meeting (Toronto)*, pp. 46–49.

Stratonovich, R. L. (1959). Optimum nonlinear systems which bring about a separation of a signal with constant parameters from noise. *Radiofizika*, 2(6), 892–901.

Stratonovich, R. L. (1965). On value of information. *Izvestiya of USSR Academy of Sciences, Technical Cybernetics*, 5, 3–12.

Subramanian, D. and Feldman, R. (1990). The utility of EBL in recursive domain theories. In *AAAI-90*, Vol. 2, pp. 942–949.

Subramanian, D. and Wang, E. (1994). Constraint-based kinematic synthesis. In *Proc. International Conference on Qualitative Reasoning*, pp. 228–239.

Sussman, G. J. (1975). *A Computer Model of Skill Acquisition*. Elsevier/North-Holland.

Sutcliffe, G. and Suttner, C. (1998). The TPTP Problem Library: CNF Release v1.2.1. *JAR*, *21*(2), 177–203.

Sutcliffe, G., Schulz, S., Claessen, K., and Gelder, A. V. (2006). Using the TPTP language for writing derivations and finite interpretations. In *Proc. International Joint Conference on Automated Reasoning*, pp. 67–81.

Sutherland, I. (1963). Sketchpad: A man-machine graphical communication system. In *Proc. Spring Joint Computer Conference*, pp. 329–346.

Sutton, C. and McCallum, A. (2007). An introduction to conditional random fields for relational learning. In Getoor, L. and Taskar, B. (Eds.), *Introduction to Statistical Relational Learning*. MIT Press.

Sutton, R. S. (1988). Learning to predict by the methods of temporal differences. *Machine Learning*, *3*, 9–44.

Sutton, R. S., McAllester, D. A., Singh, S. P., and Mansour, Y. (2000). Policy gradient methods for reinforcement learning with function approximation. In Solla, S. A., Leen, T. K., and Müller, K.-R. (Eds.), *NIPS 12*, pp. 1057–1063. MIT Press.

Sutton, R. S. (1990). Integrated architectures for learning, planning, and reacting based on approximating dynamic programming. In *ICML-90*, pp. 216–224.

Sutton, R. S. and Barto, A. G. (1998). *Reinforcement Learning: An Introduction*. MIT Press.

Svore, K. and Burges, C. (2009). A machine learning approach for improved bm25 retrieval. In *Proc. Conference on Information Knowledge Management*.

Swade, D. (2000). *Difference Engine: Charles Babbage And The Quest To Build The First Computer*. Diane Publishing Co.

Swerling, P. (1959). First order error propagation in a stagewise smoothing procedure for satellite observations. *J. Astronautical Sciences*, *6*, 46–52.

Swift, T. and Warren, D. S. (1994). Analysis of SLG-WAM evaluation of definite programs. In *Logic Programming. Proc. 1994 International Symposium on Logic programming*, pp. 219–235.

Syrjänen, T. (2000). Lparse 1.0 user's manual. saturn.tcs.hut.fi/Software/smodels.

Tadepalli, P. (1993). Learning from queries and examples with tree-structured bias. In *ICML-93*, pp. 322–329.

Tadepalli, P., Givan, R., and Driessens, K. (2004). Relational reinforcement learning: An overview. In *ICML-04*.

Tait, P. G. (1880). Note on the theory of the "15 puzzle". *Proc. Royal Society of Edinburgh*, *10*, 664–665.

Tamaki, H. and Sato, T. (1986). OLD resolution with tabulation. In *ICLP-86*, pp. 84–98.

Tarjan, R. E. (1983). *Data Structures and Network Algorithms*. CBMS-NSF Regional Conference Series in Applied Mathematics. SIAM (Society for Industrial and Applied Mathematics).

Tarski, A. (1935). Die Wahrheitsbegriff in den formalisierten Sprachen. *Studia Philosophica*, *1*, 261–405.

Tarski, A. (1941). *Introduction to Logic and to the Methodology of Deductive Sciences*. Dover.

Tarski, A. (1956). *Logic, Semantics, Metamathematics: Papers from 1923 to 1938*. Oxford University Press.

Tash, J. K. and Russell, S. J. (1994). Control strategies for a stochastic planner. In *AAAI-94*, pp. 1079–1085.

Taskar, B., Abbeel, P., and Koller, D. (2002). Discriminative probabilistic models for relational data. In *UAI-02*.

Tate, A. (1975a). Interacting goals and their use. In *IJCAI-75*, pp. 215–218.

Tate, A. (1975b). *Using Goal Structure to Direct Search in a Problem Solver*. Ph.D. thesis, University of Edinburgh.

Tate, A. (1977). Generating project networks. In *IJCAI-77*, pp. 888–893.

Tate, A. and Whiter, A. M. (1984). Planning with multiple resource constraints and an application to a naval planning problem. In *Proc. First Conference on AI Applications*, pp. 410–416.

Tatman, J. A. and Shachter, R. D. (1990). Dynamic programming and influence diagrams. *IEEE Transactions on Systems, Man and Cybernetics*, *20*(2), 365–379.

Tattersall, C. (1911). *A Thousand End-Games: A Collection of Chess Positions That Can be Won or Drawn by the Best Play*. British Chess Magazine.

Taylor, G., Stensrud, B., Eitelman, S., and Dunham, C. (2007). Towards automating airspace management. In *Proc. Computational Intelligence for Security and Defense Applications (CISDA) Conference*, pp. 1–5.

Tenenbaum, J., Griffiths, T., and Niyogi, S. (2007). Intuitive theories as grammars for causal inference. In Gopnik, A. and Schulz, L. (Eds.), *Causal learning: Psychology, Philosophy, and Computation*. Oxford University Press.

Tesauro, G. (1992). Practical issues in temporal difference learning. *Machine Learning*, *8*(3–4), 257–277.

Tesauro, G. (1995). Temporal difference learning and TD-Gammon. *CACM*, *38*(3), 58–68.

Tesauro, G. and Sejnowski, T. (1989). A parallel network that learns to play backgammon. *AIJ*, *39*(3), 357–390.

Teyssier, M. and Koller, D. (2005). Ordering-based search: A simple and effective algorithm for learning Bayesian networks. In *UAI-05*, pp. 584–590.

Thaler, R. (1992). *The Winner's Curse: Paradoxes and Anomalies of Economic Life*. Princeton University Press.

Thaler, R. and Sunstein, C. (2009). *Nudge: Improving Decisions About Health, Wealth, and Happiness*. Penguin.

Theocharous, G., Murphy, K., and Kaelbling, L. P. (2004). Representing hierarchical POMDPs as DBNs for multi-scale robot localization. In *ICRA-04*.

Thiele, T. (1880). Om anvendelse af mindste kvadraters methode i nogle tilfælde, hvor en komplikation af visse slags uensartede tilfældige fejlkilder giver fejlene en 'systematisk' karakter. *Vidensk. Selsk. Skr. 5. Rk., naturvid. og mat. Afd.*, *12*, 381–408.

Thielscher, M. (1999). From situation calculus to fluent calculus: State update axioms as a solution to the inferential frame problem. *AIJ*, *111*(1–2), 277–299.

Thompson, K. (1986). Retrograde analysis of certain endgames. *J. International Computer Chess Association*, May, 131–139.

Thompson, K. (1996). 6-piece endgames. *J. International Computer Chess Association*, *19*(4), 215–226.

Thrun, S., Burgard, W., and Fox, D. (2005). *Probabilistic Robotics*. MIT Press.

Thrun, S., Fox, D., and Burgard, W. (1998). A probabilistic approach to concurrent mapping and localization for mobile robots. *Machine Learning*, *31*, 29–53.

Thrun, S. (2006). Stanley, the robot that won the DARPA Grand Challenge. *J. Field Robotics*, *23*(9), 661–692.

Tikhonov, A. N. (1963). Solution of incorrectly formulated problems and the regularization method. *Soviet Math. Dokl.*, *5*, 1035–1038.

Titterington, D. M., Smith, A. F. M., and Makov, U. E. (1985). *Statistical analysis of finite mixture distributions*. Wiley.

Toffler, A. (1970). *Future Shock*. Bantam.

Tomasi, C. and Kanade, T. (1992). Shape and motion from image streams under orthography: A factorization method. *IJCV*, *9*, 137–154.

Torralba, A., Fergus, R., and Weiss, Y. (2008). Small codes and large image databases for recognition. In *CVPR*, pp. 1–8.

Trucco, E. and Verri, A. (1998). *Introductory Techniques for 3-D Computer Vision*. Prentice Hall.

Tsitsiklis, J. N. and Van Roy, B. (1997). An analysis of temporal-difference learning with function approximation. *IEEE Transactions on Automatic Control*, *42*(5), 674–690.

Tumer, K. and Wolpert, D. (2000). Collective intelligence and braess' paradox. In *AAAI-00*, pp. 104–109.

Turcotte, M., Muggleton, S. H., and Sternberg, M. J. E. (2001). Automated discovery of structural signatures of protein fold and function. *J. Molecular Biology*, *306*, 591–605.

Turing, A. (1936). On computable numbers, with an application to the Entscheidungsproblem. *Proc. London Mathematical Society, 2nd series*, *42*, 230–265.

Turing, A. (1948). Intelligent machinery. Tech. rep., National Physical Laboratory. reprinted in (Ince, 1992).

Turing, A. (1950). Computing machinery and intelligence. *Mind*, *59*, 433–460.

Turing, A., Strachey, C., Bates, M. A., and Bowden, B. V. (1953). Digital computers applied to games. In Bowden, B. V. (Ed.), *Faster than Thought*, pp. 286–310. Pitman.

Tversky, A. and Kahneman, D. (1982). Causal schemata in judgements under uncertainty. In Kahneman, D., Slovic, P., and Tversky, A. (Eds.), *Judgement Under Uncertainty: Heuristics and Biases*. Cambridge University Press.

Ullman, J. D. (1985). Implementation of logical query languages for databases. *ACM Transactions on Database Systems*, *10*(3), 289–321.

Ullman, S. (1979). *The Interpretation of Visual Motion*. MIT Press.

Urmson, C. and Whittaker, W. (2008). Self-driving cars and the Urban Challenge. *IEEE Intelligent Systems*, 23(2), 66–68.

Valiant, L. (1984). A theory of the learnable. *CACM*, 27, 1134–1142.

van Beek, P. (2006). Backtracking search algorithms. In Rossi, F., van Beek, P., and Walsh, T. (Eds.), *Handbook of Constraint Programming*. Elsevier.

van Beek, P. and Chen, X. (1999). CPlan: A constraint programming approach to planning. In *AAAI-99*, pp. 585–590.

van Beek, P. and Manchak, D. (1996). The design and experimental analysis of algorithms for temporal reasoning. *JAIR*, 4, 1–18.

van Bentham, J. and ter Meulen, A. (1997). *Handbook of Logic and Language*. MIT Press.

Van Emden, M. H. and Kowalski, R. (1976). The semantics of predicate logic as a programming language. *JACM*, 23(4), 733–742.

van Harmelen, F. and Bundy, A. (1988). Explanation-based generalisation = partial evaluation. *AIJ*, 36(3), 401–412.

van Harmelen, F., Lifschitz, V., and Porter, B. (2007). *The Handbook of Knowledge Representation*. Elsevier.

van Heijenoort, J. (Ed.). (1967). *From Frege to Gödel: A Source Book in Mathematical Logic, 1879–1931*. Harvard University Press.

Van Hentenryck, P., Saraswat, V., and Deville, Y. (1998). Design, implementation, and evaluation of the constraint language cc(FD). *J. Logic Programming*, 37(1–3), 139–164.

van Hoeve, W.-J. (2001). The alldifferent constraint: a survey. In *6th Annual Workshop of the ERCIM Working Group on Constraints*.

van Hoeve, W.-J. and Katriel, I. (2006). Global constraints. In Rossi, F., van Beek, P., and Walsh, T. (Eds.), *Handbook of Constraint Processing*, pp. 169–208. Elsevier.

van Lambalgen, M. and Hamm, F. (2005). *The Proper Treatment of Events*. Wiley-Blackwell.

van Nunen, J. A. E. E. (1976). A set of successive approximation methods for discounted Markovian decision problems. *Zeitschrift fur Operations Research, Serie A*, 20(5), 203–208.

Van Roy, B. (1998). *Learning and value function approximation in complex decision processes*. Ph.D. thesis, Laboratory for Information and Decision Systems, MIT.

Van Roy, P. L. (1990). Can logic programming execute as fast as imperative programming? Report UCB/CSD 90/600, Computer Science Division, University of California, Berkeley, California.

Vapnik, V. N. (1998). *Statistical Learning Theory*. Wiley.

Vapnik, V. N. and Chervonenkis, A. Y. (1971). On the uniform convergence of relative frequencies of events to their probabilities. *Theory of Probability and Its Applications*, 16, 264–280.

Varian, H. R. (1995). Economic mechanism design for computerized agents. In *USENIX Workshop on Electronic Commerce*, pp. 13–21.

Vauquois, B. (1968). A survey of formal grammars and algorithms for recognition and transformation in mechanical translation. In *Proc. IFIP Congress*, pp. 1114–1122.

Veloso, M. and Carbonell, J. G. (1993). Derivational analogy in PRODIGY: Automating case acquisition, storage, and utilization. *Machine Learning*, 10, 249–278.

Vere, S. A. (1983). Planning in time: Windows and durations for activities and goals. *PAMI*, 5, 246–267.

Verma, V., Gordon, G., Simmons, R., and Thrun, S. (2004). Particle filters for rover fault diagnosis. *IEEE Robotics and Automation Magazine*, June.

Vinge, V. (1993). The coming technological singularity: How to survive in the post-human era. In *VISION-21 Symposium*. NASA Lewis Research Center and the Ohio Aerospace Institute.

Viola, P. and Jones, M. (2002a). Fast and robust classification using asymmetric adaboost and a detector cascade. In *NIPS 14*.

Viola, P. and Jones, M. (2002b). Robust real-time object detection. *ICCV*.

Visser, U. and Burkhard, H.-D. (2007). RoboCup 2006: achievements and goals for the future. *AIMag*, 28(2), 115–130.

Visser, U., Ribeiro, F., Ohashi, T., and Dellaert, F. (Eds.). (2008). *RoboCup 2007: Robot Soccer World Cup XI*. Springer.

Viterbi, A. J. (1967). Error bounds for convolutional codes and an asymptotically optimum decoding algorithm. *IEEE Transactions on Information Theory*, 13(2), 260–269.

Vlassis, N. (2008). *A Concise Introduction to Multiagent Systems and Distributed Artificial Intelligence*. Morgan and Claypool.

von Mises, R. (1928). *Wahrscheinlichkeit, Statistik und Wahrheit*. J. Springer.

von Neumann, J. (1928). Zur Theorie der Gesellschaftsspiele. *Mathematische Annalen*, 100(295–320).

von Neumann, J. and Morgenstern, O. (1944). *Theory of Games and Economic Behavior* (first edition). Princeton University Press.

von Winterfeldt, D. and Edwards, W. (1986). *Decision Analysis and Behavioral Research*. Cambridge University Press.

Vossen, T., Ball, M., Lotem, A., and Nau, D. S. (2001). Applying integer programming to AI planning. *Knowledge Engineering Review*, 16, 85–100.

Wainwright, M. J. and Jordan, M. I. (2008). Graphical models, exponential families, and variational inference. *Machine Learning*, 1(1–2), 1–305.

Waldinger, R. (1975). Achieving several goals simultaneously. In Elcock, E. W. and Michie, D. (Eds.), *Machine Intelligence 8*, pp. 94–138. Ellis Horwood.

Wallace, A. R. (1858). On the tendency of varieties to depart indefinitely from the original type. *Proc. Linnean Society of London*, 3, 53–62.

Waltz, D. (1975). Understanding line drawings of scenes with shadows. In Winston, P. H. (Ed.), *The Psychology of Computer Vision*. McGraw-Hill.

Wang, Y. and Gelly, S. (2007). Modifications of UCT and sequence-like simulations for Monte-Carlo Go. In *IEEE Symposium on Computational Intelligence and Games*, pp. 175–182.

Wanner, E. (1974). *On remembering, forgetting and understanding sentences*. Mouton.

Warren, D. H. D. (1974). WARPLAN: A System for Generating Plans. Department of Computational Logic Memo 76, University of Edinburgh.

Warren, D. H. D. (1983). An abstract Prolog instruction set. Technical note 309, SRI International.

Warren, D. H. D., Pereira, L. M., and Pereira, F. (1977). PROLOG: The language and its implementation compared with LISP. *SIGPLAN Notices*, 12(8), 109–115.

Wasserman, L. (2004). *All of Statistics*. Springer.

Watkins, C. J. (1989). *Models of Delayed Reinforcement Learning*. Ph.D. thesis, Psychology Department, Cambridge University.

Watson, J. D. and Crick, F. H. C. (1953). A structure for deoxyribose nucleic acid. *Nature*, 171, 737.

Waugh, K., Schnizlein, D., Bowling, M., and Szafron, D. (2009). Abstraction pathologies in extensive games. In *AAMAS-09*.

Weaver, W. (1949). Translation. In Locke, W. N. and Booth, D. (Eds.), *Machine translation of languages: fourteen essays*, pp. 15–23. Wiley.

Webber, B. L. and Nilsson, N. J. (Eds.). (1981). *Readings in Artificial Intelligence*. Morgan Kaufmann.

Weibull, J. (1995). *Evolutionary Game Theory*. MIT Press.

Weidenbach, C. (2001). SPASS: Combining superposition, sorts and splitting. In Robinson, A. and Voronkov, A. (Eds.), *Handbook of Automated Reasoning*. MIT Press.

Weiss, G. (2000a). *Multiagent systems*. MIT Press.

Weiss, Y. (2000b). Correctness of local probability propagation in graphical models with loops. *Neural Computation*, 12(1), 1–41.

Weiss, Y. and Freeman, W. (2001). Correctness of belief propagation in Gaussian graphical models of arbitrary topology. *Neural Computation*, 13(10), 2173–2200.

Weizenbaum, J. (1976). *Computer Power and Human Reason*. W. H. Freeman.

Weld, D. S. (1994). An introduction to least commitment planning. *AIMag*, 15(4), 27–61.

Weld, D. S. (1999). Recent advances in AI planning. *AIMag*, 20(2), 93–122.

Weld, D. S., Anderson, C. R., and Smith, D. E. (1998). Extending graphplan to handle uncertainty and sensing actions. In *AAAI-98*, pp. 897–904.

Weld, D. S. and de Kleer, J. (1990). *Readings in Qualitative Reasoning about Physical Systems*. Morgan Kaufmann.

Weld, D. S. and Etzioni, O. (1994). The first law of robotics: A call to arms. In *AAAI-94*.

Wellman, M. P. (1985). Reasoning about preference models. Technical report MIT/LCS/TR-340, Laboratory for Computer Science, MIT.

Wellman, M. P. (1988). *Formulation of Tradeoffs in Planning under Uncertainty*. Ph.D. thesis, Massachusetts Institute of Technology.

Wellman, M. P. (1990a). Fundamental concepts of qualitative probabilistic networks. *AIJ*, 44(3), 257–303.

Wellman, M. P. (1990b). The STRIPS assumption for planning under uncertainty. In *AAAI-90*, pp. 198–203.

Wellman, M. P. (1995). The economic approach to artificial intelligence. *ACM Computing Surveys*, 27(3), 360–362.

Wellman, M. P., Breese, J. S., and Goldman, R. (1992). From knowledge bases to decision models. *Knowledge Engineering Review*, 7(1), 35–53.

Wellman, M. P. and Doyle, J. (1992). Modular utility representation for decision-theoretic planning. In *ICAPS-92*, pp. 236–242.

Wellman, M. P., Wurman, P., O'Malley, K., Bangera, R., Lin, S., Reeves, D., and Walsh, W. (2001). A trading agent competition. *IEEE Internet Computing*.

Wells, H. G. (1898). *The War of the Worlds*. William Heinemann.

Werbos, P. (1974). *Beyond Regression: New Tools for Prediction and Analysis in the Behavioral Sciences*. Ph.D. thesis, Harvard University.

Werbos, P. (1977). Advanced forecasting methods for global crisis warning and models of intelligence. *General Systems Yearbook*, *22*, 25–38.

Wesley, M. A. and Lozano-Perez, T. (1979). An algorithm for planning collision-free paths among polyhedral objects. *CACM*, *22*(10), 560–570.

Wexler, Y. and Meek, C. (2009). MAS: A multiplicative approximation scheme for probabilistic inference. In *NIPS 21*.

Whitehead, A. N. (1911). *An Introduction to Mathematics*. Williams and Northgate.

Whitehead, A. N. and Russell, B. (1910). *Principia Mathematica*. Cambridge University Press.

Whorf, B. (1956). *Language, Thought, and Reality*. MIT Press.

Widrow, B. (1962). Generalization and information storage in networks of adaline "neurons". In *Self-Organizing Systems 1962*, pp. 435–461.

Widrow, B. and Hoff, M. E. (1960). Adaptive switching circuits. In *1960 IRE WESCON Convention Record*, pp. 96–104.

Wiedijk, F. (2003). Comparing mathematical provers. In *Mathematical Knowledge Management*, pp. 188–202.

Wiegley, J., Goldberg, K., Peshkin, M., and Brokowski, M. (1996). A complete algorithm for designing passive fences to orient parts. In *ICRA-96*.

Wiener, N. (1942). The extrapolation, interpolation, and smoothing of stationary time series. Osrd 370, Report to the Services 19, Research Project DIC-6037, MIT.

Wiener, N. (1948). *Cybernetics*. Wiley.

Wilensky, R. (1978). *Understanding goal-based stories*. Ph.D. thesis, Yale University.

Wilensky, R. (1983). *Planning and Understanding*. Addison-Wesley.

Wilkins, D. E. (1980). Using patterns and plans in chess. *AIJ*, *14*(2), 165–203.

Wilkins, D. E. (1988). *Practical Planning: Extending the AI Planning Paradigm*. Morgan Kaufmann.

Wilkins, D. E. (1990). Can AI planners solve practical problems? *Computational Intelligence*, *6*(4), 232–246.

Williams, B., Ingham, M., Chung, S., and Elliott, P. (2003). Model-based programming of intelligent embedded systems and robotic space explorers. In *Proc. IEEE: Special Issue on Modeling and Design of Embedded Software*, pp. 212–237.

Williams, R. J. (1992). Simple statistical gradient-following algorithms for connectionist reinforcement learning. *Machine Learning*, *8*, 229–256.

Williams, R. J. and Baird, L. C. I. (1993). Tight performance bounds on greedy policies based on imperfect value functions. Tech. rep. NU-CCS-93-14, College of Computer Science, Northeastern University.

Wilson, R. A. and Keil, F. C. (Eds.). (1999). *The MIT Encyclopedia of the Cognitive Sciences*. MIT Press.

Wilson, R. (2004). *Four Colors Suffice*. Princeton University Press.

Winograd, S. and Cowan, J. D. (1963). *Reliable Computation in the Presence of Noise*. MIT Press.

Winograd, T. (1972). Understanding natural language. *Cognitive Psychology*, *3*(1), 1–191.

Winston, P. H. (1970). Learning structural descriptions from examples. Technical report MAC-TR-76, Department of Electrical Engineering and Computer Science, Massachusetts Institute of Technology.

Winston, P. H. (1992). *Artificial Intelligence* (Third edition). Addison-Wesley.

Wintermute, S., Xu, J., and Laird, J. (2007). SORTS: A human-level approach to real-time strategy AI. In *Proc. Third Artificial Intelligence and Interactive Digital Entertainment Conference (AIIDE-07)*.

Witten, I. H. and Bell, T. C. (1991). The zero-frequency problem: Estimating the probabilities of novel events in adaptive text compression. *IEEE Transactions on Information Theory*, *37*(4), 1085–1094.

Witten, I. H. and Frank, E. (2005). *Data Mining: Practical Machine Learning Tools and Techniques* (2nd edition). Morgan Kaufmann.

Witten, I. H., Moffat, A., and Bell, T. C. (1999). *Managing Gigabytes: Compressing and Indexing Documents and Images* (second edition). Morgan Kaufmann.

Wittgenstein, L. (1922). *Tractatus Logico-Philosophicus* (second edition). Routledge and Kegan Paul. Reprinted 1971, edited by D. F. Pears and B. F. McGuinness. This edition of the English translation also contains Wittgenstein's original German text on facing pages, as well as Bertrand Russell's introduction to the 1922 edition.

Wittgenstein, L. (1953). *Philosophical Investigations*. Macmillan.

Wojciechowski, W. S. and Wojcik, A. S. (1983). Automated design of multiple-valued logic circuits by automated theorem proving techniques. *IEEE Transactions on Computers*, *C-32*(9), 785–798.

Wolfe, J. and Russell, S. J. (2007). Exploiting belief state structure in graph search. In *ICAPS Workshop on Planning in Games*.

Woods, W. A. (1973). Progress in natural language understanding: An application to lunar geology. In *AFIPS Conference Proceedings*, Vol. 42, pp. 441–450.

Woods, W. A. (1975). What's in a link? Foundations for semantic networks. In Bobrow, D. G. and Collins, A. M. (Eds.), *Representation and Understanding: Studies in Cognitive Science*, pp. 35–82. Academic Press.

Wooldridge, M. (2002). *An Introduction to MultiAgent Systems*. Wiley.

Wooldridge, M. and Rao, A. (Eds.). (1999). *Foundations of rational agency*. Kluwer.

Wos, L., Carson, D., and Robinson, G. (1964). The unit preference strategy in theorem proving. In *Proc. Fall Joint Computer Conference*, pp. 615–621.

Wos, L., Carson, D., and Robinson, G. (1965). Efficiency and completeness of the set-of-support strategy in theorem proving. *JACM*, *12*, 536–541.

Wos, L., Overbeek, R., Lusk, E., and Boyle, J. (1992). *Automated Reasoning: Introduction and Applications* (second edition). McGraw-Hill.

Wos, L. and Robinson, G. (1968). Paramodulation and set of support. In *Proc. IRIA Symposium on Automatic Demonstration*, pp. 276–310.

Wos, L., Robinson, G., Carson, D., and Shalla, L. (1967). The concept of demodulation in theorem proving. *JACM*, *14*, 698–704.

Wos, L. and Winker, S. (1983). Open questions solved with the assistance of AURA. In *Automated Theorem Proving: After 25 Years: Proc. Special Session of the 89th Annual Meeting of the American Mathematical Society*, pp. 71–88. American Mathematical Society.

Wos, L. and Pieper, G. (2003). *Automated Reasoning and the Discovery of Missing and Elegant Proofs*. Rinton Press.

Wray, R. E. and Jones, R. M. (2005). An introduction to Soar as an agent architecture. In Sun, R. (Ed.), *Cognition and Multi-agent Interaction: From Cognitive Modeling to Social Simulation*, pp. 53–78. Cambridge University Press.

Wright, S. (1921). Correlation and causation. *J. Agricultural Research*, *20*, 557–585.

Wright, S. (1931). Evolution in Mendelian populations. *Genetics*, *16*, 97–159.

Wright, S. (1934). The method of path coefficients. *Annals of Mathematical Statistics*, *5*, 161–215.

Wu, D. (1993). Estimating probability distributions over hypotheses with variable unification. In *IJCAI-93*, pp. 790–795.

Wu, F. and Weld, D. S. (2008). Automatically refining the wikipedia infobox ontology. In *17th World Wide Web Conference (WWW2008)*.

Yang, F., Culberson, J., Holte, R., Zahavi, U., and Felner, A. (2008). A general theory of additive state space abstractions. *JAIR*, *32*, 631–662.

Yang, Q. (1990). Formalizing planning knowledge for hierarchical planning. *Computational Intelligence*, *6*, 12–24.

Yarowsky, D. (1995). Unsupervised word sense disambiguation rivaling supervised methods. In *ACL-95*, pp. 189–196.

Yedidia, J., Freeman, W., and Weiss, Y. (2005). Constructing free-energy approximations and generalized belief propagation algorithms. *IEEE Transactions on Information Theory*, *51*(7), 2282–2312.

Yip, K. M.-K. (1991). *KAM: A System for Intelligently Guiding Numerical Experimentation by Computer*. MIT Press.

Yngve, V. (1955). A model and an hypothesis for language structure. In Locke, W. N. and Booth, A. D. (Eds.), *Machine Translation of Languages*, pp. 208–226. MIT Press.

Yob, G. (1975). Hunt the wumpus! *Creative Computing*, Sep/Oct.

Yoshikawa, T. (1990). *Foundations of Robotics: Analysis and Control*. MIT Press.

Young, H. P. (2004). *Strategic Learning and Its Limits*. Oxford University Press.

Younger, D. H. (1967). Recognition and parsing of context-free languages in time n^3. *Information and Control*, *10*(2), 189–208.

Yudkowsky, E. (2008). Artificial intelligence as a positive and negative factor in global risk. In Bostrom, N. and Cirkovic, M. (Eds.), *Global Catastrophic Risk*. Oxford University Press.

Zadeh, L. A. (1965). Fuzzy sets. *Information and Control*, 8, 338–353.

Zadeh, L. A. (1978). Fuzzy sets as a basis for a theory of possibility. *Fuzzy Sets and Systems*, 1, 3–28.

Zaritskii, V. S., Svetnik, V. B., and Shimelevich, L. I. (1975). Monte-Carlo technique in problems of optimal information processing. *Automation and Remote Control*, 36, 2015–22.

Zelle, J. and Mooney, R. (1996). Learning to parse database queries using inductive logic programming. In *AAAI-96*, pp. 1050–1055.

Zermelo, E. (1913). Uber Eine Anwendung der Mengenlehre auf die Theorie des Schachspiels. In *Proc. Fifth International Congress of Mathematicians*, Vol. 2, pp. 501–504.

Zermelo, E. (1976). An application of set theory to the theory of chess-playing. *Firbush News*, 6, 37–42. English translation of (Zermelo 1913).

Zettlemoyer, L. S. and Collins, M. (2005). Learning to map sentences to logical form: Structured classification with probabilistic categorial grammars. In *UAI-05*.

Zhang, H. and Stickel, M. E. (1996). An efficient algorithm for unit-propagation. In *Proc. Fourth International Symposium on Artificial Intelligence and Mathematics*.

Zhang, L., Pavlovic, V., Cantor, C. R., and Kasif, S. (2003). Human-mouse gene identification by comparative evidence integration and evolutionary analysis. *Genome Research*, pp. 1–13.

Zhang, N. L. and Poole, D. (1994). A simple approach to Bayesian network computations. In *Proc. 10th Canadian Conference on Artificial Intelligence*, pp. 171–178.

Zhang, N. L., Qi, R., and Poole, D. (1994). A computational theory of decision networks. *IJAR*, 11, 83–158.

Zhou, R. and Hansen, E. (2002). Memory-bounded A* graph search. In *Proc. 15th International Flairs Conference*.

Zhou, R. and Hansen, E. (2006). Breadth-first heuristic search. *AIJ*, 170(4–5), 385–408.

Zhu, D. J. and Latombe, J.-C. (1991). New heuristic algorithms for efficient hierarchical path planning. *IEEE Transactions on Robotics and Automation*, 7(1), 9–20.

Zimmermann, H.-J. (Ed.). (1999). *Practical applications of fuzzy technologies*. Kluwer.

Zimmermann, H.-J. (2001). *Fuzzy Set Theory—And Its Applications* (Fourth edition). Kluwer.

Zinkevich, M., Johanson, M., Bowling, M., and Piccione, C. (2008). Regret minimization in games with incomplete information. In *NIPS 20*, pp. 1729–1736.

Zollmann, A., Venugopal, A., Och, F. J., and Ponte, J. (2008). A systematic comparison of phrase-based, hierarchical and syntax-augmented statistical MT. In *COLING-08*.

Zweig, G. and Russell, S. J. (1998). Speech recognition with dynamic Bayesian networks. In *AAAI-98*, pp. 173–180.